KB084085

포인트

상하수도기술사(上)

조성안 · 윤영봉 편저

포인트 상하수도 기술사를 펴내면서…

상하수도 기술사를 공부하시는 여러분과 이렇게 지면으로 만나게 된 것을 대단히 기쁘게 생각합니다. 이 만남으로 인하여 저와 여러분의 인생에 큰 의미와 행운이 있기를 바라며 이 책을 통해 같은 장소에서 함께 얼굴을 맞대고 공부하는 모습을 생각하며 이 책을 만들었습니다.

상하수도는 물을 다루는 분야로서 이를 공부하는 우리 역시 물의 성질을 닮아야 한다고 생각합니다. 물은 자기를 고집하지 않고 자신을 주변환경에 알맞게 맞춥니다. 또한 모든 생명체에게 물을 공급하여(上水) 생명을 유지할 수 있게 해 주고, 더러운 것을 씻어 깨끗하게 정화하며(下水), 흘러흘러 다시 자연으로 돌아오기를 끝도 없이 되풀이합니다. 때로는 하늘로 올라가기도(天水)하고 땅위를 기어 다니기도 하며(地表水), 땅속으로(地下水) 숨기도 하고 계곡, 하천, 바다 등 모든 곳을 돌며 생명을 유지시켜 줍니다.

상하수도를 공부하는 우리도 이렇게 살기를 바랍시다. 모든 자연에게 생명을 나누어주고, 모든 인간에게 행복을 주는 그런 기술인이 됩시다.

21세기는 이런 시대니 저런 시대니 말도 많지만 가장 중요하고 세월이 변해도 변하지 않는 것은 바로 물 없이는 하루도 살 수 없다는 것입니다. 옛날에는 흔한 것이 물이었지만 갈수록 물의 가치가 소중해지고 있습니다.

앞으로의 시대는 물이 최고의 가치가 될 것이 분명합니다. 물을 잘 다루는 국가가 우수국가가 될 것이며, 하수관리를 잘하여 물로 인한 재해를 방지하고(治水) 수원관리를 잘하여 훌륭한 수원을 확보(利水)하는 나라가 일등국가가 될 것입니다.

상하수도를 공부하는 우리는 자연 생태계의 원리를 잘 이해하고 친환경적으로 다듬어서 우리의 공간적 · 사회적 환경에 알맞은 합리적인 상하수도 설비의 계획과 설치 및 관리를 훌륭하게 할 수 있는 그런 기술사가 되기 위해서 항상 새로운 마음으로 연구하고 노력합시다.

끝으로 이 책을 마무리하기까지 여러 모로 도움을 주신 분들께 이 자리를 빌려 감사의 말씀을 전합니다.

편저자 **조성안 · 윤영봉**

상하수도기술사 출제경향(2013~2021년)

▣ 상하수도기술사(99~125회) 출제경향 분석

1. 수질관리

용어형	수원 하천수 호소수	성층현상과 전도현상(105회)/풍수량 평수량 저수량 및 갈수량의 정의(108회)/상류와 사류(108회)/하천에서의 총량규제(111회)/성층현상(Stratification)(119회)/가동식 취수탑(125회)
	수질 이론	비오톱(Biotop)(103회)/인공습지(108회)/환경호르몬(116회)/MTBE(Methyl Tertiary-Butyl Ether)(118회)/PFCs(Perfluorinated Compounds)(118회)/수소이온농도(pH)(119회)/알칼리도의 정의와 종류(123회)
	BOD NOD TOC DOC	TOC, TOD(Total Oxygen Demand)(99회)/AOC BDOC(109회)/SAR(109회)/BOD시험의 한계(115회)/TOC(Total Organic Carbon)(119회)/NOD(Nitrogen Oxygen Demand)(119회)/TS, VS, FS(121회)/TOC(Total Organic Carbon)와 다른 유기물 오염 지표와의 관계(124회)
	독성 소독	반수생존한계농도(TLm)(99회)/TU, Toxic Unit(109회)/세균의 재성장(After Growth)(109회)/생태독성(109회)/MIOX(MIxed OXidant)(115회)/청색증(116회)/생태독성 관리제도(117회)
	DO	DO Sag Curve(111회)/용존산소 부족곡선(111회)
	NOM	비흡광도(SUVA : Specific UV Absorbance)(104회)/NOM(Natural Organic Matter)(111회)
	조류	AGP(Algal Growth Potential)(104회)/조류예보제(107회)/녹조, 적조 현상(111회)/AGP(Algal Growth Potential)(114회)/수질예보제(115회)/조류경보제(116회)/TSI(Trophic State Index)(116회)/유해남조류(117회)/조류발생 예보제(120회)/부영양화(122회)
	세균 미생물	큰빗이끼벌레(104회)/크립토스포리디움(106회)/아데노바이러스(109회)/병원균의 종류 및 대책(121회)
	지하수 복류수 강변 여과수	지하수 관정의 우물 손실(100회)/지하수 충전에 적용되는 중수도 수질 기준(107회)/기저유출(113회)/해수 침입(Seawater Intrusion)(119회)/강변여과수 개발부지 선정 시 사전조사 고려사항(5가지)(120회)/복류수(122회)/저수지에서의 수질보전대책(125회)
	알칼리도 약품투입	정수약품 주입에 따른 알칼리도 증감현황(99회)/Jar-Test(111회)/Anammox(111회)
	부식 (관로)	송배수 TMS(100회)/부식억제제(101회)/부식지수(Corrosion Index)(116회)/LI(Langelier's Index)(118회)
서술형	수원 하천수 호소수	생태하천 복원 단계별 유형화에 대해서 설명하시오.(104회)/하천 내에서 적용가능한 수질정화기술(기법)을 설명하시오.(108회)/지표수를 수원으로 하는 경우에 대한 상수도 계통 및 시설을 그림으로 나타내어 설명하시오.(116회)/수원의 종류와 구비요건 및 수원선정 시 고려사항에 대하여 설명하시오.(119회)/수원으로서 저수지수의 특성과 수질보전대책을 설명하시오.(119회)/하천의 자정단계별 DO, BOD 및 미생물의 변화와 특징을 Whipple의 하천정화 4단계(Whipple Method)로 설명하시오.(123회)/호소수의 망간 용출과 제거방법에 대하여 설명하시오.(125회)/하천 표류수 취수시설의 각 종류별 기능·목적과 특징을 설명하시오.(125회)

서술형	수질오염 자정작용	하천, 호소의 자정작용과 관련하여 취수구 위치선정시 고려사항에 대하여 설명하시오.(99회) 비점오염저감시설의 종류와 규모 및 용량결정방안에 대하여 설명하시오.(101회)/마을상수도로 사용하고 있는 지하수가 질산성질소 기준을 초과하였다. 이온교환공정으로 질산성질소를 제거할 때 고려해야 할 사항에 대하여 설명하시오.(112회)/하천수질오염과 보전대책에 대하여 설명하시오.(115회)/Geosmin과 2−MIB의 처리방법에 대하여 설명하시오.(118회)/상수도에서 맛·냄새의 발생원인과 맛·냄새 물질의 제거방법을 설명하시오.(122회)
	BOD TOC DOC DO	하수처리장 운전인자로서의 BOD_5 문제점을 설명하고 대안을 제시하시오.(102회)/하수의 최종 BOD가 5일 BOD의 1.3배일 때 탈산소계수를 구하시오.(111회)/도시하수의 BOD, COD, TOC의 상관관계가 하수처리 진행과정에 따라 어떻게 변하는지에 대하여 설명하시오.(117회)/공공하수처리시설 방류수 TOC 기준에 대한 적용시기 및 기준에 대하여 설명하시오.(121회)/NOM(Natural Organic Matters)의 특징을 나타내는 SUVA와 UV254에 대하여 설명하시오.(124회)
	독성 소독	THMs의 생성에 영향을 미치는 인자 및 THMs의 제어대책을 설명하시오.(100회)/상하수도분야의 추적자실험(Tracer Test)에 대하여 설명하시오.(115회)/THMs의 생성 영향인자들과 그 영향을 설명하고 제거 방안을 제시하시오.(123회)
	상수원 취수시설 조류	수도시설 계획 시 표류수를 취수해야 될 경우 수질 안정성 확보를 위해 유의하여야 할 사항에 대하여 설명하시오.(103회)/상수원으로부터 취수시설을 계획하고 개량·갱신할 경우, 고려할 사항에 대하여 설명하시오.(109회)/상수 원수의 경도와 pH를 정의하고, 정수장에서 경도물질을 처리하는 방안에 대하여 설명하시오.(111회)/우리나라 도서지역의 상수도 보급현황과 정부의 식수원 개발사업에 대하여 설명하시오.(111회)/수원으로부터 각 수요자까지 물을 공급하는 상수도 공급의 전과정에 대한 흐름도를 도시하고 각 과정을 설명하시오.(111회)/용수공급문제로 곤란을 겪고 있는 우리나라에서 다목적 댐 이외의 사용가능한 보조 수자원 개발의 예를 5가지 제시하고 설명하시오.(111회)
	세균 미생물	지표미생물을 사용하는 이유 및 조건과 현재 사용되는 지표미생물의 종류 및 한계점에 대하여 설명하시오.(112회)/먹는물 수질기준에서 총대장균군(Total Coliform), 분원성 대장균군(Fecal Coliform), 대장균(Escherichia coli)의 정의와 특성에 대하여 설명하시오.(117회)
	지하수 복류수 강변여과	강변여과의 장단점을 논하고, 강변에 설치된 복수의 수직 취수정의 성능과 취수의 영향을 평가하는 해석방법에 대하여 설명하시오.(101회)/지하수 단계양수시험의 절차에 대하여 설명하고 양수시험 결과를 바탕으로 산정할 수 있는 각종 양수량과 단계양수시험의 한계에 대하여 설명하시오.(103회)/지하수 해수 침투 현상 해석에 적용되는 Ghyben−Herzberg법칙의 한계와 이 법칙보다 개선된 해석방법에 대하여 설명하시오.(104회)/지하수 취수정의 유지관리방안에 대하여 설명하시오.(112회)/분산형 빗물관리의 정의와 기술요소를 설명하시오.(109회)/상수도 취수방법 중 강변여과의 장단점을 설명하시오.(122회)
	알칼리도, 약품투입	수돗물이 생산되는 과정에서 염소는 다양한 위치에서 다양한 목적으로 투입된다.(112회)
	부식 (관로관리)	상수도 시설에서 발생할 수 있는 각종 수질오염사고의 원인 및 대응방안에 대하여 각 단계별로 설명하시오.(103회)/도·송수 관로 내 발생될 수 있는 이물질을 정의하고 발생원인과 최소화방안을 설명하시오.(108회)/펌프 직송 급수방식에 대하여 설명하시오.(103회)/직결급수의 목적 및 종류와 도입 시 고려하여야 할 사항에 대하여 설명하시오.(111회)

2. 상하수도이송

용어형	관로 유체역학	Hardy－Cross 관망해석방법(100회)/수리모형 실험 시 준수되어야 할 상사법칙(Similitude)(103회)/유속경험식(Darcy－Weisbach, Chezy, Hazen－Williams, Manning 공식)(105회)/관로의 에너지 경사선(120회)/피토관(Pitot管)(124회)
	송배수 관로	계획1일최대급수량과 계획시간최대급수량의 정의, 관계 및 급배수시설의 설계에 적용되는 기준(99회)/정수장과 배수관로의 설계절차(100회)/상수관로 접합정(100회)/처리장 내 연결관거(101회)/계획배수량 산정 시 시간계수(101회)/도수관 노선결정 시 고려사항(103회)/수관교(112회)/터널배수지(116회)/상수도 배수관의 매설위치 및 깊이(117회)/상수관로의 배수(排水, Drain)설비(117회)/시간변동조정용량(118회)/수관교(119회)/집수매거(121회), 유량조정조 유출설비(123회)
	급수 관로	수도미터 검침시스템에서의 RF(Radio Frequency)방식(106회)/수격작용(Water Hammer)(108회)/직결급수(121회)
	관로 부식	음극방식법(Cathodic Protection)(104회)/관정부식(Crown Corrosion)(113, 114, 120, 121회)/갈바닉 부식(Galvanic Corrosion)(115회)
	펌프	와류방지(Vortex)계획(102회)/펌프 자동운전용 기기(102회)/펌프 유효흡입수두(102회)/양수기의 최대 흡입 높이(103회)/동력의 정의를 이용한 펌프 동력식의 해석(103회)/비회전도(Ns)(112회)/펌프의 상사법칙(110, 114회)/펌프의 공동현상(120회)/펌프장 흡입수위(123회)
	상수 관로	상수관망에서 수량 및 수압 관련 제시 기준값(105회)/상수관망에서의 단계시험(Step Test)(109회)/신축이음(115회)/수압시험방법(115회)/부단수공법(122회)/감압밸브 설치 지점(122회)/불안정한 지반에서의 상수관(124회)/공기밸브(125회)
	누수	연간허용누수량(UARL : Unavoidable Annual Real Losses)(99회)/수압－누수관계식(FAVAD : Fixed And Variable Area Discharge)(99회)
	관로 이상 현상	하수관이나 상수관의 비굴착 보수로 관경이 축소되는 경우 통수능에 미치는 영향(100회)/수주(水柱)분리현상(103회)/서지탱크(Surge Tank)(115회)/개수로에서의 Reynolds No, Froude No.(105회)/하수관거 역사이펀(106회)/상수관 갱생방법(108회)/지반 침하에 대응한 하수관거 정밀조사 요령(108회)/집수매거(112회)
	하수 관거	하수처리장 내 연결관거 설계기준(110회)/하수처리장 수리종단도(111회)/해양 방류관(102회)/하수관거에 포함되는 지하수량의 지배인자, 추정방법, 대책(116회)/하수관로 관경별 맨홀의 최대간격(119회)/하수관거의 내면보호(123회)/스마트 맨홀(124회)
서술형	관로 유체 역학	Darcy－Weisbach식[$h=fLV^2/(2gD)$과 Hazen－Williams식($V=0.85CR_h^{0.63}I^{0.54}$]의 유사점과 차이점을 설명하시오.(103회)/직사각형 수로에서 수리학상 유리한 단면조건을 폭(B)과 수심(h)의 관계식으로 유도하여 설명하시오.(116회)/원형관에서의 평균유속공식인 Hazen－Williams공식을 이용하여 유량을 $Q=k\cdot C\cdot D_a\cdot I_b$로 나타낼 때, 이 식에서의 k, a, b값을 구하시오.(119회)/병렬관에서 총유량(Q)이 1.0m³/s이고, A관의 마찰계수가 B관의 2배이다. A관과 B관을 흐르는 유량(m³/s)을 각각 구하시오.(119회)/하수관의 유속경험식과 상수관의 손실수두산정식을 설명하고 적용범위에 대하여 설명하시오.(121회)/물흐름에 역경사인 기존 우수관로 수리계산 방법에 대하여 설명하시오.(123회)

서술형	도수 송수 배수 관로	송·배수관에 사용되는 감압밸브는 동작원리에 따라 직동식과 파일럿식으로 분류되는데 각 형식별 특성 및 장단점에 대하여 비교 설명하시오.(제99회)/상수도 배수시설 계획과 정비 시 설계상의 기본적인 사항에 대하여 설명하시오.(100회)/도수관로의 노선결정 시 고려사항에 대하여 설명하시오.(113회)/배수지 용량결정에 대하여 설명하시오.(114회)/도수관로의 노선결정 시 고려사항에 대하여 설명하시오.(114회)/하천수를 압송하여 취수하는 정수장을 설계하고자 한다. 도수관로의 설계에 포함되는 시설과 설비에 대하여 설명하시오.(117회)/도·송수관의 관경결정방법에 대하여 설명하시오.(121회)/배수(配水)관로의 설계 흐름도를 작성하고 각 단계를 설명하시오.(122회)/상수도 도수관 부속 설비 계획 시 고려하여야 할 사항에 대하여 설명하시오.(124회)/도·송수관로 결정 시 고려사항을 10가지만 쓰시오.(125회)
	지하수취수 급수관로	수도용 강관의 관두께 산정법에 대하여 설명하시오.(106회)/급배수관으로 사용되는 강관, 덕타일주철관, 경질염화비닐관의 장단점을 설명하시오.(108회)/지하수 적정양수량의 의미를 설명하고 단계양수시험(Step Drawdown Test)에 의한 적정양수량 결정방법을 설명하시오.(123회)
	관로부식 부속설비	상수도용 밸브의 종류와 용도에 대하여 설명하시오.(101회)/역류방지밸브에 대하여 설명하시오.(102회)/하수관거의 부식과정과 부식대책에 대하여 설명하시오.(106회)/상수관로의 부속설비에 대하여 설명하시오.(106회)/상수관의 부식억제제의 종류 및 특성과 정수장에서의 주입공정도에 대하여 설명하시오.(107회)/상수도관의 내면부식에 대하여 설명하시오.(114회)
	펌프	원심펌프의 특성곡선, 시스템의 저항곡선을 설명하시오.(100회)/ 취수정의 수중펌프로 양수된 지하수 흐름을 평가하는 방법을 제시하시오.(103회)/하수이송시스템의 종류 및 선정기준에 대하여 설명하시오.(103회)/펌프사고의 주요 원인 및 대책에 대하여 설명하시오.(106회)/펌프의 시동간격을 고려한 흡수정 유효용량을 산정하는 식을 기호를 사용하여 유도하고 설명하시오.(107회)/빗물펌프장 설계 시 고려해야 할 사항과 펌프선정방법을 설명하시오.(110회)/ 슬러지펌프 선정 시 고려사항과 슬러지 유량측정 및 밀도측정장치에 대하여 설명하시오.(112회)/상수도용 펌프의 용량과 대수 결정 시 고려사항에 대하여 설명하시오.(117회)/벌류트(Volute) 펌프의 유량, 양정, 효율곡선을 그리고 설명하시오.(123회)/펌프의 제어방식에 대하여 설명하시오.(125회)
	상수관망	상수도 배수관망 블록화의 장단점과 블록시스템의 관리방법에 대하여 설명하시오.(100회)/배급수 상수관망의 기술진단항목과 평가항목에 대하여 설명하시오.(100회)/상수도관망 최적관리시스템 구축사업의 주요내용에 대하여 설명하시오.(101회)/상수관망 블록 구축의 적정성 검토사항에 대하여 설명하시오.(109회)/지방상수도 현대화사업 중 노후 상수관망 정비사업의 과업단계별 주요업무내용에 대하여 설명하시오.(112회)/노후 상수도관에 대한 문제점과 갱생방법에 대하여 설명하시오.(113, 114회)/폐쇄 상수도관 처리에 대하여 설명하시오.(120회)
	누수 이상 현상	상수관로 누수 측정방법 및 대책에 대하여 설명하시오.(106회)/수격작용(Water Hammer)에 의한 수주분리 발생원인 및 방지대책에 대하여 설명하시오.(116회)/상수관망에서 발생하는 수격현상에 대하여 설명하시오.(124회)
	관로 설치	원형관에서 Manning 공식의 수리특성곡선을 그림으로 나타내고 설계 적용 시 유의할 점을 설명하시오.(108회)/강성관과 연성관의 기초형식에 대하여 설명하시오.(100회)/하천부지에 설치되는 집수매거 설계에 포함되어야 할 사항에 대하여 설명하시오.(120회)/하수관거의 접합방법에 대하여 설명하시오.(121회)/하수관거의 심도별 굴착공법, 좁은 골목길 시공법 및 도로횡단공법에 대하여 설명하시오.(125회)/상수관 및 하수관거의 최소 토피고 기준을 제시하고, 최소 토피고 설정 시 주요 고려사항에 대하여 설명하시오.(125회)

서술형	하수관거시설	도시침수를 해소할 수 있는 방안으로 빗물펌프장, 유수지 등의 하수도시설 계획 시 위치선정 조건 및 용량결정방안을 설명하시오.(102회)/분류식 지역에서 노후화된 기존 우·오수관거의 개량 및 보수에 적용되는 기준을 설명하시오.(102회)/도로상 빗물받이 설치현황 및 문제점과 집수능력 향상방안을 설명하시오.(102회)/하수관거 유지관리 모니터링시스템의 목적 및 구성요소에 대하여 설명하시오.(103회)/ 하수도의 간선관거, 펌프장 및 처리장의 효율적인 시설계획에 대하여 설명하시오.(105회)/우수관거 계획 시 설계기준 및 고려할 사항에 대하여 설명하시오.(105회)/하수관거 계획 시 수세 변소수의 오수관로 직투입에 대하여 설명하시오.(105회)/하수관로 모니터링 시스템에 있어 비만관 유량계의 종류와 특징을 기술하시오.(107회)/공공하수도시설 설치사업 업무 지침에서 제시된 유입펌프동 설비를 설명하시오.(107회)/하수관거 정비사업 절차에 대하여 설명하시오.(107회)/지반침하대응 하수관로 정밀조사 수행방법에 대하여 설명하시오.(109회)/하수관로시설의 기술진단 범위와 방법을 설명하시오.(110회)/하수관거 접합 및 연결방법에 대하여 설명하시오.(110회)/공장과 가정의 배출수 발생으로부터 하수도 시설계통 전과정에 대한 흐름도를 도시하고 각 과정을 설명하시오.(111회)/스웨빙 피그(Swabbing Pig)에 대하여 설명하시오.(112회)/노후 하수관로의 개·보수 계획 수립 시 대상관로의 선정기준과 정비방법에 대하여 설명하시오.(114회)/기존 하수관로 개량공법별 시공 시 및 준공 시 고려사항에 대하여 설명하시오.(117회)/오수이송방식을 제시하고 방식별 장단점을 비교하여 설명하시오.(122회)/도로상 빗물받이 설치현황 및 문제점과 집수능력 향상 방안을 설명하시오.(124회)/하수관거 접합방법 4가지에 대하여 설명하시오.(125회)/하수관거에서 암거의 단면형상 종류와 장단점을 설명하시오.(125회)

3. 정수처리

용어형	혼화(응집이론)	콜로이드입자의 불안정화 시 발생될 수 있는 전하반전(99회)/속도경사(G)(105회)/pH 조정제의 주입량 산정방법(106회)/가압수 확산에 의한 혼화(110회)/Enhanced Coagulation(114회) 상수도용 알칼리제(116회)/SCD(Streaming Current Detector)(116회)/가압수 확산에 의한 혼화(Diffusion Mixing by Pressurized Water Jet)(125회)
	응집(응결)	점감식 응집(Tapered Flocculation)(109회)/Enhanced Coagulation(113회)
	침전	장방형 침전지 단락류의 원인과 침전에 미치는 영향(99회)/표면부하율(Surface Loading Rate)(114회)/수면적 부하(115회)/SDI(Sludge Density Index)(119회)/부유물의 농도와 입자의 특성에 따른 상수도 침전의 형태(123회)
	여과	Air Binding(99회)/Turbidity Spike(102회)/정수장 여과지의 역세척 배출수 처리방안(103회)/UFRV(Unit Filter Run Volume)(103회)/급속여과지 여과속도 향상 방안(105회)/여과지의 시동방수(105회)/여과지 성능평가방법(106회)/상수도공정 중 여과(Filtration)의 종류 5가지(110회)/여과수 탁도관리 목표제(113, 114회)/공기장애(Air Binding)(114회)/급속여과지의 L/De비(단, L : 여과층 두께, De : 여재의 유효경)(117회)/시동방수(Filter−To−Waste)(119, 120회)/급속여과의 공기장애(Air Binding)와 탁질누출현상(Break Through)(123회)/유효입경(Effective Size)과 균등계수(Uniformity Coefficient)(123회)/점감수로(Tapered Channel)(125회)
	소독(오존)	Chick법칙과 CT증가 방안(100회)/고도산화공정(AOP)(101회)/피드포워드제어(107회)/불활성화비 계산(110회)/정수시설 소독설비 계측제어방식(112회)/필요소독능(Contact Time Value)(113, 114회)/먹는물 수처리제로 사용하는 과망간산나트륨($NaMnO_4$)(117회)/이산화염소(ClO_2)(118회)/파괴점 염소처리법(Breakpoint Chlorination)(118, 122회)/감시제어장치(120회)/고도산화법(AOP)(122회)/정수처리에서 오존처리 시 문제점(122회)

용어용	고도정수	축전식 탈이온공정(99회)/가압부상처리법의 공기/부유물비(101회)/비소제거방법(103회)/산화환원전위(113회)/정삼투(Forward Osmosis)(113, 114회)/수도용 막의 종류 및 특징(120회)/DAF(Dissolved Air Flotation)(120회)/공상접촉시간(EBCT)(120회)/입상활성탄의 파과(121회)
	막여과	MFI(Membrane Fouling Index)(100회)/막여과방식의 순환여과(Cross Flow)방식(104회)/막 증류법(MD : Membrane Distillation)(106회)/막모듈(Membrane Module)(107회)/버블포인트 시험(Bubble Point Test)(110회)/전량여과(Dead−end Filtration)방식과 순환여과(Cross−flow Filtration)방식(121회)
	활성탄 (분말, 입상)	입상활성탄의 파과현상(101회)/활성탄의 이화학적 재생방법(106회)/공상접촉시간(Empty Bed Contact Time, EBCT)(111회)/등온흡착식(Isotherm Adsorption Equation)(112회)/등온흡착선(等溫吸着線)(124회)
	정수처리 일반	정수시설에서 시스템으로서의 안전대책(107회)/배수지의 유효수심과 수위(117회)/정수시설의 가동률(可動率)(124회)
서술형	혼화 (응집이론)	유입원수의 pH가 정수공정 중 응집과 염소소독에 미치는 영향에 대하여 설명하시오.(100회)/정수장의 혼화·응집공정 개선방안에 대하여 설명하시오.(105, 123회)/급속혼화방식의 종류 및 특징에 대하여 설명하고, 혼화방식별 장단점을 비교하여 설명하시오.(112회)/정수처리 시 응집에 영향을 미치는 인자에 대하여 설명하시오.(113, 114회)/상수처리의 망간 제거방법 중 약품산화처리에 대하여 설명하시오.(122회)
	응집(응결)	정수처리시설에서 혼화, 응집, 침전공정의 운영진단방법에 대하여 설명하시오.(113회)/정수장의 플록형성지 유입구 설계방법을 설명하시오.(117회)/정수장의 플록형성지 설계 시 준수하여야 하는 설계기준을 쓰시오.(124회)
	침전	횡류식 침전지(이상적 흐름상태)의 입자침강속도와 표면부하율의 상관관계식을 유도하고 제거율 향상방안을 설명하시오.(99회)/지하저류조의 유지관리를 위한 퇴적침전물 바닥청소방안에 대하여 설명하시오.(101회)/고속응집침전지의 적용조건 및 설계 시 고려사항에 대하여 설명하시오.(101회)/정수장 침전지에 경사판을 설치하는 경우 고려할 사항을 설명하시오.(102회)/독립입자의 침전(I형 침전)에 대하여 설명하시오.(115회)/횡류식 약품침전지의 기능과 설계기준에 대하여 설명하시오.(119회)
	여과	여과지 여과사의 균등계수를 1.7 이하로 하는 이유를 설명하시오.(100회)/상수도 여과지의 역세척 시기 결정 방법에 대하여 설명하시오.(101회)/정수장에서 여과지 폐색을 일으키는 규조류의 특징 및 효율적인 수처리대책을 설명하시오.(104회)/입상여재 심층여과 시 오염물질을 제거하는 데 기여하는 주요 기작과 현상에 대하여 설명하시오.(107회)/급속여과지에서 사용되는 여재의 크기를 제한하는 이유를 설명하시오.(109회)/여과지 하부집수장치의 정의 및 종류에 대하여 설명하시오.(121회)/완속여과와 급속여과방법의 원리를 설명하고 각각의 장단점을 비교하여 설명하시오.(123회)/정수시설에서 급속여과지의 정속여과방식에 대하여 설명하시오.(124회)/여과유량조절방식 중 정속여과방식과 정압여과방식에 대하여 설명하시오.(125회)
	소독(염소, UV, 오존)	정수시설에서 오존처리의 장점과 배오존설비에 대하여 설명하시오.(101회)/자외선소독의 원리 및 영향인자에 대하여 설명하시오.(106회)/전염소처리와 세척배출수를 반송하고 있는 급속여과방식의 정수장에서 오존과 입상활성탄공정 도입 시 유의해야 할 사항과 그에 대한 대책을 설명하시오.(107회)/오존공정에서 배출하는 배오존의 재이용방안에 대하여 설명하시오.(109회)/오존이용률의 목표를 80% 이상으로 할 경우 오존접촉지를 설계하고, 산기관 및 산기판 설치 시 유의사항을 설명하시오.(110회)/염소(Cl_2)소독에 대하여 답하시오.(111회)

서술형	소독(염소, UV, 오존)	자외선소독의 개요와 영향인자에 대하여 설명하시오.(114회)/정수장의 소독능(CT) 향상방안 가운데 공정관리에 의한 소독능 향상방안에 대하여 설명하시오.(115회)/수처리 단위조작에서 오존처리가 다른 처리법과 비교하여 우수한 점을 기술하고 오존처리 시 유의점을 설명하시오.(116, 120회)/정수장 염소소독공정에서 유리잔류염소와 결합잔류염소에 대하여 설명하고, 염소주입률과 잔류염소농도와의 관계에 대하여 설명하시오.(117회)/정수처리에서 전염소 · 중간염소처리의 목적과 유의사항에 대하여 설명하시오.(119회)/브롬화염소(Bromine Chloride)에 의한 살균에 대하여 설명하시오.(120회)/상수처리에서 사용하는 소독방법인 염소(Cl_2), 오존(O_3), 자외선(UV)에 의한 소독효과, 소독부산물(DBPs)에 대하여 설명하시오.(122회)/정수장에서 전염소처리나 중간염소처리를 하는 목적에 대하여 설명하시오.(124회)/자외선(UV)소독설비에 대하여 설명하시오.(125회)
	고도정수	주어진 조건에서 역삼투압공정에서 막의 적정 면적을 산정하시오.(101회)/고도정수처리에서 Post GAC Adsorber와 GAC Filter/Adsorber를 비교 설명하시오.(102회)/고도정수처리기술을 정의하고, 공법의 종류와 장단점에 대하여 설명하시오.(106회)/해수담수화시설의 생산수에 포함된 보론(B)과 트리할로메탄(THMs)의 관리와 방류시설에 대하여 설명하시오.(109회)/해수담수화를 위한 역삼투시설에서 에너지회수방법에 대하여 설명하시오.(113회)/오존을 이용하는 고도정수처리공정에서 오존의 역할에 대하여 설명하시오.(114회)/고도정수처리를 위한, 활성탄흡착지공정의 최적설계를 위한 RSSCT(Rapid Small Scale Column Test)에 대하여 설명하시오.(117회)/고도정수처리를 위한 오존처리설비의 구성과 오존주입량 제어방식에 대하여 설명하시오.(117회)
	막여과(담수화)	막여과 부속설비에 대하여 설명하시오.(102회)/막여과의 장단점, 막여과방식, 열화와 파울링, 막의 종류에 대하여 설명하시오.(105회)/해수담수화를 위한 역삼투시설에서 에너지회수방법에 대하여 설명하시오.(114회)/막여과 시 농도분극현상의 발생원인과 막공정에 미치는 영향 및 억제방법을 설명하시오.(115회)/수도용 막의 종류와 특징을 설명하고 정수처리에 적용하기 위한 주요 검토사항을 설명하시오.(119회)/해수담수화시설 도입과 시설규모 결정 시 검토사항과 해수담수화시설에 대한 고려사항을 설명하시오.(120회)/해수담수화를 위한 역삼투(RO : Reverse Osmosis) 설비 적용 시 고려사항에 대하여 설명하시오.(120회)/역삼투압 멤브레인 세정방법에 대하여 설명하시오.(121회)/해수담수화시설 설계시 고려사항에 대하여 설명하시오.(121회)/해수담수방식에 대하여 설명하고, 해수담수화에서 보론과 트리할로메탄에 유의해야 하는 이유를 설명하시오.(122회)/수도용 막의 종류와 특성을 설명하고, 수도용 막여과 공정 구성에 대하여 설명하시오.(122회)
	활성탄(PAC, GAC, BAC)	입상활성탄 흡착탑으로 삼염화에틸렌 폐수처리 시 입상활성탄 흡착탑의 수명을 구하시오.(101회)/정수장에 도입된 생물활성탄공정을 나열하고, 특징과 운전방법에 대하여 설명하시오.(106회)/정수장에 고도정수처리시설로 도입된 입상활성탄 흡착지의 하부집수장치에 대하여 설명하시오.(109회)/주어진 조건에 대한 활성탄 흡착분해법에 의한 배오존 분해탑을 3개탑으로 설계하시오.(112회)/생물활성탄(BAC)의 원리 및 장단점에 대하여 설명하시오.(116회)/활성탄의 재생설비와 이화학적 재생방법에 대하여 설명하시오.(118회)
	정수처리 일반	정수 후 수질검사 결과 이상이 있을 시 조치사항에 대하여 설명하시오.(100회)/맛 · 냄새물질의 제거방법에 대하여 설명하시오.(102, 120회)/정수장에서 바이러스 등 병원성 세균들의 제거를 위한 정수처리기준을 정의하시오.(106회)/Value Engineering(가치공학)에서의 적용형태를 설명하시오.(107회)/장마철의 고탁도 발생원인과 정수처리대책에 대하여 설명하시오.(110회)/정수장 실시설계도면의 구성에 대하여 설명하시오.(111회)/조류발생 시 정수처리공정에 미치는 영향과 대책에 대하여 설명하시오.(114회)/정수처리시설에서 혼화, 응집, 침전공정의 운영진단방법에 대하여 설명하시오.(114회)/혼화, 응집, 침전, 여과, 소독으로 구성된 정수장의

서술형	정수처리 일반	기술진단에 대하여 설명하시오.(115회)/정수장의 시설개량이나 갱신방법과 유의사항에 대하여 기술하시오.(116회)/착수정, 응집지, 침전지, 급속여과지, 소독시설, 정수지, 송수펌프장, 약품주입설비, 배출수처리시설로 구성된 정수장의 평면배치 시 고려사항에 대하여 각각의 처리공정별로 설명하시오.(117회)/하천표류수의 취수시설을 4가지 언급하고 각 종류별로 기능과 특징을 설명하시오.(119회)/취수시설로서 기본적으로 갖추어야 할 기본사항(확실한 취수, 양호한 원수확보, 재해 및 환경대책, 유지관리의 용이성)에 대하여 설명하시오.(120회)/합성세제가 상수처리공정에 미치는 영향에 대하여 설명하시오.(120회)/정수처리시설에서 착수정의 정의 및 구조와 형상, 용량과 설비에 대하여 설명하시오.(121회)/정수시설에서 전력설비의 보호 및 안전설비에 대하여 설명하시오.(125회)/정수시설에서 사용하는 수질계측기기의 종류와 계기의 선정 시 유의사항에 대하여 설명하시오.(125회)
	슬러지처리	정수장의 슬러지 농축성이 나쁜 경우 탈수성을 향상시키는 전처리방식에 대해서 설명하시오.(104회)/재래식 정수장의 배출수처리시설을 설계하고자 한다. 공정의 설계방법에 대하여 설명하시오.(112회)/정수장 배출수처리시설을 설계하고자 한다. 주어진 조건으로부터 이론적인 계획처리고형물량(kg/day)을 계산하시오.(115회)/정수장에서 발생하는 배출수처리공정 및 방법에 대하여 설명하시오.(116회)/정수처리 시 원수 중의 망간을 제거하는 물리·화학적 방법을 설명하고, 제거된 망간을 처리하기 위한 배출수처리시설에서 고려해야 할 사항에 대하여 설명하시오.(118회)/정수장 배출수처리 설계 시 고려사항에 대하여 설명하시오.(121회)

4. 하수처리 고도슬러지

용어형	하수전처리	하수처리시설의 계획수량과 평균유속(100회)/침사지 한계유속(101회)/하수처리시설의 pH 조정시설(113, 122회)
	포기	산소전달계수 결정방법(101회)/산소섭취율(OUR : Oxygen Uptake Rate)(104회)/침식상 유리탄산 제거(106회)/오존 이용률과 전달효율(106회)/하수의 포화용존산소(110회)/Off−gas 분석장치(111회)/산화환원전위(Oxidation Reduction Potential)(114, 120회)
	침전	회분침강곡선(107회)/표면부하율(Surface Loading Rate)(113회)/전침전(Pre−precipitation) 공침(Co−precipitation), 후침전(Post−precipitation)(122회)/하수처리장의 2차 침전지 정류벽 설치사유 및 재질(125회)
	활성 슬러지법	Xr(반송슬러지 농도)과 SDI(Sludge Density Index)의 관계(104회)/잉여슬러지 제어방법(105회)/SVI(슬러지 용량지표)(105회)/방선균(Actinomycetes)(106회)/Monode식에서 Monode 상수(k_s)의 정의와 의미(112회)/SRT(고형물 체류시간 : Solids Retention Time)(117회)/F/M비와 SRT의 관계(117회)/활성슬러지법의 설계인자 및 영향인자(117회)/Pin Floc(119회)/Step Aeration(120회)/거품과 스컴(121회)
	생물막법	생흡착(Biosorption)(99회)/접촉산화법(104회)/가압교대 흡착장치(107회)/생물막의 물질이동 개념(110회)
	하수처리 공법	Step Aeration(99회)/폐수처리에서의 라군(Lagoon)법(102회)/MUCT(Modified University of Cape Town)공법(105회)/산화지법(106회)/미생물선택조(122회)/MSBR(Modified Sequencing Batch Reactor)(124회)/Anammox Process(124회)
	슬러지 처리	슬러지 전처리(102회)/하수찌꺼기(슬러지)처리공정 반류수처리(103회)/하수찌꺼기(슬러지) 유동층 소각시설의 노상(爐床)면적 산정 시 검토사항(103회)/분뇨처리방법 선정 시 고려사항(105회)/계획하수 슬러지량(106회)/슬러지건조의 평형함수율(110회)/하수슬러지 건조·탈수시설의 전기탈수기(112회)/급속소규모칼럼실험(RSSCT)(112회)/Anammox(Anaerobic Ammonium Oxidation)(114회)/이상(Two−phase)혐기성 소화(115회)/탈수기 필터 프레스(Filter Press)

용어형	슬러지 처리	(115회)/소화조 내와 소화가스에 포함된 황화수소 제거기술(117회)/ASBR(Anaerobic Sequencing Batch React(118회)/슬러지의 에너지 이용 형태(122회)/혐기성소화방식(123, 124회)/계획 발생슬러지량과 함수율과의 관계식(125회)
	소독탈취	하수처리장 TMS 구성항목(104회)/소화가스 탈황법(104회)/6단계 악취강도표시법(104회)
	소화 퇴비화	퇴비화(Composting) 시 필요한 반응인자(102, 124회)/UASB(Upflow Anaerobic Sludge Blanket)(108회)
	하수 고도 처리	SDNR(Specific Denitrification Rate)을 활용한 무산소조 용량 산정(100회)/생물학적 고도처리 공법에서 이차 인방출(102회)/Struvite(107회)/전탈질(112회)/ATP(Adenosine Triphosphate)(118회)/비질산화율(Specific Nitrification Ratio, SNR)(119회)/TKN(Total Kjeldahl Nitrogen)(120회)/질산화, Sludge Index(121회)/탈질(Denitrification)(123회)/하수처리수 재이용처리시설 R/O막 배치방법 3가지(125회)
서술형	하수 전처리 (하수처리 일반)	하수처리시설의 집약화방안과 효과에 대하여 설명하시오.(101회)/공공하수처리시설 에너지자립화 기본계획에 대하여 설명하시오.(101회)/친환경 주민친화적 하수처리시설의 계획 시 기본방향과 설치 시 고려사항에 대하여 설명하시오.(103회)/하수처리장에서 에너지절감 설비 및 대책에 대해서 설명하시오.(104회)/개인하수처리시설의 문제점과 개선방향에 대하여 설명하시오.(107회)/강우 시 하수도시설 운영현황 및 문제점 개선방안을 설명하시오.(108회)/환경과 에너지문제를 동시에 해결하기 위한 친환경에너지타운의 사업배경, 추진체계와 역할, 사업유형과 내용에 대하여 설명하시오.(110회)/기존 하수처리장의 방류수 재이용시설 설치 시 고려해야 할 사항을 설명하시오.(110회)/하수처리수를 재이용할 때 용도별 제한조건에 대하여 설명하시오.(117회)/하수저류시설 설치 시 검토하여야 할 사항을 설명하시오.(117회)/하수처리장 반류수 처리공정 선정 시 고려사항에 대하여 설명하시오.(117회)/만성적인 악취문제를 겪고 있는 하수처리장에서 도입할 수 있는 악취해결방안에 대하여 설명하시오.(117회)/공공하수처리시설 방류수를 관개용수로 사용하는 방안에 대하여 설명하시오.(118회)/하수처리장의 고농도 악취발생 시 적용 가능한 악취방지시설에 대하여 설명하시오.(119회)/방사능 오염수의 제거방법에 대하여 설명하시오.(120회)
	포기	주어진 조건에서 필요산소량(AOR)을 구하시오.(100회)/하수처리공정상의 포기장치 효율에 대하여 설명하시오.(111회)
	침전	하수처리장 2차침전지의 형상 및 구조, 정류설비, 유출설비, 슬러지 제거기 및 배출설비의 설계 시 고려사항에 대하여 설명하시오.(105회)/하수처리장의 유량조정조 설계 시 고려하여야 할 점에 대하여 설명하시오.(109회)/중력식 농축조의 한계고형물플럭스에 대하여 설명하시오.(112회)/독립성을 가진 SS농도 200mg/L인 하수를 침전관에 채우고 1.8m 깊이에서 시료를 채취하여 SS농도를 측정한 결과 자료를 얻었다. 이 자료로부터 SS제거효율이 85%가 되도록 침전지의 표면부하율($m^3/m^2 \cdot min$)을 구하시오.(116회)/최대유량 Q_{max}가 $1.1m^3/sec$이고 설계침전속도가 0.4mm/sec일 때 침전지의 체류시간이 2.5시간인 장방형 1차침전지의 규격을 설계하고자 할 때 물음에 답하시오.(116회)/하수처리장 침전지의 월류위어부하율 저감방안에 대하여 설명하시오.(119회)/하수처리시설에서 일차침전지의 형상 및 구조, 정류설비, 유출설비, 슬러지 수집기 및 슬러지 배출설비에 대하여 설명하시오.(122회)/1차침전지 구조에 대하여 설명하시오.(123회)/하수처리장 2차침전지 주요 설계인자에 대하여 설명하시오.(125회)
	활성 슬러지법	활성슬러지의 관리지표 중 영향인자에 대하여 설명하시오.(99회)/하수처리 생물반응조의 MLSS농도에 대하여 F/M비와 침전지 기능을 이용해 설명하시오.(101회)/활성슬러지법 처리공정을 혐기, 무산소, 호기조합법으로 개량 시 고려사항을 설명하시오.(103회)/활성슬러지 동력학 모델에 사용되는 계수값의 결정방법에 대하여 설명하시오.(103회)/생물학적 처리 시 적용

서술형	활성 슬러지법	되는 반응차수와 반응속도를 결정하는 방법에 대하여 설명하시오.(107회)/고형물체류시간(SRT) 설정을 기본으로 한 설계방법에 대해 산정식을 제시하고 산정절차를 설명하시오.(107회)/Pin Floc 발생원인 및 대책방안을 설명하시오.(108회)/표준활성슬러지법의 공정별 기능 및 생물반응조의 설계인자와 운전 시 문제점 및 대책에 대하여 설명하시오.(111회)/활성슬러지공정의 운전 시 필요산소량 산정방법에 대하여 설명하시오.(114회)/활성슬러지 동역학적 모델의 유기물 제거원리에 대하여 설명하시오.(118회)/활성슬러지법에서 독립영양미생물에 의한 질산화 과정에 대하여 설명하시오.(118회)/활성슬러지공법에서 반송비 결정방법에 대하여 설명하시오.(119회)/활성슬러지에 의한 도시하수처리장에서의 팽윤(Bulking)현상이란 무엇이며, 이에 대한 방지대책을 설명하시오.(120회)/표준활성슬러지의 반응조 설계방법을 설명하시오.(122회)/표준활성슬러지공정의 용존산소농도 및 필요산소량에 대하여 설명하시오.(122회)
	생물막법	2계열로 구성된 일반적인 하수처리장(9,000/일) 공사 중 시운전 시점에서 유입유량이 5%(450/일) 미만으로 유입이 예상될 시 이에 대한 대책을 설명하시오.(100회)/분리막 생물반응기(MBR)에서 Fouling현상의 원인과 제어방법에 대하여 설명하시오.(118회)
	하수처리 공법	MBR공법에서 인제거 방안을 설명하시오.(102회)/반류수(Sidestream)가 하수처리장 단위공정에 미치는 영향에 대하여 설명하시오.(115회)/공공하수처리시설의 계열화운전 대상시설과 제외시설에 대하여 설명하시오.(115회)/하수처리장 유량조정조의 용량산정방법에 대하여 설명하시오.(119회)/하수처리시설 내 부대시설 중 단위공정 간 연결관거계획 시 계획하수량 및 유의점에 대하여 설명하시오.(121, 123회)/하수처리시설의 토구에 대하여 설명하시오.(123회)
	슬러지처리	하수슬러지 관리계획의 수립배경 및 목적, 관리방안에 대하여 설명하시오.(99회)/슬러지 농축조의 소요단면적을 산정하기 위한 고형물 플럭스방법을 설명하시오.(101회)/슬러지 가용화 방안에 대하여 설명하시오.(108회)/주어진 그림은 하수처리장에서 고형물의 수지계통을 설명하는 것으로 각 단위시설의 고형물량을 계산하시오.(110회)/슬러지처리공정에서 반류수의 특성과 처리방안에 대하여 설명하시오.(113회)/일반적인 하수찌꺼기(슬러지) 처리·처분의 계통도를 작성하고, 단위공정별 처리목적과 고려할 사항을 설명하시오.(115회)/하수슬러지 또는 음식물처리를 위한 혐기성 소화조의 운영 시 발생하는 Struvite의 문제점과 대처방안에 대하여 설명하시오.(115회)/슬러지탈수기(가압탈수기, 벨트프레스탈수기, 원심탈수기)의 형식별 특성에 대하여 설명하시오.(116회)/중력식 슬러지농축조의 농축원리와 소요단면적 산정방법에 대하여 설명하시오.(117회)/원심력식 농축에 대하여 설명하고, 중력식 농축과 비교하여 특징과 장단점에 대하여 설명하시오.(121회)/슬러지처리과정에서 반류수처리방안 및 주처리공정에 미치는 영향에 대하여 설명하시오.(122회)/슬러지처리시설의 반류수처리에 대하여 설명하시오.(123회)
	소독, 탈취	하수처리장에서의 냄새 제거방법 중 대표적인 활성탄흡착법, 산알칼리세정법, 토양탈취상법, 포기조미생물법의 장단점을 설명하시오.(99회)/하수처리시설의 악취방지시설에 대하여 설명하시오.(102, 121회)/하수처리시설 소독설비 중 자외선법, 오존법, 염소계 약품법에 대하여 원리, 장치구성, 장단점에 대하여 설명하시오.(121회)
	소화, 퇴비화	혐기성 소화공정에서 메탄가스의 발생이 저하되는 원인과 대책을 설명하시오.(99회)/혐기성 소화와 호기성 소화의 장단점을 설명하시오.(99회)/에너지자립률 향상 및 유지관리의 편의성 확보를 위해 병합소화 시 처리계통도, 병합소화조의 유입수 특성, 소화공법 선정, 소화조 설계 시 고려사항을 설명하시오.(100회)/분뇨처리계획에 대하여 설명하시오.(102회)/소화가스의 에너지화에 대하여 설명하시오.(102회)/하수처리시설의 혐기성 소화처리공정에서 혼합의 목적 및 혼합방식에 대하여 설명하시오.(103회)/혐기성 소화조의 성능저하 원인분석 및 성능개선 대책을 설명하시오.(108회)/하수처리시설에서 혐기성 소화조의 소화가스포집설비에 대하여 설명하시오.(118회)/혐기성 소화의 이상(異常)현상 발생원인 및 대책에 대하여 설명하시오.(121회)/소화가스의 포집, 탈황, 저장에 대하여 설명하시오.(122회)

서술형	하수도	하수도정비 기본계획 수립 시 생활오수량 원단위 산정에 대하여 설명하시오.(105회)/합류식 하수도 차집관거의 방류부하 저감대책에 대하여 설명하시오.(106회)/하수도시설에 대한 내진설계 목적, 기본방침, 내진등급 및 내진설계 목표에 대하여 설명하시오.(111회)/하수관로의 야간 생활하수평가법에 따른 침입수 산정방법과 한계점을 설명하시오.(115회)/합류식 하수도에 설치되는 간이공공하수처리시설의 정의 및 설계 시 고려사항에 대하여 설명하시오.(115회)/하수처리장 방류수를 하천유지용수로 재이용하려고 한다. 공공하수처리시설 방류수수질기준(일처리용량 500m^3 이상)과 하천유지용수의 재처리수 용도별 수질기준을 비교하고 적정 처리방안에 대하여 설명하시오.(115회)/분류식 및 합류식 하수도의 특징을 설명하고, 합류식 하수관거에서 분류식 하수관거체계로 전환할 경우 유의사항에 대하여 설명하시오.(116회)/어느 도시의 분류식 하수도 계획구역이다. 주어진 조건에서 계획1일 최대오수량(m^3/day) 및 우수유출량(m^3/sec)을 구하시오.(116회)/합류식 하수도에서 우천 시 배수설비 및 관거의 방류부하 저감대책에 대하여 설명하시오.(118회)/분뇨처리시설에서 하수처리시설과의 연계처리설비에 대하여 설명하시오.(118회)/하수배수계통의 하수관거 배치방식을 개략도를 그려서 설명하시오.(119회)/우수와 처리수의 해양방류시설 설계 시 고려사항에 대하여 설명하시오.(120회)/관로시설 중 배수설비의 제해시설(除害施設)을 정하는 데 고려해야 할 사항을 설명하시오.(120회)/오수관로계획 시 고려사항에 대하여 설명하시오.(120회)/합류식 하수도의 우천 시 방류부하량 저감대책에 대하여 설명하시오.(122회)/배수설비의 부대설비에 대하여 설명하시오.(123회)/기존 하수처리장의 재구축 시 무중단공사 단계별 시공계획에 대하여 설명하시오.(124회)/하수관로에서 악취 저감대책에 대하여 설명하시오.(124회)/최근 스마트하수도기술과 일반하수도기술의 차이점에 대하여 설명하시오.(124회)/하수처리장의 수리계산절차 및 필요성에 대하여 설명하고, 수리계산 시 주요 고려사항을 쓰시오.(125회)/하수처리장 부지배치계획 수립 및 계획과 결정 시 주요 고려사항을 설명하시오.(125회)/하수처리장설계 시 적용되고 있는 방수방식 공법에 대하여 답하시오.(125회)
	우수처리	도시의 우수관리를 위한 저영향개발 활성화방안 등에 대하여 설명하시오.(100회)/초기 우수의 배제방식별 특성과 처리방안을 설명하시오.(100회)/우천 시 방류부하량을 줄이기 위한 단계별 저감계획에 대해서 설명하시오.(104회)/우수체수지의 형식에 대해서 설명하시오.(104회)/공공하수도 사업계획 수립 시, 도시지역 강우 시 오염부하 저감대책을 설명하시오.(104회)/합류식 하수관거지역에서 강우 시 하수처리(3Q)에 대한 문제점 및 운영개선방안에 대하여 설명하시오.(105회)/우수관거계획 시 설계기준 및 고려할 사항에 대하여 설명하시오.(105회)/불명수의 종류와 유입원인 및 영향, 그리고 저감대책에 대하여 설명하시오.(106회)/우수유출 저감대책에 대하여 설명하시오.(106회)/강우 시 하수도시설의 운영현황 및 문제점 개선방안을 설명하시오.(108회)/기후변화로 인한 홍수와 가뭄 발생 시 상수도, 하수도시스템에 발생하는 문제점과 그에 대한 대책을 설명하시오.(108회)/분산형 빗물관리의 정의와 기술요소를 설명하시오.(108회)/하수도정비 기본계획 시 침수대응 하수도시설계획에 대하여 설명하시오.(109회)/우수관로설계에 대하여 설명하시오.(109회)/강우 시 불완전분류식 지역에서 우수유입을 차단하기 위한 하수관리방안에 대하여 설명하시오.(113회)/급격한 기후변화에 따른 국지성 집중호우 시 도심지 침수방지대책에 대하여 설명하시오.(114회)/강우 시 불완전분류식 지역에서 우수유입을 차단하기 위한 하수관리방안에 대하여 설명하시오.(114회)/저영향개발(LID)시설계획수립을 위한 빗물관리목표량 설정방법에 대하여 설명하시오.(115회)/국내 도심지에서 발생하는 공공하수도시설과 관련된 내수침수의 원인과 침수저감대책에 대하여 설명하시오.(117회)/우수토실 및 토구의 방류부하 저감대책에 대하여 설명하시오.(118회)/불명수의 유입저감방안에 대하여 설명하시오.(120회)/강우 시 발생하는 유입수를 반영한 현실적인 계획오수량 산정에 대하여 설명하시오.(121회)/우수배제계획 시 고려사항에 대하여 설명하시오.(121회)/도시침수를 해소할 수 있는 방안으로 빗물펌프장, 유수지 등의 하수도시설계획 시 위치 선정 조건

서술형	우수처리	및 용량 결정 방안을 설명하시오.(124회)/강우 시 계획하수량 산정방법 및 산정 시 고려사항에 대하여 설명하시오.(124회)
	친환경 유지관리	여과형 비점오염 저감시설의 시설별 설계인자에 대한 실험에 대하여 설명하시오.(110회)/상하수도시설의 운영관리를 위한 유량계 종류와 특성에 대하여 설명하시오.(116회)/하수도시설 정비사업과 시설 유지관리 시 빈번히 발생하고 있는 질식재해에 대하여 발생환경, 위험요인, 예방규칙을 설명하시오.(116회)/하수처리수 재이용시설계획의 목적, 기본방향 및 고려사항에 대하여 설명하시오.(116회)/공공하수도 하수관거 진단 대상에서 기술진단을 받지 않아도 되는 경우에 대하여 설명하시오.(118회)/하수처리수 재이용의 문제점 및 대책에 대하여 설명하시오.(120회)/하수처리장 처리수 재이용 시 용수 사용용도별 수질기준에 대하여 설명하시오.(124회)
	시사성	상하수도분야 BTL과 BTO방식에 대하여 비교 설명하고, BTL방식에 대하여 자세하게 설명하시오.(99회)/수도시설의 자산관리(Asset Management) 개념과 자산관리 핵심요소 중 서비스수준(Level of Service)관리에 대하여 설명하시오.(99회)/WASCO(Water Saving Company) 사업의 도입 목적, 사업특징 및 계약형태에 대하여 설명하시오.(101회)/국가 물 재이용 기본계획 추진전략을 설명하시오.(102회)/정부에서 추진 중인 '물관리 일원화'의 추진배경과 이와 관련법(물관리기본법, 정부조직법, 물관리기술발전 및 물산업진흥에 관한 법률)의 주요개정 내용 및 향후과제에 대하여 설명하시오.(116회)/최근 국내 일부 지자체에서 시범사업으로 실시하고 있는 합류식 지역 수세분뇨 직투입 시 고려할 사항에 대하여 기술하시오.(116회)/공공하수처리시설 에너지자립화 사업의 현황과 문제점, 추진방안에 대하여 설명하시오.(118회)/하수처리시설에서 시설물의 안전진단에 대하여 설명하시오.(118회)/음식물류 및 분뇨 직투입하수관거정비사업시행 시 우선적으로 고려하여야 할 사항을 설명하시오.(124회)/상하수도사업의 발주방식의 종류와 기술제안서에 포함되어야 할 사항을 설명하시오.(124회)

상하수도 기술사의 분야별 특징과 공부법

1. 총 론

상하수도 기술사 공부 범위는 물을 중심으로 한 기본적인 물리화학적 지식과 수질관리와 관련한 생태계의 구성과 특성, 유체이송과 관련한 관로와 펌프 관련 기술, 정수처리의 약품투입과 관련한 화학적 지식, 침전 여과의 콜로이드성 고형물의 제거 메커니즘, 하수처리의 미생물학적 메커니즘, 고도처리의 질소 인 제거, 미생물의 동역학(산화와 동화)과 증식프로세스, 슬러지처리의 자원회수 등 친환경적 메커니즘과 지식, 사회 과학적 관점에서 상하수도 분야의 전체적인 계획과 규정 이해 등 모든 분야가 복합적으로 연관된 상수·하수에 관한 종합 기술의 총체이다. 따라서 이를 공부하는 독자들은 단편적인 지식이나 기술보다도 넓은 시야를 갖고 드러난 현상의 원리를 면밀히 분석하면서 이면의 배경까지도 생각해보는 생태학자이며 철학자적인 모습으로 다가가야 할 것이다.

2. 수질관리

1) 특징 : 수질관리편은 물의 기본적인 물리·화학적 성질을 바탕으로 정수처리, 하수처리편을 위한 기초적 내용과 지표수, 지하수 등의 수원별 오염과 관리에 대하여 다룬다.

2) 중점 내용

a) 기초적인 화학식은 반드시 이해해야 하며 알칼리도, 경도 등 기본적인 계산문제는 풀 수 있도록 하되 화학에 자신이 없다면 너무 깊게 들어갈 필요는 없다.(이미 출제된 정도만을 공부하면 좋을 것이다)

b) 수원별 특징과 지표수의 유기물 분해에 따른 용존산소소비곡선과의 관계, 비점오염원 등 수질오염 원인과 제거법 등을 이해한다.

c) 지표수의 특징, 강변여과수, 복류수 특징, 부영양화, 적조, 하천의 오염과 정화, 각종 미생물의 특징, 소독 등을 이해한다.

3. 상하수 이송

1) 특징 : 상하수도의 물 이송에 관련된 분야로서 주로 관로의 종류와 특징, 이송에 필요한 유체역학적 내용, 펌프설비, 관로 설계, 시공 개보수 등의 내용을 담고 있다.

2) 중점 내용

a) 관경과 유속, 유량, 양정, 동력 등의 관계 및 계산문제 해석능력

b) 관망 해석, 유량 공식 이해, Bloc 시스템, 상수관로 최적관리시스템, 관로 구성 요소 등

c) 최적의 송수를 위한 배관망과 적정 수압, 직결급수조건 등

d) 관로 갱신, 원격제어, 관 종류 및 특징

4. 정수처리

1) 특징 : 상하수도의 가장 중요한 부분 중 하나이며 원수를 적절히 처리하여 최고급의 물을 공급하기 위한 응집, 응결,침전, 여과, 소독 등의 내용으로 구성된다.

2) 중점 내용

a) 정수 처리 대상물질인 콜로이드의 성질과 처리법
b) 급속 교반과 응집, 응집제 종류 및 최적 응집제량, 응결지와 GT 값
c) 침전효율 향상과 침전지 구조, 슬러지 제거법
d) 여과지의 구성과 각종 이상 현상, 여과사의 특성
e) 소독법과 소독부산물(DBPs), 염소소독의 현황과 문제점 대안
f) 고도 정수처리, 오존, BAC, 막여과 등

5. 하수처리

1) 특징 : 하수관로를 통해 수집된 유기물의 처리법과 활성 슬러지법을 기본으로 하는 다양한 변법들의 이해에 필요한 기본적인 미생물학적 동력학과 영양염류의 제거를 전제로 한 하수처리 공법들의 이해가 필요하다.

2) 중점 내용

a) 전처리로 침사지, 스크린, 미세여과기 등
b) 미생물 관련 기본적인 용어이해, 활성 슬러지법의 완전한 이해
c) 생물막법의 특징 및 변법(살수여상, 접촉산화법, HBC 등) 이해
d) A_2O 계열의 미생물 반응조(활성오니법+고도처리) 이해
e) 각종 반응조(Plug Flow, Complete Mixing, 회분식 등)의 이해
f) 침전지, 수집기, 슬러지 벌킹 등 이상현상의 원인과 대책

6. 하수 고도처리

1) 특징 : 자연계의 정상적인 질소, 인 순환을 초과하는 인위적인 과다 영양염류의 제거를 위한 질소, 인의 기본적인 특성과 제거 메커니즘의 이해, 관련 미생물의 성질 이해가 필요하다.

2) 중점 내용

a) N, P의 성질, 고도처리의 필요성
b) 고도처리 방법(BNR, CNR, CPR, C순환, N순환, A_2O, UCT, MUCT, VIP 등)의 특징
C) 고도처리에 관여하는 미생물(PAOs 등)과 혐기조, 호기조, 무산소조의 기능

7. 슬러지 처리

1) 특징 : 정수장, 하수처리장에서 처리공정의 부산물인 슬러지 처리법은 슬러지의 특성과 최종 처분법을 함께 고려하여 효율적이고 안전하며 자원회수가 가능한 친환경 공법을 적용해야 한다.

2) 중점 내용
  a) 슬러지의 특성과 함수율과 부피의 관계 이해
  b) 개량, 농축, 탈수, 건조, 소각 등 공정별 특성 이해
  c) 탈수 특성 분석법, 고도처리 슬러지 처분법, 자원회수 등 합리적인 최종 처분법

8. 상하수도 계획

1) 특징 : 환경 정책 기본법, 수도법, 하수도법 등 각종 법규와 지침 등 행정적인 목표에 맞춰 상하수도 분야의 나아가고자 하는 방향을 이해하고 설계, 시공 등 관련 기술을 자연과 조화되게 친환경적으로 추진하는 데 필요한 전반적이고 종합적인 안목의 기술자가 요구된다.

2) 중점 내용
  a) 각종 상하수도 관련 법규와 지침의 이해
  b) 하수처리 및 상수도 설비의 기본 계획과 방향
  c) 적합한 우수처리 계획(합류식, 분류식, 우수토실 등) 빗물분산처리
  d) 수도정비, 하수도 정비 기본계획 등
  e) 하수관거 계획, 종말처리 시설계획, 중수도, 처리수 재이용 등

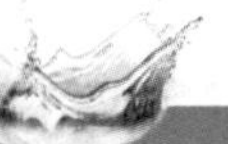

답안 작성 요령(상하수도 기술사)

1. 자신만의 독자적 답안을 작성하라.

1) 출제자가 요구하는 부분을 기본적으로 설명하되 보편타당하게 기술한다.
2) 기존의 수험서나 선배들의 답안을 흉내 내려 하지 말라.
3) 답안내용은 객관적 내용을 근거로 하되, 서술과정은 자신의 지식과 경험과 철학을 바탕으로 주관적으로 하라.

2. 답안은 실제적이고 객관적이고 창의적인 내용으로 작성된 보고서이다.

1) 상대방이 이해하기 쉽도록 일목요연하게 정리하라.
2) 전체적인 나열과 부분적인 설명이 조화를 이루도록 하라.
3) 한눈에 알 수 있도록 그림과 설명을 적절히 조화시킨다.

3. 전문가적인 의견을 피력하라.

1) 상하수도 기술사 시험은 전문가들이 서술하는 상하수도 기술에 대한 답변서이다.
2) 기본적인 이론은 당연하고 중간 중간 지식의 깊이(전문 용어, 관계식 등)와 실무의 연륜(현장 경험에서 우러나오는 체크 포인트)이 답안에 베어 나도록한다.
3) 객관적인 이론을 바탕으로 자신의 주관적인 경험을 첨가하여 비판적인 안목으로 분석하고 대안을 제시하는 연구자적인 자세로 서술한다.
4) 지나치게 이론적 기술에 치우치거나 주관적 추론에 치우치는 것은 좋지 않으며 이론과 실무를 겸비한 균형 잡힌 안목을 가진 기술자의 면모를 담는다.

4. 답안의 개략적인 구성

1) 단답형(용어 설명, 1교시)
   a) 정의, 의미
   b) 특징, 원리, 관련식
   c) 상하수도 실무 적용(모든 용어는 현장 실무와 연관된다)

2) 서술형(2교시)
   a) 객관적 이론(개요, 특징, 원리 등)
   b) 분석적 접근(문제점, 장단점 등)
   c) 경험에 의한 실무(현장의 적용예, 현장 추세 등)
   c) 본인의 주관적 자세(주장, 의견 등)

5. 답안작성 예

1) 1교시 단답형

1문항당 1쪽 내외 - 계산문제는 계산에 필요한 내용만 서술되면 분량은 무관하다. 설명형은 최소한 반쪽 이상 한쪽 내외가 적당하며 1.5쪽 이상은 비효율적이며 구성 예는 아래와 같다.

예) 정류벽

답〉 1. 정의
2. 정류벽의 필요성
3. 침전지 정류 상태(레이놀즈수, 프르우드수)
4. 정류벽의 기능(밀도류, 단락류 - 그림)
5. 정수처리 침전지에서 정류벽 설치시 고려사항

2) 2교시 서술형

1문항당 2쪽 내외 - 계산문제는 단답형과 같으며 서술형은 내용과 그림을 나열, 서술 등 구성을 조화롭게 하되, 편지글처럼 빽빽한 모양도, 너무 제목만 나열하는 것도 바람직하지 않으며 내용 파악이 쉽게 전체 틀(아래 예 참조)을 구성하고 내용을 알기 쉽게 서술한다.

예) 인공습지에 대하여 기술하시오

답〉 1. 개요
2. 인공습지의 조성 목적
3. 인공 습지의 특징
4. 인공습지 수질개선을 위한 방향
5. 인공습지의 구성요소 (그림)
6. 인공습지의 종류 및 특징(그림)
7. 인공습지의 처리효율과 고려사항
8. 인공습지 적용의 최근추세 및 개선방안(본인철학과 의견)

6. 답안 작성시 시간 배분

1) 1문항을 아무리 잘 써도 만점 이상은 받지 못하며 쓰지 못한 문항은 0점 처리된다. 그러므로 자신 있는 문제라 하더라도 1문항에 너무 많은 시간과 지면을 할애할 필요는 없다.
2) 모든 문항을 골고루 잘 쓰는 것이 바람직하며 최소한 주어진 문항수는 채운다.
3) 계산문제는 만점을 얻을 수 있고 평균점수를 끌어 올릴 수 있다. 복잡한 계산식은 무시한다 하더라도 기본적이고 기출문제 정도의 계산문제는 꼭 정리한다.

차례(上)

Chapter 01 수질관리

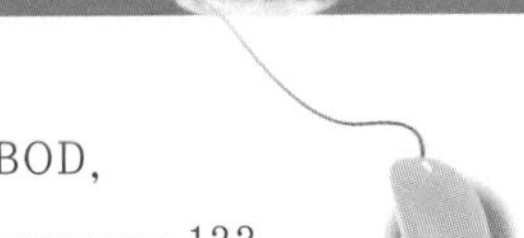

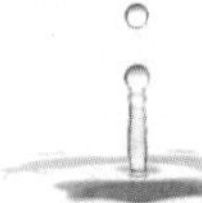

Chapter 02 상하수도 이송

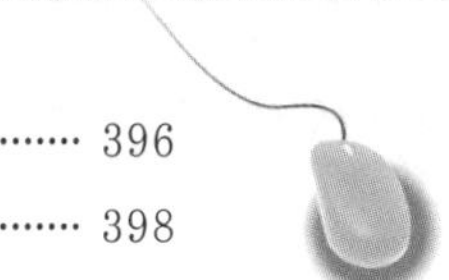

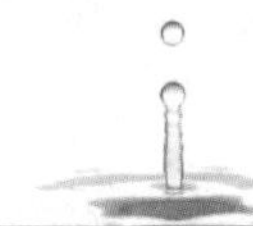

Chapter 03 정수처리

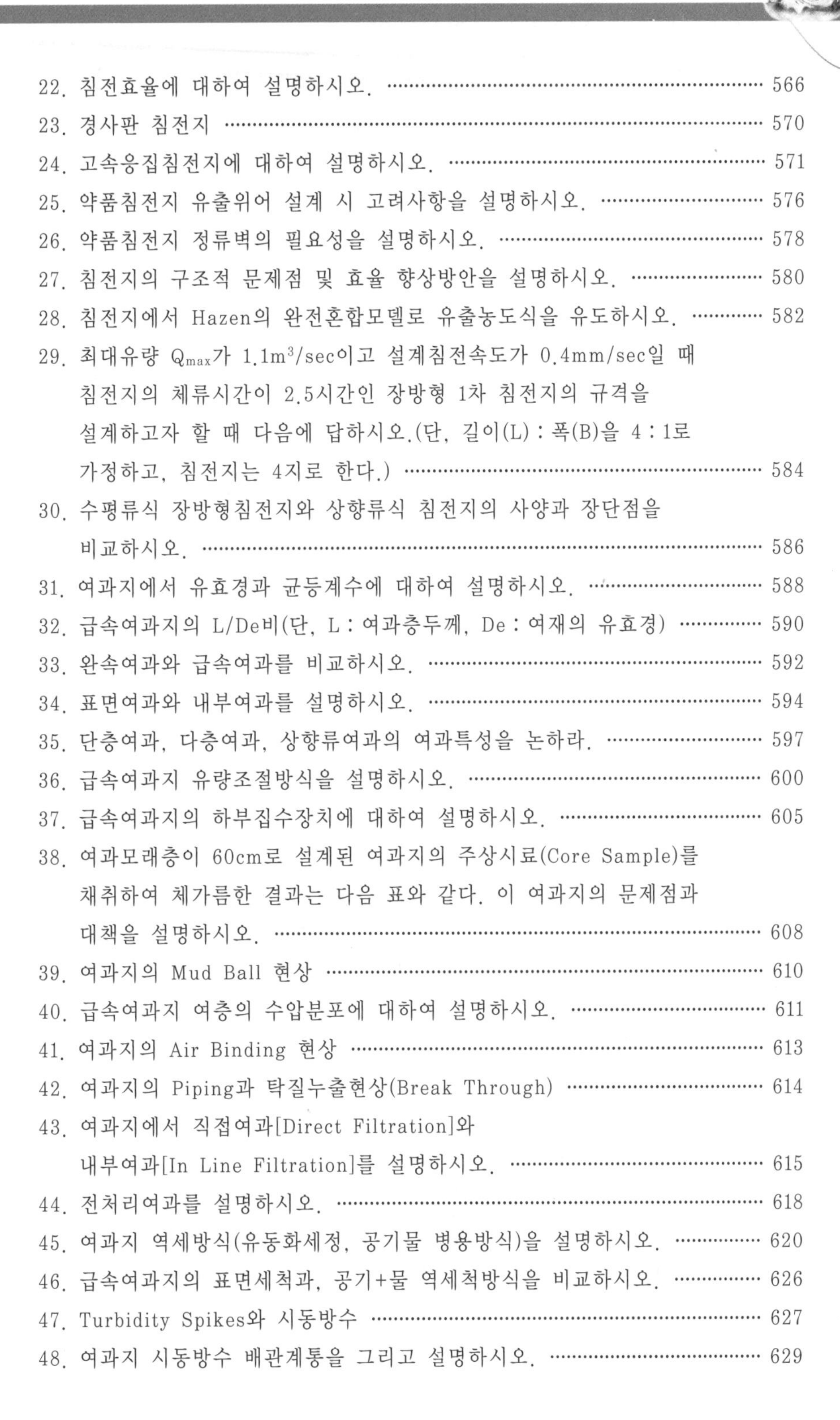

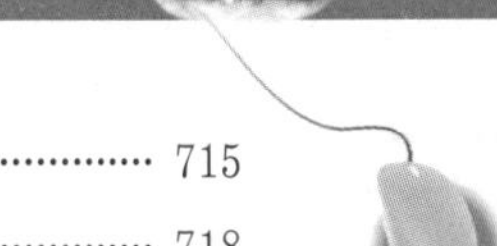

차례(下)

Professional Engineer Water Supply Sewage

1. 수질관리

1 | 물의 성질

물 = H_2O = 水 = Aqua

1. 물은 흔하지만 유별난 물질이다.

물은 너무 흔해 소홀히 다루기도 하지만, 이것이 가진 특별한 성질 덕분에 인간을 비롯한 모든 생명체가 살아갈 수 있는 것이다.

2. 물은 대부분의 물질을 녹일 수 있다.

물만큼 다른 물질을 녹일 수 있는 액체는 없다. 또한 물은 자신이 녹이는 물질들에 의해 그 성질이 화학적으로 변하지 않기 때문에 반복해서 쓰일 수 있다.

3. 모든 물질은 온도가 내려가면 부피가 줄어든다.

그러나 물은 섭씨 4도일 때의 부피가 가장 작고, 그보다 수온이 낮아지면 오히려 부피가 늘어난다. 얼음이 되면 10분의 1쯤 부피가 더 커진다. 무게가 그대로인 채 부피만 늘어나므로 그만큼 가벼워지고 늘어난 부피만큼 물에 뜬다. 이것이 빙산이 바다에 10분의 1만 모습을 내보이고 떠다니는 이유이다. 만일 얼음이 물보다 무겁다고 한다면 추운 겨울에 만들어진 얼음이 강이나 호수의 바닥에 가라앉게 되고, 한여름이 되어도 바닥의 얼음은 대부분 녹지 않고 남아 있을 것이다. 해가 가면 갈수록 얼음은 점점 더 많아져 우리가 쓸 수 있는 물의 양은 점점 더 줄어들게 된다.

4. 또한 물은 대단히 큰 표면장력과 부착장력을 갖고 있다.

표면장력과 부착장력이 합쳐져서 아주 가는 대롱 속의 물을 상당한 높이까지 끌어올릴 수 있다. 이를 모세관현상이라고 부르는데, 이런 물의 능력 때문에 흙 속에서의 물의 순환과 식물줄기를 통한 용액의 순환, 그리고 동물의 피 순환이 이루어질 수 있다.

5. 물은 매우 큰 비열을 가지고 있다.

물은 다른 이떤 물체보다도 온도가 적게 상승하면서도 보다 많은 열을 흡수할 수 있다. 똑같은 태양열이 내리쬔다고 해도 건조한 사막은 호수보다 기온이 다섯 베나 더 올라간다. 반대로 온도가 눈에 띄게 낮아지지 않으면서도 막대한 열을 내놓아 낮과 밤의 차이가 줄어들어 그나마 살아갈 수 있다. 이와 같은 물의 유별난 특성이 지구상의 기후와 일기를 안정적으로 지배하고 있고 인류의 생태계(생활환경과 양식)를 형성한다.

6. 자정작용

수질오염의 원인은 대부분 이러한 유기물 때문인 경우가 많다. 이 유기물들은 물속에 살고 있는 미생물의 먹이가 되어 분해되거나 물속에 녹아 있는 산소 또는 공기 중의 산소가 물에 녹아들어가서 이 산소와의 산화작용을 통하여 분해되기도 한다. 이런 과정을 거쳐 오염된 물이 결국에는 본래 상태(깨끗한 상태)로 분해되어 물이 깨끗해지는 것을 자정작용이라 하고, 그 능력의 크기를 자정용량이라 한다.

* 기술사는 기술적 지식과 문제를 해결하는 판단력을 소유하는 것은 물론이고 담당 프로젝트의 원만한 완성을 위해 관련자들의 화합을 도출해야 합니다.
  이러한 철학적 가치관을 위해 '차 한 잔의 여유' 코너를 두었습니다. 공부하는 중에도 여유를 가지고 한걸음 한걸음 정진하시기 바랍니다.

차 한잔의 여유

천리 길도 첫걸음부터 시작된다.

_ 노자 _

2 | 지구상의 수자원 종류와 분포

1. 개요

지구상에 있는 자연의 물 중에서 사람이 자원으로 이용할 수 있는 물을 수자원이라고 하며, 사람의 생활과 산업에 직접 또는 간접적으로 쓰이는 물을 말한다.

2. 수자원의 기능

호수 · 강 · 바다의 맑은 물은 보는 것만으로도 생활에 활력을 주기도 하고, 조용히 흐르는 냇물은 물 속에서 사는 수많은 생물의 삶의 터전이 될 뿐만 아니라, 사람의 생활에 교통수단이 되기도 한다. 그러나 오늘날 산업의 발달에 따라 물은 더욱 중요한 자원이 되었고, 이에 따라 세계 여러 나라는 수자원의 개발과 보존에 힘을 기울이고 있다.

3. 수량

물은 지구상에서 가장 풍부한 자원이다. 바다는 지구표면($510 \times 10^6 km^2$)의 71%를 차지하고 있으며 지구의 표면을 공처럼 평평하게 만들면 이 세계는 약 2,440m의 수심으로 뒤덮인다고 한다. 또한 육지에서도 하천 · 호수 · 지하수 · 토양수분 · 생물에 존재하고 있는 수분 등을 생각할 때, 우리 주변에서 가장 흔하게 접할 수 있는 것이 물이라고 하지 않을 수 없다.

4. 수자원의 종류

지구상의 물은 대기 중의 수증기, 해수, 호소수(담수와 염수), 하천수, 토양수분, 지하수 등과 고체의 형태로서 빙하와 눈이 있다.

구분		면적($\times 10^3 km^2$)	총수량($\times 10^3 km^3$)	백분율(%)
지표수	담수호 염수호 하천	860 700	130 100 1.2	0.009 0.008 0.0001
지하수	토양수 지하수(800m 이내) 심층지하수	129,500	70 4,160 4,160	0.006 0.373 0.373
육지상 총량 만년빙하 대기층 해양		131,060 17,870 510,230 361,300	8,620 29,200 13 1,320,000	0.769 1.76 0.001 97.47
총계			1,357,000	100

5. 상하수도 물 순환 모식도

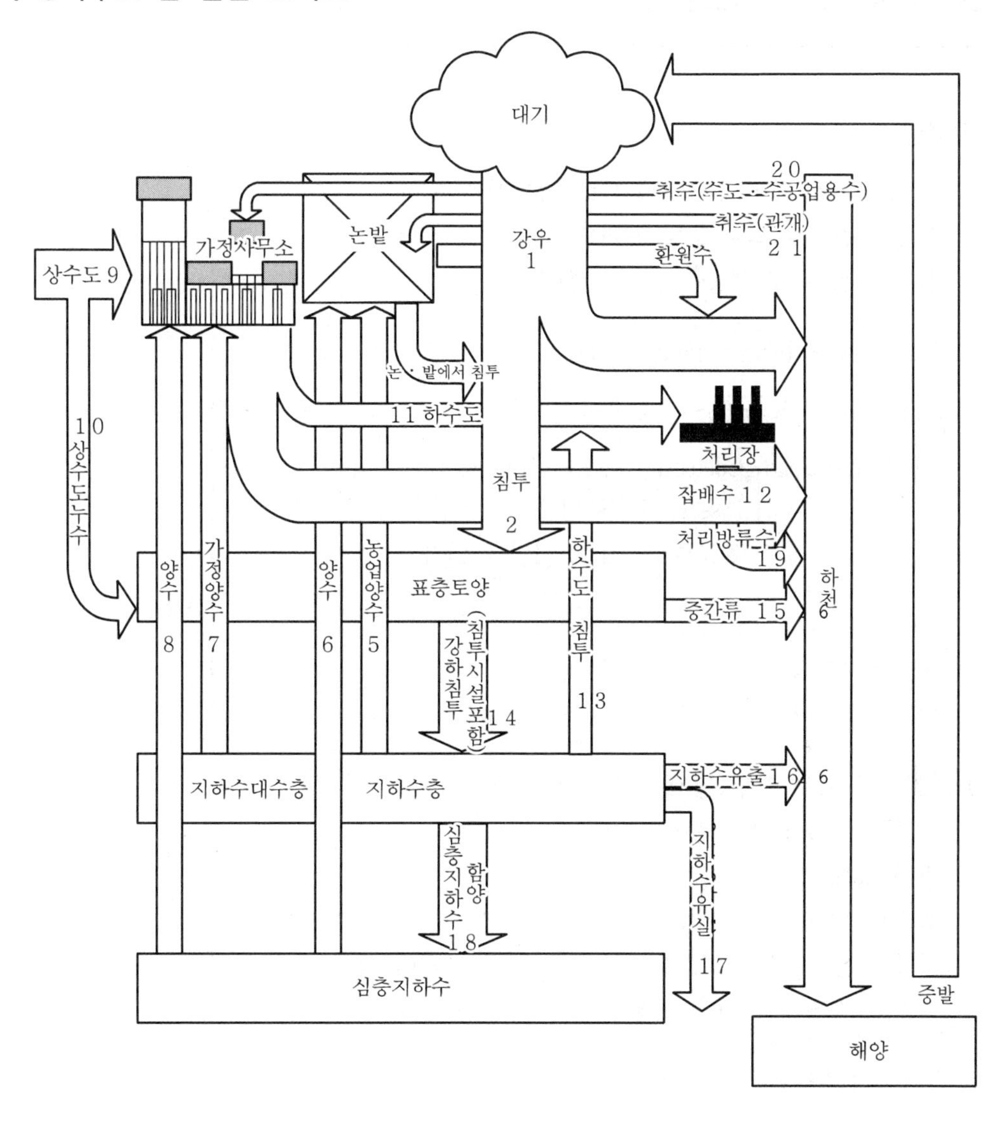

3 | 폐수의 고형물 분석(TS, SS, DS, VS, FS)

1. 고형물

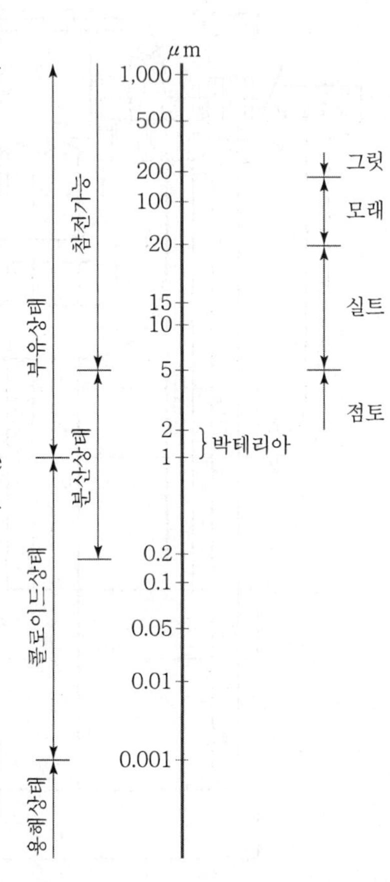

1) Total Solid(TS) : 103~105℃로 증발시켰을 때 물은 수증기로 되어 증발 제거되고, 잔류물만 남는데 이를 총 고형물(TS)이라 한다.

2) 최소 Ø1㎛의 Filter로 Passing(입자의 크기에 따라)

- Suspended Solid(SS) : 부유물질
- Filtrable Solid
  - Colloidal Solid : ϕ1nm~1μm
  - Dissolved Solid(DS) : 용존물

  질로주로 : 1nm 미만의 입자

3) Settleable Solid : SS 중 1시간 이내에 Imhoff cone 바닥에 가라앉는 것으로 침전에 의해서 제거할 수 있는 5μm 이상 고형물로 Sludge 양의 척도

4) 600~550℃로 작열(입자의 성분에 따라)

- Fixed Solid(FS) : Ash(Iorganic or Mineral)
- Volatile Solid(VS) : Gas(Organic)

회화로 내에서 15~20분간 작열시켰을 때, 무기물(FS)은 재로 남고, 유기물(VS)은 산화되어 가스로 제거되는 것을 이용

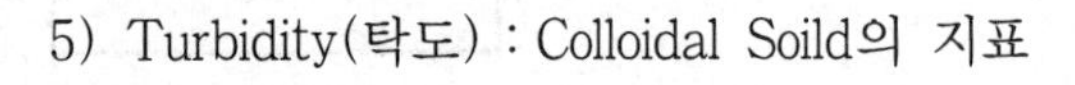
5) Turbidity(탁도) : Colloidal Soild의 지표

2. 고형물의 분류

TS	=	TDS	+	TSS	TS : 총 고형물
‖		‖		‖	TDS : 총 용존성 고형물
TVS	=	VDS	+	VSS	TSS : 총 현탁성 고형물
+		+		+	TVS : 총 휘발성 고형물
TFS	=	FDS	+	FSS	TFS : 총 잔류성 고형물

4 | 알칼리도(Alkalinity)

1. 정의

알칼리도란 산을 중화시키는 능력의 척도로, 수중의 수산화물(OH^-), 탄산염(CO_3^{2-}), 중탄산염(HCO_3^-)의 형태로 함유되어 있는 성분을 이에 대응하는 탄산칼슘($CaCO_3$) 형태로 환산하여 mg/L 단위로 나타낸 것이다.

2. 형태

미생물의 호흡이나 물질의 연소에 의하여 생기는 탄산가스는 물에 녹아서 탄산이 되며 탄산은 전리하여 HCO_3^-나 CO_3^{2-}를 생성시킨다.

- $CO_2 + H_2O \rightarrow H_2CO_3$
- $H_2CO_3 \rightarrow H^+ + HCO_3^-$
- $HCO_3^- \rightarrow H^+ + CO_3^{2-}$
- $CO_3^{2-} + H_2O \rightarrow HCO_3 + OH^-$

자연수 중의 알칼리도는 주로 석회암 등의 광물에서 유래하고 대부분 중탄산염(HCO_3^-)의 형태를 취하고 있으며 탄산염이나 수산화물의 형태는 적다. 이것은 수중에 CO_2가 있어 탄산염이나 수산화물을 중탄산염으로 변화시키기 때문이다.

- $CO_3^{2-} + CO_2 + H_2O \rightarrow 2HCO_3^-$
- $OH^- + CO_2 \rightarrow HCO_3^-$

중탄산염은 냉수 중에서 OH^-를 거의 내지 않으므로 중탄산염의 양이 많아도 pH는 높아지지 않는다. 특히 용존하는 CO_2가 많을수록 OH^-가 나오기 어려워 pH는 높아지지 않는다.

3. 알칼리도의 이용

1) 화학적 응집 : 응집제 투입 시 적정 pH 유지 및 응집효과 촉진
   황산알루미늄(Alum)을 써서 응집 시 알칼리도가 작으면 좋은 Floc이 되지 않는다. 황산알루미늄이 가수분해해서 수산화알루미늄[$Al(OH)_3$]으로 될 때 알칼리도를 필요로 하기 때문이다. 그러므로 알칼리도 부족 시에는 알칼리제를 공급해 주어야 한다. 응집에 필요한 알칼리도는 원수의 탁도 100 이하일 때 30~50mg/L이다.

$Al_2(SO_4)_3 \cdot 18H_2O + 3Ca(OH)_2 \rightarrow 2Al(OH)_3 + 3CaSO_4 + 18H_2O$
황산알루미늄 알칼리도 수산화알루미늄

2) 물의 연수화 : 석회 및 소다회의 소요량 계산에 고려
3) 부식 제어 : 부식 제어와 관련되는 Langelier 지수 계산에 응용
4) 완충용량(Buffer Capacity) : 폐수와 슬러지의 완충용량 계산

4. 알칼리도 계산공식

알칼리도($CaCO_3$ mg/L) = 소비된 산의 부피(mL) × 산의 N농도 × 50,000/시료(mL)

▌예제

알칼리도가 30mg/L의 물에 황산알루미늄을 첨가하였더니 25mg/L의 알칼리도가 소비되었다. 여기에 $Ca(OH)_2$를 주입하여 알칼리도를 15mg/L로 유지하려고 한다. 필요한 $Ca(OH)_2$의 양은?

☞ 풀이

알칼리도 주입량 = 15 − (30 − 25) = 10mg/L($CaCO_3$)
$Ca(OH)_2 = Ca + 2OH^-$에서 $Ca(OH)_2$(74g) : $2OH^-$(알칼리도 100g)
필요 $Ca(OH)_2$량 = 10mg/L × 74/100 = 7.4mg/L
$Al_2(SO_4)_3 \cdot 18H_2O + 3Ca(OH)_2 \rightarrow 2Al(OH)_3 + 3CaSO_4 + 18H_2O$
황산알루미늄 알칼리도 수산화알루미늄

5 | M-알칼리도, P-알칼리도의 관계식

1. 정의

M-알칼리도 : pH 4.5까지의 메틸오렌지 알칼리도(총 알칼리도)

P-알칼리도 : pH 8.3까지의 페놀프탈레인 알칼리도

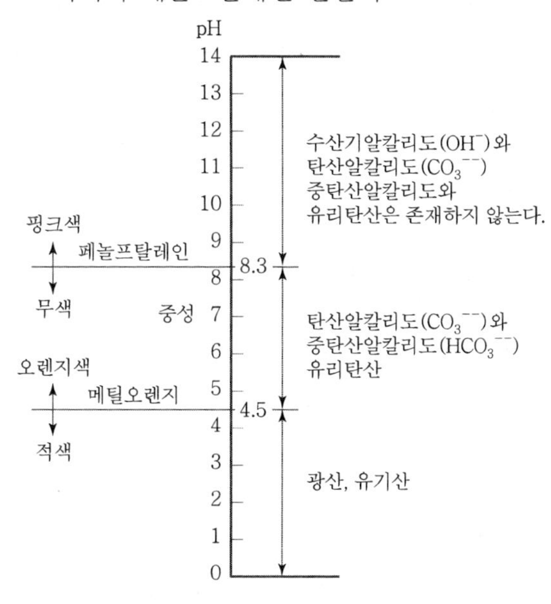

pH치, 알칼리도와 유리탄산의 관계

2. M-알칼리도와 P-알칼리도와의 관계

적정 결과	$CaCO_3$[ppm]		
	수산기알칼리도	탄산알칼리도	중탄산알칼리도
P = O	O	O	M
2P < M	-	2P	M-2P
2P = M	-	2P	-
2P > M	2P-M	2(M-P)	-
P = M	P	-	-
비 고	M=M 알칼리도(총 알칼리도), P=P 알칼리도, 이 관계는 다음 식으로부터 유도된 것이다. $P = OH^- + 1/2CO_3^{2-}$ ······ (1) $M = OH^- + CO_3^{2-} + HCO_3$ ······ (2)		

6 | 산도(Acidity)

1. 정의

수중에 함유되어 있는 탄산, 황산(Mineral Acid, 무기산), 유기산 등의 산분을 소정의 pH까지 중화하는 데 소요되는 알칼리의 양을 이에 대응하는 탄산칼슘($CaCO_3$)으로 환산하여 mg/L로 나타낸 것으로 강염기를 중화시키는 데 필요한 능력이다.
자연수, 가정하수 및 산업폐수는 주로 이산화탄소－탄산수소염계에 의한 완충작용을 받고 있다.

2. 시험법

- 총산도(Tatal Acidity) : pH 8.3까지의 페놀프탈레인 산도
- 무기산도(Mineral Acidity) : pH 4.5까지의 메틸오렌지 산도

3. 관련 기기 분석 방법

총 산도(Tatal Acidity) : 비색관 전장 약 27cm의 마개가 있는 바닥이 편평한 무색 시험관으로 바닥으로부터 25cm 높이로 100mL의 표선을 그은 것

4. 사용된 시약 및 제조법

- 총 산도(Tatal Acidity) : 페놀프탈레인 지시약, 0.02N 수산화나트륨용액
- 무기산도(Mineral Acidity) : MR 혼합지시약

7 | 경도(Hardness)

1. 정의

물속에 녹아 있는 Ca^{2+}, Mg^{2+} 등 2가 양이온을 이에 대응하는 $CaCO_3$량으로 환산하여 mg/L로 나타낸 값으로 물의 세기 정도를 말한다.

2. 물의 분류

수중의 Ca^{2+}, Mg^{2+}는 주로 지질에서 오는 것이나 해수, 공장폐수, 하수 등의 혼입에 의할 수도 있다. 또 수도시설의 콘크리트 구조물 혹은 물처리에서의 석탄 사용에 기인하는 것도 있다. 경도의 정도에 따른 물의 분류는 먹는물 기준으로 다음과 같다.

- 0~75mg/L : 연수(Soft water)
- 75~150mg/L : 적당한 경수(음용수 90~110mg/L)
- 150~300mg/L : 경수(Hard water)
- 300mg/L 이상 : 고경수

3. 탄산경도와 비탄산경도

경도는 일시경도와 영구경도로 구분되고 양자를 합한 것을 총경도라 한다.

1) 일시경도
Ca^{2+}, Mg^{2+} 등이 알칼리도를 이루는 탄산염(CO_3^{2-}), 중탄산염(HCO_3^-)과 결합하여 존재하면 이를 탄산경도(Carbonate Hardness)라 하고 끓임에 의하여 연화되므로 일시경도(Temporary Hardness)라 한다.

2) 영구경도
2가 양이온이 염소이온, 황산이온, 질산이온 등과 화합물을 이루고 있을 때 나타내는 경도는 비탄산경도(Non-Carbonate Hardness)라고 하며 끓임에 의하여 제거되지 않으므로 영구경도(Permanent Hardness)라 한다.

3) 총경도 = 탄산경도(일시경도) + 비탄산경도(영구경도)

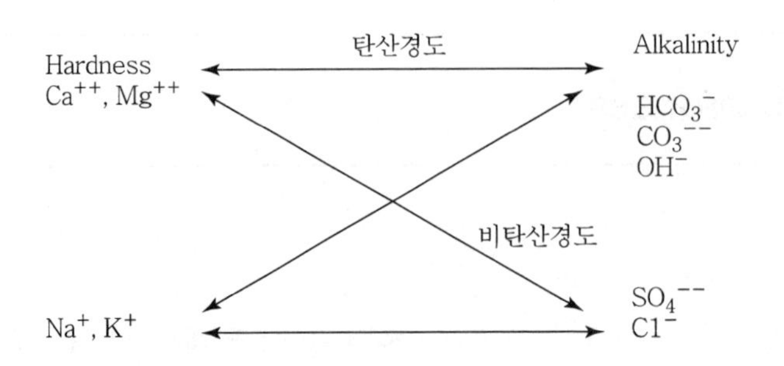

4. 경도와 알칼리도의 관계

총경도와 알칼리도의 관계에서 경도 종류를 다음과 같이 판별할 수 있다.

- 총경도 < 알칼리도, 총경도 = 탄산경도
- 총경도 > 알칼리도, 알칼리도 = 탄산경도

5. 경수에 의한 영향

1) 세제효과를 감소시켜 세제의 소모를 증가시킨다.
2) 보일러나 수도관에 $CaCO_3$, $CaSO_4$ 등 스케일을 형성시켜 보일러의 열전도율을 저하시키고 배관을 폐색시킴

6. 경도의 제거

1) 석회-소다법

탄산가스와 탄산경도는 소석회를 사용하고 비탄산경도는 소석회와 소다회를 사용하여 $Ca^{2+} \rightarrow CaCO_3\downarrow$, $Mg^{2+} \rightarrow Mg(OH)_2\downarrow$로 침전 제거시킨다.

(1) 비탄산경도

- $MgSO_4 + Ca(OH)_2 \rightarrow Mg(OH)_2\downarrow + CaSO_4$
- $CaSO_4 + Na_2CO_3 \rightarrow CaCO_3\downarrow + Na_2SO_4$

(2) 탄산경도

- $CO_2 + Ca(OH)_2 \rightarrow CaCO_3 + H_2O$
- $Ca(HCO_3)_2 + Ca(OH)_2 \rightarrow 2CaCO_3 + 2H_2O$

(3) 특징

- 대용량의 처리에 경제적이다.
- 침전물이 대량생산되어 처분이 어렵다.
- 처리수는 여과과정에서 여과사를 막히게 한다.
- 관내에 스케일이 형성된다.

2) 이온교환수지법

이온교환수지탑에 경수를 통과시켜 Ca^{2+}, Mg^{2+} 등이 수지 내의 Na^{+}와 교환되어 경도 성분을 제거한다.

(1) 제거원리

$[Ca^{2+}, Mg^{2+}] + Na^{+} + R \rightarrow [Ca^{2+}, Mg^{2+}] + R + [NaHCO_3, Na_2SO_4, NaCl]$

(2) 특징

- 전경도를 제거
- 장소를 작게 차지하고 침전물이 형성되지 않는다.
- 영구경도 제거에 효과적이다.

3) 제올라이트법(Zeolite법)

이온교환수지법의 일종으로 이온교환 제올라이트를 이용하여 칼슘, 마그네슘이온을 제거한다.

(1) 제거 원리

$Ca(HCO_3)_2 + Na_2O \cdot Z \rightarrow CaO \cdot Z + 2NaHCO_3$

(2) 특징

이온교환수지법과 같다.

4) 자비법

물을 가열하면 일시경도가 제거되어 연수가 된다.

8 | 색도

1. 정의

색도란 색의 정도를 표시하는 것으로 백금 1mg을 포함한 색도표준액을 증류수 1L 중에 용해시켰을 때의 색상을 1도라 한다. 물은 원래 무색이지만 수층이 깊으면 빛의 분산으로 푸른색으로 보인다.

2. 색도 유발 물질

원수 착색의 최대 원인은 Humic Substance에 의한 것으로 식물의 부패, 분해로 생기며 콜로이드로 착색된다. 그러므로 물의 색도가 높으면 수층이 두꺼운 것으로 볼 수 있다. Humic Substance는 황갈색으로 색도표준액도 이와 비슷한 색을 나타낸다.

3. 진색도와 외양색도

지표수는 유색 부유물로 인해 색도가 높은 것처럼 여겨지나 실제와는 다르다. 이와 같이 콜로이드질인 식물성 또는 유기성 압출물에서 기인하는 색도를 진색도(True Colour)라고 부르며 적색 점토양 지대를 유출되어 나오는 물처럼 부유물질에 기인하는 색도를 외양색도(Apparent Colour)라 한다.

4. 색도표준액

물의 색도를 측정하는 색도표준액은 백금-코발트법으로 염화 백금산칼륨(K_2PtCl_6) 2.49g(Pt 1.0g)을 염산으로 용해시켜 물을 가한 전량을 1L로 하여 이 표준액 1mL를 가했을 때의 빛을 색도 1도라 하는데 색도표준액 1mL/L=Pt1.0mg=색도 1도가 된다.

5. 색도의 제거

자연색도는 물속에서 음대전된 콜로이드 입자로서 존재하여 보통 알루미늄염 또는 철염을 첨가하여 응집, 침전 제거한다.

6. 색도의 평가

국내 수도수의 기준은 5도 이하인데 자연물질에서 유래되는 색도물질은 독성이나 유해성을 가졌다기보다는 미관상의 문제로 소비자에게 혐오감을 줄 수 있기 때문에 정한 것으로 볼 수 있다.

9 | 탁도(Turbidity)

1. 정의

물의 탁한 정도를 나타내는 것으로 백도토 1mg이 증류수 1L에 포함되어 있을 때의 탁도를 1도(또는 1ppm)로 한다. 즉 탁도는 빛의 통과에 대한 저항도로서 표준단위로는 1mg/L SiO_2 용액이 나타내는 탁도로 하기로 한다.

2. 탁도의 원인

물의 혼탁은 토사나 부유물질의 혼입, 용존성 물질의 화학적 변화에 의한 것이 원인이 되나 점토질 토양이 대부분이므로 표준을 점토인 백도토로 한다.
탁도를 유발하는 물질은 점토, 실트 및 유기물, 무기물과 같은 부유물질과 색을 가지는 용해성 유기물질, 조류와 수중생물 같은 물질 등이다. 지하수에서 천정호는 강우의 침수가 혼탁의 원인이고 심정호는 세사를 흡입하므로 탁하게 된다.

3. 탁도의 영향

1) 심미감 : 공급용수를 받는 소비자는 탁도가 없는 깨끗한 물을 기대한다.
2) 여과성 : 탁도가 높아지면 여과지속시간이 단축되어 역세척 빈도가 증가하므로 경제적 부담이 증가한다.
3) 소독성 : 탁도가 높으면 병원성 미생물이 입자에 둘러싸여 소독제로부터 보호될 수 있다.

4. 정수시설에서의 영향

1) 탁도가 높은 원수가 정수시설로 유입되면 침전에 다량의 약품이 소요되고 여과지의 여과지속시간도 단축되므로 가능한 탁도는 낮을수록 좋다.
2) 완속여과지는 탁도 30도 이하, 급속여과지는 탁도 5도 이하로 유입 시에 정상적으로 운전되며 그 이상의 수질에서는 여과지의 폐색이 빨라지거나 여과수가 혼탁하게 된다.
3) 약품침전 시에 탁도가 너무 낮으면 플록의 형성이 어렵고, 너무 높아 1,000도를 넘을 경우는 약품처리가 곤란하게 된다.
4) 혼탁이 되어 있으면 세균이 탁질의 피막에 싸여서 염소 소독 시에도 죽지 않으므로 탁도가 높은 물에 주의하여야 한다.
5) 수도수의 탁도기준은 0.5NTU(먹는물 수질기준 1NTU) 이하이다.

5. 탁도 측정방법

탁도는 시료를 통과하는 광선의 산란 및 흡수에 의한 광학적 특성의 표현 방법이다. 탁도와 부유물질의 농도에 따른 상관관계는 입자의 크기 및 형태에 따라 달라지기 때문에 정량적으로 나타내기는 어렵다.

탁도를 측정하는 방법 중 JTU(Jackson Candle Turbidimeter)에 의한 방법을 기본으로 사용하나 이 방법은 탁도 측정한계가 25Units 이상이어야 한다. 따라서 미국의 Standard Method에서는 해석 시의 오차를 피하기 위하여 NTU(Nephlelometric Turbidity Units)를 사용한다.

1) JTU(육안측정법)

눈금이 있는 메스실린더를 촛불 위에 올려놓은 상태에서 메스실린더에 시료를 넣으면 탁도에 따라서 촛불이 보이는 눈금이 달라지는 원리를 이용한 육안측정법이다.

2) NTU(기기분석법)

(1) 개요

이 방법은 동등한 조건에서 40NTU인 표준액(Standard Reference)과 측정하고자 하는 시료의 빛의 산란정도를 비교하는 방법이다. 빛의 산란정도가 높을수록 시료의 탁도가 높은 정도를 나타낸다. 표준액으로는 카올린과 Formazin Polymer가 이용된다. 최적 측정을 위한 흡광도의 범위는 400~600nm이다.

(2) 흡광도 측정방법은 투광법, 산란법, 표면산란법, 투과산란법 등이 있다.

(3) 실험절차

가) 시약의 준비

① 증류수를 Membrane Filter(0.2μm)로 여과하여 탁도가 0.02NTU 이하인 물을 준비한다.

② 표준액의 준비

- $(NH_2)_2H_2SO_4$ 1g을 증류수로 희석하여 100mL로 만든다.
- $(CH_2)_6N_4$ 10g을 증류수로 희석하여 100mL로 만든다.
- 상기용액 각 5mL씩 100mL 병에 넣어 희석하면 이 용액의 탁도는 400NTU이다.

③ 이 용액을 10배 희석하면 40NTU인 표준용액을 만들 수 있디.

나) 실험절차

① Calibration Curve를 작성한다.

② 40NTU 이상의 시료는 희석하여 측정한다.

③ NTU=A × (B+C)/C

여기서, A : 희석 시료의 NTU

B : 희석수 용량 mL

C : 시료의 용량 mL

3) 비탁관법 : 백도토 1mg/L를 1도로 표기한다.

6. 탁도(mg/L), NTU, JTU 관계

1) 농도(백도토)기준 탁도와 흡광도 측정원리의 NTU법, 육안측정 투과도의 JTU법, 이들 상관관계는 측정방법이 달라서 정확히 말할 수 없으며, NTU와 JTU 값은 유사한 값을 가지며 최근에는 NTU 값이 현장에서 주로 이용되고 있다.

2) 탁도와 NTU 환산

1NTU = 탁도 약 2도

10NTU = 탁도 약 18도

100NTU = 탁도 약 150도

7. 수질기준

탁도는 1NTU(Nephelometric Turbidity Unit)를 넘지 않아야 한다. 다만 광역상수도 및 지방상수도의 수돗물의 경우에는 제6호의 정수처리에 관한 기준에서 정하는 기준을 적용하고, 기타 수돗물의 경우에는 0.5NTU를 넘지 않는다.

10 | pH

1. 정의

수소이온농도의 역수를 상용대수로 표시한 값으로 0~14의 범위를 가지고 있다. 상온에서 pH 7이 중성이며, 이 값보다 작으면 산성, 크면 알칼리성이다.

$$pH = -\log[H^+] = \log\frac{1}{[H^+]}$$

2. pH 관계식

$Kw = [H^+][OH^-]$ = 물의 이온화상수 = 10^{-14}

$\log Kw = \log[H^+] + \log[OH^-]$

$-\log Kw = -\log[H^+] - \log[OH^-]$

$pH = -\log[H^+]$ $\quad$ $pOH = -\log[OH^-]$

$\therefore\ 14 = pH + pOH$

3. 수원별 pH의 범위

1) 음료수 수질기준 5.8~8.5
2) 자연수 : 자연수의 pH는 수중에 용해되어 있는 CO_2의 양에 따라 영향을 받으며 보통 7.0~7.2 정도이며, CO_2가 많을수록 pH 값은 작아진다.
3) 우물물은 유기물의 분해로 CO_2가 많이 포함되어 있어 7 이하이다.
4) 지표수는 CO_2를 적게 함유하여 7 이상의 약알칼리성이다.
5) 지하수는 토양 중의 생물작용에 의하여 발생된 CO_2에 의하여 6.0~6.8 정도이다.
6) 조류가 번성하여 부영양화된 물은 CO_2가 소모되어 pH 9~10 정도이다.
7) 물을 끓이거나 포기하면 CO_2가 발산되므로 pH가 높아진다.
8) 강우는 이론적으로 pH 5.67 이상이다.(CO_2 함량 0.03%, 25도 기준)
9) 산성비는 SO_2와 NOx의 영향으로 pH 5.6 이하를 말하며 보통 3.5~5.5 정도이다.

4. pH의 영향

1) 물의 부식성

물이 $CaCO_3$를 용해시키지도 않고 침전시키지도 않을 때 그 물은 안정하다고 한다. 즉 물속의 탄산칼슘이 pH와 평형상태에 있을 때 그 물은 안정하다. 만일 어느 물의 pH가 평형점 이상으로 증가하면 물은 탄산칼슘을 침전시켜 결석(Scale)을 형성시키고, 반대로 pH가 내려가면 물은 탄산칼슘을 용해시키므로 부식성이 있게 만든다. 물이 pH 6.5~9.5 범위에서 탄산칼슘을 용해시킬 것인지, 아니면 침전시킬 것인지를 예측할 수 있게 하는 지수를 Langelier 지수(LI)라고 한다.

$$LI(SI) = pH - pHs$$

여기서, pH : 실측된 pH

pHs : 포화 시의 $pH = 8.313 - \log[Ca^{+2}] - \log[A] + S$

상기 계산결과가 pH > pHs 이면, 즉 실측치가 포화치보다 크면 $CaCO_3$의 과포화로 탄산칼슘을 석출하여 피막을 형성한다.

또 pH < pHs이면, 다시 말해 실측치가 포화치보다 작으면 불포화로 부식이 발생된다고 판단할 수 있다.

2) 응집공정과 적정 pH

응집제는 각각 그 응집제에 대한 최적 pH가 존재하며, 이에 맞게 pH를 조정하여 응집제의 응집작용이 최대가 되고 플럭의 용해도가 최소가 되도록 한다.

수산화알루미늄, $Al(OH)_3$의 용해도는 pH 5.5~7.5 범위 내에서 용해도가 0이나 이 범위를 벗어나면 수산화알루미늄의 용해도는 증가한다. 따라서 황산알루미늄을 응집제로 사용할 때 최적의 pH는 5.5~7.5이다. 그러나 색도가 높은 물의 최적 pH는 5.0 전후이다. 또 황산제2철($Fe(SO_4)_3$)은 pH 8.5 부근, 황산제1철은 pH 4가 최적치이다.

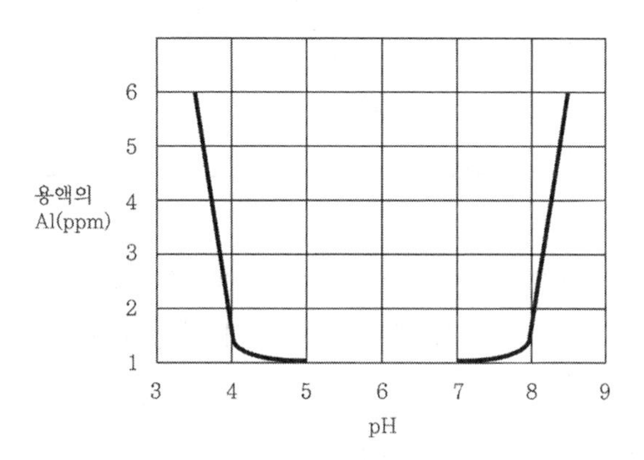

3) 염소 소독

염소는 수중에서 가수분해되어 차아염소산(HOCl)과 차아염소산이온(OCl^-)을 생성한다.

$Cl_2 + H_2O \rightarrow HOCl + H^+ + Cl^-$ ······························ (제1반응)

HOCl은 물의 pH가 높아짐에 따라 다음과 같이 이온화한다.

$HOCl \rightarrow H^+ + OCl^-$ ······························ (제2반응)

이들 반응은 pH의 범위에 따라 차이가 있으며 낮은 pH에서는 제1반응이 우세하고(pH 7.0 이하에서는 HOCl 형태로 70% 이상 존재), 높은 pH에서는 제2반응이 우세하다(pH 8.0 이상에서는 OCl^- 형태로 70% 이상 존재). pH 5 이하에서는 Cl_2 형태로 존재한다. 살균력은 HOCl이 OCl^- 보다 약 80배 이상 강하다. 따라서 물의 pH가 낮을수록 HOCl 형태로 존재하고 HOCl이 OCl^- 보다 살균력이 강하므로 염소의 살균력은 pH가 낮을수록 높다.

4) 미생물

생물학적 처리공정에서 미생물 성장에 대한 pH의 극한치는 4~9이고, 성장에 대한 최적 범위는 6.5~7.5이다. pH가 약간 알칼리성일 때 박테리아가 잘 자라고, 약간 산성일 때에는 조류 및 균류(Fungi)가 잘 자란다고 한다.

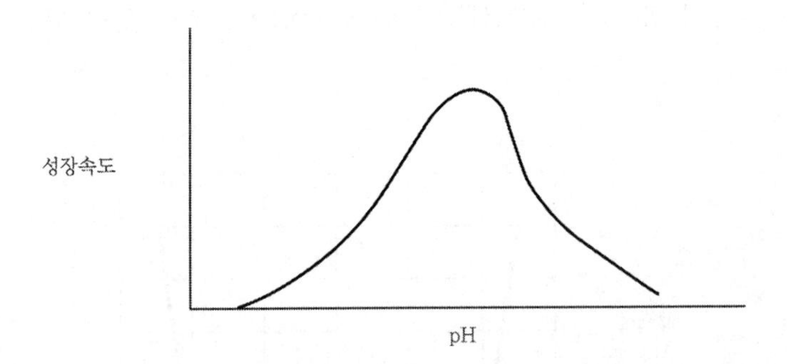

하수 중의 질소를 생물학적으로 제거하기 위해서는 질산화를 선행한 후에 탈질반응으로 제거한다. 이때 질산화 과정에서 H^+가 발생하여 pH가 저하되므로 알칼리도를 공급하여야 한다.

$NH_4 + 2O_2 \rightarrow NO_3 + H_2O + 2H^+$

5. pH 계산

1) $Kw=[H^+][OH^-]$ = 물의 이온화상수 $=10^{-14}$

   $\therefore\ 14=pH+pOH$

2) 0.002M HCl, pH는?

   $[HCl] \rightarrow [H^+]+[Cl^-]$

   0.002M 0.002M

   $pH=-\log[H^+]=-\log[0.002]=-\log[10^{-3}\times2]=3-\log2=3-0.3=2.7$

3) 2×10^{-7}M H_2SO_4, pH는?

   $[H_2SO_4] \rightarrow 2[H^+]+[SO^{-2}{}_4]$

   2×10^{-7}M $2\times2\times10^{-7}$M

   $pH=-\log[H^+]=-\log[2\times2\times10^{-7}]=7-\log4=6.4$

4) 2×10^{-8}M NaOH, pH는?

   $[NaOH] \rightarrow [Na^+]+[OH^-]$

   2×10^{-8} 2×10^{-8}

   $pOH=-\log[OH^-]=-\log[2\times10^{-8}]=8-\log2=7.7$

   $pH=14-\log[OH^-]=14-7.7=6.3$

11 | SS(Suspended Solids - 현탁물질, 부유물질) 측정

1. 개요

현탁(부유)물질은 물속에 있는 입자상 고형물질을 말하는 것으로 이것의 양이 많으면 수질이 나쁘다는 것을 의미한다. 우리가 측정하고자 하는 부유물질은 물에 녹지 않으며 직경이 1μm 이상의 것이다. 이중에서 5μm 이상 크기의 것은 침전이 가능하다.

2. 현탁물질(SS)의 영향

1) 부유물질(SS)이 물속에 존재하면 물에 색이나 맛을 내게 되고
2) 하천이나 호소에 부유물질이 다량 존재하면 분해하면서 용존 산소를 소비하고 햇빛을 차단하여 수중생태계에 영향을 주거나 어류의 아가미에 부착하여 폐사의 원인이 되기도 한다.
3) 부유물질은 폐수의 특성을 판단하거나 오염정도, 처리효율을 측정하는 지표로 이용된다,

3. SS 측정원리

미리 정량한 유리섬유 여과지를 여과기에 부착하여 일정량의 시료를 여과시킨 다음 함량으로 건조하여 정량한 후 여과전후의 유리섬유 여과지의 정량값의 차이를 계산하여 부유물질의 양을 구한다.

$$SS(mg/L) = (b - a)1,000/V$$

b : 여과후 정량값(mg)
a : 여과전 여과지 정량값(mg)
V : 시료량(mL)

4. 수질의 SS원인과 제거법

1) 원인 : 상수 원수중의 부유물질은 토양의 점토성 물질, 초목, 낙엽, 하수나 산업폐수 속의 미립자, 플랑크톤이나 그 밖의 미생물, 입자상의 유기성물질 등이며 하수중의 SS는 인체 배설물, 주방하수, 세탁배수 등에서 발생한다.
2) 제거법 : 정수처리의 SS 제거는 다량인 경우 전처리의 마이크로 스크린 등에서 제거되며 소량인 경우 응집침전 여과 과정에서 제거된다.

12 | BOD와 NOD(Nitrogenous Oxygen Demand)

1. 개요

폐하수의 오염정도를 측정하기 위하여 유기물질의 종류를 일일이 분석하지 않고 호기성 미생물이 합성 또는 산화시키는 데 필요한 산소량을 측정하여 유기물질의 양을 간접적으로 측정하며 관습적으로 시료를 20℃에서 5일간 배양하여 소모된 산소량을 측정하는데, 이를 BOD라 한다.

2. BOD와 NOD의 구성

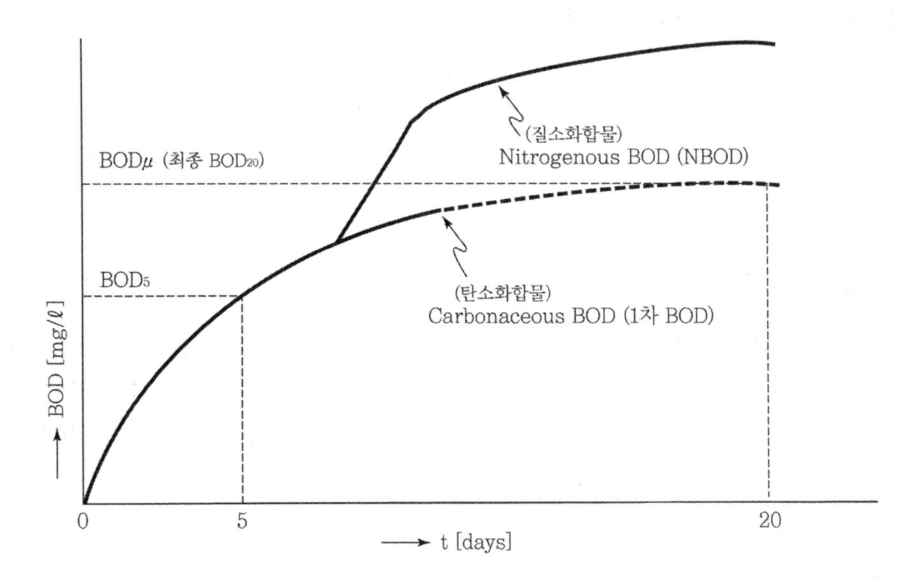

3. BOD와 NOD의 관계

탄소화합물에 의한 BOD를 CBOD(Carbonaceous BOD)라 하며, 배양기간 7~10일 이후에는 탄소화합물에 의한 BOD 외에 질소화합물의 산화, 즉 질산화가 발생한다. 이를 NBOD(Nitrogenuos BOD), 또는 NOD(Nitrogenus Oxygen Demand)라고 한다. 그러므로 BOD 시험 중에 BOD 병 내에 질산화를 일으키는 미생물이 존재하면 탄소화합물에 의한 BOD보다 높게 나타난다.

4. 질산화 반응

도시하수와 같이 BOD가 높은 경우에는 질산화가 잘 발생하지 않으나 처리수에서는 질산화가 일어나는 경우가 있다. 질산화는 질산화 미생물에 의하여 암모니아성 질소가 질산성 질소로 산화되는 과정을 말한다.

질산화 반응은 Nitrosomonas에 의하여 NH_4를 NO_2로 전환하는 반응과 Nitrobactor에 의하여 NO_2를 NO_3로 전환하는 반응이다.

- Nitrosomonas
  $NH_4 + 1.5O_2 \longrightarrow NO_2 + H_2O + 2H^+$
- Nitrobactor
  $NO_2 + 0.5O_2 \longrightarrow NO_3$
  $NH_4 + 2O_2 \longrightarrow NO_3 + H_2O + 2H^+$

5. 질산화 반응과 알칼리 소모량

질산화 반응에서 생성되는 에너지는 질산화 미생물이 CO_2, HCO_3^-, CO_3^{2-} 등과 같은 무기탄소원으로부터 자신에게 필요한 유기물질을 합성하는 데 사용된다.

위 식에서 1g의 NH_4-N를 산화시키기 위해서는 4.6g의 산소가 필요하며 7.1g의 알칼리도가 소모된다.

6. 생물학적 측정의 장단점

BOD, NOD, 생물체내 농축도 등과 같은 생물학적인 오염도 측정은 시간이 오래 걸리고 시험이 복잡하다는 단점이 있으나 오염물질이 실제 자연계에 미치는 영향을 각 오염물질별로 분석하지 않고 종합적이고 직접 측정한다는 의미에서 자연환경에 미치는 악영향을 정확히 분석할 수 있다.

▌예제 1

질산화 및 탈질과 관련된 다음 두 화학양론식을 고려하여 질산화로 인한 알칼리도 소모량과 탈질로 인한 알칼리도 생성량을 mg as $CaCO_3$/mg N의 단위로 계산하시오.

$$NH_4^+ + 2O_2 \rightarrow NO_3^- + 2H^+ + H_2O$$
$$6NO_3^- + 5CH_3OH \rightarrow 5CO_2 + 3N_2 + 9H_2O + 6OH^-$$

① 질산화 과정에서 NH_4-N 1개당 $2H^+$가 생성되므로 $2OH^-$가 소비된다. 즉 NH_4-N 1개(14g)당 알칼리도 $2OH^-$(100g)가 소비된다.
따라서 14 : 100 = 1 : x　　x = 7.14
질산화 과정의 알칼리도 소비량은 7.14 mg as $CaCO_3$/mg N

② 탈질산화 과정에서 NO_3-N 6개당 $6OH^-$가 생성된다. 즉, NO_3-N 1개(14g) 당 알칼리도 OH^-(50g)가 생성된다.
따라서 14 : 50 = 1 : x　　　x = 3.57
탈질산화 과정의 알칼리도 생성량은 3.57 mg as $CaCO_3$/mg N

▌예제 2

BOD 병 4개에 희석수를 다음과 같이 준비하였다. 이때 BOD를 구하시오.

BOD Bottle 번호	mL Seed	Initial DO	Final DO
1	3	7.95	5.20
2	6	7.95	3.85
3	9	7.90	2.40
4	12	7.85	1.35

☞ **풀이**

1. BOD 분석은　희석이 없는 경우 BOD(mg/L) = D1 − D2이다.
　　희석이 있는 경우 BOD(mg/L) = (D1 − D2)P
　D1 = 희석검수를 조제해서 15분 후의 용존산소량(b)
　D2 = 5일 배양 후 희석검수의 용존산소량(a)
　P : 희석 배율 = 300/시료량(BOD 병 용량 300mL)
　1) BOD(mg/L) = (D1 − D2)P = (7.95 − 5.20)300/3 = 275mg/L
　2) BOD(mg/L) = (7.95 − 3.85)300/6 = 205mg/L
　3) BOD(mg/L) = (7.90 − 2.40)300/9 = 183.3mg/L
　4) BOD(mg/L) = (7.85 − 1.35)300/12 = 162.5mg/L

2. 분석 : 원칙적으로 D1 − D2가 D1의 40~70% 범위가 적합하므로 1)과 4)는 범위를 벗어나므로 제외하고 2)와 3)을 평균한다.

∴ BOD = (205 + 183.3)/2 = 194.15mg/L

13 | BOD시험의 한계

1. 정의

BOD는 생물학적 산소요구량으로, 수계에서 오염물질의 심화정도를 평가하는 대표적인 지표이다.

2. BOD시험의 한계

본래 BOD는 산소를 소모하는 유기물질의 양을 나타내는 지표이기 때문에 NH_3, NO_2^-, H_2S, SO_3^{2-} 등 무기물질의 산화에 소모되는 산소량은 제외하고 C-BOD_5를 측정하는 것이 옳다. 그러나 최근 하수처리공정이 고도처리를 위한 방법으로 운전하고 있으나 BOD_5 측정 및 결과 해석 시 NBOD가 고려되지 않고 있어 많은 오차를 나타내고 있다.

3. 하수처리장 운전인자로서의 BOD_5 이용현황

1) 과거 표준활성오니법에서는 반응조에서의 HRT와 SRT가 짧아 BOD_5에서는 질산화가 잘 일어나지 않고 7일 정도 경과되는 BOD_7에서 질산화에 따른 NBOD가 발현(질산화미생물은 활성오니미생물에 비해 비증식속도가 늦어 7일 정도 경과 후 질산화가 이루어짐)
2) 그러나 최근 하수처리공정에서는 N, P처리율을 높이기 위해 고도처리가 가능한 처리공법을 선택하거나 물리적 운전조작으로 SRT를 길게 운전하여 처리시스템 내에 질산화미생물이 많이 존재하여 보통 3일(BOD_3) 정도에서 질산화가 발생
3) 암모니아성질소 1kg은 4.57kg의 산소를 소모
4) 우리나라 수질오염공정시험방법에는 NOD에 관한 언급이 없어 NOD를 포함한 BOD_5를 BOD로 하고 있다. 따라서 C-BOD기준으로 설계된 생물학적 처리공정의 하수처리장 유출수를 채수하여 BOD처리효율을 확인하는 과정에서 높은 BOD측정값을 발견하고 설계 오류인지, 운전 오류인지, BOD측정 오류인지 판정할 수 없는 경우가 종종 발생

4. BOD_5시험에 대한 해외 사례 및 대책

1) 미국에서는 1970년대 고도처리시설을 도입한 후 NOD 발생문제에 대하여 많은 연구를 수행하였고 1981년부터 Standard Method에서는 BOD측정을 질산화균의 억제제인 TCMP를 10mg/L 첨가하여 NOD를 제거한 C-BOD_5를 BOD_5로 규정

2) 일본 하수시험법에서도 유기물(BOD) 제거가 주목적인 하수처리의 기능 판정에 어려움을 주기 때문에 C-BOD를 측정하기 위해 미국처럼 질산화균의 억제제인 TCMP를 첨가하여 NOD를 제거한 C-BOD_5를 BOD_5로 측정하도록 규정하고 있다.
3) 우리나라의 경우에도 BOD의 신뢰성 및 적정지표로 활용하기 위해서는 국외 사례 등을 바탕으로 적정한 기준을 마련하는 것이 시급하다.

차 한잔의 여유

성공의 비결은 목적의 불변에 있다.
하나의 목표를 가지고 꾸준히 나아간다면 성공한다.
사람들이 성공하지 못하는 것은 처음부터 끝까지 한길로 나가지 않았기 때문이다. 최선을 다해서 나아간다면 모든 난관을 뚫고 만물을 굴복시킬 수 있다.

– 벤자민 디즈레일리 –

14 | TOC(Total Organic Carbon) ThOD(Theoretical Oxygen Demand)

1. 총유기탄소의 측정은

시료의 유기물을 고온로에서 CO_2로 산화시켜 그 발생량을 적외선분석기로 측정하여 구하는 방법으로 측정이 대단히 빠르기 때문에 편리하나 측정된 TOC는 실제치보다 약간 적은 경향이 있다.

2. 총탄소분석기는

시료수를 950도의 고온연소관에서 산화하여 CO_2와 수증기로 된다. CO_2는 적외선분석기로 측정하며 초기의 시료 농도에 비례한다. 따라서 총유기탄소의 양을 측정하게 된다.

3. TOC 분석의 가장 큰 오차원은

주입시료 속에 포함된 고형물이다. 즉, 주입시료의 양이 대단히 적으므로 큰 유기입자의 존재 유무는 측정치에 상당한 차이가 있다. TOC 측정치는 COD 또는 BOD 값과 상관지을 수 있다. 탄소분석에 요구되는 시간이 몇 분 정도로 짧으므로 이러한 상관관계는 처리시설을 효율적으로 계측하는 데 도움이 된다.

4. COD/TOC 비는

산소에 대한 탄소의 몰비(32/12=2.66)에 접근하게 되나 여러 가지 유기물의 화학적 산화성의 차이로 COD/TOC 비는 넓은 범위에서 변동한다. 도시하수의 유입수의 경우 COD/TOC 비는 3.1~4.6 정도의 범위이고, BOD/TOC 비는 1.2~1.6 범위이다.

5. TOC, ThOD의 의미

- TOC : 총유기탄소로 오염물 중의 유기물량을 의미한다.
- ThOD : 이론 산소요구량 - 이론적으로 산화 반응에 필요한 산소량
- COD : 화학적 산소요구량 - 화학반응상 산화에 필요한 산소량
- ThOD/TOC : 유기탄소에 대한 산소요구량의 비로 이 값이 큰 것은 유기물 분해가 크다는 의미이며 휘발성분이 크다는 의미이다.

예제

포름알데히드(HCHO)의 ThOD/TOC 비는?

$HCHO + O_2 \rightarrow CO_2 + H_2O$

(30g) (32g)

ThOD : 32

TOC : 12

∴ ThOD/TOC = 32/12 = 2.67

유기물질의 함량을 나타내는 지표를 같은 시료로 측정하여 크기가 큰 순서로 나열하면 ThOD > TOD(Total Oxygen Demand) > COD > BODu > BOD > TOC이다.

환경용어

농도표시법

1. % : 100ml(또는 100g) 중에 성분의 용량(또는 무게) 백분율(Parts Per Hundred)로 %(percentage)로 표시
   1) 중량 대 용량 백분율(W/V%) : 용액, 기체 100ml 중 성분무게(g)를 표시
   2) 중량 대 중량 백분율(W/W%) : 용액 100g 중 성분무게(g)를 표시
   3) 용량 대 용량 백분율(V/V%) : 용액, 기체 100ml 중 성분용량(ml)을 표시
   4) 용량 대 중량 백분율(V/W%) 용액 100g 성분용량(ml)을 표시
2. ‰ : 천분율(Parts Per Thousand) 표시 — g/L 또는 ‰, 퍼밀(permillage)
3. 백만분율(Parts Per Million) : 표시 mg/L 또는 ppm
   * 1ppm = mg/L = mg/kg = g/kL = g/m^3 = g/ton = μl/L = μg/g
4. 십억분율((Parts Per Billion) : 표시 : μg/L 또는 ppb(= 1/1,000ppm)
   * 1ppb = mg/1,000kg = mg/ton = μg/L = μg/kg = mg/m^3

국제표준단위계(SI)로 통일 (환경부 2005. 7)

바꿈대상 단위	바꿈 단위	근 거
ml, m l , ml (mg/ l ,mg/L,mg/l)	mL (mg/L)	<바꿈> 국제표준단위계(SI)에 따라 대문자로 표기 예, mg/l는 mg/L로 사용
Kg	kg	<바꿈> 국제표준단위계(SI)에 따라 통일

15 | AOC(Assimilable Organic Carbon), BDOC(Biodegradable Dissolved Organic Carbon)

1. 정의

AOC(Assimilable Organic Carbon) : 세포동화 가능 유기탄소
DOC(Dissolved Organic Carbon) : 유기탄소 중 용존성 유기탄소
BDOC(Biodegradable Dissolved Organic Carbon) : 생물학적 분해 가능한 용존성 유기탄소

2. AOC, BDOC 분석 이유

오존처리 후 생성되는 대부분의 최종 유기물은 극성이며 생분해성이어서 쉽게 분해된다. 유기물의 농도(AOC, BDOC)가 비교적 높은 원수의 경우 오존처리 후 생물학적 처리공정이 결여되어 있다면 오존부산물을 먹이로 하는 미생물이 번식하게 되어 세균학적으로 안전한 음용수를 기대할 수 없게 된다. 수처리 급수과정에서 처리수에서의 미생물의 재증식(Regrowth) 억제 방안은 정수처리 공정에서 살균 소독만큼이나 중요하다.

3. 생물학적 분해도를 평가하는 방법

미생물에 의한 생물학적 분해도를 평가하는 방법에는 BDOC와 AOC 등이 있다. 지표수에 함유되어 있는 용존유기탄소(DOC : Dissolved Organic Carbon)는 미생물에 의하여 분해 가능한 형태와 미생물의 성장에 이용되지 않는 난분해성 유기물(ROC : Refractory Organic Carbon)의 형태로 존재한다. 미생물의 성장에 이용되는 DOC를 생물분해가능 유기탄소(BDOC)라 하며 TOC 분석기를 이용하여 측정한다. 세포동화 가능 유기탄소(AOC)는 BDOC 중 미생물의 Cell Mass로 전환되는 유기탄소의 양을 의미하며 어느 특정균주의 특정화합물 농도와 비례관계를 구하여 특정화합물에 대한 농도로 표시한다.

4. AOC의 측정

1) AOC 측정에 사용할 특정균주를 이용한다.
2) 공시균주를 배양하고, AOC 측정용 시료는 멸균한다.
3) 멸균한 시료에 균주를 주입하여 25℃에서 3~5일간 배양한다.
4) 배양 후 생성된 집락수를 계산하여 공시세균수를 측정하고 AOC 농도를 계산한다.

5. BDOC의 측정

1) BDOC는 Organic Carbon 중 생물 분해를 통해 CO_2로 전환되거나 미생물로 합성되어 소비되는 것으로 특정 미생물의 활성도를 이용하여 측정하는데, Batch Test를 통하여 미생물에 의해 소비되는 DOC 양을 측정하여 초기와 나중의 DOC 농도의 차이를 BDOC로 본다.

2) BDOC 측정법 : BDOC의 측정은 시료를 0.2μm Membrane Filter로 여과한 후 그 여액을 TOC로 분석하여 초기 DOC로 하고, 이 시료를 접종액을 이용하여 배양한 후의 DOC를 최종 DOC로 하여 측정한다.

$$BDOC = 초기\ DOC - 최종\ DOC$$

3) 초기 DOC 중에서 미생물에 의해 분해 합성된 뒤의 최종 DOC를 뺀 값이 BDOC이다.

6. C(탄소)의 분류

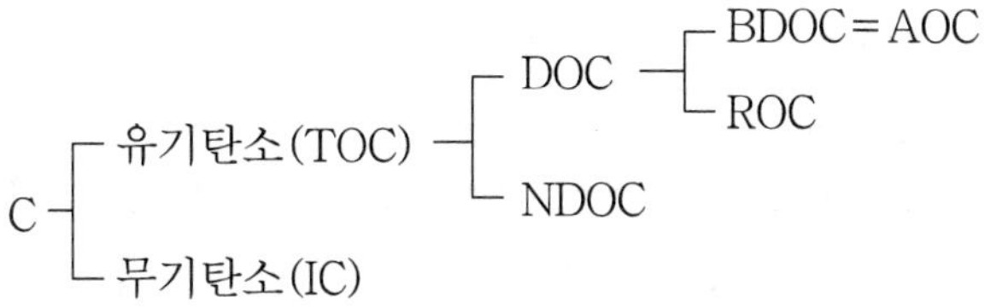

- C
  - 유기탄소(TOC)
    - DOC
      - BDOC = AOC
      - ROC
    - NDOC
  - 무기탄소(IC)

차 한잔의 여유

운명은 어딘가 다른 데서 찾아오는 것이 아니고
자기 마음속에서 성장하는 것이다.

_ 헤세 _

16 | 과망간산칼륨 소비량과 COD

1. 개요

COD와 과망간산칼륨 소비량은 측정원리나 의미는 같으나 적용이 다르다. COD는 수중의 산화되기 쉬운 물질에 의하여 소비되는 산소량을 측정하는 것으로 BOD 측정을 대신하여 간단한 화학적 방법으로 하는 것이며 과망간산칼륨 소비량은 물속에 포함된 유기물이나 산화되기 쉬운 무기물의 양을 과망간산칼륨의 소비량으로 측정하는 것이다.

2. COD 측정 의미

COD는 수중의 유기물을 과망간산칼륨($KMnO_4$)이나 중크롬산칼륨($K_2Cr_2O_7$)을 이용하여 화학적으로 산화시킬 때 소모되는 산화제의 양을 산소량으로 환산한 것으로 수중의 산화되기 쉬운 물질에 의하여 소비되는 산소의 양을 과망간산칼륨의 양으로 측정하는 것으로, 주로 수중의 분해하기 쉬운 저급 탄소화합물의 유기물과 아질산염, 1가 철염, 황화물 등의 환원성 물질의 산화에 필요한 $KMnO_4$ 양을 표시하므로, 일부 무기질의 산화를 포함하고 또 질소계의 오염물을 포함하지 않아 엄밀한 의미에서 유기물의 총량을 파악할 수 없다. 그러나 검사 시간이 짧아 오염의 개략치를 추정하는데 널리 사용한다. CODcr와 구별하여 CODmn 산소소비량으로 불리며 현장에서 대체로 BOD 값보다 작다. 먹는 물 수질기준에서 규제항목은 없다.

3. COD 측정법

1) 시료 적당량을 취하여 물을 가하여 100mL로 한다.
2) H_2SO_4 10mL, Ag_2SO_4 1g을 가한다.
3) 진탕 후 수 분간 방치한다.
4) 0.025 N-$KMnO_4$ 10mL를 가한 후 수욕 중 30분간 가열한다.
5) 0.025 N-$Na_2C_2O_4$ 10mL를 가한다.
6) 0.025 N-$KMnO_4$로 엷은 분홍색이 될 때까지 적정한다.
7) 계산식

$$CODmn = (b - a) \times f \times 1,000/V \times 0.2$$

b : 적정량　　　a : 공시험에 요한 $KMnO_4$량
f : 역가　　　　V : 시료량

4. $KMnO_4$ 법의 특징

1) $KMnO_4$ 법의 유기물 분해율은 60% 이하이다.
2) 염소이온이 과한 경우에 적용할 수 없다. 염소이온의 방해를 제거하려면 황산은을 가한다. 염소이온은 염소가스로 되어 COD 값을 증가시킨다.
3) 보통의 폐·하수에서는 1g의 황산은을 첨가하면 되나 염소이온이 높은 경우에는 염소이온 200mg에 대하여 황산은 0.9g을 첨가한다.

5. 과망간산칼륨소비량

1) 물속에 포함된 유기물이나 산화되기 쉬운 무기물을 측정하는 것으로 COD 측정법과 유사하며 이 과망간산칼륨 소비량이 많다는 것은 하수 분뇨 등 유기물이 다량 포함된 오수에 오염되었거나 물속에 철염 아황산염 등 무기물이 많다는 것을 의미한다.
2) 먹는물 중에 과망간산칼륨소비량은 10ppm 이하로 규제한다.
3) 침출용액으로서 물을 사용하여 만든 시험용액에 대하여 다음의 시험을 한다. 삼각플라스크에 물 100mL, 희석한 황산(1 → 3) 5mL 및 0.01N 과망간산칼륨용액 5mL를 넣고 5분간 끓인 후 액을 버리고 물로 씻는다. 이 삼각플라스크에 시험용액 100mL를 취하여 희석한 황산(1 → 3) 5mL를 가하고 다시 0.01N 과망간산칼륨용액 10mL를 가하여 5분간 끓인 다음 가열을 중지하고 즉시 0.01N 수산나트륨용액 10mL를 가하여 탈색시킨 후 0.01N 과망간산칼륨용액으로 엷은 홍색이 없어지지 아니하고 남을 때까지 적정한다. 같은 방법으로 공시험을 행하고 다음 식에 따라 과망간산칼륨소비량을 구한다.

$$\text{과망간산칼륨 소비량(mg/L)} = \frac{(a-b)\times F\times 1{,}000}{100}\times 0.316$$

a : 본시험의 0.01N 과망간산칼륨액의 적정량(mL)
b : 공시험의 0.01N 과망간산칼륨액의 적정량(mL)
F : 0.01N 과망간산칼륨액의 역가

17 | LI 지수(Langelier Index)

1. 포화지수(SI) 정의

LI(SI)는 물이 어떤 상태(pH 6.5~9.5)에서 탄산칼슘을 용해시킬 것인지, 아니면 침전시킬 것인지를 예측할 수 있게 하는 지수를 말하며 Langelier 지수(LI) 또는 포화지수(SI)라고 한다.

2. 부식성 판별과 LI 지수

물이 $CaCO_3$를 용해시키지도 않고 침전시키지도 않을 때 그 물은 안정하다고 한다. 즉 물 속의 탄산칼슘이 pH와 평형상태에 있을 때 그 물은 안정하다.

1) 만일, 어느 물의 pH가 평형점 이상으로 증가하면 물은 탄산칼슘을 침전시켜서 결석(Scale)을 형성시키고, 반대로 pH가 내려가면 물은 탄산칼슘을 용해시키므로 부식성이 있게 만든다.

   (침전성) $CaCO_3 + H^+ \leftrightarrow Ca^{+2} + HCO_3^-$ (부식성)

2) 즉, LI 지수는물의 부식성을 판별하기 위하여 가장 일반적으로 사용하는 지수로, 물의 실제 pH와 이론적 pH(수중의 탄산칼슘이 용해도 석출도 되지 않는 평형상태의 pH : pHs)의 차를 말하며,

3) 또한 LI 지수는 탄산칼슘의 피막형성 여부를 판별할 수 있는 지수로, 수중에 탄산칼슘이 포화되어 있어 침전물을 형성할지 반대로 물이 부식성을 가지게 되는지를 나타내는 지표이다.

3. LI 지수

$$LI(SI) = pH - pHs$$

여기서 pH : 실측된 pH

pHs : 포화 시의 $pH = 8.313 - \log[Ca^{2+}] - \log[A] + S$

$[Ca^{2+}]$: me/l로 나타낸 칼슘이온량

A : me/L로 나타낸 알칼리도

S : 용해성 물질에 따른 보정치

1) 상기 계산결과가 pH > pHs이면, 즉 실측치가 포화치보다도 크면 $CaCO_3$의 과포화로 탄산칼슘을 석출하여 피막을 형성한다.

2) 또 pH < pHs이면, 즉 실측치가 포화치보다 작으면 불포화로 부식이 발생된다고 판단할 수 있다.

3) 즉 LI > 0 : 탄산칼슘의 석출(침전물의 형성)
   LI = 0 : 평형상태
   LI < 0 : 부식의 발생

4. 부식성 지수의 종류

1) LI 지수

2) AI 지수=pH+log[A · H]
   여기서, A : 총 경도
   H : 칼슘 경도

   AI < 10 : 강부식
   10 < AI < 12 : 약부식
   AI > 12 : 스케일 형성

3) RSI 지수=2pHs－pH

   RSI > 7 : 부식
   RSI < 6.5 : 스케일 형성

5. LI 활용

1) 랑게리어 지수는 물의 pH, 칼슘이온량, 알칼리도 및 용해성 물질량으로 결정되며, 온도 1도 상승 시 1.5×10^{-2} 증가한다.

2) LI(SI)는 물이 탄산칼슘을 용해시킬 것인지 혹은 침전시킬 것인지의 경향을 나타내며, 결코 물이 안정화되는 율이나 능력을 나타내는 것은 아니다.

18 | 수질조정을 통한 수돗물 부식성 개선과 관련하여 간접적으로 부식성을 측정하는 데 대표적인 지표 3가지를 제시하고 관련 계산식과 산출결과에 대한 의미를 설명하고, 다음 pHs 산정표와 주어진 값들을 이용하여 포화지수를 계산하여 그 결과를 판정하시오.

- 칼슘농도(as $CaCO_3$) : 98mg/L
- 총 알칼리도(as $CaCO_3$) : 120mg/L
- 총 용존고형물 : 150mg/L
- pH : 8.5
- 수온 : 25℃

수온(℃)	A값
0	2.60
4	2.50
8	2.40
12	2.30
16	2.20
20	2.10
25	2.00
30	1.90
40	1.70
50	1.55
60	1.40
70	1.25
80	1.15

증발잔류물 (mg/L)	B값
0	9.70
100	9.77
200	9.83
400	9.86
800	9.89
1000	9.90

칼슘경도, 알칼리도(mg/L)	C값 D값
10	1.00
20	1.30
30	1.48
40	1.60
50	1.70
60	1.78
70	1.84
80	1.90
100	2.00
200	2.30
300	2.48
400	2.60
500	2.70
600	2.78
700	2.84
800	2.90
900	2.95
1000	3.00

1. 부식지수 LI 계산과 판정

1) 부식지수 LI(SI) = pH − pHs

여기서, pH : 실측된 pH

pHs : 포화 시의 pH $= 8.313 - \log[Ca^{2+}] - \log[A] + S$

$[Ca^{2+}]$: me/L로 나타낸 칼슘이온량

A : me/L로 나타낸 알칼리도

S : 용해성 물질에 따른 보정치

2) 위와 같이 계산식으로 구하는 방법과 산정표에 의한 방법이 있으며, 이 문제는 산정표가 주어져 있으므로 표에 주어진 값들을 대입하면

$$pHs=(A+B)-(C+D)$$

여기서, A : 온도계수
B : 증발잔류물(용존고형물) 계수
C : 칼슘경도계수
D : 알칼리도계수

3) 표에서 계수를 구하면(사이값은 보간법으로)
A=2(수온 25℃일 때)
B=9.77+(9.83−9.77)/2=9.835(총 용존고형물 150mg/L는 100과 200의 중간값이므로)
C=2.0(칼슘경도가 98이므로 표에서 C값은 약 2.0으로 본다.)
D=2.0+(2.3−2.0)(120−100/200−100)=2.06(알칼리도는 120이므로 100과 200 사이에서 보간법으로 D를 구한다.)

4) 위 A, B, C, D 계수를 대입하여 pHs를 구하면
$pHs=(A+B)-(C+D)=(2+9.835)-(2.0+2.06)=7.775$
$\therefore LI=pH-pHs=8.5-7.775=0.725$

5) 판정 : LI가 0.725이므로 탄산칼슘 석출로 인하여 강한 스케일이 형성될 수 있다.

2. 부식지수 LI의 의미

1) 상기 계산결과가 pH>pHs이면, 즉 실측치가 포화치보다도 크면 $CaCO_3$의 과포화로 탄산칼슘을 석출하여 피막을 형성한다.
2) 또 pH<pHs이면, 즉 실측치가 포화치보다 작으면 불포화로 부식이 발생된다고 판단할 수 있다.
3) 즉 LI>0.5 : 강한 스케일 형성
0.2<LI<0.4 : 약한 스케일 형성
LI=0 : 평형상태
LI<−0.5 : 강한 부식 발생
−0.4<LI<−0.2 : 약한 부식 발생

19 | 상수관의 부식억제제에 대하여 설명하시오.

1. 개요

1) 부식억제제(Corrosion Inhibitors)란 금속의 부식을 감퇴시키는 물질을 말하지만 그중에서도 비교적 소량을 부식액에 첨가함으로써 부식속도를 현저하게 감소시킬 수 있는 물질을 말한다.
2) 부식속도를 억제하는 방법에는 양극반응(Anode Reaction), 음극반응(Cathode Reaction) 혹은 양쪽의 속도를 감소시키는 방법이 있다.

2. 부식억제제 제어법

1) 양극반응속도의 제어법으로 가장 유효한 것이 부동태화를 촉진시키는 일이다. 부동태화를 쉽게 하는 부동화제는 양극활성을 억제시키므로 양극억제제(Anode Inhibitors)라고도 한다.
2) 이에 반해서 주로 음극반응을 억제함으로써 부식을 감소시키는 것을 음극억제제(Cathode Inhibitor)라고 부르며 또한 금속 표면에 일정하게 흡착하여 반응의 장벽을 만들어서 부식을 억제하는 다른 물질도 알려져 있다.

3. 부식억제제 메커니즘

이들 부식억제제(Inhibitor)는 그 부식억제기구(메커니즘)에 따라서 분류하기도 한다. 부동태화촉진, 침전피막형성, 흡착피막형성 등 기능별로 분류할 수 있다.

1) 부동태화촉진 인히비터로는 크롬산염, 아초산염 등이 있다. 이것들은 강력한 산화력에 의해 철강재료의 부동태화를 촉진한다. 그러나 크롬산의 경우에는 환경오염의 우려 때문에 최근에는 거의 사용되지 않고 있다.
2) 침전피막형성의 인히비터는 폴리인산, 폴리규산염, 유기인산염 등이 대표적이다. 이들 Inhibitor는 부식생성물 또는 환경 중에 존재하는 Ca^{2+}, Mg^{2+} 등과 반응하여 침전피막을 형성하면서 부식을 억제한다.
3) 흡착피막형성형의 대부분은 유기Inhibitor로 금속 표면에 물리적 혹은 화학적으로 흡착하여 단분자층에서부터 여러 분자층의 흡착피막에 의해 금속 표면을 부식성 환경으로부터 차단한다.

4. 부식억제제의 부식억제기구

1) Anode부동화제(양극반응억제)

부식억제제는 Anode반응속도를 우선적으로 감소시켜 부식속도를 감소시키는 것으로, 이것은 주로 금속의 부동화 현상에 기인하고 있다.

용액 중에 용존하는 Anode억제형의 부동화제는 Cathode분극곡선에는 거의 영향을 미치지 않으나 Anode분극곡선에는 특징적인 변화를 일으킨다.

2) Cathode억제제(음극반응억제)

Cathode억제제는 주로 금속의 활성영역에서의 부식반응을 억제하는 작용을 한다.

3) 반응의 과전압을 증가시키는 Cathode억제제

산성액 중에서 As, Sb, Bi 등의 염류는 Cathode면에 석출되어 수소과전압을 높여 방식한다.

5. 부식억제제의 구비조건

1) 공해방지기준에 저촉되지 않을 것
2) 정지나 유동 시에도 부식억제효과가 있을 것
3) 저농도에서 부식억제효과가 클 것
4) 적정농도 이하 또는 이상에도 국부부식 또는 부식촉진이 없을 것
5) Scale 생성을 조장하지 않을 것
6) 방식피막이 두꺼우며 열전도에 지장이 없을 것
7) 녹이 발생된 계에서도 부식억제효과가 있을 것
8) 이종금속과의 접촉부식 및 이종금속에 대한 부식촉진반응이 없을 것
9) 장시간 분해되지 않고 안정하게 부식억제효과를 발휘할 것
10) 적수방지효과가 있을 것
11) 경제적으로 부담이 되지 않을 것

6. 부식억제제의 종류

1) 무기계 부식억제제

(1) 크롬산염(Chromate)

크롬산염은 오래 전부터 사용되어 왔으며, 많은 연구가 이루어져 왔다. 그러나 독성이 크므로 완전밀폐계에서 사용되지 않는 이상 금후 이용이 기대되지 않는다.

(2) 아질산염(Nitrite)

아질산염은 철을 부동태화 하고 20ppm 정도의 저농도에서 또는 정지액 중에서도 극히 높은 억제율(90% 이상)을 나타낸다. 좋은 조건하에서는 적청, 적수, 공식을 전혀 발생하지 않고 장기간 표면상태가 변하지 않으며 우수한 효과를 나타낸다.

(3) 칼슘염(Calcuim Ion)

칼슘이온은 금속 표면에 탄산칼슘의 피막을 형성하므로 오래전부터 저렴하고 유용한 부식억제제로 사용해 왔으나 사용조건이 잘못되면 과량으로 스케일(Scale)이 생기는 결점이 있다.

(4) 규산염(중합체)

규산염은 독성은 없으나, 물 흐름의 정지조건하에서는 부식억제효과가 거의 없다.

(5) 알루미늄염(Aluminium Ion)

Al염의 부식억제작용은 잘 알려져 있다. 이것은 무공해이며, 적청이나 적수의 발생이 없고 공식이나 국부부식의 발생이 적은 편이다.

(6) Poly인산염

이전에는 Ortho인산나트륨(정인산염, Na_2HPO_4)이 많이 사용되었으나 최근에는 방식효과가 좋은 Poly인산염이 많이 사용된다.

2) 유기계 부식억제제

(1) 유기계 부식억제제는 금속 표면에 흡착되어 금속면을 피복하여 산소, 물 및 부식성 물질의 침입을 방지하여 방식한다.
(2) 방식피막은 억제제 분자가 형성되므로 금속 표면은 아무런 변화가 없다.
(3) 무기억제제는 주로 Alkali성, 산화성에 한정하여 사용되며, 산소가 없는 환경에서는 억제효과가 감소하는 것에 비하여, 유기억제제는 대부분 산의 존재 시 또는 산성인 염수, 고온 때로는 환원성 환경에서도 방식효과가 있다.
(4) 당초 미생물 부식억제제에서 출발한 유기계 부식억제제는 지금은 중성의 물, 해수, 부동액과 같은 물 외의 용액에서 부식억제제로 사용되고 있다.

20 | 이온교환수지

1. 정의

이온교환이란 정전기력으로 고체 표면에 보유한 이온을 수중에 존재한 반대이온과 서로 교환하여 처리하는 분류식으로 보일러 용수의 경도제거, 또는 Process 용수의 탈염, 정제를 목적으로 개발된 것이지만, 최근에는 정수처리나 폐수의 고도처리, 크롬 및 니켈 도금 용액의 정제, 금속표면처리 공정 등에서 배출되는 수세수 중에 함유된 중금속을 흡착 회수하여 처리수를 수세수로서 재사용하기 위한 폐수처리 시설로서도 이용된다.

2. 이온교환수지의 이용목적

- 경수의 연화 또는 순수제조에 사용
- 도금용액 등의 제조
- 폐수 중에서 중금속의 회수에 이용
- 이온교환처리수의 재이용
- 폐수처리에서 중금속 제거

3. 이온교환수지의 특성

이온교환수지는 다공질이며 물에 불용성으로 다른 이온과 교환할 수 있는 산성 및 염기성 수지가 있다. 여과 시 양이온과 음이온을 60~400mesh(250~40μm)의 미분탄으로 한 것을 5~10mm의 두께로 해 이온교환과 콜로이드상 물질의 제거가 동시에 수행된다.

4. 이온교환 수지량 계산

이온교환량은 흡착제의 흡착 이온량으로 나타내며, 각각 틀린 값이 산출되므로 불편하기 때문에 Ca와 반응하여 환산된 값을 지표로 나타내어 g-$CaCO_3/m^3$한다.

1) 제거하고자 하는 대상이온의 당량수를 구한다.
2) 제거해야 할 대상이온의 총당량수를 구한다.
3) 총당량수를 교환용량으로 나누어 교환수지 용량(m^3/cycle)을 산출한다.

▌이온 교환수지 설계 예제

어느 금속 공장의 폐수 분석치가 다음과 같다. 폐수량 $450m^3/d$, $Cu^{2+}=40mg/L$, $Zn^{2+}=25mg/L$, $Ni^{2+}=20mg/L$인 폐수를 이온교환법으로 제거하기 위해 설계조건을 다음과 같이 하고자 할 때 양이온 교환수지 요구량은 얼마인가?

- 수소 순환 양이온 교환기(직립 2상식)
- 교환탑의 직경=1m
- 교환탑의 자유공간=40%(역세와 세척에 따른 총확장을 위한 여유)
- 재생 Cycle=6일
- 교환용량=$2620eq/m^3$Resin

☞ **풀이**

$Cu^{2+}=40mg/L \times$ 당량$/63.5/2=1.2598me/L$

$Zn^{2+}=25\ mg/L \times$ 당량$/65.4/2=0.7645me/L$

$Ni^{2+}=20mg/L \times$ 당량$/58.7/2=0.6814me/L$

총당량수$=(1.2598+0.7645+0.6814)eq/m^3 \times 450m^3/d=1217.565eq/d$

$$\text{양이온 교환수지 요구량} = \frac{1217.565eq/d \times 6d/cycle}{2620eq/m^3}$$

$$= 2.788 = 2.79m^3/cycle$$

21 | 비점오염원(Non Point Source)에 대하여 설명하시오.

1. 비점오염원(NPS) 정의

공장폐수나 생활하수와 달리 도로(대기, 퇴적오염물), 농경지(비료, 농약), 임야(식물 퇴적물) 등에서 광범위하게 비점 오염물질을 발생하는 배출원이 불분명한 오염원을 비점오염원이라 하며 주로 강우 시에 집중되는 특징을 갖는다.

2. 비점오염원의 원인

1) 자연적인 오염
- 암석과 토양이 물과 접촉하여 생겨난 오염물질의 용출
- 산림지대의 화학적, 생물학적 성분의 침식과 유실
- 하구의 염수 침투

2) 인위적인 오염
- 농경지에서 비료와 농약 등을 사용
- 농경지와 목장의 토양 침식
- 포장이 많이 된 도시지역의 누적 먼지와 오물

3. 수질관리상의 문제

비점원 오염물질의 크기는 지역에 따라 다르고 우기에 집중되며 일정한 기준이 없어 예측 불가능하고 기존 자료가 많지 않기 때문에 오염부하량 추정에 어려움이 있다.

1) 비점원 오염 부하에 관한 조사가 매우 적어 환경용량 결정이 어렵다.
2) 비점원 오염부하량이 차지하는 비중이 점원 오염부하량의 70% 정도로 높으므로 비점원 오염 부하 규모를 고려하여 현행 수질기준을 조정할 필요가 있다.

4. 비점원 오염부하량

생활하수나 산업폐수 등과 같은 점원 오염원으로부터의 배출뿐만 아니라 우천 시 배출되는 비점원에 의한 오염물질이 하천 수질악화에 큰 영향을 준다는 것은 널리 알려진 사실이다. 비점원 오염물질의 배출량은 강우 시 배출량과 갈수 시 배출량의 차이를 구하여 얻을 수 있으며 점원 오염물의 약 70% 정도이다.

5. 대책

1) NPS에 대한 기초조사, 오염부하량의 추정이 필요하며 우리 실정에 맞는 적절한 모델을 개발하여야 한다.
2) 비점 오염물질의 관리법을 제정하여 운영한다.
3) 도로 청소 및 초기 우수 유출수의 일시 저류 및 처리를 위한 우수토실의 개량 등을 강화한다.
4) 농경지 우수 배수의 체류지 설치 및 비료, 농약 사용의 적정

6. 각종 처리시설의 종류(상하수도 계획편 참조)

1) 저류형 : 저류지, 연못, 이중목적 저류지, 인공습지
2) 침투형 시설 : 침투조, 침투도랑, 건조정, 유공포장
3) 식생형 시설 : 식생수로, 식생여과대
4) 장치형 시설 : 여과조(Stormfilter, Sandfilter), Swirl Concentrators, Vortex Solids Separators, 수유입장치, Stormceptor 등이 있다.
5) 하수처리형 시설
6) 복합접촉산화시설: 역간접촉산화시설, 복합접촉산화수로, 끈상접촉산화시설 등

환경용어

님비현상(NIMBY)

영어 "Not in my backyard(내 집 뜰에는 안 된다)"에서 나온 말로서 쓰레기매립장, 분뇨처리시설, 공공하수처리시설 등 소위 혐오시설들의 지역 주민반대 현상을 나타내고 있는 말이다. 우리나라뿐만 아니라 님비 현상은 세계 각국이 공통적으로 겪고 있는 어려움으로 혐오시설 계획 시 우선적으로 주민들의 반응을 예상하고 대안을 고려해야 한다.

22 | 청색증을 설명하시오.

1. 개요

청색증(Blue Baby)은 오염된 물속에 포함된 질산염(NO_3)이 몸속의 헤모글로빈과 결합해 산소 공급을 어렵게 해서 나타나는 질병이다. 청색증이란 이름이 붙은 이유는 산소 부족으로 온몸이 파랗게 변하기 때문이다.

2. 청색증의 영향

일반적으로 인체 내 헤모글로빈의 1~2%는 메트헤모글로빈 형태로 존재한다.
그러나 이 비율이 10%를 넘을 경우 청색증이 나타나게 되며 30~40%에 이르면 무산소증에 걸리게 된다. 이 병은 성인에게서는 발생하지 않으며 주로 백일 이전의 갓난아기에게서 나타난다.

3. 청색증의 원인

질산염으로 오염된 물로 인해 유아가 청색증에 걸리는 원인은 크게 세 가지로 구분할 수 있다.

1) 유아는 체중이 적기 때문에 적은 양의 질산염을 받아들이더라도 성인에 비해 영향이 크다.
2) 성인과 달리 태어난 지 몇 달 안 되는 유아의 체내 헤모글로빈은 산화가 쉽게 일어난다. 갓난아기에게는 메트헤모글로빈을 헤모글로빈으로 변화시키는 두 종류의 효소가 결핍되어 있다.
3) 성인과 달리 갓난아기의 위 산도는 중성에 가깝기 때문에 박테리아의 증식이 쉽게 일어난다.

4. 대책

1) 수중에 질산염(NO_3)이 존재하는 것은 원수 중에 유기질소가 다량 존재하고 분해과정에서 질산염의 형태로 유입되기 때문이며 정수처리, 소독과정에서 대부분 제거되나 지하수를 섭취하는 경우 관리가 어려워 섭취 가능성이 크다.
2) 물을 끓여 먹을 경우 물을 끓인다고 해서 해결되는 것은 아니다. 물을 끓일 경우 물이 증발해 질산염의 농도를 더욱 높일 가능성이 있기 때문이다.

3) 비위생적인 식수를 마시는 개발도상국에서 청색증의 발생이 많은 이유는 상수도 대신 우물물과 같은 오염된 지하수를 마시기 때문이다.
4) 청색증을 일으키는 질산염의 농도가 어느 정도인가에 대해서는 명확하지 않다. 그러나 질산염이 10mg/L 이하의 물이 안전한 것으로 알려졌다. 우리나라의 먹는 물 수질기준 역시 10mg/L 이하이다. 세계보건기구(WHO)에서는 질산염 오염에 의한 영향이 임산부가 성인에 비해 위험성이 크다고 경고하고 있다.

차 한잔의 여유

구하라. 그러면 얻을 것이요.
찾아라. 그러면 찾을 것이요.
두드려라. 그러면 열릴 것이다.
– 마태복음 7장 7절 –

23 | 환경호르몬에 대하여 설명하시오.

1. 개요

호르몬이란 그리스어의 '불러일으키다'라는 말에서 유래되었는데 고환, 난소, 이자, 갑상선, 부갑상선, 흉선 등 내분비샘에서 생산되어 혈액을 돌며 몸의 한 부분에서 다른 부분으로 메시지를 전달하는 화학메신저이다. 이와 비교하여 환경호르몬은 화학물질로 인한 호르몬 교란이라고 할 수 있다.

2. 환경호르몬의 영향

생식계통에 이상을 일으키는 물질을 통칭해서 학자들은 〈내분비계 교란 물질〉이라고 부른다. 환경호르몬은 생물체 내로 들어간 후 마치 호르몬인 것처럼 작용해 생물체의 성기능을 마비시키거나 생리 균형을 깨뜨린다. 이외에도 환경호르몬은 천연호르몬의 생성, 분비, 수송 등 다양한 과정에서 부작용을 일으킨다.

3. 환경호르몬의 종류

DDT, DES, PCB류(209종), 다이옥신(75종), 퓨란류(135종) 등 현재까지 밝혀진 것만 50여 종류에 달한다. TBT(유기주석화합물)도 고둥이나 대수리 등 복족류 바다생물의 경우 암컷의 몸에 수컷의 성기가 돋게 만들어 생식능력을 훼손시키는 환경호르몬이다.

4. 환경호르몬 대응대책

내분비계 장애물질은 주로 잔류성이 강한 화학물질이 인체의 내분비계(호르몬계)에 작용하여 호르몬의 분비를 차단, 과잉 · 과소 분비토록 하여 인체의 정상적인 발육을 방해하고 생식기의 이상현상 등을 초래할 가능성이 있는 물질로 알려지고 있어 일본 등에서 환경호르몬으로 표기하고 있으나, 동 물질의 작용방식을 고려하여 정식 명칭으로는 내분비계 장애물질(Endocrine Disruptors)로 명명하고 있다.

1) 중 · 장기 연구추진전략으로는 제1단계로 내분비계 장애물질에 대한 현황과 환경생태계에 대한 영향 등 실태를 조사하고, 제2단계로 내분비계 장애물질에 대한 국내 역학조사 등 위해성평가를 수행하며, 제3단계에서는 내분비계 장애물질 지정 및 규제방안 마련 등 내분비계장애물질에 대한 과학적 통합관리방안을 마련키로 하였다.

2) 환경부는 우리나라 내분비계 장애물질 추정물질 67종을 세계야생보호기금(WWF) 목록에 근거하여 선정하고 규제를 추진 중이다.
3) 또한 환경부는 내분비계 장애물질 연구를 한 · 일 공동 연구사업으로 추진키로 하였으며, OECD 등 국제기구의 연구에도 적극 참여할 계획이다.

4) 대표적인 내분비계 장애물질
① 다이옥신 ② 퓨란 ③ 폴리염화비페닐류(PCBs) ④ 폴리브롬화비페닐류(PBBs)
⑤ Tributyltin Oxide ⑥ 펜타클로르페놀(PCP) ⑦ 2,4,5-트리클로르페녹시초산
⑧ 2,4-디클로르페녹시초산(2,4-D) ⑨ 알라클로르 ⑩ 알디캅 ⑪ 베노밀
⑫ (bata-HCH) ⑬ Carbaryl ⑭ 클로르단 ⑮ Cypermethrin ⑯ DBCP ⑰ DDT

5) 생활상에서 환경호르몬에 대한 예방대책

(1) 합성세제, 플라스틱제품 사용, 휘발성 제품의 무분별한 사용 억제

(2) 벽지
인쇄할 때 쓰는 잉크 광택제와 도배할 때 쓰는 합성 풀에서 유해 물질이 나온다.
→ 한지와 집에서 쑨 풀을 쓴다.

(3) 바닥재
유해 기체가 뿜어져 나온다. 특히 표면이 매끄러운 합성수지 바닥재는 발바닥과 부딪치면 정전기를 일으켜 전자파와 비슷한 피해를 준다.
→ 입주 시 베이크 아웃(Bake Out)을 실시하고 장판지에 콩기름을 먹여 쓴다.

(4) 소파와 쿠션 카페트
포름알데히드, 합성가죽은 독성 플라스틱 기체를 내뿜는다. 천연가죽도 가공과정에서 염화메틸렌 등 유해물질을 쓴다.

(5) 랩과 호일, 플라스틱 용기
랩의 재료인 디옥신 프탈레이트는 발암물질, 알루미늄은 복통 및 간과 신장 이상 등을 일으키는 독성물질, 뜨겁고 습기 있는 음식을 싸두면 검게 변하는데 이는 알루미늄이 독성이 훨씬 강한 산화알루미늄으로 변했기 때문이다.

(6) 욕실
재료인 경질 플라스틱은 비교적 환경호르몬을 적게 내지만 뜨거운 물을 받아 몸을 담궜을 때는 위험하다. 목욕할 때는 피부의 모공이 열려 환경호르몬이 혈관에 더 잘 들어가기 때문이다. 대리석 등 천연소재도 100% 천연물이 아니라 돌가루를 합성수지에 반죽해서 만든 것이 많으므로 역시 위험하다.

24 | 합성세제의 수환경에 미치는 영향에 대하여 기술하시오.

1. 개요

우리나라는 합성세제를 처음 시판한 이후 경성세제, 연성세제, 무린세제를 거쳐 급속한 경제 성장과 함께 세탁기의 보급으로 합성세제의 사용량이 급격히 증가하였다. 이와 같은 합성 세제량의 증가는 결국 수계에 유입되어 잔류하게 됨으로써 계면활성제의 특성상 생태계의 보전능력을 감소시키고 수계의 자정작용을 방해하여 수자원의 오염과 상수처리 시 응집방해 등 문제를 야기하며 세제의 보조제로서 첨가되는 인산염에 의한 부영양화 현상 등 여러 가지 환경문제를 야기시키고 있다.

2. 합성세제의 종류

합성세제로 인한 환경오염문제를 저감시키기 위하여 생물분해가 어려운 경성세제(ABS : Alkyl Benzene Sulfonate)에서 생물분해가 비교적 용이한 연성세제(LAS : Linear Alkyl Benzene Sulfonate) 또는 무린세제로 대체 사용하고 있으나 세제 사용량은 급속히 증가되고 있는 실정이다.

3. 합성세제의 특성

1) 합성세제란 물체 표면에 붙어 있는 오물을 화학적 · 물리적 충격을 이용하여 청결하게 하는 화학물질로서 물과 물체의 표면 사이의 경계면에 작용하여 오물이 표면에서 떨어지게 하는 역할을 하는 계면활성제(Surface Active Agent)와 세제의 활성을 높여주는 인산염, 탄산소다 및 보조제(Builder)로 구성되어 있다.
2) 우리나라에서 만들어지는 합성세제의 대부분은 15～30%의 계면활성제와 세제의 성능을 향상시키기 위한 70～85%의 보조제로 이루어지며 세탁용 세제는 주로 과립상 또는 분말상이고 주방용과 세발용은 액상으로 이용된다.

4. 수환경에 미치는 영향

1) 수생생물에 미치는 계면활성제의 독성
   치사농도 이하에서도 수생생물이 장기간에 걸쳐 계면활성제에 노출된다면 어류의 경우 어린 고기의 성장에 영향을 준다. 또한 어류의 아가미 등의 조직에 변화가 생기거나 또는 거동에 변화가 나타난다.

2) 식물에 미치는 영향
   수목과 야채, 화채류는 합성세제 혹은 ABS(LAS)에 대하여 비교적 강하고 10mg/L

이상의 농도에서 토양재배로 영향이 나타나는 경우는 없으나 벼의 발아, 발근에는 100mg/L를 투여할 때 영향이 거의 보이지 않았지만, 장기간 연속적으로 접촉시키면 5mg/L 정도에서 벼의 뿌리 중량, 줄기 등의 생육에 영향을 미치는 것으로 나타나고 있다.

3) 상수처리에 미치는 영향

음이온 계면활성제의 농도가 높아지면 상수처리공정에 다음과 같은 문제점이 발생할 수 있어 처리효율의 저하, 운전 및 유지관리상의 발생으로 처리비용의 증가를 유발시킨다.

- 응집과정에 계면활성제의 유화·분산작용으로 응집, 응결 작용 방해
- 침전과정에서 계면활성제의 농도가 0.5mg/L 이상 점차 증가할수록 탁도의 제거율 감소
- 여과과정에서 Fiter Clogging 등의 원인으로 수두손실을 증가시켜 여과지 폐색시간 단축
- 합성세제의 킬레이트 특성에 의해 수처리 기계의 부식 초래

4) 계면 활성제가 수생태계에 미치는 영향

가정 및 공장 등으로부터 배출되는 계면활성제는 먼저 배수관거 내에서 부유입자 및 저서생물과 부착 미생물에 흡착 및 흡수되어 서서히 분해된다. 따라서 단시간 내에 소량만 배출 시는 유하과정에서 상당부분이 제거되나, 장시간 또는 다량으로 환경용량을 초과하여 배출될 때 분해되지 않고 하천, 호소 및 해역으로 유출하며 수생물에 악영향을 미친다.

- 하천에서는 배수관거와 마찬가지로 부유입자와 저서생물 및 부착미생물과 수중의 미생물에 의하여 흡착, 흡수되어 분해되지만, 일부는 미생물 이외의 수생생물에도 축적된다.
- 합성세제 및 비누 사용에 따른 배출수가 활성슬러지법, 생물막법 등의 생물처리에 미치는 영향은 표준 활성슬러지법에서 유입수 MBAS(Methylene Blue Active Sustances)농도 10mg/L 정도까지는 처리 결과에 큰 영향을 미치지 않았다.

5) 비누와 합성세제가 생물학적 하수처리에 미치는 영향

항 목	합성세제	비 누
처리형태	호기성 및 혐기성처리에 영향이 없다.	호기성 및 혐기성처리에 영향이 없다.
슬러지 생성량	합성세제의 BOD는 비누의 1/3이기 때문에 슬러지 생성량의 변화는 거의 없다.	비누의 BOD가 높아서 유기질량이 많게 되어 슬러지 생성량은 합성세제의 경우보다 40% 정도 증가한다.
하수처리 영향	합성세제에서는 호기성, 혐기성 미생물에 큰 영향을 받는 일은 없으나 거품이 생겨 소포가 필요한 경우 가 있다	비누에서는 호기성, 혐기성미생물에 영향을 받지 않으나, 사상미생물이 증가하는 경향이 있고 발포에 관한 문제는 거의 없다.

5. 처리방법별 제거 실태

1) 생물학적 처리

우리나라의 경우 하수처리시설에서의 합성세제 제거 관계는 아직 정례화되어 있지 않아 자료 축적이 많지 않으나 세제는 가정 잡배수 및 분뇨와 같은 정도로 분해 제거됨을 알 수 있다.

또한 하수처리를 통한 LAS 제거는 활성오니 시설이 과부하되지 않고 효율적으로 가동될 때 LAS의 제거율은 95~99% 정도 되었다.

2) 물리화학적 처리

(1) 염소처리(소독)

염소 소독 시 합성세제와 반응하여 Chloroform 등의 염소화합물이 형성된다.

(2) 광분해

광분해 실험에서 1분 이내에 C_{12}-LAS 모두 중간생성물로 전환되었으며 20분 내에 1mole의 LAS당 7mole의 CO_2가 생성되었다.

(3) 흡착

LAS의 흡착자료는 생분해성의 해석을 위해 중요하며 특히 부유물질이 고농도로 존재할 때 환경에 존재하는 LAS의 분해속도를 예측하는 데 중요한 자료가 된다.

6. 합성세제의 문제점 및 대책

1) 문제점

가정에서 사용하는 합성세제의 약 5~30%는 처리되지 않고 수 환경 중에 배출되며 대부분의 하천은 유하길이가 짧아 세제가 충분히 분해되기 위한 시간이 부족하며 여름철 장마철을 제외하고 수계의 유지 용수량이 풍부하지 못하여 세제로 인한 수질오염 문제가 야기되고 있다.

2) 대책

- 합성세제의 사용 억제 및 적합한 용량 사용
- 환경 영향이 적은 천연 세제 연구 및 보급
- 정화조 및 하수처리시설에서의 세제성분 제거가 용이한 처리공정 적용
- 방류수의 수원(상수원, 농업용수 등) 유입을 억제하도록 수계 정비

25 | 수돗물의 적수, 청수 원인 및 대책을 설명하시오.

1. 개요

수돗물에서 적수(녹물)가 나오는 것은 위생상, 미관상 불쾌한 것으로 최근의 상수도 고급수질 공급 정책에서 우선 과제 중의 한 가지이다. 대부분 관로 부식에 의한 녹물 발생으로 관로 선정 및 유지관리를 개선해 나가야 할 것이다.

2. 적수의 원인

1) 적수현상은 원수 수질이 악화되는 경우 원수 중 철분 등이 급수관에서 산화되는 경우 또는 오염된 원수를 수처리 하기 위해 과다한 약품투입으로 여분의 약품이 관로 중에서 화학작용으로 배관이 녹슬고 녹물이 나오는 현상이다.
2) 백관(아연도 금강관)을 사용하는 경우 노후화가 진행되면 아연이 용출하고 결국 강관이 부식되어 철의 산화로 녹물이 발생하는데 적수의 원인은 대부분 이 경우이다.
3) 경도 성분이 많은 물에서 스케일이 형성되고 스케일은 녹물을 유발한다.

3. 적수의 대책

1) 아연도금 강관의 부식을 방지하기 위해 내부 라이닝공법(에폭시 라이닝, 시멘트 라이닝 등)의 적용이나 적절한 방청 조치
2) 시공 시 또는 천공 시 용접부 나사부 관단면 등 도금 파손부위를 방청 조치한다.
3) 배관의 물이 오래 정체하는 경우 녹물이 발생하므로 가정에서 사용 시 음용수는 배관 내의 물이 배출된 후 사용하며 필요에 따라 드레인이 가능하도록 배수(드레인)설비를 갖춘다.
4) 배관 선정 시 부식이 적은 재료를 사용한다. 현재 법적으로 아연도 강관은 급수관에 사용하지 못하도록 하고 있다. 동관, 스테인리스관, 합성수지관 사용 권장

4. 청수, 흑수의 원인 및 영향

1) 청수현상은 동관을 사용하는 경우 유리탄산이 많이 함유된 물인 경우 동관으로부터 미량의 동이 용출되어 물이 푸른빛을 띠게 된다.
2) 흑수현상은 물속에 망간성분이 존재할 때 검은색을 띠게 된다.

5. 청수, 흑수의 대책

1) 동관의 경우 산화 피막이 손상되면 청수가 발생할 수 있으므로 피막 손상을 유의한다.
2) 저수지 밑바닥의 침전물이 혐기성 상태에서 철 및 망간 등이 용출하여 오염되는 경우가 있으므로 저수지 관리에 유의한다.
3) 동관, 스텐인리스관, 합성수지관 시공 시 용접부 접합부등에 접착제, 절삭유, seal 제등의 과다한 사용을 억제하고 적합한 시공을 한다.

6. 급수 배관 적용추세

급수관의 녹물 발생을 방지하기 위해 과거의 아연도 강관 사용을 금지하고 동관, 스테인리스관, 합성수지관을 주로 사용하고 있으며 기존의 강관도 갱신을 통하여 꾸준히 개선하고 있다. 다만 과거의 건물 내부에 설치된 강관류는 시공 여건상 건물이 철거될 때까지는 갱신이 어려운 것이 사실이다. 꾸준한 갱신과 관계자의 연구 및 행정적인 도움으로 모든 수요자가 안전하고 신뢰할 수 있는 수돗물을 공급하고 섭취해야 할 것이다.

26 | 호소수의 망간 용출과 제거방법에 대하여 설명하시오.

1. 호소수의 망간 용출 개요

대규모 호소나 저수지에는 밑바닥에 침전물이 존재하는데 여름철에 물이 정체되어 수온성층을 형성하면 밑바닥의 저층수가 혐기성 상태가 되어 pH가 감소하면서 산성을 띠게 된다. 이때 바닥의 슬러지에서 철과 망간이 용출되는 경우가 있다.

2. 망간의 먹는물 기준

수돗물에 망간이 다량으로 포함되면 물에 쇠 맛뿐 아니라 세탁이나 세척 시 의류나 기구 등이 흑갈색을 띠게 되고 또한 공업용수로도 부적당하다.

「먹는물 수질기준」에서는 망간은 0.3mg/L 이하로 정해져 있으므로 수돗물에 그 이상 포함될 가능성이 있을 경우에는 제거해야 한다.

3. 망간의 영향(흑수현상)

수돗물에 망간이 포함되면 수질기준(현재는 0.3mg/L 이하)에 적합한 정도의 양이라도 유리잔류염소로 인하여 망간의 양에 대하여 300~400배의 색도가 생기거나, 관의 내면에 흑색 부착물이 생기는 등 흑수(黑水)의 원인이 될 뿐더러 위생기구류나 세탁물에 흑색의 반점을 띠게 되는 경우가 있다. 또 망간과 철이 혼재될 경우에는 철이 녹은 색이 혼합되므로 흑갈색을 띠게 된다. 원수 중에는 망간이 포함되면 보통 정수처리에서는 거의 제거되지 않으므로 망간에 의한 장애가 발생할 우려가 있을 경우나 「먹는물 수질기준」 이상인 경우에는 처리효과가 확실한 방법으로 망간을 제거하기 위한 처리를 할 필요가 있다.

4. 망간 제거방법

철과 망간의 제거방법에는 물리·화학적 처리와 생물학적 처리로 구분할 수 있다. 그러나 원수 중에 포함된 철은 대개의 경우 침전과 여과과정에서 어느 정도 제거되므로 철을 제거하는 설비를 설치할 필요성 여부는 포함된 철의 양과 성질 및 그 수도설비 등을 구체적으로 고려한 다음에 결정해야 한다. 망간은 지하수, 특히 화강암지대, 분지, 가스함유지대 등의 지하수에 대부분 포함되는 경우가 있고, 하천수 중에는 통상 망간이 포함되는 경우가 적지만 광산폐수, 공장폐수, 하수 등의 영향을 받는 호소수의 침전물에서 용출현상으로 포함되는 경우가 있다. 철과 망간의 처리공정으로는 물리화학적인 공기포기+급속모래여과, 산화제(염소, 오존, $KMnO_4$ 등), 산화코팅 또는 촉매여재를 이용한 여과 등의 방법과 생물학적으로 포기+생물여과(완속여과) 등이 있는데 대부분이 물리·화학·생물학적 기작이 복합된 공정들이다.

1) 물리·화학적 제거

공기포기로 철이 산화되어 산화철이 생성되고, 생성된 산화철은 급속모래여과지에서 모래에 퇴적되거나 수중에 존재하는 산화철에 우선 Mn이 빠르게 흡착된다. 흡착된 Mn은 산소가 충분하고 pH가 7 이상의 조건에서는 수중에서 산화되는 것보다 훨씬 빠른 속도로 표면에서 산화되어 망간산화물을 형성한다. 이러한 촉매반응이 계속 진행되면서 모래에 퇴적된 망간산화물과 철산화물이 숙성되어 모래를 코팅하여, 층이 형성되면 수중의 Mn이 흡착과 산화반응으로 촉매화되어 더욱 효과적으로 Mn을 제거하게 된다.

2) 생물학적 제거

철과 망간을 산화하는 세균에는 철을 에너지원으로 사용하고 이산화탄소를 탄소원으로 사용하는 독립영양세균과 유기물을 에너지원과 탄소원으로 사용하는 종속영양세균이 있다.

이들 미생물들은 토양 내에 잘 서식하는 미생물로서 철과 망간은 효소작용에 의해 세포 내에서 산화가 이루어지거나, 철과 망간 산화세균의 대사과정 중에 배출된 폴리머의 촉매작용에 의한 세포 외 산화작용에 의해 제거된다.

철 산화세균의 대사산물로 철산화물과 망간의 대사과정을 통해 망간산화 대사산물이 생성되어 세포를 코팅하며, 이들 대사산물에 Mn이 물리·화학적인 기작에 의해서 추가적으로 제거된다. 철 산화세균은 모래에 부착하여 생물막 층을 형성하며 성장한다.

철이 많이 포함된 물에는 망간이 공존하는 경우가 많으므로 철의 제거방법을 검토할 때에는 망간 제거의 필요성 유무에 대해서도 함께 검토해야 한다.

5. 망간 제거설비 적용현황

1) 망간 제거에는 pH조정, 약품산화 및 약품침전처리 등을 단독 또는 적당히 조합한 전처리설비와 여과지를 설치해야 한다.
2) 약품산화처리는 전·중간염소처리, 오존처리 또는 과망간산칼륨처리에 의한다.

3) 망간모래의 접촉산화작용

잔류염소의 존재하에서 망간이온의 망간모래로 접촉산화작용을 이용하여 망간을 제거하는 망간접촉여과방식을 주로 사용한다.

27 | 겨울철 수도수 원수의 암모니아 증가원인 및 대책을 설명하시오.

1. 개요

수도수 원수의 암모니아는 오염물질 중 유기물 성분의 분해과정에서 유기질소가 분해된 것으로 겨울철의 낮은 수온에서 충분한 시간이 부족하면 암모니아의 형태로 유입된다.

2. 암모니아 형성 메커니즘

자연계의 질소 순환 과정(동식물의 유기질소 → 유기질소 → 암모니아성 질소 → 아질산성 질소 → 질산성 질소 → 동식물의 유기질소 합성) 중 오염물질은 폐사한 동식물이므로 이 세포가 분해과정에서 충분한 시간이나 분해환경이 확보되지 않으면 초기상태의 암모니아가 된다.

3. 겨울철 원수의 암모니아 증가원인

상수원에 유기물 오염물질이 유입될 때 특히 질소성분의 영양염류가 암모니아의 원인이며 겨울철과 같이 수온이 낮을 경우 분해 속도가 느려져서 충분한 체류시간이 부족한 경우 질소의 분해과정 중 암모니아의 형태로 원수에 유입된다.

4. 대책

1) 원수에 유기질소가 유입되지 않도록 수변지역의 상수원 보호와 하수처리 시 고도처리를 통한 질소성분 제거가 확실하도록 한다.
2) 상수원 저류시설에서 충분한 체류시간으로 자정작용을 거치도록 하며 정수과정에서 질소성분을 제거하기 위한 염소 소독을 실행한다.
3) 전염소 주입방식이 질소성분 제거에 유리하나 전구물질에 의한 소독 부산물 발생을 충분히 고려한다.

5. 주요 상수원 수질 강알칼리성

1) 일조량 증가와 수온상승으로 식물성 플랑크톤이 많이 늘어나면서 주요 상수원의 수질이 기준치를 초과하는 강알칼리성을 띠고 있다.
2) 수도권의 상수원인 팔당호의 수소이온농도(pH)는 8.8까지 치솟아 상수원 수질기

준인 pH 6.5~8.5를 초과했다. 낙동강 남지지점과 영산강 주암호는 pH 8.5, 한강 충주호와 금강 부여지점은 pH 8.3으로 나타났다.

3) 특히 팔당호의 경우 화학적 산소요구량(COD)이 3.9~4.3ppm으로 고도정수처리를 실시해야 수돗물 생산이 가능한 3급수 수질을 보였다.
4) 식물성 플랑크톤이 과도하게 번식하면 수돗물에서 냄새가 나고 발암물질인 트리할로메탄(THM) 생성이 늘어나는 것으로 알려지고 있다.

♤ 상하수도 기술사 공부 방법

1. 기술사 공부는 왜? 하며, 자격증은 왜? 취득하려 하는지 목적을 분명히 한다.
   - 전문 기술자로서 우선 자신의 실력을 연마하고 나아가 사회에 기여하고자...

2. 자격증을 목표로 쫓아가면서 힘든 과정을 이겨낼 거라고 투쟁적인, 싸우는 공부보다 공부하고 있는 이 하루하루가 목표라고 생각하면 매일 매일 목표를 달성하는 것이며 하루하루가 즐겁고 보람을 느끼게 된다. - 재미는 더하고 공부는 발전한다.

3. 기술사 공부는 마라톤 게임이다. 중간에 주저앉아도 안 되지만 너무 세게 덤벼들면 쉬 피곤해진다. 숙제하듯이 피동적으로 공부하기보다 하나하나 터득해 가는 보람으로 즐기면서 여유를 갖고 한발 한발 나아간다.

4. 하루 2~3시간 이상씩 꾸준히 공부한다. 기본서 1~2권을 충실히 하고 나서 시설기준 등 부교재를 참고로 하며 관련 잡지를 보충하여 시사성을 기하면 금상첨화...

5. 개인적 공부 취향에 따라 정리 노트를 작성하거나 자기가 좋아하는 정리 방법(책에 줄치기, 메모하기...)을 이용한다.

6. 공부를 시작하면 기술사 시험은 무조건 본다. 한번 시험(100분 4시간)은 1달 공부한 효과를 본다. 시험 본 다음날부터 다시 공부 시작한다. 요즘은 면접시험도 이론이 중요하다.

7. 학원을 적절히 이용한다. 이론 정리, 답안 작성, 출제경향 등 많은 도움이 되겠지만 강의를 듣는 것으로 끝나서는 안 된다. 내 것으로 만들어야 한다.

8. 경건한 마음으로 자연의 섭리를 따라 하늘의 힘을 얻는 것도 도움이 될 것이다. 그만큼 기술사 공부는 진인사 대천명의 겸손한 마음 자세가 필요하다.
   - 저자 개인적인 경험을 바탕으로 작성함...

28 | 하천수를 취수원으로 하는 상수도시설을 취수에서 가정급수까지의 처리계통도를 그리고, 시설물(관로포함) 명칭과 그 기능을 간단히 설명하시오.

1. 개요

상수도시설은 아래 그림과 같이 취수시설, 도수시설, 정수시설, 송수시설, 배수시설, 급수시설 등으로 구성(수원 → 취수 → 도수 → 정수 → 송수 → 배수 → 급수)된다.

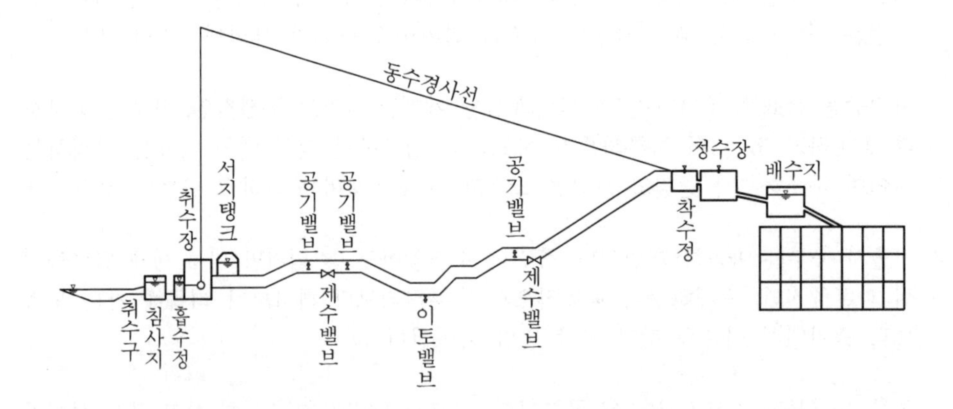

2. 상수도 구성요소 및 기능

상수도의 구성요소는 수원에서 물을 취수하여 이 물을 정수장까지 도수한 다음 수질을 개량 → 정수하는 과정을 거쳐 각 가정 및 공장에 분배하는 급수시설 등으로 구성되어 있다.

1) 수원

수돗물의 원료가 되는 물인 원수는 지표수와 지하수원이 대부분이며, 수질적으로 청정하고, 장래 오염의 우려가 적으며, 계획취수량을 확보할 수 있는 곳이라야 한다. 청결한 물을 필요한 수량만큼 취수하려는 상수도 계획에서 수원의 선정 시 수질, 수량, 급수지와의 거리, 공사의 난이도, 시설비와 유지관리, 장래 확장 가능성 등을 고려하여 최소비용의 최대경제효과를 추구하게 된다. 따라서 수원의 조건으로는 다음과 같다.

- 수질이 양호하며 수량이 풍부하여야 한다.
- 가능한 한 주위에 오염원이 없는 곳이어야 한다.
- 소비지로부터 가까운 곳에 위치하여야 한다.

- 계절적으로 수량 및 수질의 변동이 적은 곳이어야 한다.
- 수리학적으로 가능한 한 자유유하식을 이용할 수 있는 곳이어야 한다.
- 수원의 종류는 크게 천수, 지표수, 지하수, 해수로 구별할 수 있다.

2) 집수, 취수시설

적당한 수질의 물을 현재와 장래의 수요량에 대비해 충분한 양만큼 집수하는 시설이다. 수원에서 소요수량을 취수하는 것으로 수원의 종류나 취수량에 의해서 취수하는 방법이나 규모를 달리하며, 하천 표류수에 대한 취수시설은 최대홍수 시와 최대 갈수 시에도 지장을 받지 않도록 하여야 한다.

- 취수는 하천, 호수, 지하수, 저수지 등의 수원에서 적당한 방법에 의해 원수를 취수하는 것으로 수원의 종류, 취수량, 취수지점 등에 따라 방법이나 규모가 결정된다.
- 취수지점의 선정 여하에 따라 수도시설 전반의 배열이 결정되고, 취수지점의 위치 및 표고는 건설비, 유지비 등에 직접 영향을 미치므로 종합적 판단이 필요하다.
- 일반적으로 취수지점 선정에서 조사해야 할 사항은 최대홍수량, 갈수량, 평수량, 홍수량, 최대갈수량, 최대홍수위, 평수위, 최대갈수위 등이고, 탁도의 관계, 염도, 각 계절의 수질 등을 조사해야 한다.
- 특히, 홍수 시의 탁도는 하천에서는 빨리 감소하나 저수지에서는 그 영향이 오래 남는 특성이 있다.
- 계획취수량은 계획 1일 최대급수량을 기준으로 하며 여기에는 도수 및 송수, 배수시설에서의 손실과 정수장에서의 슬러지, 배출수, 세척수 등 생산용수를 포함하는 것으로 계획 1일 최대급수량에서 5~15% 정도 여유분을 초과로 선정한다.

3) 도수 및 송수

취수시설에서 정수장까지 원수를 끌어들이는 관로를 도수관로(계획도수량은 계획취수량을 기준함)라 하고, 정수장에서 배수지까지의 관거를 송수관로(계획송수량은 계획 1일 최대급수량을 기준으로 함)라 한다. 일반적으로 이들의 기능 및 역할이 비슷하므로 이를 통틀어 송수관로라 한다.

유지관리를 합리적으로 수행하기 위해서 수위, 수압, 도송수량 등을 항상 감시할 수 있는 원격감시장치(TMS)를 설치하는 것이 좋다.

관로의 노선 선정 시 주의할 점은 다음과 같다.

- 물의 최소저항(최소 관내 마찰 손실수두)으로 수송되도록 하며 유량 손실이 적어야 한다.
- 가급적 단거리가 되어야 한다. 수로의 매몰, 침하 등의 우려가 있는 곳은 피해야 한다.
- 수평, 수직의 급격한 굴곡은 피하여 이상 수압을 받지 않아야 한다.
- 가능한 공사비를 절약할 수 있는 위치여야 한다.

- 노선은 가급적 공공도로를 이용하며, 하천, 도로, 철도를 횡단하는 경우에는 유리한 지점을 선정한다.
- 관로는 최소동수구배선 이하로 매설되어 관내압이 대기압보다 작게 되어 용해공기가 분해되지 않아야 한다. 공기가 분리되면 통수를 방해하고 관 균열을 통해 오수 유입 가능

※ 관로(Pipe Line)상의 부속 설비

상수도에서는 수로의 대부분이 관로이다. 송수하는 경우는 물론이고 도수인 경우라도 지형상 가압식일 때에는 반드시 관로로 할 필요가 있다. 관로에는 주철관, 덕타일 주철관, 강관, PE관, PS 콘크리트관 등 여러 종류가 있으며, 어느 것이나 규격화되어 있으므로 특별한 사용조건이 있는 경우를 제외하고는 규격품을 사용하는 것이 좋다. 관로에는 관의 안전, 경제적인 유지관리 운영과 그 기능을 원활하게 하기 위해서 부대시설을 설치해야 하며 다음과 같은 것들이 있다.

① 침사지(Grit Chamber) : 수로에 유입한 토사류를 침전시켜서 이를 제거하기 위한 시설로서 직사각형 모양의 철근 콘크리트 구조물이다.
② 제수밸브(Sluice Valve) : 사고 시 관로의 일시적인 단수와 유량 조절을 위하여 도·송수관의 시점, 종점, 분기점, 연락관 전후 부근에는 원칙적으로 설치하여야 하며, 중요한 역사이펀부, 교량, 궤도횡단 등으로 사고발생 시 복구가 곤란한 곳에서는 그 지점의 전후에 설치한다.
③ 공기밸브(Air Valve) : 관의 굴곡부에 공기가 체류하여 유체의 흐름에 방해를 주는 것을 방지하고, 배수 시 관 밖으로부터 공기를 관 내로 흡입시키기 위한 것으로 관로의 제일 높은 곳에 설치한다.
④ 이토밸브(Blow Off Valve) : 관내, 관저에 퇴적된 퇴적물을 배출, 관 내의 청소, 정체수 배제를 위하여 관로의 제일 낮은 곳에 설치하는 밸브를 말한다.
⑤ 역지밸브(Check Valve, Return Valve) : 관의 파열로 대량의 물이 역류하는 곳이나 상류측의 물이 역류하면 안 되는 곳에 역류 방지용으로 설치한다.
⑥ 양수정(Gauging Well) : 송수량을 측정하기 위하여 송수관로의 시점과 종점 등에 설치하며 유량을 비교함으로써 고장, 누수를 발견한다.
⑦ 수로교(Aqueduct) : 도수, 송수만을 전용으로 하며, 개거나 관수로 자체를 빔(Beam)으로 하는 교량으로서 계곡이나 하천을 횡단한다.
⑧ 접합정(Junction Well) : 관로에서 수두를 분할하여 적당한 수압을 보존하게 하고 또는 2개 이상의 수로를 한 개의 수로로 송수할 경우에 설치한다. 도/송수관의 접합정은 주로 관의 수압을 경감하기 위하여 설치한다.
⑨ 역사이펀(Inverted Syphon) : 수로가 하천, 도로, 철도 등의 아래를 횡단할 때는 역사이펀을 설치하며, 관내 유속은 상류유속보다 하류유속을 크게 하여 관내의 침전을 피한다.

4) 정수시설

수원에서 취수한 물을 그대로 사용할 수 없으므로 정수장에서 수질기준에 맞게 정화하는 시설이다. 일반적인 정수방법에는 침전, 여과, 살균, 소독이 있으나 수질에 따라 추가 공정을 이용해 정수하기도 한다.

5) 배수

배수란 넓은 의미로는 정수를 급수구역 내의 모든 수요자에게 분배하는 것이며 좁은 의미로는 급수구역 내의 설치된 배수관에 소요 수압으로 필요한 수량을 보내는 것을 말한다. 배수 방식은 배수할 때의 수압에 따라 자연유하식과 펌프가압식으로 분해되는데 다음 사항을 기준으로 하여 선택한다.

- 급수구역 내에 가깝고 적당한 높이에 있으면 자연유하식으로 하여야 한다.
- 급수구역 내에 적당한 높이가 없을 때는 펌프가압식으로 하여야 한다.
- 지세가 완전 자연유하식의 충분한 높이가 아니더라도 높이에 따라 일부 자연유하식으로 하고 수압이 부족한 부분을 보충하기 위하여 배수지 위치에 가압펌프를 병설하거나 급수구역 도중에 가압펌프를 설치하여 병용식으로 하는 것이 에너지 절약에 효과적이다.

※ 배수시설의 종류

1) 배수지(Distributing Reservoir) :
배수지는 계획배수량에 대한 여분의 물을 저장하였다가 수요가 급증했을 때 부족량을 보충하는 역할(배수량의 시간적 변화를 조절)을 하며 급수구역에 소정의 수압을 유지하기 위한 시설이다. 배수지의 용량은 계획 1일 최대급수량의 5~6시간분이 필요하며, 여기에 소화용수나 기타 여유수량(송・배수관 사고)을 감안하여 볼 때 8~12시간이면 충분하고 최저 6시간분이 필요하다. 배수지의 높이는 최소0.15~0.25MPa의 동수압을 유지할 수 있게 계획되어야 한다.

2) 배수탑(Stand Pipe), 고가수조(Elevated Tank), 가압조(Pressure Storage Tank) :
배수지역 부근에 배수지를 설치할 적당한 고지가 없을 때에는 배수량 조정이나 배수펌프의 수압조정용으로 배수탑이나 고가수조를 세운다. 배수탑은 필요한 수두를 아래의 물로 지지하는 것이며, 고가수조는 지지대로 높은 위치의 수조를 받친 구조이다.

※ 배수관망

배수관망은 급수구역 안의 각 수요자에게 배수지에 저류되어 있는 정수를 적절히 분배하는 것을 목적으로 하는 시설이며, 배수관망은 이런 수송과 분배의 기능을 원활히 하고 등압성, 응급성, 개량의 편의를 도모할 수 있도록 배치되어야 한다. 배수관의 배치, 즉 관망의 형태는 수지상식, 망목식(격자식), 종합식, 블록시스템 등이 있다. 배수관로의 부속설비는

- 제수밸브, 감압밸브, 안전밸브, 공기밸브
- 소화전
- 분수전
- 유량전 등등

6) 급수

급수란 부설된 배수관으로부터 수요자까지 물을 공급하는 것을 말하며, 공공도로 부지에 매설된 연결관과 수요자 부지에 매설된 급수관으로 구분된다.

보통 가정의 급수전은 공칭경 13mm가 널리 이용되고 있으며, 이것이 20~30L/min의 물을 급수하고 있다. 수압이 부족할 경우 15~20mm 급수관을 사용함이 좋다.

※ 급수방식

급수방식에는 직결식과 저수조식이 있으며, 공급하는 대상과 대상 높이에 따라 결정된다.

1) 직결식 급수방식

직결식 급수방식은 급수장치의 말단에 있는 급수 전까지 배수관의 수압을 이용하여 급수하는 방식으로, 배수관의 관경과 수압이 급수장치의 사용수량에 대하여 충분한 경우에 적용되며 2층 건물까지는 보통 이 방식에 의한 급수가 가능하다. 배수관의 최소 동수압은 0.15~0.25MPa를 표준으로 하고 있어 2층 가옥의 급수에는 지장이 없으나 고층 건물에서는 직접 고층부에 급수할 수 없다. 수압조절이 불가능하다는 단점이 있다.

2) 탱크식 급수방식

탱크식 급수방식은 급수장치의 중간에 저위치 탱크나 고위치 탱크 또는 가압 탱크를 설치하여 물을 일단 여기에 저수하였다가 말단에 급수하는 간접적인 방법이다.

- 배수관의 수압이 소요수압에 비해 부족한 경우
- 일시에 많은 수량을 필요로 하는 경우
- 항시 일정한 수량을 필요로 하는 경우
- 급수관의 고장에 따른 단수 시에도 어느 정도의 급수를 지속시킬 필요가 있을 경우
- 배수관의 수압이 과대하여 급수장치가 고장을 일으킬 염려가 있는 경우

(1) 고가수조식 급수법 : 배수관으로부터 저장탱크에 물을 받은 뒤 다시 펌프로 옥상의 고가수조에 양수한 후 자연유하로 각층에 물을 공급하는 방식이다.
- 배수관 내 수압이 작은 경우에 적합
- 수압은 충분하나 관경이 작아 유량이 작은 경우
- 저장탱크 용량 : 1일분 수량의 4~6시간분
- 고가수조 용량 : 1일분 수량의 0.5~1시간분

(2) 압력탱크식 급수법 : 고가수조식과 비슷하나 고가수조 대신 압력탱크를 이용하여 각층에 일정한 수량으로 물을 공급하는 방식이다.
- 대규모 건축물에 적용
- 호텔 등 각층별 일정 수압으로 물을 공급하고자 할 때
- 물을 다량으로 사용하는 경우

3) 병용식 급수방식

고층건물에서 2~3층까지는 직결식 급수로 하고 그 이상의 층은 탱크식 급수를 하는 방식이다.

4) 펌프 직송식(부스터방식) : 저수조로부터 펌프에 의한 직접급수방식으로 부스터 방식이라고 불린다. 설치공간이 작고 수질오염이 적어 최근에 아파트 등 중대형 건물에서 보편적으로 적용되는 방식이다.

7) 급수시설

급수장치는 급수관, 계량기, 저수조, 수도전 및 급수와 관련된 기구들이고 급수공사란 급수시설의 신설, 증설 또는 개조하는 공사이다.

(1) 급수관

급수장치에서 주요한 부분으로, 급수관은 강도와 내식성이 크며, 수질에 악영향을 주지 않는 재질을 사용하여야 한다.

- 아연도금 강관 : 탄소강 강관에 용융 아연을 도금한 것으로 내외압에 대해서는 강하지만 산이나 해수에 부식되기 쉽고 가공이 어렵다.
- 동관 : 가볍고 만곡성과 인장강도가 크며 시멘트에 침식되지 않는 반면에 얇기 때문에 찌그러지기 쉽다. 운반할 때 취급에 주의가 필요하다.
- 폴리에틸렌관 : 경질염화비닐관에 비하여 변형성이 좋고, 무게가 가볍고, 내한성 · 내충격 강도가 크지만 인장강도가 적고 가연성이며 고온에 약하다.
- 스테인리스 강관 : 스테인리스 강관은 잘 녹슬지 않으며, 위생상 좋기 때문에 옥내외 배관을 중심으로 급수, 급탕용으로 널리 사용되고 있다.

(2) 수도계량기

수도계량기는 측정원리에서 추측식과 실측식으로 나눌 수 있으며, 수도계량기에는 주로 추측식이 사용된다. 추측식 계량기는 통수부의 날개바퀴의 회전에 의해 수량을 측정, 계량하는 것이며, 날개바퀴의 회전수와 물의 통과량이 비례한다.

(3) 급수기구

급수기구는 급수관에 접속하여 설치된 용구로서 분수전, 지수전, 급수전, 특수기구 등이 있다. 모든 급수기구는 위생상 무해하고, 일정수압에 견딜 수 있어야 하며, 쉽게 파손되거나 부식되지 않아야 하는 등의 요건을 갖추어야 한다.

- 분수전 : 배수관에서 급수관을 분기하기 위한 기구로 내식성이 강하고 누수가 없는 구조와 재질이어야 한다.
- 지수전 : 급수의 시작, 중지 및 급수장치의 수리 등을 목적으로 급수를 중지하거나 제한하는 경우에 사용되는 기구이다.
- 급수전 : 급수관 끝에서 사용자가 자유로이 물을 사용하기 위한 장치로 밸브의 개폐방식은 손잡이를 회전시키는 방식과 상하로 움직이는 싱글레버식이 있다.

29 | THM(Tri Halo Methane)

1. 정의

트리할로메탄(THM)은 메탄의 수소원자가 염소, 브롬 같은 할로겐 원자로 치환된 화합물로 $CHCl_3$(클로로포름), $CHCl_2Br$, $CHClBr_2$, $CHBr_3$의 총량을 말한다.

2. THM과 DBPs

주로 Humic 물질인 유기물을 함유한 원수를 염소 소독하는 경우에 유기물질 중 메탄족의 수소원자 일부가 염소와 치환하여 $CHCl_3$(클로로포름), $CHCl_2Br$ 등의 THM을 생성한다. THM을 포함한 소독부산물을 총칭하여 DBPs라 한다.

3. THM 생성 영향인자

- THM 먹는 물 국내 기준 : 0.1mg/L(발암물질로 알려져 있다.)
- THM 발생은 온도가 높고, pH가 높을수록 증가한다.
- 염소주입율이 높을수록, 전구물질의 농도가 높을수록, 접촉시간이 길수록 생성농도가 증가한다.
- THM의 제거는 생성된 THM을 제거하는 방법, THM 전구물질 제거, 염소 이외의 소독제 사용으로 발생을 억제하는 방법 등이 있다.

4. THM 측정법

1) 채수 시의 THM 농도

2) 최종 THM 농도 : THM을 측정할 시료를 장시간 정치 시 생성된 THM 농도 염소와 전구물질의 반응조건은 정수장 조건에 맞추어 염소주입하고 일정시간 경과 후 클로로포름과 기타 THM을 측정. 채수 시에 이미 생성된 THM과 반응시간 사이에 생성된 THM의 총계로써 측정

3) THMFP(THM 생성능) : 최종 THM 측정시간 중에 증가한 THM 농도이며 정수과정의 유입수와 유출수의 THM을 비교하면 그 정수과정의 전구물질 제거효과를 알 수 있다.

THMFP = 최종 THM − 채수 시 THM

5. THM 대책

1) 수원에서의 대책 : 원수 중의 THM 전구물질의 농도를 낮추는 원수 수질 개선

(1) 저수지로부터 선택적 취수
THM 전구물질의 농도가 가장 낮은 층이 존재하므로 이 깊이에서 취수하여 THM 유입 농도를 감소시킨다.

(2) 조류 억제
조류가 THM 전구물질로 사용될 가능성이 크므로 조류 발생을 억제한다.

2) 전구물질 제거 : 응집침전
철염, Alum, 폴리머 등은 색도와 탁도 제거를 목적으로 사용하는 응집제로 THM 전구물질의 대부분이 천연의 색도성분인 Humic 물질이므로 응집침전, 여과 시에 20~40% 정도 제거 가능하다.

3) 산화
오존, 이산화염소(ClO_2) 등의 산화제에 의하여 전구물질이 화학적으로 변화하여 THMFP를 감소시킨다.

4) 입상활성탄
THM 전구물질 제거에 효과적이며 생물분해로 인하여 전구물질이 부분적으로 제거되는 상태가 계속 유지되며 오존처리와 병행하면 효율이 더 높아진다.

6. 대체소독제 사용 : THM 대책으로 염소 소독 대체법

클로라민, 이산화염소, 오존 등을 사용할 수 있다.

1) 결합염소 클로라민
염소 소독에서 결합염소만을 사용 시 70시간 접촉 후에도 클로로포름이 생성되지 않으나 유리염소 존재 시 클로로포름 농도가 더욱 높게 나타난다. 클로라민만으로 소독하면 THM 발생을 억제한다.

2) 이산화염소
- 이산화염소 THM 전구물질과 반응하여 THM 미생성
- 염소를 포함하면 이들 염소에 의해 THM 생성

3) 오존처리
- 오존은 전구물질과 반응하여 THM 미생성

4) 대체소독제의 장단점

대체소독제는 THM을 저감시킬 수 있으며 클로라민과 이산화염소는 정수처리에 사용하기 쉽다. 이산화염소와 오존은 우수한 소독제이나 이들 대체소독제가 생성하는 부산물(DBPs)에 대한 안정성이 불확실하다. 또 오존은 수중에서 잔류하지 않으며 클로라민은 소독제로 살균력이 약하다는 단점이 있다.

7. 발생한 THM의 제거

1) 방치

클로로포름은 휘발산이므로 대기 중에서 48시간 방치하면 휘발한다.

2) 가열

60℃ 이상이면 클로로포름 농도는 감소하며 100℃에서 5분간 가열하면 제거된다.

3) 포기

클로로포름은 휘발산이므로 포기에 의하여 농도가 감소한다.

4) 활성탄 흡착

활성탄에 의하여 전구물질인 Humic Substance뿐만 아니라 발생한 클로로포름도 제거된다.

5) 오존에 의한 처리

오존 통과시간에 비례하여 클로로포름 농도가 감소하나 잔류효과는 없다.

6) GAC+오존처리

오존의 강력한 산화력에 의하여 전구물질이 되는 Humic Substance를 분해하고 활성탄에 흡착시킨다. 활성탄의 표면에 미생물층이 생성됨으로써 오존에 의하여 생분해성이 향상된 유기성분의 생분해도 이루어진다.

30 | 정수처리 시 조류의 영향과 제거방법에 대하여 설명하시오.

1. 개요

도시화와 산업시설의 집중은 수자원 오염을 심화시켜 영양염류의 유입으로 인한 조류의 발생은 정수처리 시 침전지, 여과지 기능을 저하시켜 양질의 상수원 확보에 영향을 미치고 염소 소독 시 THM 발생 증가 등의 문제가 있어 정수처리 시 응집침전이나 PAC의 사용, 이층여과 방식으로 제거해야 한다.

2. 조류가 정수처리에 미치는 영향

1) 맛, 냄새 발생

조류 사체의 분해가 원인이며 Fungi, Bacteria에 의한 분해작용으로 냄새 발생

2) 응집, 침전 방해

- 조류가 과다 발생하면 탄소동화작용의 결과로 pH가 상승(9~10)하여 응집제로 효과적인 수산화알루미늄 생성량이 크게 감소되며 입자의 (－)전위가 커져 응집을 방해한다.
- 점토입자 밀도는 2.5g/cm³인데 조류밀도는 1.0g/cm³으로 낮아 조류로 Floc이 형성되기는 하지만 Floc이 가벼워서 침강속도가 작아 침전을 방해한다.

3) 여과지 폐색

모래입자 사이의 공극은 물속의 콜로이드와 고형물질에 의해 채워지는데 수중의 조류도 여과지에 걸려 여과지가 폐색되게 된다. 응집, 침전으로 조류의 90% 정도까지도 제거할 수 있으나 남은 조류가 여과지에서 수두손실을 증가시켜 역세척을 자주 하여야 한다. 여과지속시간은 정상 시 30~100시간이나 조류가 대량으로 존재하면 10시간 미만으로 줄어든다.

3. 조류 제어방법

1) 수원에서 조류의 증식 억제

- 호소에서의 부영양화 진행을 억제하여 조류발생 억제
- 조류가 대량으로 발생시 $CuSO_4$ 투여 : 조류발생 초기에 실시하며 충분한 양을 한 번에 투여한다. 황산동은 수생동물, 식물에 독성 작용을 하므로 주입량 1mg/L 이하로 주입하면 일시적 효과를 준다.

2) 정수장으로 조류유입 억제

- 취수방식 개선 : 호소에서의 조류의 수직분포는 계절에 따라 일정하므로 취수탑의 취수문 위치를 계절에 따라 선택(겨울 : 저층, 봄-가을 : 표층)한다. 특히 조류가 대량 번식하는 여름철의 경우는 조류가 표층에 다량 분포하므로 취수문의 위치를 아래로 하여 심층의 물을 취수한다.
- 전여과처리 실시 : 마이크로스트레이너를 설치하여 정수장 유입 조류를 억제한다.

3) 정수장에서 조류 제거

- 응집, 침전 장해를 극복하기 위하여 전염소처리나 응집보조제로 점토물질을 사용하면 효과적이나 침전지로부터 Floc이 월류하는 것을 완전히 막지는 못한다.
- 여과단계 대책 : 표층에 안트라사이트 같은 유효경이 큰 입자의 층을 두어 조류가 심층까지 침투하게 하여 여과층을 효과적으로 사용한다. ⇒ 이층여과 방식
- 이층여과 : 여과지속시간이 단층여과보다 2~6배 정도 길다. 조류가 단층여과에서는 표층에서만 억류되어 손실수두를 크게 증가시키나, 이층여과에서는 공극률이 커서 조류가 심층까지 들어가 여과층을 효과적으로 사용한다. 그러나 소요되는 용수비, 동력비, 초기 시설비, 여재교체비 등 경제성을 분석한 후 적용하여야 한다.

4. 정수처리 시 조류 대응방안

1) 응집제로는 PAC가 가장 효과적이며, 저농도 시에는 Alum도 비슷한 효과를 낸다.
2) 조류 대량 발생 시 이층여과지의 지속시간이 단층여과보다 길다.
   이층여과층의 두께는 안트라사이트 50cm+모래 20cm 층이 경제적이다.
   그러나 여과지 이전에서 대응함이 합리적이며 여과지의 여과시간을 지속하기 위한 이층여과는 비용이 증가하는 문제가 있다.
3) 전염소 투입방법 : 미량의 조류 유입 시 전염소 투입은 조작이 간편하고 제거도 효과적이나 소독부산물의 원인으로 되므로 되도록 적용하지 않는 게 좋다.
4) 활성탄 주입 : 전처리에서 분말활성탄 주입으로 조류 제거에 효과적이다.

31 | 수돗물 악취 원인과 대책에 대하여 설명하시오.

1. 개요

수돗물의 악취는 수요자의 불쾌감 유발과 음용수 불신을 가져올 수 있어 적절히 대처해야하며 주로 원수 중의 조류나 식물체 분해로 인한 경우가 많다.

2. 물의 냄새 원인

물의 냄새 발생 물질은 곰팡이, 방선균, 조류 등이며 방선균은 수중에서보다 침전물질에 많이 존재하며 조류는 부영양화가 진행된 수역에서 출현하는 플랑크톤이다.

1) 방선균(가늘고 긴 실모양의 미생물-세균과 곰팡이 중간)에 의한 곰팡이 냄새
2) 식물체 분해 시 냄새
3) 조류에 의한 냄새
4) 저수지 정체 시 침전물질의 분해, 부패에 의한 곰팡이 냄새

3. 냄새발생의 수역환경

1) 호수, 저수지의 수질오염이 갈수록 증가하고 냄새발생도 증가하고 있으며, 특히 수심이 얕고 정체구역에서 발생하기 쉽다.
2) 하천에서 냄새발생은 극히 적으나 유속이 느려지는 하류측에 유량이 감소한 상태에서 일시적인 체류지에서 발생하며 지하수에서는 냄새가 거의 없다.

4. 냄새발생과 수질

수온 20℃ 전후, pH가 증가함에 따라 pH 10 정도에서 80% 이상 냄새가 발생하며 pH 7.0~7.9 사이에서는 거의 발생치 않는다. 질소, 인 등 영양소 증가로 부영양화 진행 시 냄새 발생이 심하다.

1) 시기 : 5월 최다 발생
2) 수온 : 20℃±2℃
3) pH : 냄새발생은 pH가 증가함에 따라 pH 10 정도에서 80% 이상 발생하며 pH 7.0~7.9 사이에서는 거의 발생치 않는다.
4) 무기질소 : 0.3mg/L 이상
5) 인산이온 : 0.02mg/L 이상

6) $KMnO_4$ 소비량은 냄새발생과 비례하므로 냄새발생의 지표로 사용하며 3mg/L 이상 저수지는 주의를 요하고 5mg/L 이상은 경계 필요

5. 예방과 대책

1) 수질오염 방지
- 호소 상류지역의 하수도 정비, 처리수 유로 변경
- 호소 주변의 환경 개선 : 여관, 호텔, 골프장 규제

2) 살조처리
$CuSO_4$: 조류에 대한 억제효과는 Cl_2보다 지속성이 있으며 널리 사용되나 효과가 나타나기까지 1~2일 정도 소요되며 황산동 처리는 조기에 처리하는 것이 좋고 일시에 충분한 양을 투여한다.

3) 포기
저수지 정체기에 수질개선을 위해 포기시켜 물을 순환시켜 수온약층을 파괴하고 동시에 저층까지 산소를 공급한다.

4) 조류는 저수지 표층부분에서 대량 번식하므로 취수구 위치를 이보다 낮은 곳에서 취수

6. 정수장 냄새제거 방안 : 소독, 활성탄, 오존, BAC 등

1) 염소 소독
냄새제거에 가장 용이한 방법이나 THM 생성 등 문제점이 있다.

2) 오존처리
살균력이 강하며 페놀류와 결합하여 취미를 발생치 않고 THM을 생성하지 않는다.

3) 활성탄 흡착
여과 전에 사용하는 분말상태와 여과 후에 사용하는 입상상태가 있으며, 분말활성탄을 여과, 응집침전과 병용하면 Floc의 형성이 양호하게 되어 침전분리가 쉽다.

4) 오존처리법
여과 후 오존접촉은 소독과 냄새제거에 효과적이다.

5) BAC 공정
고도처리공법으로, BAC(생물활성탄)를 적용하면 효과적이다.

32 | 생태독성 관리제도

1. 생태독성 관리제도의 정의

생태독성(TU : Toxic Unit)이란 폐수의 독성을 판단하는 데 물벼룩 같은 생물체를 이용하는 것으로, 생태독성관리제도는 산업폐수 방류수에 물벼룩 같은 생물체를 넣고 독성 여부를 측정하여 하폐수에 배출되는 미지의 독성물질을 관리하기 위해 2011년부터 도입됐다.

2. 방류수의 생태독성기준 강화

1) 2016년부터 방류수 수질기준 및 배출허용기준에 물벼룩 생존으로 측정하는 생태독성기준이 2TU에서 1TU로 강화되어 시행되고 있다.
2) 기존의 산업폐수관리는 개별 오염물질에 대한 배출허용기준을 설정·관리하고 있었으나, 유해화학물질의 종류가 급속히 증가하여 미지의 독성물질에 대한 개별 대응에는 한계가 있고, 현행 BOD 등 이화학기준을 만족시키는 방류수에서도 물벼룩 등이 죽는 경우가 있어 소하천 등의 생태적 손상이 우려됐다.
3) 따라서 수계로 배출되는 유해물질의 독성을 통합관리하여, 건강한 수생태계 보호를 위해 공공하폐수처리시설 및 폐수배출시설(1~2종)을 대상으로 생태독성 배출허용기준이 적용되었다.
4) 우리나라는 2011년부터 아시아 최초로 생태독성관리제도가 도입되었다.

3. 생태독성측정방법

시료를 여러 비율로 희석한 시험수에 물벼룩을 투입하고 24시간 후 유영상태를 관찰하여 시료농도(EC50)와 치사, 유영저해를 보이는 물벼룩 마리수와의 상관관계를 통해 생태독성값을 산출한다.

4. TU 단위

$$TU = 100/EC50$$

EC50 : 시험 물벼룩의 50%가 유영저해를 일으키는 농도

TU 단위란 방류수에 물벼룩을 넣어 사멸 또는 유영저해 정도를 측정하는 것으로 미

지의 독성물질이 방류수에 함유되어 있을 경우 물벼룩이 영향을 받는 정도를 나타내는 것으로 작을수록 독성이 작은 것이다.

5. 생태독성값(TU : Toxic Unit) 실험방법

TU = 100/EC50

[예] 독성시험을 실시하여 24시간 후 50% 생존농도가 25% 농도라면, 즉 EC 50 값이 25%일 경우, 생태독성값은 TU = 100/25 = 4가 된다.

33 | 수인성 전염병에 대하여 설명하시오.

1. 개요

물을 통하여 전염되는 전염병을 수인성 전염병이라 하며 먹는 물에서 건강상 중요한 과제는 병원성 미생물에 의한 감염사고 예방이다. 상수도의 보급으로 과거와 비교하여 수인성 전염병의 위협은 현저히 줄었으나 아직 세계 어느 나라에서도 수인성 전염병을 완전히 근절하지는 못하고 있다. 수인성 전염병에는 콜레라, 세균성이질, 장티푸스, 파라티푸스가 대표적이다.

2. 수인성 전염병의 정의

1) 수인성 전염병이란 감염의 매개체로서 물에 의하여 감염되거나 오염된 물로 조제된 식품에 의해 발생되는 전염병을 총칭한다.
2) 수인성 전염병은 레지오넬라와 같이 호흡기계나, 피부접촉에 의한 피부계통의 질병도 있으나 소화기 계통의 장관계 질병이 대부분이다.
3) 수원을 공유하는 사람에게 집단적 남녀노소 구분 없이 발생한다.
4) 수인성 전염병은 그 증상이 대부분 가벼운 설사나 거북함이고, 심할 경우 구토, 고열, 두통, 어지럼증 등을 수반하지만 건강인에게는 심각하지 않다. 하지만 수인성 전염병의 발발은 사회적 혼란을 야기할 수 있어 항상 철저한 대비가 필요하다.

3. 수인성 질병의 발생 경향

1) 일반적 경향
과거에는 장티푸스, 콜레라 등의 세균에 의한 대규모 전염병이 주였고 아직도 개발도상국에서는 이러한 질병이 주원인이 되고 있다.

2) 선진국

(1) 미국에서는 GI(Gastroenteritis)라고 불리는 장관계 질병이 감기 다음으로 빈번하게 걸리는 질병으로 분류됨
(2) 폐하수처리, 상수도 급수 등 위생기반시설이 발달된 선진국에서는 이러한 세균에 의한 발병건수는 크게 감소하고 있으나 바이러스나 원생동물과 같은 새로운 병원균에 의한 발병건수가 증대하고 있다.
(3) 대표적인 병원균이 지아디아와 크립토스포리디움으로서 이들의 가장 큰 특징은 소독에 의한 제거율이 다른 병원균에 비하여 매우 낮은 점이다.

(4) 지아디아는 1970년대부터 주목되었고 크립토스포리디움은 1980년대 이후에서야 최초로 보고된 후 1980년대 말부터 이로 인한 대규모 정수장에서의 발병이 미국과 영국을 중심으로 지속적으로 보고되고 있다.

4. 수인성 전염병의 종류 및 특징

1) 콜레라

(1) 감염경로

- 콜레라균에 오염된 식수 · 음식물 · 해산물을 날로 먹었을 경우
- 환자 또는 병원체 보유자의 대변 · 구토물과 직접접촉으로도 감염 가능함

(2) 주요증상

- 쌀뜨물 같은 심한 설사가 갑자기 나타나는 것이 특징이며 종종 구토를 동반함
- 복통 및 발열은 거의 없으나, 심한 경우에 증상이 나타나기도 함

2) 세균성이질

(1) 감염경로

- 불완전한 급수나 식품매개로 주로 전파됨
- 환자 또는 병원체 보유자의 직 · 간접 접촉에 의한 감염도 가능함

(2) 주요증상

- 고열, 구역질 · 구토, 경련성 복통, 설사

3) 장티푸스 · 파라티푸스

(1) 감염경로

- 불완전한 급수나 식품매개로 주로 전파됨
- 주로 환자나 보균자의 대 · 소변에 오염된 음식물이나 물에 의해 전파됨

(2) 주요증상

- 지속적인 고열 · 두통, 식욕 감퇴
- 몸 전체에 붉고 작은 발진이 특징

4) 비브리오패혈증

(1) 주요증상

갑작스런 오한, 발열, 전신쇠약감, 발병 30여 시간 이후에 피부병변으로 특히 하지에 홍반, 구진, 수포, 괴저성궤양으로 발전하여 사망률(40~50%)이 높다.

(2) 감염경로

비브리오불니피쿠스균에 오염된 생선, 조개, 어패류 등을 생식하거나 피부의 상처를 통해 감염

(3) 예방방법

- 만성간질환, 만성신장질환, 당뇨병환자, 항암제 사용자 등은 여름철 어패류의 생식을 피한다.
- 어류 취급 시 청결히 하며 여름철 해변에 갈 때 피부에 상처가 나지 않도록 주의하며 상처가 났을 때는 맑은 물로 씻고 소독한다.
(비브리오균은 18℃ 이하에서는 사멸하므로 저온살균 하도록 한다.)

5) O－157(오일오칠)

O－157이란 병원성 대장균으로 건강한 사람의 장내에서 살고 있는 일반대장균과는 달리 생물학적인 변이를 일으킨 것으로 인체에 소량이 침입해도 질병을 일으킬 수 있다.

- 감염경로 : O－157은 오염된 고기나 야채를 덜 익혀 먹거나 생으로 먹을 때 걸리기 쉬우며 오염된 물 또는 도마 등 주방용구에 의해서도 감염될 수 있다. 또한 환자의 설사에 의한 2차 감염에 의해서도 전염될 수 있다.
- 주요증상 : 설사, 복통 등 일반적인 식중독 증상을 일으키고 일부는 장출혈, 용혈성 요독 증후군을 유발하기도 한다.

5. 수인성 전염병의 예방은?

- 물은 안전수 또는 끓인 물을 마시고, 음식물은 반드시 익혀 먹는다.
- 외출 후, 용변 후, 식사 전에 신체를 깨끗이 하여 철저한 위생관리가 필요하다.
- 날음식을 삼가고, 안전이 확보된 음식만 섭취한다.

6. 최근의 경향

위생적으로 낙후된 나라에서 주로 발생하는 세균성 수인성 전염병은 심각하여 한 해에 수백만 명 이상의 어린이들이 수인성 전염병으로 사망하고 있다. 산업화된 선진국에서는 세균성 질병은 감소 추세에 있으나 소독에 의한 제거율이 낮은 바이러스나 원생동물과 같은 새로운 병원균에 의한 발병건수가 증대하고 있어 장관계 질병의 전체 건수는 최근 이십 년간 감소하지 않고 있다. 최근 1993년에는 미국에서 원생동물인 크립토스포리디움의 정수장 오염으로 밀워키 시에서는 전체 인구의 반이 발병하고 100여명이 죽은 대사건이 발생하여 이에 대한 대책마련에 부심하고 있다.

34 | 수인성 병원균의 종류 및 대책

1. 개요

수인성 전염병의 병원균은 Salmonella, Shigella, Vibrio Cholera 등의 박테리아와 Enteroviruses 등의 바이러스, 크립토스포리디움 및 지아디아 같은 원생동물로 구분할 수 있다. 박테리아와 바이러스는 정상적인 정수 처리 과정에서 거의 제거되나 원생동물은 염소 소독으로 제거되지 않아 이에 대한 대책이 필요하다.

2. 병원균의 종류

1) 박테리아

(1) 살모넬라

- 물의 순환과 관련된 대부분의 질병은 위장염을 야기시킨다. 가장 중요한 원인은 살모넬라균 때문이다. 주로 하수, 연못, 관개수, 개울물, 바닷물 등의 오염된 곳, 또는 도살장, 육가공 공장 같은 산업폐수 중에서 흔히 발견된다.
- 매개체 : Salmonella는 사람 등 온혈동물에 있어서 병원성이다.(장티푸스, 위장염)
- 대장균(Escherichia)과 매우 밀접한 관계(45~50%의 공통된 DNA 염기 서열)

(2) Shigella(이질균)

- 세균성이질로 오염된 식수, 음식물로 오염
- 37℃ 최적 성장속도를 갖는다.
- 자연수에서 10일 이상 생존 못함
- 설사, 구토 증세

(3) Vibrio Cholera(콜레라균)

- 운동성, Short Curved Rod, 그람음성
- 자연수에서 7일 정도 생존
- 아시아 풍토병

2) Virus

바이러스는 대체로 장관계 바이러스(Enteric Viruses)를 지칭하며 대표적인 수인성 종류로는 간염 A 바이러스, 그리고 컬리시 바이러스(Caliciviruses), 아스트로바이러스(Astrovirus) 등을 포함한 소구형바이러스(Small Round Viruses : SRV) 등이 있으며 바이러스는 대장균군 등의 세균보다 수처리 과정에 대한 내성이 큰 것으로 알려져 있다.

(1) Infectious Hepatitis(간염으로 전이)
- A형 간염 : 수인성 전염병, 심각하지 않음
- B형 간염 : 수인성 전염병이 아님, 심각함, 만성, 간세포 손상, 간암으로 발전

(2) Enteroviruses
- 소장 점막 → 장염 → 중추신경 침투(운동신경 마비)

3) 원생동물

(1) 크립토스포리디움
- 크립토스포리디움은 사람이나 포유동물, 조류, 물고기 등 광범위한 동물의 소화기관과 호흡기관에 기생하는 원생동물이다. 크립토스포리디움은 감염된 숙주의 분변을 통하여 환경에 내생이 매우 큰 Oocyst를 배출하여 다른 숙주에게 전파된다.
- 특히 염소에 대한 저항성이 매우 커 크립토스포리디움의 제거를 위해서는 오존의 사용이나 용존공기부상법, 정밀여과나 한외여과 등이 필요하다.

(2) 지아디아
- 원생동물인 지아디아는 미국에서 대표적인 수인성 질병 중 하나인 지아디아시스의 원인으로서 환경에서 시스트(Cyst)라 불리는 내성이 강한 포자의 형태로 존재하므로 생존능력이 뛰어나 염소 소독 등의 수처리에 강하나 그 크기(수십μm)가 다른 세균(약 수μm)이나 바이러스(수십~수백nm)보다 크므로 여과에 의해 효율적으로 제거할 수 있다.
- 정수처리 소독과정에서 세균보다 지아디아나 바이러스 제거에 초점을 맞춘 이유는 이들이 세균보다 소독처리에 대한 내성이 강하여 지아디아와 바이러스를 적절히 제거하면 세균도 제거된다고 추정하기 때문이다

(3) 이질아메바(아메바성 이질)
- 가벼운 설사를 일으키며 자연수 중에서 6개월 정도 생존할 수 있다.
- 시스트 형성 : 시스트(Cyst)라 불리는 내성이 강한 포자의 형태로 존재하므로 생존능력이 뛰어나 염소 소독 등의 수처리에 강하다.

3. 정수처리 시 병원균의 대책

1) 상수원수 수질관리 개선

2005년까지 모든 상수원의 수질을 2급수로 개선하고, 양질의 상수원수를 확보하기 위하여 취수원 다변화 사업을 추진한다.

2) 하수처리시설의 소독시설 설치, 운영

상수원수에서의 병원균수를 감소시키기 위하여 하수처리시설의 소독시설을 설치, 운영하여야 한다.

3) 기존 정수장의 관리 개선

기존 정수장의 운영관리 실태를 평가하고 정밀 기술 진단을 실시하여 필요한 시설을 개선하고 적정하게 운영되도록 기술 지도를 강화한다. 적정하게 운영되는 정수시설은 바이러스의 99.9%(3log) 이상을 제거할 수 있다.

4) 미생물 처리기준 제정 운영

수돗물의 바이러스 등 미생물을 제거할 수 있는 여과와 소독기준을 제정 운영하여 제거 대상별 처리시설을 설치하도록 한다.

일반적인 염소 소독은 원생동물을 효율적으로 제거하지 못하므로 CT 개념에 의한 소독시설을 설치하여 제거 대상별로 필요한 소독제의 농도 및 접촉시간을 고려한 시설을 설치하여야 한다.

5) 병원성 원생동물 제거를 위한 시설의 설치

박테리아나 바이러스에 비하여 크립토스포리디움이나 지아디아 같은 원생동물은 염소 소독에 대한 내성이 강하여 효율적으로 처리할 수 없다. 따라서 이들 원생동물에 대한 위험도가 증가하는 지역에서는 이들을 제거하기 위한 부상분리, 막여과, 대체소독시설의 설치도 검토하여야 한다.

6) 급배수 시스템의 관리 개선

노후 수도관은 미생물이 성장할 수 있는 환경이 조성되므로 신관으로 교체하거나 관을 갱생하여 관 내의 상태를 미생물이 성장할 수 없도록 유지한다.

7) 모니터링의 강화

바이러스 등 병원균이 검출된 정수장에 대한 지속적인 병원균 확인 조사를 시행하고, 급배수관에서의 미생물 모니터링도 실시한다.

8) 가정에서의 안정성 증가를 위한 노력

정수처리시설이 불완전한 지역에서는 수돗물을 끓여서 이용하는 것이 바람직하며, 아파트 등에 설치된 저수조를 철저히 관리하여 6개월에 1번 이상 청소를 실시하고 이끼 발생 시에는 차아염소산나트륨으로 소독을 실시한다.

9) 대장균 및 탁도기준 강화

탁도 대상입자는 크기가 지아디아와 같은 원생동물 이상으로 큰 미생물의 여과 등에 의한 제거의 간접적인 지표가 된다. 따라서 탁도를 기존 1NTU에서 0.5NTU로 강화하여 운영하고 있어서 수질개선에 도움을 주고 있다.

35 | MPN, 대장균군

1. 정의 : 대장균군, 분원성 대장균군, 대장균

대장균군(Coliforms)과 분원성 대장균군(Fecal Coliforms), 그리고 대장균(E. coli)은 미생물의 분류상 구분이라기보다는 검사방법에 의하여 구분되는 특징을 갖는다. 대장균은 분원성 대장균군에 포함되고 분원성 대장균군군은 대장균군에 포함된다.

대장균군 > 분원성 대장균군 > 대장균

2. 지표미생물(대장균군이 지표미생물로 이용되는 이유)

병원성 미생물의 오염을 진단하기 위한 가장 정확한 방법은 그 병원균의 존재를 검출하고 진단하여 미연에 조치를 취하는 것이다. 그러나 모든 병원균을 검사하지 않고 지표세균을 대신 사용하는 이유는 검사방법의 검지한계, 소요시간 문제 등의 기술적 한계와 비용, 인력, 수많은 병원균의 종류 등, 한마디로 현실적이지 않기 때문이다.

1) 병원성 미생물 검출 대신 분원성 오염 지표미생물을 사용하는 이유
(1) 장내 병원균의 직접 분리방법이 개발되지 않아 검사가 어려움
(2) 병원균의 종류가 너무 많아 모든 병원균의 분리가 어려움
(3) 병원균의 수가 평상시에 낮아 감지하기 어려움
(4) 검사 가능한 병원균도 상시검사를 위한 비용이 너무 많이 들어 비경제적임

2) 분원성 오염 지표미생물의 조건
(1) 오염원의 동일성(분변 또는 하수 등)
(2) 물시료에서 개체수가 많아야 함
(3) 자연계 및 처리과정에서 동일하거나 높은 저항성을 지님
(4) 방법이 간단하고 경제적이며 빠른 결과를 도출하여야 함
(5) 다양한 형태의 물에서 적용 가능하고 상호비교가 가능하여야 함

3) 위의 조건을 100% 충족하는 지표미생물은 없으나 여러 지표미생물 중 대장균군과 같은 항목은 거의 모든 나라에서 법제화되어 점차적인 수정을 거치면서도 성공적으로 사용되고 있다.

3. 대장균군, 분원성 대장균군, 대장균의 특징

1) 대장균군

- 대장균군은 세균분류상 *Enterobacteriaceae*에 속하는 세균으로서 담즙염(Bile salt)이나 이와 비슷한 성장억제 표면활성제의 존재하에서 36~37℃에서 유당을 분해하여 산과 가스를 생성하는 그람음성, 비아포성 간균으로 Oxidase음성인 세균을 총칭한다.
- 대장균군은 가장 오래된 지표미생물로 거의 모든 나라의 수질 기준에 가장 보편적으로 사용되고 있다. 가장 많은 수가 검출되므로 가장 큰 폭의 안전도를 제공하여 먹는물 처리수에서 중요한 지표세균으로 사용되고 있다.
- 그러나 분원성이 아닌 세균이 많이 포함되기 때문에 분원성 오염의 지표로서는 더 이상 신뢰성 있게 사용되지 않는다.

2) 분원성 대장균군

분원성 대장균군은 대장균군과 같은 정의에서 배양온도가 44℃로 높기 때문에 열저항성 대장균군이라고도 한다. 대장균군이 분원성 오염에 대한 특이성이 온도가 높은 계절이나 지역에 따라서 아주 떨어지므로 온혈동물의 장내 온도를 감안하여 자연환경에 있는 세균의 성장을 억제하면서 장내 세균이 자랄 수 있는 온도에서 배양함으로써 분원성 오염에 대한 지표의 신뢰성을 높인다.

3) 대장균

대장균은 단일종의 세균으로 인간이나 온혈동물의 장내 우점을 이루는 통성혐기성세균으로 사람의 분변에 10^9/g 가량 분포한다. 분원성 오염에 대한 특이성이 가장 높아 가장 신뢰할 수 있는 분원성 오염 지표이다.

4. 먹는 물의 미생물기준(국내)

1) 일반세균

일반세균은 1mL 중 100CFU(Colony Forming Unit)를 넘지 아니할 것. 다만, 샘물의 경우 저온일반세균은 20CFU/mL, 중온일반세균은 5CFU/mL를 넘지 아니하여야 하며, 먹는 샘물의 경우 병에 넣은 후 4℃를 유지한 상태에서 12시간 이내에 검사하여 저온일반세균은 100CFU/mL, 중온일반세균은 20CFU/mL를 넘지 아니할 것

2) 대장균군

(1) 총대장균군은 100mL(샘물 및 먹는 샘물의 경우 250mL)에서 검출되지 아니할 것. 다만, 규정에 의하여 매월 실시하는 총대장균군의 수질검사시료수가 20개 이상인 정수시설의 경우에는 검출된 시료수가 5%를 초과하지 아니할 것

(2) 대장균 · 분원성 대장균군은 100mL에서 검출되지 아니할 것. 다만, 샘물 및 먹는 샘물의 경우에는 그러하지 아니하다.
(3) 분원성연쇄상구균 · 녹농균 · 살모넬라 및 시겔라는 250mL에서 검출되지 아니할 것(샘물 및 먹는 샘물의 경우에 한한다.)
(4) 아황산환원혐기성포자형성균은 50mL에서 검출되지 아니할 것(샘물 및 먹는 샘물의 경우에 한한다.)
(5) 여시니아균은 2L에서 검출되지 아니할 것(먹는 물 공동시설의 경우에 한한다.)

3) WHO 기준

1992년 개정 음용수 수질지침에는 미생물기준이 대장균(E. coli) 또는 분원성 대장균군(Fecal Coliforms)을 사용하고 있다. 총대장균군(Total Coliforms)은 정수처리 효율, 배수시스템 내에서의 수질변화에 대한 지표항목으로만 권장되고 있으며 병원균의 유무확인에는 권장되지 않는다.

5. MPN(Most Probable Number)

1) MPN은 최적확수 또는 최확수라고 하며 시료 100mL 내에 존재하는 균의 수를 말하며, 확률적으로 그 수치를 산정하는 것으로 이론상 가장 가능한 수치를 말한다.
2) 대장균균의 정량시험법으로 공식은 Tomas 근사식으로 전부 양성으로 나타난 시료는 제외하고 계산한다.

$$MPN = \frac{100 \times \text{양성수}}{\sqrt{(\text{음성,mL} \times \text{전시료,mL})}}$$

▌계산 예

다음과 같은 대장균 시험으로부터 Tomas 근사식에 의한 MPN을 구하시오.

100mL 5개 시료 : 전부 양성
10mL 5개 시료 : 3개 양성
1mL 5개 시료 : 1개 양성
0.1mL 5개 시료 : 전부 음성

☞ **풀이**

$$MPN = \frac{100 \times 4}{\sqrt{(24.5 \times 55.5)}} = 10.8/100mL$$

6. 대장균 시험(MPN 시험법)

1) 정성시험
- 추정시험 : 시료를 유당배지에 접종시켜 35~37℃에서 24시간 배양시켜 가스를 발생시키면 양성반응
- 확정시험 : 위 양성반응 시료를 BGLB(뷰리리안트 그린유당담즙) 배지에서 35~37℃, 48시간 배양하여 정형집락을 형성하면 양성반응
- 완전시험 : 위 양성반응 시료를 엔도, EMB(에노신 메틸렌 블루 한천) 배지에서 35~37℃, 48시간 배양하여 가스 발생, 그린염색(－) 이면 대장균군 양성 판정

2) 정량시험 : 최적확수법
시료를 유당배지에 접종시켜 35~37℃, 24시간 배양하여 가스를 발생시키는 양성관의 수를 측정하여 최적확수표나 Tomas 근사식으로 대장균군의 정량시험을 한다.

7. 평판 집락 시험법(계수법)

1) 주입 평판법 : 페트리 접시에 배양액을 옮긴 후 한천배지를 주입하여 배양한 후 집락수 측정
2) 표면 평판법 : 한천배지에 직접 배양액을 도포하여 배양한 후 집락수를 측정하는 것으로 현장에서는 주로 이 방법을 사용한다.

36 | 대장균 계수법 판정 예

배양이 끝난 평판배지는 전형적인 대장균군의 집락수를 집락계산기와 같은 기기를 이용하여 계수하고 그 집락수가 30~300의 범위에 드는 것을 산정하여 그것의 산술평균을 내어 계산하며, 예를 들면 다음과 같다.

검액량(ml)	1	0.1	0.01	0.001	시험성적(개/ml)
예 (1)	15 22	2 2	0 0	0 0	< 30
예 (2)	TNTC TNTC	275 257	22 18	1 2	2,700
예 (3)	TNTC TNTC	254 TNTC	38 32	3 4	3,200
예 (4)	TNTC TNTC	TNTC TNTC	295 TNTC	33 22	31,000
예 (5)	TNTC TNTC	TNTC TNTC	TNTC TNTC	TNTC TNTC	> 300,000

* 1) TNTC(Too Numerous to Count) : 너무 많아서 계수가 곤란하거나 반 이상의 확산집락이 형성 되었을 때 표기법
2) < : 미만, > : 보다 많다.

[판 정]

1. 예 (1)은 모든 시험평판의 집락수가 30 미만이므로 그 결과는 <30으로 표시하며
2. 예 (2)는 275와 257의 2평판의 집락수를 평균하면 (2,750+2,570)/2=2,660이므로 유효 숫자 3자리 미만은 반올림하여 그 결과는 2,700으로 표시한다.
3. 예 (3)은 254, 38, 32의 3평판의 집락수를 평균하여 (2540+3,800+3,200)/3=3,180이므로 유효 숫자 2자리 미만은 반올림하여 그 결과는 3,200으로 표시한다.
4. 예 (4)은 295, 33의 2평판의 집락수를 평균하여 (29,500+33,000)/2=31,250이므로 유효숫자 2자리 미만은 반올림하여 그 결과는 31,000으로 표시한다.
5. 예 (5)은 모든 시험평판의 집락수가 300 보다 많으므로 그 결과는 >300,000으로 표시한다.

37 | 용존산소부족곡선(Oxygen Sag Curve)을 설명하시오.

1. 개요

하천에 오염물질이 유입되어 유기물 분해에 의한 산소 소비와 재포기(Reaeration)가 일어났을 때 물의 흐름에 따른 DO 부족량의 단면도는 스푼모양을 이룬다. 이 곡선을 DO 부족곡선(Oxygen Sag Curve)이라 한다.

2. DO 부족곡선 해석 의미

산소부족량(Oxygen Deficit)이란 주어진 수온에서 포화산소량과 실제 용존산소량의 차이를 말하며 하천의 재포기 계수는 용존산소부족량에 관계하므로 용존산소부족량을 중시한다. 또한 DO 부족곡선은 하천 등에서 수계의 오염정도와 회복 상태를 한눈에 알 수 있도록 나타낸다.

3. DO 부족곡선 작성 방법

1) 유기물의 분해(탈산소량 k_1)

하천 중의 유기물은 하천의 중요 산소 소비원으로 미생물에 의한 호기성 분해로 1차 반응으로 표현하며 경과시간에 따른 잔류유기물량(농도)은 반응속도에 비례한다. 즉 유기물질농도가 감소함에 따라 반응속도가 감소하며 다음과 같다.

$dLt/dt = -k_1 \cdot L$ 적분하여 정리하면

$$Lt = Lo \cdot e^{-k_1 t}$$

$Lt = Lo \times e^{-k_1 t}$에서 Lt는 t일 후 잔존 BOD로서 $Lt = BODu - BODt$이다.

$BODu - BODt = BODu \times 10^{-k_1 t}$에서 $BOD_5 = BODu(1 - 10^{-k_1 \times 5})$

여기서, L_t : t일 후의 잔존 BOD
Lo : 최초의 전 BOD, 최종 BOD(BODu)
k_1 : 탈산소계수(BOD 감소속도, 1/day)
t : 분해기간(days)

2) 재포기량(k_2)

시간 t에서 대기로부터 수중으로의 산소용해율은 수온, 산소부족량, 수면교란상태, 불순물의 농도에 따라 변하므로 다음과 같이 미분방정식으로 쓸 수 있다.

$dDt/dt = -k_2' \cdot Dt$ 적분하여 정리하면

$Dt = Do \cdot e^{-k_2' t}$

$Dt = Do \cdot 10^{k_2 t}$

k_2(상용로그 상수) = $0.434k_2'$(자연로그 상수)

여기서, Dt : 시간 t에서의 산소부족량
Do : 초기 DO 부족량
k_2, k_2' : 재포기계수

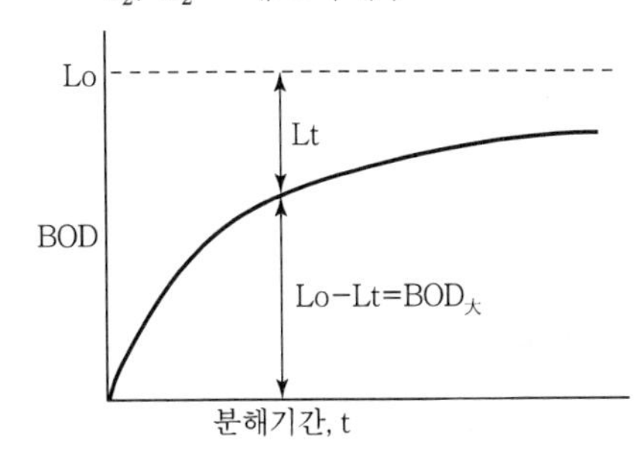

k_2는 주로 수심의 함수이고 수온, 유속, 하천의 교란상태 등에 의하여 영향을 받으며 20℃에서 유속이 빠른 하천의 경우 0.5까지, 유속이 낮은 큰 하천의 경우 0.15~0.2 정도, 흐름이 없는 호소에서는 0.05 정도이다.

3) 용존산소부족곡선 해석

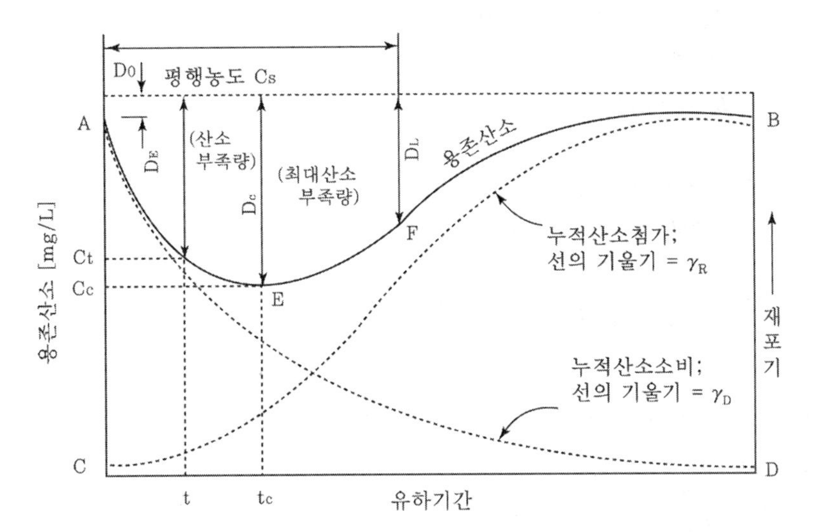

E : 임계점 F : 변곡점

Dc : 임계부족량

Do : 초기 t=0일 때의 DO 부족량

D_L : 변곡점에서의 DO 부족량

tc : 임계시간 t_L : 변곡점까지의 시간
A-D : 탈산소곡선 C-B : 재포기곡선

4) 용존산소부족량식의 유도
하천의 BOD량을 L, 탈산소계수를 k_1, 재포기계수를 k_2라 하여 산소부족량을 써보면

(1) 재포기량식 유도=산소부족량

$$\frac{dD_t}{dt} = -K_2 D_t$$

$$\frac{dD_t}{Dt} = -K_2 dt$$

양변을 적분하면

$$\int_{D_o}^{D_t} \frac{dD_t}{D_t} = -K_2 \int_o^t dt$$

$$\therefore \ \ln\frac{D_t}{D_o} = -K_2 t$$

$$\therefore \ D_t = D_o e^{-K_2 t}$$

상용대수를 적용하면 $D_t = D_o 10^{-K_2 t}$

- D_t : 시간 t에서의 산소부족량
- D_o : 초기산소부족량
- K_2 : 재포기 계수

(2) Streeter & phelps식
Plug-flow로 가정한 하천에서 유기물의 분해와 재포기만을 고려한 DO 모형개발

$$\frac{dD_t}{dt} = K_1 L - K_2 D_t \ (D_t = C_s - C)$$

$t = O, D_t = D_o$의 초기조건에서 적분하면

$$D_t = \frac{K_1 L_o}{K_2 - K_1}(e^{-K_1 t} - e^{-K_2 t}) + D_o e^{-K_2 t}$$

상용대수를 적용하면

$$D_t = \frac{K_1 L_o}{K_2 - K_1}(10^{-K_1 t} - 10^{-K_2 t}) + D_o 10^{-K_2 t}$$

상기 식은 오염물 하천유입 시 하류지점 t일 후의 DO부족량을 계산하는 식으로서 수온, 상류의 DO 및 BOD, K_1과 K_2를 알 때 적용된다.

(3) 임계점(t_c)의 D_c를 구하기 위해 $\frac{dD_t}{dt} = 0$일 때

$$t_c = \frac{1}{K_2 - K_1} \log\left[\frac{K_2}{K_1}\left\{1 - \frac{D_o(K_2 - K_1)}{L_o K_1}\right\}\right]$$

5) 임계점의 좌표계산

임계시간 t_c는 DO 곡선식의 $dD_t/dt = 0$일 때의 시간이며, 임계점은 용존산소곡선에서 DO가 가장 낮은 점이다.

$dD_t/dt = 0$에서 t_c 및 D_c를 구할 수 있다.

6) 자정계수

자정계수(f)란 수계의 자정능력의 정도를 의미하며

$f = k_2/k_1$ 표현되고 자정계수에 영향을 미치는 인자들은 다음과 같다.

- 유입 유기물의 분해 정도 및 질산화 정도
- 침전 유기물질이 많을수록 초기 탈산소는 감소한다.
- 수중 생물의 호흡 정도
- 난류 정도 및 재포기 정도
- 조류의 광합성 정도

38 | 8.0mg/L의 용존산소를 가진 희석샘플을 이용하여 BOD를 측정하려고 한다. 5일 후에 3mg/L의 용존산소가 소비되었고 희석은 2%를 이용하였다. 필요한 사항을 적절히 가정하여 다음 사항을 산정하시오.

가. BOD　　나. 최종 BOD　　다. 2일 BOD

1. 계산식

1) 희석수를 이용하여 BOD 측정을 하는 경우 BOD 계산식은 다음과 같다.(여기서 BOD는 BOD_5를 의미한다.)

$BOD(mg/L) = [(D_1 - D_2) - (B_1 - B_2) \times f] \times P$

문제에서 식종희석수($B_1 - B_2$)에 대한 조건이 생략되어 있으므로

$BOD = (D_1 - D_2) \times P = 3 \times (100/2) = 150$ mg/L

여기서, D_1은 8mg/L이고 D_2는 5mg/L 그러므로 5일 후에 3mg/L이 소비된 것이다. 또한 2% 시료를 사용했으므로 희석배수 P=100/2=50배가 된다.

2) 최종 BOD(BODu)는

$L_t = Lo \times 10^{-k_1 t}$에서 L_t는 t일 후 잔존 BOD로서 $L_t = BODu - BODt$이다.

$BODu - BODt = BODu \times 10^{-k_1 t}$에서 $BODu - BOD_5 = BODu \times 10^{-k_1 \times 5}$

$BODu = BOD_5/(1 - 10^{-k_1 \times 5})$ 탈산소계수 k_1은 0.2로 가정한다.

$BODu = 150/(1 - 10^{-0.2 \times 5}) = 166.7mg/L$

3) 위식을 정리하면 $L_t = Lo(1 - 10^{-k_1 \times t})$ 그러므로

$BODt = BODu(1 - 10^{-k_1 \times 5})$가 되며 2일 BOD는

$BOD2 = BODu(1 - 10^{-k_1 \times 2}) = 166.7(1 - 10^{-0.2 \times 2}) = 100.3mg/L$

39 | 수질 환경기준을 설명하시오.

1. 개요

하천 수질보전을 위하여 적용하고 있는 방법은 대상하천에 대한 수질기준을 설정하여 외부 오염원에 의한 하천 수질의 오염을 방지하는 방법과 유역의 각 오염물질 배출원으로부터 배출되는 오염물질을 직접 규제하는 방법이 있다.

2. 하천 수질보전 방법(환경정책 기본법)

1) 하천 수질기준

- 환경정책 기본법에서 하천 수질기준은 수역별 용도에 따라 목표수질을 설정한 후 유역으로부터 배출되는 오염물질의 양, 하천의 수질 및 유량, 자정작용 등을 종합적으로 고려하여 유입되는 총 오염물질의 양을 규제하는 방법이다.
- 이 방법은 요구되는 하천의 수질을 유지할 수 있으며 각 오염물질 배출원별로 적정한 처리정도를 결정하여 방류가 가능하기 때문에 경제적인 처리가 가능한 장점이 있다. 반면에 하천 수질기준을 달성하기 위해서는 하천의 특성, 유역의 오염물질 배출특성 등의 상세한 조사가 이루어져야 한다는 단점이 있다.

2) 방류수 수질기준

- 하천의 수질보전을 위하여 각 오염물질 배출원에 일률적으로 방류수 수질기준을 설정하여 적용하는 방법이다.
- 이 방법은 실제 하천의 수질을 요구하는 정도까지 유지하기 어려운 단점이 있으나 배출원으로부터의 엄격한 규제를 실시하여 하천으로 유입되는 오염물질 부하량을 저감시킬 수 있다.

3) 효율적인 하천수질 보전방법

- 하천의 수질을 보전하기 위해서는 하천 수질기준과 방류수 수질기준이 상호 보완적인 관계를 가져야 한다. 즉 방류수 수질기준을 설정할 때 방류수역의 하천 수질기준을 달성하기 위한 조사가 선행되어야 한다.
- 즉 하천의 수문학적 특성(갈수량, 저수량), 하천의 자정능력 조사, 유역의 오염물질 배출형태(배출원별 유량, 수질 및 시간적 변화) 조사가 선행되어야 한다. 이런 조사를 기초로 하천유량에 의한 희석효과, 하천의 자정능력을 고려하여 하천 수질기준을 달성할 수 있는 방류수 수질기준을 설정하여야 한다.

3. 수질 환경 기준(환경정책 기본법)

1) 하천수 수질 및 수생태계

우리나라는 수역별 · 항목별로 수질환경기준이 설정되어 있는데 수역별로는 하천, 호소로 구분하고 항목별로는 생활환경기준인 pH, BOD, COD, TOC, SS, DO, 대장균군수, 총질소, 총인,클로로필-a 등 10개 항목과 사람의 건강보호기준인 Cd, As, CN, Hg, 유기인, Pb, 6가크롬, PCB, 음이온계면활성제 등 항목으로 구분하고 있다. 또한 등급별로는 하천 · 호소에 7개 등급(매우 좋음~매우 나쁨)으로 구분하여 각각 기준을 차등 설정하여 관리하고 있다.

등급			하천수 생활 환경기준								
			(pH)	(BOD) (mg/L)	COD	TOC	부유 물질량 (mg/L)	용존 산소량 (mg/L)	T-P	대장균군수(군수/100mL)	
										총대장균군	분원성 대장균군
매우 좋음	Ia		6.5~8.5	1 이하	2 이하	2 이하	25 이하	7.5 이상	0.02 이하	50 이하	10 이하
좋음	Ib		6.5~8.5	2 이하	4	3	25 이하	5.0 이상	0.04	500 이하	100 이하
약간 좋음	II		6.5~8.5	3 이하	5	4	25 이하	5.0 이상	0.1	1,000 이하	200 이하
보통	III		6.5~8.5	5 이하	7	5	25 이하	5.0 이상	0.2	5,000 이하	1,000 이하
약간 나쁨	IV		6.0~8.5	8 이하	9	6	100 이하	2.0 이상	0.3		
나쁨	V		6.0~8.5	10 이하	11	8	쓰레기 등이 떠있지 아니할 것	2.0 이상	0.5		
매우 나쁨	VI		–	10 초과	11 초과	8 초과	-	2.0 미만	0.5 초과		
사람의 건강 보호 기준	전 수역		• 카드뮴(Cd) : 0.005 이하, 비소(As) : 0.05 이하 • 시안(CN) : 검출되어서는 안 됨(검출한계 0.01) • 수은(Hg) : 검출되어서는 안 됨(검출한계 0.001) • 유기인 : 검출되어서는 안 됨(검출한계 0.0005) • 폴리크로리네이티드비페닐(PCB) : 검출되어서는 안 됨(검출한계 0.0005) • 납(Pb) : 0.05 이하 • 음이온계면활성제(ABS) : 0.5 이하 • 1,2-디클로로에탄 : 0.03 이하 • 디클로로메탄 : 0.02 이하 • 클로로포름 : 0.08 이하 • 디에틸헥실프탈레이트(DEHP) : 0.008 이하 • 안티몬 : 0.02 이하 • 6가크롬(Cr^{6+}) : 0.05 이하 • 사염화탄소 : 0.004이하 • 테트라클로로에틸렌(PCE) : 0.04 이하 • 벤젠 : 0.01 이하								

비고

1. 등급별 수질 및 수생태계 상태
   가. 매우 좋음 : 용존산소가 풍부하고 오염물질이 없는 청정상태의 생태계로 여과·살균 등 간단한 정수처리 후 생활용수로 사용할 수 있음
   나. 좋음 : 용존산소가 많은 편이고 오염물질이 거의 없는 청정상태에 근접한 생태계로 여과·침전·살균 등 일반적인 정수처리 후 생활용수로 사용할 수 있음
   다. 약간 좋음 : 약간의 오염물질은 있으나 용존산소가 많은 상태의 다소 좋은 생태계로 여과·침전·살균 등 일반적인 정수처리 후 생활용수 또는 수영용수로 사용할 수 있음
   라. 보통 : 보통의 오염물질로 인하여 용존산소가 소모되는 일반 생태계로 여과, 침전, 활성탄 투입, 살균 등 고도의 정수처리 후 생활용수로 이용하거나 일반적 정수처리 후 공업용수로 사용할 수 있음
   마. 약간 나쁨 : 상당량의 오염물질로 인하여 용존산소가 소모되는 생태계로 농업용수로 사용하거나 여과, 침전, 활성탄 투입, 살균 등 고도의 정수처리 후 공업용수로 사용할 수 있음
   바. 나쁨 : 다량의 오염물질로 인하여 용존산소가 소모되는 생태계로 산책 등 국민의 일상생활에 불쾌감을 주지 않으며, 활성탄 투입, 역삼투압 공법 등 특수한 정수처리 후 공업용수로 사용할 수 있음
   사. 매우 나쁨 : 용존산소가 거의 없는 오염된 물로 물고기가 살기 어려움
   아. 용수는 해당 등급보다 낮은 등급의 용도로 사용할 수 있음
   자. 수소이온농도(pH) 등 각 기준항목에 대한 오염도 현황, 용수처리방법 등을 종합적으로 검토하여 그에 맞는 처리방법에 따라 용수를 처리하는 경우에는 해당 등급보다 높은 등급의 용도로도 사용할 수 있음
2. 화학적 산소요구량(COD) 기준은 2015년 12월 31일까지 적용한다.

2) 하천수 수질 및 수생태계 상태별 생물학적 특성 이해표

생물 등급	생물지표종		서식지 및 생물 특성
	저서(底棲)생물	어류	
매우 좋음 ~좋음	옆새우, 가재, 뿔하루살이, 민하루살이, 강도래, 물날도래, 광택날도래, 띠무늬우묵날도래, 바수염날도래	산천어, 금강모치, 열목어버들치 등 서식	• 물이 매우 맑으며, 유속은 빠른 편임 • 바닥은 주로 바위와 자갈로 구성됨 • 부착조류가 매우 적음
좋음~ 보통	다슬기, 넓적거머리, 강하루살이, 동양하루살이, 등줄하루살이, 등딱지하루살이, 물삿갓벌레, 큰줄날도래	쉬리, 갈겨니, 은어, 쏘가리등 서식 됨	• 물이 맑으며, 유속은 약간 빠르거나 보통임 • 바닥은 주로 자갈과 모래로 구성 • 부착조류가 약간 있음
보통 ~ 약간 나쁨	물달팽이, 턱거머리, 물벌레, 밀잠자리	피라미, 끄리, 모래무지, 참붕어 등 서식	• 물이 약간 혼탁하며, 유속은 약간 느린 편임 • 바닥은 주로 잔자갈과 모래로 구성됨 • 부착조류가 녹색을 띠며 많음
약간 나쁨 ~ 매우 나쁨	왼돌이물달팽이, 실지렁이, 붉은깔다구, 나방파리, 꽃등에	붕어, 잉어, 미꾸라지, 메기 등 서식	• 물이 매우 혼탁하며, 유속은 느린 편임 • 바닥은 주로 모래와 실트로 구성되며, 대체로 검은색을 띰 • 부착조류가 갈색 혹은 회색을 띠며 매우 많음

3) 호소 수질환경기준

등급		기준									
		(pH)	(COD) (mg/L)	TOC	부유물질량(SS) (mg/L)	용존산소량(DO) (mg/L)	총인 (T-P) (mg/L)	총질소 (T-N) (mg/L)	클로로필-a (mg/m³)	대장균군수 (군수/100mL)	
										총대장균군	분원성대장균군
매우 좋음	Ia	6.5~8.5	2 이하	2 이하	1 이하	7.5 이상	0.01 이하	0.2 이하	5 이하	50 이하	10 이하
좋음	Ib	6.5~8.5	3 이하	3 이하	5 이하	5.0 이상	0.02 이하	0.3 이하	9 이하	500 이하	100 이하
약간 좋음	II	6.5~8.5	4 이하	4 이하	5 이하	5.0 이상	0.03 이하	0.4 이하	14 이하	1,000 이하	200 이하
보통	III	6.5~8.5	5 이하	5 이하	15 이하	5.0 이상	0.05 이하	0.6 이하	20 이하	5,000 이하	1,000 이하
약간 나쁨	IV	6.0~8.5	8 이하	6 이하	15 이하	2.0 이상	0.1 이하	1.0 이하	35 이하		
나쁨	V	6.0~8.5	10 이하	8 이하	쓰레기 등이 떠있지 아니할 것	2.0 이상	0.15 이하	1.5 이하	70 이하		
매우 나쁨	VI	-	10 초과	8 초과	-	2.0 미만	0.15 초과	1.5 초과	70 초과		
사람의 건강보호기준 : 위 하천수 기준과 같다.											

비고

1. 총인, 총질소의 경우 총인에 대한 총질소의 농도비율이 7 미만일 경우에는 총인의 기준을 적용하지 아니하며, 그 비율이 16 이상일 경우에는 총질소의 기준을 적용하지 아니한다.
2. 등급별 수질 및 수생태계 상태는 하천수 수질 및 수생태계 비고란과 같다.
3. 화학적 산소요구량(COD) 기준은 2015년 12월 31일까지 적용한다.

4) 해역

(1) 생활환경

항목	pH	총대장균군	용매추출유분
기준	6.5~8.5	1,000 이하	0.01mg/L 이하

(2) 생태기반 해수수질 기준

등급	수질평가 지수값(Water Quality Index)
Ⅰ(매우 좋음)	23 이하
Ⅱ(좋음)	24~33
Ⅲ(보통)	34~46
Ⅳ(나쁨)	47~59
Ⅴ(아주 나쁨)	60 이상

① 해수 수질평가지수(수질평가지수 항목별 점수를 이용하여 계산)
수질평가지수(WQI : Water Quality Index)
=10×[저층산소포화도(DO)+6×[(식물플랑크톤 농도(Chl-a)+투명도(SD)/2]
+4[(용존무기질소 농도(DIN)+용존무기인 농도(DIP)/2]

② 수질평가지수 항목별 점수

항목별 점수	대상항목	
	Chl-a(μg/L), DIN(μg/L), DIP(μg/L)	DO(포화도, %), 투명도(m)
1	기준값 이하	기준값 이상
2	< 기준값+0.10×기준값	> 기준값-0.10×기준값
3	< 기준값+0.25×기준값	> 기준값-0.25×기준값
4	< 기준값+0.50×기준값	> 기준값-0.50×기준값
5	≥ 기준값+0.10×기준값	≤ 기준값-0.50×기준값

※ 항목별 기준값은 수질평가지수 항목의 해역별 기준값을 적용

③ 수질평가지수 항목의 해역별 기준값

대상항목 / 생태구역	Chl-a (μg/L)	저층 DO (포화도, %)	표층 DIN (μg/L)	표층 DIP (μg/L)	투명도 (m)
동해	2.1	90	140	20	8.5
대한해협	6.3		220	35	2.5
서남해역	3.7		230	25	0.5
서해중부	2.2		425	30	1.0
제주	1.6		165	15	8.0

※ 저층 : 해저 바닥으로부터 최대 1m 이내의 수층

4. 수질규제기준

수질규제기준은 환경정책 기본법에서 정한 수질 및 수생태계를 만족하기위한 배출시설들의 규제기준으로 배출허용기준과 방류수수질기준 등이 있다.

1) 배출시설 항목별 배출허용기준(수질환경 보전법)

대상 규모 / 항목 / 지역구분	1일 폐수배출량 2,000m^3 이상			1일 폐수배출량 2,000m^3 미만		
	생물화학적 산소요구량 (mg/L)	화학적 산소요구량 (mg/L)	부유 물질량 (mg/L)	생물화학적 산소요구량 (mg/L)	화학적 산소요구량 (mg/L)	부유 물질량 (mg/L)
청정지역	30 이하	40 이하	30 이하	40 이하	50 이하	40 이하

대상 규모 / 항목 / 지역구분	1일 폐수배출량 2,000m³ 이상			1일 폐수배출량 2,000m³ 미만		
	생물화학적 산소요구량 (mg/L)	화학적 산소요구량 (mg/L)	부유 물질량 (mg/L)	생물화학적 산소요구량 (mg/L)	화학적 산소요구량 (mg/L)	부유 물질량 (mg/L)
가지역	60 이하	70 이하	60 이하	80 이하	90 이하	80 이하
나지역	80 이하	90 이하	80 이하	120 이하	130 이하	120 이하
특례지역	30 이하	40 이하	30 이하	30 이하	40 이하	30 이하

2) 방류수수질기준

구분		생물화학적 산소요구량 (BOD) (mg/L)	화학적 산소요구량 (COD) (mg/L)	부유물질 (SS) (mg/L)	총질소 (T-N) (mg/L)	총인 (T-P) (mg/L)	총대장균 군수 (개/mL)	생태 독성 (TU)
1일 하수처리 용량 500m³ 이상	Ⅰ지역	5 이하	20 이하	10 이하	20 이하	0.2 이하	1,000 이하	1 이하
	Ⅱ지역	5 이하	20 이하	10 이하	20 이하	0.3 이하	3,000 이하	
	Ⅲ지역	10 이하	40 이하	10 이하	20 이하	0.5 이하		
	Ⅳ지역	10 이하	40 이하	10 이하	20 이하	2 이하		
1일 하수처리용량 500m³ 미만 50m³ 이상		10 이하	40 이하	10 이하	20 이하	2 이하		–
1일 하수처리 용량 50m³ 미만		10 이하	40 이하	10 이하	40 이하	4 이하		

비고

1. 공공하수처리시설의 페놀류 등 오염물질의 방류수수질기준은 해당 시설에서 처리할 수 있는 오염물질항목에 한하여 「수질 및 수생태계 보전에 관한 법률 시행규칙」 별표 13 제2호 나목 페놀류 등 수질오염물질 표 중 특례지역에 적용되는 배출허용기준 이내에서 그 처리시설의 설치사업시행자의 요청에 따라 환경부장관이 정하여 고시한다.
2. 1일 하수처리용량 500m³ 미만인 경우에는 겨울철(12월 1일부터 3월 31일까지) 총질소와 총인의 방류수수질기준은 60mg/L 이하와 8mg/L 이하를 각각 적용하며, 유예기간은 2014년 12월 31일까지로 한다.
3. 생태독성 방류수수질기준은 물벼룩에 대한 급성독성시험을 기준으로 하되, 「수질 및 수생태계 보전에 관한 법률 시행규칙」 별표 13 제2호나목3) 비고란 제2호 본문에 따른 폐수배출시설에서 배출되는 폐수가 유입되고 1일 하수처리용량 500세제곱미터(m³) 이상인 공공하수처리시설에 적용한다.

적용대상 지역

구분	범위
Ⅰ지역	•「수도법」 제7조에 따른 상수원보호구역 •「환경정책기본법」 제22조제1항에 따른 특별대책지역 • 영 제4조제3호에 따른 수변구역 •「새만금사업 촉진을 위한 특별법」 제2조제1호에 따른 새만금사업지역으로 유입되는 하천이 있는 지역으로서 환경부장관이 정하여 고시하는 지역
Ⅱ지역	「수질 및 수생태계 보전에 관한 법률」 제22조제2항에서 규정하고 있는 중권역중 화학적 산소요구량(COD) 또는 총인(T-P)이 당해 권역의 목표기준을 초과하였거나, 증가하고 있는 지역으로 환경부장관이 정하여 고시하는 지역
Ⅲ지역	「수질 및 수생태계 보전에 관한 법률」제22조제2항에서 규정하고 있는 중권역중 Ⅰ·Ⅱ지역을 제외한 4대강 본류에 유입되는 지역으로서 환경부장관이 정하여 고시하는 지역
Ⅳ지역	Ⅰ·Ⅱ·Ⅲ지역을 제외한 지역

5. 총량규제 수질기준의 설정

생태계의 자연환경에 대하여 인간과 자연이 지속적인 생활을 영위하는 데 필요한 환경기준(수질환경기준)을 설정하고 이 환경을 유지하는 데 필요한 최소한의 규제로서 배출허용기준과 방류수 수질기준을 정하며 이 농도 기준으로 환경기준을 달성할 수 없는 경우에는 특별히 총량규제를 선택하기도 한다.

6. 호소, 하천수의 COD, BOD 측정

1) 호소와 같은 정체수역의 오염도는 COD를 측정하는데 그 이유는 체류시간이 긴 경우 자가 생성유기물(식물성 플랑크톤)이 많고 이들의 광합성 작용으로 BOD 분석은 신뢰도가 떨어지며
2) 플랑크톤은 NBD 유기물성으로 BOD 분석에 포함되지 않으므로 COD 측정이 합리적이다. 하천수는 BOD 분석이 오염정도를 대표할 수 있다.
3) BOD, COD 측정에서 신뢰도가 부족하여 TOC 측정으로 대체되어 2016년부터 TOC 위주의 오염측정 기준이 적용되고 있다.

40 | T-N/T-P비와 최소량의 법칙(Law of Minimum)

1. 정의

최소량의 법칙(Law Of Minimum) 또는 최소인자 결정의 법칙이란 식물의 성장을 결정하는 것은 성장 환경 중 넘치는 요소가 아니라 가장 부족한 요소에 의해 결정된다는 학설

2. 의미

식물 성장환경에서 질소, 인산, 칼륨, 석회 중 어느 하나가 부족하면 다른 것이 아무리 많이 들어있어도 식물은 제대로 자랄 수 없다는 이론이다. 즉 여러 영양소중 최대치가 아니라 최소치가 성장을 결정한다는 의미, 즉 나무판자로 만든 물통에 담을 수 있는 물의 량은 가장 작은 판자 크기로 결정된다는 이론

3. 배경

독일의 식물학자 리비히(J.Liebig)가 1840년에 주장

4. 적용

호소 수질환경기준 비고란의 "총인, 총질소의 경우 총인에 대한 총질소의 농도비율이 7 미만일 경우에는 총인의 기준을 적용하지 아니하며, 그 비율이 16 이상 일 경우에는 총질소의 기준을 적용하지 아니한다."

5. 수질환경 기준의 T-N/T-P비 해석

1) 총인에 대한 총질소의 농도비율이 7 미만일 경우 즉 $T-N/T-P<7$일 때 인에 비하여 질소가 적기 때문에 부영양화의 정도는 질소가 좌우하므로 총인의 기준을 적용하지 아니하며
2) 그 비율이 16 이상일 경우에는 즉$T-N/T-P\geq16$일 때 질소에 비하여 인농도가 적기 때문에 부영양화의 정도는 인이 결정하므로 총질소의 기준을 적용하지 아니한다.
3) 현장에서는 최소량의 법칙에도 불구하고 T-N과 T-P 허용농도를 모두 적용하는 편이다.

41 | 생물학적 오염도(Biological Index of Water Pollution)

1. 정의

생물학적 오염도(Biological Index of Water Pollution : BIP)는 수중생물의 종류와 수를 조사하여 생물학적으로 물의 오염도를 추정하는 지표이다. 수중생물은 수중 환경을 어느 정도 대표하고 있으므로 오염된 정도에 따라 다르게 나타나는 생물의 종류와 수를 조사하면 물의 오염도를 판정할 수 있다.

2. 수중 생물학적 오염의 특징

수중의 오염상태를 파악하는 방법 중에 오염물질을 개별적으로 분석하는 방법이 통상적이지만 정량적인 오염물질의 분석보다는 정성적으로 오염의 정도를 파악하는 것이 간단하고 효과적인 분석법일 수 있다. 따라서 수중의 식물성·동물성 생물의 군체수를 비교하여 오염도를 판단하는 방법이 BIP이다. 통상 맑은 물에는 엽록소를 가진 식물성 생물이 많으며, 오염된 물에는 엽록소가 없는 동물성 생물이 많다.

3. BIP 계산법

생물학적 오염도는 다음과 같이 나타낸다.

$$BIP = \frac{B}{A+B} \times 100(\%)$$

여기서, A는 검수 1mL 중의 유엽록체 생물의 개체수(식물성 생물수)
B는 검수 1mL 중의 무엽록체 생물의 개체수(동물성 생물수)이다.

4. BIP와 오염 정도

보통 수중의 오염도가 커지면 식물성 생물수가 줄어들고 동물성 생물수가 늘어나는 경향이 있다.

- 맑은 하천이나 저수지 등에서는 BIP 값이 0~2 정도이며
- 상당히 오염된 물에서는 BIP가 10~20
- 심하게 오염된 물에서는 BIP가 70~100 정도를 나타낸다고 한다.

5. BI와 오염정도(육안적 생물대상)

$$BI = (2A + B) / (A + B + C) \times 100\%$$

여기서, A : 청수성 미생물(오염에 약한 종류)
B : 광범위성 미생물
C : 오수성 미생물(오염에 강한 종류)

- 깨끗한 하천 : BI 값이 20% 이상
- 심하게 오염된 하천 : BI 값이 10% 이하
- BIP는 생물 종류의 구분이 없으나 BI에서는 해당 생물이 오염성 여부를 판단하므로 더 정확한 생물학적 오염도를 측정한다.

6. 지표생물

독특한 환경 조건에서만 살 수 있는 생물을 지표생물이라고 하는데, 이러한 지표생물을 이용하면 그 지역의 환경 조건이나 오염 정도를 알 수 있다.

1) 수질 오염 정도는 식물이나 민물고기 이외에 옆새우나 플라나리아, 곤충의 유충과 같이 물 밑바닥이나 물풀 사이에 사는 작은 동물들을 이용하여 알아낼 수 있다.
2) 간단한 정수과정만을 거쳐 식수로 사용이 가능한 깨끗한 물인 1급수에는 열목어, 옆새우, 플라나리아 등이 산다. 이들 지표생물들은 대개 강의 최상류나 계곡에서나 볼 수 있다.
3) 식수로 사용이 가능하며 수영도 할 수 있는 2급수에서는 꺽지, 피라미, 갈겨니 등을 발견할 수 있다.
4) 3급수에는 붕어, 잉어, 거머리류가 사는데, 이 물은 공업용수로 사용된다.
5) 그리고 4급수에는 실지렁이, 깔따구, 모기붙이 유충 등이 서식하는데, 이런 물에서 수영을 했을 경우에는 피부병이 생긴다.

42 | 호소수에서 성층현상(Stratification)을 설명하시오.

1. 개요

여름, 겨울철은 수심에 따른 온도변화로 인해 발생하는 물의 밀도차로 호소에서 여러 개의 층이 분리되는 현상을 성층현상이라고 한다.

2. 성층현상의 원리

호소의 성층화는 수심에 따른 온도변화로 인해 발생하는 물의 밀도차에 의하여 생긴다. 수직방향의 물운동이 없다면 수온약층(Thermocline)을 중심으로 상부의 표층(Epilmnion)과 하부의 저층(Hypolimnion)으로 구분되며 수면 가까운 표층에서는 공기 중의 산소가 재포기되므로 용존산소농도가 높아서 호기성 상태이며, 하부의 저층에서는 용존산소가 거의 없어 혐기성 상태이다. 이 결과 생기는 표층, 수온약층, 저층을 열밀도층(Thermal Density Layers) 또는 열층(Thermal Layers)이라고 한다.

3. 성층현상의 물의 특성

이런 경우 호소 바닥의 침전된 유기물이 혐기성 미생물에 의하여 분해되므로 수질은 크게 악화된다. 깊은 저수지의 경우 표층과 수온약층은 보통 7m 정도이다. 이런 현상은 물의 수직운동이 거의 없는 겨울이나 여름철에 발생하며 특히 여름철이 심하다.

4. 호소의 계절적 변화

1) 봄과 가을에는 저수지의 수직혼합(Turn Over)이 활발히 진행되어 분명한 열밀도층의 구분은 없어지게 된다. 즉, 겨울에는 대기 중의 온도가 낮아 수면이 얼게 되면 표면 부근은 0℃ 보다 낮아져도 얼음 밑의 물은 0℃부터 깊은 곳은 4℃ 정도까지이며 물은 4도에서 최대밀도를 갖는다. 이런 상태에서는 하부의 밀도가 상부보다 크므로 수직적인 혼합은 발생하지 않고 물이 평행상태에 있게 된다.
2) 봄이 되면 얼음이 녹으면서 표면 부근의 수온이 높아지기 시작하여 4℃가 되면 최대밀도가 되어 물이 밑으로 이동하게 되고 반면에 밑부분의 물은 상부로 이동하게 되어 물의 수직혼합이 진행된다.
3) 봄에서 여름이 되면 물은 점차 따뜻해져 가벼운 물이 상부에 있고 하부의 물은 차가운 물이 되어 밀도차에 의한 수직혼합은 발생치 않는 정체현상이 발생된다.
가을이 되어 수면의 수온이 내려가면 수직적인 정체현상은 파괴되고 상부의 무거운 물은 하부로 이동하는 수직혼합이 발생하게 된다.

4) 겨울과 여름에는 수직운동이 없어서 물의 정체현상이 생겨 수심에 따른 온도, DO 농도, 물질의 농도차가 크지만 봄과 가을에는 수직운동이 활발하여 수심에 따른 농도변화가 적다.

5) 봄과 가을철의 수직운동은 대기 중의 바람에 의하여 더욱 가속되며, 저수지의 물을 급수원으로 이용할 경우에 이런 전도현상(Turnover)은 취수 시에 저층(Hypolimnion)의 오염된 물이 상부로 이동되어 취수될 가능성이 크므로 나쁜 결과를 초래할 수 있다.

5. 수심에 따른 수질변화

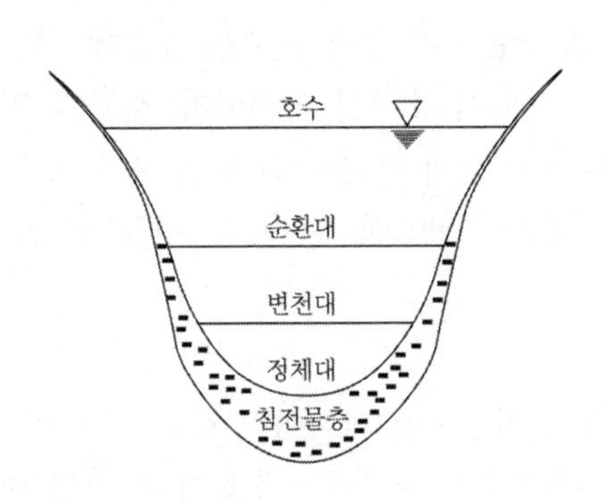

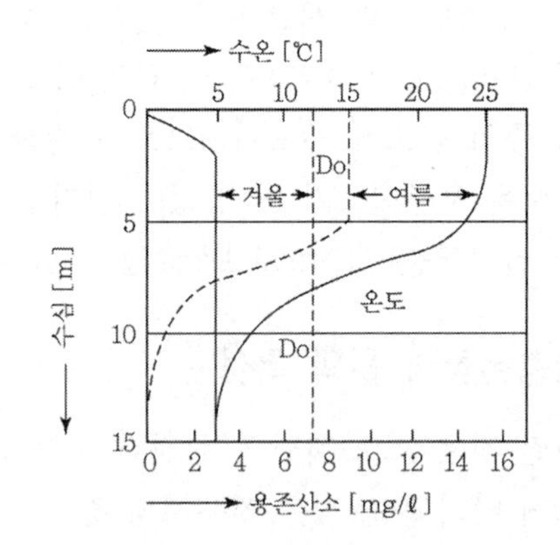

1) 표층(Epilmnion)
- 수온이 높다.
- 대기 중의 산소가 재포기 되어 DO가 풍부하다.
- 난류성 어종이 서식한다.
- 철, 망간이 Fe^{+3}, Mn^{+3}의 형태로 존재하고 $Fe(PO_4)_3$ 형태로 침전되어 농도가 낮다.
- 조류의 광합성으로 CO_2가 소모되어 pH가 높다.

2) 수온약층(Thermocline)
- 수온약층의 특징은 온도가 급격히 변하는 것이다.
- DO, CO_2 농도가 변한다.
- 난류성, 한류성 어종이 서식한다.

3) 저층(Hypolimnion) – 수온이 낮다.
   - 산소가 거의 없어 혐기성 상태이다.
   - 유기물 분해로 CO_2가 생성되어 pH가 낮다.
   - 철, 망간이 Fe^{+2}, Mn^{+2} 형태로 존재하고 pH가 낮아 철과 망간이 용출되어 농도가 높다.

※ 호소 표층에서 조류의 광합성 작용과 pH값

조류는 흔히 플랑크톤이라고 불리며 엽록소를 가지고 있어 낮에는 탄소동화작용을 한다. 조류는 CO_2를 탄소원으로 하여 O_2를 생산한다.

- 주간 : $CO_2 + H_2O \rightarrow algae(CH_2O) + O_2$
- 야간 : $CH_2O + O_2 \rightarrow CO_2 + H_2O$

즉 주간에 조류는 탄소동화작용으로 CO_2를 흡수하여 pH값이 9~10 정도까지 높아진다. 밤에는 호흡작용으로 산소를 소비한다.

43 | 부영양화의 원인과 대책을 기술하시오.

1. 정의

호소에서 질소나 인 같은 영양염류가 적은 곳은 플랑크톤이 적고 투명도가 높은데 이런 수역을 빈영양상태라고 한다. 반면에 영양염류가 많은 곳에서는 조류가 많이 발생하여 투명도가 낮은데 이런 수역을 부영양이라고 한다. 각종 오염으로 수역에 질소와 인 등 영양염류가 풍부해져 영양상태가 빈영양에서 부영양으로 변화하는 현상을 부영양화라고 한다.

2. 부영양화의 원인

1) 하폐수, 축산폐수 및 비점오염원에 의한 오염물질이 호소로 유입하면서 질소와 인 같은 영양염류 농도의 증가
2) 호소 내의 영양염류 농도가 높으면 조류가 번성하게 되고 이들 조류가 죽어 바닥에 퇴적되어 미생물에 의하여 분해되면 영양염류가 다시 조류의 영양소로 사용되어 부영양화 심화
3) 기후조건 : 일조량, 일조시간, 수온 등과 같은 기상조건이 조류의 광합성에 영향을 미치므로 조류의 성장에 알맞은 봄부터 가을까지 부영양화가 발생한다.

3. 부영양화의 진행

체류시간이 긴 호소나 정체해역에 질소, 인 및 탄소 등의 증가로 조류가 번성하여 수질이 악화되고, 이들 조류가 죽게 되면 미생물에 의한 분해의 결과로 생기는 물질이 다시 다른 조류의 영양소가 되어 호소의 수질이 점점 악화되고 결국은 못 쓰는 늪으로 된다. 부영양화를 나타내는 질소와 인의 농도는 0.2mg/L, 0.02mg/L 정도이다.

4. 부영양화의 영향인자

1) 물리적 인자 : 온도, 일조량, 체류시간, 물질순환
2) 화학적인자 : 탄소, 질소, 인의 농도
3) 생늘학석 인자 : 조류, 수초(광합성 자용)
4) 영양염류의 한계 농도 N : P=16 : 1
   질소 0.2mg/L, 인의 농도 0.02mg/L 이상, 클로로필a 0.12mg/L 이상

5. 부영양화의 현상

1) 물리적 현상
- 물색 : 녹색이나 갈색
- 투명도 : 5m 이하

2) 수질
- pH : 중성에서 약알칼리성(여름철의 표층은 강알칼리성)
- 용존산소농도 : 표층은 포화 또는 과포화, 심층은 현저히 감소한다.
- 산소의 소비는 주로 플랑크톤 사체의 산화에 의한 것이다.
- 현탁물질 : 플랑크톤 및 그 사체에 의한 현탁물질이 많다.
- 영양염류 : 다량 존재, 질소 > 0.2mg/L, 인 > 0.02mg/L

3) 생물상
- 클로로필a : 20~140mg/m^3
- 식물성 플랑크톤 : 풍부, 여름철의 남조류에 의한 수화 현상 발생
- 동물성 플랑크톤 : 풍부해진다.
- 저서생물 : 종류수 감소, 산소부족에 내성이 강한 종류가 증가한다.
- 어류 : 양이 많다. 특히 붕어, 잉어, 장어 등이 증가한다.
- 연안식물 : 연안식물이 풍부해지나 얕은 곳에만 생긴다.

6. 부영양화 지수

지수는 투명도(SD : 25cm 흰색 원반 식별 깊이로 표시하며 64m인 경우 100으로 본다.), 총인농도(TP), 클로로필a농도(chl) 등으로부터 영양 상태를 종합적으로 평가하며

- 30 이하 : 빈영양
- 40~60 : 중영양
- 60 이상 부영양
- 80 이상 : 죽은 늪으로 평가한다.

7. 부영양화의 증상 및 피해

부영양화가 발생되면 유기물 부하의 증가, DO 저하, 저질 내의 철과 망간의 용출, 맛과 냄새, THM 전구물질의 생성, 정수장에서의 장해 유발 등

1) 수질악화

(1) 남조류나 규조류의 수화발생 등, 식물성 플랑크톤의 개체수가 증가

(2) 수중의 현탁물질량의 증가
(3) 이취미를 방출하는 유기물의 생성
(4) 수중에서 생성되기도 하고 외부에서 유입한 유기물질에서의 부식물질의 생성
(5) 식물성 플랑크톤에 의한 물의 착색
(6) 투명도의 저하
(7) 대형수생식물의 번성
(8) pH의 상승
(9) 저질표면 부근 및 심수층의 용존산소농도의 저하, 특히 용존산소농도가 0에 가까워지면 저층 부근이 환원되어 메탄가스 발생, 인의 용출, 철, 망간의 용출

2) 상수에 주는 영향
(1) 원수의 유기물량의 증가로 인한 과다한 염소처리로 트리할로메탄의 생성
(2) 킬레이트 물질의 증가로 인한 응집처리의 저해
(3) 조류 때문에 완속 및 급속여과지나 스크린의 폐쇄
(4) 소독과정에서의 장해
(5) 조류의 대량증식에 의한 이취미발생
(6) 심층의 산소 고갈로 인한 철, 망간의 용출
(7) 조류가 생산하는 독소에 의한 건강상의 장해

3) 농림수산업에 주는 영향
(1) 조류의 호흡, 분해에 의한 용존산소의 부족 및 유독물질의 방출에 따른 어류의 폐사
(2) 부영양화한 호소수나 하천수를 관개용수로 이용할 경우 고농도의 질소에 의해 경작 장해

4) 생활환경에 대한 영향
(1) 물의 착색으로 미관상의 불쾌감 유발
(2) 남조류의 수화가 발생한 경우 수영, 보트놀이 등 물과 접촉하는 활동에서 불쾌감 유발
(3) 이취미가 발생하여 수변의 산책에도 불쾌감 유발

8. 부영양화 대책

1) 유입 영양염류의 부하량 감소
- 호소 내 조류의 영양물질인 질소와 인의 유입을 감소시킨다.
- 질소와 인을 제거하기 위한 고도처리시설의 적용을 확대한다.

- 인을 사용하는 합성제의 사용을 줄이고 인의 함유량이 적은 세제 개발
- 가두리 양식장의 철거 및 설치 억제
- 호소 인근 지역에 음식점, 숙박시설 등의 오염 유발시설의 설치 억제
- 상류지역의 농약 사용 규제 및 유기농 권장
- 비점 오염물질 저감 대책

2) 호수 내의 대책

- 호수 내의 퇴적물 준설
- 호수 내 조류, 갈대, 수초 등의 제거
- 긴급조치 수단으로 황산동을 조류 발생 초기에 일시에 대량 투여
- 저층에 공기 주입
- 호소 내 알루미늄 염을 첨가하여 인산염을 침전시켜 불활성화
- 외부의 수류를 유입시켜 물 교환율을 높임
- 심층수의 방류
- 저질토를 합성수지로 도포하여 용출 물질 차단

44 | TSI (Trophic State Index)

1. 정의

Trophic State Index란 부영양화지수로 호소의 부영양도를 평가하기 위하여 클로로필(Chl−a), 총인(TP) 및 투명도(SD)를 기준식에 대입하여 분석하는 방법이다.

2. 부영양화지수의 필요성

우리나라 대형 인공호의 가장 큰 문제점은 부영양화에 의한 수질 악화로서, 이런 인공호(댐, 저수지)의 원수가 대부분 정수처리의 원수로서 전 국민의 식수로 이용된다는 점에서 특히 효율적인 수질관리가 요구된다. 때문에 효율적인 수질관리를 위하여 부영양화 관련 요인과 함수들을 유기적으로 조합하고, 부영양화의 정도를 정확하고 예측 가능하게 추출하기 위해 적합한 부영양화지수를 얻는 것은 매우 중요하다.

3. TSI 관계식

1) $TSI(TP, \mu g/L) = 10(6-\ln 48TP \ln 2)$
2) $TSI(Chl-a, \mu g/L) = 10\times[6-(2.04-0.68\times\ln(Chl-a)\ln(2)]$
3) $TSI(SD, m) = 10\times[6-\ln(SD)\ln(2)]$
4) $TSI(TN, mg/L) = 10\times[6-\ln(1.47TN)\ln(2)]$

4. 부영양화지수와 영양상태

부영양화지수를 이용한 호소의 부영양화 평가는
1) TSI < 20 : 극빈영양
2) TSI 30~40 : 빈영양
3) TSI 45~50 : 중영양
4) TSI 53~60 : 부영양
5) TSI > 70 : 과영양상태로 호소의 영양상태를 나타낼 수 있다

5. 부영양화의 요인들

1) 부영양화에 관한 여러 연구에 따르면, 호수의 형태 역시 수질관리 시 고려되어야 하는 중요한 요인이다. 예를 들어 형태가 길고 좁아 수체의 종적혼합이 제한된 인공호에서는 수온, 전기전도도, 영양염 및 엽록소−a 농도의 상하류 간 변이가 심하

기 때문에 이를 계절 특성과 공간 특성에 반영하여 영양상태의 판정시기와 지점 등이 적절하게 고려되어야 한다고 제시하고 있다.

2) 호소의 부영양화 분석은 유수대(흐르는 수역), 전이대, 정수대(정체수역)로 구분하여 부영양화지수(Trophic State Index)로 전환하여 평가하는 것이 필요하다.

3) 특히, 우리나라 대형 인공호의 부영양화는 대부분 점오염원 및 비점오염원으로부터 과다 유입되는 영양염류에 의한 것으로 알려져 있으며, 부영양화를 조절하는 주요 인자는 총인(TP)으로 보고되고 있다.

4) 최근 국내외의 호소수 연구에 따르면, 인공호의 부영양화는 수체의 수리수문학적 특성, 수계의 점오염원 및 비점오염의 분포, 수체 자체의 형태적 특성 및 수계의 토지이용도 등에 의해 크게 영향을 받는 것으로 알려져 있다.

차 한잔의 여유

학문하는 사람은 정신을 가다듬어 한곳에 집중해야한다.
만일 덕을 닦으면서도 마음을 공적과 명예에 둔다면
틀림없이 깊은 경지에 이르지는 못할 것이며
책을 읽으면서도 읊조리는 맛이나 놀이에만 감흥을 느낀다면
결코 깊은 마음에 이르지 못할 것이다.

– 채근담 –

45 | 적조(Red Tide) 현상을 설명하시오.

1. 정의

적조란 '어떤 종의 플랑크톤이 급격히 증식하여 물의 색을 변화시키는 것'이라고 정의할 수 있다. 이 정의에 따르면 어떠한 플랑크톤이라도 그것이 급격히 증가하여 물의 색이 변화되면, 바다, 호수 또는 하천 모두에서 붉게 또는 푸르게 되든 적조를 지칭하게 된다. 일반적으로 담수의 맑은 물에서 플랑크톤이 폭발적으로 이상증식하여 수면에 피막상으로 뜬 것을 "수화"(水華, Water Bloom)라고 부르지만 대부분은 식물성 플랑크톤이 많고, 계절적으로는 여름철부터 가을에 걸쳐서 발생한다. 수화는 정의로 따지면 적조에 들어가나, 담수역에 있어서 적조현상의 현저한 예라고 말할 수 있을 것이다.

2. 적조 발생조건

1) 플랑크톤의 증식을 위한 햇빛이 강하고 수온이 높을 때 : 적조생물은 광합성 활동에 필요한 일조량이 충분하고 해수의 온도가 증식에 알맞으면 빠른 속도로 증식한다. 보통 온대지방에서는 해수온도가 15~25℃인 봄철에서 가을철까지 적조가 주로 발생
2) 질소와 인 등 영양염이 풍부하고 규소, 칼슘 등의 미량 금속, 비타민이 존재할 때 : 적조의 유발농도는 보통 질산염은 0.1ppm 이상, 인산염은 0.015ppm 이상인 것으로 알려져 있으나, 특히 규산염은 규조류의 증식에, 그리고 질산염과 인산염은 편모조류의 증식 제한 인자로 작용한다.
3) 정체수역일 때
4) 담수의 유입이나 강우 등으로 비중이 낮아진 해수가 상층에 존재하고 염분 농도가 낮을 때
5) 해역에서 상승류(Up Welling) 현상으로 저부의 PO_4^{-3}가 상부로 이동하여 영양 공급이 이루어질 때

3. 적조발생의 영향

1) 플랑크톤이 대량 증식 후에 죽으면 이의 분해에 따른 DO 부족으로 H_2S, CO_2 등의 가스가 증가하고 어패류가 질식사한다.
2) 적조생물이 발생시키는 독소물질로 인하여 어류의 패사
3) 점액물질이 많은 플랑크톤이 아가미에 부착하여 호흡장애에 의한 질식사
4) 수질변화 및 생태계에 심한 악영향

4. 적조의 대책

적조의 대책으로서는, 적조의 발생 자체를 방지하기 위한 예방조치와 일단 적조가 발생한 경우 그 피해를 가능한 한 줄이기 위한 치료 조치가 있다. 적조의 다발과 그에 의한 피해를 받는 해역에서는 양자를 병행하여 수행할 필요가 있지만, 적조가 악질화의 기미를 보이고 있는 해역에서는 예방조치를 취하지 않으면 안 된다. 또한 적조의 대책에는 발생할 기반조건으로서의 부영양화에 대한 대책이 가장 중요한 일이다.

적조의 대책

발생방지	과도한 부영양의 해소	질소, 인의 부하규제와 유기오염물(有機汚染物)의 제거
	자극물질의 제거	유기물 중금속 등 수질, 저질의 정화
	천해매립의 제한	매립에 의한 정체 수역의 출현, 공사에 동반된 저니 교반에 의한 재용출, 새로운 부하의 유입 등의 방지
피해방제	예고와 조기발견	발생기구의 해명, 감시·예보태세의 정비
	적조생물의 회수	흡취, 파괴, 부작용에 주의
	폐사대책	피해기구의 해명, 차단, 도피, 양식기구의 개량

5. 현장에서 적조에 대한 대책

1) 최근 담수와 해역에서 매년 유독성 적조에 의한 피해와 우려가 지속되고 있다.
2) 이 종의 유독성분은 독성이 강하고 물에 녹기 때문에 확산속도가 빠르다. 뿐만 아니라 세포막이 매우 얇아 어패류의 아가미에 닿으면 즉시 파괴되기 때문에 어류가 빠르게 폐사된다.
3) 지금까지의 보고에 의하면 적조생물을 구제 또는 제거하는 방법은 적조생물을 파괴 또는 치사시키는 화학약품 살포법, 적조생물을 여과 또는 원심분리하여 해면에서 회수하는 방법, 그리고 점토 또는 고분자응집제를 이용하여 적조생물을 흡착 또는 응집시켜 침강시키거나 회수하는 방법이 있다.
4) 적조발생을 근본적으로 억제시키는 방법은 부영양화 현상을 방지하는 것으로서 육지의 도시생활하수, 산업폐수와 농수축산폐수의 유입을 차단시키는 방법이다.

46 | 조류 발생에 따른 정수처리대책에 대하여 설명하시오.

1. 조류 발생 현황

1) 최근 부영양화와 수온 상승 및 강우패턴의 변화 등 기후변화에 따른 주요 상수원의 조류 발생 가능성이 증대하고 있다.
2) 조류 발생 시 독성물질(마이크로시스틴) 및 냄새물질(지오스민, 2-MIB)로 인한 민원 발생이 우려되고 수요자의 불안과 민원이 증가하고 있다.
3) 조류의 영향으로 정수처리장의 기능 저하 및 소독부산물의 증가 등이 예상되고 있으며, 일부 남조류의 독성 피해를 최소화하기 위하여 조류경보제를 시행하고 있다.
4) 6월 하순~7월 중순 낙동강 중하류 및 금강에서 녹조현상 확산 후, 8월의 강우 영향으로 전 수계가 소강상태 되는 경향을 나타낸다.

2. 조류 발생에 대한 대응방안

1) 정수장의 조류 대응 가이드라인 마련 : 정수처리공정별 조치요령, 조류종류별 제거방법 등 제시
2) 녹조수계 고도정수처리시설 설치 추진
3) 4대강 수계 고도정수처리시설 설치 : 조류 대응 및 비상운영체계 구축현황, 활성탄 및 약품 보유 실태 등 점검
4) 취·정수장에 녹조 유입 시 대응 모의훈련 실시와 대응 비상체계 수립
5) 취·정수장에 녹조 등 조류 유입에 대응한 분말활성탄 및 약품(응집제 등) 비치 확인, 냄새, 맛에 대한 처리대책 수립 등

3. 조류 유입에 대한 정수처리대책

1) 고도정수처리시설 설치 정수장(녹조에 충분한 대처 가능)

   (1) 고도처리공정 : 혼화·응집+침전+모래여과+오존+활성탄
   (2) 입상활성탄 설비 및 오존처리설비 등 조류제거 장비의 일상점검 강화로 최적 상태 유지
   (3) 점검항목별(활성탄 주입설비, 오존발생기 등)로 표준점검주기 시 이상 점검

2) 고도정수처리시설의 미도입시설에는 분말활성탄설비 추가투입 방안
   녹조로 인한 독성물질은 염소소독(전염소) 및 분말활성탄 등으로 적정 처리 가능

4. 처리공법별 Geosmin, 2－MIB 제거효율

구분	분말활성탄	오존	입상활성탄	오존 · 입상활성탄	비고
Geosmin	85%	99～100%	91～93%	100%	상수도시설기준
2－MIB	60%	83～88%	96～97%	100%	

5. 조류 경보 단계별 발령 · 해제기준

1) 조류경보

(1) 상수원구간

경보단계	발령 · 해제기준
관심	2회 연속 채취 시 남조류 세포수가 1,000세포/mL 이상 10,000세포/mL 미만인 경우
경계	2회 연속 채취 시 남조류 세포수가 10,000세포/mL 이상 1,000,000세포/mL 미만인 경우
조류 대발생	2회 연속 채취 시 남조류 세포수가 1,000,000세포/mL 이상인 경우
해제	2회 연속 채취 시 남조류 세포수가 1,000세포/mL 미만인 경우

(2) 친수활동구간

경보단계	발령 · 해제기준
관심	2회 연속 채취 시 남조류 세포수가 20,000 세포/mL 이상 100,000세포/mL 미만인 경우
경계	2회 연속 채취 시 남조류 세포수가 100,000세포/mL 이상인 경우
해제	2회 연속 채취 시 남조류 세포수가 20,000세포/mL 미만인 경우

비고

1. 발령 주체는 위 (1) 및 (2)의 발령 · 해제기준에 도달하는 경우에도 강우예보 등 기상상황을 고려하여 조류경보를 발령 또는 해제하지 않을 수 있다.
2. 남조류 세포수는 마이크로시스티스(Microcystis), 아나베나(Anabaena), 아파니조메논(Aphanizomenon) 및 오실라토리아(Oscillatoria) 속(屬) 세포수의 합을 말한다.

47 | 상수원 저수시설의 종류 및 특징을 설명하시오.

1. 개요

저수시설의 형식을 결정할 때는 계획취수량, 장래수질, 설치지점, 구조상의 안전성, 경제성, 환경에 대한 영향 등을 고려하여 적합한 방식을 선정한다.

2. 형식 선정 시 고려사항

1) 저수시설의 규모와 형태는 계획취수량과 수질확보 측면을 중심으로 하며
2) 하천 등의 유황, 유량, 수질을 충분히 검토한다.
3) 저수시설의 설치 예정지점의 지형, 지질, 건설 및 유지관리 비용 등 검토
4) 주변 환경에 미치는 영향 및 수리권 등 종합적인 검토

3. 형태별 분류

1) 댐 : 계곡 또는 하천을 구조물로 막아 평상시 하천수를 저수하여 갈수기에 이용
2) 호소 : 호소에서 하천에 방류하는 유출구를 가동보나 수문으로 막아 유효저수량 확보
3) 유수지 : 치수 이외에 이수 용량을 확보
4) 하구둑 : 담수와 해수의 혼합을 하구에 둑을 막아 담수를 이용
5) 저수지 : 농업용으로 주로 쓰이던 저수지를 재개발하여 상수용으로 활용
6) 지하댐 : 지하의 대수층 내에 차수벽을 설치하여 지하수를 저류하는 동시에 하부로 침투하는 해수를 차단

4. 저수시설의 비교

1) 대규모인 경우 경제성면에서 다목적댐을 주로 이용하고 중소규모인 경우 호소, 저수지를 주로 이용한다.
2) 저류수의 수질은 일률적으로 말할 수 없으나 초기에는 대규모 댐 물이 양호하고 저수지 유수지 등은 강우상황에 따라 수질의 변화가 심하다.
3) 경제성은 규모에 따라 다르나 저수지 호소가 저렴하고 댐이 고가인 편이다.

5. 최근의 추세

상수원은 정수장의 대규모화에 따라 다목적댐을 이용하는 경우가 많았으나 최근 환경에 대한 인식변화와 무분별한 개발에 따른 역효과 등으로 다목적댐의 이용이 점차 어렵고 장기간의 저층부 퇴적으로 수질악화가 발생하여 소규모 저수지등의 이용이 연구되고 있다.

48 | 저수지 수질악화, 취수원댐 슬러지 퇴적문제

1. 개요

저수지나 호소 내에서는 물이 장기간 머물러 부유물이 침전하고 색도가 없어지며 세균이 제거되어 수질이 균등하고 양호해 지나 바닥 침전물의 부패로 수질이 악화되고 또한 질소, 인 등의 과도한 영양염류의 증가와 성층화 현상으로 인하여 부영양화가 진행되면 과도한 조류의 성장에 의하여 정수과정에 악영향을 미칠 수 있다.

2. 대규모 댐에서 슬러지 퇴적 문제 및 상수원의 영향

1) 저수지로 유입된 슬러지는 바닥에 침전하고 시간이 지나면 유기물 부하에 의한 수질악화는 정수처리 곤란으로 약품비, 유지비 증가의 원인이 된다.
2) 부영양화의 원인, 바닥 혐기성화에 의한 철 및 망간의 용출, 독성물질의 용출, 퇴적에 의한 저수지 용적 감소 등 악영향을 일으킨다.
3) 대규모 댐일수록 체류시간이 길어지므로 비례하여 수질이 악화되고 침전물이 증가할 수 있다.

3. 슬러지 퇴적의 대책

1) 호소 외적인 대책
토사 및 침전물 유입을 막기 위한 상류 측의 나대지 보완, 관로 정비, 경사도 조정, 침사지 설치, 저류조 설치 등

2) 호소 내적 대책
수심이 깊은 호소에서 바닥 퇴적물을 포함한 심층수의 방류, 특히 강우 시 바닥 침전물이 전도되는 경우 방류에 의한 효과가 크다. 이때 하류 지역의 수질오염 및 토사 퇴적을 충분히 고려한다. 저질토의 준설 또는 합성수지등으로 도포하여 오염물질의 용출을 막는 방법이 있으나 근본적인 대책은 아니다.

3) 친환경저수지(댐) 조성
저수지 설계 시 주변 여건과 용량 등을 검토하여 대규모 댐보다 소규모 저수지 조성에 의한 자연 정화 능력을 통한 친환경적 저수용량 확보와 저수지 사용 기간을 설정하여 일정 기간 후에는 새로운 저수지로 수원을 이전하는 방안을 고려한다.

4. 저수지에서의 수질보전 대책

수변구역의 대책과 저수지 내에서의 대책으로 나뉘며 수변구역의 지정과 오염총량관리제, 4대강 수계 물관리에 관한법률, 물이용부담금제도, 상수원 관리 규칙, 수질환경보전법 등을 통하여 집수구역을 관리한다.

1) 상류 유역의 오염원 관리
상류 유역에 환경기초시설을 설치하여 영양염류의 유입을 막고 농업용 등의 비점오염원 관리를 충분히 한다.

2) 약제 살포
저수지 내의 냄새 생물증식을 억제하기 위해 약제를 직접 살포할 수 있으나 사람이나 어류 농작물에 피해를 주는 약제나 다량 사용은 피한다.

3) 저수의 순환
에어리프트나 펌프를 이용하여 공기를 불어넣어 저류수를 인위적으로 순환시켜(전층 포기 순환법, 심층포기 순환법, 2층분리 포기순환법 등) 수질을 개선한다.

4) 바닥 퇴적물 준설
바닥 퇴적물을 준설하여 인 등의 영양염류의 상승으로 인한 부영양화 등을 막는다.

5) 조류 등의 방류
조류번식이 심할 경우 상층수 또는 저층수를 적당히 방류

6) 식물식재
영양염류를 흡수 제거하는 식물을 식생하여 정화하는 방법

49 | 상수도에서 포기의 목적을 설명하시오.

1. 상수도에서의 포기목적

포기는 수중의 오염성분(냄새, 철 및 망간 등) 제거와 수중에 산소 주입에 의한 수중 생태계의 정상화를 목적으로 행해진다.

2. 포기 처리 효과

1) pH가 낮은 물에 대하여 수중의 유리탄산을 제거하여 pH를 상승시킨다.
2) 휘발성 유기염소화합물(트리클로로에틸렌, 테트라클로로에틸렌, 1,1,1-트리클로로에탄 등)을 제거한다.
3) 공기 중의 산소를 물에 공급하여 용해성 철이온(Fe^{2+})의 산화를 촉진한다. 수중에 용존된 탄산수소제일철은 포기로 다음과 같이 탄산제일철이 생성된다.

$$Fe(HCO_3)_2 \rightarrow FeCO_3 + CO_2 + H_2O$$

탄산제일철은 가수분해하여 수산화제일철이 생성된다.

$$FeCO_3 + H_2O \rightarrow Fe(OH)_2 + CO_2$$

이 수산화제일철이 다시 산화되면 난용성의 수산화제이철이 생성된다.

$$2Fe(OH)_2 + \frac{1}{2}O_2 + H_2O \rightarrow 2Fe(OH)_3$$

그러나 철의 형태에 따라서는 포기만으로는 완전히 산화되지 않는 경우가 있다.

3. 현장 적용 결과

1) 수심별 수온과 DO조사결과 포기장치 가동 후 성층현상이 완전히 파괴되었으며 pH는 모두 낮아지는 것으로 나타남
2) COD, Chl-a는 똑같은 변화양상을 보였으며 계속 감소하는 추세로 나타남
3) 총질소는 총인과 같이 집중호우 시 강우와 함께 다량 유입되었으며, 포기기 가동 후 철과 망간은 증가되는 경향이 있으나 용출로 인한 이취미 등의 수질문제는 야기되지 않았음
4) 식물성 플랑크톤은 포기장치 가동 후 녹조류에서 규조류로 우점종이 바뀌면서 점유율도 80% 정도를 차지하여 규조류의 계속적인 출현을 도운 것으로 나타남
5) 식물성 플랑크톤과 환경요인과의 상관관계 분석 결과 수중포기장치 가동 이전에는 분류군별로 약간의 차이는 있으나 식물성 플랑크톤과 상관이 큰 변수는 탁도, pH, 수온으로 나타남

50 | 부영양화 호소의 정화방안을 설명하시오.

1. 개요

호소수질관리의 궁극적 목표는 수질을 비롯한 호소 생태계의 유지에 있다.
호소의 오염은 호소 외부로부터의 오염물질 유입에 의한 호소 외적 오염과 호소 내부의 물질순환에 의한 호소 내적 오염으로 구분된다. 이에 따라 호소정화방안도 호소 외적 대책과 호소 내적 대책으로 구분될 수 있는데 호소의 특성에 따라 각 대책의 중요성에 대한 비중이 달라진다.

2. 부영양화 호소의 외적인 대책

1) 하수처리시설의 증설 및 고도처리 등으로 유역으로부터의 영양염 유입의 차단
미처리 하수와 분뇨가 직접 호소나 하천으로 들어가지 않도록 하수처리시설을 증설하고 유기물의 제거뿐만 아니라 수중식물의 영양원이 되는 질소와 인을 제거하는 고도처리가 이루어져야 한다. 최근 전국의 하수처리시설에서 고도처리시설을 증설하고 있다.

2) 하수처리시설 방류수를 하류로 유로변경
질소나 인 등의 영양염류가 효과적으로 제거되지 않은 하수처리시설의 방류수를 수류를 전환하여 하류로 돌림으로써 상류의 부영양화를 방지할 수 있으나 이 방법은 근본적인 문제를 해결하는 방법은 아니지만 이미 부영양화가 진행된 수체에는 효과적이다. 그 전형적인 장점을 열거하면 다음과 같다.
- 전체 폐·하수의 배제를 통한 영양물질의 제거 가능성이 가장 크다.
- 휴양 목적의 물 사용, 특히 수영을 위한 위생적 안전성을 가장 확고히 할 수 있다.

3) 수역 주변의 축산, 공장, 위락시설 등의 오염물질 배출업소의 철저한 감시 및 관리,
호소나 저수지 특히 상수원으로 사용되는 상수원수 주변의 축산, 공장 위락시설 등의 오염물질 배출업소에서의 미처리 오염물의 배출을 철저히 감시하여 수역으로의 유기물 및 영양염류의 유입을 방지하는 방법이다.

4) 수생식물 식재 정화법(호소 내외)
수생식물 식재 정화법은 수생식물의 자연정화기능을 활용한 정화법으로 부레옥잠, 부평초 등의 수생식물을 이용하거나 습지의 갈대밭을 이용하여 오염부하의 삭감을 행하는 것이다. 부레옥잠, 갈대밭을 이용한 정화는 수생식물에 의한 오염물질의 흡수작용 이외에 수생식물의 줄기나 잎의 주변에 부착된 생물막과 토양계면에서

의 흡착, 질산화, 탈질, 분해 등의 복합된 기능에 의하여 복잡하게 작용하고 있다. 갈대밭은 큰 정화능력을 갖고 있지만 질소나 인 등의 무기영양염류 제거효율이 다소 낮으며 동절기에는 정화능력이 크게 저하된다.

3. 부영양화 호소의 내적 대책

1) 알루미늄 염을 첨가하여 영양염류의 불활성화

호소 내 또는 유입지천의 유입부에 철 또는 알루미늄 염을 첨가하여 인산염을 침전시켜 불활성화함으로써 수체 내 인농도를 감소시키는 방안이다. 그러나 첨가제가 생물에게 독성을 나타낼 수도 있고 침전물의 용출에 의한 2차 피해를 충분히 고려해야 한다. 이 방법은 단독적으로 사용할 때 호소 정화를 위해서는 적절한 방법이며, 다른 정화대책과 함께 사용된다면 검토될 만한 것으로 판단된다.

이러한 화학적 처리로 얻어지는 장점은 다음과 같다.

- 호소수의 인산염 제거효율이 향상된다.
- 식물플랑크톤 Biomass의 감소효과가 높다.

2) 외부의 수류를 끌어들여 수 교환율을 높임

영양염류의 농도가 낮은 물을 호소로 끌어들여, 교환율을 높이고 체류시간을 짧게 하여 생물체가 호소 내에서 생성되고, 축적되는 것을 막는다. 방류수를 호소 밑바닥에서 빼면 더욱더 효과가 있다. 엄청난 양의 물을 필요로 하는 단점이 있다.

3) 심층포기나 강제 순환

수온약층 아래에 있는 심층부에 산소 또는 공기를 불어넣는 방법이다. 산소가 많아지면, 저질토로부터 인이 녹아나오는 양이 줄어들고 철과 망간과 같은 환원물질의 양도 줄어든다. 이 기술은 수중 포기가 중단되면 다시 원상으로 돌아가는 등 문제점 때문에 대규모로 시행하기에는 적절하지 않은 것으로 알려져 있다.

4) 수심이 깊은 호소에서 영양염류농도가 높은 심층수의 방류

심층수에 영양염류의 농도가 높으므로 이 물을 방출하면 영양염류의 체류시간을 짧게 하는 효과가 있다. 수심이 깊은 호소에서 매우 효과적이다.

5) 저질토를 합성수지 등으로 도포하여 저질토에서 나오는 물질을 차단

저질토는 많은 영양염류를 함유하고 있기 때문에 저질토를 합성수지 등으로 도포하여 저질토에서 나오는 물질을 차단하는 방법이다. 저서생물에 영향을 주고 비용이 엄청난 점이 단점이다.

- 효과가 영구적이지 않다.

• 저서 생물권(Benthic Fauna)을 위한 자연적 환경이 변화된다.

6) 저질토의 준설
저질토에는 물보다 수만 배의 인이 녹아 있으므로 이를 준설하여 호소 내의 인을 제거하는 방법이다. 저질토에 영양염류가 농축되어 있는 곳에 매우 효과적이다. 비용이 많이 들고 생물상에 미치는 영향과 준설하여 나온 저질토의 처리가 문제로 남는다. 준설을 실시하는 목적은 크게 4가지로 구분된다. 즉
• 호소수심 증가
• 영양염류 통제
• 수생식물 통제
• 독성물질의 제거

7) 차광막을 설치하여 조류증식에 필요한 광을 차단함
조류가 증식하기 위해서는 영양염류 이외에 광합성을 위한 광이 절대적으로 필요하다. 따라서 차광막을 설치하여 빛을 차단함으로써 조류의 증식을 억제하는 방법이다. 소규모 호소나 제한된 지역에만 적용 가능한 단점이 있다.

8) 수체로부터의 수초 및 부착조류의 제거
수체로부터 수초와 부착조류를 걷어내어 내적인 오염부하를 줄이는 방법으로 즉시 효과가 나타나나 생물체가 다시 자라기 때문에 반복작업이 필요하다.

9) 생물학적 제어
조류의 성장을 먹이연쇄와 기생관계를 통해 다른 생물을 사용하여 제거하는 방법이다. 초어를 이용한 수초 제거와 동물성 플랑크톤을 이용한 조류의 제거 등이 있다. 새로운 종을 이식할 때에는 사전에 충분한 검토가 있어야 한다.

10) 화학적 처리
수초와 조류를 죽이는 화학물질을 수체에 직접 뿌리는 방법이다. 수초를 없이기 위한 제초제 살포, 조류의 제거를 위한 황산동 살포 등이 있다. 비용이 많이 드는 반면 일시적인 효과밖에 기대할 수 없으며 다른 생물에게 독성을 나타낼 수도 있으므로 사용에 주의를 기울여야 한다.

4. 부영양화에 대한 종합 검토

일반적으로 부영양 상태의 호소를 개선하기 위하여 적용하는 대책은 여러 가지가 있으며 이들 중 어느 대책을 적용하는 것이 타당한 것인지는 호소의 물리적 특성, 화학적 특성, 대책의 수립 목적 및 경제성 검토가 실시된 후 결정되어야 한다.

51 | 하천의 자정작용(Self Purification)을 설명하시오.

1. 개요

하천이나 호소가 하수, 공장폐수 등에 의하여 오염되어도 그대로 상당기간 방치해두면 자연의 치유력, 즉 물리적, 화학적, 생물학적인 작용이 서로 밀접하게 관련하여 장시간, 장거리 또는 넓은 공간에서 이루어져 원래의 깨끗한 상태로 되는 것을 자정작용이라 한다. 인위적인 정수방법은 이러한 작용을 단시간에 작은 공간에서 인위적으로 행하는 것뿐이다.

2. 하천의 자정작용

1) 물리적 작용

희석(Dilution), 분산(Diffusion), 확산(Dispersion), 혼합(Mixing), 침전(Sedimentation), 여과(Filtration) 등에 의하여 수중의 오염물질 농도를 감소시킨다.

2) 화학적 작용

산화, 환원, 흡착, 응집 등으로 오염물질의 농도를 감소

3) 생물학적 작용

- 미생물에 의하여 오염물질이 산화 분해되어 오염물질의 농도를 감소
- 자정작용의 가장 큰 비중을 차지하며 생물상에 영향을 미치는 환경조건은 온도, pH, DO, 햇빛 등이다.

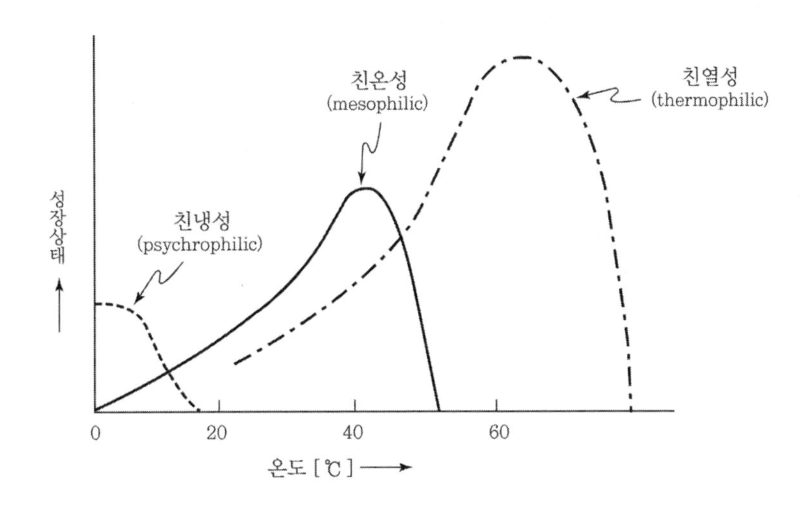

DO가 풍부하면 호기성 분해가 진행되나 DO가 부족하면 혐기성 분해가 진행된다. 혐기성 분해는 분해속도가 매우 느려 자정작용으로는 적당치 않다.

4) 자정작용은 수온이 높아 미생물이 활발하게 활동하는 여름철이 겨울보다 왕성하며 수심이 얕아 산소의 공급이 활발한 곳, 급류지역으로 산소 재포기가 활발한 곳, 바닥이 자갈, 모래 등으로 공기와 잘 접촉하는 곳에서 자정작용의 효과가 높다. 자정작용의 진행속도는 DO의 시간적 변화나 BOD(하천), COD(호소)의 시간적 제거율을 조사하여 추정한다.

5) 자정계수

$$f = K_2(\text{재포기계수})/K_1(\text{탈산소계수})$$

3. 하천 자정작용의 메커니즘

하천에 하수 등 유기성 오수의 유입으로 인한 변화 상태를 Wipple은 분해지대(Degration), 활발한 분해지대(Decomposition), 회복지대(Recovery), 정수지대(Clearwater)의 4지대로 구분하였다.

1) 분해지대(Zone of Degration)
   - 하수거의 방출지점과 가까운 하류에 위치
   - 여름철 온도에서 DO 포화도는 45% 정도에 해당한다.
   - 오염된 물의 물리적, 화학적 질이 저하되며, 오염에 약한 고등생물은 감소하고 오염에 강한 미생물이 증가한다.
   - 분해가 심해짐에 따라 오염에 잘 견디는 Fungi가 번식한다.
   - 분해지대는 희석 효과가 적은 작은 하천에서 뚜렷이 나타난다.

2) 활발한 분해지대(Zone of Active Decomposition)
   - 용존산소가 거의 없어 부패상태이고 혐기성 분해가 진행되어 CO_2, H_2S 농도가 증가하게 된다.
   - 흑색 또는 회색의 슬러지 침전물이 형성되고 기체방울이 형성된다.
   - 혐기성 미생물이 호기성 미생물을 교체하며 Fungi는 사라진다.

3) 회복지대(Zone of Recovery)
   - 이 지대는 장거리에 걸쳐 나타난다.
   - 용존산소의 증가에 따라 물이 차츰 깨끗해지고 기체 방울의 발생이 중단된다.
   - 질산화 반응의 진행으로 아질산염(NO_2), 질산염(NO_3)의 농도가 증가된다.

- 조류가 많이 번성한다.
- 세균의 수는 감소하고 원생동물이 증가한다.

4) 정수지대(Zone of Clearwater)
   - 오염되지 않은 자연수처럼 보이며 많은 종류의 물고기가 다시 번식한다.
   - 대장균과 세균의 수는 감소하지만 한번 오염된 물은 적당한 처리를 하여야만 음용수로 사용할 수 있다.

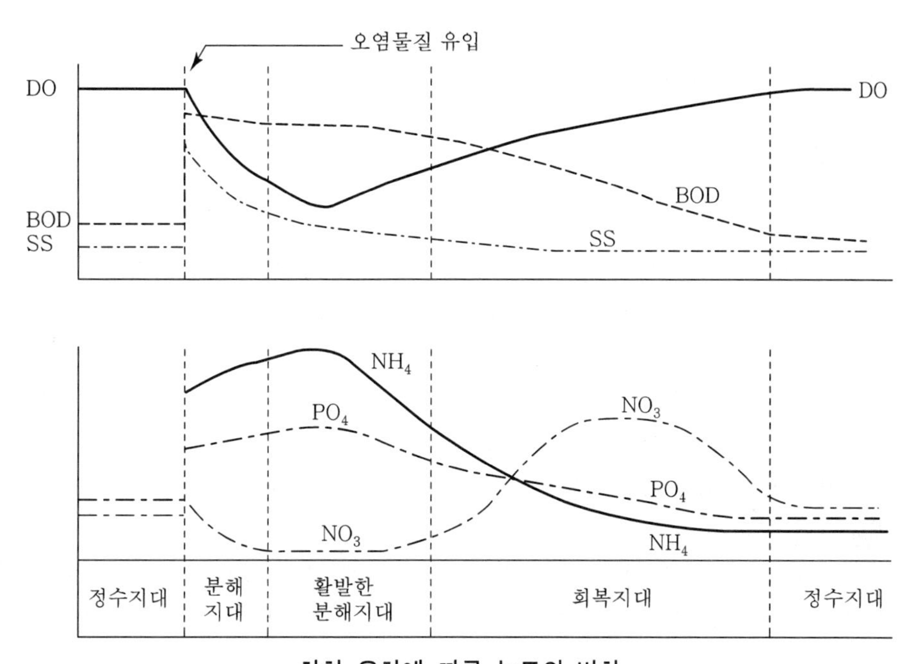

하천 유하에 따른 농도의 변화

52 | 취수시설의 조건과 가동식 취수탑에 대하여 기술하시오.

1. 가동식 취수탑의 정의

가동식 취수탑은 하천, 호소, 댐의 표류수 취수시설 중에서 탑 모양의 구조물로 만들어진 취수설비이다. 가동식 취수탑은 수직방향으로 측벽에 만들어진 여러 개의 취수구에서 선택적으로 취수하여 직접 탑 내로 유입시켜 취수하는 시설로, 보통 호소나 댐 등 수심이 깊은 곳에 설치한다.

2. 가동식 취수탑의 특징

1) 가동식 취수탑은 수직방향으로 다단수문형식의 취수구를 적당히 배치한 철근콘크리트구조물로, 호소나 댐에서 특히 수심이 깊은 경우에는 철골구조의 부자(Float)식 취수탑이며 가동식 취수탑이라고도 한다.
2) 가동식 취수탑은 갈수 시에도 일정 이상의 수심을 확보할 수 있으면, 가동식 취수탑은 연간의 수위 변화가 크더라도 수위에 알맞은 수심에서 취수할 수 있으므로 하천이나 호소, 댐에서의 취수시설로서 알맞고 또한 유지관리도 비교적 용이하다.
3) 더욱이 제내지에의 도수는 자연유하 외에 펌프에 의하여 압송할 수 있기 때문에 제내지의 지형에 제약을 받지 않는 이점도 있다.
4) 한랭지에서는 결빙 등에 의하여 취수가 곤란하게 되는 경우가 있으므로 탑의 설치위치나 취수구의 배치 등에 관하여 고려하고 유지관리에 유의해야 한다.

3. 취수탑의 위치와 구조

1) 연간 최소수심이 2m 이상인 하천에 설치하는 경우에는 유심이 제방에 되도록 근접한 지점으로 한다.
2) 보통 우물통침하공법으로 설치하는 취수탑은 그 하단에 강판제의 커브슈(Curb-shoe)를 부착하고 철근콘크리트 벽을 두껍게 하여 홍수 시나 갈수기에 구조상 안전하게 한다.
3) 세굴이 우려되는 경우에는 돌이나 콘크리트공 등으로 탑 주위의 하상을 보강한다.
4) 수면이 결빙되는 경우에는 취수에 지장을 미치지 않는 위치에 설치한다.

4. 취수탑의 형상 및 높이

1) 취수탑의 횡단면은 환상으로서 원형 또는 타원형으로 한다. 하천에 설치하는 경우에는 원칙적으로 타원형으로 하며 장축방향을 흐름방향과 일치하도록 설치한다.
2) 취수탑 내경의 결정은 계획취수량을 취수하기 위한 적절한 취수구의 크기 및 배치를 고려하되 구조적 검토를 통해 시설물의 안전을 확인하여야 한다.
3) 취수탑의 상단 및 관리교의 하단은 하천, 호소 및 댐의 계획최고수위보다 높게 한다.

5. 취수탑의 취수구는 다음 각 항에 따른다.

1) 계획최저수위인 경우에도 계획취수량을 확실히 취수할 수 있는 설치위치로 한다.
2) 단면형상은 장방형 또는 원형으로 한다.
3) 전면에는 협잡물을 제거하기 위한 스크린을 설치해야 한다.
4) 취수탑의 내측이나 외측에 슬루스게이트(제수문), 버터플라이밸브 또는 제수밸브 등을 설치한다.
5) 수면이 결빙되는 경우에도 취수에 지장을 주지 않도록 유의한다.

6. 취수시설의 조건

1) 취수시설은 수원의 종류에 관계없이 연간 계획취수량을 확실하게 취수할 수 있도록 해야 한다.
2) 수원이 지표수인 경우에는 홍수 시나 갈수기에도 안정적으로 취수할 수 있어야 한다. 특히 하천인 경우에는 홍수 시의 유목이나 잡초 등 유하물로 취수구에서 취수불능상태가 되지 않도록 한다.
3) 수원이 지하수인 경우에는 지하수를 과잉으로 양수하면 지하수위가 비정상적으로 저하되어 취수량이 감소하는 경우가 있으므로 갈수기에도 수위 저하로 인한 계획취수량을 취수하는 데 문제가 없도록 한다.
4) 취수시설을 설치할 때에는 이러한 점에 유의하여 계획취수량을 확실하게 취수할 수 있는 지점과 적절한 취수방법을 선정해야 한다.

7. 취수시설과 양호한 원수의 확보

1) 취수시설은 원수로서 수질이 양호해야 하며 장래에도 오염될 우려가 없는 지점에 설치해야 한다.
2) 취수시설은 하수나 기타 오수의 유입지점 부근이나 하류를 피해야 하며, 또한 해수의 영향을 받지 않는 지점에 설치해야 한다.
3) 공장, 하수처리장, 분뇨처리장, 폐기물처리장, 양돈장 등 오염원이 되는 시설 등 수

질에 영향을 미칠 가능성을 충분히 검토해야 한다.

4) 취수시설은 재해와 사고 등 비상시에도 취수의 영향이 최소화될 수 있는 곳에 설치하고, 수원의 다원화나 취수시설을 포함한 상수도시설의 다계통화를 고려한다.
5) 취수시설을 설치할 경우, 주변환경에 대한 영향을 충분히 조사하여 자연환경보전에 노력하며, 취수지점을 상류에 설치함으로써 에너지절약효과 등 환경대책을 고려한다.
6) 취수시설은 홍수 시나 갈수기의 악조건에서도 유지관리를 안전하고 용이하게 할 수 있어야 한다. 시설을 점검할 때에라도 취수를 정지할 수 있도록 대비해야 한다.

8. 계획취수량

계획취수량은 계획1일최대급수량을 기준으로 하며, 기타 필요한 작업용수를 포함한 손실수량 등을 고려한다.

9. 취수시설의 선정

취수시설은 수원의 종류에 따라 취수지점의 상황과 취수량의 대소 등을 고려하여 취수보, 취수탑, 취수문, 취수관거, 취수틀, 집수매거, 얕은 우물, 깊은 우물 중에서 가장 적절한 것을 선정하며 취수지점은 다음을 고려하여 선정한다.

1) 계획취수량을 안정적으로 취수할 수 있어야 한다.
2) 장래에도 양호한 수질을 확보할 수 있어야 한다.
3) 구조상의 안정을 확보할 수 있어야 한다.
4) 하천관리시설 또는 다른 공작물에 근접하지 않아야 한다.
5) 하천개수계획을 실시함에 따라 취수에 지장이 생기지 않아야 한다.
6) 기후변화에 대비하여 갈수기와 비상시에 인근 취수시설의 연계 이용 가능성을 파악한다.

53 | 하천수에서 취수시설종류를 설명하시오.

1. 개요

하천표류수의 취수시설은 최대홍수시나 최대갈수 시에도 지장을 받지 않고 계획취수량을 취수할 수 있는 구조로 축조되어야 한다. 하천수의 취수는 취수지점의 유황, 취수량의 정도에 따라 취수보, 취수탑, 취수문, 취수관로 등을 선정한다.

2. 취수시설의 구비조건

취수시설을 설계할 때에는 정확한 최대홍수위, 최대갈수위 뿐만 아니라 설치 지점의 하상에 적합하도록 위치, 높이, 단면 및 구조를 결정하여야 하며 최대홍수위에서도 수문을 안전하게 조작할 수 있어야 한다. 또한, 동절기의 결빙 때문에 계획취수량의 확보가 곤란할 경우에는 이에 대한 대책을 강구한다.

3. 취수시설별 적용조건 및 구조

1) 취수보

(1) 기능

하천을 막아 안정된 취수를 할 수 있으며 둑, 취수구, 침사지 등으로 구성된다.

(2) 특징

안전한 취수와 침사 효과가 가장 크며, 대량 취수 시, 하천 흐름이 불안정한 경우 등에 적합하다.

2) 취수탑

(1) 기능

하천의 수심이 일정 이상인 곳에 설치하여 연간 안정된 취수가 가능하며 취수구를 상하에 설치하면 안정된 수질을 선택할 수 있다.

(2) 특징

유황이 안정된 하천에서 대량으로 취수할 때 특히 유리하며 취수둑에 비하여 일반적으로 경제적이나 취수둑과 달리 어느 정도의 모래 유입은 피할 수 없다.

3) 취수문

(1) 기능 : 취수구 시설에서 스크린, 수문, 수위조절판 등이 일체가 되어 작동한다.

(2) 특징 : 소량취수에 유리하며 유황, 하상, 취수위가 안정되어 있으면 시설공사와 유지관리도 비교적 용이하고 안정된 취수가 가능하나 부유물이나 토사유입의 방지는 거의 불가능하다.

4) 취수관로

(1) 기능 : 취수구부를 복단면하천의 바닥 호안에 설치하여 표류수를 취수하고 관거부를 통하여 제내지로 도수하는 시설

(2) 특징 : 유황이 안정되고 수위의 변동이 적은 하천에 적합 보통 중규모 이하의 취수에 쓰이며, 취수둑과 병용해서 대량 취수도 가능

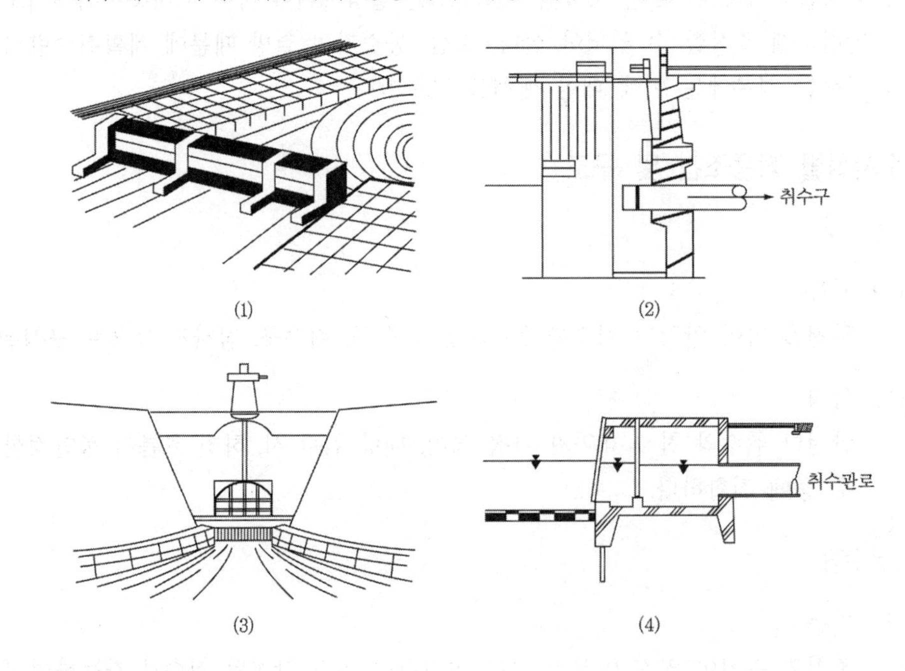

4. 취수시설별 특징

1) 취수보 : 안정된 취수, 침사효과가 양호, 대량취수가 가능하고 하천흐름이 불안정한 경우에 적용
2) 취수탑 : 유량이 안정되고 수심이 확보된 곳에서 중 대용량 취수에 적합
3) 취수문 : 유황, 하상, 취수위가 안정되어 있으면 경제적으로 안정된 취수 가능
4) 취수관로 : 수위변동이 적은 하천에 적합하며 중소규모 취수에 적합

54 | 오염된 하천의 정화방안을 설명하시오.

1. 개요

하천의 오염은 유입물질의 제어 방법과 자체적인 제거 방법 등으로 생각할 수 있고 준설, 정화용수 도입, 오염물질 정화방안 등이 있다.

2. 정화용수의 도입

하천의 평상시 유량이 부족하면 많은 양의 오염물질 유입을 제거하여도 수질이 바라는 만큼 개선되지 않을 수도 있다. 이 경우에는 하천의 상시유량을 증가시키는 방법을 적용하는 것이 좋은데 도입방안은 다음과 같다.

1) 유량조절용 댐 건설
댐 건설 예정지 상류의 유역면적이 넓어서 충분한 양의 물을 확보할 수 있는 지역 또는 전형적인 집중강우지역으로 홍수 시 유출량이 평상시 유출량보다 너무 큰 지역에 적용하기 좋다.

2) 처리시설 방류수의 하천유입
처리시설 방류수를 하천 유량증가용수로 이용하기 위해서는 그 수질을 충분히 고려하여야 한다. 즉, 현행 하수도법에서 공공하수처리시설의 방류수 수질기준은 BOD 10mg/L, SS 10mg/L, T-N 20mg/L, T-P 2mg/L 이하이므로 이러한 정도의 물을 정화용수로 도입하였을 때 하천의 환경용량과 자정능력을 고려하여 하천의 목표 환경기준(매우 좋음-매우 나쁨)을 유지할 수 있는지 여부를 검토하여야 하며 이런 물에서는 잉어, 다슬기 등의 서식이 가능하다. 필요시 막여과 등으로 정밀처리된 방류수를 하천 정화용수로서 사용하는 것이 바람직하다.

3. 하천 내 오염물질의 저감

이 방법은 하천의 오염정도가 너무 심한 경우에는 효과를 얻기 어려우나 아직 오염의 정도가 심화되지 않은 하천에서는 상당한 효과를 거둘 수 있다.

1) Biomedia에 의한 접촉산화
자갈이 깔려 있는 하상에서 수심이 얕을 경우에는 하천수가 하류로 유하하면서 수중의 오염물질이 자갈표면에 형성된 미생물 막에 의해 흡착, 분해되거나 침전, 여과되므로 도중에 하수의 유입이 없으면 하류로 내려갈수록 수질이 개선된다.

오염물질 정화작용 촉진을 위하여 접촉하는 바닥면적을 넓게 하고 조약돌이나 플라스틱 충진재로서 하상의 비표면적을 증대시키는 방법으로 하천수로 자체에 충진재를 설치하며 용존산소를 충분히 공급한다.

(1) 장점
- 에너지가 불필요
- 소규모 단지 및 농업배수 처리에 적합
- 시설투자비 저렴, 유지관리가 간편
- 처리효율이 비교적 큼

(2) 단점
- 유입수의 오염도가 높을 경우(BOD 20mg/L 이상) 처리율 저하
- 유입수량 변화에 대한 적응도 낮음
- 분리 불가능한 퇴적 슬러지의 제거 곤란
- 쓰레기, 낙엽, 수초 등에 의한 공극 폐쇄 우려

2) 산화지

산화지란 생물학적으로 하수를 처리할 수 있는 연못으로 지내에서 생장하고 있는 조류에 의한 광합성이나 혹은 자연 포기에 의하여 수중으로 용해된 산소를 이용하여 호기성 세균이 수중의 유기물을 분해시키는 것이다. 산화지는 별다른 기계시설이 필요 없으며 그 정화과정이 생물학적 처리방법 중 가장 간단하고 또한 유지관리도 간편하다. 산화지를 호기성으로 유지하기 위해서는 수심을 1.5m 이하로 하여야 한다.

(1) 장점
- 통상, 기계설비가 불필요
- 처리과정이 간단, 유지관리가 용이
- 유량변화에 쉽게 적응
- 지형에 따라 지의 모양을 쉽게 변형시킬 수 있음

(2) 단점
- 정화속도가 늦으며 넓은 부지 필요
- 처리수중에 섞인 조류 제거 곤란
- 동절기에는 효과 저하, 악취발생 등 2차 공해 우려

3) 하안여과

하안여과는 복류수를 인위적으로 끌어올려 지하 침투속도를 빠르게 함으로써 침

투정도에 따른 정화를 기대하는 복류정화법이다.
이 방법의 원리는 모래입자 표면에 형성된 미생물막에 의한 생물학적 분해와 여과에 의해 제거되는 완속여과법과 거의 흡사하다.

(1) 장점
- BOD 제거율이 매우 높음
- 수류에 장해가 없고 홍수 시 문제점이 발생하지 않음
- 시설이 간편하고 유지관리가 간편
- 수량 확보가 용이, 운전 및 중지가 자유로움

(2) 단점
- 취수량이 여과 투수층의 특성과 맞지 않을 경우 폐쇄
- 다량의 취수 불가
- 오염물질의 분리제거 불가

4) 수중보 또는 침전지
많은 하천에는 상수도 또는 농업용수 확보를 위하여 보가 설치되어 있으며 흐르는 물은 보에 의해 차단되어 유속이 저하되면서 침전작용이 보다 활발하게 일어난다. 물이 이 보를 흘러넘치면서 하류에서 물결이 부서져 재포기에 의한 산소가 공급된다.

(1) 장점
- 利水 및 治水목적에 대한 부수효과로서 수질개선 효과가 나타남
- 시설비 저렴, 유지관리 간편, 하상안정에 도움

(2) 단점
- 수중 보안에 침전 퇴적된 하상저질이 홍수 시 유출되어 하류부의 수질오염 초래 가능
- 하천 내 오염물질 총량에 대한 삭감효과는 없음
- 하천바닥이 높아짐으로써 하천의 통수능력 저하
- 홍수 시 유속의 증가로 하상, 둔치, 제방 등의 파손 위험

5) 모래여과상
오염된 하천수를 1차 침전시킨 뒤 모래 여과하여 하천으로 다시 유입시키는 방법으로 침전, 모래에 의한 여과 및 모래입자에 붙어 있는 생물막에 의한 유기물 분해 등으로 물이 정화된다.

(1) 장점
- 시설 설치비 및 운영비가 저렴

- 전문기술인력이 필요치 않음
- 에너지가 거의 불필요

(2) 단점

- 오염의 정도가 너무 심한 경우는 처리효율 저하
- 넓은 부지를 요구, 오염이 심한 경우 냄새발생 우려

6) 토양 트렌치법

토양 트렌치법은 피복토양의 호기성 조건을 유지하도록 하며, 지표면 30cm 아래에 직경 약 10cm의 배수관을 수평으로 매설하여 오폐수를 주입하고 배수관의 이음부를 통하여 흘러나온 오폐수가 토양의 공극 사이를 침투하는 과정에서 처리되는 공법이다.

4. 하상퇴적물의 준설

하천 내에 유입된 오염물질 중 침전성 고형물질은 중력에 의하여 자연히 하천 바닥에 가라앉게 되는데 그 양과 위치는 유속에 크게 영향을 받는다. 즉 유속이 완만한 지역에 많은 양이 침전되는데 이렇게 퇴적된 고형물질을 하상퇴적물(Sediments, 저질)이라고 한다.

1) 홍수 시는 하상에 퇴적되었던 퇴적물이 유출되면서 하류지역의 오염도 증가 문제와 물이 빠지면서 퇴적물이 그대로 남아 악취발생 및 오염을 초래할 수도 있다.
2) 따라서 퇴적물이 많이 퇴적되어 있는 경우는 그 퇴적물을 준설하여야 할 것이나 준설방법은 하상퇴적물의 형태, 퇴적량 등을 고려하여 바스켓 준설기 또는 펌프식 준설기를 적용할 수 있다.
3) 준설방법은 잘못 택했을 때에는 준설기간 동안 수중 생태계의 큰 혼란이 일어날 수 있으며, 펌프식 준설은 상대적으로 그 혼란이 적으며 수질에 비교적 영향이 적은 방법이다.

55 | 역간(자갈) 접촉산화시설에 대하여 설명하시오.

1. 우리나라 하천의 특성

우리나라 하천의 자연적 특성은 하상계수가 커서 오염이 문제되는 평상시 하천수량은 적고 하천 폭이 넓어 충분한 접촉시간을 확보할 수 없고 우기 시에는 유속이 빨라 오염물 제거가 곤란하다.
이러한 단점을 보완하여 하천 바닥에 산화지 형태의 시설을 설치하여 접촉시간 확보와 여재충진에 의한 여과기능과 미생물막을 응용한 것이 역간접촉산화시설이다.

2. 역간 접촉 산화 시설의 원리(생물학적 정화방안)

자연 하천이 갖고 있는 아래의 모든 자정기능을 일정 장소에 집약한 것으로 역간접촉산화법은 미생물막을 자갈표면에 부착 형성시키는 고정생물막 접촉산화법의 일종으로 자갈을 여재로 사용하여 자갈표면에 형성된 생물막에 오염된 물을 접촉시켜 유기물을 흡착시키고, 미생물의 산화 분해에 의해 정화하는 방법이다.

1) 침전, 흡착작용 : 유수 중의 고형물이 자중에 의해 침전 흡착
2) 생물학적 산화 : 유수나 하상구성물질에 서식하는 식물 또는 미생물에 의한 산화 분해
3) 여과 및 희석작용 : 하상구성물질(모래, 자갈)을 하천수가 통과 하면서 여과 되고 여과된 맑은물(복류수)과 오염된 하천수가 서로 희석
4) 포기 및 산소용해 : 하천수가 여울, 낙차보 등을 통과하면서 공기 중의 산소를 용해
5) 소류 작용 : 홍수 시 하상에 침전, 흡착된 고형물을 하류로 이송

3. 보통 하천과 역간 접촉 산화 시설의 비교

보통하천	정화능력의 증가	역간(자갈)접촉산화법
오염물질이 하상면에 침전·흡착하거나, 하상에 서식하는 생물군에 의해 산화제거	정화 능력은 접하는 하상의 면적에 비례하므로 접촉면적 증대방안 강구	자갈 담체 사이에 물이 흐르게 하면 접촉 면적을 획기적으로 증대시켜 정화능력이 향상

4. 역간 접촉 산화 시설의 특징

구분	특징	시스템 구성
국내 하천의 특성 (수문, 수질)과 조화	• 홍수 시 탁류 유입차단 및 시설물 보호(구조물의 지하화) • 홍수 시 유수흐름 방해 최소화	• 토사방지스크린, 홍수차단장치 • 역류차단장치 • 가동보설치
광범위한 오염하천적용 가능	• 고농도(BOD 20~50mg/L) 하천수 • 질소, 인 제거 필요 하천 • 저농도(BOD 20mg/L이하) 하천수	• 담체충진 구형플라스틱여재를 이용한 고효율 하천수질정화공법 • 자갈접촉산화공법 적용
슬러지처리, 제거	• 침적슬러지를 집중적으로 포집 제거 • 여재의 슬러지부하 경감으로 안정된 처리수질 유지 • 적은 슬러지 발생량	• 슬러지 Hopper 설치 • 포기용 송풍기를 이용하여 역세 및 슬러지 제거
저렴한 시설비와 수질안정화	• 슬러지 자동 제거장치를 통한 간헐적 슬러지 제거 • 방류부에서 재포기로 처리수의 충분한 DO유지	• 구조물 및 기계설비 간단 • 슬러지 인발장치 및 역세장치의 설치로 내구연한을 장기간 연장
유지관리 편리성	• 자동운전, 주 1회 정도의 점검으로 상주인원 불필요	• TM/TC(Tele Monitoring & Controlling System)를 통한 관리가능

5. 역간 접촉 산화 시설의 적용추세

90년대부터 국내 하천에 응용되고 있는 역간접촉산화 시설은 적용 하천의 수질을 크게 개선하고 있어 그 효율성이 검증되고 있다. 최근 지방자치단체에서 많은 관심을 보이고 있으며 우리나라 하천수질정화사업의 선구적인 모델이라고 평가할 만하다. 다만 기술과 신뢰성을 갖춘 공급자 선정과 지역 특성과 하천 상황에 알맞은 시설모델을 지속적으로 연구 개발하는 자세가 필요하다.

56 | 하천 수질을 나타내는 지표에 있어서 생활환경기준 지표인 pH, BOD, TOC, SS, DO, 대장균수가 갖는 수질적인 의미를 설명하시오.

1. 개요

하천 수질환경기준에서 생활환경기준 지표는 pH, BOD, SS, DO, 대장균수 등으로 나타내며 이들은 수질을 판단하는 대표적인 인자이다.

2. 수질 지표의 조건

수질 지표는 측정이 용이하고 수질을 대표하고 지표 값으로부터 수질상태를 객관성과 적합성, 신뢰성을 갖고 판단할 수 있어야 한다. 가능한 많은 부분의 성질을 대표할 수 있으면 좋은 지표가 된다.

3. 하천수 환경기준 각 지표의 특성

1) pH

하천수의 액성을 나타내는 것으로 하천수의 pH는 폐수의 유입여부, 하천 오염 및 혐기성 분해정도 등을 판단할 수 있다.(pH 6.5~8.5)

2) BOD

하천수의 수질특성을 나타내는 대표적인 지표로 유기물 오염정도를 판단할 수 있고 특히 유기물의 오염정도를 통하여 용존산소의 소비량 및 하천의 청정 정도를 판단할 수 있다.(BOD 1mg/L 이하 ~ 10mg/L 초과)

3) TOC

하천수 유기물 오염정도를 용존산소 소비특성(BOD)이 아닌 원인물질(유기탄소)로 직접 나타내는 것으로 오염측정의 정확성으로 인하여 쓰이고 있다.

4) SS

부유성물질 즉 침전물 정도, 상수원으로서의 적합여부 등을 판단할 수 있다.
(SS 5mg/L 이하 ~ 100mg/L 이하)

5) DO

용존산소는 하천의 청정상태, BOD 분해정도, 자정능력과 재포기 상태 등을 판단할 수 있다.(DO 7.5mg/L 이상 ~ 2mg/L 미만)

6) 대장균수(총 대장균군, 분원성 대장균군)

하천수의 위생적인 상태를 판단하는 대표적인 지표이며 병원성 세균의 존재유무, 상수원으로의 위해성 여부, 방류처리수의 소독여부를 판단할 수 있다.
(총 대장균군 50/100mL 이하 ~ 5,000/100mL 이하)

4. 지표 적용의 타당성

1) 대장균군

대장균의 검사, 생존특성을 살려 대장균의 존재 유무로서 하천의 위생적인 상태를 판단하는 것으로 병원균, 세균등의 지표로서 가장 적합하다.

2) 하천수와 호소수의 BOD와 COD

하천수는 BOD 분석으로 오염정도를 측정하고 호소와 같은 정체수역의 오염도는 COD를 측정하는데 그 이유는 체류시간이 긴 경우 자가 생성유기물(식물성 플랑크톤)이 많고 이들의 광합성 작용으로 BOD 분석은 신뢰도가 떨어지며 플랑크톤은 NBD 유기물 성분으로 BOD 분석에 포함되지 않으므로 COD 측정이 합리적이다.

3) 2016년 부터는 COD 분석 대신 TOC 분석이 적용되고 있다.

57 | 수원의 종류 및 특징을 설명하시오.

1. 수원의 선정

수원은 크게 천수, 지표수, 지하수원으로 분류되며 수원의 종류에 따른 취수지점을 선정하기 위해서는 다음 항목을 조사하여 선정한다.

1) 수원의 구비요건

(1) 수량 풍부
계획취수량은 처리과정 및 기타 시설에서 상당한 손실수량이 발생하므로 계획일 최대급수량의 5~10% 증가시켜 취수하여야 하며, 계획취수량이 최대갈수기에도 확보될 수 있도록 수량이 풍부해야 한다.

(2) 수질 양호
수질은 경제적으로 처리되는 범위 내에서 될 수 있는 한 양호해야 한다.

(3) 수원 위치
가능한 정수장이나 용수 소비지보다 높은 곳에 위치하여 도수, 송배수가 자연유하식이 되도록 하며, 가설비 및 유지관리비가 적게 소요되도록 소비지에서 가까운 곳에 위치하여야 한다.

2) 수리권의 확보가 가능한 곳
한 수원의 물은 생활용수, 농업용수, 공업용수, 발전용수 등 그 용도가 여러 가지이므로 수원의 수리권을 명백히 하고 사전 조사 및 관계자와 협의해야 한다.
3) 수도시설의 건설 및 유지관리가 용이하며, 안전하고 확실해야 한다.
4) 수도시설의 건설비 및 유지관리비가 저렴해야 한다.
5) 장래 확장 시 유리한 곳이어야 한다.

2. 수원의 종류

- 천수
- 지표수 : 하천수, 호소수, 저수지수
- 지하수 : 천층수, 심층수, 용천수, 복류수
- 해수
- 하수 재이용수

3. 천수

1) 우수, 눈, 우박 등을 합한 강수의 총칭으로 수량이 충분치 못하나 지표수나 지하수를 구할 수 없는 지역에서 이용한다.
2) 수질은 대기오염 시 산성을 띠는 오염된 물이며 지하수와 비교하여 광물질을 적게 함유한 연수이므로 Lime을 주입하여 경도를 첨가한다.
3) 수량 확보를 위하여 저수조를 설치하고 누수 방지 및 오염방지시설(뚜껑)을 설치하고 저수조 상부에 여과조를 설치한다.

4. 지표수

1) 하천수

(1) 특징

- 대량의 취수가 가능하며 수원으로 가장 널리 사용된다.
- 수량 및 수질이 계절에 따라 다르며
- 배수구역의 지질 및 개발 정도에 따라 변하며
- 사람 활동에 의한 오염이 하천 수질에 가장 큰 영향을 미치며
- 하천 수로 상태에 따라 수질이 변하여, 깊고 천천히 흐르는 하천은 침전작용으로 부유물이나 세균들이 제거되며 얇고 급하게 흐르는 하천에서는 수면의 재포기에 의하여 자정작용으로 정화될 수 있다.

(2) 고려사항(취수지점 선정 시)

- 수량이 풍부하고 수질이 양호한 지점을 선택
- 자연유하식의 취수 및 송배수가 가능하고, 정수장으로부터 근거리
- 배의 항해로를 피할 수 있는 지점
- 하천의 세굴, 홍수에 의해 취수시설의 안전을 위협하는 장소가 아닐 것
- 상류에 오수 유입이 없거나 일어날 가능성이 없는 지점
- 해류 역류 영향이 없는 지점
- 동기 결빙에 의하여 취수에 지장을 받지 않는 지점
- 부유물에 의한 피해 가능성이 적은 지점

(3) 취수방법

취수를 깊은 수심에서 안정되게 하기 위해서 취수 지점의 직하류에 낮은 댐을 설치하여 하천수의 수심을 끌어올리는 경우가 많은데 이를 취수댐이라 한다.

① 취수문

직접 하천에 개구하는 취수구로서, 하천의 상중류부의 하안부나 제방에

수문을 설치하여 취수하는 방식으로, 설치하는 지점의 표고가 높으므로 자연유하식으로 도수할 수 있는 지점에서 많이 사용한다.

② 취수관거

수중에 관을 부설하여 취수하는 시설로서 연간을 통해서 유수량이 일정량 이상이고 그 변화가 적은 곳에 설치하면 경제적이다.

③ 취수탑

하천 수위의 연간 변화가 큰 곳이나 적당한 깊이에서의 취수가 요구되는 경우에 사용한다.(최소수심 2m 이상)

(4) 수질의 특성

① 하천수의 수질은 기후, 기상 등의 영향에 민감하며, 수온은 여름과 겨울 차가 크고, 수원 상류지역에 호우가 발생하면 단시간에 탁도가 증가한다.

② 강우량이 많으면 하천 유량이 증가하고 탁도도 높아지며, 하천의 최대탁도는 최대 홍수 시에 발생하며 정수처리시설의 침사지, 약품응집시설 및 여과지의 설계 자료로 이용되며 슬러지의 양을 추정하는 데도 사용된다. 하천의 수온이 낮아지면 물의 점성이 크게 되어 응집 효율이 저하된다.

③ 하천 상류에 댐이나 저수시설이 존재하는 경우에 이들 정체수역에서 발생한 조류 및 바닥에서 용출되는 철, 망간 등의 냄새유발물질이 하천으로 유입되어 정수처리 시 장애요인이 되기도 한다.

④ 하천 유역에 도시, 주택단지, 하수 또는 분뇨처리시설이 있는 경우에 수중의 암모니아성 질소, 계면활성제, COD, BOD, 세균 및 대장균군 등의 농도가 높게 나타나는 경향을 보이며 공장폐수가 유입되는 경우에는 중금속이 하천에 존재할 우려가 있다.

⑤ 취수 지점에 수질측정계기를 설치하여 하천 수질을 연속적으로 감시하는 것이 바람직하다.

2) 호소수

(1) 특징

① 호소 내에는 물이 장기간 머물러 부유물이 침전하고 색도가 없어지며 세균이 제거되어 하천수의 수질과 동일하다.

② 질소, 인 등의 과도한 영양염류의 증가와 성층화 현상으로 인하여 부영양화가 진행되면 과도한 조류의 성장에 의하여 정수과정에 악영향을 미칠 수 있다.

③ 호소 수면에서의 파도작용은 물을 탁하게 만들 수 있다.

④ 호소 주위의 오염원 증가로 얕은 호소에서는 조류가 번식할 수 있으며, 깊은 호소에서는 수중에 미생물이 번식하고 봄과 가을에 물의 수직운동이 일어나 바닥의 침전물이 수중으로 떠올라 수질이 악화될 수 있다.

⑤ 취수 시 오염을 피하기 위하여 호안으로부터 먼 지점에서 취수하여야 하며 외기의 온도 변화, 파도, 결빙의 장애를 받지 않기 위하여 수면으로부터 3~4m, 큰 호소에서는 10m 이상 깊은 곳에서 취수하여야 한다.

(2) 고려사항(취수지점 선정 시)

① 하수가 유입되는 지점은 피하며, 바람이나 흐름에 의하여 바닥의 침전물이 교란될 가능성이 적은 지점이나 선박 통행항로는 피한다.

② 파랑, 산사태 등에 의하여 탁도가 증가하거나 부작물이 표착하는 지점이 아닐 것

③ 탁수나 용해물질이 많은 저층도 피한다.

(3) 수질 특성

① 하천수와 크게 다른 점은 호소수는 유동성이 거의 없다는 점이며

- 침전에 의한 자정작용이 크다.
- 수질 변화가 완만하다.
- 미생물의 번식이 용이하다.
- 봄, 가을의 물의 순환기에 부영양화, 수화 등으로 수질이 현저히 악화된다.

② 호소의 성층현상, 순환현상, 부영양화 현상 등을 이해하여 투명도 변화, pH 변화 등을 파악하여야 한다.

③ 부영양화가 발생한 호소는 조류의 독성 문제 등이 야기될 수 있으므로, 유역에 오수에 의한 영양염류의 유입이 없도록 유역관리가 필요하다.

5. 지하수

- 지하수는 강우나 지표수가 지중을 침투하여 스며든 물로 비교적 깨끗하고 수온이 연중 일정하여 상수원으로 좋은 점이 있으나
- 유리탄산을 많이 함유하기 때문에 물질을 용해하는 힘이 크므로 다량의 광물질(칼슘, 마그네슘, 중탄산염, 염화물 황화물)을 함유하여 경도가 높아서 상수로서 부적합할 때가 있다.
- 또 철분이나 망간을 함유하는 경우가 많아 석수나 흑수의 원인이 되기도 하고 철박테리아 등이 서식하는 경우가 많다.

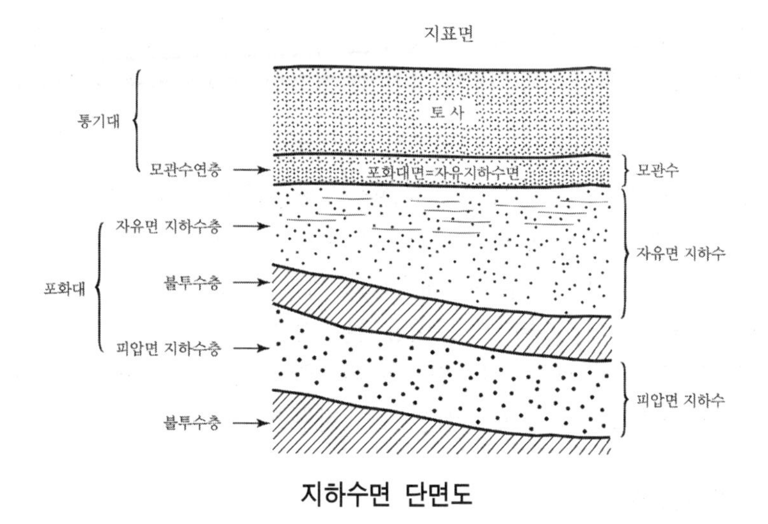

지하수면 단면도

지하수는 하수나 폐수 등에 의해 오염될 가능성은 적지만 이들이 지하에 침투하여 크롬, 시안, 농약 등이 검출되는 경우가 있으므로 정기적으로 수질검사를 실시하여야 하며, 수온, 탁도, 색도, 냄새, 맛, pH, 전기전도도 등을 측정하여 수질오염의 판단지표로 사용한다.

1) 천층수

(1) 지하로 침투한 물이 제1불투수층 위에 고인 물, 즉 자유면 지하수를 천층수라 한다.

(2) 지층의 여과작용과 호기성 미생물의 산화작용에 의하여 지표수에 섞여 있는 부유물질과 유기물질을 제거한다.

(3) 지표의 하수가 침투하여 수질이 불량한 경우가 많으며, 대장균군 및 세균의 존재 가능성이 높아 위생적으로 위험도가 높을 수 있다.

(4) 우물의 내경이 1~5m, 깊이가 8~30m 정도인 천정호의 수리를 적용하는 굴정호 형식을 취한다.

2) 심층수

(1) 지하로 침투한 물이 제1불투수층과 제2불투수층 사이에 위치한 피압수를 말한다.

(2) 지층의 여과작용 및 생물학적 작용에 의한 정화작용으로 무균 또는 거의 무균 상태의 수질을 가지며, 수온이 거의 일정하고 성분변화가 거의 없다.

(3) 용존산소부족으로 혐기성 미생물에 의하여 유기물 분해가 이루어져 황산물이 황화수소(H_2S)로, 질소화합물이 암모니아로 환원되어 불쾌한 냄새를 유발하는 경우가 많으며, 탄산가스(CO_2)를 많이 함유한다.

(4) 심층수의 취수는 지하수층까지 강관을 박아서 펌프로 양수하는 관정호 형식을 취하며 지하수면이 5m 이상의 깊이에 있으면 굴정호보다 경제적이다.

3) 용천수

(1) 지표수가 지하로 침투하여 불투수층에서 차단되어 고인 물이 수압에 의하여 어느 한쪽으로 출구를 찾아 자연적으로 지표로 솟아오른 물이다.

(2) 천연적으로 여과된 물이므로 깨끗하고 세균이 거의 없다.

(3) 수량이 극히 적어 상수원으로 이용되는 경우가 적다.

(4) 용천수는 원수를 그대로 상수원으로 이용할 수 있기 때문에 취수 시 지표나 대기 중의 오염물질과 접촉하지 않도록 취수방법을 강구한다.

6. 복류수와 강변여과수

1) 복류수는 하천, 호소의 저부나 측부의 사력층에 함유된 지하수를 말한다.

2) 취수는 바닥의 모래층에 집수매거를 매설하여 취수하는데 매설깊이는 3~5m 정도가 적당하다. 집수매거 방향은 복류수 흐름 방향에 직각이 되도록 한다.

3) 어느 정도 여과작용을 거쳐 지표수에 비하여 수질이 양호하며 대개의 경우 침전지를 생략할 수 있다.

4) 복류수는 철분이나 망간 등의 광물질을 거의 함유하지 않는다.

7. 해수

해수에 함유된 주요 성분은 염소이온, 나트륨, 황산이온, 마그네슘, 칼슘, 중탄산염 등이다. 해수의 pH는 약 8.2 정도이고 용해상태의 유기물질은 평균 0.5mg/L 정도이다. 현재 해수의 이용을 위하여 해수의 담수화 방법이 많이 개발되어 증발법과 냉동법 같은 실용화된 기술도 있다. 해수의 담수화 작업은 기술적인 면보다 경제적인 면에서 더욱 어려운데 해수의 담수화 시 요구되는 비용이 오염된 지표수나 지하수를 수원으로 하여 정수처리 하는 경우보다 훨씬 많기 때문이다.

58 | 상수도 저수용 Fill Dam을 형식별로 구분, 그 특징을 설명하고 안정조건을 기술하시오.

1. 개요

우리나라의 상수도용 저수댐은 대부분 다목적댐으로 대규모로 건설되고 있으며 필댐과 콘크리트 중력댐, 중공 중력댐 콘크리트 아치댐 등이 있다

2. 필댐의 특징

우리나라의 대표적 필댐은 사력댐으로서 소양강 다목적 댐이 있다.

1) 기초지반에 대한 제약이 다른 형식의 댐보다 적다.
2) 댐마루로부터 월류에 대해서는 저항력이 거의 없고, 특히 토질재료로 축조되는 것은 월류는 댐 붕괴로 이어진다.
3) 다른 형식의 댐에 비해 시공 중에 비나 눈의 영향을 받기 쉽다. 특히 점토분이 많은 토질재료를 많이 사용하는 것일수록 이 영향이 크다.
4) 코어형에서는 코어와 이것을 쌓는 부분의 재료질 및 시공요령이 다르기 때문에, 경계면이 약점으로 될 우려가 있으며, 만일 파손되면 수리가 곤란하다.
5) 포장형은 차수벽이 노출되어 있으므로 검사나 수리가 수월하다.
6) 댐구체를 완성한 후, 상당기간에 걸쳐서 압밀 등에 의한 제체의 변형이 계속되고 축제토의 성질도 변화한다. 또 수면의 오르내림에 따라서 제체의 강도가 변화하고, 구조상의 결함이 생기게 될 가능성이 크다.

3. 필댐의 종류 및 특징

1) 종류
   (1) 재료 - 흙댐, 록필댐
   (2) 구조 - 균일형 · 존(zone)형 · 코어(core)형 · 포장형

2) 흙댐
   (1) 흙댐은 흙을 잘 다져 쌓은 댐이다.
   (2) 흙댐에는 존(zone)형 댐과 Core형 댐이 있다.
   (3) 록필댐과 원리와 축조 방법이 비슷하지만 입자가 고른 흙으로 시공되므로 따로 배수층을 두며 시공한다.

(4) 존형 흙댐은 록필 댐과 마찬가지로 구조물 내에 수밀성을 위하여 흙과는 다른 재료로 존(Zone)을 설치한다. 이 경우 대개 점질토가 사용되어 수밀성을 확보하고 또한 존에는 집수공과 필터가 설치되어 댐 내의 유수와 유사 입자를 막을 수 있게 한다.
(5) 심벽형 흙댐은 록필댐과 같이 내부에 코어를 두거나 차수벽을 설치한 댐이다.

3) 록필댐
(1) 록필댐은 자갈 등의 조립질 재료를 다져 만드는 댐이다. 재료를 다져 만들기 때문에 수밀성이 나빠 따로 불투수층인 차수벽을 설치한다.
(2) 재료가 비교적 큰 입자들을 많이 포함하는 물질이기 때문에 록필(Rock-fill)이라는 용어가 사용됐다. 차수벽은 댐의 상면(상류쪽)이나 중앙에 위치하고 석재, 콘크리트, 플라스틱 멤브레인, 시트파일(Sheet Pile) 등으로 만들어진다.
(3) 이때 내부에 있는 불투수층을 코어(Core)라고 부른다. 또 다른 경우로 불투수층을 점질토로 사용하는 경우가 있는데 이때는 댐을 콤포지트 댐이라고 한다.
(4) 록필댐은 지진에 대한 내진성이 좋다는 장점이 있다. 하지만 시공 중에 품질관리가 부실하여 미립자가 많아지면 지진 시에 유수가 침투하여 구조물 내의 유동화가 진행되고 내진성이 저하될 수 있다.
(5) 재료에 대하여 확신할 수 없을 때에는 재료의 건조상태를 유지할 수 있는 방법이 별도로 시공되어야 한다.

4) 구조에 따른 특징
(1) 균일형 : 제체의 최대 단면에서 균일재료 단면이 80% 이상을 차지
(2) 존형은 몇 개의 존으로 이루어지므로 불투수층의 두께가 댐 높이 보다 큰 것
(3) 코어형은 불투수층의 두께가 제고보다 작은 것이므로, 댐의 중심선이 전부 코어로 싸이는 경우를 중심 코어형, 벗겨지는 경우를 경사 코어형이라고 한다.
(4) 포장형은 흙 이외의 지수재료로 상류면을 포장하는 형을 말하며, 아스팔트나 철근 콘크리트 등이 사용된다.

4. 기타 댐의 특징

1) 콘크리트 중력댐
콘크리트 중력댐은 콘크리트 자체의 자기중량에 의하여 지지력을 받는 댐으로 안전하게 설계되기 위해서는 횡단면의 모양은 전도되지 않도록 단면 형상을 삼각형으로 하고 상류면은 거의 수직에 가깝게 한다. 섬진강 · 청평 · 화천댐이 모두 콘크리트 중력댐이다.

2) 중공중력댐

이것은 콘크리트 중력댐의 플록 상류면의 폭을 확대하여 지수벽을 만들고, 중공부를 설치하여 콘크리트의 절약을 도모한 것으로서 역학적으로는 콘크리트 중력댐과 같다. 콘크리트 중력댐에 비해 콘크리트 체적은 10~30% 절약되지만, 거푸집의 면적이 증가되고 시공이 비교적 힘들다.

3) 콘크리트아치댐

미국의 후버댐이 대표적이며, 아치댐은 수압과 같은 하중의 대부분을 아치작용에 의해 양안(兩岸)에 전달되도록 제체의 수평단면형이 아치 모양의 곡선으로 된 댐이다. 적용조건은 하천의 폭이 댐 높이에 비하여 크지 않은 곳에 건설한다. 재료의 양은 콘크리트 중력식 댐과 비교할 때 작으며, 댐 본체에는 원칙적으로 철근은 사용하지 않는다.

59 | 상수도 전 계통의 수질관리 문제점과 개선방향을 설명하시오.

1. 개요

1) 최근의 수돗물 공급에서 최우선 과제는 상수의 양적 공급 증대에서 양질의 수돗물 공급으로 전환되고 있다.

2) 수돗물 수질에 대한 불신 : 최근 가정의 수돗물 불신으로 샘물을 외부에서 공급받거나 정수기 설치가 보편화되고 있으며 그 원인은 다음과 같다.
   - 원수수질 악화 : 유기용제, 농약비료, 오폐수 증가, 상수원 골프장 등
   - 일반적이고 노후화된 정수처리
   - 노후 급배수관 : 녹물, 이물질 발생
   - 수용가 물탱크 문제 : 기존의 비상 급수를 위한 대규모 저수용량으로 오염원인
   - 생수, 정수기 업자의 상업적인 판촉활동으로 수돗물 불신 조장
   - 매스컴의 현실 무시한 확대 보도

2. 수질 현황

1) 원수 악화
   - 하폐수량 증가로 상수원 오염
   - 하수 수질의 질적인 저하
   - 하폐수 처리효율의 저조

2) 정수약품 사용량 증가로 인한 상수 오염
   원수 오염도 증가에 따른 응집제 증가, 염소주입량 증가 등으로 상수 수질 악화

3. 상수도 계통의 수질관리 현황과 문제점

1) 원수 수질 관리
   관리체계가 분산되어 효과적인 수질관리가 이루어지지 않고 있다.
   - 수량관리 : 수자원공사
   - 수실관리 : 환경부, 지방자치단체

2) 정수 수질 관리
   - 일반 정수처리 : 약품응집 ⇒ 침전 ⇒ 여과 ⇒ 소독

- 오존처리, 활성탄처리에 의한 고도처리 필요
- THM 발생 문제
- 음용수 수질기준 0.1mg/L, 조사실적 전무, 검사 능력 미비

3) 배수, 급수 수질 관리
- 노후 급배수관을 내식성 자재로 교체
- 정수의 pH가 낮으면 관부식 촉진, 녹물 발생, 내용연수 단축, 누수촉진
- 사용관 구성의 노후화, 관부식에 의한 수질 악화
- 수용가 급수탱크에서 수질악화

4) 수질관리요원의 서비스 정신
- 수원지 근무 기피
- 원인 : 업무의 단순 반복성, 화공약품 취급, 상대적 소외감
  ⇒ 기술축적 곤란, 전문적인 수질개선이 어렵다.

5) 수돗물 불신
노후관, 정수기 업자, 언론 등의 수돗물 불신 조장
⇒ 수돗물을 끓여 먹거나 생수, 정수기 사용
- 가계부담 부담 증가
- 생수, 정수기의 수질관리체계 부재로 국민보건에 영향

4. 상수도 계통의 수질관리 개선 방향

1) 원수 수질 관리 : 총량규제
- 효과적인 수질관리를 위해 하천수량, 수질관리기능 통합관리
- 하폐수처리시설의 조속한 건설
- 오염물질 단속규제권 일원화
- 수질기준의 강화
- 총량규제
- 수원 부근 개발 제한

2) 정수 수질 관리 : 고도처리
정수장에서 수질개선 조치

(1) 전염소처리 : 조류 사멸 목적. 0.5~2.5mg/L 주입 ⇒ THM 발생 우려
⇒ 전오존처리, 이산화염소 사용, 마이크로스트레이너 사용으로 조류 제거

(2) 응집 및 침전

- 응집, 침전 효율의 고도화 ⇒ 유기물질, 중금속 제거
- 여과지속시간 연장 ⇒ 탁도 낮추는 노력
- 응집제 주입량 : 탁도변화에 따른 조견표로 조정

  응집제 주입량은 Jar Test로 결정하나 시험시간(1~2시간)이 길어 수질변화 시 즉각적인 주입률 조정이 곤란하고 경험적으로 주입률 조정 ⇒ 조견표는 탁도 만의 관계로 pH, 수온, 알칼리도 등이 주입률 결정에 영향을 미치므로 통계적 모델을 이용한 컴퓨터 분석 후 탁도, pH, 수온, 알칼리도 측정으로 주입률을 산정하여 약품 과다 투입 방지 및 응집효율 증대 필요

(3) 여과지

활성탄여과지 설치로 취기, 색도, 유기물, 중금속 제거

(4) 염소 소독

THM 발생방지를 위하여 오존처리, 이산화염소 사용

(5) 정수 pH 조절

pH가 낮으면 관부식 ⇒ 이물질 유입 ⇒ 관수명 단축 ⇒ 수원지 침전지에서 pH 7.3 정도로 조정 후 염소 소독 후 최종 송수 직전에 pH 7.5 정도 유지

3) 배 · 급수 수질관리

- 관 내 이물질 유입, 녹물 발생 ⇒ 노후관을 내식성 관으로 교체, 개선
- 배수관망 개선운영으로 정체구역 최소화

(1) 수질변화를 고려한 관망해석

현재의 관망 설계는 수압과 수량만을 대상으로 하고 있으나 수질 항목도 추가(각 배수격점에서의 수질 예측)하여 신선한 물 공급 필요

(2) 관망 내의 수질감시

배수 도중에 수질을 측정하기 위하여 관망의 주요 지점에 수질을 감시, 분석하기 위한 TMS 적용

5. 상수도 수질개선 시 고려사항

상수도 수질관리 개선을 위하여 원수 수질관리를 위한 총량규제, 정수 수질관리를 위한 정수시설 개선 및 고도처리, 노후관을 내식성 관으로 교체, 원격감시(TMS) 등의 종합적인 대책 필요

60 | 절수의 필요성과 절수대책에 대하여 설명하시오.

1. 개요

인간이 자연과 조화롭게 영위하기 위해서는 친환경적으로 살아가야 하며 친환경적이란 자연이 우리에게 허용하는 범위에서 물을 소비하여야 하며 따라서 이러한 물 부족을 극복하기 위하여 장기적으로는 수원의 확보뿐 아니라 하수처리수를 재이용하는 등 중수도의 보급 확대 및 합리적인 절수 시스템을 확보하는 것이 중요하다.

2. 물 부족의 원인과 절수 필요성

1) 이상기후로 인한 강우의 불규칙
2) 용수 증가를 못 따라간 급수량 증가로 물 수급 불안정
3) 유역별 수자원 부존량과 용수 수요의 불균형
4) 타 수도시설 간의 연락관 정비가 불충분
5) 시민들의 절수의식 부족
6) 생산원가의 70% 수준인 저수도 요금 체계로 인한 수돗물의 낭비
7) 하수처리수의 재이용 등 중수도 보급의 저조
8) 하천 유로가 짧고 계절적으로 강우가 집중되어 가용 수자원이 부족

3. 절수대책

1) 상수도 요금체제를 절수 유도형으로 전환
생산단가의 70% 수준인 상수도 요금을 현실화하여 절수의식 고취 및 중수도 보급을 촉진한다. 또한 수도 사용량에 따른 누진율을 확대하고 계절별 요율제를 도입하여 물절약을 유도하여야 한다.

2) 중수도 보급 확대
중수도 보급 확대를 위한 시범 사업의 전개, 대폭적인 금융 세제 혜택 및 주요시설에 대한 설치 의무화 등의 제도를 추진한다.

3) 하수처리수의 재이용
양적으로 풍부하고 관주도의 대량 공급이 가능한 하수처리수를 재이용하여 살수용수, 조경용수, 화장실용수, 농업용수 등으로 이용한다. 절수 효과가 뛰어나므로 적극적인 추진이 필요하다. 이를 위하여 중수도 원수 개념에 하수처리수도 포함시키며, 중수도 수질 기준에 맞게 하수처리시설에 대장균 처리를 위한 소독시설을 설치하여야 한다.

4) 노후관 개량
노후관으로 인한 누수량 감소를 위하여 신관으로 교체하거나 통수능력을 회복하고 관의 사용연수를 향상시키도록 개량하여야 한다.

5) 누수 방지를 통한 유수율 향상
누수는 관 내 수압, 관의 노후, 부식, 관 재료 등 여러 요인으로 인해 발생되므로 이에 맞는 누수 방지 대책을 수립하여 유수율을 향상시킨다.

6) 배수체계의 정비
Block System을 도입하여 균등 수압에 의한 급수의 확보, 재해 복구의 용이성, 유지 관리의 용이성을 달성하는 배수체계를 정비한다. 즉 배수구역을 지형별, 용도별, 급수량별에 따른 최적의 관리구역으로 나누어 복식 또는 삼중식의 배수관망을 설치하여 균등 수압을 유지하는 배수시스템의 고도화를 달성한다.

7) 절수용 기기의 보급 확대
절수용 기기를 개발하고 이의 사용을 의무화하는 등의 설치를 확대한다. 성능이 우수한 절수기기에 대해서는 환경 마크제 또는 전문기관을 통한 단체 인증제를 도입한다.

8) 절수 홍보 강화
물 절약 교육 프로그램의 개발 및 보급을 확대하기 위하여 학교 교육의 강화, 사회교육의 강화 및 언론 매체를 통한 홍보를 지속적으로 실시하여 시민들이 물절약과 친환경적으로 생활하는 마음과 실행을 가지도록 한다.

9) 저류용 댐 건설
강우 시 하천수를 저류하였다가 갈수기에 공급하는 용수 전용 댐의 건설을 지역별로 설치한다.

10) 갈수 대비 시설 정비 추진
- 수원정비 : 복수 수원 확보, 저류용 댐 건설
- 수원과 취수장, 정수장 상호 간 연락관, 송배수 간선, 급수구역 상호 간의 연락관 정비

11) 빗물 및 지하철 용출수 이용 확대
건축물의 사용 빈도가 낮고 집수면적이 넓어 빗물의 이용에 적합한 종합운동장, 야구장, 체육관 등에 빗물이용시설 설치를 의무화한다.

12) 절수기술 및 절수기구 개발 촉진

61 | 우리나라 평균 일인당 평균급수량(lpcd)은 350~370L이다. 이 수치를 줄일 수 있는 방안을 선진국 중 물 사용량이 130L인 독일의 예를 들어 설명하고 우리나라의 물을 절약할 수 있는 방안을 설명하시오.

1. 절수의 필요성

인간이 자연과 조화롭게 삶을 영위하기 위해서는 친환경적으로 살아가야 하며 친환경적이란 자연이 우리에게 허용하는 범위에서 물을 소비하는 것이다. 따라서 이러한 물 부족을 극복하기 위하여 장기적으로는 수원의 확보뿐 아니라 하수처리수를 재이용하는 등 중수도의 보급·확대 및 합리적인 절수시스템을 확보하는 것이 중요하다.

2. 물 부족의 원인

1) 이상기후
2) 용수 증가를 못 따라간 급수량 증가로 물 수급 불안정
3) 유역별 수자원 부존량과 용수수요의 불균형
4) 타 수도시설 간의 연락관 정비 불충분
5) 시민들의 절수의식 부족
6) 생산원가의 70% 수준인 저수도요금체계로 인한 수돗물의 낭비
7) 하수처리수의 재이용 등 중수도 보급의 저조
8) 하천유로가 짧고 계절적으로 강우가 집중되어 가용수자원이 부족

3. 독일의 절수법

1) 물값이 비싼 독일에서는 주부들이 설거지를 할 때 수도꼭지를 틀어 놓고 하는 법이 없으며 그릇들을 물통에 담근 뒤에 세제를 풀고 한 시간쯤 기다린 다음 깨끗한 물에 한번 헹궈서 설거지를 끝내는 방식이 습관화되어 있다.
2) 독일은 수도요금이 고가이다. 따라서 어쩔 수 없이 물을 절약하도록 유도한다.
3) 샤워기에는 계량기 부착으로 샤워 시에 물이 소비되는 것을 시각적으로 느끼게 하여 물절약을 꾀한다.
4) 변기는 절수식으로 소변과 대변을 구분하여 물 절약 버튼을 사용한다.
5) 송배수관로에서의 누수율이 5% 정도로 작다.

4. 물 절약 방안

1) 상수도요금체제를 절수 유도형으로 전환
생산단가의 70% 수준인 상수도요금을 현실화하여 절수의식 고취 및 중수도 보급을 촉진한다. 또한 수도사용량에 따른 누진율을 확대하고 계절별 요율제를 도입하여 물 절약을 유도하여야 한다.

2) 중수도 보급 확대
중수도 보급 확대를 위한 시범사업의 전개, 대폭적인 금융세제 혜택 및 주요 시설에 대한 설치 의무화 등의 제도를 추진한다.

3) 하수처리수의 재이용
양적으로 풍부하고 관주도의 대량 공급이 가능한 하수처리수를 재이용하여 살수용수, 조경용수, 화장실용수, 농업용수 등으로 이용한다. 절수효과가 뛰어나므로 적극적인 추진이 필요하다. 이를 위하여 중수도 원수 개념에 하수처리수도 포함시키며, 중수도 수질기준에 맞게 하수처리시설에 대장균처리를 위한 소독시설을 설치하여야 한다.

4) 노후관 개량
노후관으로 인한 누수량 감소를 위하여 신관으로 교체하거나 통수능력을 회복하고 관의 사용연수를 향상시키도록 개량하여야 한다.

5) 누수 방지를 통한 유수율 향상
누수는 관 내 수압, 관의 노후, 부식, 관 재료 등 여러 요인으로 인해 발생하므로 이에 맞는 누수 방지대책을 수립하여 유수율을 향상시킨다.

6) 배수체계의 정비
Block System을 도입하여 균등수압에 의한 급수의 확보, 재해 복구의 용이성, 유지관리의 용이성을 달성하는 배수체계를 정비한다. 즉 배수구역을 지형별, 용도별, 급수량별에 따른 최적의 관리구역으로 나누어 복식 또는 삼중식의 배수관망을 설치하여 균등수압을 유지하는 배수시스템의 고도화를 달성한다.

7) 절수용 기기의 보급 확대(절수기술 및 절수기구 개발 촉진)
절수용 기기를 개발하고 이의 사용을 의무화하는 등 설치를 확대한다. 성능이 우수한 절수기기에 대해서는 환경마크제 또는 전문기관을 통한 단체인증제를 도입한다.

8) 절수 홍보 강화
물 절약 교육프로그램의 개발 및 보급을 확대하기 위하여 학교교육의 강화, 사회교육의 강화 및 언론매체를 통한 홍보를 지속적으로 실시하여 시민들이 물 절약과 친환경적으로 생활하는 마음을 갖고 실행을 하도록 유도한다.

9) 저류용 댐 건설
강우 시 하천수를 저류하였다가 갈수기에 공급하는 용수 전용 댐을 지역별로 건설한다.

10) 갈수 대비 시설 정비 추진
(1) 수원정비 : 복수수원 확보, 저류용 댐 건설
(2) 수원과 취수장, 정수장의 상호 간 연락관, 송배수간선, 급수구역 상호 간의 연락관 정비

11) 빗물 및 지하철 용출수의 이용 확대
건축물의 사용빈도가 낮고 집수면적이 넓어 빗물 이용에 적합한 종합운동장, 야구장, 체육관 등에 빗물이용시설의 설치를 의무화한다.

62 | 강변여과의 개념과 장단점에 대하여 설명하시오.

1. 강변여과의 개념

1) 강변여과수는 기존의 하천표류수를 직접 취수하는 방식을 개선하기 위한 방안이다.
2) 하천에서 일정 구간 떨어진 지하에 장기간 체류시켜 지층의 정화능력을 이용하여 원수 중의 탁도, 생분해성 유기물질과 상당량의 위해성 물질 등을 제거한 후 하천 수질을 개선시켜 취수하는 방식이다.
3) 강변여과수 개발 시에는 과잉 양수에 의해 지층의 여과능력이 저하되지 않도록 유의하여야 한다.
   우물의 위치가 강변에 가까우면 지하체류시간이 짧아 유입수의 COD농도가 높아지고 강변으로부터 멀어지면 체류시간이 길어 유입수의 COD농도가 낮아지나 개발대상지 상부 또는 배후지역으로부터 유입되는 NO_3-N, NH_4O_3농도가 높아지는 등 수질분석을 통한 우물의 위치 선정 및 입지조건이 까다롭다.

2. 강변여과 적용 시 고려사항

강변여과수는 다음과 같은 입지조건에서 적용가능성을 검토하여야 하므로 입지조건적 측면에서 그 적용성을 고려하여야 한다.

1) 하천변에 충적층이 잘 발달되어 강변여과수의 함양이 양호한 지역
2) 주변 지역으로부터 오염물질의 유입이 발생되지 않는 지역
3) 체류시간 등을 고려한 부지확보가 가능한 지역
4) 위와 같은 까다로운 개발조건에도 불구하고 강변여과수는 깨끗하고 균등한 수질을 유지할 수 있으므로 청정원수로서의 수질적인 문제에 대한 대응방안으로 그 필요성이 증대하고 있다.

3. 강변여과수의 특징

1) 강변여과수는 돌발적인 수질오염 사고 시 균등한 수질유지가 가능하고 연중 수온변화가 적어 정수처리공정에서 발생하는 암모니아 문제가 해결되며 지하침투과정에서 불순물이 자연 제거되므로 슬러지 처리비용이 절감된다.
2) 수중의 용해성 물질은 지하침투 중 장기간의 체류로 흡착, 침전 및 미생물에 의한 분해가 가능하여 양질의 수원을 얻을 수 있다.

3) 강변여과수는 까다로운 입지조건, 철·망간의 용출문제, 장기간 사용 시 폐색(Clogging)에 의한 수량저하의 문제, 지하수위문제, 수량 부족 조건 시 인공함양 등을 고려하여야 하는 등 문제점도 검토해야 한다.

4. 강변여과수의 장단점(지표수 수원과 비교)

장점	단점
• 비교적 균등한 수온 유지 • 수질오염 사고 시 대수층에서 미생물 분해, 흡착으로 독성물질 상당량 제거 • 여과과정에서 강물에 포함된 DOC(용존유기탄소) 등 60~70% 저감 • 입자상 유기물질과 중금속이 하상바닥이나 침투 층상부에 부착하여 슬러지 처리 비용 절감 가능 • 자연처리에 의하여 약품 등 인공처리비용 절감 가능	• 입지조건이 충족되어야 개발이 가능 • 철, 망간이 환원되어 용출되기도 함 • 강변여과는 수질문제 등을 개선하는 것으로 수량 확보를 위해 별도의 수자원 개발 필요 • 장기간 사용 시 폐색에 따른 대책이 필요 • 지하수위문제, 영농제한에 따른 민원 발생 • 막대한 투자비 소요

5. 강변여과수 설치현황 및 전망

1) 국내에서 강변여과수 개발은 2001년 창원시에서 낙동강에 수직정을 설치하여 생활용수 공급시설을 설치한 것을 시초로 탄천의 하상여과, 용산 미군기지의 간접취수시설 등이 개발되었다.

2) 해외의 대표적인 강변여과수 사례로는 스위스의 하드호프 정수장, 헝가리의 체펠 정수장, 독일의 에센, 테겔 정수장 등이 있다. 강변여과수 개발은 청정원수 확보의 대안으로 그 필요성이 높아지고 있으므로 향후 지속적인 연구, 개발이 추진될 전망이다.

63 | 강변여과수 개발부지 선정 시 사전조사 고려사항(5가지)

1. 정의

강변여과수는 지표수를 장기간 강변의 대수층에 체류시켜 강변 토양층의 여과 등 자정작용을 이용하여 원수 중의 오염물질과 독소를 제거한 후 취수하는 방식으로, 퇴적층의 분포가 양호한 하천 주변지역에서 활용하는 원수취수방식이다.

2. 강변여과수의 개발부지 선정 시 사전조사 고려사항

강변여과수 개발부지를 선정할 때에는 면밀한 사전조사가 필요하며 사전조사 시에는 다음 사항을 고려하여 결정한다.

1) 원수(지표수)수질은 환경정책기본법의 원수의 수질기준 Ⅲ등급 이상이 바람직하다.
2) 대부분 강물이 여과되어 취수되나 일부 지하수의 유입에 의한 영향을 고려한다.
3) 지표수 여과에 의한 토양오염의 여부를 확인한다.
4) 충적층 조건(토양성분, 대수층 두께, 지하수위)을 검토한다.
5) 강변여과수 주변 제방 또는 인근 마을과의 이격거리를 고려한다.
6) 강변여과수의 공급조건을 검토한다.

3. 강변여과수의 취수시설 선정 시 고려사항

강변여과수는 자연토층의 자체정화능력을 이용하여 원수 중의 오염물질을 저감한 후 취수하는 방식으로, 하천변에서 깊은 우물형식의 집수정을 이용하거나 원수의 인공함양에 의해서 채수하는 방안이 있으며 취수시설을 결정할 때에는 다음 사항을 고려하여 시행한다.

1) 강변여과수 수질이 지표수를 취수하는 것보다 유리하여야 한다.
2) 개발부지 구조물의 설치와 취수의 효과를 위해서는 퇴적층의 분포가 양호하고 특히 지표수의 오염물질을 토양미생물이 정화하여 평형상태를 유지할 수 있는 지역에서 개발해야 한다.

4. 집수매거의 구조

집수매거의 구조는 매설하는 장소에 따라 그 형태가 달라진다. 즉, 하저로부터 집수하는 경우, 제내지로부터 집수하는 경우, 사구로부터 삼투한 우수를 집수하는 경우 등에 따라 다르다.

1) 제내지 또는 사구 등의 비교적 얕은 곳에 있는 복류수를 집수할 때에는 개거식(Open Channel) 구조로 한다.
2) 저부 또는 측벽으로부터 또는 측벽만으로부터 집수할 수 있는 구조로 하며 저면에는 사리 · 자갈 등을 놓고 측벽 하부의 인수부에는 공적 또 상당한 통수공을 설치하며 그 외부에는 사리 · 자갈 등을 채워서 세사의 침입을 방지하여야 하고, 주위 상태에 의하여 오염되지 않도록 보호공을 설치하면 좋다.
3) 하상 아래나 제내지 등의 비교적 깊은 곳에서 집수하는 경우에는 일반적으로 터널식으로 하고, 그 형태는 원형이 많이 쓰이며, 최근에는 구조가 견고하고 공사가 간편한 점 때문에 유공 철근 콘크리트관이 많이 사용된다.
4) 관의 지름은 부설 후 점검수리와 유지관리가 편한 600mm 이상이 좋다.
5) 관의 1개의 길이는 현장에서 직접 만들 경우 0.6~1.0m가 보통이나, 최근 원심력 철근콘크리트관의 제품을 사용하면 2.40m의 길이가 되며, 또한 주문에 의하여 적당히 제작할 수도 있다.
6) 집수공의 크기는 지름 10~20mm이며, 그 수는 표면적 $1m^2$당 20~30개 정도가 되도록 한다.
7) 관의 이음은 수구 · 삽구식 또는 꼭지식으로 하며, 이음부분에 약간의 공간을 남겨서 이곳에서도 집수할 수 있도록 하는 것이 좋다.
8) 집수매거의 주위에는 안쪽에서 바깥쪽으로 굵은 자갈, 잔자갈, 굵은 모래의 순서로 각각의 두께가 50cm 이상이 되도록 채운 다음 그 위에 되메우기 한다.
9) 매거의 연장은 양수시험의 결과를 보아 정하여야 하며 이때에 집수공의 유입유속은 3cm/s 이하로 하는 것이 좋다. 집수매거는 수평으로 하거나, 1/500의 완만한 경사를 가져야 하며, 유출단의 관 내 평균유속은 1m/s 이하로 한다.

64 | 호소수의 탁수 원인 및 대책에 대하여 설명하시오.

1. 개요

집중호우로 인하여 호소 주변의 임야, 고랭지밭을 중심으로 다량의 토사가 장기간 하천과 저수지로 유입되어 결국 호소의 고탁수 방류가 장기화되는 문제를 가져왔다.

2. 국내 대규모 댐의 현황

소양호 저수지는 2005년까지 30NTU(Nephelometric Turbidity Unit) 이상의 방류가 연중 1~2개월 정도였고 최고 탁도도 79NTU 정도였으나, 06년 태풍 에위니아로 인해 방류수 최고탁도 328NTU를 기록하였으며 고탁수 조기배제 중심의 댐운영을 통해 최근 방류탁도 15NTU를 유지하고 있다.

3. 호소수 탁수 원인

1) 수해로 발생한 산사태 및 하천범람 등에 의한 토사유실을 들 수 있다.
2) 집중 강우 시 지표면 토양 특성
3) 농경지 재배 작물 특성
4) 하천 제방의 토사 저감능력 부족
5) 댐 설계 빈도를 초과하는 강우
6) 도시화 및 농업생산성 증대를 위한 토지이용 변경 및 훼손 등에 의한 토양 교란.

4. 영향

1) 탁수발생은 하천과 호소의 수질악화 및 생태계 훼손
2) 하류 지역의 상수도 정수처리비용 증가, 자연경관 훼손, 어족자원 감소

5. 대책

1) 탁수발생을 효과적으로 개선하기 위해서는 유역통합 수질관리체계를 구축하고 GIS 자료에 기초한 유역 및 하천정보 데이터베이스를 구축해 지속적인 모니터링 및 제도개선을 지속적으로 수행해야 한다.
2) 탁수발생의 원인이 되는 유역별 토사발생원 평가 및 다량의 탁수가 유입되는 하천을 선정하고 지속적인 자료 모니터링을 통한 수질모델링을 통해 최적의 방지대책을 수립해야 한다.

3) 데이터베이스를 이용하여 모델링을 수행함으로써 시나리오별 결과물을 생성하고 이를 통해 수질관리 및 정책수립을 위한 의사결정지원이 가능할 것으로 사료된다.
4) 적극적인 수질관리를 위해서는 탁수발생의 초동단계부터 그 요인 및 원인 지역을 분석하여 최적의 대안을 마련해야 한다.

6. 탁수원인 조사 기법

1) GIS 기반 토사유실모델을 이용하여 평가한 하천별 토사유실량 자료로부터 탁수발생 주요하천을 선정한다.
2) 탁수는 콜로이드성 점토질에서 주로 생성되므로 지질적인 특성을 고려해야 한다.
3) 소유역별 토사유실량 자체보다는 토사유실 지역이 대단위로 밀집되어 있는 하천 유역을 선정하는 것이 바람직하다.
4) 단순히 하천별로 산정한 토사유실량보다는 하 천주변의 토사유실 특성을 함께 고려하는 것이 바람직하다.
5) 하천의 제방특성을 파악해야 한다. 제방은 하천으로 유입되는 토사의 상당부분을 저감하는 구조물이다.
6) 농경지에서 재배하고 있는 작물종류를 고려한 분석이 필요하다. 인삼이나 포도밭으로 구성된 경우 강우에너지를 상당부분 차단할 수 있어 토사유실량은 상대적으로 작게 나타난다.

7. 향후 추진방향

1) 탁수발생의 주요요인인 유역 내 토사유실을 효과적으로 모의하기 위해서는 작물특성 및 성장상태에 대한 데이터베이스 구축이 필요하다.
2) 작물종류 및 성장상태에 대한 Mobile GIS 시스템을 구축하여 활용하는 것이 바람직하다.
3) 토사유실량을 등급화하여 토사유실 경보 및 주의보를 미리 발령함으로써 유역 측면에서 토사유실 저감을 위한 대책을 사전에 강구할 수 있고, 하천 및 저수지로 유입되는 부유사 및 탁수를 사전에 예측할 수 있으므로 보다 체계적인 저수지 운영이 가능하다.
4) 하천 내 부유사량을 계산하고 주요하천별 유량 및 부유사 관측 자료의 축적 및 분석이 필요하다.

65 | 강변여과수와 복류수에 대하여 설명하시오.

1. 개요

강변여과는 원수를 장기간 강변에 대수층에 체류시켜 자연의 자정작용을 이용하여 원수 중의 오염물질과 독소를 제거한 후 취수하는 방식으로 퇴적층의 분포가 양호한 하천 연변지역에서는 충분히 개발 가능한 방법이다.

2. 강변여과의 필요성

현재 우리나라는 급격한 산업화와 도시화로 인하여 하천의 오염이 날로 심해지며 용수의 부족도 일부 지역에서 발생되고 있다. 원수의 대부분을 하천수로 취수하는 상황에서 하천의 오염은 고도정수처리의 도입을 고려하여야 하나 이 방법 또한 모든 문제를 해결해 주지는 못한다. 따라서 기존 취수방식에 대한 개선 방안으로 대수층에 체류시켜 자연의 자정작용을 이용하여 원수 중의 오염물질과 독소를 제거한 후 취수하는 강변여과를 적용할 수 있다.

3. 강변여과 설치 시 고려사항

1) 하천표류수의 수질조건 검토

강변여과방식은 모래에 의한 여과와 미생물에 의한 분해과정으로 물을 정화하는 방법으로 강변여과에 적합한 하천 표류수의 수질을 정확하게 규정할 수는 없으며, 강변에서의 거리와 충적층의 토양 조건 등을 고려하여 결정할 수 있다.

2) 하천연변층의 오염저감능 검토

지하수 내 오염물질이 다공질인 지질매체를 통하여 이동 시 수리분산의 원리에 의하여 이동시간 및 농도변화를 예측할 수 있으며, 현장수리분산시험(주입상시험, 채수상시험), 실내수리분산시험(회분시험, 칼럼시험) 또는 실제 수질분석을 통하여 농도의 변화를 구할 수 있다.

3) 간접취수방식(강변여과 취수)의 적용이 가능한 입지선정 기준

강변여과 적용을 위한 적절한 토질조건의 제공 여부 등이 개발을 위한 전제조건이다. 강변여과 적용성은 수요처, 개발수량, 수질조건, 개발의 용이성에 따라 결정된다.

4) 비점오염원 관리방안

비점오염원은 농경지, 산림 등 넓은 면적을 가진 오염원으로부터 일정한 관로를 통하여 유입되지 않고 지하로 침투하거나 지표수로 유출되어 저수지, 하천, 해역 등으로 유입하는 오염원을 말한다.

5) 인근 지역에 미치는 영향 및 저감대책

(1) 영향

- 과잉양수에 의한 수원 고갈
- 지하수위 강하에 따른 지반침하
- 지하수위 변동에 따른 각종 재해 : 지표오염물질의 침투가 촉진, 수목, 식물의 고사, 염분의 증가, 생태계 변화.

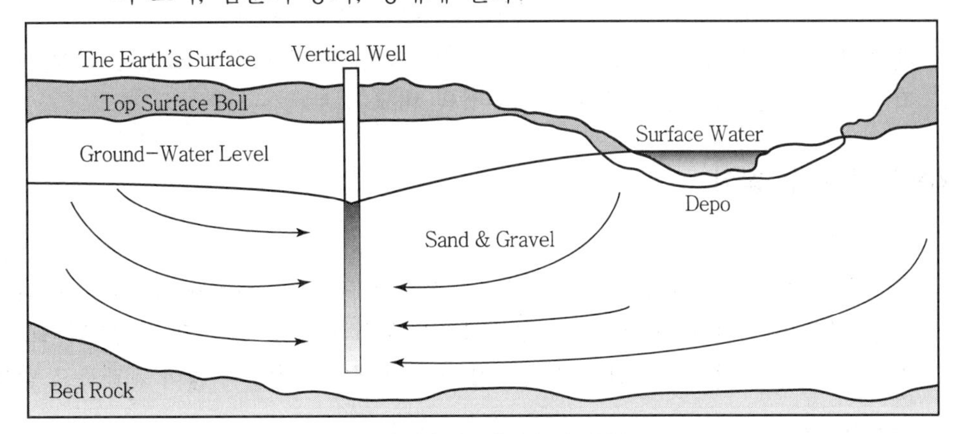

강변 여과수와 지하수의 흐름도

(2) 대책

양수 전에 수리모델링에 의한 지하수위 강하를 사전에 예측하여 적정 양수량을 결정하고 여기서 결정된 양수량으로 초기에 충분한 양수시험을 시행하여 주변 지하수위 강하량을 점검하는 것이 중요하다.

4. 강변여과수의 수질 특성

1) 수온의 균등 유지 : 겨울철에도 강물보다 수온이 높으므로 겨울철 정수처리공정에서 발생할 수 있는 암모니아 문제를 산화과정으로 제거할 수 있다.
2) 부유물질은 강변여과 과정에서 거의 제거되어 기존 공정에서 응집침전의 부담을 줄여준다.
3) 용해성 물질도 모래층에서 흡착, 침전되거나 미생물에 의하여 제거되어 하천표류수에 비해 DOC가 60~70% 감소된다.

4) 흡착이 잘 안 되는 물질과 난분해성 물질은 여과층을 통과해서 오랜 시간 침투하는 과정에서 희석되어 농도가 낮아진다.
5) 생물학적으로 쉽게 분해되는 물질은 침투과정에서 제거
6) 하천에서 오염사건이 발생한 경우에도 장기간 대수층에 저류하므로 미생물 분해 및 흡착에 의하여 독성물질 제거
7) 대장균과 일반 세균의 양이 직접 취수 시보다 월등히 적어서 소독 부산물에 대한 문제점 발생 여지가 적다.

5. 강변여과 개발방안

1) 개발시기 : 단계별로 개발하는 것이 좋다.
2) 개발 가능 지점 : 개발 가능 경로, 개발 가능한지를 조사한다.
3) 개발 가능량 : 한 관정당 양수량과 총연장을 고려한 개발 가능 총량을 산정한다.
4) 적정 개발방안 : 수직집수정, 수평집수정의 비교 검토

6. 강변여과 취수 방식

1) 수직집수정

직경 400~600mm 정호를 강변을 따라 1~2열로 배치간격 100~200m 기준으로 설치. 수평집수정에 비하여 취수량은 적으나 설치가 용이하고 유지관리가 간단하다. 또 강변 내에 시설물 설치가 간단한 장점이 있어 해외에서도 최근에 많이 채택하고 있다.

2) 수평집수정

직경 4m 정호를 굴착한 후 하부에 수평방향으로 길이 50~60m 내외의 수평 스트레이너를 방사형으로 설치하되 취수 효율성을 감안하여 지구의 중앙에 배치한다. 대용량을 취수할 수 있으나 유지관리가 복잡하고 강변 내에 설치 시 대형구조물이어서 설치가 어려우며 홍수 시 미치는 영향이 우려된다. 또 지하에 수평 방사선관을 부설해야 하므로 공사비가 과다하며 공사가 난이하다.

3) 비교 검토 및 선정

1개소 당 산출량은 수평집수정이 많으나 강변에 연하여 설치하여야 하는 국내에서는 시설물에 대한 제약과 동일한 양을 생산하기 위한 공사비, 유지관리의 용이성, 고장 시 문제의 대소 등을 감안하고 최근 해외에서 강변여과수 취수 시 주로 수직정호에 의한 취수시설을 도입하는 점을 고려하여 제방에 연하여 개발하는 지역에서는 수직정호에 의한 강변여과수 취수방식이 바람직함. 다만 강변여과수 개발이 국내에서는 초기라는 점을 감안하여 수평집수정을 1개소 정도 설치하여 시험운영해서 그 결과를 살펴보는 것도 적정한 방안으로 생각된다.

7. 복류수

강변여과수가 강변의 자연토층을 여과층으로 사용한다면 복류수는 하천 하부나 측부에 인위적인 여과층을 만들고 그 안에 집수매거를 매설하고 취수한다.

1) 복류수는 하천, 호소수가 저부나 측부의 사력층을 통과한 뒤에 집수매거에 집수된 여과수를 말한다.
2) 취수는 바닥의 모래층에 집수매거를 매설하여 취수하는데 매설깊이는 3~5m 정도가 적당하다. 집수매거 방향은 복류수 흐름 방향에 직각이 되도록 한다.
3) 어느 정도 여과작용을 거쳐 지표수에 비하여 수질이 양호하며 대개의 경우 침전지를 생략할 수 있다.
4) 이 복류수는 철분이나 망간 등의 광물질을 거의 함유하지 않는다.

8. 정수처리공정의 제시

외국의 사례와 수질시험결과를 분석하여 음용수 수질기준을 만족하는 공정을 제시한다. 강변여과수는 보통 망간성분과 색도가 문제가 되는데, 철은 모래여과로, 망간은 활성탄 시설의 설치로 제거할 수 있다. 강변여과수 취수 후 일반 정수처리공정 · 고도처리공정에서 약품투입단계를 줄여서 운전이 가능하다.

9. 적용 방안

강변여과수는 불의의 수질사고에 대응하기 유리하며 현재 정수처리공정의 문제점으로 대두되는 암모니아와 소독 부산물의 문제에 있어서도 기존 공정보다 유리하다. 강변여과수 개발이 직접취수 방안보다 취수공정의 개발비 및 유지관리비가 많이 소요되나, 하천표류수보다 양질의 원수 확보로 정수처리 단계를 줄여 생산단가를 줄일 수 있으며 시민의 맑은 물 요구를 충족시켜 타당성 있는 대안으로 생각된다.

66 | 인공함양(ASR) 방법을 기술하시오.

1. 인공함양의 정의

인공함양(ASR : Aquifer Storage and Recovery)이란 강변여과수, 복류수 사용 시 지표수(하천수)를 인공적으로 지하수대에 주입하여 장기간 함양을 통해 물리학적, 생물학적으로 정화한 후 수자원을 이용하는 방법이다.

2. 인공함양의 필요성

인공함양은 지하수나 강변여과수 이용 시에 자연 함양량을 초과하는 지하수 사용으로 인해 지하수가 부족하거나 지반침하 등 재해가 발생할 경우 부족분을 인위적으로 보충해주는 것이다. 지속적인 지하수 이용을 위해서는 적절한 지하수함양이 필요하고, 우리나라와 같이 연중 불균등한 강우량으로 인해 수자원확보에 어려움을 겪는 경우 안정적인 지하수 사용을 위해서는 적극적인 연구와 개발이 요구된다할 수 있다.

3. 인공함양의 방법

1) 인공함양의 시작은 유럽 및 미국에서 침투지 등에 의한 수질 정화 목적으로 사용되었으나 현재는 물수요 변동의 조정과 지하수위 저하의 억제를 목적으로 사용되고 있다.
2) 인공함양방법에는 침투형 지하수 함양시설 설치와 녹지정비, 산림과 논(畓)의 보전 등이 있다.
3) 침투형 지하수 함양방법에는 주입에 의한 우물법(직접 인공함양), 지표면에 근접한 곳에 침투시키는 확수법(간접 인공함양)으로 구분된다.
   (1) 우물법은 지하수체로의 염수침입방지, 지반침하대책 등에 주로 사용되며, 투수계수가 크고 지하수위가 낮은 지역에 활용이 가능하다.
   (2) 확수법은 침투지 설치를 위해 넓은 지역이 필요하여 도시지역에는 알맞지 않다.
   (3) 지표면의 식생피복면적이 침투율에 영향을 크게 주기 때문에 산림과 논(畓)을 보전하는 방법도 하나의 방법이다.

(4) 특히 우리나라의 경우 논은 인공함양과 습지의 조건을 모두 갖추고 있어서 (2008 람사) 자연 생태계 보전에 큰 역할을 담당하고 있어 곡물 생산 이외의 친환경적인 생태계 보전 차원에서 앞으로 이에 대한 적극적인 연구와 개선이 필요하다.

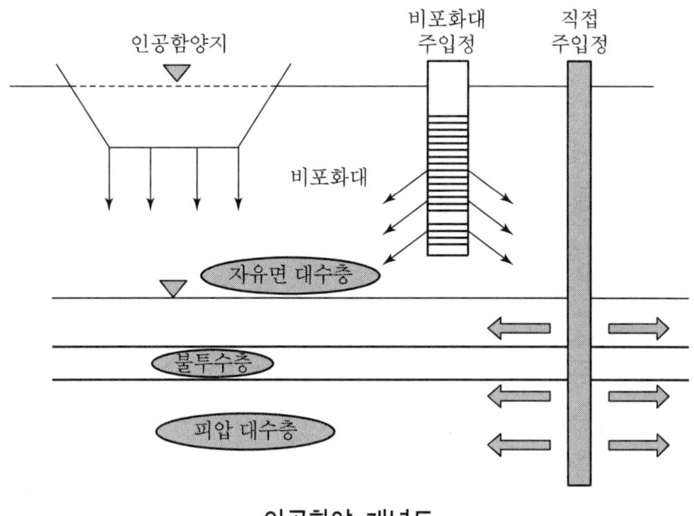

인공함양 개념도

4. 인공함양의 고려사항

1) 인공함양은 지하수 증강과 지하수 저류에 활용이 가능하며, 대수층의 지하 저수지로서의 특성을 이용하여 지하수 사용량을 지하수 유동량이상으로 증가시키는 것이 목적이다.
2) 일반적으로 각종용도의 계절적 잉여수 또는 하천의 우수기 때 물을 지하수로 저류하기 위하여 인공함양을 실시하는 것으로, 인공함양을 실시하여 지하수사용에 따른 지반침하에 미치는 영향을 줄일 수 있다.
3) 해안지역의 경우 다량의 지하수사용에 따라 지하수위저하 및 지반침하가 일어날 수 있으며, 염수침입으로 인해 음용에 부적합할 뿐 아니라 농작물의 피해가 우려된다.
4) 연안지역에서 지하수의 안정적이고 지속적인 사용을 위해서는 연안에 차수벽을 설치하는 방안과 인공함양정을 설치하여 지하수위를 상승시켜 염수침입을 방지하는 방법을 비교 분석할 필요가 있다.

5. ASR(Aquifer Storage and Recovery)

전 세계적으로 가장 일반적인 인공함양방식은 인공 침투지 활용방식(간접 인공함양)이며, 최근 들어서는 정호를 이용한 함양과 취수를 동시에 수행하는 직접 인공함양방식의 ASR(Aquifer Storage and Recovery) 방식이 미국을 중심으로 점차적으로 보급 중에 있다.

1) ASR 기술의 핵심은 수직 정호를 이용한 직접 함양과 취수를 동시에 수행하는 것이다.
2) 주입수가 불포화대수층과 포화대수층을 거치면서 물리적, 생물학적으로 오염물질의 제거가 이루어져 정화가 진행되어 양질의 수원을 얻을 수 있다.
3) 이 중에서 불포화 대수층은 상층부에서 호기성 미생물에 의한 유기물의 제거에 큰 기여를 하는 것으로 알려졌다.
4) 불포화대수층은 지역에 따라 다소 차이가 있지만 대략 1m/d의 투수율을 가지고 있어 완속여과장치로서의 역할도 한다.

차 한잔의 여유

비관주의자들은 모든 기회 뒤에 숨어 있는
한 가지 문제점을 찾아내고
낙천주의자들은 모든 문제점 뒤에 숨어 있는
하나의 기회를 찾아낸다.

67 | 지하수, 복류수원의 수량관리 및 수질관리방법에 대하여 설명하시오.

1. 지하수의 정의

넓은 의미의 지하수란 지표면 아래에 있는 모든 물을 지칭하며, 반대로 지표 위의 물은 지표수라고 부른다. 지하수는 지하의 공극이 공기와 물로 차있는 불포화대와 상부의 물이 불포화대의 공극을 통하여 투수된 후 불포화대의 하부에 있으면서 모든 공극이 물로만 가득 차 있는 포화대로 분류한다. 포화대에 존재하는 지하수야말로 우물이나 샘물로서 이용가치가 있으며, 일반적으로 말하는 지하수를 의미한다.

2. 복류수(강변지하수)의 정의

복류수란 하천 바닥의 사력층을 흐르는 물을 말하며 지표수가 여과층을 거쳐 모아진 물로 지표수보다 양질의 수질을 갖는다. 일반적인 복류수는 인공의 여과층 하부에 매립된 집수매거를 통하여 집수된 물을 말하며 강변지하수는 지표수가 강변의 자연 대수층을 통하여 여과(체류)된 물을 깊은 우물형식(수직정)으로 취수하는 지하수를 말한다.

이 강변여과수는 표류수가 취수정까지 도달하는 시간을 길게 하여 대수층을 통과하는 동안에 토양에 의한 흡착과 미생물에 의한 분해, 그리고 빛과 공기가 없는 상태에서 세균을 사멸하게 하여 양질의 원수를 확보하는 방법으로 최근에 지표수의 오염에 대응하기 위해 적극적으로 활용을 시도하고 있다.

3. 지하수와 복류수의 특징

지하수와 복류수는 거의 동일한 특성을 가지며 지하수는 자연적으로 얻어진 것이며 보통 깊은 하부에 위치하고 복류수는 인공적으로 여과층을 만들고 지표수를 이 여과층을 거쳐서 취수하는 것으로 얕게 위치한다. 강변여과수는 자연 대수층을 여과층으로 이용하는 것으로 인공적인 지하수 개념을 갖는다. 그러므로 지하수와 복류수, 강변여과수는 비슷한 성질을 갖으면서도 채수 깊이에 따라 약간의 다른 특성을 갖는다.

4. 지하수와 물의 순환

1) 물은 지표수와 지하수의 형태로 연속적으로 유동하는데, 이것을 물의 순환(Hydrologic Cycle)이라 하며, 이러한 물의 순환 개념을 잘 이해하여 수자원 활용 및 보전·관리를 위한 체계적이고 효율적인 계획을 세우고 자연환경에 순응하며 추진해 나가야 한다.

2) 물의 순환

물은 지표면 또는 바다 표면, 식물 등으로부터 증발하고, 증발된 수분은 구름을 형성하고, 구름은 다시 빗물로 되돌아온다. 빗물은 지표면을 적시고 지표수로 흐르며 다음에는 지하로 침투하여 지하수로 흐른다. 지표하부 포화대 내의 지하수는 아래로 또는 옆으로 이동하여 산사면이나 샘으로 배출되거나, 하천·호수·해양의 바닥으로 스며 나온다. 지표유출이나 지하수의 배출로 인해 바다에 도달한물은 다시 증발하게 되고, 이로써 물의 순환은 계속된다.

5. 지하수(복류수)의 수원으로서의 특징

1) 온도가 계절에 관계없이 거의 일정하며 화학적 용존물질(미네랄 등)이 토양특성에 따라 비교적 안정되고 일정하다.
2) 투수층을 거치면서 여과되고 자연정수되어 세균이 없고 유기물이 적어 원수로서 양호하다.
3) 기후변화에도 지하수의 양이나 수질이 거의 일정하고 방사능이나 생물학적 오염 우려가 적다.
4) 대체적으로 지역 제한이 없고 비교적 쉽게 지하수를 개발할 수 있다.
5) 대부분의 지역에서 암반층 하부에 지하수가 존재하며 충분한 양의 지하수를 얻기가 곤란하고 상대적으로 유지관리비용이 많이 든다.
6) 지하수는 지표수보다 암반특성에 따라 특수하고 많은 양의 용존고형물(TDS)을 가지고 있다.

6. 지하수의 수량관리방법

지하수도 물 순환계의 한 부분으로서 대기오염, 지표수오염, 토양오염 등 외부의 환경 오염 요인과 무관할 수 없으며, 무분별한 개발과 과다 양수 등에 따른 각종 지하수 재해로부터 그 환경이 결코 자유로울 수 없기 때문에 수량과 수질이 영구히 변하지 않도록 최적의 상태로 개발 이용되어야 할 것이다.

1) 막대한 양의 지하수 부존량에 비해 강수에 의한 연간 지하수 함양량(보충량)이 적다는 사실은 수년 동안 비가 오지 않고 가뭄이 계속되더라도 지하심부에 부존된 지하수는 강수의 지하함양에 크게 영향을 받지 않음을 의미한다. 또한 지하에서 그만큼 체류시간이 길어짐을 의미한다.
2) 일반적으로 심층지하수의 부존량과 산출량은 강수의 영향을 거의 받지 않는다. 따라서 이러한 심부지하수가 일단 한번 오염되면 오염된 지하수가 자연의 자정작용에 의해 원상회복되는 데는 수십 년에서 수천 년이 걸릴 수도 있는 것이다.
3) 무분별한 개발과 과잉양수에 따른 지하수의 수위저하는 지반침하, 지하수고갈, 오염물질의 유입, 해수침입 등의 지하수환경재해를 유발하게 된다.
4) 이를 방지하기 위한 지하수 수량관리 방법은 신규개발시설은 법이 정한 바에 따라 사전에 지하수영향조사를 반드시 시행하여야 하며, 부존 지하수시설은 시설별로 적정 양수량을 지정, 계측과 기록을 의무화하도록 철저히 관리하고, 주변 관정에 과다한 영향이 우려될 때는 이용량을 제한하거나 또는 시설폐쇄 조치 등이 필요하다.

7. 지하수의 수질관리방법

지하에 장시간 체류하고 한번 오염되면 회복이 거의 불가능한 지하수의 특성상 적합한 지하수를 지속적으로 이용하기 위해서는 지하수 수질관리를 철저히 해야 한다.

1) 지표 또는 지하로부터 오염물질의 유입을 방지하기 위하여 지하수법이 규정한 오염방지시설을 설치해야 한다.
2) 기존 지하수시설의 오염을 유발할 수 있는 지하 또는 지상시설물의 신축허가를 제한해야 한다.
3) 또한 오염원으로부터 지하수를 보호하기 위하여 오염원의 격리방안도 강구하여야 한다.
4) 이미 오염된 지하수의 정화처리는 시간과 비용이 많이 들뿐만 아니라 고도의 기술이 요구된다. 오염된 지하수의 정화방법은 물리적 처리공법, 수리역학적 처리공법, 현장처리공법, 원위치처리공법 등이 있다.
5) 지하수는 연간 1~5m 정도로 매우 서서히 이동하는 속성을 지니고 있기 때문에 지하저수지의 역할을 하는 대수층이 한 번 오염되면 오염물질은 대수층 내에서 반영구적으로 잔존하여 지하 생태계를 파괴하여 후대에게 오염된 지하수자원을 물려주게 된다. 따라서 많은 시간과 비용을 감수하더라도 반드시 회복시켜야 한다.

8. 강변 여과수의 수질오염 문제 및 대책

1) 강변 여과수의 장단점

- 계절별로 수온의 변동이 적고 홍수 시나 갈수기에도 수량과 수질이 안정적이다.
- 정수과정에서 약품의 사용량이 적고 슬러지 발생량도 적다.
- 돌발적인 수질오염 사고 등에 영향을 적게 받고 안정적인 원수공급이 가능하나 한번 오염되면 회복이 힘들다.
- 국내의 기술 개발과 적용 실적이 부족하여 초기의 비용손실 위험성이 있다.
- 취수정 주변의 경작에 따른 비료와 농약으로 수질 오염의 위험성이 있다

2) 강변 여과수 수질의 평가

- 표류수였던 강변지하수는 대수층에서 환원조건으로 바뀌면서 질산염, 아질산염, 산소는 거의 없어지고 황산염의 농도는 절반정도 줄어들며 홍수로 인한 고탁도 시에도 수질에 영향을 받지 않은 것으로 조사되었다.
- 강변지하수는 철, 망간, 암모니아성 질소 등만 처리하면 먹는 물 수질기준을 만족할 수 있다.
- 강변여과수는 지표수를 직접 정수한 상수보다 경도와 증발잔류물이 높게 검출되는 편이며 이는 암반 지하수에서 비교적 높게 검출되는 현상으로 인체에 유용한 미네랄을 공급하는 측면이 있다.

3) 예상되는 문제점

- 취수정 주변 경작으로 인한 농약, 비료 사용문제
- 취수정 사용가능기간 : 여과 토층의 분석을 잘못한 경우 일정 시간 토층 투수량 감소와 철, 망간의 성분에 의한 취수정 스트레나와 수중 모터펌프 슬라임 현상으로 인하여 취수량의 감소 현상이 발생되는 경우가 있어 일정 간격마다 우물 청소가 필요하다.

4) 대책과 개발의 방향

- 취수정 주변의 경작지 보상 등으로 경작 금지 유도
- 취수정 사용 가능 기간 문제 : 어느 정도 사용 후 취수량이 극히 적은 취수정을 버리고 인근에 취수정을 새로이 설치하는 방안, 우물청소의 방법도 약품처리, 폭파공법, 단순세척 등이 연구, 소개되고 있으므로 적합한 방법 선정
- 소형의 수직정 만으로는 많은 양의 취수량 확보와 유지관리에 어려움이 예상되어 방사형 수평 집수정을 개발하여 병용 운영하면서 충분한 연구와 분석이 요구된다.

68 | 지하수 취수를 위한 수문 지질조사에 대하여 설명하시오.

1. 개요

지하수 취수를 위한 예비 조사 후에 실시하는 수문 지질조사에는 지표지질조사, 전기탐사, 탄성파탐사, 시추조사, 전기검층 등이 있지만, 이들의 조사에 의하여 조사지역의 지질구조, 지층의 계면 및 투수성의 양부 등을 파악하여 대략적인 지하수 부존량을 확인한다.

2. 수문 지질검사

1) 지표지질조사

지형, 지질자료를 기초로 하여 지표를 답사하고 해머나 클라이노미터를 사용하여 지층의 주향이나 경사를 측정하여 극히 개념적인 지형, 지질을 파악한다.

2) 전기탐사

땅속에 전류를 통하여 지층의 겉보기 비저항을 측정하고 지질구조와 지하수위를 개념적으로 확인하는 방법이다. 이 비저항법에는 수평탐사법과 수직탐사법이 있다.

(1) 수평탐사법은 복류수 등 극히 얕은 부분의 대수층 지하수에 대하여 2개의 전류전극과 2개의 전위전극을 직선상에 각각 일정한 간격을 유지하며 그 간격에 해당되는 깊이의 비저항을 측정하는 방법으로 수많은 측점을 선정하여 조사한다.

(2) 수직탐사법으로는 수평탐사법과 같이 4개의 전극을 이용하여 우선 전극간격을 어느 간격으로 유지하고 그 간격에 해당하는 깊이의 지층에 대한 비저항을 측정한다. 다음에 그 간격을 점차 길게 잡아서 각각의 간격에 해당되는 깊이에 대한 지층의 비저항을 측정한다. 이 탐사법은 특히 연약지반의 조사에 유효하고 지표의 전극설치조건이 좋은 경우에는 심도 300m 정도까지의 개략조사도 가능하다.

3) 탄성파 탐사

지중에서 화약을 폭발시켜서 폭발에 의하여 생기는 탄성파의 전파속도에 의해 지질구조를 개념적으로 조사하는 방법이다. 고결도가 높은 지층의 탐사에 알맞고 기반의 심도가 얕은 경우나 암장수의 조사에 이용된다.

4) 시추조사

이 조사는 확실한 지질시료를 채취하기 위하여 하는 것이며 다음에 설명하는 전기검층을 병용함으로써 지층의 계면이나 투수성의 양부를 확인할 수 있다.

5) 전기검층도

착정공에 전극을 내려 보내고 착정공 내의 겉보기 비저항과 자연전위를 측정하여 그 비저항치와 깊이, 자연전위와 깊이와의 관계를 나타내는 것을 전기검층도라고 한다. 이 그림을 해석하여 지층의 성질, 깊이, 두께를 판정하고, 아울러 대수층의 개략을 파악하는 방법이다. 또 지층의 비저항측정방법에는 2극법, 3극법, 4극법 등이 있지만, 일반적으로는 2극법이나 4극법을 이용한다.

3. 수리검사(시험정에 의한 확인)

전기탐사나 그 밖의 조사결과에 따라 시굴지점을 선정하고 가장 조건이 좋은 지점 몇 개소를 선정하여 시험정을 굴착하고 각층을 시험하는 것이 바람직하다.

1) 시험정의 굴착

이 시험정은 단순한 지질이나 지하수의 개략적인 상황을 알기 위한 것이 아니라 어디까지나 정확한 양수시험을 할 수 있는 구조여야 하기 때문에 직경은 적어도 150mm 이상으로 한다. 또한 필요에 따라 시험정의 주위에 몇 개의 수위관측정을 뚫고 시험장의 양수시험에 따라 생기는 시험정 주변의 지하수에 대한 수위 변화를 관측한다. 이에 따라 단지 양수할 수 있는 가능 양수량을 파악하는 것뿐만 아니라, 주변의 기존 우물에의 영향정도도 조사하여 착정의 상호 간에 적절한 간격을 결정하는 자료로도 사용된다.

2) 각층 시험

대수층들은 각각 고유의 다른 압력을 가지고 있고, 또한 수질도 각각 다른 경우가 있다. 종래의 우물은 조금이라도 수량을 많이 확보하기 위하여 여러 층을 채취하여 왔지만, 향후에는 수량, 수질 및 개개의 대수층 수위의 면에서 채수층을 적절히 선택할 필요가 있다. 따라서 시험정의 단계에서 각층의 시험을 실시하는 것이 바람직하다. 각층의 시험은 다음과 같이 한다.

(1) 굴착이 대수층에 도착하면 또한 약 5m 정도 굴진한 곳에서 굴착을 중지하고 첨단에 0.7~1.0m의 길이의 스크린을 붙인 케이싱(구경 100mm)을 일시적으로 나공 내에 내려 보내고 스크린의 바깥쪽에 자갈을 충전하며 그 상부에 생점토를 투입하여 차수한다.

(2) 다음에 케이싱 내에 수중모터펌프 또는 공기관을 내려 보내고 펌프양수 또는 에어리프트(Air Lift)양수를 계속한다. 양수한 물이 완전히 맑아진 시점에서 수질검사를 위하여 채수한다.

(3) 양수를 정지하고 시간이 충분히 경과하였을 때에 양수관 내의 자연수위를 측정하고 투입한 케이싱과 스크린을 빠르게 끌어올린 다음 나공의 밑바닥에 침강된 충전자갈과 생점토를 제거하고 굴착을 계속한다. 이하 계속하여 다음 대수층에 도달할 때마다 같은 작업을 되풀이한다.

69 | 지하수 취수에서 양수량의 결정방법을 설명하시오.

1. 개요

양수량의 결정은 한 개의 우물에서 계획취수량을 얻는 경우의 적정 양수량은 양수시험에 의해 판단하며 여러 개의 우물(기존 우물 포함)에서 계획취수량을 얻는 경우에는 우물 상호 간의 영향권을 고려하고 양수시험과 부근 우물의 수위관측으로 수위가 계속하여 강하하지 않는 안전 양수량으로 한다.

2. 양수량 결정 시 고려사항

지하수의 취수는 지반침하 등 환경에 영향을 심각하게 주지 않도록 해당 지역의 지하수에 대한 물수지를 고려해야 한다.
그러나 실제로는 대수역(帶水域 : 水盆)의 실태를 파악하고 물수지를 구하는 것은 쉽지 않으며 오랜 세월 동안 자료를 축적하는 것이 필요하다.

3. 각종 양수량의 정의

1) 최대양수량
양수시험의 과정에서 얻어진 최대의 양수량

2) 한계양수량
단계양수시험으로 더 이상 양수량을 늘리면 급격히 수위가 강하되어 우물에 장애를 일으키는 양

3) 적정양수량
한계양수량의 80% 이하의 양수량으로 이론적인 적정 양수량

4) 경제적 양수량
한계 양수량의 70%정도(관개용 90%, 공업용 50%)로 경제성을 고려한 적정 양수량으로 관정호의 수명이나 수질 등을 고려할 때 가장 적합한 양수량으로 단독 취수정일 때 현장에서 주로 적용한다.

5) 안전양수량
1)~3)은 우물 한 개마다의 양수량이지만, 안전 양수량은 대수역(水盆)에서 물수지에 균형을 무너뜨리지 않고 장기적으로 취수할 수 있는 양수량

4. 양수시험에 의한 양수량의 결정

1) 단계양수시험에 의하여 한계양수량이 구해진 경우에는 그 70% 이하의 양을 적정 양수량(경제적 양수량)으로 하고 취수우물로 사용해도 된다. 한계양수량이 구해지지 않은 경우라도 양수시험을 한 범위 내에서 계획취수량을 얻을 수 있으면 취수우물로 사용할 수 있다. 시험용의 펌프능력이 적기 때문에 한계양수량이 구해지지 않고 더구나 양수시험을 할 때의 최대양수량이 계획취수량을 만족하지 않은 경우에는 대수층을 시험한다.
2) 계획취수량이 한 개의 우물로 얻어지지 않는 경우 : 수리공식에 의하여 영향권을 시험 계산하고 우물의 배치를 충분히 고려하여 취수우물의 수를 결정한다.

5. 각종 양수량 공식

1) 굴착정(Artesian Well) 우물식(지하수가 우물바닥에서 유입하는 경우)

$$Q = 4k\ r_o(H - h_o)$$

Q : 양수량
k : 투수계수
r_o : 우물 반지름
H : 양수 전 수위
h_o : 양수 후 수위

2) 자유수면(얕은 우물) 우물식(Thiem 식)

$$Q = \frac{\pi k}{2.3} \cdot \frac{H^2 - {h_0}^2}{\log_{10}\frac{R}{r_0}}$$

3) 대수층 피압 수면(깊은 우물) 우물식(Thiem식)

$$Q = 2\pi\ kb(H - h_o)/\ln R/r_o$$

Q : 양수량 k : 투수계수
r_o : 우물 반지름 b : 대수층두께
H : 양수 전 수위 h_o : 양수 후 수위
R : 영향원(Influence Circle)

70 | 단계 양수시험과 채수층의 결정법을 설명하시오.

1. 개요

양수시험은 채수층의 특성과 양수우물의 성능을 조사하기 위하여 시험하는 것으로 단계양수시험 및 대수층시험 등이 있다. 채수층은 굴착 중에 얻은 지층이 변할 때마다 채취한 지질시료, 굴착 중인 점토수(Drilling Mud)의 양적인 변화와 질적인 변화, 용천수 또는 일수(Spill Water) 등의 유무, 전기저항탐사의 결과 자료를 참고로 선정한다.

2. 단계양수시험

1) 목적

한계양수량 및 비용천수량을 구하기 위하여 시험한다.

2) 방법

양수량을 몇 개의 단계(일반적으로 6~7단계)로 나눠서 하나의 단계에서 몇 시간 동안 양수를 계속하여 수위가 안정되었다면, 다음 단계의 양수량으로 증가시킨다. 다시 수위가 안정될 때까지 양수를 계속하여 수위가 안정되면 다음 단계로 이행한다. 이 작업을 몇 번 되풀이하여 양수량과 수위강하량과의 관계를 양대수 방안지에 그린다. 양수량이 적은 단계에서는 각 점을 연결하면 거의 직선으로 된다. 양수량이 증가하면 변곡점 A를 가지며, 이 변곡점에 상당하는 양수량을 한계양수량 Q_c라고 한다. 또 대수층의 용천수량이 지극히 커서 시험용의 펌프능력을 상회하는 경우에는 변곡점까지 달하지 않으며 한계양수량을 구하는 것은 불가능하다.

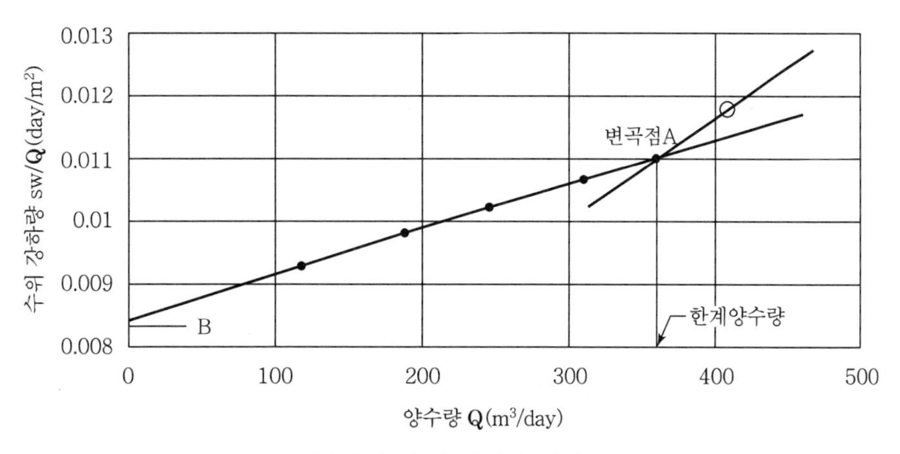

양수량과 수위 강하량 관계도

3. 대수층시험

대수층시험에는 ① 일정량연속양수시험과 ② 수위회복시험이 있다. 또 대수층시험을 하기 위해서는 관측정을 필요로 하는 경우도 있다.

1) 목적

대수층의 성질과 상태, 즉 투수량 계수 T, 투수계수 k 및 저류계수 S를 구하기 위하여 시험한다.

2) 방법

(1) 일정량연속양수시험은 한계양수량을 밑도는 양수량을 정하고 그 양수량으로 연속시험하여 수위강하량과 시간과의 관계를 양대수 방안지에 그려서 수위강하량의 차 Δs를 구하기 위한 시험이다.

(2) 수위회복시험은 (1)의 일정량 연속양수시험이 종료되고서 그다음 회복되는 수위와 시간과의 관계를 기록하는 실험으로, 잔류회복수위(원수위와 회복수위와의 차) s′와 t/t′의 관계를 편대수 방안지의 산술눈금과 대수눈금에 각각 표시하여 t/t′~ s′ 곡선을 그려 ①과 같은 조작으로 Δs를 구하기 위한 시험이다.

(3) 양수시험의 수위측정 간격

양수시험의 수위측정간격은 양수개시 또는 정지후의 시간과 양수정 측정시간, 관측정 시간 등을 고려하여 실시한다.

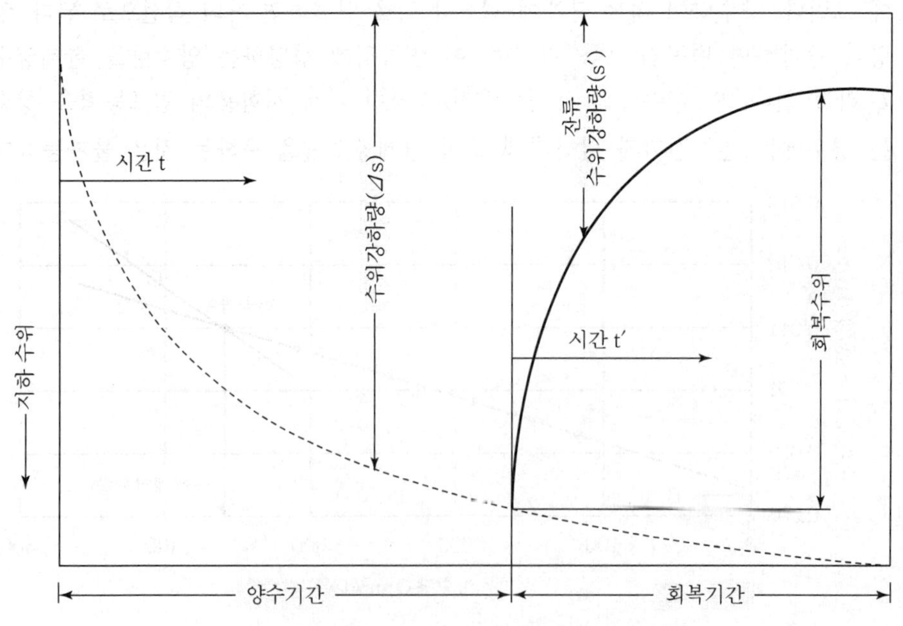

일정량 연속 양수시험과 수위회복시험

4. 채취한 지질시료

깊은 우물을 굴착할 때에 점토수 굴착법(Drilling Mud Excavation Method)을 사용하는 경우에는 점토수(Drilling Mud)를 펌프로 압송하며 지층의 붕괴를 방지하면서 나공상태로 소정의 깊이까지 굴착한다. 따라서 굴착 중에 대수층의 수량이나 수질을 확인하는 것은 불가능하다. 따라서 각 지층의 대표적인 시료를 500g씩 채취하고 될 수 있으면 체가름시험을 하여 지질의 경연(硬軟) 등을 고려하여 지층 주상도를 표현한다.

5. 일수(Spill Water) 등의 유무

굴착 중에 사용하는 점토수의 수위가 용천수 또는 일수(Spill Water)에 의하여 현저히 변화하는 현상은 굴착 중인 지층이 투수성을 갖고 있다는 증명이기 때문에 주상도에 그 위치를 기록해두고 채수층을 결정하는 하나의 수단으로 한다.

6. 전기저항탐사

지질주상도의 정밀도는 굴착방법이나 현장기술자의 기술능력에 의하여 개인차가 있지만, 이것을 객관적으로 시험하는 방법으로 전기검층법이 있다.
일반적인 지층의 비저항은 다음과 같다.

1) 자갈층인 경우, 200~500Ωm
2) 모래자갈층인 경우, 150~300Ωm
3) 모래층인 경우, 100~150Ωm
   • 채수층의 조건으로서는 1)이 가장 좋고, 그다음 2), 3)의 순서이다.

7. 채수층의 결정법

1) 채수층의 결정은 이상과 같은 다각적인 관찰에 의하여 이루어지지만, 앞의 설명과 같이 종래에는 가능한 한 다량의 물을 채취하고자 하는 대수층이라면 어떠한 위치에도 스크린을 삽입하여 소위 다층에서 동시에 채수하는 우물이 많았다.
2) 그러나 대수층은 각각 다른 압력을 가지고 있으며 장소에 따라서는 스크린을 삽입하였기 때문에 반대로 그 부분으로 다른 대수층의 지하수가 빠져나가서 오히려 소요수량을 얻을 수 없는 경우도 있다.
3) 따라서 채수층을 결정하는 경우에는 가능한 한 투수성이 좋고 수질이 양호하며 수위가 안정되고 양호한 대수층만을 선택하여 스크린을 설치한다.

71 | 다음은 지하수 취수 시의 자유수면 우물식(Thiem 식)을 나타낸 것이다. 단, 이 경우 지질이 균일하고 함수층이 무한이 넓으며 양수개시 전의 지하수면이 수평이고 지하수는 모든 방향에서 균등하게 우물에 유입된다. 바닥은 불투수층이고 수평일 때, 아래 식을 유도하시오.

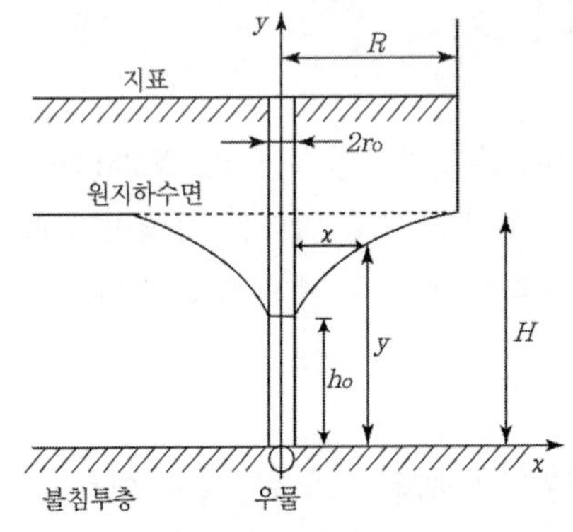

자유수면 우물 개략도

$$Q = \frac{\pi k}{2.3} \cdot \frac{H^2 - h_0^{\ 2}}{\log_{10}\dfrac{R}{r_0}}$$

여기서, Q : 양수량, k : 투수계수,
r_o : 우물 반지름,
H : 양수전 수위,
h_o : 양수 후 수위,
R : 영향원(Influence Circle)

☞ **풀이 : 달시공식** $Q = av$

$a = \pi 2xy$(원통 옆면적) $\quad v = k\ dy/dx \quad Q = av = \pi 2xy\ k\ dy/dx$

$Q\ dx/x = \pi 2\ k\ y\ dy$

적분하면 $Q \ln x = \pi k\ y^2 + C$ ……… (1)

$x = r_o$일 때, $y = h_o$이므로

$C = Q\ln r_o - \pi k h_o^{\ 2}$이므로 (1)식에 $y = H,\ x = R$ 대입

$Q\ln R = \pi k\ H^2 + Q\ln r_o - \pi k\ h_o^{\ 2}$

$\pi k H^2 = Q\ln R - Q\ln r_o + \pi k h_o^{\ 2}$

$\pi k\ H^2 = Q\ln R/r_o + \pi k\ h_o^{\ 2}$

$Q\ln R/r_o = \pi k(H^2 - h_o^{\ 2})$

$Q = \pi k\ (H^2 - h_o^{\ 2})/\ln R/r_o \qquad Q = \pi k\ (H^2 = h_o^{\ 2})/2.3\ \log R/r_o$

$$Q = \frac{\pi k}{2.3} \cdot \frac{H^2 - h_0^{\ 2}}{\log_{10}\dfrac{R}{r_0}}$$

72 | 해수침입(Seawater Intrusion)

1. 정의

해수침입이란 해안가에서 해수가 지하수에 침입하여 지하수의 염분농도가 증가하는 현상을 말한다.

2. 해수침입의 원인

해수침입은 해수면의 상승과 지하수위의 감소 등으로 발생한다. 특히 최근 기후변화와 함께 해수면 상승과 연안지역 도시화로 인한 불투수면적 증가, 지하수 이용량의 증가 등으로 인한 지하수위의 하강 등으로 인하여 해수침투 피해가 발생하고 있다.

3. 해수침입의 영향

기후변화와 함께 해수면 상승이 가속화될 경우 더 큰 해수침투 피해가 발생할 것으로 예상되고, 해수면 상승으로 인한 해수침투현상의 악화를 초래하게 되어 해안지역의 지하수와 토양수의 염분농도를 높이게 되며 염수가 섞인 지하수면이 높아져 작물에 염해피해를 끼칠 수 있다.
우리나라의 해수면 상승률은 평균 2.48mm/yr로, 해역별로 남해, 동해, 서해의 해수면 상승률은 각각 2.89, 2.69, 1.31mm/yr로 나타났다. 해안지역의 지하수-해수면의 수위차와 해수위의 비율을 다르게 적용하였을 때, 지하수위가 낮을수록 해수가 내륙으로 더 깊이 들어오는 것을 알 수 있다.

4. 대책

1) 해수침입은 해수면을 감소시키거나 지하수위를 상승시켜야 하는 데 해수면 감소는 인위적으로 어렵고, 현실적인 대책은 염수를 제거하거나 지하수위를 높이는 것이다.
2) 인공함양은 지하수위를 상승시키고 인공함양의 수원으로 지표수, 지하수, 처리된 오수 등을 이용할 수 있다. 인공주입정을 이용하여 담수주입유량과 주입주기, 거리에 따라 염수쐐기를 제어할 수 있다
3) 지하수위관리와 해수침입을 관리하기 위한 국가지하수관측망, 지하수위관측소, 해수침투관측소를 설치하여 관리한다.
4) 물리적 차수벽설치는 해수침투 피해지역의 지하에서 해수쐐기에 낮은 투수성을 갖는 벽을 설치하여 해수의 침투를 물리적으로 막는 방법이다.
5) 관측공을 설치하여 지하수의 전기전도도를 측정·관리한다. 전기전도도는 연간 약 1,100~1,400μS/cm일 때 답작이 가능하다.

73 | 가이벤-헤르츠베르크의 법칙

1. 정의

가이벤-헤르츠베르크의 법칙(Ghyben-Herzberg Principle)이란 해수와 담수의 밀도 차이에 의한 정역학적인 관계를 정의하는 원리로 담수와 해수의 경계면에서 지하수 두께를 나타낼 수 있다.

2. 가이벤-헤르츠베르크의 법칙에 의한 지하수위 관계식

$$Zs = \frac{\rho f}{(\rho s - \rho f)} \times Zw$$

여기서, Zs : 해수면 아래 담수 지하수체의 두께

Zw : 해수면 위 지하수위의 높이

ρs : 해수의 밀도

ρf : 담수의 밀도

3. $Zs = 40Zw$ 원리

일반적으로 담수의 밀도는 1.000g/cm^{3}이고, 해수의 밀도는 1.025g/cm^{3}이므로 가이벤-헤르츠베르크의 법칙에 의하여 위 식에 대입하면 해수면 아래 담수 지하수체의 두께(Zs)는 해수면 상부 지하수위의 높이(Zw)의 40배, 즉 $Zs = 40Zw$(G-H Ratio)가 되어 담수 지하수체는 해수면 상부 지하수위 높이의 40배에 해당하는 깊이까지 부존하는 것을 의미한다.

$$Zs = \frac{\rho f}{\rho s - \rho f} Zw = \frac{1.000}{1.025 - 1.000} Zw = 40Zw$$

4. 해수와 담수 경계면에서의 지하수 모식도

아래 그림에서 육지의 강우(담수)가 해수로 유입되면 불두수층을 만나 해수 쪽으로 내려가면 밀도차로 담수체가 해수 상부에 렌즈상으로 떠 있는 기저지하수 구간과 퇴적층 위에 위치한 준기저지하수 구간으로 구분된다.

1) 상위지하수(High-level Groundwater)

상위지하수는 저투수층 상부에 고여 있는 일종의 부유지하수(Perched Water)로서 비포화대 내에 단속적으로 분포하여 다른 대수층과 수리적으로 연결되지 않는 지하수로 정의된다.

2) 기저지하수(Basal Groundwater)

기저지하수는 해수와 담수와의 비중 차이에 의해 담수체가 해수 상부에 렌즈상으로 부존하고 있는 지하수로서 가이벤-헤르츠베르크의 법칙이 적용되며 기저지하수는 상위 지하수와 달리 렌즈상의 담수체 상하부가 항상 유동상태에 있으며 담수체의 수축에 따라 해수의 수평적, 수직적 운동이 일어난다.

3) 준기저지하수(Parabasal Groundwater)

준기저지하수는 담수 지하수체의 하부가 퇴적층위에 있어 해수와의 직접적인 접촉이 차단되어 Ghyben-Herzberg 법칙이 적용되지 않는 지하수체를 의미하며, 평균 해수면 상부에 위치하는 경우(상부 준기저지하수)와 평균 해수면 하부에 위치하는 경우(하부 준기저지하수)로 분류 할 수 있다.

4) 기반암지하수(Basement Groundwater)

기반암지하수는 저투수성 퇴적층 하부에 위치하는 화강암, 용결응회암 등의 기반암 내에 발달된 파쇄대나 절리 등의 유효공극 내에 부존하는 지하수로 심부지하수로 정의되며, 지하수의 수질이나 채수가능량은 기반암의 구성광물과 지질구조에 따라 영향을 받는다.

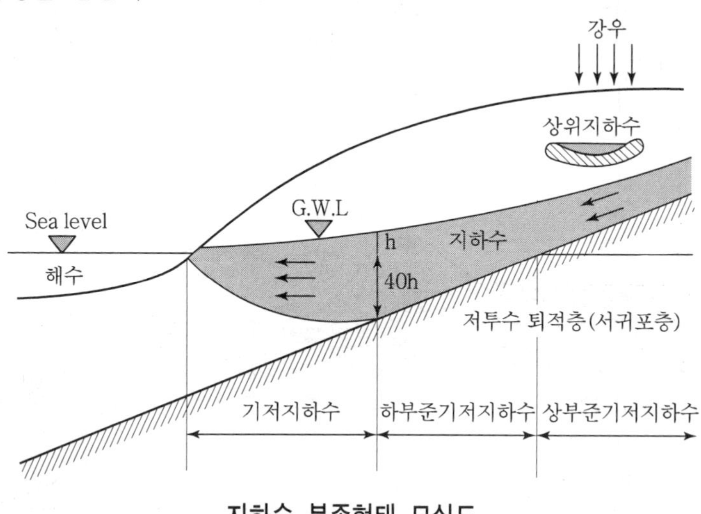

지하수 부존형태 모식도

74 | 빗물에서 바닷물까지 가는 물순환(TDS 기준)의 사이클을 그림으로 그리고 설명하시오.

1. 수자원의 구성

1) 육지상 총량 0.769%
   (1) 지표수 : 담수호 0.009, 염수호 0.008, 하천 0.0001
   (2) 지하수 : 토양수 0.006, 지하수(800m 이내) 0.373, 심층지하수 0.373

2) 만년 빙하 1.76%
3) 대기층 0.001%
4) 해양 97.47%

2. 지구의 물순환

증발(해양, 지표, 호수) → 강우 → 지표면(하천, 지하수, 저수지), 해양 → 저수지, 지표수 → 정수장 → 상수 → 하수 → 하수처리시설 → 하천방류 → 해양

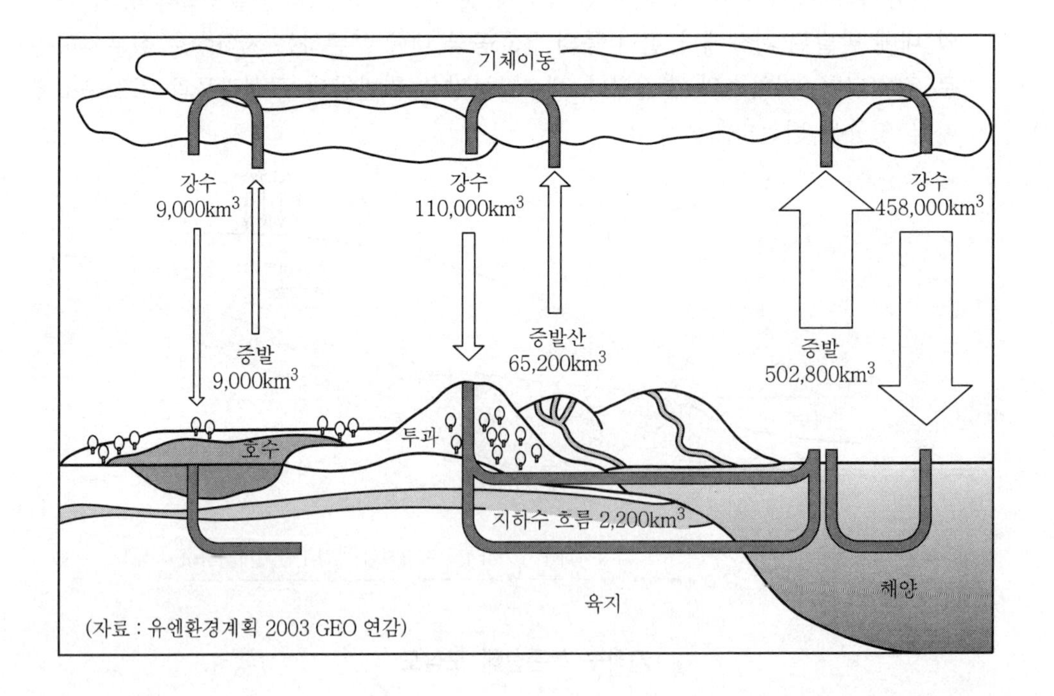

(자료 : 유엔환경계획 2003 GEO 연감)

3. TDS 정의

1) TDS는 Total Dissolved Solid(총용존고형물)의 약자로서 오염된 물을 여과지에 여과 시켰을 경우 여과지에 걸러지는 것을 TSS(Suspended Solid 부유물질)라고하며 여과지를 통과한 용액 속에 있는 용해된 물질을 바로 용존고형물(TDS)이라고 한다.
2) TDS란 물속에 용해된 미네랄, 염분, 금속, 양이온, 음이온을 말하며 이것은 순수한 물 이외 물속에 포함되어 있는 용해성 물질을 말한다. 일반적으로 TDS 농도는 물속의 양이온과 음이온의 총 합계를 말한다.

4. 물의 순환과 TDS 의미

TDS란 물속에 용해된 미네랄, 염분, 금속, 양이온, 음이온 등의 무기물로서 강우 및 지하수 등 물순환에 의해 이 모든 성분이 지구를 순환하며 식물성장과 동물의 생명유지에 직접적인 관계를 한다. 유기물(탄수화물)의 순환이 에너지의 순환 이라면 무기물의 순환은 유기물 순환의 필수 조건들이다.

5. 수중의 TDS 정도

1) 증발수

   증발하는 수증기는 이론적으로 TDS가 0이다.

2) 강우

   공기 중의 빗물은 이론적으로는 TDS가 0이나 공기 중의 미세먼지 등을 용해하여 강하하므로 지역에 따라 상당한 TDS를 가진다.

3) 저수지

   강우가 지표면 또는 지층의 고형물을 용해하여 저수지에 유입되므로 저수지수는 용해된 고형 물질에 따라 상당한 TDS를 가지며 일반적으로 수십~수백 ppm의 TDS를 가진다. 이들은 주로 경도 물질로서 광물질과, 도시의 지표유출물, 겨울에 도로에 뿌려진 염분, 비료, 농약 등에서 기인하기도 한다.(지하수 : 30~1,000ppm 정도)

4) 상수

   정수장에서 처리된 상수에도 TDS가 상당수 포함되어 있는데, 물속에는 유익한 미네랄 성분인 철, 칼슘, 마그네슘, 이온 등의 TDS가 약 수십~수백 ppm(약 40~200ppm 정도) 함유되어 있는데 이런 수치는 물맛을 좋게 할 뿐 아니라 인체에 오히려 유익하기도 하다.

5) WHO의 TDS기준

1984년 WHO의 음용수 관리법에서 TDS를 1,000mg/L 이하로 규정하고 있다. TDS를 측정한다는 말은 물속의 무기물과 유기물질의 총량을 측정한다는 말로서 TDS 수치가 높다는 것은 그것이 유익할 수도 무익할 수도 있다. 예를 들면 우유의 TDS 수치는 수천 ppm 이상이다.

6) 하수

하수의 종류에 따라 수백~수만 ppm의 TDS를 가진다.

7) 하천

깨끗한 하천은 상수보다 약간 많은 TDS(낙동강물 : 100~170ppm 정도)를 가지나 오염된 하천은 하수의 TDS에 근접하는 TDS를 가질 수도 있다.

8) 해양

바닷물은 많은 용존물질을 가지고 있으며 표준적으로 35,000ppm 정도이다.

6. 먹는물과 각종 정수 처리수의 TDS 참고치

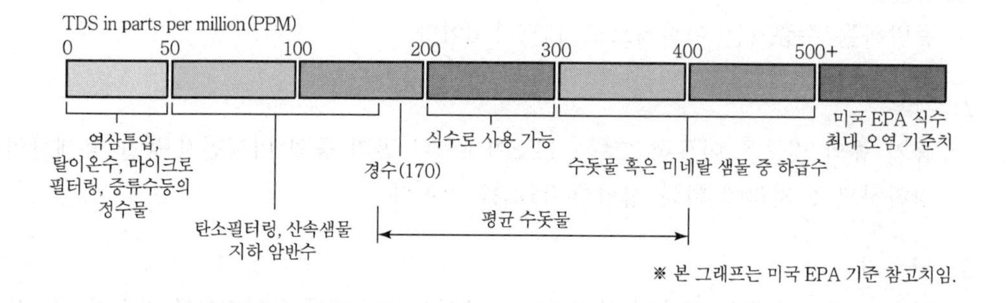

※ 본 그래프는 미국 EPA 기준 참고치임.

75 | 지속가능한 물 순환이용의 필요성과 방안을 설명하시오.

1. 물 순환이용

물 순환계란 자연적 · 인공적인 물 흐름과 물에 의해 운반되는 물질의 흐름시스템이라고 정의할 수 있으며, 자연적 흐름(순환)은 강우, 증발산, 지표면 유출, 지하침투, 저류 등 말 그대로 비가 내려 지표면 혹은 지하에 흐르다가 다시 수증기로 올라가는 일반적인 자연현상을 말하는 것이고, 인공적인 순환은 하천 취수 및 지하수 양수, 우 · 오수배제 등 인간의 물 사용을 위한 취수 및 사용한 물의 처리라고 할 수 있다.

2. 도시화와 물 순환의 문제점

도시화에 따른 불투수면적의 증가는 지하로의 물의 침투를 감소시켜 자연적인 물 흐름의 선순환을 막아 지하수위 저하로 인한 기저유량의 감소로 하천의 건천화 및 생물서식처 감소, 토양환경 악화 등 생태계의 고갈과 집중강우 시 유출계수 증가에 따른 첨두유량 증가 및 유출시간 단축에 따른 도시 홍수 발생을 증가시켰으며, 비점오염원의 유입, 합류관거의 월류수 및 미처리 오수발생 등에 따라 수질오염의 문제를 가중시키고 있다.

3. 지속가능한 물 순환이용의 필요성

물 순환계에서 인간생활의 필요에 따라 인위적으로 물을 저장 및 사용하는 과정에서 물순환의 불건전성(비생태적)으로 물의 순환고리가 끊겨 자연적인 물 순환을 방해하여 결국 수환경의 불건전과 수자원의 고갈을 가져온다. 이에 대하여 지구의 미래를 위하여 인위적으로 물을 사용을 하면서도 생태계의 원리에 적합하고 물의 수요 공급의 평형을 맞추어 지속적으로 물을 사용할 수 있는 지속가능한 물의 순환이용이 필요해진다.

4. 지속가능한 물 순환계 회복 방안

물 순환계의 장애를 회복하고 지속가능한 선순환의 물 순환계 회복을 위한 방안으로는 자연환경을 이용하는 방법과 인공적인 대처방법이 있다.

1) 자연적 방법

(1) 빗물저장시설 : 빗물을 저류조에 저장해 잡용수 등으로 이용하거나 빗물을 지

하에 침투시켜 지하수 함양과 지반침하 방지 및 하천 · 하류의 홍수 방지 등에 기여

(2) 녹지공간 확충 : 시가지 내 공원 · 녹지공간을 확충하여 침투성 지면에 의한 빗물침투에 따른 지하수 함양, 유출계수 감소, 비점오염발생량 및 침수피해 저감과 도시의 쾌적화 및 생태환경 다양화 등 기대

2) 인공적인 방법

(1) 하수 재이용 : 개별 · 지역 또는 광역으로 구분해 하수를 재이용

(2) 강변여과취수, 해수담수화 등 대체수자원을 개발

(3) 수돗물의 절수 및 누수 방지, 하수관거에 불명수 유입 방지

(4) 초기우수 저류, 합류식 관거의 월류수 저감

(5) 소규모 댐 · 저수지 축조 : 대규모 댐의 문제점에 대응하기 위해 식수전용 및 홍수조절용 소규모 댐이나 저수지를 축조하여 물 순환의 선순환 기능을 회복

5. 물 순환계 회복을 위한 현실적인 대책

1) 중수도 사용 및 빗물이용시설 등 관련법(수도법)제정

2) 인센티브 부여

설치비 세금 공제, 환경개선부담금 경감, 수도요금 감면, 설치자금 융자 등의 혜택 부여

3) 제도 개선

중수도 사용량 의무화기준 변경, 수도요금 현실화, 설치운영의 기술표준화, 광역하수처리수 재이용 시 중수도 설치의무 면제 등

4) 통합적인 빗물관리방안을 강구

광역 중수도와 개별 중수도의 병행 사용, 물의 순환이용 및 도시 홍수 예방차원에서 빗물의 이용 · 침투 · 저류시설을 설치하여 현지에서 처리하는 방안 고려

6. 통합적인 빗물관리 시스템 도입 필요성

1) 통합적 빗물관리계획

기존의 중앙집중식 빗물관리의 한계를 극복하고 물 순환구조의 개선 및 도시 생태계의 회복을 위하여 빗물을 현지에서 분산처리하는 새로운 방식의 분산형 빗물관리시스템을 계획한다.

2) 기존의 중앙집중식 빗물관리는 하향식(Top-down) 전개방식
   (1) 광역적인 유역관리로 점적 · 선적 관리 개념
   (2) 수해 방지가 주요 목적으로 개발된 후 첨두유출량에 대해 Contorol한다.
   (3) 주요시설 : 댐, 빗물펌프장, 조정지, 저수지, 관거 등
   (4) 이 방식은 대규모 시스템과 재원, 사회적인 비용, 대규모 환경피해가 발생하는 한계가 있다.

3) 분산식 빗물관리는 상향식(Bottom-up) 전개방식
   (1) 소규모적인 건축, 단지 차원의 관리로 면적관리 개념
   (2) 수문환경의 회복 및 유출량의 변화 감소가 주요 목적
   (3) 주요시설 : 지붕녹화, 소규모 침투 · 저류시설, 빗물저장소, 저류연못, 다목적 조정지 등
   (4) 일정 강수량 이상에 대해서는 침투 · 저류효과가 적은 한계가 있다.

7. 하수처리수 재이용계획

1) 우리나라의 물 사용지수(WEI)를 분석한 결과 WEI가 31%로 물 수요와 공급의 집중적인 관리가 필요하며 물 순환체계 개선을 위한 하수처리수 재이용의 필요성이 부각되고 있다.
2) 수질이 양호하고 연중 발생량이 일정한 막대한 양의 하수처리수를 각종 용수로 재이용할 경우 물 수급의 지역적인 불균형을 완화시킬 수 있어 하수처리수의 재이용은 지역적 물 부족 해소를 위해서라도 도입돼야 할 것이다.
3) 수질오염총량관리제 시행지역에서는 가장 효과적인 오염부하량의 삭감 수단으로써 추가적인 노력 및 예산을 절감할 수 있다.

76 | 물을 절약함으로써 상수도, 하수도, 하천의 물관리에서 각각 얻어지는 이익을 설명하시오.

1. 수자원의 의미

사람은 물 없이는 하루도 생존하기 어렵고 물은 생태계의 보전에 직접적인 영향을 미치며 생태계 순환의 근본적인 바탕이 된다. 하천이나 댐, 지하수 등 물은 수많은 생물의 삶의 터전이 될 뿐만 아니라, 식물의 탄소동화작용의 기본요소이며 모든 동식물의 생명유지의 근간을 이룬다. 오늘날 산업의 발달에 따라 물의 수요 공급의 균형이 깨지고 있어 물은 더욱 중요한 자원이 되었고, 이에 따라 수자원의 개발과 보존 및 물관리에 힘을 기울여야 한다.

2. 물 순환의 개념

1) 증발(해양, 지표, 호수) → 강우 → 지표면(하천, 지하수, 저수지), 해양 → 저수지 → 지표수 → 정수장 → 상수 → 하수 → 하수처리장 → 하천방류 → 해양
2) 지구의 수자원은 제한되어 있으며 물은 위와 같이 순환하면서 자연생태계를 유지·보전하는 기능을 하는데, 이때 물 순환의 평형상태를 잘 유지하는 것이 중요하다. 따라서 물소비량을 주변 자연환경의 용량에 알맞게 사용해야 한다. 이러한 측면에서 수자원의 소비인 상수도, 수처리능력에 연관되는 하수도, 그리고 자연환경인 하천에서의 적절한 물관리는 바람직한 생태계 유지에 대단히 중요하다.

3. 물절약이 상수도에 미치는 영향

1) 가정이나 공장의 용수를 절약함으로써 상수 공급량 감소로 상수도 비용절감
2) 정수계통(저수지－취수－도수－정수－송수－배수－급수)의 시설비 및 운영비 절감
3) 수자원 절약으로 대규모 댐 건설이 감소하여 친환경 생태계 조성
4) 대규모 정수장 대신 소규모 정수시설을 분산배치하여 관로비용 절감

4. 물절약이 하수도에 미치는 영향

1) 가정이나 공장의 하수 발생이 감소하여 하수관로 등 하수처리시설 비용 절감
2) 하수발생량 감소로 하수처리장 운영비 절감
3) 처리장 방류수의 수질개선 및 방류량 감소로 친환경 생태계 조성
4) 대규모 처리장 대신 소규모 처리장 분산설치로 물 순환 개선

5. 물절약이 하천 물관리에 미치는 영향

1) 가정이나 공장의 용수를 절약함으로써 하천취수량 감소로 하천유수량 증가
2) 하수 발생량 감소로 하천 생태계 보전 용이
3) 하천수질 향상으로 친환경 생태계 조성 및 인간에게 쾌적한 자연환경 조성

차 한잔의 여유

가장 범하기 쉬운 실수는
남을 선인, 악인, 또는 바보, 천재라고 결정해 버리는 것이다.

인간은 시냇물처럼 흐르고 끊임없이 변하며
각각 자기의 길을 가지고 있다.

인간에게는 모든 가능성이 있다.
바보가 천재가 될 수 도 있고, 악인이 선인이 될 수 있다.

또 그 반대도 가능하다.
이 점에 인간의 위대함이 있는 것이다.

– 톨스토이 –

77 | 대운하사업이 확정될 경우 예상되는 상수도 취수원에 미치는 영향과 대책을 기술하시오(직접취수와 간접취수방식을 비교 기술하시오).

1. 개요

우리나라는 정수 원수를 대부분 하천이나 호수의 물을 직접 취수하고 있어서 수질오염에 대한 대책이 필요하다. 만약 경부 대운하 사업을 추진할 경우 경부 운하를 취수원으로 하는 취수장은 취수원에 대한 대책이 필요하다. 이런 문제점을 극복하고 상 · 하류가 공생할 수 있는 방안이 강변여과(유럽형)나 하상여과(미국형)와 같은 간접취수 방식이다.

2. 운하 개발에 따른 취수원 오염의 문제점

운하를 개발할 경우 운하 교통에 따라 오염이 불가피하고 이 오염된 운하에서 직접 취수함 으로써 유발될 수 있는 문제점들은 다음과 같다.

1) 원수자체의 수질저하로 인한 정수장의 처리 효율감소 및 비용증가
2) 병원성 미생물, 살인기생충, 미량 유해물질의 유입에 따른 수질 안전성 문제
3) 용존 유기물질에 의한 소독부산물 생성, 정수처리 고도화에 따른 비용지출
4) 국민들의 먹는 물에 대한 불신 등

3. 간접취수 역사와 현황

강변, 하상의 자갈 모래층을 통과시킨 물을 취수하는 간접취수방식은 유럽을 중심으로 150년이나 사용된 방식이다.

1) 미군은 오래전부터 한강변에 취수파일을 설치하여 강변지하수를 취수하여 사용하고 있다. 세계 각국에 주둔하는 미군은 식수에 대하여 오랜 연구 끝에 강변지하수를 취수하여 식수 문제를 해결해 왔다.
2) 우리나라도 지방의 많은 지역에서 지표수 수질이 나쁠 경우 복류수 강변 여과수 형태로 소규모의 간접취수를 시행해 오고 있다.

4. 간접취수의 특성과 필요성

간접취수란 기존 지표수에서 직접 취수하여 정수장에 공급하는 취수방법이 아닌 주변 자연환경, 즉 하상 및 강변 둑을 여과층으로 이용하여 자연 정화하는 방식으로 직접 취수에 비하여 양질의 원수를 공급할 수 있다

1) 이는 하천수(또는 지하수)를 강변 토양층을 이용하여 자연 여과함으로써 용존성 유기물질 및 병원성 미생물 그리고 중금속 등을 제거할 수 있으며 기존의 사여과 공정과 같은 원리를 가지는 자연적인 정화방식인 것이다.
2) 원수 중의 용존성 유기물질을 제거함으로 염소 소독 시 발생되는 소독부산물질 (DBPs) 들을 현저히 줄일 수 있으며 소독 약품비의 절감
3) 기존의 정수처리방식과는 달리 응집제등의 약품 사용을 최소화하고 슬러지의 발생도 저감시킬 수 있다.
4) 여과과정에서 재래식 정수처리공정에서는 제거가 매우 어려운 Giardia나 Cryptosporidium, 병원성 미생물, 용존성 유기물, 미량 유해물질 등의 상당량이 제거될 수 있으므로 취수원수의 안전도를 높여 정수처리공정에 많은 신뢰를 부여할 것이다.
5) 강변지하수는 대수층 이하에 저장되어 있다는 특징이 있기 때문에 강물이 오염되어 있더라도 대수층을 통과하는 동안 정화되어 저장되기 때문에 양질의 물을 안정적으로 공급 받을 수 있다는 강력한 장점이 있다.

5. 간접취수 방식의 종류

1) 간접취수 방식은 강변취수, 복류수 취수가 있으며 강변취수는 강변여과수 취수와 강변지하수 취수로 나뉜다.
2) 하상여과식 간접취수는 하천인근에 집수정을 설치하고 하천주변의 토양층을 거쳐 하천수가 자연 여과되도록 하여 양질의 수자원을 얻을 수 있는 방법이다.
3) 이러한 취수 방식에는 수직정 방식과 수평정 방식이 있으며 현재는 주로 수직정방식을 이용하고 있으며 주변 여건과 토양층 상태, 취수량 등을 고려하여 결정한다.

6. 간접 취수방식의 문제점

간접 취수 방식은 위와 같은 장점에도 불구하고 일반적으로 적용하기 어려운 이유는 경제적, 환경적 조건들이 간단하지 않기 때문이다.

1) 강변여과수는 취수량이 부족하고 경제성 없다. 간접취수한 원수의 수질은 1급수 수준으로 우수 하지만 투수계수가 낮은 하상 퇴적층에서는 대수층의 수리적 연결성이 좋지 않아 대수층의 손상 및 막힘 현상이 발생 다량취수가 불가능하다.

2) 별도의 취수시설(취수펌프, 도수관 부설 등)이 추가되므로 경제성이 낮다.
3) 지하수를 안전한 수량 이상으로 취수할 때 대수층 각층에 저장되어 있는 지하수는 압력이 약해진 쪽을 향해 운동하게 되어 지하수의 이동은 심해지고 지하수의 교란이 발생한다.
4) 지하수의 대이동으로 지반이 약해져서 지반 침하 등의 문제가 발생할 수 있다.

7. 운하 건설과 취수방식에 대한 의견

수험생 각자 운하건설과 이에 대한 긍정적인 면과 부정적인 면을 종합적으로 정리하여 대운하 개발에 따른 취수원 오염과 취수방식에 대한 고려사항 및 친환경적 접근자세 등 본인 의견을 제시하시오.

78 | 수돗물 수질 평가 시 목적과 수질기준설정 및 평가방법을 설명하시오.

1. 개요

수돗물은 먹는물 중에서 큰 비중을 차지하기 때문에 수돗물에서 유해물질이 검출된다면 국민의 건강과 사회적 불신 등 큰 피해가 발생할 수 있다. 그러므로 안전하고 좋은 물을 공급하기 위한 평가 척도로서 수질기준을 설정하고 그 기준을 만족하는지 여부를 지속적으로 평가하여 양질의 수돗물을 공급할 수 있어야한다.

2. 수질평가 목적

현재 국민의 수돗물에 대한 안전성 확인 및 보장에 대한 요구가 커지고 있으며, 이러한 요구에 과학적이고 합리적인 대응 방안으로 현행 환경부의 먹는물 수질기준 항목 중 건강 위해성 물질을 포함하여 국내 수돗물에서 검출된 바 있는 건강 위해성 물질에 대한 위해성을 평가하는 것을 목적을 한다.

3. 수질기준 설정방법

수질기준의 설정은 사람이 수돗물을 하루에 2L씩 70년 동안 마실 경우를 전제로 하여 동물실험을 거친 후 인체에 해로운 점이 발생될 확률을 1,000분의 1로 줄여서 이상이 없다는 평가를 한 후 이 수치를 기준으로 수질기준을 정한다.

4. 수질기준 기준치의 설정근거 및 개념

1) 우선 기준치 설정근거는 어떤 유해한 화학물질에 대하여 기준치를 설정한다면 기준치 설정에 있어 처음으로 이루어지는 것은 아래와 같이 유해물질을 발암성이 있는 화학물질인지의 여부로 분류하는 것이다.
2) 그리고 발암물질인 경우에는 유전자에 장해를 미치는 성질을 가지고 있는지의 여부로 나뉘어 진다. 어디에 분류되는지에 따라 기준치 설정방법이 결정적으로 달라진다.
3) 유해물질의 분류

(역치 : 유해물질의 발병에 필요한 최소한의 섭취량)

분류			기준치 설정근거
유해물질	발암물질	유전자 장해성 있음	역치는 없는 것으로 간주하여 일생을 통해 리스크 증가분이 10^{-5}가 되는 수준을 함께 설정
		유전자 장해성 없음	역치가 있는 것으로 간주하여 1일 허용 섭취량(TDI)을 바탕으로 설정
	비발암물질		

4) 수질기준 설정의 개념
아래 그래프에서 유전자 장애성 발암물질인 경우 발병율 10^{-5}일 때의 섭취량을 근거하여 수질기준치로 설정하며 비발암물질, 비유전자 장애성 발암물질인 경우에는 동물실험의 최대 무독성량에 불확정계수를 취한 1일 허용 섭취량(TDI)을 근거하여 수질기준치를 정한다.

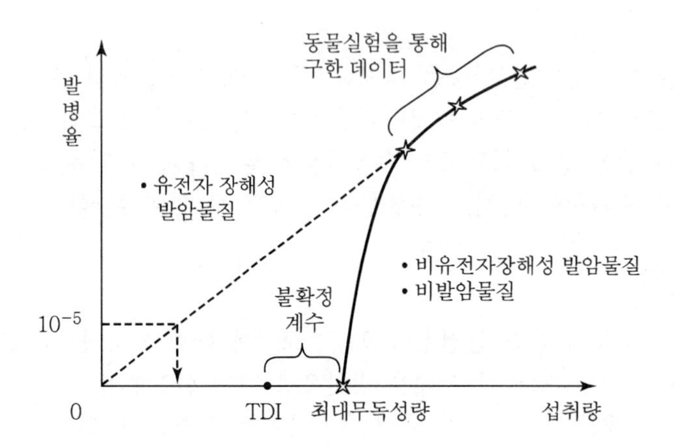

5. 수질평가방법의 적용 원칙

수질 기준치란 평가방법과 떼어놓을 수 없는 것이며 수질평가방법 선정은 다음과 같은 원칙에 근거하여 이루어져야 한다.

1) 수질기준항목을 확실하게 측정할 수 있는 방법일 것
2) 정량하한으로서 기준치의 1/10 이하인 수치가 구해질 수 있는 방법일 것
3) 정도 높은 방법일 것(기준치의 1/10 부근에서 변동계수가 무기화합물로 10% 이내, 유기화합물로 20% 이내)
4) 벤젠 등의 유해물질 사용을 가능한 피할 수 있는 방법일 것
5) 이상의 조건을 만족하면 가능한 다양한 방법을 제시할 것
6) 자동검사방법을 적극적으로 채용할 것
7) 검사방법을 기술하는데 있어서는 최소한의 요소만을 기술하고 검사자 스스로가 생각 할 수 있는 여지를 남겨 둘 것.

6. 먹는물 수질분석에 영향을 미치는 인자

수돗물의 수질분석은 수돗물이 마시기에 적합한지를 평가하거나 수돗물의 정수처리 공정의 효율성을 평가하는데 중요한 수단이다. 그러나 수돗물에 함유된 유해물질의 양은 대부분 ppb레벨이어서 전문지식과 다년간의 분석경험이 있는 분석자가 정밀 분

석기기를 이용하여 분석하여야만 정확한 측정결과를 얻을 수 있다. 현장에서 발생하는 수질측정오차의 유발요인은 다음과 같다.

1) 시료의 채취, 운반 및 보관
2) 분석방법의 종류
3) 실험실 환경, 분석용 시약
4) 분석자료 결과치의 해석
5) 분석자의 전문지식과 숙련도

7. 분석용 기자재의 정도관리

1) 세계보건기구(WHO)에서는 수질변화에 대한 정확하고 올바른 평가와 추이변화를 파악하기 위해서는 분석데이터의 신뢰도와 정확도가 가장 중요하다고 판단되어 GEMS/water(UN 지구환경 모니터링 시스템) 프로그램사업 참가국을 대상으로 AQC(Analytical Quality Control)를 실시하고 있다. 국립환경연구원도 1982년부터 참여하여 기지시료와 미지시료를 GEMS/water Operational Guideline의 분석방법에 따라 분석하여 그 결과에 대한 신뢰도를 평가 받고 있다.
2) 수돗물에 함유된 유해물질의 양은 대개 ppb수준이다. 물에 ppb수준으로 함유된 유해물질을 분석하기 위해서는 수질분석에 관한 고도의 전문지식과 다년간의 분석경험이 있는 분석자가 최신의 정밀분석기기를 전문 분석기관에서 재검증을 거친 후 수질분석에 임해야 하겠다.

79 | 람사협약

1. 개요

람사협약(The Ramsar Convention on Wetlands)이란 71년 2월 2일에 이란의 람사에서 채택된 협약으로 물새의 서식지로 중요한 역할을 하는 습지를 보호하기 위해 만든 협약으로 체약국은 자국의 습지를 보호하는 국제적 책무를 지고, 국제적으로 중요한 습지를 조약사무국에 등록해야만 한다.

2. 습지 보호의 필요성

습지는 자연의 보고이자 오랜 기간을 거쳐 다양한 생물 종들이 모여 안정된 생태계를 이루며 살고 있는 특이한 생태계 중의 하나이다.

1) 람사협약의 정식 명칭은 "물새 서식지로서 특히 국제적으로 중요한 습지에 관한 협약"(Convention on Wetlands of International Importance especially as Waterfowl Habitat)이다. 여기에서 말하는 습지란 자연적이거나 인공적이거나 영구적이거나 일시적이거나, 또는 물이 정체하고 있거나, 흐르고 있거나, 담수이거나 기수이거나 함수이거나 관계없이 소택지, 늪지대, 이탄지역 또는 수역을 말하고 이에는 간조 시에 수심의 6미터를 넘지 않는 해역을 포함한다.
2) 습지는 수 생태계의 조절자로서 습지 동식물 특히 물새를 지탱하는 서식처로서 그 기본적인 생태학적 기능을 다하고 있는 곳이다.
3) 습지가 경제적, 문화적, 과학적, 여가활동 공간적으로 큰 중요성을 가진 자원의 일부를 이루고 있다는 것을 깨달은 선진국들은 일찍이 습지 보호 필요성에 공감하고 있다.
4) 개발을 위한 매립, 환경오염 등 다양한 요인에 의해 습지가 파괴됨에 따라 지구상에서 가장 생산적인 생태계인 습지의 잠식과 상실을 억제하고 보호하는 것이 지구인의 지속적인 쾌적한 환경 유지에 큰 역할을 할 수 있다.

3. 람사협약의 배경과 추진현황

습지의 보호는 생물학적, 수리학적, 그리고 경제적 이유에서도 매우 중요하다. 그럼에도 불구하고 지구상의 많은 지역에서 개발이라는 이름아래 관개와 매립, 오염 등으로 습지가 훼손되고 있는 실정이다.

1) 습지 파괴를 저지하기 위해 1960년 국제 수금류 조사국(IWRB) 주최로 일련의 국제회의와 실무자(기술)회의가 개최되었고,
2) 그 토의결과로 1971년 2월 2일 이란의 람사(Ramsar)에서 협약이 조인되었다.
3) 75년 12월 21일에 발효되어 현재(2000년 1월 5일)까지 117개국, 1,011개소, 전체면적 약 71,800,000ha의 습지가 리스트에 올라 있다.
4) 우리나라는 97년 7월 28일 101번째로 이 협약에 가입을 했고, 협약 가입 때 강원도 인제군 대암산 용늪이 첫 번째로 등록되었고, 두 번째 등록 습지로 경남 창녕군 우포늪이, 세 번째로 신안군 장도습지 등이 등재되어 있으며 2008년 하반기 경남 창원에서 열린 람사총회는 논(Fice Fields)을 인공습지로 포함시키는 결의안을 채택하고 폐막하였다.

4. 람사협약의 목적

이 협약의 목적은 습지는 경제적, 문화적, 과학적 및 여가적으로 큰 가치를 가진 자원이며 이의 손실은 회복될 수 없다는 인식하에 현재와 미래에 있어서 습지의 점진적 침식과 손실을 막는 것이다.

5. 람사 습지 선정기준

독특한 생물·지리학적 특성을 가졌거나 희귀동식물 종의 서식지이거나 또는 특히 물새 서식지로서의 중요성을 가진 습지가 선정의 대상이 된다.

1) 제1범주 : 대표적 또는 특이한 습지 범주
2) 제2범주 : 동·식물에 근거한 일반적 범주
3) 제3범주 : 물새에 근거한 특별한 범주

6. 람사협약 가입에 따른 의무

협약의 협약당사국은 다음과 같은 주요 의무를 이행해야 한다.

1) 협약당사국은 협약가입 시 자국 영역 내에 1곳 이상의 적절한 습지를 지정하여 국제적으로 중요한 습지 목록에 의무적으로 등록해야 한다.
2) 협약당사국은 또한 습지 목록에 포함되어 있는 습지를 보호하고 이외의 습지에 대해서도 현명한 이용을 촉진하기 위하여 국가차원의 계획을 수립하고 이행하여야 한다.
3) 협약의 이행을 검토하고 촉진하기 위해 당사국 회의가 개최되며, 사무국은 최대 3년을 주기로 정기총회를 소집한다.

7. 람사협약 기대효과

람사협약은 생물다양성 보전 이용과 관련 세계 최초로 채택된(71.2) 협약으로 생물다양성 협약, 멸종동식물 협약(CITES 등)과도 밀접한 관련이 있는 세계적 규모의 환경협약이다.

1) 이 협약에 가입할 경우에 환경외교에 있어 자국의 대외 이미지를 높이고, 국내 습지 생태계의 효율적인 보전 및 활용 계기를 마련할 수 있다.
2) 또한 장차 예상되는 세계적인 환경보호 정책에 앞서 갈수 있으며 국제적으로 발언권을 얻는데 큰 힘이 될 수 있다.
3) 중국, 일본 등 주변국들과의 양자 간 철새보호협정 체결 및 동북아 철새 보호협약 공동 추진을 위한 기본여건을 조성할 수 있다.

8. 람사협약의 추진과제

협약 당사국은 람사협약에 의거하여 목록에 기재된 습지를 보호하기 위한 규제와 실행계획을 수립·시행해야 하나, 아직 협약 자체가 갖는 법적 의무가 빈약한 실정이므로, 적절한 감시 등의 보호를 촉구하는 수준에 그치고 있다. 또한 자국의 습지에 어떤 생태학적 변화가 있을 때 IUCN에 보고 할 의무가 있지만 이 변화를 추후 보고 하였을 때는 이미 조치를 취하기에 늦은 경우가 많다.

Professional Engineer Water Supply Sewage

2. 상하수도 이송

1 | SI 단위에 대하여 설명하시오.

현재 공학에서 사용하는 단위는 중력계 단위와 절대계 단위(국제단위계, SI)가 있으며 국제단위계로 통일하려 하나 관습상 어려움을 격고 있다.

1. 중력계 단위

기본 단위를 중량(kg), 길이(m) 등으로 구성하는 것으로 kg이 곧 힘이다. 지금까지 공학에서 주로 사용하였다.

2. 절대계 단위

기본 단위를 질량(kg), 길이(m) 등으로 하는 것으로 지구의 중력 범위를 벗어나는 경우에 필요하게 되어 근자에 자연과학 분야에서부터 사용이 되고 최근의 국제적인 상호 교역으로 단위계의 통일이 요구되어 국제단위계(SI 단위)가 권장되고 있다.

3. SI 단위

SI 단위는 기본단위 유도단위 2가지 부류의 단위로 형성 되어 있다

1) 기본단위 : 관례상 독립된 차원을 가지는 것으로 간주되는 명확하게 정의된 단위들을 선택하여 SI의 바탕을 형성
   → 미터, 킬로그램, 초, 암페어, 켈빈, 몰, 칸델라의 7개 단위

2) 유도단위 : 관련된 양들을 연결시키는 대수적 관계에 따라서 기본단위들의 조합 또는 기본단위와 다른 유도단위들의 조합으로 이루어짐

3) 기본단위 7개의 정의
   (1) 길이의 단위(m)
   (2) 질량의 단위(kg)
   (3) 시간의 단위(s)
   (4) 전류의 단위(A)
   (5) 열역학적 온도의 단위(K)
   (6) 물질량의 단위(mol)
   (7) 광도의 단위(cd)

4) SI 유도단위

기본단위를 물리법칙에 의해 대수적인 관계식으로 결합하여 나타내는 것

- 압력, 응력 : 파스칼(Pascal) $Pa=N/m^2$
- 에너지, 일, 열량 : 줄(Joule) $J=N \cdot m$ 등

4. 중력계와 SI 단위 환산

1) $1kg/cm^2=10mAq=10{,}000mmAq=10{,}000kg/m^2$
$=98{,}000N/m^2=98{,}000Pa=98kPa=0.098MPa$

2) 표준 대기압 $760mmHg=1.0332\ kg/cm^2=10.332mAq=101{,}325Pa$
$=1{,}013hPa=1{,}013mb$

3) $1MPa=10.2kg/cm^2 \fallingdotseq 10kg/cm^2=100mAq$

5. 상하수도와 SI 단위

상하수도와 SI 단위는 압력단위에 적용되고 있으며 과거 kg/cm^2 압력단위가 MPa, kPa 단위로 적용되고 있다.

환경용어

후민(Humin)

후민질은 단백질을 가수분해할 때 생기는 흑갈색의 불용성 물질로 특히 탄수화물을 함유하는 단백질 시료를 산으로 가수분해할 때에 생성이 왕성하다.

2 | 기초 유체역학

1. 비중량(γ)

단위 체적당 중량 $\gamma = G/V$(kg/m^3)

2. 비체적(v)

단위중량당 체적 $v = V/G$(m^3/kg)　　　$v = 1/\gamma$

3. 비중(s)

어떤 물질의 비중량과 1기압 4℃ 순수의 비중량($\gamma = 1{,}000$kg/m^3)의 비

4. 밀도(ρ)

단위 체적당 질량 $\rho = m/V = \gamma/g$(kg/m^3, kg s^2/m^4)

5. 점성

유체가 유동할 때 유동을 방해하는 분자 간의 인력

- τ(경계면 마찰응력) $= F/A$(kg/m^2) $= \mu \Delta v / \Delta y$
- μ(점성계수) : 유체의 점도를 의미하며 이 값이 클수록 마찰응력이 크다.(kg/ms)
- ν(동점성계수) $= \mu/\rho$(점도가 유체운동에 미치는 영향)(m^2/s)

6. 모세관 현상

액체의 부착력이 응집력보다 크거나 작으면 작은 관을 따라 액면이 상승하거나 하강하는 현상(h : 액면상승높이, γ : 액체 비중량, d : 모세관 직경)

$$h = 4\sigma\cos\theta/\gamma d$$

7. 바닥의 전압력 $= \gamma Ah$

바닥의 압력 $= P = F/A = \gamma Ah/A = \gamma h$

8. 압력의 단위

㎏/cm², mmHg, atm, at, mAq, bar, Pa, kPa, MP

9. 파스칼의 원리

$$P_1 = P_2 = F_1/A_1 = F_2/A_2$$

10. 연속의 법칙

비압축성 유체가 관로를 흐르고 있을 때 정상류인 경우 단위 시간에 일정단면을 통과하는 유체의 중량은 같다

- $G = \gamma_1 \cdot A_1 \cdot v_1 = \gamma_2 \cdot A_2 \cdot v_2$ 비압축성이므로 $\gamma_1 = \gamma_2$
- $Q = A_1 \cdot v_1 = A_2 \cdot v_2$ 유체의 질량 불변의 법칙

11. 전수두(유체의 총에너지)

$$\text{전수두(총에너지)} = \text{위치}E + \text{압력}E + \text{속도}E$$

$$= Z + \frac{P}{\gamma} + \frac{V^2}{2g}$$

12. 베르누이 방정식

$$Z_1 + \frac{P_1}{\gamma} + \frac{V_1^2}{2g} = Z_2 + \frac{P_2}{\gamma} + \frac{V_2^2}{2g}$$

13. 피토관의 원리

$$\frac{P_1}{\gamma} + \frac{V_1^2}{2g} = \frac{P_2}{\gamma} + \frac{V_2^2}{2g}$$

$$V_1 = 0\text{이므로 } \frac{P_1}{\gamma} - \frac{P_2}{\gamma} = \frac{V_2^2}{2g}$$

$$V = \sqrt{2g(P_1/\gamma - P_2/\gamma)} = \sqrt{2gh}$$

14. 펌프의 전양정

전양정=실양정+마찰손실수두+말단압력(속도수두)
실양정=흡입양정+토출양정

15. 관로의 마찰손실

$$\Delta h = f\frac{L}{d}\frac{v^2}{2g}(\text{mAq})$$

$$\Delta h = f\frac{L}{d}\frac{v^2}{2g}\gamma(\text{mmAq})$$

$$\Delta h = f\frac{L}{d}\frac{v^2}{2}\rho(\text{Pa})$$

16. 국부손실 $h1 = \xi v^2/2g$

상당장(L)=국부저항을 같은 저항의 직관길이로 환산한 것

- $f\frac{L}{d}\frac{v^2}{2g} = \xi v^2/2g$
- $L = \xi \cdot \frac{d}{f}$

17. 동수구배선

유체가 유동할 때 관로 내면의 수위(압력수두)를 연결한 직선으로 수력구배선이라고도 한다.

18. 에너지 구배선

유체가 유동할 때 관로 내면의 전에너지를 연결한 직선으로 동수구배선에 속도수두를 더한 것이다.

3 | Re Number

1. 레이놀드 넘버(Re)

유체흐름의 난류정도를 표기하기 위한 것이다.

2. Re 계산

$$Re = V \cdot D / v$$
$$= \text{관성력} / \text{점성력}$$

V : 유속　　D : 관경　　v : 동점성계수

3. Re 수의 의미

Re 수가 크다는 것은 점성력에 비하여 관성력이 크다는 의미이므로 유체 혼합 가능성이 크다는 의미이다.

- 관수로 : 층류 : Re < 2,000
  난류 : Re > 4,000
- 개거 : 층류 : R < 500
  난류 : R > 2,000

4. Re 수의 적용

1) Re 수가 클수록 난류가 되므로 교반조 등에서의 혼합특성은 양호해지고, 관로에서는 마찰손실 계수는 감소하나 유속의 증가로 관로 손실수두는 증가한다.

2) 배관 마찰손실계수 f를 Re 수로부터 구한다.
   - 층류 : $f = 64/R$
   - 난류 : $1/\sqrt{f} = 1.14 - 2\log[k/D + 9.35/(Re\sqrt{f})]$

5. 무디 선도(Moody Diagram)

Re 수와 마찰손실계수 f와의 관계를 도표화하여 관로 내의 흐름 해석을 용이하게 하였다. 횡축에 Re 수, 종축에 마찰계수와 상대조도를 두어 마찰계수 계산식에 의한 복잡한 계산과정을 거치지 않게 만들었다.

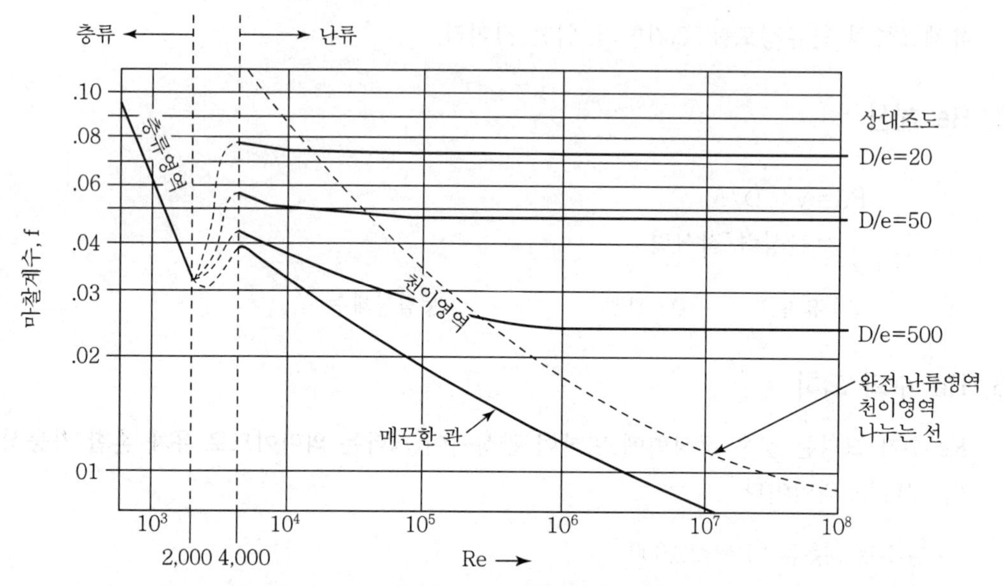

※ 상대조도(D/e)란 조도계수(e : 배관거칠기)에 대한 직경(D)의 비이다.

4 | 베르누이 방정식(에너지 보존 법칙)

1. 정의

베르누이 정리란 유선을 따라 운동하는 유체입자가 가지는 에너지의 총합은 유선상의 임의의 점에서 항상 일정 하다.

※ 모든 점의 전에너지(압력E+속도E+위치E)는 일정하다.

2. 베르누이 방정식의 의미

1) 수두로 나타낸 방정식의 각 항은 단위가 [m]이다.
   이는 [m]=[N · m/N]=[J/N]이 된다.
   즉, 각 항은 단위중량당의 유체가 가지는 에너지를 나타내고 있다.
2) 베르누이 정리에 의해 얻어지는 베르누이 방정식을 에너지 방정식이라고 부르기도 한다.

3. 베르누이 방정식에서 각 항의 물리적 의미

1) 압력수두(Pressure Head)
   $H_p = P/r$

2) 속도수두(Velocity Head)
   $H_v = V^2/2g$

3) 위치수두(Potential Head)
   $H_z = Z$

4) 전수두(Total Head)
   $H_t = H_p + H_v + H_z$
   $= P/r + V^2/2g + Z$

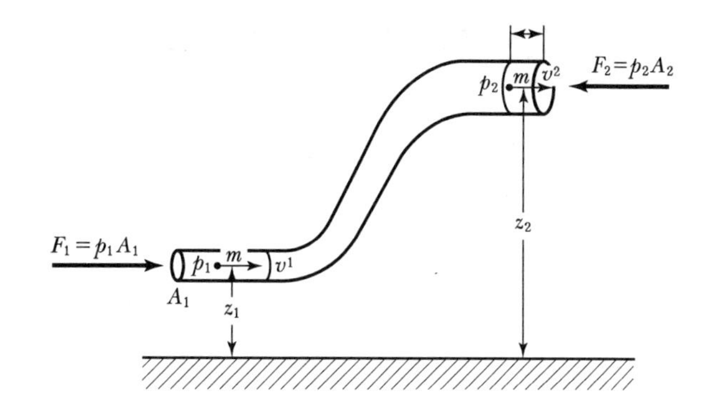

4. 베르누이 방정식의 유도

베르누이 방정식은 에너지 보존법칙(유체가 가지는 에너지는 모든 지점에서 항상 일정하다)으로부터 유도하며 질점에 작용하는 포텐셜 에너지(위치에너지+압력에너지)의 변화는 그 질점의 운동에너지의 변화와 같다.

1) 관로상의 1, 2 두 지점에 베르누이 정리를 적용하여 두 지점의 전수두식을 세우면 다음의 베르누이 방정식을 얻는다.

$$\frac{P_1}{r} + \frac{{V_1}^2}{2g} + Z_1 = \frac{P_2}{r} + \frac{{V_2}^2}{2g} + Z_2 \quad \cdots\cdots\cdots \text{(중력계식)}$$

2) 전수두에 대하여 관로 중 손실이 h_L인 경우 다음과 같은 베르누이 방정식이 성립한다.

$$\frac{P_1}{r} + \frac{{V_1}^2}{2g} + Z_1 = \frac{P_2}{r} + \frac{{V_2}^2}{2g} + Z_2 + h_L$$

3) 중력계단위 양변에 중력 가속도(g)를 곱하면 절대계 단위(SI 단위) 베르누이 방정식이 된다.

$$\frac{P_1}{\rho} + \frac{{V_1}^2}{2} + Z_1 g = \frac{P_2}{\rho} + \frac{{V_2}^2}{2} + Z_2 g \quad \cdots\cdots\cdots \text{(절대계식)}$$

5. 수두와 유속

수두 h인 물탱크로부터 노즐 분사 유속을 구하면 베르누이 방정식에서

$\frac{P_1}{\gamma} + \frac{{V_1}^2}{2g} = \frac{P_2}{\gamma} + \frac{{V_2}^2}{2g}$ 에서 $V_1 = 0$이므로

$$\frac{P_1}{\gamma} - \frac{P_2}{\gamma} = h = \frac{{V_2}^2}{2g} \qquad \therefore\ V = \sqrt{2gh}$$

5 | 베르누이 방정식을 이용하여 관로 내 흐름을 해석하시오.

1. 관로 내의 유속과 연속방정식, 관로 내의 유체흐름에 대하여 아래 그림과 같이 1, 2지점에 대하여

연속방정식 $Q = A_1 V_1 = A_2 V_2$을 적용하면

즉, 유량은 일정하므로 단면이 적어지면 유속은 증가한다.

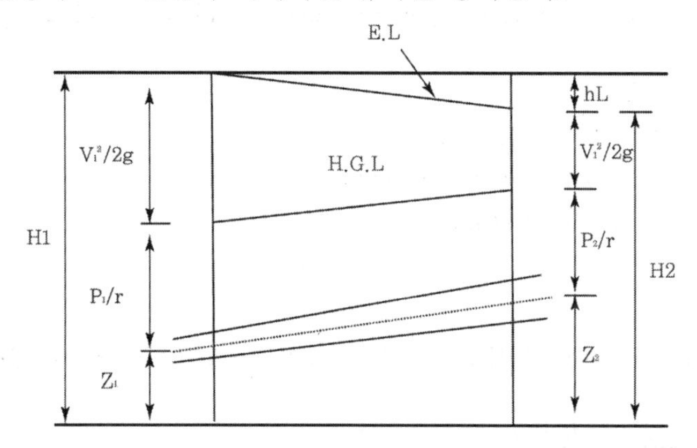

E.L : 에너지경사선, 전수두를 연결하는 선

H.G.L : 동수경사선, 압력수두를 연결하는 선

2. Bernoulli 방정식

$H = z + \frac{P}{r} + \frac{V^2}{2g}$ = 일정(마찰손실 무시, 에너지손실 없다고 가정)

실제는 $z_1 + \frac{P_1}{r} + \frac{{V_1}^2}{2g} = z_2 + \frac{P_2}{r} + \frac{{V_2}^2}{2g} + h_L$

즉, 에너지의 합은 일정하므로 위 그림에서 관경이 증가하여 유속 V_2는 감소하고 동압 $({V_2}^2/2g)$도 감소하며 압력 P_2는 증가한다. 반대로 유속이 증가하면 압력이 감소한다.

3. 관수로 내 흐름 문제의 해석

1) 흐름 문제의 유형 : 관로 내의 모든 흐름은 사용가능 에너지와 손실에너지가 평형점에서 이루어진다.

① 유량(Q)과 관의 특성 제원(L, d, n)이 주어졌을 때
⇒ 관로의 임의의 길이(L)에 걸친 마찰손실은 h/L, 이때 압력강하는 $\Delta P(= r \cdot h/L)$

② 관로의 특성제원과 전수두차(H)가 주어졌을 때
⇒ 관 유량(Q)은 H=마찰손실이 성립한다.

③ 관로의 두 단면 간의 압력강하량 ΔP 또는 동수경사 $I(h/L)$이 주어졌을 때
⇒ 관 직경(d)은 $d = \dfrac{f \cdot L \cdot v^2}{h \cdot 2g}$

2) 임의 구간의 손실수두=배관 마찰손실. 식으로부터 관로흐름을 해석한다.

$$h = \frac{f \cdot L \cdot v^2}{d \cdot 2g}$$

난류($R > 4{,}000$) : $f = 124.5n^2/d(1/3)$
층류($R < 2{,}000$) : $f = 64/Re$

4. 동수구배

이때 배관길이 L에 대한 손실수두 h의 기울기($I = h/L$)를 동수구배라 한다.

동수구배 $I = \dfrac{h}{L}$

5. 장대 관로의 흐름해석

1) 두 수조의 수위차(사용 가능 에너지)는 관로상의 마찰손실로 소비되며
2) 관경과 관길이 수위차가 결정되면 그때의 손실수두(h)와 수위차(H)가 평형을 이루도록 유량이 흐른다. 결국 동수구배란 흐름의 에너지선 기울기이며 동수구배가 클수록 유속은 증가한다.

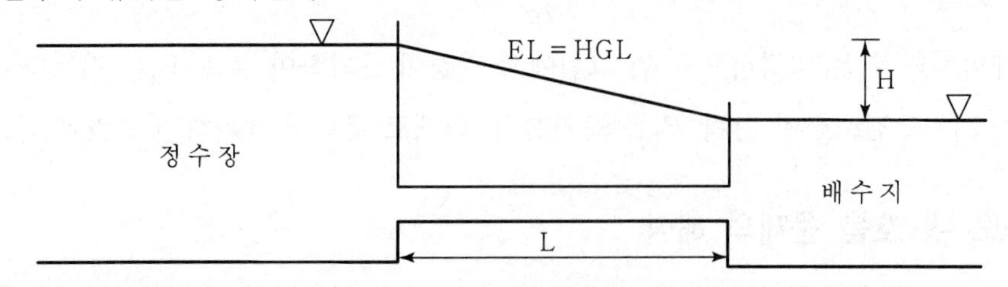

장대 관로에서는 L/d이 크므로 $V^2/2g$는 상대적으로 작다. 따라서 송수관로 해석 시 속도수두를 무시하고 E.L과 H.G.L이 일치하는 것으로 보고 해석하기도 한다.

6 | 절대압력과 게이지 압력, 적정수압

1. 절대압력이란

완전진공상태를 기준(0)으로 한 압력 표시법이며 게이지 압력이란 대기압상태를 기준(0)으로 한 압력이다.

2. 표준대기압을 760mmHg로 한다면

절대압은 대기압+게이지압이다.

절대압=대기압+게이지압

3. 일반적으로 상수관로 등에서 압력이라 함은

대기압 상태에서 압력계로 측정하는 게이지압을 주로 사용하며 공학적으로 계산하는 데는 절대압을 주로 사용하므로 환산하여 사용한다.

4. 배수관과 수전의 요구 수압

1) 기존의 급수관 분기부 공급 최소 수압을 1.5kg/cm^2(0.15MPa)목표하였으나 최근의 직결방식에서는 2.5kg/cm^2(0.25MPa) 정도로 압력을 높이고 있는 편이다.

2) 수전의 필요압력은 세면기 등 일반수전은 0.3kg/cm^2(0.03MPa) 플러시 밸브 등은 0.7kg/cm^2(0.07MPa) 최소압으로 하나 일반적으로 1.0kg/cm^2(0.1MPa) 정도가 적당하다.

3) 건물별 최소압은 각 수전 최소압을 만족하면 되고 최대압은(수압이 너무 높을 경우 사용이 불편하고, 소음, 워터햄머, 기구손상 등 우려) 주거용 3~4kg/cm^2(0.3~0.4 MPa) 공공 빌딩용 4~5kg/cm^2(0.4~0.5MPa)정도이다. 그 이상인 경우 계통별 세대별로 감압밸브를 설치하여 수압을 조정한다.

7 | 피토관의 원리를 설명하시오.

1. 원리

피토우관은 유체흐름에 대하여 전압과 정압을 측정하여 그 차로서 동압(속도 수두$=h$)을 측정하는 계측기로 이 동압에서 유속을 구한다.

2. 피토관의 구성과 관계식 유도

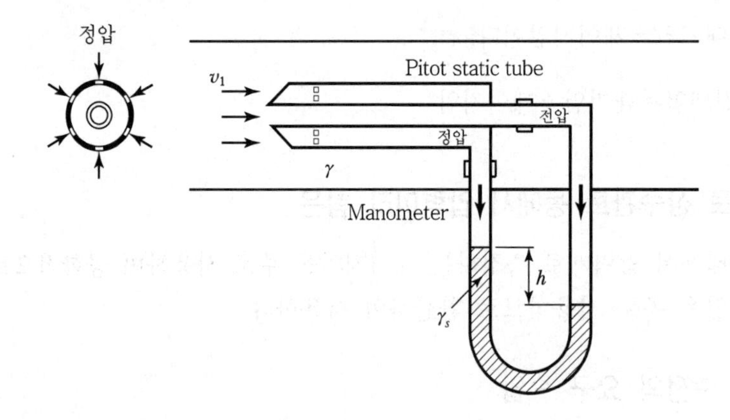

위의 그림은 관 흐름 속에서 유속을 측정하기 위해 피토 정압관을 설치 해 둔 그림이다. 정압을 p_s, 전압을 p_t라고 하자.

시차액주계에서 압력차 $p_t - p_s$를 계산할 수 있다.

즉, $p_t - p_s = (\gamma_s - \gamma)h = \gamma\left(\frac{\gamma_s}{\gamma} - 1\right)h$이 된다.

그런데 $p_t - p_s = P_v = \frac{1}{2}\rho v^2$이므로, 이 두개의 식에서 v를 계산할 수 있다.

즉, $\frac{1}{2}\rho v^2 = \gamma\left(\frac{\gamma_s}{\gamma} - 1\right)h$가 되고, 이를 v에 대해서 정리하면,

$v = \sqrt{2gh\left(\frac{\gamma_s}{\gamma} - 1\right)}$ 에 의해 유속을 구할 수 있다.

8 | 오리피스 유량계(Orifice Meter)의 유량 측정원리

1. Orifice 원리

관로 내의 흐름에 수직 방향으로 그 단면적을 작게 하는 오리피스를 삽입하여 거기에서 발생하는 차압($P_1 - P_2 = h$)을 측정하여 유량을 산출하는 것이다.

2. 유량측정 방법

벤투리 미터와 같이 오리피스의 차압(h)을 이용하여 유속을 구하고 이로부터 유량을 산정한다.

베르누이 방정식 $\frac{P_1}{\gamma} + \frac{{V_1}^2}{2g} = \frac{P_2}{\gamma} + \frac{{V_2}^2}{2g}$ 에서 $V_1 \fallingdotseq 0$ 이므로

$$\frac{P_1}{\gamma} - \frac{P_2}{\gamma} = h = \frac{{V_2}^2}{2g} \qquad \therefore \; V = \sqrt{2gh}$$

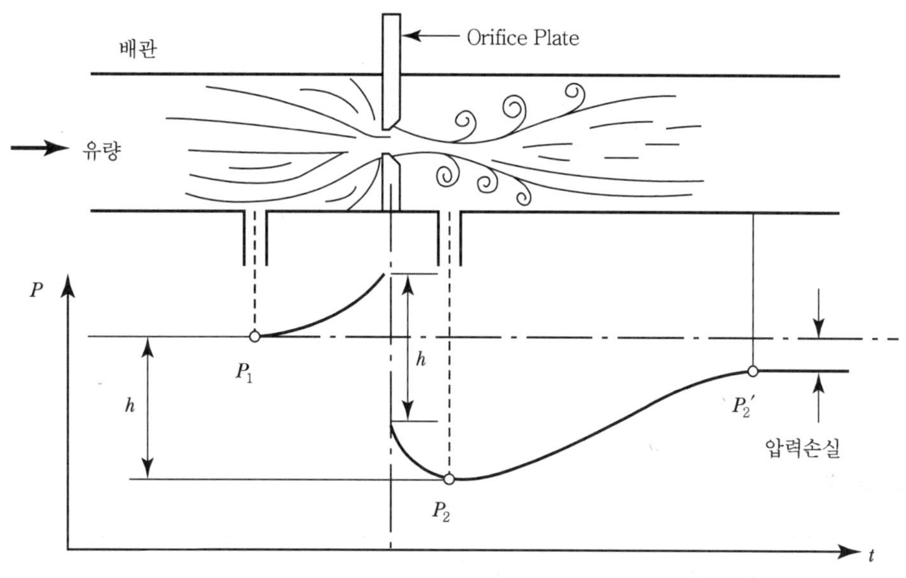

관 내 오리피스 전체 유체 흐름과 압력 분포

3. 차압식 유량계의 특성

이러한 교축(단면적 차)의 압력차를 이용하는 차압식 유량계에 속하는 것으로서 오리피스, 노즐, 벤투리관 등을 들 수 있다.

1) 이들은 모두 고전적인 유량계로서 공업 분야에서 쓰이는 유량계의 70~80%를 차지하고 있다.
2) 구조가 간단하고 취급이 용이하며 또한 기체, 액체 측정을 할 수 있어 각종 프로세스의 제어용, 천연 가스의 측정 등에도 사용되고 있다.
3) 교축식 유량계의 기본식은 연속의 식과 에너지 보존식에서 유도된다.

4. Orifice Meter의 장단점

넓은 판에 각형 또는 예리한 변을 갖는 구멍(Orifice)을 뚫어 관에 부착하여 유량을 측정

1) 장점
   값이 저렴하고, 교체가 쉽다. 고압에 적당하고 설치장소가 적다.

2) 단점
   차압식 중 압력손실이 가장 크고 침전물이 생성하여 내구성이 적다.

차 한잔의 여유

누구든지 자기를 높이는 자는 낮아지고,
누구든지 자기를 낮추는 자는 높아지리라.
- 성경 -

9 | 차압식 유량계 벤투리미터(Venturi Meter)의 유량 측정원리를 설명하시오.

1. 차압식 유량계 측정 원리

1) 벤투리미터는 긴 관의 일부로서 단면이 작은 목(Throat) 부분과 점점 축소, 점점 확대되는 단면을 가진 관으로 축소 부분에서 정력학적 수두의 일부는 베르누이 정리에 의해 속도수두로 변하게 되어 관의 목 부분이 정력학적 수두보다 적게 되는데 이러한 수두차에 의하여 유량을 측정한다.
2) 입구부와 목 부분에 시차액주계(Differential Manometer)를 연결하여 두 단면의 압력차를 측정하는데 정확한 계측을 위해서는 상류부의 직경의 10배 이상의 직관부를 가져야 하며, 목 부분의 직경은 입구부 직경의 1/2~1/4 정도로 한다.

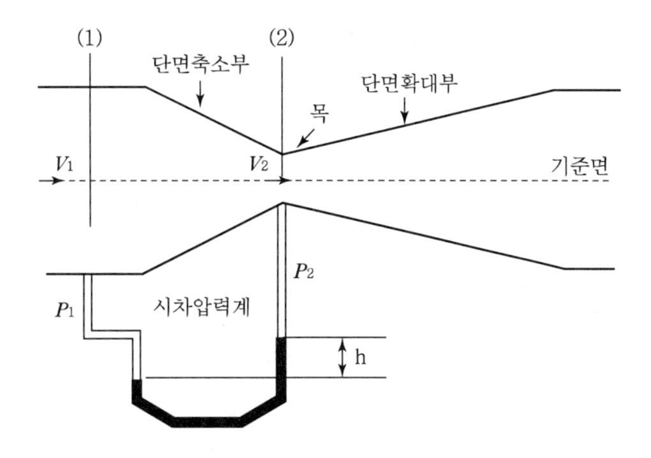

2. 측정공식

1) 벤투리미터 중립축을 기준면으로 하여 단면 (1), (2)에 Bernoulli 방정식을 세우면,

$$\frac{P_1}{r}+\frac{V_1^2}{2g}=\frac{P_2}{r}+\frac{{V_2}^2}{2g}$$

2) 연속방정식에 의하면 $Q=A_1V_1=A_2V_2$이므로 V_1을 V_2의 항으로 표시하여 위 식에 대입하여 정리하면

$$V_2 = \frac{1}{\sqrt{1-(A_2/A_1)^2}} \cdot \sqrt{2g(p_1-p_2)/\gamma}$$

여기서, 단면 (1)과 (2)의 압력수두차 $(p_1 - p_2) = (\gamma s - \gamma)h$ 에서

정리하면 $$V_2 = \left(\frac{1}{\sqrt{1-(A_2/A_1)^2}}\right) \cdot \sqrt{2g(\gamma s-\gamma)h/\gamma}$$

$$\therefore\ V_2 = \left(\frac{1}{\sqrt{1-(A_2/A_1)^2}}\right)\sqrt{2g\left(\frac{\gamma s}{\gamma}-1\right)h}$$

3) 단면 A_1, A_2는 벤츄리미터의 크기에 따라 결정되고, 액위차 h로 부터 V_2를 계산할 수 있고 유량 Q도 계산할 수 있다.

4) 단면 (1)과 (2)의 압력수두 차이므로 시차액주계로부터 구할 수 있고 단면 A_1, A_2는 벤투리미터의 크기에 따라 결정되므로 V_2를 계산할 수 있고 유량 Q도 계산할 수 있다.

$$\therefore Q = C \cdot A_2 \cdot V_2$$

여기서, C : 유량계수

3. 현장 유량계 적용

벤투리미터는 원론적인 유량계측의 원리를 가지나 제작비가 많이 들고 설치장소가 넓어야 하고 설치가 어려우며 현장 적용 시 유량측정 시험을 한 후 교정하여 사용할 필요가 있어 상수도용으로는 전자식, 초음파식이 주로 이용된다.

10 | 유속 경험식을 설명하시오.

1. Darcy－Weisbach 공식(손실수두 산정 공식)

$$hL = f \cdot \frac{L}{d} \cdot \frac{v^2}{2g}$$

hL : 손실수두(m) L : 관의 길이(m) n : 관 조도계수

f : 마찰계수$=124.5n^2/d^{1/3}$ d : 관의 직경(m) V : 평균유속, m/sec

2. Chezy 평균유속공식

$hL = f \cdot \frac{L}{d} \cdot \frac{v^2}{2g}$에서 $d = 4R$이다.$[R = A/P = (\pi d^2/4)/(\pi d) = d/4 \ \therefore d = 4R]$

$$hL = f \cdot \frac{L}{4R} \cdot \frac{v^2}{2g}$$

$$V = \sqrt{(hL\ 4R \cdot 2g)/(fL)} = \sqrt{(8g/f)} \times \sqrt{(R \cdot hL/L)} = C\sqrt{RI}$$

$\because$ $\sqrt{(8g/f)}$ =C, Chezy의 마찰손실계수

hL/L = 손실수두/단위길이 = 동수경사 = I

3. Hazen－Williams 공식(장대관로에서 사용)

$Q = 0.279CD^{2.63}\ I^{0.54}$ $V = 0.849CR^{0.63}\ I^{0.54}$

C : 유속계수(보통 100, 80~150)

4. Manning 공식(개수로, 관수로에 사용)

$$V = 1/n \cdot R^{(2/3)} \cdot I^{(1/2)}$$

V : 평균유속, m/sec R : 동수반경(A/P), m

I : 동수경사(에너지경사), m/m n : 관 조도계수

5. Kutter 공식

$$V = [23 + 1/n + k(RI)^{1/2}]/[1 + (23 + k)n/R^{1/2}]$$

$k = 0.0015f/I$ f : 관 마찰계수, n, R, I : 상동

11 | 원형관에서의 평균유속공식인 Hazen-Williams공식을 이용하여 유량공식 $Q=kCD^aI^b$로 나타낼 때, 이 식에서의 k, a, b 값을 구하시오.(단, 여기서 Q : 유량(m^3/s), C : 유속계수, D : 관의 직경(m), I : 동수경사이다.)

1. Hazen-Williams공식(원형관에서의 평균유속공식)

$$V=0.84935\,CR^{0.63}I^{0.54}=0.85\,CR^{0.63}I^{0.54}$$

여기서, V : 평균유속(m/s)
C : 유속계수
R : 경심, I : 동수경사

2. 유속공식에서 유량공식 유도

$$V=0.85\,CR^{0.63}I^{0.54}$$

유량 $Q=AV(\mathrm{m^3/s})$이고, 원형관에서 직경이 $D(\mathrm{m})$일 때 $A=\frac{\pi D^2}{4}(\mathrm{m^2})$이므로

$$Q=AV=\left(\frac{\pi D^2}{4}\right)(0.85\,CR^{0.63}I^{0.54})$$

$$=\left(\frac{\pi\times 0.85}{4}\right)(CD^2R^{0.63}I^{0.54})$$

$$\left(\text{원형관에서 경심 } R=\frac{\text{단면적}}{\text{윤변}}=\frac{\frac{\pi D^2}{4}}{\pi D}=\frac{D}{4}\right)$$

$$=\left(\frac{\pi\times 0.85}{4}\right)\left[CD^2\left(\frac{D}{4}\right)^{0.63}I^{0.54}\right]$$

$$=\left(\frac{\pi\times 0.85}{4}\right)\left(\frac{1}{4}\right)^{0.63}(CD^{2.63}I^{0.54})$$

$$=0.2786\,CD^{2.63}I^{0.54}(\mathrm{m^3/s})$$

그러므로 $k=0.2786=0.279$, $a=2.63$, $b=0.54$

12 | **수평거리 10km 떨어진 높은 위치에 있는 수조에서 낮은 위치에 있는 수조로 콘크리트관을 이용해서 유량 Q = 2m³/sec를 이송하려고 한다. 이때 필요한 조건을 가정하여 관경을 결정하시오.**

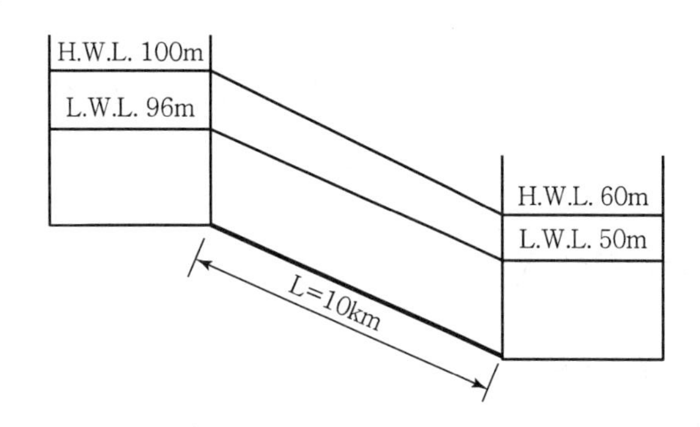

이 문제는 매닝공식, 달시공식, 하젠윌리엄식 등으로 풀 수 있으며 매닝공식을 적용하여 풀어보면

1. 매닝(Manning)공식 풀이

1) 매닝공식에서 $V=1/nR^{(2/3)}I^{(1/2)}$ 유속을 주어진 유량에서 관경으로 표시하면

$$V=\frac{Q}{A}=\frac{2}{\frac{\pi}{4}d^2}=\frac{8}{\pi d^2}$$

양 수조의 수두차는 최소값을 적용하므로 $H=96-60=36\text{m}$,

2) 동수구배 $I=H/L=36/10{,}000$ 경심은 $R=A/P=d/4$을 위식에 대입하면

$$\frac{8}{\pi d^2}=\frac{1}{n}R^{(2/3)}\,I^{(1/2)}$$

3) 수치를 대입하면(조도계수 $n=0.013$ 적용)

$$\frac{8}{\pi d^2} = \frac{1}{0.013}(d/4)^{(2/3)}(36/10,000)^{(1/2)}$$

$$\frac{8}{\pi d^2} = \frac{1}{0.013}(1/4)^{(2/3)}(36/10,000)^{(1/2)}(d)^{(2/3)}$$

$$\frac{8}{\pi} = \frac{1}{0.013}(1/4)^{(2/3)}(36/10,000)^{(1/2)}(d)^{(8/3)}$$

$$(d)^{(8/3)} = 1.390$$

$d=1.131$m 그러므로 관경선정은 1,200mm 정도로 한다.

2. Hazen−Williams 공식 풀이

1) $Q=0.279CD^{2.63}\ I^{0.54}$에서

$Q=2$, $C=100$, $I=H/L=36/10,000$을 대입하면

$2=0.279\times100\times D^{2.63}\times(0.0036)^{0.54}$ 계산하면

$D^{2.63}=1.4963$ 계산하면 $D=1.165$m

그러므로 관경선정은 1,200mm 정도로 한다.

2) 위 2가지 풀이에서 값이 달라지는데 2가지 풀이가 모두 적합하다고 볼 수 있으며, 어느 값이 실제와 같은지는 알 수 없다. 대부분의 관로공식은 이론과 실험에 의한 추정식으로 보편적으로 10km 정도의 장대관로는 Hazen−Williams 공식이 좀 더 근사하다고 볼 수 있다.

13 | 관망 해석에서 등치관(Equivalent Pipe)법에 대하여 설명하시오.

1. 개요

등가관(等價管) 또는 등치관(等値管)이란 관직경의 변화 또는 2열 이상의 관이 병렬로 구성되어 있는 것을 동일한 유량에 대하여 동일한 손실수두를 가지는 단일 구경의 관로로 바꾸어 관망해석이나 다른 목적의 수리계산을 간단하고 용이하게 하는 데 사용하는 가상의 관로를 말한다. 등가관 문제는 질량 및 에너지 보존법칙을 응용하여 Hazen－Williams 공식으로 해석한다.

2. 등치관법의 적용 목적

관망 해석에서 복잡한 관망을 그대로 두고 유량보정법이나 수위보정법 등을 적용할 경우 계산 과정이 복잡해진다. 이 과정을 간단히 하기 위하여 여러 개의 관망을 동일한 성질을 가진 단일관(등치관)으로 대체하여 해석하는 것으로 최근에는 컴퓨터 관망 해석 프로그램의 발달로 복잡한 관망 해석이 용이하여 등치관의 적용 필요성이 적다.

3. 해석방법

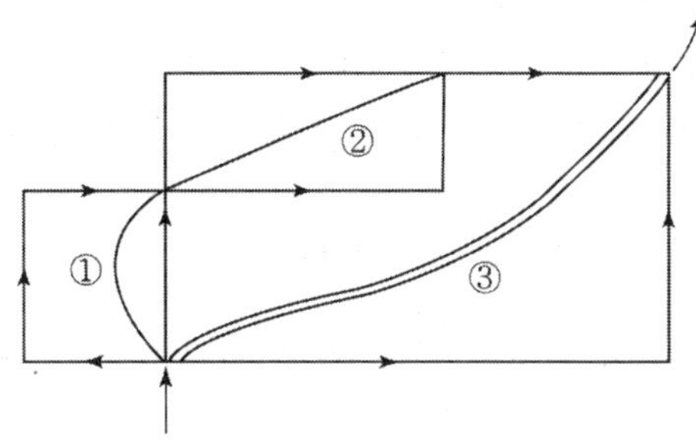

1번 관과 2번 관을 3번 관으로 합성 시
Hazen－Williams 공식에서

$$Q = KCD^{2.63}\ I^{0.54}$$
$$= KCD^{2.63}\ h^{0.54}/L^{0.54}$$
$= S \cdot h^{0.54}$ 으로 표시할 수 있고($S = KCD^{2.63}/L^{0.54}$)

1) 직렬관의 등치관(부등단면관)

관경이 줄어들거나 변하는 관을 부등단면관이라 하며, 아래의 그림과 같은 형태를 나타낸다. 이 관을 통과하는 유량은 관경의 변화에 상관없이 같다.

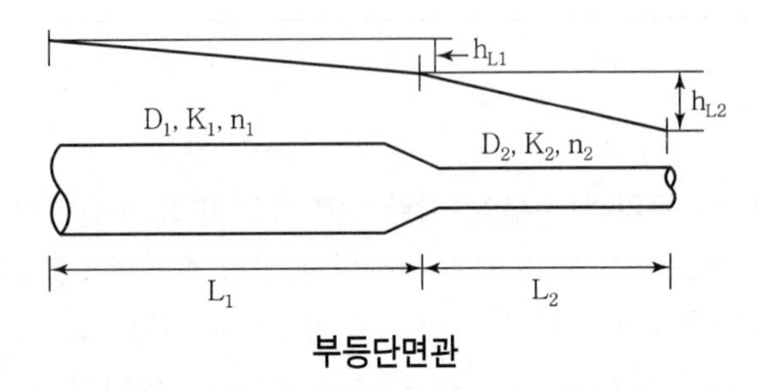

부등단면관

부등단면관을 단일직경의 등가관으로 바꾸려면 질량보존법칙에 의하여 등가관은 부등단면관과 같은 유량이 흘러야 하며, 에너지보존법칙에 의거 등가관의 수두손실은 부등단면관의 손실의 합과 같아야 한다. 즉,

$$Q_e = Q_1 = Q_2 = \cdots = Q_i$$
$$h_{Le} = h_{L1} + h_{L2} + \cdots = \sum h_{Li}$$

여기서, Q : 유량, h_L : 마찰손실, L : 관길이, D : 관경, n : 공식의 지수이며, 첨자 1, 2, i는 실제 관로번호이며, e는 등가관을 나타낸다.

수두손실을 나타내는 공식은 $h_L = KQ^n$의 식으로 표시할 수 있는데, Hazen-William 식에서는 $K = 10.666C^{-1.85}D^{-4.87}L$이며, $n = 1.852$가 된다.

등가관의 손실수두항을 지수형으로 표현하면 다음과 같다.

$$K_e Q_e^{n_e} = K_1 Q_1^{n_1} + K_2 Q_2^{n_2} + \cdots = \sum K_i Q_i^n$$

여기서 $Q_e = Q_1 = Q_2$이며, n은 같은 값을 사용하므로 다음 식과 같이 표시할 수 있다.

$$K_e = K_1 + K_2 + \cdots = \sum K_i$$

2) 병렬관(竝列管, Parallel Pipe)

2열 이상의 병렬로 연결된 병렬관에 대해서도 등가관을 적용하여 단일관으로 해석이 가능하다. 이때 해석 중심은 병렬관의 시작과 끝지점 사이의 각각의 관로에 대한 수두손실은 모든 경로에서 동일한 성질을 이용한다. 즉,

$h_{Le} = h_{L1} = h_{L2} = \cdots = h_{Li}$

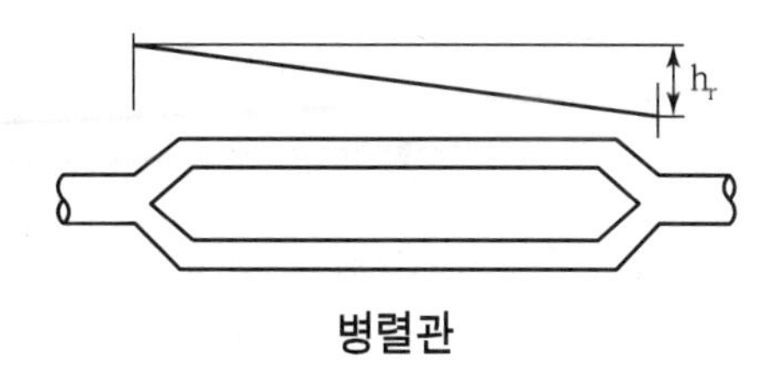

병렬관

이 구간을 흐르는 유량은 각각의 병렬관을 흐르는 유량의 합과 같다. 즉,

$$Q_e = Q_1 + Q_2 + \cdots = \Sigma Q_i$$

각 관로의 유량은 다음과 같으며

$Q_1 = S_1 \cdot h^{0.54}$

$Q_2 = S_2 \cdot h^{0.54}$

$Q_3 = S_3 \cdot h^{0.54}$

병렬회로에서 전체유량은 각 회로의 유량의 합과 같으므로

$$Q = Q_1 + Q_2 = Q_3 = S_1 h^{0.54} + S_2 h^{0.54}$$
$$= (S_1 + S_2) h^{0.54} = S_3 h^{0.54}$$

값을 대입하고 병렬회로의 손실수두($h^{0.54}$)는 같으므로 풀면 관경이나 관길이를 구할 수 있다.

▌직렬관의 등치관 예제

D_1 =1,500mm, L_1 =1,000m, D_2 =1,000mm, L_2 =1,000m인 부등단면의 관경을 구하라(단, 수두손실공식은 Hazen－Williams식을 사용하며, 등가관의 관길이는 2,000m로 한다).

☞ **풀이**

두 관에서 발생하는 손실수두의 합이 등가관의 손실수두와 같아야 하므로,

$$h_{Le} = h_{L1} + h_{L2}$$
$$K_e Q_e^n = K_1 Q_1^n + K_2 Q_2^n$$

여기서, $Q_e = Q_1 = Q_2$이므로, $K_e = K_1 + K_2$이 된다.

$$10.666 C_e^{-1.85} D_e^{-4.87} L_e = 10.666 C_1^{-1.85} D_1^{-4.87} L_1 + 10.666 C_2^{-1.85} D_2^{-4.87} L_2$$

유속계수(C)는 부등단면관과 등가관 모두 같다고 하면,

$$D_e^{-4.87}L_e = D_1^{-4.87}L_1 + D_2^{-4.87}L_2$$

$$D_e^{-4.87}\times 2,000\text{m} = 1.5^{-4.87}\times 1,000\text{m} + 1.0^{-4.87}\times 1,000\text{m}$$

$$D_e^{-4.87} = \frac{1}{D_e^{4.87}} = 0.5694\text{m}$$

$$D_e = (1/0.569)^{(1/4.87)} = 1.123\text{m} = 1,123\text{mm}$$

▌병렬관의 등치관

$D_1 = D_2 = 1{,}500\text{mm}$, $L_1 = L_2 = 1{,}000\text{m}$인 병렬관의 관경을 구하라(단, 수두손실공식은 Hazen－Williams식을 사용하며, 등가관의 관길이는 1,000m로 한다).

☞ **풀이**

$$Q = Q_1 + Q_2$$

$hL = hL_1 = hL_2$이다.
Hazen－Williams 공식에서

$$Q = KCD^{2.63}I^{0.54}$$
$$= KCD^{2.63}h^{0.54}/L^{0.54}$$에 대입하면

$$Q_3 = Q_1 + Q_2$$

$$KCD_3^{2.63}\cdot hL_3^{0.54}/L_3^{0.54} = KCD_1^{2.63}\cdot hL_1^{0.54}/L_1^{0.54} + KCD_2^{2.63}\cdot hL_2^{0.54}/L_2^{0.54}$$

$hL = hL_1 = hL_2$이므로 위 식을 K, C, hL항을 제거하여 간단히 하면

$$D_3^{2.63} = D_1^{2.63} + D_2^{2.63}$$
$$= (1.5)^{2.63} + (1.5)^{2.63} = 5.81$$

$$\therefore\ Da = 1.952\text{m} = 1{,}952\text{mm}$$

14 | **직경 d_1 = 200mm, 관길이 L_1 = 450m인 관과 d_2 = 300mm, 관길이 L_2 = 600m인 2관을 병렬연결 시 이 두 관의 합성관을 직경 350mm일 때 등치관 길이를 구하시오.**

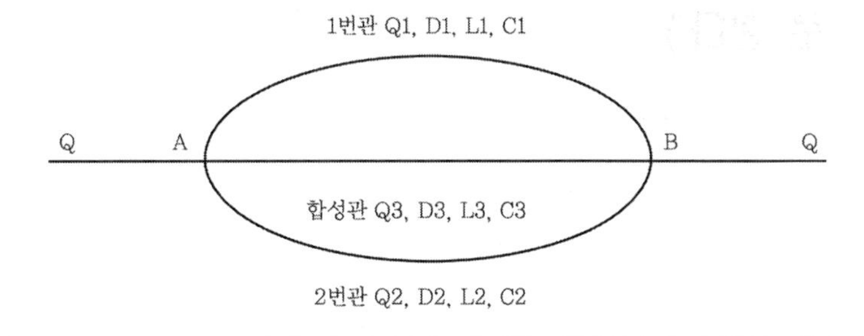

▌해설

1) 병렬관이므로

- $Q = Q_1 + Q_2$
- $hL = hL_1 = hL_2$이다.

2) Hazen – Williams 공식

- $Q = KCD^{2.63}\, I^{0.54}$
  $= KCD^{2.63} h^{0.54}/L^{0.54}$에 대입하면

$$Q = Q_1 + Q_2$$
$$KCD_a^{\;2.63} \cdot hL_a^{0.54}/L_a^{0.54} = KCD_1^{\;2.63} \cdot hL_1^{\;0.54}/L_1^{\;0.54} + KCD_2^{\;2.63} \cdot hL_2^{\;0.54}/L_2^{\;0.54}$$

- $hL_a = hL_1 = hL_2$이므로 위 식을 K, C, hL항을 제거하여 간단히 하면

$$D_a^{\;2.63}/L_a^{0.54} = D_1^{\;2.63}/L_1^{0.54} + D_2^{2.63}/L_2^{0.54}$$
$$0.35^{2.63}/L_a^{0.54} = 0.2^{2.63}/450^{0.54} + 0.3^{2.63}/600^{0.54}$$

$$L_a^{0.54} = 6.323(10)^{-2}/(5.358(10)^{-4} + 1.332(10)^{-3})$$
$$L_a = 680\text{m}$$

15 | Darcy-Weisbach 손실수두공식을 이용하여 두 수조를 연결한 주철관을 통하여 흐르는 유량을 구하시오.(n = 0.013, $f = 124.5n^2/d^{1/3}$, 유입 유출부 손실계수는 각각 0.5, 1.0으로 한다.)

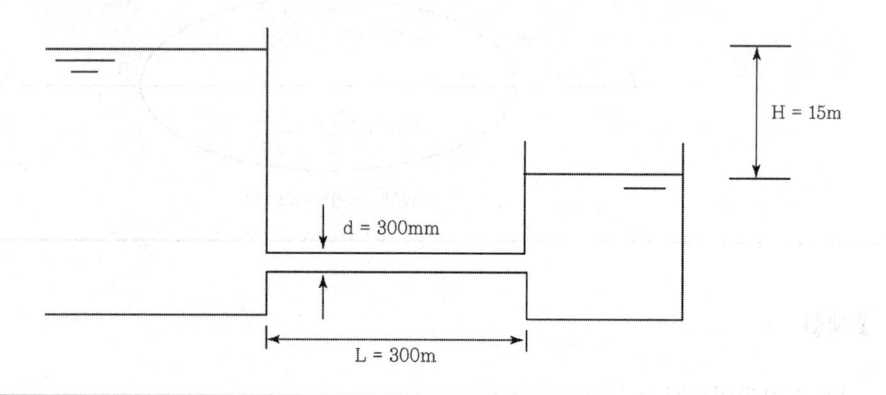

▌해설

두 수조의 수위차 15m는 관로의 손실수두로 소비되므로

$$H = (f \cdot L/d + 0.5 + 1.0)\,V^2/2g$$

여기서, $f = 124.5n^2/d^{⅓}$

$= 124.5 \times (0.013)^2/(0.3)^{⅓}$

$= 0.031$

$$H = (0.031 \times 300/0.3 + 1.5)\,V^2/2g = 15$$

$\therefore\ V = 3.0\text{m/sec}$

$\therefore\ Q = AV = 0.07 \times 3.0 = 0.21\text{m}^3/\text{sec}$

$A = \pi d^2/4 = 3.14 \times 0.3^2/4 = 0.07\text{m}^2$

16 | 다음 그림과 같은 조건을 가진 병렬관에서 총유량(Q)이 1.0m³/s이고, A관의 마찰계수가 B관의 2배이다. A관과 B관을 흐르는 유량(m³/s)을 각각 구하시오.

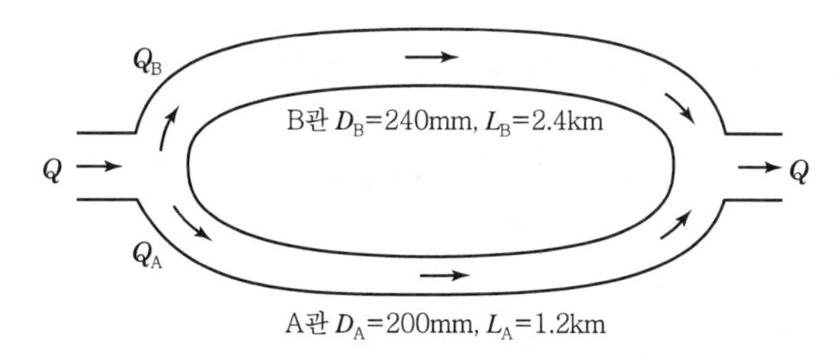

▌해설

1. 관로해석 원리

이 문제의 관로 해석에서 포인트는 2관에 흐르는 유량의 합은 1.0m³/s이고 2관의 마찰손실은 동일하다는 점이다.(이유는 2관의 분기되는 시점의 압력과 합해지는 종점의 압력이 같으므로 그 사이의 마찰손실은 서로 같다.)

2. 2관의 마찰손실을 다르시공식을 이용하여 식으로 표현

$$h_A = f_A \frac{L_A}{D_A}\frac{V_A^2}{2g},\ h_B = f_B \frac{L_B}{D_B}\frac{V_B^2}{2g}$$

$$\left(V_A = \frac{Q_A}{A_A} = \frac{Q_A}{\frac{\pi(0.2)^2}{4}},\ V_B = \frac{Q_B}{A_B} = \frac{Q_B}{\frac{\pi(0.24)^2}{4}} \text{ 대입하여 정리하면} \right)$$

$$h_A = h_B$$

$$f_A \frac{L_A}{D_A}\frac{V_A^2}{2g} = f_B \frac{L_B}{D_B}\frac{V_B^2}{2g} \text{(조건에서 마찰계수는 2배이므로 } f_A = 2f_B\text{)}$$

$$2 \times \frac{1.2}{0.2} \times \frac{\left(\frac{Q_A}{0.2^2}\right)^2}{2g} = \frac{2.4}{0.24}\frac{\left(\frac{Q_B}{0.24^2}\right)^2}{2g}$$

$$7{,}500(Q_A)^2 = 3{,}014(Q_B)^2$$

$$86.6Q_A = 54.9Q_B(\,Q_A + Q_B = 1\text{이므로})$$

$$86.6Q_A = 54.9(1 - Q_A)$$

$$Q_A = \frac{54.9}{86.6 + 54.9} = 0.388\text{m}^3/\text{s}$$

$$Q_B = 1 - 0.388 = 0.612\text{m}^3/\text{s}$$

※ 유속을 구해서 마찰손실을 구해 보면(검산해 보면)

$$V_A = \frac{Q_A}{\frac{\pi}{4}(0.2)^2} = \frac{0.388}{\frac{\pi}{4}0.2^2} = 12.35\text{m/s}$$

$$V_B = \frac{Q_B}{\frac{\pi}{4}(0.24)^2} = \frac{0.612}{\frac{\pi}{4}0.24^2} = 13.53\text{m/s}$$

대입하면, $h_A = h_B$

$$f_A \frac{L_A}{D_A} \frac{{V_A}^2}{2g} = f_B \frac{L_B}{D_B} \frac{{V_B}^2}{2g}$$

$$h_A = 2 \times \frac{1.2}{0.2} \times \frac{(12.35)^2}{2g} = 93.4\text{mAq}$$

$$h_B = \frac{2.4}{0.24} \times \frac{(13.53)^2}{2g} = 93.4\text{mAq}$$

해석하면, B관로가 유량은 많지만 관경이 커서 유속이 조금 빠르지만 관 길이가 길어서 마찰손실이 커야 하는데, 마찰계수가 A관로의 1/2이라서 결국 마찰손실은 서로 같다.

17 | 관수로 손실수두 종류를 설명하시오.

1. 개요

관수로 손실수두는 유입부부터 유출부까지의 관로 부속설비 등에서 발생하나 대부분이 관로에서 발생하며 유속과 밀접한 관계가 있다.

2. 손실수두의 종류

1) 직관부 손실수두(mAq)

$$h_L = f \cdot \frac{l}{D} \cdot \frac{V^2}{2g}$$ ………… (Darcy－Weisbach 공식)

$$h_L = f \cdot \frac{l}{D} \cdot \frac{V^2}{2} \cdot \rho(\text{Pa})$$ ………… SI 단위

2) 국부 손실수두 : 유입부, 유출부, 곡부(45°, 90° 등), 이형관(축소, 확대), 분기부(T, 크로스 등), 밸브류(제수변, 공기변, 역지변, 신축이음 등) 등에서 발생하는 손실수두

$$h_L = k\frac{V^2}{2g}$$ (관의 길이가 짧을 때)

여기서, h_L : 손실수두
f : 마찰계수
l : 수로의 길이(m)
D : 관의 직경(m)
V : 유속(m/sec)
g : 중력가속도
k : 부속시설에 의해서 결정되는 계수

3) 국부저항 상당장(L′)＝국부저항을 같은 저항의 직관길이로 환산한 것

$$f \cdot \frac{L'}{d} \cdot \frac{V^2}{2g} = k\frac{V_2}{2g}$$

$$\therefore\ L' = k \cdot \frac{d}{f}$$

4) 관로 총 손실수두=직관부 손실수두+국부 손실수두
5) Weston공식 : 분기관의 손실수두(본관에서 밸브를 통해 분기하는 경우)

$$H_L = \left(0.0126 \frac{0.1739 - 0.1087}{\sqrt{V}}\right) \cdot \frac{L}{D} \cdot \frac{V^2}{2g}$$

$$Q = \frac{\pi d^2}{4} V \text{ (Weston공식)}$$

분기관에서의 이론적인 손실수두식은 위와 같으나 현장에서는 아래 Weston 일반식을 주로 사용한다.

$$H_L = \left(\zeta e + \zeta v + 2\zeta b + \lambda \cdot \frac{L}{D}\right) \cdot \frac{V^2}{2g} \text{ (Weston 일반식)}$$

여기서, H_L : 손실수두
ζe : 유입부 손실계수(0.5)
ζv : 밸브 손실계수
ζb : 곡관 손실계수(0.04)
f : 마찰계수
L : 관로의 길이(m)
D : 관의 직경(m)
V : 유속(m/sec)
g : 중력가속도

3. 관로 계획 시 고려사항

- 배관길이가 긴 경우 곡부, 축소부, 밸브 등의 국부손실은 전체 저항 중 아주 작으므로 무시할 수 있어 마찰손실만을 고려한다.
- 주철관이나 강관은 시간의 경과에 따라 부식에 의해 마찰계수가 증가하여 통수능력을 저하시키기 때문에 설계 시에는 10~20년 후의 마찰계수를 적용

18 | 상수관로의 적정 유속범위 및 설정근거에 대하여 설명하시오.

1. 개요

상수관로의 유속은 공급 측과 수요처의 수위차, 자연유하식과 압송식의 결정, 경제적 측면의 최소관경, 동력 및 배관 마모 등을 종합적으로 고려하여 결정한다.

2. 적정 유속범위

상수관로의 일반적인 유속은 원수인 경우 침전물의 침전 방지를 위해 0.3m/s~6m/s 정수인 경우 0~6m/s 정도로 하나 보통 압송식인 경우 1~2m/s 정도를 자연유하식인 경우 이용 가능한 수위차를 고려하여 결정한다.

3. 설정근거

1) 유속은 관경과 반비례의 관계에서 관로 공사비의 대부분을 차지하며 따라서 가능한 큰 유속을 적용하여 관경을 작게 하는 것이 유리하다.
2) 압송식인 경우 큰 유속은 마찰저항의 증가로 동력비를 증대시키므로 가장 경제적인 유속을 선정해야 한다.
3) 자연유하식인 경우 이용 가능한 수위차를 최대한 활용하도록 유속을 가능한 증대시킨다. 하지만 수격현상 및 곡부 등에서의 마모 등 안전을 고려하여 최대유속 6m/s를 넘지 않도록 한다.
4) 펌프 유입부 등은 유속이 커질 경우 압력감소로 인한 캐비테이션 등을 고려하여 조건에 따라 1m/s 내외의 안정적인 유속을 적용한다.

4. 수리계산 및 인입관경 설계방법

배수지에서 용수를 공급하거나 배수관로의 중간에서 용수를 공급하는 경우 최소동수두를 확보하기 위한 적정유속 및 관경을 결정하며,

1) 가능한 공급구역 내에서 자연유하 공급이 가능토록 관로 및 관경을 결정한다.
2) 공급구역 내의 일부가 최소동수두 확보가 불가능한 경우 고지대와 저지대로 구분하여 저지대에서는 유속을 적게 하여 자연유하로 공급토록 하고 고지대에는 중간가압 등으로 유속을 크게 적용함이 적합하다.
3) 도·송수량 급수구역의 시간최대급수량 또는 일최대급수량/24에 따라 적정유속 및 관경을 설정한다.

19 | 한계유속(Critical Velocity)

1. 정의

한계유속이란 어떤 상태를 유지하기 위한 유속을 벗어난 것으로, 예를 들면 층류 한계를 벗어나면 난류가 되며 이때 층류와 난류의 경계속도를 한계유속(Critical Velocity)이라 한다.

2. 한계 유속의 종류

1) 층류와 난류 : 층류와 난류의 경계를 천이 구역(레이놀드수 2,000~4,000)이라 하며 천이 구역의 유속이 한계 유속이 된다.

(1) 상한계 유속 : 층류 상태로부터 유속을 증가 시켜 난류 상태가 될 때의 한계유속을 상한계 유속이라 한다. 이때 레이놀드수는 2,000 정도이다.

(2) 하한계 유속 : 난류 상태로부터 유속을 감소 시켜 층류 상태가 될 때의 한계유속을 하한계 유속이라 한다. 이때 레이놀드수는 4,000 정도이다.

2) 개수로의 한계유속 : 개수로에서 비에너지가 일정할 때 유량이 최대가 되는 수심을 한계수심이라 하며 한계수심 이상의 흐름을 상류라 하고 그 이하의 흐름을 사류라 하는데 이 상류와 사류의 경계 흐름을 한계 유속이라 한다.

3) 상수 관로의 한계유속 : 상수 관로의 한계 유속은 일반적으로 침식 및 수격작용, 침전물 발생 등을 고려하여야 하며 보통 하한계 0.3m/s, 상한계 6m/s 정도이다.

4) 하수 관로의 한계유속 : 하수 관로의 한계 유속은 수중 오물의 운반능력(자기 세정능력) 고려하여야 하며 유속이 너무 작으면 침전물이 발생하고 유속이 너무 크면 오물이 남겨진다. 보통 하한계 0.6m/s, 상한계 3m/s 정도이다.

(1) 오수관거 유속범위 : 0.6~3.0m/s(계획하수량 기준)

(2) 우수관 및 합류관 유속범위 : 0.8~3.0m/s(계획하수량)

(3) 하수관 이상적 유속 범위 : 1.0~1.8m/s

5) 침전지 바닥에서의 한계유속 : 침전지 바닥의 침전된 슬러지가 일정 유속 이상에서 다시 부상하게 되는데 이때의 유속을 소류속도 한계 유속이라 한다.

6) 하천 등지의 한계 유속 : 하천의 자정능력을 고려할 때 탈산소와 재포기의 평형 상태를 유지하기 위한 최소 유속을 하천 생태계 유지를 위한 한계유속이라 할 수 있다.

20 | 도 · 송수관로의 자연 유하식과 펌프 압송식을 비교하시오.

1. 개요

도수 및 송수관로는 보통 단일관로로서 도수는 수원으로부터 정수장까지 원수를 수송하는 것이고 송수는 정수장에서 배수지까지 정수처리된 정수를 수송하는 것이다.

2. 도수 및 송수방식

도수 · 송수방식은 자연유하식과 펌프압송식으로 분류하며 고저차 노선의 입지조건 등에 따라 아래 항목에 대한 경제성, 시공성, 유지관리의 안정성 등을 고려하여 결정한다.

- 수원에서 정수장 간 또는 정수장에서 배수지간의 고저차
- 계획도수, 송수량의 대소
- 3노선의 입지조건 등을 비교 검토

1) 자연유하식

(1) 장점

- 도수 · 송수가 안전하고 확실
- 유지관리가 용이하고 유지관리비가 적게 든다.
- 수원의 위치가 높고 도수로가 길 때 특히 적당하다.

(2) 단점

- 수로가 길어지면 건설비가 많이 든다.
- 급수구역을 자유로이 선택할 수 없다.
- 오수의 침입 우려

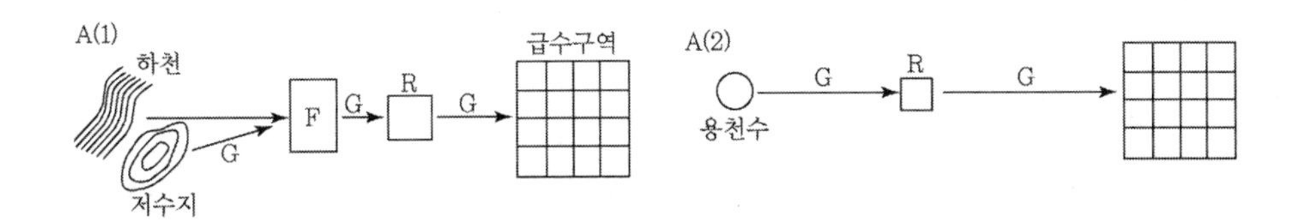

2) 펌프압송식(Pump 가압식)

(1) 장점

- 수원이 급수지역과 가까운 곳에 있을 때 적당

- 도수로를 짧게 할 수 있어 건설비를 절감
- 지하수를 수원으로 할 경우와 같이 수원이 낮은 곳에 있을 때

(2) 단점

- 전력 등의 유지관리비가 많이 들며 도수의 안정성이 없다.
- 정전이나 펌프의 고장 등으로 인한 송수의 안정성과 확실성이 떨어진다.
- 관수로에만 이용할 수 있으며 수압으로 인한 누수의 우려가 크다.

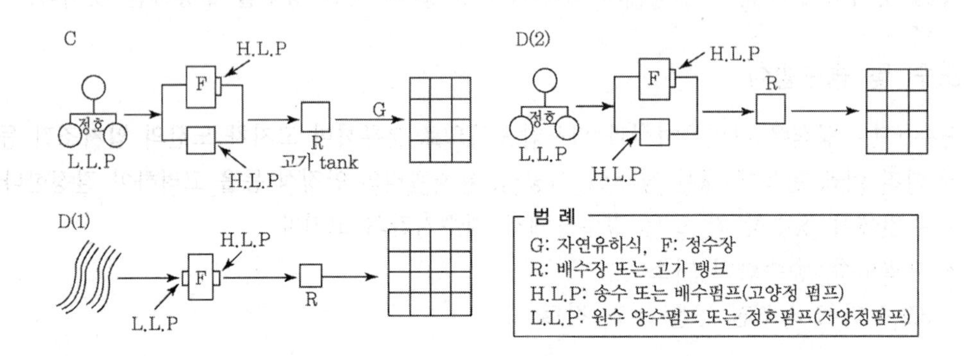

3. 개수로식과 관수로식의 비교

도수방식의 결정은 관로 방식과 밀접한 관계를 가지며, 압송식은 관수로식만 가능하고 자연유하식은 개수로, 관수로 모두 가능하다.

- 개수로(비압력수로) : 1/1,000~1/3,000의 균일한 수면경사
- 관수로(압력수로) : 수리학적 조건을 만족시켜야 하며 동수경사선 내에서는 배관의 위치가 자유롭다.
- 수량이 많을 경우나 도수 구간의 손실수두를 작게 할 때는 개수로식이 적당
- 관수로식은 내압강도의 관을 사용하지만 개수로식은 구조가 간단
- 오염방지를 위해서 관수로식이 좋으며, 개수로식은 하수 등의 유입을 방지하기 위한 대책이 필요

4. 도수 및 송수관로의 결정

도상 및 실지 답사, 수리, 경제성, 유지관리 등의 관점에서 종합적 판단 가능한 평탄지로 하고 수로의 매몰 침하의 우려가 있는 곳인 사면부, 성토부는 피할 것

- 가능한 최단거리로 관로를 결정한다.
- 급격한 굴곡을 피할 것
- 이상수압을 받지 않을 것

- 최소 공사비 장소
- 관내 마찰손실수두가 최소가 되도록
- 지반이 불안정한 장소는 피함
- 비탈 등 붕괴 우려가 있는 곳은 피함
- 노선은 가급적 공공도로를 이용
- 관수로의 경우 관내면에 작용하는 최대 정수두가 관의 최대 사용 정수두 이하로 해야 함
- 하천, 도로, 철도를 횡단하는 경우에는 유리한 지점을 선정

5. 경제성 검토

1) 자연유하식

낙차를 최대한 이용하여 유속을 가급적 크게 하고 관경을 최소화하는 것이 경제적이다.

2) 펌프압송식

관경을 너무 크게 하면 통수능력이 크고 동력비는 적게 드나 관의 부설비가 증가되고, 너무 작게 하면 관의 부설비가 적게 드나 통수 저항을 증가시켜 동력비가 많이 든다.

6. 계획 도·송수량

1) 계획도수량 : 계획 취수량을 기준으로 함(수원에서 취수한 물이므로)
2) 계획송수량 : 계획 1일 최대급수량을 기준으로 함(정수장에서 급수에 맞춰)

7. 도·송수거 내 평균유속

- 0.3m/s~3.0m/s(모르타르, 콘크리트)
- 0.3m/s~6.0m/s(강, 주철, 경질염화비닐) 자연유하식은 3m/s 이내로 한다.

8. 도·송수관종

1) 도수관종

주철관, 덕타일주철관, 도복장강관, 석면시멘트관, 경질염화비닐관, PS콘크리트관, 원심력철근콘크리트관(흄관)

2) 송수관종

주철관, 덕타일주철관, 도복장강관, 석면시멘트관, 경질염화비닐관

21 | 상수도 배수관망의 종류를 설명하시오.

1. 개요

배수관망은 평면적으로 넓은 급수지역 내의 각 수요점에 배수지에 저류되어 있는 정수를 적절히 분배, 수송하는 것을 목적으로 하는 시설이며, 관망의 형태에는 수지상식, 격자식과 종합식이 있으며, 격자식에는 단식, 복식, 3중식 배수관망으로 구분된다.

2. 배수관망의 구비조건

1) 배수관망은 원거리의 대량수송과 근거리의 적정 수압 균등 분배수송이라는 2가지의 수송기능을 갖도록 배치되어야 한다.
2) 따라서 배수관망은 이런 수송과 분배의 기능을 원활히 하고 등압성, 응급성 및 개량의 편의를 도모하여야 한다.

3) 수압
화재시를 제외한 평상시의 급수에 요구되는 수압은 4층 정도의 건축물에 급수되는 수압이 필요하며 급수구역 내의 가장 불리한 지역에서도 2층까지는 배수의 수압으로 급수할 수 있도록 하는 것을 표준으로 한다. 이를 위해서는 배수관 내의 수압이 최소동수압으로 1.5kg/cm^2(15m 수두) 정도를 유지하여야 한다.

3. 수지상식

수지상식은 관이 서로 연결되어 있지 않고 그림과 같이 수지상으로 나누어진 형태이다.

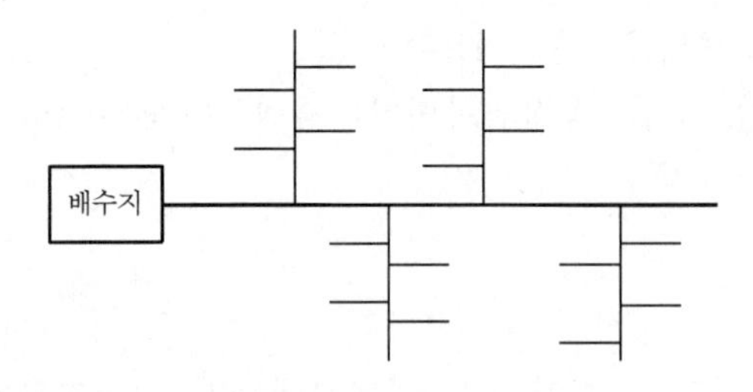

특징은 다음과 같다.

1) 박테리아의 성장과 침전이 가지 끝에서 정체상태로 인하여 발생하며, 파이프의 막힌 끝에서 잔류염소가 유지되기 어렵다.
2) 급수량이 적을 때는 관내에 물이 정체하기 쉬워 수질과 물 유통의 악화를 초래한다.
3) 급수량이 많을 때는 손실수두가 커져서 수압의 저하를 초래한다. 즉 관말압력이 관의 연장에 따라 감소할 수 있다.
4) 배수관의 일부가 단수될 때에는 그 부분 이후는 단수된다.
5) 관말단에 배수설비를 설치하여 관 내 청소와 수질악화의 방지를 위한 배수를 적절히 한다.
6) 수량을 서로 보충해 줄 수 없다.
7) 수리계산이 간단하고 시공이 간단하며 공사비가 저렴하다.

4. 격자식(Bloc System)

수지상식의 결점을 보완하기 위하여 그물모양으로 관을 서로 연결하는 격자식이 사용되는데 이 방식은 배수관망의 어느 부분에 손상을 입더라도 단수를 최소화하고 복구가 빠르다.

1) 특징
   (1) 관내에 물이 정체하지 않고,
   (2) 수압을 유지하기가 쉬우며,
   (3) 단수 시 대상지역을 최소화하며,
   (4) 배수관의 사고 시 물의 수요공급에 이상이 생겼을 경우 융통성 있는 운영이 가능하다.
   (5) 반면에 공사비가 고가이며 수리계산이 복잡한 단점이 있다.

2) 격자식은 그 구성 형태에 따라 단식, 복식 및 3중식 배수관망으로 구분한다.
   (1) 단식 배수관망
      ① 단식 배수관망은 하나의 관로가 송수와 배수의 기능을 동시에 수행하며 전 관로에 대해 급수분기를 허용하는 방식이다.
      ② 이 형태는 배수지에서 급수점까지 정수를 운반하는 최단경로만을 고려하기 때문에 시공비면에서는 경제적이나 배수구역이 넓어질수록 등압화나 누수제어를 원만히 할 수 없고, 개량, 복구 및 분지공사 등 단수를 하는 경우에 단수구역이 넓어지는 단점이 있다.

③ 배수본관 구경은 250~500mm, 배수지관의 구경은 75~200mm 정도이며, 현재의 배수관망의 전형적인 형태이다.

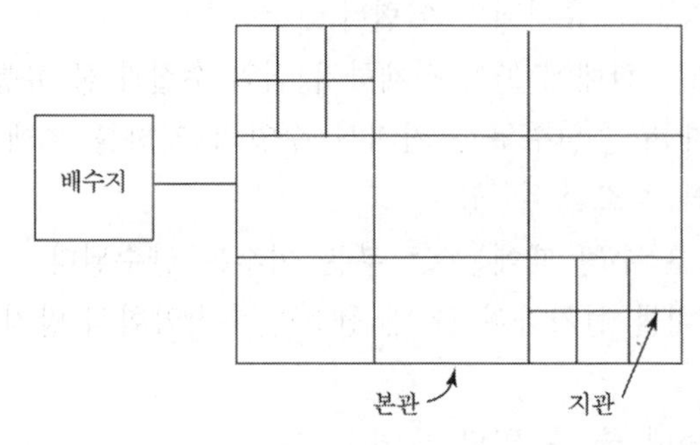

단식 배수관망

(2) 복식 배수관망

단식 배수관망의 단점을 보완하기 위하여 관망을 관경의 크기에 따라 급수분기를 하지 않는 배수본관과 급수분기를 주목적으로 하는 배수지관으로 분리하여 설치하는 방법이다.

① 배수본관은 급수분기를 하지 않기 때문에 이로 인하여 발생되는 누수를 방지할 수 있다.

② 수량과 수압의 관리 및 계측이 쉬우나 단식에 비해 복잡하고 비용이 증가한다.

③ 관망 내의 수압분포를 보다 균등하게 할 수 있다.

④ 단수구역의 설정이나 관거의 개량 및 확장에 용이하다.

⑤ 관망계산이 간편해진다.

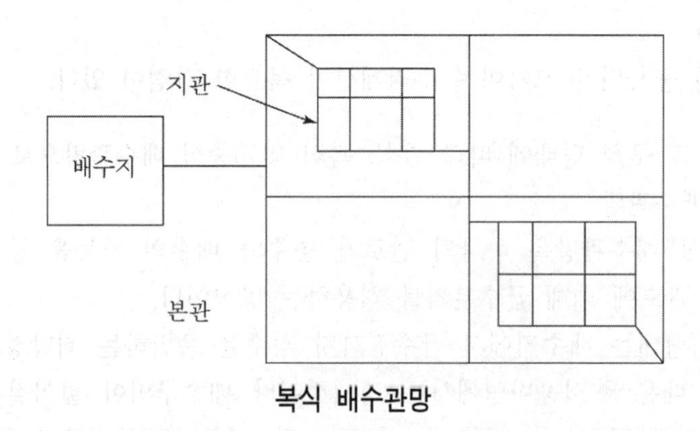

복식 배수관망

(3) 3중식 배수관망

3중식 배수관망은 배수간선, 배수본관, 배수지관으로 구분된다. 최고의 정비수준의 관망형태이다. 간선 구경은 600mm 이상이고, 본관구경은 250~500mm 정도이며 지관의 구경은 75~200mm 정도이다.

- 단식, 복식에 비해 가장 이상적이나 비용이 많이 든다.

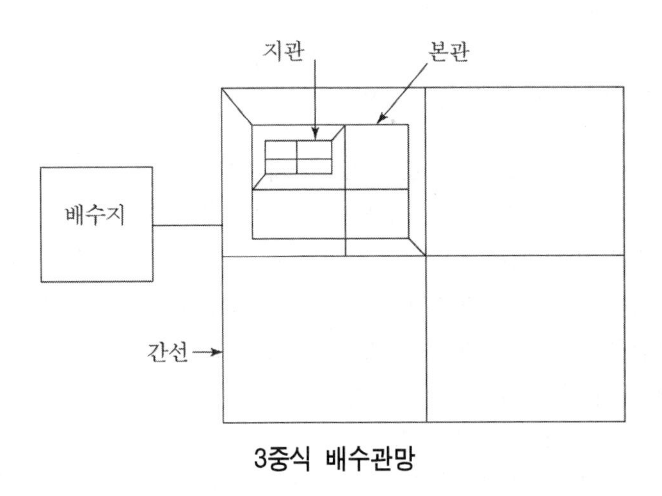

3중식 배수관망

5. 종합형식 배수관망

종합형식은 공사비가 적게 들고 지형적으로 허용되는 곳에서는 격자식으로 하고, 그렇지 못한 지역에서는 수지상식으로 하는 방법이다.
실제 현장의 적용은 넓은 구역에서 지역별로 수지상식과 격자식을 적절히 적용하는 종합식이 주로 적용된다.

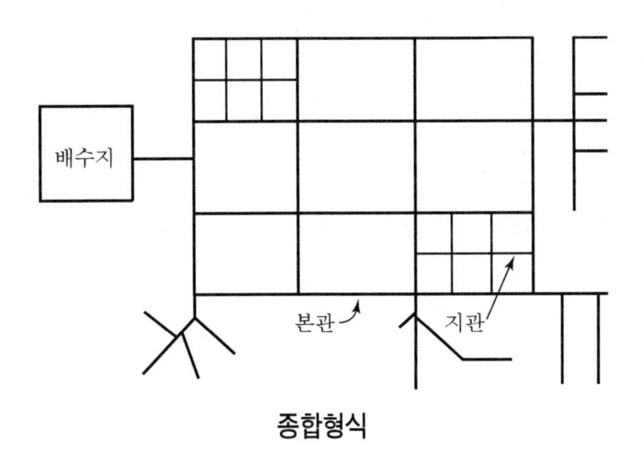

종합형식

22 | 배수관망 Bloc System에 대하여 설명하시오.

1. 개요

Bloc System이란 배수시설, 배수관망의 형태 중 가장 바람직한 것으로 최근에 배수구역의 균등한 배수와 단수구역의 최소화를 위해 밀집지역에서 주로 적용하는 배수관망 방식으로 그물망식, 격자식이라고도 한다.

1) Bloc System이란 전 급수구역을 지형, 도시계획상의 용도 구분, 소요 급수수량에 따른 다수의 최적관리구역으로 나누어 각 구역에 복식 또는 3중식의 배수관망을 설치하는 것을 말한다.
2) 향후 노후 관 교체, 신규 배수장 건설시 배수의 Bloc화로 배수본관의 정비를 통한 균등한 수압을 유지하는 배수시스템의 고도화이다.
3) Bloc System 구성을 위해서는 각 Bloc별로 전담 배수지를 설치하여 용수공급 및 조절원을 하나로 하는 것이 바람직하다.
4) 즉 취수, 정수, 배수시설의 일원화는 건설비 및 유지관리비를 절약할 수 있으나 수도의 신뢰성 향상을 위하여 중요시설을 적절히 분산하여 위험을 감소한다.

2. Bloc System 도입 목적

균등한 수압에 의한 급수의 확보, 재해복구 용이성, 유지관리의 용이성을 목적으로 구역별 복식 배수관망의 Bloc System을 도입한다. 즉,

- 관로의 독립성(기능분리, 지역화, 세분화)
- 관로의 연대성(연결화)
- 관로의 단순성(관로의 생략, 통합, 규격화)을 달성할 수 있다.

1) 관로의 기능분리와 지관 Bloc으로 주입점을 제한하여 배수 Bloc 내의 등압 급수 확보
2) 각 배수 Bloc마다 유수율/누수율의 자료파악으로 노후관 대책, 누수방지대책의 용이
3) 각 배수 Bloc의 독립으로 사고 및 화재 시 복구 용이
4) 갈수기 취수제한, 정수장 이상시의 감압급수, 시간제한급수 실시 시 용이하게 대처

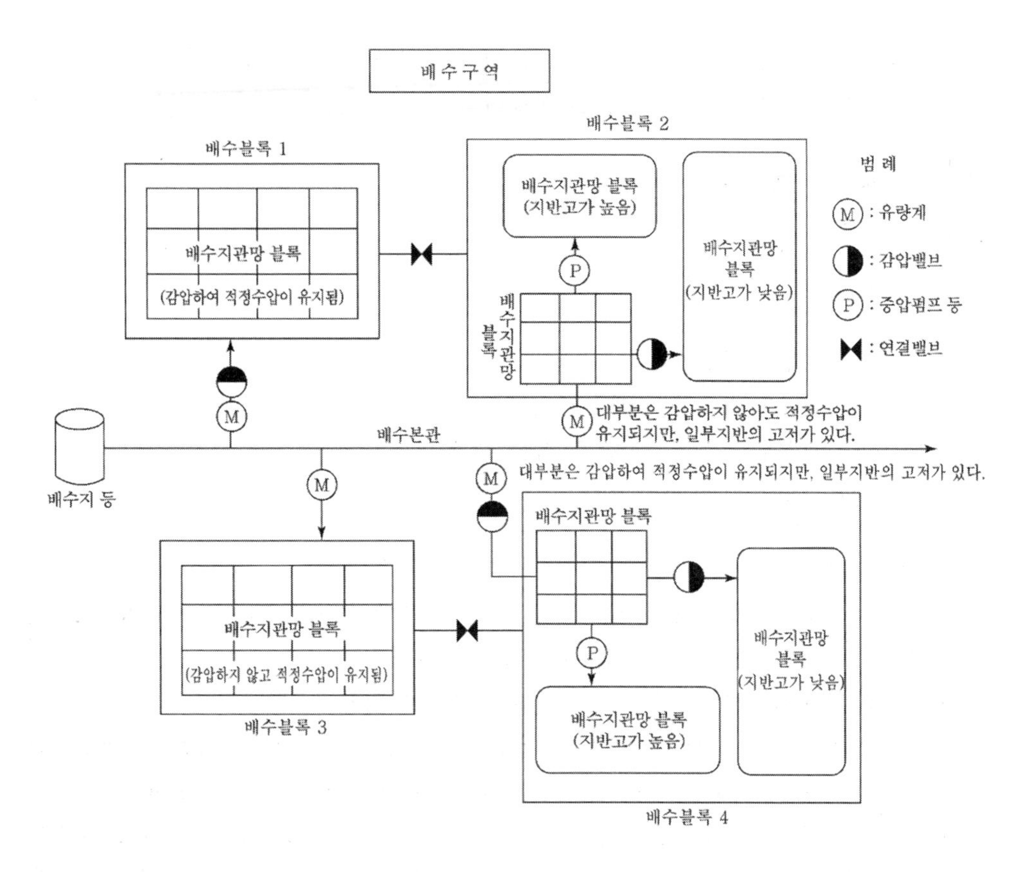

3. Bloc System의 장점

1) 유량 보정법에 의한 배수관망 해석의 용이
2) 송·배수시설의 정비계획을 합리적으로 수립할 수 있다.
3) 시설의 고장이나 보수 시 영향을 최소화하고 다른 급수구역으로 파급시키지 않는다.
4) 급수구역의 지역 간 수압차를 최소화하고 국부적인 수압 과다로 인한 관 파열 및 누수량의 감소 가능
5) 급수지역에 대한 수질, 수량의 안정적 조정과 정확한 유출입량의 계량이 가능하여 물이용 효율의 향상 및 사고와 누수를 조기에 발견할 수 있다.

4. Bloc System의 적용

1) 도시를 여러 개의 배수계통으로 나누고, 이 배수계통 Bloc을 지형, 배수장별 조건에 따라 배수본관 구역의 대 Bloc으로 나눈다. 배수본관은 물 수송과 다음 배수지관 Bloc에의 물배분 기능을 가진다. 배수본관은 250mm 이상이다.
2) 배수본관으로부터 2점 주입점을 가지는 배수지관 Bloc을 조직하고 이 배수지관으로부터 직접 배수분기하여 급수한다.

3) 배수 Control 기능 향상 및 유지관리를 위하여 복배수관으로 하면서 소 Bloc을 더욱 세분화하여 단수구역의 Bloc을 설정한다.

5. Block System 추진현황

최근 상수도 계획에서 수원 Bloc화, 배수 Bloc화 급수 Bloc화를 통하여 배수시설의 고급화를 추진하고 있다.

1) 접점 배수장 방식 확립
   - 배수 Bloc 마다 대응하는 배수지 설치
   - 배수 Bloc 마다 유수율 등 각종 자료 수집
   - 배수 Bloc 내에 긴급급수 기지

2) Bloc화의 추진

   급수구역을 종류별로 구분하여 독립시켜 위험 분산, Bloc별 배수지 보유로 배수지 용량 감소, 배수시설 여유, 직접급수 도입의 전제조건
   - 수원의 Bloc화 : 사고, 화재 시 수원이 다른 물 활용
   - 배수 Bloc화 : 배수지로부터 직접 급수시키는 단위로 규모는 지반고, 배수본관 손실수두 등을 기준으로 하며 지반고가 배수 Bloc 설정에 가장 중요
   - 배수지관 Bloc : 배수 Bloc 내에는 배수본관에 의한 등압급수를 이루고, 배수본관으로부터 2~3점의 주입점을 가지는 100~250mm 배수지관에 의하여 Bloc을 구성하며 복배수관망 방식 필요

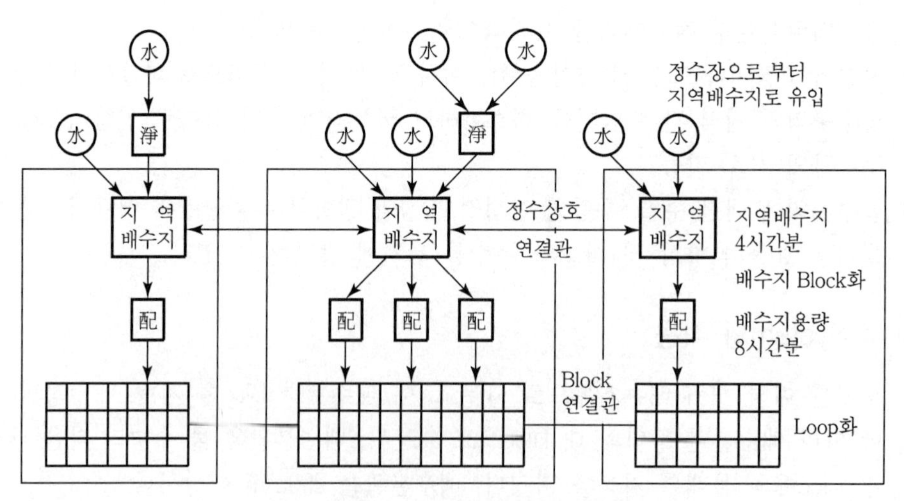

수원, 배수지, 배수관 블록화 개념도

23 | 상수도관망 최적관리시스템의 구축 및 블록시스템 구축에 대하여 기술하시오.

1. 상수도관망 최적관리시스템 구축사업의 추진배경

1) 정수장에서 생산한 수돗물이 관로 공급과정에서 누수되어 수자원 및 에너지 낭비, 수도경영의 수지 악화
2) 상수도관망 노후화 및 부적정 공급체계로 인한 수량, 수질, 수압문제가 발생하여 수돗물 신뢰도 저하
3) 기존 상수도관망 개량사업은 누수사고 수리나 경년관 교체 위주로 진행되어 구조적인 문제를 체계적으로 해결하지 못함
4) 부분적인 송·배·급수관로 확장공사로 인해 배수구역, 블록, 관망체계가 혼재하여 효율적인 유지관리 곤란

2. 상수도관망 최적관리시스템 구축사업의 목적

1) 수돗물 생산·공급비용의 저감을 통한 수도경영 효율화
2) 유수율 제고를 통한 수자원 및 에너지 절감
3) 누수 및 수질오염 예방을 통한 수돗물 신뢰도 제고
4) 선(先) 진단 후(後) 개량을 통한 효과적인 관망정비
5) 블록시스템 및 유지관리시스템을 통한 관망최적관리체계 구축
6) 선제·예방적 유지관리를 통한 관망기능 및 유수율 유지
7) 관망정비기술 발전을 통한 녹색성장산업 발굴 및 해외진출

3. 상수도관망 최적관리시스템 구축사업의 내용

1) 관망도 정비 및 GIS 연계자료 구축
2) 상수도 송·배·급수체계 정비
3) 블록시스템 구축 및 관망체계 정비
4) 불량관 및 부적합 부대시설, 부적합계량기 개량·교체·정비
5) 상수도관망 유지관리시스템 구축

<table>
<tr><th colspan="2">상수도관망 최적관리시스템 구축사업</th><th rowspan="2">유지관리</th></tr>
<tr><th>기본계획 수립</th><th>구축사업 시행</th></tr>
<tr><td>• 현장조사 및 측정
• 관망도 정비 및 GIS 반영계획
• 블록시스템 구축계획
• 관망성능평가
• 누수탐사에 따른 누수지점 확인
• 관망정비계획
• 유지관리시스템 구축계획
• 사업성과 측정지표 및 관리방안
• 유지관리계획
• 사업비
• 사업시행계획</td><td>• 기본 및 실시설계
• 배수구역 분리 및 배수지 급수체계 정비
• 구역(구간) 고립 및 블록시스템 구축
• 관망체계 정비 및 기능별 송·배·급수관로 분리
• 불량관 및 부적합계량기 정비
• 유지관리시스템 구축
• 수압조정지 설치
• 준공관망도 보완 및 GIS 연계자료 구축
• 성과보증 및 사업효과 분석
• 유지관리지침서 작성</td><td>• 관망운영 및 자료·통계관리
• 상수도관로 및 시설물 이력관리
• 관망도관리, 민원관리, 운영모의
• 유입량－부과량 분석 및 수량·수압·수질 분석
• 정비우선순위 선정 및 정비방향 결정
• 누수탐사 및 누수지점 보수
• 수압조정 및 복원누수 저감
• 부적합계량기 교체·정비
• 시설, 설비, 계측기 정비 및 불량관 개량·대체</td></tr>
</table>

4. 상수도관망 최적관리시스템 구축사업의 추진절차

아래 순서도를 기준으로 사업을 추진하되 지자체 사업계획 및 공사발주방식에 따라 단계별 내용 및 순서는 변경될 수 있다. 예를 들어 단계별 추진방식의 경우 구축사업 시행단계의 블록시스템 구축 이후에 기본계획수립단계의 관망성능평가, 상수도관망 정비계획 등을 수립하고 사업을 시행할 수 있다.

사업구상
사업기간 · 구역 · 내용
개략사업비
구축사업관리 위탁
사업추진방식
공사발주방식
사업성과 확보계획
사업계획서 작성 및 재원조달협의
기본계획 수립
기본방향 설정
현장조사 및 측정
관망도정비 및 GIS반영계획
관망성능평가
누수탐사
블록시스템 구축계획
상수도 관망정비계획
유지관리시스템 구축계획
사업비산정
사업시행계획
사업성과 측정지표
유지관리계획
설계 및 구축사업시행
기본 및 실시설계
급수체계정비
블록시스템 구축
관망체계 정비
불량관 개 · 대체
수압조정지 설치
유지관리시스템 구축
사업성과검증
관망도 보완
유지관리지침서 작성
유지관리
운영관리
보전관리
관망 운영 및 자료 · 통계관리
유입량–부관량 분석 및 수량 · 수압 · 수질분석
관로 및 시설물 이력관리
정비우선순위 및 정비방향 결정
관망도관리
누수탐사 및 누수지점 보수
민원관리
수압조정 및 복원누수 저감
운영모의
부적합계량기 교체정비
시설/설비/계측기정비 및 불량관 정비

5. 상수도관망 최적관리시스템 구축사업의 대상시설

정수장, 정수지, 유출유량계 이후부터 수용가계량기까지의 수도시설 중에서 상수도관망 최적관리시스템 구축을 위해 필요한 시설, 설비, 계측기, 시스템을 대상시설로 한다.

1) 송수관로, 배수지 및 수압조정지, 배수관로, 가압장
2) 제수밸브, 감압밸브, 소화전, 유량계, 압력계, 수질계, 관세척설비 등 송·배수관로 부속설비 및 구조물, 관로점검구, 맨홀
3) 급수관로, 요금부과대상 계량기, 기타 부대시설, 설비, 계측기
4) 상수도관망 유지관리시스템

6. 블록시스템 구축계획의 수립절차

1) 블록시스템 구축계획의 수립절차

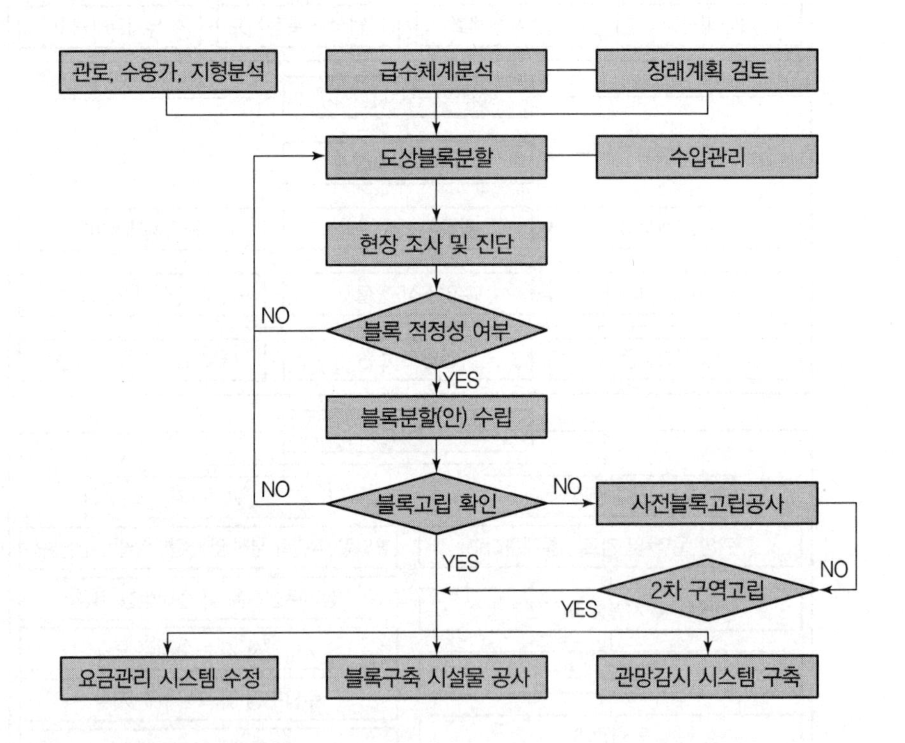

2) 기존 관망해석 및 분석

(1) 블록시스템 구축계획을 수립하기 위하여 현장조사 및 관망도 정비 결과를 반영한 관망해석을 실시하고 결과를 분석한다.

(2) 관망해석 모델 구축 시에는 기초자료조사 및 현장조사 결과를 이용하여 모델의 보정 및 검증을 실시하여야 한다.

3) 블록설정기준

(1) 단계별, 구역단위별 관리가 가능하도록 대블록, 중블록, 소블록으로 구분하여 블록설정기준을 제시한다.
(2) 대상지역의 지형적 특성, 지역적 특성, 물사용량 규모분석 등 과학적인 자료를 근거로 블록설정기준을 제시하여야 한다.
(3) 원칙적으로 유량 및 수압의 변화에 따른 문제해결 최소단위를 소블록으로 설정하여 각 블록의 유입점에 유량계 및 수압계 등을 상시 또는 이동식으로 설치 가능하게 한다. 이를 통해 효율적인 유지관리가 가능하게 하고 수질 및 단수 사고 시 피해범위를 최소화하여 안정적인 급수체계를 구축하도록 한다.
(4) 효율적인 급수체계 구축을 위해 필요한 경우에는 배수지, 수압조정지, 감압밸브, 급수체계조정계획을 포함할 수 있다.

4) 블록분할계획

(1) 블록설정기준에 따라 대블록, 중블록, 소블록으로 구분하고 블록규모 및 구축 목적에 부합하는지 확인한다. 블록현황에 따라 소블록 내에 별도의 관리블록을 설정할 수 있다.
(2) 최적급수체계 구축이 가능하도록 도상에서 블록을 분할하되 장래의 관로정비 계획 및 용수공급계획 등을 고려한다.
(3) 지자체 관망운영 전문인력의 의견을 검토·반영한다.

5) 블록체계의 관망해석 및 분석

(1) 기존 관망해석 관망모델에 블록분할계획을 반영하고 현재 용수사용량 및 목표연도계획급수량을 사용하되 블록 내 관망을 포함하여 관망해석을 실시한다.
(2) 관망해석 결과를 분석하여 이상수압 및 수질, 정체수역, 통수능부족구간 도출로 블록분할의 적정성을 확인한다. 블록분할 및 급수체계 조정에 따른 영향이 발생하는 경우에는 블록분할계획을 재수립하거나 문제점분석에 따른 대책을 수립한다.

6) 구역고립 현장조사

(1) 도상에서 분할한 블록이 실제적으로 고립 가능한 구역인지 현장조사를 실시하여야 하며 구역 미고립으로 판단될 때에는 원인을 분석하여 구역고립이 가능

하도록 시설계획에 반영하여야 한다.

(2) 구역고립 현장조사는 지자체 사업계획, 사업추진방식 등에 따라 구축사업 시행단계에서 실시할 수 있다.

7) 관로 부대시설 및 계측기 설치계획

(1) 블록구축기준 및 구역고립 현장조사 결과에 따라 제수밸브, 감압밸브, 공기밸브, 이토밸브, 소화전, 관세척설비, 점검구 등 관로 부대시설의 설치계획을 수립한다.

(2) 블록단위의 수압, 수질, 수량관리를 위한 적정 감시 · 제어항목을 선정하고 필요한 계측기를 비교 · 검토하여 제시한다.

8) 기타 검토사항

(1) 화재 시 또는 기타 재난 시 배수계통 공급능력에 따른 신속한 대응이 가능하여야 하며 관로파손 및 수질오염 사고 시 비상급수가 가능하도록 비상급수체계를 반영한 블록구축계획을 수립하여야 한다.

(2) 지방상수도 통합운영 시 타 지자체 인접지역블록은 행정구역과 별개로 효율적이고 안정적인 수도공급이 가능한 블록설정이 가능한지 검토한다.

24 | 도 · 송수관의 관경 결정방법에 대하여 설명하시오.

1. 개요

도 · 송수관의 관경은 유량(계획도수량, 송수량)과 동수경사(손실수두, 시점 · 종점 수두차, 관로길이 등), 유속의 함수이며 사용하는 관종의 사용연수에 따른 조도계수, 자연유하식, 압송식 여부에 따라 결정한다.

2. 유량과 관경의 관계식

1) Hazen – Williams공식(장대관로에서 사용)
도 · 송수관은 주로 장대관로로, 다음의 유량과 관경 및 동수경사와의 관계식을 적용한다.

$$Q = 0.279\, CD^{2.63} I^{0.54}$$
$$v = 0.355\, CD^{0.63} I^{0.54}$$
$$v = 0.849\, CR^{0.63} I^{0.54}$$

여기서, Q : 유량(m^3/s)
D : 관경(m)
C : 유속계수(조도계수, 보통 100, 80~150)
I : 동수경사(에너지경사, m/m)
R : 동수반경(경심, A/P)

2) Manning공식(개수로, 관수로에 사용)

$$v = \frac{1}{n} R^{\frac{2}{3}} I^{\frac{1}{2}}$$

여기서, v : 평균유속(m/sec), n : 관 조도계수

3. 관경 결정 시 고려사항

1) 계획도수량(송수량)을 적합하게 산정한다.
2) 동수경사 산정 시 자연유하식은 시점의 저수위와 종점의 고수위를 선정하여 최소 동수경사를 산정하며 펌프가압식의 경우 흡수정과 착수정의 실양정과 마찰손실로부터 전양정을 산정하여 동수경사선을 구하되, 최소동수경사선을 적용한다.

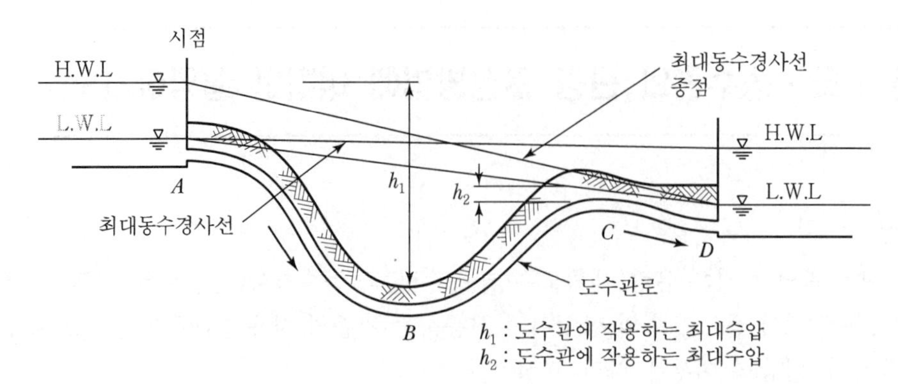

(1) 자연유하식 도수관로

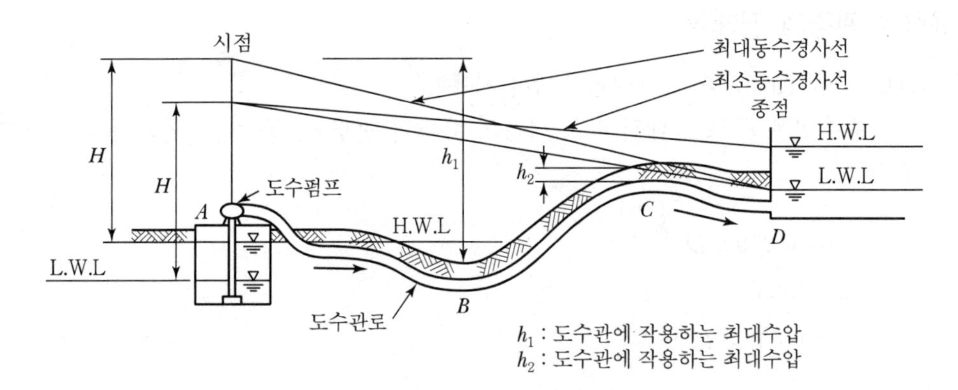

(2) 펌프가압식 도수관로

최대동수경사선과 최소동수경사선

3) 도・송수관의 유속은 0.3~6m/s를 적용하되 자연유하식은 관종에 따라 침식이 일어나지 않는 범위에서 최대유속을 적용하고, 관경을 최소화하여 경제성을 살리고, 압송식은 관경과 마찰손실의 관계를 고려하여 가장 경제적인 관경을 결정한다. 일반적으로 유속은 3m/s 이하로 하며 펌프 압송식에서는 소구경에서 1~2m/s, 대구경에서 2~3m/s 정도로 한다.

4. 펌프압송식의 경제적 관경

1) 펌프압송식에서 관경을 키우면 관로부설비는 증가하나, 유속은 감소하여 펌프설비비와 동력비가 감소한다. 그러므로 관경과 양정과의 상관관계를 조합하여 최적의 관경을 결정한다.
관경에 따른 초기 설비비와 기간에 대한 유지비의 합(연간 총경비)이 가장 작은 관경을 경제적 관경이라 하고, 이때의 상태를 경제유속, 경제유량, 경제동수경사라 한다.

2) LCC 개념의 경제적인 관경 결정

관로 설계부터 최종 폐기까지 전생애 비용(LCC)을 계산하며 특히 친환경적 경비 부담을 고려하여 에너지 소비가 적은 관경 설계를 통하여 관로 제비용과 펌프시설 제비용의 관계를 그래프로 나타내면 아래와 같다. 관경이 증가하면 관로비용(A)은 증가하고 펌프시설비용(B)은 감소함을 알 수 있다.

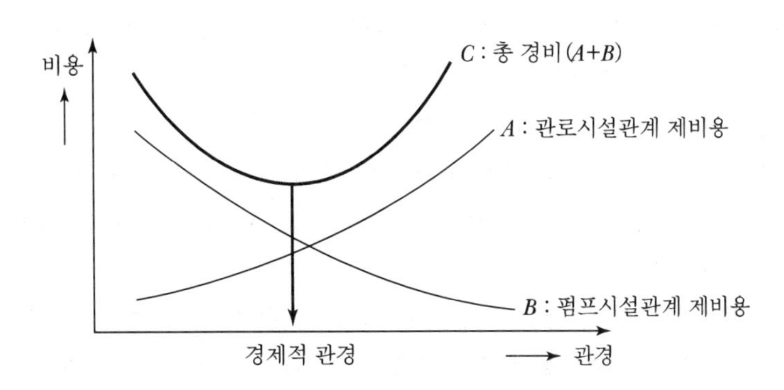

25 | 도 · 송수관로의 노선 결정 시 고려사항을 10가지만 쓰시오.

1. 도 · 송수관의 기능

1) 도수시설은 취수시설에서 취수한 원수를 정수시설까지 끌어들이는 시설로, 도수관 또는 도수거, 펌프설비 등으로 구성된다.
2) 도수시설에서 태풍이나 지진, 홍수 등 비상시와 사고가 발생한 경우 급수구역에 도수량의 급격한 저하나 정지에 의하여 광범위하게 영향을 끼칠 우려가 있다.
3) 송수시설은 정수장에서 배수지로 공급하는 송수관로인데 도수관과 송수관의 유체 이송 원리는 같다.
4) 급수설비에 필요한 수량을 확실하게 도수할 수 있도록 해야 하며 높은 신뢰성이 요구되므로 송 · 배수시설에서의 계통 간 연결의 유무 등을 고려하여 가능한 한 도수노선의 복수화에 대해서도 검토해야 한다.

2. 도 · 송수관의 설계

1) 도 · 송수시설의 설계에서는 적절한 노선의 선정, 시설의 내진성 및 내구성의 확보, 원수 공급과정에서 수질오염 방지, 유지관리의 용이성, 경제성 등에 대해서도 충분히 검토해야 한다.
2) 도 · 송수시설을 설계할 때에는 몇 개의 노선에 대해 답사하고 지표지질의 자료를 수집(필요시 지질조사 시행)하여 노선을 결정한다.
3) 도 · 송수시설을 설계할 때에는 시점 · 종점 간의 고저차 관계, 도수관 길이, 지형, 지세, 건설의 난이도 등에 대하여 검토한 다음에 수리적으로나 경제적으로 최적의 노선을 선정해야 한다.

3. 도 · 송수관의 구성요소

노선선정에서는 개수로로 하는 경우라도 하천, 산, 산골짜기, 철도, 도로 등을 횡단하는 경우에는 수관교, 터널 및 역사이펀 등 지형과 지세에 따라 관수로와 개수로를 병용할 수 있다.(그림 참조) 또한 시점과 종점 간의 수위차가 과대할 경우에는 수로공간에 급경사수로를 설치하거나 접합정을 설치하고 제수밸브로 조절하는 방식도 사용된다.

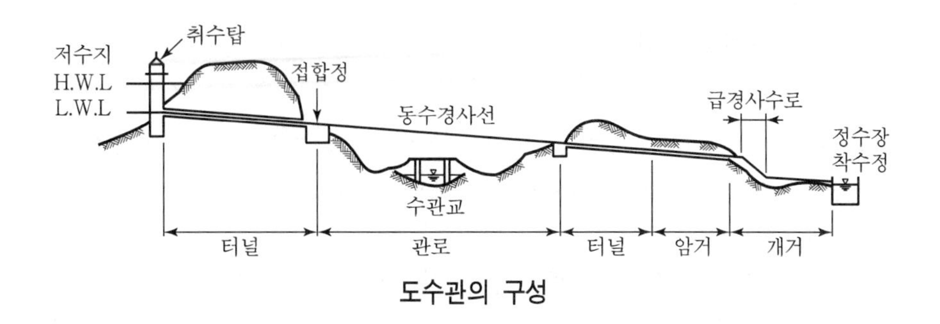

도수관의 구성

4. 도 · 송수관의 노선 결정 시 10가지 고려사항

1) 몇 개의 노선에 대하여 건설비 등의 경제성, 유지관리의 난이도 등을 비교 · 검토한 후 종합적으로 판단하여 결정한다.

(1) 노선의 선정에 대해서는 몇 개의 노선에 대하여 먼저 도면상에서 조사한 후 현장을 답사하여 설계상의 문제가 되는 점을 조사한다.

(2) 이들 노선에 대하여 용지취득비, 건설비 등의 경제성, 자연재해에 대한 안전성, 유지관리의 난이성 등에 대하여 비교 · 검토하고 종합적으로 판단하여 노선을 결정하는 것이 바람직하다.

(3) 도 · 송수거의 경우에는 균일하고 완만한 수면경사를 얻을 수 있는 용지 확보의 가능성, 구릉지나 하천, 산골짜기를 횡단하는 경우에는 터널, 수로교, 역사이펀 등의 공사 난이도 및 공사비용 등에 관하여 검토해야 한다.

2) 원칙적으로 공공도로 또는 수도용지로 한다.

(1) 도수관은 상수도에 있어서 가장 중요한 간선시설의 일부이므로, 도수관로의 노선은 유지관리상 사유지를 피하고 공공도로 또는 수도용지 내에 매설하는 것이 바람직하다.

(2) 공공도로의 이용을 원칙으로 하되 공공도로가 없거나 있더라도 도로 폭이 협소한 경우 또는 지나치게 우회하는 경우, 굴곡이 심하여 도수관로의 노선으로 부적당한 경우에는 되도록 수도용지를 확보하여 수도전용의 노선을 고려한다.

(3) 장래 공공도로의 개설이 예상될 경우에는 당초부터 공공도로의 노면하중을 감안하여 흙덮기와 관 두께를 고려하여 설계한다.

(4) 공공도로에 매설하는 경우에는 먼저 하천횡단이나 철도횡단과 같은 특수한 장소 또는 기존의 지하매설물 등에 대하여 조사하고 점용이 가능한지를 사전에 각 시설관리기관과 협의한다.

3) 수평이나 수직방향의 급격한 굴곡은 피하고, 어떠한 경우라도 최소동수경사선 이하가 되도록 노선을 선정한다.

(1) 수평이나 수직방향의 급격한 굴곡은 손실수두를 크게 하고 수리학적으로 좋지 않으며, 수압과 유속에 따라 관로의 외측을 향하는 힘이 작용하는 구조상의 약점으로 되므로 피해야 한다.

(2) 관로의 일부가 동수경사선보다 높을 경우에는 관 상부의 관 내 압력이 대기압보다도 작아지고, 그곳에 수중의 공기가 분리(캐비테이션)되어 축적되면 에어포켓으로 인해 통수에 방해가 된다.

(3) 관로의 일부가 동수경사선보다 높은 경우에는 접합부에 틈이 있거나 관에 균열이 발생하면, 빗물과 오수가 관 내로 유입되어 수질오염을 일으킬 수 있으므로 관로상 어떤 지점도 동수경사선보다 항상 낮게 위치하도록 노선을 선정한다.

26 | Block 시스템 배수관망 해석 시 수위보정법과 유량보정법에 대하여 설명하시오.

1. 개요

배수관망의 해석은 배수지 수위(H), 노선의 배치(L), 관경(D), 절점유출량(Qe) 및 관의 내벽면 상태(n, f)를 정한 상태에서 관로의 유량과 절점수압을 구하는 것이다.

2. 관망 해석 방법

배수관망의 해석은 배수지 수위(H), 노선의 배치(L), 관경(D), 유량, 절점 수위들이 서로 복잡한 상관관계를 갖고 가변적으로 변화하므로 계산이 복잡하다. 따라서 어느 한 가지를 고정값으로 가정하고 해석하는 것이 보편적인데 해석방법은 관로유량을 미지수로 하는 유량보정법과 절점수위를 미지수로 하는 절점수위보정법이 있다.

3. 적용 공식

유량 공식은 Hazen－Williams 공식($Q=KCD^{2.63}\ I^{0.54}$)을 사용한다.

4. 관망 해석법의 종류

1) 유량 보정법 종류

(1) 1차 근사 해석법

① 연립 1차 방정식 : 1회 계산법(컴퓨터의 발달로 최근적용)

② 그 외의 법 : Hardy Cross 법(반복 계산법)

(2) 고차 근사 해석법

연립 2차 방정식, 평균근사치법, 엄밀 해석법

2) 절점 수위 보정법

선형 역보간법, Newton 법

5. 유량보정법(Hardy Cross법)

유량보정법은 관로유량을 미지수로 하는 방법으로 관망을 여러 개의 폐회로로 나눈 다음, 미지수인 관로유량을 가정하고 이것을 손실수두로 변환하여 각 폐회로에 방향을 고려한 손실수두의 합이 0이 되도록 하는 방법이다. 대표적인 해석법이 Hardy Cross 법이다.

1) 장단점

- 계산과정이 간단하다.
- 해를 구하기 위한 반복 횟수가 많고 계산시간이 오래 걸린다.(현재는 컴퓨터의 발달로 반복연산을 쉽게 할 수 있으며 계산시간의 제약을 받지 않는다.)
- 수지상 회로를 해석할 수 없다.
- 절점수압을 직접 구할 수 없다.
- 따라서 현재의 배수 Control에서 제어하는 목적이 관로유량이 아닌 절점수압이기 때문에 배수 Control에 적용하기가 곤란하다.

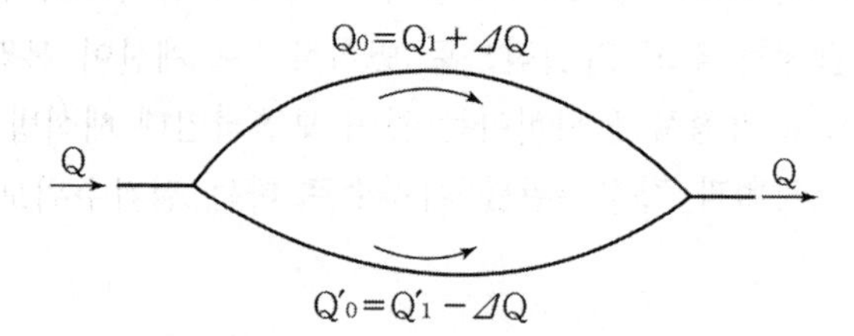

2) 유량보정법의 공식 유도

- Hazen－Williams 공식에서 손실수두를 구하면

$$Q = KCD^{2.63}\ I^{0.54} \quad (K = 0.279, \quad I = h/L)$$
$$\therefore\ h = k \cdot Q^{1.85}$$

- 진유량 Q를 가정유량 Q_0와 ΔQ로 표현하면 $(Q = Q_0 + \Delta Q)$
- $h = k(Q_0 + \Delta Q)^{1.85}$

$= k(Q_0^{1.85} + 1.85 Q_0^{0.85}\Delta Q + \Delta Q^{1.85} + \cdots)$

$\Delta Q_0^{1.85} \fallingdotseq 0$이므로 3항 이하는 무시한다.

$= k(Q_0^{1.85} + 1.85 Q_0^{0.85}\Delta Q)$

- 폐회로에서 $\Sigma h = 0$이므로,

$$\Sigma h = \Sigma k Q_0^{1.85} + 1.85 \Sigma k Q_0^{0.85}\Delta Q = 0$$

$$\therefore\ \Delta Q = \frac{-\Sigma k Q_0^{1.85}}{1.85 \Sigma k Q_0^{0.85}} = \frac{-\Sigma Q_0^{1.85}}{1.85 \Sigma Q_0^{0.85}} = \frac{-\Sigma Q_0}{1.85 \Sigma} = \frac{-\Sigma h}{1.85 \Sigma (h/Q_0)}$$

6. 절점수위보정법

1) 이 방법은 유량 Q와 절점수위 H 중에서 절점수위를 미지수로 하여 유량 Q를 소거하여 절점수위를 직접 구할 수 있고 절점수압을 지정하기가 쉬우며 폐회로를 구성하지 않아도 되어 유량법의 단점을 극복하여 다점 주입계, 누수방지, 관로결손, 수량부족 등의 문제를 해석하는데 사용된다.

2) 절점 i에 대하여 유량식을 적용하면

$$\Sigma Q = Pi$$

여기서, ΣQ : 절점 i의 연결관로 유량합
　　　Pi : i의 절점유량

상기 식에서 한절의 유량을 일반형으로 표시하면

$$Qij = Rij\ [Hij]^{(n-1)}\ (Hij) = Rij\ [Ei - Ej]^{(n-1)}\ (Ei - Ej) \quad n = 0.54$$

(H－W식 $Qij = 0.279CD^{2.63}\ I^{(0.54)}$에서 $Rij = 0.279CD^{2.63}L^{(-0.54)}$라면)

위식에서 절점 i와 j를 연결하는 관로손실수두 Hij는 양단의 에너지位 Ei, Ej 의 차이이다.

$$Hij = Ei - Ej$$

$\Sigma Q = Pi$은 다시 $Qij + Qik + \cdots = Pi$가 되고

$$Rij\ [Ei - Ej]^{(n-1)}\ (Ei - Ej) + Rik\ [Ei - Ek]^{(n-1)}\ (Ei - Ek) + \cdots = Pi$$

(여기서 위식을 1차화 하기 위해 $Sij = Rij\ [Ei - Ej]^{(n-1)}$로 하면

$$Sij\ (Ei - Ej) + Sik\ (Ei - Ek) + \cdots = Pi$$

참 절점수위 Ei를 가정수위 ei와 보정값 ΔEi 관계($Ei = ei + \Delta Ei$)를 대입하고 연립1차방정식의 해를 구한다.

$\Delta Ei \Sigma Sij - \Sigma Sij \Delta Ej = -\Sigma Sij(ei - ej) - Pi$ 계속 반복 보정하여 연립1차방정식을 해석해서 수정치 Ei를 구하고, 1차 화한 오차가 허용치 이내($\Delta Ei \fallingdotseq 0$)에 들 때까지 반복하여 절점수위 Ei 값을 얻는다.

27 | EPANET분석을 설명하시오.

1. 정의

EPANET이란 미국 환경청(USEPA)의 상수관망 모델로 여러 가지 상수관망 모델링 프로그램 중 가장 널리 이용되고 있으며 최근에는 EPANET와 GIS를 기반으로 상수도관망 최적유지관리시스템을 개발하여 적용하고 있다.

2. EPANET기법 특징

1) 상수관망은 파이프, 연결점, 펌프, 밸브, 배수탱크, 배수지 등으로 연결되어 있으며 EPANET은 배수관망을 해석하는 프로그램으로, 파이프의 유량, 수압, 탱크의 수위 등을 동적으로 계산할 수 있다.
2) EPANET분석은 상수도관망시스템에서 유량, 수압 등의 물리적 요소 외에 수도수 오염물질의 이동이나 변화 등 화학적인 요소를 이해하고 분석하기 위한 연구 도구로서 발전하고 있다.
3) EPANET의 수질모듈에는 오염물질의 반응, 오염물질과 파이프 벽면과의 반응 등이 포함되어 있다.
4) 추적자실험을 통해 물의 관 내 체류시간을 계산할 수도 있어 배수관망 내에서의 수질변화도 모의할 수 있다.
5) EPANET의 또 다른 특징은 배수관망의 수리계산과 수질계산이 서로 연관되어 있다는 점이다. 따라서 두 가지 조건(수리, 수질)을 모두 만족하는 설계를 할 수도 있고, 수리계산을 먼저 한 후 계산 결과를 데이터파일로 저장한 후 수질계산 시 불러와 사용할 수도 있다.
6) EPANET은 채수실험 설계, 수리모델의 검증, 잔류염소분석, 살균제의 감소 또는 부산물(By-product) 생성 등 여러 분야에 적용할 수 있다.
7) EPANET은 관경이나 펌프, 밸브의 위치 및 크기, 수두손실의 최적화 등은 기본적으로 분석할 수 있으며, 최적운전스케줄을 찾아낼 수도 있고, 관망의 청소나 교체의 최적조건을 찾을 수도 있다.

3. EPANET 활용의 필요성

EPANET는 상수도관망 해석프로그램이지만 최근 상수도분야에서 상수관련시설물을 효과적으로 관리(수질 · 수압 · 유량모니터링, 누수사고, 단수지역 예측, 관망 노후화 평가, 유수율, 누수율평가 등)하기 위하여 GIS기법을 적용하는 연구가 활발히 진행되고 있다.

4. 상수관망 모델링현황과 추진방향

최근 EPANET모델링, GIS와 모델의 연계 등을 포함한 다양한 연구와 개발을 통하여 상수관망의 스마트관망관리(최적관망유지관리시스템)기법을 개발하였으며 이를 상품화하여 시중에서 사용하고 있다. 이러한 프로그램은 상수관로 최적화에 사용됨은 물론이고 상수관리를 위한 기본적인 대부분의 데이터와 환경을 제공하기 때문에 EPANET분석을 통하여 상수관련정책의 수립이나 의사결정에 효과적으로 사용될 수 있을 것으로 기대한다.

차한잔의 **여**유

걱정 없는 인생을 바라지 말고,
걱정에 물들지 않는 연습을 하라.
- 알랭 -

28 | 상수도 배수관의 위험한 접속(Dangerous Connection)과 급수설비의 역류방지

1. 정의

배수관의 위험한 접속(Dangerous Connection)이란 상수도 배관에서 상수관 이외의 다른 배관(공업용수, 지하수관 등)과 연결하여 밸브 등으로 제어하는 경우 밸브의 고장 등으로 오염된 물이 배수관으로 공급되는 것을 말한다. 특히 급수배관에서 오염된 물이 급수되는 것을 크로스커넥션이라 하며 급수설비의 크로스커넥션(Cross Connection)을 방지하기 위하여 역류가 발생할 가능성이 있는 부분에 역류방지밸브를 설치한다. Dangerous Connection과 Cross Connection은 같은 개념이다.

2. Dangerous Connection 발생원인

1) 배수관 내 수압 저하
   (1) 물의 사용량이 급변하거나 소화전을 열었을 경우
   (2) 배수관이 파손된 경우
   (3) 배수관의 수리를 위하여 이토관을 열었을 경우
   (4) 지반의 고저차가 큰 급수구역의 고지대
   (5) 압력 저하가 발생하면 급수시설에 연결된 오염된 관의 수압이 높게 되어 연결밸브가 불완전할 경우 수질오염 발생

2) 배수관 내 진공의 발생
   배수관 내의 압력 저하로 배수관 내의 압력이 대기압보다 작아 진공이 발생하면 음용수로 부적합한 물이 배수관 내로 흡입될 수 있다.

3) 급수장치의 수압 상승
   여과용, 온수용, 냉각수용 등을 위한 펌프를 설치할 경우에 펌프압력이 공공수도압보다 높으면 제수밸브 등을 통하여 역류할 수 있다.

3. Cross Connection 발생 가능 요소

1) 수세변소의 플러시탱크와 플러시밸브
2) 치료용 욕조에서 수전이 오버플로면 아래 있는 경우
3) 사설수도가 일반 수도와 연결되어 있는 경우

4) 풀장 등에서 급수구가 월류면 아래 있는 경우
5) 급속여과지의 역세정을 직접 급수관에서 하고 있을 때

4. Cross Connection의 방지대책

1) 수세변소의 플러시 방지대책
2) 수도관과 하수관을 직접 연결해서는 안 된다.
3) 화장실의 Flush Valve는 진공방지기를 부착하거나 진공 발생 시 제수변이 닫히는 피스톤형을 사용
4) 수도관 진공 발생 시 진공을 제거하기 위한 공기밸브 설치
5) 급수전과 급수받는 위생기구의 Overflow면 사이는 관경 이상의 충분한 공간을 확보한다.

5. 진공파괴(Vacuum Breaker)밸브

1) 정의

진공파괴(Vacuum Breaker)밸브란 급수관 내부에 부압이 발생할 경우 대기압에 노출시켜 진공압을 파괴하는 것으로 부압 가능성이 있는 세정밸브식 급수관 등에 적용한다.

2) 진공파괴(Vacuum Breaker)밸브의 필요성

급수관이 역압이나 부압에 노출되는 경우 직간접으로 오수가 수도관으로 유입될 수 있는 연결을 Cross Connection(교차연결)이라 한다. 이러한 부압으로 오수가 유입되는 것을 막기 위해 기본적으로 수전을 토출수면 상부로 개방시키거나 세정밸브처럼 직결식에서는 진공파괴밸브를 설치한다.

3) 역류방지밸브와 진공파괴(Vacuum Breaker)밸브

과거에는 크로스커넥션 가능성이 있는 세정관에 Vacuum Breaker밸브를 설치했으나 최근 현장에서는 Vacuum Breaker밸브 대신 역류방지밸브(단일식)를 주로 사용한다.

29 | 역류방지밸브의 필요성과 종류

1. 개요

역류방지밸브는 배수관등 1차측에 부압이나 역압이 발생하였을 경우에 물이 역류되는 것을 방지하는 급수기구로서 주로 역압역류 및 역사이펀 역류(크로스컨넥션)에 의한 물의 오염을 방지할 목적으로 사용되는 것임

2. 역류 방지밸브의 필요성

급수배관은 탱크 정수두, 펌프 토출압, 연결배관 등의 다양한 압력을 받고 있어서 잘못 접속하는 경우 진공압으로 오염된 물이 유입되는 경우가 있다. 역류방지밸브는 배수관등 1차측에 부압이나 역압이 발생하였을 경우에 물이 역류되는 것을 방지하는 급수기구로 크로스컨넥션에 의한 물의 오염을 방지할 목적으로 사용한다.

3. 역류 방지밸브와 체크밸브의 차이점

기본적인 역류 차단원리는 같으나 체크밸브는 관로상의 역류 유체흐름을 방지하여 펌프 등 기기보호가 목적이나 역류방지밸브는 급수관에서 역류에 의한 수질오염방지가 목적이다.

4. 역류 방지밸브 종류 및 특성

역류방지밸브는 주로 이용되는 스프링식과 리프트식, 스윙식, 다이어프램식, 진공파괴식 등이 있다.

1) 스프링식

스프링의 반발력을 이용하여 설정 압력차 이하가 되면 스프링 힘으로 차단한다.

(1) 단일식 역류방지밸브

주로 역류위험이 있는 급수 수전의 1차측 입구에 설치 사용하며, 수전으로 한번 공급된 물은 다시 역류하여 다른 수전에 유입되지 않도록 한다. 세정 밸브(플러쉬 밸브)의 입구측 플러그밸브가 대표적이다.

(2) 이중식 역류방지밸브

배수관에서 분기한 급수관 및 아파트 등 공동주택의 세대별 수도 계량기 2차(출구)측에 주로 설치하는 것으로 본관의 역류를 방지한다.

(3) 복합 이중식 역류방지밸브

이중식 역류방지밸브 양쪽에 개폐밸브를 부착하여 고장 시 역류방지밸브 교체가 용이하다.

(4) 중간실 대기개방식 역류방지밸브

이중식 역류 방지밸브의 중간에 대기에 개방할 수 있는 중간실이 있다

(5) 감압식 역류방지밸브

중간실형을 변형한 것으로 역류방지 밸브 고장 시 토출밸브를 열어 배수하는 구조이다.

2) 리프트형

리프트식은 밸브본체가 상하수직 방향으로 가이드에 의하여 자중으로 작동한다.

3) 스윙형

디스크가 힌지를 중점으로 회전하며 자중에 의해 개폐된다.

4) 다이어프램식

고무제의 콘이 흐름방향에 따라 개폐되는 구조.

5. 단일식, 이중식 구조 및 특성

1) 단일식 역류방지밸브

주로 역류위험이 있는 급수 수전의 1차측 입구에 설치 사용하며, 수전으로 한번 공급된 물은 다시 역류하여 다른 수전에 유입되지 않도록 한다. 세정 밸브(플러쉬 밸브)의 입구측 플러그밸브가 대표적이다.

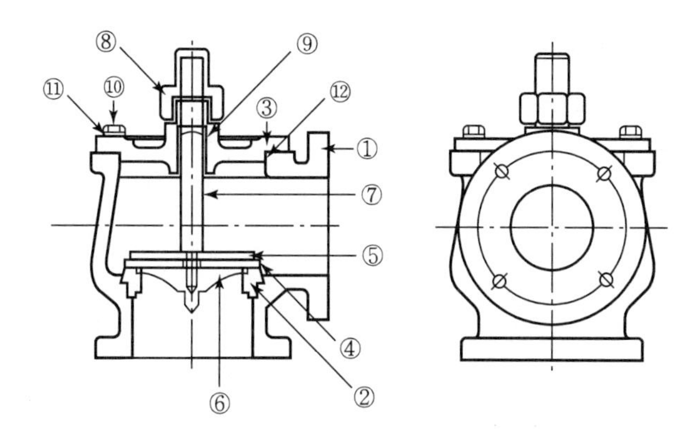

1. 케이스 2. 밸브시트
3. 밸브커버 4. 패킹
5. 밸브홀더 6. 밸브가이드
7. 밸브 필들 8. 캡 너트
9. 부싱 10. 커버 볼트
11. 스프링 와셔 12 오링

2) 이중식 역류방지밸브

배수관에서 분기한 급수관 및 아파트 등 공동주택의 세대별 수도 계량기 2차(출구)측에 주로 설치하는 것으로 본관의 역류를 방지한다.

(1) 구조

독립적으로 작동하는 두개의 스프링식 첵밸브와 청동제 자동차압 다이어프램식 릴리프밸브로 구성

(2) 작동원리

정상 유동상태에서는 두개의 첵밸브가 개방되어 물은 하류 측으로 흐르며, 릴리프밸브도 물의 압력을 감지하여 폐쇄 상태가 되어, 두 첵밸브 사이의 중간실 압력은 수압보다 48kPa 낮게 유지된다. 역압이나 역사이펀 현상이 발생하면 두 번째 첵밸브가 폐쇄되고, 중간실 압력이 상승하여 릴리프밸브가 개방되면서 퇴수가 이루어져, 중간실 압력은 대기압 보다 높고 수압보다는 최소 14kPa 낮은 압력이 유지되어 항상 역류의 조건은 차단된다.

(3) 특성

① 자체적으로 압력을 조절하는 기능을 가지고 있어서 하류측의 압력이 상류측 보다 절대로 높아질 수 없는 조건을 유지함

② 퇴수에 의해 침수될 수 있는 장소를 피하고 동결우려가 있는 경우에는 보온 등의 동결방지 대책이 필요 하다.

③ 보수 점검을 위하여 지면으로부터 이상의 공간을 확보하고 퇴수관을 두어야 하며, 퇴수구(Vent Port) 로부터 물받이 용기까지 는 100mm 이상의 토수구공간(Air Gap)을 둔다.

(4) 적용

① 건물 배관계통, 상수도 배관

② 보일러, 열교환기 등의 보급수, 수영장의 급수,

③ 세척기의 급수배관 등

30 | 절수형 급수기구 종류 및 특징을 설명하시오.

1. 절수설비 정의

절수설비란 별도의 부속이나 기기를 추가로 장착하지 아니하고도 일반제품에 비하여 물을 적게 사용하도록 생산된 수도꼭지 및 변기를 말한다.

2. 일반적인 절수설비의 종류

1) 제어방식으로 절수할 수 있는 절수설비

(1) 소변기 자동 세척장치
소변기 자동 세척장치는 제어방식을 이용하여 사용실태에 맞추어서 변기를 세척하는 기구로 제어방식에는 감지식과 정시식이 있다.

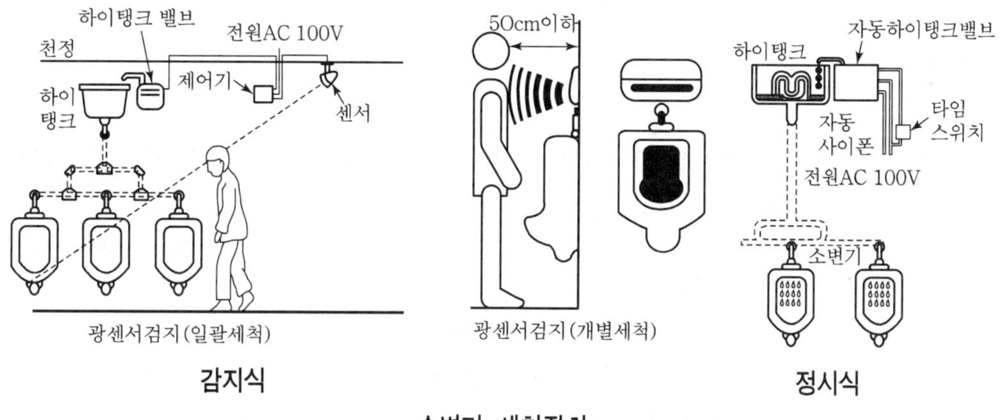

소변기 세척장치

(2) 대변기 자동 세척장치
대변기 자동 세척장치는 소변기 세척장치와 동일한 제어방식으로 감지형이 주로 쓰인다.

(3) 소변기 세척용 전자밸브
소변기 세척용 전자밸브는 전자석의 흡인작용이나 자동제어장치의 신호 등에 의하여 전기적으로 밸브를 개폐하며 소변기 세척장치에 사용되는 기구이다.

2) 자폐구조에 의하여 절수할 수 있는 절수설비

(1) 자폐식 위생 세척밸브(Sanitary Flush Valve)
자폐식 위생 세척밸브는 밸브를 올려서 세척한 후 손을 떼면 자동적으로 지수되는 자동폐지기수를 갖고 있는 기구이다.

(2) 자폐식 수도꼭지(Auto Shutoff Ball Tap)
자폐식 수도꼭지는 핸들로부터 손을 떼면 물이 흐른 다음 스프링의 힘으로 자동적으로 지수되는 기구이다.

(3) 전자식 수도꼭지(Electronic Ball Tap)
전자식 수도꼭지는 급수기구에 손을 닿지 않고서 토수하고 지수할 수 있는 기구로 손이 적외선 빔(Beam) 등을 차단하면 전자제어장치가 작동하여 토수하거나 지수하는 것이 자동적으로 제어된다.

(4) 정량 지수형 수도꼭지(Constant Volume Ball Tap)
정량 지수형 수도꼭지는 핸들의 눈금에 필요수량을 설정하여 두면 설정된 수량을 토수한 다음 자동적으로 지수되는 기구이다.

3. 절수기기

1) 절수기기란 물 사용량을 줄이기 위해 수도꼭지 또는 변기에 추가로 장착하는 부속이나 기기, 절수형 샤워헤드를 포함한다.

2) 절수기기 종류

(1) 정유량밸브(Constant Flow Valve) 부속
급수관의 압력이 상승하면 토수량도 과다하게 된다. 정유량밸브 부속은 압력변동에 관계없이 일정한 유량으로 제어하는 절수기기로 급수관 등의 도중에 설치하여 사용함으로써 과대한 토수량을 제한할 수 있다.

(2) 포말식 수도꼭지(Bubble-Foam Type Ball Tap)
포말식 수도꼭지는 물의 튀김을 방지하고 절약하기 위하여 포말꼭지를 장치하여 물이 포말식 수도꼭지 내부의 세망(細網)을 지나면서 공기와 혼합된 거품 모양으로 토출시키는 급수기구로 일반 수도꼭지에 비하여 토출량을 제한할 수 있다.

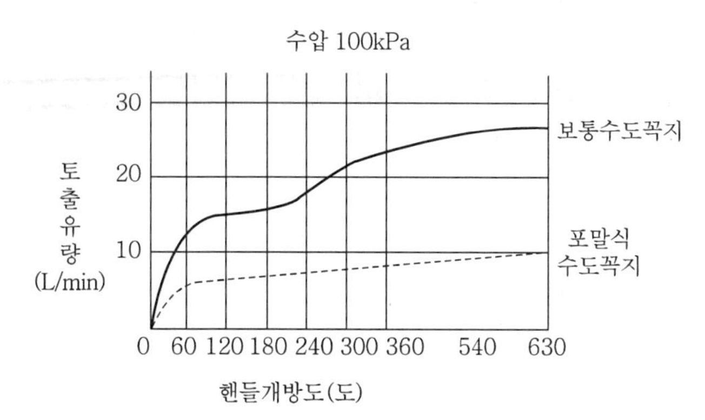

포말식 수도꼭지의 핸들 개방도에 따른 토출량

(3) 절수형 수도꼭지 스핀들(수도꼭지 부품)

절수형 수도꼭지 스핀들은 마개부분을 특별한 형상으로 만든 것으로 핸들을 많이 열더라도 너무 많은 물이 나가지 않도록 한 것이다.

차 한잔의 여유

마음을 깨끗이 한 다음에 비로소 책을 읽고 옛것을 배워야 한다.
만일 그렇지 않으면 한 가지 착한 행실을 보아도
이것을 훔쳐 자기 욕심을 채우는 데 이용할 것이고
한마디 좋은 말을 들어도 이것을 빌어 자기의 잘못을 덮는 데 이용하게 될 것이다.
이것은 바로 원수에게 무기를 빌려주고 도둑에게 양식을 대어주는 것과 같다.

– 채근담 –

31 | 직결(직접) 급수의 특징과 고려사항을 설명하시오.

1. 직결급수(고압급수)의 정의

직결급수란 배수관이 유지하는 최저동수압만으로 건물 내의 급수를 위해 별도의 수압상승장치(펌프, 저수조)를 사용하지 않고 실수요자에게 수도수를 직접 공급하는 것이다.

2. 직결급수의 필요성

수도수에 대한 요구가 다양화, 고급화되어 안전한 물, 맛있는 물을 요구하고 주택난 해결을 위해 3층 이상의 다가구, 다세대 주택이 건축되면서 저수조를 거치지 않고 직접급수의 요구가 증가하고 있다.

- 저수조에서의 수질저하 방지
- 토지 및 건물의 유효 이용
- 관리의 편리

3. 직결급수의 전제조건

이런 직결급수를 위해서는 배수관 말단에서 현재 목표로 하고 있는 급수수압 이상의 수압을 배수시스템이 유지하는 것이며, 그러기 위해서는 배수말단 압력을 0.25MPa (2.5kg/cm^2) 이상으로 증대시켜야 하며 이를 위해서는 배수관망 정비와 수도관 파손을 위한 관로 정비가 요구된다.

4. 직접급수의 장단점

1) 장점

- 저수조에서의 수질저하를 방지할 수 있어 수질서비스를 향상시킨다.
- 급수 동력비를 절감하고 사용자 부담을 경감시킨다.
- 사용자별로 유량계를 부착하여 요금시비를 없앤다.

2) 단점

- 단수나 화재 시는 즉시 단수된다.(현 시스템 수세식 화장실의 기능 정지)
- 시간최대급수량이 커져 배수시설에 부담이 증가된다.
- 배수압 변동으로 급수관, 급수량을 일정하게 유지하기가 어렵다.
- 중층 건물 계량기에 진동, 수격현상이 발생될 수 있다.
- 감압밸브 사용으로 수압을 조정하므로 설비비가 증가한다.

5. 국내 현황 및 추세

현재 국내에서는 2층 건물에만 직접급수를 목표로 0.15~0.2MPa(1.5~2.0kg/cm^2)의 최저동수압을 유지토록 설계하며, 3층 이상의 건물에 직접급수를 할 수 있도록 높은 배수압을 유지하는 시스템을 고압급수 시스템이라 볼 수 있으며, 서울시로부터 최근 최소 말단압 0.25MPa(2.5kg/cm^2) 이상을 유지하기 위한 상수도 개량화가 진행되고 있다.

6. 직접급수 도입시 고려사항

직접급수 범위를 대폭 확대하여 실시하면 기존의 수도시스템을 대폭 변화시켜 비용이 막대하게 소요되므로 기존 급수시스템의 수압을 크게 변경하지 않는 범위부터 진행하며 수압상승에 의하여 발생하는 누수량 증가 대책, 화재 대책, 갈수 대책도 고려하여야 한다.

1) 배수관 수압과 누수량

- 2층 건물의 급수를 위한 수압은 0.2MPa(여유 0.05MPa 포함) 정도이며 1층 증가 시 0.05MPa 정도의 수압이 증가한다.
- 배수관의 수압이 증가하면 누수발생 기회는 증가하고 국내 실정상 누수량이 10~30% 정도이므로 노후관 개량을 포함한 누수량 감소 대책을 확보한 후에 배수관 수압을 점차 상승시킨다.

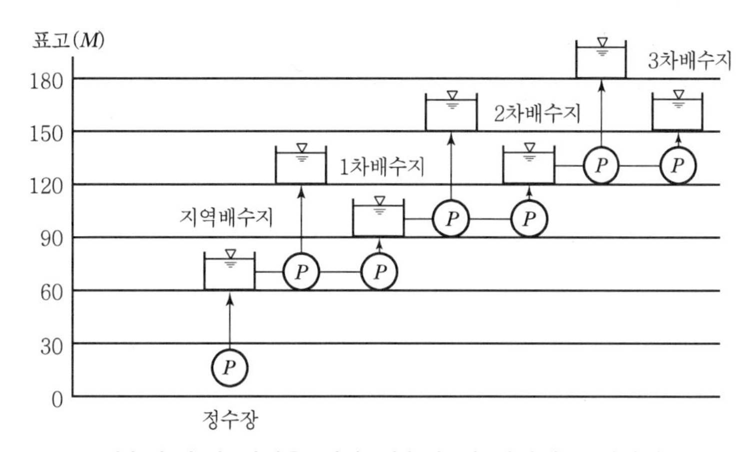

배수관 수압 적정을 위한 배수지 및 가압펌프 배치예

2) Bloc System 도입

직접급수(고압급수) 도입 시 배수관 압력을 변동 없이 안정되게 보장해야 하며 관로 교체나 사고처리에 요하는 시간이 최소화되어 단수구역과 단수시간이 가능한 짧아야 한다. 이러한 이유로 Bloc System은 직접급수 도입의 전제 조건이다.

3) 정보관리 시스템 도입
   직접급수 시 필요한 수압을 균등히 안정적으로 얻을 수 있는 Bloc System을 적절히 관리하기 위하여 매핑 등의 정보관리 시스템이 구축되어야 한다.

4) 손실수두의 감소 대책
   평균수압을 일정하게 확보하기 위해 누수 억제, 손실수두가 작은 급수기기를 사용하여야 하며, 이를 위해 사용하는 급수관을 13~15mm에서 20~25mm로 확대 교체하는 것이 필요하다.

5) 시간최대부하율 증가에 대한 대책
   직접급수 시 배수관의 설계유량이 일최대에서 시간최대로 증가하기 때문에 급수관경을 큰 것으로 교체하여야 하며, 일시에 다량의 물을 필요 하는 건물에는 저수조 설치를 의무화하여야 한다.

6) 저장기능 상실에 대한 대책
   저장기능 보완 대책으로 배수지 용량을 증가시켜야 하며, 저장 필요성을 감소시키기 위하여 배수관 정비 및 단수지역 축소, 단수시간 단축이 필요하다.

7) 시설정비 소요자금은 일반수도요금이 아닌 이용자에게만 부담시켜 사용자와 비사용자 간의 불공평을 없앤다.

8) 화장실용 저수조 설치
   단수시를 대비한 화장실용 저수조 설치

32 | 상수관로 누수의 원인과 대책에 대하여 기술하시오.

1. 개요

상수관로의 누수는 정수된 물의 손실에 의한 경제적 손실뿐 아니라 관로의 수압감소, 수질오염의 원인과 지반침하 등 주변 환경에 피해를 주므로 원인을 조사하여 사전에 철저한 대비가 필요하다.

2. 누수의 원인

누수의 발생원인은 관내수압, 토층운동, 관의 노화, 부식, 관 재료의 문제 등 여러 가지 원인으로 발생할 수 있으며, 일단 관이 부설된 후에는 수압을 제외한 다른 요소는 상수도를 관리하는 주체가 제어하기 어려우므로 설계 및 시공 중 이들 요소를 세밀히 고려하여 규격대로 시공하여야 한다.

1) 관내수압의 급변

- 관내의 수압은 누수에 중대한 영향을 미치며, 과다한 수압이 작용 시 관의 균열이나 접속부분의 이완 등으로 누수가 발생할 기회가 많아지며, 동일한 누수공에서 유출하는 누수량도 증가한다.
- 관로 계통 내의 수압이 높아지면 단기간에 많은 파열사고가 발생하며, 반면에 수압이 낮아지는 경우 파열주기가 감소한다.
- 가압펌프나 밸브 개폐를 급작이 하는 경우 관로 내에 서징이 발생하여 본 관 또는 급수관의 균열, 충격 등이 발생한다. 경우에 따라서는 수압변화로 관이 휘어 압력이 국지적으로 집중되어 관의 기능이 손상된다.
- 또 펌프나 가압밸브를 개폐하거나 감압밸브가 제대로 기능을 발휘하지 못하면 수압의 고저 반복으로 피로가 생기며, 이런 반복압력은 플라스틱관의 경우 특히 주의하여야 한다.

2) 접합부 누수

소켓이음, 메커니컬 조인트 등에서 누수가 많다.

3) 제수밸브의 누수

제수밸브의 패킹부분에서 누수가 많다.

4) 소화전, 분수전의 누수

5) 토층운동

토층운동의 원인은 점토의 함수량 변화, 온도변화, 침하 등이다. 이런 경우 관이 파열되거나 연결부가 움직여 응력의 국지 집중현상이 발생되어 균열이 생긴다.

6) 본관의 노화

관종에 따라 노후화는 관로 전반에 영향을 끼친다.

7) 관의 부식

토양부식, 전기부식 등은 관로의 일부분에 영향을 준다.

8) 저질의 관자재 사용 및 접합, 시공 불량

3. 누수량과 수압

하나의 누수공에서 유출하는 누수량은 관내수압, 관종, 관경, 누수공의 단면적, 토질 등에 영향을 받는다.

누수량 산출식

$$Q = CAV = CAh^n = CA\sqrt{2gh}\ \text{(오리피스 공식)}$$

Q : 누수량(m^3/s)　　A : 실제 파손 누수면적(m^2)

V : 유속(m/s)　　C : 유량계수

h : 관내압력수두　　n : 정수

수압에 따른 유량계수

수압 (MPa)	0.1	0.2	0.3	0.4	0.5	0.6	0.7	0.8
유량계수	0.27	0.38	0.46	0.53	0.60	0.66	0.71	0.76

4. 누수 대책

누수의 예방을 위하여 적정한 관종 선정, 관망의 정비, 급배수관의 순찰 점검, 관의 부식 방지, 노후관 교체 및 갱생, 주기적이고 지속적인 누수방지사업의 시행이 필요하다.

1) 수도사업 통계의 적정 파악

현대 수도관리는 계수관리가 매우 중요하므로 일상 업무를 통해 얻어지는 각종 통계자료는 관리의 적정도 파악과 차후 개선을 위한 중요한 기초자료가 된다. 따라서 누수방지대책 수립을 위해 행정구역인구, 급수인구, 보급률, 보급 가구수, 배수량 분포(유효율, 유수율, 누수율 등) 및 배수관 연장(관종, 구경) 등 필요한 통계자료를 구축한다.

2) 수도시설 관망도의 정비

상수도시설 중 큰 비중을 차지하는 관로시설의 완전한 관리와 운영을 위하여 관망시설도의 완벽한 정비가 필요하며, 정비된 관망 시설도를 이용하여 시설의 관리와 개량을 실시하거나 장래 관로계획을 위한 기초자료로 사용한다.

3) 수압의 적정화

고수압 구역은 누수량이 많아지므로 대, 중 배수블록을 설정할 때에는 배수계통을 분리하거나 감압변을 설치하여 관 내 수압의 적정화(0.2~0.4MPa)를 기한다.

4) 관종 선정에 의한 누수방지

상수관로에 사용되는 관은 강관, 주철관, PVC관, PE관 등이 사용되는데 관종별 특성에 따라 적합한 용도로 선정한다.

(1) 배수관로

급수관 분기가 많은 시가지 관로는 분기가 용이한 주철관이 많이 사용되나 최근에는 PE 관을 많이 이용한다. 그러므로 소구경관(75~250mm)에 대하여 PE 관을 사용하여 부식 및 접합부에 대한 누수를 줄이고, 250~500mm의 중구경 관로에는 경제성을 고려하여 DCIP 및 수도용 폴리에틸렌 분체 라이닝 강관을 사용하고, 분기는 T형, 십자형 분기관을 사용하여 부식으로 인한 분기부의 누수를 방지한다. 600mm 이상의 대구경 관로에는 도복장 강관을 사용하여 접합부 누수를 방지한다.

(2) 송수관로

대부분 관경이 크므로 도복장 강관을 사용한다.

5) 관로 구성에 의한 누수방지

배수관로의 연장을 최소화하여 관로의 접합수를 줄이고, Bloc System을 구축하여 단수구간을 최소화하고 신속한 사고처리로 누수를 최소화한다.

6) 부정급수전에 의한 무수율 저하

무수수량은 계량기 불감수량, 수도사업용수량, 공공수량, 부정사용량 등이 포함되며 불량계기는 신속하게 수리나 교체하여야 하며, 대형 급수전에 대해서는 수시로 점검하여 별도로 관리한다. 배수관로 확장 및 교체시 불명확한 급수관로는 폐기하고 상수도 관리대장을 작성하여 철저히 관리하여 무수율을 낮춘다.

7) 노후관 교체 및 갱생

부식은 누수나 파손사고의 원인이 되어 급수불량은 물론이고 단수에 의한 급수 서비스의 저해를 가져오므로 관로검사에 의한 체계적인 노후관 교체 및 갱생 계획을 수립 집행한다.

8) 배수관로의 점검

누수예방과 조기 발견을 위하여 배수관로를 유지관리지침에 따라 순찰해서 그 시설을 점검한다.

타 관련 공사 시 착공 전에 협의하고 매설물이 존재하는 장소에서는 입회감독을 철저히 한다. 또 공사 시 배수관을 보호할 필요가 있으면 공사의 종류 및 규모에 따라 배수관을 보호하여야 한다.

9) 유지보수자의 기술지도, 교육용 훈련 설비 설치

누수조사, 관망정비 등 수도시설 관리에 대한 중요한 업무를 원활히 수행할 수 있도록 교육과 훈련이 필요하며, 관리자의 기술수준이 중요하므로 관리사무소 내에 훈련용 배관설비 등을 설치하여 각종 조사 공법에 관한 훈련 및 교육을 철저히 하여 사명감과 에너지 절약에 대한 인식을 고취시킨다.

33 | 상수관로의 누수 판정법 및 누수량 측정법을 설명하시오.

1. 개요

누수의 측정은 누수 여부를 판단하는 정성시험과 누수량을 측정하는 정량시험으로 나뉘며, 대부분의 누수는 관로부에서 발생되므로 누수율 산정 시 개량을 정확히 할 수 있는 시설을 구비하여 누수발생시 신속히 탐사하여 누수율을 줄일 수 있어야한다.

2. 누수 판정법(정성시험)

누수의 정확한 위치 탐사는 수압관에서 흘러나오는 소리에 전적으로 의존한다. 누수탐사의 중요한 요소는 첫째로 장비의 신뢰도, 둘째는 중요 장비의 사용기술이다.

1) 청음봉에 의한 탐사

상수도 파열로 인한 파열음을 청음봉으로 감지하여 누수를 탐사하는 방법으로 특별한 탐사 장비와 인력이 필요치 않으며 정기적으로 관로 매설 부근을 탐사한다. 비교적 쉬운 방법으로 상수도 관로 확장이 정확한 경우에 적용할 수 있다.

2) 구역 계량방법

전체 배수구역을 제수변을 이용하여 여러 개의 배수구역으로 분할하여 구역 유량계를 이용하여 유량을 계량한 후 과다한 누수유량이 계량되었을 경우 구역 전체를 청음봉을 이용하여 누수를 탐사한다.

3) 잔류염소에 의한 방법

관로 주변에서 물이 유출할 경우 채수하여 잔류염소를 측정하여 유출수가 수도수인지 여부를 판정한다.

4) 전도율에 의한 방법

지하수(200$\mu\Omega$/cm)와 수도수(400$\mu\Omega$/cm)는 불순물이 달라 전도율이 차이가 나므로 이를 이용하여 누수 여부를 판단한다.

5) pH에 의한 방법

지하수와 수도수의 pH가 다른 점을 이용하여 판단

6) 수압 측정법

관로의 간선 분기점 등에 설치한 수압기록계를 이용하여 수압변동에 따라 누수 여부를 판단하는 것으로 일정기간의 데이터가 필요하며 상당한 경험적 기술이 필요하고 대규모의 누수 사고 시에 즉시 대처할 수 있다.

3. 누수량 측정(정량시험)

1) 직접측정법

측정구획을 소범위로 설정하고 구획 내 모든 지수전, 급수전 등을 달아 사용수량을 제거한 후 누수량을 이동식 계량기로 측정한다. 측정의 정확도는 높으나 많은 노력과 시간과 경비가 소요된다.

(1) 순환방식

전 급수구역을 측정대상으로 하여 각 분할구역을 순차적으로 순환하며 측정결과를 집약, 누수량을 산출하므로 가장 높은 정확도를 기대할 수 있다.

(2) 추출방식

급수구역이 큰 경우 전 구역의 측정은 곤란하다. 전 급수구역 중에서 표본구역을 추출하여 측정하고 그 결과에서 급수구역 내의 누수량을 추정한다. 이 경우 용도지역별, 하수처리구역별, 도로면의 포장상태 등을 고려한 적정한 추출구획을 선택해야 실제누수량과의 차이를 줄일 수 있다.

추출구역의 균형적 선별이 정확도를 좌우하며 수가 많을수록 오차수량이 적어지며 배수관 총연장의 3~5% 정도의 배수관에 대하여 행하는 것이 바람직하다.

2) 간접측정법

(1) 야간의 사용수량이 가장 감소하는 시간대(02:00~05:00)를 택하여 각 수용가의 급수전을 닫지 않고 측정하는 방법이다.

(2) 자기 기록 유량계를 사용하여 최소유량을 읽고 그 값으로부터 누수량을 추정한다.

(3) 비교적 측정범위를 자유롭게 선택할 수 있으나, 그 범위를 크게 하면 그만큼 복잡한 조건이 중복되므로 정확도가 떨어진다. 일반적으로 직접측정법과 같은 구획의 크기로 적용하는 경우가 많다.

(4) 측정 중 사용수량의 다소가 정확도를 좌우하므로 구획 내의 다량 사용자나 저수조가 설치되어 있는 곳만이라도 밸브를 닫는 등의 고려가 필요하다.

(5) 광범위한 지역을 대상으로 측정할 경우 배수지의 계통별 또는 배수본관 계통별 등의 단위로 구획설정을 하여야 한다.

3) 사용수량에 의한 추정법

(1) 생산량과 유효수량과의 차이를 구하여 추정하는 방법이다. 이 방법은 배수관망이 Bloc별로 구획되어 있는 경우에 유효하다.

(2) Bloc이 소규모인 경우에는 일반적으로 사용수량은 측정수량과 인정수량으로 구별할 수 있다. 따라서 그 기간 내의 누수량은 다음과 같다.

누수량 = 생산량 − (측정수량 + 인정수량)

(3) 이 방법으로 추정된 누수량에는 계량기 불감지수량이 포함되어 있어 상당한 오차가 예상되므로 누수방지사업의 초기단계에서 유효하다.

4. 누수량 판단 기준

우리나라의 누수량은 선진국에 비해 많은 것으로 보고되고 있으며 지형적 특성, 관로의 노후화 등이 원인이며 누수 여부와 누수 수량의 정확한 평가는 어려운 일인 만큼 장비의 현대화, 관망도의 전산화 원격 감시 관련기술의 적극적 활용을 통해 수자원 보호와 양질의 수도수 공급에 최선을 다해야 한다.

34 | 누수평가지표(ILI : Infrastructure Leakage Index)를 기술하시오.

1. ILI 정의

ILI는 상수도시설이 현재의 상태에서 물 손실관리를 얼마나 잘 수행하고 있는지를 평가하기 위한 수행능지표

2. ILI 산정

$$ILI = \frac{CARL(\text{현재의 연간손실량})}{UARL(\text{허용 실손실량})}$$

3. CARL(Current Annual Real Losses : 현재의 연간손실량)

CARL는 조사기간 동안의 모든 종류의 누수, 파손, 수도관에서의 월류, 급수관, 급수 연결점과 계량기 지점으로부터의 손실량을 의미하고 연간 물수지의 실손실 성분과 같다.

1) CARL은 새로운 누수와 파손 발생, 그리고 배수시스템의 연대에 따른 노후화에 따라서 증가되는 경향을 보인다.
2) 누수는 압력의 관리와 누수복구의 속도와 기술수준, 적극적인 누수관리(신고되지 않은 누수와 파손을 탐지하기 위한 관리), 관로와 자산관리의 적절한 조합에 의해 억제할 수 있으며 저감시킬 수 있다.

4. UARL(Unavoidable Annual Real Loss : 허용 실손실량)

UARL은 현재의 시설여건과 수압하에서 더 이상 감소시킬 수 없는 물손실량의 수준이다.

1) 관로접합부나 구조물 틈새에서 미량으로 새는 누수량, 신고된 누수와 파열, 미신고된 누수와 파열, 수압과 누수의 관계를 고려하여 산출한다.
2) 기준허용 야간유량을 급격히 초과하는 유입유량이 기록된다면 배수관망 어딘가에서 파열이 발생하였음을 의미하며, 서서히 초과하게 되는 경우 미세한 누수가 서서히 증가되고 있음을 나타낸다.

5. ELI(Economic Leakage Index : 경제적 손실지표)

상수도시설이 현재의 상태에서 경제적인 물손실관리를 얼마나 잘 수행하고 있는지를 평가하기 위한 수행능지표

ELI=CARL/EARL(경제적인 연간 실손실량)

1) EARL(Economic Annual Real Losses)
   누수를 줄이는 비용과 누수를 방치하는 경우의 손실비용 사이에서 가장 경제적인 손실량을 의미한다.

6. ILI 계산과정

ILI는 CARL과 UARL의 비로써 계산할 수 있다. CARL의 경우에는 아래와 같은 식으로 구할 수 있다.

1) CARL=시스템유입유량-(부과합법사용량+비부과합법사용량+명목손실량)
   시스템유입량=시스템의 최초 유입량
   - 부과합법사용량=부과계측사용량+비부과계측사용량
   - 비부과합법사용량=비부과계측사용량+비부과미계측사용량
   - 명목손실량=불법사용량+계량기오차량

2) UARL은 현재 시설여건과 수압하에 더 이상 감소시킬 수 없는 물손실량으로 계산식은 다음과 같다.

$$UARL = [A \times L_m + B \times N_c + C \times L_p] \times P$$

A : 배수관을 위한 계수
L_m : 배수관 길이(km)
B : 인입급수관을 위한 계수
N_c : 급수전의 수(Connections)
C : 옥내급수관을 위한 계수
L_p : 옥내급수관 길이(km)
P : 평균수압(m)

7. ILI 국내 도입 시 고려사항

1) ILI는 CARL과 UARL의 비로서 계산할 수 있다. CARL은 배수블록별로 부과량과 유입량을 제외한 기타 손실량 계산 및 자료가 확보되어 있을시 계산이 가능하다.
2) 하지만 UARL을 계산하기 위해서는 기본적으로 적극적인 누수통제 활동을 하고 있으면서 잘 유지관리되는 시스템에서의 배경 손실량과 신고된 파열손실량, 미신고된 파열손실량을 구할 수 있어야 한다.
3) 국내의 경우 광역시 규모와 같이 유수율이 90% 내외로 유지관리가 잘되어 있는 지역도 있으나, 그 이외의 지역에서는 80% 내외 및 그 이하의 유수율을 유지하고 있어 현재로써는 UARL을 결정하기 위한 배경손실량을 결정하기는 어려운 실정이다.
4) 이외에 블록시스템의 구축을 통한 블록고립, 블록유입유량 모니터링, 원격검침 등이 필수적이다. 국내에서는 블록시스템을 구축하여 운영하고 있지만, ILI를 적용하기에는 블록고립과 블록유입유량 모니터링에서 부족한 점이 많이 존재한다.
5) 따라서 ILI를 국내에 도입하기 위해서는 우선적으로 블록시스템의 정비, 적극적인 누수통재활동, 원격검침 등이 성공적으로 이루어져야 하며, 이때 ILI가 효과적으로 사용가능할 것으로 판단된다.

35 | 수도강관의 관 두께 산정법에 대하여 설명하시오.

1. 개요

수도용 관의 두께는 어떠한 경우의 내압에 의한 파손 또는 외압이나 부압에 의한 좌굴에 항상 견딜 수 있는 강도가 유지되도록 해야 한다.

2. 관내수압에 의한 관 두께 결정

내압은 최대정수두와 수격압을 충분히 고려하여야 한다. 배관 두께는 원주방향(주장력)이 종방향(길이방향)보다 2배 크므로 아래 식처럼 원주방향 두께로 결정한다.

$$t = \frac{P \cdot d}{2\sigma_{sa}}$$

여기서, t : 관의 두께(mm)

P : 관 내 작용하는 압력(P=정수압+수격압)(MPa)

d : 관경(mm)

σ_{sa} : 강관의 허용인장응력(MPa)

3. 관외압에 의한 관 두께 결정

토압계산을 위하여 마스톤(Marston)공식이 널리 이용된다. 이 공식의 수직토압은 굴착도랑 바로 위의 흙기둥 중량 전체가 관에 전달되지 않고, 굴착면에 인접하는 흙기둥 사이의 전단 마찰력을 상쇄한 하중이 관에 작용하는 것으로 하여 구한다.

1) 토압에 의한 관의 외력

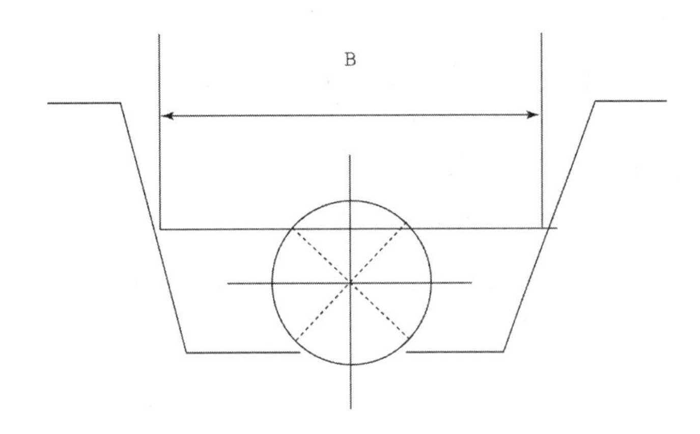

$$W_s = C_1 \cdot \gamma \cdot B^2 \quad (\text{Marston공식})$$

여기서, W_s : 관에 작용하는 하중(ton/m)
C_1 : 흙 두께와 종류에 따라 결정되는 계수
γ : 되묻기 흙의 단위중량, $ton/m^3(kN/m^3)$
B : 도랑폭, m

2) 상재하중에 의한 관의 압력

$$W_p = C_2 \cdot P$$

여기서, W_p : 관에 작용하는 하중, ton/m(kN/m)
P : 상재하중, ton/m
C_2 : 장기 또는 단기하중에 의해 결정되는 계수

3) 외압에 의한 관 두께 산정식

(1) 경험식

$$t = (W_s + W_p/k)^{1/3} D$$

k : 관재질 계수

(2) 압력 P를 받는 경우 산정식

$$t = (3PD/4BC)$$

P : 외압(MPa), D : 관지름, B : 관재료 계수, C : 용접계수

(3) 구조체로 보는 경우 산정식

$$\sigma = M/Z$$

σ : 휨응력(kN/mm^2), M : 모멘트(kN), $Z = t^2/6$(단면계수)(mm^2)

- 강성관 $M = k(W_s + W_p)R^2$
- 연성관 $M = k_1(W_s + W_p)R^2 + k_2 W_p R^2$

W_s, W_p : 관 투영면적에 작용하는 힘(kN/mm^2)
R : 관 두께 중심 반경
k_1, k_2 : 계수

4. 관의 최소 두께

일반적으로 관내압 · 외압을 고려하여 최소한의 두께를 아래와 같이 권장한다.

- 관경 1,350mm 이하 : t=D/288mm
- 관경 1,350mm 이상 : t=(D+508)/400mm

5. 최종 관 두께 결정

이상의 여러 조건하에서 구해진 관의 두께 중 가장 큰 값을 택하고 안전을 고려하여 이의 값에 1.5~2.0 정도의 안전율을 곱하여 관의 두께를 결정한다.

6. 시공 시 유의사항

실제 수도관로의 파손은 내압에 의한 강판면에서의 파열파손보다 이음부의 파손 및 관외압에 의한 좌굴, 부압에 의한 좌굴파손이 주로 발생한다. 그러므로 현장 배관 시공 시 다짐을 철저히 하고 상재하중이 균등히 작용하도록 하며 부압이 예상되는 부분에는 공기밸브, 수압조절수조, 공기탱크 등을 설치한다.

36 | 상수관로의 설계절차에 대하여 Flow Chart를 작성하고 설명하시오.

1. 개요

상수관로의 설계는 적정수량 확보, 마찰손실 최소화에 의한 경제적 운영, 적정 관경으로 시설비 공사비 최소화를 목표로 관련 법령 및 기준에 적합토록 설계해야한다.

2. 각 단계별 설계 내용

1) 시작

2) 관로 노선의 비교안 작성

축적 1/2,500~1/5,000 정도의 지도상에서 노선비교안을 작성한다.

3) 노선답사

지도상 작성된 노선을 현장에서 답사하고 지장물(지하 매설물 포함), 보상여부 등 노선 상황에 대하여 종합적으로 검토 개략 규모를 판단한다.

4) 노선 대체안의 예비설계

현장에서 결정된 예비 노선에 대하여 관련기관과의 사전 협의에 필요한 예비설계를 한다. 예비설계에서 관로형식, 시공방법, 도로 하천 횡단 방식 등의 개략 검토가 이루어지고 기본도를 작성한다.

5) 관련기관과의 사전협의

관로 매설과 관련한 하수도, 가스, 전기, 통신 등의 관련 기관과 예비설계를 협의한다. 도로 관계자와는 도로점용에 관한 사항에 대하여 협의한다.

6) 기본 노선의 선정

예비설계와 협의 결과를 바탕으로 시공성 경제성 등을 고려하여 기본 노선을 선정한다. 이때 노선 선정이 불합리 할 때 위 4)대체안의 예비설계로 되돌아간다.

7) 노선측량, 지질조사, 지하매설물 조사

관로 설계의 기초 자료를 만들기 위해 평면 횡단측량, 지하매설물 조사 및 지질조사 등을 실시한다.

8) 관로 기본설계

관종, 관경, 관두께, 이음방법 등을 결정하고 제수밸브, 이토밸브, 공기밸브 등의 위치, 규격 선정, 토류공, 주야간 시공방법 등을 포함한 기본설계를 한다. 기존관과 접속하는 경우에는 단수구역 및 단수방법 등의 검토를 충분히 한다.

9) 중심선 측량

선정된 노선의 점용 위치에 따른 중심선 측량과 종단 측량을 한다.

10) 관련 기관과 최종 협의

관로의 점용, 교통문제, 도로점용, 사유지의 차용 등에 대하여 관련기관과 최종 협의를 한다.

11) 설계도서 작성

설계도, 일반시방서, 특별시방서, 시공계획서, 수량계산서, 공사비 적산서등을 작성한다.

3. 상수관로 설계 순서(Flow Chart)

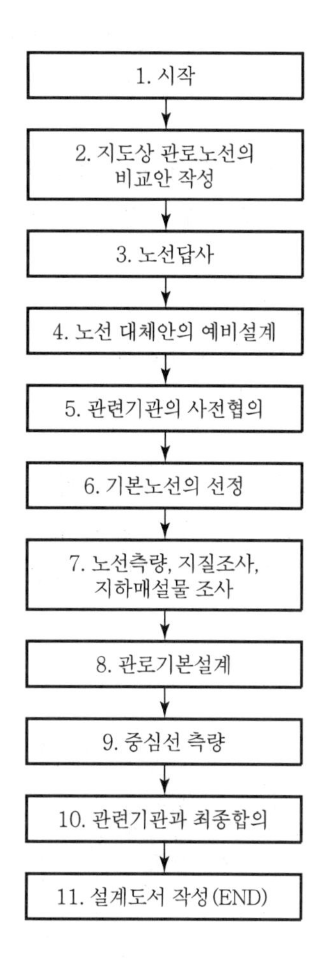

37 | 상수관로의 부속설비를 설명하시오.

1. 개요

상수관로에는 관의 안전, 경제적인 유지관리 운영과 그 기능을 원활하게 하기 위해서 부대시설을 설치해야 하며 제수밸브, 공기밸브, 이토밸브, 역지밸브, 수충압설비, 감압밸브, 접합정, 조압수조설비, 수로교, 역사이펀 같은 것들이 있다.

2. 제수밸브(Sluice Valve)

밸브는 차단용 밸브(제수변, BFV)와 제어용 밸브(BFV, 콘밸브, 볼밸브)로 구분되며 용도에 따라 적절히 선정한다.

1) 기능

- 사고 시 관로의 일시적인 단수와 유량 조절을 위하여 도 · 송수관의 시점, 종점, 분기점, 연락관 전후 부근에는 원칙적으로 설치하여야 하며 장대관로에서는 1~3km마다 설치한다.
- 배수관, 급수관의 통수를 조절
- 제수밸브 폐쇄, 제한에 의한 배수계통의 구분
- 공사 시 단수 시행

2) 설치

- 도 · 송수관은 1~3km마다 검사, 수리를 위해 설치
- 배수관은 기점, 분지점, 종점 등 요소에 배치
- 중요한 역사이펀부, 교량, 궤도횡단 등으로 사고발생시 복구가 곤란한 곳에서는 전후에 설치한다.

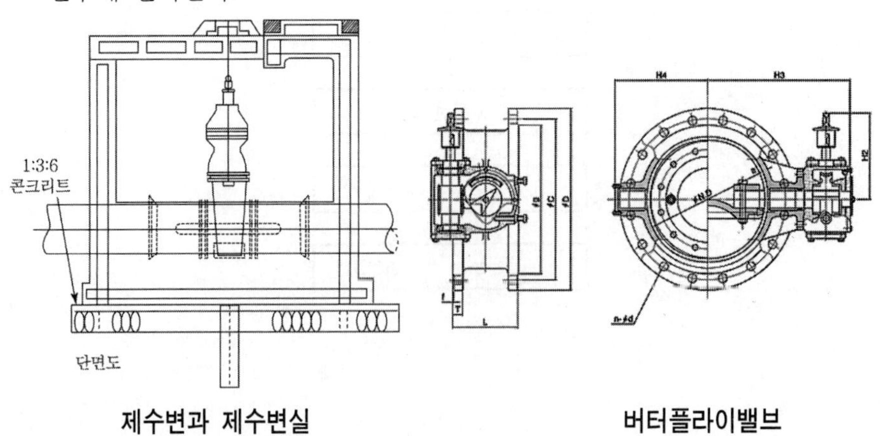

제수변과 제수변실　　　　버터플라이밸브

3) 밸브 종류

(1) 슬루스 밸브 : 제수밸브 중에서 저항이 가장 적어 전통적으로 많이 이용되어 오고 있으나 부피와 중량이 커서 최근 적용이 감소하고 있다.

(2) 버터플라이 밸브 : 크기가 작고 중량이 가벼워 현장에서 적용하기가 쉽다. 유량 조절과 제수 기능을 같이 갖고 있어 최근 적용 예가 증가하고 있다. 또한 내압형 버터플라이 밸브의 개발로 다양하게 이용되고 있으나 전개 시 디스크에 의한 저항과 와류손실을 고려해야 한다.

(3) 볼밸브 : 소형 볼밸브는 널리 이용되고 있으나 중대형 볼밸브는 기능과 구조가 우수하나 가격이 고가이며 밸브 크기가 커서 적용이 일반적이지는 않으나 펌프 토출측 등 정밀한 제어특성을 요구하는 곳에 적용하고 있다.

3. 공기밸브(Air Valve)

1) 기능

관수로 내 분리된 공기는 관정부에서 Air Pocket을 형성하여 통수능을 저하시키므로 공기를 외부로 자동적으로 배출토록 하며, 또한 배수관 등에서 통수 시 관 내 공기의 배출과 부압인 경우 관내에 공기를 흡입하여 관의 좌굴을 방지

2) 설치

송수관, 배수관의 관정부, 관이 교량 횡단 시 높은 곳(∩)에 주관의 1/5 규격으로 설치한다.

3) 구조

관이 만수되면 부력으로 밸브 공기구멍을 막지만 공기가 모이면 공기를 배제하는 구조로 보수를 위한 제수변을 설치한다.

4) 종류

- 급속 공기밸브 : 부력에 의해 플루트 디스크가 작동하여 다량의 공기를 흡기, 배기 가격도 저렴하고 중량이 가볍고 크기가 작아 설치가 용이하여 가장 널리 적용되고 있다.
- 일반 공기밸브 : 구멍형 공기밸브로 플루트 볼이 부력으로 개폐하여 흡기, 배기하며 중량이 무겁고 크기가 크며, 급속 급배기가 곤란하여 최근에는 사용 예가 적다.
- 쌍구형 공기밸브 : 400mm 이상 관경에 적용

5) Air Pocket

관수로 내에서 온도차, 캐비테이션 등으로 분리된 공기는 관정부에서 Air Pocket을 형성하여 관 단면적을 축소시켜 통수능을 저하시키므로 공기밸브(Air Valve)를 이용하여 공기를 외부로 자동적으로 배출토록 하며, 또한 배수관등에서 최초 통수 시 관내 공기의 배출(급속 공기밸브)과 부압인 경우 관내에 공기를 흡입하여 관의 좌굴을 방지한다.

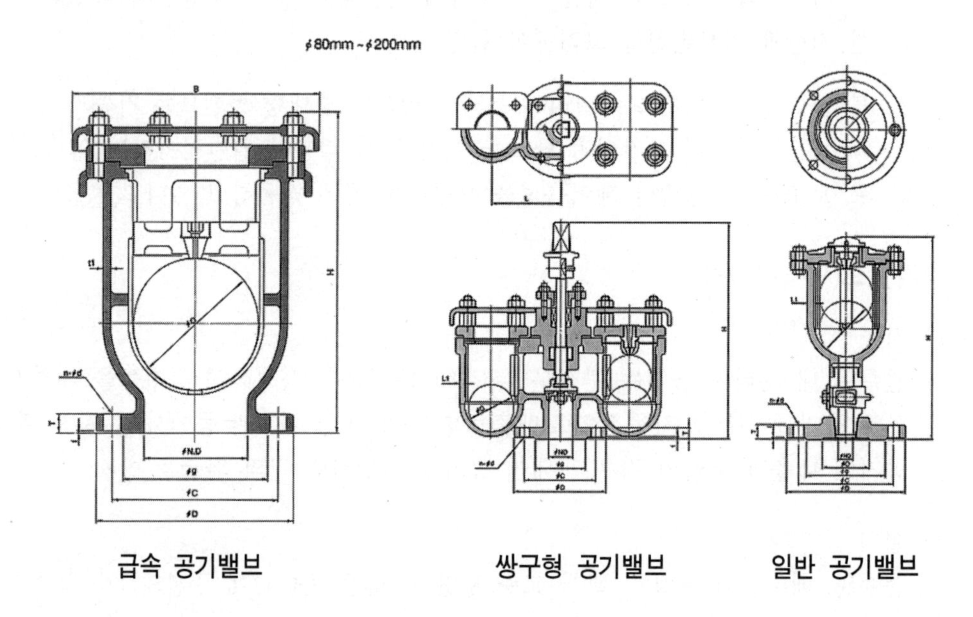

급속 공기밸브 쌍구형 공기밸브 일반 공기밸브

5) 설치 시 유의사항

- 관로의 높은 곳(∩)에 설치
- 2개의 제수밸브로 막힌 관로에는 상단부 제수밸브 바로 밑에 공기밸브설치
- 관 길이가 긴 경우 적당한 길이마다 공기변 설치 : 관경을 고려하여 통수 시 관내 공기 분출시간 고려
- 400mm 이상 관은 급속공기변이나 쌍구형 설치하며 최근에는 주로 급속공기변을 적용한다.
- 플루트의 상하운동에 방해가 없도록 수평도 유지
- 한랭지에서는 밸브실 동결방지 고려

4. 이토밸브(Drain Valve)

배수관, 송수관로의 낮은 곳(∪)에 주관의 1/3 정도 관경으로 배수구 겸용으로 설치하여 관 청소, 정체수 배제 시에 관바닥의 모래 및 퇴적물을 제거한다.

5. 안전밸브(Safety Valve)

1) 설치

고가수조 아래, 제수밸브 상류, 가압펌프 상류 등 수격작용이 일어나기 쉬운 곳에 설치

2) 구조

평상시는 스프링, Counter Weight에 의해서 지수하고, 초과수압이 발생할 때에는 발생압력이 스프링 저항을 이기고 밸브를 열어 물을 방류시키면서 관 내부의 압력 상승을 막아 파열을 방지한다.

6. 역지밸브(Check Valve)

1) 기능

물의 역류를 방지한다.

2) 설치

고가수조 입구, 펌프 토출관 시점, 긴 상향구배 시점, 배수관에서 분지되는 급수관 시점

3) 구조

평상시 유체방향의 수압으로 밸브를 열고 유하시키나 하류의 수압이 높아지면 밸브가 자동적으로 닫혀서 역류를 방지한다.

- 완폐형 체크밸브 : 체크밸브 디스크 가운데 누수공을 만들고 유압으로 서서히 닫게 하여 수충압을 방지한다.
- 속도 조절형 볼밸브 : 볼밸브에 개폐속도를 조절할 수 있도록 하여 서서히 닫으면 수충압 방지 효과가 있다.

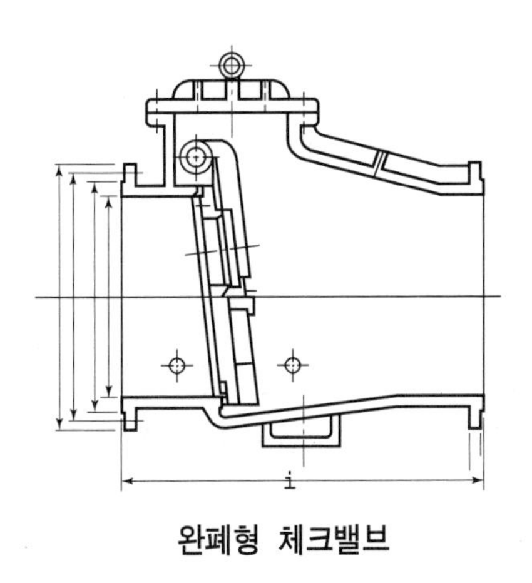

완폐형 체크밸브

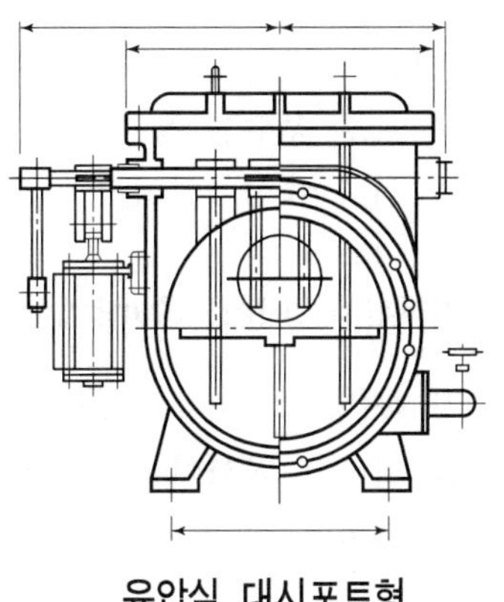

유압식 대시포트형

4) 수격작용 방지

역지밸브가 작동할 때 충격압에 의해 수격작용이 발생하므로 공기실, 완폐형 체크밸브, 급폐형 체크밸브를 상용한다.

7. 수충압설비 및 서지탱크

1) 기능

관로가 밸브의 급개폐, 펌프의 급정지 시 등 급격한 유속변화시 관 내에 이상압력이 발생하며 이를 흡수하기위해 수충압설비(에어 챔버)를 둔다.

2) 구조

펌프 토출측에 공기탱크를 설치하여 펌프정지 시 역지변 작동에 따른 이상압력을 흡수하고 긴 관로의 이상압 발생지점에는 조압 수조(서지 탱크) 설치

8. 감압밸브(Reducing Valve)

1) 기능

급수구역의 압력을 일정한 압력으로 감압 조정하는 밸브

2) 구조

밸브 전의 수압이 높아지면 자동적으로 통로가 좁아져서 밸브 뒤의 압력을 낮춘다.

9. 수관교, 수로교(Aqueduct)

도수, 송수만을 전용으로 하며, 개거나 관수로 자체를 빔(Beam)으로 하는 교량으로서 계곡이나 하천을 횡단한다.

10. 접합정(Junction Well)

관로에서 수두를 분할하여 적당한 수압을 보존하게 하고 또는 2개 이상의 수로를 한 개의 수로로 송수할 경우에 설치한다. 도·송수관의 접합정은 주로 관의 수압을 경감하기 위하여 설치한다.

11. 역사이펀(Inverted Syphon)

수로가 하천, 도로, 철도 등의 이례를 횡단할 때는 역사이펀을 설치하며, 45° 이상의 굴곡을 피하고 역사이펀 관 내 유속은 상류유속보다 하류유속을 크게 하여 관 내의 침전을 피한다.

12. 유량계

배관 분기부 및 Bloc 단위별로 필요한곳에 유량계를 설치하여 배수 계통의 유량 분배를 적절히 한다.

13. 수압계

배수계통의 말단, 지반고가 높은 지점 등 수압이 낮은 지점, 수압변화가 큰 곳 등에 수압계를 설치하여 수압 정보를 수집하며 압력조정을 통하여 적정 압력으로 배수를 안정화 시키고 장래의 Bloc화, 관망정비계획 자료로 활용한다.

14. 신축이음

신축이음의 설치 목적은 외기와 지중온도, 관 내 물 자신의 온도변화에 따른 관로의 신축에 대응함은 물론 관의 부등침하에 대응하기 위하여 신축이음을 설치한다.

15. 침사지(Grit Chamber)

수로에 유입한 토사류를 침전시켜서 이를 제거하기 위한 시설로서 직사각형 모양의 철근 콘크리트 구조물이다.

16. 원수 조정지

원수 조정지는 취수시설과 정수시설 사이에 갈수기나 수질사고에 대비하여 적절한 용량으로 설치하며 침강에 의한 수질개선과 체류에 의한 부영양화 등 수질악화를 충분히 검토한다.

17. 부속설비의 유지관리

관로 부속설비는 대부분 정상상태에서 작동이 불필요한 것들로 방치되기 쉬우며 유지관리가 안 될 경우 실제 작동이 필요한 경우에 작동되지 않아 사고의 원인이 되기도 한다. 따라서 평상시 정기적으로 점검이 필요하며 밸브류는 정기적으로 작동시켜서 필요할 때 원활히 작동되도록 한다.

38 | 상수도 배수설비의 부대설비에 대하여 설명하시오.

1. 개요

상수도에서 배수설비의 부대설비란 배수지와 배수관을 통하여 배수구역에 적합하게 상수를 배분하고, 비상시 및 유지관리 시에 필요한 부속설비를 말한다.

2. 부속설비의 종류 및 특징

1) 배수관의 부속설비로는 차단용 밸브, 제어용 밸브, 공기밸브, 감압밸브, 소화전 배수(排水)설비, 유량계, 수압계, 수질측정장치, 맨홀 등으로 분류된다. 이들 부속설비는 배수구역 내의 물 수요에 따라 배수관과 일체가 되어 적정한 수량과 수압 및 수질을 확보할 수 있도록 기능을 한다. 소화전은 화재 시 소화용에 적절히 대응할 수 있어야 한다.
2) 부속설비들은 각각 재료, 제조방법, 규격치수, 강도 및 내외면의 도장을 달리하고 있으므로, 위생성도 고려하여 배수관과 같은 기준을 만족하는 것을 선정하여 사용한다.
3) 소화전에 대해서는 물에 접하는 면적이 작으므로 조건이 엄격하게 적용되지는 않는다.
4) 부속설비를 설치하는 계획에 대해서는 배수본관과 배수지관의 배치, 배수구역 내의 지형, 지세, 물 수요 등을 고려하여 가장 적절한 것을 적절한 장소에 배치한다.
5) 장기간 사용된 부속설비는 습동부(褶動部, Sliding Portion)의 마모, 물과 접촉부 도장의 노후 기타 기능이 저하됨으로써 안정급수를 저해하는 요인이 되는 경우가 있다. 이러한 부속설비는 적당한 시기에 개량하거나 교체함으로써 그 기능을 회복하거나 향상시켜야 한다.

3. 밸브류(차단용, 제어용 밸브)의 설치

차단용 밸브와 제어용 밸브의 설치는 다음에 따른다.

1) 도・송・배수관의 시점, 종점, 분기장소, 연결관, 주요한 배수설비(이토관), 중요한 역사이펀부, 교량, 철도횡단 등에는 원칙적으로 제수밸브를 설치한다.
2) 제수밸브실은 도로의 종류별, 배관의 구경별 및 현장의 설치조건에 따라 소형, 중형, 대형으로 구분하며 밸브실 전후의 관로 안정성을 확보한다.
3) 제수밸브실은 설치 및 유지관리가 용이하도록 충분한 공간을 확보하며 이상수압

이 발생하였을 때 즉시 감지하기 위한 수압계의 설치와 배수 및 점검을 위한 설비를 갖추어야 한다.

4) 밸브는 수질에 영향을 주지 않아야 한다.

4. 공기밸브의 설치

공기밸브의 설치는 다음에 적합하게 설치한다.

1) 관로의 종단도상에서 상향 돌출부의 상단에 설치해야 하지만 제수밸브의 중간에 상향 돌출부가 없는 경우에는 높은 쪽의 제수밸브 바로 앞에 설치한다.
2) 관경 400mm 이상의 관에는 반드시 급속공기밸브 또는 쌍구공기밸브를 설치하고, 관경 350mm 이하의 관에 급속공기밸브 또는 단구공기밸브를 설치한다.
3) 공기밸브에는 보수용의 제수밸브를 설치한다.
4) 매설관에 설치하는 공기밸브에는 밸브실을 설치하며, 밸브실의 구조는 견고하고 밸브를 관리하기 용이한 구조로 한다.
5) 한랭지에서는 적절한 동결 방지대책을 강구한다.

5. 소화전의 설치

소화전은 배수지관에 설치하며 설치할 때에는 다음에 따른다.

1) 도로의 교차점이나 분기점 부근으로 소방활동에 편리한 지점에 설치하고 도로연변의 건축물 상황 등을 고려하여 소방대상물과 소방용수시설의 수평거리를 100~140m 간격 이하로 설치한다.
2) 원칙적으로 단구소화전은 관경 150mm 이상의 배수관에, 쌍구소화전은 관경 300mm 이상의 배수관에 설치한다.
3) 소화전에는 보수용 밸브를 함께 설치한다.
4) 한랭지나 적설지에는 부동식(不凍式)의 지상식 소화전을 사용하며, 지하식 소화전을 사용하는 경우에는 동결 방지대책을 강구한다.
5) 소화전의 토출구 구경은 원칙적으로 65mm로 하나 특수한 소화펌프를 사용할 경우에는 예외로 할 수 있다.

6. 감압밸브와 안전밸브의 설치

감압밸브와 안전밸브는 다음에 따른다.

1) 감압밸브는 관로의 감압조건에 적합한 기능을 가져야 한다.
2) 감압밸브는 지형과 지세에 따라 그리고 평상시의 감압과 갈수 시의 수압조정에 가장 적합한 장소에 설치한다.

3) 감압밸브에는 동일 구경의 우회관로를 설치한다.
4) 안전밸브는 수리조건에 따라 배수펌프(또는 가압펌프)의 유입 측이나 유출 측 등 수격작용이 일어나기 쉬운 개소에 설치한다.
5) 밸브실은 4.2.8 차단용 밸브와 제어용 밸브의 3에 준한다.

7. 유량계 및 수압계의 설치

유량계와 수압계의 설치는 다음에 따른다.

1) 본관시점, 주요 분기지점 등에 설치한다.
2) 필요에 따라 유량, 수압 정보를 관리하는 설비를 설치한다.

8. 배수설비(드레인설비)

배수(排水)설비는 다음에 적합하도록 설치한다.

1) 상수도 관로의 종단상에서 하향 굴곡부의 하단으로 적당한 배수로(排水路), 하수관거 또는 하천 등이 있는 지점의 부근을 선정하여 배수설비(이토관)를 설치한다.
2) 배수설비(이토관)의 관경은 도수관경의 1/4~1/2로 하고 가능하면 치수가 큰 것을 택한다.
3) 방류수면이 관저보다 높을 경우에는 배수설비(이토관)와 토출구의 도중에 배수실을 설치한다.
4) 토출구 부근의 호안은 방류수에 의하여 침식되거나 파괴되지 않도록 견고하게 축조한다.

9. 수질측정장치

수질계측은 다음에 따른다.

1) 수질을 계측하기 위한 계기는 구조나 원리가 간단하고 응답성이 좋으며 신뢰성이 높고 교정 및 보수가 용이한 것을 선정한다. 또 내습성, 내부식성 등 주위의 환경조건에 알맞은 것을 선정한다.
2) 수질계측은 수질계기의 설치환경과 채수방식에 유의한다.
3) 상수도시설에서 수질계측기기는 원수수질 및 정수장 운전의 자동화 등 정수처리시설의 여건에 능동적으로 대응하기 위하여 필요한 계측기를 선정·설치해야 한다.

10. 맨홀과 점검구

관경 800mm 이상의 관로에 대해서는 관로의 시공과 유지관리 시 내부 누수공의 확인 및 검사, 보수를 위하여 필요한 장소에 맨홀을 설치하고, 800mm 미만의 관로에는 점검구를 둘 수 있다.

11. 펌프와 부속설비의 설치

펌프와 부속설비의 설치는 다음에 따른다.

1) 펌프의 흡입관은 공기가 갇히지 않도록 배관한다.
2) 펌프의 토출관은 마찰손실이 작도록 고려하고 펌프의 토출관에는 체크밸브와 제어밸브를 설치한다.
3) 펌프 흡수정은 펌프의 설치위치에 가급적 가까이 만들고 난류나 와류가 일어나지 않는 형상으로 한다.
4) 펌프의 기초는 펌프의 하중과 진동에 대하여 충분한 강도를 가져야 한다.
5) 흡상식 펌프에서 풋밸브(Foot Valve)를 설치하지 않는 경우에는 마중물용의 진공펌프를 설치한다.
6) 펌프의 운전상태를 알 수 있는 설비를 설치한다.
7) 필요에 따라 축봉용, 냉각용, 윤활용 등의 급수설비를 설치한다.

39 | 수압조절수조(Surge Tank)

1. 개요

수문, 밸브의 급개폐로 인하여 관 내의 과대한 압력과 수격작용을 감쇄 내지 제거하기 위하여 압축된 흐름을 큰 수조 내로 유입시켜 수조 내에서 물이 진동(Surging)함으로써 압력에너지가 마찰에 의해 차차 감소되도록 하는 목적으로 설치된 수조를 수압조절수조 또는 조압수조라고 한다.

2. 수압조절수조의 원리

긴 관로의 양끝에 저수지와 밸브가 있는 경우 그 사이에 Surge Tank를 설치하면 밸브의 급폐쇄 시 저수지로부터의 물의 에너지가 Surge Tank로 흘러들어가므로 저수지와 Surge Tank 사이의 고압 형성을 방지할 수 있다.
또 Surge Tank는 밸브 폐쇄로 인한 관내의 수격파압을 흡수해줄 뿐만 아니라 밸브를 갑자기 열었을 때 유량의 급증 때문에 생기는 부압을 감소시키기 위해 물을 공급해주는 수조의 역할도 한다.

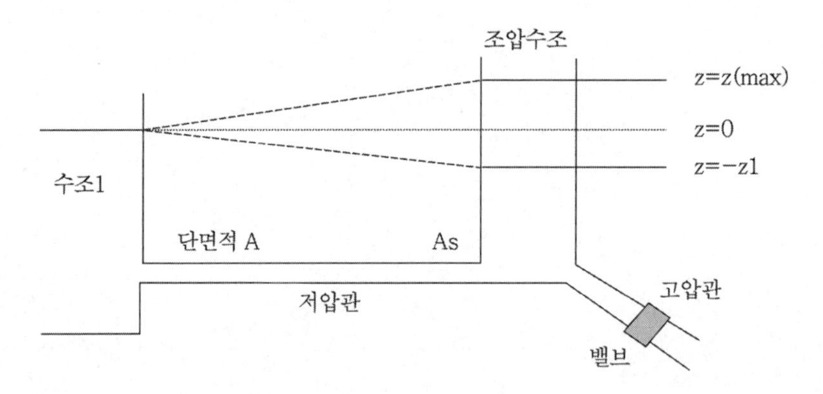

3. Surge Tank의 종류

1) 조압수조의 종류는 크게 개방형과 밀폐형으로 나누고 오리피스형, 제수공형, 차동식, 공기실형으로 나누어진다.
2) 개방형 조압수조는 비교적 저수두에 적합하니 고수두일 때에는 구조물이 높아져서 공사비가 많이 든다. 이때에는 밀폐형이 적합하다.
3) 오리피스 및 제수공 조압수조는 수격파의 감쇄작용을 증가시키고 초기의 수면상승고를 감소시킨다.

4) 차동식 조압수조는 수조 내에 관경과 동일한 연직원통을 세운 것으로 원통 내의 적은 유량으로 신속한 압력균형을 잡아주며 수조 내로의 유입량은 연직원통 유입부의 용량 또는 원통하부 주위의 개방정도에 따라 제한되며, 원통 내의 수면진동은 수조에서보다 심해지나 수조에서의 진동파는 그 운동이 서로 엇갈리므로 진동이 빨리 감쇄된다.
5) 공기실 조압수조는 수조의 상부를 폐쇄하여 수조 내의 상부에 공기가 들어 있어서 수격파에 의한 진동을 공기의 완충으로 흡수함으로써 수조의 높이를 감소시킨다.

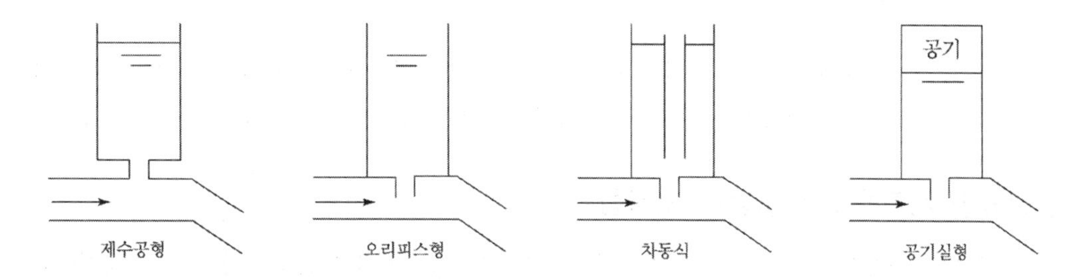

4. 조압수조 내 최고진동수위(최대수면상승고)

밸브 또는 수문의 폐쇄 시 최대수면상승고 결정

1) 밸브(또는 수문)가 폐쇄되는 순간까지는 관 내 흐름이 정상류 상태로 흐르므로 수조1에서 Surge Tank 사이에서는 마찰손실로 인해 서지 탱크 내 수면 z1은 수조1 수면보다 낮은 위치에 있게 된다.
2) 이때 밸브가 급폐쇄(t=0) 되면 서지 탱크 내 수면은 급상승하게 되고 정수면 z=0을 기준으로 하여 상하로 진동하게 되며 이 진동은 마찰에 의해 완전 감쇄될 때까지 계속된다.
3) 이 상태에서의 관과 서지 탱크 내 부정류의 에너지방정식은 다음과 같다.
   - 에너지 평형식

수두+마찰손실+충격파 수두=0

$$z+f\cdot\left(\frac{L}{d}\right)\cdot\frac{V^2}{2g}+\frac{L}{g}\cdot\frac{dV}{dt}=0$$

$$z+f\cdot\left(\frac{L}{d}\right)\cdot\frac{V^2}{2g}=\frac{-L}{g}\cdot\frac{dV}{dz}\cdot\frac{dz}{dt} \quad \cdots\cdots (1)$$

여기서 z는 정수면($z=0$)을 기준으로 하여 상방향을 (+)로 하는 서지 탱크 내 수위이며 f, L, d는 관의 마찰손실계수, 길이 및 관경이다.

4) 수압관과 서지 탱크의 단면적을 각각 A, As라 하고 밸브 폐쇄 순간의 관로와 서지 탱크 사이의 연속방정식을 세우면

- $Q = AV = As \cdot Vs = As \cdot dz/dt$

$$dz/dt = AV/As \quad \cdots\cdots (2)$$

- 식 (2)를 식 (1)에 대입하면

$$z + f \cdot \left(\frac{L}{d}\right) \cdot \frac{V^2}{2g} = \frac{-L}{g} \cdot \frac{A}{As} \cdot \frac{VDV}{dz} \quad \cdots\cdots (3)$$

식 (3)을 적분하여 V에 관한 일반 해를 구하면 V와 z에 관한 관계를 구할 수 있다. 서지 탱크 내 최대수면상승고 z(max)는 관로 유속 $V = 0$일 때로 구할 수 있다.

5. 양방향 서지탱크와 일방향 서지탱크

1) 표준형 양방향 서지탱크는 관로 동수경사선까지 탱크높이를 확보하여 가장 안정적이다.
2) 일방향 서지탱크는 부압만을 방지하는 것으로 탱크크기가 작고 높이가 낮아도 된다.

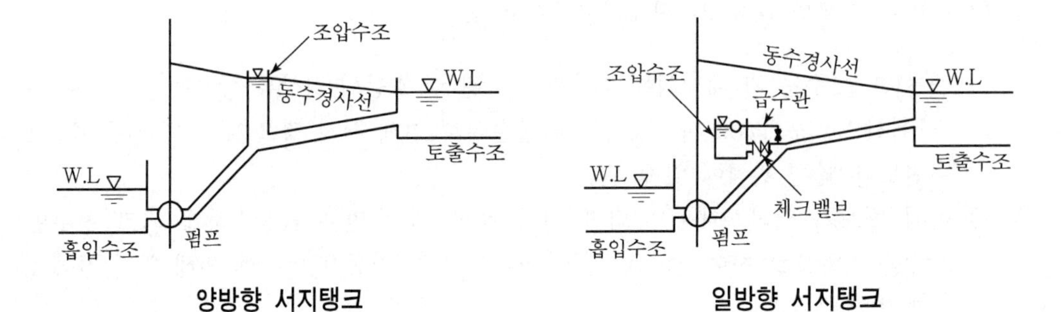

양방향 서지탱크 일방향 서지탱크

40 | 관로 신축이음에 대하여 설명하시오.

1. 신축이음 설치목적

신축이음의 설치 목적은 외기와 지중온도, 관 내 물 자신의 온도변화에 따른 관로의 신축에 대응함은 물론 관의 부등침하에 대응하기 위하여 신축이음을 설치한다.

2. 설치 위치

부등침하나 온도차에 의한 신축이 우려되는 곳에 설치

1) 상수도관의 하부에 근접해서 신규구조물을 설치하는 경우 부등 침하로서 관로가 파손될 염려가 있으므로 가요관(신축이음)을 설치

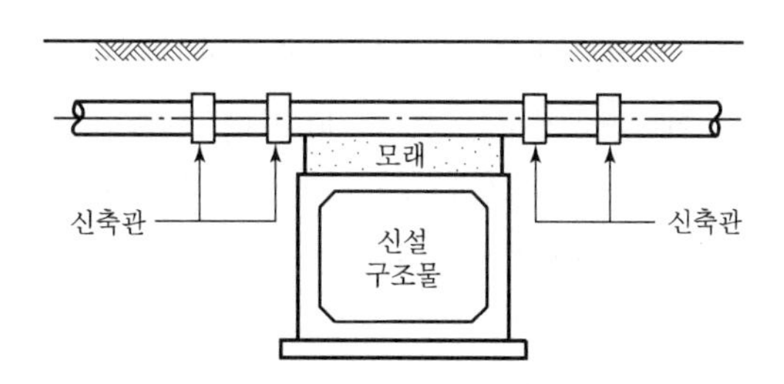

2) 교량을 통과할 때 교량 구조물에 노출한 관과 원지반 내의 관과의 접점이 되메우기 후 고르지 않는 침하로서 관로 파손의 우려가 있는 경우
3) 직관 장대관로의 경우 동절기 지속적인 한파 등 온도차에 의한 신축 흡수 목적

3. 일반적 고려사항

1) 신축이 되지 않는 보통이음을 사용하는 관로의 냉온수 배관처럼 온도변화가 심한 배관의 노출부에는 20~30m 간격에 신축이음을 설치한다. 지중 매설관은 온도변화가 적으므로 적절히 고려한다.
2) 역사이펀, 연약지반으로 부등침하가 염려되는 장소에는 휨성이 큰 신축이음을 설치한다.
3) 관의 각 변위나 부등침하량이 적은 경우에는 메커니컬 이음, 텔레스코프형 신축관 등을 사용하면 좋다. 관 자체의 유연성에 의한 신축흡수를 고려한다.

4. 관종별 고려사항

1) 상수도용 도복장 강관

(1) 온도 응력에 대하여 강도가 크고 또한 용접이음으로 관의 일체감을 줌과 동시에 흙에 대한 구속력이 있기 때문에 신축이음은 거의 필요하지 않다.
(2) 곡관, T자관, 제수밸브 전후에 한하여 온도응력이 일어나면 파손의 우려가 있는 곳, 부등침하의 우려가 있는 곳, 구조물 통과부 등에는 신축성 또는 휨성이 있는 벨로스형 신축이음을 필요시 설치한다.
(3) 강관 부설공사에서 최후의 접합장소는 용접에 의한 열응력을 적게 하기 위해서 신축이음을 설치하는 것이 바람직하나, 그렇지 않은 경우에는 하루 중 기온이 가장 낮은 시간에 용접하는 것이 바람직하다.
(4) 현재 일반적으로 직선관로에는 신축이음을 생략하고 있어서 1km 이상의 장대 관로에서는 여름과 겨울철의 수온변화에 의한 관로 신축을 흡수할 방법이 없어 겨울철 수온이 지속적으로 강하 시 배관 수축에 의한 관로 파손의 위험성이 있다. 곡선관로는 자체 휨에 의하여 신축을 흡수할 수 있으나 직선관로는 이 점을 고려하여야 한다.

2) 흄관

매설된 원심력철근콘크리트관의 이음은 신축성과 휨성이 없는 칼라 이음을 사용하므로 지반이 양호한 장소에서는 20~30m마다 신축이음을 설치하고, 지반이 불량한 장소에서는 4~6m마다 휨성이 큰 신축이음을 사용한다. 최근의 고무링 소켓이음은 자체슬라이딩으로 신축을 흡수하는 것으로 본다.

3) 경질염화비닐관

경질염화비닐관에서 접합제로 연결하는 TS이음관 등을 매설하는 경우에는 40~50m 간격으로 신축이음을 설치하는 것이 바람직하다. 그러나 지반 침하가 커질 가능성이 있는 장소에는 TS이음 대신 Flexible형 신축이음을 설치하는 것이 바람직하다.

4) 덕타일 주철관

주철관은 탄성이 적어 신축에 대응하는 힘이 적으므로 변형이 발생하는 지점에는 보호공을 설치하고 교량 근처나 지반침하가 예상되는 경우에는 텔레스코프형, 드레서형 등의 신축이음을 둔다.

주철관의 접속법인 메커니컬 조인트, KP 접합 등은 어느 정도의 신축에 대응할 수 있으나 과도한 신축은 배관의 이탈을 유발할 수 있다.

5) 스테인리스 강관, 동관

스테인리스 강관은 온도에 의한 팽창이 금속관 중에서 가장 크며 다음으로 동관이 크다. 상수도관은 온도변화를 무시할 수 있어 신축이 우려되는 곳에만 신축이음을 두며 신축이음으로는 벨로스형, 슬리브형, 볼조인트 등이 쓰인다.

5. 신축이음의 구조

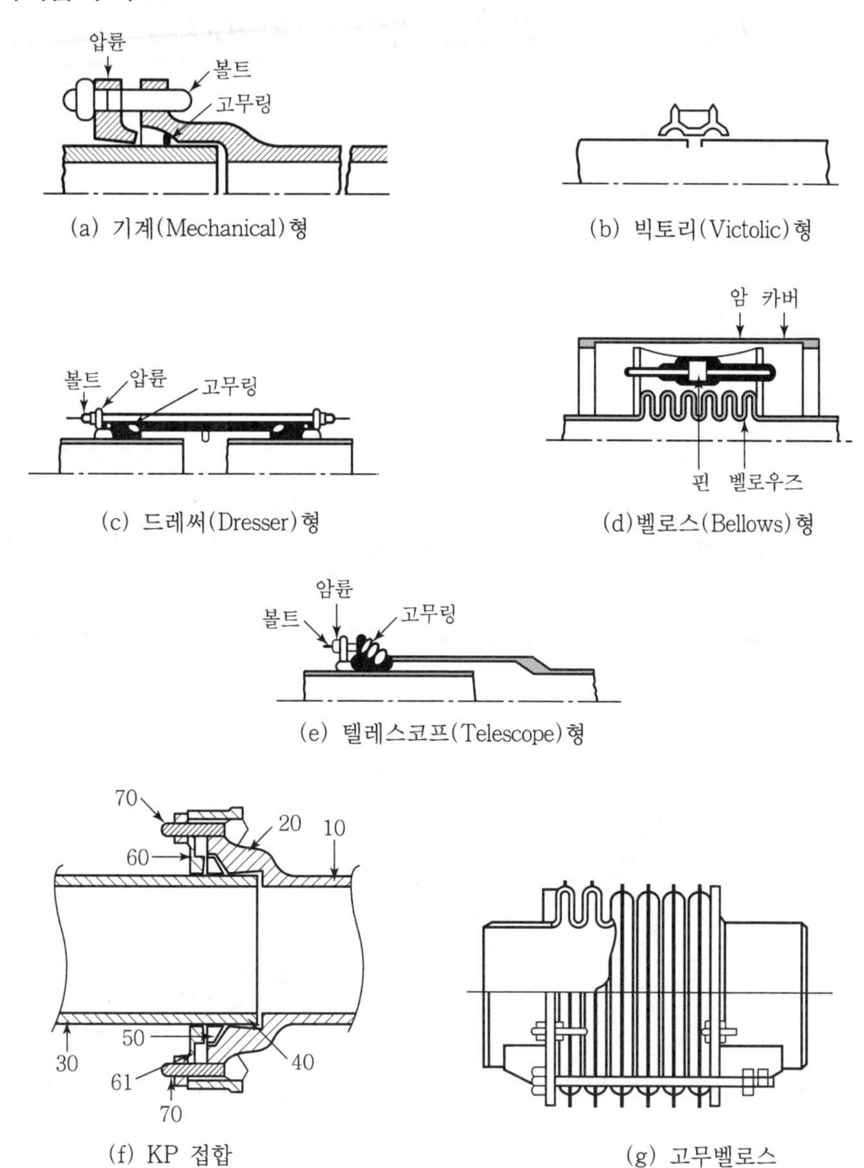

(a) 기계(Mechanical)형

(b) 빅토리(Victolic)형

(c) 드레써(Dresser)형

(d) 벨로스(Bellows)형

(e) 텔레스코프(Telescope)형

(f) KP 접합

(g) 고무벨로스

6. 노출관의 감시

교량 및 구조물 내에 노출되어 있는 상수도관은 장기간에 걸쳐 매달기나 서포트로 있으면 수평, 수직방향의 이동이 생길 염려가 있고 이것이 사고원인이 되는 수가 있으므로 항상 행거나 서포트의 흔들림을 방지하고 고정볼트 등을 점검한다.

41 | 도 · 송수관로의 접합정에 대하여 설명하시오.

1. 개요

접합정(연결정)은 주로 자연유하식 관로에 설치하는 시설로, 관로의 수두를 높이며 적당한 수압을 가지게 하고 또는 둘 이상의 수로에서 온 물을 모아 한 수로로 도수할 때 그 접합부에 설치하는 시설이다.

2. 설치 목적

1) 도송수관로의 접합정은 주로 관로의 부압 방지 또는 정수압 경감을 목적으로 설치한다. 이 경우 설치 위치는 실제로 작용하는 정수압이 관종의 최대사용정수두 이하가 되고 접합정에서 배출된 물이 배수하기 용이한 수로가 부근에 있는 장소를 선정하여야 한다.
2) 관로의 일부가 동수경사선보다 높을 경우 접합정을 설치하여 동수경사선보다 관로를 낮게 한다.

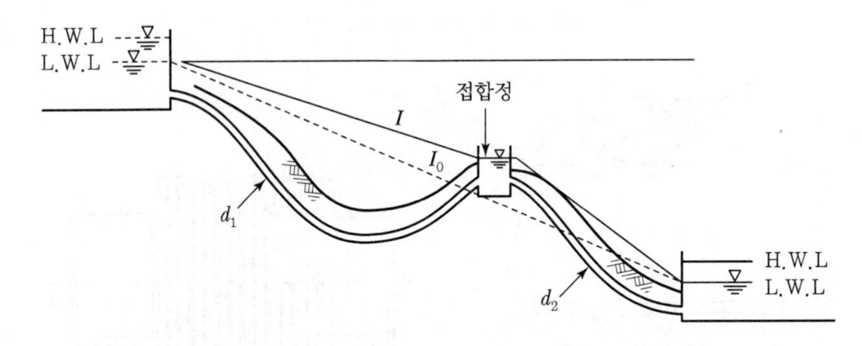

3) 관로의 일부가 동수경사선보다 높을 경우 관경을 변화시켜 동수경사선보다 관로를 낮게 한다.

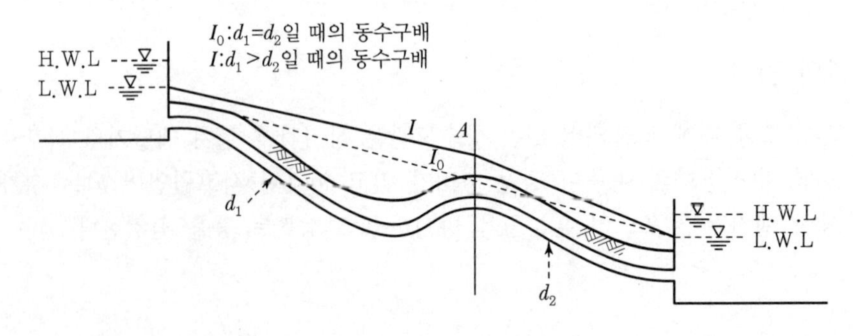

3. 월류벽의 설치

도·송수관로의 수압 경감을 목적으로 접합정을 설치한 경우에 접합정의 상류측 관내 유속이 클 때에는 접합정 내에서 난류가 되어 유출관의 공기를 끌어들일 염려가 있고 또 접합정의 수위는 일정한 것이 바람직하므로 정 내에 월류벽을 설치하여 유속을 감쇄한다.

4. 유출관의 수위

유출수가 저수위에 가까울 때는 유출관 속으로 공기를 끌어들여 통수능력 저해의 원인이 되므로 이것을 방지하기 위해 저수위보다 관경의 2배 이상 낮게 유출관을 설치하면 안전하다.

5. 접합정 용량

1) 접합정 용량은 도수량의 1.5분 이상으로 한다.
2) 수압이 높을 경우 수압제어용 밸브를 설치한다.
3) 필요에 따라 양수장치, 이토관, 월류장치를 설치하고 유출관과 이토관에는 제수밸브를 설치한다.

차 한잔의 여유

너에게서 나온 것은
너에게로 돌아간다.
– 맹자 –

42 | 상수관망에서의 임계지점(Critical Point)을 설명하시오.

1. 정의

상수관망에서의 임계지점이란 최대동수두와 위치수두의 차이가 10m 이하인 지점을 말한다.

2. 임계지점의 의미

임계지점이란 최대동수두(HGL)와 위치수두의 차이가 10m 이하인 지점, 즉 압력수두(최대동수두－위치수두)가 10m 이하인 지점으로, 압력 저하로 캐비테이션 발생 가능성이 크고 부압으로 인한 좌굴이나 지하수 유입 등 용수공급 안정성을 저해할 수 있는 문제점을 가진 지점이다. 아래 그림에서 P지점이 임계지점이다.

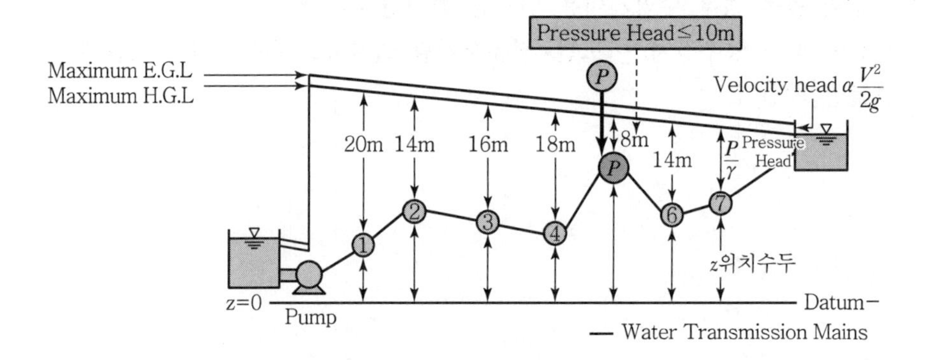

3. 안정적인 용수공급을 위한 검토

1) 도·송수관로의 안정적인 용수공급을 위해서는 관로 내의 물 흐름방향에 영향이 없게 하는 최소한도 수압이 확보되어야 한다. 용수공급 안정성 검토를 위한 임계지점의 수압관리를 위해 수압계를 설치하여 압력수두의 최소치에 대한 검토를 한다.

2) 압력계 설치여부를 결정할 때 최대 동수경사선을 기준으로 최대동수두와 위치수두의 차이가 10m 이하인 지점을 임계지점이라 정의하고 해당 위치에 수압계를 설치하도록 한다.

4. 용수공급 안정성 검토를 위한 수압모니터링

1) 상수도관망에서의 수압모니터링은 수돗물 공급과정에서 공급이 적절히 이루어지고 있는지에 대한 감시뿐만 아니라 관 파손 및 누수 감시, 관망해석, 에너지관리, 수충격해석 등 다양한 목적의 감시와 제어를 위해서도 사용되는 기본감시항목이다.

2) ICT(Information and Communication Technology)의 기술발전과 상수도와 ICT가 융복합된 다양한 스마트상수관망운영관리기술의 발전으로 향후 이러한 스마트기술의 현장 적용 확대에 의해 수압모니터링을 위한 수압계의 설치가 증가할 것으로 판단된다.

3) 상수도 운영관리에 있어 또 하나의 기본감시항목이라 할 수 있는 유량계의 경우 "유량계 설치 및 관리기준" 등 유량계 설치위치 선정과 측정의 정확도 확보를 위한 별도의 명확한 설치기준이 마련되어 있는 반면, 수압계의 경우 별도의 기준 및 지침이 없는 편이다.

4) 수압모니터링을 통한 스마트상수관망 운영관리와 관 파손, 급격한 물 수요 증가와 같은 수리적 이상감지를 위한 다양한 목적달성을 위해서 유량계와 함께 수압계를 적절하게 설치하여 적절한 수압감시가 필요하며 수압계 설치위치 선정방법에 대한 적합한 검토가 필요하다.

5) 도·송수관로는 배·급수계통과는 달리 운영관리의 안정성을 우선적으로 고려하여야 하며, 수압계 설치는 안정적인 시설물 운영관리를 지원할 수 있도록 관측망을 구축하여야 한다.

6) 필수적 수압계의 설치위치와 선택적 수압계의 설치위치를 구분하여 적용한다.

7) 상태감시를 위한 수압계 설치는 바람직하나 필요 이상으로 설치할 때 사회적 비용과 예산이 소요되어 비현실적일 수 있다.

8) 안정적인 도·송수관로의 운영관리를 위하여 수압계를 일정한 간격으로 조밀하게 설치하는 것이 이상적이라 할 수 있다. 그러나 경제적인 관점에서 수압계를 필요 이상으로 설치하는 것은 비경제적이며, 기술적인 관점에서 수압계의 설치빈도를 증가시키는 것은 본관의 천공 시 발생할 수 있는 관체 손상 및 누수로 인하여 바람직하지 못하다.

9) 관로 내를 흐르는 물이 가지고 있는 총 에너지는 위치수두(z), 압력수두(p/w), 속도수두($v^2/2g$)의 합으로 표시된다. 수압계를 통하여 측정되는 값, 즉 압력수두는 위치수두와 함께 동수두(Piezometric Head)로 표현되며, 서로 다른 두 지점 사이의 동수두를 연결한 동수경사선은 물 흐름의 방향을 결정하고, 속도가 일정한 관로에서의 손실수두는 두 지점 사이의 동수두 차이로 계산될 수 있다. 즉, 수압계를 통하여 관로 내의 수리적 상태를 추정하는 것은 결국에는 동수두를 이용하는 중간적 절차를 수반한다.

10) 도·송수관로 수압모니터링의 위치 선정절차
도·송수관로상에 수압모니터링을 위한 수압계 설치에 대한 검토를 실무자가 용이하게 할 수 있도록 필수적 설치위치와 선택적 설치위치를 평면적 검토기준과 종단적 검토기준으로 구분하여 실시한다. 먼저 평면적 검토기준은 관로상의 각종 시설물 배치와 주변환경 등에 좌우되는 위치이며, 종단적 위치는 수리종단도상의 변화와 관련된 위치를 의미한다.

43 | 도수관로에서 부압이 발생할 경우와 최대정수압이 부득이 고압이 될 경우의 대책을 각각 설명하시오.

1. 개요

도수관은 취수지점에서 정수장까지 원수를 공급하는 시설로서, 도수관 본체, 펌프설비, 차단·제어용 밸브, 공기밸브 및 유량계, 배수(排水)설비, 접합정, 압력조절탱크, 감압밸브 그 외 부속설비로 아래와 같이 구성된다.

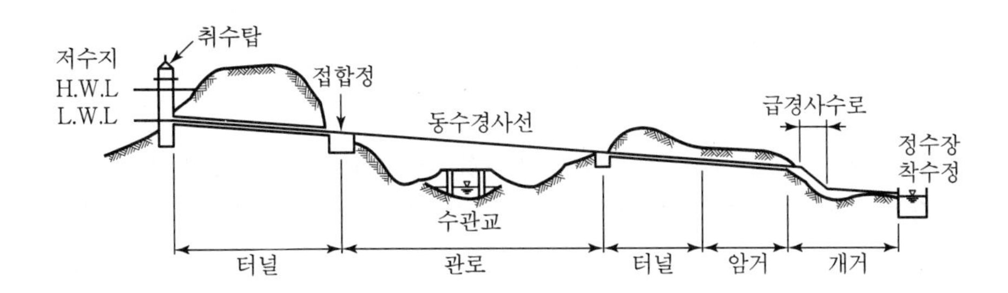

2. 부압과 고압의 발생

1) 부압 발생

위 계통도에서 취수탑 직후의 높은 경사면을 지날 때 도수관을 지표면을 따라 매설하면 동수경사선 위로 도수관이 위치하여 부압이 발생하므로 터널을 뚫어서 동수경사선에 일치시킨다.

2) 고압 발생

수관교 부분은 하천 하부로 매설하면 도수관이 동수경사선에 크게 아래로 위치하여 고압을 받게 되므로 수관교를 설치하여 배관을 최대한 들어올려 설치하고 있다.

3. 부압과 고압의 발생 시 대책

도수관의 노선은 관로가 항상 동수경사선 이하가 되도록 설정하고 항상 정압이 되도록 계획한다.

1) 관로의 위치가 동수경사선보다 높게 되는 경우 부압이 발생하므로 이를 피할 수 없는 경우에는 지세를 잘 조사하여 부압이 생기는 장소의 주변을 검토하여 아래 방법 중 가장 현실적인 방법을 선정하여 적용한다.

(1) 터널 : 이전 그림과 같이 고저차가 큰 경우에는 터널을 뚫고 그 안에 도수관을 설치한다.

(2) 접합정 설치 : 접합정을 설치함으로써 부분적으로 동수경사선을 상승시킬 수 있다.

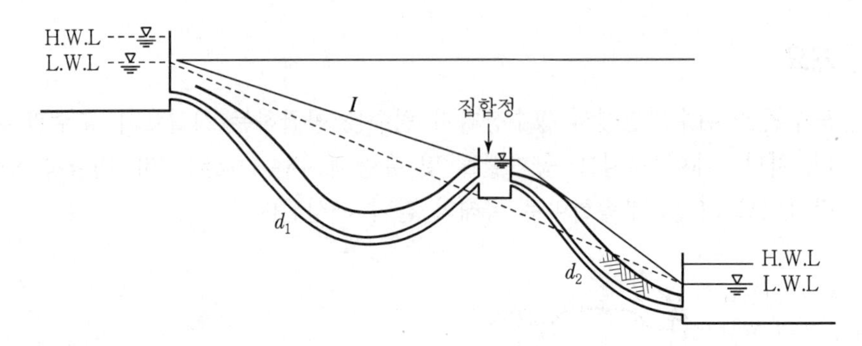

(3) 관경 조정 : 상류 측에 대해서는 관경을 크게 하고, 하류 측에 대해서는 관경을 작게 하여 동수경사선을 조정하여 관로가 항상 동수경사선 이하가 되도록 한다.

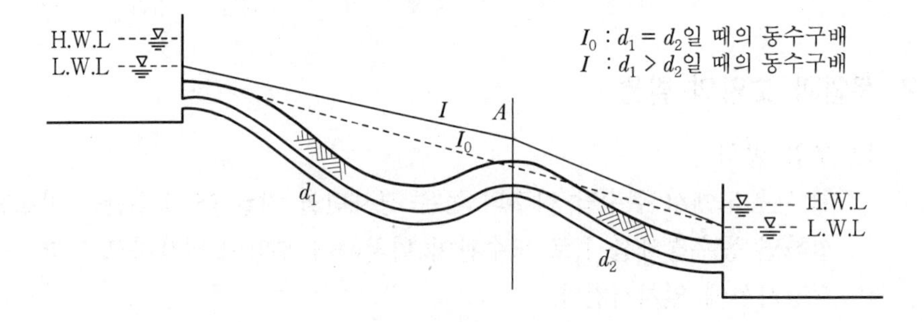

4. 도수관 설치 시 주의사항

1) 도수관로가 하천, 철도, 주요도로 등을 횡단하거나 지형적으로 최소동수경사선보다 높은 산악이나 구릉 등을 횡단하여야 할 경우에는 수관교의 가설, 추진공법, 터널공법 또는 실드(Shield)공법 등 비개착공법을 채택한다.
2) 이들 공법들은 개착공법에 비하여 대개 3배 이상의 공사비가 소요되며 사고발생 시의 복구에도 곤란한 경우가 많으므로 가능한 최단거리로 횡단하도록 한다.
3) 상기 공법 중 어느 하나의 공법을 결정하기 위해서는 연장, 지형, 지질, 재해에 대한 안전성과 공사비 등을 종합적으로 검토해야 한다.
4) 관로에 작용하는 최대정수압이 부득이 고압으로 되는 경우에는 특수한 고압관을 사용하거나 고압지점의 상류 측의 적당한 위치에 접합정을 설치한 다음 자유수면

으로 압력을 개방하여 최대정수압을 감소시켜야 한다.

5) 도수관의 초기 도수량은 계획도수량에 크게 미달하는 경우가 많으므로 소유량 시의 유량조절설비와 계량설비를 우회관(By-pass Line)으로 설치해 두는 것이 바람직하다.

5. 도수관종 선정 시 고려사항

상수도관의 관종은 다음을 기본으로 하여 선정한다.

1) 관 접합부와 재질에 의한 부식 등에 의하여 물이 오염될 우려가 없어야 한다.
2) 내압과 외압, 수충압에 대하여 안전해야 한다.
3) 매설조건에 적합해야 한다.
4) 매설환경에 적합한 시공성을 지녀야 한다.

44 | 수격작용과 방지대책에 대하여 설명하시오.

1. 개요

수격작용(Water Hammer)은 관로상의 물의 흐름이 밸브의 급개폐 조작, 펌프의 급정지 시 등으로 인하여 감속 또는 가속되면, 이러한 급격한 유속변화에 따라 관로 내 압력변화가 심하게 일어나는데 이를 수격작용이라 한다.

2. 수격작용의 발생원리

이런 압력의 변화는 공기 중의 음파와 같이 압력파의 작용으로서, 즉 관로 내의 급격한 유속변화로 인하여 관 내 압력이 상승 또는 하강하면서 정상 시 관내압력의 수배에서 수십 배에 이르는 이상압력이 발생한다.

1) 밸브의 폐쇄로 인한 압력의 급격한 상승은 관 내에 흐르는 물을 정지시키는 데 필요한 힘으로 인한 것이다. 관로 내에 질량 m인 물줄기가 가속도 $\alpha = dV/dt$로 속도변화를 받는다고 가정하면 뉴턴의 제2법칙은

$$F = m \cdot a = m \cdot dV/dt$$

순간적으로 $(dt = 0)$ 밸브의 폐쇄로 인해 물의 흐름속도를 완전히 영으로 만든다면 $dV/dt = \infty$ 이므로 충격력은 $F = m(V_0 - 0)/0 = \infty$ 무한대가 된다.

2) 여기서 밸브 급폐쇄 시 F는 발생되는 힘으로서 이론적으로는 무한대가 될 것이나 실제는 밸브의 순간전인 완전폐쇄는 불가능하고, 관내압력이 대단히 커지면 관벽의 팽창과 물 자체가 비압축성 유체가 아닌 탄성체의 역할을 하게 되어 발생되는 높은 압력을 어느 정도 흡수하게 되어 관 파괴가 방지된다.
3) 밸브를 폐쇄하면 밸브가 위치한 단면에서 물은 정지상태에 이르게 되며 흐르던 물의 속도수두 $V^2/2g$은 압력수두 p/γ로 바뀌게 되어 국부적인 압력상승이 일어나 압력파가 밸브로부터 상류쪽으로 전파된다.
4) 이때 관 내에서 압력파의 전파속도 C는 물의 체적탄성계수 E와 관 재료의 탄성계수 c에 의하여 결정된다.

$$C = \sqrt{Ec/\rho)}$$

여기서 ρ는 밀도, Ec는 관벽과 물의 복합탄성계수이다.

5) 밸브 폐쇄부터 측정한 시간 t에 따른 관 내의 압력과 흐름방향의 변화는 다음과 같다.(마찰손실 무시, 관은 수평 연결로 가정)

(1) 밸브 폐쇄로 인한 압력파 C는 밸브로부터 상류 쪽으로 전파되며 압력상승으로 인해 물의 체적은 수축되고 관벽은 팽창하여 관 내에 추가용량이 생겨 물은 압력이 상승하며 잠시 동안 밸브 쪽으로 흐른다.

(2) $t=L/C$(L은 배관길이)가 되면 압력파는 수조와 관의 연결부에 도달하고 관 내의 물은 순간적으로 완전정지상태가 된다.

(3) 이때 관 내의 압력은 수조 입구에서의 정수압보다는 크므로 물은 밸브 쪽에 서 수조 쪽으로 흐르기 시작한다.

(4) 잠시 뒤 다시 밸브 쪽의 압력보다 수조측의 압력이 커지므로 압력파는 밸브 쪽으로 흐른다. 이런 압력파의 반복이 수격작용이다.

6) 수격작용의 발생 해석

밸브 폐쇄와 동시에 발생된 압력파가 수조로 갔다가 되돌아오는 시간(2L/C)보다 밸브 폐쇄시간(t)이 짧으면($t < 2L/C$) 수격작용이 발생하며 이를 밸브 급개폐라 한다.

7) 완개폐

밸브 폐쇄시간(t)이 긴 경우($t > 2L/C$)를 밸브 완개폐라 하고 수격작용은 발생하지 않는다.

3. 수격작용의 발생원인

1) 밸브의 급개폐 조작

수격작용(Water Hammer)에 의한 사고는 밸브의 급개폐에 의한 것이 제일 많으며, 대개의 경우 통수 시에 많이 발생한다.

2) 펌프의 급정지 또는 급가동 조작

펌프의 급정지 또는 급가동에 의하여 관로 내 수주분리(압력강하로 관로의 어느 점에 생기는 부압이 물의 포화증기압 이하로 되면 관 안에 캐비테이션으로 공동부가 된다. 이 공동부의 기포가 파괴되며 물로 흡수될 때 높은 수격압이 발생하는 현상), 압력강하, 압력상승 등의 현상이 발생한다.

4. 피해현상(수주분리현상)

1) 관 두께가 얇을 경우, 관 내 압력 상승. 강하로 인하여 관이 찌그러진다.(관의 압력 상승에 의한 파열보다 부압에 의한 좌굴(찌그러짐)이 훨씬 위험하다.)
2) 압력강하에 의해 관 내 수압이 포화증기압 이하로 되었을 경우 공동부가 나타나고 이 공동부는 관로상의 물기둥을 분리시키는 수주분리를 일으키고 이 물기둥이 재결합하는 공동부 파괴는 높은 충격압이 발생하며 심하면 관을 파열시킨다. 이러한 수주분리현상이 수격작용 중 가장 위험한 현상이다.
3) 관 내 압력상승에 의하여 펌프, 밸브 등이 파손되며, 특히 펌프 및 원동기가 역회전에 대한 고려가 되어있지 않을 경우에는 역회전 가속에 의한 피해가 발생한다.

5. 방지대책

1) 펌프에 Fly Wheel을 붙여 펌프의 관성을 증가시켜 펌프의 급속한 속도변화를 막고 압력강하를 예방한다.(유속의 급변 방지책이나 플라이 휠 설치가 어려워 실제 적용 예가 적다.)
2) 토출관 측에 공기탱크(Air Chamber) 또는 공기밸브를 설치한다.(압력상승, 강하 방지, 펌프 주변 배관에서 보편적으로 적용하는 방법이다.)

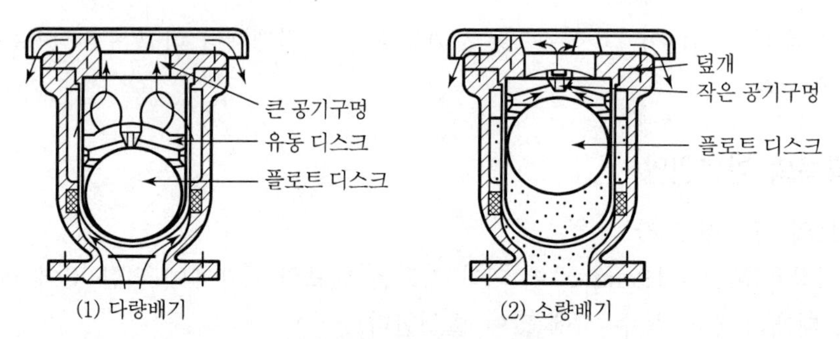

급속공기밸브의 공기배출

3) 토출관 측에 Surge Tank 또는 한 방향 Surge Tank를 설치한다.
   - Surge Tank를 설치하면 탱크의 하류측 관로는 수격작용으로부터 분리된다. 또한 관 내 압력상승을 흡수하며, 압력강하 시에는 물을 공급하여 부압발생을 방지한다. Surge Tank는 가능한 펌프 가까이 설치하여야 하며 작동 중 공기가 들어가지 않도록 헤아 한다.(상승 또는 강하 시 대책)
   - 한 방향 Surge Tank는 압력강하 시 역지변을 통하여 충분한 물을 공급하여 부압발생을 방지하는 것만을 목적으로 한다. Surge Tank에 비하여 소형이므로 경제적이나 관로의 보호 범위가 한정되어 있다.(압력강하 시 대책)

4) 펌프(대형) 토출 측에 완폐밸브(전동밸브, 게이트밸브, 완폐형 역지변)를 설치한다.(일부의 물이 역류하도록 허용하여 압력상승 방지)

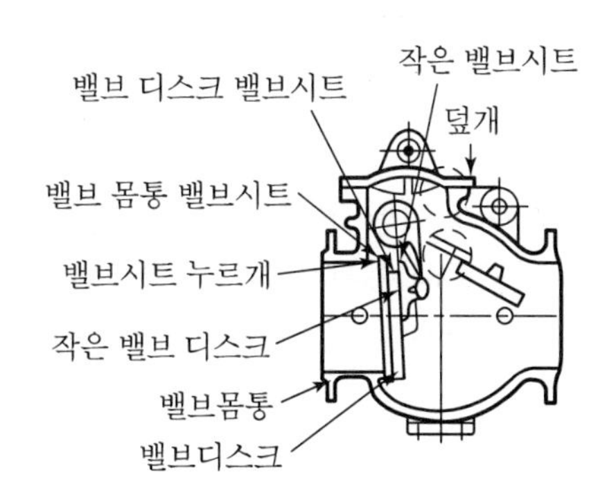

5) 펌프(소형) 토출 측에 급폐형 역지변(스모렌스키형)을 설치한다.(펌프 정지 시 관성에 의한 토출측으로의 흐름을 강제로 차단하여 사전에 압력상승 방지)
6) 토출측 관로에 안전밸브 또는 볼밸브 등 주밸브 제어설비(2~3단 제어)를 설치한다.(압력 배출로 압력상승 방지)
7) 수격작용이 우려되는 곳은 되도록 관내 유속을 감소시킨다.

45 | 관로 갱신을 위한 관로 진단법을 설명하시오.

1. 개요

관로 갱신을 위하여 현재 관로가 어떤 상태인지 정확히 파악하고, 향후 어떻게 될 것인가를 예측하여야 한다. 이를 위하여 관로를 정확히 진단하여야 하며 직접진단법, 간접진단법등으로 주철관, 강관, 합성수지관 등을 진단할 수 있다.

2. 관로 노후화 원인

1) 관내수질의 화학적 부적합 : 경수, 낮은 pH 등
2) 접합부 노후화 : 용접부, 소켓이음, 메커니컬 조인트 등 접합부 노후화.
3) 관재질의 부적합
5) 토양의 열악한 액성 상태 전류흐름
6) 본관의 노화 : 관종에 따라 노후화는 관로 전반에 영향을 미친다.
7) 관의 부식 : 토양부식, 전기부식 등은 관로의 일부분에 영향을 준다.
8) 저질의 관자재 사용 및 접합, 시공 불량

3. 관로 진단의 목적 및 대상관로

1) 노후화 대책 : 손상이 심한 관로에 대한 노후화 정도 판단
2) 관로 보강 : 통수능력이 부족한 관로의 보강 시
3) 직결급수 대책 : 고압수 보급을 위한 관로의 누수 여부
4) 내진화 대책 : 지진 시 파괴 가능 관로

4. 각 목적별 진단 항목

1) 노후화 대책 : 관종, 관경, 관이음, 도장상태, 시설연도, 토양, 시설상황, 내부식성
2) 관로 보강 : 관종, 도장상태, 시설연도, 통수능, 수량, 수압, 수질
3) 직결급수 대책 : 관종, 관경, 관이음, 시설연도, 수량, 수압, 수질, 내압성
4) 내진화 대책 : 관종, 관이음, 시설연도, 토양, 시설상태, 내진성

5. 관로 진단법

1) 간접진단(사무실에서 서류검토)
  (1) 관로 특성 정보(관리도면, 준공도면, 조사보고서 등)를 통계적 수법으로 작성하여 간단히 진단하는 방법

(2) 관로의 진단, 수압, 수질, 토양 등을 관로의 유지관리(보수) 실적 등의 주변정보를 사용하여 진단한다.

(3) 사고율의 실적으로 관로 기능의 상황을 추정하거나 관로의 사용환경(수돗물, 토양)으로부터 관로의 노후 정도를 추정할 수 있다.

2) 직접진단(현장조사)

(1) 관로와 토양, 물 등을 직접 조사하여 관로의 물리적 수명, 기능적 수명을 진단한다.

(2) 조사항목과 방법

- 관내면 상황(도장, 녹) : 관내카메라, 파이버스코프(내시경), γ선, X선
- 잔존두께 : 현재까지의 부식량 및 남은 수명 측정
  초음파, 전기저항측정법, γ선, X선
- 다짐간극 : 관로의 이동량, 지반의 추정 침하량, 지진 시 추정 침하량
  육안관찰, 관내카메라, X선, 초음파
- 외면상황 : 육안관찰, 도장상태
- 재료강도 : 각종 물리시험
- 매설환경 : 토질, 각종 전위

46 | 노후관로의 세척 · 갱신 최신공법에 대한 종류와 설치 시 검토 및 고려사항에 대해 설명하시오.

1. 개요

관의 세척 갱신은 노후된 관 내에 침착된 Scale 및 녹을 제거하여 통수능력을 회복하며, 적수를 방지하기 위한 것으로 사전에 관의 내면상태를 확인하고 노후관은 교체하면서 시행토록 한다. 세척 갱신의 목적은

1) 관거 유하능력의 확보
2) 관거 파손의 방지
3) 침입수 방지 대책
4) 관거 사용연수 향상
5) 관거 파손에 의한 함몰사고 등의 미연 방지

2. 세척 갱신의 종류

갱신은 구조적 갱신과 비구조적 갱신으로 구분되며

1) 비구조적 갱신은 주로 기존 관로의 적수(녹물) 문제나 유속계수(C값)의 개선을 목표로 주로 300mm 이하의 관에 적용하는 것으로 관 세척 및 피복공사(Cleaning And Lining)가 이에 속한다.
2) 구조 보강적 갱신은 기존 관로에 다소의 균열이나 접합부 불량 등의 누수 요인이 있어 신관과 같이 영구적으로 갱신하는 방법으로 파이프 재생, 호스 라이닝 등 여러 공법이 있으며, 주로 400mm 이상의 관에 적용되며 관경 및 연장, 이형관 상태 등을 검토하여 적절한 방법을 선택하여야 한다.

3. 관의 보수정비 절차

관로의 보수정비 절차는 우선 자료를 수집하여 관로를 진단한 후에 이 진단결과와 관로의 중요성을 고려하여 갱신 우선순위나 공법을 선정하게 된다. 관로 정비 절차는 기초 조사 ⇒ 우선순위 결정 ⇒ 공법의 선택 ⇒ 사업 시행의 4단계로 나누어서 추진하는 것이 적당하다.

1) 기초 조사

(1) 정보수집

- 관체 정보 : 구경, 포설연도, 재질, 이음매
- 매설환경정보 : 토압, 포장, 토양, 교통량
- 관로수리, 수질 정보 : 수압, 유량, 잔류염소, pH
- 사회적 정보 : 중요도, 급수량, 급수지역 특성

(2) 관로진단

수집된 정보에 근거하여 관로의 건전성이나 내구성을 파악하는 것

- 직접진단 : 관로의 샘플을 직접 채취하여 부식 상황, 토양의 부식성 등을 조사
- 간접진단 : 과거의 사고이력, 정보의 통계처리 결과로부터 관로의 상태를 추정

2) 우선순위 결정 : 관로 진단결과, 갱신의 효과, 시공조건(난이도, 경제성) 등을 종합적으로 고려하여 우선순위 결정

3) 공법의 선택 : 선정기준에 의하여 합리적이고 경제적인 공법 선택

4) 사업의 시행

4. 갱신공법의 선정기준

1) 경제성 분석에 의한 기준

교체와 보수의 직·간접비용 평가

2) 구경에 의한 기준

(1) 소구경관(300mm 이하) : 관부식에 따라 중대형관보다 관 단면이 쉽게 축소되어 적수나 누수의 원인이 된다. 소구경관은 녹의 제거나 통수능력의 향상을 목적으로 하는 공법(에폭시 라이닝 공법)이 적용되었다.

(2) 중·대구경관(400mm 이상) : 중·대구경관의 주된 문제점은 관체 균열 또는 누수에 있으므로 관체 강도나 노후화를 보강하는 호스 라이닝(Hose Lining)공법이나 파이프 삽입(Pipe in Pipe)공법을 적용한다.

5. 세척공법의 종류 및 특징

세척은 관 내부의 Scale을 제거하여 통수단면적을 회복하는 세관작업으로 녹제거와 부식방지, Lining을 실시하기 위한 전처리과정으로 실시된다.

1) 물세척(Flushing) 공법

(1) 정의 : 물세척공법이란 압력을 가진 다량의 물을 일정유속 이상으로 하류로 흘려보내 배수시키면서 관로 내부를 세척하는 공법을 말한다.

(2) 설치 시 고려사항

- 다량의 물이 소비되므로 사전에 충분한 검토를 하여 물소비량을 최소화도록 하여야 하며 사전에 제수밸브의 동작상태와 관의 누수 여부 및 플러싱을 실시할 세척방향(단방향 원칙)과 세척폐수의 방류방안을 미리 검토하여야 한다.
- 플러싱은 물의 흐름에 따라 상류에서부터 실시(대형관에서 소형관으로)하여야 하며, 점검구간 제수 후 계획적 플러싱 실시를 원칙으로 한다. 불가피한 경우 부단수 반응식 플러싱을 실시할 수 있다.
- 플러싱에 필요한 유속은 제거대상 이물질의 상태, 크기와 비중에 따라 다르나 통상 1.0~1.5m/sec 이상이므로 유량 및 수압을 충분히 확보하여야 하며 유량과 수압을 측정할 수 있는 장비를 설치 · 기록할 수 있다.

2) 에어스쿼링(Air Scouring) 공법

(1) 정의 : 에어스쿼링(Air Scouring)이란 압력을 가진 공기를 단속적으로 주입하여 관로 내부의 물이 맥동하면서 관로 내부를 세척하는 공법을 말한다.

(2) 설치 시 고려사항

- 점검구간 제수 후 에어스쿼링을 실시하기 때문에 다량의 물이 소비되므로 사전에 충분한 검토를 하여 물소비량을 최소화도록 하여야 한다.
- 에어스쿼링 수압을 충분히 확보하여야 한다.
- 사전에 제수밸브의 동작상태와 관의 누수 여부 및 에어스쿼링을 실시할 세척방향과 세척폐수의 방류방안을 미리 검토하여야 한다.

3) 스웨빙(Swabbing) 공법

(1) 정의 : 스웨빙(Swabbing)이란 물 또는 공기를 이용하여 포탄(또는 원기둥) 모양의 스웨브를 관로내부에 주행시키면서 관로내부를 세척하는 공법을 말한다.

(2) 설치 시 고려사항

- 점검구간 제수 후 스웨빙을 실시하기 때문에 다량의 물이 소비되므로 사전에 충분한 검토를 하여 물소비량을 최소화도록 하여야 한다.

- 스웨빙세척 시 효과적인 유속은 0.5~0.8m/sec 정도이므로 수압 및 유량을 적절히 확보하여야 한다.
- 관경 및 관 내부 상태 등을 고려하여 스웨브의 밀도, 형상, 재질, 구경을 선정하여야 한다.
- 점검구간에 곡관부나 이형관, 기타 관로부속시설이 있는 경우에 스웨빙공법 적용이 가능한지 검토하여야 한다.
- 사전에 제수밸브의 동작상태와 관의 누수 여부 및 스웨빙을 실시할 세척방향과 세척폐수의 방류방안을 미리 검토하여야 한다.

4) 폴리피그(Polly pig) 공법

(1) 정의 : 폴리피그(Polly pig)공법이란 포탄(또는 원기둥) 모양의 폴리피그(폴리우레탄재질)를 관로내부에 주행시키면서 관로내부를 세척, 세관하는 공법을 말한다. 광의의 의미에서 스웨빙(Swabbing)에 포함된다.

(2) 설치 시 고려사항

- 점검구간 제수 후 피깅(Pigging)을 실시하기 때문에 다량의 물이 소비되므로 사전에 충분한 검토를 하여 물소비량을 최소화도록 하여야 한다.
- 폴리피그가 주행할 수 있는 수압 및 유량을 충분히 확보하여야 한다.
- 관경 및 관 내부 상태 등을 고려하여 폴리피그의 밀도, 형상, 재질, 구경을 선정하여야 한다.
- 점검구간에 곡관부나 이형관, 기타 관로부속시설이 있는 경우에 폴리피그 공법 적용이 가능한지 검토하여야 한다.
- 관로 세관 후에는 피그가 방출되는 것을 반드시 확인하고, 그 수량을 파악하여야 한다.
- 사전에 제수밸브의 동작상태와 관의 누수 여부 및 피깅을 실시할 세관방향과 세관폐수의 방류방안을 미리 검토하여야 한다.
- 세관한 후 관 내벽을 보호장치 없이 방치하면 마모된 관 내면이 급격한 부식작용의 진행으로 또다시 적수 및 스케일이 형성되기 때문에 관로내부 부식방지 또는 구조적 보강을 위해 일반적으로 후속공정에 라이닝공법을 적용하여야 한다.

5) 스크래핑(Scraping) 공법

(1) 정의 : 스크랩핑(Scraping)이란 수개의 쇠날이 다단으로 부착된 스크래퍼에 와이어를 부착하여 반대편에서 견인함으로써 전진하는 동안 관로 내부를 세관하는

공법을 말한다. 광의의 의미에서 로봇의 회전체에 수 개의 쇳덩어리 또는 연마봉을 체결하여 자립식 또는 견인식으로 관로내부를 세관하는 공법을 포함한다.

(2) 설치 시 고려사항

- 점검구간 제수 후 스크래핑을 실시하며 관경 및 관 내부 상태 등을 고려하여 스크래퍼를 선정하여야 하며 지나친 스크래핑에 의해 구조적 취약부, 곡관부 등이 파손되지 않도록 주의한다.
- 점검구간에 곡관부나 이형관, 기타 관로부속시설이 있는 경우에 스크래핑 공법 적용이 가능한지 검토하여야 한다.
- 관로 세척 후에는 스크래퍼가 방출되는 것을 반드시 확인하고, 그 상태 및 수량을 파악하여야 한다.
- 사전에 제수밸브의 동작상태와 스크래퍼 주입 및 스크래핑을 실시할 세관 방향과 구간선정, 세관폐수의 처리 및 방류방안을 미리 검토하여야 한다.

6) 에어샌드(Air sand) 공법

(1) 정의 : 에어샌드(Air sand) 공법이란 고압의 압축공기를 이용하여 모래를 고속으로 분사시켜 그 충격력에 의해 관로내부를 세관하는 공법을 말한다.

(2) 설치 시 고려사항

- 점검구간 제수 후 에어샌딩을 실시하며 지나친 에어샌딩에 의해 구조적 취약부, 곡관부 등이 파손되지 않도록 주의한다.
- 점검구간에 곡관부나 이형관, 기타 관로부속시설이 있는 경우에 에어샌딩 공법 적용이 가능한지 검토하여야 한다.
- 사전에 제수밸브의 동작상태와 에어샌딩을 실시할 세관방향, 샌드의 회수와 비산먼지의 확산방지 방안을 미리 검토하여야 한다.
- 관로내부 부식방지 또는 구조적 보강을 위해 일반적으로 후속공정에 라이닝공법을 적용하여야 한다.

7) 워터젯(Water Jet) 공법

(1) 정의 : 워터젯(Water Jet) 공법이란 고압수(특수 고압펌프로 물을 20~25MPa로 가압)를 분사하여 그 충격력에 의해 관로내부를 세관하는 공법을 말한다. 지압수를 사용하는 경우 세척공법으로 사용할 수 있다.

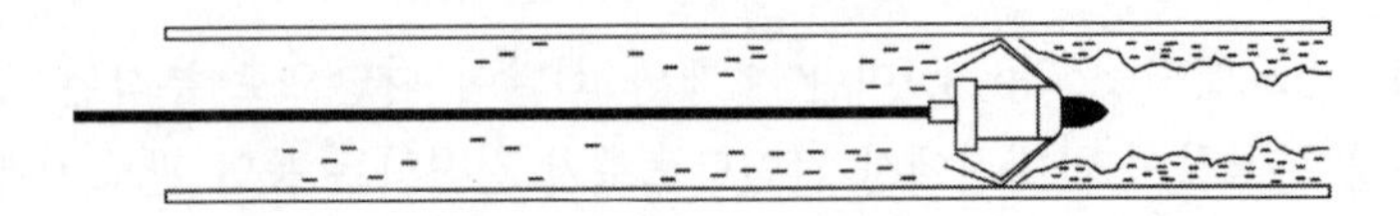

(2) 설치 시 고려사항

- 점검구간 제수 후 워터제팅을 실시하며, 콤프레서 등 가압설비는 기준에 적합한 장비를 사용하여야 한다.
- 지나친 고압 워터젯에 의해 구조적 취약부, 곡관부, 관내면 라이닝 등이 파손되지 않도록 주의한다.(저압 워터젯의 경우 세척공법으로 적용할 수 있다.)
- 필요시 관내면 라이닝이 손상되지 않는 범위에서 브러시 등 장비를 추가로 설치하여 세관할 수 있다.
- 사전에 제수밸브의 동작상태와 워터젯을 실시할 세관방향과 세관폐수의 방류방안을 미리 검토하여야 한다.
- 관로 내부 부식방지 또는 구조적 보강을 위해 후속공정에 라이닝공법 등 개량공법을 적용하여야 한다.(저압 워터젯의 경우는 제외)

6. 갱신공법의 종류 및 특징

관의 갱신에는 노후관을 교체하는 방법, Pipe in pipe 공법, Pipe Rebirthing 공법, Hose Lining 공법 등이 있다

1) 노후관을 신관으로 교체

작업여건이 굴착이 가능하고 관의 노후상태가 심각할 때는 신관으로 교체한다.

2) Pipe in pipe 공법

(1) 개요

비굴착공법의 하나로서 중대형관의 재생공법으로 주로 이용되며 기존 관로에 한 구경 작은 DCIP관을 삽입하고 기존 관 내면과 신관의 외면 사이에는 시멘트 모르타르로 충진한다.

(2) 특징

- 개착공법을 할 수 없는 장소에 적용 가능
- 노면복구, 기존 관로 철거를 위한 입갱부를 설치할 필요가 없으므로 공사비가 저렴
- 신관으로의 교체에 비하여 공사기간이 단축
- 이음부는 접합 시 특수기능을 필요로 하지 않고 단시간에 접합

(3) 단점

관 단면이 작아지므로 손실수두가 커진다. 따라서 펌프 양정 조정이 필요하다.

3) Pipe Rebirthing

(1) 개요

기존 관에 한 구경(100mm) 또는 반 구경 작은 PE관을 열융착하여 윈치(Winch : 권양기)로 끌어들인 후 기존 관과 삽입한 PE관 사이에 시멘트 벌크를 폴리에틸렌과의 영향이 일어나지 않도록 유의하면서 압입시켜 양생하는 공법이다.

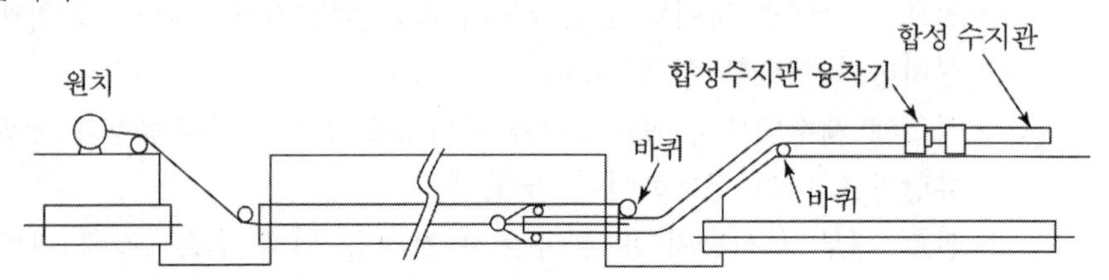

(2) 특징

- 대부분의 관종에 적용 가능 : 주철관, 흄관, PC관, 강관
- 외벽 강도의 향상 : 파이프 재생 후 기존 관, 시멘트 층, 폴리에틸렌과의 삼중구조가 형성되어 외압에 대한 강도가 증가하는 반구조적 공법
- 내압 강도의 향상
- 적수 해소, 통수능력의 향상
- 전식 방지 : PE관은 전식으로 인한 손상을 입지 않음
- 내약품성이 큼

(3) 단점 : 공기가 길고 고가이다.

4) 호스라이닝 공법

(1) 개요

관 내면을 Cleaning한 후에 얇고 강력한 수밀성을 가지는 밀폐호스(재킷의 외면에 수밀성의 내막을 형성하고 내부에 열경화성 접착제가 발라져 있는 원관체)를 입구로부터 공기압을 가해서 일정 속도로 투입 후 열을 가하여 밀폐호스를 관 내면에 밀착시키는 공법

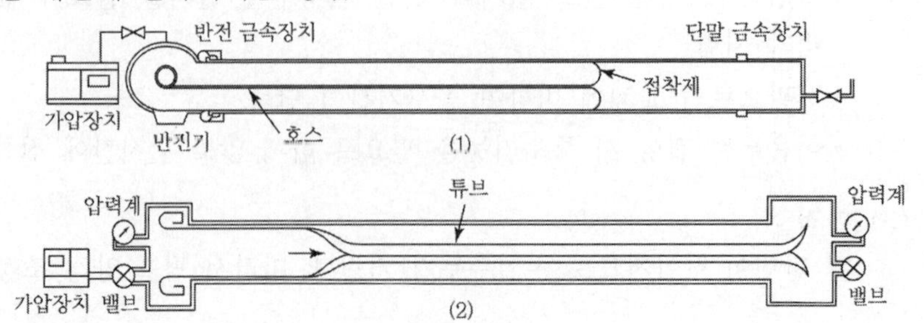

(2) 특징

- 곡선을 포함한 복잡한 형상의 관로에 대해서도 시공이 가능
- 증기 사용에 의한 가열 방식으로 단시간에 접착제를 경화시키며 호스 확관 방식과 호스 반전 방식이 있다.
- 경화 후 밀폐호스는 내면에 장착되는데 이 밀폐호스는 이음매가 없어 반영구적으로 누수나 적수의 염려가 없다.
- 지반의 부등침하에 의한 관의 파열이나 접합부의 파손이 발생해도 잘 적응하여 기능이 손상되지 않는다.
- 150~200m 정도의 구간 양단에 입갱을 굴착하여 단시간에 시공 가능

5) 도장 라이닝(Lining)

(1) 개요

스케일이 형성되어 관 기능이 저하된 노후관을 세관한 후 관 내벽을 보호장치 없이 방치하면 급격한 부식작용의 진행으로 또다시 적수 및 스케일이 형성된다. 따라서 Cleaning한 관의 벽면에 에폭시 등을 도장하여 부식을 방지하는 것을 도장 Lining이라고 한다.

(2) Lining 종류

- 에폭시 라이닝
- 시멘트 모르타르 라이닝
- 화학적 라이닝

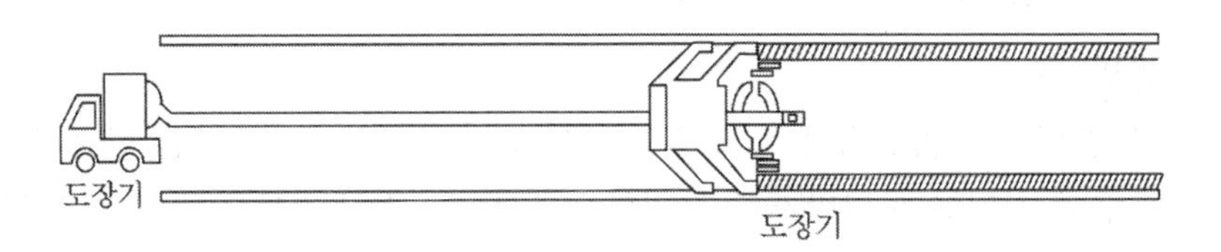

47 | 급수관 라이닝 갱생기술에 대하여 설명하시오.

1. 개요

70년대 이전의 급수관 재질은 아연도 탄소강관을 사용하고 있는 경우가 많았으며, 그 관이 경년에 따라 노화되어 적수문제를 유발하고 있다. 그 대책으로서 민간의 연구개발에 의해 급수관을 교체하지 않고 현재 상태에서 관 내면에 바로 에폭시 수지도료 등 관 내면에 도포하는 공법이 적용되고 있다.

2. 라이닝 공법의 필요성

최근의 건물 리모델링이 일반화 되면서 건물 내의 급수관을 교체 또는 개선하는데 있어서 시공여건, 경제성 등을 고려할 때 라이닝 공법의 적용이 가장 합리적인 공법으로 연구되고 있다.

3. 에폭시수지 라이닝 공법의 종류

일본에서 주로 개발되어 발달된 에폭시수지 라이닝 급수관 갱생공법은 AR공법, NPC 공법, A/S공법의 3종류가 주종을 이루고 우리나라에는 80년대에 최초로 소개되어서 보완 발전 시켜나가고 있다.

4. A/S 및 액상에폭시수지 라이닝 공법

1) 공법 개요

본 공법은 연마공정과 도장공정으로 나누어지며 연마공정은 급수관의 한 면에 고속선회 공기류에 연마재를 투입함으로서 샌드블라스트를 응용한 것이다. 도장공정은 액성 에폭시수지 도료를 고속공기와의 기액 2상류에 의해 연마된 관내부에 도장하는 것이다.

2) 적용범위

(1) 강관 및 주철관에 적용되며, 관경은 15A~200A까지 적용 가능하다.

(2) 누수가 없을 것, 있더라도 보수가 용이할 것

(3) 작업에 충분히 견별 수 있는 내압성이 있을 것

(4) 발생하는 소음에 대해서 인근주민의 양해가 있을 것

5. Hose Lining공범(HL공법)

1) 공법 개요

(1) Hose Lining공법은 토양 중에 매설된 배관의 갱생에 적당한 것으로 알려졌다. 우선 토양 중에 매설된 배관을 예로 들면, 가능한 직선구간 약 100m 정도를 1공정 구역으로 구분하여 와이어를 스크랩퍼에 고정해서 양측에 Winch를 가설하여 관내의 녹 또는 스케일을 제거하고 관내를 건조시킨다.

(2) 관말에 반전기, 에어컴프레서를 접속하여 접착제를 도포하고 인취기를 관말단에 설치하여 Seal Hose를 반전 삽입시킨다. 그 후에 가열냉각 및 관말처리를 한다.

2) 시공범위

Hose Lining공법은 토양 중에 매설된 배관에 적합하며 소구경(100A 이하)의 배관에는 부적합하지만, 중·대구경관에 적용할 수 있다.

6. Insituform 공법(Liner bag－Pipe Rebirthing)

1) 개요

기존관 내에 열경화성 수지를 포함한 라이너백(Liner bag)을 수압에 의해 반전 압입하여 관내의 물을 가열하거나 증기를 이용 라이너백을 관 내면에 압착 경화시켜서 기존관로 내에 새로운 관로를 구축하는 공법이다.

2) 시공방법

(1) 기존 맨홀을 이용하거나 관로를 절단한다.

(2) 관로 내를 고압으로 깨끗이 청소한다.

(3) TV카메라를 넣어 관로내의 상황을 조사한다.

(4) 삽입구를 통하여 라이너백을 관내로 삽입하고 불을 이용하여 반전을 개시한다.

(5) 라이너백 내부의 물을 규정 온도로 높여서 라이너백에 포함된 열경화성 수지를 완전히 경화시켜서 견고한 파이프를 형성시킨다.

(6) 양쪽 말단부의 라이너를 절단하여 제거한 후, 말단부를 마무리한다.

(7) 관 내부 세관 및 조사를 하고 관로 접속, 통수한다.

3) 특징

(1) 사용하는 라이너백은 유연성이 풍부하여 기존관의 형상에 구애받지 않고 곡관에서도 시공성이 용이하다.

(2) 내구성, 내부식성이 우수하여 관로의 수명을 향상시킬 수 있다

(3) 우수한 품질과 높은 신뢰성으로 세계에서 가장 풍부한 실적과 역사를 가진 공법이며 또 현재 각종 개발되고 있는 관로의 갱신, 갱생공법의 모공법이다.

48 | 하수관거 비굴착 단면보강 시 통수단면 축소에 따른 유량 감소 우려에 대한 귀하의 의견을 제시하시오.

1. 개요

지하에 복잡하게 얽혀져 있는 상하수도라인(Life－line) 각종 지중관로는 현재 상당히 노후화되어 균열, 부식, 연결부의 이탈 등으로 점점 제 기능을 상실해 가며 이들 관로 보수 방법은 굴착식과 비굴착식으로 나눌 수 있다

2. 통수 단면 축소에 따른 유량감소 검토

1) 비굴착 보수 공법은 크게 신관 압입공법과 라이닝공법으로 나눌 수 있으며 한 구경 작은 신관 압입의 경우 단면 축소가 크고 유량감소가 우려되므로 관로가 현저히 파손되었거나 기존 관로가 구조물의 기능을 상실한 부위에 한하여 부분적으로 적용함이 합리적이다.
2) 라이닝 공법의 경우 재료에 따라서 두께가 다르고 단면 축소가 조금씩 다르나 보통 5% 내외의 단면 축소가 발생한다. 이때 라이닝의 특성상 조도계수가 작아 유속이 증가하고 오히려 유량은 증가하는 것으로 조사되고 있다. 따라서 라이닝 보수공법의 경우 단면적 감소에 따른 유량감소는 문제가 없다고 생각된다.

라이닝관의 유량, 유속 대비표 예

관경 (mm)	라이닝 두께 (mm)	단면적 감소율 (%)	유량 증가율 (%)	유속 증가율 (%)
600	7.5	5.0	35	42

3. 비굴착식 보수공법의 타당성

1) 하수관로 보수보강법은 굴착 후 보수 · 보강하는 공법과 비굴착 상태에서의 보수 · 보강하는 공법으로 대별된다.
2) 차량이 폭주하는 도로에서 굴착을 통한 시설개량은 위험을 수반하고 교통과 생활 등의 사회 간접 자본에도 큰 손실을 초래할 수 있다.
3) 대구경관을 굴착하지 않고 보수 · 시공하는 다양한 비굴착식 보수공법이 적용되고 있다.
4) 각 공법별 특성에 따라 보수 대상 관경은 100～2,400mm, 보수 연장은 150m 이하가 적당하나 길이 800m까지도 가능하다.

4. 라이닝 보수공법의 종류 및 특성

비굴착공법에 의한 관수로 보수공법은 '강관압입공법'과 기존 관수로 내에 강도가 높은 신소재를 부착하는 다양한 'Lining 공법' 등이 개발되고 있다.

1) 나선형 제관공법 Strip-lining 공법(대구경관)
경질 염화비닐 재질의 스트립을 기존관의 내부에 밀착시키면서 봉합재(조이너)를 사용해 나선형으로 제관하며. 이렇게 만들어진 스트립관과 기존관과의 공극에 시공성이 뛰어난 고강도 모르타르를 주입하여 기존관, 충전모르타르, 스트립관의 3가지가 일체화된 복합관을 형성하므로 관 내부 단면적의 축소를 최소화하면서 관의 강도를 높여준다.

2) 보강시트 반전삽입 부착공법(소구경관 보강)
   (1) 시공구간 양단의 맨홀을 통해 EX(확장)파이프를 관내로 투입한 후 파이프 내부에 스팀을 주입하여 관로의 형상대로 성형 밀착시키는 공법으로 현장 경화형이다.
   (2) 무굴착공법으로서 매우 뛰어난 인장 및 충격강도를 발휘하여 관로 전체를 보강 강화한다.
   (3) 이음새가 없는 연속된 1본의 파이프를 관내에 새롭게 형성하므로 지하수 및 이물질의 관내 침투를 완벽하게 차단시켜주며 관내 상·하수의 유출을 막는다.
   (4) 보강시트 반전삽입 부착공법은 시트의 반전에 사용되는 압력의 종류 및 삽입소재의 경화방법 등에 따라 '수압 반전삽입 온수열 경화공법', '압축공기 반전삽입 증기열 경화공법', '압축공기 반전삽입 자외선 경화공법', ICP공법 등이 개발되어 있다.

3) POLY-RING 공법
고밀도 폴리에틸렌 수지재질로 된 띠 형태의 라이닝재를 관내에서 인력으로 연속적으로 설치해 복공제로 사용하는 공법으로 시공 두께가 매우 얇기 때문에 관로단면의 축소가 적다. 내식성과 내구성이 뛰어나 대구경의 관로에 적용할 수 있다.

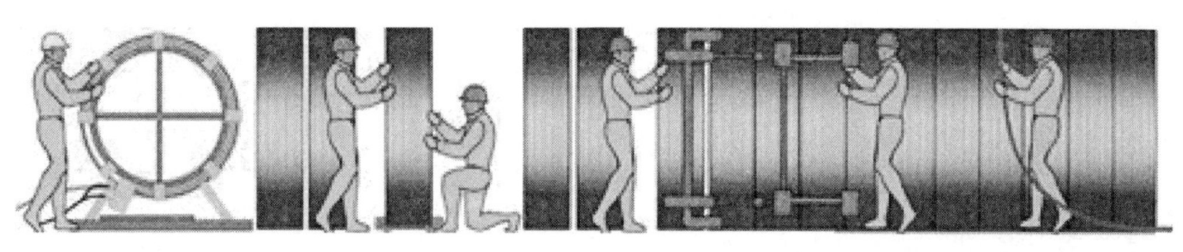

① 라이닝재 휨가공　② 열융착에 의한 띠 성형　③ 링의 접속에 의한 관로의 형성　④ 충진

5. 라이닝 공법 적용 시 고려사항

1) I/I 침투 완전차단 효과

노후된 관의 일부 파손과 변형된 부분으로의 침입수 유입을 완전히 차단할 수 있다.

2) 친환경적 시공

굴착에 따른 교통 불편, 장비소음 등의 문제점 해소와 관로의 전 연장이 일체화되므로 기설 관로에서의 누수에 의한 토양오염 방지 등의 친환경적 시공이 가능하다.

3) 유지관리 개선

보수 후 일체화된 관로의 유지점검, 보수비가 경감되며, 폴리에스테르 경화수지에 의한 관로 부식의 염려가 불식된다. 다만, 라이너 등 재료의 완전 국산화가 조속히 이루어져야 한다.

차 한잔의 여유

일이 뜻대로 되지 않는다고 걱정하지 말고
마음이 흡족하다고 기뻐하지 말며
오랫동안 평안하기를 믿지 말고
처음이 어렵다고 꺼리지 말라.

– 채근담 –

49 | 상수도관 부단수 공법에 대하여 설명하시오.

1. 개요

상수관로에서 T자관 분기 시 단수하지 않고 공사하는 공법을 부단수 공법이라 하며 최근 상수도 공급망에서 수용가에게 단수 불편을 주지 않기 위해 많이 행해지고 있다.

2. 부단수 공법

상수관로의 강관이나 주철관에 T 본관과 제수밸브를 조합하여 설치 후 제수밸브를 열고 천공기로 배관을 커팅하여 천공한 후 제수밸브를 닫고 천공기 철거 후 배관을 연결한다.

3. 부단수 공법 시공순서

1) 본관 외부를 깨끗이 세척 후 활정자관을 부착한 후, 누수여부 확인을 위하여 압력 TEST를 한다.(강관일 경우, 본관 내 · 외부 용접 후 도장을 실시한다.)

2) 본관에 밸브를 설치하여, 게이트를 완전히 개방한다.

3) 천공기를 밸브에 설치 후 이상 유무를 확인한다.

4) 천공기 CUTTER를 천공부위까지 전진 후, (칩 제거를 위하여 드레인시키면서) 천공작업을 한다.

5) 천공완료 후 CUTTER를 후진시킨 후 게이트를 닫고 수압 이상 유무 확인 후 천공기를 철거하고 배관을 밸브에 접속한다.

6) 준비사항

(1) 관의 종류 : 본관이 주철관일 때 활 정자관을 부착하며, 본관이 강관일 경우 플랜지를 용접하여 시공

(2) 관의 규격, 수압 및 관매설 연수 확인

(3) 환경, 특히 교통상태(주야 작업시간 결정통보)

(4) 제수변, 활정자관 준비사항, 제수변 접합 고무패킹, 강력 볼트 준비

(5) 관련자는 공사현장에 최소한의 굴착, 작업공간을 확보 후에 필요한 조치를 취한다.

4. 제수변 설치 시 고려사항

1) 관의 종류, 관경, 설치위치, 제수변 설치공간, 중기 작업 공간 등을 사전에 파악한다.

2) 제수변은 수평설치를 원칙으로 하고 설치 후 규정수압으로 수압 시험한다.

50 | 기존 송수관 1,000mm 강관에서 600mm 강관으로 분기하여 하천을 횡단 부설하는 공사를 시행하고자 할 때 유지관리를 위한 필요한 시설과 부설에 필요한 자재명(구경표시)을 열거하고 사용 장비명과 용도를 기술하시오.

1. 분기관 부설 방법

1) 플랜지 붙이 활정관(600mm)
   1,000mm 강관에 용접면을 청소한 후 활정관을 용접 한다.(본관에서 분기하는 경우 주철제 활정관을 기계식으로 고정하여 사용할 수도 있으나 강관인 경우 직접 용접함이 시공이 쉽다.)

2) 제수변(슬루스 밸브, 600mm)
   플랜지에 밸브를 부착하고 전개한다.

3) 천공기(600mm)
   밸브 플랜지면에 천공기를 부착한다.

4) 천공한다. 이때 커팅 부스러기가 상수에 유입되지 않도록 주의한다.

5) 밸브를 닫고 천공기를 제거한 후 배관을 접속한다. 공기밸브(100mm)와 신축이음(600mm 벨로스형)을 설치한다. 부설관 보호용 콘크리트 블록을 시공한다.

6) 하천 횡단 배관은 되도록 45도 이내의 굴곡으로 하며 최저부에는 이토변(200mm 내외)을 설치한다.

7) 제수변실(600mm)은 본관을 포함하여 접합부의 유지관리가 용이하게 한다.
   공기변은 제수변실에 설치한다.

8) 이토변실(200mm)은 유지관리가 가능하도록 하며 자연유하가 곤란하면 중간 탱크를 설치하여 배수용 수중펌프로 방류 수면에 양수하도록 한다.

2. 유지관리 시 필요시설

1) 상수도 분기구에 설치되는 유량계는 효율적인 시설 운영관리를 위하여 설치하며, 수용가와 협의하여 검침용으로 활용 시 병용이 가능하도록 설치. 이때 설치되는 유량계는 유량자료의 전송설비(원격검측) 설치가 가능한 형식이어야 한다.
2) 위에 설치한 공기변, 신축이음, 이토변 등은 유지관리가 용이하도록 배치하고 공기토출, 배수관로를 확보한다.
3) 분기 제수밸브는 분기구에 대한 원격제어가 가능토록 전동밸브를 설치하고, 수리상 전체시설에 영향을 미치지 않는 소구경 분기구의 경우는 시설의 규모 및 여건 등을 고려하여 전동화의 필요성을 검토·설치
4) 분기 제수밸브실 내에 1개소의 압력계를 설치하여 용수공급계통에 이상 유무 등을 판단할 수 있도록 한다.
5) 분기구에서의 유량 및 수압의 원격감시와 유량조절을 위한 전동밸브의 원격조절을 위하여 통신방식에 의한 데이터 송·수신이 가능한 TM/TC 설비를 설치
6) 분기 제수밸브실이 수도전용부지에 설치된 경우는 변실상부에 감시반실을 설치하여 전동밸브 액추에이터와 TM/TC를 위한 설비를 설치하고, 그렇지 않은 경우는 인근의 적정한 위치에 별도의 수도 부지를 확보하여 설치

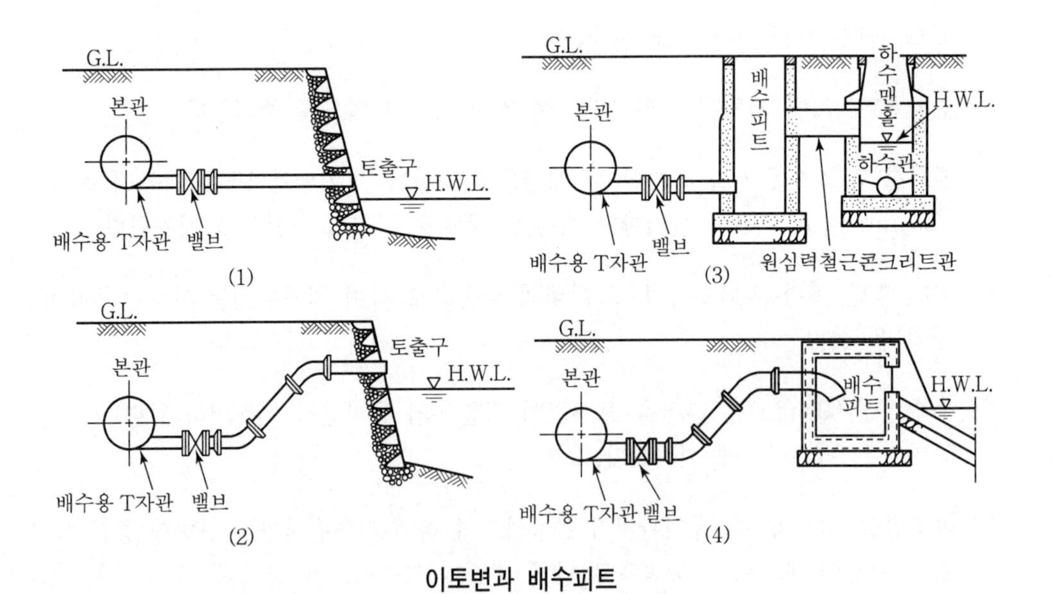

이토변과 배수피트

51 | 상수도관에서의 이탈방지 콘크리트 보호공에 대하여 설명하시오.

1. 보호공 설치목적

덕타일 주철관이나 강관 등 상수 관로의 곡관부나 T자관 등의 분기부 온도변화에 따른 신축변위부등은 수압에 의한 불평형력이 발생하며 관로 이탈 파손·누수 및 안전과 직관부와 대등한 내구연한을 확보하기 위하여 관보호공을 설치한다.

2. 콘크리트 보호공 설치방법

보호콘크리트의 크기는 토피에 의한 하중, 관의 자중, 물무게, 콘크리트중량 등에 의한 흙과의 마찰저항과 콘크리트 측면(배면)의 수동토압에 의한 저항 등을 더한 합력이 불평형력에 저항한다는 것을 기본으로 하여 결정한다.

3. 도복장 강관 관로

1) 용접으로 연결되는 도복장강관은 관의 강성으로 일반적으로 관의 이탈을 방지할 수 있으나, 분기부 이형관등은 품질의 신뢰도를 확인한다.
2) 곡관부의 경우 신축이음관을 설치하지 않아 온도변화에 따른 신축변위가 곡관 불평형력을 증가시키게 되므로, 안전 및 직관부와 대등한 내구연한을 확보하기 위하여 관보호공 설치를 검토한다.
3) 일반적으로 연약지반이 아닌 곳에서 구속거리가 충분하고, 소요다짐도를 확보할 수 있으면 관보호공을 생략 할 수 있으나 아래 경우 곡관보호공을 설치여부를 검토
   (1) 관의 최종단부, 신축이음관, 제수밸브 설치 등으로 자유단이 발생하는 지점
   (2) $22\frac{1}{2}$ 도 곡관 등을 연속 사용하는 수평, 수직 굴곡이 심한 지점
   (3) Y자관, T자관 등으로 연결되어 계속적인 편수압이 발생되는 지점
4) 콘크리트 보호공을 설치할 경우에는 주철관의 기준을 준용

4. 덕타일주철관 관로

1) 관로의 곡관부나 T자관 등의 분기부 등은 수압에 의한 불평형력을 고려하여 콘크리트 관보호공을 설치하여야 한다.

2) 관보호공이 필요한 경우와 그 크기

구분	곡관	편락관	분기관
개요도			
불평형력 (P)	$P=2p \cdot A\sin\theta/2$ A : 관의 단면적 p : 수압	$P=p \cdot (A-a)$ $A-a$: 관단면적의 차	$P=p \cdot a$ a : 관의 단면적(지관)

3) 긴급공사와 이탈방지공

연약지반에서 보호콘크리트나 기초파일에 의한 불평형력 방지효과를 기대할 수 없거나, 도심지 배관 등에서 단수가 우려되는 경우 충분한 보호 콘크리트를 시공할 수 없는 경우에는 보호 콘크리트를 생략하거나 규모를 축소할 수 있도록 불평형력이 걸리는 관로의 이음에 이탈방지공 이음을 사용할 수 있다.

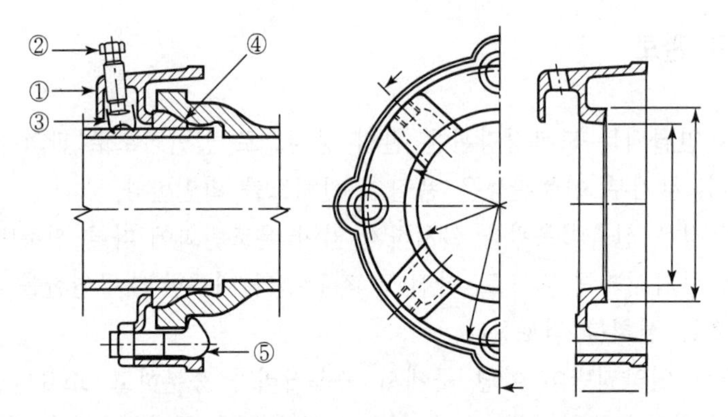

덕타일 주철관 KP 접합 이탈방지공 이음

52 | 아래와 같은 조건에서 콘크리트 보호공의 안전율을 계산하고 안전 여부를 제시하시오.(계산은 소수점 2자리에서 절사)

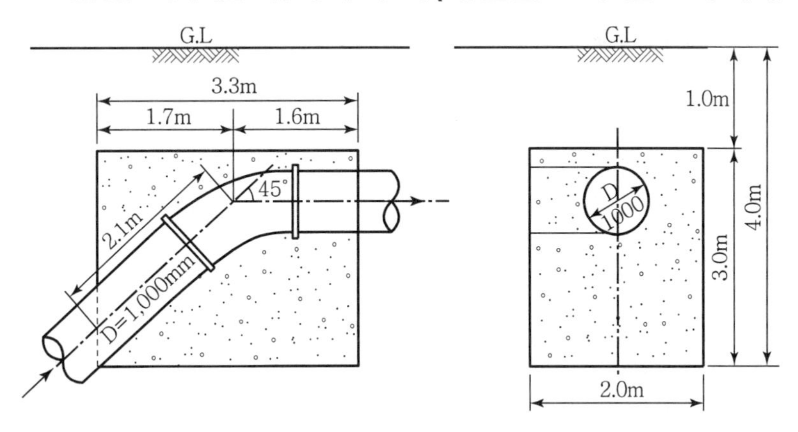

조건 :

수압(p) = 10kg/cm²(사용관경 : 1,000mm 덕타일관(3종), 외경 : 1,060mm)

마찰계수(흙과 콘크리트면) : 0.5, 콘크리트보호 내의 관 중량 : 1.7t

수동토압계수 : 3.0, 주동토압계수 : 0.33

단위중량 : 콘크리트 2.3t/m³, 흙 1.6t/m³, 안전율 : 1.5

1. 개요

이형관 콘크리트 보호공은 토피하중과 관중량, 물중량, 콘크리트 블록중량에 의한 흙과의 마찰저항과 블록 배면의 수동토압에 의한 저항을 합한 힘이 배관내의 수압에 의한 불균형력에 저항하는 개념을 기본으로 해석한다.

2. 지면에 대하여 수직으로 45°상향 곡관의 배관일 때

1) 수압($10kg/cm^2$)에 의한 불균형력 P(kg)는

$$P = 2pA\sin\frac{\theta}{2}$$

$$= 2\times 10\times\frac{\pi\times 106^2}{4}\sin\frac{45}{2} = 67507.3\text{kg} = 67.5\text{t}$$

여기서, p : 수압(kg/cm^2), A : 관실제단면적(cm^2)

2) 곡관부 수평방향 불균형력(P_1)

$$P_1 = P\sin\frac{\theta}{2} = 67.5 \times \sin(45/2) = 25.8\text{t}$$

3) 곡관부 수직방향 불균형력(P_2)

$$P_2 = P\cos\frac{\theta}{2} = 67.5 \times \cos(45/2) = 62.3\text{t}$$

4) 수평방향에 대한 안전율 계산

(1) 토피 하중(W_1)

$$W_1 = L \times B \times H \times \gamma = 3.3 \times 2.0 \times 1.0 \times 1.6 = 10.5\text{t}$$

(2) 관 및 물중량(W_2)

$$W_2 = W_p + \frac{\pi}{4}D^2(L_1 + L_2)\gamma_w = 1.7 + \frac{\pi}{4}(1.0)^2(2.1 + 1.6) \times 1 = 4.6\text{t}$$

W_p : 관중량(주어진 1.7t은 전체중량이다)

(3) 콘크리트 블록 중량(W_3)

$$W_3 = \left\{\text{BLH} - \frac{\pi}{4}{D_2}^2(L_1 + L_2)\right\}\gamma c$$

$$= \left\{3.3 \times 2.0 \times 3.0 - \frac{\pi}{4}(1.06)^2(2.1 + 1.6)\right\} \times 2.3 = 16.5\text{t}$$

(4) 콘크리트 블록 밑면에 걸리는 총 중량(W_4)

$$W_4 = W_1 + W_2 + W_3 = 10.5 + 4.6 + 16.5 = 31.6\text{t}$$

(5) 콘크리트 블록 밑면에서 흙과의 마찰력(W_5)

$$W_5 = \text{마찰계수}(\text{수직 하중}) = \mu(W_4 - P_2) = 0.5(31.6 - 62.3) = -15.3\text{t}$$

(콘크리트 블록은 수직방향 불균형력이 블록 총중량보다 커서 밑면에서 뜨기 때문에 마칠력이 없디고 본다. 때문에 블록 윗면에서 발생하는 마찰력을 계산하면 $\mu(W_4 - P_2) = 0.5(31.6 - 62.3) = 15.3\text{t}$가 된다.)

(6) 콘크리트 배면에서 수동토압에 의한 저항력(W_6)

$$W_6 = \frac{1}{2}C_e \cdot \gamma_s(h_2{}^2 - h_1{}^2)B = \frac{1}{2} \times 3.0 \times 1.6(4^2 - 1^2) \times 2.0 = 72\text{t}$$

(7) 수평분력에 대한 블록의 총 저항력(R)

$$R = W_5 + W_6 = 15.3 + 72 = 87.3$$

(흙과의 윗면 마찰력을 무시할 경우 $R = 72$)

(8) 안전율(S)

$$S = \frac{\text{수평 총저항력}}{\text{수평방향 불균형력}} = \frac{R}{P_1} = \frac{87.3}{25.8} = 3.38$$

(※ 마찰력을 무시할 경우 $S = \frac{R}{P_1} = \frac{72}{25.8} = 2.79$)

(9) 계산된 안전율이 3.38로 설계 안전율 1.5에 충분하므로 본 이형관 콘크리트 보호공은 수평 방향에 대하여 안전하다.

5) 수직 방향에 대한 안전율 계산

(1) 콘크리트 블록 밑면에 걸리는 총 중량(F)은 위와 같다.

$$F = W_1 + W_2 + W_3 = 10.5 + 4.6 + 16.5 = 31.6\text{t}$$

(2) 콘크리트 블록 측면에서 주동토압에 의한 저항력(R)

$$R = \frac{1}{2}C_e' \cdot \gamma_s(h_2{}^2 - h_1{}^2)2\mu(B+L)$$

$$= \frac{1}{2} \times 0.33 \times 1.6(4^2 - 1^2) \times 2 \times 0.5(2.0 + 3.3) = 20.9\text{t}$$

(3) 수직분력에 대한 블록의 수직방향 총 저항력(R_v)

$$R_v = F + R = 31.6 + 20.9 = 52.5$$

(4) 안전율(S)

$$S = \frac{\text{수직 총저항력}}{\text{수직 방향불균형력}} = \frac{R_v}{P_2} = \frac{52.5}{62.3} = 0.84$$

(5) 계산된 안전율이 0.84로 설계 안전율 1.5에 미치지 못하므로 본 이형관 콘크리트 보호공은 수직 방향에 대하여 안전하지 못하다.

53 | 집수매거에 대하여 설명하시오.

1. 개요

집수매거는 하천 호수의 바닥이나 측부에 유공관을 매립하여 사력층의 지하수 또는 여과된 지표수를 얻기 위한 것으로 복류수 취수, 강변여과수 취수 공법에서 물을 모으는 관을 말한다.

2. 집수매거의 구조

1) 집수매거의 재질은 콘크리트가 일반적이나 PE관, 강관 등 토압에 견디고 부식에 견딜 수 있으면 재질이나 모양에 구애받지 않는다.
2) 집수공이 막히는 것을 방지하기 위하여 집수공의 직경이 외측은 작고 내측은 크게 유지하며 내경 600mm 이상의 철근콘크리트관 사용
3) 집수공의 직경은 10~20mm로 집수공의 수는 표면적 $1m^2$에 20~30개 정도로 집수공 유입속도는 모래유입 방지를 위해 3cm/s 이하가 좋다.
4) 집수매거의 방향은 통상 복류수의 흐름 방향에 직각이 되도록 해야 하나 많은 양의 물을 취수할 때에는 본관에 수개의 지관을 분기하여 사용할 수 있으며
5) 집수매거는 1/500 이하의 완만한 경사로 매설한다.
6) 집수매거 유출단의 관 내 평균유속은 1m/s 이하로 한다.
7) 집수매거의 깊이는 직접 표류수의 영향이 없도록 5m를 표준으로 하나, 지질이나 지층의 제한으로부터 부득이한 경우에는 그 이하로 할 수 있다.
8) 집수매거의 깊이는 깊을수록 집수량은 감소하고 양질의 취수가 가능하다.

3. 집수매거의 경제성

집수매거를 사용 시 초기 공사비와 유지비가 상당하기 때문에 집수매거에 의한 복류수 취수와 정수처리 비용, 그리고 하천수 직접 취수와 정수처리 비용을 종합적으로 검토해야 하며 특히 하천 주변 토양층의 여러 가지 상태를 충분히 분석하여 경제성과 안전성을 비교하여야 한다.

4. 현장 적용 현황

1) 복류수 취수설비에서 집수매거를 주로 이용하며 따라서 하천수 수질이 불량한 곳에서 양질의 취수원을 확보하고자 할 때 이용한다.

2) 최근의 강변 여과수 수평 취수방식에서 집수매거 또는 맹암거를 사용하고 있다.
3) 앞으로 하천수가 좀 더 정화되어 수질이 양호해진다면 집수매거의 사용이 적어지리라 예상되기도 하나 수용가에서 양질의 수도수를 요구하는 추세여서 양질의 원수를 확보하기 위해 집수매거의 사용이 활발해질 수도 있다.

5. 복류수 집수매거 부설 모식도

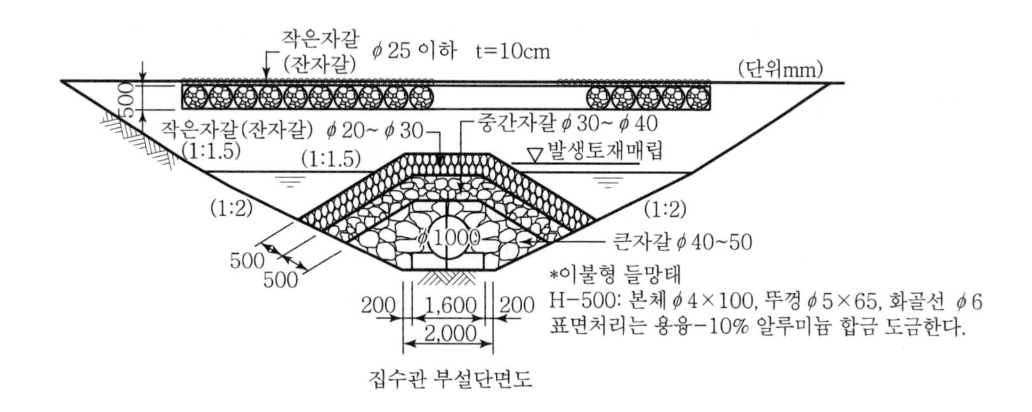

집수관 부설단면도

54 | 상수도관 시공 후 검사법에 대하여 설명하시오.

1. 개요

도·송수관, 배수관, 급수관 공사를 마친 후 수압시험을 실시하여 관로의 수밀을 확인하고 통수함으로서 추후 누수를 방지하고 이로 인한 사고를 방지할 수 있다.

2. 수압시험 방법

1) 관로 수압시험

관로 공사 완성 후 배관 전체 또는 제수변 사이 구간을 공기를 제거한 후 일정한 수압시험 압력(최고 사용압력의 1.5배 이상)을 유지하고 압력강하를 확인하는 것으로 가장 정확하고 용이하나 관경이 커지면 관 내에 채울 시험수량 확보와 충수 및 퇴수가 어려워서 600～800mm 이하의 작은 관과 급수관에 주로 적용한다.

2) 기압시험

대구경의 도복장 강관에서 주로 적용하며 벨마우스 용접법에서 겹친 부분에 압력계를 연결하고 기압으로 12시간 이상 압력변화를 측정하여 용접상태 확인

구 분	맞대기 용접접합	겹치기 용접접합
개요도	• 플레인 엔드(Plain End)관 끝을 관축에 대하여 직각으로 절단한 것으로 관의 두께가 얇을 때 주로 사용 • Bell end관 끝을 플레인 엔드로 용접 시 충분한 용입이 어려워 허용압력을 만족 못할 때 관 끝을 V 또는 X cut 하여 용융풀의 깊이를 깊게 하는 방법	Bell and Spigot Joint 관의 한쪽 끝을 수구(Bell end)로 다른 한쪽 끝은 삽구(Spigot Joint)로 형성되어 있으며, 현장에서 수구 및 삽구를 10cm 가량 Over-Lap하여 용접하는 방식
접합방법	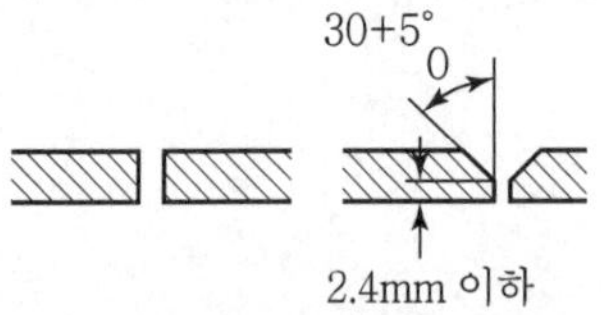 30+5° 0 2.4mm 이하	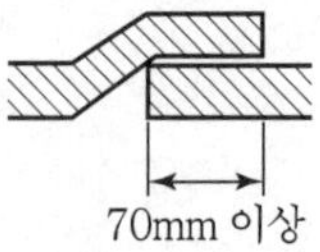 70mm 이상
특 징	직경이 완전한 원에 가깝게 제작 가능한 중소형관에 많이 사용	주로 진원에 가깝게 제작이 어려운 대형관의 현장용접방법으로 이용

3) 수압시험(테스트) 밴드법

사람 출입이 가능한 800mm 이상의 대구경관은 접합 장소마다 수압시험 밴드를 이용하여 누수 유무를 검사한다. 수압시험 밴드는 관경마다 프레임과 고무 튜브로 구성되어 수압을 가하면 내부에서 관 외부로 수압이 작용하여 누설 여부를 판단한다. 0.5MPa(5kg/cm^2)의 수압으로 5분간 경과 후 0.4MPa(4kg/cm^2) 이상 유지되면 합격으로 한다. 주로 주철관, 강관등 대형관에 적용한다.

4) 비파괴 시험

필요시 방사선검사, 형광검사, 초음파검사, 현미경조직검사 등을 실시한다. 이는 주로 샘플을 채취하여 전반적인 용접부 시공의 품질을 테스트할 때 사용하며 비파괴 시험으로 수압시험을 대신할 수 도 있다.

3. 허용 누수량

주철관이나 복잡한 관로에서 관종, 접합방법, 수압, 부대시설 등에 따라 어느 정도의 누수량을 허용하는데 그 값은 상황에 따라 판단해야 한다. 예를 들면 강관의 경우 제수변 사이에 부대시설이 없이 단일 관로인 경우 누수량을 허용해서는 안 된다. 이론적인 허용 누수량은 아래와 같다.

1) 주철관

$$L = \frac{N \cdot D}{660} \sqrt{P}$$

L : 누수량(L/h), N : 접합개소, D : 관경(cm), P : 시험수압(kg/cm^2)

2) 강관 L=9.3 L/km cm d

4. 현장 적용 현황

1) 최근의 상수관로는 누수가 거의 없는 접합법이 주로 이용되며 따라서 관로상의 허용누수량이 0으로 보며 부속설비나 수압 관종 등에 따라 적절한 수치를 적용한다.
2) 주철관인 경우에는 관경이 크지 않아 물을 채우는 수압시험을 주로 실시하고 도복장강관인 경우 벨마우스 용접법에서 겹친 부분에 기압시험을 실시하거나 테스트밴드법을 주로 적용한다.
3) 일반적인 수압시험은 최고 사용압력의 1.5배 이상으로 24시간 정도 시험하며 허용압력강하는 예를 들어 0.5MPa(5kg/cm^2)의 수압으로 5분간 실시할 때 0.4MPa(4kg/cm^2)이상 유지되면 합격으로 한다.

55 | 상수도 배관의 비파괴 검사법을 설명하시오.

1. 개요

상수도 배관의 상태를 추적하여 세척, 갱신 및 유지관리를 하기위해 관 검사가 필요하며 관을 절단하여 분석하는 파괴 검사법은 단수 등의 문제점과 부분적인 검사에 제한되므로 전반적인 검사를 위해 비파괴 검사가 활용된다.
방사선투과, 초음파 탐상, 유도 초음파, 와전류, 내시경 등이 있다.

2. 방사선 투과시험

1) 방사선 투과시험에 의한 배관진단법
방사선투과시험은 X-선이나 감마선과 같이 짧은 파장의 방사선이 시험체를 뚫고 나갈 때에 그 세기가 밀도에 의해 달라지는 성질을 이용한다.

2) 사용 중인 배관의 방사선 시험법
방사선을 사용하여 사용 중인 매몰 배관을 굴착하지 않고 검사하는 것은 매우 어렵기 때문에 부분적으로 굴착한 경우에만 적용할 수 있다

3. 배관 초음파탐상 시스템

1) 초음파 탐상
배관 초음파 탐상시스템은 유닛이 배관 내부를 주행하면서 배관 내에 존재하는 결함을 신속히 탐상하는 것이다.

2) 부식결함은 주로 배관의 전 부분을 통해 일어나고 배관의 두께에 변화를 주므로 배관벽의 두께를 수직 탐상법(초음파를 수직 입사)으로 측정한다.

4. 유도초음파 탐상기술

배관에 대한 유도초음파 기술(Guided Waves)은 1960년대에 수행된 이론적 배경을 바탕으로, 1990년대에 산업설비의 비파괴 안전진단 적용을 위한 본격적인 연구를 통해 현상에 적용 중이다.

5. 와전류 탐상시험

1) 대표적인 전자기 유도검사의 일종인 와전류탐상법(Eddy Current Test, ECT)은 전자기유도의 원리를 기초로 하여 전도성 재료의 다양한 물리적, 구조적, 또는 금속학적인 특성을 측정하거나 구분하는데 활용된다.
2) 와전류 탐상법은 비접촉식으로서 표면 결함에 대해 검출 능력이 우수하고 유지비가 저렴한 특징을 지니고 있으므로 배관검사 등에 이용되고 있다.
3) 강자성체를 탐상할 경우 자기포화 과정 없이 그대로 적용할 수 있는 장점이 있어 특히 탄소 강관으로 이루어진 급수관을 탐상하는데 매우 유리하다.

6. 내시경

1) 내시경 검사는 비파괴 검사방법의 하나로서 복잡한 구조물을 파괴 또는 해체하지 않고 각종 기계, 구조물 등의 내부를 내시경 Probe를 삽입하여 외부에서 직접육안으로 관찰하는 시각검사 장비로서 해체검사에서 오는 불편과 시간, 인건비의 절약 등 제반비용 절감의 효과를 갖는다.
2) 내시경 검사는 전파의 파장 혹은 가공 처리된 영상 대신에 선명한 고화질의 영상을 직접 육안으로 관찰하고 저장이 가능하여 다른 비파괴 방법들에 비해 사용법이 용이하고 전문적인 지식이 없어도 탐상결과를 보고 바로 이해할 수 있는 장점이 있다.
3) 내시경 검사법은 검사가 쉽고 빠르게 수행됨으로 노동시간, 노동력, 비용을 절감할 수 있다. 다른 비파괴 검사방법에 비해 내시경 검사는 간단하고 빠르며 신뢰성이 있고 효율적이다.

56 | 상수도 관종의 종류 및 특징을 설명하시오.

1. 개요

수도용으로 사용되는 관의 종류는 덕타일주철관(DCIP), 도복장강관, 합성수지관(HI-VP 등, PE관), 흄관(원심력철근콘크리트관)과 PC관(프리스트레스트콘크리트) 등이 있다.

1) 이들 관종 중 DCIP관은 부식성과 관석(Scaling) 형성을 방지하기 위하여 내면에 모르터라이닝을 실시하고 외면에는 외부부식에 대한 고려를 하여 역청질계 도료로 도장하는 것 등이 필요하다.
2) 도복장 강관의 외면에는 콜타르에나멜, 아스팔트 등으로 도장을 하며 내면에는 액상에폭시수지도료를 하는 것이 바람직하다.

2. 관종별 특징

구분	장점	단점
덕타일 주철관 (DCIP)	• 내구성 및 내식성에 강하다. • 강성과 내충격성이 강하다. • 이음방법이 다양하여 시공성이 양호하다.	• 중량이 비교적 무겁다. • 이음부 이탈방지를 위한 이형관 보호공이 필요하다.
도복장 강관	• 인장강도가 크고 충격에 강하다. • 용접 연결하여 전 노선을 일체화할 수 있다. • 중량이 비교적 가볍고 가공이 용이	• 코팅이 파손되면 부식에 약하다. • 강관특성상 처짐이 크다. • 현장 용접시공 시 숙련공이 필요하다.
합성수지관 (염화비닐관 계열, PE관)	• 내식성이 크고 값이 저렴하다. • 중량이 가볍고 접착에 의하여 간단히 결합이 가능하다. • 관 내면이 매끈하여 손실수두 적다.	• 저온 시에 강도가 저하된다. • 열과 유기용매 및 자외선에 약하다. • 온도에 따라 신축성이 크다.
흄관 및 PC관	• 내압력에 강하다. • 대구경 관로에 경제적이다. • 현장에서의 시공성이 좋다.	• 중량이 무겁다. • 충격 등 외압에 약하다. • 진동에 대하여 이음이 약하다.
동관	• 가볍고 내식성이 크다. • 땜납용접으로 접합 시공성이 좋다.	• 부동태가 파괴되면 급속한 부식발생 • 신축성이 크고 충격에 약하다.
스테인리스 강관	• 내압력과 강성이 크다. • 중량이 비교적 가볍고 인장강도가 크다.	• 부동태가 파괴되면 급속한 부식발생 • 고가이고 용접 등 접합 시공성이 나쁘다.

3. 관종의 비교

상수관 중 가장 많이 이용해온 덕타일주철관과 도복장 강관, 그리고 근래에 개발 보급되어 사용이 증가하는 수도용 합성수지관을 비교하면 다음과 같다.

구분	도복장강관	덕타일주철관	합성수지관
시공성	• 중량이 가벼워 운반 및 거치가 용이하다. • 용접합으로 부설간격을 길게 할 수 있다. • 연약지반의 경우 타관종에 비하여 기초공사가 적다. • 용수구간의 시공이 어렵다.	• 강관보다 비교적 무겁다. • 고무링에 의한 접합이므로 시공이 용이하다. • 연약지반의 경우 타관종에 비해 기초공사가 적다.	• 이형관 제작이 자유롭고 이음부가 융착 및 플랜지 접합이므로 수용성이 좋다. • 융착 접합으로 온도에 의한 팽창으로 신축관이 필요
유지 보수	• 부단수 공법에 의한 분기관 설치가 다소 곤란 • 보수가 용이하나 보수 시 현장 용접 후 내부도장이 불가	• 부단수 공법에 의한 분기관 설치가 비교적 용이 • 보수가 용이하고, 보수 완료 후 문제점이 별로 없다.	• 관의 접합이 융착 및 나사식이어서 보수는 어렵다. • 융착기의 비대중화로 보급의 확대가 안 될 경우 제품생산이 중단될 우려가 있음
내구성 및 수밀성	• 강도가 크고 내외압 및 충격에 대한 저항이 크다. • 전기부식에 약하다. • 용접에 의한 접합이므로 누수에 가장 안전하고 수밀성이 좋다.	• 강도가 크고 내외압 및 충격에 대한 저항이 비교적 크다. • 전식의 우려가 거의 없다.	• 강도가 크고 내외압 및 충격에 견딘다. • 나사식 압송관로는 누수발생이 있다.
물리적 특성	• 인장강도 : 3.8~4.6MPa • 신장률 : 40~60% • 허용수압 : 2~2.5MPa	• 인장강도 : 4.2~5.0MPa • 신장률 : 10~18% • 허용수압 : 2.5~7MPa	• 인장강도 : 20~25MPa • 신장률 : 200~3,000% • 허용수압 : 1.3~4MPa
접합 방법	• 용접 접합 • 플랜지 접합	• 타이튼 접합 • 메커니컬 접합 • 플랜지 접합	• 융착식 접합 • 나사식 접합, 접착제 접합 • 플랜지 접합
관로의 부식	용접 부위, 금속, 합금의 전 위치에 대한 부식이 우려되며, 소구경의 내부 용접 부위의 선택적 부식 우려	내부에 시멘트 라이닝을 하여 녹 발생 및 부식의 우려가 없으며, 수명이 반영구적임	PE수지는 부식이 일어나지 않으며, 타 물질과 부착력이 없기 때문에 관석 또는 침전물이 부착되지 않음
누수	강재는 부식이 가장 중요한 문제로 도복장의 정밀한 시공이 요구되며 연결부 및 분기 전에서의 누수가 우려됨	관에 충격이 가해질 경우 파괴되며, 관로 접합 시 이용되는 고무링에 의한 누수와 나사부의 부식이 누수사고의 원인임	동일재료로 열융착(Butt Fusion)으로 접합이 확실하며 열 신축으로 인한 이음부의 이탈이 우려됨

4. 관종의 선정

상수관의 선정은 사용용도, 경제성, 시공성, 관에 작용하는 압력 및 지반조건 등 여러 제반사항을 고려하여 결정한다.

1) 도수관 및 송수관은 배수관과 달리 급수분기를 하지 않으며 최저수압의 제한이 없기 때문에 PC관이나 흄관의 사용이 가능하나 최근에는 주로 도복장 강관을 적용
2) 배수관은 급수분지관이 많으며 최저수압(0.15MPa)의 제한이 있어 PC관이나 흄관의 사용은 부적합하며 중대형관은 도복장 강관이나 덕타일주철관, 중소형관은 합성수지관(내식성 염화비닐관등)을 적용한다.
3) 상수관은 하수관, 가스관, 전기 및 통신 케이블 등이 복잡하게 매설된 도로를 이용하여 이들과 병행 또는 교차하며 매설되는 것이 일반적이므로 수압, 노면 하중뿐만 아니라 타공사에 따른 노출이나 외상을 받는 일이 많으므로 외부 환경에 대응하여 관 단면과 축방향의 강도, 가공성, 접합 형식, 유지관리 능력 등을 충분히 고려하여 관종을 결정하는 것이 바람직하다.
4) 시공성, 유지 보수, 내구성 및 수밀성, 물리적 특성(인장강도, 허용수압), 접합방법, 통수능력, 이형관 접합 및 분기, 관로의 부식, 누수 정도를 고려하여 결정한다.

5. 동관(급수관) 적용 시 고려사항

2009. 6. 30 수도법 시행령 별표4(위생안전기준)이 시행되면서 현장에서 혼란이 빚어지고 있는데, 그 이유는 지금까지 동관은 급수관으로 일반적으로 이용되어온 관종의 하나로 위 안전기준에서 동이온 용출 한도를 0.1mg/L로 규제하고 있다. 현장 실험결과 동이온 용출이 0.15mg/L 정도로 사실상 동관을 급수관에 사용할 수 없는 형편이다. 하지만 먹는물 수질기준에 동이온은 1mg/L 이하로 규정하고 있으며 동이온은 다른 금속에 비하여 중금속의 농축 위험성이 적은 것으로 나타나고 있다. 따라서 필요 이상으로 강력한 규제를 하는 것은 아닌지 좀더 세밀한 연구와 검토가 필요하겠다.

6. 현장 적용 추세

최근의 경향은 도·송수관로는 대부분 대형관이므로 도복장 강관, DCIP을 적용하며, 배수관은 중대형관은 도복장 강관, DCIP, 중소형관은 DCIP, 합성수지관(HI 계열, PE관), 라이닝강관을 주로 사용하나 고정화된 설계를 고집하지 말고 시공조건, 경제성, 현장여건 등에 따라 적절히 선택한다.

57 | 상수도에서 주로 적용되는 상수관종을 비교하시오.

1. 개요

정수장 내에서 주로 사용하는 상수도관은 DCIP와 도복장강관 등이며 매립하지 않는 부분은 STS관, 동관을 주로 사용한다.

2. 배관종류별 특징

구분	덕타일 주철관(DCIP)	스테인리스관	강관		
			도복장강관	분말용착식 폴리에틸렌 피복강관 (3-Layer)	압출식 폴리에틸렌 에폭시 피복강관 (3-Layer)
제품	D80~D1,200mm	D16~D1,500mm (대구경 주문생산)	D16~D3,000mm	D80~D3,000mm	D80~D8,000mm
재질	탄소+규소+망간+인+유황+니켈+크롬+몰리브덴	탄소+규소+망간+인+유황	• 외면 : 콜타르에나멜 • 내면 : 액상에폭시	• 외면 : 에폭시+PE • 내면 : 액상에폭시	• 외면 : 에폭시+접착제+PE • 내면 : 액상에폭시
중량	100%(주철관기준)	70%	85%	85%	85%
접합방법	조인트접합 (KP 메커니컬 등)	전기용접(인력)	전기용접(인력)	전기용접(기계)	전기용접(인력)
적용사례	소구경에서 대구경인 D1,200mm까지 적용	소구경 급수용관 사용	대구경 관로에 주로 적용	대구경 관로에 주로 적용	대구경 관로에 주로 적용
서울시 적용사례	D1,000mm이하 광범위하게 적용	소구경 일부 사용	2~3년 전부터 대구경의 적용사례 적음	최근 700mm 중대구경 이상에서 적용	적용사례 없음
시공성	• 중량이 무거워 운반 및 취급 어려움 • 이음부 부속이 다양하고 시공성 우수 • 현장가공 어려움	• 현장가공성 유리 • 내부용접 어려움	• 인력용접접합으로 접합부위에 약한 부분 발생 우려 • 현장가공성 유리 • D700mm 이하 내부용접 어려움	• 관 전체 접합부위에 균일하게 용접됨 • 현장가공성 유리 • D700mm 이하 내부용접 어려움	• 인력용접접합으로 접합부위에 약한 부분 발생 우려 • 현장가공성 유리 • D700mm 이하 내부용접 어려움
내구연한	약 40년	약 50년	약 25년	약 40~50년	약 40~50년
압력송수	이음부 누수 및 이탈 가능성	양호함	양호함	양호함	양호함
전식	도복장강관보다는 적으나 전식 발생	별도의 전식 방지 설비 필요	별도의 전식 방지 설비 필요	별도의 전식 방지 설비 필요	별도의 전식 방지 설비 필요
국내 부설현황	국내도 송·배수관로의 약 64% 차지	없음	국내도 송·배수관로의 약 13% 차지	최근 적용 증가	최근 적용 증가
추가비용	전기방식을 하지 못함	전기방식 필요	전기방식	전기방식	전기방식
적용	정수장 내의 관종은 시설물의 성질에 따라 DCIP, STS, 분말용착식 폴리에틸렌 피복강관을 적용함				
동관	수도법 시행령 별표4(위생안전기준)이 시행되면서 현장에서 혼란이 빚어지고 있는데 그 이유는 지금까지 동관은 급수관으로 일반적으로 이용되어 온 관종의 하나인데 위 안전기준에서 동이온의 용출한도를 0.1mg/L로 규제하고 있어 사실상 동관을 급수관에 사용할 수 없는 형편이다. 하지만 먹는물 수질기준에 동이온은 1mg/L 이하로 규정하고 있으며 동이온은 다른 금속에 비하여 중금속의 위험성이 적은 것으로 나타나고 있는데 필요 이상으로 강력한 규제를 하는 것은 아닌지 좀더 세밀한 연구와 검토가 필요하다.				

58 | 상수도관로의 하천횡단방법(수관교)을 설명하시오.

1. 정의

수관교란 상수도관이나 하수도관이 하천 등을 횡단할 때 관 자체가 교량(구조적) 기능을 하는 것을 말한다.

2. 상수도관로의 하천횡단방법

상수도관로의 하천횡단방법은 상부로 횡단하는 교량방식, 수관교방식과 지하로 횡단하는 매설 및 터널방식이 있으며 관경과 주변 여건, 유지관리의 용이성 등을 고려하여 결정한다.

상부횡단	교량첨가식	–
	수관교방식	파이프빔식, 트러스보강식
하부횡단	매설방식	–
	터널방식	–

3. 횡단방식의 선택

하천의 깊이와 폭을 고려하고 수관교의 설치여건과 매설 및 터널 설치 시 마찰손실 등 수리특성 등의 경제성, 유지관리, 시공성, 미관 등을 종합적으로 고려하여 결정한다.

1) 하천 상부로 횡단하는 경우 수관교와 교량첨가방식이 있으며 이때 관로는 동수구배선 이상으로 배관되지 않도록 한다.
2) 매설의 경우 하천깊이 등에 따라 개착식, 비개착식(추진공법, 터널공법, 실드공법)을 결정하며 개착식과 비개착식의 비용, 공기, 하천오염 등을 분석하여 결정한다. 보편적으로 지하매설방식을 택하나 하천이 깊고 배관경이 클 경우에는 시공여건 및 마찰손실로 인해 수관교가 유리할 수도 있다.

4. 수관교, 교량첨가방식

상수도관이 하전 상부로 횡단하는 경우 수관교방식과 교량첨가방식이 있고 수관교 형식에는 파이프빔식과 트러스보강식(파이프빔을 트러스 등으로 보강)이 있다.

1) 수로 자체를 빔으로 하는 경우(파이프빔식)와 교량구조물 위에 관로를 설치하는 방식(교량첨가식)이 있으며 관로 내의 물 중량을 충분히 고려하여 구조계산을 실행한다.
2) 상수관로가 하천 상부를 횡단할 경우 지중매설보다는 상부횡단이 경로가 짧고 굴곡이 적어 수리특성상 유리하다.
3) 관로가 동수구배선 이하에서 배관되도록 한다.
4) 경간에 따라 교각은 철근콘크리트구조, 강철조구조 등으로 결정한다.
5) 교량의 부동침하에 대비하여 양단 중 한쪽에 신축이음을 두는 것이 좋다.
6) 교량첨가식의 교량은 수로단독용과 차량통행을 겸용한 방식이 있다.
7) 공기밸브 설치, 배관 보온, 외부충격에 의한 파손 방지벽 등을 고려한다.

59 | 상수도 역사이펀관

1. 정의

상수도 역사이펀이란 상수도관(도수, 송수, 배수 등)이 하천, 운하, 철도 및 도로 등을 횡단하고자 할 때 대상물 하부로 매설하여 횡단하는 것으로, 상수관을 일단 낮추어서 그 시설들의 하부로 관을 부설하는 것을 말한다.

2. 하저횡단(역사이펀관) 시 고려사항

1) 하저횡단의 역사이펀관은 비상시나 보수를 위하여 2계열 이상으로 하고 가능한 한 거리를 두어 부설해야 한다.
2) 역사이펀부 전후 연결관의 경사는 부득이한 경우 외에는 45° 이하로 하여 마찰손실을 최소화하고, 굴곡부는 콘크리트지지대에 충분히 정착시켜 불균형력에 의한 배관의 이탈이나 변형을 막아야 한다.
3) 연약지반의 역사이펀은 기초를 완전하게 하거나 지반의 부등침하에 대응하는 구조로 해야 한다.
4) 호안공 등의 장소에 사이펀관의 위치를 표시한다.

3. 역사이펀으로 시공 시 주의사항

1) 역사이펀으로 시공하는 경우에는 해당 시설물의 관리자로부터 방재면, 보수면에서 제약을 받는 경우가 많다. 따라서 하천 등의 횡단부에서는 관체를 보호하기 위하여 콘크리트피복구조 또는 2중관구조 등의 조건을 검토한다.
2) 상수관의 역사이펀 계획·설계 시에서는, 횡단공법, 부설위치, 매설깊이, 연장, 시공시기 및 장래계획 등을 관계 기관과 협의한 다음에 결정한다.
3) 하저횡단 사이펀관은 사고를 발견하기가 어렵고 보수하기도 곤란하므로 기초를 견고하게 하여 내구성이 큰 구조로 한다. 또한 그 중요도와 하천의 상황에 따라서는 미리 2계열 이상으로 분할하여 매설하고 그 거리도 되도록 멀리 떨어지게 하여 전체 관로가 동시에 단수되는 일이 없도록 한다.
4) 하상은 일반적으로 지반이 연약하므로 지지층의 심도가 깊을 때는 말뚝기초 등으로 기초를 보강한다. 또한 지지층이 깊고 지반침하가 큰 장소에는 플렉시블한 신축이음을 한다.

5) 사이펀의 연결관은 되도록 완경사(45° 이하)로 하고 기초를 견고하게 하며 상하 굴곡부를 콘크리트지지대에 정착하여 이음의 이탈을 방지함과 아울러 그 근처에 플렉시블한 신축이음을 삽입한다.
6) 부득이 연약지반에 관을 매설하는 경우에는 지지력의 증강과 부등침하나 응력집중이 발생하지 않도록 지반개량이나 말뚝기초 등으로 적절하게 기초를 견고하게 한다.
7) 지지층이 깊고 지반침하가 큰 장소는 관의 이음을 부등침하를 허용하는 메커니컬 조인트 등으로 할 필요가 있다.
8) 관과 하천의 유지관리를 위하여 역사이펀관의 매설위치를 명확하게 표시하여 둘 필요가 있다. 따라서 횡단대장을 작성해 놓으면 편리하다.

60 | 관 부식의 원인 및 대책을 설명하시오.

1. 개요

1) 부식의 정의

금속이란 당초 자연 상태의 저준위 광석을 고준위로 환원시켜 만든 것이므로 금속은 항상 안정한 저준위로 산화하려는 성질을 가지며 이를 부식이라 말한다.

2) 관의 부식은 크게 내면부식과 외면부식의 2종류로 나눌 수 있다. 관의 내면부식은 관 내 물의 산화작용에 의하여 나타나며 이는 관 내의 통수능력을 저하시키며, 철관에서의 적수 문제를 야기 시킨다. 관의 외면부식은 흙과의 접촉에 의한 토양부식과 전기부식에 의하여 나타나며 이는 누수의 직접적인 원인이 된다.

2. 부식이론

대부분의 부식은 전기 화학적 반응으로 일어난다. 이때 반응이 일어나기 위한 4가지 조건이 필요하다.

1) 양극(Anode) : 산화 반응이 일어나는($M \rightarrow M^{+} + e$)부분
2) 음극(Cathode) : 환원 반응이 일어나는($H^{+} + e \rightarrow H$)부분
3) 전류경로 : 금속경로라고 하며 전류의 흐름이 일어난다.
4) 이온경로 : 양극, 음극 반응에서 발생한 이온이 연속하여 흐를 수 있는 통로로 전해질이나 금속통로를 통해 일어난다.

3. 금속의 부식

금속의 부식은 부식이론의 4가지 요소가 만족되면 부식이 시작되며 습기, 틈새, 응력, 열, 전기 등에 영향을 많이 받는다.

1) 이종금속 부식(갈바닉 부식)

종류가 다른 금속이 전기적으로 접촉해 있을 때 이온화 경향에 큰 금속이 애노드 이온화 경향이 작은 쪽이 캐소드가 되어 애노드쪽이 부식이 진행된다.

〈금속의 이온화 경향 순서〉
K > Ca > Na > Mg > Al > Zn > Fe > Ni > Sn > Pb > (H) > Cu > Hg > Ag > Pt > Au

2) 단일금속 부식
단일금속에서의 부식은 금속 특성상 응력, 조직, 습기 등의 불균일로 전위차가 발생하면 전위가 큰 쪽이 양극(애노드)이 되어 부식이 진행된다.

4. 관의 내면부식

1) 관의 내면에서의 부식은 주로 물의 산화작용에 의해 철의 부식이 이루어지며 관 내 수중에 유리탄산이 많거나 pH, 알칼리도가 낮거나, 철박테리아가 있을 때 심하게 일어난다. 따라서 이를 방지하기 위해서는 부식방지용 피복재를 관 내면에 도장할 필요가 있다.

2) 내면부식 영향 인자
(1) 유리탄산 : 수중에 CO_2가 많으면 철이 양극이 되어 철이온을 유리시킨다.
(2) pH : pH가 낮으면 산성이 강하므로 금속 부식
(3) 알칼리도가 낮으면 물은 부식성을 띠게 된다.
(4) 염소처리 후 잔류염소가 남으면 철의 부식을 촉진한다.
(5) 철박테리아는 Slime 층을 형성하여 통수능력 저하, 적수의 원인이 된다.

3) 내면부식에 대한 대책
관 내면에 방식용 피막을 입힌다. 그리고 유리탄산과 H_2S 제거를 위해 포기를 실시할 수 있으며, 알칼리제 및 염소 등을 주입할 수 있으나 부작용이 발생할 수 있다.

(1) pH의 조정
물의 pH 가 낮으면 부식성이 강하여 금속을 용출시킨다. 이에 대한 대책으로 알칼리제를 주입하여 pH를 조절한다. 알칼리제 중에서 소석회의 사용은 칼슘경도를 증가시키고 주입량을 많이 하면 금속 표면에 탄산칼슘이 침착하여 보호 피막을 형성한다.

(2) 유리탄산의 제거
유리탄산이 20mg/L 이상이면 포기, 알칼리제를 주입하여 유리탄산를 제거한다. 포기처리 시 기액비는 약 20배 정도가 좋다고 하며, 알칼리 처리 시 주입률은 다음과 같다. 유리탄산 1mg/L 제거 시 알칼리제는 소석회(CaO 72%) 0.88mg/L 이 필요하다.

5. 관의 외면부식

1) 토양부식(자연부식)
지하수에 염분이 다량 함유된 해안지방에서는 용해염류에 의한 국부 전지작용이 일어나며, 산성폐수가 침투한 곳 또는 매립지나 하수 부근에서 혐기성 박테리아의

작용에 의한 부식이 진행될 수 있다.

(1) 부식인자

비저항, pH, 산화환원전위, 유화물, 함수율, 통기성 비저항의 영향이 가장 크다. 유화물의 농도는 황산염 박테리아에 의한 피해 원인

(2) 부식토양

점토, 실트, 해수를 함유한 토양

(3) 외면부식의 대책

폴리에틸렌 피복이 아주 효과적

- 부식성의 토양에 철관 부설 시 : 관의 외면을 콘크리트 피복, 아스팔트 도장, 에폭시 도장, 폴리에틸렌 피복을 한다.
- 강관의 접합부 : 부식되기 쉬우므로 방식 테이프 피복, 방식 도료로 보호
- 이음부의 볼트, 너트 : 부식정도가 상당히 빠르므로 방식 피복처리, 에폭시 도장 또는 스테인리스제를 사용
- 알칼리성 토양에서의 연관 : 현저히 침식되므로 사용을 금하며 합금연관을 매설하는 경우도 방식테이프, 방식도료로 처리

2) 전기부식

전기부식이란 이종금속 간의 전위차 또는 외부 전류에 의해 발생되는 전기분해 부식으로, 금속의 부식은 대부분 전기부식으로 해석된다. 이 전기부식을 방지하기 위해서는 전기적인 방식을 실시하며 이를 전기방식이라 한다. 주철관에서는 피해가 크지 않으나 강관에서는 대단히 피해가 크다. 특히 도복장 강관은 피복이 파손될 경우 이 부분에 전기적 흐름이 집중되므로 급속한 부식이 진행된다.

6. 부식방지방법

부식 방지는 부식이론의 4가지 요소 중 일부를 결핍시켜서 가능하며 방식법으로는 도장법, 전기 방식, 절연, 도금방법 등이 있다.

1) 도장법

도장은 습기 전류를 차단하고 전류 경로를 없애는 방법이다.

2) 전기 방식

전기 방식은 크게 양극방식과 음극방식으로 분류되며 음극방식은 다시 희생 양극법과 외부 전원식으로 분류된다.

(1) 전류를 방출하는 측에서의 대책
전기철도 측에서 레일의 이음을 용접하여 연결부 접속을 견고히 한다.
레일과 변전소와의 연결전선의 강화 증설 및 절연강화를 통하여 전류누설 방지

(2) 금속관을 포설하는 측에서의 대책
① 전기적 절연물에 의한 관의 피복 : 관의 외면을 피복, 절연물 이용
② 절연접속법 : 관에 전기적 절연이음을 삽입하여 관의 전기적 저항을 크게 하여 관에 유출입하는 누설전류를 감소한다.
③ 양극 보호법 : 금속체를 수동태로 유지하는 방법으로 선택배류법과 강제 배류법이 있다.
- 선택배류법 : 관을 흐르는 전류가 직접 땅으로 유출되는 것을 방지하고 레일로 일괄 귀류시키기 위해 선택배류기를 설치하는 방법
- 강제 배류법 : 직류 전원 장치에 의해 강제로 레일의 전류를 매설관에 유입하는 방식

④ 음극 보호법(Cathodic Protection) : 금속관을 음극으로 만드는 것으로 희생 양극법과 외부전원법이 있다.
- 희생 양극법 : 절연도선으로 관 재질보다 저준위 금속인 Zn, Mg, Al 등을 접속하여 관을 음극상태로 유지(저준위 금속은 항상 양극으로 되어 소모된다.)
- 외부전원법 : 관과 양극 접지체 간에 직류전원을 설치하여 관을 항상 음극상태로 유지

61 | 음극 보호법(Cathodic Protection)에 대하여 설명하시오.

1. 개요

음극 보호법이란 전기 방식 중에서 관로 금속보다 더 전위가 높은 양극을 인위적으로 조성하여 이를 연결함으로써 관로를 음극화하는 것으로 희생 양극법(Sacrifical Anode Method)과 외부전원법(Impressed Current Method)이 있다.

2. 음극 보호법의 특징

1) 도장이 불가능하고 관리가 어려운 미세한 부분까지 전류가 유입되어 관로 및 부속물까지 전반에 걸쳐 충분한 효과를 얻는다.
2) 구조물 관로 및 부속물에 전기 방식을 시행하는 즉시 방식 상태를 유지한다.
3) 설계 시 전기 방식을 채택하면 부식여유를 크게 고려하지 않아도 되기 때문에 저렴한 재료 및 경제적인 설계가 가능하다.
4) 부식으로 인한 설비의 노후화 방지, 감가상각비 절감 효과를 얻을 수 있다.

3. 희생 양극법

관로의 중간 중간에 전기적으로 연결된 희생 양극(이온화 경향이 큰 금속 : 알루미늄, 마그네슘, 아연 등)이 애노드화 하여 관로를 캐소드화 하여 보호한다.

1) 시공이 간편하고 편리하며 전력 공급에 따른 유지관리가 필요 없다.

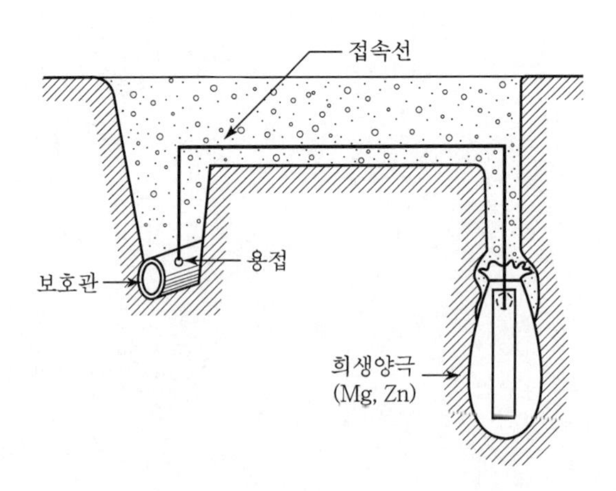

2) 부대설비가 없으므로 별도의 공간을 요구하지 않는다.
3) 기 설비에 적용이 가능하고 타 시설물에 영향을 주지 않는다.
4) 긴 수명을 요구할 경우 양극의 부피가 커질 수 있다.
  -작게 설치하면 정기적으로 보충해야 한다.
5) 환경 변화에 따른 전류 조절이 불가능하다.

4. 외부전원법

일정 지점에서 지중을 통해 전원을 공급하고 회수하는 방법으로 관로를 캐소드화 하여 부식을 방지한다.

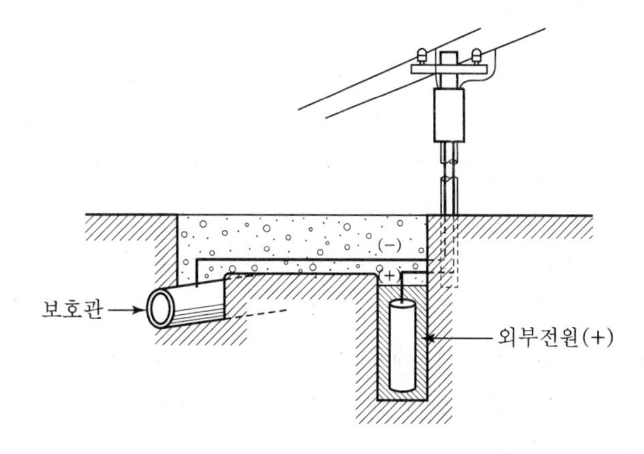

1) 방식전류를 인위적으로 조정할 수 있고 저항이 높은 환경에서도 사용이 가능하다.
2) 양극이 소모되지 않으므로 수명이 길고 자동화가 가능하여 방식의 신뢰성을 확보할 수 있다.
3) 전원 공급 설비와 설비 유지관리인 인건비가 소요된다.
4) 인접한 건물이나 시설물에 전식의 영향을 끼칠 수 있다.

5. 적용 추세

전기 방식의 선택은 토양 비저항, 토질, 관로 주변 여건 등을 종합적으로 고려하되 유지관리의 효용성을 중요하게 다루어야 하며 과거의 희생 양극법 적용에서 여건에 따라 외부전원식의 적용도 시도되고 있다.

62 | 각종 급수 배관의 부식특성을 설명하시오.

1. 개요

급수배관은 정수장에서 생산된 상수가 공급되는 공정에서 수요자 건물의 내부에 주로 위치하며 관경이 작고 모세혈관처럼 얽혀있어 부식이 없는 관을 사용하여야하며 세척 등의 유지관리가 중요하다.

2. 아연도 강관의 부식 특성

1) 아연도강관은 급수관으로써 가장 오래되고 일반적으로 사용되고 있는 관중의 하나이다. 그러나 현재 아연도강관의 부식문제가 수돗물의 수질에 미치는 영향이 크기 때문에 우리나라는 급수관으로써 사용은 금지(1994. 4)되어 있으며, 주로 스테인리스강관, 동관, PVC, PB관으로 대체되고 있다.
2) 외국의 경우 미국에서는 아연도 강관과 동관의 사용이 일반적이며, 북유럽에서는 아연도강관 대신에 동관이 주로 사용된다. 그러나 중부유럽에서는 아직도 아연도 강관이 주류를 이루고 있으며, 새로 시공되는 관중에서 60~80%를 차지하고 있다.
3) 아연도강관은 아연에 의해 철을 보호하는데, 이는 아연과 물이 반응하여 물에 불용성 수산화아연을 형성하기 때문이다.

4) 아연의 부식 조건

(1) pH 7 이하의 산성인 경우(염소처리에 의한 경우)
(2) 염소이온, 황산이온의 농도가 높은 경우
(3) 동이온과 같은 중금속이온의 농도가 높은 경우

5) 아연도강관에 대한 부식문제는 우리나라의 급수관에 있어서 큰 문제점으로 부각되고 있으며, 많은 지역에서 기존의 아연도강관의 부식으로 인한 녹물과 스케일로 불편을 겪고 있다.

3. 수지라이닝 강관(급수용)의 부식특성

1) 강관은 부식환경이 비교적 심하여 상수관 등에는 직접 사용하지 않고 합성수지로 라이닝된 도복장 강관을 사용한다.
2) 라이닝 강관의 특성은 구조적으로는 강관의 특성을 갖고 부식면에서는 합성수지의 특성을 가진다.

4. 합성수지관

합성수지관은 염화 비닐관(PVC), 폴리 에틸렌관(PE), 폴리 부틸렌관(PB), 폴리 프로 필렌관(PPC)등이 있으며 내식성이 높고 가볍고 시공이 용이한 이점이 있으며 최근에 다양한 제품이 생산되고 있다. 전기전도도는 적어 절연체로서 부식에 대한 저항이 매우 높다.

5. 스테인리스강관의 부식특성

1) 스테인리스강관이 내식성을 갖는 이유는 관표면에 수십 Å정도의 두께를 갖는 부동태의 얇은 피막이 형성되어 전기화학적으로 안정된 성질을 갖기 때문이다. 이 피막의 형성에는 산화물 피막설과 화학흡착설이 있다.
2) 스테인리스강관은 일반적으로 녹이 슬거나 부식되지 않는 것으로 인식되어 왔으나 실제로는 대상 수질이나 시공상태에 따라서 부식이 발생한다.
3) 특히, 수중의 염소이온은 금속의 보호피막(부동태피막)을 파괴하는 성질이 있어 부식 발생에 매우 위험한 요소이며, 일단 부식이 발생하면 급속도로 진행되어 단기간에 누수가 발생할 가능성이 있다.

6. 동관의 부식특성

1) 동관은 스테인리스관과 같이 부동태 형성으로 내식성이 높고 설치가 용이한 이점이 있어 급수관에서 가격 경쟁이 있는 50A관 정도까지 점진적으로 사용되어 왔다.
2) 동은 엷은 붉은색을 가지며 연성과 전성이 뛰어난 재료로써 전기전도와 열전도가 높고 부식에 대한 저항이 매우 높다.
3) 미국의 경우 급수관으로 사용되는 여러 금속 재질 중에서 스테인리스강관을 제외하고 동관이 가장 많이 사용되고 있다.
4) 동관은 쉽게 파손되지 않지만 급수관에서 부동태가 손상될 경우 급속 공식(Pin Hole)등의 문제가 되는 경우가 있다.

63 | 관정부식에 대하여 설명하시오.

1. 개요

콘크리트 하수관은 폐수와 하수의 부식 때 발생하는 산에 의해 부식된다. 이때 관거 상부의 황산염에 의한 콘크리트 부식을 관정부식(Crown Corrosion)이라 한다.

2. 관정부식의 원리

콘크리트관의 부식은 생성된 황산에 의해 진행되며, 다음과 같은 반응으로 진행된다.

1) 1단계 : 혐기성 미생물이 황화물과 유기물을 이용하여 황화수소를 생성한다.

SO_4 + 유기물 + 혐기성미생물 → H_2S

2) 2단계 : 생성된 황화수소가 관 상부에서 호기성 미생물에 의해 황산으로 전환

$H_2S + 3/2O_2 \rightarrow SO_3$
$SO_3 + H_2O \rightarrow H_2SO_4$

3) 3단계 : 생성된 황산이 콘크리트 내의 철, 칼슘 등과 결합해서 황산염이 되고 이 황산염이 콘크리트를 부식시킨다.

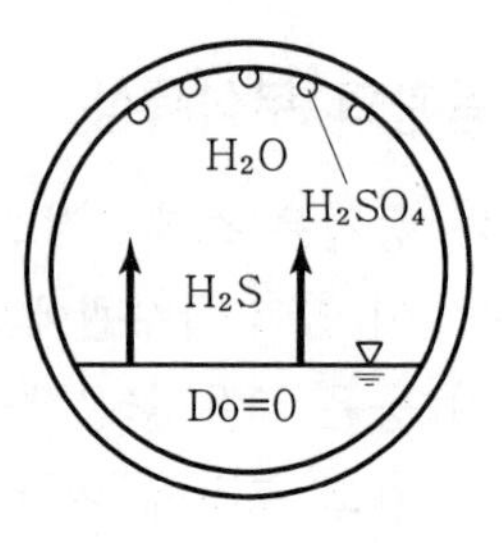

3. 콘크리트 부식의 종류

1) 화학적 부식
강산이나 강알칼리를 함유한 폐수 유입에 의한 직접적인 화학적 부식

2) 생화학적 부식(관정부식)
하수에 포함된 황화물과 유기물을 미생물이 산화, 환원시킴으로써 생성된 황산에 의한 부식

3) 콘크리트의 중성화
관거 매설 지점의 내·외부적인 요인에 의한 콘크리트 사체의 중성화

4. 관정부식 영향인자

1) 용존산소

황화수소의 생성반응이 일어나기 위해서는 하수가 혐기성 또는 무산소 상태가 되어야 하며, 하수관의 퇴적물 및 유속저하로 산소가 부족한 상태가 되기 쉽다. 하수관 내의 산소농도가 감소함에 따라 부식이 증가한다.

2) 퇴적물

퇴적한 유기물은 하수관거의 혐기성 상태를 유발하고 혐기성 미생물의 영양원으로 작용한다.

3) 유속 및 구배

하수관거 내의 유속이 빠를수록 황화수소의 생성량이 적게 된다. 즉 유속의 증가는 용존산소의 증가, 유기물의 침전방지, 생물막과 기질의 접촉시간 단축 등이 발생하기 때문이다. 그러나 황화수소가 존재하는 하수에서 유속이 증가하면 황화수소를 대기 중으로 방출시키는 역할을 한다.

5. 관정부식방지 대책

하수관의 부식은 혐기성 상태와 밀접한 관계를 가지며 따라서 관 내에 퇴적물이 쌓이지 않도록 관경과 경사, 유속을 적절히 할 필요가 있다.

1) 신설 관

(1) 관거의 선정 시 내식성 재료의 하수관거를 사용하거나 라이닝 및 코팅을 한 하수관을 사용한다.

(2) 하수관 설계 시 관 내 적정유속 및 구배를 유지하여 침전물이 퇴적하는 것을 방지하고 황화수소 발생을 최소화한다.

2) 기존 관

(1) 하수관거 보강방법

- 라이닝 및 코팅
- 내부 삽입 방법

(2) 황화수소 발생 억제 방법

- 공기 주입 : 호기성 유지, 압력관에만 적용, Air Porket 발생
- 하수도 환기 : 차집관거 적용 가능
- pH 조절
- 염소주입

64 | 유량계의 종류를 설명하시오.

1. 개요

유량계는 정수장 하수처리시설 및 관로에서 정확한 유량을 계량하여 처리 계통의 효율을 높이고 시스템 전반의 경제성과 효율성을 향상시켜 안전하고 안정된 급수공급과 하수처리가 가능하도록 하는데 중요한 계측기기이다.

2. 유량계 선정의 중요성

각종 유량계의 측정 원리는 각각 다르며 그 결과로 유량 측정상의 서로 다른 특징과 제약 조건을 가지고 있다. 따라서 유량계를 선정할 때는 유체의 조건, 경제성, 유지관리 편리성 등을 충분히 검토할 필요가 있다.

1) 측정 유체에 관한 것
- 측정 유체의 종류 : 원수, 정수, 하수, 슬러지상
- 측정 유체의 성질 : 점도, 밀도, 부식성의 유무 등
- 측정 유체의 상태 : 온도, 압력, 유량의 대소, 이물질 함유정도 등

2) 측정목적(기록, 감시용, 지시용, 유량 변화 및 제어의 필요성)에 따라 선정

3) 외적인 조건에 관한 것
- 설치 장소 제한 : 유량계실 여부, 관로 설치위치
- 필요한 직관부의 길이 및 배관 조건(유입 10D, 유출부 5D 확보 여부)
- 설치 조건상의 제약 : 하수관거의 바닥 퇴적물 여부

3. 유량계 종류 및 특징

1) 차압식 유량계

(1) 측정원리 : 비압축성 유체가 관내를 중력으로만 흐를 경우 관내의 임의 점에서 베르누이 정리가 성립하고 이때 압력차로서 유속을 측정한다. 벤투리(Venturi Meter)식, 오리피스식이 이에 속한다.

※ 벤투리미터는 긴 관의 일부로서 단면이 작은 목(Throat) 부분과 점점 축소, 점점 확대되는 단면을 가진 관으로 축소부분에서 압력 수두의 일부는 속도수두로 변하게 되어 관의 목 부분 압력 수두가 적게 되는데 이러한

수두차에 의하여 유량을 측정한다.

(2) 특징 : 차압식 유량계는 구조가 간단하며 가동부가 거의 없으므로 견고하고 내구성이 크며 고온, 고압, 과부하에 견디고 압력손실도 적다. 정밀도도 좋아서 공업용으로 대단히 많이 사용되고 있다.

(3) 구조 및 유량 산출식(벤투리미터 참조)

2) 면적식 유량계

(1) 측정원리 : 유체가 흐르는 단면적을 조정하고 수위나 Float 움직임에 따라 유속을 측정하여 면적과 유속의 곱으로 유량을 계측한다. Float 식은 수직으로 설치된 Taper관의 사이를 측정유체가 밑에서 위로 흐르면 Taper관 내에 설치된 Float는 유량의 변화에 따라 상하로 이동된다. 이 Float 움직임을 검출하여 유량을 구한다. 파샬플륨식, 웨어식이 이에 속한다.

(2) 특징 : 차압식 유량계에 비해 적은 유량, 고점도의 유량측정이 가능하다.

3) 전자식 유량계

(1) 측정원리 : 측정원리는 패러데이의 법칙을 이용하여 자장의 직각에서 전도체를 이동시킬 때 유발되는 전압은 전도체의 속도에 비례한다는 원리를 이용한다.

(2) 특징

- 유체의 온도, 압력, 밀도, 점도의 영향을 받지 않고 넓은 측정범위에 걸쳐서 체적유량에 비례한 출력신호가 얻어진다.
- 검출기는 흐름을 막는 것이나 가동부가 없으므로 적절한 Lining재질을 선정하면 Slurry나 부식성 액체의 측정이 용이하다.
- 압력손실은 없고 다른 유량계에 비해서 상류측 직관부도 짧아서 좋다.

4) 초음파 유량계

(1) 측정원리 : 액체 중에 초음파 펄스(Pulse)를 투사하여 액체의 흐름 방향에 음파가 진행할 때와 역류방향에 음파가 진행할 때의 도달시간의 차이를 측정하여 유량으로 환산하여 유량을 산정한다.

- 전달 시간차 방식 : 초음파가 유체 내를 통과하는 속도는 유체의 평균유속과 일정한 관계가 있다. 이 통과 시간을 측정한 다음 유속과 관지름에 의해 유량을 구한다.
- 도플러 방식 : 진동원과 관측점의 상대운동에 의해 음, 광 등의 주파수가 변화

한다고 하는 도플러 효과를 이용하여 초음파에 의해 유량을 측정한다.

(2) 특징

- 관로의 외벽에 검출기를 부착하는 방식으로 이미 설치된 배관로를 가공할 것도 없이 또 흐름을 멈출 것도 없이 유량측정이 가능하다.
- 검출기는 유체와 비접촉이므로 부식이나 부착물 등의 걱정이 없다. 또 흐름을 방해 하는 것이 없으므로 압력손실이 없다.
- 유속분포의 혼란이 측정 정도에 영향이 된다. 그 때문에 검출기 부착부에는 상류측(10D), 하류측(5D)에 소정의 직관장이 필요하다

5) 터빈 유량계의 측정원리

원통상의 유로 속에 로터(회전날개)를 설치, 이것에 유체가 흐르면 통과하는 유체의 속도에 비례한 회전속도로 로터가 회전한다. 이 로터의 회전속도를 검출하여 유량을 구하는 방식이다.

6) 용적식 유량계

(1) 측정원리 : 회전자와 피스톤 등의 가동부와 그것을 둘러싼 케이스 사이에 형성되는 일정 용적의 공간부를 통(Box) 모양으로 그 안에 유체를 가득 채워 그것을 연속적으로 유출구로 내보내는 구조로 계량 회수로부터 유량을 측정한다.

(2) 특징

- 원리적으로 적산형 유량계이다. 특히 고점성 액체에 있어서 고정도이며 표준유량계로서도 사용된다.
- 유량계의 설치 시 관로에 직관부를 필요로 하지 않는다.

7) 소용돌이 유량계의 측정원리

유체의 흐름에 수직으로 주상물체(소용돌이 발생체)를 눌러 끼우면 그 물체의 양쪽에서 서로 역회전의 소용돌이가 서로 교대로 발생하고 소용돌이의 주파수는 유속에 비례하는 특성을 가지고 있기 때문에 소용돌이 주파수를 검출하는 것으로부터 유량을 측정할 수 있다.

65 | 상하수도에 일반적으로 사용되는 유량계의 종류를 설명하시오.

1. 상수관로의 유량계

1) 전자유량계(Magnetic Flowmeter)

측정원리는 패러데이의 법칙을 이용하여 자장의 직각에서 전도체를 이동시킬 때 유발되는 전압은 전도체의 속도에 비례한다는 원리를 이용한 것이다. 전도체는 측정하고자 하는 상하수가 되며 전도체의 속도는 유속이 된다. 이 때 발생된 전압은 전극을 통하여 조절 변류기로 전달된다.(유속 0.3m/s 이상에서 사용)

(1) 특징

전자유량계는 전압이 활성도, 탁도, 점성, 온도의 영향을 받지 않고 다만 유체의 유속에 의하여 결정되며 수두손실이 적으며, 대용량의 관유량을 측정하며 정밀도가 높다. 상류측은 5~10D 정도의 직관부가 필요하며, 항상 만류상태여야 한다. 설치는 상향류가 되도록 구부려 설치하는 것이 좋은데 이는 부분만수와 유포된 기포를 막을 수 있기 때문이다.

- 정밀도 : ±1.0~1.5%
- 측정범위 유속 : 0.3~10.0m/sec
- 적용 관경 : 100~2,400mm

(2) 장단점

① 장점

- 관내의 유체의 흐름을 방해하는 요소가 없으므로 수두손실이 없다.
- 슬러지상의 액체, 점성이 높은 액체, 하수의 측정에 적합하다.

② 단점

- 전도성이 있는 액체만 측정가능하다.
- 비교적 고가이며 수리 시 유량계 정지에 따라 바이패스 배관이 필요하다.

2) 초음파유량계(Ultrasonic Flowmeter)

액체 중에 초음파 펄스(Pulse)를 투사하여 액체의 흐름 방향에 음파가 진행할 때와 역류방향에 음파가 진행할 때의 도달시간의 차이를 측정하여 유량으로 환산하여 유량을 산정한다.(유속 1m/s 이하에서 정밀도 감소)

(1) 기능

유체 내의 슬러지나 가스 기포에 의하여 영향을 받으며 최근에는 강한 펄스 변환 사용으로 하수처리시설에서도 널리 사용되어지고 있다.

- 정밀도 : ±1.0~1.5%
- 측정범위 유속 : 0.1~10.0m/sec
- 적용 관경 : 100mm 이상

(2) 장단점

- 장점 : 압력손실이 없고 설치공간이 작아 중대구경에서 가장 보편적으로 적용 하고 있다. 유량계 고장 시 관외부에서 수리가 가능하므로 측관 또는 밸브 등의 설치가 불필요하다.
- 단점 : 설치 시 상류부 10D, 하류부 5D의 직관부가 필요하다. 소구경에서는 고가이다

2. 하수관로의 유량계

하수관로의 유량계는 만관식과 비만관식으로 분류되며 만관식은 상수관로 유량계와 동일하며 비만관식에는 면적(수위)과 유속을 측정하여 유량을 구하는 데 전자식, 초음파식, 레이더식 등이 있다.

1) 초음파식

유속은 초음파(도플러효과)방식으로 측정하고 수위는 담금식 압력 변환장치로 측정하여 유량(유속×단면적)을 환산한다.

2) 전자식

유속은 전자식으로 측정하고 수위는 초음파식과 같다.

3) Parshall Flume

파샬플룸식 유량계는 작은 하천이나 인공수로내의 개수로에서 흐르는 유량을 측정하는데 흔히 사용 되는 것으로 하수처리시설에서 방류측등에 일반적으로 적용된다.

4) 레이더식

유속은 레이더 방식으로 측정하고 수위는 초음파방식으로 측정하여 유량을 환산한다.

5) 적용

관로 상태에 따라 만관식, 비만관식을 적용하고 현장에서는 주로 비만관식 초음파식이나, 전자식을 적용하며 필요에 따라 포터블(이동식)유량계를 맨홀 등에 설치하여 유량을 측정하기도 한다.

6) 유지관리

하수관로는 바닥에 침전물이 많으므로 담금식 압력센서 등은 퇴적물에 영향을 받지 않도록 측면 설치 및 청소 등 지속적인 유지관리가 필요하다.

66 | Parshall Flume(파샬플룸)유량계를 설명하시오.

1. 개요

Parshall Flume은 작은 하천이나 인공수로내의 개수로에서 흐르는 유량을 측정하는데 흔히 사용되는데 특히 수원에 가까운 위치에서 유량을 측정코자 할 경우 토사유출로 인한 문제점 등을 제거할 수 있어서 위어 보다 좋은 유량계측 장비이다.

2. 특성

수두차가 작아도 유량측정의 정확도가 양호하며 측정하려는 폐하수중에 부유물질 또는 토사 등이 많이 섞여 있는 경우에도 목(Throat)부분에서의 유속이 상당히 빠르므로 부유물질의 침전이 적고 자연 유하가 가능하다. 전자식이나 초음파식에 비하여 가격도 저렴하고 노출되어 눈으로 직접 확인할 수 있어 유지관리가 쉽다.

3. 재질

부식에 대한 내구성이 강한 스테인리스 강판, 염화비닐합성수지, 섬유유리, 강철판, 콘크리트 등을 이용하여 설치하되 면 처리는 매끄럽게 처리하여 가급적 마찰로 인한 수두 손실을 적게 한다.

4. 구조 및 측정원리

개수로에서의 유량을 측정하기 위하여 Parshall에 의하여 고안된 기구, 즉 벤투리(Venturi)관과 비슷하게 수축부, 목, 팽창부의 세 주요 부분으로 구성되며 목 부분의 턱을 넘어 액체는 벨란저(Bellanger) 임계수심을 유지하면서 흐르게 된다.
목에서 일정한 거리 떨어진 상류 및 하류에서의 수심(Ha, Hb)을 측정하여 유량을 계산 하고 상류에서 유속도 통제할 수 있다.

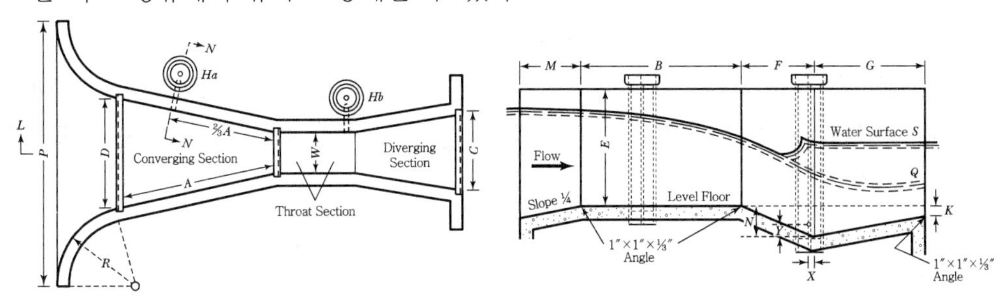

파샬풀룸 평면도와 단면도

67 | 상수관로 유량계, 수압계 등의 설치위치 및 요령을 설명하시오.

1. 유량계

1) 설치위치

(1) 정수장 및 배수지의 유입·유출부, 블록의 유입·유출부등 유량측정의 의미가 있는 곳에 설치

(2) 탈부착이 가능하도록 설치하고, 고장 시 수리 및 타기계로 측정 가능한 공간 마련

(3) 유량계실은 평탄하고 침수가 되지 않는 곳, 유지보수가 용이한 곳 선정

2) 설치 요령

(1) 유량 측정형태에 맞게 유량계 TYPE를 선정하며, 되도록 장래 T/M이 가능한 유량계 선정

(2) 유량계 규격은 관로 구경보다 1~2단계 낮게 선정

2. 수압계

1) 설치위치

(1) 정수장 및 배수지의 시점, 종점, 관로 최저점, 최고점, 수압변동이 심할 것으로 예측 되는 곳 등 수압측정의 의미가 있는 곳에 설치

(2) 평탄하고 침수가 되지 않는 곳, 유지보수가 용이한 곳 선정

(3) 밸브를 교체할 경우, 수압계가 부착된 밸브 또는 수압계를 보완하여 설치

(4) 배수관망 블록 주변 및 중간에 설치

2) 수압계 설치요령

(1) 장래 T/M이 가능하도록 수압계 TYPE 선정

(2) BOX식 또는 흄관식으로 설치하고, 고장 시 수리 및 점검 등을 위한 공간 마련

(3) 수압계의 수명연장 등을 위해 수압계내의 수돗물을 배제할 수 있는 수도꼭지를 반드시 설치

3. 감압변

1) 설치위치
   (1) 중·소블록 유량계 앞에 감압이 필요한곳에 설치
   (2) 평탄하고 침수가 되지 않는 곳, 유지보수가 용이한 곳 선정

2) 감압변 설치요령
   야간 수압이 0.4MPa(4kg/cm^2) 이상 및 주간 관말(수도꼭지) 수압이 0.25MPa (2.5kg/cm^2) 이상인 경우 설치

4. 밸브류

1) 유지관리를 고려하여 각종 밸브류를 적절히 설치
2) 지하시설물(BOX, 흄관 등)을 고려하여 설치위치 선정
3) 곡관부에는 공기변, 이토변을 부등침하에는 신축이음 등을 설치

5. 수위계의 종류

종류	측정원리	장점	단점
초음파식	발사된 초음파가 액면에 반사되어 돌아오는 시간을 측정하여 수위를 계산하며 액상형과 기상형이 있다.	액상형은 대형탱크에 기상형은 가늘고 깊은 탱크에 적합	밀도 온도 보정필요, 장애물이 없는 경우 적용
플루트식	플루트를 액면에 띄워 기계, 전기적으로 측정	저수지나 배수지에서 전기장치 없이도 간단하게 적용	정밀도와 유지관리 곤란
차압식	다이어프램 등을 이용하여 정수두를 측정	광범위한 액면 변화를 연속적으로 측정가능	설치장소에 제약이 있다.
투입식	다이어프램을 사용하여 차압식과 같이 측정하며 액 중에 직접 설치	설치가 간단하다.	흐름이 있는 액 위는 설치곤란
정전용량식	액체 중에 전극을 삽입하고 액 위에 따른 전기적 특성을 이용하여 측정	간단하고 모든 액체에 사용가능	전극에 부착물이 묻으면 오차발생

68 | 감압밸브 설치지점

1. 정의

감압밸브는 상수도 배수배관에서 수압이 필요압 이상으로 높을 때 수압을 낮추는 밸브로 감압밸브를 사용한다.

2. 배수관 말단 필요수압

1) 최소압
배수관은 급수처 말단에서 필요한 최소압(2층 주택기준 30kPa-3mAq)을 공급하기 위하여 배수관 말단에서 150kPa-15mAq를 최소압으로 하였으나 최근 직접(직결)급수정책에 따라 말단의 최소압을 250kPa-25mAq로 상향하는 추세이다.

2) 최대압
말단에서 수압이 너무 높으면 기구 파손과 소음, 급수전에서 물 받기의 곤란 등 어려움으로 최대압력은 700kPa-70mAq로 제한한다.

3. 감압밸브의 기능

1) 위와 같이 배수관 말단압이 최대압력 이상이 되면 사용이 불편하고 기구 파손의 위험이 커지므로 적정 압력으로 감압하기 위하여 감압밸브를 사용한다.
2) 감압밸브는 감압조건에 적합하고, 계절과 피크타임에 압력이 변하는 경우 이에 대응이 가능하여야 한다.
3) 감압밸브는 고장이나 수리 시를 대비하여 바이패스배관으로 구성한다.

4. 감압밸브 설치지점

감압밸브는 고압배관에서 감압이 필요한 분기관을 낼 때 지점에 설치한다.

1) 배수관 본관
지반의 특성으로 고저차가 큰 저지대에서 수압이 높은 지점, 물 수요가 적은 야간 등 동시간대 농수압이 과대해지는 지점, 인접한 요구수압이 다른 배수계통의 연결지점 등에 설치한다.

2) 배수관 지관

배수 본관으로부터의 분기점, 배수블록의 입구지점 등에 설치한다.

5. 감압밸브의 필요성과 고려사항

1) 배수구역의 시간최대배수량을 고려하여 최소동수압을 유지할 수 있도록 배수관의 시점과 배수관망의 적당한 지점에 제어밸브(감압밸브)를 설치한다.
2) 배수구역의 고저차가 큰 경우 저지대에 최대정수두 이상이 작용할 경우 적정 동수압을 유지하도록 감압밸브를 설치한다.

6. 자동압력조정밸브

감압밸브는 수동과 자동이 있으며 자동밸브는 제어밸브(니들밸브, 콘밸브, 볼밸브)와 자동압력조정기구(2차측 압력을 감지하여 밸브를 제어하는 시스템)를 조합하여 적정 동수압을 유지한다.

환경용어

농축계수(CF : Concentration factor)
수중생물이 같은 수중에 존재하는 물질을 높은 농도로 축적할 때, 그 농도의 정도를 나타내는 것으로서 다음 식과 같다. 축적계수, 농축비, 존재비 등으로도 불린다. CF = 생물체 속의 유해물질의 농도/환경수중의 유해물질의 농도

69 | 송배수관로의 TMTC(Tele-metering Tele-Control System)에 대하여 설명하시오.

1. 개요

송배수 관망의 효율적인 운영과 수질, 수압 공급의 질을 높이기 위하여 최근에 원격감시(TM)와 원격제어(TC)가 보편화 되고 있으며 상수도 전산화 시스템과 유기적으로 결합되고 있다.

2. 수압감시 Telemetering System

1) 목적

수압감시 Telemetering System은 배수구역의 주요지점에 수압측정점을 설치하여 Control Center에서의 감시를 목적으로 한다.

(1) 수압감시에 의한 급수시스템의 향상 도모
(2) 수압감시 Telemetering System을 이용하여 압력조절에 의한 누수방지 도모
(3) 수압 이상변동을 포착하여 누수를 발견
(4) 수압 정보를 수집하여 장래의 Bloc화, 압력조정, 관망정비계획 자료로 활용

2) 수압측정점 선정

(1) 지형과 계통을 대표하는 지점
각 계통의 말단, 지반고가 높은 지점 등 수압이 낮은 지점, 수압변화가 큰 곳
(2) 설치가 용이한 장소

3. 잔류염소 Telemetering System

1) 목적

(1) 수질변화, 오수유입 대비
(2) 잔류염소 상시감시 자료를 측정하여 수질관리체제 강화
- 주요 지점에 염소주입설비 설치(원거리 수송 시)
- 잔류염소 균등화에 의한 염소 소비량 절감

2) 감시방법

(1) 저지대 급수구역에는 급수구당 2~3개 정도의 자동측정장치를 설치하고 Telemetering System에 의한 잔류염소농도를 Control Center에서 감시
(2) 주 배수관 말단에 설치 : 수압측정 지점과 동일한 곳으로 한다.

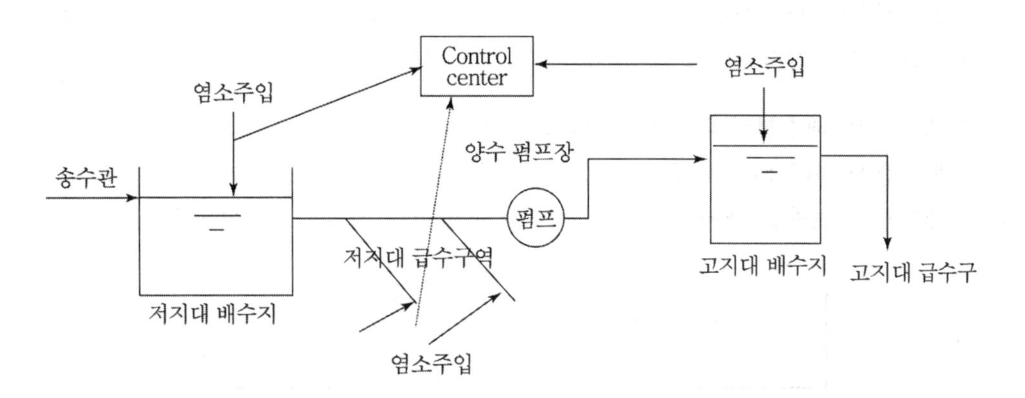

4. 유량 Telemetering System

송수량, 배수량 측정과 실태 파악으로 누수량, 유수율 자료로 활용한다.

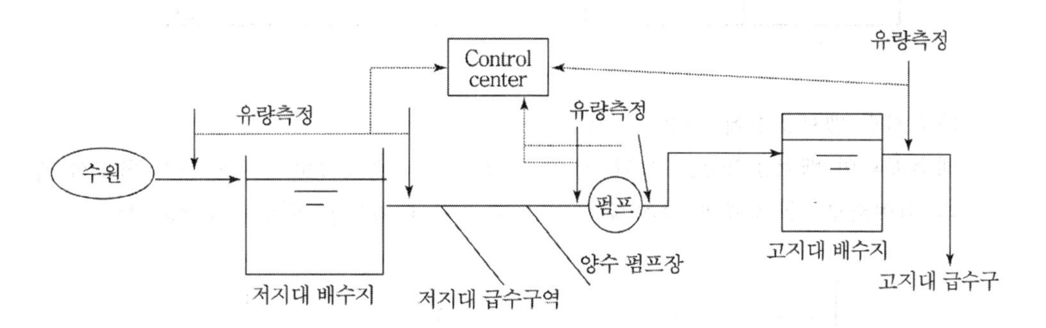

5. 배수구역 간의 연락밸브 원격제어 시스템(Tele-Control System)

긴급 시 급수의 안정성을 위하여 인접하는 배수간선의 연락은 중요하며 연락밸브는 배수구역의 분단 시에 반드시 설치하며, 연락밸브를 전동화하여 원격제어 시스템으로 제어할 수 있으며 최근의 전산망의 발달로 수동제어에 비하여 신속, 자동화, 정밀한 제어능력을 가진다.

6. 송배수 제어 시스템

송배수 Control은 배수관망 내에 설치한 밸브나 펌프의 원격조작에 의하여 관망 내의 물의 흐름을 제어하는 시스템으로 수압, 유량을 적절하게 유지할 수 있다.
관 말단의 수압을 검지하여 자동적으로 펌프 양정을 변화시키는 관말압제어와 감압밸브를 설치하여 Timer에 의한 주야간의 감압조작도 포함된다. 조절밸브 등의 Control 시스템을 많이 설치할수록 세밀한 배수제어가 가능하다.

1) 배수간선, 배수본관의 밸브조절에 의한 Control
   배수간선, 배수본관의 밸브조작으로 유량, 수압을 제어하는 방식으로 조절밸브는 배수구역 전반을 제어하므로 지역의 상황에 따른 세밀한 배수제어는 할 수 없다.

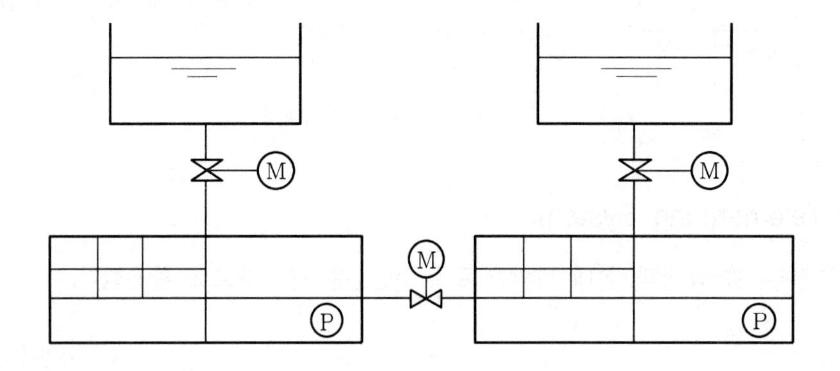

2) 배수지관 밸브조정에 의한 Control
   배수지관의 밸브조작으로 유량, 수압을 제어하는 방식으로 조절범위가 비교적 좁은 지역으로 각 지역의 상황에 따라 배수조정이 가능한 배수 Control 형태

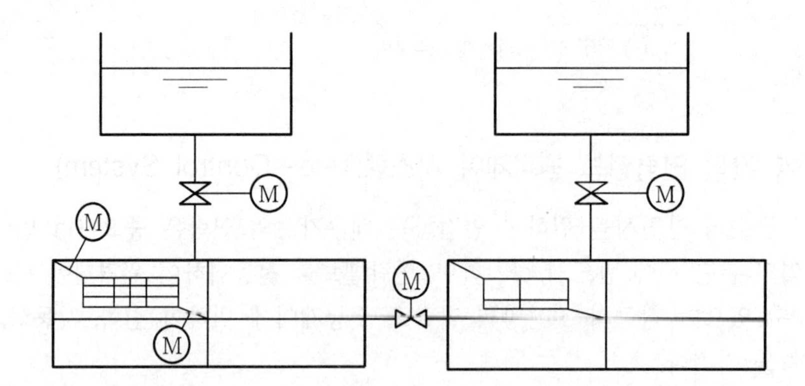

3) 제어시스템의 비교

구분	간선, 본관밸브 조작	지관밸브 조작
1. 수압조정	수압조정범위가 전 배수 구역이므로 수압조정 균일화가 어렵다.	• 지관조작이므로 보다 균등수압 유지가 가능하다. • 지형에 따라 조작하여 세밀한 대응
2. 유량파악	본관유량만 파악	• 소 Bloc 내의 유량파악으로 유량관리 용이 • 누수파악이나 장래계획 자료 수집 가능
3. 단수작업	전 구역단수는 원격조정 가능하나 지역별 단수는 현장조작	소 Bloc별로 단수, 급수개시가 원격조작 가능
4. 전기계장설비	감시점이 적어 관리가 단순, 유지비가 적다.	감시점이 많아 설비비가 비싸다.
5. 배수관망	단식 배수관망 조직으로 시설이 가능	복식, 삼중식 배수관망이 필요하며, 도입에 따른 배수관망시설 정비 필요

7. TMTC 현장 적용 추세

원격감시제어 시스템은 광범위한 상수도 관로를 정밀하고 효율적으로 관리하는 데 반드시 필요하고 TMTC의 수준이 상수도 공급의 질을 좌우한다고 볼 수 있다. 관망도의 전산화와 함께 최근 TMTC가 활발하게 연구 적용되고 있으나 유량 수압, 염소농도등 측정값의 의미가 적은 곳에 과다한 적용은 피해야 한다.

70 | 관로 공사의 비굴착식 공법의 종류에 대하여 설명하시오.

1. 개요

관로 공사의 굴착공법과 비굴착공법의 선택은 토질에 따른 시공의 난이도, 경제성, 교통문제, 환경문제, 공기 등을 종합적으로 검토하되 굴착공법은 노면 전체를 점유한 채 작업이 진행되며, 토사가 인근 주변에 쌓이는 등 여러 가지 문제점으로 최근 적용 실적이 줄어들고 있으며, 비굴착공법에는 추진공법, 실드공법 등이 있으며 기술과 장비의 발달로 적용이 증가되고 있다.

2. 관로 공사의 종류

1) 굴착(개착)방식

2) 비굴착(비개착) 방법

(1) 추진공법

(2) 터널공법 : 발파식(NATM), 기계식(TBM), 실드 공법

3. 굴착공법과 비굴착공법의 비교

구분	굴착 공법	비굴착 공법
1. 교통문제	• 시공 구간의 교통 전면차단 • 장시간 교통 체증 • 건설 잔토, 자재의 도로 점용	• 최소구간 차단 • 교통 체증 최소화 • 단기간 통제
2. 도심환경	• 굴착으로 소음, 진동, 분진 발생으로 민원 야기 • 주민 주거생활 영향	• 소음, 진동, 분진의 최소화로 민원 발생의 최소화
3. 안전문제	• 주변 침하 야기 • 굴착 시 상수관, 가스관 등 타 매설관과 접촉 위험	• 주변침하 영향 없음 • 타 매설관 접촉 가능성 없음
4. 경제성	• 도로 파손 • 가시설 공사로 비경제적 • 많은 인력, 장비 소요 • 도로 재포장 • 장시간 통제로 사회간접비용 손실 증가 (직접공사비의 4~5배)	• 도로 파손 최소화 • 대부분 공정이 기계화, 자동화로 최소 인원 소요 • 도로 재포장 불필요 • 사회간접비용이 굴착공법의 1/10 수준

4. 추진공법

1) 개요

추진공법은 압입수직갱을 파고 추진용 칼날을 붙인 선도관을 앞세우고 추진용 재크로 압입하여 관 내 토사를 배제시켜 굴진하면서 순차로 관을 연결하여 터널을 형성시켜 가는 공법으로 굴진 단면의 규모가 작고 연장이 50~100m 정도이다. 철도, 하천, 간선도로 횡단, 도심지에 관을 부설할 때 주로 사용한다. 500mm 이하의 관은 부적당하고 600~1,800mm 정도에 쓰인다.

2) 장단점(개착공법과 비교 시)

(1) 장점

- 개착부가 수직갱 부분뿐이므로 발생토량과 흙막이공이 절감되어 공사규모가 작아진다.
- 칼날 굴착과 수직갱 굴착 등 공사범위가 한정되어 공사관리가 용이하며 소음 발생을 방지할 수 있다.
- 작업인원이 적고 공사기간 단축 가능

(2) 단점

- 추진 중에는 방향 전환이 불가능하다.
- 다른 매설물의 안전을 위하여 매설심도가 깊은 경우가 있다.
- 연약지반에서 오차가 발생할 수 있으며, 오차 수정이 곤란하다.

3) 추진 부설된 관의 사용방법에 따른 구분

(1) 외부관 추진공법

추진공법으로 부설된 관 내에 상수도 관로를 설치하는 2중관 방식으로 일반적으로 사용하며 관 내의 토사를 인력으로 방출한다.

(2) 철관 추진공법

외장을 한 주철관이나 강관을 추진시키고 그 관 자체가 직접 상수도 관로로 사용

- 덕타일주철관 : 내면 이음식, 내면 칼라 이음식
- 강관 : 콜타르 에나멜 규격관으로 도복된 관

4) 추진 방식에 따른 구분

(1) 맹압식

수평 보링으로 굴진시킨 Rod에 연하여 토사가 들어오지 못하도록 맹판을 붙인 선도관으로 압입

(2) 제트수류방식

노즐이 붙은 선도관 사용

(3) 철관착진기에 의한 방식

300mm 이하 관경으로 연장이 짧은 경우에 관의 선단에 금속 뚜껑을 씌워서 유압재크로 압입

(4) 수평오거방식

본관을 잭으로 추진하면서 관내에 들어오는 토사를 흙오거(Earth Auger)로 배토하면서 추진 매설하는 방법

(5) 견인방식

P.C 강선을 수평 보링 구멍에 관통하여 전방으로 견인

(6) 이중관 추진 공법

이 공법은 1km 내외의 장대 관로를 추진하는 경우 추진 저항을 최소화하기 위해 전반의 600m정도는 마찰 저항력이 적은 외관(강관)으로 추진하고 후반의 600m 정도는 지름이 작은 내관(철근 콘크리트관)으로 전환하여 추진한 이중관 추진 공법이다.

5) 연약지반 공법

(1) 보조공법 병용

추진관 선단의 주위부로부터 붕괴를 방지하기 위해 토질에 따라 약액 주입, 지하수위 저하 등

(2) 압축공기공법

추진관에 작업실과 Rock Chamber를 갖춘 관을 접속하고 작업실에 압축공기를 공급하여 용출수 감소 및 토사붕괴 방지

(3) 동결공법

관 추진 예정부지 주위에 동결관을 매설하고 외주의 흙을 동결시켜 연속된 흙막이 지수벽을 형성시키면서 굴착

5. 터널 공법

1) 공법의 분류

(1) 발파식 공법

• 재래식 공법 : 재래식 공법은 터널을 발파 후 내벽을 철재 지보공과 콘크리

트 Lining을 사용하여 터널 내벽을 지지하는 것

- NATM 터널 공법 : NATM(New Austrian Tunnelling Method 암반고정식) 공법은 지반자체가 주요한 지보재로서 이용되고 Shotcrete, Rock Bolt, Steel Rib에 의해 지반이 본래가지고 있는 강도를 유지하거나 보강을 해준다.

(2) 기계식 공법 : TBM 공법

TBM(Tunnel Boring Machine)은 정상적인 화약장전에 의한 발파 작업이 불가능한 지역인 해저 터널, 지반이 약한 지역에서 터널 시공 시 이용하는 방법으로 쇼오벨계 굴착, 커터계 굴착방식이 있다.

(3) 연약지반 공법 : Shield 공법

(4) 수중공법

침매(沈埋)공법 : 터널 형태의 대형 콘크리트 구조물을 해저에 가라앉힌 뒤 이 구조물을 기술적으로 연결하여 터널을 건설하는 방식

2) 실드(Shield)공법

(1) 원리

실드 공법은 Shield 라는 보호물의 강재 원통형의 기계를 수직 작업구내에 투입시켜 커터헤드를 회전시키면서 지반을 굴착하고 막장면은 각종 보조공법(공기압, 약액주입)으로 붕괴를 방지하면서 Segment 설치를 반복해 나가면서 터널을 굴착하는 공법으로 연약 지반에서 굴진을 하면서 Shield로 터널의 안전을 확보 하며 대표적인 Shield가 세그먼트 혹은 각종 관을 이용한다.

(2) 실드(Shield)공법의 분류

① 전면개방형
- 인력굴착식
- 반기계식 : 쇼오벨계 굴착적재, 커터계 굴착적재
- 기계식 : 회전굴착, 요동굴착

② 부분개방형 : 블라인드식

③ 밀폐형
- 이수(泥水)가압식 : 회전굴착
- 토압식

(3) 특징

최근 소음, 분진이나 교통장애 등을 최소화 할 수 있는 공법이 도심지 상하수 관거 시공에 요구되고 있으며 도시의 과밀화에 의한 도로 교통의 저해, 소음진동

등 공해의 발생, 도시시설의 밀집화에 따른 터널시공의 난이성, 지하구축물의 장대화 등의 이유로 도심지 터널 공사에서 Shield 공법의 적용성은 증가되고 있다.

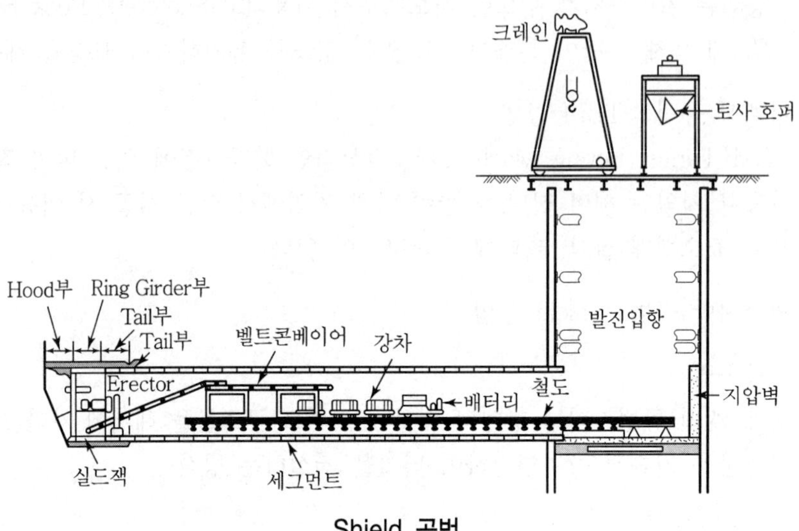

Shield 공법

(4) 장점

① 수직갱구 이외의 거의 모두가 지하에서 작업이 이루어지므로 소음 및 진동피해가 적다

② 시공이 반복 작업이므로 공사관리가 쉽다.

③ 하저횡단, 지하구 구조물과의 교차 등의 문제가 적다.

④ 깊은 시공 심도, 나쁜 지질조건, 연약지반, 지장물 등 시공조건이 나쁠수록 개착공법에 비해 공기, 공사비면에서 유리해진다.

(5) 단점

① 토피가 너무 얇은 경우에는 특별한 조치가 필요하다.

② 급곡선의 시공이 어렵다.(평면곡선 반경이 작은 경우)

③ 지반 안정처리 등에 의해서 지하수가 고갈 될 수 있다.

④ 실드의 경로에 따라서 지반침하가 발생할 우려가 있다.

(6) 실드 공법의 종류

① 콘크리트 충진 방법

상수도 관로 구경보다 600~800mm 정도가 더 큰 내경의 디널을 뚫고 → 상수관로 강관이나 덕타일주철관을 순차로 삽입하여 터널과 동심원상에 배관 접합 완료 → 일차 복공과 관과의 간격을 콘크리트로 충진

② 검사통로방식

상수도 관로 구경보다 1,200~1,500mm 정도가 더 큰 구경의 복공 내공 단면 의 터널 축조 → 상수관로 배관 → 복공과 관과의 공간을 검사통로로 이용

③ 세그멘트형 강관방식

일차 복공 세그멘트를 두꺼운 강판으로 제조, 조립, 용접하여 상수도 관로로 겸용하는 것으로 공사비가 적게 소요되고 지하수위 이상에서 적합, 압력도수 터널 등에 사용

3) 세미실드(Semi Shield)공법

실드공법의 세그먼트는 여러 조각을 모자이크식으로 맞추면서 추진해나가는데 이때 맞춤부분의 틈새로 배면 토사나 물이 새는 등의 어려움이 있다. 세그먼트 대신 관을 사용하는 실드공법을 세미실드라고 하는데 관은 형상 자체가 이미 폐합이 되어 있어 실드공법에 비해 세그먼트의 조립공정이 생략되어 이수 가압식 등에 널리 쓰인다.

6. 현장 적용 추세

굴착공법은 노면 전체를 점유한 채 작업이 진행되며, 토사가 인근 주변에 쌓이는 등 여러 가지 문제점으로 적용 실적이 줄어들고 있으며, 비굴착공법은 반면에 사용이 증가되고 있다. 굴착공법과 비굴착공법의 경제성을 비교하면 굴착심도 1.7m를 경계로 굴착 시토공량, 가시설 등의 비용이 증가하기 때문에 심도가 깊을수록 경제적이라고 한다.

71 | 직사각형, 사다리꼴, 원형 수로에 있어서 수리학적으로 유리한 단면을 설명하시오.

1. 정의

수로에서 수리학적으로 유리한 단면(Best Hydraulic Section)이란 관거에서 흐름이 가장 효율적인 단면으로 동일 단면에서 저항이 가장 작고 유량이 최대인 상태를 말한다. 형태상으로는 원형이 가장 이상적이며 각 구조별로는 아래와 같다.

2. 수리해석

수로에서 유량은 유속에 비례하므로 아래 매닝공식에서 유속(V)은 경심(R)에 비례한다.

$$V = 1/n\, R^{(2/3)}\, I^{(1/2)}$$

경심은 단면적에 비례하고 윤변에 반비례하므로($R = A/S$) 단면적에 대한 윤변의 길이가 작을수록 경심은 증가하고 수리적으로 유리한 단면이 된다.

3. 수리학적으로 유리한 단면

1) 직사각형 단면에서는 수심이 수로 폭의 50%($H = B/2$)일 때 경심이 최대가 된다.

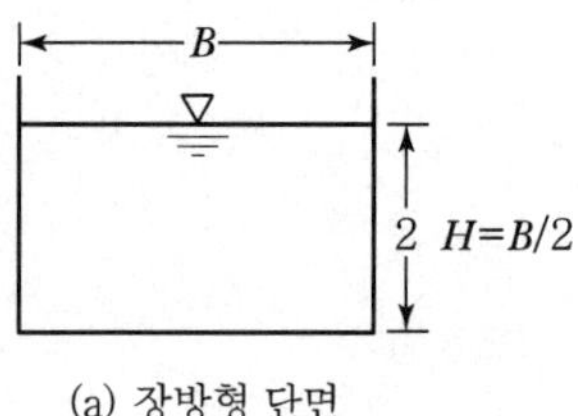

(a) 장방형 단면

(1) 수류단면적 $A = B \cdot H$

(2) 윤변길이 $S = B + 2H$

(3) 경심 $R = \dfrac{B \cdot H}{B + 2H}$

2) 사다리꼴 수로에서는 아래 그림처럼 $\theta=60°$일 때 가장 유리하다.

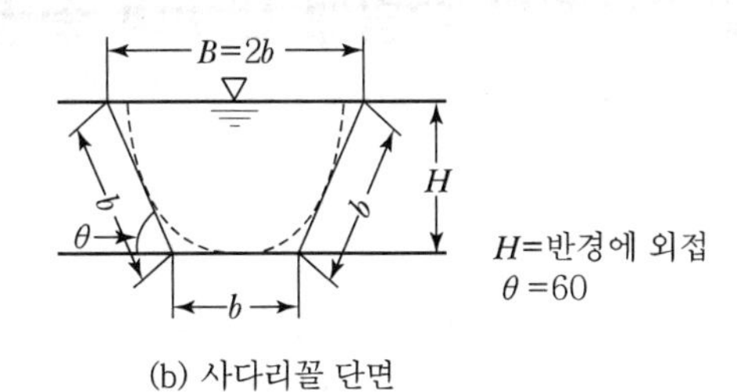

(b) 사다리꼴 단면

(1) 수류단면적 $A=\dfrac{H(B+b)}{2}$

(2) 윤변길이 $S=b+2b$

(3) 경심 $R=\dfrac{b(2b+b)}{2(b+b+b)}$

3) 원형 단면에서는 수심이 직경의 70%에서 가장 효율적이다.

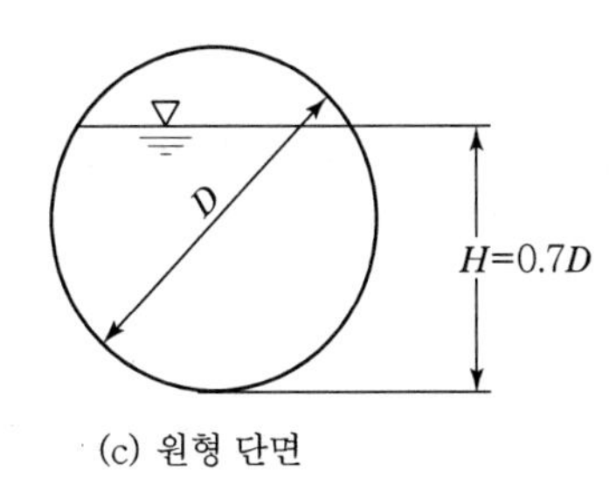

(c) 원형 단면

(1) 수류단면적 $A=\dfrac{\pi D^2}{4}$

(2) 윤변길이 $S=\pi D$

(3) 경심 $R=4D$

72 | 하수도 신설관로계획 수립에 대하여 설명하시오.

1. 개요

하수도 신설관로를 적합하게 계획하기 위해서는 처리하수량, 각종 수리계산, 적합한 관종 선정, 노선결정, 배수방식 선정, 연결방법, 유지관리(개·보수) 등을 고려하여야 한다.

2. 하수관로계획 시 고려사항

1) 노선결정

관로의 평면노선설계 시 자연유하방식으로 선정함이 유리하나 지역적 특성에 따라 경제성 및 시공성 등을 고려하여 최적의 노선을 선정한다.

2) 계획하수량, 유속, 관종선정

배수구역을 설정하고 적합한 유출계수, 강우강도식에 의한 계획하수량과 유속, 구배, 관경을 계산한다.

3) 단면 및 경사

관로 단면, 형상 및 경사는 관로 내에 침전물이 퇴적하지 않도록 적당한 유속을 확보할 수 있도록 설계하여야 한다.

4) 매설위치

관로는 공공도로상에 매설하는 것을 기본으로 하며 부득이 하천변 매설의 경우 관체 보강 및 보호, 수밀성 확보, 유지관리를 고려하여 설계하여야 한다.

5) 관종 및 관 연결

지반침하 및 함몰을 예방할 수 있도록 지역여건을 고려하여 수밀성 및 내구성이 우수한 관종 및 관 연결방법을 선정, 반영하여야 한다.

6) 조사

현장조사(토질, 측량, 지장물, 배수설비 등)를 면밀히 시행하여 향후 설계변경사항이 발생하지 않도록 하여야 한다.

7) 유량관리

침입수·유입수 및 유량 등을 분석하기 위한 적정한 지점에 유량측정기기를 설치하고, 향후 운영 시 중앙제어시스템과 연계하여 청천 시와 강우 시에 모니터링을 할 수 있도록 하여야 한다.

8) 합류식, 분류식 결정

각 처리구역(분구)에서 공공수역 및 하수처리시설까지 우·오수가 합류 또는 분리되어 이송될 수 있도록 설계하여야 한다.

(1) 관로정비지역에서 하수처리시설까지 이송되는 주요 하수관로(우·오수 간선, 차집관로 등) 및 배제방식 등 상세현황도를 작성하고 관로정비방안을 제시하여야 한다.

(2) 오수관로에서 하수가 월류되거나 우수관로에 오수가 유입되지 않도록 설계하여야 한다.

(3) 분류식 지역으로 전환되는 하수처리구역의 배수설비현황을 파악하여 경제성·시공성 및 분뇨직투입이 가능한 배수설비를 계획한다.

(4) 사업구역 내 하수가 발생하는 가정이나 영업장을 직접 방문하여 전수조사를 실시하고, 가옥형태, 거주형태(공가·폐가 포함), 배수관의 시설현황, 정화조 유무, 포장상태 등을 조사하여 합리적인 배수설비설치를 계획한다.

(5) 육안으로 확인이 불가능한 경우에는 송연조사 등을 수행하여 배수설비의 연결상태를 확인하여야 한다.

(6) 배수설비 조사결과에 따라 유형별 배수설비표준도를 작성하여, 제시하고 보고서 및 부속도서에 수록한다.

9) 관로개량

관로 노후현상이나 침입수 문제 등으로 인한 개량의 타당성과 필요성을 확보하기 위해 관로현황 및 내부조사결과를 토대로 구간별로 구체적으로 분석하고 개량이 이루어져야 한다.

3. 계획하수량

각 관로별 계획하수량은 다음 사항을 고려하여 정한다.

1) 오수관로에서는 오수량의 시간적 변화에 대응할 수 있도록 계획시간최대오수량으로 한다.

2) 우수관로에서는 해당 지역의 적합한 강우강도, 유출계수 및 유역면적을 반영한 계획우수량으로 한다.

3) 합류식 관로에서는 계획시간 최대오수량에 계획우수량을 합한 것으로 한다. 관로 단면결정의 중요한 요소는 계획우수량이다.

4) 차집관로는 각 지역의 실정, 차집, 이송, 처리에 따른 오염부하량 저감효과 및 그에 따른 필요한 비용 등을 고려한 우천 시 계획오수량으로 한다.
5) 계획하수량과 실제 발생하수량 간에 큰 차이가 있을 수 있으므로 이에 대응하기 위하여 지역 실정에 따라 오수관로의 계획하수량에 여유율을 둘 수 있다. 여유율은 일반적으로 관경증가에 따른 비용부담, 배수구역의 유하시간 차이로 인한 여유율 등을 감안하여 정한다.

4. 유량공식

유량은 자연유하일 경우 매닝(Manning)공식 또는 쿠터(Kutter)공식을 사용하고, 압송식일 경우 하젠－윌리엄스(Hazen－Williams)공식을 사용하여 산출한다.

1) Hazen－Williams공식(압송식, 장대관로에서 사용)

$$Q = 0.279\,CD^{2.63}I^{0.54}$$
$$V = 0.849\,CR^{0.63}I^{0.54}$$

여기서, C : 유속계수(보통 100, 80～150)

2) Manning공식(개수로, 관수로에 사용)

$$V = 1/n \cdot R^{(2/3)} \cdot I^{(1/2)}$$

여기서, V : 평균유속(m/sec), R : 동수반경(A/P)(m)
I : 동수경사(에너지경사)(m/m), n : 관 조도계수

3) Kutter공식

$$V = \frac{[23 + 1/n + k(RI)^{1/2}]}{[1 + (23 + k)n/R^{1/2}]}$$

여기서, k : $0.0015f/I$
f : 관마찰계수
n, R, I : 상동

4) 하수는 보통의 물에 비하여 부유물이 많이 포함되어 있으나 수리계산에 지장을 줄 정도는 아니므로 보통의 물에서와 같은 방법으로 수리계산을 한다. 따라서 일반적으로 사용하는 하수도 수리계산식은 자연유하에서는 Manning식 또는 Kutter식을 사용하고, 압송에서는 Hazen－Williams식을 사용한다.

5) 관로의 유량계산인자

(1) 경사는 관저경사를 사용한다.
(2) 조도계수는 Manning식 또는 Kutter식에서 철근콘크리트관 및 도관의 경우에는 각각 0.013, 경질염화비닐관 및 강화플라스틱복합관의 경우에는 0.011을 표준으로 한다.
(3) Hazen－Williams식에서 유속계수 C값은 110을 표준으로 하고, 직선부(굴곡손실 등은 별도 계산한다)만의 경우에는 130을 표준으로 한다.
(4) 관로 단면적은 유량과 경사의 결정으로 Hazen－Williams식, Manning식에 따라 구하며, 수심을 결정할 때 원형거는 만류, 직사각형거는 높이의 90%, 말굽형거는 높이의 80%로 한다.

6) 개거의 유량계산인자

(1) 유량은 등류(等流) 혹은 부등류(不等流)를 고려하여 계산한다.
(2) 평균유속은 일반적으로 Manning식을 사용하여 구하고, 조도계수는 WEF, MOP FD－20 등의 자료에서 제시하는 범위로 한다.
(3) 적당한 여유고를 갖도록 단면을 결정한다.

5. 하수관로의 유속 및 경사

하수관로에서 유속은 저유속에 따른 관로 내 오물침전, 침전물 준설에 따른 유지관리 비용과 과유속에 따른 관로손상, 내용연수 감소 등을 고려하여 일반적으로 하류방향 흐름에 따라 점차로 커지고, 관로(관거)경사는 점차 작아지도록 다음 사항을 고려하여 유속과 경사를 결정한다.

1) 오수관로

(1) 계획시간 최대오수량에 대하여 유속을 최소 0.6m/s, 최대 3.0m/s로 한다.
(2) 지표경사로 관로경사가 급하게 되어 최대유속이 3.0m/s를 넘게 될 때에는 단차를 설치하여 유속을 감소시키거나 단차설치가 곤란한 경우에는 감세공 설치, 관경이나 맨홀의 종별 상향 또는 수격에 의한 맨홀 파손 방지조치를 고려한다.

2) 우수관로 및 합류관로

(1) 계획우수량에 대하여 유속을 최소 0.8m/s, 최대 3.0m/s로 한다.
(2) 우수관로 및 합류관로에서는 비중이 상대적으로 큰 토사류의 침전 방지가 필요하며, 급경사지 등에서의 과유속에 따른 관로손상, 유달시간 단축에 따른 하류지점의 유량 집중을 방지하기 위하여 단차 및 계단을 두어 경사를 완만하게 하여야

한다.

3) 각 수심별로 유속 및 유량 등은 수리특성곡선을 통해 알 수 있으며 원형거, 직사각형거, 폭과 높이가 같은 말굽형거 및 계란형거 등의 수리특성곡선과 각 관로형태별 최대유속 및 유량을 참고한다.

6. 하수도 관거용 재질

하수도 자재기준은 하수도법에서 규정하고 있으며 관거는 내압과 외압에 대하여 충분히 견딜 수 있는 구조 및 재질이어야 하고 내구성 및 내식성을 갖추어야 한다. 일반적으로 매설특성 등에 따라 다음과 같은 종류를 사용한다.

1) 콘크리트관

(1) 철근콘크리트관에는 원심력 철근콘크리트관(흄관), 코어식 프리스트레스트콘크리트관(PC관), 진동 및 전압철근콘크리트관(VR관), 철근콘크리트관이 있으며, 사용용도 및 매설조건 등을 고려하여 적용한다.

(2) 제품화된 철근콘크리트 직사각형거(정사각형거 포함)는 분할제조가 가능하고 공사기간 단축이 가능하다.

(3) 현장타설 철근콘크리트관은 기성제품의 사용이 불가능한 경우나 특수한 조건을 요구하는 곳에 적용한다.

2) 합성수지관은 일반적으로 중소형관에 많이 적용하며 외압에 의한 관 변형에 특히 유의하여야 한다.

(1) 경질염화비닐관

(2) 폴리에틸렌(PE)관

3) 덕타일(Ductile)주철관은 내압성 및 내식성이 요구되는 곳 등에 적용한다.

4) 파형 강관은 우수관으로 사용되며, 오수관으로 사용 시에는 내부 평활성을 고려하여야 한다.

5) 최근에 유리섬유강화플라스틱복합관(GFRP : Glass Fiber Reinforced Plastics, 또는 GRP)의 사용이 확대되고 있다.

6) 폴리에스테르수지콘크리트관은 고강도, 내식성, 시공성 등이 요구되는 조건에 사용한다.

7) 기타 하수관은 관의 재질 및 매설지역 특성을 고려하여 사용한다.

73 | 오수관의 관경 및 구배를 결정하시오.

1. 개요

오수관은 오물을 침전하지 않고 하류로 원활히 배출하기 위한 관경과 구배를 갖도록 하는 것이 중요하며 이는 구배와, 관경에 따라 결정되는 유속과 단면 수심과 상관관계를 가진다. 그러므로 오수관은 적합한 관경과 최소 경사 이상 최대 경사 이내의 적합한 경사를 갖도록 한다.

2. 수리특성곡선

1) 관로 속의 물의 흐름은 일부분을 흐를 때와 가득 차서 흐를 때 유량, 유속 등이 달라진다. 이때 각각의 유량, 유속, 수심, 윤변, 단면적의 관계곡선을 수리특성곡선이라 하고 이 도표를 이용하여 최적의 유량과 유속을 구하여 설계에 적용한다.

2) 수리특성곡선의 이용
관거 단면적은 유량과 경사가 결정되면 수리계산식으로 구할 수 있다. 여기에서 수심을 결정할 때 원형거는 만류, 직사각형거는 높이의 90%, 말굽형거는 높이의 80%로 하여 정해진 계획유량을 충분히 유하시킬 수 있도록 수리특성곡선을 참조하여 단면을 결정한다.

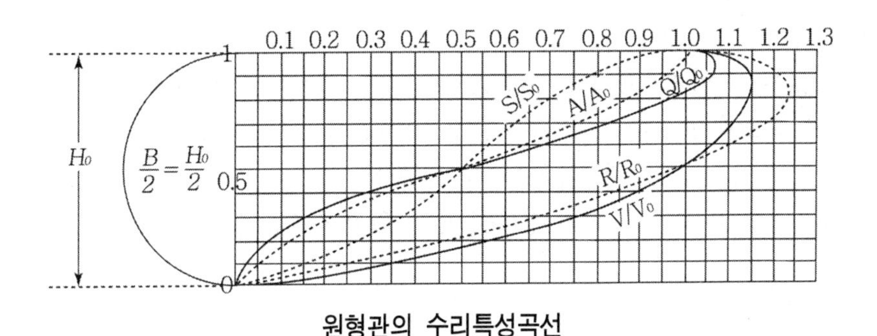

원형관의 수리특성곡선

3) 관거의 결정

(1) 평균유속은 일반적으로 Manning식을 사용하여 구하고, 조도계수는 표를 참조한다.

(2) 수리특성곡선에서 적당한 여유고를 갖도록 단면을 결정한다. 일반적으로 여유고는 계획유량이 200m³/s 미만일 때는 0.6m로 정하지만, 계획유량이 이보다 현저히 작을 경우에는 여유고를 0.2H(H는 개거 깊이) 이상으로 한다.

(3) 원형거 및 말굽형거에서 유속은 수심이 81%일 때 최대이며, 유량은 수심이 93%일 때 최대가 된다.

(4) 직사각형거에서는 유속 및 유량이 모두 만류가 되기 직전에 최대이나 만류가 되면 유속 및 유량이 급격히 감소한다.

(5) 계란형거에서는 유량이 감소되어도 원형거에 비해 수심 및 유속이 유지되므로 토사 및 오물 등의 침전방지에 효율적이다.

3. 하수관거의 유속과 경사

오수관의 유속은 너무 크면 오수 중의 모래 등으로 마모가 일어나고 너무 작으면 오물이 침전하여 유지관리가 어려워진다. 경사가 급하면 유속이 최대 유속을 초과할 뿐 아니라 유달시간이 짧아져 우수 유출량을 증대시켜 범람의 우려도 있다. 관거의 경사 선정 조건은

1) 관거 내에 토사 침전물이 정체하지 않는 유속을 줄 것
2) 하류 관거의 유속은 상류보다 크게 할 것
3) 경사는 하류로 갈수록 완만하게 할 것
4) 현격한 급류가 발생하는 경사는 피할 것

4. 한계 유속과 최소 관경

1) 분류식 하수도의 오수관거
   최소 유속 : 0.6m/s　　　최대 유속 : 3.0m/s
2) 합류식 하수도 및 기타
   최소 유속 : 0.8m/s　　　최대 유속 : 3.0m/s
3) 권장 유속 : 일반적으로 1.0~1.8m/s 정도가 적합하다고 본다.
4) 하수도 최소관경 오수관 : 표준관경 200A 이상(최소 150A)
   우수관, 합류식 : 최소 250A
5) 하수도 매설깊이 : 최소1m 이상(도로법에 의한 하수도관 본선은 토피고 3m 이상)

5. 관경과 경사

오수관의 경사는 표준 유속 범위에서 결정하되 지형 조건(평탄지, 경사지, 급경사지)에 따라 경사를 조절해야 한다.

(예) 800mm 관경의 경우
- 평 탄 지 : 1.3%(만관유속 0.96m/s)
- 경 사 지 : 1.9%(만관유속 1.16m/s)
- 급경사지 : 2.5%(만관유속 1.33m/s)

74 | 맨홀과 인버트

1. 개요

맨홀은 하수관거의 청소, 점검, 보수 등을 위해 사람이 관거 내로 출입할 수 있고, 통풍 환기, 관거 연결 등을 목적으로 설치한다.

2. 맨홀 구성요소

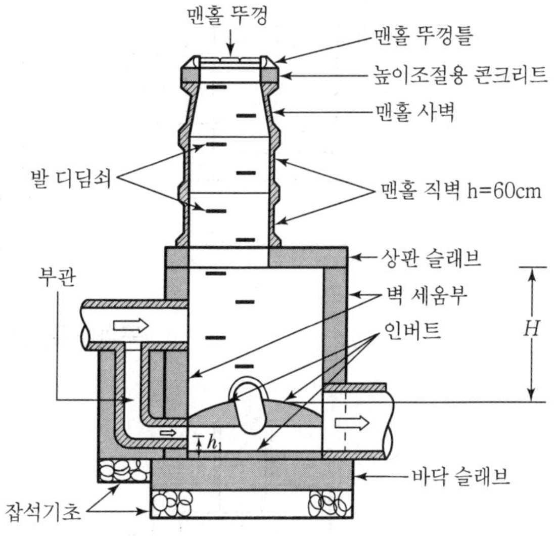

1) 맨홀 뚜껑 : 일반적으로 원형을 사용하며 탄소주강, 주철제를 쓰고 필요에 따라 밀봉형, 압력뚜껑을 쓰기도 하며 오접방지를 위해 구분할 수 있는 표기를 한다.
2) 맨홀 사벽
3) 상판 슬래브
4) 벽 세움부
5) 부관 : 저유량 시 부관을 통해 적정 유속을 유지하고 맨홀 내부의 청결유지
6) 인버트 : 맨홀 바닥에 퇴적물이 쌓이지 않도록 하기 위한 것으로 바닥을 경사지게 하여 하수의 흐름을 원활히 한다.
   - 작업원이 맨홀 안에서 작업시 편리하게 한다.
   - 퇴적물이 정체를 막아 부패의 원인을 제거한다.
   - 인버트의 종단 경사는 하류관의 경사와 동일하게 한다.
   - 인버트 횡단 경사는 발디딤부에 10~20%를 둔다.
   - 상류관의 저부와 인버트 저부와는 수두손실을 고려하여 3~10cm 정도의 낙차(h_1)를 둔다.

3. 맨홀의 설치위치

1) 관거의 기점, 경사나 관경 방향이 변하는 곳
2) 단차가 발생하는 곳, 관거가 합하는 곳, 유지관리상 필요한 곳
3) 직선부는 일정간격마다(D600mm 이하 : 75m 이내, D1500mm 이하 : 150m 이내)를 둔다.

4. 인버트 단면도

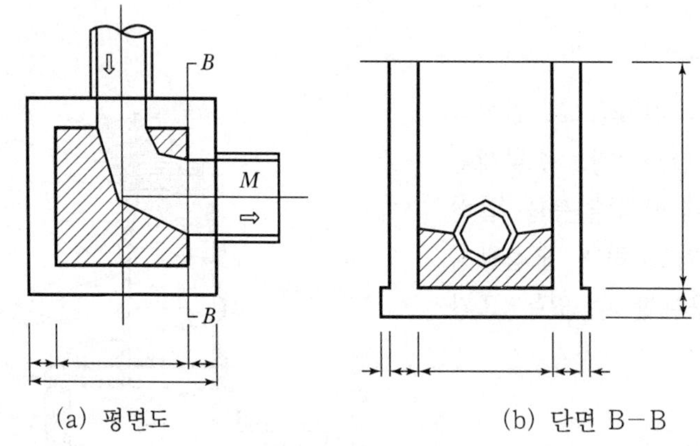

(a) 평면도 (b) 단면 B−B

곡관맨홀, 인버트

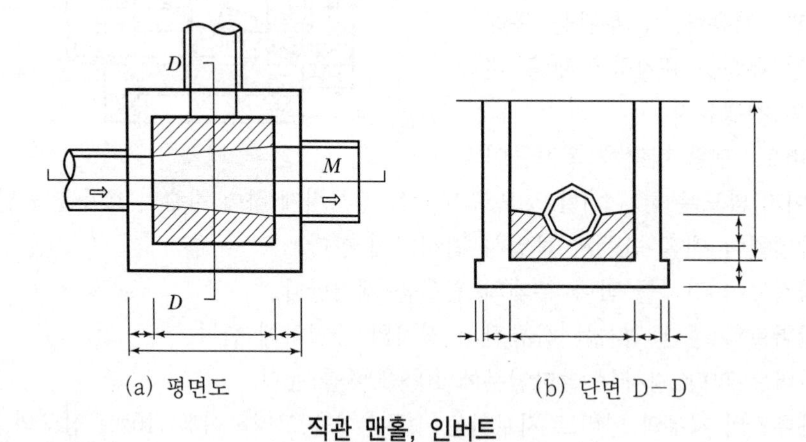

(a) 평면도 (b) 단면 D−D

직관 맨홀, 인버트

5. 표준 맨홀의 종류

- 1호 맨홀(내경 900mm)
- 2호 맨홀(내경 1,200mm)
- 3호 맨홀(내경 1,500mm)

- 4호 맨홀(내경 1,800mm)
- 5호 맨홀(내경 2,100mm)

6. 특수 맨홀의 종류

1) 낙하 맨홀 : 경사가 급한 곳에 맨홀 내에 낙차를 붙여 유속을 조정
2) 연통 맨홀 : 장방형이나 마제형의 측벽을 이용, 연통처럼 축조
3) 계단 맨홀 : 큰 관거에서 수격작용 방지, 진공부 발생 방지를 위해 바닥에 30cm 정도 계단 설치
4) 측면 맨홀 : 하수관로 상부에 맨홀을 설치할 수 없을 때 측면으로 유도해서 설치

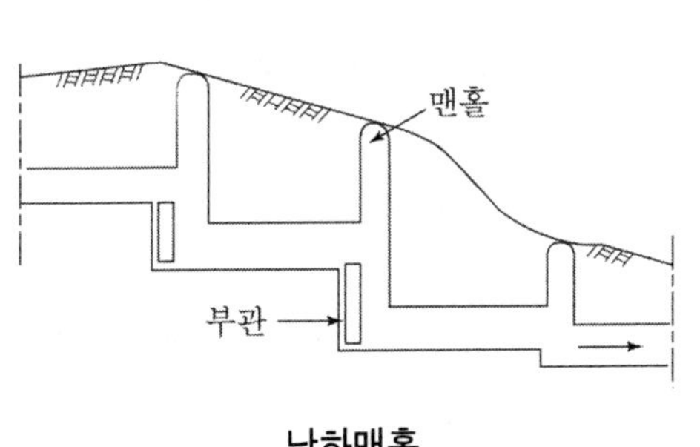

낙하맨홀

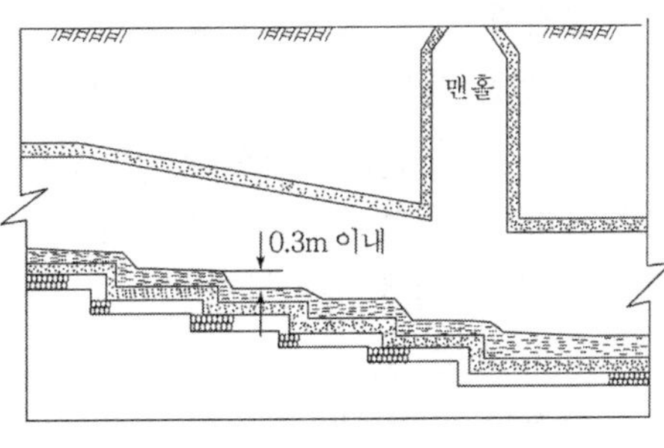

계단맨홀

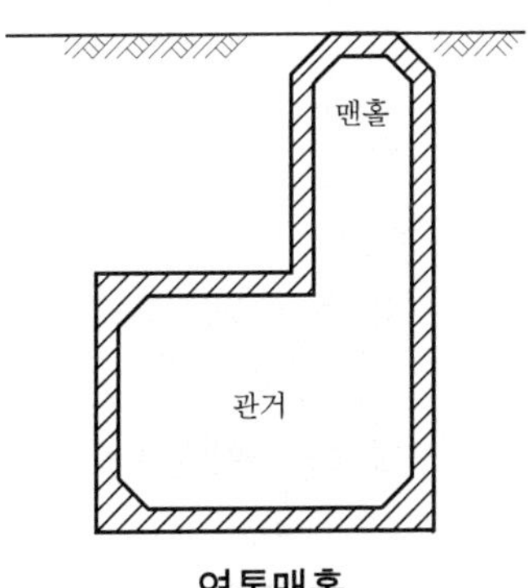

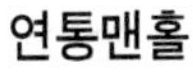

연통맨홀

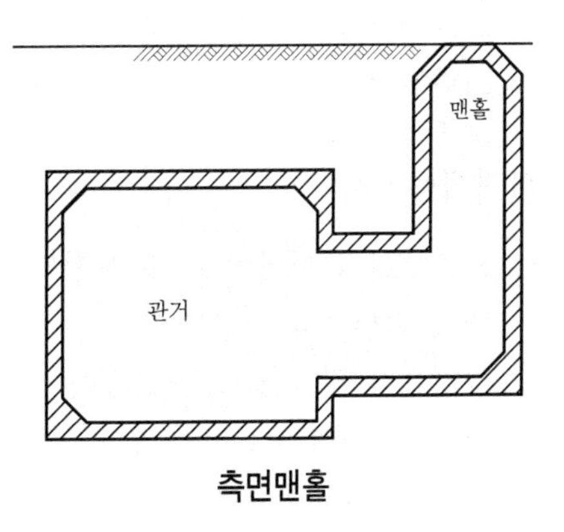

측면맨홀

75 | 하수관거의 심도별 굴착공법, 좁은 골목길 시공법 및 도로 횡단공법에 대하여 설명하시오.

1. 하수관거 굴착공

1) 하수관거 매설을 위한 굴착은 사전에 조사한 토질, 지하매설물 등의 조사자료를 검토하여 지반붕괴, 지하매설물의 파손 등이 일어나지 않도록 충분히 검토한 후 안전한 시공방법을 채택한다.
2) 굴착작업 전 사전조사를 철저히 수행하고, 설계토질과 현장토질이 현저하게 차이가 있는 경우 감리자와 협의하여 시공방법(가시설공법 등) 변경 등을 통하여 안전하게 굴착공사를 실시하여야 한다.
3) 굴착 폭은 설계도서에 정해진 폭보다 작아서는 안 된다. 굴착 폭은 최소한 설계에서 정한 폭을 유지한다.
4) 장비 진입 및 시공여건 불가 등 현장상황의 변경요인 발생 시 감리자와 협의 후 변경할 수 있다.
5) 불필요하게 굴착 폭을 확대할 경우 관에 가해지는 토압의 크기 및 분산효과가 달라지므로 설계 폭을 최대한 유지한다.
6) 도로굴착에서 포장을 제거하는 경우 제거범위를 최소화해야 하고, 교통체증이 최소화될 수 있는 시간대에 작업한다.

2. 관거매설공사

1) 도로부분의 터파기 시 포장면의 절단은 아스팔트절단기를 사용하여야 하며, 작업전에 절단선을 표시한다.
2) 작업순서 및 작업시간대 등을 면밀히 검토하여 작업시간을 줄이고 안전사고, 품질확보, 소음에 따른 민원발생 등을 고려하여 실시하여야 한다.
3) 야간 및 휴일작업은 사전에 작업시간, 작업위치 및 이에 따른 공사금액의 변동 등에 대하여 설계 시부터 사전에 구간을 명기할 수 있도록 하며, 착공 전 시공계획서를 제출하여 사업시행기관과 사전협의 후 시행토록 한다.
4) 작업수행에 따른 교통신호 변경 및 통제에 따른 민원발생을 최소화하여야 하며, 관련 기관(경찰청 등)에 사전에 공사수행방안을 제시하고 사전홍보(인터넷, 팸플릿, 홍보방송 등)를 통하여 원활한 통행이 될 수 있도록 대책을 수립토록 한다.

5) 굴착은 설계도서에서 정한 깊이로 하고 작업 중 빗물이나 용수가 고이지 않도록 하며, 기존 구조물에 근접한 장소에서는 기존 구조물의 보호를 충분히 해야 한다.
6) 인력굴착, 기계굴착, 양자 병용 여부 등과 굴착 진행방법, 굴착기계의 선정, 작업인원, 기계 투입대수, 작업시간대 등에 대한 계획을 수립한다.

3. 굴착작업 시 유의사항

1) 정해진 깊이보다 깊이 굴착하지 않도록 하고 만약 깊이 굴착된 경우에는 다시 되메우기를 하며 다짐공법을 사용하여 원지반보다 연약하지 않게 한다.
2) 굴착 중 물이 고이지 않도록 배수장비를 갖춘다.
3) 굴착부 주변의 가옥이나 담장 등과 같은 기존 고정구조물에 근접한 장소에서의 굴착은 구조물의 기초를 이완시키거나 용수, 지하수 배출 시 주변 지반의 지지력을 저하시키므로 인접구조물의 피해가 최소화되도록 대책을 수립한다.
4) 방호계획은 고정시설물뿐만 아니라 차량 및 주민 등에 대해서도 수립한다.
5) 굴착된 토사 혹은 기타 재료는 굴착면으로부터 1.0m 이상 떨어진 위치에 쌓아야 하며 굴착면 안으로 낙하되거나 붕괴되어 유입되지 않도록 유지하여야 한다. 또한 굴착 주위에 과다한 압력을 피하도록 하여야 한다.
6) 작업원 혹은 장비가 충분히 횡단할 수 있도록 관거 굴착 개소에 난간을 갖춘 가교를 설치하여야 한다.

4. 골목길 시공법

도로 폭이 좁거나 지하매설물이 있는 경우에는 줄파기를 한다.

1) 지장물 노선의 직각방향으로 40~50m 간격으로 횡줄파기를 실시한다.
2) 이때 지장물 노선을 확실하게 알 수 있을 경우에는 감리자와 협의하에 횡줄파기 간격을 늘려서 실시한다.
3) 지하매설물이 있는 경우에는 인력으로 예비굴착을 하여 기계굴착으로 인해 발생할 수 있는 지하매설물의 파손을 방지하여야 한다.
4) 노선과 나란히 가는 지장물이 예상되는 구간은 종줄파기를 시행한다.
5) 흙막이 없이 터파기 시 일정한 경사가 되도록 한다.
6) 자연비탈면 터파기를 시행할 경우 비탈면은 설계도서의 비탈면을 유지하여야 하며 수직으로 터파기를 수행하지 않도록 한다.
7) 도로 굴착 시 직각으로 굴착할 경우 도로 안쪽의 굴착면이 쉽게 허물어져 되메우기 다짐이 어렵고 함몰 등 도로 파손의 원인이 되므로 토질에 맞게 절취경사를 두어 굴착한다.

5. 하천횡단시공법

1) 하천을 횡단하여 하수도관을 부설할 경우 사고가 발생하면 발견이 어렵고 보수가 곤란하며 장시간이 소요되므로 기초공에 유의하여 내구성이 큰 구조로 축조한다.
2) 공사를 시공하기 전에 하천관리기관과 충분히 협의하여 안전하고 확실한 계획을 세우고 신속히 시공한다.
3) 하천을 횡단하기 위하여 수로 등을 물막이할 때에는 범람할 우려가 없도록 가수로 등을 가설하여 유수의 소통에 지장이 없도록 하며, 강재 널말뚝으로 가물막이를 할 경우에는 널말뚝 홈과 홈 사이를 제대로 끼워 차수를 확실하게 한 후 작업에 지장이 없도록 한다.
4) 강우에 따른 하천 수위의 상승에 대비하여 대책을 충분히 해 둔다. 기설구조물을 횡단할 때에는 관계 관리자의 입회 아래 지정된 방호를 한 뒤에 공사를 실시하고 되메우기를 확실히 해야 한다.
5) 제방을 횡단하는 관거는 관거와 제체 재료인 토사와의 접촉면에 의하여 파이핑(Piping) 또는 누수현상이 발생할 수 있으므로 차수용 키를 설치하거나 혹은 관거 주변을 점토로 되메우기 해야 한다.

6. 하천횡단교량관매달기공법

1) 하수관을 하천, 도로, 수로 등을 횡단하여 부설할 경우 굴착 또는 비굴착방법으로 시공하는 것이 원칙이나 이설이 불가능한 지하매설물이 있거나 매설심도의 증가로 공사비가 과도해지는 경우 또는 민원발생 등 부득이한 경우에 기설교량에 관매달기와 같은 대안을 설정하여 시공하면 공사기간 단축뿐만 아니라 공사비 절감을 도모할 수 있다.
2) 특히 동일 하수처리구역이 하천 등으로 분리되어 있고 자연유하로 하수의 이송이 불가능한 지역에 적용할 수 있다.
3) 관매달기는 압송관거를 기존 교량에 매다는 것을 원칙으로 한다.
4) 중력식 하수도관을 매달 경우 관경의 증가로 매달기 위치 선정의 어려움뿐만 아니라 관하중의 증가로 교량의 안전에 영향을 줄 수 있으므로 매다는 관은 압송관거를 원칙으로 하고 필요한 경우 매달기 전에 압송시설을 설치한다.
5) 하천, 도로, 수로 등을 횡단하기 위하여 하수도용 수관교를 부설하는 것은 바람직하지 않으므로 특수한 경우를 제외하고는 기존 교량에 관매달기를 한다.
6) 교량은 도로의 종류에 따라 설치·관리자가 있으므로 공사를 시공하기 전에 교량관리자와 충분히 협의하여 안전하고 확실한 계획을 세우고 시공한다.
7) 도로는 국도, 지방도, 군도 및 사도로 구분되며 이들 구분에 따라 관리자도 구분된다.

8) 기설교량에서 관매달기 시 주요 고려사항은 기존 교량의 안전이므로 관리자와 협의 전에 충분히 검토한다.
9) 관매달기 구조물은 하천흐름을 방해하거나 홍수 시 유하되는 부유물의 흐름에 지장을 주지 않도록 한다.
10) 관매달기 배관의 관정부분에 공기가 발생하여 압송에 지장을 줄 수 있으므로 공기밸브를 설치한다.

차 한잔의 여유

하늘은 한사람을 현명하게 하여 모든 사람의 어리석음을 깨우치려 하나
세상에서는 오히려 자기의 장점을 내세워 남의 단점을 들춰낸다.
또 하늘은 한사람에게 부유함을 주어 모든 사람의 곤궁을 구제하려 하나
세상에서는 오히려 가진 것에 의지하여 가난을 업신여긴다.
참으로 천벌을 받아 마땅한 사람들이다.

76 | 하수관거 조사법에 대하여 설명하시오.

1. 개요

관거조사는 다양한 방법이 있으나 국내 여건상 육안조사와 CCTV 조사가 가장 현실적이다. 관거조사 시 세밀한 주의가 필요하며 다른 지하구조물 공사시나 도로공사 시 필요한 자료를 수집하는 것도 시간적, 경제적으로 효율적인 방법이다.

2. 하수관거 조사내용

1) 관 파손 상태 : 파괴, 붕괴 및 붕괴 우려, 파손 및 균열
2) 관 부식 상태 : 철근노출, 골재노출, 표면박리
3) 관 마모 상태 : 철근노출, 골재노출, 표면박리
4) 관 내부 퇴적 상태 : 토사 및 퇴적물
5) 타 관 관통 여부
6) 이음부 엇갈림, 이완 상태
7) 연결관 충돌 파손
8) 오접 여부
9) 침입수 발생 유무
10) 맨홀부 이상 : 인버트 설치 유무, 연결부 이상

3. 하수관거 조사방법

1) 육안조사
(1) 대구경관거 및 접속관, 맨홀 등의 상태를 라이트, 반사경 등을 활용하여 육안으로 점검하며, 사진촬영 등을 통해 정밀성을 기하여 추후 분석자료로 활용한다.
(2) CCTV 조사를 위한 사전조사 단계로 활용되기도 한다.

2) CCTV 조사
(1) 육안조사가 접근의 용이성, 관경의 크기 등에 제약을 받으므로 최근 사용이 증가하고 있다.
(2) 이동 가능한 TV카메라를 관거 내부로 투입하여 균열, 침입수 여부, 이음부 상태 등 관 상태를 조사하여, 조사결과를 지상에서 TV로 관측하거나 연속기록 촬영하여 추후 분석, 활용하는 방법이다.

(3) 최근에는 첨단장비를 장착한 로봇의 개발로 관거 개·보수 시 장애물의 제거, 유량 및 유속의 실측, 접합관 연결부위에 대한 천공 등 다양한 작업이 부수적으로 병행되어 이루어진다.

3) 염료조사

(1) 하수관거의 유하상황 등을 확인하기 위하여 실시하며, 추적자(Tracer)를 유하시켜 이의 경로 및 농도 등을 분석하여 관거의 상태를 조사한다.

(2) 염료조사는 하수·배수경로의 추적 및 이와 관련된 누수, 침입수 여부, 관거 실유하유속 등의 평가가 가능하며, 분류식 관거의 오접 여부 평가 시에도 활용도가 크다.

4) 음향조사

(1) 관거시설의 올바른 접속 여부를 평가하기 위한 방법으로, 배수설비와 하수관거 본관과의 연결 여부 및 경로를 파악하기 위하여 유용하게 사용된다.

(2) 이 조사방법은 발신기에 의해 음을 생성시켜 측정지점에서 그 음의 수신 정도를 분석하여 이를 통해 연결경로 등을 파악하며 특히, 접합관의 접합 여부 검사에 유효하다.

77 | 하수관로 수밀시험 방법을 설명하시오.

1. 개요

기존 및 신설 하수관의 수밀성을 조사하는 방법으로 누수시험, 침입수시험, 공기압시험, 송연(연막)조사, 패커시험 등이 있다. 지하수위와 관거 조건 및 주변 환경을 고려하여 실시한다.

2. 누수시험

지하수위가 관거의 하부에 있는 경우에 유효하며 물로 가득 찬 관거에서 누수량을 일정시간 동안 측정하는 방법이다. 되도록 맨홀과 본관을 동시에 시험하여 맨홀의 수밀성도 조사하는 것이 좋다. 연결관의 경우도 본관과 동일한 방법으로 실시한다.

3. 수밀 검사 요령

1개의 시험구간은 맨홀과 맨홀 사이로 하며 검사 전에 관거 내부를 청소하고 지하수위가 관거바닥 보다 낮게 유지되도록 조치한 다음 실험을 한다.

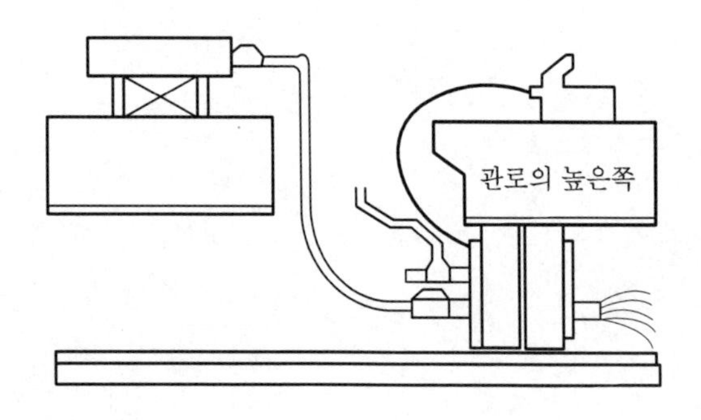

물주입 파이프와 공기 빠지는 파이프에 부착된 밸브를 열고 물탱크의 물을 관로 내부에 기포가 차지 않도록 서서히 물을 채운다. 관로 내부에 물이 주입되면 파이프 내부에 있던 공기는 위쪽에 있는 공기 빠지는 파이를 통해서 빠지기 시작한다.

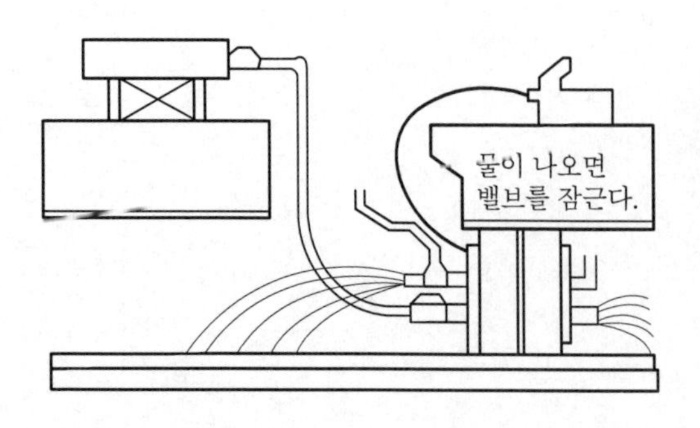

관로 내부에 물이 차면 공기 빠지는 파이프를 통해서 공기는 다 빠지고 공기 빠지는 파이프로 공기 대신 물이 나오기 시작한다. 그러면 약간의 물을 빼낸 후 공기 파이프에 부착된 밸브를 잠근다.

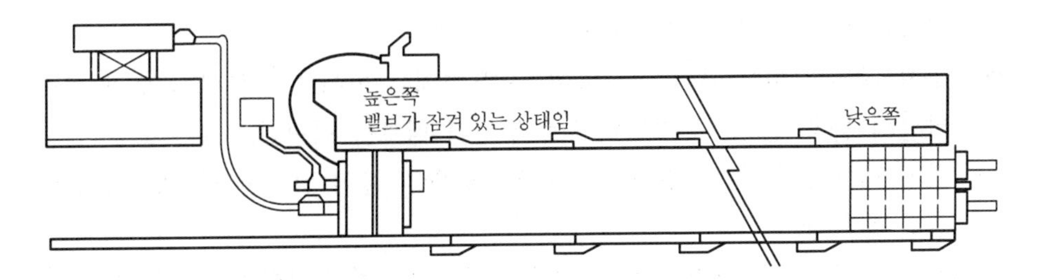

관로 내에 물탱크의 물을 계속 주입시키면 수압에 의해 수직시험관물이 가득차게 된다.
물주입 파이프에 부착된 밸브를 잠근다.

1) 굴착공법에 의하여 부설된 중력식 하수관은 되메우기 전에 수밀검사를 위한 누수 시험을 실시한다.
2) 수밀검사를 위한 누수시험은 원칙적으로 800mm미만 하수관(오수관)중 관경별로 50% 이상에 대하여 실시하되 현장 여건에 따라 조정할 수 있다.
3) 관경별 누수 허용량(흄관 기준)

관경(mm)	250	300	350	400	450	500	600	700	800
허용량(L/m)	0.042	0.05	0.058	0.067	0.075	0.083	0.1	0.117	0.133
검사시간(분)	10분								

4) 누수 시험결과 합격수준에 미치지 못한 구간은 누수지점을 찾아내어 보수하거나 재시공한 후 재시험을 하여야한다.
5) 수밀검사 구간은 어느 한곳에 국한하지 말고 전 지역에 대하여 대표성을 갖도록 골고루 샘플링하여 실시하여야 한다.

6) 수밀검사 순서(위 그림 참조)
   (1) 관거의 낮은 쪽에 고무마개(Sylinder Type)를 설치한다.
   (2) 컴프레서를 사용하여 공기를 고무마개 내부에 주입시킨다.(압력게이지를 이용 고무마개의 최대공기력표에 맞게 공기를 주입 시킨다.)
   (3) 관의 이동이나 고무마개가 수압에 밀리지 않도록 버팀목을 철저히 설치한다.
   (4) 관로의 높은 쪽에 고무마개(Air Release Type)를 설치(공기 빠지는 파이프는 위쪽, 물 주입 파이프는 아래쪽)하고 공기를 주입시켜 고정시킨다.
   (5) 물탱크와 물주입 파이프를 호스로 적절히 연결한다.
   (6) 수직시험관과 공기 빠지는 호스를 연결시킨다.(수직시험관의 위치는 관내부 상단 부분에서 수직시험관 물수두까지 1m로 한다.)
   (7) 물주입 파이프와 공기 빠지는 파이프에 부착된 밸브를 열고 물탱크의 물을 관

거 내부에 기포가 차지 않도록 서서히 채운다.

(8) 관거 내부에 물이 차기 시작하여 공기 빠지는 파이프에 물이 나오기 시작하면 약간의 물을 뺀 후 공기파이프에 부착된 밸브를 잠근다.

(9) 관거 내에 물을 계속 주입시켜 수직시험관의 물이 넘치면 물주입 파이프의 밸브를 잠근다.

(10) 관거가 포화 될 때까지 최소 30분간 방치하여 수직시험관의 수두가 관거 내부 상단에서 1m를 유지하도록 물을 채운다.(물이 계속 줄어들어 채워지지 않을 때는 작업을 중단하고 관거상태의 이상 유무를 점검해야 한다.)

(11) 수직시험관의 물을 채운 후 30분 동안 누수 허용수량 이내이면 합격으로 한다.(관경별 물의 누수허용량 참조)

(12) 물의 누수량 검사는 5분 간격으로 수직시험관 꼭대기까지 물을 채운 후 측정한다.

4. 본관 및 맨홀 수밀시험

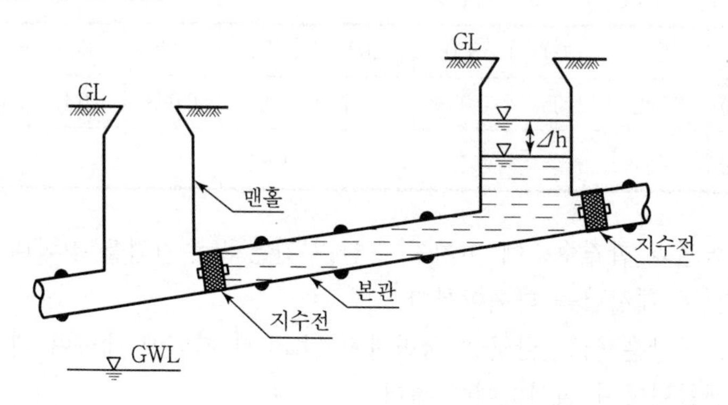

5. 침입수 시험

지하수위가 관거보다 상부에 있고, 현재 침입수가 있는 경우에 유효한 방법이다. 맨홀 사이의 상류 측과 연결관을 지수 Air Plug로 지수하고, 하류 측의 맨홀에 Weir를 설치하여 수면이 안정된 후에 바로 유량을 계측한다.

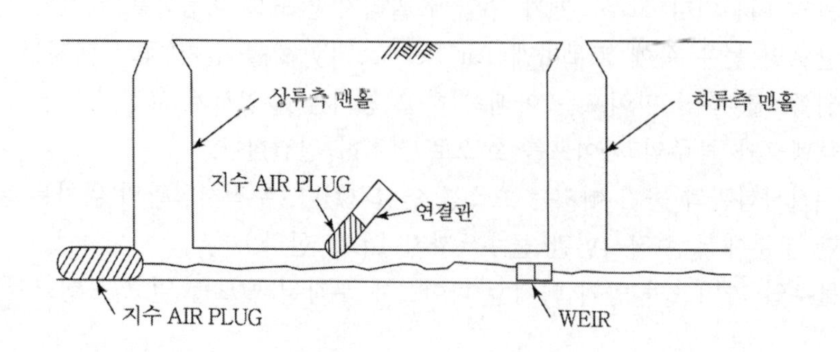

지하수위의 변동에 의해 침입수량이 다르기 때문에 측정한 수량이 항상 침입하고 있다고는 할 수 없다. 따라서 침입수량을 알고 싶을 경우에는 강우 직후는 피하는 것이 바람직하다.

6. 공기압 시험

맨홀 및 본관에 물을 주입하는 대신 저압공기(0.02~0.04MPa)를 관거 내에 불어넣는 것으로 일정압을 유지시키면서 관거의 기밀성을 조사하는 것으로 물을 주입하지 않는 장점이 있으나 공기압 변동을 해석하는 것이 어렵다.

7. 송연(연막, Smoke) 조사

시험대상 관거에 연기를 유입시켜 연기발생을 통해 관거 현황을 조사 · 평가한다. 관 파손, 맨홀 결손에 의한 누수, 지붕배수관 등에 오수관거 접합, 분류식 하수관거의 오접 등을 조사할 수 있다.
연장이 다소 긴 구간에서 한꺼번에 송연시험을 하는 것은 피해야 한다. 이는 송연시험 시 연기발생시간이 한정되어 있기 때문에 작업자가 전체 구역을 조사하기는 어렵기 때문이다.

8. 하수 배관 연결부 시험

맨홀과 맨홀 사이의 관거 전체를 대상으로 하는 누수시험 및 공기압 시험과는 다르게 관경 800A 이상 연결부 또는 일부분의 수밀성을 조사하고자 할 때 실시한다.
패커(수압 시험 밴드)를 관거 이음부 또는 시험하고자 하는 특정부위에 정지시켜 공기 또는 물을 가압하여 일정시간 동안 압력을 측정하는 방법이다.

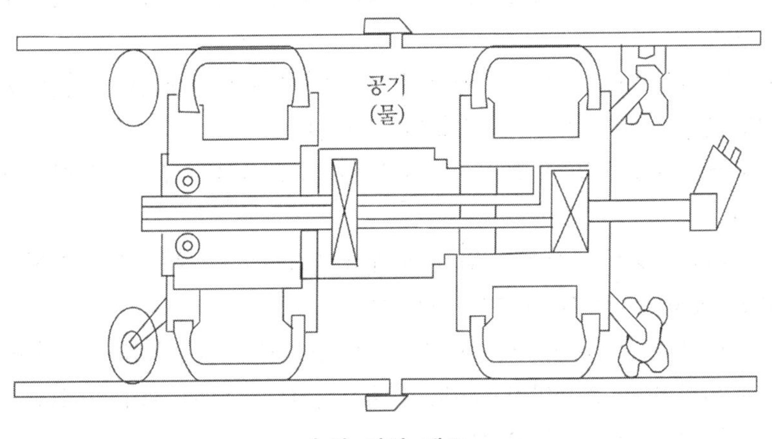

수압 시험 밴드

78 | 스마트관망관리 인프라 구축

1. 정의

스마트관망관리 인프라 구축이란 상수도관망관리체계에서 수질 · 수량 · 수압 감시 장치, 자동배수설비, 정밀여과장치 등을 관망에 설치하여 실시간으로 상수도 공급현황 감시 및 자동관리 기능을 할 수 있는 시스템 구축을 말한다.

2. 스마트관망관리의 필요성

최근 일부 지자체에서 붉은 수돗물 사태로 사회 전체가 혼란에 빠지면서 드러났듯이 낙후된 수돗물 공급시설(관망)의 관리 전반 문제를 개선하고, 수질 · 수량 · 수압 등 수돗물 정보 및 관리 기능을 실시간으로 수요자에게 공개하기 위하여 스마트관망관리 인프라 구축이 필요하며 이를 통하여 효율적인 상수도관망관리와 운영, 소비자의 수돗물에 대한 신뢰도를 높이기 위해 추진하는 사업이다.

3. 스마트관망관리 인프라 구축의 목적

스마트상수도는 정수장에서 수도꼭지까지 수질 · 유량을 실시간으로 측정 · 관리하고 관련 정보를 즉시 제공하여 효율적인 관망관리와 소비자의 수돗물 신뢰를 높이기 위함이다.

4. 관망관리 인프라 구축 요소와 특징

1) 스마트관망관리 기본계획과 인프라 구축사업 중에서 스마트관로인식체계의 구축이 필요하다.
2) 스마트한 인식체계 구축을 위하여 관로 상단부에 RF센서를 설치한 후 지상에서 관로위치를 정확히 찾아내는 기술이 필요하다.
3) 인식센서를 관로와 변실(맨홀)에 설치하여 수도시설물 점검 및 이력관리 강화가 필요하다.
4) 관로의 세척갱생을 실시하기 위한 체계가 필요하고 각 분기점에 설치된 수계전환용 밸브 작동의 매뉴얼 구축이 필요하다.
5) 관로상에 이물질이 쌓이거나 생물막 등이 형성되어 관로오염으로 인한 사고를 방지하기 위해 물의 흐름방향, 유속, 수계전환의 정상상태 확인을 위한 제수밸브의 정상작동 여부 관리가 필요하다.

5. 관망관리 인프라 구축 현황과 방향

1) 우리나라의 경우 상수도사업은 공급 위주에서 관리시대로 접어든 시점이며, 물 관리와 정보통신기술을 접목한 스마트관망관리는 스마트도시를 추진하고 있는 세계적 추세에서도 바람직한 수도사업방향이다.
2) 수년 전부터 수자원공사와 지자체는 상수도의 스마트화를 위해 자본을 투자하여 사업을 추진하고 있다.
3) 스마트상수도관리체계 구축사업은 2022년까지 총사업비 약 1조4천억 원 규모로 추진하고 있으며 환경부는 스마트상수도관리체계 구축을 위한 기본계획을 수립하여 전국 지자체에 사업과 관련된 정책과 사업계획을 권장하고 있다.
4) 일부 대도시의 경우 부분적으로 스마트관로사업을 수년 전부터 수행하고 있어 기존 사업과 상충되거나 이미 시행한 사업에 대해 이중 예산낭비를 방지할 필요가 있다.
5) 스마트관망관리를 할 수 있는 전문인력의 부재와 지속적인 관리예산 부족으로 본 사업이 중간에 퇴보하지 않도록 국가 차원의 장기전략이 필요하다.

79 | 상수관망 로봇 활용사업의 필요성을 기술하시오.

1. 개요

상수관의 설치 및 유지보수 과정에서 로봇의 활용이 급속도로 증가하고 있으며 로봇의 활용으로 신속 · 안전하고, 경제적인 유지관리가 가능해지고 있다.

2. 로봇 활용사업의 필요성

1) 로봇과 첨단 신기술을 활용하여 상수관로 유지관리의 선진화·과학화가 가능하다.
   (1) 선 진단, 후 개량 원칙에 따른 과학적 상수도관 정비를 추진하기 위한 로봇을 이용한 관망 조사, 진단 기술이 필요하다.
   (2) 기존의 경년에 의한 단순 교체 및 개량은 관망관리의 비효율 초래

2) 과학적 관망관리를 위한 로봇 진단 및 첨단 맵핑, 누수탐사 기술의 도입 · 운영의 필요성 증가 · 관로 내부의 협소 · 극한 환경에서 활동 가능한 진단용 로봇 및 시스템의 활용 제안 및 수요 증가 추세

3) 관망도 및 관로정보 등 신뢰성 있는 상수관망 GIS 재구축 시급 : 기존 관망도의 정밀도, 정확성 부족으로 활용도가 낮음

4) 누수율 저감을 위한 누수 탐사 및 감지 기술의 현대화 사업 시급 : 로봇 활용

5) 지난 10년간 노후관으로 인한 누수량 84억m^3, 누수손실액 약 5조8천억 원 발생
   • '08년 누수량 708.8백만m^3은 팔당댐(저수용량 219.8백만m^3) 약 3.2개분에 해당

6) 기존 누수탐사 장비의 성능 미흡으로 누수탐사에 애로 발생
   • 고감도, 고정밀의 누수감지 및 누수위치 파악이 가능한 고성능의 누수탐사 기술 도입 필요

3. 활용 가능 기술

1) 상수관로 진단용 로봇

관로 내부로 화상 진단용 로봇을 투입 관내면 360° 동시 촬영이 가능한 옴니비전을 이용한 화상 진단

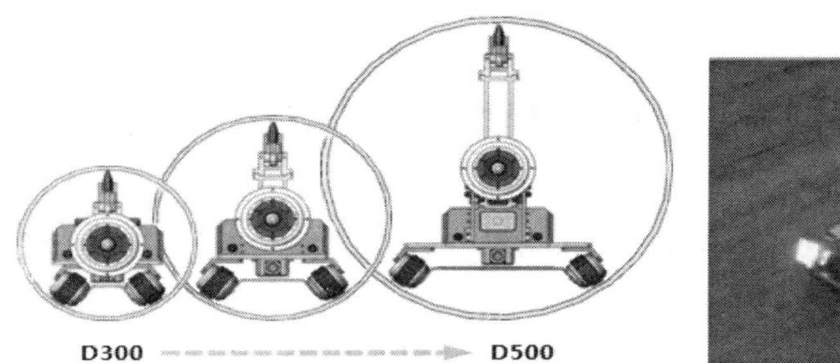

관경변화에 대응한 상수관로 진단용 로봇의 크기 변화

2) 상수관로 맵핑(Mapping) 시스템

로봇으로 지하에 매설된 상수관로의 정확한 위치를 탐지, 이동경로를 기록하여 3차원의 위치 지리정보를 수집

3) 상수관로 누수 탐사(Leak Detection) 시스템

상수관로 내부에서 물의 흐름에 따라 이동하면서 수중 누수음을 취득하여 정확한 누수 지점을 탐지

맵핑/누수탐사 시스템의 적용 프로세스

4) 상수관로 갱생용 로봇 시스템
로봇을 이용한 클리닝, 라이닝 갱생으로 초고압 워터젯 클리닝, 회전노즐방식의 라이닝을 통하여 고품질 시공 가능

4. 국내외 시장현황

1) 국내 현황

(1) 환경부에서는 지방상수도 경영개선을 위한 상수관망최적화사업 등 상수관망 관리를 위한 투자규모 확대

(2) 국내 상수관망의 노후관개량 및 누수탐사, GIS 등을 포함한 관망의 유지관리 시장규모는 약 8조원으로 예상

2) 해외 현황

(1) (북미 및 서유럽 선진국) 상하수도시설의 노후화 정도가 심각하여 상수관 교체를 위한 대규모 투자 예상

북미 및 서유럽 선진국의 상하수도 관망 현황

미국	• 대부분의 수도관망이 100여 년 전에 매설, 노후화로 인한 누수율이 20% 달함 • 관망 교체에 필요한 비용이 약 500조원, 정수장 재건설에 300조 원 가량 필요
이탈리아	• 상하수관 노후화로 인한 누수율이 27%로 심각 • 2015년까지 약 60조 가량의 교체비용이 요구됨
영국	100년에서 150년 전에 매설, 2015년까지 128조 원 가량의 교체 비용 필요
독일	상하수도 관련 연간 예산 중 약 70%가 노후 상하수관 교체에 소요

(2) (신흥개발도상국가) 경제 성장에 따른 물 수요 증가에 대응하기 위해 대규모 물 관련 인프라 투자 계획 중

신흥 개발도상국가들의 물 인프라 구축 추이

중국	• 단기간 내 상수도 보급률 증대를 위한 대규모 투자 실행 • 물 인프라 관련 시장은 2020년 기준 약 480억불 규모 예상
사우디아라비아	물 부족 심화, 사막화로 담수 플랜트 중심 설비 시장의 빠른 성장 예상
인도	• 신입화 및 도시화로 상하수도 인프라 관련 시장 급성장 예상 • 2007년 5억불에서 2016년 약 22억불 규모로 4배 이상 성장 예상

5. 로봇 활용 사업의 기대효과

1) 로봇 활용 시범사업효과와 기술검증을 통해 사업실적 확보
2) 환경부에서 실증사업을 통해 "상수도시설기준" 및 "상수관망기술진단" 적용기술로 반영할 경우 국내시장 수요 급증
   • 「수도법」에서 상수관망에 대한 기술진단(5년 주기)이 의무화되어 있음
3) 국내 시범사업 실적과 경험을 기반으로 해외 전시 및 홍보 활동 강화를 통해 수출 수요 창출
4) (지식경제부) 상수관로 분야의 로봇 및 시스템 기술 사업화, 상용화의 기반 마련
5) (환경부) 상수관망 조사, 진단 및 갱생 기술의 적용으로 기존 대비 효과적이고 신뢰도 높은 관망 진단이 가능
6) (지방자치단체)사업의 직접적 수혜자로서, 관망개선을 위한 비용의 간접적 투자를 통해 직접적인 수질 및 수량의 안정적 공급 가능, 누수량 감소 및 송수에너지 절감을 통한 지방상수도 경영 개선

80 | 상하수도분야의 추적자시험(Tracer Test)에 대하여 설명하시오.

1. 정의

추적자시험(Tracer Test)이란 요오드이온, 형광물질 등 색을 띠는 추적물질을 물이 존재하는 대상에 투입한 후 이들 추적물질의 이동상태를 이용하여 물의 흐름상태, 속도 등을 파악하는 시험이다.

2. 추적자시험(Tracer Test)의 이용

상하수도분야에서 추적자시험은 다양하게 이용할 수 있으나 주로 이용되는 분야는 지하수흐름분석, 정수장에서의 침전상태분석, 하수처리시설에서의 공정분석, 호소수의 순환상태 등을 분석할 수 있으나 주로 추적자시험은 눈에 보이지 않는 지하에서의 지하수흐름분석에 많이 이용된다.

3. 지하수 추적자시험

1) 추적자시험(Tracer Test)이란 임의의 용질을 추적자(Tracer)로 선정하여 대수층 내에 투입하고 그 이동특성을 분석함으로써 지하수의 유동특성과 지하수 내 용질의 거동 특성을 규명하고자 하는 시험이다.

2) 추적자시험(Tracer Test) : 2개의 관측정 사이를 추적자가 움직이는 시간간격을 측정하여 현장의 수리전도도를 구하는 시험으로, 추적자로는 NaF, NaCl, $CaCO_3$ 등이 쓰인다.

3) 추적자를 토양층에 투입하고 이들의 시간당 농도 변화를 확인하여 지하수의 실제 유속, 투수계수 따위를 분석하는 시험이다.

4) 추적자시험의 예를 들면,
  (1) 자유면 대수층에 설치된 2개의 시추공을 이용한 대수층수리조사
  (2) 상류부에 있는 A공에 추적자를 주입하고 B공에서 물시료를 채취하여 추적자 도달시간(t)을 관측하면 AB 간 거리 L과 지하수 평균유속 $v = L/t$의 관계가 있고 이것은 Darcy속도와 같다.

(3) 실제로 추적자의 농도는 대수층 내에서 이송, 분산, 확산, 흡착 등의 영향을 받으므로 지하수 내에서 용질의 이송-분산이론을 기초로 한 추적자시험이 많이 이용되고 있다.

(4) 분산의 지시자로서의 추적자는 오염의 희석정도를 지시할 수 있으므로 오염평가에서 중요하게 활용될 수 있다. 일반적으로 추적자는 매우 낮은 농도에서도 검출 가능해야 하며 지하수나 대수층 물질과의 물리적, 화학적, 생물학적 반응성이 적은 물질이 추적자로서 적당하다.

4. 지하수분석에서 추적자의 종류와 특징

추적자시험 방법은 여러 가지가 있으나 일반적으로 시험에 이용되는 우물의 개소나 시험 시 수리경사 등에 의해 분류된다.

1) 수리경사를 자연상태로 유지시킨 채 시행하는 자연경사시험법과 하류부 공에서 양수를 실시하고 이를 상류부 공으로 주입하여 순환시키는 재순환시험법, 단일 공에서 순간 주입 후 양수하는 방법, 단일 공에서 추적자를 주입하고 하류부 여러 공에서 관측하는 단공주입-다공관측법 등이 있으며 시험의 목적에 따라 적합한 시험방법이 선택된다.

2) 추적자시험을 위해서는 먼저 목적에 적합한 추적자시험방법 및 추적자에 대한 결정이 이루어져야 하는데, 추적자 선정 시 현장의 지질, 지형 대수층 특성과 수질에 대한 고려가 필요하다.

3) 다음으로 추적자의 주입량을 결정해야 하는데 총량과 함께 주입횟수의 결정이 중요하며, 이때 검출기기의 검출범위 및 정밀도를 고려한 최저검출농도 및 배경수질상의 용질농도 등을 고려하여 검출오차를 최대한으로 줄일 수 있어야 한다.

4) 다음으로 추적자시험 시 측정항목(시간과 거리에 따른 추적자농도, 지하수온, 전기전도도 등)을 결정하여야 하며 시간에 따른 농도 변화를 예측하여 적절한 측정간격을 설정하여 비용을 최소화할 수 있어야 한다.

5) 추적자시험 실시 후 그 결과 해석을 위한 몇 가지 프로그램이 개발되어 있다. 그중의 하나는 CATTI(Computer Aided Tracer Test Interpretation)로 추적자시험 데이터해석용 프로그램이다.

6) 입력변수로는 우물 간 종방향 거리, 우물 간 횡방향거리, 추적자주입률, 주입농도, 주입량, 양수율, 지하수유속, 대수층두께 등이며 이는 수학적 해법에 따라 필요변수가 다르다.

81 | 하수관거의 수리학적 접합법

1. 개요

하수관거의 접합은 마찰손실을 적게 하여 하수의 흐름이 원활하고 유속이 적당하여 오물이 정체하지 않고, 계획하수량을 유하시켜야 한다. 또한 관의 시공이 용이하고 토공사량이 적으면서 관 연결부 시공이 편리한 공법이 좋다.

2. 관거의 수리학적 접합의 원칙

1) 관거 내의 물의 흐름을 수리학적으로 원활하게 흐르게 하기 위해서는 원칙적으로 에너지경사선에 맞출 필요가 있다.
2) 흐르는 물이 충돌이나 심한 와류, 난류 등을 일으키면 손실수두가 증가되어 유하능력이 저하되지 않도록 한다.
3) 아울러 합류점 또는 지형이 험한 경우에는 접합 방법이 잘못되어 맨홀로부터 하수가 분출하지 않도록 한다.
4) 관거는 유속이 적합하면서 지반경사 등을 고려하여 매설깊이를 결정한다.

3. 수리학적 접합 방법 및 특징

관거의 접합은 배수구역 내 노면의 종단경사, 다른 매설물, 방류하천의 수위, 관거의 매설깊이를 고려하여 가장 적합한 방법을 선정해야 한다.
특별한 경우를 제외하고 관거의 관경이 변화하는 경우 또는 2개의 관거가 합류하는 경우의 접합 방법은 원칙적으로 수면접합 또는 관정접합으로 한다.
지표의 경사가 급한 경우에는 관경변화에 대한 유무에 관계없이 원칙적으로 지표의 경사에 따라 단차접합 또는 계단접합으로 한다. 즉, 관 내의 유속 조절과 최소 흙두께를 유지하며 상류 쪽의 굴착깊이를 줄이기 위하여 적당한 간격으로 맨홀을 설치한다.

1) 수면접합
   수리학적으로 에너지경사선이나 계획수위를 일치시켜 접합시키는 방법

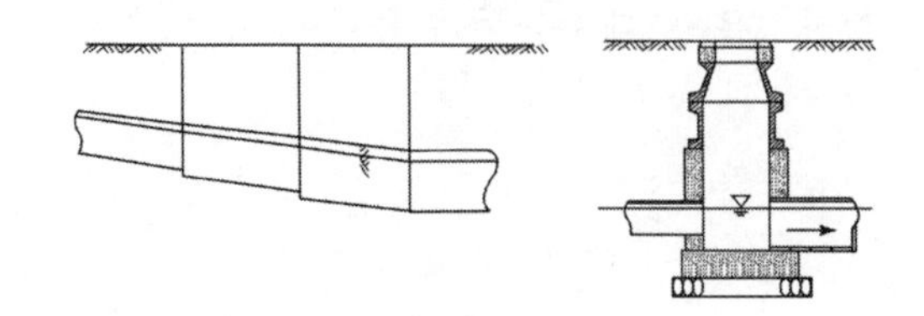

2) 관정접합

관정을 일치시켜 접합하는 방법으로 유수는 원활한 흐름이 되지만 굴착깊이가 증가되므로 공사비가 증대되고 펌프로 배수하는 지역에서는 양정이 높게 되는 단점이 있다.

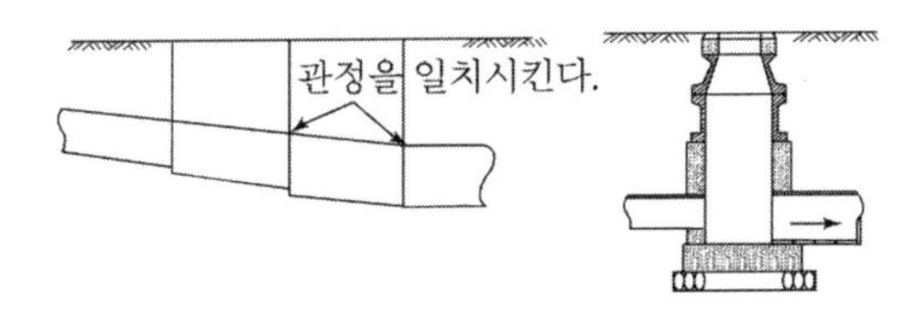

3) 관중심접합

관중심을 일치시키는 방법으로 수면접하과 관저접합의 중간적인 방법이다. 이 방법은 계획하수량에 대응하는 수위를 산출할 필요가 없으므로 수면접합에 준용되는 경우가 있다.

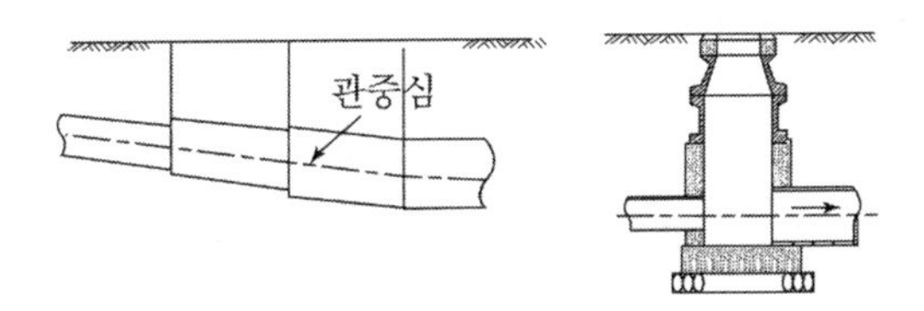

4) 관저접합

관거의 내면바닥이 일치되도록 접합하는 방법이다. 이 방법은 굴착깊이를 얕게 함으로 공사비용을 줄일 수 있으며, 수위 상승을 방지하고 양정고를 줄일 수 있어 펌프로 배수하는 지역에 적합하다. 그러나 상류부에서는 동수경사선이 관정보다 높이 올라갈 우려가 있다.

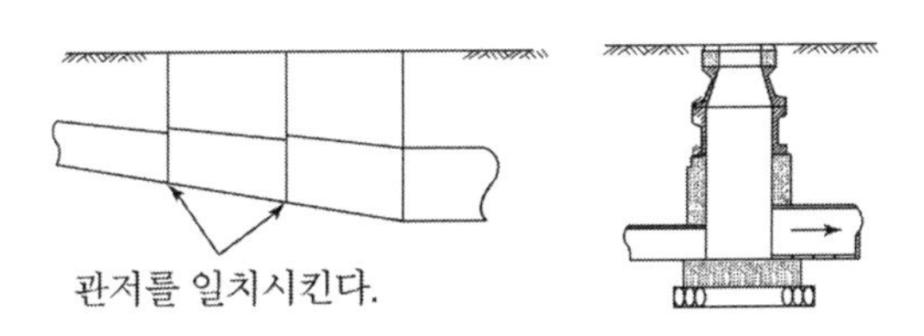

5) 단차접합

지표의 경사에 따라 적당한 간격으로 맨홀을 설치한다. 맨홀 1개당 단차는 1.5m 이내로 하는 것이 바람직하며 단차가 0.6m 이상일 경우에는 부관(Drop Manhole Fitting Pipe : 부관은 유입관과 유출관의 관저고차가 클 때 하수가 맨홀바닥에 직접 떨어지지 않고 맨홀바닥으로 조용히 흘러 들어가고 낮은 유속으로 맨홀벽체가 오염되지 않도록 기능한다)을 설치한다.

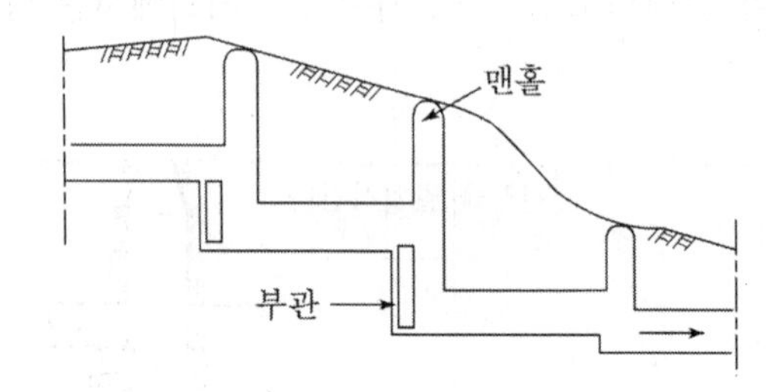

6) 계단접합

통상 대구경 관거 또는 현장타설관거에 설치한다. 계단의 높이는 1단당 0.3m 이내 정도로 하는 것이 바람직하며, 지표의 경사와 단면에 따라 계단의 깊이와 높이를 변화시킬 수도 있다.

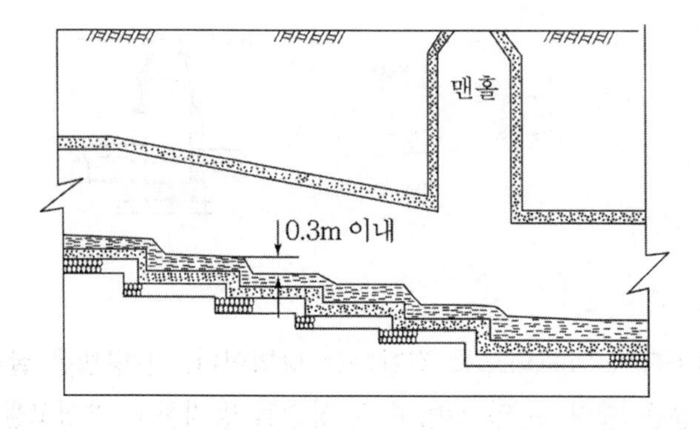

82 | 흄관의 접합법

1. 개요

관거는 다른 매설물에 비하여 매설깊이가 깊은 경우가 많다. 지하수위가 높고 연결이 불완전한 경우에는 지하수가 다량으로 관거 내에 침입한다. 따라서 관거의 연결은 기초공사와 함께 토질 및 지하수위를 고려하여 가장 적합한 방법을 선택하고, 시공상에 있어서도 관종 및 연결구조에 따라 정확하고 면밀한 연결을 하여 항상 수밀성 및 내구성이 있어야 한다.

2. 흄관 접합법

접합 형상에 따라 구분 : A형, B형, C형

- A형 : 150~1,800mm, 연결부의 시공에 주의를 요하며 관의 보수, 교체, 특수 신축 접합 등을 하는 경우에 사용(칼라이음)
- B형 : 150~1,350mm, 고무링을 이용하여 연결하는 것으로 시공성 및 수밀성이 우수하여 많이 사용(소켓이음)
- C형 : 150~3,000mm, 맞닿는 부분에 고무링을 채워 연결, 시공이 비교적 간단(Butt and Spigot Joint 이음)

3. 연결 방법 및 특징

1) 칼라 이음(A형)

흄관을 칼라로 연결하는 것으로 연결부를 모르타르로 충진 한다. 기존의 일반적인 시공법 이었으나 수밀성 시공성이 불리하여 최근에는 사용 예가 적어진다. 칼라를 움직여서 관의 해체가 용이하여 보수 교체가 용이하고 연결부 자체로 신축을 흡수할 수 있어 유리하다.

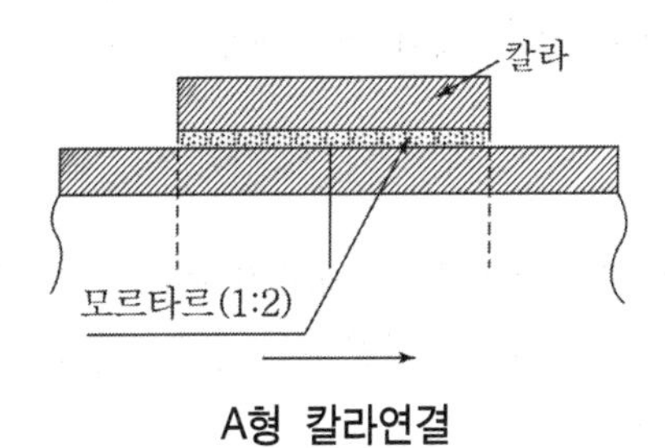

A형 칼라연결

2) 소켓연결(B형)

시공이 쉽고 고무링이나 압축조인트를 사용하는 경우에는 배수가 곤란한 곳에서도 시공이 가능하다. 소켓용 관거의 운반 시 파손될 우려가 있으므로 주의를 요한다. 종래에는 연결부를 모르타르로 충진하였으나 수중연결이 곤란하고 시공상 숙련을 필요로 하기 때문에 최근에는 모르타르 대신에 고무링이나 합성수지제의 패킹을 사용한 압축조인트가 사용되어 시공성, 수밀성 및 내구성이 향상되고 있다.

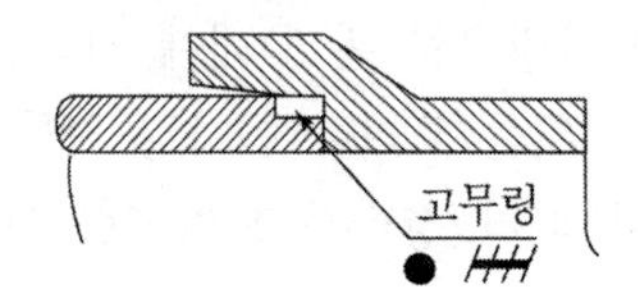

B형 소켓연결

3) 맞물림(Butt) 연결(고무링 사용, C형)

중구경 및 대구경의 시공이 쉽고 배수가 곤란한 경우에도 시공이 가능하다.
수밀성도 있지만 연결부의 관 두께가 얇기 때문에 연결부가 약하고 연결 시에 고무링이 이동하거나 꼬여서 벗겨지기 쉽고, 연결부에도 이것이 원인이 되어 누수가 되는 경우가 있다.

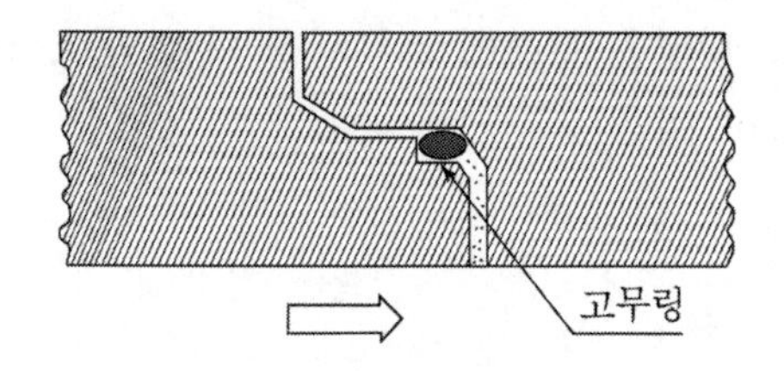

C형 맞물림 연결

4) 맞대기 연결(수밀밴드 사용)

흄관의 칼라연결을 대체하는 방법으로 강판제의 밴드와 고무패킹을 이용하여 수밀성을 보장받을 수 있는 공법으로 하수관에서 수밀을 요구하는 곳에 쓰이며 밴드 가격이 고가이나 최근에 적용 예가 증가하고 있다.

4. 접합부 충진재

칼라이음이나 소켓연결부의 수밀성을 유지하기 위하여 연결에 사용하는 충진재는 고착성, 지수성 및 내구성이 뛰어나고 시공성이 좋은 것을 사용한다.

1) 일반적으로 보통 모르타르가 사용되어 왔으나 강성이 있고 수축하기 쉬우며 균열이 일어나기 쉬운 단점이 있다.
2) 수밀성을 높이기 위하여 시멘트와 물을 1 : 2 비율로 배합한 콤포모르타르(Compomortar)를 사용할 수 있다.
3) 충진재는 토질조건 및 지하수위 등을 고려하여 선정해야 한다.
4) 부등침하를 피할 수 없는 토질의 지반에서의 충진재로는 연성의 재질이 좋고, 역청계인 것으로는 가열주입형이나 상온주입형을 사용한다. 이 외에 두 가지 액을 혼합해서 사용하는 합성수지계의 상온주입형도 있다.
5) 최근 현장에서는 수밀밴드의 사용으로 합성수지 계열의 패킹제가 주로 이용되고 있다.

차 한잔의 여유

위대한 사람이 되는 일은 멋진 일이다.
그러나 참 인간이 되는 것은 더욱 멋진 일이다.
– 엘리노어 루즈벨트 –

83 | 하수관거 매설깊이

1. 하수관거 매설깊이 원칙

하수관거의 최소 흙두께는 원칙적으로 1m로 하나, 연결관, 노면하중, 노반두께 및 다른 매설물의 관계, 동결심도 기타 도로점용조건을 고려하여 적절한 흙두께로 한다.

2. 하수관거 매설깊이의 결정원칙

1) 관거의 최소 흙두께 결정에 있어서는 연결관, 노면하중, 노반두께 및 다른 매설물과의 관계 기타 도로점용조건을 고려하여 적절한 흙두께로 할 필요가 있다.
2) 공공도로 내에 매설하는 관거에 대해서는 도로법 시행령에 따라 "하수도관의 본선을 매설하는 경우에는 그 윗부분과 노면까지의 거리를 3m(공사시행으로 인하여 부득이한 경우에는 1m) 이상으로 할 것"으로 규정되어 있다.
3) 덕타일주철관, 흄관(외압 1종, 2종관), 강화플라스틱복합관, 경질염화비닐관, 도관의 관종에서 300mm 이하 하수도관의 매설 시 전선, 수도관, 가스관 또는 하수도관을 도로의 지하에 설치하는 경우 매설의 깊이 등에 대한 최소 흙두께를 아래 표에 준하여 운용한다.

<table>
<tr><th colspan="2">하수관종별</th><th>관거 윗부분과 노면과의 거리</th></tr>
<tr><td colspan="2">하수관의 본선</td><td>해당 도로의 포장두께에 0.3m를 더한 값(해당 값이 1m에 이르지 않는 경우에는 1m) 이하로 하지 않을 것</td></tr>
<tr><td rowspan="2">하수관의 본선 이외의 선</td><td>차도</td><td>해당 도로의 포장두께에 0.3m를 더한 값(해당 값이 0.6m에 이르지 않는 경우에는 0.6m) 이하로 하지 않을 것</td></tr>
<tr><td>보도</td><td>토피를 0.5m 이하로 하지 않을 것. 단, 0.5m 이하가 될 경우에는 미리 충분한 강도를 갖는 관거 등을 사용하거나 관 보호조치를 할 것</td></tr>
</table>

주 : 흄관(외압 1종)을 사용하는 경우에는 해당 하수도관과 노면의 거리는 1m 이하로 하지 않을 것

4) 도로 관리자에게 얕은 층 매설기준의 운용에 대한 확인이 필요하다. 차량의 통행이 많은 간선도로, 윤하중이나 진동의 영향을 받는 궤도부 내 또는 부득이하게 흙두께가 적어지는 경우에는 관거의 안전성을 확인하고 동시에 고강도관의 채용이나 적절한 방호공을 검토할 필요가 있다.

5) 하수도는 배수구역으로부터 자연유하에 의해 하수량을 전부 집수할 수 있도록 하는 것이 바람직하므로 적정한 깊이로 설치되어야 한다.
6) 하수관거보다 낮은 건물지하나 저지대에는 펌프시설을 갖추어야 하며, 저지대이나 평상시 자연유하로 배제가 가능하고 현장여건상 펌프설치가 용이하지 못한 곳은 하수관으로부터의 역류를 방지하기 위하여 플랩밸브와 같은 역류방지 설비를 설치할 수 있다.

3. 하수관거 매설위치 결정 시 고려사항

1) 관거는 공공도로상에 매설하는 것을 기본으로 하고, 그 매설위치 및 깊이를 도로관리자와 협의하여 정한다.
2) 관거가 하저를 횡단하는 경우에는 그 매설위치 및 깊이를 하천관리자와 협의해야 한다.
3) 철도횡단의 경우에는 관거가 교통하중 및 진동을 직접 받지 않도록 충분한 깊이로 매설해야 한다.
4) 종단경사의 특수성에 의하여 교통하중 및 진동이 작용하는 경우에는 관거에 직접 영향을 주지 않도록 방호공을 설치하여야 한다.
5) 관거를 사유지 내에 매설하는 경우에는 토지소유자와 협의하여야 한다.
6) 시스템 배치계획은 해당 지역의 지형도 등을 따른다.

84 | 하수도 압송관거 클리닝시스템(Pigging system)을 설명하시오.

1. 개요

하수도 압송관거 클리닝시스템이란 하수도 압송관거에서 관로 청소를 위한 자동 청소 장치로 일반 세척법은 수동으로 특정 시점에 적용하는데 반하여 지속적으로 하수관로를 청결히 유지할 수 있다.

2. 도입 목적

효율적인 하수관로의 운용과 하수흐름의 최적관리를 목적으로 압송하수관거 및 장거리 하수배관에 고정설비의 형태로 영구적으로 설치해 두는 크리닝 시스템이다.

3. 일반적인 Pigging system의 종류

1) 주기적인 피그 클리닝(플러싱) 시스템
2) 신설 배관의 건조 및 탈지 시스템
3) 인화성 유체의 Evacuation 시스템
4) 피그 라이닝(코팅) 시스템
5) 원라인(One-line) 피깅 시스템
6) 인공지능형 피그를 이용한 배관탐사 시스템

4. Pigging system 예

1) One-line Pigging System
   Pig Launcher 1개와 Pig Receiver 1개로 이루어진 단일 Pigging System을 의미한다.

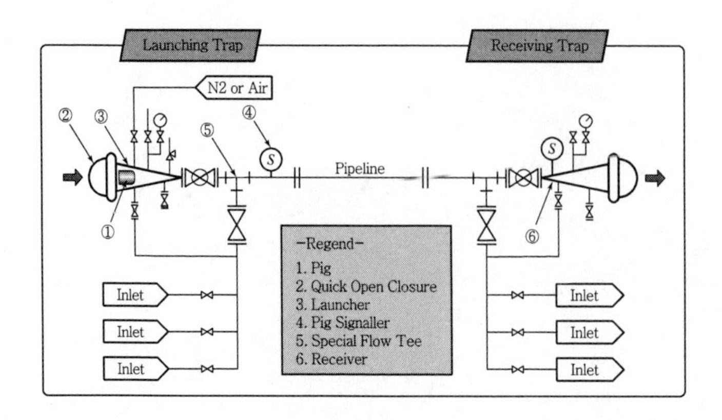

2) Multi - line Pigging System
수개 혹은 1개의 Pig Launcher와 수개 혹은 1개의 Pig Receiver로 이루어진 복합 Pigging System을 의미한다.

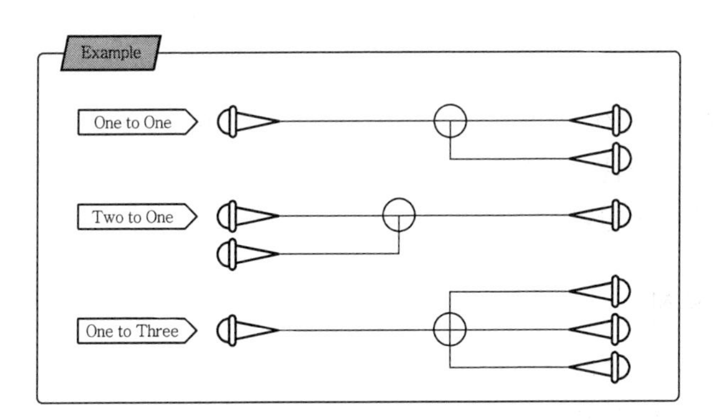

5. 크리닝 시스템 적용 시 고려사항

1) 수동식과 자동식의 경제성을 충분히 검토한다.
2) 적합한 시스템(One - line, Multi - line Pigging System)을 선정하고
3) 관로 형태, 길이, 재료를 고려하여 Pigging System을 결정한다.

85 | 하수관거 역사이펀에 대하여 설명하시오.

1. 개요

하수관거가 궤도, 하천, 지하철, 기타 이설불능의 지하매설물을 횡단하는 경우 평면교차(Level Cross)로서는 접합이 되지 않을 때 부득이 그 밑을 통과해야 하는데 이 관거를 역사이펀이라 한다.

2. 역사이펀의 특징

역사이펀은 시공이 곤란하고 압력관이 되고 매설깊이가 크기 때문에 하중이 크고, 균열 및 파손이 생기기 쉬우므로 견고한 구조물로 할 필요가 있다. 또한 침전물이 생겼을 때 청소가 곤란하며 내부검사나 보수가 어려워서 가급적 피하는 것이 좋다.

3. 역사이펀 설계 시 고려사항

1) 역사이펀의 구조는 장해물의 양측에 수직으로 역사이펀실을 설치하고 이것을 수평 또는 하류에 향하여 내려가는 구배의 관거로 연결한다.
2) 매설깊이가 5m 이상인 경우에는 역사이펀실의 중간에 배수펌프를 설치할 수 있는 설치대를 둔다. 또 역사이펀실에는 역사이펀 관거 내에 토사나 슬러지가 퇴적하는 것을 방지하기 위하여 깊이 0.5m 정도의 이토실(진흙받이)을 설치한다. 또한 역사이펀의 상류측에 별도로 침사시설을 설치하는 것도 검토한다.
3) 역사이펀의 설치시는 폐쇄시의 대책이나 청소 시 하수의 배수대책 등을 고려하여 일반적으로 복수로 설치한다.

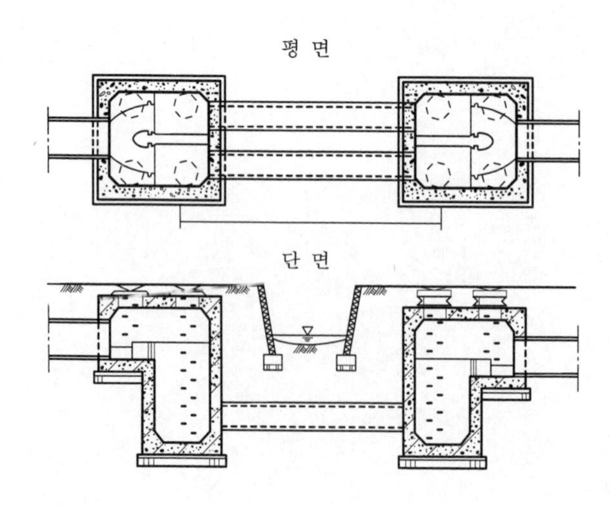

- 계획하수량 : 복수관으로 유하시킨다.
- 1개관 유하, 1개관 예비(소구경관거, 유지관리상) : 격벽 설치
- 청천시용, 우천 시용(합류식 관거)

4) 역사이펀 내의 유속은 토사의 침전을 방지하기 위하여 상류측 관거의 유속보다 20~30% 증가시킨다.(역사이펀의 관경은 축소된다.)
5) 역사이펀의 입출구는 손실수두를 적게 하기 위하여 종모양(Bell Mouth)으로 한다.
6) 하저를 지나는 역사이펀의 경우 상류에 우수토실이 없을 때에는 역사이펀 상류에 비상 방류관거를 설치한다. 특히 역사이펀이 하나인 경우에는 비상용 또는 재해 방지용으로 방류관거를 상류측에 설치하는 것이 필요하다.
7) 역사이펀의 매설위치는 부등침하의 영향을 피하고 유지관리의 편의상 교대나 교각의 바로 아래를 피한다.
8) 역사이펀은 철근콘크리트 둘러쌓기 등 관 보호공을 철저히 하여야 하며 지반의 강약에 따라 Pile, 기타 적절한 기초공을 한다.
9) 최소관경은 우수관일 경우 300mm, 오수관일 경우 200mm 정도로 한다.

4. 역사이펀 손실수두 계산

역사이펀의 손실수두 계산은 일반적인 관수로의 수리계산과 동일하며 관내의 마찰 손실수두, 유출 및 유입손실수두 그리고 기타손실수두의 합으로 구성된다.

$$\begin{aligned} H &= h_L + h_i + h_o + \alpha \\ &= f \cdot L/d \cdot V^2/2g + (k_1 + k_2)V^2/2g + \alpha \\ &= I \cdot L + (\beta)V^2/2g + \alpha \end{aligned}$$

여기서, H : 역사이펀에서의 손실수두
h_L : 관내 마찰손실수두
h_i : 유입손실수두
h_o : 유출손실수두
k_1 : 유입부 손실 계수(보통 0.5)
k_2 : 유출부 손실계수(보통 1.0)
α : 기타손실수두 = 여유고(0.03 - 0.05m)
I : 동수경사
β : $k_1 + k_2$

▌예제

다음 조건의 역사이펀에서 손실수두를 구하시오.

〈조건〉

동수경사 0.004, 역사이펀 관거의 중심선연장 50m, 역사이펀 관내 유속은 하수도 설계기준의 최대유속을 적용하고, 여유고는 5cm를 적용하며, $\beta=1.5$이다.

〈해설〉

$$
\begin{aligned}
H &= h_L + h_i + h_o + \alpha \\
&= f \cdot L/d \cdot V^2/2g + (k_1 + k_2)V^2/2g + \alpha \\
&= I \cdot L + (\beta)V^2/2g + \alpha
\end{aligned}
$$

하수도 최대 유속은 3m/s로 본다.
위 역사이펀 손실수두 식에서

$$
\begin{aligned}
H &= h_L + h_i + h_o + \alpha \\
&= I \cdot L + (\beta)V^2/2g + \alpha \\
&= 0.004 \times 50 + (1.5)3^2/2 \times 9.8 + 0.05 = 0.759\text{m}
\end{aligned}
$$

답) 역사이펀 손실수두 0.759m

86 | 하수처리시설 내 부대시설 중 단위공정 간 연결관거계획 시 계획하수량 및 유의점에 대하여 설명하시오.

1. 정의

하수처리시설 내 연결관거란 하수처리시설에서 각 공정 간 처리수를 이송시키기 위한 관거를 말한다.

2. 하수처리시설처리장 내 연결관거계획하수량은 다음을 기준으로 한다.

1) 펌프토구~1차 침전지까지 계획하수량은 합류식에서의 우천 시 계획오수량을, 분류식에서의 계획시간 최대오수량을 기준으로 한다.
2) 1차 침전지~포기조까지는 계획시간 최대오수량을 기준으로 한다.
3) 포기조~2차 침전지까지는 계획시간 최대오수량+계획반송 슬러지량을 기준으로 한다.
4) 2차 침전지~토구까지는 계획시간 최대오수량을 기준으로 한다.
5) 1차 침전지~토구까지는 합류식에서의 우천 시 계획오수량을, 분류식에서의 계획시간 최대오수량을 기준으로 한다.

3. 하수처리시설처리장 내 연결관거의 평균유속

1) 관거 내 유속은 하수처리시설 내 각 시설의 수위관계를 고려하되 0.6~1.0m/s로 한다.
2) 유속이 너무 낮으면 관거 저부에 슬러지가 침전하기 쉽고, 또 유속이 너무 빠르면 수위차가 크게 되어 펌프의 양정을 증가시켜야 하므로 비경제적이다.
3) 포기조와 2차 침전지를 연결하는 관거는 활성슬러지가 침전할 우려도 있지만 플록이 파괴될 우려도 있으므로 유속을 0.6~1.0m/s 정도로 하는 것이 바람직하다.
4) 이러한 연결관거에는 활성슬러지의 침전을 방지하기 위하여 필요에 따라서는 산기장치를 설치하여 포기를 실시하는 것이 바람직하다. 처리장 내 연결관거 내의 평균유속은 0.6~1.0m/s를 표준으로 한다.

4. 하수처리시설처리장 내 연결관거의 재질

1) 일반적으로 관거재질은 수밀성 철근콘크리트구조물로 하며 철근콘크리트관, 주철관 등의 관도 이용한다. 이러한 종류를 사용하는 경우에는 이음, 보호공, 지지를

완전히 함과 동시에 종단방향에 부등침하가 생기지 않도록 유의해야 한다.

2) 특히 연약지반에서의 구조물과 연결관거의 접속부, 기초조건이 크게 다른 접속부, 지반이 급변하는 장소에는 신축이음을 설치하여야 하며 지진에 대비한 내진대책이 필요하다.

3) 또한 관거 내에 공기가 머물지 않도록 적절한 장소에 배기밸브를 설치한다.

5. 하수처리시설처리장 내 연결관거의 계열화 시 유의점

1) 처리장 내 연결관거는 가능한 한 짧게, 굴곡을 작게 함과 동시에 측관이나 기타 연결관을 고려하여 설계하며 수리나 청소가 필요한 구간은 2계열로 처리하여 유지관리에 문제가 없도록 한다.

2) 1차 침전지, 살수여상, 포기조, 2차 침전지 등의 주요 시설은 통상 2계열 이상 만들게 되는데, 상호 간의 연결관이 1개이면 사고 시 전체 기능이 일시적으로 정지될 염려가 있으며, 사고가 장시간 계속되면 처리기능에 영향을 줄 우려가 있다. 따라서 주요 시설 간의 연결관을 가능하면 복수로 하여 어떠한 경우에도 연결이 되도록 하는 것이 바람직하다.

6. 연결관의 손실수두 계산식

연결관의 손실수두 계산은 다음과 같은 요소들로 구성된다.

$$H = h_a + h_e + \sum h_c + \sum h_b + \sum h_d + \sum h_v + h_o \cdots$$

여기서, H : 전손실수두

h_a : 마찰에 의한 손실수두

h_e : 유입에 의한 손실수두

h_c : 단면 변화에 의한 손실수두

h_b : 곡선각도, 굴곡에 의한 손실수두

h_d : 분류와 합류에 의한 손실수두

h_v : 밸브에 의한 손실수두

h_o : 유출에 의한 손실수두

87 | 하수도관의 종류 및 특징을 설명하시오.

1. 개요

하수도관은 흄관, 주철관, PE관, 파형강관 등 여러 종류가 있으나 현장의 여건이나 공사비, 관거의 역할 및 중요도에 따라 알맞은 관종을 선정하여야 한다.

2. 하수도관의 기능

하수도관의 선택에 있어 검토해야 할 사항으로는 처리수량, 유속, 관거에 작용하는 외압에 대한 역학적 안전성과 경제성이다. 또한 차집관거의 경우 매설깊이가 깊어 지하수위가 관거보다 높을 때가 많다. 따라서 연결이 불안전한 경우 다량의 지하수가 유입되어 처리시설의 기능이 저하되며, 실트질 지층에서는 지하수의 유입시 토사가 들어오게 되므로 접합방법에서도 수밀성과 내구성을 고려하여야 한다.

3. 하수도 관종 선정

관종의 선정 시에는 유량, 수질, 매설장소의 상황, 외압, 접합방법, 강도, 형상, 공사비 및 장래의 유지관리 등을 충분히 고려하여 합리적으로 선정하여야 한다.
관종 선정 시 고려사항

1) 강도가 높고 내구성이 있을 것
2) 내마모성 및 내구성이 있을 것
3) 관의 내면이 평탄하여 마찰저항이 적을 것
4) 수밀성이 좋을 것
5) 각종 규격의 관 생산이 용이할 것
6) 공사비가 저렴할 것
7) 부설이 용이할 것

4. 하수도 관종별 특징

현재 국내에서 생산되어 사용되는 하수관은 흄관, PC관, VR관, HDPE관, 파형강관, 덕타일주철관 등이 있다.

- 강성관(흄관, PC관, DCIP) : 모래, 콘크리트 기초
- 연성관(PVC, PE관) : 자유받침, 모래기초

1) 흄관(원심력 철근콘크리트관)

(1) 개요

원심력 회전으로 조성된 콘크리트관으로 벽체 내에 철선을 삽입하여 제조한 것으로 국내 사용실적이 가장 많고 가격이 저렴하나 외압강도가 낮고 수밀성 때문에 굴착심도 3m 이하에서 콘크리트 기초 후 사용이 가능하며 보통 2m 이하에 많이 사용된다.

(2) 종류

- 사용조건에 따라 구분 : 보통관, 압력관
- 접합형상에 따라 구분 : A형, B형, C형

(3) 장점

- 사용실적이 가장 광범위하다.
- 관 내면이 매끈하고 부식에 대한 내식성이 있어 통수능력의 변동이 작다.
- 가격이 저렴하고 시공 기술이 용이하다.

(4) 단점

- 제조 시 골재가 원심력에 의해 분리되며 외측이 조골재, 내측이 시멘트로 구성되어 높은 압력에는 견딜 수 없다.
- 흄관 자체의 연결은 칼라이음, 소켓이음, Butt and Joint 이음이 있으나 타 관종과의 연결은 모르타르를 이용하여 직접하고 있다.
- PC관보다는 가벼우나 타 관종에 비하여 중량이 무거우므로 설치 시 장비사용이 필요하며 접합부의 수밀성에 주의하여 시공하여야 한다.

2) PC관

콘크리트로 된 코어관 주위에 PC강선을 인장시켜 상당히 큰 압력하에서도 견딜 수 있게 만든 관이다. 콘크리트 강도 50MPa 이상의 콘크리트를 사용하여 조직이 치밀하고 수밀성이 좋으며 일반 콘크리트관에 비하여 내식성도 좋다.

(1) 관종 : 제작방법에 따라 구분

- 원심력 방식 : 관경 500~2,000mm, 유효길이 4.0m
- 축전압 방식 : 관경 500~2,000mm, 유효길이 4.0m
- 연결 방식 : 소켓이음

(2) 장점

- $\sigma 28$=50MPa 이상의 콘크리트를 사용하여 조직이 치밀하고 수밀성도 좋으

며 일반 콘크리트관에 비하여 내식성이 좋다.
- 관 내면이 매끈하고 부식 등에 대한 내식성이 있어 통수능력의 저하가 적다.
- 관 자체의 조직이 치밀하고 수밀성도 양호하며 외압강도가 커서 차집관거로 많이 이용된다.

(3) 단점
- 가격이 비교적 고가이다.
- 중량이 무거우므로 운반 및 취급에 장비가 필요하다.
미리 압축응력이 가해진 상태이므로 운반, 시공 시 충격 등에 의한 균열이 발생하지 않도록 주의를 요한다.

3) VR관(Vibrated and Rolled Reinfoced Concrete Pipe : 롤러전압철근콘크리트관)
롤러(원형단면의 회전봉)를 사용하여 콘크리트 표면을 단단히 굳혀서 만든 철근콘크리트관으로 중량이 타 관종에 비하여 무거우나 흄관에 비하여 외압강도가 커서 소형관에 많이 사용되고 있다. 형상, 치수 및 강도는 원심력철근콘크리트관과 같다.

(1) 장점
- 내압강도가 크며 수밀성 면에서도 안전하다.
- 외압강도가 흄관에 비하여 상당히 크며 공사비는 PC관에 비하여 저렴하다. 특히 소구경관에 경제적이다.

(2) 단점
- 중량이 무거우므로 운반 및 취급에 장비가 필요하다.
- 미리 압축응력이 가해진 상태이므로 운반, 시공 시 충격 등에 의한 균열이 발생하지 않도록 주의를 요한다.

4) DCIP관(Ductile Cast Iron Pipe : 덕타일주철관)
강도와 절연성을 높이기 위하여 용융상태에서 특수원소(마그네슘)를 첨가하여 원심주조하고 시멘트로 내부 라이닝하여 제조한 관. 내압성 및 내식성에 강하여 일반적으로 압력관에 사용되며 처리시설 내의 연결관 및 송풍용관으로도 사용된다.

(1) 장점
- 내압성 및 내식성이 우수하여 일반적으로 압력관으로 사용된다.
- 강도가 크고 내구성이 크다.
- KP접합 등 이음방법이 많아 여건에 따라 시공성이 높다.

(2) 단점

- 중량이 비교적 무거워 취급 시 장비 사용이 필요하다.
- 토질이 부식성일 때는 외면방식, 이음방식이 필요하다.
- 가격이 비싸다.

5) HDPE관(High Density Poly Ethylene관)

고밀도 PE수지로 제조한 관으로 관의 외압강도를 높이기 위하여 관벽을 T형으로 압출 성형한 것이다. 내구성 및 내후성은 PE수지에 함유되는 탄소의 함량에 영향을 크게 받으며, 선팽창계수가 커서 매설 후 온도변화에 의한 수축 팽창이 클 것으로 예상된다. 가볍고 시공성이 우수하며 내산, 내알칼리성이 우수하다.

6) 파형강관

강관에 아연을 특수 도금처리하여 파형으로 제작한 강관으로 콘크리트에 비해 가벼워 운반 및 포설이 용이하나 토피 5m 이상에서는 외압에 의한 변형이 심하여 특별한 다짐이 필요하다. 가격이 저렴하고 시공성이 좋아 우수관거용으로 사용되고 있으며, 파형강관에 PE수지, PVC수지 등으로 피복하여 내식성 및 내마모성을 향상시키면 오수관거용으로 사용할 수 있다.

(1) 장점

- 중량이 가볍고 시공이 용이하다.
- 탄력성 및 강성이 강한 금속 파형강관에 내약품성 수지 등을 코팅하여 내구성 및 내식성이 강하다.

(2) 단점

- 가격이 비싸다.
- 구조적으로 외압에 약하다.
- 시공 시 코팅이 손상되면 부식이 급속히 진행된다.

7) 이중벽 PE관

고밀도 PE수지로 제조된 관으로 외압강도 증진 및 관의 변형 방지를 위해 외관의 요철 부분을 없애고 장기 토압에 견딜 수 있게 제작된 이중벽 구조의 PE관이다. 중량이 콘크리트관에 비하여 가벼워서 운반 및 포설이 용이하고 내식성, 내약품성이 뛰어나 분류식 오수관에 점차 많이 사용되고 있는 추세이다.

8) FRP 배관

섬유강화 플라스틱 배관(FRP)은 최근에 하수도 배관으로 널리 쓰인다.

5. 하수도 관종의 비교

구분	내식성	수밀성	시공성	사용실적
흄관	부식에 약함	고무링을 삽입하나 수밀성이 다소 떨어짐	중량이 무거워 운반이 어려움	기존 하수관에 주로 사용되었음
PC관	일반 Con'c관에 비하여 좋음	소켓접합으로 수밀성은 양호함(압력관용으로도 사용됨)	중량이 무거워 운반 및 취급 시 장비 필요	상수용으로 사용되어 왔으며 차집관거용으로 사용
VR관	부식에 약함	고무링을 삽입하나 수밀성이 다소 떨어짐	중량이 무거워 운반 및 취급시 장비 필요	사용이 점차 증가되는 추세임
수지파형 강관	내식성이 좋고 염분에 강함	수밀성이 양호함(플랜지 접합, 커플링 접합)	경량으로 시공용이 수지 코팅부분의 손상 우려	하수 압력관에 사용
HDPE관	내식성이 좋고 전식방지	수밀성이 뛰어남	중량이 가벼워 운반이 용이함	단지 개발 시 오수관으로 사용
DCIP관	염분에 강하고 내식성이 양호함	수밀성이 확실함(메커니칼 접합, 플랜지 접합) 누수탐사가 용이	운반 및 설치 시 장비가 필요함 접합성은 양호함	하수 압력관으로 사용
이중벽 PE관	부식에 강함	수밀성이 뛰어남(전기융착 접합)	중량이 가벼워 운반이 용이함	사용실적이 적음

88 | 동절기 한랭지에서 급수설비 설계 시 유의할 사항에 대하여 설명하시오.

1. 개요

급수장치 내에서 물이 동결되면 원래의 기능이 방해되는 것뿐만 아니라 동결에 의해 관 및 급수용구가 파괴되고 복구가 어렵고 단수가 장시간 이어지므로 한랭지에서 급수장치의 설계·시공에서는 동결방지를 위한 조치를 강구해야 한다.

2. 동절기 동결이 우려되는 장소

1) 매설관이 유지관리상 또는 다른 매설물 등의 영향으로 동결심도 이하로 매설할 수 없는 곳
2) 공도 등 동절기간에 항시 제설되며 적설에 의한 보온을 기대할 수 없는 곳
3) 노반개량 또는 지하매설물 공사 등에 의해 모래 또는 쇄석 등으로 치환된 곳
4) 기존배수관이 동결심도 내에 있는 곳에서 분기한 곳
5) 매설관이 옹벽, 개거의 법면 등에 접근·병행하여 매설된 곳
6) 옥내 급수 배관으로 실내의 난방온도를 기대할 수 없으며 동결될 우려가 있는 곳 (특히 바깥복도에 설치된 계량기)

3. 한랭지에서의 설계기본사항

동결사고가 발생하는 상황은 지역에 따라 다르다. 따라서 그 대책도 각 지역의 특수성을 고려한 대응이 필요하다.

1) 급수장치는 급수관이나 급수용구(계량기, 수전류 등)가 옥내에 설치되어 한파가 내습하면 급수장치의 동결사고가 많이 발생한다. 따라서 한랭지에서의 급수용구는 내한성을 갖는 것을 설치하거나 단열재나 보온재로 피복하는 등의 적절한 동결방지를 위한 조치를 강구한다.
2) 급수관의 부설은 동결심도(지표로부터 지중온도가 0℃의 위치까지의 깊이) 이하가 되도록 부설

3) 동결선이란 0℃ 이하의 기온이 어느 기간 계속될 때에 흙으로부터 대량의 열량이 대기 중으로 이동하여, 흙의 온도가 0℃ 이하로 되어 지표부근은 동결된다. 동결토와 동결되지 않은 흙과의 경계선을 동결선이라고 한다.
4) 동결선은 지중온도가 0℃의 근처에서 대체로 지면과 평행이 된다. 흙의 동결심도는 급수관의 매설심도에 관계되는 중요한 요소의 하나이다.
5) 또한 지하 동결과 동시에 흙의 조직·조성 및 그 밖의 물리화학적 성질에 따라 동결동상이 종종 발생하는 경우가 있으며 이러한 지반에서의 관종 선정에는 강도 등에 관해서도 유의한다.

차 한잔의 여유

입에 맞는 음식은 모두가 창자를 곯게 하고 뼈를 썩게 하는 독약이니
반쯤 먹어야 재앙이 없고
마음에 즐거운 일은 모두 몸을 망치고 덕을 잃게 하는 매개물이니
반쯤서 그쳐야 후회가 없을 것이다.

– 채근담 –

89 | 겨울철 대형 상수도관의 누수사고에 대해 의견을 기술하시오.

1. 개요

최근 남부지방에서 겨울철에 2,200mm 상수도관의 파열로 많은 주민들이 불편을 겪었다. 상수도의 서비스질 향상을 외치는 관계자들은 다각도로 연구하고 노력하여 이러한 사고로 주민들에게 물적 심적 피해를 주지 않도록 해야 한다.

2. 상수도관의 파열 원인

상수도관의 파열은 여러 가지 요인들이 복합적으로 작용하여 발생하는 것으로, 주요 원인들은 다음과 같다.

1) 관로의 노후화
기본적으로 관로가 노후화되면 같은 외압이나 충격에도 약해져서 균열이나 파열사고의 원인이 된다.

2) 관로의 시공 불량
관로를 부설할 때 용접 등 시공이 불량하거나 날씨가 더울 때 또는 배관이 신장되었을 때 최종연결작업을 하면 추운 겨울에 수축하여 균열 및 파열의 원인이 되기도 한다.

3) 관로 주변 지반 붕괴
관로 주변의 지반이 연약하여 침하붕괴 등으로 배관에 무리한 응력이 가해져서 균열이나 파열의 원인이 된다.

4) 관 내 수압의 과다 또는 급변
관 내에 작용하는 수압이 과다하거나 워터해머 등으로 충격파가 발생하면 균열이나 파열사고의 원인이 된다.

5) 신축이음의 누락
과거 강관은 신축이음을 생략하는 경우가 일반적이었는데 그 이유는 강관 특성상 신축을 배관의 밴딩(루프)으로 스스로 흡수한다고 여겼기 때문이다.

3. 겨울철에 집중되는 상수도관 파열 원인

겨울철에 집중되는 상수도관의 파열 원인은 무엇일까? 여러 가지 요인들이 복합적으로 작용하겠지만 유독 겨울철에 대형관에서 파열사고가 자주 발생하는 원인은 위의 일반적인 요인과 함께 다음과 같은 특수한 원인들이 복합적으로 작용하기 때문으로 추정한다.

1) 겨울철 상수원의 온도 강하에 따른 관로수축의 심화
   상수원의 저수온현상이 계속되면 상수관로가 수축하고 이 수축을 흡수하지 못하면 가장 취약한 부분이 균열이나 파열사고의 원인이 된다.

2) 대형관로의 신축흡수
   소구경에 비해 대구경은 설계, 시공과정에서 상대적으로 직선배관이 주로 이루어지며 이는 관로수축 시 밴딩역할을 못하여 관로수축 시에 응력을 집중시킨다.

4. 상수도관 파열에 대한 대책

상수도관의 파열은 위와 같이 여러 가지 요인들이 복합적으로 작용하여 발생하기 때문에 원인들을 제거해야 하며 특히 사전에 유지관리를 철저히 하여 사고발생을 최소화해야 한다.

1) 관로의 검사
   노후화된 관로상태를 주기적으로 정밀조사하여 관로상태를 실시간으로 관리하여 보강 및 갱신계획을 체계적으로 수행한다.

2) 관로의 갱신
   노후화된 관로를 조사 결과와 매뉴얼에 따라 계획적으로 갱신하여 취약한 부분을 보강함으로써 균열이나 파열사고를 사전에 예방한다.

3) 관로의 설계 보완
   관로를 설계할 때 신축흡수를 정밀하게 계산하여 필요한 개소에 신축이음을 적합하게 적용한다.

4) 시공 시 주의사항
   관로 주변 지반상태, 시공 시 되메우기 다짐상태, 용접부 검사 철저, 최종연결 시 관로 온도가 낮은 야간에 실시 등을 충분히 고려하여 시공한다.

90 | 비회전도(Specific Speed)

1. 정의

어떤 펌프의 일정한 유량 및 수두, 즉 $1m^3/min$의 유량을 1m 양수하는 데 필요한 회전수를 비속도 또는 비회전속도(Ns)라 한다.

2. 비회전도(Specific Speed) 의미

어떤 펌프의 최고 효율점에서 펌프의 성능상태를 나타내는 방법으로 수치에 의하여 계산된 값이며 양정이 높고 토출량이 적은 펌프에서는 Ns가 낮아지고, 반대로 양정이 낮고 토출량이 큰 펌프에서는 Ns가 높다.

3. 비회전도의 이용

원심펌프일수록 Ns가 작아지고 축류펌프일수록 Ns가 커진다. Ns가 높아질수록 흡입성능이 나빠지고 공동현상이 발생되기 쉽다.

4. 비회전도 계산 방법

$$Ns = N \cdot Q^{(1/2)} / H^{(3/4)}$$

여기서, Ns : 비회전도, rpm　　N : 규정회전수, rpm
Q : 펌프토출량 m^3/min　　H : 전양정, m

여기서 토출량에 대해서는 양흡입 펌프인 경우에는 토출량의 1/2이 되는 한쪽의 유량으로 계산하고 전양정에 대해서는 다단펌프인 경우 회전차 1단당의 양정을 대입하여 계산한다.

5. 비회전도 계산 예

$Q = 14m^3/min$, $H = 100m$, $n = 1{,}750rpm$인 펌프의 비회전도는

1) 편흡입 1단 펌프의 경우

$$Ns = (1{,}750 \times 14^{1/2}) / 100^{(3/4)} = 207$$

2) 편흡입 2단 펌프의 경우

$$Ns = (1,750 \times 14^{1/2})/50^{(3/4)} = 348$$

3) 양흡입 1단 펌프의 경우

$$Ns = (1,750 \times 7^{1/2})/100^{(3/4)} = 146$$

6. 비속도에 따른 펌프의 특성

비속도는 세 개의 요소(H, Q, n)에 의하여 결정되고, Ns가 정해지면 이것에 해당되는 펌프의 형상은 대략 정하여진다.

- 원심력펌프 : 볼류트펌프 100~700
  터빈펌프 100~300
- 사류펌프 : 700~1200
- 축류펌프 : 1,100 이상

양정이 높고 토출량이 작은 펌프는 Ns가 낮아지고(원심력펌프), 양정이 낮고 토출량이 큰 펌프는 Ns가 높아진다.(축류펌프)

7. 비속도와 체절양정

비속도에 따라 펌프의 모양이 정해진다는 것은 펌프의 특성이 대체로 비속도에 따라 정해진다는 것을 나타낸다.

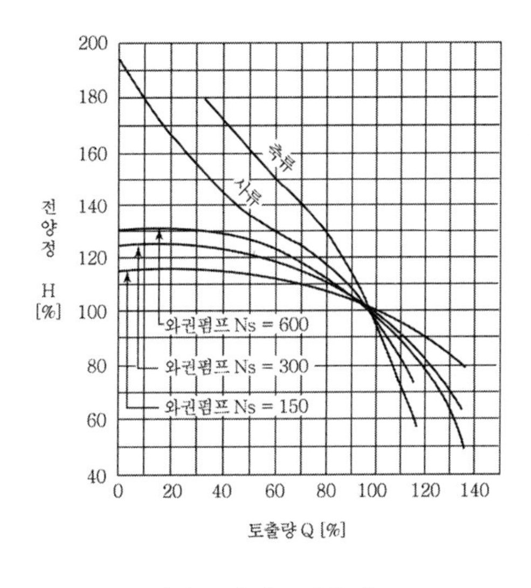

(a) 토출량－전양정

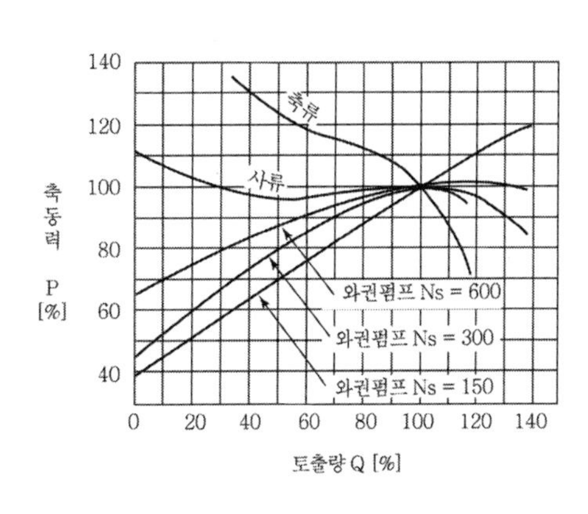

(b) 토출량－축동력

토출량 - 양정 곡선에서 Ns가 높은 축류펌프는 기울기가 급하고 토출량이 0일 때의 전양정(체절양정, Shut Off Head)은 설계점의 전양정에 비하여 대단히 높다.

8. 비속도와 체절양정 시 축동력

축동력 곡선은 Ns가 낮은 원심력펌프의 경우는 토출량의 증가에 따라 축동력이 증가하고, 반대로 Ns가 높은 축류펌프의 경우는 체절점에서 소요축동력이 가장 크고 토출량의 증가에 따라 축동력이 감소한다.
따라서 펌프 운전개시점에서 과부하를 방지하기 위해서는 원심펌프는 체절상태로 축류펌프는 밸브 전개상태에서 전원을 연결한다.

91 | 유효흡입수두(NPSH)

1. 정의

유효흡입수두란 펌프 시스템에서 액체를 흡입하면서 흡상높이를 높일 수 있는 여유를 말하며 이것이 클수록 캐비테이션을 억제하여 안정된 운전이 가능하다.

2. 유효흡입수두와 요구흡입수두

펌프의 공동현상을 해석하는 지표로 펌프 시스템에서 얻어지는 이용 가능 유효흡입수두(NPSHav)와 펌프 자체가 필요로 하는 요구흡입수두(NPSHre)로 구분된다.

3. 유효흡입수두(NPSHav)

펌프 자체와는 무관하게 흡입측의 배관 또는 시스템에 따라서 정해지는 값으로 펌프 흡입구 중심까지 유입되어 들어오는 액체에 외부로부터 주어지는 압력을 절대압력으로 나타낸 값에서 그 온도의 포화증기압을 뺀 값을 말한다.

$$NPSHav = Hsv = Ps/g - Pv/g \pm hs - f \cdot V^2/2g\,(mAq)$$

여기서, Ps : 흡수면에 작용하는 압력, 대기압 kPa
Pv : 포화증기압(kPa)
g : 중력가속도($9.8m/s^2$)
hs : 흡수면에서 펌프 기준면까지의 높이 : 흡상(−), 압입(+)
$f \cdot V^2/2g$: 흡입배관에서의 총손실수두

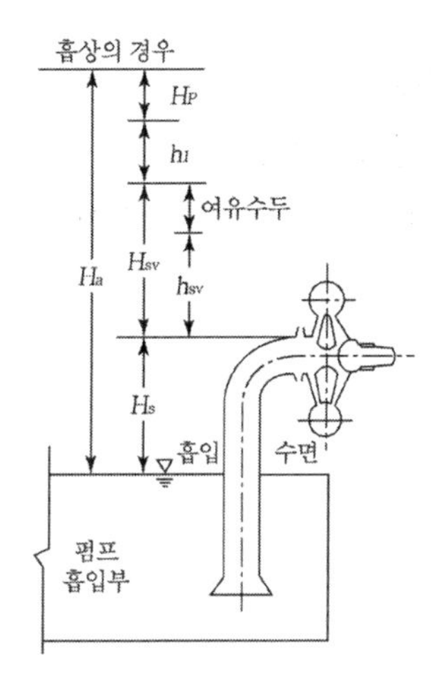

4. 요구흡입수두(NPSHre)

회전차 입구 부근까지 유입된 액체는 회전차 입구에서 가압되기 전에 일시적인 압력 강하가 발생하는데 이때 캐비테이션이 발생하지 않는 수두를 펌프의 요구(필요)흡입수두라 한다. 요구흡입양정은 펌프 제작자에 의해서 결정되는 펌프 자체의 필요한 흡입양정으로 동일사양 펌프라도 펌프 제작자 또는 설계자에 의해서 NPSHre 값이 결정된다.

5. NPSH를 만족하는 운전범위

공동현상 없이 펌프를 운전하려면 펌프 입구 직전의 전압력을 NPSHre(액체의 포화증기압+필요흡입수두 × $(1+\alpha)$에 상응하는 압력) 이상으로 높여야 한다.
즉, NPSHav－NPSHre＝1.0～1.5m 이상이어야 한다.
또는 NPSHav $\geq$ 1.3 NPSHre 유지

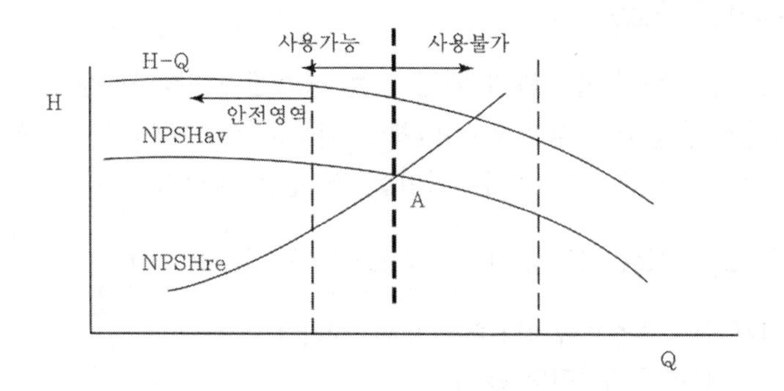

1) 펌프의 전양정에 과대한 여유를 주면 실제 운전은 과대 토출량의 범위에서 운전되므로 전양정은 실제 적합토록 결정하고, 계획토출량보다 현저히 벗어나는 범위의 운전은 피하여야 한다.
2) 양정변화가 큰 경우에 저양정 지역에서의 필요흡입수두가 크게 되어 공동현상이 발생될 수 있으므로 주의를 요한다.
3) 위 그림에서 점선 좌측(NPSHav $\geq$ 1.3 NPSHre) 이내의 범위에서 안정적으로 운전되도록 한다.

92 | 펌프장 흡입수위를 설명하시오.

1. 펌프양정과 흡입수위

아래 펌프 주변 계통에서 펌프 중심선에서 흡입 수면까지를 흡입수위(흡입실양정, 흡입양정, has)라 하며 여기에 흡입배관마찰손실(hls)을 더하여 흡입전수두(Hs)라 한다.

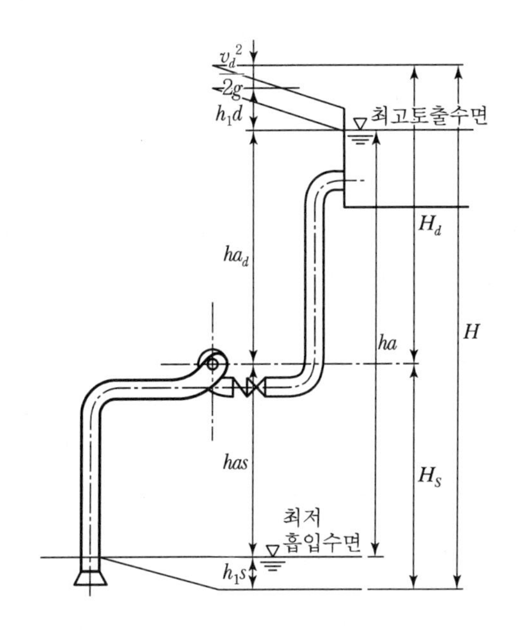

2. 흡입수위와 전양정 관계

펌프전양정(H)은 흡입전양정(Hs)과 토출전양정(H_d)으로 구성되며 흡입전양정(Hs)은 흡입양정(has)과 배관마찰손실(h_1s)의 합이고, 토출전양정(H_d)은 토출양정(ha_d)과 배관마찰손실(h_1d), 토출동압($v_d^2/2g$)의 합이다.

3. 하수처리장 펌프의 흡입수위

하수처리장 펌프의 흡입수위는 유입관로 수위에서 펌프흡수정에 이르기까지의 손실수두를 빼서 결정한다.

1) 오수펌프의 흡입수위는 원칙적으로 유입관로의 일평균오수량이 유입할 때의 수위로 정한다.
2) 빗물펌프의 흡입수위는 유입관로의 계획하수량이 유입할 때의 수위로 정한다.

4. 흡입수위와 캐비테이션

펌프는 토출능력은 양호하지만 흡입배관에서는 진공압에 의한 캐비테이션으로 흡입 양정에 한계가 있다. 이론적으로 흡입수위는 최대대기압(10.3m) 정도의 흡입수위를 가지지만 마찰과 수온에 의한 포화증기압 등으로 5~6m 정도가 한계이다.

5. 흡입수위와 NPSH

NPSH(유효흡입수두)란 펌프시스템에서 액체를 흡입하면서 흡상높이를 높일 수 있는 여유를 말하는 것으로, 유효흡입수두(NPSHav)와 요구흡입수두(NPSHre)가 있으며 유효흡입수두는 클수록 요구흡입수두는 작을수록 캐비테이션을 억제하여 펌프의 안정된 운전이 가능하다.

1) 유효흡입수두의 구분

펌프의 공동현상을 해석하는 지표로, 펌프시스템에서 얻어지는 이용 가능 유효흡입수두(NPSHav)와 펌프 자체가 필요로 하는 요구흡입수두(NPSHre)로 구분된다.

2) 유효흡입수두(NPSHav)

펌프 자체와는 무관하게 흡입 측의 배관 또는 시스템에 따라서 정해지는 값으로, 펌프 흡입구 중심까지 유입되어 들어오는 액체에 외부로부터 주어지는 압력을 절대압력으로 나타낸 값에서 그 온도의 포화증기압을 뺀 값을 말한다.

$$H_{sv} = H_a - H_p + H_s - H_L$$

여기서, H_{sv} : 시설에서 이용 가능한 유효흡입수두(m)

H_a : 대기압을 수두로 나타낸 것(m)

H_p : 수온에서의 포화수증기압을 수두로 나타낸 것(m)

H_s : 흡입실제양정(m)(흡입인 경우는 -, 압입인 경우는 +)

H_L : 흡입관 내의 손실수두(m)

93 | 상사법칙

1. 정의

터빈펌프에서 구조가 상사한 펌프에서 유량과 양정 동력 회전수 사이에 일정한 법칙이 성립하는데 이를 상사법칙이라 한다.

2. 상사법칙의 관계

1) D가 일정하고 회전수만 변화할 때

(1) 유량 : 유량(Q)은 회전수 변화에 비례한다.

$Q_2 = Q_1$

(2) 양정 : 양정(H)은 회전수 변화에 제곱에 비례한다.

$H_2 = H_1(N_2/N_1)^2$

(3) 동력 : 동력(P)은 회전수 변화의 세제곱에 비례한다.

$P_2 = P_1(N_2/N_1)^3$

2) 직경D 와 회전수N이 변화할 때

(1) 유량변화 : $Q_2 = Q_1(D_2/D_1)^3\ (N_2/N_1)$
(2) 양정변화 : $H_2 = H_1(D_2/D_1)^2\ (N_2/N_1)^2$
(3) 동력변화 : $P_2 = P_1(D_2/D_1)^5\ (N_2/N_1)^3$

3. 상사법칙을 펌프에 적용 시 고려사항

펌프 회전수를 대략 20% 범위에서 변화시키면 펌프 성능은 위와 같이 일정의 상사법칙에 따라 변화한다. 실제 현장에서 회전수를 변화시킬 때 이들 관계를 정확히 파악할 필요가 있다. 그때의 효율 변화는 작으므로 무시할 수 있으며, 단 속도의 변동 범위가 큰 경우에는 이 환산 결과는 실제의 값과 다소의 차이가 있으므로 주의한다.

4. 실제 특성곡선의 변화

펌프의 상사법칙은 회전수가 변화하면 양정은 2승에 비례하고 동력은 3승에 비례함을 나타내나 이것들은 펌프 자체의 성능 환산을 표시하는 것으로 실제의 운전 조건에 적용시키면 그림과 같다.

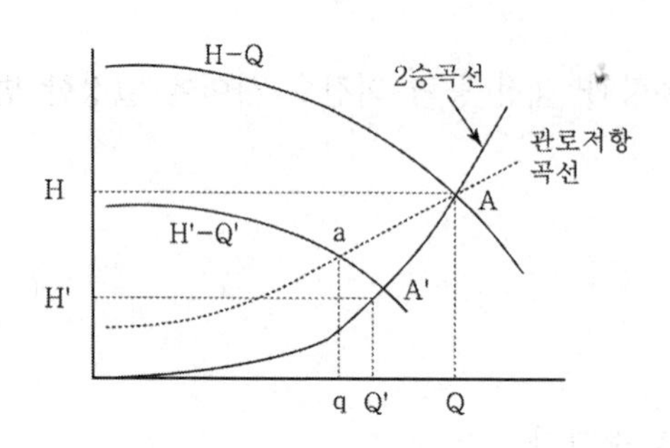

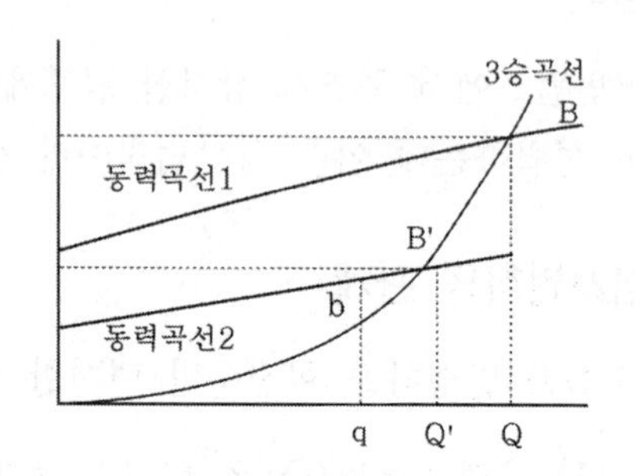

1) 토출량은 관로저항곡선과 펌프의 양정-토출량 곡선의 교점인 A점에 해당하는 토출량 Q로 운전된다.
2) 펌프를 회전수를 변경하여 펌프의 성능이 H′-Q′로 변하면 펌프 성능상의 대응점은 상사법칙에 의하여 A′점(토출량 Q′)이 되지만 실제의 토출량은 관로저항곡선과 펌프의 H′-Q′의 교점 a의 토출량 q가 된다.
3) 소요동력도 이것에 준하는 동력곡선 2상에서 토출량 q에 대응하는 값 b로 된다. 따라서 소요동력은 B에서 b까지로 절감할 수 있다.
4) 펌프의 축동력은 회전속도의 3승에 비례하므로 구동기의 변속효율이 얼마간 희생되더라도 일반적으로 20% 정도의 감속을 행한 경우에는 상당한 동력을 절감할 수 있다.

94 | 공동현상(Cavitation)

1. 정의

액체는 온도를 상승시키거나 압력을 하강시키면 증발하게 되어 기체화하는데 일정한 수온에서 압력이 하강하여 포화증기압 이하로 되면 액체의 내부에서 증발하여 기포가 발생하는데 이를 공동현상이라 한다.

2. 펌프의 공동현상의 원인

펌프에서는 펌프의 회전차(Impeller) 입구에서 압력의 저하가 가장 큰데 압력이 포화증기압 이하로 하강하면 양수되는 액체가 기화하게 되어 공동이 발생하는데 이 공동부분이 수류를 따라 이동하여 펌프 토출측에서 고압부분에 돌입하게 되면 순식간에 소멸되면서 충격, 소음, 진동이 발생하게 된다.
그 결과 충격이 발생하여 회전차가 파손되거나 소음 및 진동이 발생하여 양수 감소, 또는 양수 불능 상태까지 이르게 되는데 이러한 현상을 공동현상(Cavitation)이라고 한다. 또한 공동현상은 펌프의 흡상양정이 높거나 유속의 급변, 와류의 발생 등에 의해서도 발생된다.

3. 공동현상에 영향을 주는 요소

1) 수온
수온에 따라 포화증기압이 변화하며 특히 고수온일 경우에 유의하여야 한다.

2) 액체의 성질
양수되는 액체의 성질에 따라 포화증기압이 변한다.

3) 흡수면에 작용하는 압력
흡수면의 개폐 상태, 펌프 설치 높이 등에 따라 유효흡입수두가 달라져 공동현상이 발생할 수 있다.

4. 공동현상 방지

공동현상은 일반적으로 Ns가 크거나 흡입양정이 클 경우에 쉽게 발생하므로 Ns 값을 작게 하고 흡입양정을 5m 이하로 제한하는 것이 좋다.

그러나 공동현상은 펌프의 종류, 수온, 유량, 전양정, 액체의 성질 등에 따라 영향을 받으므로 펌프에 이용되는 유효흡입수두가 펌프가 필요로 하는 유효흡입수두보다 항상 크게 하는 것이 좋다.
즉 공동현상 없이 펌프를 운전하려면 펌프 입구 직전의 전압력을 액체의 포화증기압보다도 필요흡입수두×$(1+\alpha)$에 상응하는 압력 이상으로 높여야 한다.

1) 유효흡입수두를 가능한 크게 하기 위하여 펌프 설치 위치를 낮게, 흡입배관을 짧게, 관내유속을 작게 한다.

2) 유효흡입수두(NPSHav) > 1.3 × 필요흡입수두(NPSHre)
   NPSHav－NPSHre＝1.0～1.5m 이상 유지한다. 아래 그림에서 이론 운전 범위는 굵은 점선 왼쪽이나 여유를 고려하여 실제운전은 가는 점선 왼쪽으로 한다.
3) 흡입수조 형상과 치수는 과도한 와류, 편류가 발생되지 않도록 한다.
4) 편흡입펌프로 NPSHre가 만족되지 않는 경우에는 양흡입펌프를 사용한다.
5) 대용량 펌프 또는 흡상이 불가능한 펌프는 흡수면보다 펌프를 낮게 설치할 수 있는 입축펌프를 사용하여 회전차 위치를 낮게 한다.

6) 펌프의 흡입측 밸브는 유량조절 불가

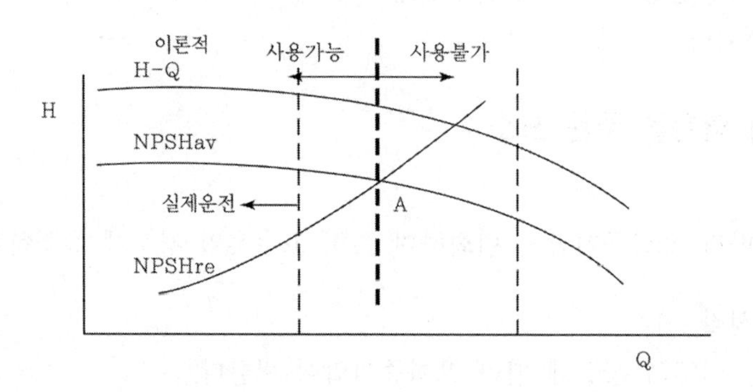

7) 펌프의 전양정에 과대한 여유를 주면 실제 운전은 과대 토출량의 범위에서 운전되므로 전양정은 실제 적합토록 결정한다.(위 그림 참조)
8) 계획토출량보다 현저히 벗어나는 범위의 운전은 피하여야 한다. 양정변화가 큰 경우에 저양정 지역에서의 필요흡입수두가 크게 되어 공동현싱이 발생될 수 있다. (위 그림 참조)

95 | 펌프의 전양정 조사방법을 설명하시오.

1. 펌프의 전양정

1) 전양정 = 실양정 + 마찰손실수두 + 말단압력(속도수두)
   실양정 = 흡입양정 + 토출양정

2) 펌프 전양정이란 펌프가 물에 주는 에너지로 이 중에서 마찰손실을 제외한 나머지가 물에 전달되어 물의 에너지를 상승시킨다.

3) 마찰손실수두 = 직관부 마찰손실 + 국부 손실
   - 직관부 손실수두 $\Delta h = f \cdot \dfrac{L \cdot v^2}{d \cdot 2g}$
   - 국부손실 $h_l = \xi \dfrac{v^2}{2g}$

2. 정상 운전 시 전양정 조사

자료가 충분하여 이론적인 검토만으로 에너지 절약성의 진단이 가능한 경우에는 문제가 없으나 통상은 반드시 현장 조사를 하여야 하는데 그 순서는 다음과 같다.

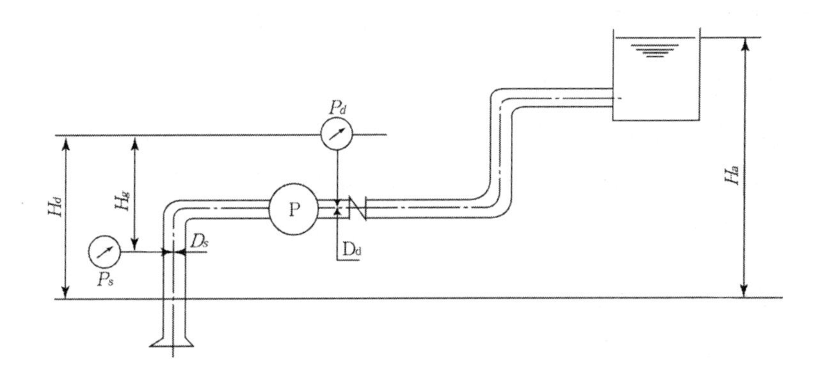

1) 실양정을 확인한다.
   펌프 흡수면에서 토출조의 수면까지의 높이 H_a가 실양정인데, 토출단이 기계 설비에 직접 접속되어 있으며 여기에서 필요한 압력이 P[MPa]인 경우에는 펌프 흡수면에서 토출단까지의 높이에 100 × P[m]를 더한 값이 실양정이다.

2) 펌프 흡입측의 압력 Ps[MPa]를 측정한다.
   부압 시에는 −, 정압 시에는 +한다.

3) 펌프 토출측의 압력 P_d[MPa]를 측정한다.

4) 펌프 전양정을 계산한다.

$$H_T = 100P_d - 100P_s + H_g + \frac{v_d^2}{2g} - \frac{v_s^2}{2g}$$

H_T : 전양정[m]
H_g : 토출압력계 중심과 흡입압력계 중심의 높이 차[m]
v_d : 토출압력계가 설치된 부분의 관내유속[m/s]
v_s : 흡입압력계가 설치된 부분의 관내유속[m/s]
g : 자유낙하 가속도(9.8m/s^2)

압력계가 설치되어 있는 부분의 토출측 관경과 흡입측 관경이 1치수 정도만 차이가 있는 경우에는 $(v_d{}^2 - v_s{}^2)/2g$는 생략하여도 큰 오차가 없다.

3. 토출밸브를 완전히 닫았을 때의 펌프 양정 조사

펌프 토출 밸브를 완전히 닫고서 다음의 사항을 측정한다.

1) 펌프 출구측의 압력 P_d[MPa]를 측정한다.
2) 펌프 흡입측의 압력 P_s[MPa]를 측정한다. P_s 대신에 펌프 흡수면에서 토출측의 압력계 중심까지의 높이 H_d[m]를 측정하여도 된다.
3) 다음의 식을 이용하여 토출측 밸브를 완전히 닫았을 때의 펌프 양정을 계산한다.

$$H_o = 100P_d - 100P_s + H_g \ [\text{m}]$$
$$H_o = 100P_d + H_d \ [\text{m}]$$

H_g : 토출압력계 중심과 흡입압력계중심의 높이 차[m]
$H_d(=P_s + H_g)$: 토출압력계 중심과 흡입수면의 높이 차[m]

96 | 펌프의 동력을 설명하시오.

1. 펌프 동력

펌프 동력은 수동력, 축동력, 소요동력으로 나눌 수 있다.

1) 수동력

수동력이란 펌프 양수시의 이론동력으로 펌프가 물에 주는 동력이다.

$$P_1 = \frac{\gamma QH}{102},\ P_2 = \frac{\rho QgH}{1000}$$

여기서, P_1, P_2 : 수동력, kW　　γ : 비중, g/cm^3

ρ : 밀도(1,000kg/m^3)　　Q : 토출량, L/s

H : 양정, m

2) 펌프 축동력

펌프 운전에 필요한 축동력은 축을 통해 펌프에 전달되는 동력으로 펌프 내에서 생기는 손실동력만큼 수동력보다 커진다.

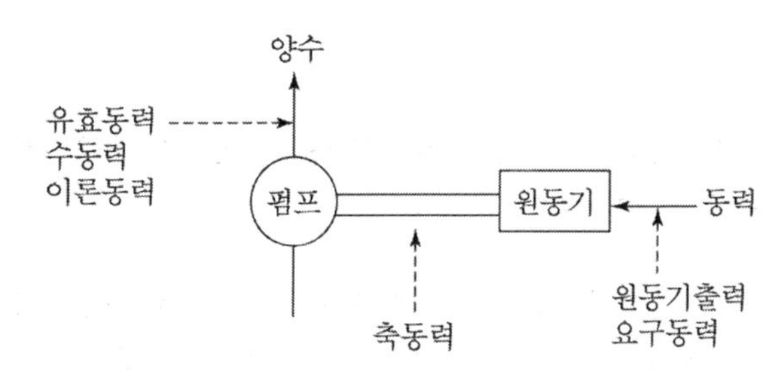

$$P_2 = \frac{P_1}{Ep}$$

여기서, P_2 : 축동력

Ep : 펌프 효율

(1) 펌프의 효율은 토출량이 3.0~80m^3/min 범위에서는 보통 70~80% 정도이다. 계획 시 토출량에 따른 표준효율을 채용하여 원동기의 출력을 계산하고 제작 단계에서는 가능한 효율을 높일 수 있게 제작사에 요구하여 운전동력을 절감한다.

(2) 하수도용 펌프에서는 회전차가 막히지 않도록 하기 위한 펌프구조를 고려해서 효율을 다소 낮게 하여도 되며, 무폐쇄펌프 등 특수구조를 가진 펌프는 표준효율보다 효율이 낮으므로 그 형식에 따른 효율을 정한다.

3) 원동기 출력(모터 소요 전력)

펌프의 구동에 소요되는 원동기의 출력은 펌프축동력에 원동기 여유율을 더한 값이며 모터인 경우 모터 소요전력이다.

(1) 원동기인 경우

$$P_3 = P_2 \frac{(1+\alpha)}{\eta t}$$

여기서, α : 여유율

ηt : 전달 효율

(2) 모터인 경우

$$P_3 = P_2 \frac{(1+\alpha)}{\eta m}$$

여기서, α : 여유율

ηm : 모터 효율

2. 원동기 선정

펌프를 운전하는 경우 전동기는 전압 및 주파수의 변동에 의해, 내연기관은 연료 및 취급방법에 따라 출력이 변동한다.

1) 원동기 출력을 축동력보다 크게 하여야 하며 실제는 계획상의 오차와 펌프 운전상태의 변화에 따라 축동력에 변화가 많으므로 이를 포함하여 원동기에 과부하가 걸리지 않게 여유를 둔다.
2) 전동기는 다소의 과부하에도 견딜 수 있어 여유율은 적어도 좋으나 내연기관은 과부하로 되면 운전이 불안정하게 되고 수명이 짧아지므로 여유율을 많이 잡는다.
3) 펌프의 형식에 따라 여유율(α)이 다른 것은 형식에 따라 축동력의 특성이 다르고 양정의 변화에 대해 축동력의 변동이 다르기 때문이다. 전동기는 정격출력 200kW까지는 가능한 KS규격품을 사용한다.
4) 전달효율(ηt)은 직결의 경우 1.0이며, 내연기관을 채택한 경우에 감속기 등의 동력전달장치의 효율을 고려한다. 감속기 전달 효율은 기어의 종류에 따라 다르나 보통 0.94~0.97 정도이며 유체밸브를 사용하는 경우는 0.96 정도이다.

97 | 시스템 수두곡선에 대하여 설명하시오.

1. 정의

시스템 수두곡선(System Head Curves)이란 펌프를 설치할 관로계통(시스템)의 저항 특성을 의미하며 이송이 없는 정수두 상태의 최소·최대 정수두와 운전시의 마찰저항을 포함한 전체 저항을 시스템 수두곡선이라 한다.

2. 시스템 수두곡선(System Head Curves)의 특성

펌프설비는 유동적인 특성을 가지므로 펌프 자신의 특성과 시스템의 특성을 최적의 상태로 조합하여 최고 효율점에서 펌프가 운전되도록 하여야 경제적 운전이 가능하다. 이런 최적의 상태를 구하기 위해 시스템의 저항특성이 필요하며 이를 그래프로 나타낸 것이 시스템 수두곡선이다.

3. 시스템 수두곡선과 펌프특성곡선과의 관계

펌프특성곡선에서 보듯이 최고 효율점을 벗어나면 급격히 효율이 감소하여 비경제적 운전이 된다. 시스템의 실양정은 흡입수위와 토출수위의 시간적 변화가 많아 특정치를 정하기 어려우나 이러한 범위를 분명히 하지 않으면 펌프의 운전범위를 정할 수 없게 된다. 따라서 시스템의 최대양정 및 최소양정을 파악하여 펌프의 작동범위를 결정하고 이에 적합한 펌프를 선정하기 위하여 총동수두와 토출량 간의 관계를 나타낸 시스템 수두곡선을 사용하게 된다.

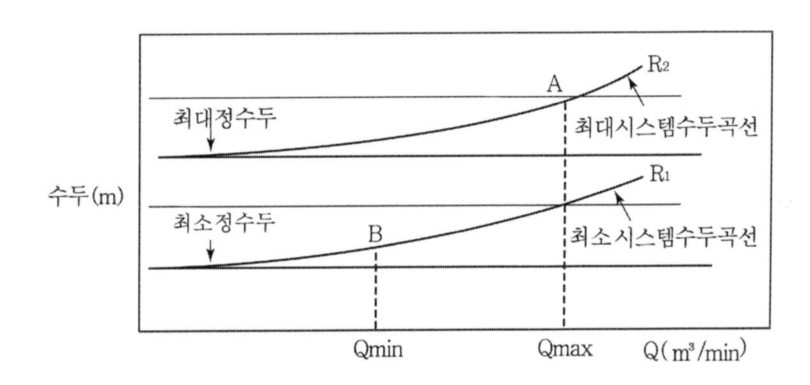

4. 시스템 수두곡선에서 펌프의 선정

시스템 수두곡선에서 보이는 바와 같이 정수두(실양정)의 최대 및 최소값을 파악하고 계획된 관로로부터 유량에 따라 발생되는 관로저항곡선 R을 도시한 후 최소정수두 및 최대정수를 가산하여 최소 시스템 수두곡선(R_1)과 최대 시스템 수두곡선(R_2)을 구한다. 펌프는 R_1과 R_2 사이에서 가동되는데 최대토출량(Q_{max})에 대한 R_2곡선상의 A점이 펌프의 최대양정(H_{max})이고, 최소토출량(Q_{min})에 대한 R_1곡선상의 B점이 최소양정(H_{min})이 되는데 이 범위 내에서 가장 효율적인 펌프를 선정하여야 한다.

차 한잔의 여유

성공을 확신하는 것이 성공의 첫걸음이다.
– 로버트 H. 슐러 –

98 | 펌프특성곡선(Pump Characteristics Curves)과 운전점에 대하여 설명하시오.

1. 정의

펌프의 규정회전수(n)에서의 토출량(Q)과 전양정(H), 펌프효율(Eff) 및 소요동력(kw)과의 관계를 나타낸 곡선을 펌프특성곡선이라고 한다.

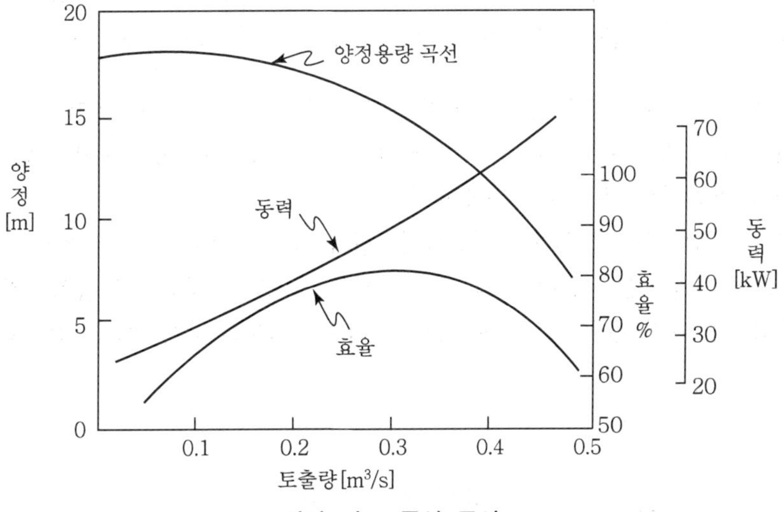

원심 펌프 특성 곡선

2. 펌프 특성곡선의 구성

1) 펌프성능을 표시하는 수단으로서 펌프의 성능곡선(특성곡선이라고도 한다)이 있다. 이는 펌프의 규정회전수에서의 토출량(Q)과 전양정(H), 펌프효율(η%), 축동력(L kW) 등의 관계를 나타내는 것이다. 펌프성능 측정방법은 KS B6301에 규정되어 있다. 펌프성능곡선은 그림과 같이 펌프의 회전수와 흡입 양정은 일정한 것으로 하고, 횡축에 유량, 종축에 양정, 동력, 효율을 잡고,
   - L－Q (동력－유량) 곡선
   - H－Q (양정－유량) 곡선
   - η－Q (효율－유량) 곡선을 그린다.

2) 펌프특성곡선 횡축상의 임의의 점으로부터 수직선을 그어서 H－Q, L－Q, η－Q 곡선과 만나는 점이 각각 그 유량에서의 전양정, 축동력, 효율이 된다.
3) 그림에서 보듯이 토출량이 큰 범위에서 운전되면 펌프가 낼 수 있는 전양정은 감소하고, 역으로 토출량이 작은 범위에서 운전되면 펌프가 낼 수 있는 전양정은 증대되며, 토출량이 0인 체절점에서도 H_0의 양정을 나타내지만 이때의 소요동력은 유효한 일이 아니라 대부분 열로 낭비되어 버리므로 체절점에서 장시간 운전하게 되면 펌프를 과열시키게 된다. 토출량이 0일 때의 양정 H_0를 체절양정이라고 한다.

3. 운전점과 펌프 선정

토출량이 큰 범위에서 운전되면 펌프가 낼 수 있는 전양정은 감소하고, 반대로 토출량이 작은 범위에서 운전되면 펌프가 낼 수 있는 전양정은 증대된다.

1) 펌프효율은 설계유량 Q에서 최고값을 가지므로 그 부근에서 운전하는 것이 가장 합리적이다. 펌프는 효율뿐만 아니라 과열, 과부하, 진동, 캐비테이션 등이 없이 광범위한 조건에서 운전이 가능해야 한다.
2) 이러한 펌프의 선정을 위해서 펌프특성곡선과 시스템 수두곡선을 이용하게 되는데 일반적으로 규정회전수에 따른 펌프특성곡선을 시스템 수두곡선에 중복시켜 교차점이 운전점이며 이 운전점이 펌프 최고 효율점에 근접하도록 하여 최적의 펌프를 선정한다.

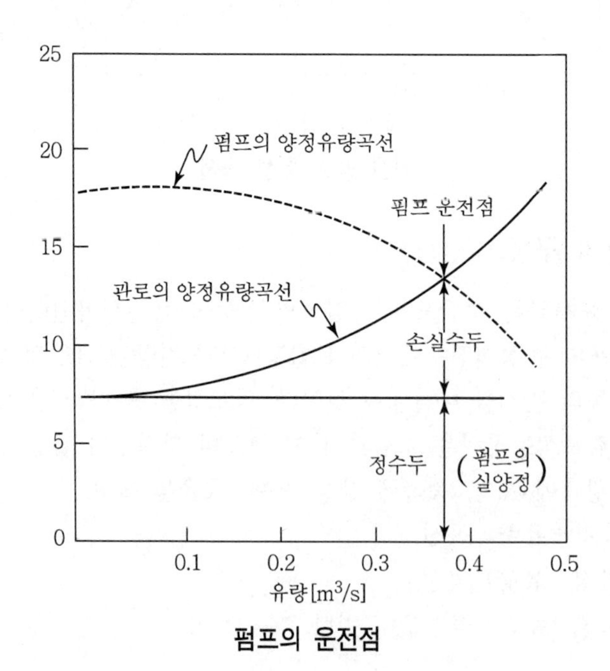

펌프의 운전점

4. 단독운전의 실양정이 일정한 경우

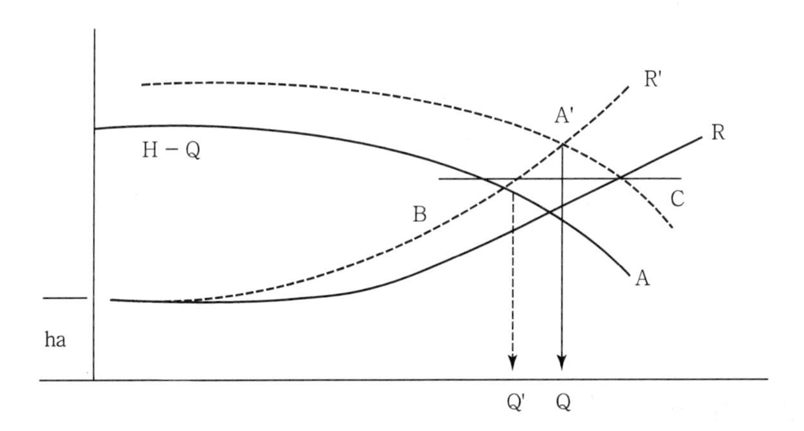

1) H－Q곡선(양정－토출량 곡선)과 관로저항곡선 R과의 교점 A가 운전점이 된다.
2) 사용 후 경년변화에 의하여 배관에 녹이 발생하면 관 내의 통수저항이 증가하여 관로저항곡선이 R에서 R′로 변하고 운전점도 A에서 B로 이동하게 된다.
3) 운전점이 B로 이동하게 되면 토출량은 Q에서 Q′로 감소하게 된다.
4) 이를 예방하기 위해서 관로저항 R′에서도 소요토출량 Q를 확보할 수 있도록 펌프 성능곡선에 미리 여유를 두어 점선 H－Q 곡선으로 잡는다. 그러면 운전점이 A′로 되어 소요토출양 Q를 양수할 수 있다.
5) 그러나 과도한 예유를 두면 공동현상이 발생하므로 주의를 요한다. 이 경우 토출 밸브가 전개된 초기운전은 운전점이 C로 이동하여 과대 토출되므로 밸브제어를 실시하여야 한다.

5. 단독운전의 실양정이 변하는 경우

1) 실양정이 ha_1에서 ha_2로 변동하는 경우에는 밸브의 개도가 일정한 경우에도 관로 저항곡선이 R에서 R′로 상하로 평행이동 하므로 토출량이 Q_1에서 Q_2로 변화하고, 펌프효율도 변화하는 점에서 운전된다.
2) 고효율 범위에서 운전하기 위해서는 실양정 변동폭과 빈도를 고려하여 펌프 최고 효율점의 위치를 선정한다.

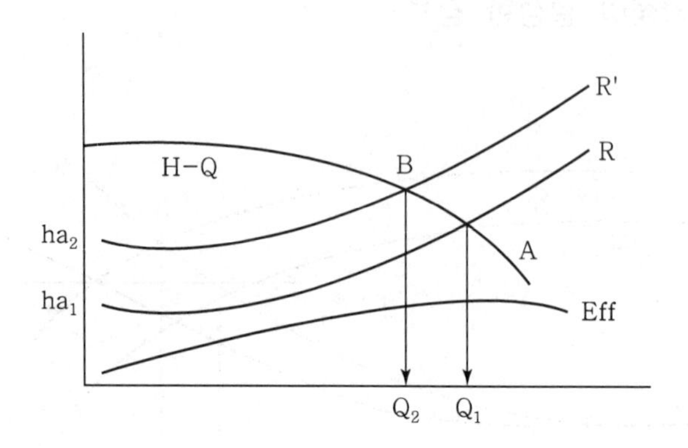

6. 펌프 선정 시 유의할 점

1) 펌프 선정은 유량, 양정, 동력조건에 따라 적합한 종류와 규격을 선정하되 상하수도용은 대부분 대형 펌프이므로 연간 동력비가 차지하는 비중이 크므로 선정 시 최고 효율점에서 운전되도록 함이 가장 중요하다.
2) 따라서 우수배제펌프, 배수펌프 등과 같이 비상시 배출능력을 최우선시 하는 경우는 효율보다는 최대 용량 확보에 최우선 점을 두고 설계하며
3) 정수장 등과 같이 일정한 유량을 펌핑하는 경우에는 설계 시 최대값을 적용하기보다 최고 효율점을 우선하도록 함이 합리적이다.

99 | 펌프설비 선정 시 고려해야 할 사항과 최적시스템을 결정하는 절차에 대하여 흐름도를 이용하여 설명하시오.

1. 개요

펌프선정 시 가장 중요한 사항은 과대, 과소를 피하고 가장 적합한 펌프형식 및 사양 선정과 배관계통 특성에 알맞는 시스템(대수제어, 직렬, 병렬운전 등)을 설계하는 것이다.

2. 펌프 선정시 고려사항

펌프는 대상 배관과 유체 특성에 따라 각기 다른 특성을 발휘하므로 최적의 펌프 선정은 중요하다.

1) 펌프의 종류
액질(농도, 비중, 점도, 온도 등) 및 Service에 따라 펌프는 적용한계가 있으므로, 사용되는 조건에 맞는 펌프를 선정한다.

2) 토출량
토출량의 10~20%의 여유를 두어 선정하되 과대 과소를 피한다.

3) 전양정(Total Head)
펌프의 양정이란 펌프가 물을 양수하는 데 있어 보낼 수 있는 수직 높이를 말하는 것으로 실제수직높이에 관의 길이, 관의 직경에 따른 손실을 수직 높이로 환산한 것을 의미한다.

전양정(Ht) = 흡입실양정(Hs) + 토출실양정(Hd) + 유속양정(Hv) + 관손실양정(Hl)

4) 비속도(ns)
결정된 유량과 양정 조건하에서 최적 특성의 펌프 임펠러를 설정하기 위해 비속도를 계산한다. 비속도에 따른 적용펌프에서 얻을 수 있는 효율이 다르므로 가끔씩 높은 효율을 얻을 수 있는 규격으로 설계함이 좋다.

5) 회전수
회전수는 전동기의 극수와 함께 결정되며, 회전수가 정해지면 전양정과 유량이 앞에서 결정되었으므로 비속도가 정해져 펌프의 특성이 결정된다. 대용량, 저 NPSH

일수록 회전수가 작은 극수를 사용한다.

6) 효율

제작사로부터 직접 효율을 조사하고 가급적 높은 효율의 펌프가 설계되도록 하고 운전빈도가 큰 운영 전양정 점에서의 효율이 최고 효율점이 되도록 펌프를 선정하고, 전체 운전범위에서 높은 효율로 운전되도록 결정하여야 한다.

7) 소요 동력

축동력을 계산해서 펌프가 운전되는 설계 전양정부터 최소 전양정 이내에서 최대량을 산출하여야 한다.

8) 설치 위치

펌프는 임펠러에 캐비테이션이 발생하지 않는 높이(NPSHa > NPSHre : 0.5~1m 정도)에 설치되어야 한다. 펌프는 운전여건에 따라 최소 전양정으로 가동하여야 할 경우가 있으며, 이때의 유량은 정격의 120% 이상이 되는 경우가 있으므로, 이때도 캐비테이션이 발생하지 않도록 바닥높이가 결정되어야 한다.

9) 흡입양정과 캐비테이션

(1) 펌프의 흡입양정은 펌프(횡축펌프) 중심선을 기준하여 −5m 이내로 하고, 이때 캐비테이션이 발생하지 않아야 하고 흡입양정이 클수록 펌프의 가동조건인 만수시간이 길어지고 원격운전에 불리해지므로 가급적 작게 되어야 한다.

(2) 캐비테이션으로부터 안전하기 위해서는 유효흡입수두(NPSHav)가 필요흡입수두(NPSHre)보다 1m 이상 크게 확보되어야 한다.

10) 펌프의 시방결정에 있어서 설비, 장치의 목적 등 사용조건에 기본을 두고 토출량, 전양정(경우에 따라 실양정), 흡입양정, 수질 등의 사양, 유량 또는 양정의 변동범위, 운전조건 등 여러 가지의 조건을 충분히 검토한다.

11) 주어진 조건에 가장 적합한 펌프를 카탈로그로부터 선정하든지, 그 펌프 사양을 상세 결정하든지, 어떤 방법으로 하여도 사용조건 등을 신중히 검토하여서, 그 장치의 가동상태에 가장 적합하게 함과 동시에 설비비와 운전, 보수관리를 포함한 총 경비가 최저가 되는 펌프를 결정하여야 한다.

12) 조합운전 여부

조합운전(직 · 병렬) 시에는 펌프의 직병렬 특성곡선에 관로저항곡선을 함께 작도한 그래프에서 전체범위에 걸쳐 펌프특성과 실양정을 포함하여 관로에서 발생하는 손실 양정을 각각의 공급량에서의 펌프운전조건을 파악하고 선정된 펌프가 전체 계통에서의 운영에 적정한지를 파악한다.

3. 펌프 최적 시스템 선정 절차

펌프 선정 절차를 다음 흐름도에 설명한다.

1) 급수량 산정 : 설계 급수량에 10% 정도 여유를 두어 계획급수량을 산정한다.
2) 적합한 대수선정 : 급수량 변동을 고려하여 적합한 대수를 산정하되 유량변동이 없을 경우 1대를 원칙으로 하며 유량조절이 필요한 경우 3~4대 정도로 분할한다.
3) 펌프 1대당 양수량 산정
4) 전양정 계산 : 전양정은 실양정(흡입수두+토출수두)과 각종 손실수두(흡입, 직관, 곡관 밸브류 등) 압력수두(토출측 압력), 속도수두(토출측 속도수두이나 일반적으로 무시된다)의 합이다.
5) 펌프형식 선택 : 펌프형식은 편흡입 벌류트, 양흡입 벌류트, 다단펌프, 양흡입 터빈펌프, 축류, 사류 등이 있으며 형식 선정도 그래프에 의해서 구한다.(양수펌프는 대형인 경우 양흡입 볼류트펌프, 소형인 경우 단흡입 볼류트펌프를 주로 적용한다)
6) 비속도(Ns)가정 : 펌프 형식에 따른 적절한 비속도 가정
7) 회전수 계산 : 가정비속도에서 유량, 전양정을 대입하여 예상 회전수 계산
8) 펌프 특성곡선 작성
9) 시스템 수두곡선(저항곡선) 작성
10) 특성곡선과 수두곡선에서 운전점과 운전범위 결정
11) 유효흡입양정과 요구흡입양정을 비교하여 만족하면(Hsv < hsv − 1) 회전수 결정 : 펌프형식, 크기 등이 결정되면 비교회전수를 구하여 캐비테이션이 생기지 않도록 회전수를 결정한다.(일반적으로 4극 1,800rpm을 적용하나 6극 1,200rpm, 8극 900rpm을 사용하기도 한다).
12) 비속도 결정 → 펌프형식 결정
13) 펌프효율 및 여유율을 고려하여 원동기출력 결정 : 계산에 의하여 소요동력을 결정할 수 있으나 제조회사 카탈로그를 보면 크기선정 시 소요동력은 자연 결정된다.
14) 펌프 크기 결정 : 토출량, 전양정, 회전수, 원동기 출력, 펌프 구경 결정
    토출량과 유속(1.5~3m/s)을 고려하여 규격표에서 제시하는 구경을 선정
15) 수격현상 검토
16) 시스템 완성 → 비용산출
17) 평가 → 최적시스템 결정

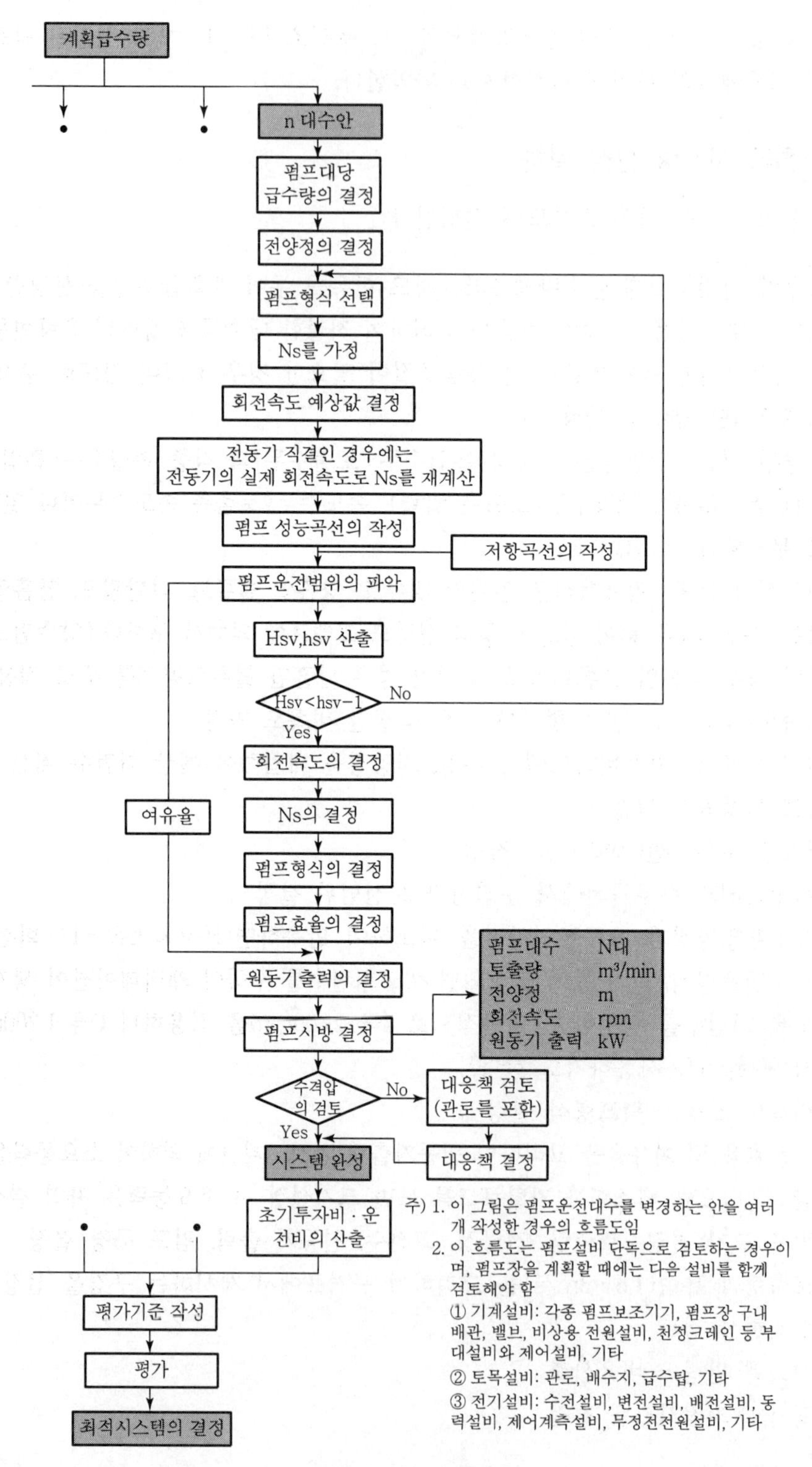

주) 1. 이 그림은 펌프운전대수를 변경하는 안을 여러 개 작성한 경우의 흐름도임
2. 이 흐름도는 펌프설비 단독으로 검토하는 경우이며, 펌프장을 계획할 때에는 다음 설비를 함께 검토해야 함
① 기계설비: 각종 펌프보조기기, 펌프장 구내 배관, 밸브, 비상용 전원설비, 천정크레인 등 부대설비와 제어설비, 기타
② 토목설비: 관로, 배수지, 급수탑, 기타
③ 전기설비: 수전설비, 변전설비, 배전설비, 동력설비, 제어계측설비, 무정전전원설비, 기타

펌프 선정 흐름도

100 | 펌프의 직렬운전과 병렬운전 특성을 설명하시오.

1. 병렬 및 직렬운전의 특징

펌프는 유체기계의 특성상 일정한 유량과 양정을 유지할 수 없으며 작동되는 여건(시스템 저항)에 따라 수시로 변화된 유량과 양정을 나타내므로 특성 곡선을 충분히 검토하여 적용해야 한다.

2. 병렬 및 직렬운전의 선정조건

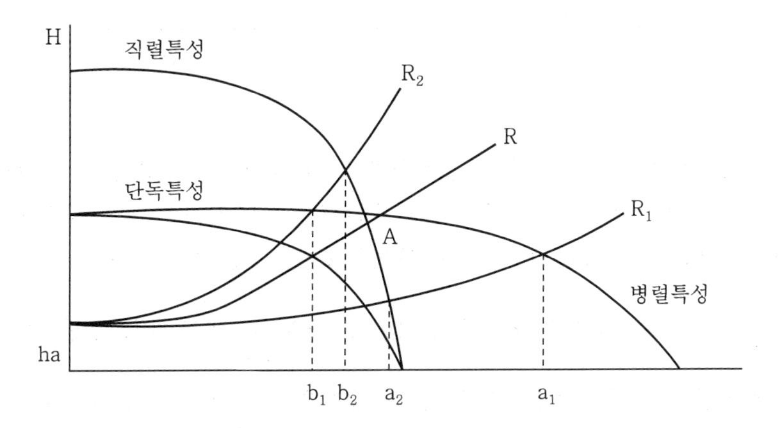

1) 2대 이상의 펌프를 이용하여 토출량을 증가시키는 경우에 관로저항곡선의 양상에 따라 병렬운전을 할 것인지 직렬운전을 할 것인지를 결정한다.
2) 관로저항곡선 R이 직렬운전과 병렬운전의 교차점 A를 통과하는 R보다 낮은 관로저항곡선 R_1에서는 병렬운전이 전체적으로 토출량이 크다. 즉 병렬운전의 토출량 a1이 직렬운전의 토출량 a_2보다 큼을 알 수 있다.
3) 관로저항곡선이 R보다 큰 R_2에서는 직렬운전의 토출량 b_2가 병렬운전의 토출량 b_1보다 크게 된다.
4) 따라서 병렬운전은 유량의 변화가 크고 양정의 변화가 작은 경우에 이용하고, 직렬운전은 유량의 변화가 작고 양정의 변화가 큰 경우에 사용한다.

3. 성능이 같은 펌프의 병렬운전

각 펌프의 동일양정에 대응하는 토출량을 더하여 전체 대수의 합성 H-Q 곡선을 구한다. 2대 합성의 운전점은 B이고, 3대 합성의 경우는 운전점이 C이다. 각각의 펌프 운전점은 A → B → C로 변한다.

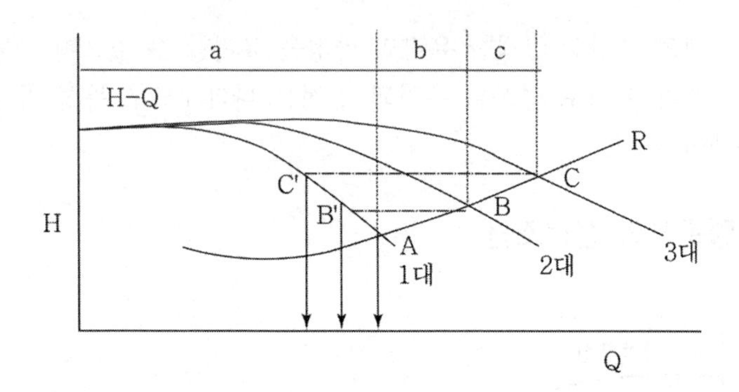

1) 합성운전점의 토출량은 대수가 증가함에 따라 증가량은 감소한다. 즉 1대 운전 시의 토출량은 a였으나 2대 운전 시의 토출량은 a+b로 b만큼만 증가한다. 또 3대 운전시의 토출량은 a+b+c로 2대 운전시보다 c만큼 증가한다.

2) 따라서 a > b > c이므로 대수가 증가함에 따라 증가량은 감소함을 알 수 있다.

3) 2대 병렬 운전 시 유량은 2배가 조금 못 되며 양정도 약간 증가한다. 이는 시스템 저항 곡선과의 관계로 해석할 수 있으며 병렬 2대 운전 시 유량은 일반적으로 1.6배 내외가 된다.

4) 오른쪽 그림에서 관로저항곡선이 급격히 위로 올라가는 구배이고, H-Q 곡선이 평탄한 구배를 가지는 경우에는 2대를 병렬운전하여도 토출량의 증가는 $Q_2 - Q_1$으로 매우 작아진다.

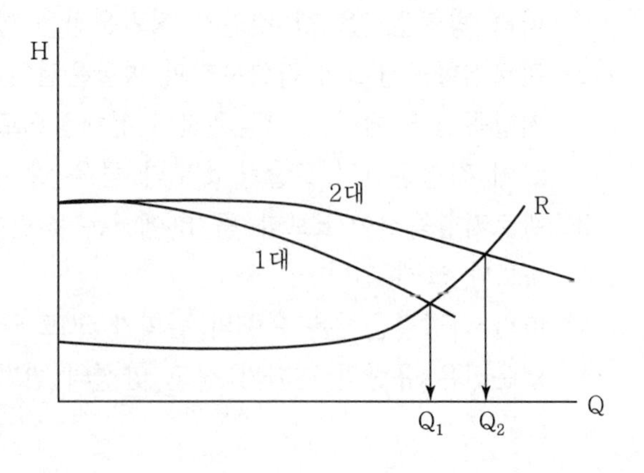

5) 따리시 이런 조건에서는 병렬운전을 하여 토출량을 증가시키는 효과는 거의 없다.

4. 용량이 다른 펌프의 병렬운전

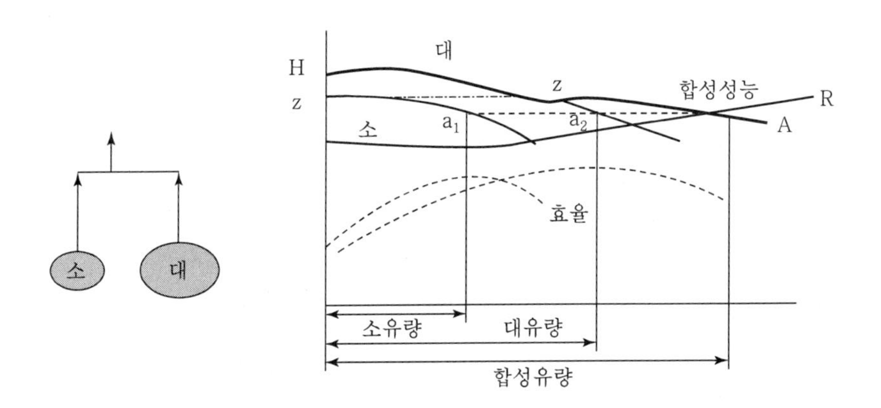

용량이 서로 다른 펌프를 병렬로 합성하여 운전하는 경우에는 합성운전점 A에서 그은 수평선이 크고 작은 각각의 단독 펌프성능곡선과 만나는 점 a_1과 a_2가 개개의 운전점이 된다.

합성운전점 A의 양정이 소용량 펌프의 최고양정 z보다 낮은 경우에는 큰 펌프와 작은 펌프 모두로 양수가 가능하나, 합류 후 토출밸브에서 유량조절을 하는 경우에 밸브를 서서히 닫으면 관로저항곡선이 지나치게 증가하여 운전점 A의 양정이 z보다 높아져 소용량 펌프는 양정이 부족하여 송수가 불가능하게 된다.

5. 성능이 같은 펌프의 직렬운전

동일 펌프 2대 직렬 운전 시 이론적으로 양정은 2배이고 유량은 같아야 하지만 시스템 저항이 곡선적으로 변하기 때문에 실제 양정은 2배가 못 되고 유량도 약간 증가한다. 따라서 시스템 저항 곡선을 분석하여 증가시키고자 하는 양정을 올바로 변화시킬 수 있도록 대수와 용량을 결정한다.

6. 용량이 다른 펌프의 직렬운전

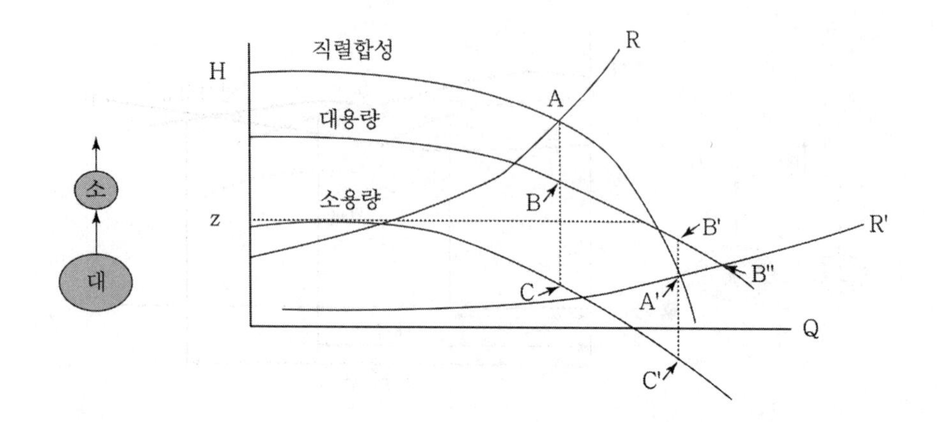

합성성능은 각각의 단독성능의 전양정을 합하여 구하면 된다.

1) 관로저항곡선 R에서의 합성운전점은 A이고 각 펌프의 운전점은 B, C이다.
2) 관로저항곡선 R′가 z보다도 낮으면 합성운전점은 A′이나 작은 펌프의 운전점 C′가 음의 양정이기 때문에 저항으로 작용한다.
3) 큰 펌프만 운전하면 양정이 B′로 높아져 단독 토출량이 합성토출량보다 많아지게 된다.
4) 용량이 다른 펌프의 직렬운전 시에는 반드시 작은 펌프의 입구측으로 가압되도록 배치하여야 하며, 역으로 하면 큰 펌프의 입구 측에서 Cavitation이 발생한다.

101 | 펌프에서의 에너지 절약방법을 설명하시오.

1. 개요

상하수도에 사용되는 펌프는 대부분 용량이 커서 소비전력이 상당히 크므로 전력 절감을 위해서는 이들 펌프 및 시스템의 운전 효율 향상이 무엇보다도 중요하다.

2. 펌프의 에너지 절약의 필요성

펌프 설비는 다음의 여러 가지 이유 때문에 필요로 하는 양정 · 유량보다 큰 성능을 가지는 펌프를 설치하여 사용하는 경우가 대부분이다. 이러한 경우 에너지 낭비요인이 발생한다.

1) 배관설비의 경년에 따른 관로 손실의 증대를 감안하여 전양정에 상당량의 여유를 주는 경우가 많다.
2) 장래의 송수량이나 배수량의 증대를 감안하여 유량에 여유를 갖도록 설비하는 경우가 많다.
3) 현재의 KS 시험 규격에는 실제의 유량 · 양정 곡선이 펌프의 요구 유량에서 규정된 양정에 밑돌면 안 되는 것으로 되어 있으므로 수요자에게 납품되는 펌프는 거의 대부분이 요구 유량 · 양정 이상의 성능을 가질 수밖에 없도록 되어 있다.
   그러므로 필요 이상으로 송수하거나 펌프의 토출압을 밸브로 조절하면서 운전하여 펌프 자체의 효율은 높더라도 운전되고 있는 펌프 설비 전체의 시스템 효율이 낮아지게 되어 불필요하게 많은 전력을 소비하는 경우가 있을 수 있다.

3. 송수관의 저항에 따른 동력 절감

1) 송수관의 저항
   일반적으로 송수관의 저항은 관로의 마찰에 의한 손실과 형상의 변화에 의한 손실로 나눌 수 있는데, 이들 모두 수두 $v^2/2g$의 형태로 나타낼 수 있다. 그러므로 송수관의 저항 계산을 위하여는 각 구경에서의 $v^2/2g$과 손실계수 ζ의 곱을 구하여 이들의 합인 $\Sigma\zeta v^2/2g$를 구하면 된다.

2) 운전점과 동력의 문제점

아래 그림에서 펌프 계획 운전점은 A_1이지만 송수관의 경년변화에 의한 저항의 증가를 예상하여 계획하게 되므로 실제로 펌프 설비가 준공되었을 초기에는 송수관의 저항은 작아서 저항곡선 R_2와 같아진다. 이 상태에서 펌프를 운전하면 펌프 성능곡선과 저항곡선 R_2와의 교점 A_2가 펌프의 운전점이 되며 유량은 Q_2, 펌프의 동력은 L_2가 된다.

3) 동력 절감 원리

유량을 Q_1으로 제어하기 위하여는 저항곡선 R_2가 R_1이 되도록 펌프 토출측의 밸브를 잠가서 저항을 늘릴 필요가 있다. 만약 펌프의 성능곡선이 점선과 같아서(회전수 제어, 임펠러 가공 등) 저항곡선 R_2와의 교점이 A_3라면 밸브를 잠가서 저항을 증가시키지 않아도 유량 Q_1의 송수가 가능하고 펌프 동력도 L_3보다 작아지므로 $(L_1 - L_3)$의 동력 절감이 가능하다.

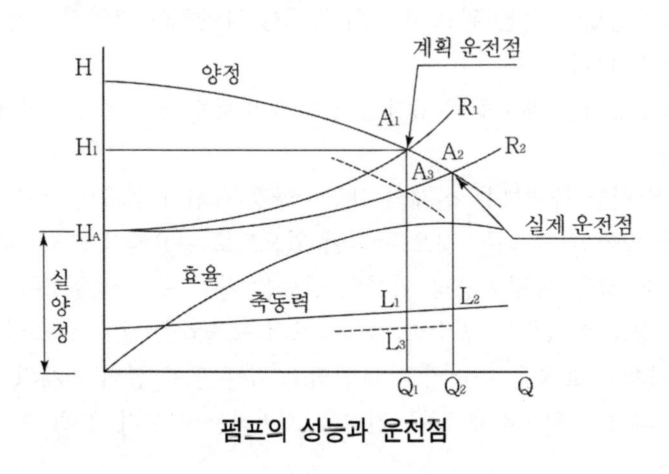

펌프의 성능과 운전점

(1) 회전차의 외경을 가공하는 경우의 펌프 성능

원심펌프는 동일 케이싱을 사용하면서 회전차를 가공하여 사용하면 어떤 유량과 양정 범위에서 성능을 발휘할 수 있도록 되어 있다. 그러므로 전술한 바와 같이 장래의 예정 사양을 만족하는 펌프는 현재의 운전에 성능의 여유가 과다한 경우 회전차를 가공하여 사용하고, 추후 송수관의 저항이 증대하여 유량이 부족하게 되면 회전차를 새로 제작하는 방법이 가장 경제적이다.(회전차의 최대 외경의 20% 범위 내에서 가공할 것을 추천)

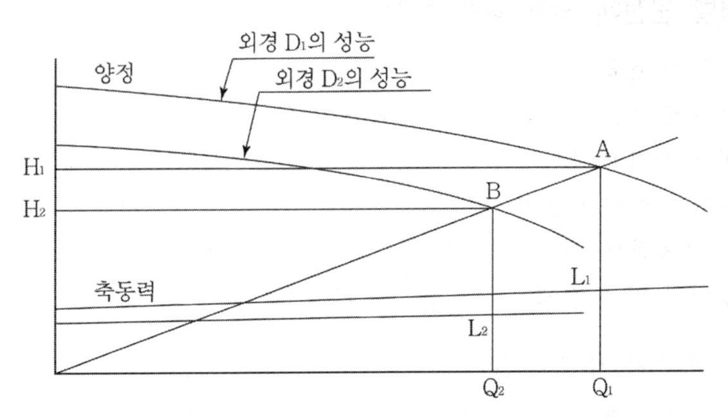

외경가공에 의한 펌프 성능 변화

(2) 회전속도를 제어하는 경우의 펌프 성능

만약에 필요 유량이 항상 변화하는 경우나 혹은 비교적 단시간에 변화하는 경우는 그때마다 회전차를 교환하거나 혹은 요구 사양이 다른 펌프를 준비하는 것이 불가능하므로 변속 전동기나 유체 카플링을 사용할 필요가 있다. 변속 전동기에는 여러 가지 방식이 있고 전동 효율에도 상당한 차이는 있으나 전동 효율이 나쁜 변속 방식을 사용하는 경우에도 밸브로 유량을 제어하는 경우보다도는 동력을 절감할 수 있다. 회전수의 변화 범위는 기준 회전수의 ±20%로 추천되고 있다.

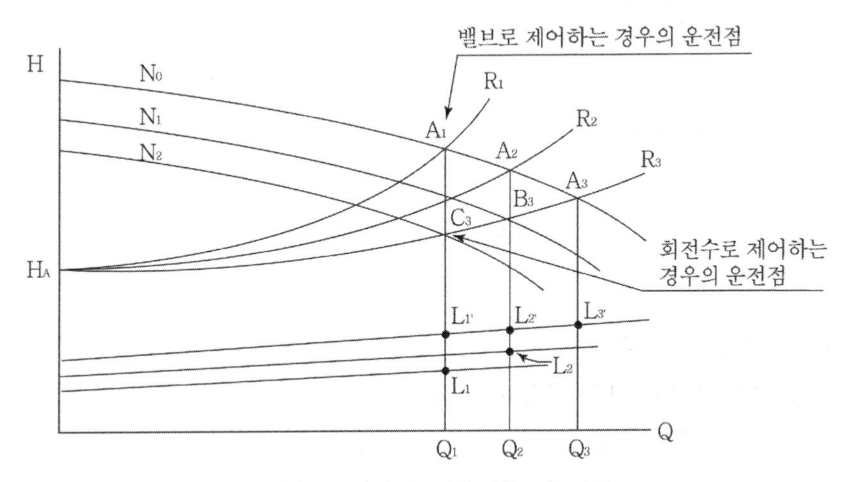

회전속도 변화에 의한 성능의 변화

4. 펌프의 병렬 운전에 의한 동력 절감

1) 1대 운전 시 효율 저하

필요 수량이 연간 시간에 따라 변동하는 경우나 혹은 하루 중에도 주간이나 야간과 같이 시간에 따라서 변화하는 경우에 대용량 펌프 1대를 설치하여 밸브로 유량을 제어하면서 사용하거나 변속 전동기로 회전수를 제어하면서 사용하여도 펌프의 최고 효율점이 사양점 부근에 있으므로 소유량 영역에서 운전되는 경우에는 효율이 상당히 낮은 점에서 운전될 수밖에 없다.

2) 분할 병렬 운전 시 효율 향상

이와 같은 경우에는 펌프의 대수를 분할하여 대용량을 필요로 하는 경우에는 병렬 운전을 행하고 소유량이어도 좋은 경우에는 1대 혹은 2대의 펌프를 운전시킴으로서 언제나 효율이 좋은 영역에서의 운전이 가능하다. 다만 펌프를 병렬 운전하는 경우에 펌프가 1대만 운전되는 소유량 시에는 운전점 이동에 의한 유량 증대로 전동기에 과부하가 걸릴 수 있으므로 운전점을 확인해 놓을 필요가 있다.

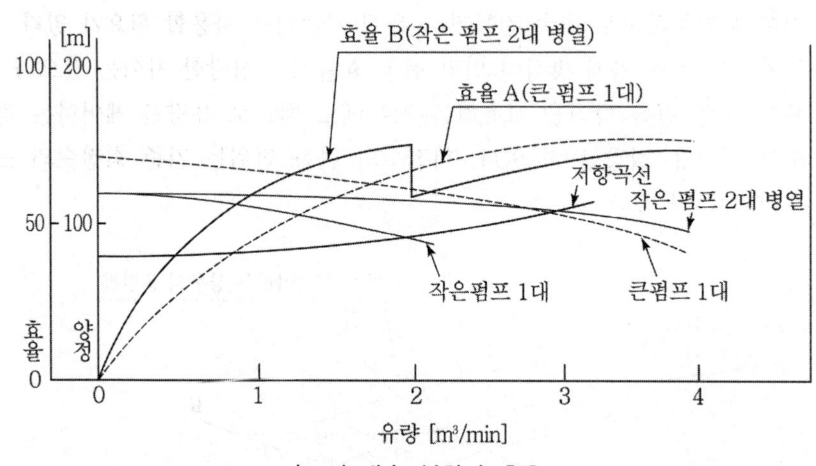

펌프의 대수 분할과 효율

3) 3대 병렬운전 시의 운전점

그림과 같이 펌프를 병렬 운전하는 경우에 펌프가 1대만 운전되는 소유량 시에는 전동기에 과부하가 걸릴 수 있으므로 운전점을 확인해 놓을 필요가 있다.

즉, 실양정이 H_B, 저항 곡선이 R_2에서 같은 용량의 펌프 3대가 병렬 운전되는 경우의 운전점은 합성 성능곡선상의 D가 되므로 유량 Q_3에서 운전되며, 이때 단독 펌프의 운전 유량은 $Q_3/3$가 된다. 그런데 소유량 영역에서 1대의 펌프만 운전되는 경우에는 유량이 작아지므로 송수관의 저항도 작아져서 펌프의 운전점이 B가 되어 운전 유량은 Q_1이 되어서 $Q_3/3$보다도 훨씬 커지게 된다. 특히 실양정이 H_A, 저항곡선이 R_1과 같이 실양정이 작은 경우에는 1대의 펌프만을 단독 운전시켜도 펌프의 허용 최대유량 이상이 되므로 토출밸브를 닫아서 저항을 주지 않으면 운전할 수 없으므로 유의하기 바란다.

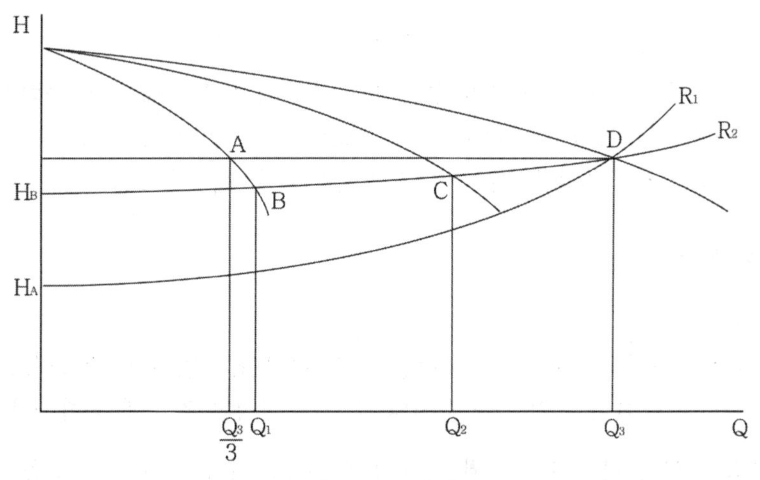

동일펌프 3대 병렬운전

5. 토출압력 일정제어와 말단압력 일정제어

말단압력 일정제어방식이 토출압력 일정제어방식에 비하여 에너지 절약효과가 크다.

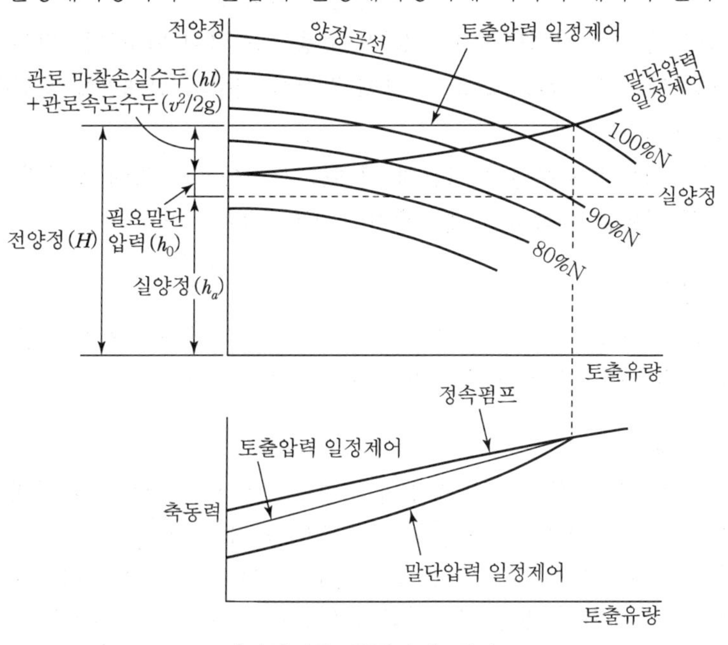

말단압력을 일정하게 제어

102 | 펌프양수량 조절방법을 설명하시오.

1. 개요

펌프의 유량제어는 그 목적에 따라 수위제어, 수압제어, 유량제어 및 동력제어로 구분할 수 있다. 이들의 목적을 달성하기 위해서는 모두 유량제어에 따른다. 유량제어의 방법으로는 펌프의 운전대수 제어, 펌프의 개도조절, 회전수조절 등이 있다.

2. 펌프대수 조절 방법

1) 대수 제어의 특징

운전대수의 변경에 의한 유량 조절은 가장 간단한 방법이나, 수량변화가 적고 단계적으로 되며 흡입 혹은 토출수면의 수위가 일정한 경우에 적합하다.

(1) 수량 변화가 단계적으로 되고 흡입 혹은 토출수면의 수위가 연동하여 운전대수를 조절하는 자동운전에서는 수위의 변동이 심하면 기동 및 정지가 몇 번씩 반복된다.

(2) 위와 같은 경우 전동기의 과열과 밸브 및 기동기의 마모가 심하여 기기의 수명이 단축되기 때문에 계획시 주의하여야 한다.

(3) 비교적 긴 시간 간격(1시간 이상)으로 총 토출량이 변동하는 경우에 가동 펌프의 대수제어를 행하고, 소요 수량에 적절한 대수의 펌프만을 운전하여 동력 절감을 도모한다.

(4) 이 경우에는 변동수량과 시간의 관계를 사전에 파악하여 두든지, 소비 유량과 수압의 상황을 계측하여 대수제어를 행할 필요가 있다.

2) 대수의 선정

유량 변화의 변동 상황을 사전에 검토하여 그 빈도와 지속기간 등을 고려하여 총용량을 적절하게 분할하여 펌프의 설비대수를 결정한다.

3) 대수와 경제성

소수의 대형펌프로 하는 것이 다수의 소형펌프로 하는 것보다 건설비도 싸고 설치면적을 줄일 수 있으며 펌프의 최고 효율도 얻기 쉽다.
그러나 각각의 펌프는 가능한 정격 회전수 및 밸브 전개 상태에서 운전하는 것이 합리적이므로 신축성 있는 유량변화의 변동에 대하여는 소형펌프를 다수 설치하는 것이 원활한 운전이 가능하고 총 소비동력도 작게 된다.

4) 대형 소형 용량으로 분할
분할 대수가 적은 경우(예를 들면 2대)에는 전용량을 대형펌프와 소형펌프(유량 대비 2 : 1)로 분할하면 부하변동에 대해서도 신축성 있게 조절할 수 있고 설계 양정이 적절하면 병렬운전도 가능하다. 단 부품의 호환성이 없게 되는 단점이 있다.

5) 토출량과 양정이 다른 조합
부하변동의 상황 여하에 따라서는 유량이 다른 것 외에 소요 전양정도 크게 변화하는 경우가 있으므로 이 경우에는 운전계속시간도 고려하고, 운전시의 대유량, 고양정 영역에 전용인 펌프 외에 소유량, 저양정 영역에 전용인 소용량 펌프를 병행하여 설치하면 합리적인 운전이 가능하다.

3. 밸브의 개도조절 방법

밸브는 구조 및 특성으로 볼 때 차단용과 유량조절용으로 구분된다. 밸브의 개도조절용은 유량조절용을 선정하여 되도록 저항을 줄여야 한다.
밸브의 개도조절은 간단하기 때문에 시설비가 저렴하여 운전대수 조절과 병행하여 사용하는 경우가 많으나 에너지 절약 측면에서 불리한 방법이다.

4. 회전수 조절 방법

최근 펌프가 대형화하고 수위나 관말부의 수압을 조절하기 위하여 유량을 자동적으로 조절하는 방법이 보편화되었으며, 밸브의 개도조절보다는 회전수 변경에 의한 유량 조절이 우수하고 동력비도 절감된다.

1) 펌프의 양정
토출량 곡선이 평탄하고 동시에 관로저항곡선도 수평에 가까운 경우에는 약간의 속도 제어에 의하여 큰 폭의 유량 조정이 가능한 장점이 있다.

2) 반면에 회전속도나 미소한 변화를 생성시켜도 제어 결과에 큰 변동을 생기게 하므로 특히 정밀한 제어를 필요로 하는 경우에는 급구배의 양정 : 토출량 곡선을 가지는 펌프를 선정하는 것이 바람직하다.

3) 속도제어방식
- 기계식 제어 : 유체 변속기, 벨트 변속
- 전기식 제어 : 농형펌프: 극수 변환, 주파수 제어(인버터), 1차 전압제어
- 권선형펌프 : 2차 저항제어, 2차 여자제어, 2차 위상제어, 1차 전압제어

※ VVVF(Variable Voltage Variable Freqency) 주파수 제어(인버터) : 전압과 주파수를 변화시켜 회전수를 변화시키는 것으로 최근의 속도제어 방식 중 가장 보편적으로 적용되며 효율이 우수하다.

n=120 f/p

n : 회전수(rpm), f : 주파수, p : 극수

4) 펌프 회전수를 대략 20% 범위에서 변화시키면 펌프 성능은 일정의 상사법칙에 따라 변화한다. 그때의 효율 변화는 작으므로 무시할 수 있다. 단 속도의 변동 범위가 큰 경우에는 이 환산 결과는 실제의 값과 다소의 차이가 있으므로 주의한다.
5) 회전수를 제어하는 경우 상사법칙에 의하여 $P_2 = P_1(N_2/N_1)^3$ 회전수의 3제곱에 비례하여 동력이 절감된다.
6) 회전수를 20% 감소시키는 경우 유량을 20% 감소하지만 동력은 $(0.8)^3=0.512$ 약 50% 절감된다.

차 한잔의 여유

차라리 소인에게 미움과 비난을 받을지언정
소인들이 아첨하고 좋아하는 대상이 되지 말라.
차라리 군자에게 꾸짖음을 당하고 일깨워질지언정
군자가 감싸고 용서하는 자가 되지 말라.

– 채근담 –

103 | 펌프에서 속도제어설비를 설명하시오.

1. 개요

속도제어 방식은 하수처리 설비의 대부분에서 에너지 절약을 위한 기본적인 설비로 간주되고 있다. 특히 수처리 기계류의 특성상 유량제어와 압력제어가 필수적이며 속도제어형 기기들은 운전 효율 향상과 동력 절감을 가능하게 한다. 속도제어 방식의 선정은 제어의 목적이나 경제성, 유지관리성 및 설치공간 등을 고려하여 제어방식을 선정하도록 한다.

2. 속도제어 방식의 검토

속도제어 방식은 운전시간, 회전수 조정범위, 대상 기기의 용량 및 대수, 시설비, 설치공간, 유지관리의 용이성 및 경제성을 종합적으로 검토하여 결정한다.

1) 반도체 소자를 사용하는 인버터 제어방식은 그 특성상 고조파가 발생하여 전원측으로 유입되고 전압파형에 외형파를 포함하게 함으로써 콘덴서의 과열, 이상소음 발생, 전자형 보호계전기의 오동작 및 통신기기의 유도장해를 일으킬 뿐만 아니라 타 수용가에도 영향을 미치게 한다.
2) 이와 같은 고조파 장해 방지대책으로서는 리액터를 설치하거나 관련필터를 설치한다.

3. 속도제어방식별 개요와 특징

1) 2차 저항 제어방식
권선형 유도전동기 회전수제어에 가장 간단하게 적용할 수 있는 방식으로 다른 방식에 비해 시설비가 저렴하지만 2차 저항에 의한 전력손실 발생으로 대용량의 경우에는 부적당하다.

2) 정지 셀비우스장치
정지 셀비우스장치는 2차 출력을 직류로 변환하기 위한 실리콘정류기, 고조파용의 직류리액터, 교류출력으로 회수하기 위한 사이리스터 타여자, 인버터 및 변압기로 구성되며, 사이리스터 인버터의 점호각을 제어하여 직류역전압을 제어함으로써 유도전동기의 속도제한을 한다.

3) 인버터 제어

인버터는 상용전원으로부터 교류전동기구동용의 가변전압, 가변주파수의 전원을 만드는 변환장치이기 때문에 VVVF(Variable Voltage Variable Frequency)라고도 한다. 범용 인버터는 3상 교류전원(상용)을 전파 정류하여 콘덴서에 의해 리플이 적은 직류전압을 만드는 콘버터부와 평활된 일정한 직류전압을 가변전압 가변주파수를 교류전압으로 변환하는 인버터부로 구성되어 있다. 가장 일반적으로 적용하고 있다.

4) 와전류 제어

농형유도전동기에 직결되어 있는 드럼과 부하에 직결되어 있는 인덕터와의 회전속도 차에 의해 발생하는 와전류와 자속과의 상호작용을 이용하여 부하의 회전속도를 제어한다.

5) 극수변환

극수를 변환하여 회전수를 변환한다.

$$n = 120\ f/p$$

104 | 대형 펌프의 종류 및 특성을 설명하시오.

1. 개요

상하수도에 쓰이는 대형 펌프는 주로 취수펌프, 도송수펌프, 배수펌프와 빗물펌프, 하수처리시설 펌프 등이며 유량과 양정을 고려하여 형식을 결정하는데 상수도 분야는 양정이 크면 주로 볼류트 펌프를 택하고 우수펌프는 양정이 작으면 주로 사류나 축류 펌프를 택한다.

2. 원심펌프(Centrifugal Pump)

1) 특징

원심 펌프는 한 개 또는 여러 개의 임펠러를 밀폐된 케이싱 내에서 회전시킴으로써 발생하는 원심력을 이용하여 액체의 펌프작용, 즉 액체의 수송작용을 하거나 압력을 발생시키는 펌프를 말한다. 펌프 중에서 가장 보편적으로 쓰이며 유량과 양정에 대하여 다양하게 적용할 수 있고 구입이 용이하고 가격도 저렴하며 효율도 좋은 편이다. 대형에서는 양흡입 볼류트 펌프가 일반적이다.

2) 구조

원심펌프는 펌프 본체(와실, 안내깃, 와류실로 구성), 임펠러, 주축, 축이음, 베어링 본체, 베어링 그리고 패킹 상자로 구성되어 있다.

3) 원심펌프의 분류

(1) 안내깃의 유무에 따른 분류

- 볼류트 펌프(Volute Pump) : 임펠러 바깥둘레에 안내깃이 없고 바깥둘레에 바로 접하여 와류실이 있는 펌프, 일반적으로 임펠러 1단이 발생하는 양정이 낮은 것에 사용된다.
- 터빈 펌프(Turbine Pump) : 임펠러 바깥둘레에 안내깃을 가지고 있는 펌프. 일반적으로 양정이 높은 곳에 사용된다.

(2) 흡입구에 의한 분류

- 단흡입 펌프와 양흡입 펌프 : 임펠러의 한쪽에서만 흡입하는 펌프를 단흡입 펌프라 하고 양쪽에서 흡입하는 것을 양흡입 펌프라고 한다. 양흡입 펌프는 구조가 복잡하지만 축추력을 제거할 수 있어 대형 펌프에서 주로 쓰인다. 단

흡입 펌프에는 횡축 단흡입 볼류트 펌프, 입축 단흡입 볼류트 펌프가 대부분이고 양흡입 펌프에는 횡축 양흡입 볼류트 펌프, 입축 양흡입 볼류트 펌프가 대부분이다.

(3) 단수에 의한 분류

- 펌프 한 대에 임펠러 한 개를 단 것을 단단펌프(Single-stage Pump)라고 하고 펌프 한 대에 여러 개의 임펠러를 같은 축에 배치하여 1단에서 나온 액체를 2단에서 그리고 그 다음 단으로 계속 연결되는 펌프를 다단펌프(Multi-stage Pump)라고 한다.
- 단단펌프로 양수할 수 있는 양정의 범위는 임펠러의 지름과 임펠러와의 관계에서 볼 때 일반적으로 80~100m이다. 이 이상의 양정이 요구될 때는 다단펌프를 사용하면 된다. 최근에는 단단 볼류트 펌프의 양정도 100m 이상이 상용화되고 있다.

(4) 축의 방향에 따른 분류

펌프의 축이 수평일 때는 횡축 펌프(Horizontal Pump), 수직일 때는 입축 펌프(Vertical Pump)라고 한다. 보통 펌프는 대부분 횡축 펌프이지만 깊은 우물용 펌프나 오수용 펌프는 입축이 적당하다. 입축의 장점은 설치 장소의 면적이 좁을 때나, 양정이 높아서 캐비테이션이 일어날 우려가 있을 때 사용하면 좋다

3. 축류 펌프

1) 특징

송출량이 매우 많아서 전양정이 낮고 비속도가 1,200 이상으로 크게 되어 임펠러의 형상이 원심 펌프와 다르게 되며 임펠러의 날개는 크고 넓으며, 마치 선풍기의 팬 또는 프로펠러와 같은 형상으로 되어 있다. 양정은 1~15m가 된다. 축류 펌프는 대유량, 저양정의 단단펌프로서 많이 사용된다. 노지의 관개, 빗물 배수용, 도시 하수 배수용, 공업용 냉각수 순환용 등으로 많이 사용된다.

2) 구조

축류 펌프의 구조는 임펠러, 축, 안내깃, 동체, 베어링으로 구성된다.

4. 사류 펌프

사류 펌프는 원심 펌프와 축류 펌프의 중간이라고 할 수 있다. 이 펌프는 대부분 단단으로 사용되고 농지 관개용, 상하수도용, 냉각수 순환용, 도크 배수용 등에 쓰인다. 사류펌프의 특성은 원심 펌프보다 고속 회전할 수 있고 소형 경량으로 제작이 가능하며

비속도는 650~1,300, 횡축형에서 양정은 10~12m, 입축형에서는 50~60m 정도이다. 또한 고양정에서는 캐비테이션 현상도 작고 수명도 길다.

5. 기타 펌프

1) 왕복동 펌프(Reciprocating Pump)

왕복동 펌프는 흡입 밸브와 송출 밸브를 장치한 실린더 속을 피스톤 또는 플런저를 왕복 운동 시켜 송수하는 펌프이다.

2) 로터리 펌프(Rotary Pump)

회전 펌프는 1~3개의 회전자가 회전하는 피스톤 류, 기어, 나사 등을 써서 흡입·송출 밸브 없이 액체를 운송하는 펌프를 말한다.

(1) 기어 펌프(Gear Pump)
(2) 스크류 펌프(Screw Pump)
(3) 베인 펌프(Vane Pump)

3) 특수 펌프

(1) 재생 펌프(Regenerative Pump)
(2) 점성 펌프(Viscosity Pump)
(3) 분사 펌프(Jet Pump) : 일명 분류 펌프라고도 하며, 증기 인젝터이다.
(4) 기포 펌프(Air Lift Pump)
(5) 수격 펌프(Hydraulic Pump)

105 | 펌프사고의 원인 및 대책에 대하여 설명하시오.

1. 개요

펌프사고는 기계 부품의 노후화에 의한 자연적 고장보다는 과부하, 정비불량, 공회전, 진동 소음의 방치 등에 따른 유지관리 소홀에 의한 경우가 많다. 전류, 압력, 양수량, 소음 진동 등을 예의 주시하여 사전에 사고를 방지할 수 있도록 한다.

2. 과부하

1) 원인

원동기가 과부하가 되는 원인은 펌프 종류에 따른 양정 과소, 양정 과대에 따른 과부하가 주된 원인이며, 이외에 주파수 변동 등에 따른 과부하가 발생될 수 있다.

(1) 수력성능에 따른 것

- Ns가 낮은 펌프 : 원심력 펌프처럼 Ns가 낮은 펌프에서 양정과소에 따른 과대 유량에 의하여 과부하가 발생될 수 있다.
- Ns가 높은 펌프 : 축류 펌프처럼 Ns가 높은 펌프에서 양정과대에 따른 과소 유량에 의하여 과부하가 발생될 수 있다.

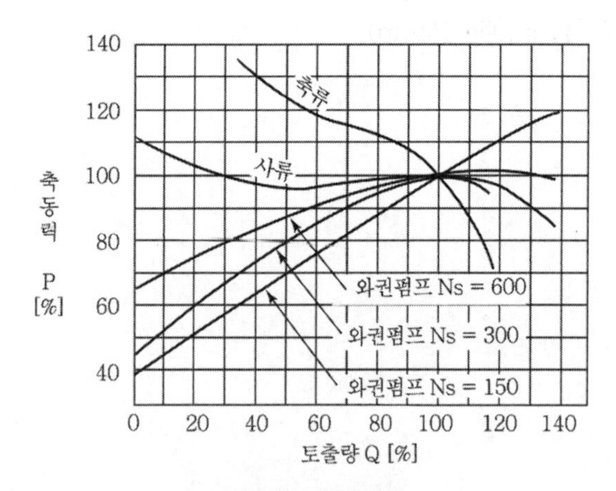

토출량－축동력

- 전원의 주파수 변동에 따른 과대속도로 과부하가 발생할 수 있다.
- 전압이 이상 강하하면 펌프가 정상적으로 작동하여도 전류가 과대하게 되어 과부하가 발생할 수 있다.

(2) 기계적인 원인 : 베어링부의 편심, 급유 불량 등에 의한 마찰에 의한 과부하 등

2) 대책

(1) 원심 펌프의 토출량 과대에 따른 과부하 대책
- 토출밸브를 닫아 운전점을 사양점에 맞춘다.
  가장 간단한 방법이지만 저항을 늘린 상태에서 운전하기 때문에 동력이 비경제적이라는 점에서는 피할 수가 없다.
- 회전차(임펠라)의 외경 가공
  토출량이 과대한 경우 회전차의 외경부를 잘라내서 축소함으로써 토출량이 감소하고, 상사법칙에 의해 축동력을 감소시키는 방법이다.

(2) 축류 펌프의 양정과대에 따른 과부하 대책
- 축류 펌프이 대한 대책으로는 깃부착 각도를 작게 하여 축동력을 감소할 수 있으나 토출량이 감소하는 문제점이 있다.
- 하수용 펌프 등에서는 회전차의 끝틈새 혹은 안내깃의 앞언저리에 이상물체가 막혀 유량이 감소하면 양정과대로 과부하가 발생될 수도 있으므로 조사하여 이물질을 제거한다.

3. 양수불능

1) 실양정 과대

펌프의 적용 잘못으로 차단양정 이상의 과대 실양정인 곳에 사용하면 Check Valve에 의하여 역류를 막았다고 하여도 차단운전상태로 되고 송수불능이 된다. 이에 대한 대책은

(1) 회전차를 외경이 큰 것으로 바꾼다.
(2) 다른 펌프를 추가하여 직렬 운전한다 : 토출량이 소요량에 대략 같고 전양정이 부족분의 양정과 같은 펌프를 사용하여 직렬운전하면 가능하다.
(3) 시방에 적합한 다른 펌프로 바꾼다.

2) 체절점 가까운 소토출량으로의 운전

펌프를 체절점 가까운 소토출량으로 운전하면 과열 문제 외에 케이싱에 공기가 차게 되어 나중에는 무수운전이 되어서 양수를 못하게 될 수 있다. 이때는 일부의 물을 방류하여 펌프 내를 흐르는 물량을 어느 정도 증가시킨다.

3) 역회전

전원의 결선불량 등에 의해 회전 방향을 반대로 하면 규정의 양정을 얻지 못하여

양수가 불가능하게 된다. 특히 수중펌프와 같이 회전부분이 외부에서 확인되지 않는 경우 주의를 요하며, 시운전시 체절압력을 시험성적의 것과 확인하여 압력이 낮을 경우에는 결선을 바꾸어 운전해서 확인한다.

4) 캐비테이션
유효흡입수두 부족으로 캐비테이션이 발생하면 양수가 어려워진다.

4. 토출량의 감소

토출량의 감소 원인으로는 양수불능의 원인과 거의 같으며 이외에 다음과 같은 경우도 있다.

1) 베어링, 회전차의 마모
이런 원인으로 새는 양도 증가하고 회전차의 기능 저하에 따라 토출량도 감소한다. 대책으로는 개개의 교환이 필요하다.

2) 흡입, 토출관의 저항 증가
관의 경년변화에 따른 마모저항의 증가, 관 내 불순물 퇴적에 따른 저항 증가로 토출량이 감소한다. 불순물의 퇴적에 대하여는 이를 제거하여야 하며, 경년변화에 대하여는 사전에 여유를 두어 양정을 계획하는 것이 바람직하다.

5. 소음, 진동

1) 수압맥동에 따른 진동
- 펌프의 회전차 출구에서의 압력은 완전하게 같지 않으며 이 압력의 고저가 주기적으로 안내깃 입구 혹은 케이싱을 통과할 때마다 토출측에 이 압력변동이 전달되어 펌프 몸체 혹은 배관의 진동이 되어서 나타난다.
- 이 진동수가 배관이나 펌프케이싱의 고유진동수와 공통으로 진동하면 큰 진동을 발생하게 된다. 대체로 고압의 대형펌프에서 발생할 수 있다.
- 대책으로는 구성부를 개조하여 진동을 작게 할 수 있으며, 배관이 공진하는 경우는 지지장소, 지지방법, 관의 보강 등을 바꾸어 공진을 피한다.

2) 와류에 의한 진동, 소음
- 수류 속에 물체가 있을 때 그 뒤의 흐름에 소용돌이가 발생하며 이 소용돌이는 물체의 양측에서 교대로 주기적으로 발생한다.
- 유수 속에 펌프의 흡입관이 있을 때 와류에 따른 진동수가 관의 고유진동수와 공진하면 큰 진동을 발생시킨다.

- 대책으로는 공진을 피하도록 관의 지지법을 변경하거나 관지름, 흐름속도를 바꾸는 조치가 필요하며 유로의 급확대를 피하여야 한다.
- 흡수조에 소용돌이가 생기면 단속적인 소음이 발생할 수 있으며, 대책으로는 흡수조의 모양을 변경하거나 적당한 위치에 와류 방지판을 만들어 소용돌이의 발생을 방지한다.

3) 펌프 구성요소의 공진
펌프축의 고유진동수와 회전수 혹은 수압맥동에 의한 진동수와의 공진에 따른 진동이 발생할 수 있다.
대책으로는 공진부분의 강성을 늘려서 공진을 피하거나, 방진고무 등을 사용하여 강성을 낮춤으로써 공진을 피할 수 있다.

4) 고체마찰에 따른 축의 흔들림
회전축이 어떠한 원인에 의하여 휘어져 이것이 틈이 큰 안내부나 기름이 적은 베어링부 등에서 접촉하게 되어 발생되는 마찰력은 축의 회전을 멈추려는 방향에 작용하고 이것으로 축은 베어링 중심부위로 흔들리게 된다.

6. 베어링의 과열

1) 조립시 설치 불량
축 중심이 일치하지 않은 상태에서 펌프를 운전하면 과부하가 베어링에 걸리게 되어 과열되기 쉽다.

2) 윤활유 또는 그리스량의 부족
베어링 상자 내의 윤활유 부족 때문에 유막이 끊겨 발열할 수 있다.

3) 윤활유 질의 부적
기름의 점도가 부적당하면 유막이 끊기거나 교반손실이 늘어 발열한다.

4) 베어링의 장치 불량
베어링이 무리하게 끼워지는 경우

106 | 슬러지 펌프의 종류 및 특성을 설명하시오.

1. 개요

슬러지 펌프는 슬러지 특성상 막힘이 없고 정유량을 이송하면서 효율이 우수한 특성을 지녀야 한다. 스크루 펌프, 스프루트 펌프, 일축나사형 펌프, 피스톤형 등이 있다.

2. 스크루 펌프

1) 구조

나사형의 임펠러가 회전하며 나선형부의 흡입과 원심형부의 압출로 펌핑하며 용적형과 원심형의 혼합형이다.

2) 특징

- 효율이 양호하고 고농도에 대응이 용이
- 설치면적이 작고 유지관리 용이
- 정량 가변속 이송이 가능

스크루 펌프

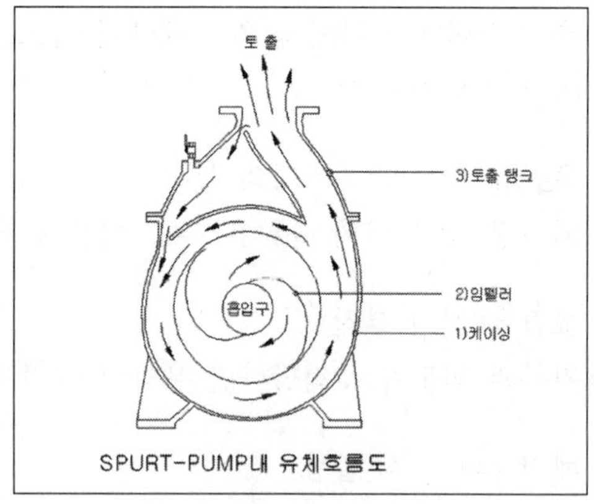

스프루트 펌프

3. 스프루트 펌프

1) 구조

1엽 또는 2엽의 구부러진 나사형의 임펠러가 회전하며 흡입과 압출로 펌핑하며 막힘이 전혀 없다. 원심력 방식이다.

2) 특징

- 효율이 양호하고 고농도에 대응이 용이
- 슬러지 중의 모래에 대한 내마모성이 좋다
- 무 손상 무 폐쇄형으로 긴 섬유질에 대하여도 이송 가능

4. 일축나사형(모노 펌프)

1) 구조

타원의 원통 속에 나사형의 로터가 회전하면 공동부가 발생하고 이 공동부는 흡입측에서 토출측으로 진행하면서 슬러지를 이송하는 용적형 방식이다.

2) 특징

- 높은 토출압을 얻을 수 있고 정량성이 우수하다.
- 정량 가변속 이송이 가능
- 소용량 내 약품성이 우수하고 보편적으로 쓰인다.

5. 피스톤형

1) 구조

쌍 원통형 피스톤이 실린더 내벽을 따라 편심 운동하고, 흡입과 압출로 펌핑하며, 용적형이다.

2) 특징

- 정량성이 우수하고 마모가 적고 수명이 길다.
- 자흡력이 우수하고 분해 점검이 용이하다.
- 고압력으로 배관 폐쇄가 없다.

107 | 하수처리시설 펌프장의 종류를 설명하시오.

1. 개요

펌프장은 설계유량을 필요한 양정으로 압송하기에 적합한 용량의 펌프를 설치하기 위한 수리조건, 입지조건, 동력조건을 고려하되 펌프가 침수하지 않을 정도로 흡입양정을 작게 하기 위해 낮은 위치로 한다.

2. 펌프장의 종류

펌프장은 지형적인 자연경사에 의해 하수를 유하시키기가 곤란한 경우, 관거의 매설깊이가 현저히 깊어져 우수를 공공수역으로 자연방류시키기가 곤란한 경우, 처리장에서 자연유하에 의하여 처리할 수 없는 경우에 설치하는 양수시설이다.

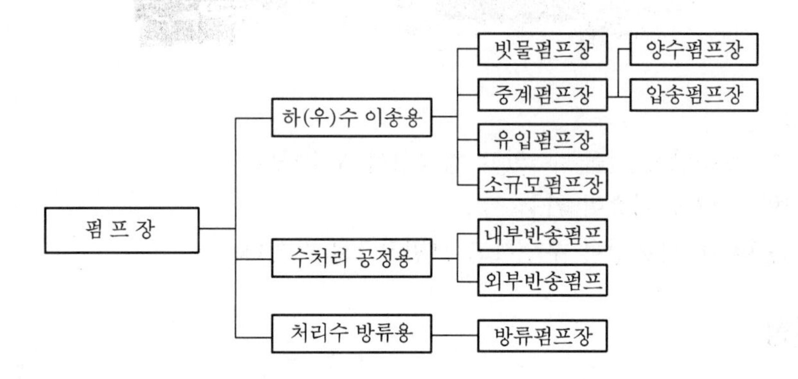

3. 펌프장의 종류별 기능과 특징

1) 빗물펌프장

빗물펌프장은 우천 시에 지반이 낮은 지역에서는 자연유하에 의해 우수를 배제할 수 없으므로 펌프를 이용하여 배제하여야 한다. 배수구역 내의 우수를 방류지역으로 배제할 수 있도록 설치하는 펌프시설을 빗물펌프장이라고 한다.

2) 중계펌프장

중계펌프장은 관로가 길어 관거의 매설깊이가 깊어져 비경제적으로 되는 경우 처리구역의 오수를 다음의 펌프장 또는 처리장으로 수송하거나 처리장 내 자연유하 흐름으로 원활한 수처리가 유지될 수 있도록 수두형성을 확보하기 위한 펌프시설로서 다음과 같이 분류한다.

(1) 양수펌프장

양수펌프장은 비교적 평탄한 지형에 관거를 설치하는 경우 관거의 연장이 길어지면 필요한 경사에 의해 매설깊이가 현저히 깊어지고 건설비가 비싸지기 때문에 경제성을 고려하여 적당한 위치에서 양수하여 관로를 얕게 할 필요가 생긴다. 이때 사용하는 펌프장을 양수펌프장이라고 한다. 양수펌프장의 설치 및 위치의 선정에 있어서는 건설비 외에 유지관리비도 고려할 필요가 있다. 양수 펌프장의 전양정은 실양정이 주이고 관거의 손실수두가 적기 때문에 비교적 작다.

(2) 압송펌프장

압송펌프장은 비교적 기복이 큰 지형에서 관거를 매설하는 경우이거나 저지대에서 고지대로 오수를 압송할 필요가 생기는 경우 또는 가까운 거리에서 펌프 압송에 의한 방법이 자연유하방법보다 득이 많은 경우 등에 사용하며 오수를 필요한 위치까지 압송하는 펌프장시설을 압송펌프장이라고 한다.

전양정은 실양정에 압송거리에 의한 손실수두가 더해지기 때문에 비교적 크다.

① 하수관거에서 중계펌프장을 이용하여 하수를 전량 압송하는 경우에는 중계펌프장에 침사설비를 설치하고 처리장 내에는 특별한 경우를 제외하고는 침사지 및 유입펌프장을 설치하지 않는다. 압송방식과 자연유하방식을 혼합하여 하수를 운송하는 경우 하수처리시설 내의 침사제거설비는 압송관거의 중계펌프장에 설치된 침사설비의 용량을 감안하여 적정 규모가 되도록 설치하여야 한다.

② 하수배제방식이 합류식으로 계획된 처리시설의 경우에는 다음 원칙에 따라 이송방식 및 침사지의 설치위치를 선정하여야 한다.

- 하수관거의 굴착심도가 깊거나 암반굴착인 경우에는 반드시 중계펌프장 스크루형 등을 도입하는 방안과의 경제성을 분석하여야 한다.
- 하수관거의 말단부와 처리시설 유입분배조 간의 수두 차이가 적어 스크루형 펌프를 적용할 수 있는 정도이면 시설특성 및 경제성 등을 비교분석하여 장점을 반영할 수 있는 방식의 펌프설비 선정을 적극 검토하여야 한다. 또한 침사지는 펌프장 후단의 지상에 설치하는 방안을 적극 검토하여야 한다.

③ 시간대별 유량 변화가 심하여 유량조정조를 설치하는 경우에는 가급적 병렬(Off-line)방식을 채택하여야 한다. 직렬(In-line)방식은 굴착심도가 깊고 펌프설비의 규모가 과다하게 되어 공사비 및 유지관리비가 많이 소요될 우려가 있다.

3) 유입펌프장

유입펌프장은 유입한 하수가 수처리 시설까지 처리공정별 자연흐름에 의한 중력작용으로 수처리 할 수 있도록 양수 또는 압송하기 위해 설치한 펌프장이다. 유입하수 이외 슬러지 탈수여액 스컴배수 역세척 배출수 등의 반송수 유입 시 필요에 따라 계획오수량에 합산하며 그 성상에 따라 협잡물이나 스컴의 제거 등 대책이 필요하다. 유입펌프의 용량을 선정할 때에는 유지관리상 동일용량으로 선정하는 것이 바람직하지만 가동초기 및 시간대별로 저유량 유입에 대비하여 최적유량이송으로 펌프의 잦은 가동을 방지하며 에너지 절감 및 수처리 운전의 균일화를 위하여 일부 속도제어 및 대수제어(2종류 이상의 용량이 다른 펌프를 선정) 하는 방안을 강구하여야 한다.

4) 소규모펌프장

소규모 하수도 집수시스템에 이용되고 있는 펌프장으로서 일반적으로 탈착식 수중오수펌프를 사용하는 통상 침사지가 생략된 맨홀형식펌프, 콤팩트형 펌프장을 말하며 적합한 시설규모를 결정하여야 한다.

5) 내부반송펌프

유입하수는 암모니아성 질소, 아질산성 질소, 질산성 질소로 산화되며 산화과정의 호기성 반응과정에서 충분히 질산화된 하수를 탈질화시켜 질소가스로 환원시키기 위해 무산소 반응공정 내로 반송하는 펌프시설을 내부반송펌프라 하며 수처리시설의 고도처리공법 수처리공정에 포함한다.

6) 외부반송펌프

생물반응조에서 충분히 반응된 하수가 2차침전지에서 물과 슬러지로 침전분리되어 침전된 슬러지는 생물반응조의 MLSS농도에 따라 슬러지의 일부를 반응조의 계내로 공급하는 펌프시설을 외부반송펌프라 하며 수처리시설의 표준활성슬러지 및 고도처리공법을 수처리공정에 포함한다.

7) 방류펌프장

방류펌프장은 수처리공정을 거쳐 처리된 처리수의 수질이 법적기준 이내에 있을 때 하천이나 해역 또는 호소 내로 자연유하 방류가 어려울 경우 강제적으로 방류시키기 위해 설치한 펌프시설이며 자연유하의 방류가 가능할 경우는 펌프시설이 필요치 않으며 방류구와의 수두차가 있을 경우 소수력발전 적용 여부를 검토한다. 이와 같이 펌프장은 용도에 따라 시설이 다르므로 용도의 특성을 고려하여 계획한다.

4. 펌프 계획용량

1) 분류식

(1) 중계펌프장, 처리장 내 펌프장 : 계획시간 최대오수량을 계획용량으로 한다.
계획하수량은 오수관거 내의 오수를 지체없이 배제하여야 하므로 오수관거 시설용량인 계획시간 최대오수량으로 한다.
여기에 맨홀 및 우수받이로부터 우수의 침입을 피할 수 없는 경우에는 계획하수량에 여유를 고려하여 예비용을 설치한다.

여유율 : 소구경 관거(250~600mm) : 100%
중구경 관거(700~1,500mm) : 50~100%
대구경 관거(1,650~3,000mm) : 25~50%

(2) 빗물펌프장 : 계획우수량을 계획용량으로 한다.
계획구역 내의 우수유출량을 신속하게 배제하여 우수에 의한 침수방지를 목적으로 설치되므로 우수관거 용량인 계획우수량을 계획용량으로 한다.

2) 합류식

(1) 중계펌프장, 처리장 내 펌프장 : 우천 시 계획오수량을 펌프용량으로 한다.
중계펌프장, 처리장 내 펌프장은 오수로 취급하는 하수를 수송해야 하기 때문에 계획용량은 우천 시 계획오수량으로 한다.
우천 시 계획오수량은 원칙적으로 계획시간 최대오수량의 3배 이상으로 하며, 방류지역의 상황, 배수구역의 특성, 오염부하량의 저감 효과, 비용 등을 검토하여 희석배율에 의하여 정한다.(청천 시 계획시간 최대오수량+차집우수량)

(2) 빗물펌프장 : 계획하수량 - 우천 시 계획우수량
합류관거의 계획하수량에서 우천시 계획오수량을 뺀 것으로 한다.

108 | 펌프장 설치 시 유의사항을 설명하시오.

1. 개요

펌프장은 설계유량을 필요한 양정으로 압송하기에 적합한 용량의 펌프를 설치하기 위한 수리조건, 입지조건, 동력조건을 고려하되 펌프가 침수하지 않을 정도로 흡입양정을 작게 하기 위해 낮은 위치로 한다.

2. 펌프장의 종류

펌프장은 지형적인 자연경사에 의해 하수를 유하시키기가 곤란한 경우, 관거의 매설깊이가 현저히 깊어져 우수를 공공수역으로 자연방류시키기가 곤란한 경우, 처리시설에서 자연유하에 의하여 처리할 수 없는 경우에 설치하는 양수시설이며 가능한 간이시설로 한다.
상수나 하수의 유송은 자연유하가 바람직하나, 구조물의 위치, 관로와 지형과의 관계 및 공사비 등에 의한 조건으로 펌프에 의한 압송방식을 택하는 경우가 많다.

1) 상수도 펌프장
취수장펌프, 송수펌프등 상수도 펌프는 대체적으로 대유량, 고양정으로 캐비테이션 방지를 위해 낮은 곳에 위치하며 집중 강우 시 침수대책을 세우고 지하구조물의 특성상 지하수에 의한 부력에 대비해야한다.

2) 빗물펌프장
우천 시에 지반이 낮은 지역에서는 자연유하에 의해 우수를 배제할 수 없으므로 배수구역 내의 우수를 방류지역으로 배제할 수 있도록 설치하는 펌프장이다.

3) 중계펌프장
관로가 길 경우 관거의 매설깊이가 깊어져 비경제적으로 되는 경우 유입구역의 오수를 다음의 펌프장 또는 처리시설로 수송하는 펌프장이다.

4) 처리시설 내 펌프장
유입하수를 자연유하로 처리해서 항상 하천이나 해역으로 방류시킬 수 있도록 설치한 펌프장이다.

3. 펌프 계획하수량

1) 분류식

(1) 중계펌프장, 처리시설 내 펌프장 : 계획시간 최대오수량을 계획용량으로 한다.
계획하수량은 오수관거 내의 오수를 지체 없이 배제하여야 하므로 오수관거 시설용량인 계획시간 최대오수량으로 한다.
여기에 맨홀 및 우수받이로부터 우수의 침입을 피할 수 없는 경우에는 계획하수량에 여유를 고려하여 예비용을 설치한다.

- 여유율 : 소구경 관거(250~600mm) : 100%
  중구경 관거(700~1,500mm) : 50~100%
  대구경 관거(1,650~3,000mm) : 25~50%

(2) 빗물펌프장 : 계획우수량을 계획용량으로 한다.
계획구역 내의 우수유출량을 신속하게 배제하여 우수에 의한 침수방지를 목적으로 설치되므로 우수관거 용량인 계획우수량을 계획용량으로 한다.

2) 합류식

(1) 중계펌프장, 처리시설 내 펌프장 : 우천시 계획오수량을 펌프용량으로 한다.
중계펌프장, 처리시설 내 펌프장은 오수로 취급하는 하수를 수송해야 하기 때문에 계획용량은 우천시 계획오수량으로 한다.
우천시 계획오수량은 원칙적으로 계획시간 최대오수량의 3배 이상으로 하며, 방류지역의 상황, 배수구역의 특성, 오염부하량의 저감 효과, 비용 등을 검토하여 희석배율에 의하여 정한다.(청천 시 계획시간 최대오수량+차집우수량)

(2) 빗물펌프장 : 계획하수량－우천 시 계획오수량
합류관거의 계획하수량에서 우천 시 계획오수량을 뺀 것으로 한다.

4. 펌프장의 위치

펌프장의 위치는 용도에 가장 적합한 수리조건, 입지조건, 동력조건을 가지도록 한다. 펌프장은 낮은 장소에 설치되는 것이 많으므로 펌프실의 방수, 펌프의 역류방지밸브, 공기제거 및 전기시설 등에 대하여 외수의 침입 및 배수의 범람 등에 의하여 침수되는 경우가 없도록 한다.

1) 상수도 펌프장

취수장펌프, 송수펌프등 상수도 펌프는 흡입 수조에 근접 시키고 정해진 실양정 범위에서 흡입양정을 최소화하고 토출양정을 크게 한다.

2) 빗물펌프장

(1) 가능한 방류수역에 근접

(2) 펌프로부터 직접 방류 또는 단거리 관거로 방류 가능한 위치

(3) 방류수역의 넓이, 유량, 수질 및 유세가 방류수의 질과 양에 상응하는 장소

3) 중계펌프장

(1) 가능한 저지대에서 고지대로 양수할 수 있는 지형

(2) 시가지 밀집지역 설치 시 악취, 방음, 침사 및 스크린찌꺼기 처분 고려

5. 펌프장의 수위

1) 흡입수위

(1) 오수펌프의 흡입수위는 유입관거의 최저수위를 가지도록 정한다.

(2) 우수펌프는 유입관거의 최고수위를 넘지 않도록 하고, 흡입수위를 일정 이상으로 올라가지 않도록 하기 위해서는 상황에 따라 저수위까지 배수할 수 있도록 펌프의 깊이 및 흡입관의 깊이를 정한다.

2) 배출수위

(1) 빗물펌프장에서는 배수구역의 중요도에 따라 최고배출수위를 정하여야 한다. 방류수면의 수위가 항상 변동하므로 배출수위를 외수의 최고수위로 하는 것은 경제적이지 못하며, 최고수위를 기준으로 설계하면 청천시의 수위는 최고수위에 훨씬 미치지 못하므로 펌프의 운전효율 측면에서 불리하다.

(2) 외수의 이상고조시나 하천홍수 시와 내수의 최대유출시가 일치하는 경우가 드물기 때문에 빈도가 높은 외수의 고수위를 대상으로 기준배출수위를 정한다.

(3) 오수펌프를 청천시의 배수에 사용하고 있는 경우에는 외수의 최다빈도수위를 배출수위로 하면 좋고 고수위에 대해서는 흡입수위의 최고수위를 저수위로 하여 실제양정으로 산정하여도 된다.

6. 펌프 설계

상하수도용 펌프는 흡입수위 및 배출수위의 변동이 많기 때문에 펌프의 설계는 이에 대응하고, 최대양정에서 최대효율을 얻을 수 있게 하며, 필요한 양정변화의 범위 내에서는 현저하게 효율이 저하되지 않도록 한다. 그러나 외수의 최고수위시에도 계획하수량을 배제하여야 하므로 배수구역의 중요도에 따라 최대 외수 시에도 충분히 양정할 수 있도록 펌프설계를 하여야 한다.

109 | 급수설비의 기준이 되는 설계수량에 대하여 설명하시오.

1. 설계수량

급수장치의 설계수량은 1인 1일당 사용수량, 단위건물바닥면적당 사용수량 또는 각 수전의 용도별 사용수량과 이들의 동시 사용률을 고려한 수량을 표준으로 하여야 한다. 다만 수조를 만들어 급수하는 경우는 사용수량의 시간적 변화나 수조의 용량을 고려하여 정하여야 한다.

2. 급수 설계수량 결정의 기준

급수장치의 양식, 규모 등을 정하는 근본이 되는 설계용량은 각 업종별로 1인 1일당 사용량(표 1)에 사용인원을 곱하여 구한 수량, 단위건물바닥 면적당 사용수량(표 2)에 연바닥면적을 곱하여 구한 수량, 각 용도마다 사용수량에 따른 수전구경(표 3), 급수전의 표준사용수량, 수전의 동시 사용수 등으로 구한 수량 등을 감안하여 정한다.

3. 저수조와 설계수량

배수관의 수량과 수압이 부족하거나 또는 일시에 많은 물을 필요로 하기 때문에 수조를 만들어 급수하는 저수조식 급수 시에는 그 설계수량은 사용수량의 시간적인 변화에 따라 수조용량과 밀접한 관계가 있으므로 이를 충분히 고려하여 정하여야 한다. 또한 일단 지하저수조에 물을 받은 뒤 고가수조에 양수하는 경우의 저수조용량 결정에 있어서는 1인 1일당 사용수량(표 1)에 사용인원을 곱한 수량이나 단위건물바닥면적당 사용수량(표 2)에 바닥면적을 곱하여 구한 1일당 사용수량을 기본으로 지하저수조는 적어도 이 수량의 4~6시간분, 고가수조는 0.5~1시간분으로 하는 것이 바람직하다.

4. 용도별 사용수량

업종별, 용도별 사용수량과 수전의 동시사용률은 업종마다 다르고 1인 1일당 사용수량과 단위바닥면적당 사용수량은 주로 수요자의 생활양식, 위생관념, 도시의 산업구조, 입지조건 등에 따라 다르나 각 도시의 사용실적에 따라 구한 일반적인 표준은 (표 1), (표 2)와 같다.

표 1. 1인 1일당 사용수량

업종별	1인 1일 평균 사용수량(L)	비고	업종별	1인 1일 평균 사용수량(L)	비고
일 반 주 택	180~260		극 장	30~40	손님포함
아 파 트	180~260		은행·사무실	100~160	〃
음 식 점	150~220	손님포함	병 원	300~500	환자당
여 관	200~300	〃	학 교	50~80	
백 화 점	20~30	〃	호 텔	300~500	손님포함

표 2. 단위건물바닥면적당 사용수량

업 종 별	바닥면적 1m²당 1일 평균 사용수량(L)
호 텔	40 ~ 50
백 화 점	25 ~ 35
극 장	20 ~ 30
병 원	30 ~ 50
은 행 · 사 무 실	20 ~ 30
관 공 서	20 ~ 25

표 3. 용도별 사용수량에 따른 수전구경

용도별	사용수량(L/분)	수전구경(mm)	비고
부 엌 용	12~40	13~20	
세 탁 용	12~40	12~20	
세 면 기	8~15	10~13	
목욕탕(재래식)	20~40	13~20	
목욕탕(양 식)	30~60	20~25	
샤 워	8~15	10~13	
소변기(세척수조)	12~20	10~13	1회(4~6초) 2~3L
소변기(세척밸브)	15~30	13	
대변기(세척수조)	12~20	13~13	
대변기(세척밸브)	70~130	25	1회(8~12초) 13.5~16.5L
소 화 전	130~260	40~50	
자동차 세척 전	35~65	20~25	업무용

110 | 급수방식을 설명하시오.

1. 개요

급수방식에는 직결식, 저수조식 및 직결 · 저수조 병용식이 있으며 급수방식은 급수전의 높이, 수요자가 필요로 하는 수량, 수돗물의 사용용도, 수요자의 요망사항 등을 고려하여 결정한다.

2. 급수방식의 종류

급수방식에는 배수관을 분기하여 직접 급수하는 직결식과 배수관으로부터 분기하여 일단 저수조에 받아서 급수하는 저수조식 및 이들의 병용식이 있다.

1) 상수도에서 배수관의 최소동수압은 150kPa(약 1.5kgf/cm^2)를 표준으로 해왔기 때문에 3층 이상의 건물이나 공동주택 등 다량 수요자에게 급수하는 방식으로서는 저수조식을 채택해 왔다.
2) 최근 수질오염 문제 등으로 지하저수조나 고가수조의 설치 의무조항이 삭제된 것을 계기로 각 수도사업자는 직결직압식의 대상범위를 넓히고 이와 함께 에너지 절약의 관점에서 직결가압식의 대상범위를 4층 이상으로 고층까지 확대하는 추세이다.

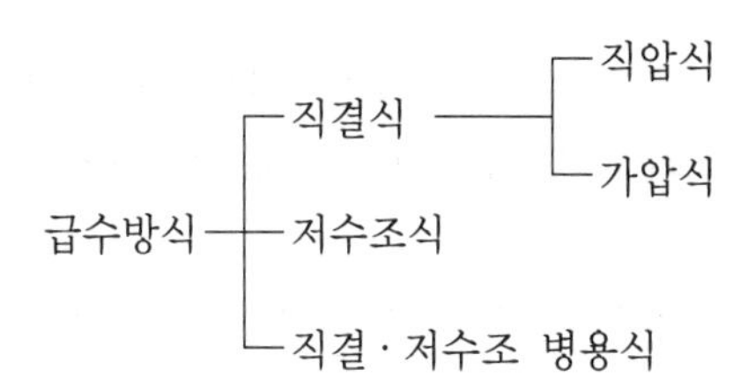

3. 직결식

직결식에는 배수관 말단의 압력으로 직접 급수하는 직결직압식과 급수관의 도중에 직결 급수용 가압펌프설비(가압급수설비)를 설치하여 급수하는 직결가압식이 있다.

1) 직결직압식

직결직압식은 배수관의 말단압에 의하여 직접 급수하는 방식이다. 이 방식은 급수 서비스 향상을 도모하기 위하여 배수관의 압력상승 등에 의하여 공급능력을 증대하고 있다.

(1) 수도관 정비계획과 함께 배수관의 최소 동수압을 점차 조정하여 직결 직압식의 대상범위를 확대해 가고 있으며 최근 배수관의 최소동수압을 250kPa(약 2.5kgf/cm^2) 정도로 상향 조정함으로써 5층까지 직결급수를 확대하고 있는 추세이다.

(2) 직결급수를 위해서는 배수관의 최소동수압이 3층 건물은 200kPa(약 2.0kgf/cm^2), 4층 건물은 250kPa(약 2.5kgf.cm^2), 5층 건물은 300kPa(약 3.0kgf/cm^2) 정도가 필요하다.

2) 직결가압식

직결가압식은 급수관의 도중에 가압급수설비를 설치하여 압력을 직결급수하는 방식이다.

(1) 이 방식은 급수관에 직접 가압급수설비를 연결하고 배수관의 압력부족분을 가압하여 높은 위치까지 직결급수하는 방식이다.

(2) 직결가압식의 목적은 직결급수의 대상범위를 확대하고 또한 저수조에 대한 위생상의 문제를 해소하며, 에너지를 절약할 수 있고 저수조를 설치하는 공간을 유효하게 다른 용도로 이용할 수 있는 등으로 급수서비스를 향상시킬 수 있다.

(3) 직결가압식 적용시 고려사항

- 이 방식을 도입할 때는 비상 시에 저수조가 갖는 저류기능 저하에 따른 대체방법, 가압급수설비의 유지관리방법, 동시사용 수량에 대한 산정방법을 고려한다.
- 가압직결식에서 크로스컨넥션 방지를 위해 역류방지(Anti-Reverse Flow)하는 방법을 검토한다.
- 가압급수로 인하여 주변 배수관의 수압이 저하되지 않도록 하기 위한 배수관의 관경과 수압의 기준설정 등을 검토한다.
- 직결가압식을 도입하고자 하는 수도공급자들은 이러한 과제들을 충분히 검토해야 하고, 이미 도입하고 있는 지역의 도입경위나 실태를 조사하고 검토해야 한다.
- 이 방식에서 일반적으로 각 수요자의 급수방법은 급수전까지 직접 급수하는 직송식(직결가압 직송식)으로 하고 있다.

• 기존 건물을 직결가압식으로 변경하는 경우에는 건물 내의 급수설비에 대한 경년변화 등을 고려하여 고가수조까지는 직접급수로 하고, 고가수조에서 기존설비를 이용하여 급수전까지 자연유하로 급수하는 방식(직결가압 고가수조식)도 있다.

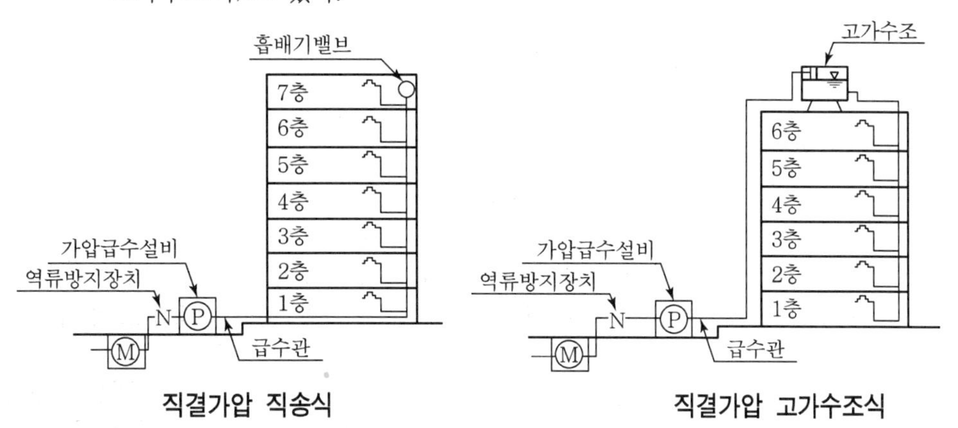

4. 저수조식

저수조식은 수돗물을 일단 저수조에 받아서 급수하는 방식으로 고가수조식, 압력수조식, 다단고가수조식, 펌프직송식이 있으며 배수관의 압력이 변동하더라도 저수조 이후에서는 수압과 급수량을 일정하게 유지할 수 있고, 일시에 다량의 물을 사용할 수 있으며, 단수 시나 재해 시에도 물을 확보할 수 있다는 점 등의 장점이 있다.

1) 저수조식의 적용이 바람직한 경우

(1) 재해 시나 사고 등에 의한 사고나 단수 시에도 일정량의 물을 확보해야 할 경우
(2) 일시에 다량의 물을 사용할 경우 또는 사용수량의 변동이 클 경우 등 직결급수로 하면 배수관의 압력저하를 야기할 우려가 있는 경우
(3) 배수관의 압력변동에 관계없이 상시 일정한 수량과 압력을 필요로 하는 경우
(4) 약품을 사용하는 공장 등으로부터 역류에 의하여 배수관의 수질을 오염시킬 우려가 있는 경우

2) 고가수조식

고가수조식은 저수조에 물을 받은 다음 펌프로 양수하여 고가수조에 저류하였다가 자연유하로 급수하는 방식이다.

3) 다단 고가수조식

하나의 고가수조에서 적당한 압력으로 급수할 수 있는 높이의 범위로는 10층 정도이기 때문에 고층 건물에서는 조닝하여 고가수조나 감압밸브를 그 높이에 따라 다단으로 설치하여 급수한다.

4) 압력수조식

압력수조식은 저수조에 물을 받은 다음 펌프로 압력수조에 넣고, 그 내부압력에 의하여 급수하는 방식이다.

5) 펌프직송식

펌프직송식은 저수조에 물을 받은 다음 사용량의 변동에 따라 펌프의 운전 대수나 회전속도를 제어하여 급수하는 방식으로 최근에 가장 널리 적용되고 있다.

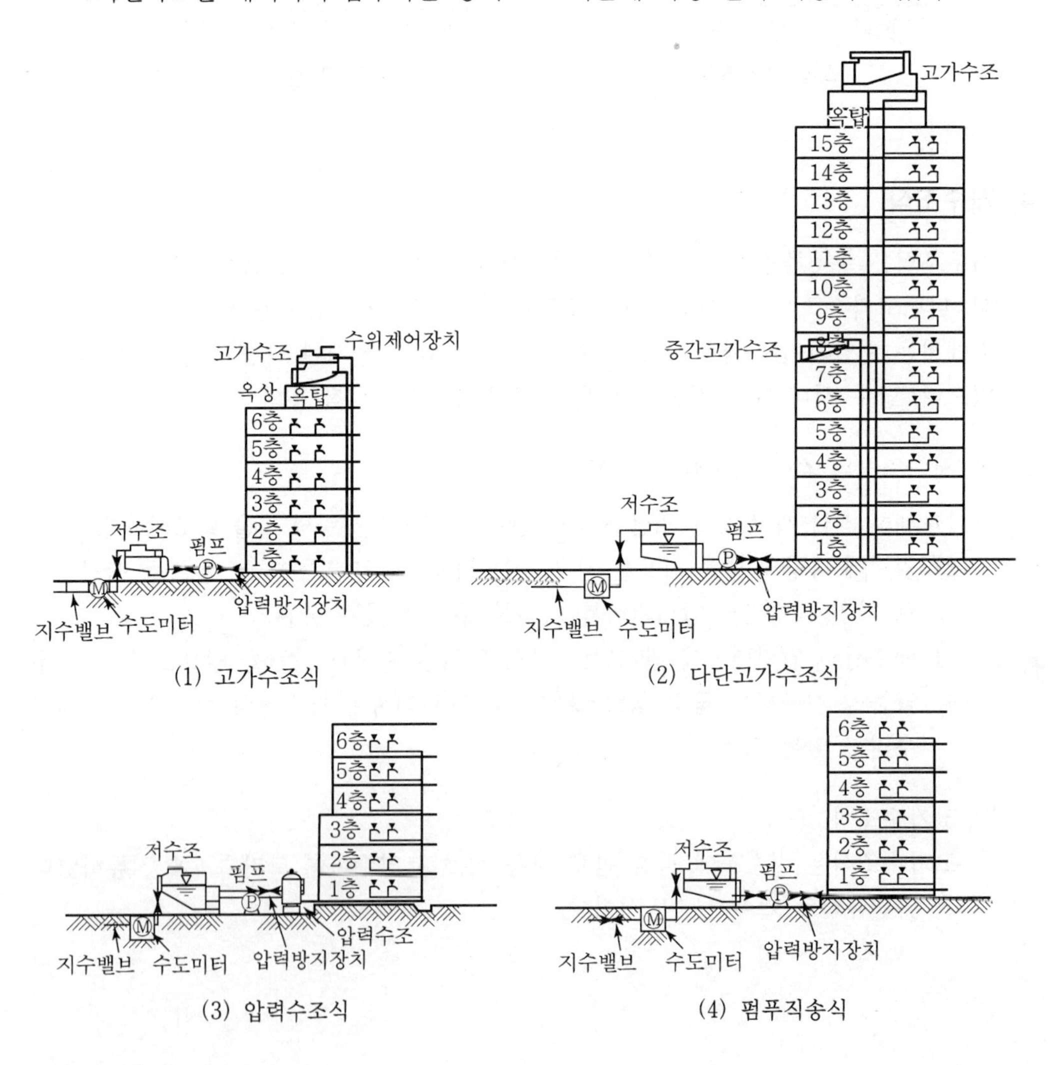

6) 저수조의 용량과 저수방식
 저수조의 용량은 계획 1일 사용수량에 의하여 정한다.

7) 저수조식에서 유의할 사항으로는 배수관의 능력에 비하여 단위시간당 저수량이 큰 경우 또는 아파트나 고층빌딩 등의 다량 급수처가 밀집된 단지에서 배수관의 압력이 떨어져 그 부근의 급수에 지장을 초래하는 경우가 있다. 이러한 경우에는 정유량 밸브 등 물을 받는 수량을 조정하는 밸브를 설치하거나 타임스위치가 부착된 전동밸브를 설치하여 압력이 높은 야간 시간대에 한하여 저수하는 방법도 있다.

5. 직렬 · 저수조 병용식

이 방식은 하나의 대규모 건물에서 부하 형태나 공급 수압의 다양성 등을 고려하여 직결식과 저수조식의 양쪽의 급수방식을 병용하는 것이다.

6. 직결가압식 동수경사선도

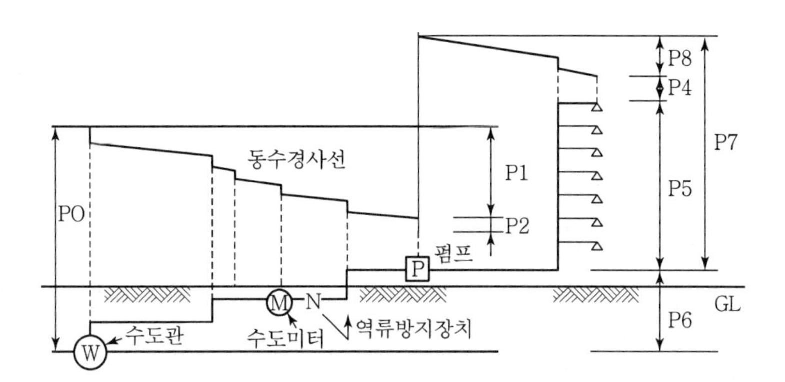

111 | 펌프직송급수방식 적용 시 고려사항을 설명하시오.

1. 개요

1) 펌프직송급수는 급수 시의 위생 및 유지관리 등의 여러 측면에서 급수서비스를 향상시키는 방안의 일환으로 저수조급수방식을 펌프직송급수방식으로 전환하는 것이다.
2) 직결급수에는 배수관으로부터 직접 급수하는 직결직압식과 가압급수설비에 의하여 가압한 후 급수하는 펌프직송(직결가압)식이 있다.
3) 직결직압식 급수를 이용하여 중층건물에 급수하기 위해서는 배수관에서 급수관으로 분기하는 지점에서 최소동수압을 확보해야 한다.

2. 펌프직송급수방식 적용 시 고려사항

1) 배수관 말단 압력의 증가

(1) 배수지에서 펌프가압하는 경우
배수펌프양정을 상승시키는 경우 배수지 시점의 수압증가는 용이하지만 배수구역 전체의 배수압이 상승하기 때문에 배수관의 파손이나 누수량이 증가 하므로 충분한 검토가 필요하다.

(2) 배수지에서 자연유하식인 경우 또는 배수펌프의 양정을 변경할 수 없는 경우
이 방식은 시점의 압력을 증가시킬 수 없는 경우로서 배수관을 개량하거나 교체함으로써 손실수두를 줄여서 배수관 말단의 동수압을 확보하는 방법을 검토한다.

(3) 배수관로의 도중에 가압설비를 설치하여 특정지역을 가압하는 경우
배수관망 블록별로 직결직압식으로 급수하는 데 유효한 방법으로, 기존 관로의 배수압력 대책이 필요하다.

2) 노후관의 개량과 교체

(1) 노후관에 대해서는 부식으로 생성되는 관석 등으로 인하여 통수단면이 축소되기 때문에 최소동수압이 확보되지 않는 경우가 있어 개량이 필요하다.
(2) 또한 수압변화로 인하여 탁질수가 발생하는 경우에 배수압력의 증가로 누수량이 증가할 가능성이 크기 때문에 계획적으로 관로를 개량하거나 교체가 필요하다.

3) 배수블록의 적정화

배수구역을 구성하는 블록이 과대하거나 지형의 표고차가 크면 수압과 수량 등의 관리가 곤란하다.

평면적, 지형적으로 적정한 규모의 배수블록을 설정하여 수압이나 수량의 변동범위가 작도록 배수를 제어한다. 부분적이나 단계적으로 직결직압식의 급수를 병행하는 경우 유효한 방법이다.

4) 소구경 배수지관의 개량이나 교체

소구경 배수지관(50mm 이하)에서는 급수관의 분기가 늘어나면 손실수두가 증가하고 동수압이 부족한 경우가 있으며 또한 급수관 구경이 제약되는 경우가 있으므로 필요에 따라 관경을 증대시킨다.

5) 안정급수의 확보

직결급수는 단수나 급수 제한 시에는 수요자에게 미치는 영향이 크다. 이러한 사태를 방지하는 방법은 수원의 안정화와 시설의 예비력 확보 외에 배수관의 복선화, 관망의 정비 및 인접한 수도사업자와의 상호융통 등에 의한 안정급수대책이 중요하다.

112 | 기후변화 협약에 대하여 설명하시오.

1. 개요

유엔기후변화협약(UNFCCC : United Nations Framework Convention on Climate Change)은 '92년 6월 브라질의 리우환경회의에서 지구온난화에 따른 이상 기후현상을 예방하기 위한 목적으로 채택된 것으로서 회의 참가국 178개국 중 우리나라를 포함한 154개국이 서명하였으며, '94년 3월 21일 공식 발효됨. 동 회의 시 도서국가연합 및 EU 등은 구속력 있는 감축의무 규정을 주장하였으나 미국 등 여타 선진국들이 반대하여 단순한 노력 사항으로 규정되었다.

※ 1997년 교토의정서 채택

2. 기본 원칙

기후변화협약에서는 그 기본 원칙(제3조)으로 공동의 차별화된 책임 및 능력에 입각한 의무부담의 원칙(온실가스 배출에 역사적인 책임이 있으며 기술 · 재정 능력이 있는 선진국의 선도적 역할을 강조), 개발도상국의 특수사정 배려의 원칙, 기후변화의 예측과 방지를 위한 예방적 조치시행의 원칙, 모든 국가의 지속 가능한 성장의 보장 원칙 등을 규정하고 있다.

3. 의무부담 체계

기후변화협약에서는 모든 당사국이 부담하는 공통의무사항과 일부 회원국만이 부담하는 특정의무사항으로 구분하고 있다. 공통의무사항이란 동협약의 모든 당사국들은 온실가스 배출량 감축을 위한 국가전략을 자체적으로 수립 · 시행하고 이를 공개해야 함과 동시에 온실가스 배출량 및 흡수량에 대한 국가통계와 정책이행에 관한 국가보고서를 작성, 당사국총회(COP)에 제출토록 규정하였다.

1) Annex I 국가는 온실가스 배출량을 1990년 수준으로 감축하기 위하여 노력하도록 규정하였으나 강제성은 부여치 않음
2) Annex II 국가는 개발도상국에 대한 재정 및 기술이전의 의무를 가짐
3) 온실가스 배출량의 55%를 차지하는 선진 38개국들은 온실가스 저감 목표를 2012년까지 90년 수준의 평균 5.2%이상을 줄여야 함
4) 2001년 온실가스 감축규모가 5.2%에서 1.8% 감축으로 축소됨

4. 국가보고서(National Communication)

기후변화협약상 모든 국가들은 온실가스 감축 노력을 객관적으로 평가받기 위해 온실가스 통계량, 온실가스 저감 정책의 현황 및 향후 계획 등을 담은 국가보고서를 제출토록 되어있음

선진국들은 협약 발효 후 6개월 이내에 제1차 국가보고서를 제출하도록 되어있으며, 개발도상국들은 협약 발효 후 3년 이내에 또는 선진국의 재정기술지원이 충분히 이루어진 후에 국가보고서를 제출하도록 되어 있다. 현재 선진국은 기후변화협약 발효('94년 3월) 이후 대부분의 국가들이 제1차 및 제2차 국가보고서를 제출하였으며, 2002년 6월 23일 현재 19개 국가와 EU가 제3차 국가보고서를 제출하였으며 2005년 최근 회의에서 미국은 교토의정서 채택을 거부한 상태이고 한국과 멕시코는 개발도상국으로 분류되어 감축의무를 면제 받았다.

5. 교토의정서

1) 교토의정서는 지구 온난화의 규제 및 방지를 위한 국제 협약인 기후변화협약의 수정안이다. 이 의정서를 인준한 국가는 이산화탄소를 포함한 여섯 종류의 온실 가스의 배출량을 감축하며, 배출량을 줄이지 않는 국가에 대해서는 비관세 장벽을 적용하게 된다.
2) 2005년 2월 16일 발효되었고 정식명칭은 기후변화에 관한 국제연합 규약의 교토의정서(Kyoto Protocol to the United Nations Framework Convention on Climate Change)입니다.
3) 우리나라는 2002년 11월에 대한민국 국회가 이 조약을 비준하였으나 개발도상국으로 분류가 되어 이행의 의무는 아직 없다.
4) 그러나, 2008년부터는 점진적으로 이 의정서의 이행의무를 지게 된다. 나라별로 이산화탄소등을 배출 할 수 있는 양이 정해져 있으며 이 양보다 더 적게 배출을 하게 되면 그것을 배출 할 수 있는 권리를 거래(탄소 펀드)할 수도 있다.
5) 교토의정서는 각국의 온실가스배출량을 의무적으로 감축하여 기후변화에 대응하는 것을 주 내용으로 삼고 있으며 37개 선진국이 2008년부터 2012년까지 90년 대비 평균 5.2%를 감축하는 것을 목표로 하고 있습니다.
6) 그 당시 한국은 IMF를 겪고 있었기 때문에 의무감축국에서 제외되었지만 한국은 세계 10위의 에너지 사용국, 세계 9위의 온실가스 배출국으로 기후변화를 초래하는 주요 국가이므로 더 이상의 혜택은 없을 것이며 이에 적극적으로 대처하야 하며 상하수도 분야도 모든 분야에서 에너지 절감을 우선적으로 고려해야 할 것이다.

113 | VE에 대하여 기술하시오.

1. VE란

VE란 가치공학(Value Engineering)으로 어떤 제품이나 서비스에 대하여 최저의 비용으로 최선의 기능을 발휘하도록 연구, 개발하는 조직적인 노력을 말한다.

VE＝기능/원가 비율을 높이는 작업

2. VE의 대상

VE는 제품 이외에도 공정, 사무, 조직 등 H/W, S/W 모두 적용할 수 있다.

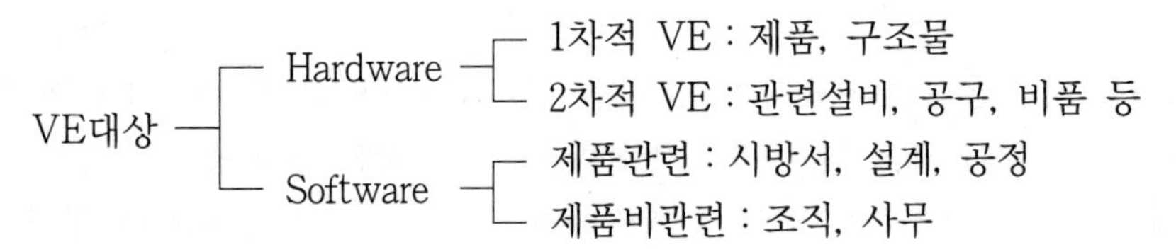

3. VE의 단계

VE란 필요한 기능을 설정하고 이에 필요한 원가를 비교분석하며 불필요한 기능 및 원가를 절감해 나가도록 한다.

- 1단계 : 기능 정의(그 기능은 무엇인가) → 정의
- 2단계 : 기능 평가(원가, 가치 평가) → 평가
- 3단계 : 개선안 작성(중복기능, 원가분석)

4. 건설업과 VE 적용의 문제점

건설업 고유의 특성에 맞는(주문생산, 1회생산성, 현장별 특성 등) VE를 구축해야 하며 건설업의 특성은 아래와 같다.

1) 개별 수주 산업에 의한 일회품 생산이다 → 1회 한정 VE 때문에 VE에 대한 노력의 대가가 미흡할 수 있으나 세부항복에서는 모든 현장에 동일하게 적용이 가능하다.
2) 옥외작업이 많고 따라서 기후의 영향이 크다. → 원가산정이 어렵다
3) 운반물량이 많고 1건 공사금액이 크다 → VE적용여지가 크다
4) 하청과 노동집약적이다 → 관리곤란 원가 산정 곤란

5. 건설분야의 VE

1) 설계단계 VE

설계단계에서부터 비효율적인 설계를 방지하고 추후 시공 및 유지관리 측면을 고려한 종합적인 비용계획(LCC)을 세워 프로젝트별 VE를 구체화해야 한다. 각 공정별로 VE분석을 통한 정밀한 Data를 갖추고 설계에 적용한다.

2) 시공단계 VE

시공착수 전 충분한 검토가 이루어져 시공과정에서 설계변경을 최소화한다. 건설공사 특성상 현장별로 VE 적용여지가 다양하게 존재하며 발주자, 시공자, 설계자, 감리자가 유연하고 합리적인 사고방식으로 VE에 임해야 한다.

3) 계약방법의 VE

최근의 Turn Key 계약 또는 설계, 시공 일괄 입찰방식 등을 통하여 시공자(감리자, 전문 공사업자)의 노력에 의해 비용 절감분에 대하여 인센티브를 제공하는 계약을 시도하고 있으며 이 제도는 VE의 적용 및 발전에 크게 기여할 것이다.

6. VE의 확장

VE란 어떤 제품이나 구조물에 대하여 진정한 가치를 향상시키는 것으로 단순한 비용절감 측면을 다루기보다 유지관리 측면, 환경 측면, 사회기여 측면 등 좀 더 광범위하고 실질적인 가치를 추구하도록 독려되어야 하며 이를 위해서는 전문가의 부단한 연구·적용이 필요하고 기술자 모두가 이에 대한 근본적인 이해 및 적극적 자세가 요구된다.

Professional Engineer Water Supply Sewage

3. 정수처리

1 | 단위 조작과 단위 공정

1. 단위 조작

단위 조작이란 물리적 변화를 주체로 하는 기본 조작으로 유체의 수송, 열전달, 증발 증류, 건조, 흡수, 혼합, 분쇄, 여과, 침전, 원심분리 등 물리적 변화의 각 조작을 말한다.

2. 단위 공정

단위 공정이란 화학반응을 수반하는 공정 중에서 기본 단위를 말하며 단위 반응이라고도 말한다. 산화, 환원, 중화, 중합, 할로겐화 등의 단위 반응을 말한다.

3. 반응 공정

정수장 하수처리시설의 반응 공정은 다시 몇 가지의 기본적인 단위 공정(Unit Processes)과 단위조작(Unit Operation)으로 구성된다.

4. 정수장의 반응 공정

정수장은 착수정, 응집, 응결, 침전지, 여과지, 소독조, 정수지 등으로 구성된 복합 공정이며 이를 분류하면

1) 침전지 : 침전이라는 단위 조작으로 구성된 단순 공정
2) 착수정, 정수지 : 유량 조정의 기능을 갖는 단순 공정의 단위 조작
3) 응집 : 응집제와 콜로이드 간의 응집(중합)이라는 화학반응(단위 공정)과 급속 교반이라는 단위 조작이 조합된 공정이다.
4) 응결 : 완속 교반(단위 조작)에 의해 응결이라는 단위 공정이 이루어진다.

5. 하수 처리시설의 반응 공정

침전조, 화학적, 생물학적 반응조로 구성

1) 소독조 : 산화라는 단위 공정과 교반이라는 단위 조작이 조합된 반응 공정
2) 생물 반응조 : 산기, 교반 등의 단위 조작과 미생물과의 산화, 흡착, 환원 등의 단위 공정으로 구성된다.

2 | 콜로이드 입자와 Zeta Potential

1. 콜로이드(Colloid)의 정의

1) 콜로이드라는 명칭은 19세기 중엽에 영국의 T.그레이엄에 의해 처음 사용되었으며, 확산에 대해 연구하던 중 물질은 물에 잘 녹아 물속에 확산하기 쉬운 결정성(結晶性) 물질과 물에 잘 녹지 않아 확산하기 어려운 비결정성 물질(콜로이드)이 있다는 것을 주장한다.
2) 자연계에는 콜로이드의 예가 많으며, 특히 생물체를 구성하고 있는 물질의 대부분이 콜로이드 상태로 존재하며 복잡한 기능을 나타내고 있다.
3) 콜로이드는 분산용매 내에 분산해 있는 직경 0.001~1μm정도의 미세한 분산질을 말한다. 이 분산질의 입자를 콜로이드 입자라고 하며 분산질의 상태를 콜로이드 상태라고 한다.
4) 콜로이드 입자는 대단히 미세하기 때문에 체적에 비해 표면적이 크고 수중에서는 (−) 전하의 대전에 의해 반발력을 가져 쉽게 침강하지 않고 안정상태를 유지한다.
5) 분산매가 액체인 경우를 졸, 그것이 응고한 것을 겔, 기체인 것을 에어졸이라고 한다. 안개, 연기, 거품 등은 콜로이드 상태의 현상이다.

2. 콜로이드 입자의 주요 특징

1) 입자가 대단히 미세하기 때문에 여과에 의해서 제거되지도 않으며 브라운 운동(Brownian movement) 때문에 침전하지도 않는다.
2) 부유상태와 용존상태의 중간상태이다.

입자의 직경(μm)	입자의 상태
0.001 이하	용존상태(용액)
0.001~1	콜로이드 상태
1 이상	부유상태(현탁질)

3) 콜로이드는 Zeta Potential(전기적 척력, 반발력), Van der Waals Force(전기적 인력, 흡인력)와 중력(Gravity Force)에 대하여 전기역학적으로 평형되어 있다.

4) 콜로이드의 안정도는 입자표면의 표면전하와 이에 의하여 결정되는 Zeta Potential 에 의해서 결정된다.
5) 따라서 이러한 미립자들을 침전 제거하기 위해서는 미립자가 띠고 있는 전하와 반대되는 전하물질을 투여하거나 pH를 변화시켜 Zeta Potential을 감소시켜 미립자들이 서로 결합하도록 하여야 한다.

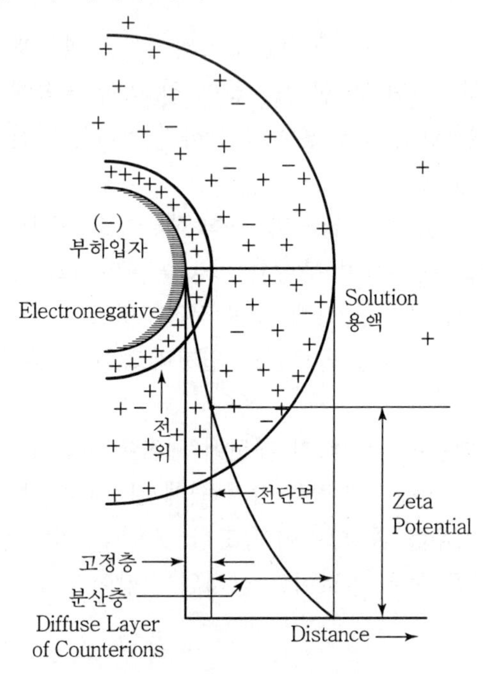

콜로이드와 Z−Potential

3. Zeta Potential과 전기적 이중층(Electrical Double Layer)

콜로이드 입자는 (−)전하를 띠고 있으며 이 표면 바로 위의 층은 (+)전하를 띠며 (−)전하와 단단히 결합되어 있다. 이 층을 고정층(Stern Layer)이라고 하며, 입자로부터 거리가 멀어지면 콜로이드와 부착되어 있는 면이 입자로부터 분리되려는 경향이 있으며 이 층을 확산층(분산층)이라 한다. 이들 2개 층을 콜로이드 입자의 전기 이중층 구조(Electrical Double Layer)라 한다. 이때 고정층과 분산층의 경계면을 전단면이라 하고 이 전단면에서의 전하량을 Zeta Potential이라고 한다.

4. 콜로이드 입자의 응집

콜로이드 입자의 결합은 Zeta Potential이 작을수록 유리하며 따라서 이 전단면이 콜로이드 입자에서 멀어질수록 Zeta Potential은 작아진다.

콜로이드(−)와 반대되는 전하(+)를 가진 응집제(ALUM, 철염, PAC 등)를 투여하여 표면전하를 중화시켜 Zeta Potential이 감소되어 응집이 이루어진다는 이론이다.

차 한잔의 여유

열 마디 말 가운데 아홉 마디가 맞아도 신기하다고 칭찬하지 않으면서
한마디 말이 맞지 않으면 원망의 소리가 사방에서 들려온다.
열 가지 계획 가운데 아홉 가지가 성취되어도 공로를 그에게 돌리지 않으면서
한 가지 계획이 실패하면 헐뜯는 소리가 사방에서 들려온다.
군자가 차라리 입을 다물지언정 떠들지 않고
서툰 체 할지언정 재주 있는 체하지 않는 까닭이 여기에 있다.

− 채근담 −

3 | PAC, GAC, BAC

1. PAC(Powdered Activated Carbon) : 분말활성탄

1) 정의

활성탄 흡착법에서 가장 보편적으로 이용하는 분말 활성탄 PAC는 다공성 탄소질로 비표면적이 매우 크고 흡착성이 강하여, 내부 세공 표면적에 용존 유기물질을 흡착, 농축시켜 제거하기 위해 사용되는 흡착제이다.

2) 기능

용존 유기물질들은 물질 확산을 통하여 활성탄 내부 세공으로 이동 후 세공 표면에 흡착된다.

(1) 분말활성탄은 직경 0.05mm 이하의 매우 작은 활성탄 입자로 구성되며, 통상 반응기 내에 부유상태로 목적에 따라 5~50mg/L 농도로 주입한다.

(2) 활성탄 처리는 통상의 정수 처리로 제거되지 않는 맛·냄새 원인물질(2-MIB, 지오스민 등), 합성세제, 페놀류, 트리할로메탄과 그 전구물질(부식질 등), 트리클로로에틸렌 등의 휘발성 유기화학물질, 농약 등의 미량유해물질, 수원 상류수계에서의 사고 등에 의하여 일시적으로 유입되는 화학물질, 기타의 유기물질을 제거하기 위하여 사용된다.

3) 용도

분말활성탄은 통상 응집처리 전의 원수에 주입하여 물과 혼화, 접촉시켜 수중의 오염물질을 제거하는 데 사용된다. 일정기간의 접촉시간이 경과 후(보통 10~15분) 흡착평형 용량을 최대한 달성한 후 분말활성탄은 응집, 침전, 여과 과정을 통하여 가능한 모두 제거된다.

4) 소독부산물의 전구물질로 알려진 NOM은 염소와 반응하여 THMs, HAAs와 같은 소독부산물(DBPs)을 생성하기 때문에 수처리시 큰 관심의 대상이 된다.

(1) 상수원수 내에 존재하는 NOM의 제거를 위하여 분말활성탄을 응집공정에 적용하였다. pH 변화에 따른 자연유기물질의 흡착동역학 실험에서 대부분의 자연유기 물질은 흡착평형 도달시간 8시간 이내에 흡착 제거되었다.

(2) PAC를 90mg/L 이상 주입시 처음 30분 내에 DOC와 UV-254는 각각 50~56%, 72~78%가 제거되었다. 분말활성탄과 응집제를 동시에 투입할 경우에 투입량이 증가함에 따라 유기물 제거율이 증가하였다. pH 6.5에서 분말활성탄(120mg/L)과 응집제(4mg/L)의 혼합주입시 DOC 제거율은 66%였다.

5) 활성탄은 세공구조가 발달한 탄소재료로서 원료, 탄화 및 활성화 방법에 따라 물리·화학적 특성이 다르며 흡착능력도 크게 다르다. 또 활성탄은 공기 중의 산소를 서서히 흡착하기 때문에 저장조 등의 밀폐용기 내에서는 산소가 고갈될 염려가 있으므로 보수, 점검할 때에 주의가 필요하다.

2. GAC(Granular Activated Carbon) : 입상활성탄

1) 입상활성탄은 0.3~3mm 크기의 입상체 활성탄으로 활성탄 흡착법 처리 공정에서는 고정상 또는 반고정상을 통해 처리될 물이 통과되며 재활용이 가능하다.
2) 종래의 급속여과를 중심으로 한 정수처리 설비는 응집, 침전, 여과 등의 과정을 통한 물리화학적 작용으로 현탁성 물질을 제거하였으나 최근의 고도정수처리에 적용되는 활성탄 처리 설비는 주로 용해성 물질을 흡착제거하는 설비이다.
3) 입상활성탄 처리는 물속에 녹아있는 냄새원인물질 및 발암물질(THMs) 생성원인물질(후민산), 각종 유기물질(NOM), 암모니아성질소 등을 흡착 제거한다.

3. BAC(Biological Activated Carbon) : 생물활성탄

1) 정의

입상활성탄은 흡착을 목적으로 설치, 운전하나 생물활성탄(BAC)은 활성탄 공극 내외부에 미생물을 서식시켜 미생물처리가 이루어진다. 일반적으로 오존처리 후 입상활성탄을 합성시킨 공정으로 이루어지며 두 개의 공정이 독립적으로 작용시보다 더 좋은 정화효과를 나타낸다.

2) 특징

입상활성탄은 비표면적이 넓고 공극이 발달되어 있는 관계로 미생물이 서식하기 편한 장소가 된다. 이는 박테리아가 활성탄 입자의 불규칙한 표면에 부착되고 역세척 과정에서 쉽게 탈리되지 않기 때문이다.

오존처리+입상활성탄 병용처리 시스템은 입상활성탄을 통과하기 전의 물은 오존에 의하여 용존산소를 충분히 함유함으로써 입상활성탄은 생물학적으로 활성을 갖게 된다.

4 | 원수조정지

1. 개요

원수 조정지란 계절이나 기상조건에 따라 평상시에 원수를 저장해 두었다가 원수가 부족할 때 보충해주는 기능을 하면서 또한 착수정으로서 정수처리시설에서 수원지로부터 도수되어 정수장에 유입되는 원수량을 일정하게 하여 응집, 침전, 여과, 소독 등 정수처리 효율을 높이기 위한 정수장 유입부의 유량조정지이다

2. 원수조정지 기능

1) 도시의 성격에 따라 갈수기 취수제한, 수질사고 시, 시설개량 시 등 취수정지 시에 단수나 감수의 영향을 최소화하기 위한 조정지로 도수시설의 일부이다.
2) 원수 조정지는 여러 계통의 수원에서 원수가 유입되는 경우 이를 혼합하여 수질을 균등하게 하고 수질악화 시 분말활성탄 투입, 알칼리제 및 응집보조제 투입 등의 기능을 하며 처리계통 계획에 따라 역세수 반송수 회수기능도 한다.
3) 계절이나 기상조건에 따라 평상시에 원수를 저장해 두었다가 원수가 부족할 때 보충해주는 기능을 갖는다. 그러므로 필요 이상으로 크게 하면 비경제적이다.

3. 원수조정지(착수정)의 생략

유입부 관거용량 확보나 기타 설비로 원수 수량변동을 충분히 흡수할 수 있는 경우에는 원수조정지(착수정)를 일부 또는 전부 생략할 수 있다.

4. 원수조정지의 구조와 형상

1) 취수시설과 정수시설의 표고차에 따라 펌프가압식과 자연유하식을 병용하여 운용하되 수원의 상황, 수급관계, 경제성을 고려하여 결정한다.
2) 형상은 일반적으로 직사각형, 원형으로 하며 계량설비(위어 등), 수위계, 유량조정용 밸브 등을 설치한다.
3) 고수위 이상으로 수위가 상승하지 않도록 월류관이나 월류위어를 설치한다. 또는 유량벨브로 조정하기도 한다. 보통 월류위어로 배수 및 회수한다.
4) 착수정 고수위는 침전지나 여과지보다 60cm 이상 여유를 둔다.
5) 착수정 용량은 1.5분 정도의 체류시간으로 하고 수심은 3~5m 정도로 한다.

6) 착수정에는 원수수질을 파악할 수 있도록 채수설비와 수질측정장치를 설치하는 것이 바람직하다.
7) 위어로 유량을 측정하는 경우 유공정류벽을 유입구에서 1m 이상, 위어 상단에서 2m 이상 떨어지게 설치한다.
8) 착수정은 반드시 2계열 이상으로 계획하여 비상시나 청소 시에 대응해야 하며 분할하지 않을 경우 바이패스관이나 배수설비를 갖춘다.

5. 원수조정지의 용량 선정

1) 조정지는 용량이 클수록 갈수기에 안정적이나 부지면적, 비용 등을 고려하여 필요한 최소 용량으로 선정한다.
2) 수원의 수문상황, 물이용상황, 갈수기 발생빈도 등을 조사하고 예상되는 취수제한 일수 등을 기초로 1일 계획보급량과 계속 보급일수를 기초로 용량을 산정한다.
3) 수원지의 수질사고 기록과 가능성을 예상하여 취수 정지시간으로부터 용량을 산정한다.
4) 수원의 Bloc화 정수장 Bloc화 등을 고려하여 수원 전체의 안정성을 검토한 뒤 용량을 산정한다.

5 | 응집의 원리와 이론을 설명하시오.

1. 개요

응집이란 입자 자체로는 중력침전이나 여과 공정에서 제거가 불가능한 콜로이드 물질 등을 약품으로 서로 엉기게 하여 큰 입자를 만드는 것을 응집이라 하며 이렇게 응집, 응결 시킨 후 침전 및 여과 공정에서 제거한다.

2. 콜로이드 물질

정수장에 유입하는 고형물질은 통상 부유물질, 콜로이드 물질, 용존물질로 존재하는데 부유고형물은 크기가 1.0μm 이상으로 침전지에서 중력으로도 쉽게 제거되나, 콜로이드 물질은 크기가 0.001~1.0μm로 중력침전과 여과 공정에서 제거가 불가능하여 약품으로 응집시킨 후 침전 및 여과 공정에서 제거한다.

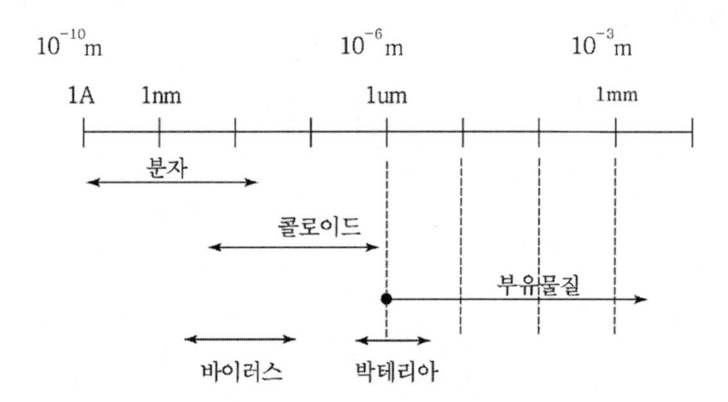

3. 콜로이드 물질의 특징

콜로이드성 물질은 브라운 운동으로 침전하기 어렵고 입자 간에 서로 밀어내는 힘(Zeta Potential)과 서로 잡아당기는 힘(반데르 바알스힘) 및 입자의 중력이 서로 평형을 이루어 항상 안정된 부유상태를 유지하고 있다.

1) 따라서 이러한 미립자들을 침전 제거하기 위해서는 미립자가 띠고 있는 전하와 반대되는 전하물질을 투여하거나 pH를 변화시켜 Zeta Potential을 감소시켜 미립자들이 서로 결합하도록 하여야 한다.

2) 이와 같이 약품에 의하여 미립자가 결합하여 플록을 형성함으로써 침전이 빨리 이루어지도록 하는 것을 응집(Coagulation)이라고 하며 응집에 사용되는 약품을 응집제(Coagulant)라고 한다.
3) 응집제는 알루미늄과 철염류가 주로 사용되며, 이들은 전해질로서 수중에 전리하여 응집력을 발휘하며 응집력은 이온의 원자가가 클수록 증가한다. 2가이온은 1가이온보다 20~50배, 3가이온은 500~1,000배 정도 응집효과가 높다.

4. 응집반응의 4가지 반응기작(Mechanism)

응집이 일어나는 mechanism은 제거 대상입자와 액성, 응집제 성질, 교반상태 등에 따라 매우 복합적이다. 학자들의 주장에 의하면 응집이 일어나는 형태는 다음과 같이 4과정으로 설명된다.

1) 압축(Double Layer Compression) : 응집제 투여에 의하여 콜로이드 입자표면의 이중이온층(고정층, 분산층)의 압축
2) 중화(Adsorption and Charge Neutralization) : 콜로이드 입자 간의 흡착과 전기적 중화
3) 포획(Enmeshment in a Flocculent Mass) : 플록 형성 및 포획
4) 결합(Interparticle Bridg-ing) : 형성된 플록 입자 간 가교 결합

5. 응집이론

콜로이드성 입자들은 다음의 두 과정을 거쳐 뭉쳐진다.

1) Destabilization Step : 응집(Coagulation)-급속교반
입자들 사이의 서로 밀어내는 반발력을 없애는 과정으로 화학 응집제를 투여하고 급속혼화조 내에서 약품을 투여하자마자 아주 짧은 시간(0~1분) 내에 입자와 약품이 접촉하도록 급속 교반한다.

2) Aggregation Step : 응결(Flocculation)-완속교반
입자들을 접촉시켜 플록을 형성시키는 과정으로 약하게 혼합시켜 접촉을 증가시키며 큰 플록의 형성을 위하여 비교적 긴 시간이 요한다.(20~30분)

(1) 화학적 응집론
- 이 이론은 콜로이드의 응집을 미립자 상호 간의 화학적 반응에 의해 형성되는 불용성 복합체의 침강(Precipitation)의 결과로 정의한다.
- 즉, Zeta Potential이 미치지 못할 만큼 멀리 떨어져 있는 입자 사이에 고분자 응집제 등을 투입하여, 응집제의 물리, 화학적 흡착에 의해 중합체가 형성되고 가교작용에 의하여 대형의 플록으로 형성된다는 이론이다.

(2) 전기적 응집론(전기적 이중층 이론)

- 콜로이드 입자는 (－)전하를 띠고 있으며 이 표면 바로 위의 층은 (＋)전하를 띠며 (－)전하와 단단히 결합되어 있다. 이 층을 고정층(Stern Layer)이라고 하며, 입자로부터 거리가 떨어지면 콜로이드와 부착되어 있는 면이 입자로부터 분리되려는 경향이 있으며 이 면을 전단면이라고 하며 전단면에서의 전하량을 Zeta Potential이라고 한다.
- 전단면이 콜로이드에서 멀어질수록 Zeta Potential은 작아진다. 콜로이드(－)와 반대되는 전하(＋)를 가진 물질(알룸, 철염, PAC 등)을 투여하여 표면전하를 중화시켜 Zeta Potential이 감소되어 응집이 이루어진다는 이론이 전기적 응집론이다.

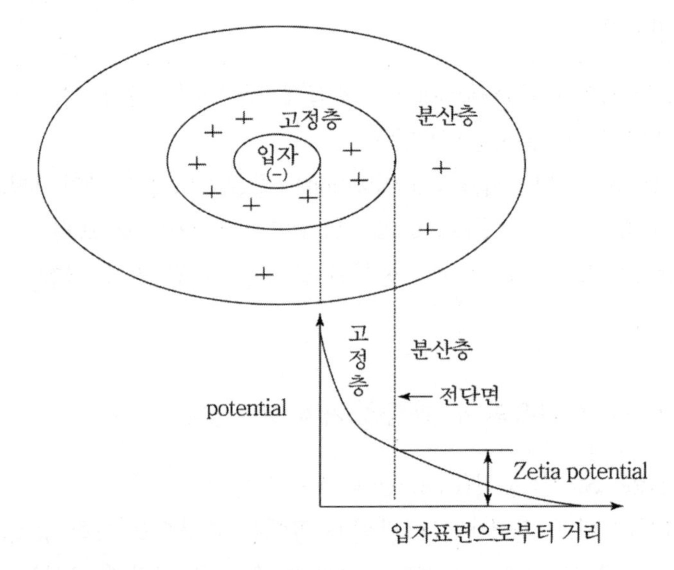

(3) Zeta Potential에 미치는 영향인자

① 화학적 인자
- 사용하는 응집제의 염기도
- 응집제의 음이온(SO_4, NO_3, Cl^- 등)
- 응집제 투입량

② 물리적 인자
- 입자와 응집제의 상호작용(알루미늄 이온의 확산속도)
- 입자의 표면적과 형태
- 입자 크기의 분포 및 표면 특성

③ 원수 : pH, 알칼리도, 수온

상기의 영향인자 중 물리적 인자의 입자 형태나 원수의 인자에 대해서는 인위적 조절이 어렵지만, 물리적 인자의 교반강도(상호작용)와 화학적 인자의 응집제 투입량, 이온의 전하수는 원수의 특성에 따라 조절이 가능하다.

(4) Zeta Potential과 응집

- Zeta Potential이 낮은 경우에 쉽게 응집되나 Zeta Potential이 높은 경우에는 응집되기 어렵다.
- 보통 제타 전위는 10~200mV 정도이며 일반적으로 20~30mV 이하로 되면 응집하기 쉬우나 가장 유효한 응집 범위는 0±5mV로 조절하는 것이 좋다고 하며, 실제로는 10mV를 응집의 지표로 삼는 것이 좋다.
- 응집을 위해서는 Jar-Test를 행하고 있으나 최근에는 Zeta Potential을 측정하여 응집을 관리하는 방법에 많은 관심과 연구가 수행되고 있다.

(5) 전기적 응집론에 의한 응집의 요인으로는

① 응집제의 이온성에 의한 현탁물의 Zeta Potential 저하(즉, 표면전하의 중화)

② 흡착에 의한 가교작용에 의한 안정화라 할 수 있다.

여기서 ①항은 콜로이드 입자의 응집에 ②항은 조대분산 입자의 응결에 중요한 역할을 하며 응집은 콜로이드 입자의 전하 중화가 주원인 집합을 의미하고, 응결은 응집된 입자가 가교현상에 의하여 서로 결합하는 것을 의미한다.

(6) 이러한 화학적 응집론과 전기적 응집론은 각기 독립적으로 설명하기보다는 상호 보완적으로 함께 응집과정을 설명하여 준다.

6. 응집의 효과

1) 침강의 촉진

콜로이드성 물질이 대형 플록으로 형성되어 침강이 촉진되어 침강시간이 단축된다. 따라서 침전시설의 소형화가 가능하다.

2) 상징수의 수질 개선

미세한 입자의 침전 및 색도 등의 제거가 가능하므로 상징수의 수질이 개선된다.

3) 여과성의 개선

응집에 의해 많은 양의 탁질이 제거되므로 여과지의 효율이 증대된다.

6 | 혼화조의 급속혼화방식에 대하여 설명하시오.

1. 속도경사(Velocity Gradient)

1) 속도경사는 혼화조 내의 교반정도를 나타내는 수치로서 수류에서 유선 간의 속도차에 의하여 발생되는 것으로 흐름방향에 직각인 거리(dy)에 대한 속도차(dv)로 표시된다.

$$G = dv/dy(\mathrm{m/sec \cdot m})$$

2) 속도경사식
G는 교반을 위한 동력 P, 교반조 용적 V, 액체 점성계수 u의 함수이며

$G = \sqrt{(P/Vu)} = \sqrt{p/u}$ 로 표시된다.

여기서, P : 총 소요동력=kW
p : 단위 용적당 소요동력=$\mathrm{kW/m^3}$
u : 점성계수(kg/m · sec)
V : 교반조 용적($\mathrm{m^3}$)

3) 급속혼화조의 속도경사
속도구배(G)가 클수록 유선 중의 입자와 서로 충돌, 접속하게 됨으로써 응집제와 입자가 접촉하여 작은 입자(미세 Floc)를 형성하게 되는데 속도구배가 클수록 응집효과가 우수하다. 실제 응집효과는 교반강도와 접촉시간의 함수이므로 G · T 값을 적용함이 타당하다. 기계식 혼화기를 사용할 경우의 속도경사, G=300~700/sec 이며 접촉시간은 20~40초로 제안하고 있다.

2. 급속혼화의 개요

원수에 응집제를 주입한 후 급속교반에 의해 응집제가 수중에서 가수분해되어 생성된 금속 수산화물이 수중의 콜로이드성 입자와 물리, 화학적으로 결합되어 미세 플록이 형성되도록 하는 단위 조작이다.

1) 가장 효과적인 응집이 되게 하기 위해서는 응집제 첨가 후 응집제가 급속히 원수 중에 균일하게 확산되어야 한다.

2) 응집제가 수중에서 가수분해하여 중합반응을 일으키는 속도가 대단히 빠르므로 가능한 최대한의 급속교반으로 작은 수산화물 콜로이드를 많이 발생시켜서 수중에 분산된 현탁콜로이드와 반응시키기 위하여 생성된 수산화물 콜로이드를 균일하게 확산시키는 것이 필요하다.
3) 혼화방식에는 수류 자체의 에너지에 의한 방식과 외부로부터 기계적인 에너지를 이용하는 방식이 있으며, 주로 Turbine에 의한 혼화방식이 이용되고 있다.

3. 급속혼화방식의 종류 및 특징

1) 수류 자체의 에너지에 의한 방식

(1) 종류

① 간류식

수로 중에 수평간류식이나 상하간류식의 조류판을 설치하여 수류방향을 급변시켜 크게 난류를 일으키는 방식

유속이 1.5m/sec 정도 필요하며 혼화와 플록형성이 동일한 반응조에서 일어나므로 혼화지 겸 플록형성지라 할 수 있다.

② 관로 중에 난류를 일으키는 방식

③ 파샬플럼이나 도수현상을 이용하는 방식

④ 노즐에서 분사류에 의하여 난류를 일으키는 방식

(2) 장점

① 기계 작동부가 없어 고장이 없고 유지관리가 필요하다.

② 시설이 간단하고 소규모 정수처리시설에 적합하다.

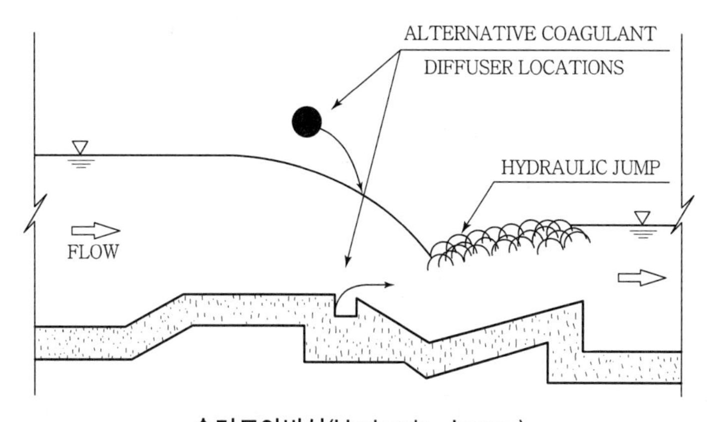

수력도약방식(Hydraulc Jumps)

(3) 단점

① 수두손실이 크다.

② 설비의 탄력성이 없고, 수량변화에 대응하여 변속이 불가하므로 정해진 유량 범위에서만 적용이 가능하다.

2) 기계적 에너지를 이용하는 방식

(1) 기계교반방식

① 프로펠러방식

용량 30m³ 정도까지의 혼화에 적합하며 약 2,000rpm까지의 높은 속도에 적합하다.

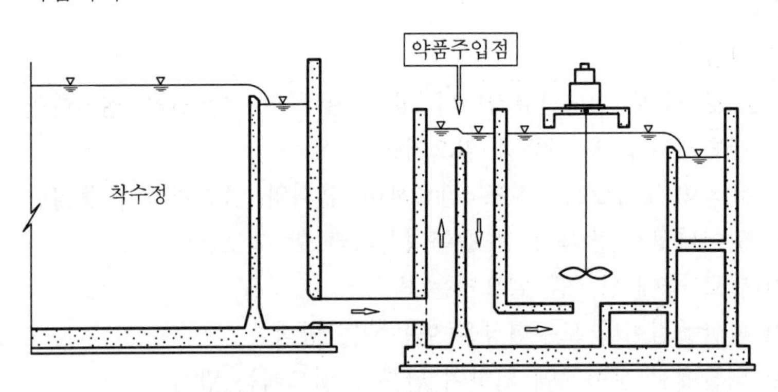

약품투입 및 프로펠러 급속혼화

② 터빈방식

프로펠러방식과 함께 급속혼합에 사용되며 임펠러의 회전수를 150rpm 정도로 한다. 회전속도를 변화시켜서 교반강도를 조절할 수 있으므로 유량 변화에 대한 적응성이 있으나 기계고장이 많다.

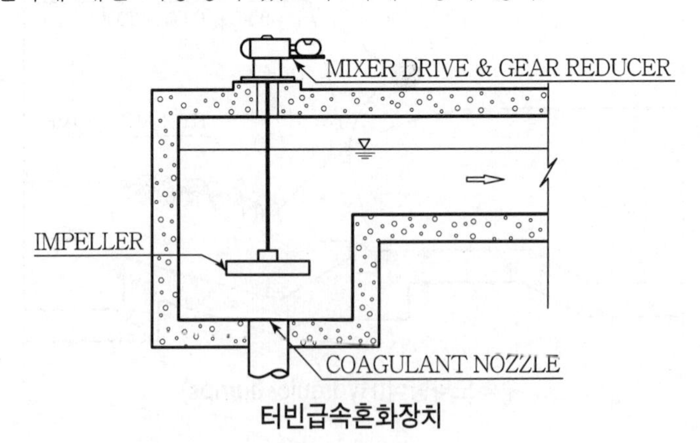

터빈급속혼화장치

(2) 장점

- 유량변화에 대하여 변속이 가능하므로 설비의 탄력성이 있다.
- 수두손실이 작다.

(3) 단점

- 기계 작동부의 고장으로 유지관리가 불편하다.
- 단락류나 정체부분이 발생하기 쉽다.

3) 기타 방식

(1) 저양정 펌프를 이용하는 방식

원수를 저양정 펌프로 양수하는 경우 흡입 측에 약품을 주입해서 펌프에 의한 난류를 이용하여 혼화하는 방식

짧은 시간에 혼화가 가능하나 펌프 및 배관류 등에 내산성 재질을 사용해야 하며 미소 플록 형성을 위한 교반시간이 부족하므로 미세한 콜로이드를 제거하는 데는 부적합하다.

(2) 펌프확산방식

원수의 일부를 가압하여 나머지 원수와 충돌시킴으로써 혼화하는 방식으로 수중에 기계 작동부가 없어 유지관리가 편하다.

(3) 포기식

혼화지 저부에 설치한 다공관을 통하여 압축공기를 분사하여 교반하는 방식으로 포기가 동시에 되면서 혼화된다.

수중에 기계 작동부가 없으므로 유지관리가 편하다.

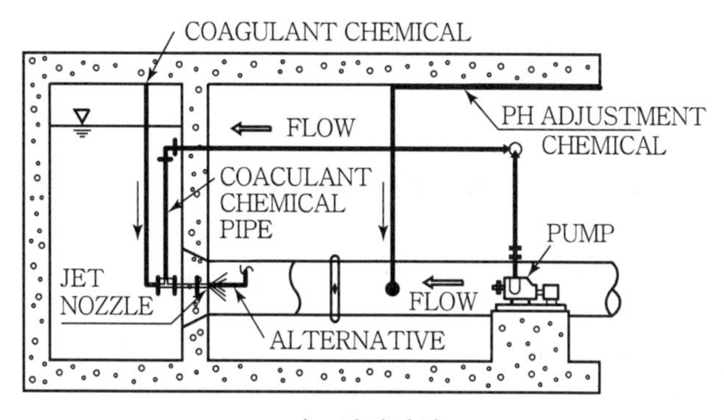

펌프확산방식

(4) In-line방식

① In-line Static방식

- 수두손실이 크고(최대손실수두 60cm) 처리유량이 일정해야 함
- 전력소비가 적고 Clogging 문제 적음
- 혼화시간이 1~3초로 급속 혼화가 가능
- 유입부 스크린 설치가 필요함

② In-line 2단 혼화방식

1단 In-line방식과 2단 기계식 혼화장치의 조합

③ In-line 순간혼화방식(Water Champ 방식)

- 배관 내에서 펌프를 이용하여 초급속 혼화
- Advanced Coagulation으로 최적 응집반응으로 응집효율이 우수하여 최근에 주로 이용된다.

5. 혼화지 설계 시 유의사항

1) 혼화지는 수류 전체가 동시에 회전하지 않도록 하기 위하여 원형조보다 사각형조가 유리하고, 측벽에 직각으로 조류판을 설치하여 회전운동을 줄이고 교반조의 속도경사를 크게 할 수 있도록 한다.

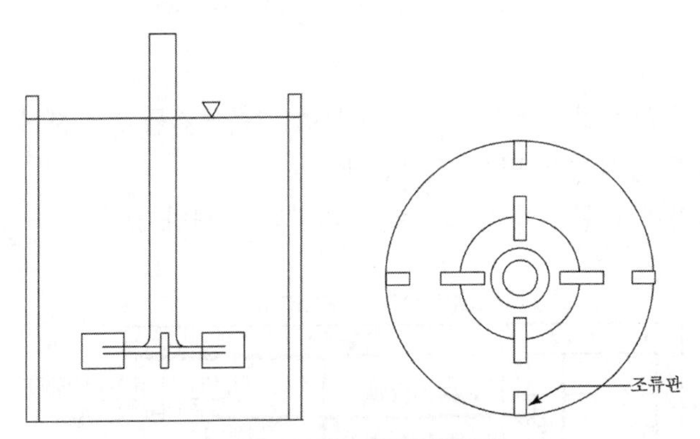

조류판 부착 터빈혼화방식

2) 혼화지 내에서 단락류나 정체부가 발생하지 않도록 정류벽(Baffle)을 설치한다.

6. 급속혼화방식의 적용 추세

1) 현재까지 급속혼화방식은 기계식 방식이 주로 이용되어 오고 있으며 에너지 절약 차원에서 수류 자체 에너지식이 일부 적용되고 있으나 최근의 혼화이론에 의한 초급속혼화의 필요성으로 In-line방식, 펌프 확산식 등이 현장에서 적극적으로 연구

모색되고 있다.

2) In-line 2단 혼화방식은 1단 약품 투입과 초급속 교반, 2단 기계식 교반의 복합장치로 혼화 효율이 우수하다.

3) In-line방식의 수중 확산 펌프 내장형은 초급속 혼화가 가능하여 최적 응집 반응과 응집 효율이 우수하여 응집제량을 절감할 수 있어 적용이 증가하고 있다.

4) 속도경사 적용의 최근 추세

응집제의 수화반응을 고려할 때 최근 이론에 의하면 응집제의 수화반응은 짧은 시간(0.001~1초)에 이루어지므로 혼화조에서 접촉시간 1초 이내, 속도경사 $G=$ 1,000~1,500/sec(최대 5,000/sec까지)가 적절하다. 이러한 초급속 교반 조건을 제공하기 위해서는 관내혼합방식(In Line Mixing)이 효율적이다.

7. 혼화방식의 장단점 비교

혼화방식	장점	단점	설계 시 고려사항
수류자체 에너지 이용 방식	• 전력소비 없음 • 유지관리 용이 • 경제적	혼화정도 및 혼화시간이 처리수량에 지배	유량(유속)의함수로 혼화정도 조정 불가
기계식	• 가장 널리 이용 • 수두손실이 적다 • 혼화강도 조절	• 순간혼화 효과 낮음 • 혼화시간 김 • 단락류 발생 • Back mixing	• G=300~500/sec • 혼화시간 : 20~40초
In-line 정적(Static)방식	• 기계 구동부 없음 • 전력소비 없음 • 경제적 • Clogging문제 적음	• 수두손실이 큼 (최대손실수두 60cm) • 처리유량이 일정해야함	• 혼화시간 : 1~3초 • 손실수두 : 60cm • 유입부 스크린 설치
In-line 2단 혼화(Blender)	• 1, 2단으로 혼화 1단 In-line 2단 기계식 • 혼화효율 우수	• 장치복잡 • 손실수두가 커서 동력소비 증가	• 혼화시간 (1단) : 1~3초 (2단) : 20~40초 • G= 700~1,000/sec(1단) 300~500/sec(2단)
순간 혼화방식 (Water Champ)	• 관로 내(In-line)에서 펌프 등을 이용초급속 확산 • 최적응집반응으로 응집효율 우수	혼화펌프 등 고가 설비 필요	• 혼화시간 : 1~2초 이내 • G=1,000 이상/sec
펌프확산 방식	• 손실수두 없음 • 혼화강도조절 용이함 • 기계식에 비해 전력소비 적음	• 노즐 막힘 • 설치관경 제한 (2,500mm 이하)	• 분사수 탁도<5NTU • 분사압력>0.7kg/cm² • 희석비율 : Alum<1%, 철염<5%

8. 최근 정수장에서 주로 사용하는 급속혼화방식

정수장에서 주로 사용하는 급속혼화방식은 기존의 기계식(프로펠러식, 터빈식)에서 최근의 급속분사교반기(Water Champ), 펌프분사식 혼화장치(Pump Diffusion Mixer), 2단 혼화장치(In-Line Orifice & Mechanical Mixer) 등이 널리 사용되고 있다.

구분	급속분사교반기 (Water Champ)	가압수확산혼화장치 (Diffusion Mixing by Pressurizedwater Jet)	2단 혼화장치 (In-Line Orifice & Mechanical Mixer)
개략도	응집제 Flow	혼화펌프 S P 응집제 혼화기 Flow	혼화기 Flow
개요	유입수 흐름방향으로 고압펌프를 이용하여 물을 분사시키는 혼화방법으로, 관로나 수로 내부에서 교반하는 In-Line 형태에 적합함	원수관로에 설치하는 혼화방식으로서 원수관로에 응집용 약품의 주입과 동시에 가압펌프에 의한 가압수를 원수의 흐름방향으로 동시에 분사하여 Deflector에 의해 확산, 혼화하는 방식	1차는 관 내 교반혼화방식인 In-Line Orifice 혼화장치로, 2차는 기계적으로 혼화하는 방식
장점	• 혼화강도 조절 가능 • 교반기의 회전속도를 조절하여 교반강도 조절이 가능 • 접촉시간을 1초 이내로 함으로써 응집약품 절감, 응집효율 개선, 슬러지 발생량 감소 등의 효과 발생 • 화학반응이 보다 균등하고 순간적으로 일어남	• 관로에 설치가 가능하므로 혼화수조가 불필요 • 혼화펌프에 의한 가압수로의 혼화강도를 조절 • 혼화기 손실수두 적음 • 혼화효율이 좋아 동력 및 응집제 절감효과가 우수 • 유지관리의 필요성이 적음	• 혼화효율 우수(2단 혼화) • 교반강도 조절 가능
단점	직경 1,650mm 이상의 배관에서는 사용이 어려움	• 직경 2,500mm 이상의 대형관이나 넓은 수로에서는 사용이 어려움 • 혼화펌프 및 스트레이너 등의 부대설비가 필요	• 혼화공정을 이원화하여 소요면적 과대, 장치비 과대 • 원수유량 변동에 대한 효율 저하
적용 사례	와부정수장 등	일산정수장, 서울시 영등포정수장, 창원 반송정수장 등	서울 강북정수장 등
검토	운전이 간편하고 경제적으로 유리하며, 높은 혼화강도 G값을 높여 초급속혼화의 가능으로 혼화효율을 높여 응집제 소요를 절감할 수 있는 방식 검토		

7 | 응집지의 완속응결방법에 대하여 설명하시오.

1. 개요

응결은 급속혼합에 의하여 생성된 미소 플록을 서로 충돌시켜 대형의 플록으로 성장시키기 위한 단위 조작이다. 주로 급속혼합 후에 완속혼합으로 이루어지며 대부분 Paddle식이 이용된다.

2. 응결에 대한 기초이론식

미소 플록이 서로 충돌하면서 응결하여 대형 플록으로 성장하기 위한 과정은 입자들 간의 충돌횟수로 유도한 식으로 표현할 수 있다.

1) 교반에너지는 유속의 3승에 비례하고 유속이 감소하면 교반에너지가 부족하게 되고 유속이 과대하게 증가하면 플록이 파괴된다.
2) 응집반응속도는 입자 간의 접촉횟수의 함수이며, 접촉횟수는 입자의 농도와 입경에 비례한다.

$$N = n_1 \cdot n_2 \cdot 1/6 \cdot G \cdot (d_1 + d_2)^3 \quad \cdots\cdots (1)$$

$$= n_1 \cdot n_2 \cdot 1/6 \cdot \sqrt{(P/u)} \cdot (d_1 + d_2)^3 \quad \cdots\cdots (2)$$

여기서, N : 단위용적당 단위시간 내의 입자의 접촉횟수

n_1, n_2 : 입자의 수

G : 속도경사, 1/sec $G = \sqrt{(P/u)}$

d_1, d_2 : 입자의 입경

3) 단위시간 내의 입자의 접촉횟수, 즉 플록형성의 속도는 입자의 농도와 입경과 교반동력이 클수록 크고 점성계수가 클수록 작다. 일반적으로 탁도가 낮은 물보다 높은 물이 응집하기 쉽고, 동계에는 수온이 낮아 점성이 크므로 교반을 크게 해야 한다.

3. 플록형성

G값이 클수록 플록형성이 증대하나 G값이 과대하면 플록의 성장이 증대하기보다는 전단력의 증가로 플록이 파괴되므로 G값에는 한계치가 있다.

속도경사 G값은 최소 10 이상이 필요하며 플록을 파괴하지 않기 위해서는 100 이하

로 하여야 하며 플록형성에서 G값은 10~75 m/sec/m이 권장치이다.
플록형성의 정도는

1) 완속 플록 형성조
   속도구배가 클수록 플록이 대형으로 성장하는 것을 촉진시키나 전단력의 증가는 플록을 파괴하는 결과를 초래할 수도 있다. 그러므로 플록 형성지에서는 체류시간이 15~30분인 경우에 속도구배(G)는 20~75/sec 정도가 요구되며 $G \cdot T$값은 $10^4 \sim 10^5$ 정도가 필요하다.
2) 플록 입자 농도의 제곱에 비례하고
3) 플록 크기, 즉 직경의 세제곱에 비례하며
4) G값에 비례한다.
5) 체류시간도 관계되어 $G \cdot T$값이 23,000~210,000 정도가 적당한 교반조건이다.

4. 완속 교반 방식

완속 교반에 의한 응결조는 기존 수평 패들식과 수직 프로펠러 방식(지상식)이 일반적으로 적용되고 있다.

1) 수류 자체의 에너지에 의한 방식

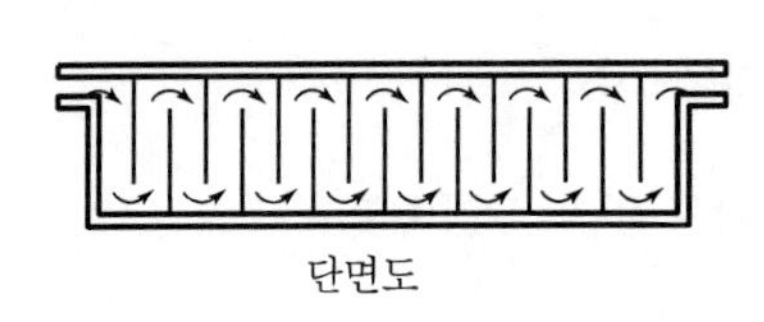

(a) 상하 우류식

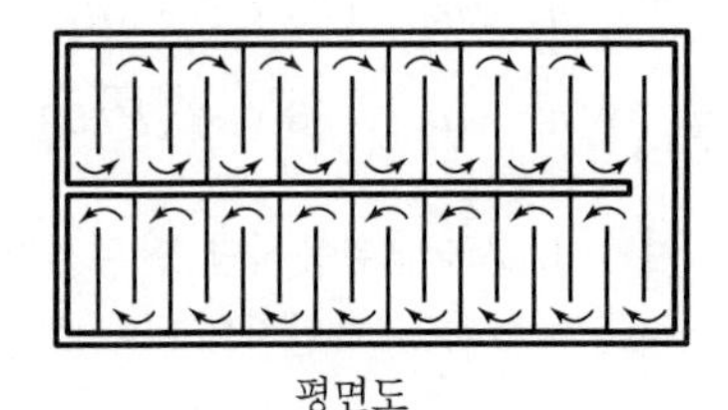

(b) 수평 우류식

(1) 이 방법은 수류 자체의 수두를 교반에 이용하는 것으로 간류식이 대표적인 방식으로 상하류식과 수평류식이 있다.
(2) 플록형성지에서의 체류시간은 20~40분 정도이며, 평균유속은 0.15~0.3m/sec를 표준으로 한다.
(3) 간류방식의 교반에너지는 유량과 낙차(손실수두)에 비례하고 플록형성조의 크기에 반비례한다.
(4) 손실수두는 유속의 제곱에 비례하므로 교반에너지는 유속의 3승에 비례한다. 따라서 유량이 감소하면 교반이 심하게 부족하게 되며, 유량이 증대하면 플록이 파괴될 수도 있다. 이의 방지를 위하여 조류벽의 수를 변화시켜 대처할 수 있으나 일반적으로 수량이나 수질의 변화에 대응하는 융통성이 없다.

(5) 장단점

- 장점 : 기계 작동부가 없어 고장이 없고 유지관리가 편리하다.
- 단점 : 수두손실이 크다.
  수량이나 수질 변동에 대응하는 융통성이 없다.

2) 기계에너지에 의한 교반

- 기계적 교반의 대표적인 방법은 수평 Paddle형과 수직 프로펠러형이 있으며 교반효율은 교반날개와 주위 물과의 상대속도가 최대일 때 가장 유효하며, 주위의 물이 함께 회전하지 않도록 측벽에 직각으로 조류벽을 설치하거나 패들이 물을 헤치는 면적이 수로단면적의 10% 정도로 적게 하여야 한다.
- 패들의 주변속도는 0.15～0.8m/sec정도가 좋으며, 소요동력은 성장한 플록이 침전하거나 파괴되지 않도록 0.1～0.2hp/1,000m^3 정도 유지하는 것이 좋다.

(1) 수평패들의 단면적 산출

$$F_d = \frac{C_d \cdot A \cdot \rho \cdot v^2}{2}$$

$$P = F_d \times V = \frac{C_d \cdot A \cdot \rho \cdot v^3}{2}$$

여기서, F_d : 항력(N)

C_d : 유체에 직각으로 움직이는 패들의 항력계수

A : 단면적, m^2

V : 응결지 용적(m^3)

ρ : 유체의 단위중량, kg/m^3

v : 유체에 대한 패들의 상대속도(패들 주변속도의 0.6～0.75배)

P : 소요동력, kg · m/sec, W

∴ 단면적 $A = 2P/(C_d \cdot \rho \cdot v^3)$

(2) 교반동력에 의한 G값

$$G = \sqrt{\frac{P}{\mu V}} = \sqrt{\frac{C_d \cdot A \cdot \rho \cdot v^3}{2\mu V}}$$

(3) 장점

- 손실수두가 적다.
- 수량이나 수질 변동에 대한 융통성이 있다.

(4) 단점

- 기계 작동부분이 수중에 있어 유지관리가 불편하고 유지비가 많이 든다.
- 회전축 부근의 교반강도가 약해 균일한 교반이 이루어지지 않는다.
- 단락류나 정체부가 발생하기 쉽다.

(5) 수직프로펠러식

최근에 적용이 확대되고 있는 수직프로펠러식은 유지관리가 용이하고 단락류 형성이 적어서 교반이 효과적이다.

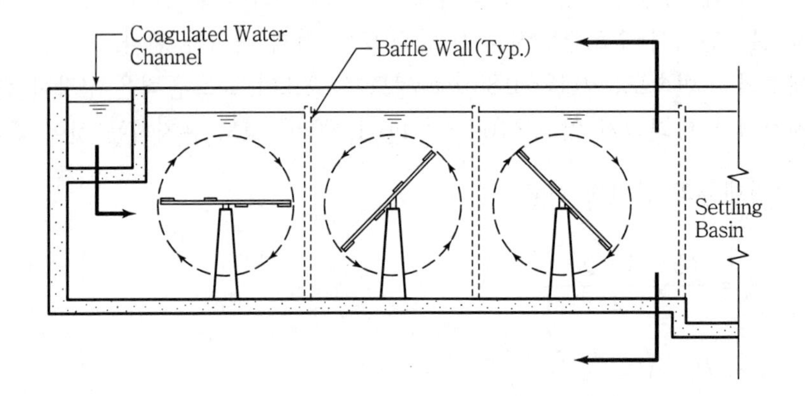

(a) 수평패들식

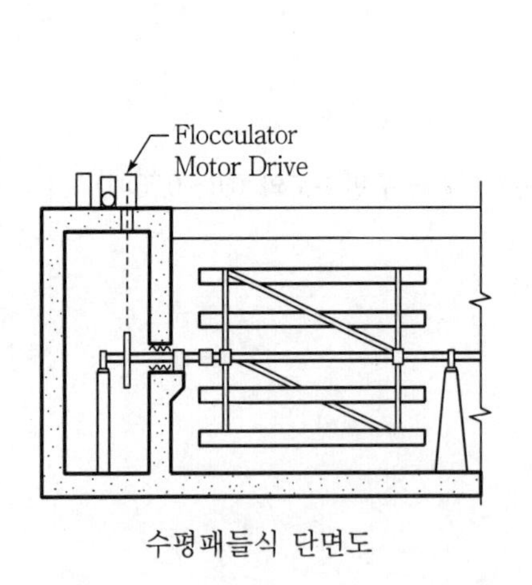

수평패들식 단면도

(b) 수직 프로펠러식

5. 플록형성지 설계 시 고려사항

1) 플록형성지는 혼화지와 침전지 사이에 위치하고 침전지에 접속시켜 설치한다.
2) 형상은 유수로, 기계설치부 등을 고려하여 직사각형으로 한다.
3) 저부에 배니구를 설치하고 수면 근처에는 스컴제거설비를 갖춘다.
4) 단락류나 정체부가 생기지 않도록 하고 충분한 교반이 가능한 구조로 한다.
5) 교반설비는 수량 및 수질 변동에 대응하여 교반강도를 조절할 수 있는 구조로 한다.
6) 플록형성지 내에서 플록 입경이 작은 초기에는 교반강도를 강하게 하고, 플록이 점차 성장함에 따라 3~4단계로 나누어 교반강도를 감소시키도록 한다.

7) 현장 적용 예

팔당수원지 : 혼화지		$G=700/sec$
플록형성지	1단	$G=75\sim50/sec$
	2단	$G=50\sim30/sec$
	3단	$G=30\sim20/sec$

6. 완속교반 응결지에서 단락류 방지 방안

즉 기존의 직각류식 교반장치의 단락류를 충분히 검토하고 단락류를 방지할 수 있는 축류식 교반장치의 적용을 검토한다.

(1) 직각류식 플록큐레이타의 단락류의 모식

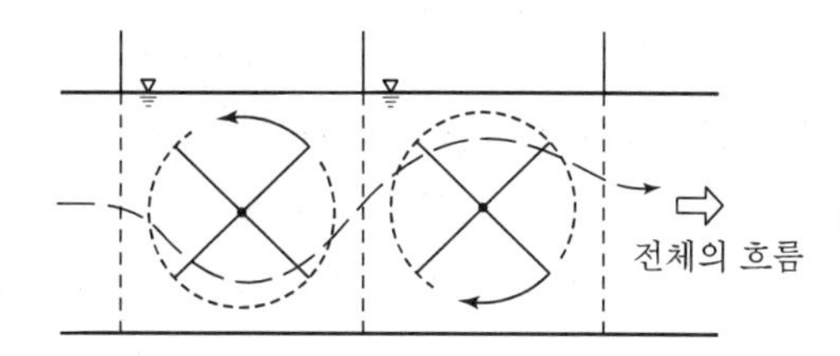

전체의 흐름과 동일한 방향의 흐름이 발생해 단락이 생긴다.

(2) 축류식 플록큐레이타의 수류의 모식

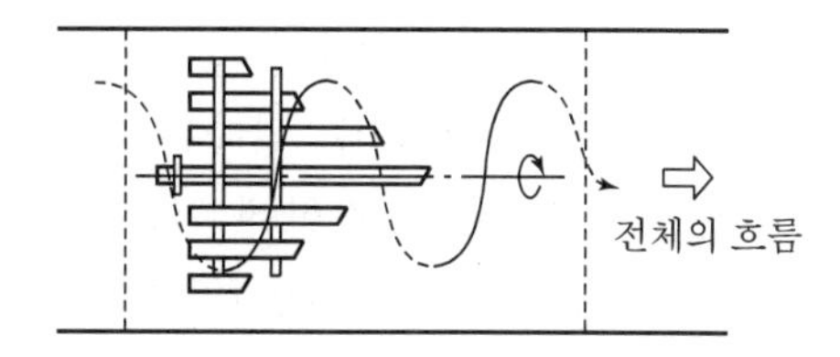

전체의 흐름에 직각방향의 회전류가 발생해 단락은 일어나기 어렵다.

8 | 점강식 플록형성지의 설계에 대하여 설명하시오.

1. 점강식 플록형성지 개요

응집이론에 의하면 응집은 급속교반을 적용하고 응결은 완속교반을 적용하는바 이때 응결(Flocculation)은 응결이 진행될수록 농도가 변화하므로 이 농도 변화를 고려하여 교반강도를 조정하기 위해 점차로 교반강도를 약하게 하는 점강식 플록형성지를 설계해야 한다.

2. G, GT, 및 GCT의 개념

1) G값

G치는 지내의 단위용량의 물에 주는 일 양 P에 비례하고 점성에(μ)에 반비례

G= $\sqrt{P/\mu}$: G치, 속도경사를 나타내는 항

플록형성지에서 G치가 과대하면 플록의 성장이 증대하기보다는 전단력 증가로 플록이 파괴되므로 G치를 크게 하는 데도 한계가 있다. 연구 결과 G=10~75/s가 플록형성에 알맞은 교반조건으로 보고되고 있으며

2) GT값

큰 플록을 형성시키기 위하여는 플록 농도가 클수록 효과적이고 적당한 교반이 필요하며 입자경의 삼승에 비례하여 급속성장함을 알 수 있으므로 플록형성지의 단계에서는 효과적인 교반(G)과 적당한 교반시간(T)에 의하여 플록을 성장 촉진시키는 것이 필요하여 GT(G치에 플록형성지의 체류시간 T를 곱한 것)치를 제안하였으며 GT=23,000~210,000이 알맞은 교반조건이라고 하였다.

3) GCT값

또한 최근에는 G, T 외에도 원수 중의 현탁물 농도 C를 고려하여 GCT 값을 사용하기도 한다. 농도 C는 물 1mL 중의 플록의 체적, 또는 탁도로 나타내기도 한다. 이 개념은 수중에 현탁물의 농도가 높을수록 교반시 충돌기회가 증가하여 짧은 시간의 교반으로도 플록을 성장시킬 수 있다는 것으로 결국 GCT=일정하다는 이론이며 실제 현장에서는 옛날부터 경험에 의해 플록형성지에서 점강식으로 설계되고 있으나 앞으로 적정 GCT 값의 범위가 보다 보편적으로 인정받아야 할 것이다.

3. 점강식 플록형성지의 원리

교반에 의하여 플록이 어느 크기까지 성장하면 수류에 위한 전단작용에 저항하지 못하여 파괴되므로 플록의 성장에 한계가 있고 교반 정도도 한계를 상정할 수 있다. 그러므로 되도록 큰 플록을 만들려면 플록의 입경이 작은 초기에는 교반강도를 강하게 하고 플록이 점차 크게 성장함에 따라 3~4단으로 나누어 교반강도를 줄여가는 방식을 채택하는 경우가 많다.

4. 점강식 플록형성지 설계의 예

1) $Q=0.087m^3/sec$, Alum 주입량 : 15~25mg/L
   최적 속도경사와 4개 Cell로 된 점강식 플록형성지의 설계

2) 최적 G값의 결정

$$G^{2.8} \cdot T = K \quad \cdots\cdots (1)$$

여기서, G : 최적 속도경사, /sec
T : 응결시간, min
K : 상수

$$G^{2.8} \cdot T = 44 \times 10^5 / C \quad \cdots\cdots (2)$$

여기서, C : Alum 주입 농도 (0~50mg/L)

3) 최적 속도경사의 결정
   (2)번 공식을 사용하여 최적 속도경사를 결정하면

$$G^{2.8} \cdot T = 44 \times 10^5 / (15 \sim 25)$$
$$= 2.93 \times 10^5 \sim 1.76 \times 10^5$$

응결시간 T=30분 가정하여 계산하면

$G=27 \sim 22/sec$

응결시간 T=20분 가정하여 계산하면

$G=31 \sim 26/sec$

∴ $G=25/sec$, $T=20$분 선정

$G \cdot T = 3 \times 10^4$

∴ $10^4 \sim 10^5$에 있으므로 선정

9 | 응결조 완속교반장치의 입축프로펠러(Hydrofoil)형과 수평패들형을 비교하시오.

정수장의 응결조 완속교반장치는 기존의 수평패들형에서 최근에는 입축프로펠러(Hydrofoil)형이 적극적으로 채용되고 있다.

구분	입축프로펠러(Hydrofoil)형	수평패들형
구조		응집지 혼화지 침전지 정류벽 분산벽
개요	• 수직축에 프로펠러형 날개를 붙인 것으로서 유체의 흐름은 축방향이며 속도기울기가 작으므로 터빈형과 비교하여 전단력은 약하나 조 내 순환유량은 많다. • 주로 3매 회전날개의 선박용 프로펠러가 쓰인다.	수평축에 회전축을 설치하고 회전축에 여러 장의 각형판을 설치한 것으로서 유체의 흐름은 입축패들형과 비슷하며 1조의 구동장치로 여러 가지의 패들을 운전할 수 있어 경제적이나 수리점검 때 지를 비워야 하는 등 운영상의 문제점이 있다.
장점	• 속도기울기가 적어 플록이 파괴되지 않는다. • 순환수량이 많고 회전수 변화에 따른 영향이 적다. • G값 제어에 따른 회전수 미세조정이 가능하다. • 회전수에 제한이 없다. • 구조가 간단하여 취급이 쉽다. • 바닥지지베어링을 두지 않을 때 지를 비우지 않고도 보수할 수 있어 유지관리가 쉽다.	• 전역의 수류를 동시에 밀어냄으로써 효과적인 응집이 가능하다. • 저속운전이 되므로 마찰부의 마모가 적다. • 양쪽 지지이므로 베어링의 부하가 적고 흔들림이 없다. • 1조의 구동장치로서 여러 지의 패들을 운전할 수 있어 경제적이다. • 지상에 노출된 부분이 적어 미관에 좋다.
단점	• 수류가 비교적 약하여 급속혼화가 어렵다. • 프로펠러의 제작이 어렵다. • 바닥지지베어링이 없을 때는 베어링의 마모율이 높다. • 축 부근에 단락류가 발생할 수 있다.	• 회전수에 제한이 있다. • 유체에 많은 에너지가 가해져 강한 난류를 일으킬 때 수류가 불규칙하며 비효율적이다. • 속도를 빨리할 경우 플록이 파괴될 수 있다. • 수중 구조부가 많아 관리가 어렵고 보수 시에는 조 전체를 정지하여야 한다.
선정 의견	응결조는 경제성이 우수하고 응결 효과 향상을 위하여 "G"값 자동제어 및 속도기울기가 적합하여 플록이 파괴되지 않으며, 유지관리가 편리한 방식을 선정	

10 | 정수장 플록형성지 유입구의 설계방법을 설명하시오.

1. 개요

정수장 플록형성지는 급속교반 뒤에 오는 공정으로 급속교반조에서 형성된 미소플록을 조대플록으로 성장시키는 기능을 한다. 그러므로 다음과 같은 특징을 갖는다.

1) 플록형성지는 혼화지와 침전지 사이에 위치하고 보통 침전지에 붙여서 설치한다.
2) 플록형성지는 직사각형이 표준이며 플록큐레이터(Flocculator)를 설치하거나 또는 저류판을 설치한 유수로로 하는 등 유지관리면을 고려하여 효과적인 방법을 찾는다.
3) 플록형성시간은 계획정수량에 대하여 20~40분간을 표준으로 한다.
4) 플록형성은 응집된 미소플록을 크게 성장시키기 위하여 적당한 기계식 교반이나 우류식 교반이 필요하다.
5) 기계식 교반에서 플록큐레이터의 주변속도는 15~80cm/s로 하고 우류식 교반에서는 평균유속을 15~30m/s를 표준으로 한다.
6) 플록형성지 내의 교반강도는 하류로 갈수록 점차 감소시켜서(점감식 응결조) 형성된 플록이 파괴되지 않도록 한다.
7) 플록형성지의 완속교반설비는 수질변화에 따라 교반강도를 조절할 수 있는 구조로 한다.
8) 플록형성지는 단락류나 정체부가 생기지 않으면서 충분하게 교반될 수 있는 구조로 한다.
9) 플록형성지에서 발생한 슬러지나 스컴이 쉽게 제거될 수 있는 구조로 한다.
10) 야간에도 플록형성지를 감시할 수 있는 적당한 조명설비를 갖춘다.

2. 플록형성지 등의 유입구형식 선정 시 고려사항

1) 유입구는 플록형성지나 여과지의 유입수로에서 유량의 시간적인 변화에도 불구하고 가능한 한 각 지에 균등하게 분배시켜야 한다.
2) 대부분의 정수장은 침전지나 용존공기부상지의 앞에 장방형 플록형성지가 있다. 이러한 경우 가장 단순하지만 비용과 효율적인 설계는 각 플록형성지별로 각각 한 개의 유입구를 설계하는 방법이 있다.
3) 플록형성지에서의 흐름형태가 우류식이면, 한 개의 파이프로 된 유입구를 채택할 수 있다.
4) 실제 설계에서는 유입수로나 유입관으로부터 각 플록형성지에 2개 이상의 유입구

를 마련하고 있다.

5) 각 지별로 유입구의 개수와 상관없이 가장 중요한 설계문제는 각각의 지에 수량이 일정하게 공급되는가 하는 것이다.

3. 플록형성지 유입구 설계 시 2가지 방법

1) 위어를 설치하는 방법

플록형성지 각지에 동일한 높이의 똑같은 개별 위어를 몇 개 설치하는 방법으로, 위어 유입은 이론적인 관점에서는 매력적이나 이 방식을 채택하였을 경우에 나타나는 기본적인 문제점은 다음과 같다.

(1) 수로의 전체 길이에 걸쳐서 유량의 변동에 대비하여 수면높이가 거의 동일하게 유지되도록 유입수로가 충분히 커야 한다.

(2) 수로의 규격이 크고 수로 내에서의 우수가 느리기 때문에 수로 내에 부유고형물이 퇴적되기 쉽다.

(3) 각 지를 수위조절판(Stop Log)으로 고립시키지만, 수위조절판은 완전하게 치수되지 않는다.

(4) 항상 모든 위어의 높이가 동일하게 설치되었다면, 수로에서 수심을 약간 변경시키는 것은 위어를 넘어가는 유량에 큰 변화를 가져온다.

(5) 수위조절판을 눌러서 열고 닫을 경우 차단하기 위하여 들어올린 다음에 정확하게 동일한 높이로 복구시키는 과정에서 신뢰성이 없다.

(6) 어떤 정수장은 유입수로에 따라 위어높이를 다르게 설치하기도 한다. 그러나 설정된 높이는 특정 유량에 한하여 유효할 뿐이므로 이러한 것은 권장할 수 없다.

2) 차단용 밸브나 수문이 부착된 잠수공을 설치하는 방법

플록형성지 유입구의 설계에서 차단용 밸브나 수문이 부착된 유입수로를 바닥 가까이에 설치하는 방법이다. 유입부에 위어를 설치하는 방식에 비하여 초기의 건설비용이 약간 많이 들며 손실수두가 약간 크다는 두 가지 결점이 있다. 그러나 이 설계는 다음과 같은 장점을 가지고 있다.

(1) 유입수로의 한끝에서 수위를 약간 변경시키더라도 유입량에 크게 영향을 미치지 않는다.

(2) 유입수로의 크기가 작아도 되며 유속도 0.6~0.9m/s이면 충분하다.

(3) 유속이 빠르고 또 수로 바닥의 가까운 쪽으로 흐르기 때문에 유입수로 내에 부유고형물의 퇴적이 거의 없다.

(4) 차단용 밸브나 수문은 물이 누수되지 않게 닫을 수 있다.

(5) 유입수로를 지의 바닥 한쪽으로 설치하면 지 내에서 단회로를 방지할 수 있다.

4. 플록형성지 유입구의 설계

유입수로에서 수위가 낮아지거나 유량이 감소됨으로 인한 유량변동의 감도를 위어유입방식과 수문부착잠수공 유입방식을 비교해 보면, 위어유입에서 설명한 바와 같이 최종 유입구에서 수위가 2.54cm 정도 낮아지면 위어를 넘어가는 유량은 83.7%로 되고, 5.1cm가 낮아지면 유량은 66.3%로 된다. 반대로 잠수공 유입방식에서는 수위가 2.54cm 정도 낮아지면 유량은 96.3%가 되고 수위가 5.1cm 정도 낮아지면 92.5%가 된다. 결국 플록형성지의 유입수로로부터 최적의 현실적인 유입구는 수문부착형 잠수공에 의한 유입방법이며 현장에서 대부분의 응결지가 이 방식을 채택하고 있다.

11 | 응집제의 종류 및 특징을 설명하시오.

1. 개요

1) 응집제로서 철염 또는 알루미늄염과 같이 수중에서 용이하게 가수분해되어 중합 반응으로 다가의 양이온이 되는 금속염이 주로 쓰인다.
2) 양이온성 유기계 고분자 응집제도 고농도의 조립자 현탁물질에 대해서는 강력한 응집제로서 이용될 수 있지만 저농도 액체를 취급하는 정수처리에서는 거의 사용하지 않는다.

2. 응집제의 종류 및 특징

1) 제1세대 응집제 : Alum
2) 제2세대 응집제 : PACl
3) 제3세대 응집제 : PACS, PASS 등

3. 황산알루미늄(Alum, Aluminum Sulfate)

액체(무색 또는 엷은 황색), 고체 Alum은 알루미늄 성분이 많은 점토를 황산으로 처리하여 제조한 것으로 최근에는 알루미나 제조과정에서 생기는 수산화알루미늄을 황산으로 처리해서 제조하고 있으며 화학식은 $Al_2(SO_4)_3 \cdot nH_2O$이며 결정수는 $18H_2O$가 일반적이다.

$$Al_2(SO_4)_3 \cdot 18H_2O + 3Ca(HCO_3)_2 \rightarrow 2Al(OH)_3 \downarrow + 3CaSO_4 + 6CO_2 + 18H_2O$$

(666.7g) (3×100g as $CaCO_3$) (2×78) (3×136)

1) 응집

Alum이 물에 가수분해 되어 양전하(+)의 수산화알루미늄 중합체는 젤라틴상으로 함수율이 높고 흡착력이 강하므로 수중의 음전하(−)로 대전된 콜로이드를 중화하여 플록을 형성하고 플록 상호 간의 충돌, 결합으로 대형 플록으로 성장하게 되며 동시에 미세한 부유물질을 흡착하여 침전시키는 역할을 한다.

2) pH

알칼리도의 소모와 수중의 CO_2의 증가로 pH가 어느 정도 저하된다. 또한 Alum은 보통 유리탄산을 포함하고 있어 pH가 저하된다.

3) 알칼리도

10mg/L의 Alum과 반응하는 데 필요한 알칼리도는

$$10\text{mg/L} \times \frac{3 \times 100}{666.7} = 4.5\text{mg/L as } CaCO_3$$

① 만약 수중에 알칼리도도 충분하지 않은 경우에는 수산화알루미늄을 형성하지 못하므로 알칼리제를 공급하여야 한다.

② 알칼리제로 소석회를 주입하면 CO_2는 발생하지 않고 새로운 영구경도가 증가한다.

$$Al_2(SO_4)_3 + 3Ca(OH)_2 \rightarrow 2Al(OH)_3 + 3CaCO_3$$

③ 소다회(탄산나트륨)를 알칼리제로 주입하면 경도 성분에는 변함이 없으나 CO_2를 발생시켜 알칼리도를 소모하므로 pH가 어느 정도 저하된다.

$$Al_2(SO_4)_3 + 3Na_2CO_3 + 3H_2O \rightarrow 2Al(OH)_3 + 3Na_2SO_4 + 3CO_2$$

4) 경도

Alum 응집제를 사용하면 일시경도가 영구경도로 되나, 총경도는 변화지 않는다.

5) 장점(Alum)

① 가격이 저렴하고 사용 경험이 많다.

② 무독성이며 취급이 용이하다.

③ 부식, 자극성이 없다.

6) 단점

① 응집 pH 범위가 5.5~8.5로 좁다.

② 플록이 가볍다.

③ 고탁도, 저수온 시 응집보조제를 사용하여야 한다.

4. PACl(Poly Aluminium Chloride), 폴리염화알루미늄

- 황산알루미늄의 뒤를 이어 사용하는 2세대 응집제라 할 수 있다.
- PACl은 그 자체가 가수분해 되어 중합체로 되어 있으므로 응집능력이 우수하고 적정 pH 범위가 넓으며 알칼리도의 저하가 적다. 최근 정수처리시설에서 대부분 응집제로 사용하고 있으며 처리성과 경제성을 고려하여 Alum과 적절히 사용함이 바람직하다.

- PACl은 중합정도에 따라 염기도가 상이하며, 제조공정에 따라 특성이 다양함
- 주원료는 염산과 수산화알루미늄이며, 수산화알루미늄의 원료는 보크사이트로서 우리나라의 경우 호주에서 수입하여 사용하고 있다.

1) 화학식 : $[Al(OH)_n\ (Cl)_{6-n}]m$ … 중합체
2) 분자량 : 1,000 이하이며 모노머/ 이량체/ 폴리머로 구성되어 있으므로 응집력이 우수하고 무색~엷은 황갈색의 투명한 액체로 산화알미늄 농도는 10~18%정도이다.
3) PACl은 응집제의 대표적인 것으로 최근 정수장에서 alum과 함께 가장 보편적으로 쓰이고 있다.
4) 응집보조제가 필요 없는 이점을 가지나 고가이므로 정수비용 절약을 위해 Alum과 효과적으로 병용 사용하면 좋다.
5) 고탁도 저수온 등 악조건에서 응집제로 황산알루미늄을 사용하는 경우에는 응집보조제와 같이 사용하여야 하며, 응집보조제 없이 사용하려면 alum보다 응집효과가 우수한 PACl을 사용한다.

6) 적용범위
   고탁도 시 Alum에 비해 3~4배 제탁효과가 있고 적정주입률의 범위가 대단히 넓어서 과잉으로 주입되는 경우에도 응집효과가 떨어지지 않는다.(적정 주입률의 범위가 Alum의 4배 정도이다.)

5. 폴리수산화염화규산알루미늄(PACS)

1) PACl에 규산(Si)를 첨가한 것으로 PACl에 응집보조제(규산)를 추가한 성질을 가진다.
2) 염기성 폴리히드록시 실리케이트 클로라이드 화합물로 무색 또는 미황색 점조성 액체로 PACl과 같이 저온 고탁도에서 응집력이 좋고 floc이 무겁고 치밀하여 침강속도가 빠르다.

6. 폴리황산규산알루미늄(PASS)

1) Alum에 규산(Si)을 중합한 것으로 Alum과 응집보조제(규산)를 추가한 성질을 가진다.
2) 염기성 폴리알루미늄 히드록시 실리케이트 설페이트 화합물로 투명한 액체로 PACl과 같이 넓은 pH에서 응집력을 가지며 온도의 영향을 적게 받아 동절기에 적합하고 응집력이 좋고 floc이 무겁고 치밀하여 침강속도가 빠르다.

7. 알루민산 소다(Sodium Aluminate)

화학식은 $NaAlO_3$이며 Na가 있으므로 물을 연화하는 작용이 있으며 Alum이 산성인데 반하여 알루민산 소다는 알칼리성이다.

$$2NaAlO_2 + CO_2 + 3H_2O \rightarrow Na_2CO_3 + 2Al(OH)_3$$

$$6NaAlO_3 + Al_2(SO_4)_3 \cdot 18H_2O \rightarrow 8Al(OH)_3 + 3Na_2SO_4 + 6H_2O$$

특징으로는

- 색도가 높은 물에 유효하며 규산을 제거하는 이점이 있다.
- 수처리 후 경도 및 유리탄산이 증가하지 않으므로 보일러 용수의 처리 등 특수 정수처리에 사용된다.
- 가격이 비싸다.

8. 폴리유기황산알루미늄 (PSO) : Poly Aluminium Sulfate Organism

9. 황산제1철(Copperas, Ferrous Sulfate)

1) 화학식은 $FeSO_4 \cdot 7H_2O$로 주입 시 소석회와 같이 사용하여야 한다. 그렇지 않으면 수중의 알칼리도와 작용하여 중탄산철이 되고 수산화제2철이 되지 않는다.
2) 가격이 저렴하고 알칼리도가 높고 고탁도의 원수에 적합하다.
3) 플록이 알륨에 비하여 무겁고 침강이 빠르며 저온이나 pH 변화에 영향이 적다.
4) 부식성이 강하고 철이온이 잔류하여 녹물의 원인이 된다.

10. 황산제2철

1) 화학식은 $Fe_2(SO_4)_3$이며 수중의 알칼리도와 반응하여 불용성인 3가의 수산화물을 생성하므로 소석회가 필요 없다.
2) 플록의 생성, 침전시간이 Alum보다 빠르고 응집 pH 범위가 넓다.(5~11)

11. 염화제2철(Ferric Chloride)

1) 화학식은 $FeCl_3$이며 하수슬러지의 응집용으로 사용되며, 간혹 정수용으로 사용된다.
2) 응집 pH 범위가 넓고(5~11) 플록이 무겁고 침강이 빠르다.

12 | 응집제와 pH 조정제에 영향을 미치는 인자를 설명하시오.

1. 개요

응집제 소요량의 산정은 약품교반실험(Jar-test)을 통하여 실험적으로 결정하며 응집제 소요량에 영향을 미치는 인자는 수온, pH, 알칼리도, 교반조건, 공존물 등이다.

2. 정수공정에서 응집반응에 의한 물질별 제거효율

1) 박테리아 : 80~90%
2) 부유물질 : 80~90%
3) BOD : 40~70%
4) COD : 30~60%
5) 탁도 및 색도 : 매우 제거 잘됨
6) 용해성 BOD : 별 효과 없음

3. 응집 영향인자

1) 수온

수온이 저하되면 물의 점성이 증가하여 용해도가 떨어지고 계면활성도 저하된다. 즉, 플록의 형성에 소요되는 시간도 길어지고 응집제 사용량도 증가한다. 반대로 수온이 높아지면 물의 점도가 저하되어 이온의 확산이 빨라지므로 응집제의 화학반응이 촉진되어 응집효과도 증가된다.
수온이 24℃에서 0℃로 저하되면 플록의 생성속도는 30% 정도 늦어진다고 한다. 또 수온이 증가함에 따라 입자들의 열운동이 증가하여 입자들의 충돌 빈도수가 증가되어 응집효율이 증대된다.

2) pH

응집제는 각각 그 응집제에 대한 최적 pH가 존재하며, 이에 맞게 pH를 조정하여 응집제의 응집작용이 최대가 되고 플록의 용해도가 최소가 되도록 한다.
수산화알루미늄, $Al(OH)_3$의 용해도는 pH 5.5~7.5 범위 내에서 용해도가 0이나 이 범위를 벗어나면 수산화알루미늄의 용해도는 증가한다. 따라서 황산알루미늄을 응집제로 사용할 때 최적의 pH는 5.5~7.5이다.
그러나 색도가 높은 물의 최적 pH는 5.0 전후이다. 또 황산제2철($Fe(SO_4)_3$)은 pH 8.5 부근, 황산제1철은 pH 4가 최적치이다.

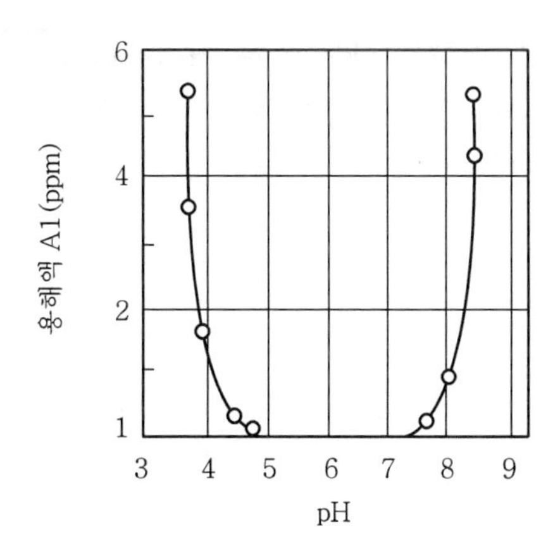

3) 알칼리도

응집작용을 효과적으로 행하려면 응집제를 완전히 가수분해시키고 금속 수산화물의 플록을 생성하는 데 충분한 알칼리도가 필요하다.

(1) 알루미늄이나 철염 등의 응집제를 첨가하면 알칼리도와 반응하여 수산화물이 되고 pH를 저하시키나 충분한 알칼리도가 존재하면 완충작용에 의하여 pH의 격한 저하는 발생치 않는다.

(2) 만일 수중에 알칼리도가 부족하면 응집반응이 발생치 않으므로 인위적으로 첨가할 필요가 있다. 그러나 알칼리도가 과대하면 응집제 소비량이 증대하여 비경제적이 된다.

$$Al_2(SO_4)_3 \cdot 18H_2O + 3Ca(HCO_3)_2 \rightarrow 2Al(OH)_3 + 3CaSO_4 + 6CO_2 + 18H_2O$$

(666.7g)　　(3×100g as $CaCO_3$)

(3) 10mg/L의 Alum과 반응하는 데 필요한 알칼리도는

$$10\text{mg/L} \times \frac{3 \times 100}{666.7} = 4.5\text{mg/L as } CaCO_3$$

4) 교반조건

응집반응을 효과적으로 발생시키려면, 원수에 주입한 응집제를 균등히 분산시켜 균등한 반응이 발생토록 하기 위하여 급속교반을 행하고, 그 다음 단계에서 대형 플록형성을 위한 완속교반을 행한다. 교반에너지를 적당히 하여 미소 플록의 충돌 횟수를 증대시키면 단시간에 큰 플록이 형성되어 신속히 침전한다.

5) 공존물의 영향

응집처리 시 공존물의 영향을 아는 것은 처리조건을 결정하는 지표의 하나이다. 공존물질은 pH의 변화에 영향을 미치는 것으로 알려져 있으며 특히 황산이온, 휴민산, 규산 등은 알루미늄의 응집 시 최적 pH를 현저히 산성으로 이동시킨다.

4. pH 조정제

1) 정의

pH 조정제란 약품투입 시 적정 반응을 유도하기 위하여 약품 종류에 따라 적정 pH가 요구되며 pH를 높이기 위해서는 알칼리제를, pH를 낮추기 위해서는 산제를 사용한다.

2) pH 조정제의 종류(정수처리)

(1) 알칼리제 : $Ca(OH)_2$, $NaCO_3$, NaOH 등

(2) 산제 : H_2SO_4, CO_2 등

3) pH 조정제 투입위치

(1) pH 조정제는 일반적으로 응집반응 효과를 높이기 위한 것으로 보통 알칼리도 증가제와 함께 주입한다. 투입위치는 응집제 투입 상류지점이 좋으며 혼화가 잘되도록 한다.

(2) 원수 수질과 온도 등에 따라서 응집제 주입 후 반응 시에 pH 조정제를 투입하는 것이 효과적일 수도 있으므로 Jar-Test를 실시하여 비교한 후 결정한다.

(3) 알칼리도와 pH 조정이 동시에 가능한 알칼리제{$Ca(OH)_2$, NaOH 등}을 일반적으로 사용하며 원수가 조류번식 등으로 pH가 높은 경우에는 산제(H_2SO_4)와 알칼리도 증가제를 동시에 사용하기도 한다.

4) pH 조정제 주입률

(1) 고체 알칼리제($Ca(OH)_2$) 용적주입률

$$V = Q \times R \times \frac{100}{C} \times 10^{-3}$$

여기서, V : 고형분 알칼리제 용적주입률(L/h)

Q : 처리수량(m^3/h)

R : 알칼리제 주입률(mg/L)

C : 고형분 알칼리제의 용해 시 용액농도(%)

(2) 액체 알칼리제(NaOH) 용적 주입률

$$V = Q \times R$$

여기서, V : 액체 알칼리제 용적주입률(L/h)

Q : 처리수량(m^3/h)

R : 알칼리제 주입률(mg/L)

(3) 알칼리제 주입농도 R(mg/L) 결정은 Jar-Test를 통하여 최적 농도를 산출한다.

(4) 알칼리도 유지를 위한 알칼리제 주입률(W : mg/L)

$$W = (A_2 + K \times R) - A_1 \div F$$

여기서, A_1 : 원수 중의 알칼리도(mg/L)

A_2 : 반응 후 잔존 알칼리도(mg/L)

K : 응집제별 계수

R : 응집제 주입률(mg/L)

F : 알칼리제별 계수

5. 황산알루미늄(Alum) 주입에 따른 pH의 변화

1) 황산알루미늄(Aluminum Sulfate)은 수중의 알칼리도와 반응하여 수산화알루미늄을 형성시켜서 응집을 일으키며 이 과정에 CO_2도 생성되어 pH가 저하된다.

$$Al_2(SO_4)_3 \cdot 18H_2O + 3Ca(HCO_3)_2 = 2Al(OH)_3 + 3CaSO_4 + 6CO_2 + 18H_2O$$

2) 알칼리도(HCO_3)의 소모와 함께 CO_2가 발생하여 수중에 유리탄산이 증가되므로 pH가 어느 정도 저하된다. 또한 황산반토도 다소의 유리황산을 포함하고 있으므로 이것에 의해서도 pH가 약간은 저하된다.

3) 황산반토 1mg/L 주입시 HCO_3 1mg/L×366g/666g=0.55mg/L가 소모된다. 이것을 $CaCO_3$로 환산하면 0.55mg/L×50/61=0.45mg/L이다.

13 | 최적 응집제량의 결정을 위한 최근의 기술 동향을 설명하시오.

1. 개요

유입원수의 수질 특성에 따라 최적의 응집제량을 주입하여야 응집효율을 높이고 응집제량도 절감할 수 있어 경제적이다. 소요량 이상의 과량의 응집제를 주입하면 응집효율도 저하되고 잔류 알루미늄 농도(기준 0.2mg/L 이하)도 높아져 위생상 불리할 뿐 아니라 비경제적이다.

2. 응집제 주입량 결정방법

현재 응집제 투입률은 Jar-test로 결정하나 원수 수질 변화에 대한 대응성이 낮아 SCD, Zeta 전위계 등을 이용하여 최적의 응집제 주입량을 결정하는 방법이 최근 현장에서 적극적으로 시도되고 있다.

1) Jar-test 2) SCD 3) Zeta 전위계 4) Particle Counter

3. Jar-test

1) 시험방법

(1) 원수의 수온, 탁도, 알칼리도, pH 등을 측정하고 사용할 응집제를 준비한다.
(2) 1.5L 비커 6개에 시료를 1L씩 채운다.
(3) 예상되는 적정 응집제 소요량이 가운데 되도록 응집제량을 증가시켜 주입한다.
(4) 교반속도 100rpm 정도(패들 단속도 0.6m/sec)의 급속교반을 1~2분 정도 수행한다.
(5) 교반속도 50rpm 정도의 완속교반을 10~15분 정도 수행한다.
(6) 5~10분 정도 침전시킨다.
(7) 플록의 침전 상황을 관찰하고 상등액의 수질을 측정한다.
(8) 최적 응집제 주입률을 결정한다.

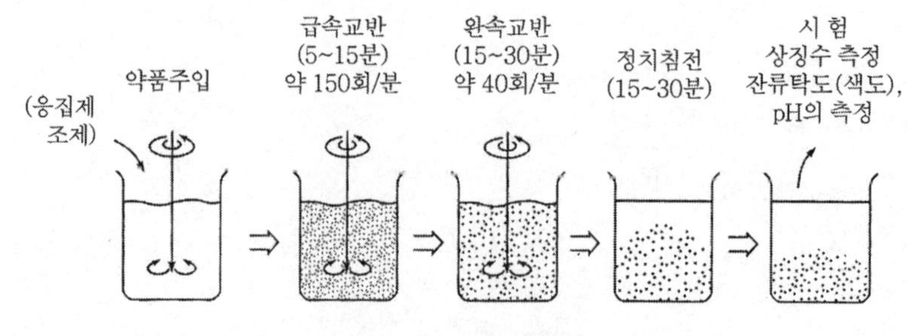

Jar-test 시험순서

2) Jar-test 의 특성

(1) 보통 일 1회 정도 측정하므로 수시로 변하는 원수의 수질에 대하여 최적 주입 상태를 유지할 수 없다.

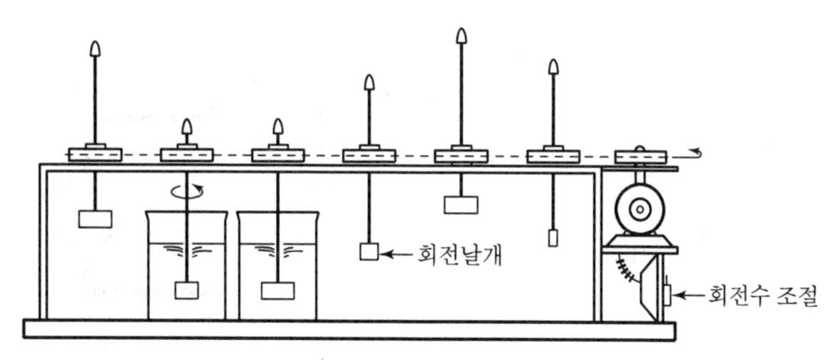

Jar-test 장치 모식도

(2) 장방형 침전지 같은 연속류를 모사한 실험이므로 장방형 침전지에는 실험에서 얻은 주입률을 그대로 이용할 수 있으나, 고속침전지 같은 순환형은 여러 기준을 이용하여 주입률을 정하고 운전 중에 수정해야 한다.

4. SCD(Stream Current Detector)

1) 개요

어떤 유체에 압력을 가하면 그 물체의 확산층에 있는 상대이온을 움직이게 하는 전위 또는 전류가 발생하는데 이를 Stream Current라고 하며, 이를 측정하는 기기를 SCD 또는 SCM이라 한다.

원수의 탁도는 수시로 변하기 때문에 이에 따른 응집제 주입량을 조절하면 최적의 응집상태를 유지하고 응집제 주입량도 절감할 수 있다. SCD는 이러한 목적으로 응집제를 자동으로 조절하여 투입하는 장치로 선진 외국의 일부 정수장에서 사용되고 있다.

2) 측정원리

SCD의 원리는 표면에 전하(+)를 띤 물질을 부착시켜 놓고 유체 중에 반대 전하를 띠고 있는 입자가 흡착될 때 일어나는 흐름(Stream) 전류를 측정하는 것이다. 즉 SCD는 실린더나 피스톤 표면에 전하를 띤 물체를 모터로 움직이면 유입수 중의 입자전하와 전기적 작용으로 전류가 발생하도록 한 것이다.

3) 영향 인자

(1) 온도 : 영향 미미
(2) 시간 : 즉시~몇 분
(3) 용존 염류 : 10% 농도 이내에서 농도가 증가하면 SC 감소
(4) pH : pH가 증가할수록 SC 감소
(5) 유량 : 유량이 증가할수록 평형에 도달하는 시간 감소

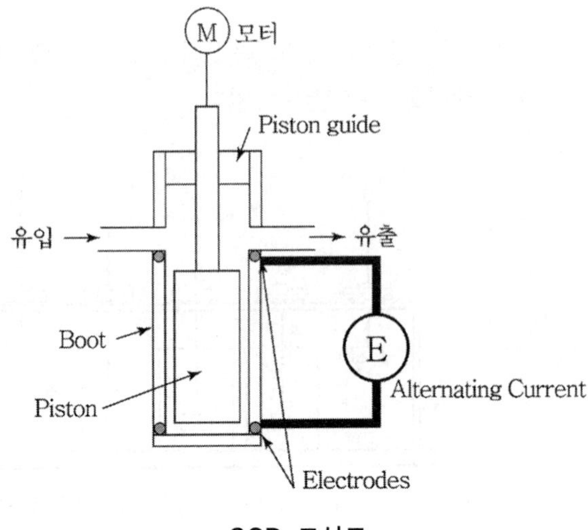

SCD 모식도

4) 운전시 주의사항 및 고려사항

(1) Sampling Line의 막힘 현상 :
Sampling Point의 변경, Line의 고형물 분리, 주기적 세척으로 막힘 현상을 방지한다.
(2) 센서 표면의 마모와 Coating : 센서 표면의 세척

5) 응용

응집제의 최적 주입량 결정방법 중 현재 사용하는 Jar-test는 수질 및 수량의 변동에 능동적으로 대처하기가 어렵다. 가장 최근에 개발된 SCD는 입자의 표면 특성을 측정하여 응집제의 적정 투입량을 정하는 방법이다.

(1) 분석을 위한 시료는 급속교반 후 바로 온라인으로 연결하여 분석하도록 한다.
(2) SCD 방법은 용존성 유기물이나 조류성 물질의 입자처럼 표면 특성이 전형적으로 나타나지 않는 경우에는 부정확하므로 유입원수가 큰 폭으로 변하지 않고 균일하게 들어오는 경우에 적용이 편하다.
(3) SCD는 최적 응집제량을 결정하여 On Line으로 수질의 변화에 능동적으로 대처할 수 있어 약품량을 절감하고 응집 효율을 향상시킬 수 있다.

5. Zeta 전위계

1) 개요

혼화공정에서는 음으로 대전된 콜로이드 물질을 전기적으로 중화시키기 위하여 (+)응집제를 주입하여 응집을 가능하게 한다. 응집 후 입자의 표면 전하를 알기 위하여 측정하는 값을 Zeta 전위라 하며 이 값을 측정하여 응집 공정 감시 및 응집제 투입량 결정에 사용한다.

2) 제타 전위(Zeta Potential)

콜로이드 입자는 표면이 (-)로 대전되어 있어 입자에 가까운 부분은 (+)이온이 입자 표면에 단단히 붙어 있으며, 이 층을 고정층이라고 한다. 이 층의 외부는 거리에 따라 농도가 감소하는 분산층이며 고정층과 분산층의 경계면을 전단면이라고 하며, 이 전단면에서의 전위를 제타 전위라 한다.

3) 측정 시 고려사항

(1) 혼화된 시료의 제타 전위 측정은 가능한 빠르게(즉시) 측정해야 한다.
(2) 측정 위치를 동일하게 하고 측정시간까지의 시간을 명시한 시료만 사용하여야 한다.

4) 설계 및 운전시 고려사항

(1) 급속교반 후 짧은 시간 내에 제타 전위가 감소하므로 혼화지와 플록형성지를 가능한 가깝게 한다.
(2) 최적 응집제 주입량 결정시 제타 전위가 ±10mV 정도면 응집이 잘된 상태로 판단할 수 있다.
(3) 하루 중 제타 전위 변화, 시료 채취 위치별 제타 전위 변화, 응집제 희석 비율에 따른 제타 전위 변화 측정을 고려하여야 한다.

6. Particle Counter

1) 개요

응집 공정이 적정하게 운영되는 경우에는 미세한 콜로이드 입자는 대부분 큰 플록으로 형성되어 침전지에서 제거된다. 따라서 적정하게 응집제가 주입되고 혼화지와 플록형성지가 효율적으로 운영되는지의 여부를 처리수의 입자 크기에 따라 판단할 수 있으며, 이러한 입자의 크기를 측정하는 기기를 Particle Counter라 한다.

2) 원리

센서부와 장치부로 구성되어 있으며, 응집 공정에서 적정하게 처리된 입자는 대형 플록을 형성시키므로 크기에 따른 입자수를 측정하여 작은 입자 개수가 감소하고 큰 입자의 개수가 증가하면 공정이 효율적으로 운전되고 있다고 판단할 수 있다.

14 | 저수온 및 고탁도 시 정수처리 효율향상 방안을 설명하시오.

1. 개요

강우로 인하여 원수의 탁도가 높아졌을 때나 동절기 저수온일 때 또는 처리수량을 증가시키고자 할 때는 응집제만을 사용하거나 알칼리제와 병용하는 일반적인 방법으로는 Floc 형성이 잘되지 않고 침전수의 탁도가 상승하여 여과수 탁도가 높아질 때가 있다. 이와 같은 경우에 크고 무거운 Floc을 형성시켜 침전 분리가 잘되도록 하고 Floc을 단단하게 하여 급속여과지에서 제거되기 쉽도록 할 필요가 있다.
이와 같은 목적으로 응집제로 황산알루미늄을 사용하는 경우에는 응집보조제와 같이 사용하여야 하며, 응집보조제 없이 사용하려면 Alum보다 응집효과가 우수한 PAC를 사용하여야 한다.

2. 응집 효율 향상 방안

동기 저수온 시나 하기 고탁도시 정수처리 효율을 높이기 위해서는 응집제로 PACl (Poly-aluminium Chloride)를 사용하거나 Alum 사용 시에는 활성규산 같은 응집보조제를 병용하여 응집효과를 상승시킬 수 있다.

1) PACl의 사용
PACl는 그 자체가 가수분해 되어 중합된 상태이므로 Alum보다 응집성이 3배 이상 우수하고 적정 주입률의 범위가 넓으며 응집보조제가 필요 없는 이점을 가지나 고가이다.

2) PACl의 특성

(1) 고탁도시 Alum의 3~4배 제탁효과가 있다.
(2) 적정주입률의 범위가 대단히 넓어서 과잉으로 주입되는 경우에도 효과가 떨어지지 않는다.(Alum의 4배)
(3) pH 및 알칼리도의 저하는 Alum의 1/2~1/3 정도이다.
(4) Floc의 형성속도가 대단히 빠르며(1.5~3배), 생성된 플록은 대형이어서 침강속노가 대난히 크다.(1.5~2배)
(5) 저수온에서도 응집효과가 좋다.
(6) PACl 단독처리 시에도 Alum과 응집보조제의 병용시보다 제탁효과가 크다.
(7) 단 PACl은 부식성이 강하므로 저장에 주의를 요하며 6개월 이상 저장하면 품

질의 안정성이 떨어질 수 있다. 또한 가격이 고가이므로 경제성이 떨어지는 단점이 있다.

3) 황산알루미늄과 응집보조제의 병용
응집보조제는 응집제의 효율을 증가시켜 플록의 형성과 침전효율 및 여과효율 향상을 위하여 소량 사용되며 활성규산, 알긴산소다, Clay, Polyelectrolyte 등이 있다. 이러한 응집보조제를 병용하면 크고 단단한 플록을 형성시켜 저수온 시와 고탁도 시에도 효율을 유지할 수 있다.

4) 활성규산
응집제로부터 생긴 (+)이온의 금속 수산화물과 결합하여 쉽게 제거될 수 있는 응결물을 형성한다.

(1) 활성규산은 규산나트륨을 산으로 중화시켜서 숙성하여 규산을 중합시켜 고분자 콜로이드로 만든 것으로 그 작용은 규산콜로이드와 응집제에서 생성된 수산화알루미늄과의 전기적 중화라고 말하고 있다.
(2) 응집보조제로서의 기능은 우수하나 여과지의 손실수두 상승이 빠르고 활성화 조작에 난점이 있다.
(3) 규산을 활성화시키는 데는 황산과 염소 및 탄산가스가 사용된다.
(4) 주입률은 Jar-Test를 통하여 응집보조제의 최고, 최저 및 평균 주입률을 결정한다. 보통 활성규산은 SiO_2로 1~5ppm 범위에서 주입한다.

5) Clay(점토)
대표적인 것으로 벤토나이트가 있으며 응결물의 무게를 크게 함으로써 쉽게 침전되도록 하고 응결물의 형성을 촉진시키는 흡착작용도 한다.

3. 적용 현황

1) 동기 저수온 시나 하기 고탁도시 정수처리 효율을 높이기 위해서는 응집제로 PACl (Poly-aluminium Chloride)를 사용하거나 Alum 사용 시에는 활성규산 같은 응집보조제를 병용하여 응집효과를 상승시킬 수 있다.
2) 특히 PACl는 Alum에 비하여 효율이 우수하여 정수처리 효율을 향상시킬 수 있으나 고가이므로 평상시에는 Alum을 사용하고 저수온 및 고탁도시에만 PACl를 사용하면 응집효율을 높이면서 경제적인 방법이다.
3) 또한 응집제 사용 시 활성규산 같은 응집보조제와 병용하거나 PACS, PASS 등 고효율 응집제를 사용하여도 효율을 향상시킬 수 있다.

15 | 응집보조제와 활성규산

1. 개요

활성규산은 응집보조제로서 응집제의 효율을 증가시켜 플록의 형성과 침전효율 및 여과효율 향상을 위하여 소량 사용되며 활성규산 이외에 알긴산소다, Clay, Polyelectrolyte 등이 있다.

2. 응집보조제의 필요성

이러한 응집보조제를 병용하면 크고 단단한 플록을 형성시켜 저수온 시와 고탁도시에도 효율을 유지할 수 있다.

1) 강우로 인하여 원수의 탁도가 높아졌을 때나 동절기 저수온일 때 또는 처리수량을 증가시키고자 할 때는 응집제만을 사용하거나 알칼리제와 병용하는 일반적인 방법으로는 Floc 형성이 잘되지 않고 침전수의 탁도가 상승하여 여과수 탁도가 높아질 때가 있다.
2) 이와 같은 경우에 크고 무거운 Floc을 형성시켜 침전 분리가 잘되도록 하고 Floc을 단단하게 하여 급속여과지에서 제거되기 쉽도록 할 필요가 있다.
3) 또, 철, 망간, 생물제거와 분말 활성탄 주입 시 등에 침전과 여과효율을 더욱 높여야 할 때가 있으므로 이와 같은 목적을 달성하기 위하여 응집보조제를 사용한다.

3. 응집 보조제의 종류 및 특징

1) 활성규산

(1) 응집보조제로 가장 일반적이며 규산나트륨을 산으로 중화시켜서 숙성하여 규산을 중합시켜 고분자 콜로이드로 만든 것으로
(2) 그 작용은 규산콜로이드와 응집제에서 생성된 수산화알루미늄과의 전기적 중화 작용으로 해석한다.
(3) 응집보조제로서의 기능은 우수하나 여과지의 손실수두 상승이 빠르고 활성화 조작에 난점이 있다. 규산을 활성화시키는 데는 황산과 염소 및 탄산가스가 사용된다.

2) 규산나트륨($Na_2O \cdot xSiO_2$)

(1) 활성규산의 원료인 규산나트륨 그 자체도 응집보조제로서 효과가 있다. 규산나트륨은 활성규산 정도의 효과는 없지만 수중에서 일종의 활성규산을 생성하기 때문에 황산알루미늄을 단독으로 사용한 것보다 규산나트륨을 병용한 쪽이 월등히 효과가 좋아진다.

(2) 겨울철의 원수의 탁도가 급격히 증가하였을 때 규산나트륨을 사용하여 좋은 결과를 나타낸 사례도 있다.

3) 벤토나이트(Bentonite)

(1) Bentonite는 글라스질의 화산재가 분해작용으로 생성된 것으로 신선한 Bentonite는 광택을 가지고 있으나 건조하면 광택이 없어지고 분말로 된다.
(2) Bentonite는 고콜로이드상 특성과 고팽윤성 및 흡수율을 가지고 있는 것이 많으며 3~5배의 수량을 흡수하여 완전 포화상태에서는 건조체적의 10~15배가 되는 것도 있다.
(3) Bentonite를 응집보조제로서 수용액으로 사용할 때는 먼저 Bentonite에 물을 충분히 흡수시켜 겔 상태로 한 후 잘 교반하여 균등한 용액으로 한 것을 사용한다.

4) Fly Ash

(1) Fly Ash는 화력발전소 등에서 미분탄 연소 시에 연기와 같이 배출되는 것으로 집진기에 의하여 집진된 분말상의 석탄회이며 그 주성분은 SiO_2 58%, Al_2O_3 27%, Fe_2O_3 9%, CaO 4%이다.
(2) 탁도 500도 정도에서 황산알루미늄만으로 효과가 없을 때 여기에 보조제로서 사용하여 좋은 효과를 올릴 수 있다.
(3) Floc의 형태가 구상으로 되어 있어 Floc의 침강속도가 빠르다.

5) 유기고분자 응집보조제

응집제와 보조제로 사용이 가능하며 수중에 안전하게 분산현탁되어 있는 미세입자를 집결시켜 입자로 하여 침강, 부상, 여과 등의 고액분리조작을 용이하게 하는 약품이다

4. 활성규산의 기능

활성규산은 응집보조제로 상기와 같은 목적에 사용되며, 규산나트륨을 산으로 중화시켜서 숙성하여 규산을 중합시켜 고분자 콜로이드로 만든 것으로 그 작용은 규산콜로이드와 응집제에서 생성된 수산화알루미늄과의 전기적 중화라고 말하고 있다.
응집보조제로서의 기능은 우수하나 여과지의 손실수두 상승이 빠르고 활성화 조작에 난점이 있다. 규산을 활성화시키는 데는 황산과 염소 및 탄산가스가 사용된다.

5. 활성규산 주입률

Jar-test를 통하여 응집보조제의 최고, 최저 및 평균 주입률을 결정한다. 보통 활성규산은 SiO_2로 1~5ppm 범위에서 주입한다.

16 | NOM(Natural Organic Matter) 제거방법을 설명하시오.

1. NOM 정의

NOM(Natural Organic Matter)은 주로 강유역이나 호소에 있는 식물의 분해나 동물성 물질이 부패될 때 발생되는 천연유기물로 산화과정에서 염소 등의 소독제와 반응하여 인체에 해로운 소독부산물(DBPs ; Disinfection By-Products)을 발생시킨다.

1) 불포화 지방산

주로 방향족 탄소화합물로 소수성(Hydrophobic Matter)물질로 구성되며 휴믹물질이라 명명하며 수중에서 잘 제거되지 않고 염소소독 시 소독부산물을 형성한다.

2) 포화 지방산

주로 유기 탄소화합물로 친수성(Hydrophilic Matter)물질로 구성되며 생분해가 용이하여 수중에서 잘 제거되어 정수처리 시 방향족 탄소화합물에 비하여 큰문제가 되지 않는다.

2. NOM을 제거해야 하는 이유

NOM은 주로 용해성 유기물로 평균 분자량은 800~30,000dalton정도이며 Humic Substances, 카르복실기(Carboxyl), 페놀성 히드록실기(Phenolic Hydroxyl), 알콜성 히드록실기(Alcoholic Hydroxyl)등으로 구성되며 아래와 같은 영향을 끼치므로 정수처리 과정에서 적합하게 제거해야한다.

1) NOM을 제거하여 소독부산물 생성 감소
2) 수처리 공정에서 NOM을 영양원으로 하는 관로 내 미생물 재성장 방지
3) NOM은 염소를 소비하므로 관로 내 잔류염소 소모 방지
4) NOM은 색도원인물질, 응집과정에서 콜로이드성으로 입자화
5) 고도정수처리 시 활성탄 흡착의 경우 흡착능 저하 원인

3. NOM의 농도 표시

NOM은 물리, 화학적으로 너무 다양하고 광범위하기 때문에 단 한번으로 분석할 수 없으며 여러 가지 표현법으로 나타낼 수 있다.

1) TOC(Total Organic Carbon)
2) DOC(Dissolved Organic Carbon)
3) SUVA(자외선 흡광도)
   UV 254nm에서 흡수한 빛의 양을 DOC에 대한 백분율로 표시한 것으로 용존성 탄소화합물 중에서도 방향족 화합물을 표시한다.
4) DBPs를 생성할 수 있는 포텐셜(소독부산물 생성능)

4. NOM에 의한 영향

1) NOM은 소독제와 반응하여 인체에 해로운 소독부산물(DBPs)을 생성한다.
2) 수중에서 NOM은 입자의 부유성을 증가시키고 입자들의 침전성을 방해하므로 응집제가 과잉투입 된다.
3) 일반적으로 물에 녹아있는 용존성 유기물을 입자성 유기물로 전환시키는데 요구되는 응집제의 양은 DOC 1mg/L 당 황산알루미늄 5~10mg/L 정도이다.
4) NOM은 소독제의 양을 증가시키고, 산화처리 후에도 NOM이 잔류할 수 있으므로 관로내부에서 미생물이 성장하는 먹이로 이용될 수 있다.
5) 수중에서 NOM은 금속이나 농약 등과 반응하여 부산물을 형성한다.

5. NOM 제거 방법

1) NOM은 화학적 흡착 또는 착화합물의 형성에 의해 제거될 수 있으며 착화합물을 형성할 때에는 1 : 1로 반응하나 수산화알루미늄에 흡착될 경우에는 다른 양상으로 제거된다.
2) NOM은 보통 용해성 유기물로 일반 응집공정에서는 잘 제거 되지 않아 최근 이를 제거하기 위한 발전적 기법(Enhanced Coagulation와 Advanced Coagulation)에 대한 연구가 활발히 진행되고 있으며 현장 적용이 적극적으로 추진되고 있다.

6. NOM 제거와 최근 경향

최근 급수의 고급화와 함께 안전하고 맛있는 물을 공급하기 위하여 정수과정에서 소독부산물 억제방법을 연구 하면서 원인물질인 NOM과 이를 제거 하기위한 응집에 관한 여러 가지 연구(Enhanced Coagulation와 Advanced Coagulation)가 진행되고 있으나 원수 수질을 고려하여 기존의 처리 공정으로 만족한 수준을 얻을 수 있는 경우 불필요한 추가적 조작은 오히려 비경제성과 복잡성으로 인한 부작용이 우려되므로 제반 여건을 충분히 조사하여 처리법을 선정함이 바람직하다.

17 | $SUVA_{254}$

1. 정의

$SUVA_{254}$란 Specific UV Absorbance로서 자외선 중에서 특정 파장(254nm)을 이용한 자외선 흡광도법으로 UV 254nm에서 흡수한 빛의 양으로 물속의 NOM(유기물 농도) 등을 분석하는데 이용한다.

2. UV와 $SUVA_{254}$

1) UV

UV란 통상적인 파장 400nm 이하의 자외선을 의미한다. 가시광선은 380～780nm, 적외선은 800nm 이상을 말한다.

2) UVA_{254}

자외선 흡광도로 UV는 용액중의 방향족 화합물(불포화 탄소화합물－휴믹물질)과 민감하게 반응하여 흡광되며 이때 흡수된 빛의 량이 UVA_{254}이다.

3) $SUVA_{254} = \dfrac{UVA_{254}}{DOC} \times 100$로 표시되며 단위는 $m^{-1}/(mg/L)$로 표시된다.

DOC : 용존유기탄소

3. $SUVA_{254}$ 의미

용존성 유기물질 중에서 소독부산물을 형성하는 휴믹물질(NOM)을 분석하기 위하여 방향족 화합물과의 반응값 UVA_{254}를 DOC에 대한 비율로 표시한 것으로 이 값이 클수록 용존 유기물중 불포화 지방산의 비율이 큰 것으로 분석된다.

4. 자외선 파장의 이용

1) 살균효과

석영튜브로 제작한 UV램프에서 살균에 가장 효과적인 253.7nm의 자외선을 발생시킨다. UV조사량은 UV강도 mW/cm^2에 램프의 유효길이와 접촉시간을 곱하여 나타내는데 이 UV조사량의 정도에 따라 미생물의 살균효과가 결정된다. UV의 조사량의 정도는 오폐수의 특성과 방류수의 살균효과 정도에 따라 결정된다.

2) 자외선 영역은 40～400nm이며 이 중에서도 200～300nm사이의 파장이 살균력을 갖고 있는 것으로 알려져 있으나 안전성을 위하여 장파장(400nm)을 이용하는 살균법도 있다.

3) 흡광도법의 유기물 분석
자외선은 가시광선 중 가장 파장이 짧은 자색(보라색)보다 짧은 파장을 갖고 있어 파장 에너지가 크다. 이 자외선은 용액 중에서 물질에 투사될 때 흡수가 잘 되는데 이러한 성질을 이용하여 용액에 자외선을 투과할 때 흡수된 빛의 양으로 휴믹물질, NOM 등 농도를 분석한다.

5. 유기물 농도와 SUVA(Specific UV Absorbance)의 관계

수중의 유기물(NOM) 오염정도를 정밀히 분석하는 것은 기술적 경제적 조건들로 여러 가지 방법이 이용되며 $SUVA_{254}$도 유기물 농도를 대표하는 측정법으로 일반적으로 이용하고 있다. 유기물 농도를 표시하는 대표적인 측정법들은 다음과 같다.

1) TOC(Total Organic Carbon)
2) DOC(Dissolved Organic Carbon)
3) SUVA(자외선 흡광도)
UV 254nm에서 흡수한 빛의 양을 DOC에 대한 백분율로 표시한 것으로 용존성 탄소화합물 중에서도 방향족 화합물을 표시한다.

(1) SUVA : 3이하
상대적으로 Humic Acid의 농도가 낮으며 유기물은 친수성이거나 방향족성이 낮고 분자량도 상대적으로 낮다.

(2) SUVA : 4~5
DOC 형태의 휴믹산이 상대적으로 많이 존재한다. 유기물의 특성은 소수성이거나 방향족 유기물 그리고 분자량이 비교적 큰 유기물이라 할 수 있다.

4) BOD, COD, 탁도

18 | Sweep Coagulation

1. 개요

Sweep Coagulation은 이미 생성된 과량의 수화물($Al(OH)_3$)이 콜로이드 물질을 에워싸듯이 결합하여 응결되는 Enmeshment 반응에 의하여 콜로이드를 제거하는 응집 방식으로 과량 응집법이라고도 하며 이에 비하여 Advanced Coagulation는 적량의 응집제로 고도 응집을 유도하는 것이다.

2. 응집제의 응집기작

1) 응집제의 수화반응
알루미늄 응집제가 원수에 유입되면 중간 수화종 형태를 거쳐 최종적으로 수산화알루미늄 수화물을 형성한다.

$$Al^{+3} \rightarrow Al(OH)(H_2O)_5,\ Al_{13}O_4(OH)_{24} \rightarrow Al(OH)_3$$

이때 중간수화종에 의한 콜로이드 제거효율이 우수하며 이론적으로 이러한 반응은 1초 이내에 발생된다. 이후에는 수산화알루미늄을 형성하여 콜로이드를 제거하며 응집효율은 떨어진다.

2) 흡착-전하중화에 의한 응집
알루미늄의 수화반응이 완료되어 $Al(OH)_3$로 응결되기 이전에 중간단계에서 생성된 수화종과 콜로이드 입자 간의 충돌을 유도하여 응집하는 방법으로 응집제는 가능한 빨리 급속교반에 의해 확산시켜야 반응성이 높은 수화종이 전하 중화를 발생한다.

3. Sweep Coagulation

1) 응집제 요구량 이상의 과잉 응집제를 주입하여 Enmeshment에 의하여 콜로이드 물질을 제거하는 방식

2) Enmeshment(과량 응집)

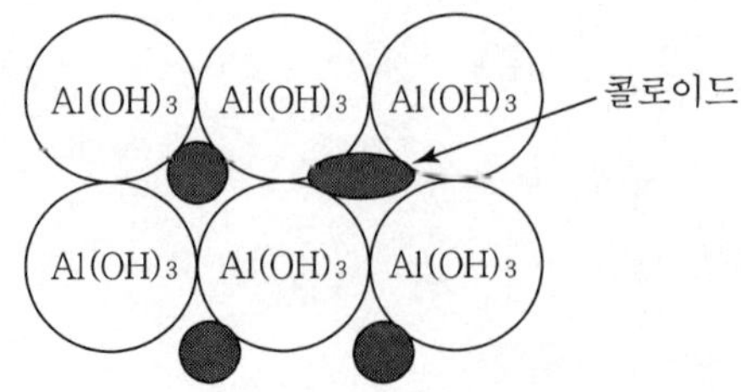

3) 수처리 효율은 낮으나 안정적인 수처리 효율을 유지
   ∵ pH 및 최적 응집제 주입폭이 넓다.

4) 높은 강도의 교반이 결정적인 역할을 수행하는 것이 아니므로 운영이 용이하다.

5) 단점
   - 응집제 과잉 투입, 응집효율 저조
   - 잔류알루미늄 증가, 슬러지발생량 증가

환경용어

환경경영체제(Environment Management System)

환경경영(Environment Management)이란 기존의 품질경영(Quality Management)을 환경분야에까지 확장한 개념으로, 환경관리를 기업경영의 방침으로 삼고 기업활동이 환경에 미치는 부정적인 영향을 최소화하는 것을 말하며, 환경경영체제는 환경경영의 구체적인 목표와 프로그램을 정해 이의 달성을 위한 조직, 책임, 절차 등을 규정하고 인적·물적인 경영자원을 효율적으로 배분해 조직적으로 관리하는 체제를 의미한다. ISO 14000에서는 환경방침의 개발, 시행, 달성, 검토, 유지하기 위한 조직구조, 활동계획, 책임, 관행, 절차, 과정 및 자원을 포함하는 전반적 경영체제를 정의하는 규정이다.

19 | EC(Enhanced Coagulation)와 Advanced Coagulation

1. 개요

일반적으로 응집제 주입에 의한 수처리는 탁도 제거는 잘되나 천연유기물(NOM)이나 TOC 제거는 잘되지 않는 편이다. 이들 소독부산물의 주원인물질인 NOM을 제거하기 위한 수처리법으로 Enhanced Coagulation와 Advanced Coagulation가 주목되고 있다.

2. EC(Enhanced Coagulation)와 AC(Advanced Coagulation) 연구 배경

1) 정수장에서 제거해야 하는 주된 성분들은 탁도(1μm 정도), 세균류(1~10μm), 조류(1~수십μm) 등으로 대부분 콜로이드 크기의 영역에 해당한다. 이러한 입자들은 응집공정을 거쳐 제거되는데 최근에는 소독부산물(DBPs)에 대한 규제 때문에 응집공정을 더욱 중요시하고 있으며 응집공정에서 DBPs의 원인 유기물(NOM)을 제거하는 강화응집(Enhanced Coagulation)이 기존 Sweep방식보다 더 좋은 효과를 나타내고 있다.

2) EC나 Advanced Coagulation 방식의 개념은 기존의 탁도 제거 뿐 아니라 소독부산물 저감을 위해 NOM을 제거하기 위한 방법으로 응집제 형태, 응집제 주입량, 교반상태, pH 조절 등을 적용하는 것이다. TOC 2mg/L 미만의 원수에는 EC 적용이 불필요한 것으로 분석되고 있다.

3) 탁도와 세균 크기

(1) 탁도를 유발하는 물질로는 토사류와 같은 순수한 무기물질(0.1nm~)로부터 천연유기물 또는 공장폐수와 가정하수에서 유입되는 많은 양의 무기물질과 유기물질 또한 유기물질로 인해 생성한 박테리아와 미생물, 조류(Alage) 등도 탁도를 유발하는 원인물질이 된다.

(2) 일반세균의 크기 : 0.2~10μm
바이러스의 크기 : 0.01~0.2μm
박테리아의 크기 : 0.5~1.5μm
대장균의 크기 : 길이 2~4μm
중금속, 미네랄의 크기 : 약 0.1nm~ 이상

3. EC와 Advanced Coagulation 적용이 소독처리에 미치는 영향

1) 미국 EPA는 총 THMs 목표치를 0.1mg/L로 정하고 있으나 이들 소독부산물이 건강에 미치는 영향을 연구한 결과 향후 이들 목표치를 총 THMs 0.04 mg/L, HAA 0.03mg/L으로 낮출 계획이다.
2) 병원성 세균이나 원생동물 등 소독대상 미생물의 존재 근거가 되는 유기물(NOM)은 염소소독 과정에서 소독부산물(DBPs)을 형성하기 때문에 최대한 제거한다.
3) DBPs 생성을 억제하기 위해서는 미생물을 응집 침전 후 소독처리 공정에서 멸균처리 하는 것보다 사전에 응집 침전 여과 과정에서 제거하는 것이 바람직하다.
4) 응집 침전 여과 과정에서 NOM을 제거하기 위한 최적 응집조건(EC와 Advanced Coagulation)의 중요성은 더욱 강조되고 있으며 이러한 정수처리를 통하여 안전하고 맛있는 물을 공급하고자 하는 것이다.

4. EC와 AC(Advanced Coagulation) 개념

1) Enhanced Coagulation의 정의
   (1) EPA : 표준정수공정에서 DBP 전구물질(NOM) 제거를 향상시킬 수 있는 응집방법
   (2) 또는 기존정수공정에서 D/DBP Rule에 부합하기 위해 DBP 전구물질(NOM)의 제거율을 향상시키기 위한 목적으로 과량의 응집제를 주입하는 응집공정

2) Advanced Coagulation
   (1) Optimized Coagulation : 응집 pH를 먼저 조절하고, 초급속 교반과 함께 응집제 주입률을 최적화시켜 NOM을 제거하는 최적 응집방법
   (2) 응집제에 혼화보조제(PAC, lime)를 첨가하거나 혼화의 물리 및 화학적 조건을 최적화하여 NOM 제거효율을 향상시키면서도 Enhanced Coagulation 단점을 보완하는 최근의 발전된 응집공정

5. EC 적용기법

1) Enhanced Coagulation이란 원수의 pH를 조정하여 최적 pH구간(6.2~6.5)에서 용존유기물질 제거율을 향상시키는 방식으로 천연유기물(NOM)을 효율적으로 제거할 수 있다.

2) 알칼리도 및 pH 적용
   알칼리도에 따라 최대 적용 PH 가 달라지며 보통 60mg/L 이하에서 pH 는 5.5 60

~120mg/L에서 pH 는 6.3 120~240mg/L에서 pH 는 7.0 240mg/L 이상에서 pH 는 7.5 이하로 유지해야 한다.

3) 응집제 주입량

Enhanced Coagulation 응집제 주입량은기존의 주입량 40~80mg/l as Alum 보다 2~4배 정도 많은 85~170mg/l as Alum 정도로 연구보고 되고 있다. 이때 pH는 5.5~6.5 정도를 유지해야 하므로 원수의 pH가 7~9 정도에 따라 황산 등을 주입하여 pH 조정이 필요하다.

6. EC 적용 시 문제점

1) pH 조정 : pH가 너무 낮을 때 망간 등은 관로상에서 수질문제를 일으킬 수 있다.
2) 수도관의 부식문제를 유발할 수 있다.
3) 상수의 pH, 알칼리도, TOC 정도에 따라 까다로운 운전기술이 필요하다.
4) 과량의 응집제 주입으로 플록의 강도 감소, 머드볼에 의한 여과지속시간의 감소
5) 잔류알루미늄의 농도 증가, 슬러지 발생량을 증가시키고, 슬러지 성상도 변화,
6) 정수처리약품 비용증가

7. 기존 정수장 EC 적용 방안

1) 기존 정수장은 탁도 제거에 최대의 초점을 두고 운영되므로, 기존 공정에서 NOM을 제거할 필요성과 EC 공정의 적용을 검토할 수 있다.
2) 용존성 유기물을 입자성 형태로 전환시키는 EC 방식은 적정 pH를 6~6.5 정도로 유지하여야 한다. 국내 수질은 부영양화가 상당히 진행되어 특히 낙동강 수계는 pH 8~9정도이며, 이것을 6 정도로 낮추기는 현실적으로 어려운 점이 많다. 또한 이 범위에서는 탁도의 제거가 어렵다.
3) 따라서 적정 pH가 6정도로 경제적으로 유지되고 원수의 용존유기물 농도가 높은 곳에서 NOM을 먼저 제거한 후에 탁도를 제거하는 것 등을 고려한다.

8. AC(Advanced Coagulation) 기법

1) AC의 개념

기존의 응집공정은 탁도제거가 주목적이라면 EC는 NOM(Natural Organic Matters) 전구물질(Humic Substances), 미생물까지도 제거하는 것이며 Advanced Coagulation는 EC의 목적을 달성하면서 최적의 응집반응을 유도하여 응집제 과량투입 등의 문제점을 보완하는 기법이다.

2) AC 적용효과

(1) Advanced Coagulation(초급속혼화)는 기존 표준급속혼화공정을 개선하는 것
(2) 응집제 주입량을 감소시키고
(3) 교반 에너지를 절감하며, 수처리 효율을 향상 시키는 기법

3) AC 적용기법

(1) 응집제 형태를 조정(Alum+PACl)
(2) 교반공정 조정 : 1초 이내의 화학반응공정 유도 뒤 물리적 교반공정
(3) 사전 pH 조정 후 응집제 주입, Ca^{2+} 추가 투입

4) AC 반응식과 초급속 교반

아래의 Alum 반응 공정에서 중간 수화종 $[Al(H_2O)_6]^{3+}[Al(H_2O)_5(OH)]^{2+}[Al_6(OH)_{15}]^{3+}[Al_8(OH)_{20}]^{4+}$ 의 형태로 존재할 때(1초 이내) 반응이 일어나도록 교반하는 것을 초급속 교반이라 한다.

$$[Al(H_2O)_6]^{3+} \xrightarrow[10^{-4}\,sec]{} [Al(H_2O)_5(OH)]^{2+} \xrightarrow[1\,sec]{} [Al_6(OH)_{15}]^{3+}$$

$$\xrightarrow{pH4-5} [Al_8(OH)_{20}]^{4+} \xrightarrow[1-7\,sec]{} \xrightarrow{pH5-7} [Al(OH)_3(H_2O)_3]_5$$

9. Advanced Coagulation 적용 시 고려사항

1) pH 조정 : EC와 같이 pH가 너무 낮을 때 수질문제를 일으킬 수 있다.
2) 수도관의 부식문제를 유발할 수 있다.
3) 상수의 pH, 알칼리도, TOC 정도에 따라 까다로운 운전기술이 필요하며 원수 수질 변동에 신속하게 대응해야한다.
4) 응집제 절감, 잔류알루미늄의 농도 감소, 슬러지 발생량 감소, 정수처리약품 비용 절감 등 우수한 성질에 비하여 충분한 검증이 필요하고 고도의 운전 기술이 요구된다.

20 | 정수장 혼화 · 응집공정의 개선방안에 대하여 설명하시오.

1. 개요

정수장의 혼화 · 응집공정은 현재까지 수원별 수질이 다양하고 원수의 성질이 수시로 변하여 확실한 이론이 정립되지 못하고 외국기술과 경험에 의존하여 응집제 투여량, 교반강도, 체류시간 등을 설정하여 운전되고 있다.

2. 효율적인 혼화 · 응집공정의 목표

1) 응집약품의 저감
2) 침전 및 여과효율의 증대
3) 지아디아, 크립토스포리디움의 제거
4) 천연유기물(NOM, Natural Organic Matter)의 제거

3. 목표달성을 위한 개선 검토 항목

1) 혼화응집방법의 개선 : In-line Mixer
2) 체류시간과 적정 pH 등의 운전조건 검토
3) 대상 수질에 적합한 약품의 선정
4) 최적응집조건의 도출 : Jar-test, SCM, Zeta potential 측정에 의한 공정 모니터링 개선

4. 혼화의 처리효율에 영향을 미치는 인자

1) 화학적 인자 : 원수의 수온, 알칼리도, pH, 응집제의 종류 및 투입량
2) 물리적 인자 : 교반강도(속도구배), 체류시간
3) 기하학적 인자 : 지의 종류, 교반날개의 구조 및 형상

5. 공정의 개선

혼화 및 플록형성공정은 전처리공정으로서 후속공정(침전지, 여과지)에 많은 영향을 미치게 된다. 따라서 정수처리공정의 효율을 향상시키기 위해서는 혼화 및 플록형성공정의 개선이 필수적이다.

1) 혼화방식의 개선

(1) 초기 교반강도 증가

응집제의 수화반응은 짧은 시간(0.001~1초)에 이루어지는 것으로 연구되고 있으므로 응집제의 주입과 동시에 급속하게 혼합해 주어야 미세 플록의 형성을 촉진시켜 준다.

① 기계식 혼화기를 사용할 경우의 속도경사, G=300~700/sec이며 접촉시간은 20~40초로 제안하고 있다.

② 그러나 응집제의 수화반응을 고려하여 접촉시간 1초 이내, 속도경사 G=1,000~1,500/sec(최대 5,000/sec까지)가 적절하다. 이러한 조건을 제공하기 위해서는 관내혼합방식이 효율적이다.

③ 즉, 알루미늄 이온이 완전히 수화되기 전에 원수 전체에 분산시켜 알루미늄 중간 생성물이 효율적으로 콜로이드를 중화시킬 수 있으므로 교반강도는 응집제를 짧은 시간 내에 원수에 완전히 분산될 수 있도록 충분히 유지시켜 주어야 한다.

(2) 혼화장치의 개선

① 기존 Flash Mix : 용기안의 Back-mix Type으로 Complete Mixing은 초급속 혼화에 한계점을 가지게 되므로 In-line 방식을 검토한다.

② 관내 혼화장치(In-line mixer) : Plug Flow Type은 초급속 혼화가 가능하여 응집제와의 반응이 1초 이내에 일어나는 순간급속혼화방식이 기존의 Back-mix Type보다 효율이 높고 응집제를 절감할 수 있다.

(3) 혼화지와 플록형성지 사이

① 혼화지의 응집 효과에 따라 응집된 후 플록형성지까지 사이가 너무 멀 경우 이 관로 중에서 플록의 성장과 함께 파괴현상이 나타날 수 있으며, 한번 파괴된 플록을 플록형성지에서 재응집 시키기는 매우 어려우므로 파괴된 플록은 여과지로 유출하게 된다.

② 급속 혼화장치의 응집효율에 따라 플록형성지 사이의 거리를 적절히 선정한다.

2) 플록형성공정 개선

(1) 임펠러 형태와 교반강도

- 단회로 방지를 위하여 임펠러 구조, 임펠러 위치 및 형상이 중요하다. 수평식 플록형성지의 경우, 흐름의 직각 방향으로 임펠러를 설치하는 것보다 흐름 방향으로 임펠러를 설치하는 것이 유리하다.
- 플록 파괴 방지를 위해서는 수평식보다 수직식이 유리하다.

(2) D : T비

D(임펠러 직경) : T(Tank 직경)의 비가 증가하면서 효율이 향상

(3) 정류벽 개구비

정류벽 형태보다 정류벽 특성에 따른 개구비가 매우 중요
개구비가 클 경우 수처리 효율 악화
통상시 정류공 통과 유속은 0.55~0.27m/sec이다.

(4) 플록형성지 정류벽

플록형성지는 일반적으로 점강식으로 운영되기 때문에 지간의 단회로 방지를 위해 격벽을 설치하는데, 격벽의 설치가 과다하면 격벽 통과시 유속이 증가하여 플록이 파괴될 수 있으므로 적정하게 설치하여야 한다.

3) 최적 응집제 주입

(1) 현재의 방식

현재 Jar-test를 하루에 1~2회 실시하여 응집제 주입량을 결정하므로 계절적 또는 시간적으로 변동하는 수량 및 수질에 대처하여 최적의 응집상태로 유지하기는 곤란하다.

(2) 원수의 수량 및 수질 변화에 대응하여 응집제 주입

설계시 파일럿 실험으로 최적의 구조와 응집제 주입방법 파악하여 설계반영.
원수의 수질이나 수량적 변화에 대응하여 자동으로 응집제 주입량을 조절하기 위해 제타전위계 이용, SCM(Stream Current Monitor)이용, 파일럿 필터의 연속 운전을 반영한다.

4) Enhanced Coagulation의 적용

(1) 재래식 응집 : Sweep Coagulation → 탁도 제거
(2) Enhanced Coagulation → NOM 제거(용존유기물 제거율 향상)
(3) pH 6.2~6.5로 운전하여 응집제 절감

5) 응집제 투입

(1) 교반 형식에 따른 적절한 투입 위치 선정

급속혼화지에는 보통 2~3종의 수처리제가 투입되고 있으나 급속혼화지의 대부분이 단일 반응조이기 때문에 수처리제 상호 간의 화학반응으로 인해 성능이 저하되고, 결국 전체 약품사용량을 증가시킨다.

① 기계식 Back Mix 방식 : 임펠러 부근에 응집제를 주입하는 것이 효과적이나 혼화조의 내벽면을 따라 주입하는 경우가 많다.

② 2단 혼화 방식 : 1단 - 응집제 주입, 2단 - 기타 수처리제 주입
상호 간섭의 최소화로 효율을 극대화

(2) 수처리제 상호 간의 간섭작용 고려

- pH를 7.0로 조정 후 응집 공정을 거치면 응집제의 약 40% 정도를 절감할 수 있으며, 이때 pH조절제는 응집제 주입 전이나 동시에 주입하는 것이 나중에 주입하는 것보다 효과적이다.
- 분말활성탄을 투입하는 경우 응집제와 동시에 투입하는 것보다 시차투입이 효율이 우수하며, 분말활성탄은 접촉시간과 교반을 확보하여 주어야 한다.
- 기존의 정수장은 시차투입에 필요한 별도의 분말활성탄 접촉조를 설치하지 않고 있다.

6. 효율 향상을 위한 설계 및 관리 기준

1) 혼화지의 효율 향상 방안

(1) 짧은 순간에 높은 교반강도로 혼합하여 원수와 응집제의 충분한 혼합이 되도록 설계

(2) 원수 특성에 따른 혼화방식별 Pilot 실험 후 최적 혼화조건 결정

(3) 기존의 Sweep 방식을 탈피한 Enhanced Coagulation 방식 적용

(4) 기존 정수장의 문제점을 파악하여 신설 정수장 설계 시 개선

(5) 균일하고 빠르게 분산 혼합하는 장치의 적용(초급속 교반장치 검토)

(6) 임펠러는 원수흐름 방향에 직각으로 설치

(7) 응집제 주입은 최대한 임펠러 부근에 주입(회전방향 쪽으로 약간 경사지게 주입구 설치)하고, 주입관경은 가능한 작게 하여 원수의 주입관으로 역류를 방지하고 압력에 의한 정량주입이 되도록 설치

2) 플록형성지의 효율 향상 방안

(1) 플록 파괴 방지를 위해 혼화지와 가능한 밀접하게 배치

(2) 필요 없는 과대한 G값 발생 방지

(3) 기존 적용기술 및 검증된 신기술의 도입 및 적용을 위한 정보의 수집 및 평가

21 | 침전이론과 Stokes 법칙

1. 정의

Stokes 법칙은 독립 침강하는 입자의 침강속도를 정의한 식으로 침사지, 1차 침전지 등의 입자 침강속도를 구할 때 적용된다.

2. Stokes식 유도

기본 가정 : 액체 중의 미립자가 침강 시 크기, 형태, 중량의 변화가 없다고 가정

1) 침전지에서 침강하는 입자는 등속도로 침강한다.
   이때 입자의 중력과 입자에 작용하는 부력, 액체의 점성으로 인한 마찰저항력 이 3가지 힘은 서로 평형을 이룬다.

2) 힘의 평형상태에서 입자는 등속도로 침강하게 된다. 레이놀즈(Re)수가 1보다 작은 구형의 독립입자가 침강하는 종속도를 유도하면 아래와 같다.

3) 3가지 힘의 평형

(1) 입자의 중력 F_1

$$F_1 = (\rho s) g V \quad \cdots\cdots (1)$$

ρs : 입자의 밀도, g/cm^3
ρ : 액체의 밀도, g/cm^3
V : 입자의 용적, cm^3
g : 중력가속도, cm/sec^2

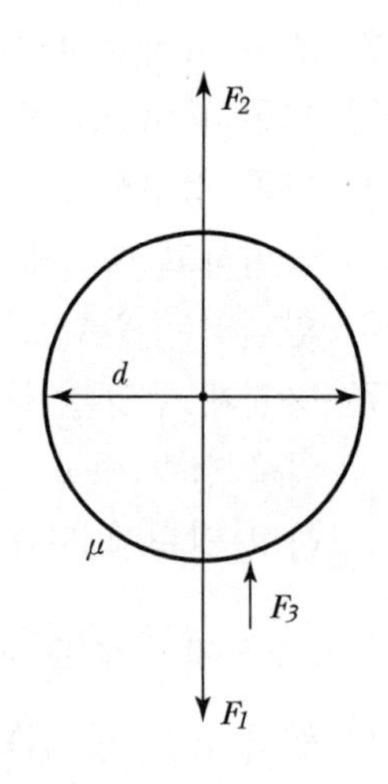

(2) 입자에 작용하는 부력 F_2

$$F_2 = (\rho) g V \quad \cdots\cdots (2)$$

(3) 액체의 마찰에 의한 저항 F_3는 점성계수 μ, 액체의 밀도 ρ, 입자의 속도 vs, 입자의 직경 d의 함수이다.

$F_3 = \phi(vs, d, \rho, \mu)$ ·· (3)

이를 풀면

$F_3 = 1/2 \cdot C_D \cdot A \cdot \rho \cdot vs^2$ ·· (4)

여기서, A : 입자 단면적, vs : 입자 침강속도, 뉴튼 저항계수 C_D

(4) 평형상태에서 입자의 중력과 저항력이 같게 되었을 때 등속 침강이 일어난다.

$F_1 = F_2 + F_3$

$(\rho s - \rho) g V = 1/2 \cdot C_D \cdot A \cdot \rho \cdot vs^2$

정리하면, $vs = \sqrt{(2g/C_D \cdot (\rho s - \rho)/\rho \cdot V/A)}$

단면적 $A = \dfrac{\pi d^2}{4}$

입자체적 $V = \dfrac{\pi d^3}{6}$

저항계수 $C_d = \dfrac{24}{Re}$

레이놀도수 $Re = \rho \cdot vs \cdot d/\mu$에 대입하여 정리하면

$$\therefore vs = \frac{g \cdot (\rho s - \rho) \cdot d^2}{18\mu}$$

3. 침전지의 Stokes 법칙 응용

침전지의 침강속도는 입자크기의 제곱에 비례함을 알 수 있다. 때문에 응집침전 공정에서 플록 응결 시 가능한 입자를 크게 하며, 액체의 수온 등에 따라 점성계수가 커질 경우 침강속도가 감소함을 알 수 있다.

22 | 침전효율에 대하여 설명하시오.

1. 개요

응집 침전의 정수 공정은 결국 응집된 입자의 침전 효율에 의존한다. 침전지의 침전 효율은 약품 투입에 의한 응집 침전 시스템의 중요한 요소이다.

2. 침전원리

1) 독립입자의 침전속도가 균일한 경우

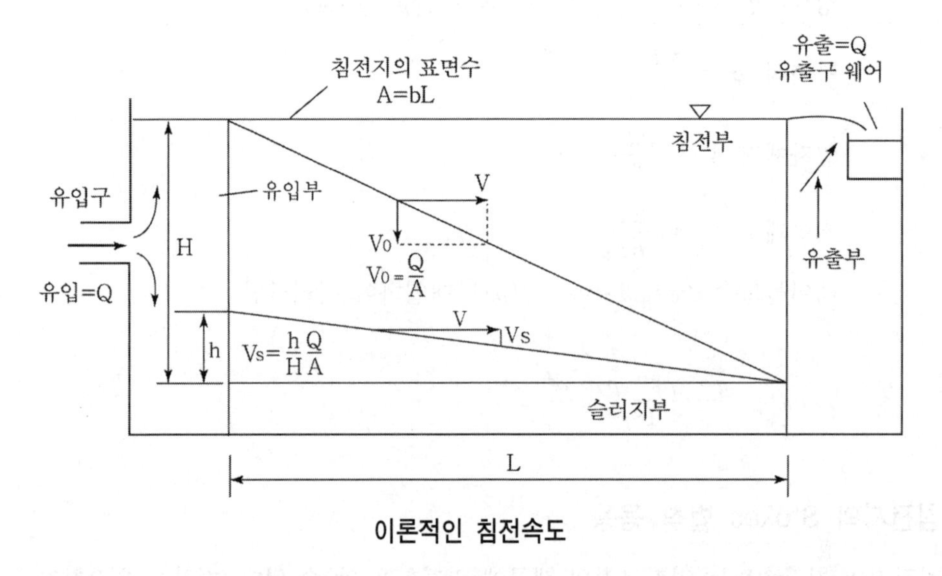

이론적인 침전속도

(1) 최초 위치 h의 침전속도 V_s를 가지는 독립입자의 침전경로는 유속 V와 침전속도 V_s의 벡터합이다. 이 입자는 침전부를 거쳐 유출부에 도달하는 순간 제거되며, 최초 위치가 h보다 낮은 입자들은 모두 제거되지만 최초의 위치가 h보다 높은 곳에 위치한 입자들은 유출부에 도달할 때까지 슬러지부에 도달하지 못하여 제거되지 않는다.

(2) 모든 입자가 최초의 위치에 관계없이 100% 제거되는 침전속도를 V_0라고 하면, 한 입자의 침전속도가 V_0보다 크면 제거될 것이고, V_0보다 작으면 최초의 위치에 따라 제거 가능성이 결정된다.

(3) 상기 그림에서 침전속도가 V_s인 입자들의 제거율은 h/H이다. 깊이는 침전속도와 체류시간의 곱이므로 일정한 크기를 가진 입자 중에서 제거되는 부분은

다음과 같다.

$$E = \frac{V_s}{V_0} = \frac{V_s}{(Q/A)}$$

2) 독립입자의 침전속도가 각 입경별로 다른 경우

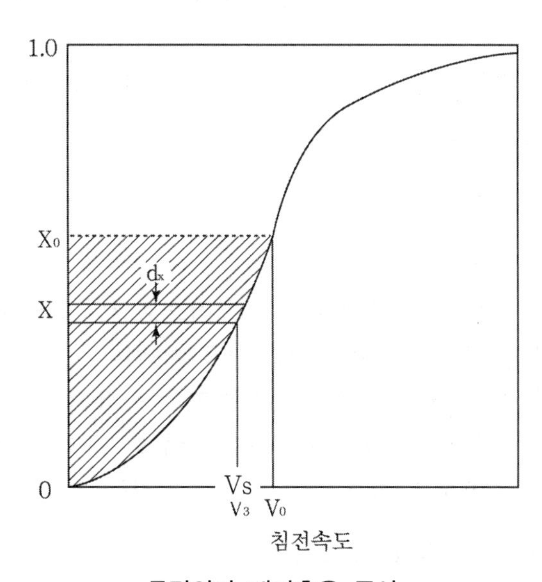

독립입자 제거효율 곡선

상기 그림에서 $1-X_0$: V_0보다 침전속도가 큰 입자의 양
X_0 : V_0보다 침전속도가 작은 입자의 양

(1) 표면부하율 V_0인 경우, 침전속도가 V_0보다 큰 독립입자는 완전히 제거되며, 전체 입자 중에서 제거되는 율은 침전속도가 V_0보다 낮은 입자량 X_0를 뺀 1 $-X_0$와 같다.

(2) 침전속도가 V_0보다 작은 경우에는 제거되는 율은 V_s/V_0이다. 따라서 여러 크기의 입자를 생각할 때 이들 입자의 제거율은 다음과 같다.

$$E = (1 - X_0) + \int \frac{V_s}{V_0} dx$$

3. 침전지의 형상

1) 유량, 수면적 부하율, 지용적 등의 조건이 일정할 때 지의 길이가 길어지는 경우

(1) Froude No. 변화

$$F = \frac{V}{\sqrt{(g \cdot h)}}$$

- Froude수는 수류의 안정성을 결정하며 이 값이 클수록 안정성은 증가한다. $F \geq 10^{-5}$ 정도면 수류의 안정성은 양호하나 실제 침전지에서는 $F \geq 10^{-6}$ 정도로 운영된다.
- 상기식에서 V가 커질수록 안정성은 증가하나 유속증가로 침전효율은 감소한다.

(2) Reynolds No의 변화

$$R = \frac{VD}{\nu}$$

- 수류자체의 흔들림을 결정하며 수리학적으로 $R < 500$에서 층류를 형성하나 침전지는 보통 R수 10,000 내외의 난류상태이다.
- 침전효율이 증대시키려면 R수를 작게 할수록 유리하다.
- 상기식에서 V가 커지면 F도 R도 증가하여 모순되나 침전지에서는 F는 키우고 R은 감소시키도록 폭과 깊이 길이를 적절히 설계한다.

(3) 최적의 Reynolds 수와 Froude 수

이상적인 침전지는 $R = 500$, $F = 10^{-5}$로 계산되나 실제 이런 침전지는 폭과 수심의 비가 1 : 700 정도로 너무 가냘픈 침전지로 비현실적이다 또한 침전효율은 수류 자체의 상태 외에도 외부로부터의 밀도류, 단락류, 바람 등의 영향을 많이 받으므로 침전지의 구조와 정류벽 정류판 등을 적절히 적용할 필요가 있다.

2) 침전지의 깊이

- 침전지의 깊이를 얕게 하면 같은 처리수량에서 수평 유속이 증가하여 침전지 바닥에 침적된 고형물이 수류에 의하여 재부상하거나 밀려서 흘러가거나 하여 침전지의 효과를 얻을 수 없다. 따라서 침전지의 깊이는 이와 같은 현상이 발생하는 한계수심보다 크게 해야 하며 보통 5m 내외이다.
- 일반적으로 이와 같은 재부상 현상 또는 세굴현상을 일으키지 않게 하기 위해서는 수평유속을 제거하려는 최소입자의 침강속도의 10배 이하로 하여야 한다.

3) 체류시간

- 침전지에서 필요로 하는 체류시간은 원수의 수질, 응집의 성과, 침전지의 정류 정도 및 수온 등에 의하여 차이가 난다.

- 일반적으로 길게 할수록 침전효과는 양호해지나 너무 용량을 증가시켜도 비율에 따라 효과가 높아지는 것은 아니다.
- 체류시간이 길어지고 깊이가 깊어지면 입자들이 충돌, 결합할 수 있는 기회가 많아지게 된다. 3~5시간을 기준으로 한다.

4) 수면부하율

침전지의 수면부하율은 수면적에 대한 유입유량의 비(Q/A)로 보통 침전지에서 5~10mm/min이 쓰이고 약품 침전지에서 15~30mm/min 정도이다.

4. 침전효율 향상 방안

$E=\frac{V_s}{V_0}=\frac{V_s}{(Q/A)}$에서 V_s를 크게, Q를 작게, A를 크게 할수록 침전 효율은 증가한다.

1) V_s를 크게 하는 방안

응집효율을 높이고 플록을 최대한 크게 하여 직경이 클수록 침강속도는 증가한다.

2) Q를 작게 하는 방안(중간 유출)

처리 유량을 일정하게 하면서 침전지 유량을 작게 하는 방안으로 침전지 중간 유출을 꾀한다. 즉 트러프를 침전지 후위보다 전진 배치시켜 중간정도까지 설치하여 유출시킴으로써 후위의 유량을 감소시킨다.

3) A를 크게 하는 방안

경사판 침전지, 다층 침전지를 이용하여 동일한 부지 내에서 바닥 면적을 최대한으로 증대시킨다.

5. 횡류식 침전지 슬러지 배출설비

횡류식 침전지 바닥에 고인 슬러지는 배출설비(수중대차식, 체인플레이트식, 주행 브릿지식, 공기압 이용방식)를 이용하여 호퍼나 지외로 처리하며 호퍼에 모아진 슬러지는 일정한 간격마다 배출밸브를 조작하여 슬러지 배출관을 통하여 배슬러지지로 보낸다. 이때 호퍼의 슬러지가 적절히 빠져나가도록 압력수 분사장치 등을 이용한다. 최근에는 주로 수중대차식, 체인플레이트식을 많이 적용하고 있다.

1) 수중대차식 : 구조 및 특징은 하수 처리 참조
2) 체인플레이트식 : 상동
3) 주행브릿지식 : 상동
4) 공기압 이용방식

23 | 경사판 침전지

1. 침전이론

모든 입자가 최초의 위치에 관계없이 100% 제거되는 침전속도를 V_0라고 하면, 한 입자의 침전속도가 V_0보다 크면 제거될 것이고, V_0보다 작으면 최초의 위치에 따라 제거 가능성이 결정된다.

2. 침전효율

침전지 유속이 V_0라면 침강속도가 V_s인 입자들의 제거율(E)은 V_s/V_0이고 유속은 면적에 대한 유량의 비이므로 결국 침전 효율은 입자의 침강속도와 면적에 비례한다.

$$E = \frac{V_s}{V_0} = \frac{V_s}{(Q/A)} = \frac{V_s A}{Q}$$

3. 경사판 침전지

침전이론에 의해 침전지 효율을 증대시키기 위해는 입자의 침강속도와 침전지 면적을 증대 시켜야 한다. 이때 경사판 침전지란 침전지 안에 경사판을 설치하여 침전지 면적을 증대시키는 효과를 얻어 입자가 경사판에 쉽게 도달하도록 하여 침전 효율을 향상시킨 것이다.

$$E = \frac{V_s(A + A')}{Q}$$

여기서, A' : 경사판 침전지 수직 투영면적

4. 경사판 침전지의 특징

경사판을 약 60도 기울여서 침전지 내에 설치하면 경사판에 도달한 입자들은 서로 엉켜서 입자가 커지고 경사를 따라서 빨리 하부로 이동한다. 실제 운영 시 경사판에 슬러지가 달라붙어서 막히게 되는 경우가 많고 겨울철 결빙 시 어려움이 많다.

5. 경사판 침전지의 적용 추세

국내 정수장에서 경사판 침전지 설치는 다수의 설치운영 경험이 있으나 유지관리 시 경사판 막힘과 슬러지 덩어리의 낙하에 의한 플록 부양으로 유출수 수질악화 등 어려움이 많고 경제성이 확실하지 않은 것으로 알려지고 있다.

특히 유기물 농도(BOD)가 큰 경우나 겨울철 결빙 우려가 있는 정수장은 어려움이 많아서 최근에는 적용이 감소하고 있다.

24 | 고속응집침전지에 대하여 설명하시오.

1. 개요

동일조 내에서 약품혼화, 응집, 플록형성 및 침전분리가 동시에 이루어지는 침전지로 기존의 횡류식 침전지에 비하여 2~3배 높은 수면부하율로 처리 능력을 증대시킨 것으로 슬러리 순환형, 슬러지 블랭킷형, 복합형, 맥동형 등이다.

2. 고속응집침전지의 특징

1) 침전시간 1.5~2.0시간으로 약품침전지(3~5시간)보다 지의 용량이 소형
2) 처리 효율 증대로 약품침전지보다 약품량 20% 정도 절감
3) 유입하는 탁질과 유출되는 탁질이 평형을 이루어 조 내 일정 슬러지 농도를 유지하나 그렇지 못하면 플록 유출현상(Carry Over)으로 처리수질 악화
4) 고도의 운전기술이 필요하고 일정한 탁도에서 유리하고 낮은 탁도의 원수에서는 오히려 운전 효율이 떨어지는 단점이 있다.

3. 장단점

1) 장점
  (1) 장치 용량이 수평류식 침전지보다 훨씬 작다.
  (2) 통상의 탁도 범위 내에서는 수질 및 부하 변동에 다소 흡수 능력이 있다.
  (3) 응집제 약품이 약 20% 정도 절약된다.

2) 단점
  (1) 과부하에 약하다.
  (2) 저탁도시에는 순환플록군의 유지가 어렵다.
  (3) 고탁도시에는 슬러지 배출로 인한 수손실이 크다.
  (4) 대류 등에 의해서 순환플록의 유출이 쉽게 일어난다.

3) 처리원리

생성된 고농도의 대형 플록(母플록=순환플록군)이 밀집되어 있는 부분에 새로운 미소 플록을 도입시켜 순환플록에 흡착시킴으로써 플록의 형성시간을 크게 단축시키고, 응집침전 효율을 증대시키기 위한 침전지로 형성된 모플록은 침강속도가 거의 동일하고 빠르게 지역침전하므로 고수면 부하율의 상향류식 침전지를 사용한다.

4. 종류 및 특성

1) 슬러리(Slurry) 순환형

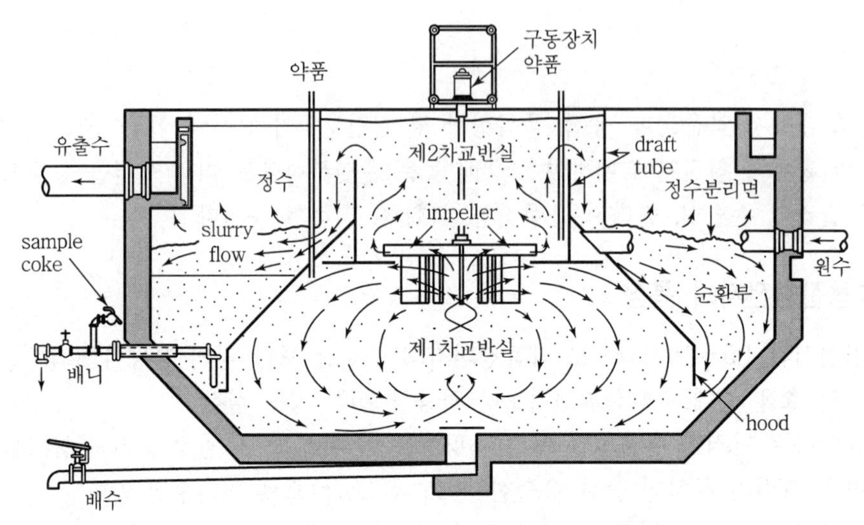

슬러리 순환형 고속응집침전지

(1) 원리

어떤 일정 범위 내의 고농도를 가진 슬러리를 항상 지내에 순환시키면서 새로 유입된 원수와 응집제를 고농도 순환슬러지와 혼합하여 대형 플록을 생성시킨다. 생성된 대형 플록을 포함한 순환류를 교반실에서 분리실로 방출하면 분리실에서 고액분리가 이루어져 상징수의 상승수류와 슬러지의 하강수류로 분리된다. 이와 같이 분리된 상징수는 수면의 트러프를 통하여 유출되고 슬러지는 다시 재순환되며 조내 슬러지 농도를 일정하게 유지하기 위하여 잉여슬러지를 저부에서 배제한다.

(2) 특징

슬러리 순환형은 원수의 변화, 다양한 성분의 현탁질에 비교적 광범위하게 대응할 수 있다.

2) 슬러지 블랭킷(Sludge Blanket)형

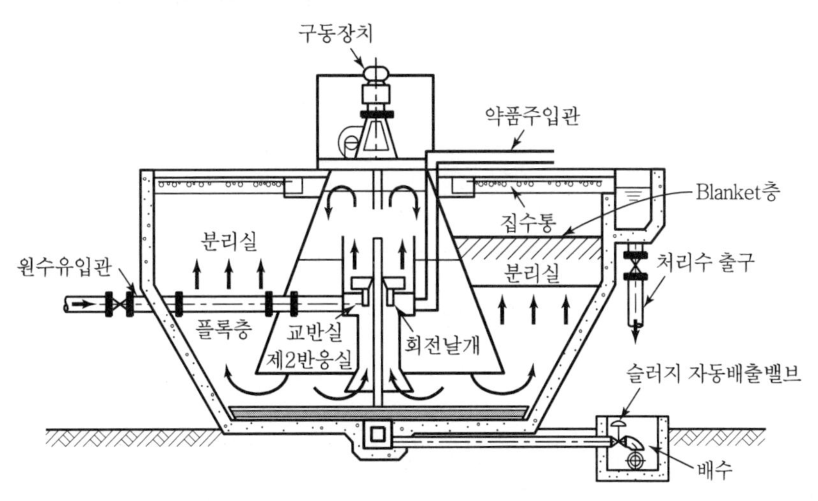

슬러지 블랭키킷형 고속응집 침전지

(1) 원리

중앙의 혼합반응실에서 기존의 고농도 슬러지와 혼합하여 대형 플록을 만드는 것은 슬러리 순환형과 동일하나 분리실로 대형 플록을 방출하는 것을 조 저부에서 수행하여 상승토록 하는 점이 다르다.

조 저부에서 분리실로 방출된 대형 플록은 분리실의 단면이 상부로 갈수록 커짐에 따라 상승유속이 감소하게 됨으로써 침강하려는 대형 플록이 상승속도와 평형상태가 이루어져 수중에 정지하는 슬러지 Blanket층이 형성된다. 상승하는 슬러지는 이 층을 통과할 때 여과작용이 이루어져 상징수가 얻어지며 이 상징수는 트러프를 통해 유출하게 되고 슬러지 순환은 발생치 않는다.

(2) 특징

이 형식은 균일한 부유물질에 대해 상징수의 수질이 양호한 이점이 있지만 슬러지 블랭킷 계면을 일정한 높이로 유지하면서 운전하는 데 어려움이 있다.

3) 복합형

이 형식은 슬러리 순환형과 슬러지 블랭킷형의 장점을 겸한 형식으로 최초의 응집과정을 슬러리 순환형식으로 하고 다음의 슬러지 성장과 분리를 슬러지 블랭킷 방식에 의하여 수행하는 것으로 고속응집침전지 중 이 형식이 가장 많이 사용된다. 교반은 회전날개에 의한 방법, 수류 자체에 의한 방법, 살수기 회전 방법 등이 있다.

4) 맥동형

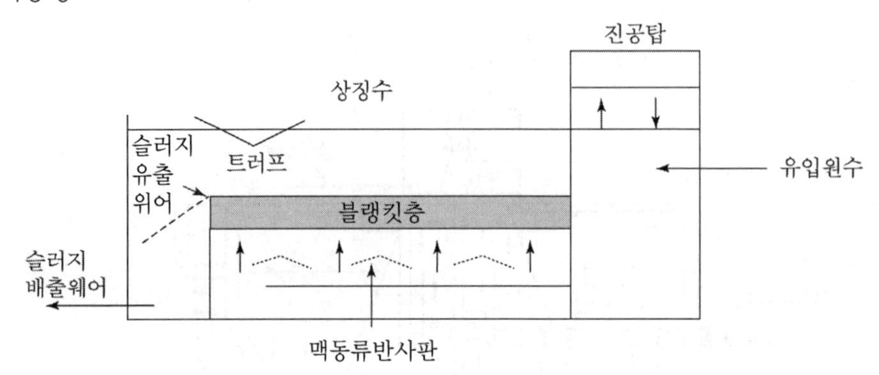

(1) 원리

이 형식은 슬러지 블랭킷형을 변형한 것으로 응집제와 원수를 진공탑에서 진공에 의하여 흡상시키고 주기적으로 탈진공 시켜 형성되는 맥류에 의해 침전지 내로 유입시킴으로써 상징수와 슬러지를 분리 처리하는 방법이다.

(2) 특징

슬러지층 속을 물이 통과 상승하는 것은 슬러지 블랭킷형과 같으나 기계 교반을 전혀 행하지 않으며, 플록형성과 성장을 위하여 원수 공급시 공기압을 이용하여 물에 맥동을 일으킴으로써 교반효과를 얻는 방법이다.

이 침전지는 진공압을 이용하여 진공상태의 형성과 소멸을 주기적으로 반복하여 맥동현상이 발생하게 되며 특징으로는

① 구동부분이 없다.
② 물의 상승류가 조 전체에 걸쳐 균등한 연직 평행류이다.
③ 침전지의 형상을 임의로 선택할 수 있으므로 기존 침전지의 개조에 편리하다.
④ 내부강재를 사용치 않아 부식의 위험이 없다.
⑤ 진공펌프의 동력비가 기계교반기보다 적어 경제적이다.
⑥ 이 방법은 중간 농도로서 균일하고 비교적 가벼운 플록군에 흔히 이용되어 팔당수원지와 부산 지역의 정수장 등에 설치되어 있다.

5. 고속응집침전지의 설계 시 고려사항

고속응집침전지는 유입하는 탁질량, 지내 보유 슬러지량 및 잉여 배출 슬러지량과의 평형을 기준으로 하기 때문에 이 평형이 유지되지 못하면 침전이 잘되지 않으며 처리수에 플록이 함유되어 유출하게 된다.

1) 원수의 탁도

(1) 설계기준
- 평상시 10도 정도
- 최저 5도
- 최고 1,000도

(2) 슬러지의 신진대사가 필요하며 오래된 플록은 흡착능력이 약화되어 5도 이상의 탁질을 보유한 원수를 보급하여야 한다.

(3) 원수의 탁도가 고농도일 경우 지내 보유 슬러지 농도를 일정 농도로 유지하기 위해서는 다량의 슬러지를 배출하여야 하므로 물의 손실이 많아져 필요한 처리수량의 확보가 곤란하게 되므로 최고 탁도를 1,000도로 제한한다.

2) 탁도, 온도의 변동폭

(1) 설계기준
- 탁도 변동폭 100도/시간
- 온도 변동폭 0.5~1.0도/시간

(2) 탁도나 온도의 변동폭이 심하면 제탁능력이 저하되고 지내 보유 슬러지량의 유지가 곤란하다.

3) 체류시간(처리용량)

(1) 설계기준 : 계획정수량의 1.5~2.0시간분

(2) 고속응집침전지의 체류시간은 1~2시간 정도로 양호한 침전분리가 이루어지며 응집제량도 20% 정도 절감된다.

4) 지내 평균 상승유속(표면부하율)

(1) 설계기준 : 40~60mm/분

(2) 상승유속은 침전분리효과를 크게 좌우하고 그 결과가 건설비 및 유지관리비 등에 영향을 미치므로 적정 상승유속이 유지되도록 한다.

25 | 약품침전지 유출위어 설계 시 고려사항을 설명하시오.

1. 개요

침전효율을 높이기 위해서는 침전지 유출부는 침전지내의 흐름을 흐트리지 않는 구조로 하여야 한다. 될수록 양질의 처리수를 얻기 위해 유출부의 트로프와 위어는 지내수류를 흐트리지 않고 유출시키는 구조로 하여야 한다. 위어 형태는 주로 삼각형, 사각형, 오리피스(원)형을 적용하고 있다.

2. 위어 유량

1) 삼각 위어

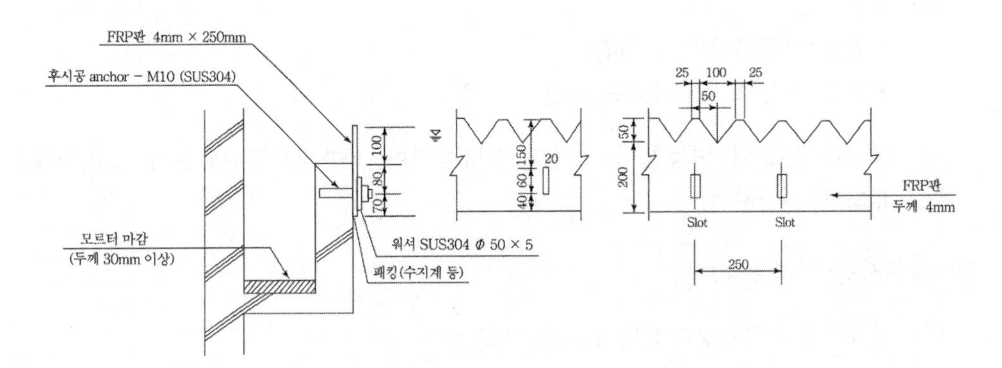

유량공식(Earnes) $Q=2.48h^{2.48}$(ft · lb · s)에서 위어 높이의 약 2.5 제곱에 비례함을 알 수 있다.

2) 사각 위어

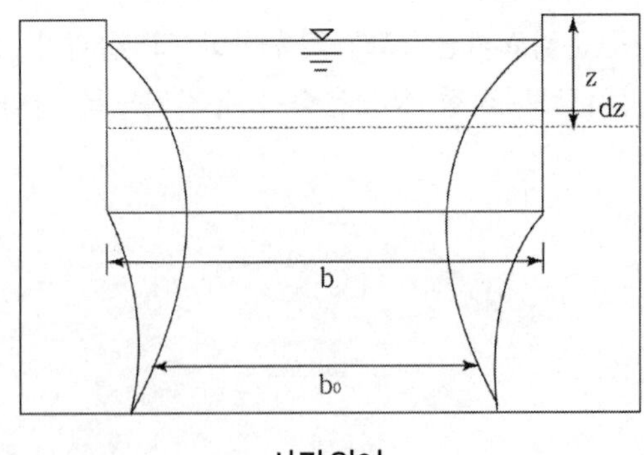

사각위어

유량공식 $Q = 1.84 b_0 h^{\frac{3}{2}}$ (m^3/sec)에서 위어 높이의 1.5 제곱에 비례함을 알 수 있다.

3. 위어 유출부하

즉 위어에 의하여 전체 폭의 표면부에서 유출하기 위해서 위어부하를 충분히 적게 하여 정체부가 생기거나 슬러지를 끌어올리고 지내 흐름에 영향을 줄 수 있는 흐름의 발생을 방지하여야 한다. 위어부하는 이론상 250m^3/d · m이나 실제에는 구조적인 제약으로 350~400m^3/d · m 정도가 한도로 생각된다.

4. 위어 설계 시 고려사항

1) 침전지의 처리수 유출시설은 미세한 플록의 월류를 방지하고 침전효율을 증대시키기 위하여 월류설비를 물흐름의 직각으로 시설하여 물흐름이 균등하게 되도록 한다.
2) 유출부의 상승유속을 최소화하여 침적물이 재부상되는 것을 방지하여야 한다. 설계기준은 상승유속을 57~86m^3/m^2 · d이며 가능한 최소화한다.
3) 위어부하율의 설계기준은 350~400m^3/d · m이나 미국 기준은 250m^3/d · m이므로 가능한 작게 하여 와류를 방지하고 청정한 처리수를 유출할 수 있도록 한다.
4) 위어에 의하여 착수정에서의 유출수량을 측정할 때는 수위의 동요를 완전 소멸시키고 양수의 정확도를 증대시키기 위하여 유공정류벽 등을 설치할 때 유입구에 너무 접근되어 있으면 정류효과가 감소되므로 1m 이상 떨어지게 설치한다.
5) 위어가 정류장치에 너무 가까우면 수위에 영향을 주고 유량측정이 부정확하게 되므로 적어도 2m 이상 떨어지게 설치하여야 한다.
6) 위어의 월류수심을 쉽게 파악할 수 있도록 착수정의 벽면에 위어의 끝단을 영점으로 하고 상향의 수심을 측정할 수 있는 눈금자를 설치하여야 한다.
7) 위어 하류측의 수위는 수중위어로 되지 않도록 낮게 하여 완전 월류를 유지하여야 한다.
8) 또 위어부하를 감소하기 위하여 트로프를 너무 근접시키면 서로 간섭이 되어 효과가 저하되므로 이를 고려하여야 한다.
9) 주로 적용하는 위어는 삼각위어이나 바람 등의 영향을 적게 받기 위해서는 오리피스형도 바람직하다.

26 | 약품침전지 정류벽의 필요성을 설명하시오.

1. 개요

약품침전지 내의 물의 흐름은 수류 자체의 흔들림이나 외부로부터의 영향으로 이상적인 층류 상태와는 거리가 먼 수류상태를 나타낸다. 따라서 밀도류나 편류 등 외부로부터의 영향을 적게 받으면서 침전효율을 높일 수 있는 정류설비를 설치할 필요가 있다.

2. 레이놀즈(Re) 수와 정류 상태

수리학적으로 수류 자체의 흔들림은 레이놀즈(Re) 수에 의하여 결정되며 개수로에서는 $Re \leq 500$이면 층류이고, $Re \geq 2{,}000$이면 난류이다. 실제 침전지의 Re 수는 10,000 정도로 흐름을 층류에 가깝게 하기 위해서 유속을 작게 하더라도 외부로부터의 바람, 편류 등 영향에 의하여 수류의 안정성이 나빠지는 경향이 있다.

3. 정류벽의 기능

1) 외부로부터의 영향 감소

수류의 흔들림은 수류 자체에 의한 것 외에 외부로부터의 영향도 크다. 그 주요한 것은 지내수와 유입수간에 생기는 수온차나 탁도차에 의해 발생하는 밀도류, 바람 또는 유입, 유출의 불균일에 의한 편류 등이 있다.

2) 밀도류 방지

밀도류나 편류에 의한 친전효율의 감소를 방지하기 위해서는 지내에 유입수와 유출수를 균일하게 하기 위하여 정류벽을 설치하여야 한다.

3) 유수 에너지의 국부적 불균형 시정

정류벽은 물이 가지고 있는 에너지를 완화시켜 유수의 에너지의 국부적 불균형을 시정하고 전체의 흐름이 되도록 균일하게 하기 위하여 설치한다.

4) 정류벽의 개구면적비

정류벽의 개구면적은 너무 크면 정류 효과가 줄어들고 너무 작으면 정류공 통과부의 유속이 과대하게 되어 지내 수류의 흐름이나 floc 파괴로 바람식하시 못하다. 따라서 정류벽 설치는 전체적인 침전효율이 개선되도록 설치하여야 하며 보통 정류공의 단면적은 수류 통과단면적의 약 6% 정도가 좋다.

4. 정류벽의 설치와 효율

1) 정류벽은 수류의 안정성을 향상시켜 침전 효율 증대를 위하여 유입부와 중간부 유출부에 설치한다. 이는 지내수와 유입수간에 생기는 수온차나 탁도차에 의해 발생하는 밀도류, 바람 또는 유입, 유출의 불균일에 의한 편류 등 외부로부터의 영향을 감소시켜서 용량효율을 높일 수 있다.
2) 현실적으로 유입부에는 대부분 정류벽을 설치하고 있으나 중간부나 유출부에는 슬러지 수집기 설치나 유지관리상 적용이 곤란하여 현장에서는 적용하지 않는 편이다. 외부 영향을 최소화 할 수 있는 위어의 적절한 배치로 정류벽 기능을 대체하는 정도이다.
3) 현장에서 대부분 정류벽을 침전지 유입부에만 설치하는 경우와 이론처럼 응결지 각지 사이에도 모두 설치하는 경우 실험 결과 처리수에 큰 차이가 없는 것으로 보고되고 있어서 설계 및 적용시 경제성 등을 충분히 검토하여 정류벽을 적용할 필요가 있다.

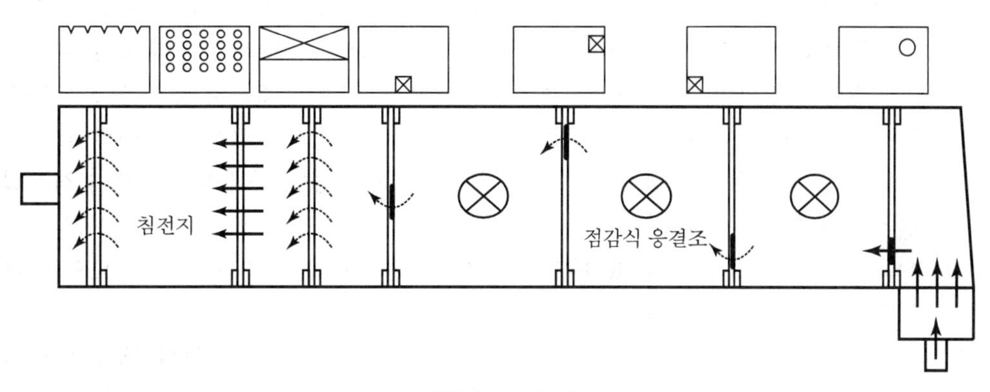

정류벽 설치 예

5. 정류벽 설치 시 고려사항

플록형성지에서 키워진 플록들이 잘못 설계된 정류벽을 통과하면서 파괴되는 경우도 있을 수 있으므로 부적절한 정류벽에 의해 깨어진 작은 플록들은 침전지의 효율은 물론 여과지와 전체 정수장 효율에 악영향을 끼치는 주요 원인이 될 수 있다.
따라서 정류벽의 모양과 위치 등에 대한 설계는 기본적으로 설계단계에서 모형을 이용한 Tracer Test를 시행하여 실험결과에 의해 최적의 형태가 결정되어야 한다.

27 | 침전지의 구조적 문제점 및 효율 향상방안을 설명하시오.

1. 개요

국내 정수장은 대부분이 원수 수질에 관계없이 장방형 침전지를 사용하고 있으며 정수장에서 가장 큰 부지를 차지하고 있는 실정이다. 침전지 내의 구조물의 영향과 유입, 유출 설비의 효율 평가 등 구조적인 부분의 시설기준의 정립과 수리학적 기법의 확립이 필요하며, 현황과 문제점 파악 및 개선방안을 검토하여 설계 및 운전 시 효율 향상 방안을 확립하여야 한다.

2. 침전지의 구조적 문제점

1) 원수 특성을 고려하지 않은 설계 및 설치
기존의 설계는 상수도시설기준의 설계 범위 안에 있으면 시설물의 설계를 만족시키는 것으로 간주한다. 즉 원수의 수질 특성과 상관없이 처리 유량이 결정되면 원수 수질을 가정하여 시설기준의 체류시간 범위 안에서 구조물의 용량을 결정한다. 따라서 실 운전 시 원수수질이 달라 최적의 운전상태로 관리하기가 어렵다.
2) 일부 운영 중인 경사판 침전지가 설계 및 시공, 운영 등에 문제점이 있으며 적정설계와 운전인자가 미 확립
3) 편류, 밀도류 등으로 용량 효율이 저하되어 표면부하율의 증가 및 난류도의 증가를 수반하여 침강의 지연과 침전물의 재부상 현상이 발생
4) 위어부하율이 500m³/m · d 이하로 미국 기준 250m³/m · d 이하보다 크다. 따라서 유출수의 탁도 수준을 적절히 하기 위해서는 위어부하율을 낮게 운전해야 한다.

3. 침전지 효율 향상 방안

1) 원수 수질 특성을 고려한 설계
원수의 특성을 고려한 설계를 위하여 Pilot Plant 운전을 통한 설계 및 운영인자를 도출하여 설계 및 운영에 적용하여 효율적인 운전을 기한다. 또 침강속도를 기초로 표면부하율을 결정하고 레이놀즈수, 프라우드수를 적용하여 장폭비 등의 규격을 결정한다.
2) 정류벽 설치
밀도류나 편류 등 외부로부터의 영향을 줄이고 용량효율을 증가시키는 정류벽을 설치하여 침전효율을 증가시킬 수 있다. 미설치에 비하여 위어부하율에 의한 영향을 덜 받으며, 유입부 근처에 설치하는 것이 유출부 근처에 설치하는 것보다 플록

의 침강에 유리하다. 정류공의 크기가 작고 간격이 세밀한 것의 정류 효과가 양호하며, 보통 수류 통과 단면적의 6% 정도가 좋다.

3) 유입부 · 유출부 구조

응집지에서 유출되어 침전지로 유입되는 플록은 충분히 성장한 상태이므로 침전지 유입부에서 과다한 저항이나 유속변화는 플록을 파괴하므로 구조 설계시 이에 대하여 고려하여야 한다. 유출부 구조는 지내 물이 일정하게 유출되도록 월류위어를 설치한다.

4) 위어부하율의 조정

정수 처리수 탁도를 0.5NTU 이하로 유지하려면 침전지 유출수의 탁도를 1NTU 이하로 유지하여야 한다. 이를 위해서는 위어부하율을 $200m^3/m \cdot d$ 이하로 유지하여야 하며, 탁도를 1.5NTU 이하로 유지하기 위해서는 위어부하율을 $350m^3/m \cdot d$ 이하로 유지하여야 한다.

5) 장폭비

장폭비는 3 : 1~8 : 1 정도에서 장폭비가 커질수록 플록의 제거효율이 증가한다. 이는 장폭비가 증가할수록 침전지 쪽 상단부로부터 하단부를 향하여 대각선으로의 침전효율 향상과 더불어 중앙부에서 반대편 대각선 방향으로도 침전효율이 향상되기 때문이다. 따라서 장방형 침전지의 장폭비를 증가시킨다.

6) 경사판 침전지의 적용 - 유출부 정류벽 기능

수평류식 경사판의 적용 시 하부의 정류벽 설치는 효율에 상당한 영향을 미친다. 또한 경사판의 적용은 유출위어 전단에 설치하는 것이 전반부에 설치하는 것이나 미설치에 비하여 흐름 측면이나 탁도 제거 효율 면에서 우수하다. 표면부하율 $1.2m^3/m^2 \cdot hr$의 경우 1NTU 이하로 유지할 수 있다.

경사판의 적용은 유출부 정류벽 기능을 하므로 표면부하율을 상승시킴과 동시에 탁도 제거율을 10% 정도 향상시킬 수 있다.

7) 고속응집침전의 적용

고속응집침전으로 약품량 30~50% 정도를 절감시키며, 표면부하율을 2~3배 정도 증가시킬 수 있다. 또한 기존 침전의 경우보다 혼화, 응집 공정의 영향을 덜 받으며 내부 운전 인자에 의한 영향이 크다. 이 경우에도 경사판을 적용하면 더욱 안정된 탁도제거효율을 얻을 수 있다.

8) 용존공기부상법의 적용

침전지의 조류제거효율 향상을 위하여 DAF를 적용할 수 있다. 체류시간 15분 이상에서 양호한 수질을 얻을 수 있으며, 표면부하율이 $9.4m^3/m^2 \cdot hr$ 이하인 경우 탁도 제거율은 93% 이상이며 평균 탁도는 0.6NTU 정도이다. 조류 제거를 위하여 전 염소처리 없이 Alum 30mg/L 주입으로 90% 이상의 제거율을 얻을 수 있다.

28 | 침전지에서 Hazen의 완전혼합모델로 유출농도식을 유도하시오.

1. 가정

1) 침전지 바닥에 도달한 입자는 다시 부상하지 않는다.
2) 수중의 모든 입자는 수리학적으로 동일하며 같은 침전속도를 갖는다.

2. 유출농도식 유도

- 침전지가 연속류 : 유입유량과 유출유량이 항상 일정하다.
- 완전혼합에서 지내 농도는 일정하다고 가정
- 완전혼합에서 지중 입자 농도는 유출수 입자 농도와 같게 된다.

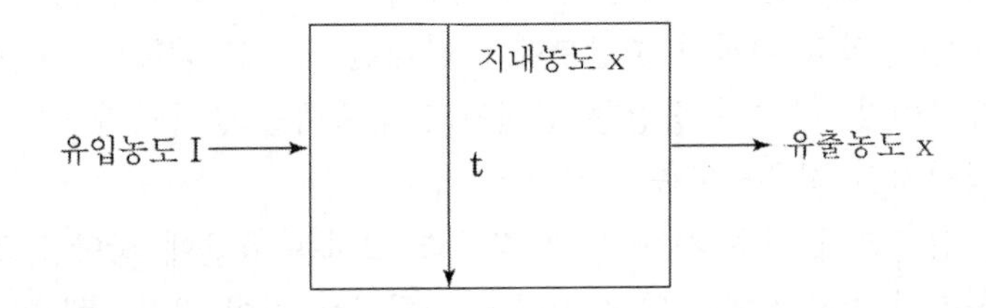

1) 조건
Q : 유입, 유출 유량, V : 침전지용량, T : 침전지 체류시간
t : 입자가 수면에서 수저에 도달하는 시간
x : 침전지 내의 입자 농도, 즉 침전지 유출수 내 입자율

2) 단위시간 dT 동안 침전한 입자율은 dT/t이며
침전지 침전하는 입자량은 V · x · dT/t ………… (1)

3) dT 시간 동안 유입수량은 Q · dT이고 유입수 입자 농도를 I로 보면
이 시간 동안 유입한 입자량은 I · Q · dT ……… (2)

4) dT 시간 동안 유출한 입자량은 x · Q · dT ……… (3)

5) 침전지에 대하여 물질 수지식을 세우면
∴ 지중에서 제거된 입자량 = 침전된 입자량 = 유입입자량 − 유출입자량

$$V \cdot x \cdot \frac{dT}{t} = I \cdot Q \cdot dT - x \cdot Q \cdot dT$$

양변을 $Q \cdot dT$로 나누면

$$\frac{V}{Q} \cdot \frac{x}{t} = I - x$$

$\frac{V}{Q} = T$이므로

$$\frac{T}{t} \cdot x = I - x$$

x에 대하여 정리하면

$$x\left(\frac{T}{t} + 1\right) = I$$

$$\therefore x = \frac{I}{1 + \frac{T}{t}}$$

3. 침전지의 유출 농도식 적용

이 식은 침전지 설계에 이용되나 상기 가정하에 유도 되었으며, 실제 침전지는 완전 혼합보다는 Plug Flow에 가까우며 수면 부근의 물이 저부보다 농도가 낮아 침전이 용이하지만 유입부 유속에 의하여 침전이 방해되어 효과가 상쇄된다. 따라서 경험적인 상수를 고려하여 침전지 설계에 응용되어야 한다.

29 | 최대유량 Q_{max}가 1.1m³/sec이고 설계침전속도가 0.4mm/sec일 때 침전지의 체류시간이 2.5시간인 장방형 1차 침전지의 규격을 설계 시 다음에 답하시오.(단, 길이(L) : 폭(B)을 4 : 1로 가정하고, 침전지는 4지로 한다.)
(1) 침전지의 필요 총표면적(m²)을 구하시오.
(2) 표면부하율(m³/m² · day)을 구하시오.
(3) 침전지의 유효수심(m)을 구하시오.
(4) 침전지의 1지당 유효폭(m)을 구하시오.

(1) 침전지의 필요 총표면적(m²)은 침전속도로 구한다.

침전속도 $v = \dfrac{Q}{A}$에서

$$A = \frac{Q}{v} = \frac{1.1\text{m}^3/\text{s}}{0.4\text{mm/s} \times 10^{-3}} = 2,750\text{m}^2$$

(2) 표면부하율(m³/m² · day)은 (1)에서 구한 표면적과 유량으로 구할 수도 있고, 침전속도로 구할 수도 있다.

1) 표면부하율 = 침전속도 = 0.4mm/s
$$= 0.4 \times 3,600 \times 24 \times 10^{-3}\text{m/d} = 34.56\text{m}^3/\text{m}^2 \cdot \text{d}$$

2) $\text{표면부하율} = \dfrac{\text{유량}}{\text{표면적}} = \dfrac{1.1 \times 3,600 \times 24}{2,750} = 34.56\text{m}^3/\text{m}^2 \cdot \text{d}$

(3) 침전지의 유효수심(m)

$$\text{유효수심(m)} = \frac{V}{A} = \frac{Q \times T}{A} = \frac{1.1 \times 3,600 \times 2.5}{2,750} = 3.6\text{m}$$

(4) 침전지의 1지당 유효폭(m)

침전지의 1지당 유효폭(m)을 구하기 위해 1지의 표면적을 구하면

$$A_1 = \frac{A}{4} = \frac{2,750}{4} = 687.5\text{m}^2$$

길이와 폭이 4 : 1이므로

$$A_1 = L \times B = 4B \times B = 4B^2 = 687.5$$

$$B = 13.11\text{m},\ L = 4 \times 13.11 = 52.44\text{m}$$

∴ 1지의 폭 $B = 13.11\text{m}$

30 | 수평류식 장방형침전지와 상향류식 침전지의 사양과 장단점을 비교하시오.

1. 수평류식 장방형침전지

1) 설계 사양

(1) 표면부하율 : 0.83~2.5m/h

(2) 수심 : 3~5m

(3) 체류시간 : 1.5~3시간

(4) 종횡비 > 1/5

(5) 위어부하량 < 11m^3/m/h

(6) 평균 유속

- 보통침전지 : 0.3m/min 이하
- 약품침전지 : 0.4m/min 이하

2) 장단점

(1) 부하변동에 강하고, 운전 용이하고, 유지비가 저렴

(2) 대개의 경우 안정적인 운전으로 성능을 예측할 수 있다.

(3) 고속침강장치의 부착이 용이

(4) 침전지내에서의 밀도류 발생

(5) 유입부 및 유출부의 세심한 구조 설계가 필요

(6) 통상 별도의 응집설비가 필요

3) 적용범위

(1) 대부분의 도시 상수도 및 공업용수도

(2) 특히 대규모 용량에 적합

2. 상향류식 침전지(원형)

1) 설계 사양

(1) 표면부하율 : 1.3~1.9m/h

(2) 수심 : 3~5m

(3) 침강시간 : 1~3 시간

(4) 위어부하량 : 7m^3/m/h

2) 장단점

(1) 소형이고 경제적인 형태로 침전효율이 높다.
(2) 슬러지 배제가 용이
(3) 부하변동에 취약하고 단락류 문제가 있다.
(4) 세심한 운전기술이 필요
(5) 장치규격의 한계로 대규모에는 부적합
(6) 별도의 응집설비가 있는 것이 좋다.

3) 적용범위

(1) 중소규모 도시의 상수도 및 공업용수도 정수장
(2) 원수의 수량 및 수질이 일정한 경우에 적합

차 한잔의 여유

세상을 뒤덮는 큰 공적도
자랑긍(矜)자 한 자를 당해내지 못하고
하늘에 가득 찬 큰 죄도
뉘우칠 회(悔) 한 자를 당해내지 못하느니라.
– 채근담 –

31 | 여과지에서 유효경과 균등계수에 대하여 설명하시오.

1. 여과지 유효경

1) 유효경은 체분석을 하여 전체 중량비의 10%가 통과하였을 때의 최대입경(D_{10})을 말한다. 급속여과지에서 유효경은 0.45~1.0(0.6~0.7)mm 정도이다. 또한 여과사는 최대경 2mm, 최소경 0.3mm로 하고 있다.

2) 유효경 제한 이유

(1) 세사를 사용할 경우
여과는 표면여과의 경향이 되므로 여층에 억류되는 탁 질량이 적고 Mud Ball이 생성되기 쉬우며 여과지속시간이 짧아진다. 그러나 역세척 유속이 작아도 되고 사층의 두께를 줄일 수 있다.

(2) 조사를 사용할 경우
내부여과 경향이 크므로 지속시간과 여과속도를 증가할 수 있다. 그러나 역세척 속도가 커야 하고 사층의 두께도 크게 해야 한다.

(3) 따라서 급속여과에서는 저지율, 여과지속시간, 역세척 유속 및 여과속도 등을 종합적으로 고려하여 유효경을 결정하여야 한다.

2. 여과지 균등계수

1) 균등계수는 D_{60}/D_{10}을 나타내며 중량비 60%를 통과하는 최대직경을 유효경으로 나눈 값이다. 급속여과지에서 균등계수는 1.7(1.3~1.6) 이하 정도이다.
균등계수가 1에 가까울수록 여층의 공극률이 커지며 따라서 탁질의 억류 가능량도 많아진다. 그러나 균등계수가 작아질수록 여과사 가격이 높아지므로 균등계수 1.7이 상한선이다.

2) 균등계수 제한 이유

(1) 자연에 존재하는 모래의 균등계수는 1.5~3.0 범위에 있으나 그대로 여과사로 사용하면 조사의 공극에 세사기 끼어 세밀충진 상태가 되어 탁질저지율은 높아지나 손실수두가 너무 커서 지속시간이 짧아지고 역세과정에서 성층현상이 발생한다.

(2) 균등계수가 1에 가까울수록 입경이 균일하고 여층의 공극률이 커지며 따라서 탁질의 억류 가능량도 많아진다. 그러나 균등계수가 작아질수록 여과사 가격이 높아지므로 균등계수 1.7이 상한선이다.

3. 유효경과 균등계수, 여과수질의 관계

1) 균등계수가 같을 경우 유효경이 큰 사층일수록 여과지속시간이 길어지며 여과수질이 불량해진다.
2) 유효경이 같을 경우 균등계수가 작을수록 여과지속시간이 길어지며 여과수질이 양호해지나 그 차는 작다.

4. 급속 여과지에 적합한 여재 특성

1) 외관 : 먼지나 불순물이 적은 석영질이 많고 견고한 균일한 모래
2) 유효경 : 0.45~1.0mm(보통 0.6~0.7mm) 균등계수 1.7 이하(보통 1.3~1.6)
3) 마멸률 3% 이하, 세척탁도 30 NTU 이하
4) 강열감량 0.75% 이하, 염산 가용율 3.5% 이하
5) 비중 2.55(이 이하면 유기질 함유)~2.65(이 이상이면 석회석 중금속 함유 가능성)
6) 최소경 0.3mm~최대경 2.0mm
7) 최초 여재 투입 후 역세한 후 상부 오사 수 cm 삭취를 위한 여분 확보

32 | 급속여과지의 L/De비(단, L : 여과층두께, De : 여재의 유효경)

1. 정의

급속여과지의 L/De비란 De[여재의 유효경(mm) = D_{10}]에 대한 L[여과층두께(mm)]의 비를 말한다.

2. 급속여과지의 구조와 L/De비

급속여과지의 여과원리는 적합한 여재(유효경, 균등계수, 여층두께 등)를 적합한 두께로 포설한 후 여기에 유입수를 통과시켜 여과하는데 이때 여과효율은 L/De비와 밀접한 관계를 갖는다.

3. 사층의 두께(L)와 유효경(De)

급속여과지의 사층두께(L)는 여과지속시간 및 여과 효과와 경제성을 고려하고, 사층의 오염침입도를 고려하여 600~1,200mm 범위로 하며 최소한 600mm로 한다.

1) 유효경(De)이 같으면 균등계수가 작은 모래층의 여과지속시간이 커지나 그 차는 작은 편이다.
2) 유효경이 같으면 균등계수가 나쁠수록(클수록) 여과수의 수질을 양호하게 하는 경향이 있으나 그 차는 비교적 작고 균등계수가 작은 사층일수록 여과수의 수질은 저하한다.
3) 일반적으로 유효경은 0.45~1.0mm 범위에 있다.
4) 급속여과지의 균등계수는 이론적으로 1.7 이하로 하나 보통은 1.3~1.6 정도이다.
5) 여과사의 비중은 2.55~2.65, 마모율은 3% 이내여야 한다.
6) 여과사 최대경은 2mm 이내, 최소경은 0.3mm 이상으로 한다.

4. L/De값과 내부여과

1) 최근 심층조립단일여과지의 경우, 여층깊이(L)와 여재입경(De)과의 값(L/De)에 따라, 즉 L/De값이 클수록 여과효율이 높고 에너지나 역세척 수량을 절감할 수 있다.
2) 필요한 L/De값은 대상 여과수의 성질, 여과속도, 제거율 및 요구되는 여과지속시간에 따라 변하므로 보통 자연수의 응집침전수를 대상으로 할 경우 여과속도 100

~300m/day, 제거율 60~90%를 확보하려 할 때의 필요한 L/De값은 1,000 이상이면 좋다고 알려져 있다.

3) 여재입경이 1.5mm 이상이면 보통 여과층 공극에 비해 여재입자 간 공극은 훨씬 커지며, 여재입경이 2배가 되면 공극은 3배가 되므로 L/De비는 여재입경이 1.5mm 이상일 때 추정값으로만 사용하고 실제값은 반드시 모형실험을 통해 구하여 사용한다.

4) 또한 파과현상으로 인하여 원생동물의 난포낭과 같은 작은 입자가 유출되는 것을 방지하기 위해 심층조립단일여재의 여과층 바닥에 0.3m 정도의 모래층을 두고, 여과수탁도 0.1NTU 이하를 맞춰야 할 경우에는 L/De의 15% 정도 증가가 필요하다 하였다.(통례적인 L/De=1,000~2,000)

5. 급속여과지에 권장하는 L/De비

1) L/De비 ≥ 1,000 : 일반적인 급속여과지 단층, 복층
2) L/De비 ≥ 1,250 : 3층, 다층여과, 유효경이 큰 단층여과
3) L/De비 ≥ 1,250~1,500 : 유효경이 대단히 큰 단층여과

33 | 완속여과와 급속여과를 비교하시오.

1. 개요

완속여과는 통상 원수의 수질이 양호한 경우에 적용하며 유지관리가 용이하나 여과속도가 느리다. 따라서 소요부지면적이 크고 원수의 수질이 불량한 경우에는 적용하기 어렵다. 급속여과는 완속여과에 비하여 여과속도가 크고 조작의 자동화에 적합하여 대부분 채택하고 있다.

2. 완속여과의 정화원리

1) 완속여과는 모래층을 통해서 원수를 4~5m/d의 여과속도로 침투, 유하시키는 방법이며, 모래층 표면 및 모래층 내부에 증식하는 미생물에 의하여 수중의 오염물질을 흡착하여 생물학적으로 산화, 분해시키는 정수처리 방법이다.
2) 그러므로 완속여과지에서는 수중의 현탁물질 및 세균의 제거뿐만 아니라 암모니아성 질소, 악취, 철, 망간, 페놀까지도 제거가 가능하다.
3) 사층 두께는 70~90cm를 표준으로 한다. 유효경은 0.3~0.45mm 이상, 균등계수는 2.0 이하, 최대경 2mm 이하, 최소경 0.18mm로 한다.

3. 완속여과의 정화기구

1) 체거름 작용
   여과기구 중 가장 단순한 것으로 대부분 여층 표면에서 일어난다.
   여과가 진행됨에 따라 미립자, 미생물에 의하여 여과막이 형성되어 미세 입자까지 제거가 가능해진다.

2) 충돌, 차단 및 침전작용
   모래 여층 표면을 통과한 미세 입자들은 모래층 내부에서 여재와 충돌, 여재에 의한 차단, 여재 표면에서의 침전작용이 일어난다.

3) 응집, 흡착
   모래층 표면을 통과한 미세 입자들은 모래층 내부에서 플록 형성, 여재 표면에서 흡착작용이 일어난다.

4) 생물학적 산화

완속여과에서는 조류와 미생물을 공생시킴으로써 광합성을 하는 조류에 의하여 산소를 공급받으므로 미생물의 산화작용을 촉진한다.

4. 급속여과의 정화원리

1) 급속여과는 모래층을 통해서 응집된 미세 플록을 함유한 원수를 120~150m/d의 여과속도로 침투, 유하시키는 방법이며, 모래 층 표면 및 모래층 내부에서 체거름 작용, 충돌, 차단, 침전작용, 응집, 흡착작용에 의하여 미세한 부유물질을 제거하는 방법이다.
2) 급속여과는 완속여과 같은 미생물에 의한 생물학적 분해가 이루어지지 않으므로 용해성 물질의 제거는 거의 이루어지지 않는다.
3) 사층 두께는 60~70cm를 표준으로 한다. 유효경은 0.45~0.7mm 이상, 균등계수는 1.7 이하, 유효경은 여과층 두께의 약 1/1,000 정도로 한다.

5. 급속여과지의 특성

1) 여과속도가 커서 대규모 정수장에 적용한다.
2) 원수 수질에 크게 좌우되지 않는다.
3) 소요부지 면적이 작다.
4) 유지관리가 용이하고 자동화에 의한 유출수 제어가 쉽다.

34 | 표면여과와 내부여과를 설명하시오.

1. 개요

여과를 기구상으로 분류하면 표면여과와 내부여과로 나눌 수 있으며, 표면여과는 여과지 표면상에 형성된 여과막에 의하여 부유물질이 여과층 표면에 대부분 억류되는 방식이며, 내부여과는 부유물질이 여과층 내부에서 체걸음 작용, 충돌, 차단, 침전작용 그리고 흡착, 응집작용에 의해 부유물질이 내부에서 대부분 억류되는 방식이다.

2. 표면여과(Cake Filtration)

표면여과는 여과가 진행됨에 따라 여과층 표면에 형성된 여과막이 여재역할을 하는 방식으로, 부유물질이 대부분 여과층 표면에서 억류된다.

1) 표면여과는 여재표면상에 퇴적되는 탁질에 의한 Cake가 두께를 증가시킴과 동시에 다음 여과의 여재역할을 하는 방식이다.
2) 이 방식은 원수 중의 부유물이 여층 표면에서 거의 억류, 포착되며 완속여과에서 여과막 구성 후의 여과는 이 여과기구에 해당하고, 슬러지 탈수시의 여과도 여기에 해당한다.
3) 하향류식 급속여과지에서도 어느 정도 여과가 진행된 후에는 이런 조건에 부합된다.
4) 여과사의 균등계수가 크고 유효경이 작으면 표면여과형이 되며, 침전수의 탁도가 높은 경우도 표면여과형이 된다. 표면여과형은 여과지속시간은 짧아지나 처리수의 수질이 양호해진다.

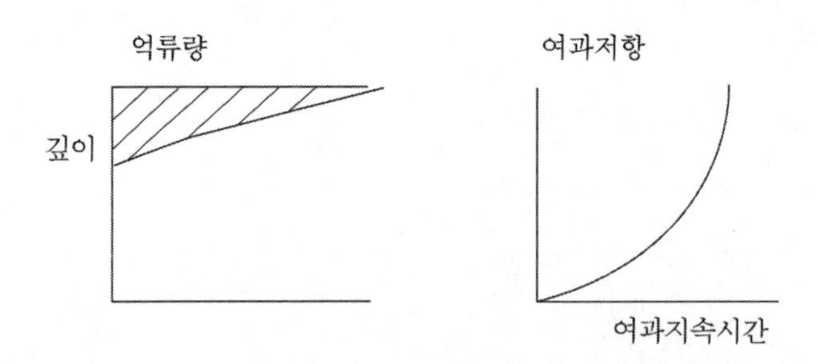

5) 표면여과의 경우 역세척이 불충분하면 Mud Ball이 발생하여 여과장애를 발생하게 된다. Mud Ball이란 여과지 내에서 모래와 기타 고형물이 덩어리를 형성하여 20~25mm 정도로 커진 것으로 비중이 가벼운 Mud Ball은 여층의 상부에 집중하나 비중이 모래 이상이 되면 여층 전체에 걸쳐 존재하기도 하며 때로는 큰 덩어리

를 형성하기도 한다.

6) 여층 내부의 수두 곡선

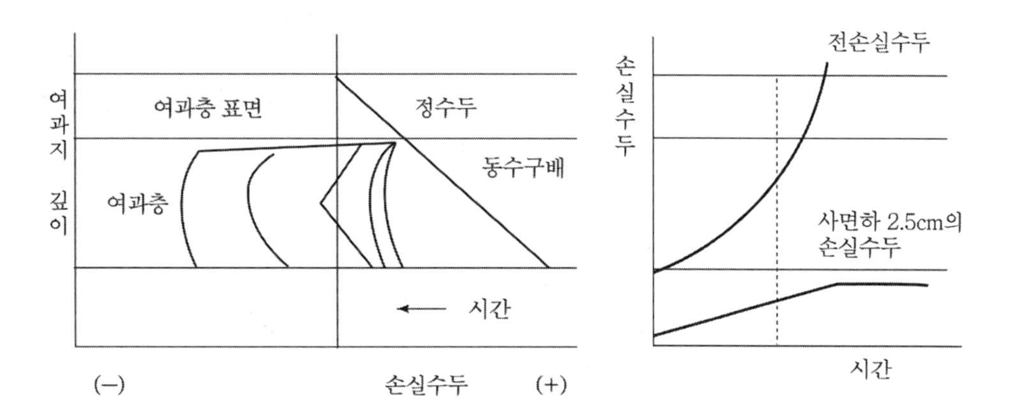

역세척이 불충분하여 여층에서 오염물질의 축적과 여재 품질이 원인이 되어 부수두가 발생되며 특히 역세척 시 물만의 세척 시 폐색이 발생하며 표면세척을 병용하는 경우에는 발생을 방지할 수 있다. Mud Ball 발생 결과로 여층의 폐색과 고결, 여과손실수두의 급상승으로 인한 여과지속시간 단축, 여층의 균열 발생, 여과수질의 악화 등의 현상을 초래한다.

7) 균등계수와 유효경의 관계
여과사의 균등계수가 크고 유효경이 작으면 표면여과 형태가 되고 유입수의 탁도가 높거나 응집이 양호한 경우에도 표면여과 형태가 된다.

8) 여과지속시간 및 처리수질
표면여과형은 여과지속시간이 짧은 반면 수질은 양호하다.

3. 내부여과(Deep Filtration)

내부여과는 여층 내부에 부유물이 침입하여 억류되는 여과방식으로 고속여과 시 여과의 초기단계, 여과속도가 급속인 경우, 여재의 균등계수가 작고 유효경이 큰 경우의 여과가 이 방식에 해당된다.

1) 내부여과형은 여과지속시간은 길어지나 여층 내 탁질의 누출현상으로 여과수질이 악화될 가능성이 있다. 상향류식 여과와 다층여과에 내부여과의 경향이 크다.
2) 내부여과 방식에서 여과가 진행됨에 따라 현탁물질이 여층의 간극 내에 억류되고 여층이 폐색되면 국부적으로 대기압보다 압력이 작은 부분이 발생되며, 이러한 부

수두의 발생으로 인해 여층 내에 Air Binding 현상이 발생하여 여층 내의 공극이 폐색되거나 통수단면이 작아져서 여과유속이 빨라지게 된다.

3) 유속이 어느 정도 이상이 되면 여층 내에 억류되어 있는 플록이 파괴되어 탁질이 여과수와 같이 유출되는 현상을 Break Through 현상이라고 한다.

4) 탁질량과 여과지속시간

내부여과 방식에서 여과가 진행됨에 따라 현탁물질이 여층의 간극 내에 억류되고 여과저항은 지속시간에 비례하여 증가한다.

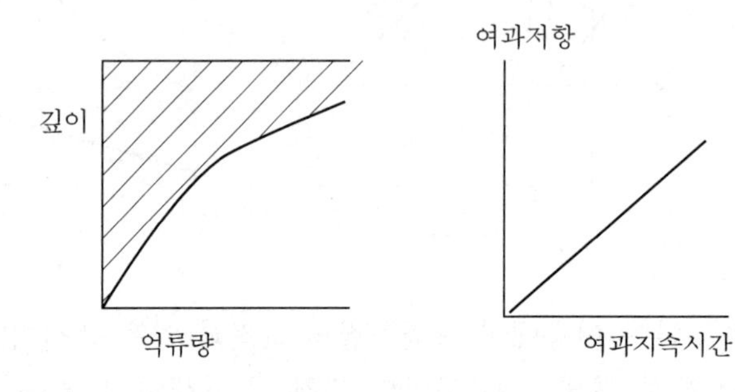

5) 여층 내부 수두 곡선

이러한 현상은 표면여과의 경우에는 거의 발생치 않으며 내부여과의 경우에 발생 가능성이 높다. 탁질누출현상을 방지하기 위해서는 Air Binding 현상을 방지하거나, 응집시 PAC 등을 사용하면 플록의 강도를 강하게 하고 흡착력이 강해져서 방지할 수 있다.

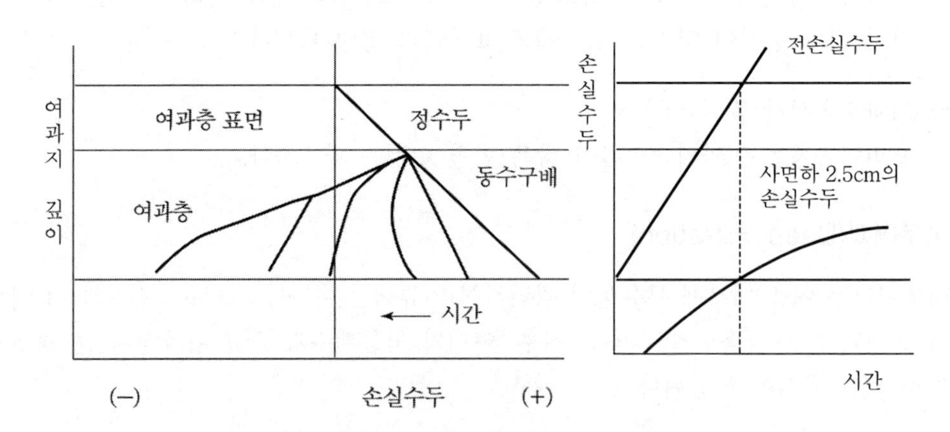

6) 균등계수와 유효경의 관계

여과사의 균등계수가 작고 유효경이 크면 내부여과의 형태가 되고 유입수의 탁도가 낮거나 저수온 등으로 인해 응집이 불량한 경우에도 내부여과형태가 된다.

35 | 단층여과, 다층여과, 상향류여과의 여과특성을 논하라.

1. 개요

여과는 정수과정에서 가장 중요한 공정으로 전처리공정에서 제거가 덜 된 현탁물질, 유해물질을 제거하는 공정이다. 보편적으로 단층여과를 적용하나 상향류여과 및 다층여과(이층여과)는 최근에 개발되어 보급되고 있는 급속여과의 변법으로 종래의 하향류 단층 급속여과의 단점을 보완하기 위한 여과법이다.

2. 여과방식 및 특성

1) 단층여과

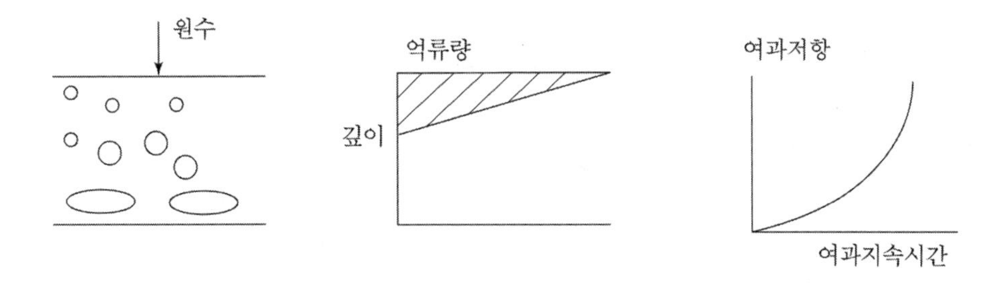

(1) 보통의 천연규사로 여층 구성
(2) 조사 세사 혼합 입경 분포
(3) 역세척을 행하면 사층이 성층화 : 상부에서 하부로 갈수록 입도가 커진다.
(4) 표면여과 경향 : 플록의 대부분이 표층 근처에서 제거
(5) 표층의 손실수두가 높고 여층 내부의 억류용량을 충분히 이용하지 못하며 여과저항이 커지고 여과지속시간이 짧다. 즉 여과저항은 표면에서부터 커지고 짧은 시간 내에 커진다.
(6) 여과속도 : 120~150m/d

2) 상향류여과

(1) 여층구성은 단층여과와 같으나 여과방향은 반대 : 원수는 여상 하부로부터 유입하여 여층을 지나 유출

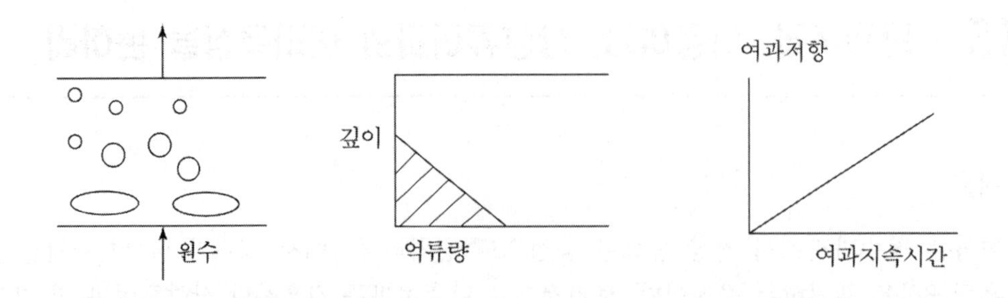

(2) 수류의 방향에 따라 역입도 구성 : 여재의 입도는 조여사로부터 세여사로 배치
(3) 여과손실수두가 적고 여과지속시간이 길며, 플록의 억류량이 여층 전반에 걸쳐 균등화, 여과속도 : 260~360m/d

3) 다층여과('K' 배열) – 안트라사이트(이층여과)

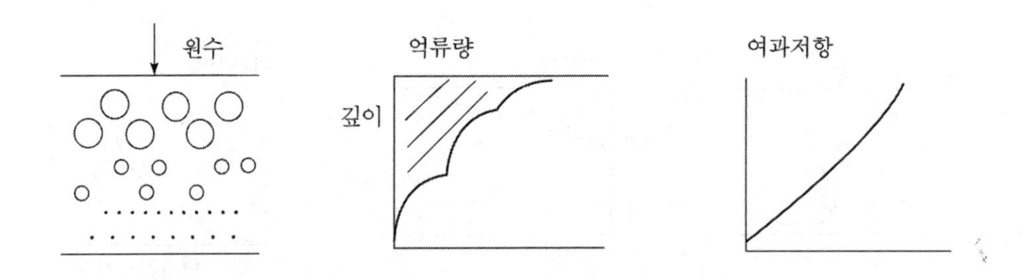

(1) 밀도와 입경이 다른 여러 종류의 여재를 사용하여 여과층을 구성하고 입경이 크고 비중이 작은 여재를 상층에 위치시키고 입경이 작고 비중이 큰 여재를 하층에 위치시켜 여과기능을 효율적으로 발휘하기 위한 여과지이다.
(2) 내부여과의 경향이 강하므로 탁질 억류량이 크고 여과지속시간이 길어진다.
(3) 여과속도를 크게 할 수 있어 여과 면적이 작아진다.
(4) 표면여과+내부여과, 여과속도 : 200~300m/d
(5) 여재는 모래(천연규사), 안트라사이트(무연탄), 인공 경량사(비중 1.8) 석류석, 일메나이트(티타늄철광 비중 4.5~5.0) 등으로 구성

무 연 탄 : 비중 1.5~1.7 유효경 1.6~2.0mm 두께 45~54cm
천연규사 : 비중 2.6~2.65 유효경 0.45~0.7mm 두께 15cm
석 류 식 : 비중 3.4~4.3 유효경 0.15mm 두께 7~8cm

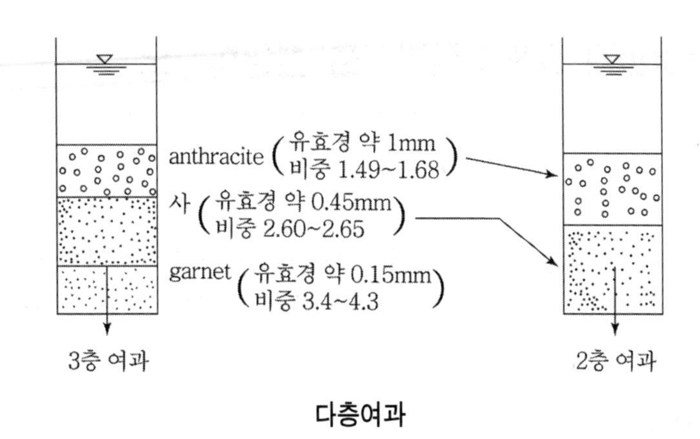

다층여과

(6) 최상층 안트라사이트층에서의 탁질제거능이 약간 떨어지므로 단층여과지보다 약간 두껍게 한다.(60~80cm)

(7) 'K' 배열이란 상부에 큰 입경 중간에 작은 입경 하부에 큰 입경을 배치한 것으로 상부로부터 안트라사이트, 모래, 석류석으로 배열하면 얻을 수 있으며 가장 큰 탁질제거와 여과지속시간을 갖는다.

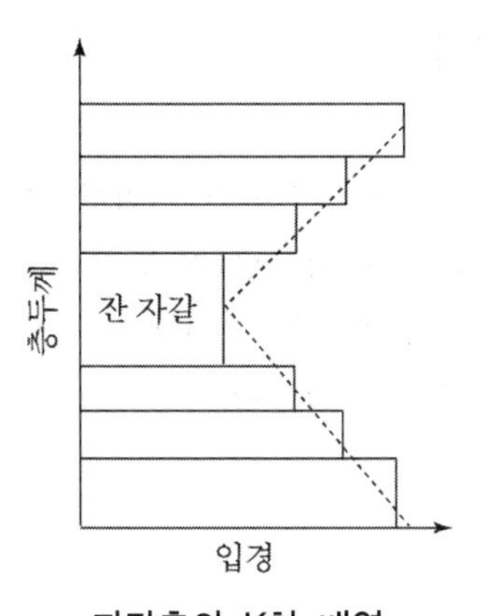

자갈층의 K형 배열

(8) 장단점

- 장점 : 높은 여과속도에서도 장시간의 여과지속시간 지속, 높은 여과효율과 양질의 여과수
- 단점 : 서로 다른 여층경계면의 세정이 어렵고 이를 위한 계면세정장치가 필요, 역세척 시 상층여재로 다량의 슬러지가 통과하여 상층여재 오염 가능성

36 | 급속여과지 유량조절방식을 설명하시오.

1. 개요

급속여과지는 초기와 최종 여과 수량이 크게 차이가 나므로 유량의 변동으로 안정적 운영이 힘들고 큰 용량의 정수지가 필요하게 되어 이러한 문제를 완화시키기 위하여 정속여과의 유량 조절이 요구된다.

2. 유량 조절 목적

1) 여과지의 유입 및 유출 유량의 평형 유지
2) 필요한 사면상 수심 유지
수위 저하로 여재 표면이 드러나거나 수위 상승으로 Overflow에 따른 물 손실 방지
3) 각 지의 여과지마다 여과유입량의 배분을 일정하게 유지
4) 여과속도의 급격한 변동 방지 : 억류된 플록의 여과수로의 누출 방지

3. 여과속도에 의한 여과 방식

1) 정압여과
(1) 여층 상류측 수위와 하류측 수위와의 수위차, 즉 여층에 걸리는 압력차가 일정하면 여층의 폐색에 따라 여과유량(여속)은 서서히 감소하는 방식
(2) 조절방법은 유입이나 유출밸브와 수위계와의 조합에 의한다. 즉 수위가 일정하도록 유입 또는 유출량을 조절한다.

2) 감쇄여과
(1) 정압여과의 변법
(2) 유출변 쪽에 일정유량이 나갈 수 있도록 초기에 개도를 조절해 두고, 즉 여과속의 상한만 제한해 두고 다른 제어는 하지 않는다.
유입은 여과지와 같은 수위의 여과면을 갖는 형태로서 전 여과지의 수위는 동일하게 된다. 그러므로 어느 정도 한도 내에서는 여과지의 중지나 복귀시 여과속도가 변동하므로 수량 관리상 배려가 필요하다.
(3) 복잡한 조절장치가 필요 없고 필요수두가 작으며 여과지 폐색에 따라 여과수량이 감소하므로 초기 여과속도를 조작해 놓으면 탁질누출 위험이 적다. 그러나 초기와 말기 유량차가 크므로 큰 저수지를 필요로 한다.

3) 정속여과

여과가 계속되면 여층에 탁질이 억류됨에 따라 여층 내의 유로 단면적을 감소시키고 투수성이 저하한다. 따라서 유입측의 수위를 높이거나 유출측의 밸브를 개방하여 손실수두를 감소시킴으로써 여층에 걸리는 압력차를 증가시켜 일정한 여과유량을 유지하는 방식

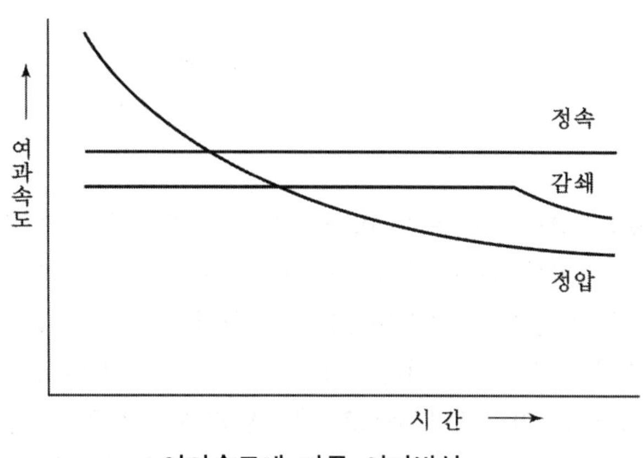

여과속도에 따른 여과방식

4. 정속 여과 방식

여과속도를 정속으로 유지하기 위하여 유출측 제어방식과 유입측 제어방식이 있으며 유출측 제어방식이 많이 사용되고 그중에서도 유량제어형, 자연평형형이 많이 사용되고 있다.

1) 유입측 제어방식 : 유출측을 제어하지 않고 유입유량을 점차 증가시켜 여과지 사면상의 수심을 높여서 일정 여과유량을 유지한다.
   - 장점 : 부압발생 우려가 없다.
   - 단점 : 여과지가 깊어진다.

2) 유출측 제어방식 : 유출측에 유량계와 조절밸브를 설치하여 여과 초기에는 조절 밸브에 의하여 큰 손실수두를 발생시키고 여과가 진행됨에 따라 손실수두가 증가한 만큼 조절밸브를 조절하여 손실수두를 감소시켜 여과유량을 일정하게 유지
   - 종류 : 유량제어형, 수위제어형, 자연평형형 방식
   - 장점 : 유지관리 용이, 사면상 수위를 작게 할 수 있다.
   - 단점 : 장치 복잡, 고가, 부압발생 우려, 수질악화 우려

(1) 유량제어형

① 여과지 유출구에 유량계와 조절변을 설치하고 유출량을 설정치로 유지하는 방식

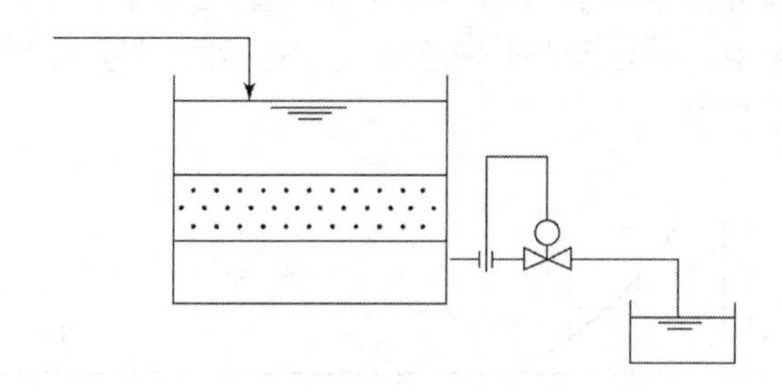

② 실제로는 유출 및 유입유량의 평형을 맞추기가 어려우므로 조절밸브의 유량 설정치를 작게 하여 과잉으로 유입하는 유량은 월류관을 이용하여 배출하는 방법으로 여과유량을 조절한다.

③ 지금까지 가장 많이 사용되었으나 유량계의 정밀도 및 여과유량 조절밸브의 24시간 연속조절 등으로 유지관리에 문제점이 있다.

④ 대용량으로 지수가 많을 때에는 이에 비례하여 유량계, 조절 및 제어부 등의 부속설비가 많아져 초기 건설비 및 유지관리비의 증가

⑤ 장점 : 여과지 사면상 수심이 낮다.
여과유량 및 사층 내 손실수두에 의한 세밀한 제어가 가능
여과속도의 임의조절이 가능

⑥ 단점 : 장치가 복잡
유량계의 정밀도가 떨어지면 유량조절 불량
유량조절장치 고장시 사면노출 우려
부압발생 우려

(2) 수위제어형

① 여과지 수위가 일정하도록 유출변을 제어하는 방식으로 유입량과 유출량의 평형이 잘된다. 유량평형의 입장에서 감쇄여과형이나 유량제어형보다 합리적이다.

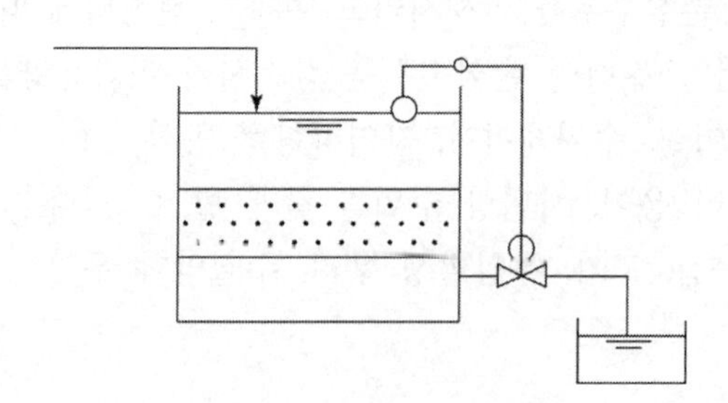

② 지내 수위의 상승 및 하강 시는 수위감지에 의하여 여과유량 조절밸브가 개폐되면서 유량조절이 되는 시스템

③ 여과지의 지별 유입유량의 조절 없이 각 지별로 균등하게 유입되므로 지별 부하분포가 일정하며 여과유량 조절 역시 지별로 지내 수위에 의하여 조절되므로 비교적 간단하고 유량조절이 용이하다.

④ 장점 : 여과지 사면상 수심이 낮다.
사층 내 손실수두에 의한 세밀한 제어가 가능
배관 및 유지관리가 비교적 간단

⑤ 단점 : 장치가 비교적 복잡
조절밸브 고장 시 사면노출 우려
부압발생 우려

(3) 자연평형형

① 조절장치나 인위적인 조작 없이 유입수량과 유출수량이 자연적으로 평형을 유지하는 방식

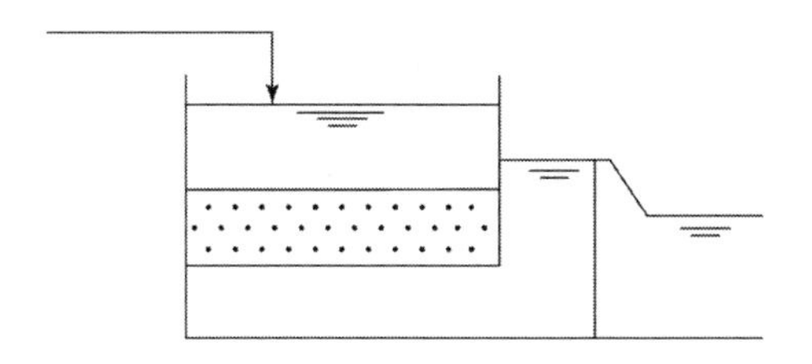

② 유출위어의 높이를 사면보다 높게 유지하여 완속여과의 경우는 여과 사층면의 노출방지와 급속여과의 경우 사층의 부압발생을 방지한다.

③ 타 방식에 비하여 경제적이며 항상 유량 평형을 유지

④ 장점 : 장치가 간단하다.
고장이 적고 유지관리가 용이
사면노출 우려가 없다.

⑤ 단점 : 여과지 사면상 수심이 높아 구조물이 깊어지고 세척배수량이 많아진다. 조절부가 없어 사층 내 손실수두의 변화에 의한 정밀한 제어 곤란, 여과속도의 임의조절 불가

⑥ 역세 방식에 따라 자기 역세척형(유입 사이펀 설치)과 역세척 탱크 보유형(유입 밸브 설치)으로 나뉘며 유출부에 유량제어장치가 없으므로 유입부에서 유량차단장치가 필요하다.

5. 현황

1) 일반적으로 정속여과보다 감쇄여과가 수질이 양호하고 필요수두가 적다.
2) 그러나 감쇄여과는 초기와 말기의 유량차가 커서 큰 정수지가 필요하나 실제로 여과지수가 많기 때문에 전체 유출수는 어느 정도 유량 평형은 이루어진다.
3) 정압여과는 수위 변동이 크고 대규모 정수지가 필요해 잘 쓰이지 않는다.
4) 정속여과 중 유출측 제어방식이 많이 쓰이고 지금까지는 유량제어형, 수위제어형이 많이 사용되었으며 경제성과 유지관리의 용이함으로 자연평형형의 적용도 증가하고 있다.

차 한잔의 여유

이기는 것 다음으로 좋은 것은 지는 것이다.

– 속담 –

37 | 급속여과지의 하부집수장치에 대하여 설명하시오.

1. 개요

여과지 하부집수장치는 여층을 지지하면서 여과수의 집수와 통로 기능, 역세척 시 균등한 물과 공기의 공급을 유도하는 기구이다.

2. 하부집수장치의 기능

1) 여층 지지 : 여과사의 중량을 담당할 수 있게 구조적이어야 한다.
2) 여과수 집수 : 여과가 여층 전체에서 균등하게 이루어지도록 여과수를 집수 및 배출
3) 역세척 시 세정수를 평면적으로 여층에 균등 배분 : 역세척이 평면적으로 균등하도록 공기와 물을 평형되게 공급해야 하며, 불균등 분배되는 경우 여과 시 역세척이 잘된 부분만 물이 통과하여 여과속도가 극단적으로 빠른 부분이 발생하고, 역세척이 불충분한 부분은 여층 폐색이 발생하여 여과속도가 급격히 저하

3. 설계 시 고려사항

1) 집수장치는 역세척 시 세정수가 여층에 균등 배분되도록 통수공경의 손실수두가 집수관 부분의 손실수두보다 커야 한다. 물의 수송과정에서는 단면을 충분히 유지하여 수두손실을 줄이고 물의 분배과정에서는 통수공경을 줄여 통수저항을 크게 하여야 한다.
2) 적은 수두손실로 세정수의 균등 배분을 확보할 수 있는 집수장치일수록 우수하나 통수저항이 적기 때문에 유출측 수위변동이 여과지 내로 전달되어 여과조건을 교란시키기 쉬우므로 유출측 수위변동이 적은 구조로 하여야 한다.
3) 하부집수장치가 파손되면 세척이 불균등하게 이루어져 문제가 발생하고, 수리 및 보수가 매우 곤란하므로 내식성 및 내구성 재질을 사용하여 저판에 견고하게 고정
4) 시공성 및 경제성이 있어야 한다.
5) 손실수두를 작게 하는 것은 집수 및 분배의 균일성에는 상반된 관계이므로 과도하게 손실수두를 작게 하는 것은 피한다.

4. 하부집수장치의 종류 및 특성

1) Wheeler형
(1) 여과지 바닥에 지주를 설치하고 그 위에 콘크리트 성형품을 고정 배열시킨 것

으로 성형품과 여과지 바닥 사이는 압력수실이 된다.

(2) 여과지 콘크리트상판 전면에 V자형 구멍을 중심간격 20~30cm 정도마다 만들어 그 밑에 단관(16mm)을 부착하여 분출구로 하며, V자형 구멍 속에 대소의 자구를 5개 또는 14개를 놓아 세정수가 압력수실에서 단관을 통하여 상승한다.

(3) 여과면적에 대한 개구비 : 0.25~0.4%

(4) 장점 : 경질 자구를 사용하여 내구연한이 길다.
비교적 손실수두가 적고 시공이 간편하다.

(5) 단점 : 역세척 균등 분배의 어려움(공기, 물 병용은 불가)
모르타르 이음새의 누수 우려, 제작과 시공의 정확도 요구

(6) 실적 : 과거 국내에서 많이 사용되었으며 현재는 일부 소형 정수장에서 사용

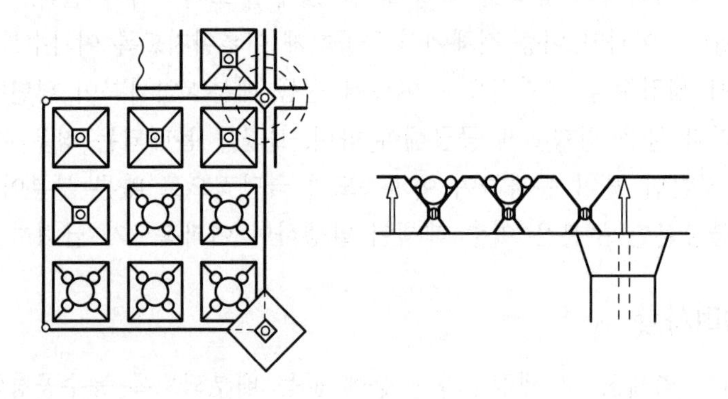

2) 스트레이너형

(1) 스트레이너를 단관에 의하여 집수지관(PVC관, 주철관, 석면시멘트관)에 10~20cm 간격으로 여과지 저판 표면에 노출되도록 부착

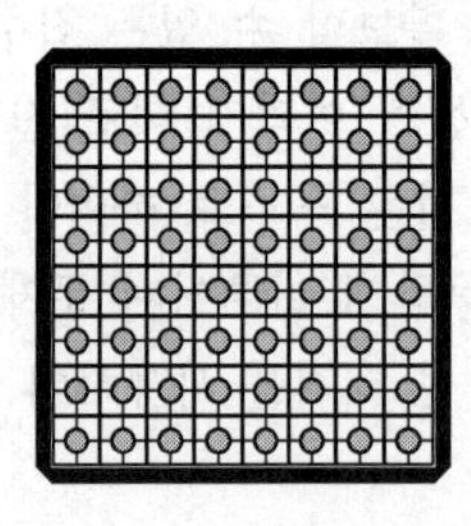

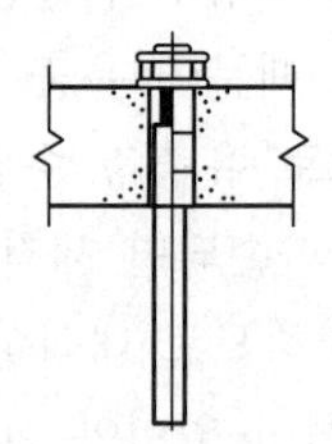

(2) 단관의 단면적이 작으면 세척 시 균등한 손실수두는 얻어지나 세척수압이 커야 하므로 비경제적이 되고, 크게 되면 세척 시 균등한 압력수두가 되지 않아 세척이 균등하지 않다.

(3) 여과면적에 대한 개구비 : 0.25~1.0%

(4) 장점 : 제작과 시공이 쉽고 경제적이다.
정밀시공 시 균등여과 및 균압에 의한 역세척이 가능하다.

(5) 단점 : 손실수두가 크고 여과사로 인한 스트레이너의 폐색 우려
시공 시 평판성의 유지가 어려워 균등한 역세척이 어렵다.

(6) 실적 : 국내 정수장에서 사용실적이 많다.

3) 다공관형(유공관형)

(1) 집수본관에서 직각으로 다공집수지관을 간격 30cm 이하, 관경의 60배 이하의 길이로 분기하여 상판에 견고하게 부착

(2) 지관 밑부분을 7.5~20cm 간격으로 6~12mm 정도의 소공을 뚫으며, 지관의 말단은 상호 연결하여 관 내의 압력분포를 균등히 한다.

(3) 여과면적에 대한 개구비 : 0.2%

(4) 장점 : 소구경 시 경제적이며 통수공을 하부로 향하여 경사지게 하면 세척수가 잘 확산되고 자갈층에 충격을 적게 한다.

(5) 단점 : 지관과 소공이 너무 소구경일 경우 역세척 시 손실수두가 불균등하게 되어 균등한 세척이 어렵고, 대구경일 때는 비경제적이다.

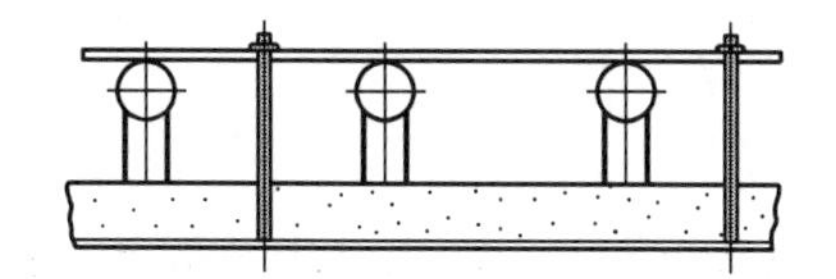
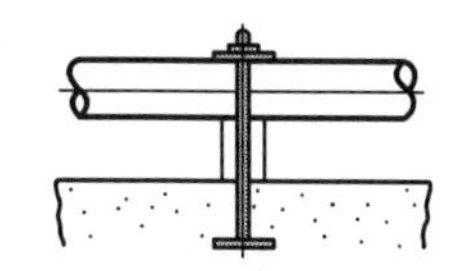

4) 유공 Block형

(1) 여과지 바닥에 송수실과 분배실을 갖는 유공 Block을 병렬 연결한 것으로 평면적으로 균등한 여과와 역세척 효과가 뛰어나다. 최근 공기+물역세척 시스템에 대한 유공블록형의 적용 실적이 증가하고 있다.

(2) 손실수두가 타 방식에 비하여 적으며 자갈층의 두께가 작아도 된다.

(3) 여과면적에 대한 개구비 : 0.6~1.4%

(4) 장점 : 손실수두가 적고 균등한 역세척으로 역세척 효율이 증대된다.
조립 및 시공이 간편하고, 공기와 물의 동시 역세척이 좋다.

(5) 단점 : 초기 투자비가 비싸다.

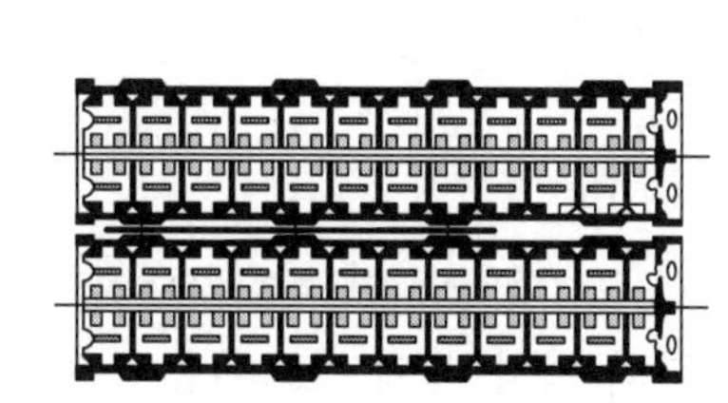
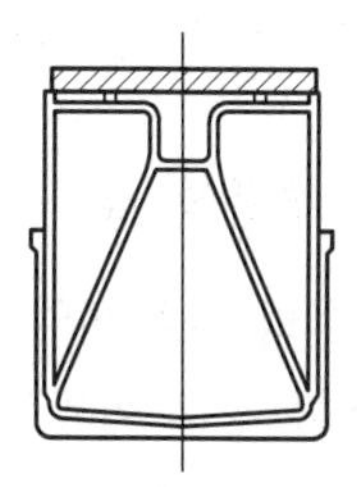

38 | 여과모래층이 60cm로 설계된 여과지의 주상시료(Core Sample)를 채취하여 체가름한 결과는 다음 표와 같다. 이 여과지의 문제점과 대책을 설명하시오.

규격	여층의 깊이별(cm)					
	0~10	10~20	20~30	30~40	40~50	50~60
d_{60}(mm)	1.18	1.22	1.24	1.21	1.18	1.62
d_{10}(mm)	0.67	0.68	0.69	0.68	0.67	0.75
균등계수	1.76	1.79	1.81	1.78	1.77	2.17
최대경(mm)	2.89	3.07	3.16	3.01	3.11	4.09
최소경(mm)	0.52	0.52	0.52	0.52	0.52	0.54

1. 개요

여과사는 적합한 여과속도 유지와 억류 탁질량과 여과지속시간의 확보를 위해 유효경이 적합하고 균등계수가 기준값 이하로 되어야 한다.

2. 표면여과와 내부여과

1) 표면여과 : 급속여과지에서 유효경을 0.4~0.7mm 균등계수를 1.7 이하로 하는 60cm 정도의 사층과 입경 2~30mm 정도의 50cm 정도의 사리층을 갖는 것으로 표면여과가 이루어진다.
2) 내부여과 : 유효경을 0.9~1.1mm 균등계수를 1.6 이하로 하는 90cm 정도의 사층과 입경 2~10mm 정도의 10cm 정도의 사리층을 갖는 것으로 유효경이 커서 내부여과가 이루어진다.
3) 위 여과사 체분석 결과로 보아 표면여과의 여과사층만의 체분석이라고 보아지며 표면여과로 간주하고 검토하고자 한다.

3. 유효경(D_{10}) 체분석 결과 검토

1) 급속여과지의 유효경은 0.45~1.0(0.6~0.7)mm가 적합하며 유효경이 너무 적은 세사를 사용할 경우 여과는 표면여과의 경향이 되므로 여층에 억류되는 탁질량이 적고 Mud Ball이 생성되기 쉬우며 여과지속시간이 짧아진다. 그러나 역세척 유속이

작아도 되고 사층의 두께를 줄일 수 있다.

2) 유효경이 큰 조사를 사용할 경우 내부여과 경향이 크므로 지속시간과 여과속도를 증가할 수 있다. 그러나 역세척 속도가 커야 하고 동일한 여과효율을 얻기 위해서는 사층의 두께도 크게 해야 한다.

3) 위 체분석 결과는 유효경이 권장치 0.6~0.7mm 범위에 대부분 속하고 최하부층의 유효경이 약간 크나 표면여과사 유효경으로 전반적으로 적합하다.

4. 균등계수 분석

1) 표면여과의 균등계수는 1.7 이하로 규정하며 그 이상인 여과사를 사용하면 조사의 공극에 세사가 끼어 세밀충진상태가 되어 탁질저지율은 높아지나 손실수두가 너무 커서 지속시간이 짧아지고 역세과정에서 성층현상이 발생하여 운전 유지관리면에서 불리하다.

2) 위 분석 결과 균등계수가 전반적으로 1.7을 상회하여 불량하다. 최대 입경이 2mm를 초과하여 이에 따른 균등계수 불량으로 분석된다.

5. 최소경 및 최대경 검토

1) 최소경은 기준치(0.3mm 이상)를 모두 만족하여 대체로 양호

2) 최대경은 기준치(2mm 이하)를 모두 초과하여 불량

6. 문제점

1) 여과사 분석 결과 전반적으로 유효경 및 최소경은 기준치에 적합하나 균등계수 및 최대경이 기준치를 크게 벗어나므로

2) 여과지 폐색이 빈번 : 이 여과지는 조사 사이에 세사가 끼는 형태로 여과지 폐색이 빈번할 것으로 예상된다.

3) 여과지속시간 감소 : 여과지 폐색에 따른 여과지속시간이 감소되어 쉽게 저항이 증가하여 역세척을 자주 해야 한다.

7. 대책

기존 여과사는 2mm 체로 체거름 실시하여 최대경 이상의 여과사는 제거하고 재사용하며 부족한 여과사는 기준에 적합한 신설 여과사로 보충한다. 이때 되도록 신설 여과사가 하부에 포설되도록 하며 여과사 두께는 역세척후 침적을 고려하여 5~10cm 정도 여유롭게 포설한다.

39 | 여과지의 Mud Ball 현상

1. 정의

Mud Ball이란 여과지 내에서 모래와 기타 고형물이 덩어리를 형성하여 20~25mm 정도로 커진 것으로 비중이 가벼운 Mud Ball은 여층의 상부에 집중하나 비중이 모래 이상이 되면 여층 전체에 걸쳐 존재하기도 하며 때로는 큰 덩어리를 형성하기도 한다.

2. Mud Ball의 발생원인

Mud Ball의 발생원인은 처리수 중의 Lime 성분 증가나 역세척이 불충분하여 여층에서 오염물질의 축적 또는 여재 품질이 원인이 되어 발생되는 것으로 특히 역세척 시 세척이 부족할 때 발생하며 공기 병용 세척이나 표면세척을 병용하는 경우에는 발생을 방지할 수 있다.

3. 영향

Mud Ball의 발생 결과로 여층의 폐색과 고결, 여과손실수두의 급상승으로 인한 여층의 부수압 발생, Air Binding, Break Through, 여과지속시간 단축, 여층의 균열 발생, 여과수질의 악화 등의 현상을 초래한다.

4. 대책

1) 처리수 중의 Lime 성분 증가
   응집제 주입량을 적절히 하고 침전지에서 침전효율을 높여 여과지로 과량의 응집제 유출을 막는다.

2) 역세척이 불충분할 경우
   역세척이 불충분하면 여층에서 오염물질의 축적으로 머드볼이 발생하며 공기 병용 세척이나 표면 세척을 병용하는 경우에는 발생을 방지할 수 있다

3) 여재 품질이 불량
   여재에 이물질이 혼입되어 있거나 유효경 균등계수가 나쁠 경우 머드볼 발생 가능성이 크며 양질의 여재 사용으로 머드볼을 방지할 수 있다.

40 | 급속여과지 여층의 수압분포에 대하여 설명하시오.

1. 개요

여과지는 정상 상태에서 깊이에 따른 수압을 받게 되나 여과가 진행됨에 따라 오탁물질이 여층의 간극 내에 억류되고 여층이 폐색되면 여과손실수두가 증가하여 여층 내 수압이 점차 떨어지며, 여과를 계속하면 폐색이 많이 진행된 부분에서 국부적으로 대기압보다 압력이 작은 부분이 발생하며 이때의 수두를 부수두라 한다.

2. 부수두의 영향

국부적인 부압현상은 오탁물질의 억류가 여층 표면에 집중하는 표면여과의 경우나 사면상의 수심이 과소한 경우에 주로 발생하며 부압이 여층 내에 발생하면 그로 인하여 Air Binding 현상이 발생하며 통수단면의 감소로 여과능력이 감소되며 여층의 타 부분에 과부하를 일으키게 된다.

3. 사면상 수심

사면상 수심은 부압의 발생을 억제하고 부압발생시간을 연장시키기 위하여 최소 0.7m, 통상 1~1.5m 이상으로 하고 있으며, 완속여과에서는 여과수의 인출수위를 사면 이하로 내려가지 않도록 하여 부압의 발생을 방지하고 있으나, 급속여과에서는 어느 정도의 부압을 허용하는데 이는 플록의 부착력이 커서 어느 정도의 Break Through에도 탁질누출현상이 발생하지 않기 때문이다.

4. 여층 내의 수압분포

급속여과지의 여과형태는 일반적으로 완속 여과의 특성을 띠므로 아래 그림과 같이 표면여과의 수압분포를 해석한다.

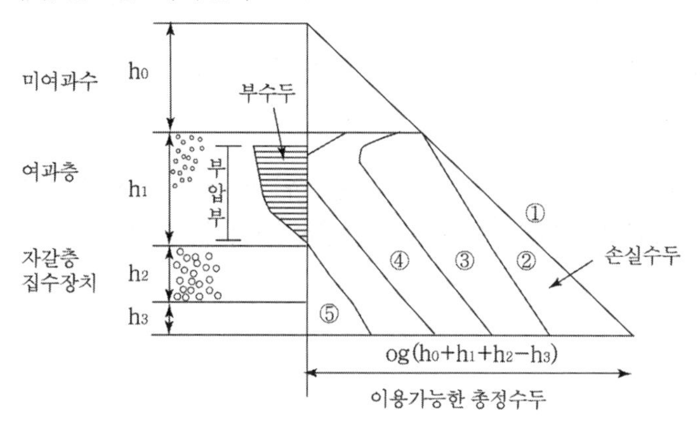

1) 여과가 진행됨에 따라 현탁물질이 여재의 간극 내에 억류되고 여재 입자 간의 수로가 폐색되어 손실수두가 증가하고 여층 내의 수압이 점차 감소한다.

- 직선 ① : 여과지에 물을 만수시키면 여과 정지 시 직선의 수압분포를 얻을 수 있다.
- 직선 ② : 여과를 시작한 직후에는 여층 및 자갈층의 저항에 따른 수압분포
- 직선 ③ : 여과를 계속하면 여층 내의 현탁물질의 억류가 진행되어 여층에 의한 손실수두가 크게 된다. 주로 표층부에 현탁물질의 억류량이 많아 표층부의 손실수두가 타 부분에 비하여 현저히 크다.
- 직선 ④ : 전손실수두가 크게 되어 이용 가능한 전수두의 대부분이 소모된 상태로 여과를 정지하여야 하는 상태이다. 실제의 급속여과지는 전손실수두를 1~2m 정도로 하고 있다.
- 직선 ⑤ : 여과지 전체 압력차가 통수능력을 유지할 수 있는 경우에도 폐색이 많이 일어난 여층부분에서 국부적으로 대기압보다 작은 부분이 발생한다. 이런 국부적인 부압 현상은 현탁물질의 억류가 여층 표면에 집중하는 경우나 사면상의 수심이 과소한 경우에 발생하기 쉽다.

2) 여과지 내 부수두가 발생되면 용존공기가 수중으로부터 유리되어 여층 중에 기포를 발생시키는 Air Binding 현상이 발생한다. 이로 인하여 통수단면이 감소하여 여과능력이 급격히 저하되고 부력에 의하여 여층표면의 여과막 조직이 파괴되어 사층표면에 균열을 발생시키고 Piping 작용을 일으켜 여과수에 탁질이 누출되는 Break Through 현상이 일어난다.

3) 이러한 부수두 현상을 방지하기 위해서는 여과지 사면상의 수심을 가능한 크게 하며(완속여과 0.9~1.2m, 급속여과 1~1.5m) 완속여과 시에는 여과수의 인출 수위가 사면의 높이까지 저하하면 여과를 중지하고, 여층의 세정작업을 실시해야 한다.

4) 급속여과 시에는 어느 정도 부수압을 허용하되 여과손실수두가 2~2.5m 정도에 이르면 여과를 중지하고 세정을 실시해야 한다.

5) 급속여과에서는 어느 정도의 부압을 허용하는데 이는 플록의 부착력이 커서 어느 정도의 부압에서는 탁질누출현상이 발생하지 않기 때문이다.

41 | 여과지의 Air Binding 현상

1. 정의

Air Binding은 수중의 용존공기가 여과지 내의 부수압 발생에 의해 수중으로부터 유리되어 사층 중에 기포가 발생하거나 여과지 내 수온 상승으로 인하여 용존공기의 용해도 저하에 따른 기포가 발생하는 현상이다.

2. 발생원리

여층 내의 수온 상승이나 표면 폐색에 따라 여층 내부가 부수두를 갖게 되면 수중의 용존공기가 압력강하로 유리되어 공기막을 형성한다.

3. 영향

이러한 여과지 내의 공기층은 물을 통과시키지 않으므로 여층의 여과면적을 감소시키며 또한 수중의 용존공기가 물로부터 유리되므로 물과의 비중의 차이로 부상작용에 의하여 여상을 팽창시키고 여과표층의 안정된 여과막을 파괴하여 여과지 내의 물을 통하여 대기로 방출된다.

1) 폐색되거나 통수단면이 작아져서 여과유속이 빨라지게 된다.
2) 유속이 어느 정도 이상이 되면 여층 내에 억류되어 있는 플록이 파괴되어 탁질이 여과수와 같이 유출되는 현상을 Break Through 현상이라고 한다.

4. 방지방법

근본적으로 여과지 표면근처에서 폐색이 일어나지 않도록 역세척 등을 충분히 하고 유량조절 등을 적절히 하여 부수두가 발생하지 않도록 한다. 또한 사면상의 수심을 크게 하여 부수두 발생을 억제하고 원수가 공기 포화 상태가 되지 않도록 하고 여과지 내에서 수온 상승이 일어나지 않도록 한다.

5. 여과지 부작용의 관계

여층폐색, 머드볼, 부수두, Air Binding, Break Through 현상들은 상관관계를 가지며 한 가지 현상은 다른 현상을 불러온다. 따라서 여과지 내부의 비정상 흐름이 하나라도 발생하면 악순환이 반복되어 여러 가지 부작용이 발생된다.

42 | 여과지의 Piping과 탁질누출현상(Break Through)

1. 정의

여층 내의 유속이 어느 정도 이상이 되면 여층 내에 억류되어 있는 플록이 파괴되어 탁질이 여과수와 같이 유출되는 현상을 Break Through 현상이라고 한다.

2. Piping과 Break Through

여과가 진행됨에 따라 현탁물질이 여층의 간극 내에 억류되고 Mud Ball 등으로 여층이 폐색되면 국부적으로 대기압보다 압력이 작은 부분이 발생되며, 이러한 부수두의 발생으로 인해 여층 내에 Air Binding 현상이 발생하여 여층 내의 간극이 폐색되거나 통수단면이 작아져서 좁은 통로로 물이 빠져나가고(Piping 현상) 여과유속이 빨라지게 된다.

유속이 어느 정도 이상이 되면 여층 내에 억류되어 있는 플록이 파괴되어 탁질이 여과수와 같이 유출되는 현상을 Break Through 현상이라고 한다.

3. 영향

유속이 빨라지면 여층 내에 억류되어 있는 플록이 파괴되어 탁질이 여과수와 같이 유출되므로 처리수의 수질이 악화되고 이 통로의 저항이 작아져 이 부분으로 여과수가 집중통과하므로 탁질누출과 다른 면의 여과를 방해하고 특히 이러한 현상이 계속되는 경우가 있다.

4. Al/T비와 탁질누출의 영향

탁질에 대한 응집제량의 비(Al/T)가 클수록 응집제량이 많아 탁질의 강도가 떨어지고 수류에 의한 탁질층 파괴로 탁질누출현상이 증가한다.

5. 대책

이러한 현상은 표면여과의 경우에는 거의 발생치 않으며 내부여과의 경우에 발생 가능성이 높나. 탁질누출현상을 방지하기 위해서는 여층폐색, 머드볼, 부수두 Air Binding 현상을 방지해야 하며 따라서 역세척을 충분히 하고 응집 시 PAC 등을 사용하면 플록의 강도를 강하게 하고 흡착력이 강해져서 방지할 수 있다.

43 | 여과지에서 직접여과[Direct Filtration]와 내부여과[In Line Filtration]를 설명하시오.

1. 직접여과(Direct Filtration)

1) 정의

직접여과는 저수온이고 저탁도의 원수를 대상으로 하여 소량의 응집제를 혼화지에서 주입한 다음 미세플록을 침전공정을 거치지 않고 여과지에서 직접 여과하는 방식이다.

2) 직접여과 공정

원수에 탁도, 색도 및 미생물의 수가 낮은 원수를 대상으로 적합한 정수처리방식이다. 일반적으로 직접여과 정수장은 급속혼화 후 교반(응결)을 하지 않은 채 한동안(20~60분) 체류시킨 후 여과를 한다.

일반적인 여과공정에서처럼 여과보조제는 여과지 유입 직전에 주입하며, 태풍이나 호우 등으로 인하여 원수수질이 악화되어 직접여과법으로는 처리할 수 없는 경우를 대비하여 정수장에서는 통상의 응집·침전지를 구비하여 둘 필요가 있다.

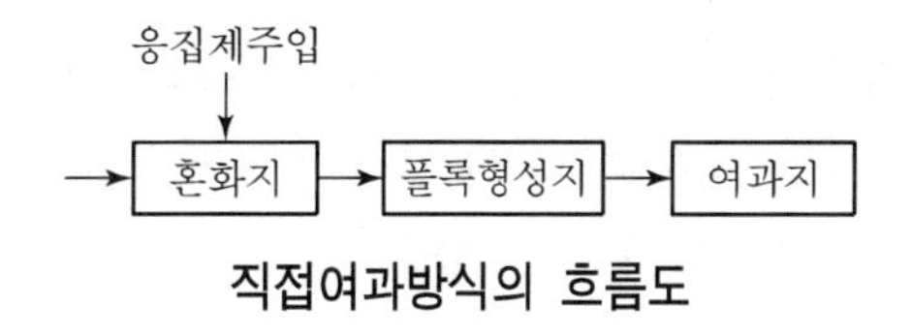

직접여과방식의 흐름도

3) 직접여과를 채택할 때 고려사항

(1) 원수수질이 양호하고 장기적으로 안정되어 있어야 한다.
(2) 응집과 여과의 관리가 적절하고 충분한 수질검사가 이루어져야 한다.
(3) 일반적인 정수처리공정과 비교할 때 침전공정이 생략된 방식으로 통상적으로 수질변화가 적고 비교적 양호한 수질에서는 일반적인 응집·침전과 급속여과 방식으로 대처할 수 있는 설비를 갖춘다.
(4) 탁도가 낮은 경우에 침전지에서 탁질을 제거하기 위해서는 폴록입경을 크게 하기 위하여 탁질당 응집제 주입량을 많이 해야 하며, 이러한 경우에는 플록의 밀도가 작고 깨지기 쉬우므로 여과지에서 탁질누출이 생기기 쉽다.

(5) 침전지 슬러지는 농축성과 탈수성이 나쁘고, 슬러지의 처리나 처분이 곤란한 경우가 많다. 이러한 문제를 개선하기 위하여 저탁도 원수에 대하여 직접여과를 하기도 한다.

(6) 직접여과는 응집제 주입량을 통상 주입량의 1/2～1/4정도만 주입하여 플록을 형성시킨다.

(7) 표준적인 여과층 구성과 여과속도로 직접여과를 할 경우에 원수탁도가 대체로 10NTU 이하이면 양호한 처리결과를 기대할 수 있다.

(8) 휴민질 등에 의한 색도성분을 다량 포함한 원수는 응집제의 과잉주입에 의한 약산성역에서 응집되어야 하기 때문에 직접여과에 의한 처리는 적합하지 않다.

(9) 직접여과의 여과층 구성은 2층 또는 다층으로 하는 것이 바람직하다.

(10) 직접여과에는 플록을 성장시키지 않고 미세한 상태 그대로 여과지에 유입시킬 필요가 있다. 따라서 혼화지에 응집제를 주입한 다음 여과지까지 유로가 길어서 플록이 크게 성장할 경우에는 여과지 직전에 응집제를 주입하여 혼화한다.

(11) 일반적인 정수처리인 경우에는 중간단계인 침전처리수의 탁도를 감시하여 정수처리상태를 어느 정도 확인할 수 있지만 직접여과에서는 도중에 수질상태를 확인할 수 없으므로 여과수의 탁도를 특히 엄격하게 감시해야만 한다.

4) 직접여과의 효과

직접여과는 침전지가 생략되므로 공정이 단순하고 처리가 경제적이며 혼화지에서 생성되는 폴록은 입경과 침강속도는 작지만, 밀도와 강도가 큰 마이크로 플록이 형성되므로 이것을 직접 여과함으로써 안정되게 처리할 수 있을 뿐만 아니라 약품 사용량이 절약되고 발생슬러지량도 적어진다.

2. 내부여과(In－Line Filtration)

1) 정의

내부여과는 응집제를 배관 내부에 주입하는 방식으로 기본적으로 직접여과와 같은 원리이며 응집제를 In－Line 상에서 주입한다는 의미이다.

2) 특징

응집제를 여과지에 유입되는 관로에 주입하는 방식으로 일반정수처리공정과 비교하여 응집공정 및 침전공정이 생략된 상태이다. 이러한 방식은 원수의 수질변화가 큰 원수나 최적 응집제주입량이 과다한 원수에서는 사용이 어렵다.

3) 이 공정은 원수나 탁도나 미생물수의 변화가 심할 경우에는 응집공정이나 침전공정이 있는 일반적인 방식에 비해 효과적이지 못하다. 또한 충분히 반응하지 않은 응집제가 여과 후에 플록을 생성시킬 가능성도 있다.

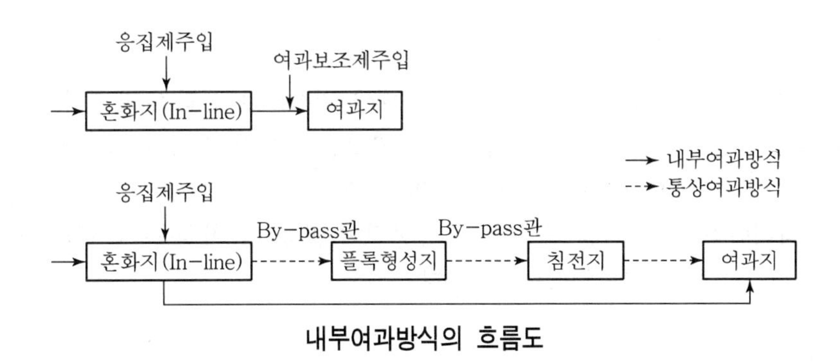

내부여과방식의 흐름도

44 | 전처리여과를 설명하시오.

1. 개요

호소나 하천을 수원으로 하는 경우 조류의 대량 번식으로 여과지 폐색이나 악취미가 발생할 수 있다. 이들의 제거를 위해서는 잔자갈을 사용한 전처리여과, 마이크로스트레이너 및 약품 등의 방법을 사용할 수 있다.
특히, 전처리여과는 조류 및 탁도 등 부유물질이 많을 때 이들을 제거하여 급속여과지의 부담을 경감하는 목적으로 설치된다.

2. 전처리여과

1) 여과방식

(1) 여과방식은 상향류 여과와 하향류 여과의 두 가지 방식이 있으며, 조류 및 탁질의 억류는 하향류 여과에서는 비교적 표층에 많고 상향류 여과에서는 전 층에 걸쳐 억류되게 된다. 따라서 상향류 여과에는 세척이 약간 곤란해진다.

(2) 여과지의 구조는 하향류 여과의 경우는 급속여과지와 거의 동일하나, 상향류 여과의 경우는 여층하부의 압력수실에 상당하는 부분을 크게 하여 침전작용을 시키게 하면 여과손실수두의 증가가 작아진다.

2) 여층구성

조류 제거를 위한 전처리여과는 여층 자갈은 입경 2~6mm, 두께 35~65cm 정도가 적당하며, 지지 자갈은 입경 5~20mm, 두께 15~30cm 정도가 적당하다.

(1) 여과 자갈은 입경이 작고 층 두께가 클수록 여과효율은 좋으나 입경이 작으면 폐색이 빨라지고 층 두께가 클수록 여과지가 깊어져서 건설비가 많아진다.

(2) 전처리 여과는 예비 여과이므로 원수의 수질에 따라 여재에 굵은 모래를 사용하는 경우도 있으나 보통 잔자갈을 사용하며 입경은 2~6mm의 것이 가장 적당하다.

3) 여과속도

여과속도는 원수의 수질이나 여재의 입경, 두께 등에 따라서 차이가 있으므로 실험에 의하여 정하는 것이 좋으며 일반적으로 80~100m/d가 적당하다.

4) 하부집수장치

하부집수장치의 구조는 일반 급속여과지와 거의 동일하나 상향류 여과의 경우는 급속여과지의 압력수실에 상당하는 부분이 원수의 유입실이 되어 원수 중의 부유물질은 여기서 침전하게 되므로 이 실의 청소에 유의하며 슬러지 배제를 위하여 바닥면에는 적당한 경사를 두어야 한다.

5) 지의 면적

1지의 면적 : $100m^2$ 이하

6) 세척방식

전처리여과는 응집 침전을 거치지 않으므로 여층 내부가 탁질로 많이 오염된다. 따라서 역세척속도는 일반 급속여과지보다 크고 역세설비가 공기와 물을 병용한 세척을 하므로 대규모 설비가 된다.

7) 역세척수와 공기량

공기와 물의 병용에 의한 세척에서는 세척을 중지할 때 여층 내에 기포가 남기 쉬우므로 세척의 끝마무리에서 공기 주입을 중지한 후 1분 정도 물만으로 세척을 하여 여층 내의 기포를 제거한다.

(1) 세척수압 : 5~10(mAq), 세척수량 : 0.6~1.0(m^3/여과지m^2 분)

(2) 공기량 : 0.8~1.2(m^3/여과지m^2분), 공기압 : 3~5(mAq)

45 | 여과지 역세방식(유동화세정, 공기물 병용방식)을 설명하시오.

1. 개요

급속여과지에서 여과가 진행되면 여층 내에 탁질이 억류되어 허용최대손실수두에 도달하거나 여과수에 탁질농도가 허용치에 도달하면 여과를 중지하고 하부집수장치를 통하여 정수를 역류시켜 여층을 팽창, 부유시켜 수류에 의하여 폐색된 여층을 세척하여야 하는데 이를 역세척이라 한다.

2. 역세척의 목적

1) 여재의 세척은 여과효율에 큰 영향을 미치므로, 여층표면 전역 및 여층깊이에 있어서 청정한 여재를 유지할 수 있도록 균등하고 유효한 세척이 되도록 한다.
2) 세척효과가 불충분할 때는 여과지속시간의 감소, 여과수질의 악화, Mud Ball의 발생, 여층의 균열, 여층표면의 불균일, 측벽과 여층 간에 간격이 생기는 등 여러 가지 장애 요인이 된다.

3. 역세척 타이밍 선정

역세척 시간은 유출수 수질한계농도 ①, 허용손실수두 한계 ②, 유지관리에 필요한 최소한의 시간 간격 ③ 중에서 가장 짧은 것으로 한다. 탁도계, 여과지 수위 등으로 프로그래밍과 관리자의 경험을 종합하여 운영한다.

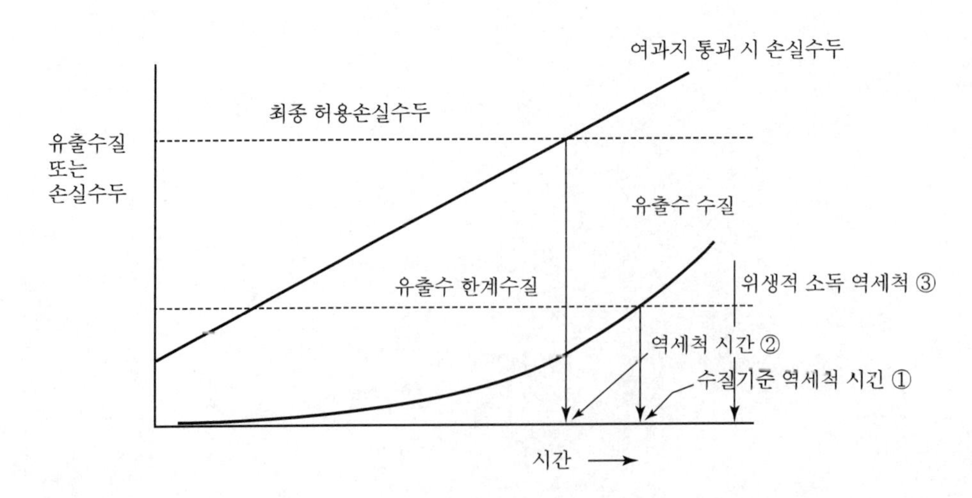

4. 역세척 방식 결정

1) 역세척 방식의 결정은 원수의 수질, 전처리의 정도, 여층의 입도구성 및 두께 등에 의하여 결정한다.
2) 세척에는 표면세척과 역세척을 조합한 방식과 공기세척과 역세척을 조합한 방식이 있다.
3) 여층 내의 탁질억류분포가 표층부에 많은 여과 방식에는 표면세척과 역세척을 조합한 방식이 좋으며
4) 다층여과 방식처럼 탁질을 여층 내부까지 억류하는 경우는 공기세척과 역세척을 조합한 방식이 효과적이다.

5. 표면세척과 역세척의 조합 방식(유동화 세정법)

1) 개요

여층표면의 탁질을 수류에 의한 전단력으로 파괴하고, 다음에 여층을 유동상태가 될 때까지 세척속도를 높여 여재 상호의 충돌, 마찰, 수류에 의한 전단력으로 부착탁질을 떨어뜨린 후에 비교적 저속도의 역세척속도로 여층으로부터 배출시키는 방법이다.

2) 표면세척

(1) 목적

표면세척은 여층표층부에 억류된 탁질을 강력한 수류의 전단력으로 파쇄하는 것이다. 하향류식 급속여과 방식은 표층부에 탁질이 심하게 많은 억류상태를 가지므로 역세척만으로는 충분한 세척효과를 기대하기 어렵다. 즉 역세척만으로는 여층 표층부에 탁질이 남고 세척효과가 나쁘며 표면의 여재에 탁질이 축적되어 여층의 탁질억류용량을 감소시키고 결국은 Mud Ball을 형성시킨다. 따라서 역세척 외에 표면세척을 병용하지 않으면 충분한 세척효과를 얻을 수 없다.

(2) 세척

표면세척은 여층표층부에 압력수를 고속으로 분사시키고 강력한 수류에 의하여 전단에너지로 표면 탁질층을 파쇄함과 동시에 여재 상호의 충돌, 마찰을 증대시켜서 세척효과를 높인다. 표면세척은 역세척 개시 전에 분출노즐로 여층전 표면에 고루 분포되게 한다.

(3) 표면세척장치

- 고정식 : 수평관으로부터 수직관을 분지하여 그 선단에 다수의 구멍을 만들어 분출노즐을 붙여서 분사시키는 방식

- 회전식 : 수직회전축의 하단에 붙인 수평회전관의 측면 및 선단의 구멍에서 분사시키고 그 압력에 의하여 수평회전축을 회전시키는 방식

3) 역세척

역세척은 2단계로 이루어지며 제1단계는 역세척수에 의하여 여재 상호의 충돌, 마찰이나 수류의 전단력으로 부착된 탁질을 떨어뜨리는 것이고, 제2단계는 여층상에 배출된 이들 탁질을 트로프로 유출시키는 단계로 트로프의 높이와 간격에 의하여 영향을 받는다.

(1) 역세척은 여층을 유동화시키고 여재입자가 부유하여 팽창상태를 유지하고, 또 유동화한 여층으로부터 여재입자를 떨어지게 하는 상태로 만드는 것이 중요하다.
(2) 부착물질의 분리나 여층으로부터의 배출은 여층을 20~30% 팽창시켰을 때에 유효하고 효과가 좋다.

6. 공기세척과 물세척을 병용한 방식

1) 개요

공기・물 병용 방식은 상승 기포의 미진동에 의하여 부착된 탁질을 떨어뜨린 후에 비교적 저속도의 역세척수로 여층으로부터 배출시키는 방식이다.

2) 세척 조건

공기세척 시 공기압력, 공기량, 공기를 여층 전체에 균등하게 분산시키기 위한 장치, 역세척과 시간적 조합 등이 효율에 크게 영향을 미친다. 이 방법은 유동화 방법보다는 여층 전체가 유동화되지 않는다.

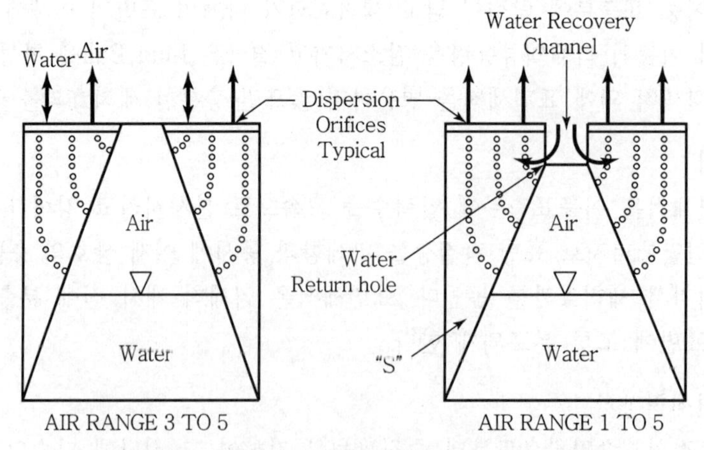

유공블럭에서 공기 물 병용 방식의 역세척 모형도

3) 세척 방법

(1) 공기 분출 후 물로 세척하는 방식과 공기와 물을 동시에 분출하는 방법 2가지가 있다.

(2) 먼저 압축공기(0.05MPa 정도)를 공기관을 통하여 하부집수장치로 보내면 공기가 스트레이너로부터 분출된다. 분출된 기포는 여층 속으로 상승하게 되는데 이때 기포는 여층을 진동시켜 응결되어 있는 여층을 이완시키는 역할을 한다. 공기세척량은 0.6m^3/m^2.min 정도이다.

(3) 이러한 이완작용에 의하여 여층 속에 있는 부착된 탁질이 떨어지게 되어 후속되는 역세척의 부하를 경감시켜 준다. 5분 정도 공기세척 후에 물세척(역세수압 0.05MPa)을 5분 정도 실시하여 여재 상호 간의 충돌, 마찰, 수류에 의한 전단력에 의하여 탁질을 여층에서 배출시킨다. 물세척량은 0.4m^3/m^2.min 정도이다.

(4) 이러한 공기세척법은 내부여과 경향이 큰 다층여과지나 상향류식 여과지 등에 사용되며, 상층에 비중이 작은 무연탄(1.49~1.68)이 기포와 함께 유출될 수 있으므로 주의해야 한다.

4) 공기+물 역세방식의 유동화 세정법과의 차이

(1) 여층 팽창이 적어 성층화되지 않는다.

(2) 여층 팽창에 의한 여재의 유출이 발생하지 않으므로 세척배수를 위한 트로프를 여층 표면에서 낮은 높이에 설치하여도 되며, 트로프의 간격이 커도 좋다.

(3) 큰 여재를 사용하여도 역세척속도를 크게 할 필요가 없다.

(4) 공기와 물을 여층 내에 균등하게 분산시키기 위한 특수한 하부집수장치가 필요하다.

(5) 여층의 교반이 주로 공기에 의하여 이루어지므로 세척수가 적게 소요된다.

(6) 실제로 공기에 의하여 여층교반시 약한 층으로 공기가 유출할 가능성이 커 교반 효과를 크게 기대할 수 없다. 또 공기압축기, 송기관 등의 설비가 요구되므로 설치비가 고가이고 유지관리가 어렵다.

(7) 대입경의 여재를 사용하는 여과지, 다층여과지 등에 유리하다.

7. 역세척 수량

역세척에 사용하는 물은 여층 내 조류나 작은 동물이 번식하여 오염이나 여과장애를 발생하는 것을 방지하기 위하여 염소가 잔류하는 물을 사용하여야 한다. 세척수량, 수압 및 시간이 과소하면 역세효과가 불충분하고 너무 과대하면 비경제적이 되므로 적정하게 결정하여야 한다.

구분	표면세척과 병용하는 경우		공기세척과 병용하는 경우
	고정식	회전식	
분사수압(m) 분사수량(m^3) 분사시간(분)	15 ~ 20 0.15 ~ 0.20 4 ~ 6	30 ~ 40 0.05 ~ 0.10 4 ~ 6	5 0.6 5
역세척수압(m) 역세척수량(m^3) 역세척시간(분)	1.6 ~ 3.0 0.6 ~ 0.9 4 ~ 6	1.6 ~ 3.0 0.6 ~ 0.9 4 ~ 6	5 0.4 5

주 : 1. 표면분사수압은 분출부에 있어서의 동수두
2. 역세척수압은 하부집수장치의 분출부(하부집수장치 미포함)에 있어서의 동수두=여층과 자갈층의 손실수두(0.4~0.8m)+하부집수장치 천단으로부터 세척트로프 월류수면까지의 표준적 수심(1.2~1.6m)+여유
3. 수량은 여과면적 $1m^2$ 당 매분의 량

8. 역세척 순서(공기 물 병용 역세척)

1) 원리

공기와 물을 병용하는 역세척은 공기로 여과층을 교란시킨 후 물로 역세척하는 방법으로 먼저 압축공기를 공기관을 통하여 하부집수장치로 보내면 이 공기가 스트레이너로부터 분출되어 기포가 여층을 통하여 상승하게 된다. 이때 상승하는 기포는 여층을 진동시켜 모래층을 마모, 이완시키며 이 이완작용으로 모래층에 있던 부착된 탁질이 떨어지게 한 후 후속의 물 역세척으로 세정한다.

2) 공기압은 0.03~0.05MPa(3~5m 수두), 공기량은 여과면적 $1m^2$당 $0.6m^3$/min 정도이다.

3) 역세척 순서는 다음과 같다.

(1) 유입밸브를 여과지 규정수위(1.0~1.5m)까지 연다.
(2) 유출밸브와 여과유량조절밸브를 연다.
(3) 여과를 실시한다.(1~3일)
(4) 손실수두 설정치(2~2.5m)에 도달하면 유입밸브를 닫아 여과를 중단한다.
(5) 수위가 사면상 10~15cm 정도까지 여과를 지속한다.
(6) 유출밸브를 닫는다.
(7) 배수밸브를 연다.
(8) Blower를 가동한다.
(9) 공기밸브를 연다.
(10) 압축공기를 1~5분 정도 주입한다.

(11) 역세척 펌프를 가동한다.
(12) 역세유량조절밸브와 역세밸브를 연다.
(13) 역세척 수위가 배출 트로프 하단까지 상승하면 공기밸브를 닫는다.
(14) Blower 가동을 중지한다.
(15) 역세척 유속을 점차 증가시킨다.
(16) 역세척 유속을 점차 감소시킨다.
(17) 역세척 밸브를 닫는다.
(18) 역세척 펌프의 가동을 중지한다.
(19) 배수밸브를 닫는다.
(20) 유입밸브를 열어 여과를 시작한다.

46 | 급속여과지의 표면세척과, 공기+물 역세척방식을 비교하시오.

정수장 급속 여과지 역세척 방식은 기존의 표면세척+물 세척(유동세정법)방식에서 최근 공기+물 역세척 방식으로 화대 적용되고 있다.

구분			표면세척+물세척(유동세정법)	공기+물세척
설계기준	역류세척	수압	1.6~3.0m	1.6~3.0m
		수량	0.6~0.8m^3/min/m^2	0.6~0.8m^3/min/m^2
	표면세척 또는 공기세척	압력	• 수압 – 고정식 : 15~20m – 회전식 : 30~40m	• 공기압 – 3,000mmAq
		수량	• 고정식 : 0.15~0.20m^3/min/m^2 • 회전식 : 0.05~0.10m^3/min/m^2	0.8~1.0m^3/min/m^2
개요			여과지 표면의 강한 분사를 통해 표층부를 교란시킨 후 탁질분리 후 역세척에 의해 제거	하부 집수장치에서 공기와 물을 동시에 분출시킨 후 발생하는 강한 유동을 이용하여 여과사 중에 적체된 탁질 제거
주요시설			• 세척수펌프(직송 또는 수조) • 표면세척펌프(직송) • 손실수두계(세척시기 검지용) • 세척수유출트러프	• 세척수펌프(직송) • Blower(직송) • 손실수두계 또는 Level Switch • 세척수유출트러프
구조형식 개요도			표면세척수 역세척수 물 여과수유출	역세공기 역세척수 공기 물 여과수유출
유지관리			• 역세척 손실수량이 큼 • 배출수 처리시설이 큼 • 불균등한 표면세척 • 머드볼 발생 가능성이 큼 • 낮은 역세척효율	• 역세척 손실수량이 작음 • 배출수 처리시설이 작음 • 균등한 역세척으로 세척효율이 높음 • 머드볼 발생 가능성이 적음
장점			• 오래된 형식으로 실적 다수 • 유지관리 비교적 양호	• 역세척 수량이 적게 소요 • 균등한 역세척이 가능하여 세척 효과 높음 • 유지관리 양호
단점			• 세척 손실수량이 큼 • 균등한 표면세척이 곤란 • 배출수 처리시설이 큼	• 역류세정 송풍기 및 펌프설비 필요 • 정밀한 관리가 필요
선정방법			공기세척에 필요한 송풍기 및 펌프 등의 설비비 증가와 역세척 성능 향상의 이점을 비교하여 정수장 여건에 알맞은 역세척방식을 선정	

47 | Turbidity Spikes와 시동방수

1. 개요

Turbidity Spikes란 급속여과지에서 역세척 후에 여과를 개시하면 10~15분 동안 여과수의 수질이 악화되는 현상을 말한다. 이런 현상으로 수질이 악화되는 것을 방지하기 위하여 초기여과수의 배출(시동방수), 여과속도의 조절, 응집제의 사용 등으로 제어한다.

2. 역세척 후 여과수의 수질

역세척 시 여재에 붙어 있던 탁질은 여재로부터 떨어져 트로프를 통하여 유출된다. 하지만 탁질이 100% 배출되지 않고 일부 탁질이 남아 있으면 역세척 후 여과 시 여과수를 통하여 탁질이 누출되고 이것이 여과수의 수질을 악화시키게 된다.

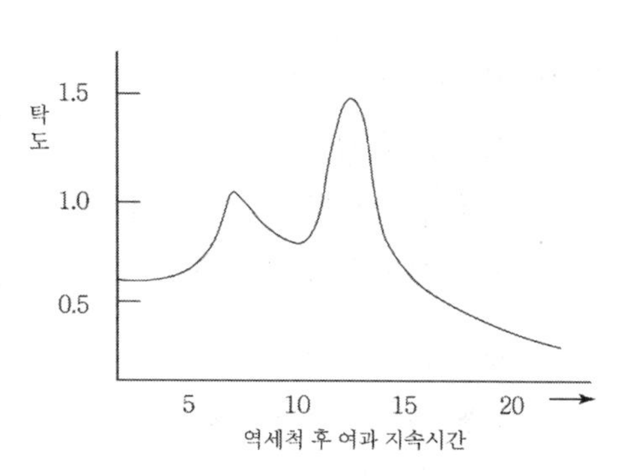

3. 대책

1) 여과수의 배출(시동방수)

역세척 후 여과 시작과 동시에 유출수를 배출수조로 보내는 방법으로, 현실적으로 쉽게 접근할 수 있는 방안이다.

(1) 즉 여과수의 수질이 악화되는 10~15분 동안 역세척수조로 배수하고 그 이후의 여과수를 처리수로 소독공정 등 후속 처리시설로 이송하는 방법이다.

(2) 처리수 배관에 탁도계를 설치하여 규정 이상의 탁도를 포함하는 수질의 여과수는 밸브 제어를 통하여 유출배관을 차단하고 배출수배관을 열어 여과수를 배출수조로 이송한다.

(3) 탁도가 감소되면 여과지를 정상운전하면 된다. 자연 평형형에서는 이 방식을 주로 적용한다.

2) 여과속도의 감소

역세척 후에는 정상적인 여과속도(120~150m/d)보다 감소한 여과속도로 운전하여 여과지내의 탁질을 침전시켜 유출되는 탁질의 양을 감소시키는 방법이다. 유량

제어설비가 갖춰진 경우 비용이 거의 들지 않고 제어하기가 쉬워 흔히 사용한다.

3) 응집제의 사용

역세척이 끝나기 직전에 역세척수에 응집제를 주입하여 여상에 남아 있는 부유물질의 응결성을 향상시켜 탁질이 유출되는 대신에 여과 지내에 남아 있게 하는 방법이다.

(1) 응집제 주입시점은 역세척이 끝나기 전에 주입하여야 한다.
(2) 역세척이 끝나면 주입된 응집제는 유출 트로프를 통하여 배출되어야 한다.
(3) 이 시점을 잘못 조절하면 오히려 응집제는 소모시키면서, 처리가 비효율적으로 되어, 여과수질이 악화될 수 있으므로 주의하여야 한다.

4. 시동방수 설치 검토

1) 시동방수 정의

시동방수란 여과지에서 역세척후 여과 개시 직후에 여과수가 안정 될 때까지 여과수를 배출하는 기법을 말한다.

2) 시동방수의 필요성

시동방수란 여과지에서 역세척후 여과 개시 직후에는 탁도 피크현상(여과지가 불안정하여 여과기능 미비로 여과수 탁도가 일시적으로 상승하는 현상)이 발생하여 이러한 경우 병원성 미생물이 유출될 우려가 있으므로 여과지의 유출수 탁도를 0.1NTU 이하로 유지할수 있도록 여과 재개 후 일정한 시간동안 여과수를 배출시키는 시동방수(Filter-to-waste)공정을 두는 것이 바람직하다.

3) 시동방수 시스템 적용 시 고려사항

시동방수를 실시하기 위하여는 여과지 유출측에 각지별로 별도의 시동방수 배관이 필요하며 기존 여과지에 설치 시 배관공사비 증가와 배관실 설치에 따른 정수거 중간슬래브 신설 등 구조물의 변경이 필요하므로 합리적인 검토가 요구된다.

4) 현장적용추세

과거에 건설된 대부분의 정수장은 시동방수를 위한 적합한 시설을 갖추지 못하고 있는 실정이며 최근에 신설된 일부 정수장에서만 시설을 갖추고 있다. 기존의 대부분의 정수장에서는 상기의 기준을 충족하기 위하여 역세척 후 여재 숙성기간(약 30분~60분)을 두어 역세척 후 초기 탁도 누출에 대응하고 있는 실정이다.

48 | 여과지 시동방수 배관계통을 그리고 설명하시오.

1. 여과지의 시동방수 목적

여과지 시동방수시설의 목적은 수질이 불량한 여과수를 배출수관으로 배출시키는 것이다. 불량한 여과수는 정상상태에서나 비정상상태에서 발생할 수 있다. 정상상태에서는 전처리를 잘못하였거나 또는 여과층이 숙성되지 않은 상태일 때에 운전되는 정수장에서 탁질누출을 종종 관찰할 수 있다.

2. 불량한 여과수 발생원인

1) 여재를 새로이 투입한 다음 여과층이 숙성되지 않았을 때
2) 여과지의 자갈층이나 하부집수장치를 보수하거나 개량함으로써 여과층을 교란시켰을 때
3) 역세척 후 여과층이 숙성되기 전
4) 여과되고 있는 동안에 표면세척기나 공기교반시설의 우발적인 작동으로 여과층이 교란되었을 때
5) 강한 지진으로 인한 여과층의 액상화
6) 부정확한 응집제어의 주입관리 등

3. 여과지 시동방수의 중요성

최근 각국의 수돗물 수질규제기관에서는 특히 크립토스포리디움과 같은 원생동물의 포낭(Cysts)이나 난포낭(Oocysts)의 존재에 대하여 깊은 관심을 가지고 있다. 이를 제어하기 위해 결과적으로 여과수의 수질목표를 0.1NTU 이하로 설정하고 있다. 따라서 불량한 여과수는 이들 원생동물의 오염가능성을 의미하게 된다.

4. 시동방수의 고려사항

1) 일부 도시(캘리포니아)에서는 탁도 0.25NTU 이상의 여과수는 버리도록 하고 있는 보다 더 엄격한 지침을 설정하기도 하였다.
2) 역세척 후 초기의 탁질누출을 피하기 위해서는 여과지를 역세척한 다음에는 천천히 여과를 개시하는 방식(Slow Starts, FRS-Filter Ripening Sequence)을 권장하고 있다.
3) 여과지의 시동방수에 대한 대안으로 역세척수에 응집제나 폴리머를 첨가하는 곳도 있으나 이것은 안전한 방법이 아니며 운전자의 경험과 고도의 기술이 요구된다.

이 방식은 불량여과수에 쉽게 대응할 수 있는 방법이기 때문에 응집제로서 폴리머를 첨가하는 방법을 종종 채택하고 있다.

4) 역세척 후 여과를 개시할 때 각 여과지의 유입수에 폴리머를 주입하는 것이 역세척수에 폴리머를 주입하는 것보다는 나을 수 있다.
5) 여과지가 정상적으로 운전되거나 비정상적으로 운전되더라도 초기의 탁질누출을 관리하기 위해서는 여과지의 시동방수용 배관시설을 각 여과지에 설치해야 한다.

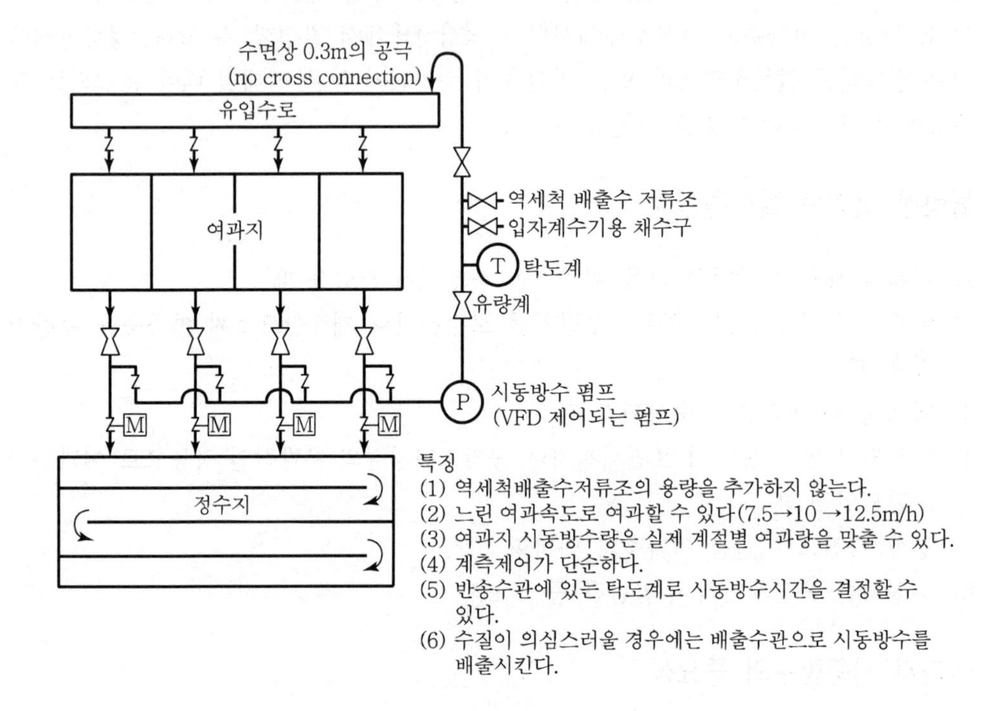

여과지 시동방수의 모식도

49 | 상수도 포기설비(Aeration)에 대하여 설명하시오.

1. 개요

정수처리 시 포기(Aeration)는 물과 공기를 충분히 접촉시켜서 수중에 있는 가스상태의 물질을 휘발시키거나 공기 중의 산소를 도입하여 수중의 특정물질을 산화시키기 위하여 실시한다.

2. 포기처리의 효과

1) pH가 낮은 물에 대하여 수중의 유리탄산을 제거하여 pH를 상승시킨다.
2) 휘발성 유기염소화합물(트리클로로에틸렌, 테트라클로로에틸렌, 1,1,1－트리클로로에탄 등)을 제거한다.
3) 공기 중의 산소를 물에 공급하여 용해성 철이온(Fe^{2+})의 산화를 촉진한다. 수중에 용존된 탄산수소제일철은 포기로 다음과 같이 탄산제일철이 생성된다.

$$Fe(HCO_3)_2 \rightarrow FeCO_3 + CO_2 + H_2O$$

(1) 탄산제일철은 가수분해하여 수산화제일철이 생성된다.

$$FeCO_3 + H_2O \rightarrow Fe(OH)_2 + CO_2$$

(2) 이 수산화제일철이 다시 산화되면 난용성의 수산화제이철이 생성된다.

$$2Fe(OH)_2 + \frac{1}{2}O_2 + H_2O \rightarrow 2Fe(OH)_3$$

(3) 그러나 철의 형태에 따라서는 포기만으로는 완전히 산화되지 않는 경우가 있다.

4) 황화수소 등의 불쾌한 냄새물질을 제거한다.

3. 포기방식의 종류및 특징

1) 분수식 : 분수식 포기장치는 고정식 또는 회전식의 노즐로 분무상태로 분사시키는 방식이 있으며, 그 구조는 단순하나 물을 분무하기 위한 동력이 필요하고 물이 공기와 함께 비산되는 단점이 있다.

(1) 노즐은 분무된 물과 공기가 잘 접촉되게 설치한다.
(2) 노즐은 처리하고자 하는 물을 균등하게 분출되도록 배치한다.
(3) 포기실은 물방울의 비산을 방지하는 구조로 하고 2실 이상 설치한다.

2) 충전탑식 : 충전탑식 포기장치는 다음 각 항에 부합되도록 한다.
(1) 충전탑의 구조는 수직원통형으로 하고 내식성 자재를 사용한다.
(2) 충전재는 공극률이 크고 공기저항이 작으며 내식성으로 기계적 강도가 높아야 한다.
(3) 충전탑의 직경은 공기의 유속을 감안하고 충전층의 높이는 용량계수 등을 고려하여 결정한다.

3) 단탑식 : 탑내에 다공판 등의 선반을 몇 단 정도 설비한 계단탑식
4) 포기식 : 수중에 공기를 불어넣는 방식
5) 폭포식 : 물을 5~10m의 높이에서 낙하시키는 폭포식 등이 있다.
6) 활성탄흡착설비 : 트리클로로에틸렌 등을 제거대상으로 할 경우

4. 포기설비 관련 용어 해설

1) 헨리상수
정수처리의 포기설비는 물속의 휘발성 가스를 공기 중으로 휘발시키는 것으로 휘발성 용질을 포함한 용액이 용질을 포함한 기체와 접촉하면서 일정한 온도에서 평형상태에 있을 때 기체 중의 용질 농도는 용액 중의 용질 농도에 비례한다. 이러한 현상을 헨리의 법칙이라고 하며 용액 중의 용질 농도는 다음 식으로 표현된다.

$$C = H \times Pg$$

여기서, C : 용액 중의 휘발성 용질 농도(mg/L)
H : 헨리상수, 물질에 따라 결정된다.(mg/L 기압)
Pg : 기체 중의 용질 분압(기압)

포기 시 휘발성 가스 제거나 산소 재포기는 헨리상수의 영향을 받으며 헨리상수가 클수록 포기처리가 용이하다.

2) 물질이동속도와 물질이동계수
기액 간의 물질이동속도는 접촉면의 크기와 물질농도의 차에 비례하고 물질이동계수에 비례한다. 이때 기액 간에는 액상본체 → 액상경계막 → 기체상경계막 → 기체상 본체 쪽으로 물질이 이동하며 물질이동을 증가시키기 위해서는 접촉면, 농도차, 물질이동계수를 크게 해야 한다.

$$N = kA\Delta C$$

여기서, N : 물질이동속도(g/h)

k : 물질이동계수(m/h)

A : 경계면 면적(m^2)

ΔC : 물질농도차(g/m^3)

3) 공기부하(Loading)와 넘침(Flooding)

충전탑에서 송풍량을 크게 할수록 처리효율이 증가하므로 송풍량을 증가시키는데 이때 어느 일정 값까지는 충전탑 내의 수량이 일정하지만 어느 선을 넘어서면 공기저항이 증가하여 하향하는 물이 충전탑 내에 정체하게 된다. 이때 공기저항이 증가하기 시작하는 점 (a)를 공기부하점(Loading)이라 하고 계속 송풍량을 증가시키면 분무된 물이 역류하여 탑 꼭대기에서 넘치게 된다. 이렇게 넘쳐나는 점 (b)를 넘침점(Flooding)이라 한다.

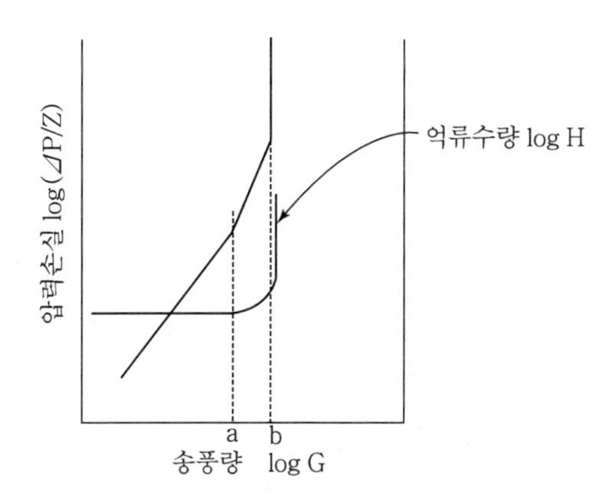

50 | 철 및 망간 제거 설비에 대하여 설명하시오.

1. 개요

수돗물에 철이 다량으로 포함되면 물에 쇠 맛의 나쁜 맛뿐 아니라 세탁과 세척용으로 사용하면 의류나 기구 등이 적갈색을 띠게 되고 또 공업용수로도 부적당하다.
「먹는물 수질기준」에서는 철은 0.3mg/L 이하로 정해져 있으므로 수돗물에는 그 이상 포함될 가능성이 있을 경우에는 제거해야 한다. 그러나 원수 중에 포함된 철은 대개의 경우 침전과 여과과정에서 어느 정도 제거되므로 철을 제거하는 설비를 설치할 필요성 여부는 포함된 철의 양과 성질 및 그 수도설비 등을 구체적으로 고려한 다음에 결정해야 한다.

2. 철 및 망간의 용출

호소나 저수지에서는 여름철에 물이 정체되어 수온성층을 형성하면 저층수가 무산소 상태로 되어 바닥슬러지로부터 철과 망간이 용출되는 경우가 있다.

1) 또 망간과 철이 혼재될 경우에는 철 녹은 색이 혼합되므로 흑갈색을 띠게 된다. 원수 중에는 망간이 포함되면 보통 정수처리에서는 거의 제거되지 않으므로 망간에 의한 장애가 발생할 우려가 있을 경우나 「먹는물 수질기준」이상인 경우에는 처리 효과가 확실한 방식으로 망간을 제거하기 위한 처리를 할 필요가 있다.
2) 또 철이 많이 포함된 물에는 망간이 공존하는 경우가 많으므로 철의 제거방법을 검토할 때에는 망간 제거의 필요성 유무에 대해서도 함께 검토해야 한다.

3. 철 제거 설비

철 제거에는 포기나 전염소처리 등을 단독 또는 적당히 조합한 전처리설비와 여과지를 설치한다.

1) 철은 지하수에서 중탄산제일철($Fe(HCO_3)_2$)의 형태로 존재하는 경우가 많다.
   또 토탄지대 등에서 휴믹산 등과 결합하여 콜로이드철로서 존재한다. 하천수에서는 대개의 경우 산화되어 제이철염으로 되어 있으며 제일철이온의 존재는 비교적 적다.
2) 제거방법은 일반적으로 원수 중에 용해되어 있는 제일철이온이나 콜로이드상의 유기철화합물을 포기 또는 전염소처리로 산화하고 제이철염으로 석출한 다음 응집침전 또는 여과하면서 제거한다.

3) pH의 조정은 상기 방법과 조합하거나 상기의 여과를 접촉여과법으로 하는 외에 단독으로 철박테리아 이용법으로 하기도 한다.
4) 중탄산제일철은 포기에 의하여 불용성의 수산화제이철로 되어 침전된다. 이 제거방법은 중탄산제일철로서 존재하는 철의 제거에는 유효하고 동시에 유리탄산이나 황화수소도 제거할 수 있다.
5) 수중에 30mg/L 이상의 용해성 규산이 철과 공존할 경우에 포기하면 철과 규산이 결합되어 콜로이드상의 세립분자로 되며 응집침전과 여과를 하더라도 충분히 제거되지 않는다. 이와 같은 물에는 염소에 의한 산화가 유효하다. 또 휴믹산과 결합된 콜로이드상의 철도 포기로는 산화시킬 수 없으나 염소로 산화된다.

4. 망간 제거 설비

1) 망간은 지하수, 특히 화강암지대, 분지, 가스함유지대 등의 지하수에 대부분 포함되는 경우가 있다. 또한 하천수 중에는 통상 망간이 포함되는 경우가 적지만 광산폐수, 공장폐수, 하수 등의 영향으로 포함되는 경우가 있다.
2) 수돗물 중에는 망간이 포함되면 수질기준(0.3mg/L 이하)으로 적합할 정도의 양이라도 유리잔류염소로 인하여 망간의 양에 대하여 300~400배의 색도가 생기거나, 관의 내면에 흑색 부착물이 생기는 등 흑수의 원인이 될뿐더러 기물이나 세탁물에 흑색의 반점을 띠게 되는 경우가 있다.
3) 망간 제거에는 pH조정처리, 약품산화처리, 약품침전처리 등을 단독 또는 적당히 조합한 전처리설비와 여과지를 설치해야 한다. 망간 제거 방법에는 염소, 오존 또는 과망간산칼륨에 의한 약품산화처리 후에 응집침전, 여과하는 방법, 망간모래를 여재로 하는 접촉여과법, 철박테리아 이용법 등이 있다.

(1) pH조정처리

산화제로서 염소를 사용할 경우 이론적으로는 pH 9 이하에서는 망간은 거의 산화되지 않는다. 따라서 수중의 망간을 효율적으로 산화시키기 위해서는 알칼리제로 pH를 9 이상으로 조정하면 좋다. 그러나 수중에 망간모래와 같은 망간산화물이 존재하면 이것이 촉매로 되어 pH가 7 부근에서도 산화가 촉진된다.

(2) 약품산화, 응집침전처리

약품산화처리는 전염소처리, 중간염소처리, 오존처리 또는 과망간산칼륨처리에 의한다.

- 염소로 망간을 산화하는 경우 염소처리한 다음 응집침전과 여과를 한다. 이러한 경우에 pH가 높을수록 망간이 잘 제거되는 것이 인정되고 있다. 또 염소주입률은 응집침전과 여과 후의 여과수에 0.5mg/L 정도 잔류하도록 한다.

망간 1mg에 대하여 염소 1.29mg이 대응되지만 염소는 수중유기물이나 다른 환원물질에 의해서도 소비되는 것을 고려해야 한다.

- 염소를 산화제로 사용하는 망간 제거 처리를 계속하면 여과모래가 점차 망간산화물로 피복되어 흑색으로 되고 망간모래와 같은 작용을 나타내게 된다. 이와 같이 되면 pH를 조정하지 않더라도 망간을 제거할 수 있다. 또 pH를 조정하지 않고 전염소처리한 다음에 응집침전과 여과를 하는 정수장에서 여과모래가 수개월 이내에 망간모래로 되어 확실히 망간 제거 처리가 되는 예도 있다.

(3) 접촉여과법

지하수와 같이 탁질이 없으면서 망간을 포함한 경우에는 응집침전을 필요로 하지 않으므로 망간모래에 의한 접촉여과법을 채택하는 것이 좋다. 이러한 경우에는 전염소처리 직후에 망간모래로 여과하는 방식이 일반이다. 망간모래층의 두께는 600~2,000mm, 여과속도를 120~600m/d 정도로 한 실시 예가 있다.

(4) 철박테리아 이용법은 다음 각 항에 따른다.

① 원수는 수질변동이 적은 지하수 등으로 한다.

② 철박테리아의 종류나 존재를 확인한다.

③ 여과속도는 10~30m/d를 표준으로 한다.

④ 여과지는 급속여과지 또는 완속여과지에 준한다.

51 | 정수처리 시 공정별 긴급조치요령과 각종 오염물질 제거 방법을 설명하시오.

1. 정수처리공정별 긴급조치 요령

구분	긴급조치 요령
취수장	• 사고 발생 시 정수장으로 비상연락 및 상황을 통보 • 긴급하다고 판단될 때는 취수중단의 기준에 준하여 취수중단 • 취수장에서 실시 가능한 방제조치 실시(기름띠 발견 시 오일펜스 설치 등) • 비상약품 투입시설이 설치된 경우 비상약품 투입(일반적으로 분말활성탄을 항상 비치)
착수정	• 원수 도달 전 사전에 원수를 확보하여 예비 수질조사 • 어류관찰수조 등 수질경보장치를 설치하여 독성물질 유입 관찰 • 수시로 수질을 분석하여 오염물질의 종류와 농도를 파악하고, 그에 따른 약품투입 실시
약품투입 시설 및 혼화지	• 전염소처리를 위한 염소 및 응집제, 소석회, 분말활성탄 등을 상시구비 • 약품종류별 Jar－Test를 통한 최적 응집약품 선정 및 약품주입량 결정(이때 정수장 주입시설에 대한 안전성 고려) • 분말활성탄은 기존의 응집/침전/여과공정에서 처리되지 않는 용존성 유기물, 맛·냄새물질, 색도, 음이온계면활성제, 페놀류, 농약류 등을 흡착제거하기 위한 고도처리의 목적으로 투입 • 분말활성탄 투입 후 충분한 접촉시간(20분 이상)을 갖도록 한 다음 전염소 투입
응집 및 침전시설	• 고탁도 및 응집에 영향을 미치는 오염물질의 유입에 대비하여 침전지의 체류시간을 조절하는 방안 검토 • 처리효율을 높이기 위해 주기적인 청소 및 슬러지 배제 • 수질오염사고 발생 시 침전수 탁도 및 기타 오염물질의 수질분석 • 침전지에서의 침전상태, 슬러지 퇴적상태, 유출수 탁도 등을 고려하여 필요한 대책 실시(원수와 유출수 탁도를 비교하여 침전지 탁질제거효율 검사, 여과지 탁질부하량 계산 및 가동시간 계산, 여과수 수질 조기 파악)
여과설비	• 여과시설은 역세척에 의해 여과효율이 결정되므로 역세척의 빈도, 시간조정 등을 수질에 맞게 효율적으로 관리 • 여과효율 감소를 가져오는 머드볼 생성을 방지하기 위하여 표면세척 및 역세척을 반복하고, 머드볼이 생성되었을 경우 여과사 1~2cm를 제거한 후 적절한 여과사 보충을 실시
정수지	• 조류의 과다번식으로 인한 맛·냄새 유발물질의 유입이 있거나 수인성 전염병 등이 발생하는 경우에는 후염소 투입률 증가 • 수질분석시간 확보를 위한 정수지 체류시간 증대 • 사고 시 원활한 퇴수를 위한 퇴수밸브 수시 점검 • 역세척수조의 역할을 겸용하는 소규모 정수지는 충분한 용량 확보 • 독성물질이나 미량유해물질 유입의 이상징후가 발견된 경우는 급수 중단

2. 오염물질별 긴급조치방법

오염물질	긴급조치방법
미생물 : 대장균군, 일반세균	• 긴급처리대책 : 전염소처리 및 후염소처리 등 소독·여과처리 • 오존, 자외선 소독처리
무기물Ⅰ : CN, Hg, Pb, Cd, As, Se, Cr^{+6} 중금속 및 독성물질	• 혼화, 응집, 침전 공정으로 제거
무기물Ⅱ : 암모니아성 질소	• 긴급처리대책 : 파괴점 전염소처리
유기물Ⅰ : 농약류 및 합성유기물질	• 긴급처리대책 : 분말활성탄처리, 전염소처리 전염소와 분말활성탄 병행처리 • 입상활성탄처리, 오존처리가 가장 효과적임
유기물Ⅱ : 맛·냄새, 휘발성유기물질	• 긴급처리대책 : 분말활성탄처리, 공기포기 • 오존+입상활성탄 병행처리가 가장 효과적임
유기물Ⅲ : 페놀류	• 긴급처리대책 : 이산화염소처리, 분말활성탄 • 입상활성탄 처리, 오존+입상활성탄 병행처리
유기물Ⅳ : 합성세제	• 긴급처리대책 : 분말활성탄처리 • 입상활성탄 처리
유기물Ⅴ : THMs, HAAs,THMFP, HAAFP	• 긴급처리대책 : 분말활성탄처리 • 입상활성탄 처리, 오존+입상활성탄 병행처리
유기물Ⅵ : 1,4-다이옥산	• 긴급처리대책 : 오존처리 • 오존+입상활성탄 병행처리, 고도산화공정(오존/과산화수소) 처리

※ 전 정수장 분말활성탄 보유 필수

3. 대표적 오염물질에 대한 세부 정수처리방법

1) 암모니아성 질소

(1) 암모니아성 질소는 소독용 염소와 반응하여 결합염소를 생성한다. 결합염소의 소독력은 유리염소의 소독력보다 약하므로 유리염소를 사용하여 소독할 때에는 암모니아성 질소를 제거할 필요가 있다. 암모니아성 질소를 다량 함유한 경우에는 이를 제거하기 위하여 생물처리 또는 염소처리를 한다.

(2) 암모니아성 질소의 원인과 영향

① 암모니아성 질소는 공장폐수, 하수, 분뇨 등의 혼입에 따라 증가한다. 표류수 중의 암모니아성 질소는 유하과정에서 질산화작용으로 감소될 수도 있으나 수온이 낮아지면 질산화작용도 떨어진다.

② 지하수에서는 질산성 질소의 환원으로 암모니아성 질소가 생길 수도 있다.

(3) 암모니아성 질소 제거방법

① 생물처리법(질화법)

생물처리는 질산화세균을 이용하여 암모니아성 질소를 질산성 질소로 질산화시키는 방법이다. 암모니아성질소 1mg을 질산화하는 데 이론적으로는 4.6mg의 산소가 필요하기 때문에 2mg/L 이상의 암모니아성 질소를 산화하는 경우에는 처리과정에서 포기하여 산소를 보급할 필요가 있다. 수온이 낮아지면 처리효율도 떨어지기 때문에 원수는 10℃ 이상인 것이 바람직하다.

② 파괴점 염소처리법

- 암모니아성 질소의 농도가 2.0mg/L 이하인 경우 경제성이 있다.
- 이론적인 염소주입량은 암모니아 1mg/L당 7.6mg/L이나 실제 현장에서는 암모니아농도의 약 10배를 투입한다.
- 수중의 염소는 직사일광을 받으면 분해가 진행되므로 계절, 기후, 주야에 따라 소비되는 염소량이 다르며, 특히 응집·침전지에서의 소비되는 염소량을 고려해야 한다.

③ 시설유지관리

- 염소의 주입장소는 도수관, 착수정, 혼화지, 침전지, 집수정 등으로 모두 잘 혼화할 수 있고 필요한 접촉시간을 얻을 수 있도록 한다.
- 주입점 부근은 염소가스가 발생하므로 설비를 정기적으로 점검하여야 하며, 주입점 상부에 건물을 설치하고 있는 경우는 환기를 충분히 한다.
- 혼화지, 침전지, 여과지 등의 콘크리트나 배관은 염소로 부식되므로 충분히 부식방지처리를 하여 정기적으로 점검한다.

2) 페놀

(1) 페놀이란 페놀-포름알데히드 수지(페놀 수지)라고 하는 합성 중합체가 일반적이며 이는 플라스틱을 만드는 데 널리 사용된다. 알코올과 비슷하지만 수소와 더 강하게 결합한다. 알코올보다 물에 더 잘 녹고 끓는점이 높으며 대부분은 산성이다. 페놀류는 실온에서 무색의 액체 또는 백색의 고체이다. 대부분의 페놀은 자극적이고 향기로운 냄새가 난다.

(2) 페놀제거법 : 분말활성탄에 의한 처리

① 분말활성탄 처리방법 선택 시 시설의 규모, 사용기간, 경제성 등을 고려해 결정한다.

② 충분한 혼합, 접촉이 필요하며 접촉시간은 적어도 20분 이상을 확보

③ 분말활성탄 주입 시 여과수로의 분말활성탄 누출을 막기 위해 혼화/응집,

침전 효율에 신중을 기해야 한다.

④ 주입율 등의 처리조건은 실제 대상수에 관해 Jar-Test에 의해 제거시험을 실시해 결정한다.

⑤ 페놀 1mg/L를 포함한 수처리에는 PAC 100~150mg/L 정도가 필요하다.

3) 합성세제(음이온 계면활성제)

(1) 음이온 계면활성제는 공장폐수, 가정하수의 혼입 등으로 증가하고 수중에 존재하면 거품이 생기는 원인이 된다. 음이온 계면활성제를 다량으로 함유한 경우에는 음이온 계면활성제를 제거하기 위하여 활성탄처리나 생물처리를 한다.

(2) 합성세제(음이온 계면활성제) 제거방법

① 분말활성탄에 의한 제거

- 활성탄의 주입률은 대략 음이온계면활성제 양의 20배 정도이다.
- 원수수질 및 음이온계면활성제의 종류에 따라서 차이가 있으므로 처리효과를 보아 증감할 필요가 있다.
- 전염소처리를 실시하는 정수시설에서는 접촉시간, 활성탄의 염소 흡착에 의한 손실 등을 고려해 실험에 의해 효과가 있는 적당한 주입장소를 선정한다.

② 입상활성탄에 의한 제거

- 통상 모래여과와 염소소독과의 중간에서 활성탄층 여과로 실시한다.
- 활성탄층의 두께와 여과속도는 실험에 의해 정한다.
- 정수기간 중은 매일 원수, 활성탄층의 물 및 여과수에 관해서 음이온계면활성제 농도를 측정해 누출을 막는 조치를 강구한다.
- 처리능력이 저하된 활성탄은 차례로 재생해 처리효과의 향상에 힘쓰고 원수 중의 음이온 계면활성제 양의 변동에 대처하지 않으면 안 된다.

③ 생물활성탄처리

생물활성탄처리는 음이온 계면활성제가 비교적 생화학적으로 분해성이 좋기 때문에 가장 처리효과가 좋다. 음이온 계면활성제가 0.5mg/L 이하의 저농도에서는 3년 이상 장기간 안정적으로 0.01mg/L 농도까지 제거할 수 있다는 사례가 있다.

④ 생물처리

생물처리에서는 음이온 계면활성제가 0.4~0.5mg/L인 원수를 체류시간 약 1시간의 회전원판방식으로 처리할 경우 약 50%를 제거한 사례가 있다.

4) 소독부산물(THMs, HAAs) 및 전구물질 처리(THMFP, HAAFP)

(1) 생성된 소독부산물인 트리할로메탄(THMs)과 할로아세틱엑시드(HAAs) 및 전구물질(THMFP, HAAFP)의 처리로 구분된다.

(2) PAC(분말활성탄)에 의한 소독부산물과 전구물질의 처리법

① 소독부산물이나 전구물질인 부식질에 대한 PAC의 흡착효율이 높지 않아 5~20mg/L의 PAC 주입량으로 제거효율이 충분치 않다.

② 따라서 소독부산물의 제거효과는 PAC의 종류에 따라 다르나 20~50%의 제거율을 기대할 수 있다.

(3) 분말활성탄(PAC)+고도응집(Enhanced Coagulation)법

기존의 정수처리공정으로는 완벽한 소독부산물의 처리가 곤란하므로 THMs와 HAAs의 전구물질인 휴믹산(Humic Acid)이나 펄빅산(Fulvic Acid)을 분말활성탄(PAC)과 고도응집(Enhanced Coagulation)법을 사용하여 최대한 감소시킨다.

(4) 기존 정수처리공정에서 가장 적합한 처리방법

① 전염소의 적합한 투입과 응집제 및 분말활성탄을 사용한 응집·침전 공정에서 제거하는 방법

② 전염소처리 대신 중염소 처리로의 대체 방법 등이 있다.

(5) 시설을 개선하는 방법

생성된 소독부산물의 제거를 위해 활성탄 처리공정 또는 오존+입상활성탄 처리공정을 추가하는 방법

5) 맛·냄새

(1) 물에 맛, 냄새가 있을 경우에는 수용가에게 직접적인 불쾌감과 불신을 주기 때문에 이를 적절히 제거해야 하며 이를 제거하기 위하여 맛, 냄새의 종류에 따라 포기, 염소처리, 활성탄처리, 오존처리 및 생물처리 등으로 한다.

(2) 맛·냄새의 원인

① 맛·냄새의 원인으로서는 플랑크톤조류(규조류, 녹조류, 황조류, 남조류 등)의 증식 이외에 방선균으로 인한 것과 저수지에서 수온성층으로 인한 저층수의 환원, 유기용제, 페놀류, 아민류 등이 공장으로부터 배출, 그 밖에 불법투기 등을 고려할 수 있다.

② 자연적인 원인으로 물에 맛·냄새가 있을 경우에는 완속여과법으로 보통 제거할 수 있지만, 일반적으로 급속여과법으로는 제거하기 어려우므로 적절한 처리법을 채택하는 것이 필요하다.

(3) 맛 · 냄새의 적정 처리방안

① 공기포기법

- 황화수소의 냄새, 철에 기인한 냄새의 제거에 효과적이다.
- 착수정 등에서 실시하며 분수식, 공기흡입식, 폭포식, 접촉식 등이 있다.

② 완속여과

- 방향냄새, 식물성 냄새(조류, 풀냄새), 물고기냄새, 곰팡내, 흙냄새 등의 탈취에 효과가 있다.
- 염소처리에 의해 페놀류의 냄새도 제거할 수 있으며, 자연발생냄새 제거의 효과가 커 일반적인 냄새정도는 충분히 제거 가능하다.

③ 염소에 의한 처리

- 결합잔류염소의 산화력이 약하므로 보통 염소에 의해 냄새를 제거하려면 유리잔류염소에 의하며, 파괴점염소처리를 해야 한다.
- 염소처리는 방향냄새, 식물성 냄새(조류냄새, 풀냄새), 물고기냄새, 유화수소냄새, 부패냄새의 제거에 효과가 있으나 곰팡내의 제거효과는 기대할 수 없다.
- 페놀류도 분해할 수 있지만 약품 냄새 중에는 염소에 의해 냄새가 강해지는 것 예를 들면 아민류와 같은 물질도 있으므로 주의를 요한다.

④ 분말활성탄(PAC)에 의한 처리

- 방향냄새, 식물성 냄새(조류냄새, 풀냄새), 물고기냄새, 곰팡내, 흙냄새, 약품냄새(페놀류, 아민류) 등 많은 종류의 냄새에 대해 효과가 있다.
- 원수에 직접 주입해 약 20분간 접촉 후, 응집침전 및 여과한다.
- 여과수 중에 활성탄이 누출하는 일이 있으므로 Jar-Test를 실시하여 적정량의 응집제를 주입하고, 분말활성탄 주입량이 높아 누출이 우려될 경우 폴리아민 등 여과보조제를 주입할 수도 있다. 폴리아민을 사용할 경우 에피클로르히드린 검사를 월1회 이상 실시하여야 한다.
- 샘플링덮개 등을 하얀 천으로 덮어 그 색의 변화를 관찰, 누출에 주의
- 활성탄에 의한 처리 시 전염소처리 전에 투입한다.

⑤ 입상활성탄(GAC)에 의한 처리

- 냄새제거에 대해 적용범위가 가장 광범위한 방법이다.
- 급속여과지를 운영하는 정수장에서는 처리공정의 개선으로서 급속여과 시표층 10cm 정도의 여괴시를 입상활성탄과 교체해 탈취에 어느 정도의 효과를 거둘 수 있다.
- 급속여과지의 여과사를 전층 입상활성탄으로 전환해 탈취효과를 거둘 수 있다.

- 입상활성탄 여과지의 설치위치는 부유물질에 의한 장해를 적게 하는 의미에서도 모래여과의 뒷부분으로 하는 것이 바람직하며, 오존공정과 병용할 경우 더 높은 제거효율을 기대할 수 있다.

⑥ 맛·냄새 제거를 위한 적정 처리공정 선택

- 각 원인물질에 대한 처리효과와 경제성, 작업성 등을 비교하여 선택
- 특히, 냄새의 종류와 농도, 냄새발생일수, 기타 작업성이나 정수장의 입지조건, 경제성 등을 고려하고, 각각의 원수 수질의 특성에 따른 처리효과에 대한 실험을 수행하여 결정한다.

6) 1,4-다이옥산

(1) 정의

다이옥산은 분자식 $C_4H_8O_2$의 투명 무색의 유기 화합물로 실온에서 액체이며 끓는점은 101°C이다. 디에틸에테르와 비슷한 냄새가 난다.

(2) 이성질체

다이옥산의 세 이성질체 중 가장 많이 존재하는 것은 1,4-다이옥산이며, 일반적으로 다이옥산이라고 하면 1,4-다이옥산을 가리킨다. 비닐을 연소시킬 때 발생하는 기체인 다이옥신과 비슷한 유기화합물이다.

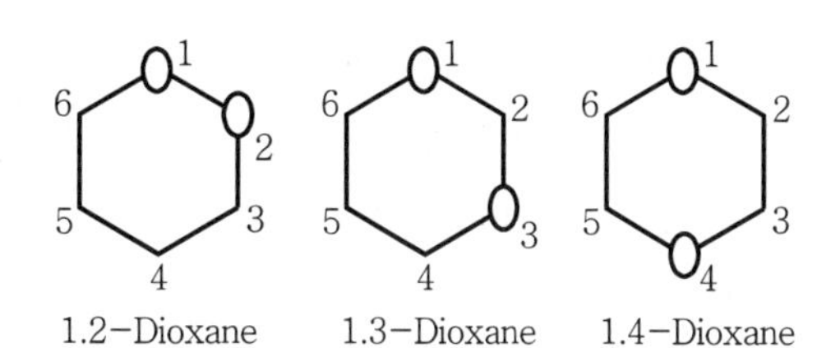

(3) 1,4-다이옥산의 특징과 발생원

독성이 강하고 암을 유발할 수 있는 물질이다. 세계보건기구(WHO)의 가이드라인은 다이옥산의 농도가 50μg/L이다. 역시 발암물질인 다이옥신이 소각장에서 플라스틱을 태울 때 발생하는 반면 1,4-다이옥산은 산업용 용매나 안정제로 쓰기 위해 폴리에스테르에 고온의 열을 가할 때 발생하며 이번 낙동강 사고는 김천 구미지역의 화섬업체(폴리에스테르계통의 화학섬유 가공업체)에서 배출된 것으로 추정

(4) 1,4-다이옥산 처리법

① 생물학적 또는 탈기에 의한 처리

1,4-다이옥산은 생분해성이 낮아 생물학적 처리가 곤란하며, 또한 물에 대한 용해도가 높고 증기압이 낮아 탈기에 의한 처리효율도 낮은 편이다.

② 분말활성탄(PAC)에 의한 처리

1,4-다이옥산은 활성탄 흡착영역이 매우 좁고 흡착이 어려워, 정수장에서 적용 가능한 PAC 주입량 20mg/L에서 10% 이내로 제거율이 매우 낮다.

③ 입상활성탄(GAC)에 의한 처리

- 1,4-dioxane의 제거에는 효과적이지 못하나 1,4-dioxane의 산화부산물 처리를 위하여 후오존공정 또는 고급산화공정 후단에 도입하는 것이 바람직하다.
- 입상활성탄 흡착지를 일정시간 운영 후에는 유입농도보다 유출수 농도가 더 높게 나타나는 탈착 현상이 일어날 수 있으므로 유의하여야 한다.

④ 오존에 의한 처리

원수의 수질특성 및 유입 농도별 차이가 있으나, 오존 1~2mg/L 주입 시 약 20~50%, 오존 3mg/L 주입시 약 50~60%의 1,4-다이옥산 제거율을 기대할 수 있다.

⑤ 고급산화공정(AOP)에 의한 처리

1,4-다이옥산 처리를 위한 최적의 과산화수소/오존의 농도비(무게비)는 약 0.3~0.5이나, 원수 수질특성에 따라 달라질 수 있으므로 현장에서 실험을 통해 결정하는 것이 바람직하다.

⑥ 염소에 의한 처리

유입농도에 상관없이 1,4-다이옥산 제거효율은 10% 이하로 매우 낮다.

⑦ 끓임 효과

10분간 끓일 경우 약 35%, 20분간 끓일 경우 약 70~75%의 1,4-다이옥산 제거효율을 기대할 수 있으나 끓는 시점, 끓임 온도 및 방법에 따라 제거율에 차이를 보일 수 있다.

52 | 하천수를 원수로 사용하는 정수장에서 염소주입에 따른 잔류염소의 수중 분포형태에 대하여 설명하시오.

1. 염소주입 시 잔류염소의 형태

염소주입률과 잔류염소농도와의 관계를 그림으로 표현하면 아래와 같이 Ⅰ, Ⅱ, Ⅲ형으로 구분할 수 있다. 하천수를 원수로 사용한다면 아래 그림의 Ⅲ형으로 나타난다.

1) Ⅰ형은 순수한 물일 때 주입 염소가 그대로 잔류염소농도로 나타난다.
2) Ⅱ형은 BOD만 포함하는 물일 때 주입 염소가 BOD(TOC)를 모두 산화시킬 때까지 소비되고 산화 후(a)에는 주입 염소가 Ⅰ형처럼 그대로 잔류염소농도로 나타난다.
3) Ⅲ형은 BOD와 N를 포함하는 경우인데 주입 염소가 먼저 BOD(TOC)를 산화시키고, BOD가 모두 산화된 후 주입 염소는 N성분과 결합하여 결합염소를 형성하며 그 후 결합염소는 파괴되어 모두 분해된 파괴점(b)을 지나면 주입 염소가 그대로 잔류염소농도로 나타난다. 일반적인 처리수(하천수)가 여기에 속한다.

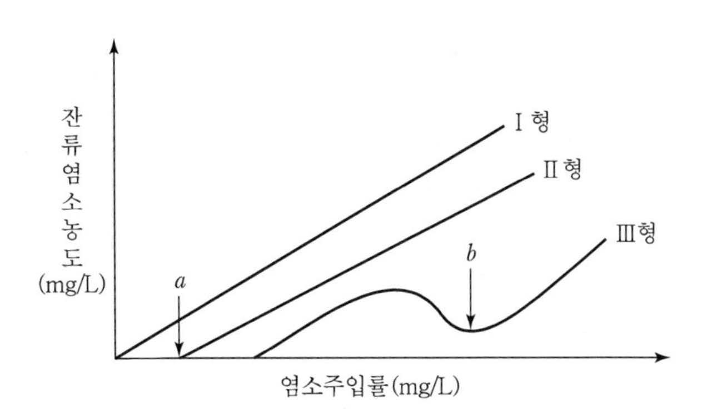

2. 염소소독과 염소의 종류

염소는 수중에서 가수분해되어 차아염소산과 차아염소산이온을 생성한다.

$$Cl_2 + H_2O \rightarrow HOCl + H + Cl$$

$$HOCl \rightarrow H + OCl$$

1) HOCl 및 OCl을 유리잔류염소라 하며 살균효과는 HOCl이 OCl의 약 80배 정도이다.

2) 결합잔류염소(Chloramines)

수중에 암모니아가 존재하면 유리잔류염소(HOCl)가 수중의 암모니아와 결합하여 pH, 암모니아량, 온도에 따라서 다음과 같은 반응을 거쳐 결합잔류염소를 형성한다.

$HOCl + NH_4 \rightarrow H + H_2O + NH_2Cl$

$HOCl + NH_2Cl \rightarrow H_2O + NHCl_2$

$HOCl + NHCl_2 \rightarrow H_2O + NCl_3$

이와 같이 형성된 NH_2Cl, $NHCl_2$, NCl_3을 결합잔류염소라 한다.

3. Ⅰ, Ⅱ, Ⅲ형의 염소소독 특징

염소소독 시 수중의 오염물질 종류에 따라 염소주입률과 잔류염소농도 사이에 이전 페이지의 그래프와 같이 Ⅰ, Ⅱ, Ⅲ형의 형태를 띠는데 그 원리는 다음과 같다.

1) Ⅰ형 : 염소주입률과 잔류염소농도가 비례하는 Ⅰ형은 처리대상 수중에 오염물질이 없는 증류수와 같은 경우이다. 이때 잔류염소형태는 유리잔류염소(HOCl 및 OCl) 형태이다.

2) Ⅱ형 : 염소주입 최초에는 잔류염소농도가 증가하지 않는데 이는 주입된 염소가 유기물(TOC)의 산화에 이용되는 것으로 오염물질이 주로 BOD(탄소화합물)인 경우이다. 이때는 주입된 염소가 유기물을 모두 산화시킬 때까지 잔류염소농도가 증가하지 않다가 유기물이 모두 산화된 뒤에는 유리잔류염소(HOCl 및 OCl)형태로 염소주입률과 잔류염소농도가 비례하여 증가한다.

3) Ⅲ형 : Ⅲ형은 정수처리과정에서 가장 일반적인 소독형태(파괴점 염소주입법)로, 오염물질이 탄소, 질소화합물인 경우이다.

(1) 최초 주입된 염소는 Ⅱ형과 같이 탄소화합물을 산화시키며 제거되고 그 후 잔류염소농도가 증가하는데 이때 생성되는(a 이후 꼭짓점까지) 잔류염소는 질소화합물과 결합한 결합잔류염소이다.

(2) 계속 염소를 주입하면 결합염소가 염소와 반응하여($2NH_2Cl + Cl_2 = N_2 + 4HCl$) 염소를 소비하면서도 잔류염소농도는 감소한다(b까지).

(3) 결합염소가 모두 파괴된 후에(b 이후) 약간의 결합잔류염소와 유리잔류염소(HOCl 및 OCl)형태로 존재하면서 염소주입률과 산류염소농도가 비례하여 증가한다.

4. a 및 b점에 존재하는 잔류염소의 종류 및 특징

그래프에서 a점에서 꼭짓점까지 생성되는 잔류염소는 결합잔류염소이며 꼭짓점부터 b점까지는 결합염소가 파괴되며 잔류염소농도가 감소하고 b점 이후는 유리염소가 생성된다. 결합잔류염소의 특징을 유리염소와 비교하면 다음과 같다.

1) 유리염소보다 살균력이 약하여 주입량이 많이 요구된다.
2) 접촉시간도 30분 이상 필요하다.
3) 소독 후 물에 취미가 남지 않는다.
4) 살균작용이 오래 지속된다.
5) 오염된 유기물과 결합하여 THM을 형성하지 않는다.
6) 유리염소와 결합염소는 살균력이 달라서 동일 접촉시간에 동일 효과를 얻기 위해서는 결합염소가 25배가량 필요하며, 동일량으로 동일 효과를 얻기 위해서는 결합염소가 100배의 접촉시간이 필요하다.

5. 파괴점 염소주입법

아래 그래프에서 B-C구간에서는 결합잔류염소의 농도가 증가하다가 C-D구간에서는 결합잔류염소를 N_2, NO 등으로 파괴하는 데 염소가 소비되며 D점인 불연속점(파괴점) 이후에는 주입한 염소가 모두 결합 및 유리염소로 수중에 존재한다. D점 이후까지 염소를 주입하여 소독하는 것을 파괴점 염소주입법이라 하며 이는 안전한 소독법이다.

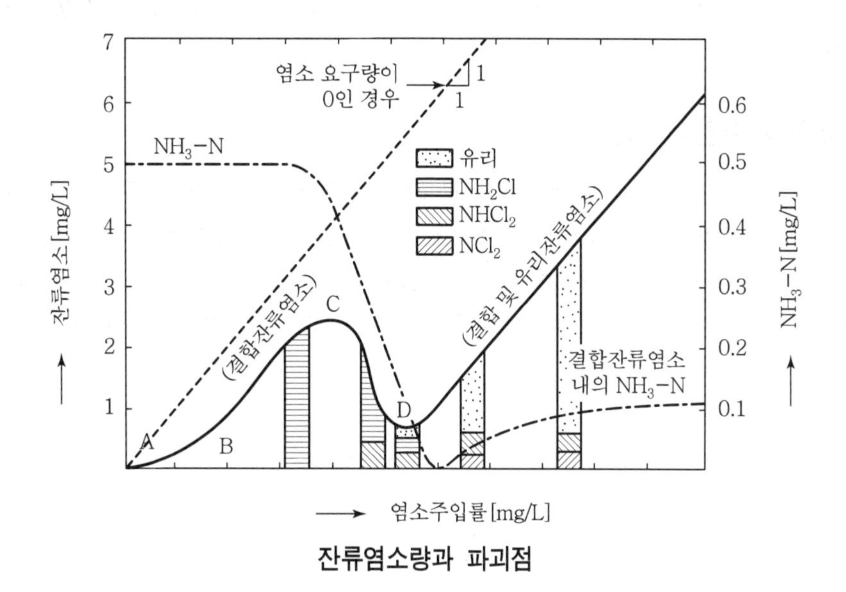

잔류염소량과 파괴점

6. 수돗물에서 유리염소와 결합염소의 기준치가 다른 이유

1) 수도법에 의한 수질기준 중 급수전수에 있어서의 잔류염소농도는 평상의 경우 유리잔류염소는 0.2mg/L 이상, 결합잔류염소는 1.5mg/L 이상 유지되도록 염소를 주입하여야 한다.
2) 상수도계통에서 소화기계 전염병의 유행이나 광범위한 단수 후 급수를 개시할 때에는 유리잔류염소는 0.4mg/L 이상, 결합잔류염소는 1.8mg/L 이상 유지되도록 염소를 주입하여야 하며 잔류염소농도는 4mg/L를 넘지 않게 한다.
3) 이렇게 유리염소와 결합염소의 기준이 다른 것은 유리염소와 결합염소는 살균력이 달라서 동일 접촉시간에 동일 효과를 얻기 위해서는 결합염소가 25배가량 필요하며, 동일 양으로 동일 효과를 얻기 위해서는 결합염소가 100배의 접촉시간이 필요하기 때문이다.

7. 염소형태에 따른 소독방법

1) 유리잔류염소 이용
   (1) 질소화합물이 없는 경우 염소투입에 의한 유리잔류염소로 소독한다.
   (2) 파괴점 염소주입법 : 질소화합물이 있는 경우 결합잔류염소가 모두 파괴된 파괴점 이후에 유리잔류염소로 소독하는 방식으로 THM 발생 등을 고려한다.

2) 결합잔류염소 이용
   질소화합물과 결합한 클로라민(결합잔류염소)을 이용하는 소독법으로, 소독력은 약하여 위생적인 문제가 별로 없는 지하수 등에 적용하며 THM 발생 문제 등이 없어 안정적이다.

8. 염소소독의 현황과 대안

염소소독은 소독부산물의 문제점에도 불구하고 경제성과 편리성 등에서 장점을 가지고 있어 대부분의 정수장에서 보편적으로 활용하고 있는 소독법이다. 하지만 소비자들의 수질에 대한 안전성 선호와 국민의 장래 건강을 위하여 더욱 안전하고 위생적인 대체 소독법의 개발이 필요하며 오존처리, UV, AOP 등 다양한 소독법이 연구・확장되고 있다.

53 | 염소소독 영향인자에 대하여 설명하시오.

1. 개요

살균력에 영향을 주는 인자는 pH, 수온, 접촉시간, 알칼리도/산도, 산화 가능 물질, 질소화합물(특히 암모니아 및 아민), 미생물의 성질, 염소의 농도 등이 있다.

2. 영향인자

1) pH

- 염소는 수중에서 가수분해되어 차아염소산(HOCl)과 차아염소산이온(OCl^-)을 생성한다.

$$Cl_2 + H_2O \rightarrow HOCl + H + Cl$$

- HOCl은 물의 pH가 높아짐에 따라 다음과 같이 이온화한다.

$$HOCl \rightarrow H + OCl$$

- 이들 반응은 pH의 범위에 따라 차이가 있으며 낮은 pH에서는 제1반응이 우세하고(pH 7.0 이하에서는 HOCl 형태로 70% 이상 존재) 높은 pH에서는 제2반응이 우세하다(pH 8.0 이상에서는 OCl 형태로 70% 이상 존재). pH 5 이하에서는 Cl_2 형태로 존재한다.

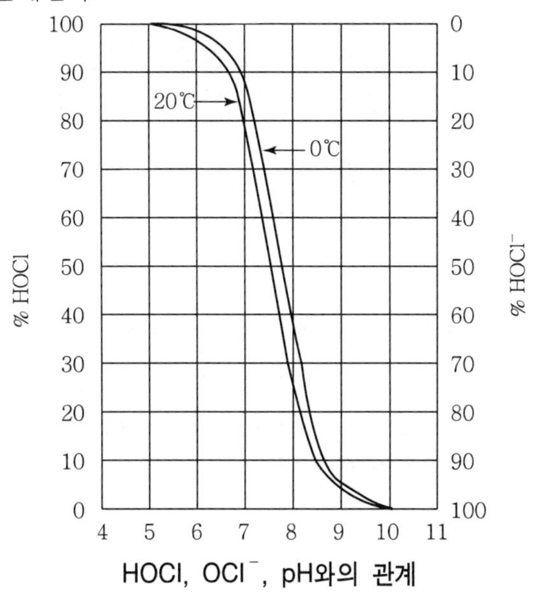

HOCl, OCl^-, pH와의 관계

수중에서 HOCl, OCl 형태로 존재할 때 이 염소를 유리염소라 하며, 살균력은 HOCl이 OCl보다 약 80배 이상 강하다.
물의 pH가 낮을수록 HOCl 형태로 존재하고 HOCl이 OCl보다 살균력이 강하므로 염소의 살균력은 pH가 낮을수록 높다.

2) 수온
수온이 높을수록 염소반응성이 증대되어 염소 및 클로라민의 살균력은 증대한다. 그러나 살균으로 미생물의 완전 제거는 어려워 저감된 미생물이 수온 25도 이상이 되면 일정시간 경과 후 다시 증가하는 After Growth 현상이 발생한다.

3) 접촉시간
살균제의 농도가 일정하면 접촉시간이 길수록 살균효과가 커진다.

$$\frac{d_N}{dt} = -K \cdot N_t$$

여기서, N_t : 시간 t에서의 미생물의 개체수
K : 상수, /sec

4) 화학물질의 종류와 농도
(1) 화학물질의 종류에 따라 화학물질의 농도는 살균효과에 영향을 미친다.
(2) 소독제의 농도와 접촉시간의 관계는 다음 식과 같다.

$$CT_{99} = \text{const.} \qquad (\text{C}=\text{mg/L},\ \text{T}=\text{min})$$

(3) 즉, 이것은 소독제와 미생물의 종류에 따라 "미생물을 목표만큼 사멸시키는 데 (99%를 살균하기 위한) 필요한 접촉시간과 농도의 곱은 일정하다"라는 것이다.

5) 물리화학적 물질의 강도와 성질
가열과 빛은 살균을 위해 때때로 사용되는 물리학적 물질이다. 이들의 효과는 강도에 따라 달라진다.

6) 미생물의 개체수, 미생물의 종류, 유기물질의 관계
일반적으로 미생물의 농도가 크면 주어진 치사율을 얻는 데 소요되는 시간이 길어지고 살균제의 효율은 미생물의 성질과 상태에 따라 영향을 받는다. 또한 부유액의 성질 외부에 유기물질이 있으면 살균제는 이들과 반응을 일으켜 살균효율이 감소한다.

54 | 유리잔류염소와 결합잔류염소에 대하여 설명하시오.

1. 유리잔류염소

염소는 수중에서 가수분해되어 차아염소산과 차아염소산이온을 생성한다.

$$Cl_2 + H_2O \rightarrow HOCl + H + Cl$$
$$HOCl \rightarrow H + OCl$$

HOCl 및 OCl을 유리잔류염소라 하며 살균효과는 HOCl이 OCl의 약 80배 정도이다.

2. 결합잔류염소(Chloramines)

수중에 암모니아가 존재하면 유리잔류염소가 수중의 암모니아와 결합하여 pH, 암모니아량, 온도에 따라서 다음과 같은 반응을 거쳐 결합잔류염소를 형성한다.

$$HOCl + NH_4 \rightarrow H + H_2O + NH_2Cl$$
$$HOCl + NH_2Cl \rightarrow H_2O + NHCl_2$$
$$HOCl + NHCl_2 \rightarrow H_2O + NCl_3$$

이와 같이 형성된 NH_2Cl, $NHCl_2$, NCl_3을 결합잔류염소라 한다.

3. 파괴점 염소 주입법

이때 B-C 구간에서 결합잔류염소의 농도가 증가하다가 C-D 구간에서는 결합잔류염소를 N_2, NO 등으로 파괴하는 데 염소가 소비되며 D 불연속점(파괴점) 이후에는 주입한 염소가 모두 결합 및 유리염소로 수중에 존재한다. D점 이후까지 염소를 주입하여 소독하는 것을 파괴점 염소 주입법이라 하며 안전한 소독법이다.

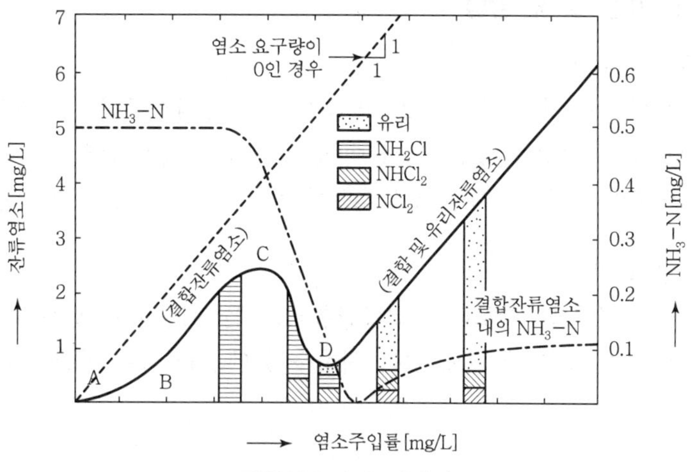

잔류염소량과 파괴점

4. 결합잔류염소의 특징

1) 유리염소보다 살균력이 약하여 주입량이 많이 요구된다.
2) 접촉시간도 30분 이상 필요하다.
3) 소독 후 물에 취미를 주지 않는다.
4) 살균작용이 오래 지속된다.
5) 오염된 유기물과 결합하여 THM을 형성하지 않는다.
6) 유리염소와 결합염소는 살균력이 달라서 동일 접촉시간에서 동일 효과를 얻기 위해서는 결합염소가 25배가량 필요하며, 동일량으로 동일 효과를 얻기 위해서는 결합염소가 100배의 접촉시간이 필요하다.

5. 수돗물 기준치가 다른 이유

1) 수도법에 의한 수질기준에는 급수전수에 있어서의 잔류염소의 농도를 평상의 경우 유리잔류염소는 0.1mg/L 이상, 결합잔류염소는 1.5mg/L 이상 유지되도록 염소를 주입하여야 한다.
2) 또 소화기계통 전염병의 유행이나 광범위한 단수 후 급수를 개시할 때에는 유리잔류염소는 0.4mg/L 이상, 결합잔류염소는 1.8mg/L 이상 유지되도록 염소를 주입하여야 하며 최대값은 유리잔류염소 4mg/L이다.
3) 이렇게 유리염소와 결합염소의 기준이 다른 것은 유리염소와 결합염소는 살균력이 달라서 동일 접촉시간에서 동일 효과를 얻기 위해서는 결합염소가 25배가량 필요하며, 동일량으로 동일 효과를 얻기 위해서는 결합염소가 100배의 접촉시간이 필요하기 때문이다.

6. 염소 형태에 따른 소독 방법

1) 유리잔류염소 이용
   (1) 질소 화합물이 없는 경우 염소 투입에 의한 유리잔류염소로 소독한다.
   (2) 파괴점 염소 주입법 : 질소화합물이 있는 경우 결합잔류염소가 모두 파괴된 파괴점 이후에서 유리잔류염소로 소독하는 방식으로 THM 발생 등을 고려

2) 결합잔류염소 이용
   질소화합물과 결합한 클로라민(결합잔류염소)을 이용하는 소독법으로 소독력은 약하여 위생적인 문세가 별로 없는 지하수 등에 적용하며 THM 발생 문제 등이 없어 안정적이다.

55 | 전염소처리, 중염소처리, 후염소처리, 재염소처리

1. 개요

염소는 통상 소독의 목적으로 여과 후에 주입하는 후염소처리가 일반적이나 오염된 원수의 정수처리 방안으로 응집, 침전 이전에 주입하는 전염소처리와 침전지와 여과지 사이에 주입하는 중염소처리 방식 등이 있다.

2. 전염소처리

1) 목적

상수처리에서 염소처리는 살균·소독을 목적으로 모든 공정을 마친 뒤에 염소를 주입하는 후염소처리가 가장 일반적으로 사용되었으나, 수중의 암모니아성 질소 제거를 목적으로 전염소처리를 상수처리에 도입하게 되었다. 전염소처리는 적조, 홍수 등으로 오염된 원수를 정수처리할 때 응집침전지의 유기물 부하 경감 및 세균 제거의 목적으로 이용된다.

(1) 세균의 제거

원수의 일반세균이 5,000 이상/mL, MPN 2,500 이상/mL인 경우 세균을 감소시켜 침전지와 여과지 내부를 위생적으로 유지

(2) 철, 망간의 제거

원수 중의 철, 망간으로 후염소처리 시 탁도, 색도를 증가시키는 경우 불용해성의 산화물로 바꾸어 후속 공정에서 제거

(3) 암모니아성 질소, 유기물의 산화

(4) 맛, 냄새 제거

황화수소, 하수, 조류 등에 의한 냄새 제거

2) 주입률

(1) 철이온 1mg/L당 염소 0.63mg/L, 망간이온 1mg/L당 염소 1.29mg/L 주입

(2) 암모니아성 질소 1mg/L당 염소 7.6mg/L 주입

$$2NH_4 + 3HOCl \rightarrow N_2 + 3H_2O + 3HCl + H$$

$$\therefore\ Cl_2/NH_{4\text{-}N} = (3 \times 71)/(2 \times 14) = 7.6g\ Cl_2/gNH_4 - N$$

3) 전염소처리는 원수수질에 따라 충분한 효과를 얻지 못하는 경우도 있으며 부식질 등의 유기물이 존재하면 THMs이 생성되므로 과도한 주입이 되지 않도록 주의하며 특히 분말 활성탄 전처리의 경우에는 병용하지 않는다.

4) 전염소처리의 문제점
전염소처리 시 수중의 유기물질과 염소가 반응하여 발암성물질인 THMs을 생성하여 최근 크게 문제가 되고 있다.
(1) 전염소처리에 의해 발생하는 THMs 생성을 억제하기 위해 전구물질을 응집에 의해 제거한 후 염소를 주입하는 중간염소처리에 의한 THMs 생성억제 효율에 대한 검토가 이루어지고 있지 않은 실정이다.
(2) 그리고 조류의 대사산물과 THMs의 관계에 대한 연구는 전무하며, 특히 전염소처리에 의해 세포막이 깨어져 세포 밖으로 유출되는 현상에 대한 연구는 THMs 발생에 대한 것뿐만 아니라 응집저해를 유발하는 것에 대한 연구도 국내외에서 거의 이루어지고 있지 않다.

3. 중염소처리

1) THM의 저감화
트리할로메탄은 유기물 농도가 높은 물에 염소를 첨가하면 생긴다. 특히 전염소처리를 하는 경우 유기물 농도가 높아 THM 문제에 대한 대안으로 분말 활성탄이나 응집침전을 하여 유기물 농도를 낮춘 다음 염소를 넣는 중염소처리법이 도입되었다.
2) 원수의 오염이 심한 경우나 여과지 내부의 여재가 미생물 등으로 오염될 가능성이 있는 경우에 응집, 침전 후에 여과지전에 중간염소처리를 고려할 수도 있다.
3) 특히 착수정에서 분말활성탄 투입을 실시하는 경우 전염소처리는 병행하지 않으므로 중염소처리를 실시함이 적합하다. 그러므로 상시 적용보다는 설비를 갖추고 필요시에만 일시적으로 운영하는 방식이 적합하다.

4. 후염소처리

1) 목적
여과시설 후에 병원균을 사멸시켜 위생적인 안전성을 높이기 위한 소독

2) 투입 방법
정수장에서 여과 후에 염소 접촉조에서 일괄적으로 투입하는 방법이 일반적이나 배수구역이 넓은 경우 배관 내 정체시간이 길어지면 배수지 등에서 추가로 염소투입을 적용한다.

3) 잔류염소 농도

정수처리 후 급수의 잔류염소 농도는 세균 등의 수질 오염을 방지하는 목적으로 사용되나 최근에는 소독부산물, 냄새 등 염소소독에 대한 불쾌감으로 가능하면 잔류염소 농도를 낮추려는 추세이다.

(1) 평상시 : 유리잔류염소는 0.1mg/L 이상, 결합잔류염소는 1.5mg/L 이상
(2) 단수 후 급수를 개시할 때 : 유리염소는 0.4mg/L 이상, 결합염소는 1.8mg/L 이상

4) 염소소독 영향인자

pH, 수온, 접촉시간, 알칼리도, 산화 가능물질, 암모니아성 질소

5) 살균력

$HOCl > OCl^- >$ 결합잔류염소

5. 재염소처리

1) 재염소주입이란 정수장에서 한 번에 염소를 주입하지 않고 배수지나 관로 중간에서 2차, 3차 염소를 주입하는 방식이다.
2) 정수장에서 말단 가정수도꼭지까지 급수배관이 차이가 많은 경우 적절한 잔류염소농도를 유지하기 위하여 중간에서 염소를 주입하는 방식이다.

56 | 재염소주입시설에 대하여 기술하시오.

1. 정의

재염소주입시설이란 재염소분산주입시스템으로 수돗물의 염소주입을 기존의 정수장 1군데에서 주입하던 방식에서 탈피하여 배수구역 여러 군데에서 분산하여 주입하는 시설을 말한다.

2. 재염소주입시설의 적용 목적

1) 정수장 1군데에서 염소를 주입할 경우에는 원거리까지 잔류염소농도를 유지하기 위해 정수장 근접 구역은 고농도의 염소가 함유된 수돗물을 마시게 되어 소독냄새를 피할 수 없다.
2) 수돗물의 소독냄새 원인으로 꼽히는 염소소독제를 전 급수구역에 균등히 주입하기 위한 시설이다.
3) 기존 주입시설에서 잔류염소농도는 0.1~0.7mg/L이나 재염소주입시설을 적용할 경우에는 0.1~0.3mg/L 정도를 유지하기 때문에 정수센터에서 가까운 급수구역도 염소냄새가 적게 난다.

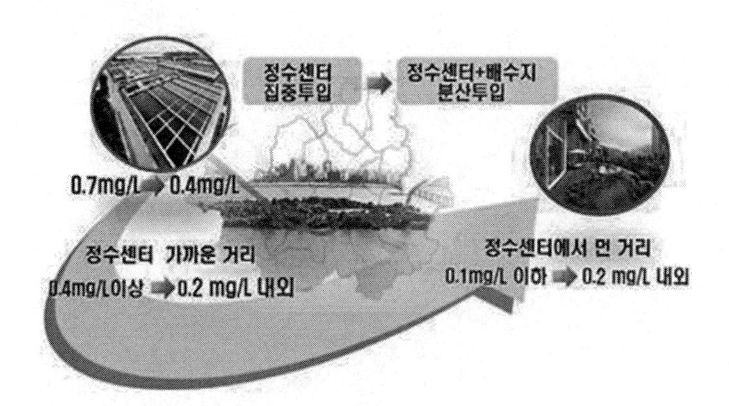

3. 재염소주입시설의 설치방법

기존의 정수장에서 염소를 집중투입하는 방식에서 정수장 염소투입량은 줄이고 수계(공급라인)를 거치면서 각 배수지에서 소독제를 분산주입하여 전 배수구역에서 잔류염소량을 리터당 0.1~0.3mg/L 이하로 유지하는 방식이다.

4. 재염소주입시설 적용 시 주의사항

1) 기존 정수장 염소주입장치는 중앙에 집중되고 시설이 대규모이며 고급의 기종으로 고도기술을 습득한 운전원이 관리하기 때문에 맹독성의 염소소독의 2차 피해를 줄일 수 있었다.
2) 개선안은 이론적으로는 양호한 시스템이고 바람직하지만 실제 운용 시 염소소독장치가 분산되고 설비용량이 작아지면서 운전이 불량할 수 있다. 그러므로 무인운전이 가능하고 완전자동화된 시스템을 적용하며 인체에 피해가 적은 소금물 전기분해식 염소주입시설을 적용하도록 한다.

차 한잔의 여유

사치하는 사람은 아무리 부유해도 늘 모자라니
검소한 사람이 가난하면서도 여유 있는 것과 어찌 같을 수 있겠는가.
능란한 사람은 애써 일하고서도 원망을 사니
서툰 사람이 편안한 가운데 천성을 지키는 것과 어찌 같을 수 있겠는가
– 채근담 –

57 | DBPs, NOM, TOC

1. 소독부산물 관련 용어 정의

DBPs : Disinfection By Products
TOX : Total Organic Halide
HAAs : Haloacetic Acids
THM : Trihalometane
NOM : Natural Organic Matter
TOC : Total Organic Carbon
DOC : Dissolved Organic Carbon
BDOC : Biodegradable Dissolved Organic Carbon

2. 원인물질과 소독부산물의 관계

정수처리 과정에서 자연계에 존재하는 부식질의 유기물과 소독약품(할로겐 계열)이 반응하여 부산물을 형성하는데 이들의 관계는 일정하게 정의할 수는 없으나 대체적으로 다음과 같은 관계를 가진다.

1) 원인물질의 관계
NOM은 총 유기물질을 포함하고 BDOC는 분해 가능 용존성 유기탄소를 말한다.

NOM > TOC > DOC > BDOC

2) 소독부산물
모든 소독부산물을 DBPs 라고 정의한다면 THM은 메탄이 수소 4개 중 3개가 할로겐족과 치환된 것을 의미한다.

DBPs > TOX > HAAs > THM

3. 소독부산물(DBPs)의 개요

소독부산물은 염소, 이산화염소, 오존 등의 소독제가 주입되어 천연유기물(NOM)이 산화되면서 생성되는 THM, 알데히드, 케톤 등과 같은 생성물을 말하며, 인체에 유해할 수 있으므로 흡착, 산화, 막여과 같은 방법으로 제거하거나 생성량을 줄인다.

4. 소독부산물의 형태

1) 염소소독 : 유기물 + Cl_2 → THMs(대부분 클로로포름 $CHCl_3$ 형태)
2) 결합염소 : NH_2Cl(모노클로라민) → 유기질소화합물
3) 이산화염소 : 무기계 : ClO_2^-, ClO_3^-
   유기계 : 알데히드
4) 오존 : 알데히드, 브롬산이온(BrO_3^-)

5. 소독부산물의 영향 및 기준

1) THMs : 발암물질 < 0.1mg/L, 클로로포름 < 0.08mg/L,
2) $ClO_2 + ClO_2^- + ClO_3^-$ < 0.1mg/L(EPA-U.S. Environmental Protection Agency)
   ClO_2^- : 적혈구 영향, 메트헤모글로빈증, 발암성 물질로 의심됨
3) BrO_3^- : 동물실험 시 발암성 물질로 의심됨 < 25μg/L

6. 소독부산물의 문제점

현재 정수장 소독은 경제성 신뢰성 면에서 일반적으로 염소소독을 시행하고 있는바 염소소독은 여러 가지 부산물을 생성하고 그 부산물들은 발암물질 및 유해성분으로 판정되고 있다. 수도수의 특성상 다수의 수요자에게 지속적으로 불가항력의 피해를 주기 때문에 범정부적인 연구와 대책 마련에 최선을 다해야 한다.

7. DBPs 대책

1) 소독제와 소독부산물에 대한 규정 제정 : 최대허용치, 최대허용목표치 기준 필요
2) 상수원 관리 : 유입되는 오염물질, 상수원 내 오염물질, 조류 제어 등
3) NOM(천연유기물질) : 소독부산물의 원인인 전구물질 제어
   (1) Enhanced Coagulation, Advanced Coagulation 적용
   (2) 활성탄 흡착 처리 공정 적용
   (3) 막여과 공정 적용
4) 소독부산물이 생성되지 않는 대체 소독법 개발
5) 정수처리 후 소독부산물 제거 공정 운영
   (1) Stripping
   (2) 활성탄 흡착
   (3) 막여과

58 | After Growth

1. After Growth 정의

염소소독을 실시하는 경우 세균이 급속도로 감소하여 0에 가깝게 사멸되지만 시간이 지나면 적당한 조건에서 세균이 급격히 재증식을 하게 되는 경우가 있는데 이를 After Growth(재증식)이라한다.

2. After Growth 원인

재증식이 포자형태의 보호된 세균이 부활하는지 아니면 약화된 세균이 살아나는지 여부에 대하여 확실하게 밝혀진 바는 없으나 다음과 같이 추정한다.

1) 세균을 먹이로 하는 천적 관계의 생물이 염소소독으로 사멸하는 경우 세균이 증식할 수 있는 조건이 형성된다.
2) 염소소독으로 조류 등이 사멸하고 이들 유기물이 살아남은 세균 증식의 풍부한 영양원으로 공급된다.
3) 아포 형성균이 염소 농도가 감소하면 재증식 한다.

3. After Growth 문제점

After Growth(재증식) 현상은 염소소독의 신뢰성을 떨어뜨리고 이로 인한 위생적인 문제는 병원성 세균의 급속 확산 등 치명적 일수 있고 정수처리 공정의 관리가 어려워져 추가 비용 등 경제적 비용 증대와 수돗물 불신에 따른 사회적 부담은 결국 정수장 운영과 상수도 정책 전반에 걸쳐 비용과 심리적 부담을 증대 시킨다.

4. After Growth 대책

재증식에 대한 문제는 병원성 세균과 관련되어 충분한 조치가 필요하고 잔류 염소 농도의 유지, 적절한 CT값, 영양원의 제거, 정체구간의 해소 등을 통하여 감소시키도록 하여야 하며 특히 잔류염소 농도의 최소값 이상유지(급수전 수돗물에 있어서 잔류염소의 농도를 평상의 경우 유리 잔류염소는 0.1mg/L 이상, 결합잔류염소는 1.5mg/L 이상유지)는 현실적인 대책이다.

59 | 염소(액화) 소독설비의 구성을 설명하시오.

1. 개요

1) 수돗물은 병원성 세균 등으로부터 위생적으로 안전하고 확실하게 소독되어야 하고 소독 방법으로 염소소독, 오존, 자외선 등에 의한 방법을 사용하나 최종적으로 급수전에서 잔류염소농도를 수도법에 규정하고 있어 염소제의 사용이 불가피하다.
2) 염소 소독설비는 저장설비, 주입설비, 제해설비(중화설비) 등으로 구성된다.

2. 염소 저장설비

1) 통상 1일 평균 사용량의 10일분 이상 정도를 저장한다.
2) 저장용기는 50kg, 100kg, 1ton 용기를 사용한다.
3) 대규모에서 저장탱크를 사용하기도 한다 : 예비탱크 및 공기공급장치를 둔다.
4) 용기는 40℃ 이하로 보관하고 저장실은 10~35℃를 유지하고 지사광선을 피한다.
5) 일반적으로 1ton 용기인 경우 계중기(Load Cell)를 설치하고 용기의 중량을 측정하여 중앙관리실에서도 감시가 가능하도록 되어야 하며 운반용 로우헤드형 호이스트를 둔다.
6) 누출된 액화염소의 유출을 막기 위해 방액둑을 설치한다.(염소는 공기보다 무거워 바닥에 고인다.)
7) 통풍이 불량한 저장실은 상부에 환기장치를 두며 누출된 염소가스를 중화장치로 유인하기 위한 바닥 아래 피트를 둔다.

3. 주입설비

1) 주입기 용량은 최대 주입량에서 최소 주입량까지 안정되고 정확하게 주입할 수 있도록 용량과 대수를 선정하며 예비기를 둔다.
2) 구조는 내식성과 내마모성 등이 우수하고 보수가 용이해야 한다.
3) 사용량이 20kg 이상인 경우 기화기를 설치하여야 하나 자연기화를 이용하는 경우가 많다.

4) 주입방식

(1) 습식 진공식

인젝터에 의해 진공을 발생시키고 인젝터 내에서 압력수와 혼합하여 염소수를 만들어 주입점에 공급하는 방식으로 인젝터 급수압력은 인젝터 운전 압력과 인젝터로부터 주입점까지의 압력 손실을 고려하여 결정한다. 물에 대한 염소 용해도는 10℃근처에서 최대(1%)이며 염소 결정 발생을 고려하여 0.3% 이내로 설계한다.

(2) 습식 압력식
염소수를 만들어 가압하여 공급위치에 투입

(3) 건식 압력식
액화염소를 가스 상태로 공급위치에 수중에 혼합하는 방식으로 용해도가 낮을 경우 공기 중으로 휘산하므로 급속 혼화 장치를 갖추어야 한다.

4. 염소 주입 제어 방식

적절한 염소를 주입하기 위하여 수량, 수질변화, 시설규모 등에 따라 유량계, 압력계, 조절밸브, 잔류염소계 등을 설치하여 수동정량제어, 유량비례제어, 피드백 제어(잔류염소 제어법), 캐스케이드 제어 등을 적용한다.

1) 수동제어
주입량계를 보면서 수동으로 조작하여 주입한다.

2) 정치제어
처리수량과 염소요구량의 변화가 거의 없는 경우에 조절밸브를 제어하여 염소주입량을 일정하게 유지하는 제어이다.

3) 유량비례제어
설정된 염소 주입률대로 유량에 비례하여 주입량을 제어한다.

4) 피드백 제어
처리수량과 염소 주입률이 변화하는 경우에 잔류염소 농도를 목표치로 설정하고 잔류염소 농도를 피드백 하여 일정하게 제어하는 방식

5) 피드포워드 방식
송배수 관로 등에서 현 잔류염소 농도와 배수할 곳의 필요 잔류염소 농도를 연산하여 염소 주입량을 제어하는 방식

6) 캐스케이드 제어 방식
잔류 염소계와 유량을 연산하여 일정한 잔류염소 농도를 유지하도록 비율설정 신호로 보정하는 방식

5. 제해설비(중화설비)

1) 염소저장실은 안전한 구조로 염소투입실과 차단되어 있어야 하며, 보안 용구를 갖춘다. 만일 저장실과 투입실에서 염소가스가 누출되어 염소 오염농도가 0.3ppm 이상이면 실내에 설치된 검지기에 의하여 감지되며 중화 제어반에 의해 경보를 발함과 동시에 중화공정이 시작되도록 구성되어 있다.
2) 저장량 1,000kg 미만인 경우 중화 및 흡수용 제해제를 상비하고, 저장량 1,000kg 이상인 경우 중화장치를 갖춘다.
3) 중화는 H_2O, NaOH를 사용한다.

6. 배관설비

1) 염소는 습기가 있을 때 염산으로 변하여 대부분의 금속을 부식시키지만 완전히 건조한 염소는 상온에서 강이나 동 등의 금속과 반응하지 않는다. 따라서 습기에 주의하여야 한다.
2) 액화염소에 사용되는 재료는 특히 압력 및 부식을 고려한 두께로 압력배관용 탄소강관(스케줄 80 이상)이나 합성수지계열로 하고 주요 밸브류는 단강제로 한다.
3) 용기에는 보조밸브, 용기 내 압력과 배관의 필요한 부분의 압력감시를 위하여 압력계 등을 설치하고 배관의 시작부에는 긴급차단밸브를 설치하는 것이 바람직하다.
4) 염소수에 사용하는 재료는 경질염화비닐, 경질고무, 테프론 등의 내식재료로 사용하고 주입기 고장 시에도 역류되지 않도록 투입점보다 투입기의 위치를 높게 하고 배관은 공기 고임이 일어나지 않도록 가능한 기복을 피하여 설치해야 한다.

60 | 염소가스 중화설비(가성소다)에 대하여 설명하시오.

1. 개요

염소가스는 맹독성으로 인체에 치명적이므로 누출 시 신속한 제거가 필요하다. 일반적으로 가성소다 중화법과 물 용해법을 사용하며 가성소다 중화설비는 염소 저장실 또는 염소 투입실에 염소 누출이 과다할 경우 이를 중화시키기 위한 장비로서 중화흡수탑, NaOH 저장탱크, 순환 펌프 및 송풍기 등으로 구성된다.

2. 중화 원리

중화 반응은 $Cl_2 + 2NaOH \rightarrow 2NaCl + H_2O_2$

$Cl_2 + 2NaOH \rightarrow NaCl + H_2O + NaClO$

3. 중화설비의 형식

형식은 가스 상향류 세정탑식(2탑식)을 주로 사용하며 중화반응탑 하부로부터 염소가스를 보내고 탑 상부로부터는 가성소다 반응액을 보내서 탑 내의 충전재 속을 통과할 때 접촉반응을 시켜 중화한다. 중화탑 내에는 반응열에 의하여 온도가 높아지므로 이를 고려하여 구조, 재질 등을 선정하고 중화탑 내부는 접촉 면적을 증대시킬 수 있도록 PE재질의 충진물과 데미스터(PVC) 살수장치 등으로 구성된다.

4. 중화 처리능력

중화속도에 대해서는 될 수 있는 한 빠른 것이 바람직하나 설비규모 등을 고려하여 1시간에 염소가스를 무해가스로 처리할 수 있는 양으로 표시한다. NaOH에 염소를 흡수시키는 방법은 NaOH를 분사(Showering)하는 가운데 염소가스를 중화탑 내의 충진제 사이로 통과시키는 방법으로 되어 있다.

5. 중화설비의 구성

- 누출염소가스 중에 Cl_2 가스를 NaOH 용액으로 화학반응을 일으켜 이를 중화시킬 수 있어야 한다.
- 중화탑 등 염소와 접촉하는 부분은 부식에 견디도록 플라스틱 계통을 사용한다. 탑에 염소가스와 NaOH의 화학반응을 촉진시키기 위한 재료를 충진 하여야 한다.
- 점검창 및 연결 플랜지가 설치되어야 하며, NaOH 살수 장치, 미스트 세퍼레이터, 데미스터 등을 구비하여야 한다.

1) NaOH 저장 탱크

(1) 저장량은 기준 등에서 정해진 양 이상으로 하고 중화 처리되는 염소량에 의하여 정해지는 가성소다 농도는 10~20%의 범위이다. 정기적인 농도 점검 및 중화에 의한 소금을 제거하여야 한다.

(2) 사용되는 모든 밸브의 재질은 PVC 등 약품에 강한 재질이어야 한다.

(3) 부속품 : 액위계, Drain, Water Inlet, 사다리, 맨홀, 기타 배관 및 밸브류

(4) NaOH 저장 탱크는 보통 그 위에 중화 흡수탑을 설치하고 이것을 지지할 수 있는 구조로 한다.

2) 가성소다 펌프

(1) 중화반응탑에 가성소다 용액을 이송하는 펌프의 용량은 염소가스의 누출속도(kg/분)에 대하여 가성소다가 100% 반응했을 때의 이론치 4배 이상으로 설치한다.

(2) 형식 : 입형 편흡입 볼류트 내산펌프

(3) 용량, 양정, 전동기 출력선정

(4) 재질 : 임펠러 STS 316, 케이싱 STS 316, 축 STS 316

(5) STS 316 입형 편흡입 볼류트 내산펌프로서 NaOH 용액을 저장 탱크에서 중화 흡수탑 내의 살수 장치까지 순환시키는 데 충분한 용량과 양정이 있어야 한다.

3) 배풍기

(1) 누출된 염소가스를 중화반응탑에 송풍할 목적으로 설치되며 염소의 누출속도, 실내 유효용적으로 결정되며 팬에는 댐퍼를 두어 풍량을 조절하도록 설치한다.

(2) 형식 : 터보 송풍기

(3) 용량, 송풍압, 전동기 출력

(4) 송풍기는 누출 염소가스를 중화탑으로 보내며 염소가스를 충분히 빼내는 데 필요한 용량과 압력을 가져야 한다.

(5) 팬의 케이싱 및 임펠러는 FRP로 제작하여야 하며 축은 스테인리스강으로 제작한다. 또한 흡입 덕트 배관 및 그 부속설비를 공급하여야 한다.

4) 중화 반응탑

(1) 충전탑식 : 하부에서 염소가스를 통과시키고 상부에서 반응액을 분사하는 방식으로 접촉 반응하여 중화된다.

(2) 회전 흡수방식 : 염소가스를 중화탑의 주축에 흡인하여 회전날개에 발생하는 가성소다 용액과 접촉하여 중화

(3) 경사판 방식 : 중화탑 하부에서 염소가스를 투입하고 경사판에 생기는 가성소다 피막과 접촉하여 중화

5) 제어반

염소가스 농도를 감지하여 자동으로 중화 시스템을 가동시킬 수 있도록 자동제어 설비를 구성한다.

6) 가스누출검지 경보설비

누출된 염소가스를 연속적으로 검지하여 누출가스가 설정된 농도(0.3ppm)에 달했을 때 경보가 발령됨과 동시에 중화장치가 가동되어야 하고 더불어 염소배관에 설치된 자동차단밸브가 작동하여 염소의 누출을 차단한다.

▌예 제

정수장 1일 300,000m^3처리시설에서 액체염소 2톤이 누출되었다. 이를 중화시키기 위한 NaOH의 양을 계산하시오.(Cl_2=70, NaOH=40)

☞ **풀 이**

1. 중화 반응식

$$Cl_2 + 2NaOH \rightarrow 2NaCl + H_2O_2$$

$$Cl_2 + 2NaOH \rightarrow NaCl + H_2O + NaClO$$

$$Cl_2 : 2NaOH = 71 : 80 = 2{,}000 : X$$

$$X = 160{,}000/71 = 2{,}253kg$$

2. 염소 중화 설비

염소는 일반적으로 투입실에서 누출되며 누출된 염소는 중화탑에서 가성소다와 반응하므로 정수 처리량과 관계없다. 실제 약품 소요량은 약품의 농도와 순도 그리고 접촉효율 등을 고려하여 계산한다. 배관 및 펌프용량은 보통 이론적 요구량의 4~5배 정도를 시설용량으로 한다.

61 | 소독 시 CT(소독능) 결정방법을 설명하시오.

1. CT의 의미

1) 살균공정에 있어서 일정한 살균능력은 소독제의 농도와 접촉시간의 곱으로 표현된다. 이때 수중 미생물의 99.9% 또는 99.99%를 사멸시키는 데 필요한 소독제의 농도와 접촉시간의 관계는 다음 식과 같다.

$$CT_{99} = \text{const} \qquad (C = \text{mg/L},\ T = \text{min})$$

2) 즉 이것은 소독제와 미생물의 종류에 따라 "미생물을 목표만큼 사멸시키는 데 (99%를 살균하기 위한) 필요한 접촉시간과 농도의 곱은 일정하다"라는 것이다. 이것을 소독제의 CT 개념이라 한다.
3) 일반적으로 지아디아 등의 균을 소독하기 위하여 유리잔류염소 농도기준 1mg/L에서 30분 정도 순접촉시간을 필요로 한다.

2. 정수지의 접촉시간 T값

1) 소독공정의 CT값을 산정할 때 C값은 유출부에서 소독제의 잔류 농도(mg/L)로 정한다. T값(min)은 접촉시간을 나타내는 것으로 정수지에서는 수위변화에 따라서 체류시간이 크게 다를 뿐 아니라
2) 단락류, 사수지역, 밀도류 등에 의하여 체류시간이 많은 영향을 받으므로 정수지의 도류벽의 유무에 따라 체류시간 차이가 크게 된다. 이러한 이유로 정수지나 배수지에서 도류벽의 설치가 중요한 인자가 되고 있다.

3. T_{10} 개념

정수지의 T값은 정수지를 통하는 물의 90%가 체류하는 시간으로 설정하고 있다. 따라서 정수지의 물이 10%가 유출되는 시간을 T_{10}으로 설정하면 정수지의 물의 90%는 T_{10} 이상으로 접촉시간을 가지게 되므로 보수적인 설정이 된다.

$$T_{10} = \text{추적자의 10\%가 유출되어 나오는 시간} = \text{90\%가 체류하는 시간}$$

4. T_{10} 측정방법

T_{10}은 추적자 실험을 하여 주입된 추적자의 10%가 유출되어 나오는 시간으로 정하나 추적자 실험이 행해지지 않는 경우에는 일반적인 수리적 체류시간에 구조별 인수를 곱하여 유효한 접촉시간(T)을 산출한다.

1) 추적자 실험

CaF₂, NaF 등의 염료를 유입부에 주입하고 유출부의 농도를 측정하여 T_{10}을 결정한다.

(1) Step-dose 법

일정한 간격으로 염료를 주입하고 유출부의 농도를 측정하여 접촉시간 산정

(2) Slug-dose 법

일시에 염료를 주입하고 일정간격마다 유출부의 농도를 측정하여 접촉시간 산정

2) 이론적인 접촉시간 산정법

추적자 실험이 곤란한 경우 수리학적 체류시간으로부터 반응조 구조에 따른 아래 인수를 곱하여 T_{10} 산정방법으로

3) 예를 들어 격벽이 없는 정수지의 수리적 체류시간이 100min이라면 저류벽이 없을 경우의 인수 0.1을 곱한 10min이 유효한 소독제 접촉시간(90%가 접촉하는 시간 $=T_{10}$)으로 인정된다.

반응조의 구조에 따른 유효접촉시간 산정 인수

격벽상태	인수	비고
없음	0.1	저류벽이 없고 교반이 되는 완전혼화조로서 유입·유출속도가 빠르고 수위변동이 있음
불량	0.3	내부의 저류벽은 없고 교반도 없는 단일 또는 여러 개의 유입, 유출수를 가진 접촉조
보통	0.5	유입, 유출구에 저류벽이 있으며 내부에도 수 개의 저류벽이 있는 접촉조
양호	0.7	유입에 정류벽이 있으며 내부에도 정류벽이나 저류벽이 있으며 유출 위어 또는 오리피스형 유출위어를 가진 접촉조
우수	0.9	내부에 여러 개의 저류벽이 물의 흐름을 Plug Flow형으로 만들 만큼 충분히 설치된 접촉조
완전	1.0	관내부의 흐름

62 | 소독능(CT) 및 불활성비 계산방법에 대하여 설명하시오.

1. 개요

1) 소독능(CT)

소독제와 미생물의 종류에 따라 미생물을 목표만큼 사멸시키는데 필요한 접촉시간과 농도의 곱을 소독능이라 한다.

CT = const(C = mg/L, T = min)

여기서, C : 유출부에서 소독제의 잔류 농도(mg/L)
T : 실제 접촉시간(min)

2) 불활성비

"불활성화비"라 함은 미생물의 활동성을 평가하는 것으로 병원미생물이 소독에 의하여 사멸되는 비율을 나타내는 값으로서 정수시설의 일정지점에서 소독제 농도 및 소독제와 물과의 접촉시간 등을 측정 · 평가하여 계산된 소독능값(CT계산값)과 대상미생물을 불활성화하기 위해 이론적으로 요구되는 소독능값(CT요구값)과의 비를 말한다. 필요한 소독능에 대하여 실제 적용된 소독능의 비를 말한다.

$$※\ 불활성비 = \frac{CT\ 계산값}{CT\ 요구값}$$

2. 소독능 및 불활성비 계산방법

1) 수돗물 공급체계에서 각 단계별로 CT값을 평가하고 불활성비를 계산하여, 각 단계별 CT값을 더한 값이 총 불활성비가 된다.
2) 총 불활성비가 1 이상이면 정수처리 과정에서 바이러스 및 지아디아가 적정하게 제거된 것으로 본다.
3) 정수지 및 배수지가 정수지 역할을 겸하는 경우는 정수지 또는 배수지의 불활성비가 총 불활성비가 되고, 배수지가 멀리 떨어져 있는 경우에는 정수지, 송수관, 배수지에서의 불활성비를 더하여 총 불활성비를 구한다.

3. 단계별 불활성비 계산

1) 정수지(또는 배수지) 단계
(1) 정수지의 용량(최소사용시의 용량)을 계산하고 시간대별로 최대통과유량인 시간에서 접촉체류시간을 구한다. 시간대별로 최대통과유량을 측정할 수 없는 경우에는 1일 평균통과유량으로 한다.

- 정수지 사용용량(m^3) = 길이×폭×수심
- 체류시간(min) = 정수지 사용용량(m^3)/최대통과유량(m^3/hr)×60(min)

(2) 정수지의 구조에 따라 T_{10}/T의 값을 적용한다. 추적자 실험이 가능하면 T_{10}/T의 값은 실험결과에 따른다.

(3) 정수지 출구(유출수)에서의 유리잔류염소, 수온, pH, 탁도를 측정한다.

(4) 이때의 CT계산값 및 CT요구값을 각각 구하여 불활성비(CT계산값/CT요구값) 값을 구한다.

2) 정수지 – 배수지 간의 송수관로

(1) 정수지에서 배수지까지의 송수거리, 송수관의 크기(내경)로 송수관량을 계산하고 시간최대송수유량을 측정할 수 없는 경우에는 1일 평균송수유량으로 한다.
- 체류시간(min) = 관의 용량(m^3)/최대통과유량(m^3/hr)×60(min)

(2) 송수관로에서의 T_{10}/T는 1.0을 적용한다.

(3) 송수관로 끝단에서의 유리잔류염소, 수온, pH, 탁도를 측정한다. 끝단에서의 측정이 불가능한 경우에는 다음 단계(가정수도꼭지 등)에서 측정한다.

(4) 이때의 CT계산값 및 CT요구값을 각각 구하여 불활성비(CT계산값/CT요구값) 값을 구한다.

3) 정수지(배수지) – 최초도달 가정 간의 관로
앞의 정수지 : 배수지관의 송수관로의 방법으로 계산

4. 총 불활성비 계산

1) 앞의 1)~3)의 불활성비를 합하여 총 불활성비로 하며, 1.0을 넘을 경우 지아디아, 바이러스 등의 처리기술 수준 요구사항이 이루어진 것이다.

2) CT요구값은 정수장의 여과 공정 등을 고려하여 지아디아 2~2.5log, 바이러스 1~1.5log를 제외한 값을 적용할 수 있으나 수질의 안전 등을 고려하여 지아디아 2log, 바이러스 2log를 제외한 값을 CT요구값으로 한다.

3) 탁도, 잔류염소, pH, 수온 등은 연속 모니터링으로 측정하여야 한다.

5. Log 불활성화율과 % 제거율은 다음 식에 의해 계산된다.

$$\% \text{ 제거율} = 100 - (100/10^{\log \text{ 제거율}})$$

63 | 소독설비의 CT값 증가방법에 대하여 설명하시오.

1. 개요

혼화, 응집, 침전, 여과, 소독을 주공정으로 하는 일반적인 정수장에서 침전, 여과만으로도 일정 부분의 병원성 미생물을 제거할 수 있으며, 제거가 안 되는 경우에 소독공정으로 제거하여야 한다. 필요한 소독능을 얻지 못하는 경우에는 시설개선을 통하여 CT값을 증가시켜야 한다. 이를 위해서 염소투입시설의 개선, 도류벽의 설치, 전염소 투입 등을 고려할 수 있다.

2. CT값 증가 방법

1) 염소투입시설의 개선

신규 정수장 건설 시나 시설 개선 시 고농도 염소 소독액의 급속혼합을 위하여 정수지 유입관에 디퓨져 또는 다공 디퓨져를 설치하여 T_{10}/T 값을 0.7로 향상시킬 수 있다.

2) 정수지 용량

정수지 용량은 첨두수요에 대처하기 위한 용량과 소독 접촉조로서의 기능을 겸하는 경우 최저 수위에서 CT값 확보가 가능하도록 한다.

3) 정수지 수위관리

정수지는 정수를 펌프로 양수하거나 자연유하로 송수할 때 정전이나 수용량의 급변 등에 의하여 발생하는 여과수량과 송수량 간의 불균형을 조절하는 역할을 하였으며, 부수적으로 염소혼화지가 없는 경우 주입한 염소를 균일하게 하고, 소독제와 접촉이 잘 이루어지도록 하여야 한다.

(1) 정수지 수위가 변하여 낮아지면 접촉시간의 감소를 의미하므로 소독능(CT) 값은 낮아지게 된다. 따라서 적정 소독능 값을 유지하기 위해서는 무리하게 정수지 수위를 낮게 운전해서는 안 된다.

체류시간＝조내 수량/유량

즉, 유량이 일정할 때 정수지 내의 수량이 적을수록(수위가 낮을수록) 접촉시간은 감소한다.

(2) 현재 운전되는 정수지의 수위 변동 폭은 매우 커서 소독능 값 계산 시에 최소 수위를 적용하고 대부분의 정수장이 정수지 시설규모의 1/2 정도만 사용하는

실정이므로 유출구의 위치를 상부로 조정하여 정수장 시설규모의 2/3 또는 3/4 정도를 사용하도록 한다.

4) 도류벽의 설치

기존 시설로 적정 소독능을 확보하지 못할 경우에 도류벽을 설치하여야 한다. 장방형 정수지(배수지)에서 도류벽에 의한 소독제와 물의 최대 접촉시간을 갖게 하기 위해서는 장폭비가 1 : 20 정도(도류벽 2~4개 설치)일 때 가장 효율적이며, 이때 T_{10}/T 값은 0.6 정도이다. 따라서 도류벽 등을 설치하여 이 값을 높여 줄 수 있다.

5) 전염소 투입 방법

상기 방법으로 $CT_{계산값}/CT_{요구값}$이 1보다 작으면 전염소를 투입하여 CT값을 증가시킬 수 있다. 그러나 소독부산물의 생성 가능성이 높아지므로 병원성 미생물 제거와 소독부산물 생성의 두 가지 측면을 고려하여야 한다.

6) 소독제의 농도 증가

소독능은 소독제(C)와 접촉시간(T)의 곱으로 표현되므로 소독제량을 증가시켜 CT값을 증가시킬 수 있다. 그러나 이 경우 소독부산물의 양이 증가하므로 주의하여야 한다.

7) 소독 방법의 개선

염소 소독보다 효과가 뛰어난 오존, 이산화염소 등을 이용하여 소독하면 소독능 값을 증가시킬 수 있다. 이 경우에도 알데히드, 브롬산이온, Chlorite, Chlorate 등의 DBPs가 생성된다.

8) 정수지의 청소

정수지 내에 오염물질이 있으면 염소와 결합하여 유기산화물을 생성하여 소독효과를 감소시키므로 자주 청소를 하기 위해 2지 이상으로 한다.

9) 실트 스톱(Silt Stop)

유출관에 바닥 침전물이 유출되지 않도록 유출관을 최저수위 이상으로 하고 유출관이 하부에 설치되는 경우 차단둑(Silt Stop)을 둔다.

3. 소독능 향상 방안

소독능 향상을 위하여 디퓨저 설치, 정수지 수위 관리, 도류벽 설치 등의 방법을 사용할 수 있으며, 전염소 투입, 염소량의 증가 등의 방법은 소독부산물이 증가되므로 사용 시 주의하여야 한다.

64 | 자외선 소독설비를 설명하시오.

1. 개요

자외선 소독설비는 약품 첨가 없이 특정 파장의 자외선으로 살균하는 것으로 간편성, 설치공간이 적고, 부산물 생성이 없는 점 등이 강점이다.

2. 자외선(UV) 소독의 원리

자외선 소독은 단지 자외선의 물리적인 효과로 살균하게 되며 살균과정에서 화학약품의 투입이 필요 없다. 그러나 자외선을 흡수한 미생물은 그 세균의 유전인자가 들어있는 DNA에 광화학적인 변화를 일으켜 미생물의 번식이나 다른 기능을 못하게 한다.

3. 자외선 파장

자외선은 가시광선보다 짧은 파장을 갖고 있어 파괴강도가 더 높다. 자외선 영역은 40~400nm이며 이 중에서도 200~300nm 사이의 파장이 살균력을 갖고 있는 것으로 알려져 있다.

석영튜브로 제작한 UV램프에서 살균에 가장 효과적인 253.7nm의 자외선을 발생시킨다. UV조사량은 UV강도 mW/cm^2에 램프의 유효길이와 접촉시간을 곱하여 나타내는데 이 UV조사량의 정도에 따라 미생물의 살균효과가 결정된다. UV의 조사량의 정도는 오폐수의 특성과 방류수의 살균효과 정도에 따라 결정된다.

4. 자외선 소독설비의 구성

1) UV모듈

램프가 내장된 석영슬리브를 수조 내 고정하는 프레임으로 구성되어 각각의 수로에 간단히 장착할 수 있는 형태로서 몰딩된 PVC 커넥터로 전원케이블을 연결한다.

2) UV램프

램프 속에 채워진 수은 증기가 진공상태에서 최대의 살균력을 나타내는 253.7nm를 효과적으로 방출하도록 되어 있다. 램프길이가 길수록 경제적이다.
기대 수명은 9,000~13,000시간 정도이다.

3) 석영 슬리브

1.5mm 정도 두께의 석영 슬리브는 다중의 방수 Seal로 방수되어 내부의 램프를 보호하는 역할을 한다.

4) 모듈 지지대

수로 내에 램프 모듈을 유수의 흐름에 안정되게 지지하고 부식에 견딜 수 있도록 스테인리스 스틸제로 제작한다.

5) 자외선 검출 시스템

UV 검출센서는 장시간 사용해도 성능이 저하되지 않고 253.7nm에서 90% 이상을 측정할 수 있어야 하며, 공장에서 조정되어야 하며 현장에서 조정되는 감지기는 바람직하지 않다. 모듈의 이상 상태를 감지하여 설비의 이상 유무를 알 수 있게 한다.

6) 전력 분배장치와 시스템 제어장치

전력 분배장치는 UV램프에 전기를 공급할 수 있는 완전 조립형으로 시스템 제어장치까지의 접속단자, 전원 공급 및 분배, 연결통신 선로로 구성된다.

7) 수위 조절장치

한 개의 뱅크로 운영되는 처리시설에서는 수위 조절을 위해 전폭 위어 등을 이용하며 1개 이상의 뱅크로 운영되는 중규모 이상의 소독 처리 시스템에서는 균형추에 의하여 작동되는 자동수위 조절장치, 초음파 수위조절 센서의 신호에 대응하여 작동하는 모터 구동형 자동수위 조절장치 등이 있다.

8) 세척 시스템

수동세척방식은 소규모 처리 시스템에 사용되며, 세척 랙크에 자외선 모듈을 걸어 놓고 직접 손으로 세척하는 방식이다.

자동세척은 소독처리 중 동시에 세척이 가능한 자외선 장비에 내장된 세척 시스템으로 주로 대용량 처리 시스템에 사용된다. 세척주기는 현장 여건에 따라 세정 주기를 입력하며 1년 정도에 한 번씩 화학세정을 한다.

5. UV 접촉식과 비접촉식의 세척주기

1) 아래와 같이 접촉식은 하수가 램프와 직접 접촉하므로 오염으로 인한 자외선 강도를 유시하기 위해 세척주기가 짧아지지만 비접촉식은 튜브 내에 하수가 흐르므로 소독강도는 감소하지만 상대적으로 오염이 적어 세척 주기가 길어지는 장점이 있다.
2) 일반적으로 오수 90~100m^3/d당 1개의 램프가 필요하며 대장균군수 처리기준은 200MPN/100mL 이하로 처리할 수 있다.

3) 운전 시 고려사항은 방류수의 SS 등에 의한 석영 슬리브 표면의 주기적인 세척이 필요하며 모듈별로 별도의 자동세척도 고려한다.

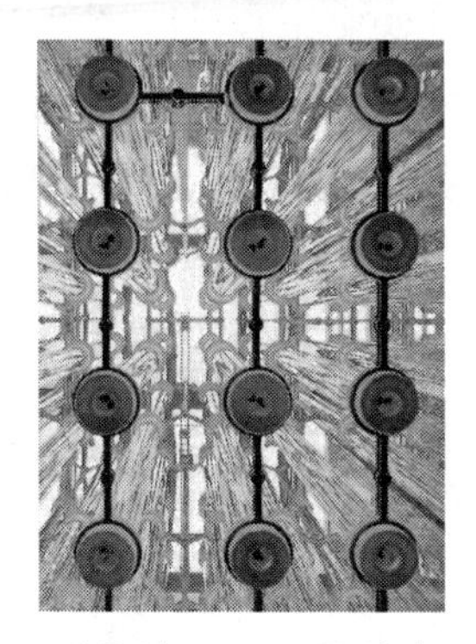

접촉식 UV 소독설비

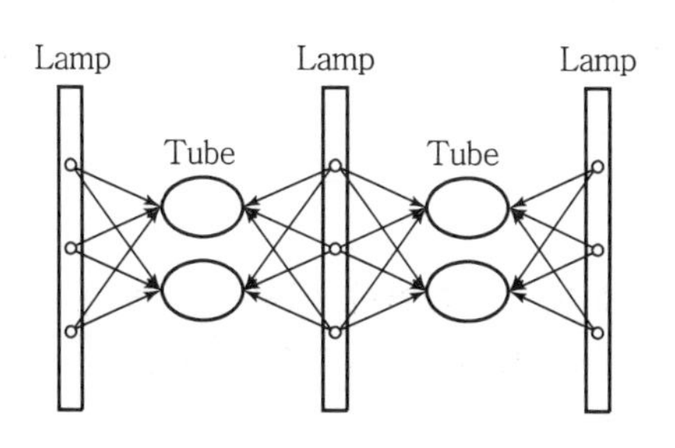

비접촉식 UV 소독설비

6. 자외선 소독의 영향인자

1) 자외선 투과율

자외선 투과율은 시료 두께 1cm를 자외선이 통과한 후에 흡수되지 않고 남은 254nm 파장을 가진 자외선의 백분율(%)로 정의된다. 이 투과율은 수중에 용해 또는 부유 상태의 물질의 농도에 따라 좌우되는데, 투과율이 낮으면 수중에서 자외선의 강도가 떨어지므로 적절한 조사량을 유지시키기 위해서는 더 오랜 시간동안 자외선을 조사시켜야 한다. 조사량(dose) = 자외선 강도($\mu W/cm^2$) × 접촉시간(seconds)

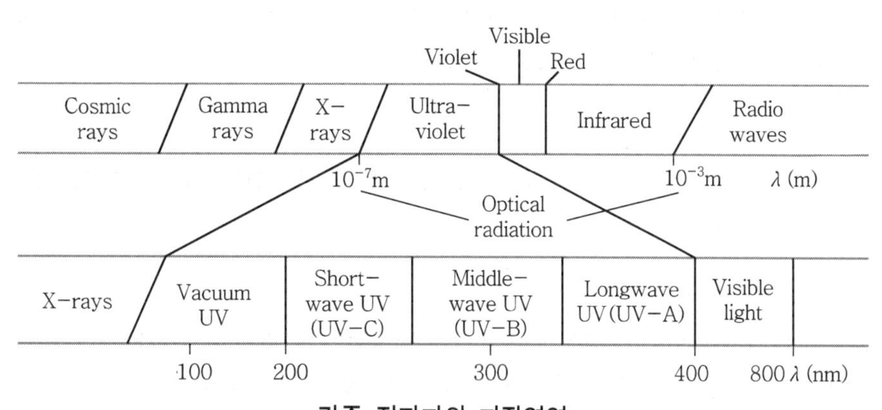

각종 전자파의 파장영역

2) 용존 유기물의 농도

하수에 함유되어 있는 유기물은 살균효과를 갖는 파장 범위에 있는 에너지를 흡수할 수 있어 살균효과를 감소시킨다.

3) 부유물의 농도

부유물은 입자들로 되어 있으므로 광선을 분산시키거나 흡수함으로써 자외선의 투과를 저하시키며, 또한 이들은 박테리아가 자외선에 노출되는 것을 막아서 살균효과를 감소시킨다. 그러므로 하수의 부유물 농도가 높으면 더욱 강한 자외선의 조사가 필요하게 되는데, 일반적으로 하수처리장의 이차처리 방류수의 부유물 농도는 5~30mg/L이다.

4) 총경도

하수 내에 마그네슘이나 칼슘 화합물이 많이 존재하면 석영 슬리브에 막을 씌우는 역할을 하여 살균효과를 감소시킨다.

5) 슬리브의 깨끗한 정도

자외선 소독시설의 효과를 최대로 하기 위해서는 석영 슬리브를 항상 청결하게 유지해야 하며 이 슬리브에 막이 생기면 물에 투과하는 자외선량이 줄어들게 되어 살균효과를 감소시킨다. 일반적으로 이차처리수의 소독 시 1년에 2~3회 정도의 세척빈도가 요구된다.

6) 사용기간 및 노후상태

1년 사용한 자외선램프의 자외선 강도는 100시간 사용 후 강도의 약 65%에 해당되며 2년 후에는 58% 정도로 줄어들어 살균효과를 감소시킨다.

7) 처리공정

생물학적 처리공정에 따라 자외선 투과상태가 달라지고 슬리브의 세척빈도가 다르므로 UV시스템의 효율이 다르게 나타나게 된다.

8) 유량

유량은 접촉시간을 결정하게 되며, 유지시간 및 자외선의 강도에 따라 자외선 조사량이 결정된다.

9) 반응조의 설계

반응조 내의 수리학적 특성은 소독효과에 결정적인 영향을 미치게 되는데 살균작용에 있어서 가장 적절한 수리학적 형태는 플러그흐름 형태이며, 손실수두가 적어야 한다.

7. 염소 및 자외선 소독의 장단점 비교

	장점	단점
염소 소독	1. 경험과 기술이 잘 정립된 소독법이다. 2. 소독이 효과적이다. 3. 잔류염소의 유지가 가능하다. 4. 암모니아의 첨가에 의해 결합잔류염소가 형성된다. 5. 소독력 있는 잔류염소를 수송관거 내에 유지시킬 수 있다.	1. 처리수의 잔류독성이 탈염소과정에 의해 제거되어야 한다. 2. 소독부산물(THM 및 기타 염화탄화수소)이 생성된다. 3. 맹독성으로 특히 안전장치가 요망된다. 4. 대장균살균을 위한 낮은 농도에서는 virus, cysts, spores 등을 비활성화시키는 데 효과적이지 못할 수도 있다. 5. 처리수의 총용존고형물이 증가한다. 6. 하수의 염화물함유량이 증가한다. 7. 염소접촉조로부터 휘발성유기물이 생성된다. 8. 안전상 화학적 제거시설이 필요할 수도 있다.
자외선 소독	1. 소독이 효과적이다. 2. 잔류독성이 없다. 3. 대부분의 virus, spores, cysts 등을 비활성화시키는 데 염소보다 효과적이다. 4. 안전성이 높다. 5. 요구되는 공간이 적다. 6. 비교적 소독비용이 저렴하다.	1. 소독이 성공적으로 되었는지 즉시 측정할 수 없다. 2. 잔류효과가 없다. 3. 대장균살균을 위한 낮은 농도에서는 virus, cysts, spores 등을 비활성화시키는 데 효과적이지 못하다.

8. UV 소독설비의 적용추세

현재 하수처리 및 폐수 처리시설의 용수나 방류수의 살균 및 악취 제거, 양식장, 수산업 및 수경 농장의 용수 살균 및 악취 제거, 반도체 생산공장, 병원 및 사무실 공조 시스템의 냉각수, 중수도 및 관개용수의 살균, 음식료 살균 및 악취 제거, 수영장 및 온천의 용수 살균등 다양하게 사용되고 있으나 상수용 소독설비로는 잔류염소 법적 기준치를 만족하지 못하므로 적용이 제한되고 있으나 염소소독의 소독부산물 문제 등으로 UV 소독설비와 같은 대체 소독설비 다각도로 적용을 모색하고 있다.

65 | 정수처리에서 오존처리설비의 구성과 특징을 설명하시오.

1. 개요

소독방법 중 오존처리는 소독부산물을 유발하는 전구물질을 저감시키는 전처리 산화제로 THMs와 HAAs의 소독부산물 발생을 억제하고 또한 오존은 염소보다 훨씬 강한 산화력을 이용한 대체소독제로서 소독과 함께 맛·냄새물질 및 색도의 제거, 소독부산물의 저감 등을 목적으로 한다.

2. 오존의 분해 특성

1) 오존은 강한 산화력을 가진 불소와 OH라디칼 다음으로 높은 전위차(2.07V(volt))를 가지고 있어서 이론적으로 모든 유기물을 이산화탄소(CO_2)와 물(H_2O)로 완전분해시켜야 하지만, 실제 대다수의 유기물질(맛·냄새 유발물질인 지오스민(Geosmin), 포화탄화수소 등)과 반응이 느리거나 또는 전혀 반응하지 않는 것이 일반적이다.
2) 오존의 분해기작은 오존분자(O_3)로부터 생성된 OH^-, 다시 O_2^-의 형성으로 이루어지며 이때 유용물질(Initiators : OH^-, HO_2^- 등)과 방해물질(Inhibitors : HCO_3^-, CO_3^{2-}, Humics 등)의 존재 정도에 따라 직접반응의 비중이 달라진다. 즉 낮은 pH에서는 Initiator인 OH^-농도가 낮으므로 직접반응의 가능성이 높아진다.

3) 물속에서의 오존의 반응

$$O_3 + H_2O \rightarrow HO_3 + OH^- \rightarrow 2HO_2$$

4) 오존의 산화분해반응
   - 오존에 의한 직접 산화반응
   - 오존이 분해되어 생성된 OH 라디칼에 의한 간접반응

3. 오존과 고도산화법(AOP : Advanced Oxidation Process)

오존은 유기물과 반응하여 부산물을 생성하므로 일반적으로 오존처리와 활성탄처리는 병행해야 된다. 이와 같은 오존의 단점을 보완하기 위하여 오존과 산화체 등을 동시에 반응시켜 OH라디칼의 생성을 가속화하여 유기물질들을 처리하는 방법을 고도산화법(AOP : Advanced Oxidation Process)이라 한다.

4. 오존처리법의 장점

정수처리의 단위공정으로 오존처리법이 다른 처리법에 비하여 우수한 점은 다음과 같다.

1) 오존은 자체의 높은 산화력으로 염소에 비하여 높은 살균력을 가지고 있어서 크립토스포리디움과 지아디아를 포함한 모든 병원성 미생물에 대한 소독시간을 단축할 수 있다.
2) 맛 · 냄새물질과 색도제거의 효과가 우수하여 조류 및 조류와 관련된 맛 · 냄새 유발물질을 억제하며, 지오스민(Geosmin)이나 2-메탈이소보니올(2-MIB) 등에 의한 냄새나 부식질 등에 의한 색도, 그리고 염소와의 반응으로 냄새를 유발하는 페놀류 등을 제거하는 데 효과적이다.
3) 유기물질의 생분해성을 증가시킨다 : 오존은 난분해성 유기물질의 생분해성을 증대시켜 후속공정인 생물활성탄 처리(BAC)의 미생물 처리 특성을 향상시킨다.
4) 염소주입에 앞서 오존을 주입하면 염소의 소비량을 감소시킨다.
5) 철 · 망간의 산화능력이 크다.
6) 소독부산물의 생성을 유발하는 각종 전구물질에 대한 처리효율이 높다.

5. 오존처리법 적용 시 고려사항

오존처리에 수반되는 문제점으로 중요한 것은 용존잔류오존과 배오존의 처리가 있다. 처리공정 내에서 과도한 용존잔류오존은 강력한 산화력으로 후단의 활성탄흡착능에 대한 소모를 촉진한다. 배오존이 대기 중에 방출되는 경우에는 노동안전위생 또는 환경상의 문제를 일으킬 우려가 있으므로 충분히 저농도가 되도록 처리해야 한다. 오존처리에서 유의해야 할 사항은 다음과 같다.

1) 충분한 산화반응을 진행시킬 접촉지가 필요하다.
2) 배오존처리설비가 필요하다.
3) 전염소처리를 할 경우에도 염소와 반응하여 잔류염소가 감소된다.
4) 수온이 높아지면 용해도가 감소하고 분해가 빨라진다.
5) 오존처리설비의 사용재료는 충분한 내식성이 요구된다.
6) 소득부산물의 생성을 유발하는 저감물질에 대한 처리효율이 높다.

6. 오존처리공법의 종류와 특징

1) 오존/High pH AOP
   오존이 수산화기에 의해 분해되어 OH 라디칼의 중간 생성물을 생성하는데, 이 공정에서 pH를 증가시킬수록 오존분해가 가속화되는 원리를 이용한 방법으로, pH

를 높이는 것은 자연수의 수질조건에 따라 OH 라디칼의 생성과 소모의 최적조건에 맞는 pH에 따라 적용하여야 한다.

2) 오존/과산화수소(O_3/H_2O_2) AOP

오존에 과산화수소를 인위적으로 첨가하여 오존을 빠른 속도로 분해시켜 OH라디칼을 생성시켜 오염물질을 분해시키는 방법을 오존/과산화수소 AOP라 한다.

$$2O_3+H_2O_2 \rightarrow 2OH^- + 3O_2$$

오존과 과산화수소 투입비에 따라 공정효율이 달라지며, 과산화수소 농도가 낮으면 오존분해가 원활하지 않아 OH 라디칼 생성이 저해되고, 농도가 높으면 과산화수소가 오히려 소모제로 작용해 역효과를 일으킨다.

3) 오존/자외선(UV 광분해법) ADP

이 방법은 산화제에 자외선을 조사하여 OH 라디칼을 생성시키는 방법으로 자외선 에너지에 의해 중간생성물인 과산화수소가 생성되고 이후 OH라디칼 생성은 오존/과산화수소 공정과 동일하다. 또한 이 공정은 자외선에 의해서도 유기물이 제거될 수 있다.

$$O_3+H_2O+UV \rightarrow O_2+H_2O_2 \quad \cdots\cdots \text{a)}$$

$$H_2O_2+UV \rightarrow 2OH^- \quad \cdots\cdots \text{b)}$$

이 공정은 오존 대신에 과산화수소를 적용할 수도 있으며, 이 경우에는 과산화수소가 바로 자외선을 흡수하는 위 a), b)식의 공정으로 OH라디칼을 생성한다.

7. 오존처리공정의 선정

오존처리는 처리목적에 따라 적절한 처리공정을 선정한다.

1) 오존주입지점은 처리대상물질과 처리목적 등에 따라 선정한다.
   (1) 냄새와 색도제거를 목적으로 하는 경우
   (2) 응집효과의 개선을 목적으로 하는 경우
   (3) 유기염소화합물의 생성저감을 목적으로 하는 경우

2) 오존주입률은 원수수질의 현황과 장래의 수질예측, 다른 수도시설에서의 실시 예, 문헌, 실험결과 등을 근거로 하여 결정한다.
3) 오존주입량은 처리수량에 주입률을 곱하여 산정한다.
4) 오존주입률 결정은 실시간 수질을 반영하여 주입할 수 있는 방법을 선정한다.

(1) C·T 일정제어방식
(2) 총유기탄소 대비 오존주입률 결정방식
(3) 오존소비특성을 이용한 오존요구량의 일정제어방식

8. 오존발생장치와 주입설비

1) 주입설비는 다음 각 호에 따른다.
(1) 설비용량은 처리수량과 주입률과 산출된 주입량을 기본으로 하여 결정한다.
(2) 설비는 원료가스 공급장치, 오존발생기, 접촉지, 배오존처리설비, 오존재이용설비 등으로 구성되며, 주요 기기류는 2계통 이상으로 분할하고, 예비계통을 설치하며 유지관리가 용이하도록 한다.

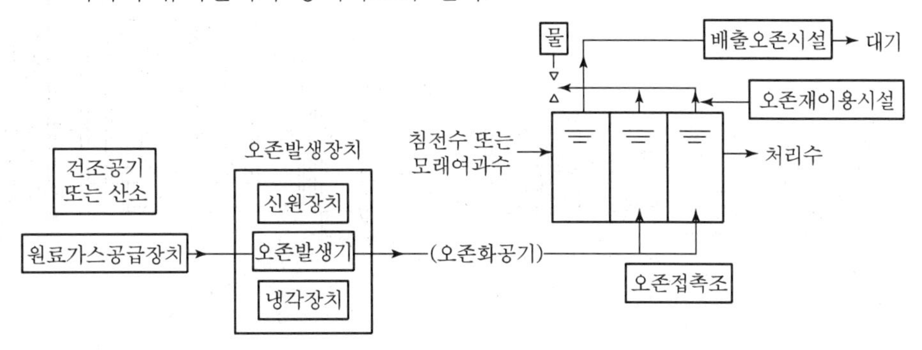

오존처리 시스템 예

(3) 오존처리를 효율적으로 실시하고, 또 비상시에도 필요한 조치가 용이하게 이루어질 수 있도록 적절한 제어방식을 선정한다.
(4) 오존과 접촉하거나 또는 접촉가능성이 있는 부분의 재질은 오존에 대하여 충분한 내식성과 강도가 있고 또 위생상 안전한 것으로 한다.

2) 원료가스공급장치는 필요한 원료가스를 제조하고 공급하기에 충분한 용량을 가지며, 높은 효율로 운전할 수 있고 충분한 안전성을 가진 것으로 한다.
3) 오존발생기는 다음 각 호에 적합하도록 한다.
(1) 발생효율이 높고 내구성과 안전성이 충분해야 한다 : 오존을 발생시키는 방법에는 광학법과 전해법 등이 있으며, 공업적으로 오존을 발생시키는 데 최적인 방법은 무성방전법이다.
오존의 생성반응은 $3O_2 \rightarrow 2CO_3 \rightarrow$ 68kcal로 이론적 오존생성량은 1.2kg/kWh이다. 그러나 무성방전에 의한 오존생성효율은 공기원료인 경우는 이론값의 7% 정도, 산소원료인 경우는 10~15% 정도로 나머지 대부분은 열로 변한다.

(2) 용량, 대수, 주입계통의 구성은 최소주입량에서 최대주입량에 이르기까지 연속적으로 적절하게 주입할 수 있는 것으로 한다.

(3) 오존발생기(공기법)의 공정배열을 아래와 같이 예시하였다. 원료공기는 그림의 왼쪽 공기송풍기(컴프레서의 경우도 있음)로 공기를 압축하고 공기냉각기(1차, 2차)로 온도를 낮추어 제습장치에서 노점 −50℃ 이하로 건조된 공기를 오존발생기에 공급하여 전원장치로부터 공급되는 고압방전으로 오존이 발생되어 오존접촉지에 공급된다. 이 중 원료가스공급장치는 입구 필터 → 공기송풍기(Blower) → 공기냉각기 → 제습장치까지이다.

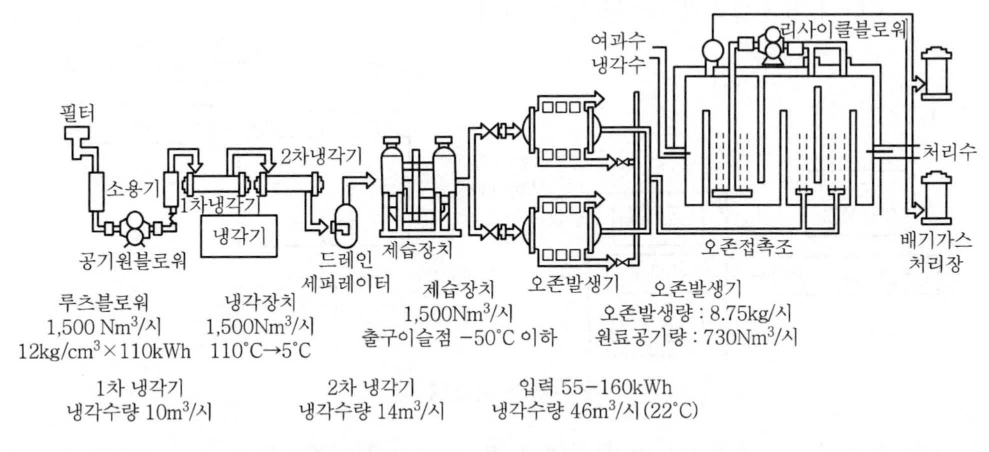

오존발생기(공기법)의 공정배열 예시

4) 오존발생기에서 주입장소에 이르는 배관은 적절한 내경과 재질을 가지며 유량계와 압력 등을 구비하고 배관의 유지관리를 용이하게 하기 위하여 지중부분은 콘크리트덕트 내에 설치하는 것으로 한다.

5) 오존발생에 필요한 전력설비는 충분한 용량과 기능을 갖추어야 한다.

6) 오존발생기실 등은 다음 각 호에 적합하도록 한다.

(1) 발생설비는 가능한 한 주입지점에 가깝게 설치한다.

(2) 건물은 내화 및 내식을 고려하여 채광, 방음, 환기, 배수 등이 양호해야 한다.

(3) 바닥면적은 발생기 등의 유지관리에 충분한 넓이로 한다.

9. 오존 접촉지

1) 오존 접촉지의 구조

(1) 구조는 밀폐식으로 오존과 물의 혼화와 접촉이 효과적으로 이루어져서 흡수율이 높도록 한다.

(2) 용량은 오존처리에 필요한 접촉시간과 반응시간이 충분하도록 한다.

(3) 오존 주입 풍량, 재이용 풍량, 배오존 풍량 등은 풍량의 수지에 균형이 맞도록 설계한다.

(4) 접촉지에는 우회관(Bypass Line)을 설치한다.

(5) 오존 재이용설비는 오존의 유효이용과 배오존 처리설비의 부하경감을 고려하여 설치 여부를 결정한다.

2) 오존접촉지에서 오존이용률에 영향을 미치는 요소로서 기액의 접촉방향, 가스농도, 가스공탑유속, 오존가스의 기포크기, 접촉수심, 기액비[G/L(Nm^3/m^3)], 가스의 균등접촉 등이 있다.

10. 오존 주입방식

오존접촉지에서의 오존가스 주입방식으로는 디퓨저식(Diffuser), 인젝터(Injector)식, 오존가압기식, 기계교반식이 있다.

1) 디퓨저식(Diffuser)

오존화공기 주입은 이용률과 유지관리의 용이성과 경제성 측면에서 디퓨저식이 많이 사용되며 접촉지 바닥에 세라믹 재질의 산기관이나 산기판을 설치하며 오존가스가 균등하게 산기되도록 헤드와 산기판 등을 적절하게 배치한다. 디퓨저식의 경우 산기관이 접촉조 내에 설치되어 오존에 의한 산기관의 산화 및 폐쇄 등으로 단락류 발생 시 오존전달효율 저하 가능성을 고려하여 적정 유지관리 방안을 고려하여야 한다.

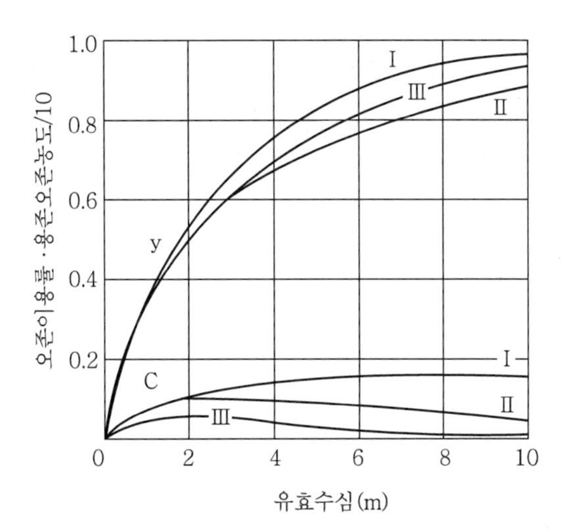

공급오존농도 = $20mg/m^3$
가스공탑속도 = 5m/h
일차반응속도(Iminative Primary Reaction Velocity) = 10L/h
기포경 = 3.0mm
오존주입량 $3g/m^3$
후처리수온 = 20°C
y : 오존흡수율
C : 용존오존농도
Ⅰ : 기액향류 · 전류
Ⅱ : 기액병류 · 전류
Ⅲ : 기액향류 · 혼합액

기액의 유동상태와 오존이용(흡수)률의 관계

2) 인젝터(Injector)식

인젝터 방식의 경우에는 직접(In-Line)주입방식과 간접주입(Sidestream)이 있으며, 간접주입방식의 경우 관로에서 일정량을 분기하여 펌프로 가압하여 인젝터로 공급하여, 고농도의 오존수를 만들어 나머지 물과 혼합시키므로 오존전달효율이 우수하다.

(1) 직접(In-Line)주입방식

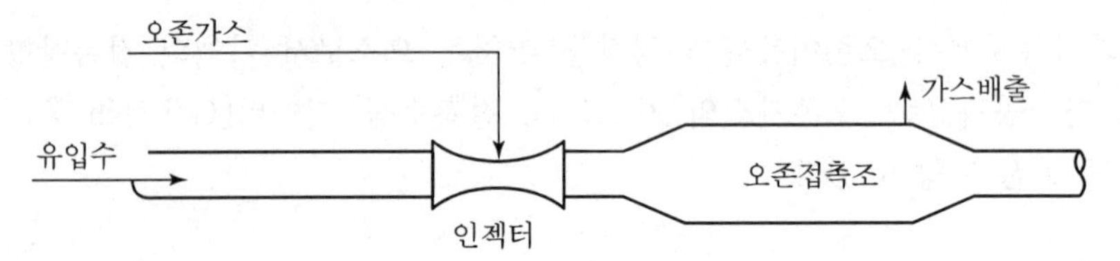

(2) 간접(Sidestream)주입방식

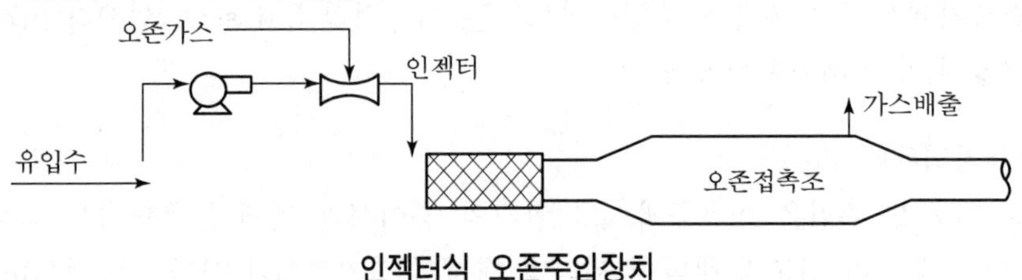

인젝터식 오존주입장치

3) 오존가압기식

오존가압기식은 관로에서 일정량을 분기하여 펌프로 오존용해탱크 상부로 주입하고, 오존가압기에 의해 오존가스를 오존용해탱크 하부로 주입하여 고압(39.2~68.6MPa)조건에서 오존수를 만들어 나머지 물과 혼합시켜, 오존전달효율을 높이는 방식이다.

(1) 하부주입식 오존접촉장치 : 접촉조는 사각형 구조나 긴 원통형 구조를 이용한 기계식 접촉장치이며, 이 장치의 특징은 주입된 오존화공기가 원통관의 바닥으로 내려갈수록 높은 수압을 받는 바닥부분에서 물과 접촉하기 때문에 오존이 용률이 높아지고 접촉시간이 단축될 수 있다.

(2) 장치의 용적이 작아도 되고 특히 부지면적이 작아지며 산기관이 필요하지 않으므로 유지관리 부담이 작다는 점 등을 들 수 있다.

11. 배오존설비

1) 정의
   배오존설비란 오존설비에서 발생된 오존중 사용하고 남은 여분의 오존을 공기 중에 배출할 때 무해하게 파괴하여 배출하는 설비를 말한다.

2) 오존은 호흡기에 강한 독성을 가지므로 환경기준 이하로 처리하는 배오존설비가 필요하다.

3) 배오존설비에서 오존제거방법에는 활성탄 흡착 분해법, 가열분해법, 촉매분해법등이 있으며 농도와 풍량, 운전조건에 따라 적당한 방법을 선정한다.

66 | MIOX(MIxed OXidant)

1. 정의

MIOX(MIxed OXidant)란 소금물을 전기분해하여 음극의 차아염소산나트륨(NaClO), 양극의 이산화염소와 오존을 소독에 이용하는 것이다.

2. MIOX(MIxed OXidant)의 원리

연수기를 통과한 물에 소금을 투입하여 소금물을 만들고 이를 전기분해하면 음극에서는 차아염소산이 발생하고 양극에서는 이산화염소와 오존이 발생하는데 이를 이용하여 소독하는 전기분해소독방법이다.

3. MIOX(MIxed OXidant)의 특징

1) 염소 공급 없이 현장에서 자체 발생하여 소독할 수 있다.
2) 탁월한 살균 효과를 갖는다.
3) 배관의 Biofilm(생물막)을 제거할 수 있다.
4) MIOX는 적은 양에서도 오랜 잔류시간을 가진다.
5) 염소를 이용하지 않으므로 소독부산물 형성이 감소한다. 염소와 비교 시 TTHMs가 30~50% 정도 감소한다.
6) 염소의 맛, 냄새 문제를 해결할 수 있다.
7) 미세응집 효과가 있다.
8) 소금과 전력비 등 유지비는 저렴하다.

67 | 상수처리에서 사용되는 소독방법인 염소(Cl_2), 오존(O_3), 자외선(UV)에 의한 소독효과를 지아디아(Giardia)와 크립토스포리디움(Cryptosporidium)을 중심으로 설명하고, 이들 소독제에 의하여 생성되는 소독부산물(DBPs)에 대하여 설명하시오.

1. 각종 소독방법의 원리와 특징

1) 병원성 세균에 대한 소독방법

세균이나 바이러스를 불활성화시키는 소독방법은 염소소독, 오존소독, 자외선처리, 막여과 등이 있다. 또한 전처리 필터나 활성탄을 이용하여 탁도물질이나 냄새, 휘발성 유기오염물질 등을 우선 제거한 후 염소소독, 자외선소독 등을 실시하는 복합처리시스템을 이용하기도 한다.

2) 염소소독(액체염소를 이용한 염소소독법)

(1) 염소소독법은 병원성 미생물을 경제적이고 간편하게 처리할 수 있는 소독방법 중의 하나이다.

(2) 염소소독은 소독효과가 우수하고, 대량의 물에도 소독이 가능하나 독성이 강하고, 소독 후 소독부산물(DBPs)을 생성하는 단점이 있다.

(3) 염소주입량 결정

- 원수의 수질자료를 기초로 물의 염소소비량, 염소요구량, 관로 등에 의한 소비량을 고려하여 상수도계통 관말배수지에서 기준치 이상의 잔류염소농도기준에 적합하도록 결정
- 유리잔류염소를 기준으로 할 경우, 염소주입량은 평상시 0.2mg/L, 하절기 또는 전염병이 우려될 경우 0.4mg/L가 되도록 주입
- 결합잔류염소를 기준으로 할 경우, 평상시 1.5mg/L, 하절기 또는 전염병이 우려될 경우 1.8mg/L 주입함
- 후염소는 최대 2.0mg/L, 평균 1.0mg/L를 기준으로 함

3) 오존(O_3)소독

(1) 오존소독은 물에서 염소와 같은 이취미가 발생하지 않으며 염소보다 강한 산화력을 갖는다.

(2) 오존은 소독의 잔류효과가 없고 맛, 냄새물질 및 색도 제거 효과가 우수하나 유기물과 반응 후 잔류물을 생성하여 재증식의 원인이 되기도 한다.

(3) 오존 유입 지점 선정은 일반적으로 원수의 탁도와 오존요구량에 따라 구분하며 침전 또는 여과 후에 주입하는 것이 가장 경제적이고 좋다.

(4) 주입 오존농도는 0.5~2mg/L가 적당하며 최종 유출수의 오존잔류농도가 0.04mg/L을 넘지 않도록 조절한다. 노로바이러스 등 병원성 미생물을 제거하기 위해서는 접촉시간 20분 이상, 2mg/L 이상의 오존주입이 필요하다.

4) 자외선(UV)소독

(1) 파장이 253.7nm인 자외선이 박테리아나 바이러스의 핵산에 흡수되어 핵산의 화학변화(유전자의 특성변화)를 일으켜 회복기능을 상실시키는 원리로 소독하며, 살균력이 강하고 유량과 수질변동에 대한 적응력이 강한 소독방법이지만 탁도가 높거나 유기물부하가 높을 경우 소독 효과의 저하가 우려된다.

(2) 살균력은 강하나 소독의 잔류효과가 없어 부차적인 소독제투입을 고려해야 한다.

(3) 현탁물질의 증가에 따라 자외선 흡수가 증가하기 때문에 바이러스 시료에 투사되는 자외선 강도를 적정하게 조절을 해야 자외선소독 시 노로바이러스는 pH 6~9 범위가 좋다.

2. 크립토스포리디움의 특징과 소독법

1) 크립토스포리디움은 사람이나 포유동물, 조류, 어류 등 광범위한 동물의 소화기관과 호흡기관에 기생하는 원생동물이다. 크립토스포리디움은 감염된 숙주의 분변을 통하여 환경에 내생이 매우 큰 Ocyst를 배출하여 다른 숙주에게 전파된다.

2) 크립토스포리디움은 특히 염소에 대한 저항성이 매우 커 크립토스포리디움의 제거를 위해서는 염소소독보다는 오존소독이나 용존공기부상법, 정밀여과나 한외여과 등이 필요하다.

3) 크립토스포리디움 오시스트(포낭)는 가열, 냉동, 건조에 약하고 60℃ 이상 혹은 -20℃ 이하에서 30분, 상온에서 1~4일의 건조로 감염력을 잃는다.

4) 열탕에서는 1분 이상에 불활화하지만 습한 환경 중에는 2~6개월간은 감염성을 가지고 있다. 염소소독에 대한 저항성은 매우 큰데 대장균(E. Coli)의 소독 저항성을 1로 할 경우 크립토스포리디움의 저항성은 240,000이다.

5) 여과시설을 갖추지 않고 있는 정수장은 크립토스포리디움 오염 발생 시 방어시스

템이 전혀 없으므로 예방대책으로써 원칙적으로 염소소독 이외의 대체소독공정이 나 여과공정을 도입하여 최소 2로그 이상의 제거목표를 달성할 것이 권장된다.

6) 크립토스포리디움 정수처리기준을 적용받지 않고 현재의 염소소독 단독공정을 유지하고자 할 경우에는 원수 중에 크립토스포리디움이 지속적으로 불검출됨을 확인하는 예방시스템을 갖출 필요가 있다.

3. 지아디아의 특징과 소독법

1) 원생동물인 지아디아는 미국에서 대표적인 수인성 질병 중 하나인 지아디아시스의 원인으로서 환경에서 시스트(Cyst)라 불리는 내성이 강한 포자의 형태로 존재하므로 생존능력이 뛰어나다.
2) 지아디아는 염소 소독 등의 수처리에 강하나 그 크기(수십μm)가 다른 세균(약 수μm)이나 바이러스(수십~수백nm)보다 크므로 여과에 의해 효율적으로 제거할 수 있다.
3) 정수처리 소독과정에서 세균보다 지아디아나 바이러스 제거에 초점을 맞춘 이유는 이들이 세균보다 소독처리에 대한 내성이 강하여 지아디아와 바이러스를 적절히 제거하면 세균도 제거된다고 추정하기 때문이다
4) 지아디아의 포낭형(Cyst)은 강한 환경 저항성을 갖고 있으며 특히 저온에 강해 차가운 물속에 들어가게 되면 약 2개월간 생존할 수 있다. 반면 열과 건조에는 약해서 37℃에서는 1일만에 그리고 55℃에서는 5분이면 불활성화된다.
5) 염소소독에 대한 저항성은 매우 커서 대장균(E. Coli)의 소독 저항성을 1로 할 경우 지아디아의 소독 저항성은 2,350이다.

4. 병원성 원생동물 제거를 위한 소독시설

1) 박테리아나 바이러스에 비하여 크립토스포리디움이나 지아디아 같은 원생동물은 염소소독에 대한 내성이 강하여 효율적으로 처리할 수 없다. 따라서 이들 원생동물에 대한 위험도가 증가하는 지역에서는 이들을 제거하기 위한 부상분리, 막여과, 대체소독시설의 설치도 검토하여야 한다.
2) 자외선소독공정 도입 시 기타 소독제에서 적용하는 CT값과 같이 크립토스포리디움, 지아디아 및 바이러스의 자외선소독에 필요한 조사량을 정리하여 제시하면 다음과 같다.
   - 크립토스포리디움의 경우 3Log 불활성화를 위해 필요한 조사량은 $12mJ/cm^2$로 제시하였으며, 바이러스 3Log 불활성화율 인정 조사량은 $150mJ/cm^2$로 제시하였다. 따라서, 현실적으로 정수장에서 자외선소독공정의 도입 시 원생동물의 제어는 용이할 것으로 판단되나, 바이러스의 경우 염소와 같은 추가적인 공정이 필요할 것으로 예상된다.

3) 자외선소독기(UV)의 인증절차는 실제 현장 도입 반응기를 대상으로 지표미생물을 이용하여 소독능평가를 수행하고, 결과를 바탕으로 자외선조사량(RED)을 결정한다.
4) 이와 같이 결정된 자외선조사량에 대해 실제 운영인자, 즉 램프의 오염도, 램프 수명 등의 인자 등을 안전율로 감안하여 실제 조사량을 계산한다. 이렇게 최종적으로 결정된 조사량으로 각 미생물별 불활성화 인정율을 결정한다.

5. 소독방법(염소, UV, O_3)과 소독부산물 저감

1) 소독부산물을 저감시키기 위한 방안으로는 소독부산물을 적게 발생시키는 소독제를 사용하는 방법, 사용하는 소독제의 최적 투입법 및 생성된 소독부산물을 제거하는 방법 등이 있다.
2) 저감방안 중 지금까지 위해성이 입증되어 규제가 강화되는 추세에 있는 염소소독에 의한 부산물(DBPs)을 낮추기 위한 방법에는 대체소독제의 적용이 있으며 오존, 클로로아민, 이산화염소, AOP, UV Light 등이 사용될 수 있다.
3) 양호한 소독방법은 소독력, 잔류성, 부산물 생성 등에 있어서 장단점을 상호 보완적으로 가지고 있다는 특성 때문에 주소독제(Primary Disinfectant)와 보조소독제(Secondary Disinfectant)로 구분하고 이들을 상호 보완적으로 사용함으로써 소독력과 잔류성을 유지하면서도 부산물 생성을 최소화하는 방법으로 사용할 수 있다.
4) 주소독제란 주요 살균기능을 담당하는 소독제를 말하며, 보조소독제란 관망에서 2차 오염 방지를 위하여 잔류농도를 유지시키기 위해 처리수에 첨가하는 소독제를 일컫는다.
5) 정수처리 중 소독공정으로 대부분 염소를 사용하고 있다. 그러나 상수원 오염으로 인해 고도정수처리기술이 도입되면서 낙동강을 상수원으로 하는 일부 정수장에서 오존처리를 사용하고 있으며 그 적용이 증가되는 추세이다.
6) 오존은 살균력이 강하고 이취미 제거 및 철, 망간 제거능력을 가지고 있으며 THMs을 생성시키지 않는 장점이 있으나 오존처리로 인해 발생하는 오존부산물이 부가적으로 생길 수 있는 문제점이 있다.

68 | 오존/UV AOP에 대하여 설명하시오.

1. 개요

오존/UV AOP(Advanced Oxidation Process)방식이란 일종의 오존 처리법인데 여기에 자외선처리를 겸한 고급 산화법이다. 강력한 산화제로서 살균과 각종 유기물을 산화처리 한다.

2. AOP의 원리

AOP는 OH라디칼이라는 중간 생성 물질을 생성하여 각종 오염물질인 유기물을 산화처리하는 신기술로 이는 방전램프에 자외선 파장인 253.7nm와 오존 생성파장인 184.9nm를 동시 발생시켜 주면 및 공기 중의 산소(O_2)와 결합하여 광분해하는 과정에서 다량의 OH라디칼을 생성 산화처리 하는 방식을 말한다.

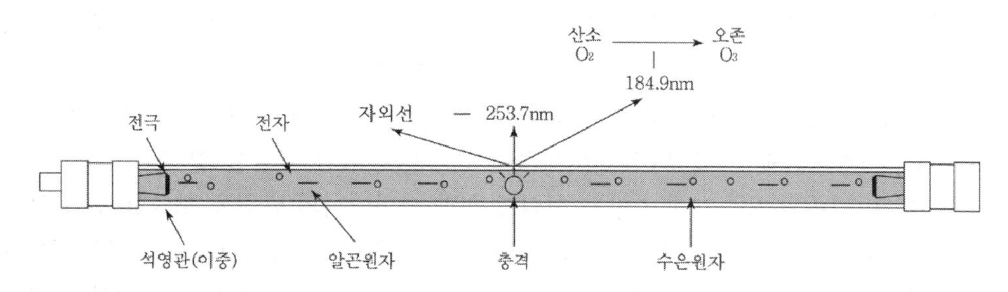

AOP 살균처리 모식도

3. AOP의 특징

AOP 방식은 독성을 전혀 남기지 않으면서 완벽한 살균력을 나타낼 수 있는데 기존의 산화제인 염소, 이산화염소, 과망간산칼륨 등보다 훨씬 강한 산화력을 갖고 있을 뿐만 아니라 오존발생기 단독 사용에 비해서는 독성이나 잔류물질을 남기지 않으면서 반응속도를 높일 수 있다.

1) 자연친화적인 공법으로 생태계를 보호하며, 인체에 유해한 부산물이 발생하지 않는다.
2) 매우 강한 유기물 처리능력으로 효과적인 처리가 가능하며, 동시에 소독이 가능하다.
3) 불쾌한 맛과 냄새를 근본적으로 제거할 수 있다.
4) 오존 처리 공법보다 효율이 월등하며, 시설 및 유지비용은 저렴하다.

4. AOP의 중간 생성 물질(OH Radical)의 주요 효능

1) 살균, 소독 작용
2) 표면 활성화 작용
3) 난분해성 유기물질 산화분해
4) 탈색, 탈취, 탈미 작용
5) 발암성 물질(THM)의 생성 억제

5. 오존/UV AOP 방식 등장 배경

AOP 방식으로 산화처리에 관한 연구에 박차를 가하기 시작한 것은 오존(O_3)발생기 단독 처리 시 발생하는 문제점으로 수처리의 한계를 느끼면서 본격화되었다.

1) 오존 단독 처리의 경우, 강한 산화력(전위차 : 2.07V)으로 THM 생성 억제, 맛, 응집침전 개선 효과 및 생화학적 처리의 효과 증대 등 이점은 있으나, 실제로 대다수의 유기물과의 반응(예 : 맛 · 냄새 유발물질인 Geosmin, MIB와 THM과 같은 포화탄화수소, 농약)이 느리거나 어떤 물질과는 전혀 반응을 하지 않는, 매우 선택적인 반응이 결점으로 지적되어 왔으며 또한 반응속도가 매우 길기 때문에 NOx나 독성을 남길 뿐만 아니라 완벽한 살균이 불가능하다.
2) 그러나 오존은 광분해 과정에서 생성되는 중간 생성 물질로 강력한 산화력을 지닌 OH Radical(전위차 : 2.81V)이 수처리에서 매우 중요한 역할을 할 수 있음을 알게 된 이후, 기존의 오존발생기 단독 처리에 의한 산화방식의 단점을 보완할 수 있었다.
3) AOP 방식은 방전램프에서 오존과 자외선을 동시에 발생시키거나 오존발생기에 과산화수소(H_2O_2)를 투입하면 오존발생기 단독 사용에 비해 $10 \sim 10^4$배까지 반응속도를 높여줄 수 있고 용존 오존이 자외선 에너지에 의해 광분해되는 과정에서 OH^-(수산 라디칼)이 생성됨으로 고순도 살균 · 정수처리 및 실내공기의 살균·탈취 효과가 매우 높기 때문에 광범위한 분야에 적용할 수 있게 되었다.

6. 현장 적용 현황

기존의 소독제인 염소, 이산화염소, 오존발생기, 자외선 소독기 등보다 훨씬 강한 산화력을 갖고 있을 뿐만 아니라 독성이나 잔류물질을 남기지 않는 친환경적 소독설비의 필요성이 대두되면서 그 연구 과정에서 AOP 방식이 만들어졌고 현재 현장에서 적극적으로 적용하는 추세이다.

69 | 산화 환원 전위(ORP)

1. 정의

ORP란 Oxidation Reduction Potential로 산화 환원의 힘, 즉 그 전위를 말한다. ORP가 큰 물질은 강력한 산화제임을 의미한다.

2. 산화와 환원의 의미

산화란 넓은 의미로는 원소가 갖는 산화수의 증가이다. 즉 Fe → Fe^{2+}가 되는 것은 산화이다. 반대로 환원은 산화수가 감소하는 것이며 산화와 환원은 동시에 화학양론적으로 일어난다.

3. ORP식

$$\text{ORP} = Eo + \frac{RT}{nF}\log\frac{[Ox]}{[Red]}$$

여기서, ORP : 산화 환원 전위(V)

Eo : 표준 상태의 전위(V)

R : 가스정수

T : 절대온도

n : 반응에 관여하는 전자수

F : 페러데이 상수

$[Ox]$, $[Red]$: 산화 환원체 몰농도

4. 현장에 ORP적용

1) 화학반응을 이용하는 정수처리나 미생물을 이용하는 하수처리도 일종의 산화 환원 작용이다. 유기물을 제거하는 것(생물반응조), 응집반응조, 살균소독, BOD 제거 등이 모두 산화 환원처리로 해석된다.
2) 최근에 대부분의 공정에서 수처리 상태를 판단하는 지표로 ORP가 널리 사용되고 있으며 앞으로 다양한 분야에서 중요한 기능을 담당할 것이다.
3) ORP가 가장 큰 것은 불소이며 다음이 오존, 염소 순이다. 미래의 소독제는 염소 대신 불소와 오존이 담당 하리라 본다.

4) 정수처리에서 유기물이 많은 원수에는 전처리로 염소처리를 하는 것은 바로 이산화 작용을 이용한 것이다.
5) 실제로는 물의 좋고 나쁨을 결정하는 포인트로 ORP가 활용된다. 자연은 긴 세월에 걸쳐서 지하에서 물을 환원시켜 맛있는 물로 만든다. 그러나 지상으로 솟아오른 물은 며칠이면 공기 중의 산소와 기타 오염물질로 인하여 빠르게 산화가 진행된다.
6) 이렇게 산화된 물은 산화 환원 전위가 높고, 역으로 전위가 낮아지면 천연 암반수에 가까운 맛있는 물이 된다. 천연 암반수(전위 -150mV)가 음료수로서 가장 이상적인 물이다.

5. pH미터와 ORP 미터의 차이

pH미터와 ORP 미터는 수용액중의 산화 환원 전위를 재는 점에서는 같은 기능을 가지고 있다. pH미터가 수소이온을 측정한다면 ORP 미터는 산화 환원에 관계하는 모든 ion을 측정 대상으로 한다. 두 계측기 모두가 센서부의 검지값은 전압값이다.

70 | 여과지 정수처리기준을 설명하시오.

1. 여과시설의 정수처리기준 준수

1) 수도법에 따라 바이러스나 지아디아 포낭의 제거, 불활성화비의 계산 및 확인방법 등 여과시설의 정수처리 등에 관한 사항을 정하고 이를 준수해야 한다.
2) 정수처리기준 적용대상 시설은 광역(지방) 상수도 및 사업자로서, 정수처리기준을 준수하기 위하여 탁도기준과 불활성화비에 적합하도록 여과시설과 소독시설 등을 설치·운영하여야 한다.
3) 지하수를 수원으로 사용하는 수도사업자가 사용 중인 지하수가 병원성 미생물로부터 영향을 받는지 여부를 감시한 후, 수질의 안전성을 입증하는 증빙서류를 갖추어 한국상하수도협회장의 인증을 받은 경우에는 정수처리기준의 적용을 받지 아니 한다.

2. 정수처리기준

경제적·기술적으로 농도기준을 정하고 정기적으로 수질검사를 실시하는 것이 어려운 바이러스·지아디아 등 병원미생물이 수돗물 중에 함유되지 않도록 하기 위하여 필요한 정수장의 운영·관리 등에 관한 기준을 말한다.

3. 불활성화비

병원미생물이 소독에 의하여 사멸되는 비율을 나타내는 값으로서 정수시설의 일정지점에서 소독제 농도 및 소독제와 물과의 접촉시간 등을 측정·평가하여 계산된 소독능값(CT)과 대상미생물을 불활성화하기 위해 이론적으로 요구되는 소독능값과의 비를 말한다.

4. 여과방식과 제거율

수도사업자는 정수처리기준에 따라 급속, 완속, 직접, 막여과 및 기타 여과시설을 갖추고, 여과시설의 종류 및 규모 등에 따라 정수처리기준에서 정한 탁도 기준을 준수하도록 운영·관리 및 수질검사를 하여야 하며, 여과방식에 의한 바이러스, 지아디아 포낭의 제거율을 아래와 같이 충족하여야 한다.

여과에 의한 바이러스, 지아디아 포낭의 제거율

여과방식	제거율	
	바이러스	지아디아 포낭
급속여과	99%(2 log)	99.68%(2.5 log)
직접여과	90%(1 log)	99%(2 log)
완속여과	99%(2 log)	99%(2 log)
정밀여과(MF)	68.38%(0.5 log)	99.68%(2.5 log)
한외여과(UF)	99.9%(3.0 log)	99.68%(2.5 log)

비고 : 1. log 불활성화율과 % 제거율은 다음 식에 의해 계산된다.

$$\%\text{제거율} = 100 - \left(\frac{100}{10^{\log}}\right)$$

2. 정밀여과 및 한외여과의 제거율은 막모듈 및 시설에 대한 평가절차 마련 전까지 적용한다.

5. 소독설비

수도사업자는 규정에 따른 적정한 소독시설을 갖추어 소독을 실시하여야 하며, 소독시설에서의 불활성화비 계산을 위하여 잔류소독제 농도와 수온 및 pH 등에 대한 수질검사 및 수량분석 등을 실시하여야 한다. 또한 계산된 불활성화비가 항상 1 이상이 유지되도록 정수시설을 운영·관리하여야 한다.

6. 여과지별 탁도관리

여과지별 탁도측정은 병원성 미생물에 대한 수질관리를 강화하기 위하여 「정수처리기준 등에 관한 규정」에 따라 여과지 공동수로와 각각 여과지에 설치하여 감시·관리하여야 하며, 평상시나 탁도기준 위반 시 신속하게 원인을 조사하고 대책을 강구하여 보다 안전한 수질관리가 되도록 한다.

7. 여과수 탁도관리 목표

1) 공동수로 여과수 탁도(급속 · 직접 여과시설)

(1) 시료채취지점
단위 공정 여과지의 모든 여과수가 혼합된 지점

(2) 탁도 측정 및 기록
탁도 자동측정기에 의거 실시간 측정 · 감시운영하고 1시간 이내 간격으로 기록 유지한다.(또는 4시간 간격으로 1일 6회 이상)

(3) 탁도관리 목표
매월 측정된 시료수의 95% 이상이 0.3NTU를 초과하지 아니하고 각각의 시료원인이 탁도계 또는 계측제어설비 등에 의한 초과의 경우에는 위 탁도기준을 적용하지 아니한다.

2) 지별 여과수 탁도(급속 · 직접 여과시설)

(1) 시료채취 지점
타여과지 여과수가 혼합되기 전 지별 여과수의 대표지점

(2) 탁도측정 및 기록
탁도 자동측정기에 의거 실시간 측정하여 매 15분 간격으로 기록 유지

(3) 지별 탁도 관리목표
- 매월 측정된 시료수의 95% 이상이 0.15NTU를 초과하지 아니하여야 한다.
- 여과 개시 후 안정화될 때까지 0.5NTU보다 커서는 안 된다.
- 여과 개시 4시간 후에는 0.3NTU보다 커서는 안 된다.
- 매월 1NTU보다 높은 탁도가 30분 이상 연속하여 월 1회 이상 발생하고 이와 같은 현상이 3개월 연속 나타나서는 아니 된다.
- 매월 2NTU보다 높은 탁도가 30분 이상 연속하여 월 1회 이상 발생하고 이와 같은 현상이 2개월 연속 나타나서는 아니 된다.

(4) 지별 여과수 탁도관리 목표 위반 시 조치사항(정수처리기준 등에 관한 규정 참조)

8. 여과수 탁도계(On－line) 설치 및 관리

탁도계는 측정방법, 제조회사 등에 따라 설치 및 관리 등이 상이할 수 있으나 일반적으로 고려할 사항은 다음과 같다.

1) 측정된 데이터의 정확성과 신뢰성이 확보되어야 한다.
2) 주기적인 청소와 소모품의 확인·교환을 하여야 한다.
3) 측정값의 유효성 확인을 위한 수분석값과 비교검토·교정을 하여야 한다.

4) 설치 시 고려사항
(1) 시료배관의 구경은 충분한 양의 시료를 공급할 수 있어야 한다.
(2) 시료는 배관의 측면 시료를 채취하도록 한다.(상단부는 공기, 하부는 슬러지의 영향을 받기 쉬움)
(3) 탁도계는 가급적 시료채취 지점에 가까이 위치하여야 한다.

5) 운전관리
(1) 램프, 전자회로 등 기기의 여러 부품도 수명이 있으므로 주기적으로 교체하여야 한다.
(2) 예방 및 일상정비는 제조사의 지침서에 따른다.
(3) 1주일에 1회 이상 점검한다.
(4) 램프, 렌즈 등 중요한 부분의 점검·정비 시 등에는 반드시 재 교정한다.

71 | 활성탄 흡착설비를 설명하시오.

1. 개요

활성탄은 형상에 따라 분말활성탄과 입상활성탄으로 나누어지며 정수처리에서 분말활성탄(PAC)은 보통 전처리에 이용되고 입상활성탄(GAC)은 후처리(고도처리)에 이용된다.

2. 활성탄의 처리대상 물질

활성탄처리는 응집, 침전, 모래여과 등 통상적인 정수처리로 제거되지 않는 다음의 원인물질과 그 밖의 유기물 등을 제거하기 위하여 적용된다.

1) 맛, 냄새 물질(2-MIB, Geosmin 등) 제거
2) 색도, 탁도 제거
3) THM, THM 전구물질의 제거
4) 농약, ABS, 페놀류, 휘발성 유기화합물 제거

3. 활성탄의 특성

1) 활성탄은 목재, 톱밥, 야자껍질, 석탄 등을 원료로 하여 탄화(Carbonization)와 활성화(Activation)과정을 거쳐 만들어진 다공성의 탄소질 물질로서, 기체와 액체 중의 미량유기물질을 흡착하는 성질이 있다.
2) 활성탄은 수중에 용해되어 있는 유기물의 제거능력이 크며 약품처리하는 경우와는 달리 처리수에 반응생성물을 남기지 않는다.
3) 활성탄은 처리대상물질에 따라 흡착성능이 달라지므로 활성탄 흡착시설을 설계할 때에는 사전에 제거대상물질의 특성, 오염실태, 처리효과 등에 대하여 모의실험을 포함한 충분한 조사가 필요하다.

4. 활성탄 흡착의 원리

흡착은 용액 중의 분자가 물리적 또는 화학적 결합력에 의하여 고체 표면에 붙는 현상으로 다음의 3단계(이동-확산-흡착)를 거쳐 이루어진다.

1) 이동
흡착제 표면으로 피흡착제의 분자가 이동하는 단계

2) 확산

- 흡착제 공극을 통하여 피흡착제의 분자가 확산하는 단계
- 확산을 3단계로 세분하면 간극확산(Pore Diffusion), 표면확산(Surface Diffusion), 미세간극확산(Micropore Diffusion)으로 나눌 수 있다.

3) 흡착

흡착제 표면에 피흡착제 분자가 흡착되면서 흡착제와 피흡착제 사이에 결합이 이루어지는 단계

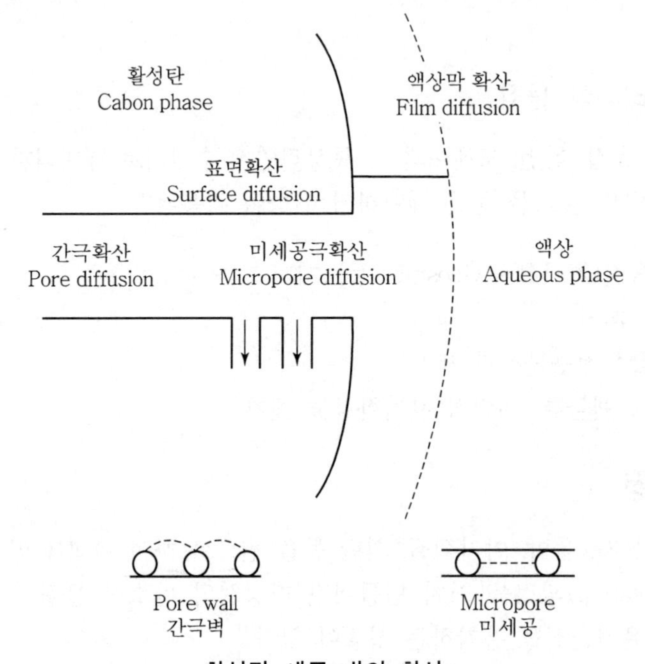

활성탄 세공 내의 확산

5. 활성탄 흡착 영향인자

1) 표면적

입자의 표면적은 흡착에 가장 큰 영향을 미치는 변수이다. 활성탄의 일반적인 내부는 $10^{(-5)}$~$10^{(-7)}$m 정도의 직경을 가진 큰 세공과 10~0.1nm 정도의 작은 세공으로 구성되어 있으며 이들 세공의 내부 표면적은 700~1,400m^2/g으로 매우 크다.

2) 흡착질의 성질

(1) 수처리 과정에서 흡착질은 다양하며 분자량의 크기와 종류, 용해도 등에 따라 흡착성질은 다양하다.

(2) 일반적으로 소수성이 강하고 분자량이 클수록 활성탄에 흡착되기 쉬우며 반면에

물에 용해도가 높고 분자량이 작은 물질은 활성탄에 흡착되기 어려운 경향이 있다.

(3) 물에 잘 녹지 않는 농약은 활성탄에 흡착되기 쉬우나 부식질 등과 같이 분자량은 크지만 물에 녹기 쉬운 물질은 활성탄에 의한 흡착에 제한을 받는다.

3) 흡착제의 성질

(1) 활성탄은 종류가 다양하고 생산회사마다 특성이 다르기 때문에 흡착효과도 상당히 상이하다.

(2) 그러므로 흡착 제거하고자 하는 물질의 특성과 사용하고자 하는 활성탄의 기공 특성과 표면적은 매우 밀접한 관계가 있으므로 어떤 활성탄을 적용할 것인지 신중하게 선정하여야 한다.

4) pH

일반적으로 pH를 낮추면 수소이온 농도가 증가하여 활성탄 표면이 중성화되어 활성탄 기공에서 확산속도가 빠르게 되고 활성점의 활용도가 증가하여 유기물의 흡착, 제거 효과는 증가한다.

5) 온도

흡착반응은 발열반응이므로 온도가 내려갈수록 흡착효과는 증가한다. 흡착속도는 활성화에너지의 영향을 받으며 다음 식으로 표현된다.

강물의 경우 수온이 변해도 계절별로 2~30℃ 범위에 있으므로 수온의 영향은 그렇게 크지는 않다.

6. 활성탄의 재질과 처리특성

1) 야자껍질 활성탄

야자껍질 분말활성탄은 지름 1~20nm 정도의 세공이 많고 입상활성탄은 10nm 이하의 세공이 많다. 입상활성탄 중 야자껍질을 원료로 하여 생산된 입상활성탄은 직경 3nm 이하의 세공이 많고 30nm 이상의 세공은 적다. 따라서 내부표면적은 크고 세공용적은 작기 때문에 저분자량의 물질이 제거되기 쉬우며 기체 상의 용도로 많이 사용된다.

2) 석탄계 활성탄

3nm부터 약간 큰 세공까지 폭넓게 존재하므로 내부표면적은 다소 작지만 세공은 크기 때문에 비교적 큰 분자량의 물질이 제거되기 쉬우며 수처리용으로 많이 사용되고 있다. 입상활성탄에는 0.1~수μm 크기의 대세공(Macropore)이 존재하며 피흡착물질의 입자 내로의 확산통로가 된다.

3) 흡착특성

일반적으로 소수성이 강하고 분자량이 큰 물질일수록 활성탄에 흡착되기 쉽다. 또 물에 용해되기 쉽고 분자량이 작은 물질은 활성탄에 흡착되기 어려운 경향이 있다. 물에 잘 녹지 않는 농약은 활성탄에 흡착되기 쉬우나, 부식질(Humic Substance)과 같이 분자량은 크지만 물에 녹기 쉬운 물질은 활성탄으로 흡착되기 어렵다. 이와 같이 피흡착질(유기물질)의 물에 대한 용해도(친수성, 소수성)나 흡착제(활성탄)의 세공크기 분포 등이 제거 효율에 영향을 미친다.

4) 활성화 방법

활성화는 원료를 900℃ 전후의 고온에서 수증기로 처리하는 수증기활성화법과 목질재료를 염화아연, 황산 등의 약품에 담근 후 탄화시키는 약품활성화법이 있으나, 정수처리용 활성탄은 수증기에 의한 제조법이 주류를 이루고 있다.

7. 활성탄처리방식

비상 시 또는 단기간 사용할 경우에는 분말활성탄처리가 적합하고 연간으로 연속 또는 비교적 장기간 사용할 경우에는 입상 활성탄처리가 유리하다고 알려져 있다. 그 장단점은 다음과 같다.

분말활성탄처리와 입상활성탄처리의 장단점

항목	분말활성탄	입상활성탄
1) 처리공정	1) 기존시설에 추가로 주입하여 처리할 수 있다.	1) 활성탄조를 만들 필요가 있다.
2) 비상용시	2) 필요량만 구입하므로 경제적이다.	2) 시스템을 갖추어야 하므로 비경제적이다.
3) 연속사용	3) 재생되지 않아 비경제적이다.	3) 재생하여 사용할 수 있으므로 경제적이다.
4) 미생물의 번식	4) 사용하고 버리므로 미생물의 번식 우려가 없다.	4) 원생동물이 번식할 우려가 있다.
5) 폐기 처분	5) 탄분을 포함한 흑색슬러지는 처분이 곤란하다.	5) 재생 사용하므로 경제적이다.
6) 흑수현상	6) 특히 겨울철에 일어나기 쉽다.	6) 거의 염려가 없다.
7) 운전 유지관리	7) 슬러리 제조 및 주입작업을 수반한다.	7) 운전 및 유지관리가 쉬운편이다.

8. 분말활성탄 주입설비 설치기준

1) 주입지점은 혼화와 접촉이 충분히 이루어지고 또 전염소처리의 효과에 영향을 주지 않도록 선정하며, 필요에 따라 접촉지를 별도로 설치한다.
2) 주입률은 원수수질 등에 따라 결정되며 기본적으로 처리하고자 하는 원수와 제거목표물질에 대한 실험에 근거하여 정한다.
3) 슬러리농도는 2.5~5%(건조 환산한 값)를 표준으로 한다.
4) 주입량은 처리수량과 주입률로 결정한다.
5) 주입방식으로는 습식과 건식이 있으며 제어성과 작업성 등을 고려하여 선정하는데 처리성능은 습식이 효율적이다.
6) 주입장치는 주입방식에 따라 적절한 설비구성으로 충분한 용량을 가져야 한다.
7) 습식 주입에서 슬러리조는 충분하게 교반할 수 있는 구조로 적절한 용량이어야 한다.
8) 분말활성탄이 접촉하는 부분의 재질은 활성탄에 대하여 충분한 내식성과 내마모성이 있는 것으로 한다.

9. 분말활성탄 주입장치(건식과 습식)

1) 건식은 활성탄을 분말상태로 분말계량기에 의하여 연속적으로 계량하여 주입하고 혼합조에서 물과 혼합하여 슬러리액을 만들어 인젝터나 펌프 등으로 주입하는 방법이다.

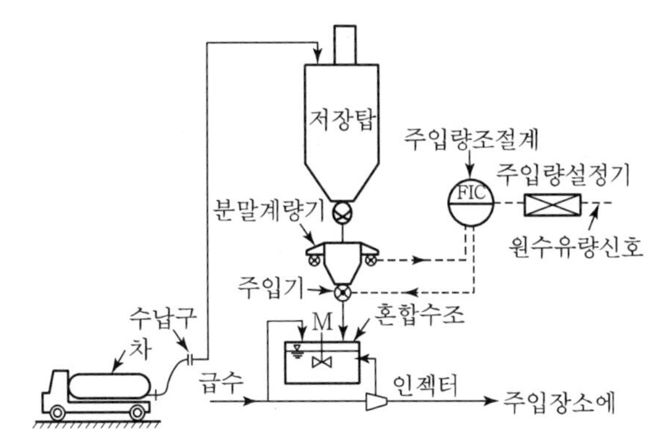

건식 분말활성탄 주입설비 구성도의 예

2) 습식은 물과 정량(포대, 컨테이너백 등)의 분말활성탄(습식탄)을 슬러리조에서 혼합하여 일정농도의 슬러리액을 만든 다음 계량장치를 거쳐 인젝터나 펌프 등으로 주입하는 방법이다.

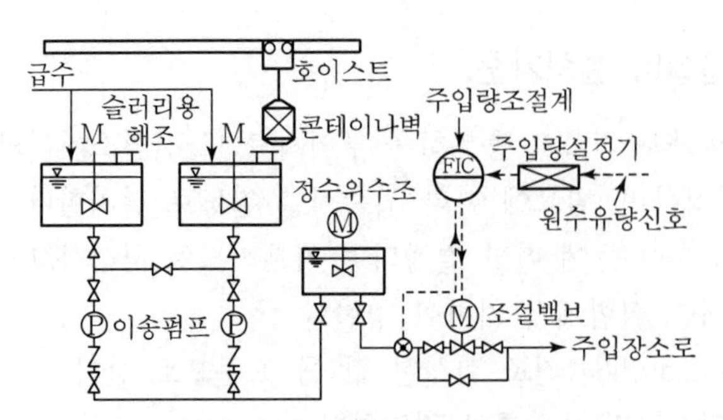

습식 분말활성탄 주입설비 구성도의 예

3) 주입방법을 선정할 때에는 제어성과 작업성 등을 고려하여 결정해야 하지만, 일반적으로 주입의 정밀도가 좋고 분진발생 등에 대한 작업성이 좋은 습식이 많이 사용된다.

차 한잔의 여유

행복의 비밀은 자신이 좋아하는 일을 하는 것이 아니라,
자신이 하는 일을 좋아하는 것이다.

– 앤드류 매튜스 –

72 | 활성탄 흡착 설계인자를 설명하시오.

1. 개요

활성탄은 다공성 탄소질로 비표면적이 매우 크고 흡착성이 강하여, 내부 세공 표면적에 용존 유기물질을 흡착, 농축시켜 제거하기 위해 사용되는 흡착제이다.
용존 유기물질들은 물질확산을 통하여 활성탄 내부 세공으로 이동 후 세공 표면에 흡착된다.

2. 활성탄의 구조

1) 분말활성탄
분말활성탄은 직경 0.05mm 이하의 매우 작은 활성탄 입자로 구성되며, 통상 반응기 내에 부유상태로 목적에 따라 5~50mg/L 농도로 주입한다. 일정기간의 접촉시간이 경과 후(보통 10~15분) 흡착평형 용량을 최대한 달성한 후 분말활성탄은 응집, 침전, 여과 과정을 통하여 가능한 모두 제거된다.

2) 입상활성탄
입상활성탄을 사용하는 처리 공정에서는 고정상 또는 반고정상을 통해 처리될 물이 통과되며 입자 크기는 0.3~3mm이다. 보통 재활용하여 연속적으로 상용한다.

3. 분말활성탄 적용 시 고려사항

분말활성탄의 중요 설계 요소는 활성탄 주입량과 접촉시간이다.

1) 정수 처리 과정에서 분말활성탄은 침전지 이전, 즉 혼화지나 응집지에 투여되나, 전염소처리를 할 경우에는 염소와 활성탄의 동시 투여는 피하여야 한다.
2) 이는 활성탄이 탈염소 능력이 크므로 양쪽 모두의 기능을 저하시키기 때문이다. 이 경우에는 전염소 투입 이전 지점에 분말활성탄을 투여함으로써 소요량 저감, THM을 포함한 염소소독부산물질 생성의 저감 효과를 얻을 수 있다.
3) 그러나 THM이나 THMFP(THM 생성능)에 대한 흡착효율은 페놀 등 타 유기오염물질에 비하여 낮다. 5~20mg/L 주입량으로도 제거효율이 충분치 않고, 재생 후 재사용이 어려우므로 비경제적인 활성탄 사용이 될 수 있다.
4) 대부분의 정수장에서 맛, 냄새 유발물질은 분말활성탄 5~10mg/L 투여로 충분히 제거되며, 20~30mg/L 정도 투여에도 유효하게 제거하지 못하는 경우에는 입상

활성탄 시설을 설치한 예가 있으며, 분말활성탄의 투여(25mg/L 정도)가 장기간 요구되는 경우는 입상활성탄 흡착탑 설치가 보다 경제적인 것으로 나타났다.

4. 분말활성탄의 설계인자

1) 주입장소
- 착수정 또는 전용 접촉지를 두는 방법
- 취수점에서 주입시켜 도수로를 흐르는 과정에서 접촉하는 방법

2) 주입형태
- 건조 분말활성탄
- 슬러리상(슬러리 농도 2.5~5.0%) : 배관에서의 유속은 1~2m/sec

3) 주입량
- 악취 제거 : 10~30mg/L
- THM 전구물질 : 30~100mg/L

4) 접촉시간
- 악취 제거 : 30분
- THM 전구물질 : 60분 이상

5. 입상활성탄의 설계

1) EBCT(Empty Bed Contact Time, 공상체류시간)

$$EBCT = \frac{\text{여과지 내 활성탄의 용적}}{\text{처리수량}} = \frac{V}{Q} = \frac{AH}{Q}$$

일반적으로 5~30분 정도이며, EBCT가 길어질수록 처리 효과는 증가한다.

2) LV(Linear Velocity), SV(Space Velocity) 및 탄층고

$$LV(\text{m/hr}) = \frac{\text{처리수량}(\text{m}^3/\text{hr})}{\text{흡착지 면적}(\text{m}^2)} = \frac{Q}{A}$$

H(탄층고) = EBCT × LV

- 선속도는 처리수량을 활성탄 표면적으로 나눈 값으로 여과속도에 해당한다.
- 중력식 고정상의 경우에는 10~15m/시간, 가압식의 경우에는 15~20m/시간이 일반적이다. 유동층의 경우에는 10~15m/시간 정도이다.

3) 공간속도(SV)

$$SV(\text{m/hr}) = \frac{\text{처리수량}(\text{m}^3/\text{hr})}{\text{활성탄 용량}(\text{m}^3)} = \frac{Q}{A \cdot H} = \frac{1}{EBCT}$$

공간속도(SV)는 입상활성탄을 통과하는 시간당 처리수량을 입상활성탄 용적으로 나눈 값이며 공상체류시간(EBCT)의 역수이다.

LV = SV × BH(Bed Height)　　　EBCT = A · H/Q

4) 탄층고

(1) 탄층고와 선속도 사이에는 비례관계가 있다. 따라서 EBCT를 결정한 후 탄층고를 낮게 하려면 LV를 작게 하고 여기에 맞는 활성탄 표면적을 결정하여야 한다.

(2) 일반적으로 탄층고(H)는 고정상의 경우 1.5~3.5m, 유동상의 경우에는 1.0~1.5m 정도이며, 같은 EBCT에서는 탄층고를 크게 하는 것이 효과적이다.

(3) 입상활성탄의 입경이 작으면 단위 용적당 표면적은 커지고 따라서 흡착대는 짧아진다. 고정상 : 0.4~2.4mm, 유동상 : 0.3~0.9mm

5) 접촉방식

(1) 입상활성탄의 흡착방식에는 고정상식과 유동상식이 있으며 일반적으로 고정상을 많이 사용된다. 고정상식에는 중력식 개방형과 가압식이 있으며 중력식은 대규모 설비에 적합하고 가압식은 소규모 설비에 적합하다.

(2) 유동상식은 상향류로서 개방형과 가압형이 있으며 활성탄층이 팽창하여 활성탄 입자가 유동화되는 유속으로 통수한다.

① 고정상식 : 조작 간단, 활성탄 입자 유출이 적으며 퇴적에 의한 손실수두 제거를 위한 세정이 필요

- 입경 0.4~2.4mm, 균등계수 1.5~2.1
- 하향류 가압식 : 소규모에 적용 가능
- 중력식 : 대규모에 적합

② 유동상식 : 손실수두가 적고 세척이 불필요하다. 접촉시간이 짧고 입자 유출 가능성이 있어 유량변경이 어렵다.

- 입경 0.3~0.9mm, 균등계수 1.5~2.1

6) 입상활성탄의 파과현상(Break Through)

활성탄조에 원수가 유입되면 유입부에서 흡착대를 형성하는데 시간이 지날수록 흡착으로 포화가 되어 흡착대는 하강한다. 정상적인 운전시 흡착대가 활성탄조의

바닥근처에 도달하면 유출수의 수질이 급격히 악화되는데 이를 파과 현상이라 하며 이때 처리수 농도 그래프를 파과 곡선이라 한다. 비정상적인 운전에서는 흡착대가 바닥에 도달하기 이전이라도 파과현상이 발생한다.

6. 분말활성탄과 입상활성탄의 장단점비교

항목	분말활성탄	입상활성탄
처리시설 구비	기존시설에 적용가능	활성탄조를 만들어야한다.
일시적 처리조건	필요시 일시적으로 투입하는데 경제적이다.	일시적 사용은 처리시설의 이용율이 적어 비경제적이다.
연속 처리 조건	재생이 불가능하여 비용 부담이 크다.	필요한 만큼의 탄층을 적용하여 연속 재생 사용하므로 경제적이다.
미생물 번식 우려	일회성 사용으로 오염우려가 없다.	연속 사용으로 원생동물 번식 우려가 있다.
폐기처분	탄분의 분말 활성탄 슬러지 처리가 곤란하다.	재생사용으로 문제가 적다.
흑수현상	겨울철에 탄분에 의한 흑수현상 우려	연속사용으로 문제가 적다.
유지관리	탄분 주입이 어렵다.	자동 운전으로 어려움이 적다.

7. 활성탄의 비교

분말활성탄은 비상시에 단기간에만 사용한다. 침전지 이전에 주입하여 침전지, 여과지의 슬러지로 활성탄을 회수하여 제거한다. 입상활성탄의 경우는 장기간에 걸쳐 계속적으로 사용하는 경우에 효과적이고 경제적이다. 주로 고도처리에 이용하면 효과적이다.

73 | 흡착평형(Adsorption Equilibrium)을 정의하시오.

1. 흡착평형의 정의

흡착이란 2개의 상(相)이 평형상태에 있을 때, 경계면 부근과 상 내부의 어떤 성분농도가 다른 현상이다. 즉 기체상과 고체상, 액체상과 고체상 또는 서로 녹지 않는 액체상끼리 마주해 있을 때 유체(기체 또는 액체)상 중의 특정 성분이 그 접촉 경계면에서 상 내부와 다른 농도를 나타내는 것을 말한다. 예를 들면 용액에서는 고체와 접촉하는 계면부분 또는 공기와 접촉하는 표면부분에서의 용질의 농도가 용액 내부의 용질의 농도와 다르게 되면 농도가 낮은 쪽으로 용질이 이동하는 현상을 흡착이라 한다. 이러한 흡착이 계속되면 결국 경계면 부근에서 용질농도와 상 내부의 농도가 같게 되는 평형상태에 도달하며 이때를 흡착과 탈착이 평형을 이룬다하며 흡착평형이라 한다.

2. 활성탄흡착의 원리

흡착은 용액 중의 분자가 물리적 또는 화학적 결합력에 의하여 고체 표면에 달라붙는 현상으로 다음의 3단계를 거쳐 이루어진다.

1) 이동

흡착제 표면으로 피흡착제의 분자가 이동하는 단계

2) 확산

(1) 흡착제 공극을 통하여 피흡착제의 분자가 확산하는 단계

(2) 확산을 3단계로 세분하면 간극확산(Pore Diffusion), 표면확산(Surface Diffusion), 미세간극확산(Micropore Diffusion)으로 나눌 수 있다.

3) 흡착

흡착제 표면에 피흡착제 분자가 흡착되면서 흡착제와 피흡착제 사이에 결합이 이루어지는 단계

74 | 입상활성탄(GAC) 흡착설비에서 파과현상(Breakthrough)을 설명하시오.

1. 정의

파과(Breakthrough)란 입상활성탄(GAC)처리에서 활성탄의 흡착성능이 포화되어 유출수 중의 피흡착물질 농도가 급격히 증가하게 되며 유입수의 농도에 근접하게 되는 것을 말한다.

2. 파과의 원리

입상활성탄 고정층에 피흡착물질이 포함된 물을 통수시키면 제거하고자 하는 피흡착물질은 고정층의 최초유입부에서 대부분 흡착되며, (1) 이 부분을 흡착대(Adsorption Zone)라 한다. 운전이 계속되면서 고정층의 유입부 측으로부터 점차로 포화가 진행되어 흡착대는 고정층의 아래쪽으로 이동한다(2, 3). 흡착대의 끝이 고정층의 출구부근에 도달하면(4) 유출수 중의 피흡착물질 농도는 급격히 증가하게 되며 궁극적으로는 유입수의 농도에 근접(5)한다. 이를 파과(Breakthrough)라 한다.

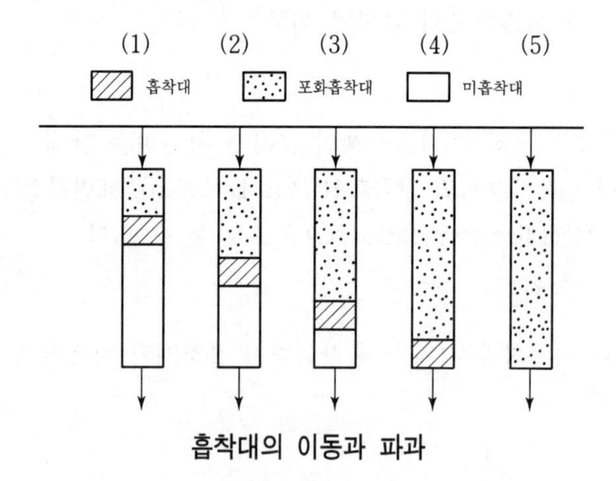

흡착대의 이동과 파과

3. 파과곡선

처리수량 또는 처리시간을 x축으로 하고 유출농도를 y축으로 한 농도변화를 파과곡선(Breakthrough Curve)이라 한다.

1) 파과곡선의 모양은 피흡착물질별 흡착능, 입자의 외부와 내부의 확산속도, 운전조건 등에 따라 다르다.
2) 페놀과 같이 흡착속도가 빠른 물질인 경우는 전형적인 S자형 곡선이 되지만 부식질이나 계면활성제와 같이 분자량이 크고 흡착속도가 느린 물질은 전형적인 S자형 파과곡선을 나타내지 않는 경우가 많다.
3) 일반적으로 유출농도가 처리목표농도에 도달한 시점에서 활성탄을 재생하거나 교체한다.

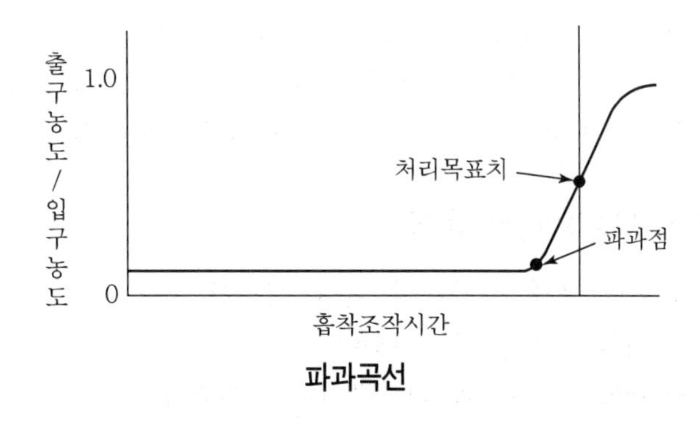

파과곡선

4. 급속여과지 파과현상과 GAC 파과현상 비교

급속여과지 파과현상은 여과지 이상현상으로 여층 내의 탁질이 유출되는 현상이라면 GAC의 파과현상은 흡착대가 포화되어 탁질이 유출되는 현상이다.

75 | 활성탄 등온흡착식과 등온흡착선(等溫吸着線)

1. 등온흡착선의 정의

활성탄흡착법에서 활성탄의 흡착률은 피흡착제의 형태와 농도, 활성탄의 농도, 접촉시간, 온도 등에 따라 결정되며 등온(일정 온도하)에서 피흡착제의 농도에 따른 흡착제의 소비량과의 관계를 그래프로 표현할 때 흡착량(q)과 최종평형농도(C_e)의 관계선(포화선)을 등온흡착선이라 하며 이들 관계식을 등온흡착식이라 한다.

2. 활성탄흡착의 원리

활성탄흡착은 분자 층으로 구성된 고체의 미세공 표면에서 화학적 결합 또는 미세공에 물리적 충진현상으로 액체(용액) 중의 입자(용질)를 강한 흡착력을 이용하여 제거하는 방법이다. 활성탄흡착에서는 물리흡착과 화학흡착이 존재한다.

3. 활성탄(Activated Carbon)의 특징

1) 탄소를 함유한 물질(목재, 야자내피, 갈탄, 역청탄 등의 탄화물)을 원료로 하여 고도의 활성화에 의하여 얻어지는 제품이다.
2) 흡착성능은 활성탄의 표면적과 내부공경에 좌우된다.
3) 비극성 물질흡착, 대부분의 경우 유기용제를 제거하는 데 사용한다.
4) 냄새 제거, 기체 정제, 용매 회수, 유독성분 제거 등에 사용한다.
5) 비표면적과 친화력이 크면 클수록 흡착의 효과는 커진다.
6) 흡착제(고체)는 다공성이며 모세관이 많을수록 흡착에 필요한 고체의 계면은 증가한다.
7) 흡착재생을 반복하여 계속 사용할 수 있다.(자체 생산하여 1~3년 수명 유지)

4. 등온흡착선

아래 그래프는 흡착량(q_o)과 최종평형농도(C_e) 사이 관계이며 Freundlich식과 Langmuir식을 이용하여 등온흡착선을 표현한 것이다.

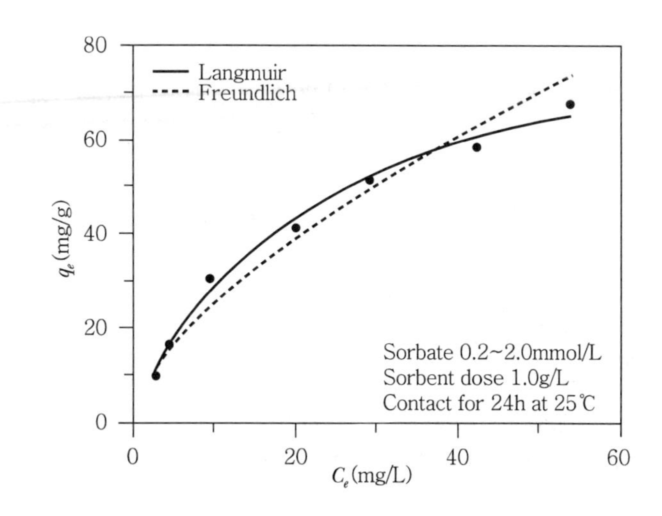

5. 등온흡착식의 종류

최초의 등온흡착식은 단순한 이론적 가정으로 유도한 Langmuir식과 BET식이며, 체계화한 경험적 유도 공식은 Freundlich식으로 보편적으로 널리 이용되고 있다.

1) Freundlich식

흡착법에 대한 실험식으로, $q = k\,C^{1/n}$으로 표현되며 q(흡착량)는 X/M으로, 흡착제(M)에 제거된 피흡착량(X)을 의미한다.

$$\frac{X}{M} = kC^{1/n}$$

여기서, X : 제거된 피흡착량, M : 흡착제량
C : 평형상태의 피흡착제농도, k, n : 정수

2) Langmuir식

흡착에 대한 이론식으로, 단일층흡착과 흡착질은 표면에서 고정되고 흡착질엔탈피는 일정하다고 가정한다. q(흡착량)는 아래 식으로 표현된다.

$$q = \frac{abC}{1+bC}$$ 역시 q는 X/M이므로,

$$\frac{X}{M} = \frac{abC}{1+bC}$$

여기서, X : 제거된 피흡착량, M : 흡착제량
C : 평형상태의 피흡착제농도, a, b : 정수

3) BET식

이론식으로, 다층흡착과 흡착질은 표면에서 고정되고 동일층 내 흡착질엔탈피는 일정하다고 가정한다.

$$q=\frac{1}{ab}+\frac{(b-1)C}{abC}$$ 역시 q는 X/M이므로

$$\frac{X}{M}=\frac{1}{ab}+\frac{(b-1)C}{abC}$$

여기서, X : 제거된 피흡착량, M : 흡착제량

C : 평형상태의 피흡착제농도, a, b : 정수

76 | BAC 공정에 대하여 설명하시오.

1. 정의

생물활성탄(BAC)공정은 오존처리 후 입상활성탄(GAC)을 합성시킨 공정으로 두 개의 공정이 독립적으로 작용시보다 더 좋은 정화효과를 나타내는데 이러한 오존처리+입상활성탄병용 처리시스템을 생물활성탄(BAC)공정이라고 한다.

2. 오존처리+입상활성탄 병용 처리 시스템

1) 오존은 강력한 산화제로 1차 소독과 산화 목적(철, 망간, 색도, 맛, 냄새 등)으로 사용되며 THM이나 클로로페놀 등을 발생치 않는다. 또 생물분해가 어려운 비극성 유기물질을 생물분해가 쉬운 극성유기물질로 전환시킨다.
2) 유기물이 오존으로 산화됨과 동시에 물은 용존산소로 포화되어 입상활성탄에서의 생물학적 처리 및 흡착처리에 의하여 오염물질을 제거한다.
3) 입상활성탄 유입 전에 오존처리를 하면 용존산소가 풍부하여 활성탄 재생 시까지의 사용기간이 연장되어 활성탄 재생비용과 GAC 손실을 줄여 경제적이다.

3. 입상활성탄의 구조 및 BAC 제거원리

입상활성탄은 야자수 껍질을 원료로 하여 온도가 다르게 여러 번 열처리를 가하여 표면적을 극대화시킨 것으로 GAC는 활성탄 표면의 Macro Pore와 내부의 Micro Pore로 구성된다.

1) 미생물들은 Macro Pore로 이루어진 외부 표면에 서식하면서 Micro Pore를 유입, 유출하는 유기물을 생물학적으로 제거한다.
2) 유기물의 흡착은 Micro Pore에서 이루어지며 Micro Pore의 표면적은 활성탄 전체 표면적의 95% 정도이다.
3) GAC를 통과한 물은 $NH_4 \rightarrow NO_3$로 산화되는데, 이는 미생물의 활동에 의한 것이다. 또 GAC는 물속의 용존 유기물의 흡착 능력이 매우 뛰어나다.

4. 생물활성탄의 원리

1) 원리

(1) 입상활성탄은 비표면적이 넓고 공극이 발달되어 있는 관계로 미생물이 서식하기 편한 장소가 된다. 이는 박테리아가 활성탄 입자의 불규칙한 표면에 부착되고 역세척 과정에서 쉽게 탈리되지 않기 때문이다.

(2) 즉, 생물활성탄이란 입상활성탄에 충분한 용존산소를 오존처리 등으로 공급하여 입상활성탄에 부착된 유기물이 입상활성탄에서 서식하는 호기성 미생물에 의하여 분해되므로 입상활성탄이 자연적으로 계속해서 생물학적 처리와 흡착에 의하여 오염물질을 제거하는 처리방법이다.

2) 미생물의 활동

(1) 생물활성탄 반응에서 일어날 수 있는 생물학적 활동에는 두 가지의 메커니즘이 있다. 미생물은 활성탄의 표면이나 공극에 존재하며 유기물은 표면과 공극에서 흡착되고 분해된다.

(2) 비교적 크거나 생분해성이 낮은 유기물은 활성탄 공극 내에 흡착되고, 생분해 가능한 유기물은 표면과 공극 내에 존재하는 미생물에 의하여 분해된다.

5. BAC 공정 설계 시 고려사항

1) 원수 수질

원수 수질 중 용존 유기물 농도가 낮은 경우 BAC의 필요성은 작아지며, 용존 유기물 농도가 높을수록 BAC 공정 적용을 고려하여야 한다.

2) 원수의 전염소처리를 없앤다.

3) 여과 후에 GAC 단계를 설치하는 것이 효율적이며, 오존의 주입 위치는 전체 처리공정을 고려하여 원수, 여과 전, 여과 후 GAC 전 등의 위치에 적용할 수 있으나 여과 후 GAC 앞에 두는 것이 가장 효율적이다.

4) Pilot Plant 운전은 충분한 기간을 두고 하고 실제규모 처리시설이 운전되어도 얼마간은 계속적으로 운전할 필요가 있다.

5) 원수 중 브롬이온이 상당량 있으면 오존이 브롬과 반응하여 Bromate를 생성하며, 이 화합물의 안정성이 미확인 상태이므로 이런 경우는 BAC 공정 도입이 바람직하지 않다.

6) 생물활성단의 유기물 분해능은 매우 제한적이므로 반드시 2차 처리수(여과수)에 적용하며, 유해물질의 유입으로 인한 미생물막의 파괴는 사전에 차단한다.

6. BAC 공정의 특징

1) 용존 유기물질을 흡착과 생물학적 처리의 2가지 작용으로 제거한다.
2) GAC 여재로 유입되는 유기물의 50%가량이 생물학적으로 제거
3) 생물학적으로 분해가 어려운 난분해성 물질은 GAC의 흡착으로 제거
4) 오존 처리 후 GAC의 수명이 연장되면 재생비용 감소, GAC 손실량 감소, 보충량 감소 등의 경제적 이득
5) BAC 공정에 의해 염소요구량은 낮아지고, 2차 소독시 염소필요량이 적어진다.

7. BAC 공정의 한계점

1) BAC 공정은 활성탄 입자 표면 외부의 미생물 활동에 의하여 효율이 영향 받는데 정상 상태까지 4~6주 정도의 운전이 필요하며, 수질 변동 후 정상 회복 시까지는 비슷한 기간이 필요하다. 이는 미생물은 수온, pH, 용존산소, 유기물 농도 등의 환경조건에 영향을 받기 때문이다.
2) BAC Pilot Plant 운전기간은 최소한 12개월 정도 소요된다.
3) 원치 않는 생물체의 출현을 막기 위하여 활성탄 여상의 역세척은 손실수두 생성량과 관계없이 일정한 시간간격으로 행한다.
4) BAC 공정의 운전 시 성능감시는 생물학적 처리가 갖는 변경요인 때문에 다른 공정보다도 정상적인 안정 상태를 유지하며 운전하는 기술이 요구된다.

8. BAC 공정의 장점

1) THM, 클로로페놀을 생성하지 않으며 THM 및 전구물질의 제거 능력이 있다.
2) 염소 주입으로 인한 냄새 유발 방지
3) 소독제를 소량 사용하여도 되므로 운전비용 절감
4) 활성탄 재생기간이 2~3배 정도 길어진다.
5) 용존 유기물질을 흡착과 생물학적 처리의 2가지 작용으로 제거
6) 생물학적으로 분해가 어려운 난분해성 물질은 GAC의 흡착으로 제거

77 | 정수처리 시 조류의 생물학적 제거법을 설명하시오.

1. 개요

정수처리 시 생물학적 처리방법으로는 수중에 고정된 플라스틱 소통의 집합체인 하니콤(Honeycomb)방식, 회전하는 원판에 의한 회전원판방식(Rotating Biocontactor), 입상여재에 의한 생물접촉여과방식 등이 있다.

2. 생물학적 처리방법의 특징

생물학적 처리는 수중의 유기물, 질소, 인 등이 생물막에 존재하는 미생물에 의해 분해 또는 섭취됨으로써 수질정화가 이루어진다.

1) 미생물의 생물화학적 반응은 제어하기 어렵고, 처리대상물질을 완전히 제거하기 어렵다는 점과 수온의 영향을 받는다는 점 등의 특성이 있다.
2) 처리대상물질이 처리설비에 유입되는 부하는 동일하더라도 처리효과는 계절이나 원수수질에 따라 크게 달라진다.
3) 생물학적 처리공정을 선정할 경우에는 제거대상 물질과 목표수질을 명확하게 하고, 필요로 하는 설비용량을 산정한 다음 경제성이나 기존 정수시설에의 적합성 등을 고려하여 가장 바람직한 처리방법을 결정한다.
4) 생물처리가 다른 처리방법보다 효과적인 제거대상물질로는 암모니아성 질소, 곰팡이냄새, 조류 등이 있다.
5) 방식을 선정할 때에는 소요면적, 설비의 크기, 설비에서의 손실수두, 유지관리의 난이도, 세척방법 및 슬러지처리의 필요성, 설비의 내구성, 주변 환경에의 영향, 건설비, 유지관리비 등을 고려해야 한다.

3. 하니콤방식과 회전원판방식의 비교

구분	하니콤 방식	회전원판방식
처리방식	반응조에 벌집모양의 집합체(하니콤)를 두고 그 안에 부착된 생물막과 접촉하도록 물을 순환시켜 처리한다. 순환동력은 공기취입으로 이루어진다.	반응조 내에 약 40%가 수몰되도록 설치한 수십 개의 원형판을 서서히 회전시켜서 여기에 부착된 생물막과 접촉시켜서 처리한다.
설비의 구성	반응조, 하니콤, 순환용 공기취입장치, 세척용 공기장치	반응조, 회전원판, 구동장치 지붕
체류시간	2시간 정도	2시간 정도
소요면적	0.015~0.020m³/(m³d)	0.020~0.030m³/(m³d)
처리수조의 깊이	5~7m	3~4m
손실수두	거의 없음	거의 없음
포기설비	포기와 물의 순환을 병행	필요 없음
세척설비	막힐 우려가 있는 경우에는 필요	필요 없음
슬러지 배출설비	필요하게 되는 경우가 많음	필요하게 되는 경우가 많음
유지관리	용이	가장 용이
환경에의 영향	음이온 계면활성제가 많은 경우에는 거품이 발생될 우려가 있다.	지붕이 없는 경우 냄새가 누설되기 쉽다.

4. 하니콤방식의 원리

침수형 여과상장치(하니콤방식, Honeycomb)는 반응조에 합성수지제 등 생물이 부착되기 쉬운 충전재를 수중에 침수하고 충전재와 표면에 생물막을 형성하면서 원수를 접촉시켜서 오염물질을 제거하는 설비로 접촉지, 순환장치, 하니콤튜브, 세척장치로 구성되며, 적절하게 유지관리될 수 있도록 한다.

5. 회전원판방식의 원리

회전원판장치는 많은 수의 합성수지제 원판을 회전축에 대하여 직각으로 고정시킨 회전체의 일부가 물에 잠긴 상태에서 기계적 또는 공기부력으로 일정한 속도로 회전하여 원판표면에 부착된 생물막에 물을 접촉시킴으로써 수중의 생물처리가능물질을 제거하는 방법이다.

회전원판장치는 미생물 부착매체인 회전원판, 이들을 회전시키는 구동장치, 처리하는 물과 회전원판이 위치하는 접촉지로 구성된다.

6. 생물접촉여과방식의 원리

생물접촉여과장치는 접촉지 내에 입상여재를 충전하여 하향류 또는 상향류로 원수를 통과시킴으로써 여재표면에 부착된 생물막과 원수를 접촉시켜서 물을 정화하는 방식이다.

생물접촉여과장치는 생물막여재, 하부집수장치, 역세척장치로 구성되며 유지관리를 적절하게 할 수 있도록 한다.

차 한잔의 여유

도덕을 지키고 사는 사람은 한때 적막하지만
권세에 아부하여 사는 사람은 언제나 처량하다.
이치를 완전히 깨친 사람은 사물 밖의 사물,
즉 재물이나 지위 이외의 진리를 보고 육체 뒤의 몸,
즉 죽은 뒤의 명예를 생각한다.
차라리 한때 적막할지언정 만고의 처량함은 취하지 말라.

– 채근담 –

78 | 정수처리 시 DAF에 대하여 설명하시오.

1. 개요

용존공기부상법이란 폐수 또는 원수 중의 물보다 가벼운 현탁성 부유물을 제거하는 방법으로 최근에 정수처리 공정에 적극적으로 도입을 시도하고 있다.

2. 용존공기부상법의 원리

물속에 다량의 공기 거품을 발생시켜 이들이 부상할 때 거품 표면에 제거 대상 부유물을 흡착시켜 떠오르게 한 후 스키머로 제거하는 공법이다.

3. DAF(용존공기부상법) SYSTEM의 특징

DAF 시스템은 침전방식에 의한 SS, BOD, COD 등의 오염물질 제거방식에 비해 경제적 효율적 가치가 우수한 물리화학적 수처리 방식으로, 오폐수(또는 호소) 내에 미세 기포를 주입시켜, 오염물질을 부상시켜 제거하는 방식이다.

1) 설비가 Compact 하다.
   침강법에 비하여 설비가 간단하고 부지 소요면적이 적다.

2) 오염물질 제거효율이 대폭 증대된다.
   최근의 기술은 기포의 입경을 작게 하여 부유물질(Suspended Solid) 제거효율이 향상되어 처리수질이 향상된다.(COD, BOD, n-h, 계면활성제, 호소 내 조류 등 제거효율도 함께 개선됨.)

3) 완전 자동운전이 가능하다.
   설비가 간단하여 완전 자동운전이 가능하다.

4. 부상법의 종류

DAF는 분산공기부상법(Dispersed Air Floatation)과 용존공기부상법(Dissolved Air Floatation)으로 나눌 수 있으며 주로 용존공기부상법을 이용한다.

1) 분산공기부상법(Dispersed Air Floatation)은 불로어에 의해 수중에 미세한 기포를 주입하는 방식이며

2) 용존공기부상법(Dissolved Air Floatation)는 진공 또는 가압 후 압력차에 의한 수중의 과포화된 기포가 석출되도록 하는 방식이다.

(1) 진공부상법

대기압 상태에서 포화된 공기를 진공압하에 투입하면 과포화된 기포가 석출된다. 대형의 진공조를 만들기도 어렵고 대기상태의 포화공기 이상을 기대할 수 없으므로 실용가치는 적으나 밀폐형이어서 취기가 심한 폐수 등에서 악취 차단 효과는 우수하다.

(2) 가압부상법

폐수의 일부 또는 전부를 수(2~5)기압으로 가압하여 공기를 수중에 포화시킨 다음 대기에 노출시키면 과포화된 기포가 석출된다.

① 전원수 가압법 : 처리수의 전부를 가압하여 부상조에 유입하는 방식

② 원수 분류 가압법 : 원수 중의 일부만 가압하여 부상조에서 나머지와 혼합하는 방식으로 처리하는 방식

③ 순환수 가압법 : 부상조를 거친 처리수의 일부를 가압하여 반송한 후 유입수와 혼합하여 부상조에서 부상법으로 처리하는 것으로 보편적으로 이용되는 시스템이다.

5. A/S 비(공기 고형물비)

부상법 설계 시 가장 중요한 요소이며 기포 입경과 A/S 비에 따라 처리 효율이 결정된다.

1) 반송이 없는 경우

$$\mathrm{A/S} = \frac{1.3Sa(fP-1)}{Sc}$$

2) 반송이 있는 경우

$$\mathrm{A/S} = \frac{1.3Sa(fP-1)R}{Sc}$$

여기서, Sa : 공기 용해도(ml/L)

$1.3Sa$: 공기비중량(mg/mL)

f : 공기 포화비(0.5)

P : 가압 압력(atm)

Sc : 원수 중 고형물 농도(mg/L)

R : 반송비(반송유량/폐수유량)

6. DAF SYSTEM의 적용 추세

DAF 시스템은 폐수처리 시스템으로 개발되어 기존의 침강법에 비하여 고급스런 처리법으로 취급되어 적용이 일반적이지 않았으나 최근에는 다양한 기술이 개발되어 폐수에 적용될 뿐 아니라 정수장에서도 응집침전법 대신 이용되고 있다.

1) 기존 응집침전 방식의 오염물질 제거효율 증대를 위한 대체 시스템
   (1) 처리 시간 대비 : 응집침전 방식 2~4시간, DAF 방식 20~30분
   (2) 기존 응집침전 방식으로 제거가 불가능한 미세 입자 제거
   (3) 기존 응집침전 방식으로 제거 불가능한 조류, 냄새, 오일, 합성세제, 철 및 마그네슘 등의 제거에 뛰어난 효과

2) 기존 수처리 설비의 오염물질 제거효율 증대를 위한 보완 시스템
3) 기존 수처리 설비의 오염물질 과부하 해소를 위한 전처리 시스템
4) 기존 배출수의 재처리를 통한 공정수 등 재활용을 위한 중수도 시스템
5) 기존 수처리 설비의 교체, 신증설에 따른 소요부지 및 설비 최소화 시스템

7. 적용 시 고려사항

DAF법은 응집침전법에 비하여 우수한 처리 효율을 갖는 것으로 분석되고 있으나 원수의 성질에 따라 처리 효율이 달라지며 특히 가벼운 입자를 만들기 위해 급속 혼화조에서 침전법에 비하여 고속의 교반을 실시하며 유지관리 기술의 습득과 노하우 축적을 통한 안정적 운영 방안과 경상비를 충분히 검토하고 적용함이 좋겠다.

79 | 막여과방식과 막모듈의 열화와 파울링을 설명하시오.

1. 개요

막여과방식은 가압형의 케이싱(Casing) 수납방식과 흡입형의 조침수방식이 있으며, 각각에 대하여 전량여과방식과 십자흐름(수평)여과방식의 두 가지가 있다. 방식을 선정할 때에는 양방식의 특징을 충분히 고려하고 막으로의 공급 수질이나 막의 종별 및 구동압의 확보조건 등을 종합적으로 검토하여 선정한다.

2. 막여과방식(전량여과방식과 십자여과방식)

1) 전량여과방식

막공급수를 막면에 수직으로 전량여과하는 방식이다. 십자흐름(Cross Flow)방식과 같은 평행류를 필요로 하지 않기 때문에 에너지효율이 좋은 반면, 막공급수질에 따라 막의 막힘이 빠르며 또한 일반 세척으로는 회복되지 않는 막힘이 발생하기 쉬운 면이 있다.

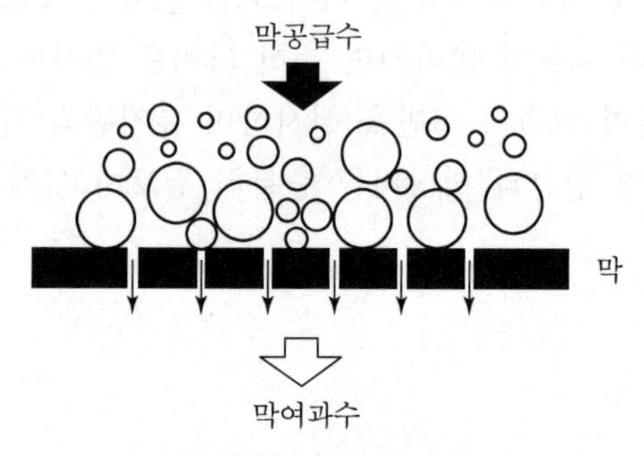

전량여과방식의 개요

2) 십자흐름(Cross Flow)여과방식

막공급수를 막면에 따라 수평방향으로 흘리는 여과방식이다. 막공급수의 통과 방향에 대하여 여과수가 직각 방향으로 흐르는 것에서 '십자흐름(Cross Flow)방식'이라고 한다. 십자흐름방식에는 공급수보다 현탁질 농도가 높게 된 농축수를 순환시키는 '순환식'과 막 외부로 내보내는 '일과식(Batch Type)'이 있지만, 회수율이 높은 순환식이 일반적으로 사용된다.

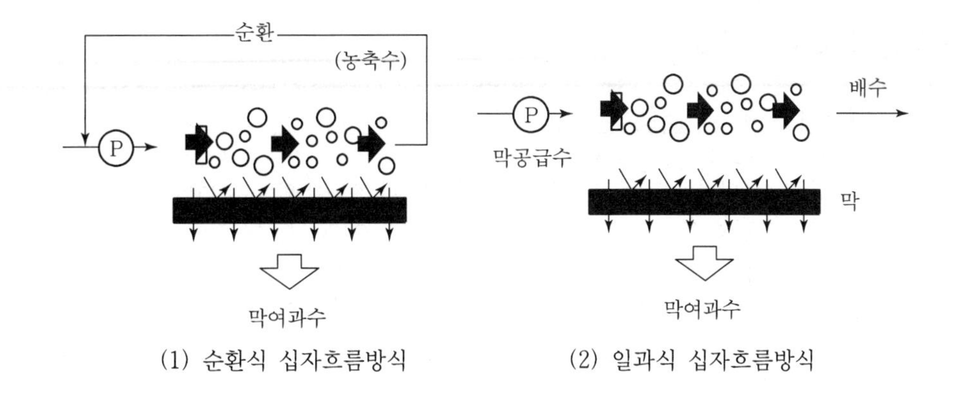

(1) 순환식 십자흐름방식　　(2) 일과식 십자흐름방식

십자흐름방식의 개요

3) 십자흐름방식은 막공급수를 막면과 평행하게 흘림으로써 현탁물질이나 콜로이드가 막면에 퇴적되는 것을 억제하고 막표면에 생기는 케이크의 저항을 줄일 수 있다.
4) 십자흐름방식은 막의 비가역적 막힘이 발생되기 어렵다는 것 등의 특징을 갖고 있지만, 반면 순환에너지가 필요하므로 에너지효율이 낮고 순환펌프 용량과 동력비가 크다.

3. 케이싱 수납방식과 조침수방식

1) 조침수방식
막모듈을 그대로 조에 침수하는 방식으로 기본적으로 흡입형 외압식이지만, 내압식으로 하는 방식도 가능하다. 장치가 간단하고 막모듈의 교환도 용이하다는 이점이 있다. 반면 고압조건 하에서 운전할 수 없으므로 고유속(High Flux)의 운전에는 한계가 있다. 케이싱(Casing) 수납방식과 마찬가지로 전량여과와 십자흐름여과의 두 가지 방식이 있다.

2) 케이싱 수납방식
막엘라멘트를 케이싱에 수납한 막모듈로부터 여과하는 방식으로 내압식과 외압식이 있다.

4. 막모듈의 열화와 파울링

분류	정의	내용		
열화	막 자체의 변질로 생긴 비가역적인 막 성능의 저하	물리적 열화 압밀화 손상 건조		• 장기적인 압력부하에 의한 막 구조의 압밀화(Creep 변형) • 원수 중의 고형물이나 진동에 의한 막 면의 상처나 마모, 파단 • 건조되거나 수축으로 인한 막 구조의 비가역적인 변화
		화학적 열화 가수분해 산화		• 막이 pH나 온도 등의 작용에 의한 분해 • 산화제에 의하여 막 재질의 특성변화나 분해
		생물화학적 변화		미생물과 막 재질의 자화 또는 분비물의 작용에 의한 변화
파울링	막 자체의 변질이 아닌 외적 인자로 생긴 막 성능의 저하	부착층	케이크층	공급수 중의 현탁물질이 막면상에 축적되어 형성되는 층
			겔층	농축으로 용해성 고분자 등의 막 표면농도가 상승하여 막면에 형성된 겔(Gel)상의 비유동성층
			스케일층	농축으로 난용해성 물질이 용해도를 초과하여 막면에 석출된 층
			흡착층	공급수 중에 함유되어 막에 대하여 흡착성이 큰 물질이 막 면상에 흡착되어 형성된 층
		막힘		• 고체 : 막의 다공질부의 흡착, 석출, 포착 등에 의한 폐색 • 액체 : 소수성 막의 다공질부가 기체로 치환(건조)
		유로폐색		막모듈의 공급유로 또는 여과수 유로가 고형물로 폐색되어 흐르지 않는 상태

80 | 막여과의 구동압방식에 대하여 설명하시오.

1. 개요

막여과를 하기 위해서는 막의 1차 측과 2차 측 사이에 압력차(막차압)가 필요하고 이 압력차를 발생시키는 방법의 종류를 구동압방식이라 한다.

2. 막여과의 구동압방식

구동압방식은 펌프가압식, 수위차방식, 흡인방식으로 크게 나눌 수 있다. 또한 각 방식을 조합하여 이용하는 경우도 있다. 선정할 때에는 구동압의 확보조건과 막의 종별 등을 기본으로 경제성이나 유지관리 등을 종합적으로 감안하여 적절한 방식을 선정한다.

1) 펌프가압방식

원수펌프가 순환펌프를 사용하여 막의 1차 측에 압력을 가하는 방식으로 비교적 제약 없이 도입할 수 있다.

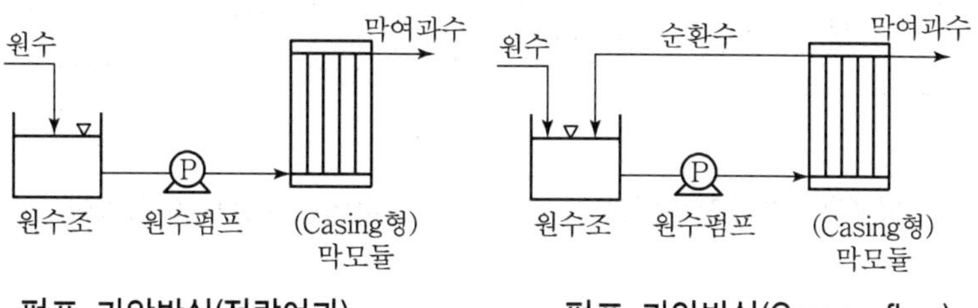

펌프 가압방식(전량여과)　　　　펌프 가압방식(Cross－flow)

2) 수위차방식

원수조로부터 막여과장치 또는 막여과장치로부터 처리수조(정수지)까지의 수위차를 막차압으로 이용하는 방식으로, 전자는 가압방식, 후자는 흡인방식으로 된다. 수위차방식은 자연에너지를 유효하게 이용할 수 있는 방식으로 펌프가압 또는 흡인방식에 비하여 에너지절약이나 운전비용 면에서 유리하다.

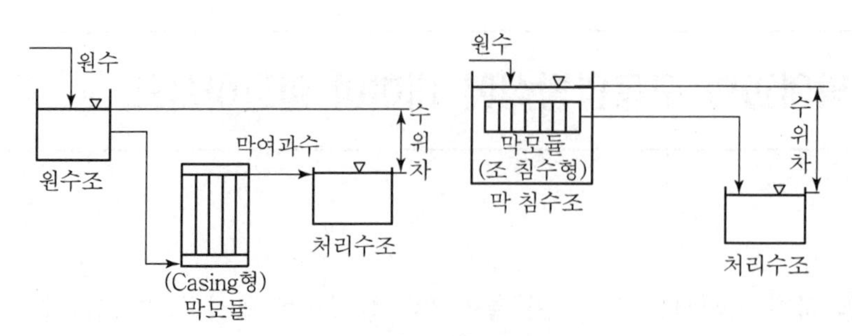

수위차 이용방식(전량여과)

3) 펌프흡인방식

흡인펌프를 이용하여 막의 2차 측에서 흡인하는 방식으로 조침수방식인 경우에 사용되는 것이 일반적이다. 흡인식이기 때문에 막에 가해지는 압력이 과대해지는 경우는 없지만, 최대막차압이 낮아지기 때문에 펌프가압식에 비하여 필요로 하는 막여과 면적이 일반적으로 커진다.

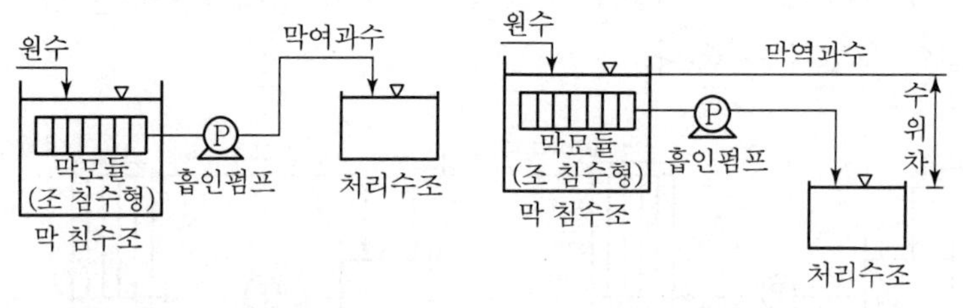

펌프흡인방식(전량여과)　　**펌프흡인+수위차 이용방식**

81 | 막여과 정수시설 설치 시 검토사항을 설명하시오.

정수처리 시 막여과 방식의 적용은 수질의 안정성, 관리의 효율성, 설비의 단순성 등 최근의 고급하고 위생적인 수돗물 공급추세에 적합하여 적용이 증대하고 있다.

1. 막여과 정수시설의 설치 시 검토사항

1) 막여과 정수시설은 환경부에서 고시한 막여과 정수시설의 설치기준에 따라 설치한다.

(1) 막여과 정수시설 설치 시 시설용량이 5,000m^3/일 이상인 막여과 정수시설은 환경부 수도법에 따른 막여과 정수시설의 설치기준을 준수하여야 한다.

(2) 시설용량이 5,000m^3/일 미만 규모의 막여과 정수시설은 막여과 정수시설의 설치기준을 준용할 수 있다.

2) 정수시설의 안정적인 정수능력을 검토한다.

(1) 계획정수량은 계획 1일 최대급수량을 기준으로 하고 그 외 작업용수와 기타 용수 등을 고려하여 결정한다.

(2) 막여과 정수시설은 개량, 보수 및 사고에 의해 일부 기능이 정지한 경우에도 통상의 급수에 영향을 주지 않도록 시설을 구성하여야 한다.

(3) 막여과 정수시설의 시설능력은 계획정수량을 안정되게 처리할 수 있는 것으로 하지만 추후 수정시설 전체로서 손실되는 작업용수량은 막여과 설비에서 회수율 등을 감안하여 계획 1일 최대급수량의 5~10% 정도로 본다.

(4) 막여과 정수시설에서 손실수량은 막모듈 등의 세척에 사용하는 물이 가장 많으며 그 외에 각 설비의 청소용수, 기기냉각수, 장내 급수 등이 있다.

(5) 세척수량은 세척빈도에 크게 영향을 받으며 빈도는 원수수질 외에 막여과유속(Flux)에도 영향을 받는다. 세척빈도가 많아지면 회수율은 떨어진다.

(6) 세척배출수를 원수에 반송하면 회수율은 높아지지만, 반송하기 위한 설비를 필요로 하며 운전조작도 복잡해진다.

(7) 정수량은 시설규모, 계열수, 막차압의 허용범위, 배수지의 용량 등과도 관련되지만, 설비의 개량 또는 사고 시 등에 대비하여 예비능력의 확보 면에서 막여과설비의 1계열이 정지된 경우라도 여과막의 유속조정으로 나머지 계열로 대처하는 것을 포함하여 충분한 예비생산능력을 보유할 수 있어야 한다.

3) 원수수질검사 결과를 충분히 검토하여 장래 원수 수질변화가 예측되는 경우는 그 대응 방안을 마련하여야 한다.

(1) 막의 약품세척, 막모듈의 교환, 펌프·공기압축기 및 자동밸브 등 부속기기의 보수나 사고 등으로 인한 설비의 정지를 대비하여 막여과장치의 유니트는 적어도 2계열 이상을 설치한다.
(2) 2계열 이상을 설치하기가 곤란한 경우에도 기기고장이나 사고로 급수에 지장이 생기지 않도록 미리 펌프류 등의 예비기기나 예비모듈을 확보하는 등의 조치를 강구해야 한다.
(3) 막여과 정수시설의 배치계획과 정수장 평면과 수위의 고저도에 대한 검토를 충분히 한다.
(4) 수위차를 이용하여 막여과하는 경우에는 원수조로부터 막여과설비 또는 막여과설비로부터 처리수조(정수조)까지 수위차가 막여과에 필요한 막차압을 얻을 수 있도록 설비를 배치해야 한다.
(5) 막여과설비의 설치장소는 옥외에도 가능하지만, 옥외에 설치하는 경우에는 폴리염화비닐 등 수지부분의 내기후성이나 강도를 충분히 배려해야 한다.
(6) 막모듈 등은 입체적인 구성으로 되는 것이 많으므로 유지관리에 지장이 없도록 배치한다.

4) 신설하는 막여과 정수시설 및 기존 정수시설을 개량하여 막여과 정수시설을 설치하고자 할 경우에는 막여과 정수시설의 안정성을 검토하여야 한다. 막여과시설은 막여과설비와 소독기능을 갖는 설비를 기본으로 하고 필요에 따라 전처리, 후처리 및 배출수처리를 위한 설비를 부가한다.

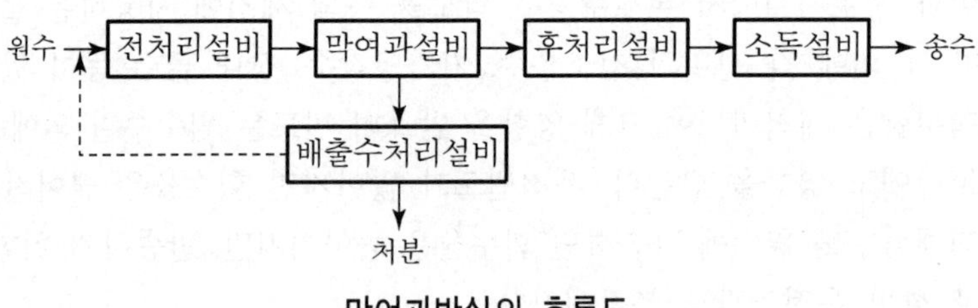

막여과방식의 흐름도

5) 계열구성 방법

(1) 막여과 정수시설의 계열 수는 2계열 이상으로 구성하는 것을 원칙으로 하며, 각 계열 및 시설의 여과수에는 연속측정식 탁도계 등을 설치하여야 한다.

(2) 막여과 정수시설의 계열 수를 2계열 이상으로 구성하기가 곤란한 경우에는 기기 고정이나 사고로 급수에 지장이 생기지 않도록 상시 예비기기나 예비모듈을 확보하여야 한다.

(3) 계열의 구성에는 막의 손상을 검지하기 위하여 막모듈의 압력유지시험(Pressure Decay Test) 등 직접완결성 시험 감시설비를 설치하여야 한다.

6) 공정구성과 처리성능

(1) 막여과 정수시설은 막모듈을 이용하여 여과하는 공정과 소독제를 이용하여 소독하는 공정을 기본공정으로 구성한다.

(2) 막여과 공정은 원수공급, 펌프, 막모듈, 세척, 배관 및 제어설비 등으로 구성되며 막의 종류, 막여과 면적, 막여과 유속, 막여과 회수율 등은 원수수질 및 여과수의 수질기준과 시설의 규모 등을 고려하여 결정하여야 한다.

(3) 막여과 정수시설은 필요에 따라 배출수처리설비를 설치하여야 하며, 막모듈의 보호 및 여과수의 수질 향상을 위해 별도의 전·후처리 설비를 설치할 수 있다.

7) 충분한 안전과 환경대책을 수립한다.

2. 막여과 설비 설치 예

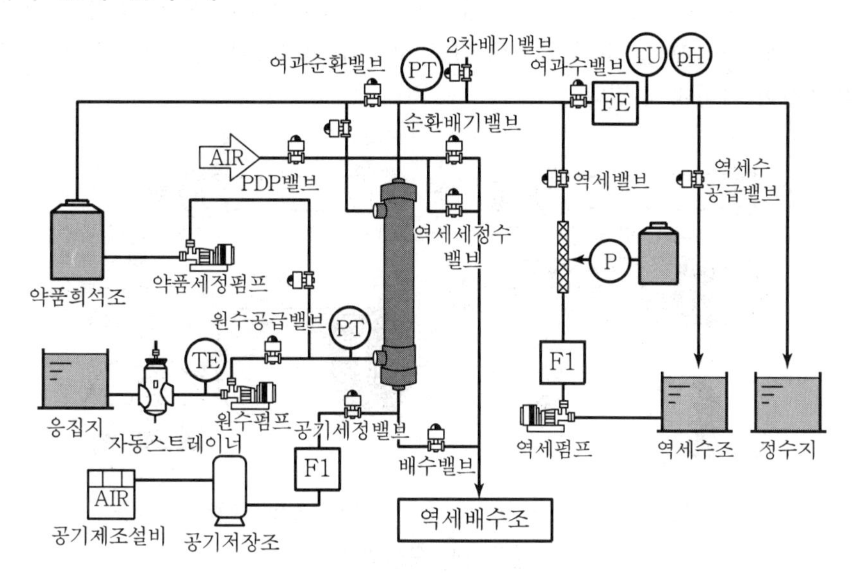

막여과설비의 정수처리흐름도의 예(공주 정수장 30,000m³/day)

82 | 막모듈 구조상 종류를 설명하시오.

1. 개요

막모듈의 통수방식에는 처리대상수를 막의 외측에서 공급하는 외압식과, 막의 내측에서 공급하는 내압식이 있다. 선정할 때에는 처리대상수의 성상이나 세척방식 및 막의 특성 등을 고려하여 막과 막모듈의 구조에 적합한 것으로 한다. 막모듈의 구조상 종류에는 중공사형, 평판형, 나권형, 관형, 단일체형 등이 있다.

2. 중공사형 모듈(Hollow Fiber(Type) Membrane Module)

외경 수 mm 정도(Order)의 중공사막(구멍 뚫린 실모양)을 사용하는 모듈로 중공사형 모듈이라고도 한다.

1) 한외여과막 모듈에서는 어느 방향으로도 침투가 가능하다. 중공사막의 양단을 모듈 내에서 고정시킨 것과 일단을 고정시키고 반대편 단은 밀봉(Seal)하여 모듈 내에 충전한 것이 있다.
2) 아래 그림과 같이 일반적으로 중공사형은 단위막면적당 여과수량은 작더라도 막 충전밀도를 크게 할 수 있으므로 다른 모듈과 비교하여 침투액량에 대한 모듈 점유용적이 작아지게 된다.

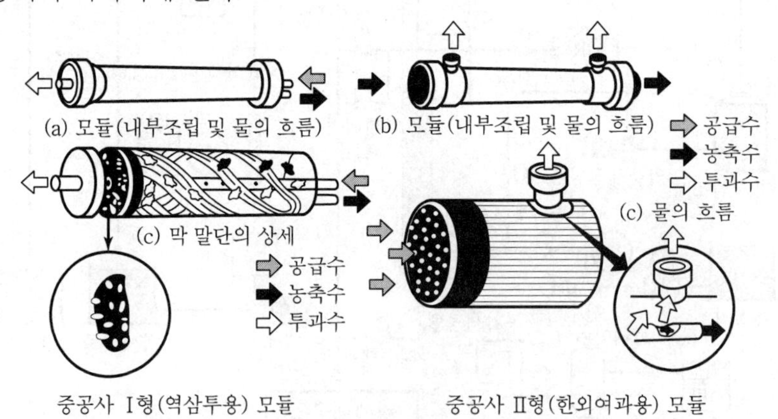

중공사막 모듈의 예

3. 평판형 모듈(Flat Sheet(Type) Module)

실용화되어 있는 평판형 모듈은 아래 그림과 같이 평판막과 막지지판으로 구성된 가압급수실과 여과실을 교대로 조합시킨 다층구조로 되어 있다.

1) 막을 수직으로 다수 배치한 플랫엔프레임(Flat and Frame)형이나 막을 수평방향으로 배치한 스택(Stack)형이 있다.
2) 십자흐름(Cross Flow)여과방식으로 운전하는 것이 일반적이다. 또한 평판막을 원판상으로 하여 회전시키는 형식도 있다.

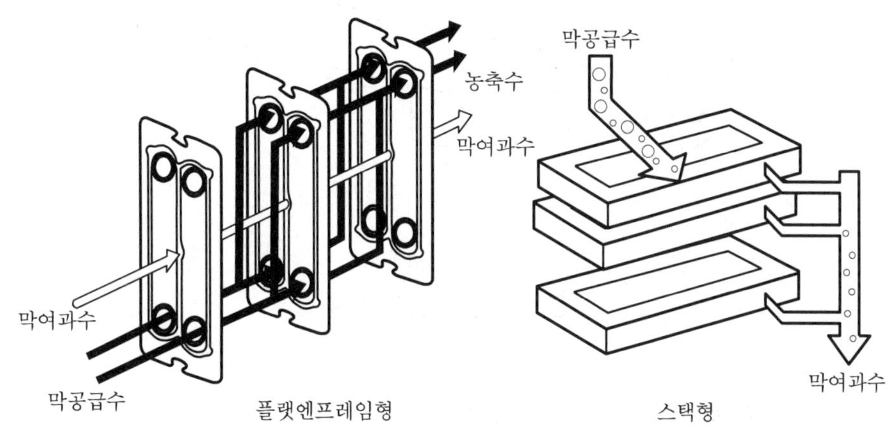

평판형 모듈의 예

4. 나권형 모듈(Spiral Wound(Type) Module)

평판형막을 자루모양으로 형성한 것을 자루지지체와 스페이서(Spacer)를 함께 김밥모양으로 말아서 성형한 막모듈에 엘리먼트(Element)와 엘리멘트를 삽입한 벳셀(Vessel : 내압용기)로 구성된다. 이 형식은 막의 충전밀도가 높고 압력손실이 작다.

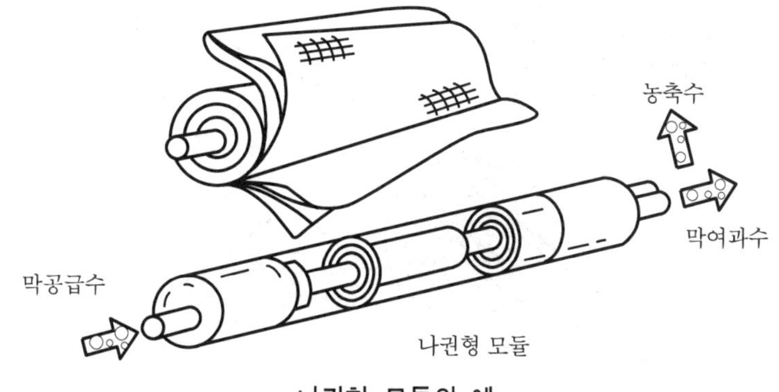

나권형 모듈의 예

5. 관형 모듈(Tubular(Type) Module)

다공판의 내측 또는 외측에 막을 장착한 막모듈(원형모양으로 형성된 막에서 내경이 3~5mm 이상인 것을 말한다.)이고 외압식 여과법과 내압식 여과법이 있다.
내압식 모듈은 막의 충전밀도는 작지만, 스폰지폴(Sponge Pole) 등으로 막면 세척이 가능하고 외압식 모듈도 압력손실이 작고 세척이 용이하다.

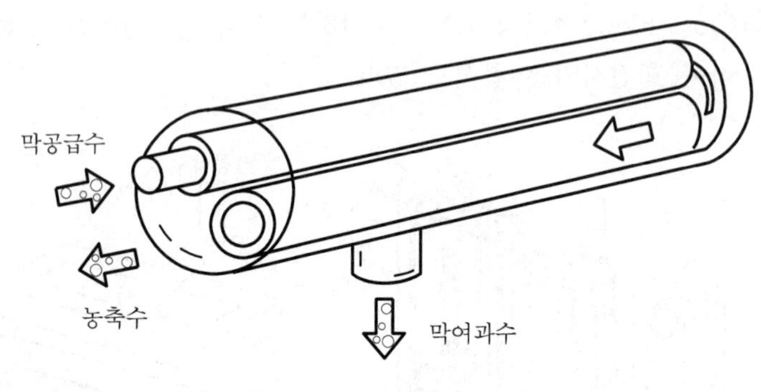

관형 모듈 내압식의 예

6. 단일체형 모듈(Monolith(Type) Module)

멀티루멘(Multi-lumen) 막 또는 멀티채널(Multi-Channel) 막이라고도 하며 주상(기둥모양)으로 성형된 지지체에 여러 개의 유로를 설치하고, 그 내벽면에 치밀층을 형성한 막으로 구성되며 일반적으로 단일제 막재질은 세라믹계이다. 막의 형성에서 내압식으로 된다.

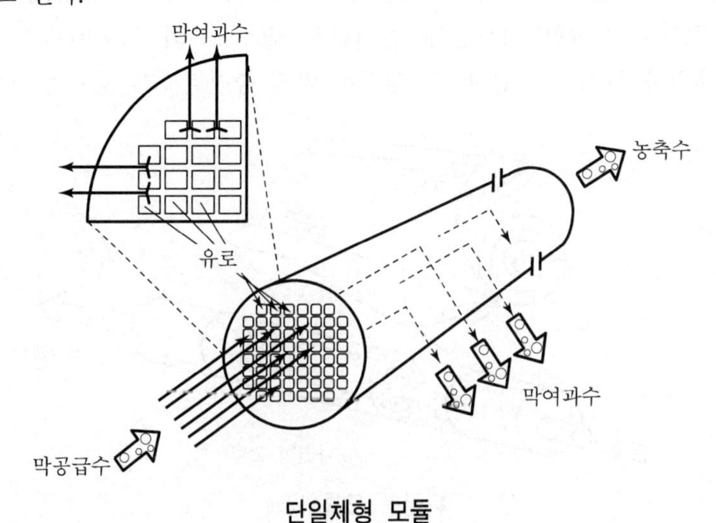

단일체형 모듈

83 | 분획분자량(MWCO)을 설명하시오.

1. 정의

분획분자량(MWCO ; Molecular Weight of Cut-Off)이란 UF막에서부터 사용되는 용어로서 막에서 90% 이상 제거되는 입자를 분자량으로 표현한 것으로 이전 MF에서는 제거 입경(0.025~20μm)으로 표현하던 것을 더 이상 입경으로 정확히 표현하기 어려워 분자량으로 표현하기 시작한 것이다.

2. 분리막별 제거 입자(분획분자량)

구분	분리 대상	막구조(막형태)	조작압력(MPa)
정밀여과법(MF)	입자 지름 0.025~20μm	균질막/비대칭막	1kgf/cm^2(감압~0.1)
한외여과막(UF)	분획분자량 1,000~300,000Da	비대칭막	2~5kgf/cm^2(0.2~0.5)
나노여과막(NF)	분획분자량 350~1,000Da	복합막	5~40kgf/cm^2(0.5~4)
역삼투막(RO)	염류~분획분자량 350Da 이하	균질막, 비대칭막, 복합막	40~100kgf/cm^2(4~10)

3. 분리공정에 따른 여과막의 특징

1) 정밀여과막(Microfiltration Membranes)

(1) 공경 : 0.025~20μm

(2) 여과작용 : 체걸음 작용

(3) 제거대상 : 콜로이드 입자, 현탁질, 조류, 박테리아 등

(4) 분리 능력 표시 : 공칭분획경(Pore Size)

(5) MF는 크게 Depth 및 Membrane Type으로 나누어진다.

(6) 조작압력 : 1kg/cm^2 정도

2) 한외여과막(Ultrafiltration Membranes)

(1) 공경 : 0.01~0.001μm

(2) 여과작용 : 체걸음 작용

(3) 제거 대상물질 : 분획분자량(MWCO) 1,000~30만 정도의 세균, 콜로이드, 고분자 유기물 등

(4) 조작압력 : 2~5kg/cm^2 정도

3) 나노여과막(Nanofiltration Membranes)

(1) 공경 : 0.005~0.001μm

(2) 여과작용 : 체거름작용과 확산작용, 즉 삼투현상을 응용

(3) 제거 대상물질 : 분획분자량(MWCO) 350~1,000 정도의 세균, 콜로이드, 단백질 등

(4) 조작압력 : 3~40kg/cm^2 정도

4) 역삼투막(Reverse Osmosis Membranes)

(1) 공경 : 0.001~0.0001μm

(2) 여과작용 : 체거름작용과 확산작용, 즉 삼투현상을 응용

(3) 제거 대상물질 : NF와 유사하며, 분획 분자량(MWCO) 350 이하의 무기성 이온류, 저분자 유기물 등

(4) 조작압력 : 40~100kg/cm^2 정도

4. Filtration Spectrum

구 분	용해성분 / 현탁입자
입자영역	이 온 / 분 자 / 고분자 / 미립자 / 조립자
입 경	0.001㎛ / 0.01㎛ / 0.1㎛ / 1㎛ / 10㎛ / 100㎛ / 1000㎛
제 거 대 상 물 질	이온(Ionic), 대장균(Coli), 세균(Bacteria), 바이러스(Viruses), 조류(Algae), 원생동물, 용해염류(Salt), 점토(Clay), 실트(Silt), 모래입자(Sand)
정 수 처 리 방 법	침 전, 여 과, 재래식처리+고도처리
분리막 종 류	정밀여과막(MF), 한외여과막(UF), 나노여과막(NF), 역삼투막(RO)

84 | 막오염 - 파울링(Fouling) 현상을 설명하시오.

1. 정의

파울링(Fouling) 현상이란 여과막에서 여러 가지 원인에 의한 막의 오염현상을 말하는데 막의 열화(물리적, 화학적)가 막 자체의 변질에 의한 성능저하 현상인데 비하여 파울링은 막 외적 오염에 의한 것으로 오염은 처리효율을 떨어뜨리고 수명이 짧아지며 역세기간 단축 등을 가져온다.

2. 파울링의 원인

파울링 현상이란 아래의 여러 가지 원인이 상호 복합적으로 작용하여 일어난다.

1) 세공 막힘
흡착현상에 의한 막의 오염으로 이는 모든 세공을 작게 하는 요인이며 작아진 세공에서는 세공 막힘(Plugging) 현상이 일어난다.

2) 미세 세공막힘
세공막힘 자체가 흡착현상이 아닌 조그마한 입자 자체가 세공을 막는 경우인데 이러한 미세세공은 막의 오염 현상 중에서 회복이 곤란한 경우에 속한다. 세공의 구조는 원추형이어서 이러한 미세 입자들이 끼어들 수 있는 소지가 많으며 세공경이 작을수록 막힘현상은 증가한다.

3) 흡착층 형성
막표면 근처에 흡착층이 형성되어 층을 통한 화학적인 반응으로 막표면에 용착(Deposition)되어 오염층이 형성 되는 것으로 시간이 흐를수록 실제의 세공경은 자연히 적어지게 되는 현상

4) 세공경보다 큰 입자들이 비교적 세공이 큰 구멍을 막고 세 공경이 작은 구멍은 그대로 남게 되어 전체적으로 세공의 분포를 줄어들게 하는 경우로 오염율은 높은편이나 세정으로 회복이 잘되는 편이다.

5) 급속오염(Prompt Fouling)
주로 흡착현상에 의해 일어나며 압력을 가하지 않는 경우에도 일어나며 주로 표면 흡착에 의한 것으로 막의 투과속도(Flux)에 큰 영향을 미치며 막분리 공정에서 자주 일어난다.

6) 축적오염(Cumulative Fouling)
공정이 진행되는 동안 여과막내의 선속도가 천천히 감소하는 경우이며 시간이 지남에 따라 초기 선속도의 절반으로 줄어드나 막표면에 용착(Deposition)의 결과이며 형성된 용착층은 제거하기가 쉽지 않다.

7) 농도분극현상
막표면 가까이에서 용매의 축적이 일어나 높은 농도의 층(Layer)이 형성되어 물질전달을 막을 수 있다.

3. 농도분극 현상(Concentration Polarization)

1) 정의
막여과에서 농도분극이란 막분리의 선택적 투과에서 흔히 UF, MF등에서 압력에 의한 공정은 부분적으로 용액내의 용매는 막을 통과하지만 많은 경우에는 용액 속에 존재하게 된다. 이 경우에 막표면에서 용질은 쌓이게 되고 그들의 농도는 점차로 증가하여 막표면 경계층(Boundary Layer)에서 농도구배가 생기는 현상을 농도 분극현상이라 한다.

2) 층형성(Gel Formation)
특히 분자량이 큰 고분자 물질에서는 막표면에 높은 농도를 유지함과 동시에 수많은 고분자 물질로 이루어진 층이 막표면에 형성되는데 이러한 층은 분자량의 크기, 모양, 화학적인 구조나 결합력에 따라 달리 나타나며 용액 농도에는 무관하다.

3) 이 같은 농도 분극과 층형성(Gel Formation)은 동시에 일어나며 막을 통한 유속은 층형성의 농도와 같아지는 농도에 이를 때까지 압력과 함께 증가하며 압력이 그 이상 증가하더라도 막 표면에서 농도는 더 이상 증가하지 않는다.

4) 농도 분극의 영향

(1) 농도분극으로 막표면 가까이에 용질이 쌓이면 삼투압이 증가되며 막내의 투과압은 순압에 의해 증가되는데 삼투압 증가로 유속은 감소될 것이다.
(2) 용매의 유속은 막주변의 농도차, 즉 막 내외의 농도차에 비례해서 증가되므로 농도 분극에 의한 막외의 농도 증가는 막내의 투과량을 감소시킨다.
(3) 농도 분극 현상으로 인해 $CaSO_4$와 같은 무기물과 콜로이드성 물질과 같은 유기물이 막표면에 용착(Deposition)되어 막오염과 같은 현상이 일어나며 경계층 내에 여러 가지 오염원끼리 상호 작용으로 막표면에 부착되면 제거되기가 어렵다.

4. 막오염 방지 및 세척방법

1) 전처리

막오염을 방지하는 방법은 전처리를 통하여 막의 오염에 영향을 미치는 물질을 적절히 미리 제거하거나 막면과 접하는 원수의 흐름을 조절하여 막면에 축적하는 물질의 양을 저하시키는 방법이 있다.

2) 농도분극을 방지

- 막면에 축적하는 물질의 양을 저하시키는 방법으로 막면에 발생하는 Cake층에 의한 농도분극을 방지하는 것이 필요
- Cake층의 압밀화를 방지하는 방법으로 유체 조작을 통하여 농도 분극을 억제

3) 막세척 과정은 오염물을 제거하고 분리막의 분리특성과 투과율을 회복하는 과정이며 세척에 사용되는 물질은 Fouling을 늦추고 오염물질을 용해하여 계속적인 막의 오염을 막는 역할을 한다.

(1) 세척으로 인한 막의 손상을 최대한 줄여야 하며 사용한 막에 대한 생물학적인 문제에 대처하기 위하여 소독능력 또한 갖추어야 한다.

(2) 세척의 효율을 향상시키는 방법으로는 세척 시기를 적절하게 정해주는 것이 중요하다. 일단 막이 오염되었을 때 제거방법의 선택에 앞서 오염원이 무엇인지를 알기 위해서 Prefilter method를 사용하는데, 이는 여과지로 무기오염물을 여과해서 X-ray 분석을 하여 주요 오염 성분을 파악하는 것이다.

4) 막의 성능회복을 위한 물리적 세척방식

(1) 물리적 세척은 막 재질이나 구조, 막 모듈, 여과방식, 운전제어방식 등 각각의 방식에 알맞은 세척방식을 선정한다.

(2) 물리적 세척은 막 재질이나 구조, 막 모듈, 여과방식, 운전제어방식 등 각각의 방식에 알맞은 세척방식으로 하고 소비동력과 물의 손실이 적고 효과적이며 유지관리가 용이한 방법이 바람직하다.

(3) 세척빈도는 일반적으로 10~120분에 1회 정도로 하고 세척시기는 정기적으로 자동세척하는 것이 일반적이다.

(4) 물리적 세척방식

① 에어 스파지 방식(air sparge) : 막 모듈의 하부로부터 블로어나 컴프레서를 이용하여 공기를 불어넣고 막의 1차 측에서 기액혼합류로 세척하는 방식으로 세척시간은 수분 이내로 한다.

② 역압공기세척방식(permeata back pressure) : 막의 2차 측에서 가압공기를 통과시키는 방식으로 세척시간은 수초로부터 수십 초를 기준으로 한다.
③ 원수세척방식(Forward flushing) : 원수로 막의 1차 측을 플러싱하는 방식으로 세척시간은 1분 이내로 한다.
④ 기계진동방식 : 침수조 내에서 막을 기계적으로 진동시키는 방식

5) 화학적 세척방식

약품세척은 파울링 물질의 종류와 정도를 파악하여 유효한 세척방법을 선택한다.

(1) 약품세척에 사용하는 약품은 위생적으로 지장이 없는 것을 사용한다.
(2) 화학적 세척은 문헌이나 막 제조자의 지침에 따라 행하는 것이 통상적이며 무기오염물 제거를 위해 산세척을, 유기오염물질은 염기세척이나 계면활성제를 사용하며 부가적으로 효소나 소독제를 사용
(3) 칼슘스케일은 산, 철과 망간의 산화물은 옥실산이나 구연산, 실리카나 휴민질에는 알칼리를, 미생물에는 차아염소산나트륨을, 지방이나 광유에는 계면활성제를 사용한다.
(4) 세척시기 : 정유량 제어에는 막 차압, 정압운전제어인 경우 막 여과유속이 각각 소정의 값에 도달한 시점을 기준으로 하여 실시한다.
(5) 세척빈도 : 통상 1~수개월 이상에 1회

6) 병용세척방식

위 물리적, 화학적 방식을 적절히 병용한다.

85 | 오염지수(SDI)를 설명하시오.

1. 정의

오염지수(SDI : Silt Density Index, FI : Fouling Index)란 역삼투법에서 막모듈에 공급되는 공급수중의 미량의 부유물질의 정도를 정량화한 것이다.

2. 오염지수의 분석 목적

해수담수화 설비에 적용하는 막모듈은 공급되는 원수의 성질에 따라 수명과 성능이 좌우된다. 그러므로 원수의 오염 정도를 분석하는 방법으로 막을 얼마나 오염시키는지를 알아보기 위해 SDI를 측정한다.

3. SDI 측정 방법

시료를 206kPa로 가압하여 0.45μm 멤브레인필터에 여과시킬 때 소요되는 시간으로 분석한다.

$$\mathrm{SDI} = \left(1 - \frac{T_0}{T_{15}}\right) \times \frac{100}{15}$$

여기서, SDI : Silt Density Index

T_0 : 시료 500mL를 206kPa로 가압하여 여과시킬 때 소요되는 시간

T_{15} : 206kPa로 가압하여 15분간 여과시킨 후 다시 시료 500mL를 206kPa로 가압하여 여과시킬 때 소요되는 시간

4. SDI의 응용

SDI는 담수화 설비에서 공급수의 오염 정도를 분석하여 조정설비(막모듈 전처리 설비)를 갖추기 위한 것으로 보통 조정설비에서 SDI 4.0 이하로 처리하여 담수화 설비에 공급한다.

86 | MFI(오염지수, Modified Fouling Index)

1. 정의

MFI(Modified Fouling Index)란 막 오염지수로 SDI, FI(Fouling Index)와 같은 의미이다. 이것은 역삼투법(RO)이나 ED, UF(한외여과막)에서 막모듈에 공급되는 공급수 중 미량의 오염물질에 의한 오염정도를 분석하여 정량화한 것으로 막여과의 설계에 이용된다.

2. MFI(오염지수)의 분석목적

1) 막여과설비에 적용하는 막모듈은 공급되는 원수의 성질에 따라 수명과 성능이 좌우된다. 그러므로 원수의 오염정도를 분석하여 막을 얼마나 오염시키는지 알아보기 위해 MFI를 측정한다.
2) 응집공정에서 응집제 주입량에 따른 응집 효과를 분석하는 방법으로 MFI를 측정하여 응집 효과를 분석한다.

3. MFI측정방법

MFI측정법은 SDI의 단점을 보완하여 여과된 유량으로 오염정도를 분석하는 지표이며 SDI측정법과 같은 장치를 이용하고 아래와 같이 계산한다.

$$\frac{1}{Q} = a + \mathrm{MFI} \times V$$

$$\therefore \ \mathrm{MFI} = \frac{1/Q - a}{V}$$

여기서, Q : 여과평균유량(L/s), a : 상수
V : 15분간 측정된(30초마다) 여과수량(L)

4. 막오염지표의 종류

막의 Fouling현상을 표현하기 위해 다음과 같은 많은 인자들이 개발되었고, 그중에서도 FI, SDI 및 MFI가 일반적으로 많이 사용되고 있다.

1) SI(Silting Idex)
2) PI(Plugging Index)

3) SDI(Silt Density Index), FI(Fouling Index)
4) MFI(Modified Fouling Index), MFI(Membrane Filtration Index)
   MFI는 Cake Filtration(Blocking Filtration), 즉 콜로이드성 Fouling에 기초하며 MFI를 표현하는 데 있어서는 두 가지 저항, 즉 케이크저항과 막 자체가 가지는 저항이 동시에 고려된다.

5. SDI측정방법

206kPa로 가압한 시료를 0.45μm 멤브레인필터에 여과시킬 때 소요되는 시간으로 분석한다.

$$SDI = 1 - \frac{T_0}{T_{15}} \times \frac{100}{15}$$

여기서, SDI : Silt Density Index
T_0 : 시료 500mL를 206kPa로 가압하여 여과시킬 때 소요되는 시간
T_{15} : 206kPa로 가압한 시료를 15분간 여과시킨 후 다시 시료 500mL를 206kPa로 가압하여 여과시킬 때 소요되는 시간

6. MFI의 응용

1) MFI는 담수화설비에서 공급수의 오염정도를 분석하여 조정설비(막모듈 전처리설비)를 갖추기 위한 것으로, 보통 조정설비에서 SDI 4.0 이하로 처리하여 담수화설비에 공급한다.
2) 최근에는 최적의 응집제 주입량을 분석하기 위하여 응집반응수를 MFI분석기에서 분석하여 최적응집조건을 선정하는 기법이 도입되고 있다.

87 | 해수의 담수화 방법을 설명하시오.

1. 개요

담수화란 사전적인 의미로는 바닷물에서 염분을 제거하여 먹는 물로 만들어내는 것이다. 초기 실용화 단계는 증발응축을 이용한 바닷물로부터 순수한 물분자를 분리해내는 작업이었으나 최근에는 막분리법, 역삼투압법 등을 적용하고 있다.

2. 담수화 필요성

1) 육지 담수원의 고갈
2) 풍부한 해수 자원의 개발
3) 상대적으로 오염이 적은 청정수의 사용
4) 해역 인접 지역의 수자원 이용

3. 담수화 방법의 분류

1) 염수의 담수화 방법으로는 증발법과 막여과법으로 대별되며, 증발법에는 다단플래시법(Multiple Stage Flash, MSF), 다중효용법(Multiple Effect, ME) 및 증발압축법(Vapor Compression, VC)이 있다. 또한 막여과법에는 압력을 이용하는 역삼투법(Reverse Osmosis, RO)과 전기를 이용하는 전기투석법(Electro Dialysis, ED)이 있으며, 그 외에 냉열법(Freezing Process), 이온교환수지법(Ion Exchange) 등이 있다.
2) 아울러 담수화 방법을 상변화의 유무에 따라 분류하면 액상에서 기상으로 상변화를 이용하는 증발법, 상변화가 없는 막법으로 크게 분류할 수 있고, 또한 필요한 에너지의 사용형태에 따라 분류하면 열을 이용하는 방법, 압력을 이용하는 방법, 전기에너지를 이용하는 방법으로 대별할 수 있다.
3) 해수의 담수방식을 분류하면 다음과 같다.

(1) 상변화식
- 증발법 – 다단플래시법, 다중효용법, 증발압축법
- 결정법 – 냉동법

(2) 상불변식
- 막법 – 역삼투법, 전기투석법
- 이온교환수지법

4. 담수화 방법의 종류 및 특징

해수담수화의 방식은 증발법, 전기투석법, 역삼투법의 3가지 방식이 일반적으로 이용되는 방식이다. 기술적으로는 증발법이 가장 일찍부터 실용화되었고 다음으로 전기투석법이 짠물의 담수화용으로 개발되었다. 최근에는 에너지 소비량이 적고 운전과 유지관리가 용이한 역삼투법이 이용되고 있으며 해수담수화 방식의 선정은 원해수의 수질, 정수 수질의 관리목표치, 시설의 운전제어나 유지관리 등을 고려하여 적절한 방식을 선정한다.

1) 증발법

증발법은 해수를 가열하여 증기를 발생시켜서 그 증기를 응축하여 담수를 얻는 방법이다. 현재 실용화되어 있는 증발법은 다단플래시법, 다중효용법, 증기압축법의 3가지 방식이 있다.

2) 전기투석법

전기투석법은 이온에 대하여 선택투과성을 갖는 양이온교환막과 음이온교환막을 교대로 다수 배열하고 전류를 통과시킴으로써 농축수와 희석수를 교대로 분리시키는 것을 이용한 방법이다. 주로 해수의 담수화에 이용된다.

3) 역삼투법

- 역삼투법은 물은 통과시키지만 염분은 통과시키기 어려운 성질을 갖는 반투막을 사용하여 담수를 얻는 방법이다. 해수의 삼투압은 일반 해수에서는 약 2.4MPa이다.
- 이 삼투압 이상의 압력(보통 5MPa 정도)을 해수에 가하면, 반대로 해수 중의 물이 반투막을 통하여 순수 쪽으로 밀려나오는 원리를 응용하여 해수로부터 담수를 얻는다.

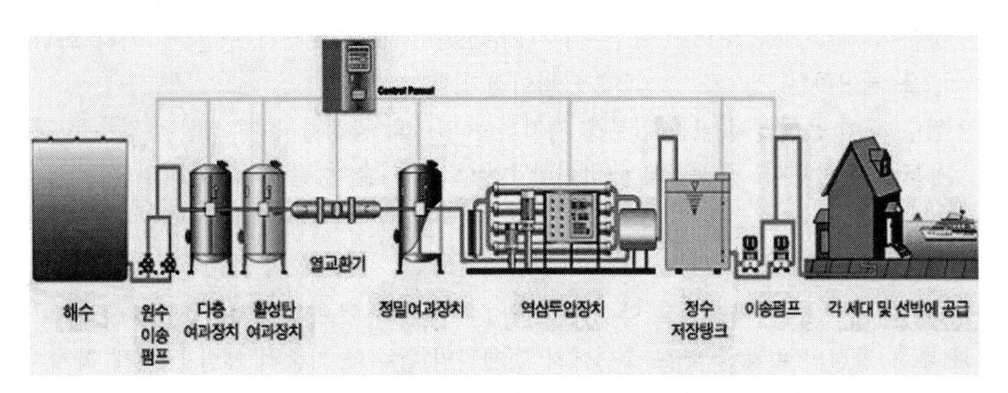

역삼투압방식을 이용한 담수화 공정 예

4) 정삼투압법

반투막의 반대편에 진한 용액(NaOH 등)을 주입하여 삼투압현상으로 해수중의 담수가 용액에 흡수되면 가열증발하여 담수를 얻는 방법으로 가압력이 낮다.

5. 해수담수화 시설 현장 적용 시 고려사항

해수담수화 시설에는 다음 각 항목에 대하여 고려한다.

1) 역삼투막 모듈에 대하여 허용 탁도 이하의 해수를 공급하기 위한 조정설비(전처리설비) 및 막투과수의 pH 조정이나 필요에 따라 경도를 조정하기 위한 주실조정설비(후처리설비) 또는 담수를 혼합하는 설비를 설치하는 등의 설비구성을 고려한다.
2) 생산된 물의 수질에 대해서는 탁도나 트리할로메탄이 「먹는물 수질기준」에 적합하도록 유의한다.
3) 역삼투설비의 계열수는 유지관리나 사고 등으로 인한 운전정지를 고려하여 2계열 이상으로 한다.
4) 해수담수화 시설을 설치하는 장소에 대해서는 가능한 한 청정한 원해수를 취수할 수 있고, 농축해수를 방류하는 데 따른 환경영향을 고려하여 선정한다.
5) 운영비용을 절감시키기 위하여 에너지절약대책을 강구하고 회수율을 높이며 심야 전력을 이용하는 방안 등에 대하여 고려한다.
6) 시설이나 배관의 부식방지대책을 마련한다.
7) 자연재해, 기기의 사고, 수질사고 등에 대한 안전대책을 강구하고 시설에 기인되는 소음 등 환경에 나쁜 영향을 미치지 않도록 유의한다.

6. 최근 동향

- 오늘날의 담수화는 최근 몇 년 동안 비약적으로 발전해온 다양한 공정 기술들을 사용하여 해수(Sea Water) 또는 기수(Brackish Water)로부터 염분 및 기타 화학물질을 제거하는 것으로 그 의미가 넓어졌다.
- 염수 중에 용해되어 있는 염분을 제거하는 일련의 공정을 통해 생산된 담수는 각종 용도로 사용된다. 증발법에서 막여과 방식으로 기술이 전개되고 있다.

7. 개선사항

우리나라의 경우 지역적으로 담수에 비하여 경제성이 적으나 풍부한 해수자원의 이용과 추후 양질의 수자원 확보 측면에서 경제적인 담수화 기술의 개발을 위해 학계, 업체, 정부 차원에서 유기적인 노력이 필요하다.

88 | 해수담수방식에 대하여 설명하고, 해수담수화에서 보론과 트리할로메탄에 유의해야 하는 이유를 설명하시오.

1. 해수담수화 방식

담수화란 염수 중에 용해되어 있는 염분을 제거하여 담수를 얻는 일련의 공정을 말하며, 생산된 물은 각종 용수로 사용된다. 염수의 담수화방법으로는 증발법과 막여과법으로 대별된다.

1) 증발법에는 다단플래시법(MSF : Multiple Stage Flash)과 다단효용증발법(ME : Multiple Effect) 및 증발압축법(VC : Vapor Compression)이 있다.
2) 막여과법에는 압력을 이용하는 역삼투법(RO : Reverse Osmosis)과 전기를 이용하는 전기투석법(ED : Electrodialysis)이 있으며 최근에는 RO 사용이 증가하고 있다.
3) 냉열법(Freezing Process), 이온교환수지법(Ion Exchange) 등이 있다.

2. 해수담수화방식의 특성

1) 증발법은 해수 등의 고농도의 염수에, 전기투석법은 비교적 저농도의 염수에 적용하며, 역삼투법은 저농도에서 고농도까지의 넓은 범위의 염수에 주로 적용하고 있다. 증발법에서는 역삼투법보다 순도가 높은 증류수를 얻을 수 있다.
2) 역삼투법은 해수를 원수로 할 경우 1단 역삼투공정으로 먹는 물을 얻을 수 있고, 2단역삼투공정에 의해 순수에 가까운 수질을 얻을 수 있다.
3) 전기투석법에서는 운전조건에 의해 염수에서 먹는 물까지 비교적 쉽게 생산수질을 변화시킬 수 있다.

3. 먹는 물 수질기준에서 보론과 트리할로메탄

1) 먹는 물 수질기준에서 보론은 1mg/L 이하, 트리할로메탄(THMs)은 0.1mg/L 이하이다.
2) 해수담수화에 의한 처리수도 먹는 물 수질기준을 만족해야 하며 해수 중에는 유리형 혹은 염의 형태로 4~5mg/L 정도 보론이 포함되어있고, THMs는 담수화공정에서 염소와 반응하여 발생하기 때문에 유의해야 한다.

4. 해수담수화(역삼투)와 보론

1) 해수 중에 유리형 혹은 염의 형태로 4~5mg/L 정도 포함된 보론(붕소)은 염분농도 99% 이상 제거되는 역삼투막에 의해 70~80% 정도 제거된다.
2) WHO는 2009년부터 보론농도의 위해성을 평가한 결과 2011년 보론농도의 가이드라인을 0.5mg/L에서 2.4mg/L로 완화한 바 있다.
3) 보론은 사람에게 일반적인 섭취량은 3~5mg/L이나 장기간 많은 양을 섭취할 경우 중추 및 말단신경계통과 소화기관에 장애를 일으키는 물질로 알려져 있다.

5. 해수담수화(역삼투)와 THMs

1) 역삼투법 해수담수화시설 생산수의 수질은 먹는 물의 수질기준에 적합하여야 한다. 생산수의 수질특성은 염분농도가 99% 이상 제거되어 미네랄성분이 부족하고 pH가 5~6 정도로 낮은 상태이다.
2) 해수 중에 포함된 Br이온과 전처리설비에 주입한 염소가 반응하여 트리할로메탄(THMs)이 생성되나, 폴리아미드 재질의 역삼투막에 의해 염분과 같은 비율정도로 제거되기 때문에 먹는 물의 수질기준인 THMs 0.1mg/L보다는 낮은 값을 나타낸다.
3) 생산수와 지표수를 혼합할 경우에는 염소소독에 의해 THMs가 증가할 우려가 있기 때문에 정확한 평가가 필요하다.

6. 해수담수화설비 현황

1) 역삼투막의 플럭스 증가는 WHO에서 공표한 보론농도기준의 완화와 관련되어, 보론농도의 조절을 위한 역삼투막 제거율의 중요도가 상대적으로 감소하였다.
2) 고플럭스 막의 경우 제거율이 상대적으로 감소할 수 있으므로 최종 생산수의 수질기준이 엄격하게 제한되는 곳에서는 고플럭스 막 적용을 신중하게 고려해야 할 필요가 있다.
3) 플랜트운전 시 파울링 발생빈도를 고려해야 하며 고플럭스 막과 에너지회수장치의 개발로 인하여 최근 역삼투공정의 에너지 소모율은 2.5~4.0kWh/m^3까지 변화하였다.

89 | 담수화공법 중 역삼투법(RO)과 전기투석법(ED)을 비교 기술하시오.

1. 담수화 설비의 특징

1) 해수담수화는 댐 다음으로 다량의 수자원을 확보할 수 있는 기술이다.
2) 공사기간이 짧아 조기에 다량의 수자원을 확보할 수 있다.
3) 계절과 기상조건에 좌우되지 않고 풍부한 물의 확보가 가능하다.
4) 플랜트가 콤팩트하여 시설면적이 작게 든다.

2. 담수화 공법의 종류 및 원리

구분	원리	에너지 (kWh/m³)	장단점
역삼투법 (RO)	반투막을 사이에 두고 해수에 삼투압보다 높은 역삼투압을 가해 담수를 추출	약 7	• 내압용기, 내압배관이 필요 • 최근에 실적이 많고 조작이 용이하다. • 증발법보다 에너지 소비량 적다 • 해수 충분한 전처리가 필요하며 막의 내구성에 문제가 있다
증발법 다단 플래쉬법 (MSF)	순차적으로 감압상태에 있는 일련의 관내에 과열해수를 주입하여 자기 증발시키고, 발생하는 수증기를 해수의 냉각열로 응결수 발생가열원으로 이용하여 응축시킴	약 25	• 대규모 장치에 실적 많고 생산수의 순도가 높다. • 다중목적의 장치에 유리하다. • 에너지 소비량이 많다 • 부분부하 운전이 곤란하다.
전기 투석법 (ED)	음·양의 두 전극 사이에 교대로 배치한 이온막에서 양이온은 음이온 교환 막을 통과하고, 음이온은 양이온 교환 막에서만 통과하여, 순수한 담수만 남게 되는 원리	약 18	• 내압용기, 내압배관이 불필요 • 온도변화에 대응이 용이하다. • 에너지 소비량이 많다. • 해수담수화에 실적이 적으나 최근 적극적 적용 추세이다.

3. 역삼투압 장치(Reverse Osmosis Systems)

1) 삼투압의 정의
삼투압이란 농도가 다른 두 액체를 반투막으로 막아 놓았을 때, 용질의 농도가 낮은 쪽에서 농도가 높은 쪽으로 용매가 옮겨가는 현상에서 이때 용매가 반투막을 통과하는 압력을 삼투압이라 한다.

2) 삼투압 원리

아래 그림에서 용매는 통과시키나 용질은 통과시키지 않는 반투막을 두고, 그 양쪽에 용액(설탕용액)과 순 용매(물)를 넣어두면 물이 삼투막을 통과하여 설탕용액 속으로 침투하여 평형에 이르는데, 이때 삼투막의 양쪽에서 압력에 차이(수두차 h)가 생기는데 이 압력차를 정 삼투압이라 한다.

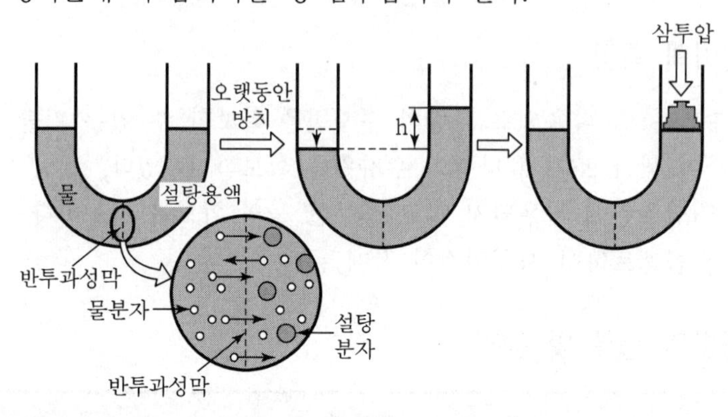

3) 역삼투압의 원리

위와 같은 삼투압보다 큰 압력을 용액 쪽에서 역으로 가하면 삼투현상과 반대로 용매가 용액에서 분리되어 용매 쪽으로 이동한다. 이러한 현상을 역삼투현상이라 하며 이때의 압력을 역삼투압이라 한다. 최근에 해수를 담수로 만드는 담수화 공법에 많이 이용하고 있다.

4) RO 특징

역삼투압 설비는 최근에 거의 모든 산업체에서 용존성 물질을 제거하는 데 가장 많이 사용하는 기술이며 운전압력은 보통 5~7MPa이고 역삼투막의 필터크기는 2~10nm 이하로 콜로이드성 물질, 염, 박테리아, TOC 등을 제거할 수 있다.

4. 전기투석법(Electrodialysis)

1) ED 원리

양이온 또는 음이온을 선택적으로 통과시키는 막을 이용하여 용액 중에 양이온만을 투과하는 양이온 통과막과 음이온만을 투과하는 음이온 통과막을 교대로 배치하고 전극에 직류전압을 걸면 양이온은 양이온 통과막을 통과하고, 음이온은 음이온 통과막을 통과하여, 순수한 담수만 남게 되는 원리

2) 전기투석법의 특징

(1) ED법은 RO와 비교했을 때 저염분 용액의 담수화는 에너지 소비가 적다.

(2) ED는 실리카, 부유물질, 많은 유기 화합물과 이온화하지 않는 물질들은 제거하지 못한다.
(3) 상온, 상압에서 운전을 하므로 플라스틱재료의 사용이 가능하여 부식 문제는 비교적 적다
(4) 해수담수화와 같이 원수의 농도가 높으면 에너지 소비량이 많아서 비경제적이다.

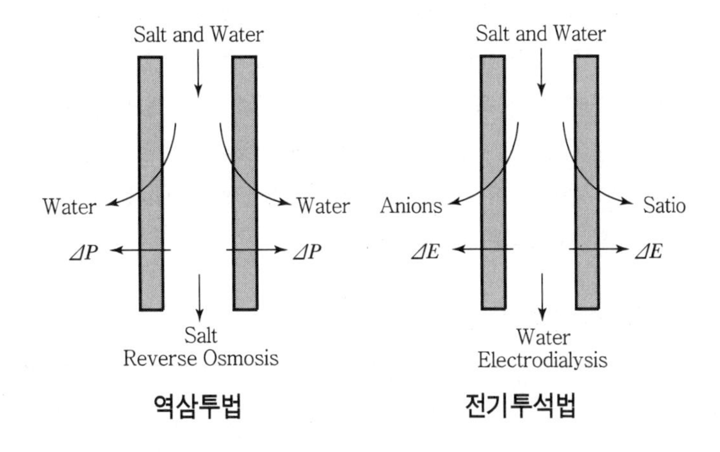

5. 전기투석과 역삼투법의 비교

1) 분리막(Membrane)을 사용한다는 점에서는 동일
2) 역삼투법의 경우 구동력이 압력인 반면 전기투석법에서는 전기적인 힘을 이용
3) 역삼투법은 수중의 모든 물질이 제거되는 반면 전기투석법은 전기적인 전하를 가진 물질(주로 이온 성분)만 제거

6. 전기투석을 이용한 탈염 장치 처리 원리

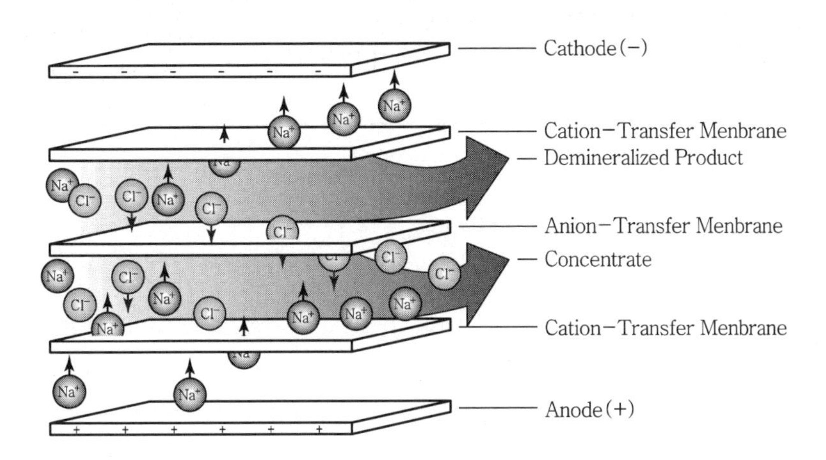

1) 그림에서 좌측 유입부의 해수는 유입수 유로(Feed Water Channel=Demineralized Channel) 농축수 유로(Concen Trate Channel)로 흘러 들어간다.
2) 상부의 음극(Negative Pole)에 의하여 유입수 유로(Feed Water Channel)중의 양이온(+)은 양이온 통과막(Cation Selective Membrane)을 통하여 농축수 유로(Concentrate)로 모이고
3) 하부의 양극(PositivePole)에 의하여 유입수 유로중의 음이온(-)은 음이온통과막(Aation Selective Membrane)을 통과하여 농축수 유로로 흘러 나간다.
4) 유입수 유로에서 양이온과 음이온이 제거된 정제수 혹은 탈염수(Low TDS Product Water Stream)는 유출수 수로(Demineralized Channel)로 유출된다.
5) 제거된 이온들은 농축수 수로(Concentrate Channel=High TDS Product Water Stream)로 나가서 폐기되거나 재처리된다.

7. 공법별 경제성 및 실용성 비교

구분	기술의 완성도	경제성 (에너지 소비)	유지관리성
역삼투법 (RO)	최신 공법으로 기술의 완성도가 높다.	해수담수화 기술 중 에너지 소비 가장 적다	• 운전온도가 상온으로 부식문제가 비교적 적다 • 고압배관 및 시스템 운전으로 펌프가 중심이므로 운전 유지 관리가 비교적 용이 • 막모듈 교환이 비교적 많다
증발법다단 플래쉬법 (MSF)	초기 개발된 담수화 방법으로서 기술의 완성도가 높다.	비교적 에너지 소비량이 많으며 에너지 비용이 높은 곳에는 적당하지 않다.	• 고온에서 운전하여 재료 부식이 많다. • 보일러, 펌프, 진공장치 등 유지관리 복잡
전기투석법 (ED)	해수담수화에 실적이 적다.	해수담수화와 같이 원수의 TDS 농도가 높으면 에너지 소비 많아서 비경제적이다.	• 상온, 상압에서 운전을 하므로 PVC 재료 사용가능 • 부식문제는 비교적 적다. • 정류기, 펌프의 운전이 중심이므로 유지관리가 쉽다.

90 | 해수담수화를 위한 역삼투시설(RO)에서 에너지회수방법에 대하여 설명하시오.

1. 해수담수화의 개요

최근 가뭄과 수자원의 효율적인 사용 추세에 따라 물 부족 국가를 중심으로 담수(Fresh Water)의 풍부하고 안정적인 공급이 중요한 정책으로 대두하였으며 이에 대한 해결책으로 해수담수화가 중요한 위치를 차지하게 되었다.

2. 해수담수화의 최우선 과제는 '에너지효율성'

해수담수화설비는 에너지를 많이 사용하는 시스템으로, 에너지 사용량 감소는 해수담수화사업에서 최우선 과제이며 이에 대한 많은 연구가 이루어졌다. 특히 Reverse Osmosis 기술은 Thermal Distillation 기술보다 더 적은 에너지를 필요로 한다.

3. 역삼투시설의 개요

기본적으로 담수화공법에서 역삼투시설은 에너지가 적게 드는 공법이지만 에너지를 절약하기 위해서는 다양한 에너지회수방법이 필요하다.

1) 역삼투법

역삼투법은 압력에너지를 이용한 방법으로 물은 통과시키지만 용질(이온성 물질)은 거의 투과시키지 않는 역삼투막(Reverse Osmosis Membrane)에 해수를 가압하여 담수만을 분리해 내는 공법으로, 역삼투막을 거친 생산수는 이온성 물질(Cl^-, Na^+, SO_4^{2-}, Mg^{2+}, Ca^{2+}, K^+ 등)이 거의 배제된다. 멤브레인은 물에 용해되어 있는 이온성 물질은 거의 배제하고, 순수한 물만 통과시키는 특수한 막(멤브레인)을 사용한다.

2) 삼투현상과 역삼투현상

삼투현상은 반투막을 사이에 두고 동일한 양의 저농도용액(담수)과 고농도용액(해수)이 일정한 시간이 흐르면 고농도용액의 양이 증가하게 되는 현상을 삼투현상이라 하고 이때의 수두차를 삼투압이라 하며, 유체는 일정 시간 후 평형상태를 유지한다.

3) 역삼투현상은 유체평형상태에서 고농도용액 측에 삼투압 이상의 압력을 가하면 삼투현상과는 반대로 고농도의 용액에서 순수한 물이 저농도용액 측으로 흘러 들어가는 현상을 역삼투현상이라 하며 가해진 압력을 역삼투압이라 한다. 예를 들면 TDS 35,000mg/L인 표준해수의 삼투압은 약 25bar로 해수에서 담수를 생산하기 위한 역삼투압은 이보다 훨씬 큰 42~60bar 정도의 압력이 필요하며 국내 시설의 경우 46~63bar 정도의 압력으로 운전하고 있다.

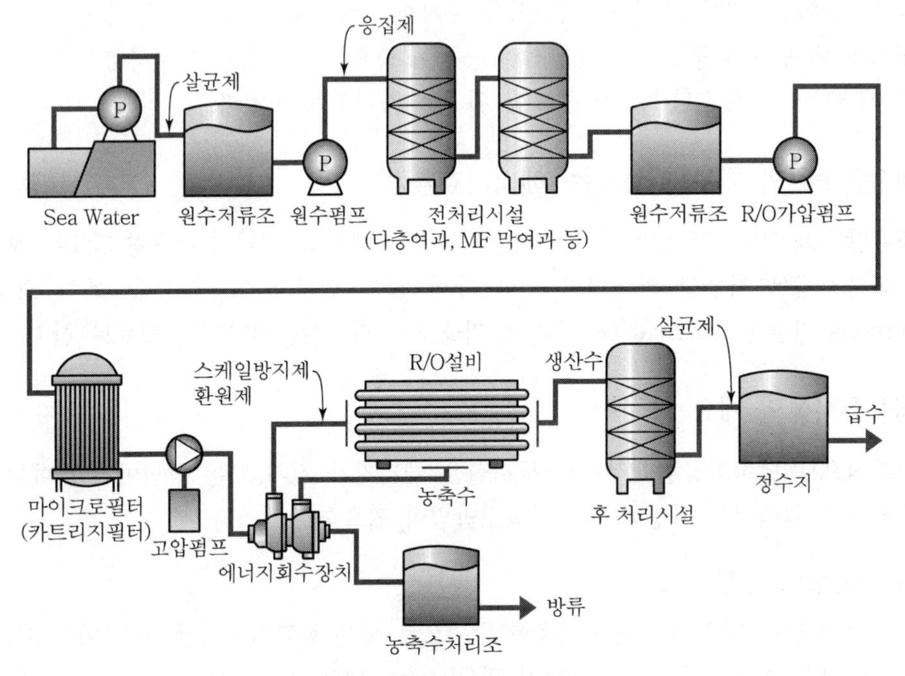

역삼투 담수화시설의 계통도

4. 역삼투시설에서 에너지회수방법

1) 고효율의 역삼투법 개발
2) 동력비 절감을 위한 고효율펌프 및 농축수에너지회수장치의 최적화
3) 인버터에 의한 속도 제어(VFD : Variable Speed Drivers)
4) 1개 베셀에 엘리먼트 수량 증가(1~7Element/Vessel)
5) 보다 효율적인 RO Unit 배치 → Two Stages 또는 Two-Pass
6) 발전소 냉각수 이용 취수시설의 단순화
7) 전처리고도화 기술개발-막기술 발달로 UF/MF 막을 이용한 진처리방법의 다각화
8) 보론농도 한계까지 생산수량 생산
9) 멤브레인의 성능 개선을 통한 투과량 증가와 염제거율 향상 등

10) Hybrid담수플랜트 개발

다단플래시증발법과 역삼투법을 혼합한 담수플랜트로 생산원가와 운전비를 최소화하며 단일역삼투에 비해 Hybrid시스템 내의 역삼투플랜트의 생산단가 및 운전비용이 약 10~15% 정도 감소

11) 멤브레인의 내구성 향상

(1) 회수율의 극대화를 위하여 Flux 극대화

(2) 막성능 개선으로 Fouling 최소화

(3) 약품사용의 최소화

12) 농축수 방류시설

(1) 농축수는 원수보다 염분농도가 약 1.6배 정도 상승하여, 밀도가 높아진 농축수는 방류 후 침강하여 해저면에 넓게 퍼지는 특징이 있다.

(2) 고농도의 농축수에 의한 해저생물의 환경영향을 최소화하기 위하여 해수담수화 농축수는 상향으로 확산방류시킨다.

- 수심이 충분한 경우 : 중간층에서 수평방류
- 수심이 낮은 경우 : 방류구를 상향으로 하여 상향방류

(3) 결과적으로 해수담수화의 농축수 해양방류는 생물에 미치는 영향이 거의 없는 것으로 보고되고 있다. 그럼에도 불구하고 일부 국가에서는 해수담수화의 회수율 제한선을 권고함으로써 고농축수에 의한 생태계파괴 등을 예방하고 있다.

91 | 역삼투압 멤브레인 세정방법에 대하여 설명하시오.

1. 역삼투압 멤브레인(Reverse Osmosis Systems)의 원리

1) 역삼투압의 정의 및 원리

역삼투 멤브레인을 사이에 두고 삼투압보다 큰 압력을 용액 쪽에서 역으로 가하면 삼투현상과 반대로 용매가 용액에서 분리되어 용매 쪽으로 이동한다. 이러한 현상을 역삼투현상이라 하며 이때의 압력을 역삼투압이라 한다. 최근에 해수를 담수로 만드는 담수화공법에 많이 이용하고 있다.

2) 삼투압의 정의

삼투압이란 농도가 다른 두 액체를 반투막으로 막아 놓았을 때, 용질의 농도가 낮은 쪽에서 농도가 높은 쪽으로 용매가 옮겨가는 현상에서 이때 용매가 반투막을 통과하는 압력을 삼투압이라 한다.

3) RO의 특징

역삼투압설비는 최근에 거의 모든 산업체에서 용존성 물질을 제거하는 데 가장 많이 사용하는 기술이며 운전압력은 보통 5~7MPa이고 역삼투막의 필터크기는 2~10nm 이하로 콜로이드성 물질, 염, 박테리아, TOC 등을 제거할 수 있다.

2. 역삼투압 멤브레인 세정방법(물리적, 화학적)

역삼투막은 사용할수록 원수 정도에 따라 오염(Fouling)이 심해지고 여과량이 감소하며 여과수질이 악화되어 일정 기간마다 세정(역세척)이 필요하다.

1) 막의 성능회복을 위한 물리적 세척 원리

(1) 물리적 세척은 막 재질이나 구조, 막모듈, 여과방식, 운전제어방식 등 각각의 방식에 알맞은 세척방식을 선정한다. 또한 소비동력과 물의 손실이 적고 효과적이며 유지관리가 용이한 방법이 바람직하다.

(2) 세척빈도는 일반적으로 10~120분에 1회 정도로 하고 세척시기는 정기적으로 자동세척하는 것이 일반적이다.

2) 물리적 세척방식

(1) 에어스파저방식(Air Sparger)
막모듈의 하부에서 블로어나 컴프레서를 이용하여 공기를 불어 넣고 막의 1차 측에서 기액혼합류로 세척하는 방식으로 세척시간은 수분 이내로 한다.

(2) 역압공기세척방식(Permeata Back Pressure)
막의 2차 측에서 가압공기를 통과시키는 방식으로, 세척시간은 수 초로부터 수십 초를 기준으로 한다.

(3) 원수세척방식(Forward Flushing)
원수로 막의 1차 측을 플러싱하는 방식으로, 세척시간은 1분 이내로 한다.

(4) 기계진동방식
침수조 내에서 막을 기계적으로 진동시키는 방식이다.

3) 화학적 세척방식
약품세척은 파울링물질의 종류와 정도를 파악하여 유효한 세척방법을 선택한다.

(1) 약품세척에 사용하는 약품은 위생적으로 지장이 없는 것을 사용한다.
(2) 화학적 세척은 문헌이나 막 제조자의 지침에 따라 행하는 것이 통상적이며 무기오염물 제거를 위해 산세척을, 유기오염물질은 염기세척이나 계면활성제를 사용하며 부가적으로 효소나 소독제를 사용한다.
(3) 칼슘스케일은 산, 철과 망간의 산화물은 옥살산이나 구연산, 실리카나 휴민질에는 알칼리를, 미생물에는 차아염소산나트륨을, 지방이나 광유에는 계면활성제를 사용한다.
(4) 세척시기는 정유량제어에는 막 차압, 정압운전제어인 경우에는 막 여과유속이 각각 소정의 값에 도달한 시점을 기준으로 하여 실시한다.
(5) 세척빈도는 통상 1~수개월 이상에 1회이다.
(6) 일반적인 세정방식은 상기 물리적, 화학적 세정방식을 막의 오염정도에 따라 적절히 병용하는 병용세척방식을 사용한다.

3. 역삼투압 멤브레인 세정 시 고려사항

역삼투막은 사용할수록 원수 정도에 따라 오염(Fouling)이 심해지고 여과량이 감소하며 여과수질이 악화되어서 일정 기간마다 세정(역세척)이 필요하다.

1) 멤브레인 세척과정은 오염물을 제거하고 분리막의 분리특성과 투과율을 회복하는 과정이며 세척에 사용되는 물질은 Fouling을 늦추고 오염물질을 용해하여 계속적

인 막의 오염을 막는 역할을 한다.

2) 세척으로 인한 막의 손상을 최대한 줄여야 하며 사용한 막에 대한 생물학적인 문제에 대처하기 위하여 소독능력 또한 갖추어야 한다.

3) 세척의 효율을 향상시키는 방법으로는 세척시기를 적절하게 정해 주는 것이 중요하다. 일단 막이 오염되었을 때 제거방법의 선택에 앞서 오염원이 무엇인지를 알기 위해서 Prefilter Method를 사용하는데, 이는 여과지로 무기오염물을 여과하여 X-ray분석을 한 후 주요 오염성분을 파악하는 것이다.

92 | 수심 200m 이상의 해양 심층수를 이용한 담수화계획 수립 시 심층수의 자원적인 특성과 담수화방법에 대하여 기술하시오.

1. 개요

담수화란 염분을 포함하고 있는 해수 등에서 음료수나 기타 용도로 이용할 수 있도록 염분을 제거하여 담수를 얻는 것을 말하며 Na^+, Cl^-뿐만 아니라 다수의 무기 염류가 제거된다. 또한 해수 중에서도 해양 심층수는 오염되지 않고 다양한 영양물질이 포함되어 있어 양질의 수자원으로 미래 해양의 무궁한 에너지원으로 이에 대한 적절한 개발이 필요하다.

2. 해양 심층수(Deep Ocean Water)의 특징

1) 해양심층수란 빛이 도달하지 않는 수심 200~4,000m 사이에 존재하는 바닷물이다.

2) 해양심층수는 연중 4도이하의 온도를 유지 해조류 및 식물성 플랑크톤의 성장에 필수적인 영양염이 풍부하며 유기물이나 병원균이 거의 없는 청정한 해수로서 환경 친화적이며 생명체에 유용한 순환 재생형 해양자원이다.

3) 특히 빛이 도달하지 않아 광합성 작용이 일어나지 않기 때문에 영양염인 질소, 인, 규소, 질산 등이 대량 포함돼 있다.

4) 심층수는 표층수보다 약 20배 정도 청정도가 높고 오염되지 않은 물이며 만성독성이 없어 장수효과가 기대 된다.

5) 100% 심층수로 조류 등을 배양하면 표층수에 비해 2배의 성장효과가 있다는 조사 보고서도 나오고 있다.

6) 동해의 경우 한류와 난류가 교차하는 해류의 특성을 갖고 있으며 연안에서 2~3km 정도만 바다로 나가면 수심 200m 이상의 심해가 있으므로 경제성이 좋다.

7) 심층수를 이용한 전기생산, 식품, 의약품, 화장품등 각종분야에서 신상품을 생산하는 자원으로 활용되고 있어 웰빙 자원으로의 경쟁력을 가진다.

8) 지구상의 존재하는 물의 90% 이상이 심층수로 인류의 무한한 자원이지만 자원의 활용과 경제적 측면에서 심도 있는 연구가 진행돼야 한다.

3. 담수화 방법의 종류 및 특징, 최근 동향

1) 용도별 분류 및 추세

(1) 생활용수용

- 식수가 부족한 유인도등에서 지속적으로 담수화 요구 증가
- 댐 건설이 점차적으로 어려워지면서 해안지역을 대상으로 광역상수도 단위의 대용량 담수화 설비 건설 예상

(2) 공업용수용

- 석유화학단지 등에서 기수를 공업용수로 이용하기 위한 담수화 설비 적용
- 국내를 기반으로 중동 등 해외에서의 담수화설비 수주를 위한 역삼투법 등에 대한 연구 개발

2) 공법에 따른 담수화 분류

(1) 증발법 : 물의 증발현상을 이용

- 플래시 증류법(Multi-Stage Flash Distillation)
- 다중 효용 증발법(Multiple-Effect Evaporation)
- 증기 재압축법(Vapor Recompression)

(2) 막여과법 : 막의 차별성과 선택적 통과능력 이용

- 역 삼투법(Reverse Osmosis)
- 전기투석법(Electrodialysis)

(3) 기타공법; 부차적 탈염 공정

- 동결법(Freezing)
- 막이용 증류법(Membrane Distillation)
- 태양열 가습법(Solar Humidification)

4. 해양 심층수 개발의 최근 동향

1) 기능성 음료 등의 개발을 위하여 해양심층수를 활용한 담수화시설, 웰빙 자원, 심층수 저열원 에너지 회수 등 해양 심층수 개발은 앞으로 물산업의 중요한 한축을 담당할 것으로 예상된다.
2) 담수화 방법은 폐열 등을 활용하는 증발법과 수질을 고려한 역삼투법 등을 조합한 Hybrid 형태의 담수화시설 도입 예상
3) 기상 이변과 환경오염으로 인한 물 부족과 물값 상승으로 인하여 해수 개발과 담수화는 점차 그 규모가 확대될 것으로 예상

93 | 해수담수화 시설에서의 방류방식을 설명하시오.

1. 방류설비의 필요성

담수화시설(역삼투 방식 예)은 여과기 세척배출수, 막모듈 세척배출수, 초기기동시 배출 막 보관액 등 배출수가 발생하며 이들 배출수는 인근 해수보다 농도가 높으므로 해역의 오염을 방지하기 위해 적합한 방식의 방류설비를 이용하여 희석배출을 시켜야 한다.

2. 담수화설비 배출수의 종류와 성상

1) 농축해수

역삼투설비에서 담수화를 거쳐 배출되는 농축해수는 회수율에 따라 일정비율로 농축되어 배출되는데, 약 40% 회수율을 기준할 때 염분농도가 1.7배 정도 증가한다.

2) 플러싱세척수

막모듈의 플러싱 배출수는 중아황산 나트륨 등을 이용하며 pH 4~5 정도 황산을 이용할 때 pH 2~3 정도로 COD가 높다.

3) 여과기 역세척 배출수

전처리 여과기의 세척수로 응집제 첨가 정도에 따라 용해성 중금속을 함유하여 탁도가 높다.

4) 막보관폐액

막모듈을 기동 시 보관폐액 배출수로 약품(아황산나트륨 등)을 포함하며 COD가 높다.

5) 막모듈 세척 배출수

막모듈 세척 배출수는 보통 산세척(구연산 1~2%)을 실시하며 COD가 5,000mg/L 정도로 pH는 4 정도이나 알칼리세척(NaOH)인 경우는 COD가 낮고 pH가 높다.

3. 배출수 처리공정도

아래 공정도와 같이 농축해수와 플러싱 세척수는 그대로 방류하며 나머지는 적절히 오염물을 제거한 후 방류한다.

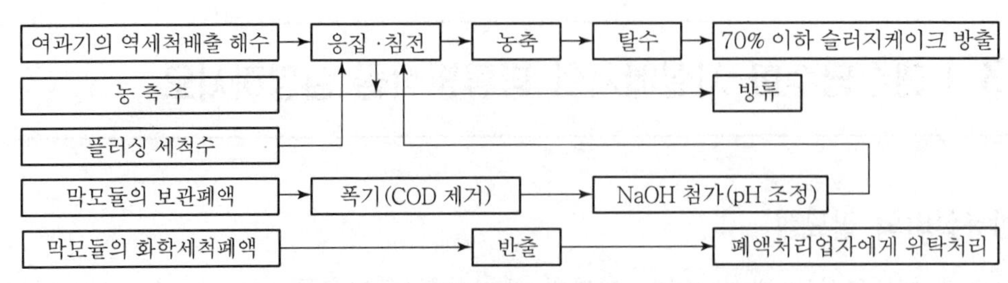

해수담수화시설(역삼투법)의 배출수 처리공정의 예

4. 방류방식

배출수는 인근 해역 해수보다 밀도가 높아 방류 후에 저층에 침강하는 경향이 크므로 방류 직후에 혼합 희석되도록 적절한 방류방식을 선정한다.

- 방류방식
  - 표층방류방식
  - 심층방류방식
    - 수중방류(해안부)방식
    - 방류관방식

5. 방류방식별 특징

1) 표층방류방식

고밀도 배출수를 표층에서 방류하면 방류구(그림 유입구)근처에서 베르누이 정리에 의해 압력차로 주변 해수가 혼입되며 희석된다. 희석효과가 적은 편이며, 수평확산 영역에서 서서히 해류나 조석혼합으로 혼합 희석된다. 아래 모식도는 수심이 충분한 경우의 예이다.

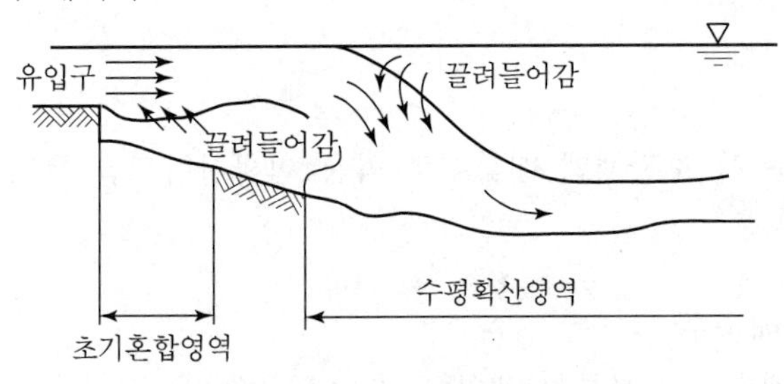

고밀도 배출수의 표층방류 모식도

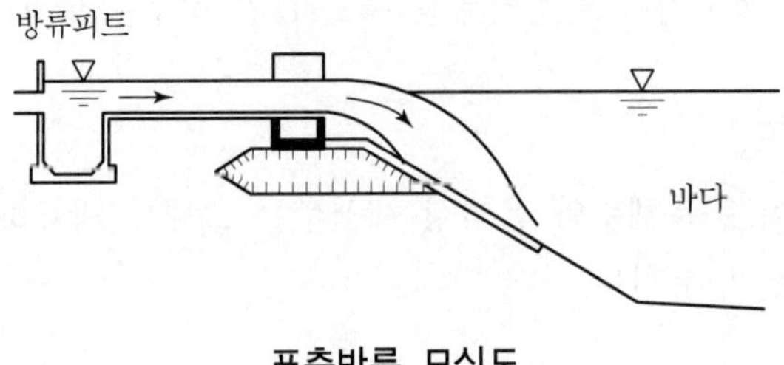

표층방류 모식도

2) 심층방류방식

심층방류는 희석효율이 우수하나 방류설비 설치비용은 증가한다. 수중방류방식과 방류관 방식이 있으며 방류관 방식은 방류관을 호안에서 멀리 연장할수록 희석효율이 증가하여 해안에 오염 영향이 적다. 심층방류의 원리는 아래 모식도처럼 원추형의 분사류 근처에서 베르누이 원리로 혼합류가 형성되며 희석된다.

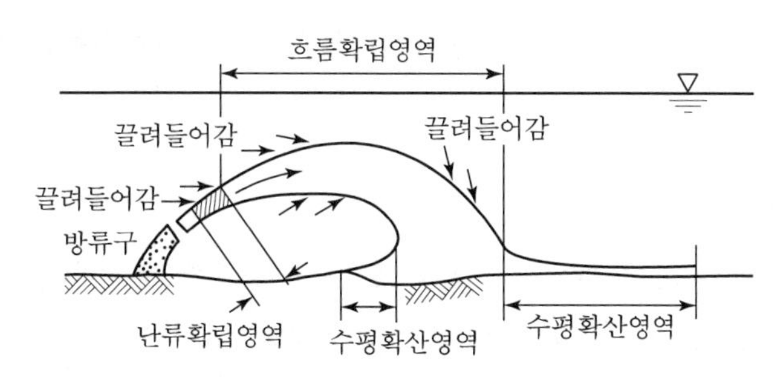

고밀도 배출수의 심층방류 모식도

(1) 수중방류방식 : 전면 수심이 충분하고 상대적으로 저농도의 배출수가 방류되는 경우 방류관방식보다 수중방류방식을 적용하는 것이 경제적이다.

(2) 방류관방식 : 파랑의 영향이 비교적 크고 해저지형이 먼 곳까지 얕은 경우에 희석효율을 높이기 위해 방류관을 먼 곳까지 유도하여 방류한다.

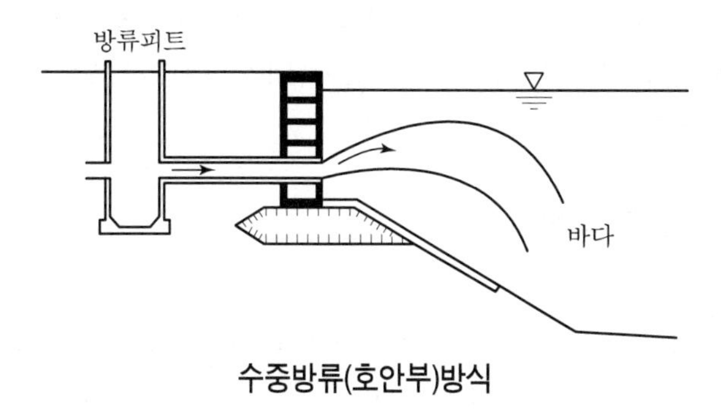

수중방류(호안부)방식

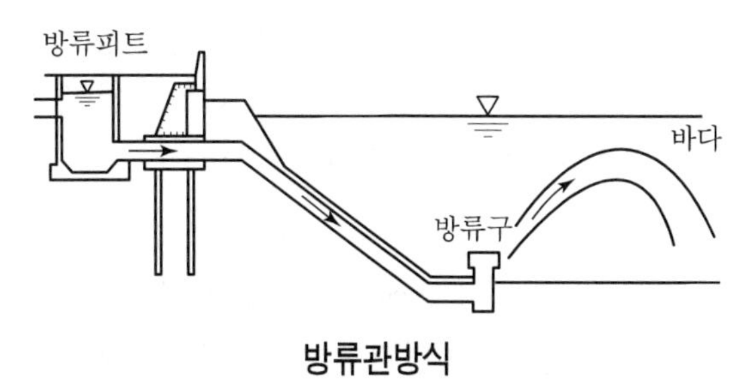

방류관방식

94 | 감시제어장치

1. 정의

상하수도에서 감시제어장치란 자동제어설비를 말하며 제어계측설비, 계장설비와 유사한 말이다.

2. 감시제어장치의 기능

감시제어장치란 정수장, 하수처리시설, 관로 등에서 각종 계측기(센서)를 이용하여 측정된 값(데이터)을 통신선을 통하여 전송하고 중앙처리장치(PLC)에서 연산처리한다. 그리고 다시 데이터를 기반으로 말단 장치(밸브, 모터 등)를 작동하여 처리장을 안정적으로 운영한다.

3. 감시제어장치의 구성

감시제어장치는 아날로그신호(AO, AI)와 디지털신호(DO, DI)를 같이 사용하며, PLC시스템과 DDC시스템으로 구분하는데, 아날로그방식을 주로 사용하는 PLC방식과 디지털신호를 주로 사용하는 DDC방식이 있다. 온도계, 압력계, 유량계, pH계, ORP계 등 각종 센서류와 전송장치, 연산장치(PLC, DDC), 조작부(각종 밸브류, 전동모터 등)로 구성된다.

4. 감시제어장치의 주요 특성

1) 원격제어장치의 운용

(1) 시스템 관리 : 데이터베이스 관리, 이벤트 관리, 시간 관리 등

(2) 내외부 통신 관리 : 내부 모듈 간의 통신, 외부 장비와의 통신 등

(3) 디지털정보처리 : PLC 및 현장설비의 디지털 운전정보 취득 및 제어 등

(4) 아날로그정보처리 : 전압, 전류, 전력, 온도 등의 아날로그 운전정보의 취득 및 아날로그정보의 디지털정보로 변환 등

2) 원격제어장치의 관리

(1) 데이터베이스 관리 : 데이터베이스 생성, 삭제 및 수정 등

(2) 데이터 송수신 : 랙, 모듈, 입력단자에 대한 데이터베이스 송수신 등

(3) 모니터링 : 디지털정보의 입출력현황, 아날로그정보의 입력현황 및 데이터베이스의 저장이력 모니터링 등

5. 시퀀스제어와 피드백제어

자동제어는 크게 시퀀스제어와 피드백제어로 나눈다. 예를 들면 정수장 여과지의 역세척에서 프로그램 된 순서와 시간에 따라 역세척이 이루어지도록 하는 것을 시퀀스제어라 하며 염소접촉조에서 유출수의 염소농도가 일정하도록 염소주입을 제어하는 것을 피드백제어라 한다.

차 한잔의 여유

세상을 보는 데는 두 가지 방법이 있다.
하나는 아무것도 기적으로 보지 않는 것이고,
다른 하나는 모든 것을 기적으로 보는 것이다.
— 아인슈타인 —

95 | 정수처리 시 공정의 수질계기 종류와 선정 시 유의사항을 설명하시오.

1. 정수처리시 수질계기를 선정할 때의 유의사항

1) 다른 계측제어기기에 비하여 유지관리의 주기가 짧기 때문에 교정과 보수가 용이한 것이 바람직하다.
2) 시약을 필요로 하는 것은 되도록이면 시약소비량이 적은 것을 선정한다. 시약탱크의 용량은 유지관리의 주기, 운전시간 및 시약의 시간경과에 따른 변화 등을 고려하여 정한다.
3) 검출장치나 전극의 세척방식에는 초음파 세척, 물분사(Water Jet) 세척, 브러시(Brush) 세척, 비드(Bead) 세척 등이 있지만, 어떤 방식을 채택할 것인가는 측정수질이나 유지관리 등을 고려하여 정한다. 세척방법은 수동과 자동을 겸비하고 세척시간간격과 세척시간을 조정할 수 있는 것이 바람직하다.

2. 각 계기별로 선정시 유의사항

1) 탁도계

(1) 탁도계는 측정수가 착색된 것의 영향을 받지 않는 것을 선정한다. 저탁도용의 탁도계로는 제로탁도 필터부가 바람직하다. 측정수질의 변동이 심한 경우에는 2중 레인지 등의 채택을 고려한다. 레인지전환은 자동전환이 바람직하다.
(2) 크립토스포리디움 대책으로서 고감도탁도계나 입자계수기(Particle Counter)가 사용되는 경우도 있다.
(3) 고감도탁도계로는 투과산란광(Laser)식, 투과산란광(가시광)식, 표면산란광식이 있고 감도가 높으며 저탁도까지 측정할 수 있다.
(4) 설치할 때에는 유지관리가 용이하고 신뢰성이 높은 것을 채택한다. 입자계수기는 여과지 전후의 물에 포함된 탁질의 입자경과 입자수를 측정하여 여과상황을 파악하는 데 사용되고 있다.

2) 미량휘발성 유기화합물(VOC)계

(1) 정수장 원수의 오염사고에 대처하기 위하여 휘발성 유기화합물 23성분을 μg/L 단위까지 연속측정할 수 있는 VOCrP를 원수감시에 사용하는 경우가 있다.

(2) VOC계는 1시간마다 디클로러메탄, 톨루엔, 벤젠, 트리클로로에틸렌 등 많은 물질을 확인할 수 있고 원수수질의 돌발적인 변화나 장기변동을 파악할 수 있다.
(3) VOC계는 측정정밀도나 신뢰성이 높고 유지관리도 비교적 용이하다.

3) 기름의 측정

원수에서 수질사고의 대부분이 등유나 경유 등의 혼입에 의한 기름사고가 차지하고 있다. 원수 중의 기름을 측정하는 계기로는 기름에 의하여 형성되는 유막을 반사율 등의 차이를 이용하여 측정하는 유막검지기나 측정수 중에 포함된 기름의 휘발성분을 측정하는 기름 성분 모니터가 사용된다.

4) pH계

pH계에는 유통(流通)형과 잠수(潛水)형 등이 있으며 측정장소에 알맞은 것을 선정한다. 또 측정수의 전기전도도가 5μS/cm 이하의 pH 측정에는 저전기전도도용(순수용 pH계)을 선정한다. 세척이나 교정을 시퀀서(Sequencer)를 사용하여 자동적으로 하는 기종도 있다.

5) 전기전도도계

전기전도도계의 전극에는 직결형, 유통형 및 투입형이 있으며 측정장소에 알맞은 것을 선정한다.

6) 알칼리도계

알칼리도계는 중화적정에 의하여 측정수의 알칼리도를 측정하는 것으로 측정수의 탁질이나 유기물 등에 의하여 측정오차가 생기는 경우가 있으므로 여과장치 등 전처리장치를 설치하는 것이 바람직하다.

7) 염소요구량계

염소의 자동주입제어를 하기 위하여는 암모니아성 질소계나 염소요구량계가 사용된다.

(1) 염소요구량계는 측정수에 과잉염소를 주입하여 소비하는 염소량으로부터 요구량을 산출한다.
(2) 설치할 때에는 염소는 암모니아성 질소 등 수중의 피산화물과 반응하는데, 반응시간을 요하기 때문에 채수점 등 수질제어계의 응답시간을 고려해야 한다.
(3) 상수원의 수질이 크게 변하는 경우에는 2중 레인지 등을 채택하고 자동제어 중에 기기를 점검할 때에는 신호가 홀딩되도록 대책을 강구한다.

8) 잔류염소계

잔류염소계는 시약을 사용하는 시약형과 무시약형이 있다.

(1) 시약형은 유리잔류염소와 결합잔류염소를 시약을 바꿈으로써 분별하여 측정할 수 있는 계기이고 무시약형은 유리잔류염소만을 측정하는 계기이다.
(2) 무시약형은 측정수의 pH 및 전기전도도가 일정한 범위 내인 것이 필요하므로 시약형에 비하여 수질에 의한 정밀도의 제한을 받으므로 주로 여과수 이후의 정수 측정에 사용하고 있다.

9) 암모니아성 질소계

측정수 중의 암모니아이온을 연속적으로 측정하여 염소주입제어용으로 사용된다.

10) 오존농도계

오존농도의 연속측정에는 자외선흡광도법이나 격막전극법, 폴라로그래프(Polarograph)법이 사용된다.

(1) 기상(氣相)용으로는 자외선흡광도법이 잘 사용되며 유지관리도 용이하고 측정 정밀도도 안정되어 있다.
(2) 누설오존농도 등 저농도의 오존을 측정하는 경우에는 공기 중의 옥시던트(Oxidant)의 방해가 있다는 것을 고려해야 한다.
(3) 액상(液相)의 오존농도계는 시료채취 중에 오존농도가 감소되기 때문에 현장 설치가 바람직하다.

11) UV(자외선흡광도)계

UV계는 유기물의 총량을 측정하기 위하여 사용된다. UV계는 유지관리가 용이하고 또한 염가로 연속하여 측정할 수 있다.

12) 색도계

색도계는 망간 등에 의한 발색을 계측하는 계기로 색도의 390nm의 투과광을 측정하는 방식이 사용된다.

13) ORP(산화환원전위)계

ORP계에는 pH계와 같이 침수형과 유통형이 있으며 사용목적에 따라 선정한다.

14) SDI(오염지수)계

SDI계는 해수담수화장치 등에 사용된다. 원수의 오염을 측정하는 것으로 멤브레인필터에 측정수가 몇 분간 흐를 수 있는가를 측정하여 계산한다.

96 | 정수처리시설의 무인운전설비에 대하여 설명하시오.

1. 무인운전설비 정의

무인운전설비란 정수장 등 운전원이 상주하는 처리장 이외의 취수·도송 배수시설, 펌프장, 밸브제어 등 분산된 설비의 시설운용과 관리를 원격 감시제어장치(TM/TC 장치) 등을 사용하여 시설을 무인 운전하는 기계·전기설비를 말한다.

2. 무인운전설비 필요성

상수도시설은 취수시설부터 급수구역까지 광역으로 분산되는 경향이며 최적 수질을 적정배분 및 안정급수를 위하여 전 계통의 시설운용과 관리를 효율화할 필요가 있고 이를 위해 원격 감시제어장치(TM/TC 장치 : Telemetering/Telecontrol 장치) 등을 사용하여 시설을 집중관리하는 무인운전설비를 설치하는 경우가 증가하고 있다.

3. 무인운전설비 적용효과

무인설비는 노동조건의 개선, 운전인력의 최소화, 동일한 작업효과로 작업시간과 작업노력의 경감 등의 효과가 있는 반면, 운전원이 직접 감시하고 운전하는 경우와는 달리, 기기 또는 시스템의 신뢰성, 각종의 안전대책, 시설의 관리체제 등을 특별하게 고려해야 한다.

4. 무인운전설비 적용 시 고려사항

1) 신뢰성 향상대책
   무인설비에는 가능한 한 신뢰성이 높은 기기를 사용하며 최대한 고장이 일어나지 않도록 해야 한다. 또한 시스템 전체로서의 신뢰성을 향상시켜야 한다.

2) 관리체제
   무인설비는 원격지에 설치되는 것이 많으므로 상시 순회점검과 함께 사고 시나 고장 시의 긴급대응 등 관리체제를 검토해야 한다.

3) 무인시설의 설치에는 전기설비, 소방관련법 등 관련법규의 적용을 받는 사항이 있으므로 이들에 저촉되지 않도록 설계해야 한다.

4) 무인시설에는 그 시설을 관리하고 있는 중앙통제센터에서 원격감시할 수 있도록 계측제어설비를 설치하는 것을 표준으로 한다.
5) 무인시설은 사고 시에도 급배수에 주는 영향이 최소화되도록 유의한다.
6) 무인시설에는 적절한 침입방지대책을 강구한다.

차 한잔의 여유

내가 남에게 베푼 공은 마음에 새겨두지 말고
남에게 잘못한 것은 마음에 새겨 두라.
남이 나에게 베푼 은혜는 잊지 말고
남에게 원망이 있으면 잊어버려라.

– 채근담 –

97 | 상수도시설 중 정수시설은 토목, 건축, 기계, 전기, 계측제어 등의 시설로 규정되어 있으나 정수처리를 기본으로 한 시설의 배치계획에 대하여 설명하시오.

1. 배치계획의 개요

정수시설은 정수처리시스템에 따라 각 공정이 기능을 발휘하고 정수장 전체의 흐름이 효율적일 수 있도록 배치하며 유지관리, 확장, 개량 등이 용이하도록 배치계획을 세워야 한다.

2. 정수시설 배치계획

1) 평면배치계획은 용지의 넓이 형상에 따라 원수의 유입방향과 송수방향 등을 종합적으로 고려하여 결정한다.
2) 원칙적으로 처리공정에 따라 배치하여 물의 흐름을 균등히 하고 약품주입 용이, 케이블 배선의 최소화를 꾀한다.
3) 응집, 응결, 침전은 일렬로 배치하는 것보다 가까이에 집중하도록 배치하여 플록형성에 지장이 없게 한다.
4) 여과지는 유입관, 유출관, 역세척수관 등이 한군데에 집중하도록 배관랑을 설치하여 유지관리가 편리하게 한다.
5) 소독접촉조는 여과지 유입, 유출부에 두어 염소주입이 효율적이게 한다.
6) 착수정에서 정수지까지 자연유하를 원칙으로 손실수두를 최소화하고 가능하면 응결지와 침전조는 하나의 구조물로 한다.
7) 필요한 경우 송수펌프장은 정수지와 가까이 두어 흡입배관의 길이를 최소화한다.
8) 약품주입동은 관리실 가까이에 두어 샘플링관의 연장을 짧게 하고 관리가 편리하게 한다.
9) 배출수지와 배슬러지는 일반적으로 정수장의 가장 낮은 곳에 위치하나 슬러지배관이 너무 길면 막힐 우려가 있으므로 충분히 주의한다.
10) 정수장 내의 화장실, 폐기물수집장 등은 수밀구조로 하며 여과지, 정수지 등에서 15m 이상 이격시킨다.
11) 유지관리 측면을 고려하여 처리계열은 2계열 이상으로 하여 청소 및 보수가 용이하게 한다.

3. 수리종단면도

정수처리시설의 수리종단면도는 계산을 정확히 하여 흐름이 원활하고 불필요한 수두손실이 없도록 하여 에너지 손실을 막는다. 수리종단도 작성 시 고려사항은 아래와 같다.

1) 완속여과의 경우 착수정부터 여과지까지 전체 손실수두는 1~2m 정도이다.
2) 급속여과의 경우 착수정부터 여과지까지 전체 손실수두는 3~5m 정도이다.
3) 손실수두는 수리계산이나 수리실험을 통하여 결정한다.
4) 침전지 각지별로 손실수두를 균등히 하여 유입유량이 균등하도록 충분한 검토가 필요하다.
5) 여과지의 유입수는 유량제어시스템의 제어에 따라 균등유입이 가능하게 한다.

4. 도 · 송수관로의 종단도 예

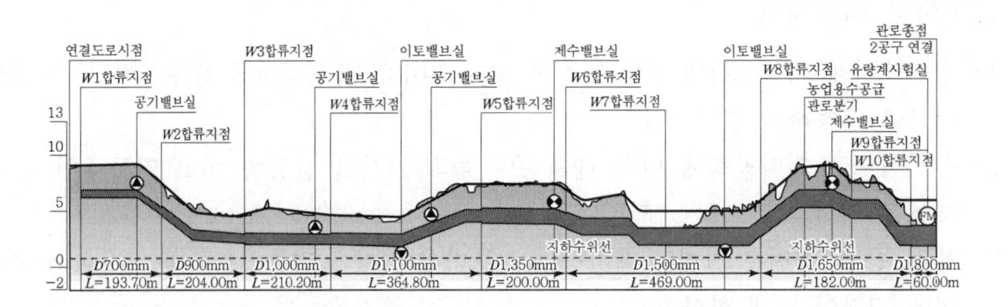

5. 정수장의 종단도 예[공정 구간마다 레벨(LWL, DWL, HWL) 표기]

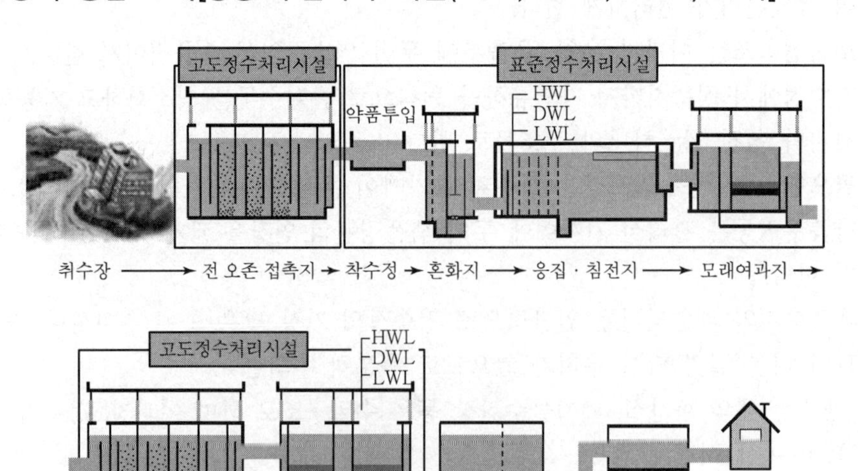

98 | 기존 정수장의 공정별 문제점에 대하여 설명하시오.

1. 정수장 계통도

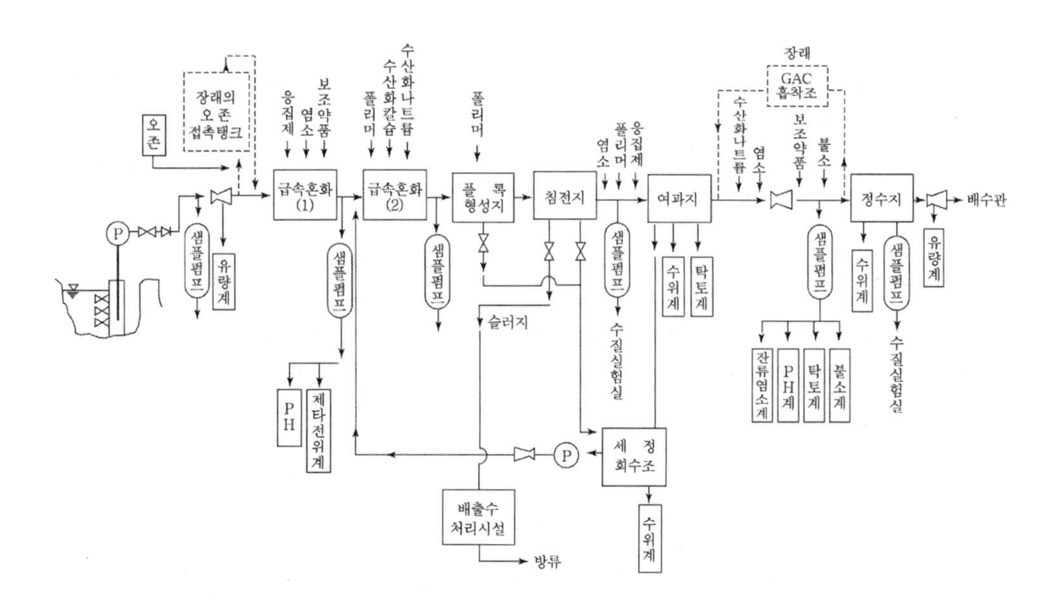

2. 정수장 운영상의 문제점

1) 정수장 관리인력상의 문제점 : 시설용량 2만 톤/일 이하 중소규모 정수장의 대부분이 적정 관리인원에 크게 미달
2) 정수장 운영요원의 전문성을 향상시키기 위한 전문교육 프로그램 미흡
3) 기존 정수처리 공정의 효율에 대한 정밀한 분석과 진단, 시설, 운영관리, 수질, 시설 및 설비 등에 관한 체계적인 자료수집 관리체계가 미비
4) 수질항목의 수질검사주기가 법으로 고정화 : 정수장의 특성을 고려한 효율적인 수질관리가 곤란한 반면 미국, 일본 등 선진 외국에서는 정수장에 따라 특정 수질항목에 대한 장기간의 수질검사 결과, 수질이 계속적으로 안정되는 경우 수질검사 주기를 완화
5) Giardia, Cryptosporidium 등의 미생물, THM, HAA, HAN 등의 소독부산물에 대한 대비와 조사가 상당히 미흡

3. 취수원의 문제점

1) 하천표류수
   (1) 강우량의 계절적 편중(6월~9월)으로 수량부족현상 발생
   (2) 각종 오염원에 노출되어 수질 저하로 인한 정수처리 곤란 : 암모니아성 질소, 유기성오염물질, 음이온계면활성제 등

2) 복류수
   (1) 오염물질 퇴적으로 인한 수질 저하 : 철, 망간 용출 및 취수보로 인한 오염물질 퇴적 가중
   (2) 집수매거 여층 유실로 인한 표류수 유입 : 수량 확보를 위해 집수매거 여층 굴착
   (3) 강우시 탁질 유입 : 완속여과

3) 저수지수
   (1) 부영양화 현상으로 인한 수질 저하 : 이취미, 여과지 폐색, pH 상승
   (2) 저층수 취수로 인한 수질 저하 : 탁도, 철, 망간, 이취미
   (3) 선택취수 곤란

4) 지하수
   (1) 대부분의 수질은 극히 양호
   (2) 한계 양수량 이상 양수하여 탁질 유입, 지하수 고갈, 해수침입 발생
   (3) 지질 특성에 따른 불소, 질산성질소, 경도물질 과다로 정수처리 곤란

4. 취수장 및 착수정

1) 취수펌프
   (1) 펌프용량이 정수시설에 비해 과다하여 효율 저하
   (2) 수요증가에 대비하여 펌프용량만 늘려 관로의 송수능력 부족으로 펌프의 저효율 운전 및 관로사고 발생 우려
   (3) 흡입관 및 토출관이 부적합하여 에어포켓 발생으로 인한 양수량 감소
   (4) 전력계약 방식의 부적절로 전력요금 과다 부과
   (5) 수격현상 발생 방지설비 미설치 및 부적절한 관리

2) 착수정 유량측정
   (1) 유량계가 설치되어 있으나 설치조건 부적합으로 오차가 심하거나 관리소홀로 인한 고장 발생

(2) 착수정 위어 미활용 : 수중위어 형성, 수위표 미설치 또는 설치위치 부적합
(3) 용량은 체류시간 1.5분 이상, 깊이는 3~5m 정도로 한다.
(4) 분말활성탄 주입설비와 수질측정장치를 설치한다.
(5) 착수정 기능활용 미흡 : 위어부 낙차를 이용한 응집 약품, 전염소 투입지점 활용

5. 약품투입시설

1) 경험적인 약품투입에 의존
(1) Jar-Tester 등 수질시험기기 미확보 및 시험기능 인력 미비로 경험적인 약품 투입률 결정
(2) 응집약품 투입지점 부적합으로 응집효율 저하
(3) 각 계통별로 균등한 약품분배 투입 곤란

2) 액체약품 주입시설
(1) 정량펌프의 용량 과다로 정량투입 곤란 : 소, 대용량 펌프 분할 필요
(2) 약품석출로 인한 약품투입배관 막힘 현상 발생 : 희석수 투입 지점 검토 필요
(3) 응집약품의 장기간 보관으로 약품 효율 저하 : 적정 보관 기간
(4) 약품투입배관이 부적합하여 사이펀 현상으로 과다투입 현상 발생

3) 고체약품 투입시설
(1) 분말활성탄 등에서 바이브레터의 빈번한 작동으로 다짐현상 발생
(2) 장기간 운전정지로 투입기 내 약품 응고
(3) 소석회 투입 관경 막힘 현상
(4) 보관부실에 따른 습기로 인한 약품 응고

6. 혼화 · 응집 공정

1) 혼화 공정
(1) 혼화기 교반강도 부족 : 회전수, 임펠러 크기 부적합, 소비전력 과소
(2) 혼화지 단락류 발생으로 혼화효율 저하
(3) 터빈설치 위치 부적합
(4) 고속응집침전기 또는 급속여과기에 혼화장치 미설치

2) 응집 공정
(1) 응집기의 각 단별 회전속도 부적합
(2) 유입부 저류벽 및 각 단별 정류벽 미설치로 단락류 발생으로 인한 응집효율 저하

7. 침전 공정

1) 침전지 용량 부족으로 침전효율 저하 : 표면부하율 과다, 체류시간 부족
2) 유입부 정류벽 미설치로 단락류 발생
3) 유출부 기구(트라프, 위어) 설치 부적절로 Floc의 Carry Over 발생
4) 조류성장 부착 및 Scum 발생
5) 슬러지 배출 및 청소 미흡으로 침전효율 저하, 부패로 인한 수질저하
6) 배출수 처리시설 미설치로 방류수역의 수질오염 심화
7) 경사판 설비 설치 위치 부적절(전단부)로 인한 침전효율 저하 및 경사판 하부 저류벽 미설치로 인한 저부 유속상승(단락류 발생)으로 인한 침전효율 저하
8) 경사판 유지관리(청소) 미흡으로 인한 조류 및 Scum 부착으로 미관저해 및 수질저하

8. 여과 공정

1) 완속여과
   (1) 원수 수질이 완속여과에 부적합하여 운영관리 곤란 : 탁수 유입, 조류 성장
   (2) 여과지 표면 조류 성장으로 인한 청소 빈도 증가
   (3) 청소작업 후 역세 미실시로 여과수질 저하
   (4) 여과사 규격 부적합, 여과속도 과다로 탁질 누출 발생

2) 응집침전 여과기(급속)
   (1) 응집약품 투입설비 또는 혼화장치 미설치로 탁질 유입시 처리 곤란
   (2) 응집약품 미투입으로 탁질 누출 및 여과사 오염 가중
   (3) 자동역세척 운영에 다른 역세척 주기 장기간 소요로 여과사 오염 심함

3) 급속여과
   (1) 여과지 운전기술 미비
   (2) 부분여과로 인한 여과수질 저하
   (3) 역세척 미흡 : 머드볼 발생, 역세순서 부적합, 역세수압 및 수량 부족, 표면세척 미실시
   (4) 하부집수장치의 파손, 지지 사리층 전도, 여과사 유실 : 역세수압 및 수량 과다, 역세밸브의 급격한 개도
   (5) 이중여재 사용시 안트라사이트 유실 과다 : 역세유속 과다, 트라프 높이 미수정, 표면세척 및 역세척 동시 실시시간 과다
   (6) 각종 밸브 고장으로 적정 역세척 곤란

9. 소독공정

1) 염소투입시설

(1) 간헐적인 염소투입으로 일정 잔류염소 유지 곤란

(2) 염소투입기 용량이 과다하여 정량 염소투입 곤란

(3) 급수펌프의 양정이 부족하여 적정 염소투입 곤란

(4) 염소투입지점이 부적합하여 소독효과 저감

(5) 염소제 약품을 장기간 보관하여 소독능력 저하

2) 염소가스 안전관리

(1) 고압가스 안전관리법상의 안전 조치사항 미이행 : 염소가스 중화설비 미설치, 안전관리자 미선임, 손해배상 책임보험 미가입, 안전장구 미비치

(2) 중화설비 정기가동 점검 미실시와 가성소다 수분증발로 인한 응고

(3) 계장설비가 염소실 내에 설치되어 가스누출로 인한 부식으로 가스 사고시 각종 설비의 작동 불능

10. 배수지

(1) 배수지 용량 부족으로 수량관리가 어렵고 사고 시 완충기능 부족

(2) 철재 구조물의 부식 방지 · 도장 미실시

(3) 환기구 방충망 미설치 및 부식으로 곤충류의 유입 우려

(4) 유입유출 제수변이 내부에 시설되어 부식으로 인한 작동 곤란

99 | 기존 정수장에 대하여 기술진단을 시행하여 부분적인 개량으로 수질을 향상시키고자 할 때 평가항목, 평가내용에 대하여 기술하시오.

1. 약품주입설비의 기술진단

구분	평가대상	평가항목	평가내용	평가방법
기기류	주입 기본체	• 가동상황 • 주입정도	• 주입관 내에 기포발생 • 응집제의 석출(응고)유무 • 고장발생빈도 • 주입오차의 정도	점검하여 양호한지 확인
	각종 수질계기	• 가동상황 • 측정정도	• 고장발생빈도 • 측정오차의 정도	상동
주입 제어	Jar-Test	실시상황	확인빈도	주입률의 확인(정도관리)
	자동주입	적용가능범위	고탁, 저탁, 저온 시의 적용성	상동
	제어방식	제어방식	• 처리수량의 변동 폭에 대응하는 제어기구 • 원수수질의 변동을 고려한 제어인자	• 제어방법의 재확인 • 제어인자의 검토 • 제어방식의 검토
기타	회수	회수상황	회수량 및 질의 영향	수량, 수질을 확인하여 영향도 분석

주) 사용약품의 종류, 약품저장방법, 약품이송방법 등은 별도로 시행

2. 급속혼화지의 기술진단

구분	평가대상	평가항목	평가내용	평가방법	참고사항 (상수도시설기준)
기계류	혼화지	• 교반날개의 회전상황 • 교반능력	• 교반날개의 변형손상 • 회전축, 축수의 마모 • 설계조건과 비교할 때 능력저하 유무	양, 불량평가	회전날개 주변속도 (1.5m/s 이상)
	기타 방법	대상방법	기본기능의 성능	양, 불량평가	
지의 본체	지의 용량	체류시간	운전유량으로 역산하여 실 체류시간	유량측정	혼화시간(1~5분)
	구조	• 구조적 결함 • 구조적 제약	• 단락류의 발생 구조물이 공회전하는 구조 • 약품의 균등혼화구조	• 구조기능검토 • 약품투입지점과 혼화 효과	• 설치단수의 적부 • 혼화기능의 적부 • 유속, 손실수두 • 약품투입지점

구분	평가대상	평가항목	평가내용	평가방법	참고사항 (상수도시설기준)
운전상황	교반강도	운전강도설정의 적합성	• 혼화지의 회전수 설정 • 혼화방법의 적정	회전속도측정	회전날개 주변속도 (1.5m/s 이상)
	처리수량	운전 시의 수량변동 범위	설계조건	유량변동 폭의 확인, 비교	
	원수수질	수질변동특성	설계조건	수질변동내용의 확인, 비교	휴민질 등의 미립경의 유기물질을 다량 함유할 경우에는 충분한 혼화가 필요

주) 사용약품의 종류, 약품저장방법, 약품이송방법 등의 기술진단은 별도로 시행

3. 약품침전지의 기술진단

구분	평가대상	평가항목	평가내용	평가방법	참고사항 (상수도시설기준)
기계류	배슬러지 설비	• 설비의 조정 상황 • 설비의 열화도 • 배슬러지 능력	• 슬러지 제거기의 속도 • 슬러지 제거기의 운전 빈도 • 고장발생빈도 • 각종 상황에 대응한 배슬러지 능력	• 제거기의 속도 확인 • 운전빈도 확인 • 점검하여 양호, 불량 확인 • 여유도의 확인	• 제거기의 속도 • 고탁도 시 대응 가능
	경사판, 경사관	기능저하도	• 햇빛에 의한 기능 저하 • 슬러지와 퇴적으로 인한 파손, 변형	점검하여 양호, 불량 확인	–
지의 본체	지의 용량	체류시간	운전유량으로 역산한 체류시간	유량의 측정	System에 의함
	구조	구조적 결함	• 단락류가 발생하는 조건 • 편류가 발생하는 구조 (장폭비) • Pipe 형식의 유출부 • 월류부하율의 설계치 • 배슬러지관 구경 • 표면부하율의 설계치	구조의 재검토 확인	• 정류벽, 도류벽 등의 필요성이 있는지 • 장폭비 1 : 3~8 • 월류부하율 : $500m^3/m \cdot min$ • 표면부하율 : 15~20mm/min • 배슬러지 관구경 : 150ϕ 이상 • 퇴적심도 • 정류벽의 유출관 간격 • 정류벽의 총면적 • 경사판은 별도항목 추가

구분	평가대상	평가항목	평가내용	평가방법	참고사항 (상수도시설기준)
운전상황	유황	단락류, 밀도류, 편류의 영향	• 고탁도 유입수가 아닐 때 수온 차에 의한 밀도류의 발생상황 • 바람이 없을 때 유입부의 수세에 대한 편류 발생상황 • 단락류 등에 의한 Floc의 부상 및 월류상황	발생빈도의 확인 (구조상의 문제인지 확인)	–
	처리수량	• 유속 • 표면부하율 • 월류부하율	• 유속과대에 의한 Floc의 부상 • 설계치	• 유속 또는 유량의 측정 • 표면부하율의 산정비교 • 월류부하율의 산정비교	• 평균유속 : 0.4m/min 이하(경사판식0.6m/min 이하) • 표면부하율 : 15~30mm/min • 월류부하율 : $500m^3/m \cdot min$ 이하
	슬러지 퇴적상황	• 퇴적심도 • 배슬러지빈도	• 과퇴적에 의한 유효 저류시간의 감소 • 슬러지 배출빈도	• 퇴적량의 확인 • 배출빈도 확인	• 유효수심을 확보하고 있는지 • 배출수처리시설과 연계하여 고려
	유입 Floc 상태	전처리의 기능	Floc 양호, 불량	전처리의 기능 Test	–

100 | 상수도시설의 에너지 절감방안을 설명하시오.

1. 개요

정수처리시설은 처리수량에 비례하여 소비되는 전력비와 약품비의 관리를 통하여 효과를 얻을 수 있으나, 교반기나 슬러지수집기 등과 같이 처리수량과 관계없이 기본적으로 소비되는 전력비나 약품비는 설계과정에서 고려하여야 한다.

2. 정수처리시설 에너지 절감 방안

1) 최적의 설계 및 설비 사양 적용

정수장 설계 및 건설 시부터 원수 수질 및 용량에 알맞은 처리설비 적용과 최적의 시스템을 갖추는 것이 에너지 절감의 기본적인 요소이다.

2) 동력비 절감 방안

(1) 정수장 내의 각 시설간의 수위차가 자연유하에 의해 흐를 수 있도록 설계한다.
(2) 응집지의 자연교반이 기계교반에 비하여 에너지를 절감할 수 있으나 교반효과는 불리하다.
(3) 기계교반 시 원수의 수량과 수질에 따라서 적합한 운전 대수로 운전되도록 한다.

3) 약품비 절감 방안

(1) 약품의 최적 주입을 위하여 제타전위계나 SCM 등을 이용하여 유입수질 변화에 능동적으로 대처하는 최적 주입시스템을 적용하여 약품량을 절감할 수 있다.
(2) 평상시에는 Alum을 주입하고 고탁도나 저수온 시에는 PAC를 주입하여 경제적이면서 효율적인 약품주입을 시행하도록 한다.
(3) 약품침전지는 고속응집식이 횡류식에 비하여 침전효율이 높고 약품소요량도 절감할 수 있으나 횡류식은 기계부품이 적어 에너지소비가 적다.

4) 유지관리의 효율성 향상 방안

(1) 배출슬러지농도를 고농도로 유지하면 슬러지처리의 부담을 경감할 수 있다.
(2) 여과지의 여과시간을 연장하기 위하여 원수수질, 수온, 전처리 정도, 입도 등을 검토하여 최적의 여과방식을 선정한다.
(3) 최적 역세척 타이밍 선정에 의한 적정한 역세척 빈도 및 수량을 사용하도록 한다.

3. 정수장 외의 에너지 절감

1) 수원지 수질 관리
   적합한 수질관리로 정수장 약품비 등 처리비용 저감화

2) 송배수 관로 자연유하식 최대적용
   이용 가능한 수두 고저차 에너지 최대한 이용, 경제적 관경결정으로 이송 비용 최소화

3) 가압장 등 펌프설비 최적화 및 회전수제어 등 에너지 절감형 적용
   대수제어, 회전 수제어 적용

4) 정보화 추진
   T/M, T/C 등 원격정보시스템 및 최신 기술의 능동적 적용으로 인력 최소화 및 관리의 효율화 추진
   (1) 원격검출제어
   (2) 현장 규모나 등급에 알맞은 최적의 시스템 적용

101 | 상수슬러지의 성상 및 처리방법을 설명하시오.

1. 개요

정수처리시설에서 생산되는 슬러지는 응집침전 및 여과지 역세척 배출수에서 발생하며 Alum을 사용하는 경우 슬러지의 고형물 농도는 원수 수질에 따라 상이하지만 대략 0.1~3.5%가량이며, 생산되는 슬러지의 80~90% 정도는 응집침전에 의하여 발생되며 10~20%가 역세척에 의하여 발생된다.

2. 상수슬러지 성상

상수슬러지에는 주로 $Al(OH)_3$, 점토, 미생물 등이 포함되어 있으며, 하수슬러지와 달리 유기물질 함량이 매우 적은 것이 특징이며, 주입되는 약품에 따라 화학적인 조성이 상이하고 응집침전된 슬러지보다는 연수화나 철, 망간을 제거시킬 때에 생성된 슬러지가 훨씬 탈수가 잘된다.

3. 상수슬러지 처리 계통도

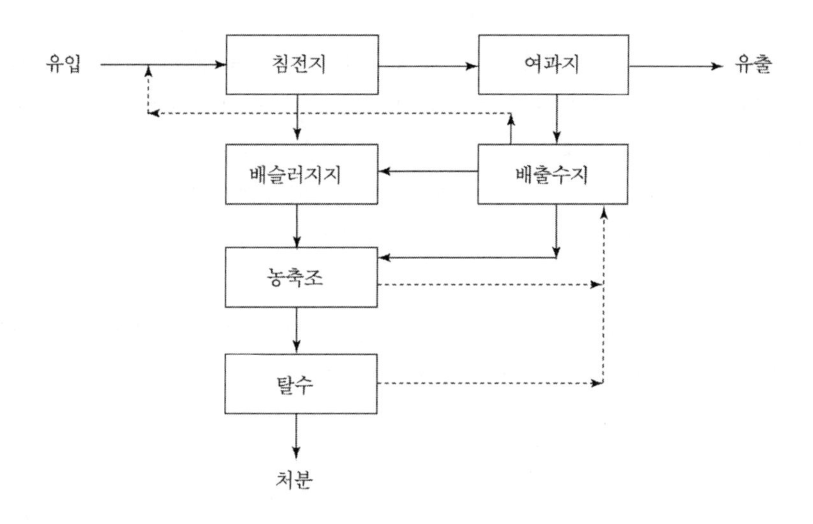

1) 상수슬러지를 처리하는 방법은 조정, 농축, 탈수, 처분의 4단계로 구분된다. 조정시설은 배슬러지량의 조정과정을 수행하는 것으로 배출수지와 배슬러지로 구성된다.

2) 급속여과지의 역세척수를 받아들이는 경우를 배출수지, 약품침전지로부터 슬러지를 받아들이는 경우를 배슬러지지라고 한다. 배출수지와 배슬러지지는 배수의 시간적 변화를 조정하고 농축 이후의 처리로 연결된 시설이다.
3) 농축시설은 슬러지 농도를 높이는 것을 목적으로 배슬러지지로부터 슬러지를 받아 고액분리를 한다. 농축 후에 벨트프레스, 진공여과, 필터프레스, 원심분리 등에 의하여 슬러지를 탈수시켜 수분함량과 슬러지 용량을 감소시켜 케이크를 생산하여 매립 등 최종 처분한다.
4) 이 외에 라군에 넣어 농축시킨 후에 슬러지를 건조상에서 탈수시키는 방법, 냉동 후 녹여서 탈수시키는 방법, 농축된 슬러지를 건조시키는 방법 등도 있다.
5) 최종 처분은 매립이 대표적인 방법이나 토지 주입도 가능하고, 하수처리시설에서 합병처리할 수도 있다.

4. 상수슬러지의 특성

상수처리 시에 생산되는 슬러지나 역세척수를 하수거에 투입하여 하수처리시설에서 함께 처리하는 경우 대부분의 상수슬러지가 일차 침전지에서 침전되며 이차 설비에는 나쁜 영향을 주지 않는 것으로 알려져 있다. 또한 상수슬러지는 무기물질이 대부분이므로 소화공정은 필요 없다.

5. 배출수지

1) 배출수지란 급속여과지 역세척 시 배출수를 수집하여 침전시키는 탱크를 말한다.
2) 정수장에서 슬러지 발생은 침전지의 침전슬러지와 여과지의 역세척 배출수이다. 이때 침전 슬러지와 배출수는 농도가 달라 이들 두 가지 슬러지를 직접 혼합하여 처리하는 경우 고농도의 침전 슬러지가 저농도가 되어 처리효율이 떨어진다. 이를 개선하기 위하여 배슬러지와 배출수를 독립적으로 처리하여 배출수를 별도로 모으는데 이를 배출수지라 한다.
3) 위와 같이 여과지 역세척 시 배출수는 저농도이므로 배출수지에서 침전시켜 고농도로 만든 후 침전지 배슬러지와 혼합하여 농축조로 보낸다.

4) 배출수지 상등수
배출수지에서 침전 후 상등수는 정수장 유입부로 회수하거나 버리는데 이 경우 손실이 크다. 일반적으로 회수하는데 이때 정수장 시스템마다 특성이 달라 응집공정을 방해하는 경우가 있어 상등수를 응집공정 전 단계에 회수할지 후단계에 회수할지를 고민해야 한다. 보통 착수정(정수장 유입부)에 회수한다.

5) 배출수지의 생략
이론적으로는 위와 같이 배출수지를 별도로 두는 것이 합리적이나 실제 침전지 배슬러지도 물과 혼합되어 농도가 불규칙하고 배슬러지지와 배출수지를 별도로 두는 경우 운영의 어려움 등으로 중소규모 정수장에서는 배출수지를 생략하고 통합하여 운영하기도 한다. 정수장 규모나 배슬러지, 배출수 상태를 고려하여 운영 시스템을 결정해야 한다.

6. 농축조

1) 탈수 효과를 높이기 위하여 슬러지의 고형물 농도를 높이는 시설
2) 중력식 농축조 사용 : 중심 구동형, 주변 구동형(직경 25m 이상)
3) 용량 : 계획슬러지량 24~48시간분
4) 유효수심 : 3.5~4m
5) 고형물 부하율 : 10~20kg/m^2 · d

7. 탈수기(상세 내용 하수처리 참조)

농축슬러지의 함수량을 감소시켜 체적을 줄여 운반 및 최종 처분을 용이하게 함 최근 슬러지 최종처분이 함수율에 따라 다양한 처리가 가능하게 됨으로 함수율에 관심이 크다.

1) 진공탈수기
(1) 회전 원통 여과기의 내부를 진공으로 하여 여포막에 걸러진 슬러지 케이크를 긁어내어 제거함. 연속 운전 가능함
(2) 함수율 : 70~75%

2) 필터프레스
(1) 여러 장의 여판을 조립하여 여과실 안에 슬러지를 주입하고 압입하여 탈수하며 압입, 가압, 탈수, 케이크탈리의 1사이클이 반복되면서 작동. 간헐운전으로 자동운전 가능
(2) 함수율 : 55~65%

3) 벨트프레스
(1) 2조의 연속된 여포 사이에 슬러지를 주입하고 롤러로 압입하여 탈수. 약품주입이 필요하고 연속 자동운전 가능. 현재 가장 보편적으로 적용하는 형식
(2) 함수율 : 70~80%

4) 원심분리기

(1) 고속 회전하는 원통 내에서 원심력으로 탈수

(2) 함수율 : 75~80%

8. 슬러지 최종 처분법

그동안 슬러지 최종 처분은 매립이나 해양투기를 했으나 최근 친환경적 처리법의 적용으로 매립이나 해양투기가 금지되거나 될 것으로 예상됨에 따라 소각, 건조, 재활용 등의 처리법을 강구해야 한다. 그런 측면에서 2차 처리 비용을 줄일 수 있도록 함수율을 낮출 수 있는 처리방법으로 필터프레스 등의 탈수법이 현장에서 많이 연구되고 있다.

102 | 정수장에서의 슬러지 제거형식을 비교 설명하시오.

정수장에서 주로 사용하는 침전슬러지 제거방식은 수평류식 장방형 침전지이며 그 외 일부에서 용존공기부상법(DAF), 고속응집침전법, 경사판(상향류) 등이 이용되고 있다.

구분	수평류식 장방형 침전지	용존공기부상 (DAF)	고속응집침전	경사판(상향류)
개요	약품투입 → 혼화 → Floc형성 → 침전의 물흐름을 가지는 가장 일반적인 표준식 침전방식	• 플록형성조를 지나 기포발생장치를 거쳐 부상조로 유입 • 미세기포가 플록에 부착하여 기포-플록을 부상시키는 방식	한 개의 수조 내에서 교반, 응집, 침전, 상등수 분리 및 슬러지의 제거가 동시에 이루어지는 침전방식	경사판 하부에 물이 유입되어 상부로 유출하게 되며 침전처리수는 트러프 등에 의해 월류, 집수
체류시간	3~5시간	15~20분	1.5~2.0시간	1~2시간
물의 흐름 (유속)	수평류 (40cm/min 이하)	10~15m/hr	상향류 (40~50mm/min 이하)	상향류 (60cm/min 이하)
원수수질 및 수량변화에 따른 침전효율	• 영향이 적음 • 설계유량보다 50~100% 증가 시까지도 운전 가능	• 영향이 적음 • 조류발생 시 대처 용이	원수탁도 10도 이하 및 1,000도 이상 시 침전효율 저하 및 수량이 감소	영향이 다소 있음
슬러지 제거	• 비교적 용이 • 물흐름 역방향식 제거	슬러지층이 수면 위에 형성	• Sludge Blanket에 의한 자연이동 배출 • 손실물량이 대단히 큼	• 경사관 청소가 어려움 • 물 흐름의 직각방향 제거
시설비	대	대	약간 대	소
유지관리	• 시설이 간단 • 운전조작이 용이 • 유지관리비가 저렴	• 시설이 약간 복잡 • 유지관리비가 고가 • 운전조작이 복잡	• 시설이 복잡 • 운전조작이 복잡 • 충격에 약함	• 시설이 약간 복잡 • 유지관리비가 고가 • 경사관시설은 반영구적 시설이나 정기적인 보수가 필요
장점	• 유량, 탁도의 급격한 변화에도 운전 가능 • 침전효과의 예측이 가능 • 운전 및 유지관리 용이	• 기존 응집·침전공정에 비해 소요면적이 적음 • 적은 부지면적 소요 • 극저탁도의 처리 가능	• 작은 부지면적, 응집제량에서 효율적 입자 제거 • 연수화 및 탁도제거에 적합	• 수평류에 비해 유지관리가 쉬움 • 기존 침전지의 처리량 증가를 위한 개량이 용이
단점	• 공사비 과다 • 많은 부지면적 소요	• 기계장치의 추가비용 필요 • 고탁도 시 예비침전지 필요	• 탁질부하 및 온도 변화에 영향 • 안정된 슬러지층 유지 곤란 • 저탁도 시 체류시간 증가로 부패 가능성	• 부하변동에 취약 • 운전에 특히 주의 필요
선정방법	주어진 부지면적과 공사비, 침전효율, 슬러지 수집을 고려하여 선정하나 일반적으로 수평류식 장방형을 선정			

103 | 상수도공사의 표준시방서에서 정수장 종합시운전 계획수립에 포함할 사항에 대하여 설명하시오.

1. 개요

정수시설공사 완료 후에 정수장의 정상적인 운영을 위하여 시행하는 종합시운전은 설계기준에 적합하고, 관계법규에 적합하며 처리수는 먹는물 수질기준을 만족하고 시스템 전반에 걸쳐 경제적인 운전과 가급적 자동운전이 가능하도록 적용되어야 한다.

2. 용어의 정의

1) '종합시운전'은 정수처리구조물 및 정수처리설비의 설치가 완료된 후, 각 시설이 설계에 규정된 성능으로 정상적인 가동을 하는지의 여부를 준공 전에 점검·확인하고, 발생된 문제점을 수정·보완하며, 각 기기별 및 설비 간의 연계작동을 총괄적으로 검토하여 정수시설의 유기적인 운영여부를 확인하여, 시설의 인수인계 이후 정수장 운영이 정상적으로 원활히 이루어지도록 하는 것이다. 종합시운전은 사전점검, 무부하시운전, 부하시운전 및 연속부하시운전, 성능보증시운전 등을 말한다.
2) '무부하시운전'은 건설기간 동안에 설비의 파손상태, 설치상태, 윤활상태, 조작상태, 사양 및 설계도서와의 비교 등 설비상태를 초기에 점검하는 최초 시운전단계이다. 이는 설비 및 기자재의 설치업체별 설치검사를 통해 보완을 실시한 후, 설비 및 기기의 단독, 연동운전점검을 실시하는 단계를 말한다.
3) '부하시운전'은 무부하시운전의 문제점을 조치 완료한 후 원수를 유입시켜 각 설비 및 기기에 대한 부하시운전을 실시하여 계측제어설비의 연동관계 점검, 자동운전 관련 프로그램 점검 및 이에 대한 조치를 실시하는 단계를 말한다.
4) '연속시운전'은 설비·기기의 무부하·부하시운전 실시 후 보완작업을 완료한 상태에서 실제원수를 유입하여 정수처리시설을 포함한 모든 시설을 운전하는 것으로 성능보증시험을 포함한다.

3. 종합시운전 계획수립 시 고려사항

종합시운전계획시는 종합시운전 수행주체가 작성하여야 하며, 계획서 작성 시 발주자, 건설사업관리자, 시공업체 및 각 시설 제작·설치업체까지 참여하여 효과적인 계획서가 작성되도록 하여야 한다.

1) 토목, 건축, 기계 · 전기 · 계측제어설비 등 종합시운전 실시 1개월 전 종합시운전 계획서를 작성하여 공사감독자(건설사업관리자)의 승인을 받아야 한다.
2) 사업개요, 처리시설현황, 단위공정설명 및 제어계통도를 제시 후 각종 펌프류, 계측기기 등에 대하여 간단하게 설명하고, 특히, 연동운전관계는 시운전 기간 중 유입량 및 수질변화에 따라 운전할 수 있는 운전모드를 각 Case별로 작성하여야 한다.

3) 종합시운전계획서에는 다음과 같은 내용이 포함되어야 한다.
   (1) 정수처리시설 개요
   (2) 시운전 개요 및 절차
   (3) 시운전 세부 수행계획(무부하, 부하, 연속부하, 수질분석 등)
   (4) 각 시운전 수행양식(일지, 점검표 등)
   (5) 운영요원 교육 계획 및 인수인계 계획
   (6) 시운전 연락망 및 기구조직표
   (7) 비상 운영방안, 전기 및 위험물 등 법정관리책임자 선임

4) 종합시운전 계획수립 시 종합시운전기간은 정수 공급일 기준으로 공법별로 최소 2개월에서 6개월 정도 확보하여야 하고 전체적인 성능보증이 되도록 실시하여야 하며 최소 기간은 아래와 같다.
   (1) 급속여과방식(신설) : 3개월
   (2) 급속여과방식(기존시설과 연계) : 2~3개월
   (3) 고도정수처리공법 : 3~6개월

5) 종합시운전을 수행함에 있어 전력비, 용수비, 약품비, 유류비 및 폐액/폐기물 처리비 등 소요비용의 처리방안 및 예산확보에 관해서는 사전에 충분한 계획을 세워 원활한 시운전업무수행이 되도록 한다. 또한 시운전수행 전 각 구조물의 충수시험에 따른 방류수를 처리하기 위해 배출수처리시설을 연동운전조건에 의해 정상가동되도록 설비점검을 실시한다.
6) 종합시운전 계획수립 시, 발주청은 시설운전에 대비하여 정수장에 설치되는 배출수처리시설 설치허가 및 신고, 염소투입시설 등 위험설비 설치허가, 소방설비 설치허가, 전기사용허가 등 관련공사에 대한 준공인가 등이 완료될 수 있도록 조치하여야 한다.
7) 시운전 완료 후 유지관리요령 등을 포함한 유지관리지침서를 작성하여 공사감독자(건설사업관리자)의 승인을 받아야 한다.

4. 종합 시운전 시 분야별 업무내용

1) 공통

(1) 종합시운전 시간은 24시간 근무를 기준으로 한다.
(2) 시운전요원은 공사감독자(건설사업관리자)의 지시에 따라 행동하여야 하며, 절대 개인의 판단에 따라 행동하지 않아야 한다.
(3) 밸브 개폐 등의 주요사항은 항시 공사감독자(건설사업관리자)에게 보고하고 지시에 따라야 한다.
(4) 각 분야별 시운전담당자는 시운전 및 통수에 관한 제반사항을 수시로 공사감독자(건설사업관리자)에게 보고하여야 한다.
(5) 일일통수 완료시각은 공사감독자(건설사업관리자)가 시운전요원에게 작업종료를 통보한 시각으로 한다.
(6) 통수기간 중 통수요원은 현장에 상주하여 응급사태에 대처해야 한다.
(7) 각종 기기류 제작업체직원은 통수종료 시까지 현장에 상주하여야 한다.

2) 토목분야(취·정수장의 송수관로 구조물)

(1) 종합시운전 시 밸브류 개폐는 공사감독자(건설사업관리자)의 지시에 따라 조작해야 한다.
(2) 정수장의 정수지는 H.W.L까지 물을 채우기 전, 초기에는 드레인관을 개방하여 이물질을 배출완료한 후 만수시켜야 한다.
(3) 종합시운전 전 각종 밸브류의 조작상태 및 개폐횟수를 파악 및 기록·보고하여야 한다.
(4) 시운전 시 착수정(분말활성탄접촉조), 혼화지, 응집지, 침전지, 여과지, 오존접촉조, 입상활성탄여과지, (중간가압장), 정수지, 배출수 처리시설 등 각종 시설의 누수여부를 파악해야 한다.
(5) 시운전 시 밸브조작 및 작동상태를 파악하여야 한다.
(6) 종합시운전 당일 필요한 안전시설물을 설치하여야 한다.
(7) 시공업체와 비상복구체제를 유지하여야 한다.
(8) 수중양수기, 밸브조작용 Key, 부속자재, 공구류 등을 항시 작업현장에 비치하여야 한다.

3) 설비분야(기계·전기·계측·수질)

(1) 사전 전기인입설비의 통전여부를 확인 및 조치하여야 한다.
(2) 종합시운전 전 세부일정표에 의거하여 각종 기계·전기, 계장설비를 점검 및

보완하여야 한다.

(3) 종합시운전 시 시공업체를 지휘하여 기계 · 전기, 계장설비의 시운전 및 측정기록을 유지하여야 한다.

(4) 종합시운전 시 시공업체 및 운전근무자를 지휘하여 각종 설비의 조작 및 운전에 지장이 발생하지 않도록 하여야 한다.

(5) 시운전 시 시공업체와 비상복구체제를 유지하여야 한다.

4) 종합시운전 일반

(1) 시운전은 무부하시운전, 부하시운전, 연속부하시운전 단계로 구분하여 실시하여야 하며, 신기술 및 신공법에 대하여 기술보유사에서 시운전기간동안 기술을 제공하도록 한다.

(2) 신기술 및 신공법의 경우 교육훈련 및 이전계획 시 기술보유사에서 직접 실시하도록 하고, 수질보증에 대한 책임도 명확히 하여야 한다.

(3) 시운전 시 처리공정별 설계인자 및 운영인자의 비교, 처리효율 확인 등을 하기 위해서는 현장에 실험실을 설치하거나 실험팀을 구성하여 실험의 신속성과 정확성을 기한다.

5. 시운전 후 운전요원 투입 시 고려사항

1) 운영요원은 현장에 투입되어 도면, 시방 및 현장에 관해 숙지하고, 시공상의 문제점 및 보완사항에 대해 설비 · 설치업체 등과 협의하여 공사의 원활한 진행에 협조하도록 한다.

2) 종합시운전 수행 중 처리시설 운영 전반에 대해 충분한 경험을 쌓아 향후 처리시설 운영에 대비한다.

3) 운영요원은 종합시운전 전에 투입되어야 하며, 일반적으로 종합시운전 개시일 전 1~2개월 전에 투입되어야 함을 원칙으로 한다.

4) 공사사정상 운영요원의 투입시기가 지연되더라도 최소한 부하시운전 전에 투입되어야 한다.

5) 정수시설의 인수인계 및 운영관리를 위해 투입되는 운영요원은 효율적인 종합시운전을 위하여 토목 · 건축, 기계 · 전기 · 전자통신 및 환경 등 각 분야별 정상적인 운영 시와 동일한 직종의 운영요원들로 구성되어야 한다.

104 | 방류수 TMS(Telemetering Monitoring System) 구성항목

1. TMS설치 근거(수질 수생태계 보전에 관한 법률 제38조)

배출되는 수질오염물질이 제32조에 따른 배출허용기준, 제12조제3항 또는 「하수도법」 제7조에 따른 방류수 수질기준에 맞는지를 확인하기 위하여 적산전력계, 적산유량계, 수질자동측정기기 등 대통령령으로 정하는 기기(TMS)를 부착하여야 한다.

2. TMS설치 대상 시설(정수장, 하수처리시설 등 배출시설)

1) 대통령령으로 정하는 폐수배출량 이상의 사업장을 운영하는 사업자
2) 대통령령으로 정하는 처리용량 이상의 방지시설(공동방지시설을 포함한다)을 운영하는 자
3) 대통령령으로 정하는 처리용량 이상의 폐수종말처리시설 또는 공공하수처리시설을 운영하는 자

3. 측정기기 부착의 대상 및 종류(제35조제1항 관련)

<table>
<tr><th colspan="2">측정기기의 종류</th><th>부착 대상</th></tr>
<tr><td rowspan="5">1. 수질 자동 측정 기기</td><td>수소이온농도(pH)</td><td rowspan="7">가. 법 제35조제4항에 따른 공동방지시설 설치·운영사업장으로서 1일 처리용량이 200세제곱미터 이상인 사업장과 별표 13에 따른 제1종부터 제3종까지의 사업장
나. 법 제48조제1항에 따른 폐수종말처리시설로서 처리용량(시설용량)이 1일 700세제곱미터 이상인 시설
다. 「하수도법」 제2조제9호에 따른 공공하수처리시설로서 처리용량(시설용량)이 1일 700세제곱미터 이상인 시설</td></tr>
<tr><td>생물화학적 산소요구량(BOD) 또는 화학적 산소요구량(COD)</td></tr>
<tr><td>부유물질량(SS)</td></tr>
<tr><td>총 질소(T-N)</td></tr>
<tr><td>총 인(T-P)</td></tr>
<tr><td rowspan="2">2. 부대 시설</td><td>자동시료채취기</td></tr>
<tr><td>자료수집기(Data Logger)</td></tr>
<tr><td colspan="2">3. 적산전력계</td><td rowspan="2">법 제35조제4항에 따른 공동방지시설 설치·운영사업장과 영 별표 13에 따른 제1종부터 제5종까지의 사업장</td></tr>
<tr><td rowspan="2">4. 적산 유량계</td><td>용수적산유량계</td></tr>
<tr><td>하수 · 폐수적산유량계</td><td>가. 법 제35조제4항에 따른 공동방지시설 설치·운영사업장, 별표 13에 따른 제1종부터 제4종까지의 사업장과 제5종 사업장 중 특정수질유해물질 폐수배출량이 1일 30세제곱미터 이상인 사업장 및 법 제62조에 따른 폐수처리업으로 등록한 사업장
나. 법 제48조제1항에 따른 폐수종말처리시설
다. 제1호에 따른 수질자동측정기기 부착 대상 공공하수처리시설</td></tr>
</table>

4. TMS설치 제외조건

다음의 어느 하나에 해당하는 시설에는 수질자동측정기기(TMS) 및 부대시설을 모두 부착하지 아니할 수 있다.

1) 폐수가 최종 방류구를 거치기 전에 일정한 관로를 통하여 생산공정에 폐수를 순환시키거나 재이용하는 등의 경우로서 최대 폐수배출량이 1일 200세제곱미터 미만인 사업장 또는 공동방지시설
2) 사업장에서 배출되는 폐수를 법 제35조제4항에 따른 공동방지시설에 모두 유입시키는 사업장
3) 법 제48조제1항에 따른 폐수종말처리시설 또는 「하수도법」 제2조제9호에 따른 공공하수처리시설에 폐수를 모두 유입시키거나 대부분의 폐수를 유입시키고 1일 200세제곱미터 미만의 폐수를 공공수역에 직접 방류하는 사업장 또는 공동방지시설(기본계획의 승인을 받거나 공공하수도 설치인가를 받은 폐수종말처리시설이나 공공하수처리시설에 배수설비를 연결하여 처리할 예정인 시설을 포함한다)
4) 제33조에 따른 방지시설설치의 면제기준에 해당되는 사업장
5) 연간 조업일수가 90일 미만인 사업장
6) 사업장에서 배출하는 폐수를 회분식(Batch Type, 2개 이상 회분식 처리시설을 설치·운영하는 경우에는 제외한다)으로 처리하는 수질오염방지시설을 설치·운영하고 있는 사업장
7) 원폐수에서 생물화학적 산소요구량, 화학적 산소요구량, 부유물질량, 총 질소, 총인의 수질오염물질이 배출되지 아니하거나 원폐수의 농도가 항상 폐수종말처리시설의 방류수수질기준 이하로 배출되는 경우에는 해당 수질오염물질의 수질자동측정기기를 부착하지 아니할 수 있다.

5. BOD·COD 측정기기 설치 조건

시·도지사 등은 수질자동측정기기 부착 대상 사업장에 대하여 배출시설 설치허가 신청서, 신고서, 이 영 시행 전 1년 동안의 오염도 검사기관 측정결과와 기본부과금 확정배출량 자료를 확인하여 생물화학적 산소요구량과 화학적 산소요구량 중 배출허용기준 또는 방류수수질기준에 대한 배출농도의 비율이 높은 항목의 수질자동측정기기를 부착하게 하여야 한다.

105 | 정수시설의 자연재해 및 각종사고 등에 대한 안전대책에 대하여 설명하시오.

1. 개요

정수시설은 국민의 생명과 직결된 수돗물을 공급하는 중대한 책임을 지고 있어서 자연재해나 사고 등에 대하여 사전에 충분히 대비하고 예비용량을 갖추도록 해야 한다. 정수시설의 예상되는 비상사태는 1) 자연재해 2) 사고 화재 3) 시스템 사고 등이며 특징과 대책은 다음과 같다.

2. 자연재해대책

자연재해에 대한 안전성을 확보하고 사고나 고장을 미연에 방지해야 하며 사고가 발생하였더라도 그 영향을 최소화하고 정수공정을 보호해야 한다.
안전대책은 그 대상에 따라 다음과 같이 나누어진다.

1) 지진 시의 안전성

도시화된 지역에서는 정수시설용지를 취득하기가 대단히 어려우므로 내진상으로는 바람직하지 못한 연약지반의 지역 등에도 부득이 정수장을 건설해야 하는 경우가 있다. 또한 충분한 넓이의 용지를 취득할 수 없는 경우에는 시설을 입체화하는 등 정수시설은 점점 더 복잡하게 되는 경향으로 가고 있으므로, 자연재해에 의한 일부의 피해가 정수장 전체의 운전에 영향을 미칠 위험성이 커지고 있다. 내진설계에서는 내진설계기준을 따르고 추가로 관련 각종 기준과 지침 등을 참조하는 것이 좋다.

(1) 정수시설을 구성하는 각 요소와 지반조건에 따라 일반적으로 다음과 같은 대책을 고려한다.

- 연약지반, 액상화 가능성이 큰 장소
  → 지반개량, 구조물 특성 및 지반과 조건에 적합한 기초공
- 지(池)모양 구조물
  → 기초를 포함한 지(池)모양 구조물의 내진설계, 지진 시 등수압 대책(밀폐식 압력구조), 신축조인트의 배치
- 건축구조물 → 기초를 포함한 지붕의 내진설계

- 정수장의 구내배관
  → 중요 노선의 다계통화, 루프(Loop)화, 상호융통시스템, 공동구 내의 배관, 신축이음관의 배치
- 약품주입설비 등
  → 약품류 및 유류 등 저장조의 내진설계, 누설대책
- 기계 · 전기 · 계측제어설비
  → 중요설비의 이중화, 2계통화, 백업시스템
- 기타 → 긴급차단밸브의 설치, 정전대책 기타

(2) 정수시설 중에서 피해를 받기 쉬운 장소는 구조물의 조인트 및 관과 구조물과의 연결부분 등이다. 구조물의 조인트는 지진 시에 각 블록의 거동편차로 변위가 커지고 조인트가 벌어지며 부등침하가 생겨서 상하차를 감당할 수 없게 된다. 이들에 대한 대책으로는 지반변위를 예측하여 여유있는 조인트를 채택하고 충분한 지지력을 갖는 기초를 설계한다.

(3) 구조물과 관과의 연결부는 신축이음관을 배치함으로써 지반변위에 대처할 수 있는 구조로 하고 응력집중을 피하는 구조로 하는 것이 바람직하다.

2) 호우 시의 배수

(1) 호우 시에 정수장이 침수되는 경우에는 정수처리가 불가능하게 될 뿐만 아니라 복구에 장시간이 소요되며 경제적 손실도 커진다. 이 때문에 배수가 좋지 않은 곳에서는 정수장 내의 지반고를 주위의 지반보다 약간 높게 하거나 배수대책을 강구해야 한다. 정수장 내에 빗물 유수지를 마련하거나 배수펌프를 설치해야 한다.

(2) 호우 시는 지하수위가 상승되며 정수지 등 지하에 설치된 지류(池類)가 비어 있는 상태이면 부력이 중력을 상회하는 경우가 있다. 이에 대해서는 지(池)의 부상을 방지하는 대책이나 지하수위의 상승을 방지하는 배수대책을 마련해야 한다. 법면의 안정도 호우 시에는 유실될 수 있으므로 안정경사를 확보해야 하며 배면의 물을 뺄 수 있도록 해야 한다.

3) 강풍 시의 대책

강풍 시에는 침전지나 여과지에 먼지나 쓰레기가 날아드는 경우가 있으므로 필요에 따라 지붕을 설치한다. 그 밖에 강풍 시의 피해로서는 울타리나 문짝의 파손,

통신탑, 조명전등주, 식목 등이 도괴하는 경우가 있으므로, 바람이 강한 장소에는 미리 보강해 두어야 한다.

4) 염해대책

해안에 가까운 지역에서는 염분이 바람에 의해 날려서 소위 염해가 생긴다. 특히 전기설비는 지락사고를 일으키는 경우가 있으므로 지붕을 설치하거나 밀폐형 설비를 채택하는 등의 대책을 강구해야 한다. 그 밖에 철제품은 부식이 빨리 되기 때문에 방식도장을 하거나 스테인리스강, 알루미늄, FRB 등의 재료를 사용한다.

5) 설해대책

대설지대에 비교하여 눈이 적은 지역에서는 설해대책이 소홀한 경향이 있다. 설해에는 송전선의 절단 등에 의한 정전, 약품류의 반입지연, 눈(雪)하중에 의한 건물의 파손, 담이나 전주 등의 도괴가 있을 수 있으므로, 2회선으로 위험을 분산하는 등의 적절한 정전대책, 반입지연에 대비한 약품저장조의 용량검토, 설하중(雪荷重)에 대한 설계를 고려해야 한다.

3. 사고, 화재 대책

1) 수질사고 대책

(1) 원수에 의한 수질사고 대책으로서는 사고가 발생된 원수를 정수장 내에 받아들이지 않도록 하는 것이 중요하다. 이를 위한 시설로서 차단용의 수문이나 밸브를 착수정 이전에 설치한다. 원수에 기름이 유입되는 것을 방지하기 위하여 취수구나 수로에 오일펜스 등을 설치해 둔다. 경미한 수질사고에 대해서는 분말활성탄흡착으로 대처할 수 있으며 이 경우 분말활성탄 주입시설과 저장고 등이 필요하다.

(2) 또 정수장 내에 유입되었을 때를 고려하여 하천관리자 등과 협의하여 가능한 한 배수관(排水管)을 설치해 둔다. 염소 등이 포함된 물을 방류하면 물고기의 부상 등 하천환경에 영향이 미치므로 방류할 때에도 하천관리자 등과 협의가 필요하다. 수원을 다계통화하거나 시설을 분산시켜 두는 것도 수질사고 대책의 관점에서도 유리하다.

(3) 수질사고는 조기에 발견할 수 있으면 대책을 강구하기도 쉽다. 취수시설의 상류에 수질감시장치를 설치하거나 동일한 하천수계의 정수장들 간이나 하천관리자와 연락통신망을 정비해 두는 것이 바람직하다.

2) 정전대책

자연재해나 사고, 화재 및 송·배전선이나 기기의 보수작업 등에 의한 정전발생에 대비하여 최소한의 전력을 확보해 둘 필요가 있다. 그 방법으로는 무정전전원장치나 비상용 자가발전설비 설치 및 2계통수전이 있다. 이들 방안 중에 어떤 대책을 어느 정도(설비용량)로 실시할 것인가는 정수장 입지조건이나 시설규모 및 중요도 등을 종합적으로 고려하고 정전되었을 때에 예상되는 피해와 대책(안)에 대해 비교 검토한 다음 판단한다.

3) 기기의 고장이나 사고대책

정수시설에서 사용되는 기기 중 일반적으로 고장이나 사고가 많은 것은 약품관계기기, 수질계기, 전자제어기기, 수중기기의 마모부분 등이다. 이들 고장·사고를 방지하기 위해서는 기기 자체의 신뢰성이 높은 것을 선정하는 것은 당연하지만, 가능한 한 기구가 간단하고 또한 유지관리가 용이한 것을 선정하도록 한다.

습도가 높은 곳, 고온인 곳, 분진이 많은 곳, 통풍이 나쁜 곳, 진동이 많은 곳 등에서는 그들의 설치환경을 고려한 시방의 기기를 선정해야 한다.

4) 약품누설사고의 대책

정수장에서 사용하는 약품 중 누설사고로 특히 주의를 요하는 것은 염소제, 산·알칼리제 및 산화제이고, 누설사고에 대비하여 약품의 종류에 따른 누설검지설비나 재해설비, 보안용구 등을 정비해 둔다.

5) 화재대책

정수장에서는 가연성이 있는 것으로는 자가발전용 연료유, 가연성 약품, 난방용 등유 및 가스, 변압기유, 케이블 피복재, 건축재료 등이 있다. 이들을 저장하거나 사용하는 건축재 등은 「소방기본법」과 「건축법」의 적용을 받고 저장방법과 재질이 규제되고 있다.

시설의 규모, 구조 등에 따라 필요한 소방설비(화재감지기, 스프링클러, 이산화탄소소화기, 소화전 등)를 설치한다.

6) 노동안전대책

정수장은 위생상의 안전성뿐만 아니라 일상적인 유지관리작업을 할 때에 안전을 기할 필요가 있다. 이 때문에 「산업안전보건법」 등 관련법으로 규정하고 있는 높은 장소에는 추락방지용 난간이나 울타리, 조명, 환기설비, 배수(排水)설비 등 필요한 설비를 설치한다.

4. 시스템으로서 안전대책

1) 정수장은 착수정으로부터 정수지에 이르기까지 각 단위처리공정으로 구성되어 있지만, 그들 시설 전체가 서로 균형을 이룬 하나의 정수처리시설로서 적정하게 가동되어야 한다.
2) 이 때문에 수량, 수질 등의 조건이 변화하였더라도 극단적인 능력의 저하를 초래하지 않도록 여유있는 시스템으로 설계해야 한다. 또한 기기는 어느 정도의 고장은 불가피하고 기기 조작도 반드시 정확하게 이루어진다고는 할 수 없으므로 기기의 일부 고장이나 오조작이 시설 전체에 영향을 미치지 않도록 설계해야 한다.
3) 따라서 정수시설의 복수계열화, 중요설비의 이중화, 예비설비 설치, 기기의 오조작에 대한 안전장치의 설치 등을 배려해야 한다.
4) 정수장이 여러 개인 경우에는 수원의 위치, 종별, 원수 및 정수수질, 시설규모, 정수시설의 입지조건 등 각 정수장이 갖는 특성을 효율적으로 살리면서 필요에 따라 원수나 정수를 상호 융통할 수 있는 설비를 설치하는 등 종합적이고 탄력적으로 운용할 수 있도록 한다. 이에 따라 모든 정수장에서 반드시 동일한 수준의 안전대책을 정비할 필요가 없는 경우도 있다.

106 | 최근 먹는 물 처리기술의 변화 추세를 설명하시오.

1. 개요

먹는 물은 사람이 매일 2~3L씩 평생 마시고 있어 먹는 물에 유해물질이 미량 함유되어 있다 하더라도 이 물을 계속 먹을 경우 건강에 해로운 영향을 줄 수도 있어 먹는 물 수질기준은 모든 환경기준 중에서도 매우 엄격하게 설정되어 있다.

2. 먹는 물 수질기준 제정 의미

주요 상수원인 하천수는 갈수록 오염되고 있어 유해물질이 함유될 가능성이 매우 높다. WHO보고에 의하면 물에는 약 2,000여 종의 물질이 오염되어 있으며 약 750여종이 실제 검출되었다고 한다. 각국에서는 먹는 물에 오염될 가능성이 높은 유해물질에 대하여 먹는 물 수질기준을 정하고 이 기준에 적합하도록 정수처리 하여 공급하고 있다.

3. 먹는 물 수질기준의 변화 추이

먹는 물의 수질기준도 시대에 따라 변하며, 과거에는 주로 지표미생물, 심미적인 물질, 중금속 등이었으나 현재는 농약, 유기화학물질, 소독부산물 등 미량 유해물질로 바뀌고 있으며 그 기준도 ppm에서 ppb 수준으로 낮아지고 있다. 실질적으로 정수처리 기술은 먹는 물 수질기준의 강화와 먹는 물 수질분석기술의 향상에 정비례하게 발전되어 왔다.

4. 수도수의 변천

먹는 물 정수처리 기술의 역사를 보면 BC 2000년경 이미 이집트에서는 목탄여과 기록이 있다. 그러나 현대적 의미의 정수처리는 19세기 산업혁명 이후 하천들이 광산, 공장, 가정폐수로부터 오염되기 시작하면서 정수처리가 시작되었다고 볼 수 있다.

1) 17세기에 응집제, 완속여과방법이 사용되었고,
2) 19세기에는 급속사여과, 오존처리 방법 등이 개발되었으나
3) 20세기에 들어와서 염소소독이 시행되어 현재의 수도 시스템이 정착되었다.
4) 현재 이들 먹는 물 처리기술은 처리약품과 처리장치의 개발과 함께 비약적인 발전을 거듭하고 있는 중이다.

5. 먹는 물 처리 기술 동향

1) 미국에서는 정수처리 대상물질별 처리 기술을 정리하여 BAT(Best Available Technology)라는 최적 처리 기술을 제시하고 미국수도협회(AWWA)에서도 여기에 동참하여 적극적으로 연구와 홍보활동을 하고 있으며 먹는 물의 기준치도 최대허용기준(MCL : Maximum Contaminant Level)기준치와 최대허용목표기준(MCLGs : Maximum Contaminant Level Goals) 등 여러 종류로 구분하여 정하고 있다.
2) 1998년에는 THMs의 MCL을 0.10mg/L에서 0.08mg/L로 강화함과 동시에 모든 규모의 정수장에도 이 기준에 맞도록 처리토록 하였으며 또한 할로초산(HAA5), 브롬산이온(BrO_3^-) 및 차염소산이온(ClO_2^-)에 대한 MCLs을 정하였고 8종류의 소독부산물에 대하여 MCLGs를 확립하였다.
3) 또한 천연유기물질(Natural Organic Matter, NOM)의 환경 내에서의 반응과 소독부산물의 전구물질로서 NOM 제거효율 향상 등에 초점이 맞춰지고 있다.
   그리고 이취미(Taste & Odor)의 저감대책으로 원수 내의 조류(Algae) 등의 지속적인 Monitoring과 분말활성탄(Powdered Activated Carbon), 과망간산칼륨($KMnO_4$), 오존(Ozone) 및 이산화염소(ClO_2) 등의 여러 가지 수처리약품에 대한 효율성 평가도 수행되고 있다.
4) 우리나라는 각 수계별 원수특성을 파악하고 기존 정수처리 공정이 효율성이 있는지에 대한 현황파악과 평가를 선행하고 개선방안을 강구하여 효율적인 최적의 정수처리 공정의 구성과 운용방안의 제시가 필요하다.
5) 정수 관련 산업현황을 살펴보면 미국, 프랑스를 비롯한 구미 선진국의 엔지니어링, 컨설팅 업체에서 정수장 계획과 설계, 시공부터 운영까지의 Turn Key방식이나 BOT(Build Operation Transfer)방식들이 국내외에 정착화 되어가고 있는 실정이다.

6. 먹는 물 고도정수처리 기술

1) 국내 고도정수기술 개발동향
   국내에서 고도정수라는 말을 사용한 것은 그리 오래되지 않았다. 일반적으로 고도정수기술이란 '원수의 수질이 악화되고 수요자의 수돗물에 대한 요구가 고급화되면서 기존의 정수공정으로는 원하는 수준의 수돗물을 생산하기 어렵기 때문에 수질이 악화된 원수로부터 수요자들에게 공급하기 적합한 수돗물을 가장 경제적인 방법으로 생산할 수 있는 공정들을 포함힘 기술'을 발한다.
   (1) 이러한 고도정수기술에는 오존, 활성탄, 막처리, 생물학적 전처리, 이온교환, 고급산화법(AOP : Advanced Oxidation Process) 및 용존공기부상법(DAF : Dissolved Air Flotati on) 등이 있다.

(2) 국내에 적용 가능성이 높은 활성탄 및 오존을 중심으로 한 시스템을 개발하기 위하여 여러 종류의 모형시스템을 대상으로 한국 실정에 적합한 고도정수처리 시스템이 제시되고 있다.

2) 고도정수처리 주요 공정

고도정수처리 주요 공정별 처리내용은 다음과 같다.

(1) 오존처리법 : 오존의 강력한 산화력을 이용하여 난분해성 유기물질을 분해성 유기물질로 변환시켜 활성탄에 의해 흡착 제거시키는 방법. 맛, 냄새 물질, 철, 망간의 제거와 트리할로메탄의 생성을 감소시키는 효과가 있다.
(2) 입상활성탄(GAC) : 입상활성탄 여과시설로서 유기물질을 활성탄으로 흡착 제거시키는 방법. 입상활성탄은 수개월 후에는 미생물이 부착되어 생물활성탄(BAC)의 기능을 갖는다.
(3) 생물활성탄(BAC) : 입상활성탄 여과조를 설치하고 미생물이 부착되도록 하여 활성탄 자체의 흡착력과 미생물의 분해력을 이용하여 물 중의 유기물질을 제거하는 방법으로 활성탄을 재생하지 않고 3~5년간 사용할 수 있다.
(4) 고급산화법(AOP) : 오존과 산화제 등을 동시에 반응시켜 OH Radical의 생성을 가속화시켜 유기물질을 분해시키는 방법으로 Ozone/highpH, Ozone/H_2O_2, Ozone/UV, TiO_2/UV 등이 있다.
(5) 용존공기부상법(DAF) : 고압의 공기를 물에 주입하여 발생된 기포를 오염물질에 부착시켜 수면에 부상시켜 제거시키는 방법으로 맛, 냄새 유발 물질, 조류, 합성세제, 철, 마그네슘, 휘발성 유기물질을 제거한다.
(6) 생물학적 처리 회전원판법, 하니컴튜브 등의 접촉제에 미생물을 증식시켜 미생물에 의해 유기물질, 암모니아성질소 등을 분해 제거시키는 방법으로 수온이 낮을 경우 처리효율이 낮아진다.

3) 국내 고도정수처리 주요 시설현황

현재 상수원의 수질이 목표에 미달하고 수돗물 공급자의 수질고급화 추세에따라 국내 정수장은 점차로 고도정수처리 시스템을 도입하고 있다. 고도정수처리 시스템은 오존과 활성탄, 그리고 최근의 막여과설비가 주로 적용되고 있다.

정수장명	정수용량(톤/일)	적용 공법	시설년도
영등포	50,000	막여과	2011
대구	200,000	후오존+입상활성탄	2007
부산덕산	1,500,000	전후오존+입상활성탄	2002
김해 명동	210,000	전후오존+입상활성탄	2003
대구 매곡	800,000	후오존+입상활성탄	1998

4) 외국의 고도정수처리 사례

국가	정수장명	고도정수시설도입배경	주요공정	정수효과
미국	LA Aqueduct 정수장	맛, 냄새, 탁도	오존처리	응집제, 염소감소
	신시내티 정수장	미량유기물질	GAC 처리	맛, 냄새문제해결
	남가주	맛, 냄새, 미생물	O_3/H_2O_2, AOP	THM, TOC문제해결
	Metropolitan 수도국	THM		맛, 냄새물질 90%, 미생물 THM문제해결
독일	암스타드 정수장	맛, 냄새, THM	오존+BAC	정수수질개선, 활성탄수명연장
	도네 정수장	적조발생	오존+활성탄(BAC)	유기물질 80%, NH_3-N 100%
	스타이럼 정수장	적조발생	오존+활성탄(GAC, BAC)	유기물질 80%, NH_3-N 100%
프랑스	Mery-Sur-Osie 정수장	암모니아성질소 및 미량유기물질증가	오존+활성탄	NH_3-N 95%, 유기물제거 65~80%
	Rouen 정수장	암모니아성질소 및 미량유기물질증가	2단계오존처리+활성탄(BAC)	철, 망간, 미량유기오염물질 NH_3-N 100%, THM전구물질

7. 추세 및 개선방안

우리나라도 생활수준이 향상되면서 먹는 물 수요자들은 점점 더 양질의 먹는 물(수돗물 등)을 요구하고 있다. 이러한 추세에 맞추어 양질의 먹는 물을 공급하기 위해서는 정부나 몇몇 기관의 노력으로 달성하기가 매우 어려운 실정이다.
그러므로 이를 달성하기 위해서는

1) 양질의 상수원수 확보
2) 새로운 정수처리기술 개발
3) 국내 수질 실정에 맞는 정수처리약품의 개발 등이 지속적으로 이루어져야 하며
4) 기존 정수장의 처리 효율 향상을 위한 프로그램 도입 등이 병행되어야 한다.
5) 또한 현 정수시설에 의한 통합급수방식을 먹는 물과 수도수로 구분하는 방법도 고려해야 한다.
6) 이를 달성하기 위해서는 이 분야 전문가들이 정부, 학계, 업체에서 각자 최선의 노력을 다하고 유기적으로 협조하여야 한다.

107 | 고도 정수처리시설의 필요성 및 추진방향에 대해 설명하시오.

1. 개요

최근 정수처리시설에서 물 수요자들의 지속적인 수질향상 요구와 생활수준 향상에 따른 양질의 먹는물 수요추세, 원수 수질오염에 따른 정수처리 고도화 필요성 등으로 고도정수처리가 요구되고 있다.

2. 고도정수처리 추진필요성

1) 상수원수 오염으로 유해물질 · 병원성 미생물의 증가추세

(1) 내소독성이 강한 지아디아, 크립토스포리디움 등 병원성미생물 다량 검출
97개 정수장 취수원수 조사결과, 지아디아 9.3%, 크립토스포리디움 7% 검출('04)

(2) 중추신경계, 신장 및 간에 영향을 미치는 브로모포름($CHBr_3$) 등 발암성 유전적 독성물질검출
미량유해물질 72종 조사결과, 브로모포름 등 22종 검출('09)

(3) 잠재적 내성균 출현, 내분비계 교란 등 부작용을 유발하는 항생제 등 의약물질 검출
생활하수 처리수에서 미처리되어 상수원에 유입되는 항생제(린코마이신 등) 잔류의약물질 검출('09)

2) 먹는물 수질기준 지속적 강화

(1) 먹는물 수질기준 항목이 '63년에 29개 항목(암모니아 등)에서 '11년에는 58개 항목으로 항목수가 2배 증가
(2) '90년 이후 기존 표준처리공정으로는 제거되지 않는 미량유기물질들에 대한 규제도 신설

(3) 한편, 수돗물 수질기준의 지표가 되는 탁도 기준도 강화
- '99.2월 이전에는 2도 이하였으나, '01년 이후 0.5 NTU로 강화
- '10년에는 급속여과의 경우 검사시료의 95% 이상이 0.3NTU 이하 만족으로 대폭 강화

(4) 탁도 관련 먹는물 수질기준 강화

구분	먹는물 수질기준			정수처리기준		
변경시기	'99. 2월 이전	'99. 2월	'01. 7월	'02. 8월	'10. 7월	
					급속여과	완속제외
탁도기준	2도 이하	1.0NTU 이하	0.5NTU 이하	평균 0.5NUT 이하 최대 1.0NTU 이하	0.3NTU 이하(95%) 최대 1.0NTU 이하	0.5NTU 이하(95%) 최대 1.0NTU 이하

3) 정수장 처리능력 한계 도달

(1) 전국 508개소('09) 지방상수도 정수장 중에서 20년 이상 노후화된 시설이 243개소(47.8%)

(2) 특히, 병원성미생물 제거가 어려운 기계식 침전 · 여과시설이 24%(124 개소)인 반면, 고도처리시설은 26개(5%)에 불과

합계	소독방식	완속여과	급속여과		고도처리		기타
			표준시설	기계식 침전 · 여과기	막여과	오존/활성탄	
508개소 (21,515)천m³/일	19 (336)	177 (670)	160 (15,034)	124 (335)	7 (8)	19 (5,131)	2 (1)

(3) 한편, 전국 정수장(508개소)에 대한 40개월간('07~'10.4) 월별 수질관리 실태를 분석 · 조사한 결과 5개월 이상 탁도(0.3NTU) 기준 초과 시설이 표준급속여과는 13개소(8%), 완속여과는 41개소(23%) 및 기계식 급속여과는 38개소(31%)이다.

구분	총시설 개소	최근('07~'10.4) 탁도 0.3NTU 초과 현황(총 40개월)		
		1개월 이상 초과	3개월 이상 초과	5개월 이상 초과
표준급속여과	161	59	19	13
완속여과	176	117	56	41
기계식 급속여과	124	102	63	38

4. 고도정수처리 추진상 문제점

1) 취수원 · 정수방식 등을 고려한 고도시설 설치 미흡

(1) 취수원 특성이나 처리 대상물질에 대한 과학적 검토 결과를 토대로 한 고도정수처리시설의 설치 미흡

(2) 현재의 정수처리방식에 대한 정밀 평가과정을 거치지 않고 기존 정수처리공정에 단순 부가하여 고도처리시설을 설치하는 수준

2) 고도정수처리공정 표준 흐름도

처리대상물질(맛 · 냄새, 병원성 미생물, 소독부산물) 선정 → 단위공정 지표 및 기준 설정 → 단위공정(성능 · 설비 안전성) 검토 → 고도정수처리 공정 검토(맛 · 냄새-오존, 활성탄, 막, 소독부산물-활성탄흡착, 막, 병원성미생물-침전여과, 오존, AOP) → 최종 확정

3) 국내 적용 가능한 고도정수 처리기술의 한계

(1) 고도정수처리 공정이 한강수계 연구결과를 토대로 개발한 "오존과 활성탄 흡착" 위주여서 1,4-다이옥신 등의 유독물질 유입 시 정수장 가동중단 초래 가능

(2) 외국기술 도입에 따른 국산 신기술 개발한계 및 특허, 기술료 지급 등으로 기술종속 우려

4) 고도정수처리 설비 인증제도 미비 등 기반 부족

고도정수처리 등 설비, 효율 등에 대한 인증제도 마련이 시급하며 소수 특정업체 중심으로 오존설비 설치 중이며 신규 기술은 실적 부족으로 시장 진입에 한계

5) 비상시 운영에 따른 활용도 저하 및 고도정수기술 교육 부족

5. 추진방향

1) 고도정수처리시설 설치 확충

(1) 정수방식 등을 고려하여 연차별 고도정수시설 설치 추진

(2) 전체 지방정수장 508개('09) 중 고도정수처리시설(26개소) 외 완속여과 등 총 482개를 고도처리로 일괄 교체 추진

(3) 시설별 경과연수를 고려하여 기계식 침전 · 여과기(124개소)와 '90년 이전 정수장(243개소)을 단계적으로 교체

(4) 지자체 고도시설 설치 추진계획에 포함된 105개 지방 정수장에 대해서는 최우선적으로 지원 · 교체

(5) 대상 정수장 중 고도정수 도입지침에 따라 "원수의 연평균 수질이 3등급"인 38개 정수장을 우선 추진(4대강 수계별 취수장 취수원이 경안천·팔당댐 및 금호강으로 유입되는 지점인 38개 정수장 3등급 수준) 기타 67개 정수장은 현재 진행 중인 절차를 우선 고려하여 2순위로 추진

2) Test Bed 구축 등 R&D 투자로 해외진출 기반구축

(1) 고품질의 청정수를 생산·공급하는 세계 일류 정수처리 원천기술 확보
(2) 첨단지능형 정수처리 시스템 및 선진화된 관망기술개발을 통한 3C(Create, Converge and Communicate) 기술 확보
- Create : 최첨단 정수처리 공정에 의한 안전하고 깨끗한 물 생산
- Converge : IT 기술 융합을 통한 정수플랜트 및 상수관망 관리
- Communicate : 사업자와 소비자 간 양방향 실시간 정보교환을 통한 상수도 효율 및 서비스 최적화

(3) 첨단 정수처리 원천기술 및 소재·부품의 100% 국산화 및 세계 물시장 진출을 위한 상수도 토털솔루션 개발

(4) Test Bed 구축을 통해 실증화 구현 및 기술자립 추진
- 용량 10,000톤/일 이상 규모의 토털솔루션 Test Bed 구축
- 기존 및 신규 정수시설을 조합하여 통합운영 관리 구현
- 다목적 정수처리 패키지 개발을 통해 해외진출 기반 마련
- 지역특성(저개발국·마을상수도 및 재난 대비용)에 따른 맞춤형 정수처리 패키지 개발
- 유비쿼터스 정수장 네트워크 구축 및 통합관리 시스템 개발

(5) 기 개발된 시설(영등포정수장) 교육·기술시연 등 활용방안 강구

3) 고도정수시설 활성화를 위한 제도개선 추진

(1) 지자체 고도정수시설 도입 의무화 및 정보공개 추진
(2) 수도사업자 평가 시 가점 부여, 수도정비 기본계획 승인 시 취약 취수원을 이용하는 정수장의 고도정수 의무화 등 추진
(3) 주민 수돗물 불신 개선을 위해 막여과 고도정수 처리시설 정수장의 수질정보 실시간 공개
(4) 예산 지원체계 안정화를 위해 예산과목 변경(광특 → 환특) 추진
(5) 현재 예산과목이 광역(지역계정)으로 편성되어 있어 예산을 타 과목으로 전환하여 사용하는 문제 발생

(6) 광역 국가계정으로 전환, 선(先)편성 후 그 외 예산 자율편성 및 환경개선 특별회계로 예산과목 변경 등을 추진

(7) 막모듈 표준화 및 고도정수처리 설비 인증제 도입 추진
- 국내 분리막 모듈의 표준화를 통해 시장 독점 억제 및 기술보급 활성화
- 오존, 자외선 및 활성탄 제조·재생 등 고도정수 관련 설비에 대한 인증제도 도입으로 기술개발 육성 및 시설 안정성 확보
- 기타 고도정수처리 시설 설치 민간투자(BTL) 방안 등 검토

108 | 고도정수처리에서 Post GAC Adsorber와 GAC Filter/Adsorber를 비교 설명하시오.

1. 정의

1) Post GAC Adsorber

후GAC(입상활성탄)흡착공정으로, 활성탄흡착조라고 말하며 일반적인 응집침전 여과공정을 거친 후 후공정으로 GAC(입상활성탄)흡착공정을 두는 것을 말한다.

2) GAC Filter/Adsorber

GAC F/A란 활성탄여과조라 말하며 입상활성탄조에서 여과공정과 흡착공정을 겸하는 것으로, 보통 급속여과조 대신 GAC F/A공정을 두며 오존공정을 전처리로 한다.

2. GAC(입상활성탄, Granular Activated Carbon)의 특징

1) 입상활성탄은 0.3~3mm 크기의 입상체활성탄으로, 활성탄흡착법 처리공정에서는 고정상 또는 반고정상을 통해 처리될 물이 통과하며 재활용이 가능하다.
2) 종래의 급속여과를 중심으로 한 정수처리설비는 응집, 침전, 여과 등의 과정을 통하여 물리화학적 작용으로 현탁성 물질을 제거하였으나 최근의 고도정수처리에 적용되는 활성탄처리설비는 주로 용해성 물질을 흡착제거하는 설비이다.
3) 입상활성탄처리는 물속에 녹아 있는 냄새원인물질 및 발암물질(THMS) 생성원인물질(후민산), 각종 유기물질(NOM), 암모니아성질소 등을 흡착제거한다.

3. BAC(생물활성탄, Biological Activated Carbon)

1) 정의

Post GAC Adsorber는 흡착을 목적으로 설치・운전하나 생물활성탄(BAC)은 활성탄 공극 내외부에 미생물을 서식시켜 미생물처리가 이루어진다. 일반적으로 오존처리 후 입상활성탄을 합성시킨 공정으로 이루어지며 두 개의 공정이 독립적으로 작용 시 보다 더 좋은 정화 효과를 나타낸다.

2) 특징

입상활성탄은 비표면적이 넓고 공극이 발달되어 있어 미생물이 서식하기 좋은 장소가 된다. 이는 박테리아가 활성탄입자의 불규칙한 표면에 부착되고 역세척과정에서 쉽게 탈리되지 않기 때문이다.

3) 오존처리+입상활성탄 병용처리시스템은 입상활성탄을 통과하기 전의 물은 오존에 의하여 용존산소를 충분히 함유함으로써 입상활성탄은 생물학적으로 활성을 갖게 된다.

4. GAC F/A 적용 추세

1) 기존의 처리방식은 일반적인 침전여과 후에 입상활성탄을 적용하는 Post GAC Adsorber방식이었으나 최근의 경향은 활성탄의 여과기능과 흡착기능을 복합적으로 이용하는 GAC Filter/Adsorber방식을 적극적으로 연구 및 적용하고자 노력하는 추세이다.

2) 오존처리+입상활성탄 병용처리시스템
GAC Filter/Adsorber방식은 많은 장점에도 불구하고 효율성의 불확실성이 우려되어 일반적으로 생물막의 형성을 증가시키는 오존전처리를 전단에 두는 경우가 많다.

3) 오존처리+입상활성탄 병용처리는 THM이나 클로로페놀 등 생물분해가 어려운 비극성 유기물질을 생물분해가 쉬운 극성유기물질로 전환시켜 처리하여 NOM 등 용존성 유기물의 처리효율이 증가하는 경향을 보인다.

5. 기존의 급속여과지를 GAC F/A로 전환하는 경우

1) 입상활성탄공정은 수처리에서 널리 사용되고 있으며, 기존의 급속여과지 여재를 활성탄으로 교체하여 F/A공정으로 운영하고자 하는 연구가 최근 급속히 증가하고 있다.
2) GAC F/A 운영결과, 용존유기물질(DOC)과 소독부산물(DBPs) 등의 제거효율평가결과 원수의 용존유기물질 특성은 친수성과 소수성이 유사한 범위를 보이고 있으며, F/A공정에서 운영 초기 흡착능에 의해 빠른 파과특성(Break Through)을 나타내었다.
3) GAC F/A(활성탄여과지)공정은 활성탄흡착지(Post GAC)공정과 비교하여 높은 유기물부하, 잔류염소, 응집제 또는 응집보조제, 망간, 빈번한 역세척 등의 여러 가지 이유로 여재물성치 및 흡착능의 감소가 빠르게 나타나는 경향을 보인다.

6. 입상활성탄의 구조 및 BAC 제거원리

입상활성탄은 야자수 껍질을 원료로 하며 온도를 다르게 하여 여러 번 열처리 후 표면적을 극대화시킨 것으로, GAC는 활성탄 표면의 Macro Pore와 내부의 Micro Pore로 구성된다.

1) 미생물들은 Macro Pore로 이루어진 외부 표면에 서식하면서 Micro Pore를 유입, 유출하는 유기물을 생물학적으로 제거한다.
2) 유기물의 흡착은 Micro Pore에서 이루어지며 Micro Pore의 표면적은 활성탄 전체 표면적의 95% 정도이다.
3) GAC를 통과한 물은 $NH_4 \rightarrow NO_3$로 산화되는데, 이는 미생물의 활동에 의한 것이다. 또 GAC는 물속의 용존유기물 흡착능력이 매우 뛰어나다.

7. GAC 입자제거 메커니즘

GAC는 여과와 흡착공정에 의해 입자성, 용존성 물질을 제거하는데, 그 원리를 살펴보면

1) 여과(체거름)작용
   입자가 여과재료의 공극 크기보다 커서 여과층을 통과하지 못하고 포획 및 제거되는 것으로, 여과진행에 따라 입자의 축적으로 공극의 크기가 감소하는 경우에도 체거름에 의한 여과가 이루어지는 편이다. 주로 GAC F/A공정에서 큰 비중을 차지한다.

2) 흡착작용(부착 및 응집)
   활성탄 여과재료와 입자 사이의 화학적 결합, 여과재료와 입자 사이의 물리적 인력 및 개별 입자들의 응집으로 제거되는 것으로, 개별 입자들은 공극을 통과하면서 접촉이 증가하여 원래의 입자보다 더 성장해서 커진 뒤에 체거름, 침전, 차단 등의 기작으로 제거된다. Post GAC Adsorber공정에서 큰 비중을 차지한다.

3) 기타 침전 또는 내부충돌, 차단작용으로 입자가 제거된다.

109 | 상수도 불소 투입에 대하여 기술하시오.

1. 개요

수돗물 불소화 사업이란 수돗물에 적량의 불소를 주입하여 충치를 예방하고자 하는 사업으로 정부에서 추진하고 있다.

2. 불소화 사업의 필요성

식생활 변화로 충치가 증가하고 있으며 국민 건강을 위하여 온 국민이 혜택을 받을 수 있는 방법으로 수돗물 불소화 사업이 추진되고 있다.

3. 불소의 특성

F는 원자량 19 제7족 할로겐 물질로 상온에서 분자상태(F_2)로는 불안정하여 존재하지 않으며 수중에서 불소이온(F^-)으로 존재하며 몸에 흡수되면 치아의 법랑질이 산에 강하도록 만들어 충치를 예방한다.

4. 불소화 사업의 긍정적 측면

1) 0.8ppm 정도의 F는 몸에 해롭지 않으면서 충치 예방 효과가 있다.
2) 수돗물을 마시는 모든 사람이 충치 예방의 효과를 본다.
3) 경제적 비용이 적게 든다.

5. 불소화 사업의 부정적 측면

1) 불소는 독극물이며 체내에 잔류한다.
2) 과다 투입시 반상치, 암 발생 등의 부작용이 우려된다.
3) 불소화 투입 시 비불소화 지역의 충치 예방률에 큰 차이가 없다.
4) 불소는 끓여도 증발하지 않으며 농축되어 농도가 증가한다.
5) 물은 깨끗하고 순수하게 본래대로 식용함이 원칙이며 인위적으로 화합물을 투입하는 것은 불필요한 일이다.

6. 정수장 불소 투입 상황

정수장 603개 가운데 33곳이 불소 투입 예정이나 현재 투입 중인 정수장은 대청댐 정수장 등 21곳이며 일부지역은 투입 유보상태이다.

7. 전망 및 과제

불소화 사업은 국민 모두의 건강을 위해 바람직할 수 있으나 확실한 검증이 없는 상태에서 전 국민에게 불치의 병폐를 줄 수 있다는 점에서 좀 더 기술적·과학적 연구와 검증을 거친 후에 실시해도 늦지 않으며 자연적인 물이 가장 좋은 물이며 현재 정수과정에 투입되는 명반, PAC, 염소 등은 처리과정상 피할 수 없는 것이지만 불소는 인위적으로 투입하여 예방효과를 얻고자 하는 것으로 충분한 검토가 필요하다고 본다.

110 | ISO 14000 환경경영 시스템을 설명하시오.

1. 개요

ISO 14000(환경경영 시스템) 규격은 국제표준화기구에서 제정한 환경경영에 관한 국제규격으로서 조직이 생산하는 제품의 투입자재, 가공·생산, 유통 판매에 이르기까지 전 과정에 걸쳐 그들이 활동, 제품 또는 서비스가 환경에 미치는 영향(자원소비, 대기 및 수질오염, 소음·진동, 폐기물)을 최소화하는 환경경영 시스템에 관한 규격으로서 ISO 9000 인증제도와 함께 제3자 인증기관에 의하여 기업이 ISO 14000 규격의 기본요구사항을 갖추고 규정된 절차에 따라 환경보호 활동, 자원 절감, 환경 개선 등을 하고 있음을 보장하는 제도이다.

2. 제도 도입 배경

1992년 리우 지구정상회의를 계기로 환경적으로 건전하고 지속 가능한 개발(ESSD)을 달성하기 위하여 실천적 방법론의 하나로 환경경영이라는 새로운 기업 경영 패러다임이 등장하게 되었다. 이는 기존의 환경관리 방법이나 사후처리 위주의 기술개발 및 투자활동이 더 이상 충분한 수준이 될 수 없다는 공감대를 반영하며, 경제적 수익성과 환경적 지속 가능성을 전제로 하는 기업경영전략의 도입을 강력히 요구하는 것이다.

3. 분류

ISO 14001은 ISO의 환경경영위원회(TC 207)에서 개발한 ISO 14000 시리즈 규격 중 하나로서 조직의 환경경영 시스템을 실행, 유지, 개선 및 보증하고자 할 때 적용 가능한 규격이며 최근 보다 효율적인 시스템 체계를 위하여 개정에 박차를 가하고 있다. 국제적으로 환경경영 시스템(ISO 14001)은 일부 선진국에서 의무사항으로 시행되고 있으며 무역 및 각종 기술 규제수단으로 이용되고 있다. 또한 소비자 중심주의에서 자연 생태계의 보전은 중요시하는 방향으로 사회적 가치가 변화하고 있으며, 일반 대중의 환경에 대한 가치평가기준도 달라지고 있다.

4. 인증 취득의 기대 효과

1) ISO 14001 인증 획득 시 대내외적으로 기업 이미지 및 신뢰도 향상
2) 마케팅 능력 강화(무역 장벽 제거 및 공공공사 수주시 혜택)

3) 환경 친화적 기업경영으로 기업의 이미지 향상 및 환경 안전성 개선으로 조직원의 근무 의욕과 생산성 향상에 기여
4) 비상사태 시 조직의 대처 능력 평가(재산과 인명을 보호)
5) 법규 및 규정의 준수에 따른 기업 및 경영자 면책
6) ISO 9000 시스템과 ISO 14000 시스템의 통합 운영으로 시스템의 효율성 제고
7) 환경 영향 요소를 줄임으로써 지역 및 범지구적 환경문제에 동참
8) LCA, Labelling의 인증 및 보건안전 시스템의 구축을 위한 기본틀 구성

차 한잔의 여유

삶이란 죽음을 향해 가는 무정한 과정인 까닭에,
우리는 우리 자신의 사랑과 희망의 색으로 거기에 생기를 불어넣어야 한다.

– 샤갈 –

111 | 상하수도 LCA에 대하여 설명하시오.

1. 개요

LCA(Life Cycle Assessment)란 어떤 제품, 공정, 활동과 관련된 환경적 부담을 사용된 물질, 에너지 그리고 환경에 배출된 폐기물을 규명하며 정량화함으로써 분석하고, 이러한 에너지, 물질의 사용과 환경배출의 영향을 평가하여 환경 개선을 위한 기회를 찾아 평가하는 일련의 과정을 의미한다.

2. LCA($LCCO_2$) 도입의 필요성

오늘날 각종 환경문제에 직면하고 있는 기업체 및 행정기관, 소비자들은 각자의 입장에서 효과적인 환경보전방안을 모색하고자 하는 목적을 달성하기 위해 전략적, 정책적 의사결정 수단으로서 LCA를 활용할 수 있다. 즉 행정기관의 경우에는 ISO 14000 등 환경 라운드의 대응전략, 환경부하 저감에 관한 장기 정책 개발, 기술개발 평가, 재료 및 제품의 규제, 환경마크에 대한 제품 평가 등에 LCA를 활용할 수 있고, 기업체의 경우는 제품에 대한 국제 규제 대응 및 기업의 환경경영 이미지 개선, 보다 유리한 제품의 디자인 및 제조공정 선택, 소비자에 대한 판매전략을 목적으로 LCA를 활용할 수 있다.

3. LCA의 구성요소

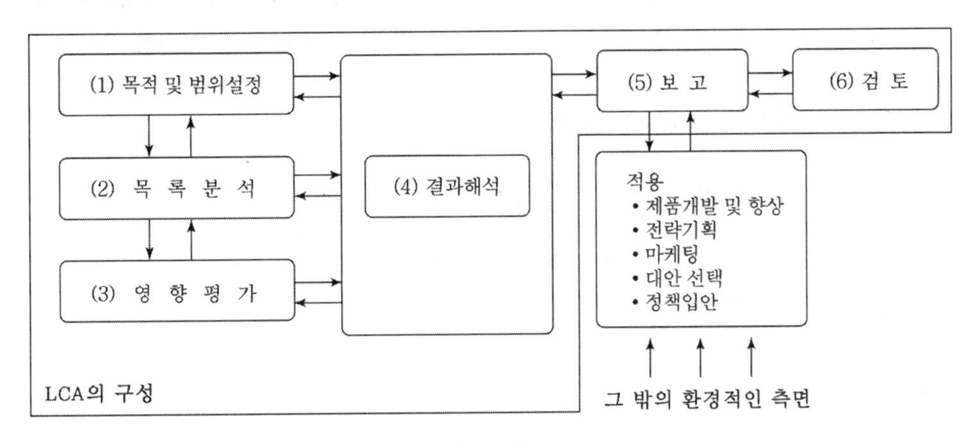

LCA의 구성요소

4. 관로시설에 대한 LCA 적용의 예

상하수 관로시설에 대한 LCA는 우선 국내 상하수관거 중 연구대상 지역을 설정하고,

관거의 건설(건설자재 제조 포함), 관거의 유지 · 관리 등의 Life Cycle 단계를 설정한다. 상기 LCA 적용사례와 마찬가지로 에너지와 CO_2에 평가항목을 설정하여 관거시설에 대한 LCA 적용방법을 설명하면

1) 관거의 건설단계

관거에 건설은 건설자재의 제조 및 부설공사를 대상으로 하여 평가할 수 있다. 산업연관방식으로 산정한 관종별, 관종 크기별 에너지 소비량과 연구대상 관망의 연장을 파악하여 관거건설에 대한 총 에너지 소비량을 평가할 수 있으며, 이 에너지 소비량에 CO_2배출계수를 적용하여 CO_2배출량을 평가할 수 있다.

(1) 직접투입 에너지 : 현장의 건설기계 등에 사용되는 경유 및 전력을 대상으로 하며, 전력의 경우 2차 에너지로 환산 가능하다.(1kWh=2,250kcal)

(2) 간접투입 에너지(건설기계 제조) : 백호우 및 덤프트럭 등의 건설기계의 건설 강재의 제조에 투입되는 에너지를 대상으로 한다.

(3) 간접투입 에너지(건설자재 제조) : 모래, 관종 등 건설자재의 제조에 의하여 유발되는 에너지를 대상으로 하며, 건설자재의 제조에너지 원단위는 자재의 품목별 산업연관방식으로 구한 에너지 원단위를 이용할 수 있다.

2) 관거의 유지 · 관리단계

관거의 유지관리에는 세정차, 급수차 등이 사용된다. 이들의 운영 데이터로부터 관거 1m당 주행 및 운전에 필요한 연료 사용량을 산정하여 이것을 직접 원단위로 사용하면 된다. 또한, 산업연관표에 의한 특수산업기계부문의 에너지원단위를 이용하여 해당 기계의 제조에 사용시간에 대한 간접 원단위를 산정할 수 있다.

5. 상하수처리 시스템의 LCA 범위

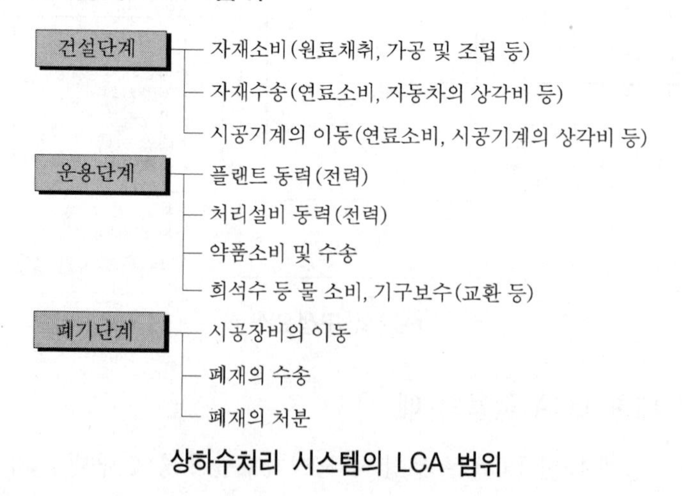

상하수처리 시스템의 LCA 범위